網路安全與密碼學概論

Cryptography and Network Security

Behrouz A. Forouzan

DeAnza College

王智弘　李南逸　林峻立　張智超　溫翔安　葉禾田　翻譯

（以上按姓氏筆劃排序）

國家圖書館出版品預行編目資料

網路安全與密碼學概論 / Behrouz A. Forouzan 作；李南逸
等翻譯. -- 初版. -- 臺北市：麥格羅希爾, 2008.08
　　面； 公分. -- (資訊科學叢書；CI013)
參考書目：面
含索引
譯自：Introduction to cryptography and network security
ISBN 978-986-157-478-3(平裝)

1. 資訊安全　2. 密碼學

312.76　　　　　　　　　　　　　　　　　　97009803

資訊科學叢書 CI013

網路安全與密碼學概論

作　　　者	Behrouz A. Forouzan
翻　　　譯	李南逸 溫翔安 葉禾田 張智超 林峻立 王智弘
教科書編輯	林芸郁
特 約 編 輯	張文惠
企 劃 編 輯	朱紋寬
業 務 行 銷	李本鈞 陳佩狄 林倫全
業 務 副 理	黃永傑
出 版 者	美商麥格羅希爾國際股份有限公司台灣分公司
地　　　址	台北市 10044 中正區博愛路 53 號 7 樓
讀 者 服 務	E-mail: tw_edu_service@mheducation.com
	TEL: (02) 2383-6000　　FAX: (02) 2388-8822
法 律 顧 問	悍安法律事務所盧偉銘律師、蔡嘉政律師
總經銷(台灣)	臺灣東華書局股份有限公司
地　　　址	10045 台北市重慶南路一段 147 號 3 樓
	TEL: (02) 2311-4027　　FAX: (02) 2311-6615
	郵撥帳號：00064813
網　　　址	http://www.tunghua.com.tw
門　　　市	10045 台北市重慶南路一段 147 號 1 樓　TEL: (02) 2382-1762
出 版 日 期	2016 年 1 月（初版三刷）

Traditional Chinese Translation Copyright ©2008 by McGraw-Hill International Enterprises, LLC.,
Taiwan Branch
Original title : Cryptography and Network Security, 1e　　ISBN: 978-0-07-287022-0
Original title copyright © 2008 by McGraw-Hill Education
All rights reserved.

ISBN：978-986-157-478-3

※ 著作權所有，侵害必究。如有缺頁破損、裝訂錯誤，請寄回退換

尊重智慧財產權！

本著作受銷售地著作權法令暨國際著作權公約之保護，如有非法重製行為，將依法追究一切相關法律責任。

譯 序

翻譯本書起始於鳳凰花開時，由於麥格羅‧希爾公司的朱紋寬小姐慧眼識英雄，也慮所有譯者本著愚公移山的精神，所以決定集合眾人之力接下翻譯的工作，雖為所有譯者的處女秀，但一絲不苟的態度與敬業的精神，相信絕對不會輸給專業的翻譯人員。

本書可說是 Behrouz A. Forouzan 博士正式跨足網路安全的第一本大作，雖然 Behrouz A. Forouzan 博士早已在通訊網路領域享有盛名，但本書深入闡述密碼學及網路安全的議題，詳細閱讀後對其精闢的見解感動不已，因此有幸可以與其他譯者合作翻譯本書，實在受益匪淺，也更堅定希望翻譯本書讓更多學子得以一窺奧妙的信念。

然過程的辛苦實不足為人道之，所幸有智超建置網站解決一致性問題，多次會議共同解決深奧的基礎原理，數不清的 E-MAIL 與交互校稿，最後才能讓初稿出爐。在此也要特別感謝麥格羅‧希爾公司的林芸郁小姐，若沒有經驗豐富的她不辭辛勞、逐字校對，本書絕對無法付梓。此外，若沒有譯者家裡妻小的寬宏大量，更不可能有此譯本，在此要特別感謝他們的體諒。

雖然窮眾人之力希望能完整傳達本書的理念與內容，然唯恐譯本中仍有疏漏，因此期望各位專家學者不吝指教，全體譯者必將虛心接受，再次感謝。

李南逸

暨全體譯者

2008年鳳凰花開時

前 言

網際網路是一個遍及全球的通信網路，已經用很多方式改變了我們的日常生活。一個新的商業範例允許個人在線上商店進行消費。全球資訊網（WWW）允許人們分享資訊，電子郵件技術則把人們從全世界各個遼闊的角落連結起來，此一不可避免的進展也讓我們對網際網路產生了依賴性。

網際網路是一個開放論壇，但產生一些安全問題。因此，機密性、完整性和確認性有其必要。人們需要確信他們的網際網路通訊是機密的。在線上購物時，他們需要確信那些商店能經過確認。當他們將交易要求送到銀行時，則想要確信訊息的完整性是被保護的。

網路安全是允許我們舒服地使用網際網路的一套協定，而無須擔心安全攻擊。提供網路安全最常見的工具是密碼學，那是一種重新流行且適用於網路安全的老技術。這本書首先向讀者介紹密碼學的原理，然後運用那些原理來描述網路安全協定。

本書特色

本書特色是設計來讓讀者特別容易理解密碼學和網路安全。

架構

本書使用一種累增的方法來教導密碼學和網路安全。它假設讀者沒有特別的數學知識，例如數論或抽象代數。但是，因為密碼學和網路安全不能在沒有這些數學領域的背景下被討論，因此這些主題將在第二章、第四章和第九章介紹。熟悉這些數學領域的讀者可以跳過這些章節。第一到十五章討論密碼學，第十六到十八章討論網路安全。

視覺方法

本書使用對比的文字和圖表來表示非常技術性的主題內容，且沒有複雜的公式。超過400個圖表提供了一個視覺和直覺的機會來理解內容。圖表在解釋艱難的密碼學概念和複雜的網路安全協定的過程中特別重要。

演算法

演算法在教導密碼學中扮演了一個重要角色。為了讓描述在各種電腦程式語言中變得獨立，演算法是以一種現代程式語言容易撰寫出來的虛擬碼呈現。在本書的教科書資源網可以下載相對應的程式。

⚷ 重點

重要的概念會以方塊特別強調，以做為快速的參考和及時注意。

⚷ 範例

每一章提供許多範例以探討該章的概念。部分範例僅用來顯示立即使用概念和公式；部分範例用來顯示密碼法的實際輸入／輸出關係；其他範例則對一些困難的想法提供較佳的理解。

⚷ 推薦讀物

在每一章的最後，讀者將找到一個書籍的目錄以進行更進一步的閱讀。

⚷ 關鍵詞彙

關鍵詞彙以粗體方式出現在各章內文中，且每一章的最後面也會列出關鍵詞彙的清單。所有的關鍵詞彙會在本書最後的詞彙表中定義。

⚷ 重點摘要

各章以內容摘要來做結束。它提供各章重點的簡短概述。

⚷ 練習集

在每一章的最後，學生可以發現一個練習集，用來加深和應用那些凸顯的概念。練習集由兩個部分組成：問題回顧和習題。問題回顧是為了測試讀者對本章內容的初階理解，習題則需要對內容有更深的理解。

⚷ 附錄

附錄提供快速的參考內容，或者對本書討論需要理解的概念回顧。一些數學主題的討論也在附錄裡提出，以避免已經熟悉這些內容的讀者分心。

⚷ 證明

在章節中的數學事實並沒有證明，而是強調運用這些事實的結果。對那些證明感興趣的讀者可以參考附錄Q。

⚷ 重要詞彙

在本文的最後，讀者將找到一個擴展的重要詞彙。

🗝 本書內容

在第一章前言之後，本書被分成四個部分：

⚷ 第一篇：對稱式金鑰加密技術

第一篇介紹對稱式金鑰密碼學，包括傳統和現代。此篇的章節強調使用對稱式密碼學以提供機密性。第一篇包括第二章到第八章。

⚷ 第二篇：非對稱式金鑰加密技術

第二篇討論非對稱式金鑰密碼學。此篇的章節介紹非對稱式密碼學如何提供安全性。第二篇包括第九章和第十章。

⚷ 第三篇：完整性、確認性與金鑰管理

第三篇介紹密碼學的雜湊函數如何能提供其他安全服務，例如訊息完整性和確認性。此篇的章節也介紹非對稱式金鑰和對稱式金鑰密碼學如何能彼此搭配。第三篇包括第十一章到第十五章。

⚷ 第四篇：網路安全

第四篇介紹在第一篇到第三篇討論的密碼學如何能用來產生在三層網際網路模型中的網路安全協定。第四篇包括第十六章到第十八章。

🗝 如何使用這本書

這本書是為學術和專業讀者而寫的。有興趣的專業人士能使用它來做為自我學習與研究。做為一本教科書，它可當作一個學期或者一季的課程。下列是一些指南。

⚷ 強烈建議第一篇到第三篇

如果課程需要超越密碼學以外並且進入網路安全的範疇，則建議閱讀第四篇。在讀第四篇前需先讀過一門網路課程。

線上學習中心

麥格羅‧希爾線上學習中心包含許多與密碼學和網路安全有關的額外內容。讀者可以連線到www.mhhe.com/forouzan網站。教授和學生能存取課程內容，如投影片等。網站上為學生提供解決古怪問題的方法，且教授能使用一組密碼以存取完整的解法。此外，麥格羅‧希爾使用一種敝公司專有的產品（稱為PageOut），讓建置一個課程網站易於上手。您並不需要HTML的相關知識、不需花長時間，也不需要設計技術，PageOut提供一系列的樣版，您只需要將課程訊息填入樣版並且點擊16種設計之一，不用一個小時，您就能建置一個專業設計的網站。雖然PageOut提供「立即」的發展，但完成的網站將提供強而有力的特色。一份交互式的課程大綱可讓您發表與課程相符的內容，因此當學生造訪此一PageOut網站時，您的課程大綱將指引他們去Forouzan的線上學習中心，或者您自己所提供的特定內容。

Behrouz A. Forouzan

目次

譯序
前言
第一章　導論　2
    1.1 安全目標　3
    1.2 攻擊　4
    1.3 服務與機制　6
    1.4 技術　10
    1.5 本書其餘章節　12
    推薦讀物　13
    關鍵詞彙　13
    重點摘要　14
    練習集　14

第一篇　對稱式金鑰加密技術　17

第二章　密碼基礎數學 I：模數算術、同餘與矩陣　18
    2.1 整數算術　19
    2.2 模數算術　28
    2.3 矩陣　39
    2.4 線性同餘　43
    推薦讀物　45
    關鍵詞彙　45
    重點摘要　46
    練習集　47

第三章　傳統對稱式金鑰加密法　52
    3.1 簡介　53
    3.2 取代加密法　57
    3.3 換位加密法　75
    3.4 串流加密法與區塊加密法　80
    推薦讀物　83
    關鍵詞彙　84
    重點摘要　84
    練習集　85

第四章　密碼基礎數學 II：代數結構　90
    4.1 代數結構　90
    4.2 $GF(2^n)$ 體　100
    推薦讀物　109
    關鍵詞彙　110
    重點摘要　110
    練習集　111

第五章　現代對稱式金鑰加密法　114
5.1　現代區塊加密法　115
5.2　現代串流加密法　137
推薦讀物　142
關鍵詞彙　143
重點摘要　143
練習集　144

第六章　資料加密標準　148
6.1　簡介　148
6.2　DES結構　149
6.3　DES分析　163
6.4　多重DES　169
6.5　DES安全性　173
推薦讀物　174
關鍵詞彙　174
重點摘要　174
練習集　175

第七章　進階加密標準　178
7.1　簡介　178
7.2　轉換　183
7.3　金鑰擴展　193
7.4　加密法　198
7.5　範例　202
7.6　AES安全性分析　204
推薦讀物　205
關鍵詞彙　205
重點摘要　206
練習集　206

第八章　運用現代對稱式金鑰加密法之加密技術　210
8.1　現代區塊加密法的使用　210
8.2　串流加密法的使用　222
8.3　其他問題　228
推薦讀物　229
關鍵詞彙　229
重點摘要　229
練習集　230

第二篇　非對稱式金鑰加密技術　233

第九章　密碼基礎數學III：
　　　　質數與和質數相關的同餘方程式　234
9.1　質數　234
9.2　質數測試法　242
9.3　因數分解　249
9.4　中國餘數定理　255

9.5 二次同餘 257
9.6 指數運算與對數運算 260
推薦讀物 267
關鍵詞彙 268
重點摘要 268
練習集 269

第十章 非對稱式金鑰密碼學 274

10.1 簡介 274
10.2 RSA密碼系統 281
10.3 Rabin密碼系統 294
10.4 ElGamal密碼系統 296
10.5 橢圓曲線密碼系統 301
推薦讀物 309
關鍵詞彙 310
重點摘要 310
練習集 312

第三篇 完整性、確認性與金鑰管理 315

第十一章 訊息完整性與訊息確認性 316

11.1 訊息完整性 316
11.2 Random Oracle模式 320
11.3 訊息確認性 328
推薦讀物 333
關鍵詞彙 333
重點摘要 333
練習集 334

第十二章 密碼雜湊函數 338

12.1 簡介 338
12.2 SHA-512 342
12.3 Whirlpool雜湊函數 350
推薦讀物 358
關鍵詞彙 358
重點摘要 359
練習集 359

第十三章 數位簽章 362

13.1 比較 362
13.2 過程 363
13.3 服務 365
13.4 數位簽章攻擊 367
13.5 數位簽章機制 368
13.6 變化與應用 381
推薦讀物 383
關鍵詞彙 383
重點摘要 384
練習集 384

第十四章　身份確認　386

14.1　簡介　386
14.2　通行碼　387
14.3　挑戰－回應　391
14.4　零知識　396
14.5　生物測定　400
推薦讀物　404
關鍵詞彙　404
重點摘要　404
練習集　405

第十五章　金鑰管理　408

15.1　對稱式金鑰分配　409
15.2　Kerberos　413
15.3　對稱式金鑰協議　417
15.4　公開金鑰的分配　423
推薦讀物　431
關鍵詞彙　432
重點摘要　432
練習集　433

第四篇　網路安全　435

第十六章　應用層安全：PGP與S/MIME　436

16.1　電子郵件　436
16.2　PGP　439
16.3　S/MIME　460
推薦讀物　470
關鍵詞彙　470
重點摘要　471
練習集　471

第十七章　傳輸層安全：SSL與TLS　474

17.1　SSL 結構　475
17.2　四個協定　483
17.3　SSL 訊息格式　494
17.4　傳輸層安全　503
推薦讀物　509
關鍵詞彙　509
重點摘要　509
練習集　510

第十八章　網路層安全：IPSec　512

18.1 兩種模式　513
18.2 兩個安全協定　515
18.3 安全連結　519
18.4 安全政策　522
18.5 網際網路金鑰交換　524
18.6 ISAKMP　539
推薦讀物　548
關鍵詞彙　548
重點摘要　549
練習集　549

附錄　552
重要詞彙　631
參考文獻　644

導 論

學習目標

本章的學習目標包括：
- 定義三個安全目標。
- 定義威脅安全目標的安全攻擊。
- 定義安全服務及它們與安全目標的關係。
- 定義提供安全服務的安全機制。
- 介紹設計安全機制的兩種技術：密碼學與隱藏學。

　　生活在資訊時代裡，我們需要保存與自己生活有關的每個訊息，換句話說，資訊就像任何其他資產一樣是有其價值的。既然是資產，資訊就需要避免攻擊且被安全地保護起來。

　　為了保護資訊，資訊需要被隱藏且避免未授權的存取（機密性）、避免未授權的更改（完整性），以及讓授權的個體在需要時得以使用（可使用性）。

　　直到幾十年前，由組織所蒐集的資訊才被儲存在實體的檔案內。檔案的機密性乃藉由限制授權予信任的人才能存取來達成；同樣地，只有被授權的人才被允許修改檔案的內容。可使用性則由指明至少一人在任何時候都能存取檔案來達成。

　　由於電腦時代的來臨，資訊的儲存變成電子化，不是儲存在實體媒介上，而是儲存在電腦裡。不過，資訊的三個安全需求自始至終都沒有改變。檔案儲存在電腦裡仍然需要機密性、完整性與可使用性，只不過這些安全需求的設計不同，且更富挑戰性。

　　在過去二十年裡，電腦網路在資訊使用上產生了革命性的改變。現在的資訊是分散式的，被授權者可從遠端使用電腦網路來傳送與接收資訊。雖然上述的三個需求（機密性、完整性和可使用性）沒有改變，但它們現在有了一些新的特點。當資訊被儲存在一台電腦裡時，應該不僅是機密的，而且當它被從一台電腦傳送到另一台電腦時，也應該維持其機密性。

　　在本章中，我們首先探討資訊安全的三個主要目標，然後介紹資訊攻擊如何威脅這三個目標，接著討論安全服務與安全目標的關係，最後，我們定義提供安全服務的機制，並且介紹能用來實現這些機制的技術。

Cryptography and Network Security

1.1 安全目標

首先，讓我們來探討三個**安全目標**（security goal）：機密性、完整性與可使用性（圖1.1）。

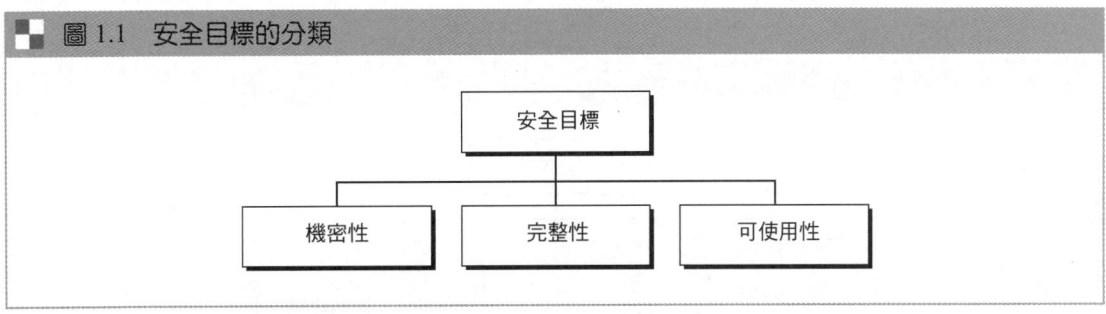

圖 1.1　安全目標的分類

機密性

機密性（confidentiality）或許是資訊安全中最常見的特點。我們需要保護自己的機密資訊，因此一個組織需要防衛那些可能會危害訊息機密性的惡意行動。在軍隊中，隱藏敏感性資訊是最重要的。企業中，對競爭者隱藏一些資訊對組織的營運也很重要。至於銀行業，客戶的帳戶同樣需要被保密。

在本章後面，我們將介紹機密性不僅適用於資訊的儲存，也適用於資訊的傳播。當傳送或接收遠端電腦的部分訊息時，我們需要在輸送過程中想辦法隱藏它。

完整性

資訊經常需要改變。在銀行內，當顧客存款或提款時，他們的帳號餘額就需要改變。**完整性**（integrity）是表示改變只能由授權的人或透過授權的機制來進行。違背完整性並不必然是惡意行為的結果，系統的中斷（例如電力劇烈變化）也可能造成一些資訊不預期的變化。

可使用性

資訊安全的第三個組成要素是**可使用性**（availability）。一個組織產生或儲存的資訊要能讓被授權者可以使用，如果它無法使用，則此資訊就沒有用處。資訊經常需要改變，這表示它必須讓被授權者存取。在組織內，資訊不能被利用就好像缺乏機密性或完整性一樣有害。想像在一家銀行裡，如果客戶不能存取他們的帳戶並進行交易，將會發生什麼事。

1.2 攻擊

我們的三個安全目標（機密性、完整性和可使用性）會被**安全攻擊（security attack）**所威脅。雖然文獻上使用不同的方法來區分攻擊種類，但我們首先可將它們與安全目標的關係做區分；接著，再根據它們對系統的影響分成兩大類。圖1.2顯示第一種分類法。

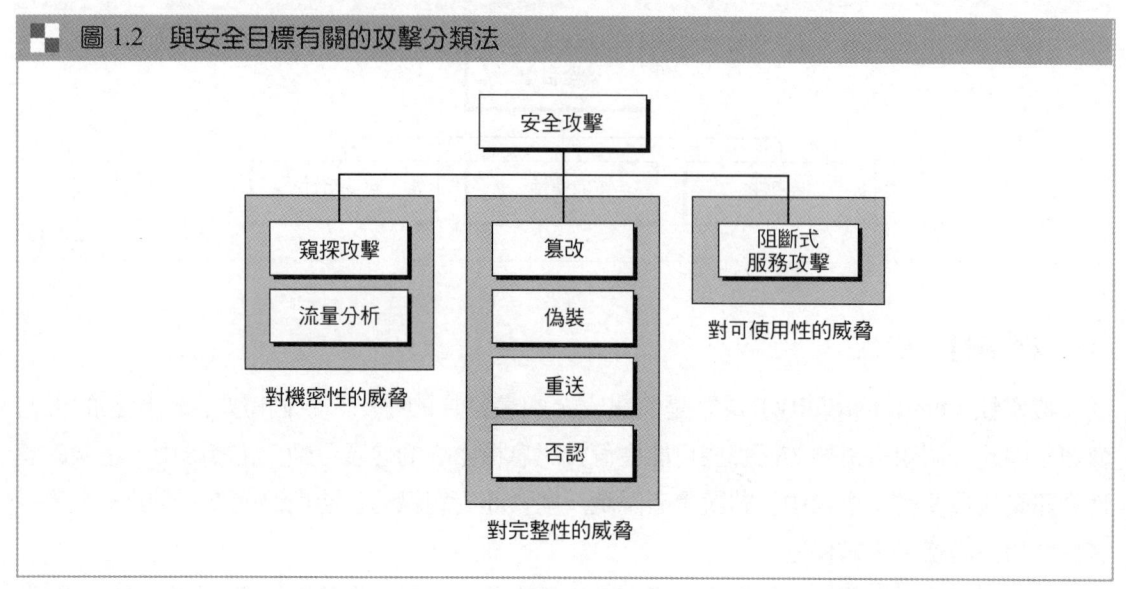

圖 1.2　與安全目標有關的攻擊分類法

威脅機密性的攻擊

一般來說，威脅機密性的攻擊有兩種型態：**窺探攻擊（snooping attack）**與**流量分析（traffic analysis）**。

窺探攻擊

窺探攻擊是一種對資料的非法存取或攔截。例如，一個透過網際網路傳送的資料可能包含祕密的資訊。一個未被授權的實體有可能會攔截此資料，並且把資料內容用於有益自己的地方。為了防止窺探攻擊，可以透過本書所討論的加密技術，讓攔截者無法看到資料的實際內容。

流量分析

雖然對資料加密可讓攔截者無法看到資料的實際內容，但他們卻能透過監控網路上傳輸的資料，來獲得其他類型的資訊。例如，他們能找到發送者或接收者的電子位址（例如電子郵件信箱位址）。或者，他們能蒐集請求和回應資料，而推測出交易的性質。

威脅完整性的攻擊

資料的完整性可能被以下幾種攻擊威脅：**篡改**（modification）、**偽裝**（masquerading）、**重送**（replaying）以及**否認**（repudiation）。

篡改

在攔截或存取訊息之後，攻擊者可能會修改訊息，讓它變成對自己有利。例如，客戶會傳送訊息給銀行來進行交易，攻擊者可能會攔截這些訊息，並且變更訊息的型態，而因此獲利。注意，有時攻擊者僅僅刪除或延遲這些訊息，就可以損害系統或從中謀取利益。

偽裝

偽裝或欺騙會在攻擊者扮演其他人時發生，例如，攻擊者可能會偷取銀行用戶的金融卡和密碼，並且假裝自己是那個客戶。有時攻擊者也會假裝自己就是接收者。例如，當一個客戶想要與一家銀行聯繫時，攻擊者就假裝她是銀行，並且從客戶那裡獲得一些資訊。

重送

重送是再一次的攻擊。攻擊者在得到某一個使用者傳送的訊息後，並在稍後重新傳送它。例如，一個客戶請求銀行對攻擊者付款，而銀行完成工作後，攻擊者又再重新傳送此訊息，藉此讓銀行再一次付款。

否認

這類攻擊不同於其他攻擊，因為這是由通訊雙方中的其中一個（發送者或接收者）來執行的。訊息發送者稍後可能否認她曾經傳送訊息，而訊息接收者可能會否認已收到訊息。

發送者否認的例子，像是銀行客戶要求銀行把一些錢傳送給第三者，但是稍後她卻否認曾經提出這樣的請求。至於接收者否認的例子，則像是當某人購買了某製造商的產品，並且透過電子化的方式付費，但是製造商卻否認曾經收到款項，而要求再次付費。

威脅可使用性的攻擊

在此我們只介紹一種威脅可使用性的攻擊：**阻斷式服務**（denial of service）攻擊。

阻斷式服務攻擊

阻斷式服務（DoS）攻擊是一種非常常見的攻擊，它可能減緩或全部中斷一個系統的服務。攻擊者能使用許多策略來達成這個目標。攻擊者可能傳送許多偽造要求給某一伺服器，而此一伺服器可能因過多的負載而當機。攻擊者也可能攔截且刪除伺服器對用戶的回應，而

讓用戶相信伺服器沒有回應。再者，攻擊者還可能攔截用戶的要求，導致用戶需要傳送多次的要求，而造成系統超載。

被動攻擊與主動攻擊

現在，我們將攻擊分類成二組：被動和主動。表1.1顯示現在和以前的分類之間的關係。

表 1.1　被動攻擊與主動攻擊的分類

攻擊	被動／主動	威脅
窺探攻擊 流量分析	被動	機密性
篡改 偽裝 重送 否認	主動	完整性
阻斷式服務攻擊	主動	可使用性

被動攻擊

在**被動攻擊**（passive attack）中，攻擊者的目標只是獲得資訊，這表示攻擊並不會修改資料或者危害系統，系統將可持續正常運作。不過，此一攻擊可能損害訊息發送者或接收者的利益。這類會威脅機密性的攻擊——窺探攻擊和流量分析——屬於被動攻擊。訊息的曝光或許會損害訊息發送者或接收者，但是系統本身不會被影響，因此，我們很難發現這類攻擊，除非發送者或接收者發現祕密訊息已經曝光。不過，被動攻擊可利用資料加密來防止。

主動攻擊

主動攻擊（active attack）可能會修改資料或者危害系統。會威脅完整性及可使用性的攻擊，就是所謂的主動攻擊。在正常情況下，主動攻擊較容易偵測與防止，因為攻擊者會用很多不同的方式來啟動攻擊。

1.3　服務與機制

國際電信聯盟－電信標準化部門（International Telecommunication Union-Telecommunication Standardization Sector, ITU-T）（見附錄B）提供一些安全服務和安全機制來實現那些服務。安全服務和安全機制是緊密相關的，因為某一機制或許多機制結合起來將被用來提供某一種服務。此外，某一機制也可能被使用於某一個或許多服務中。我們將在此做簡短討論並提供一些想法，同時在後續的章節裡，針對特定的服務或機制做更細部的探討。

安全服務

ITU-T（X.800）已經定義五種與安全目標和攻擊有關的服務。圖1.3表示五種常見服務的分類。

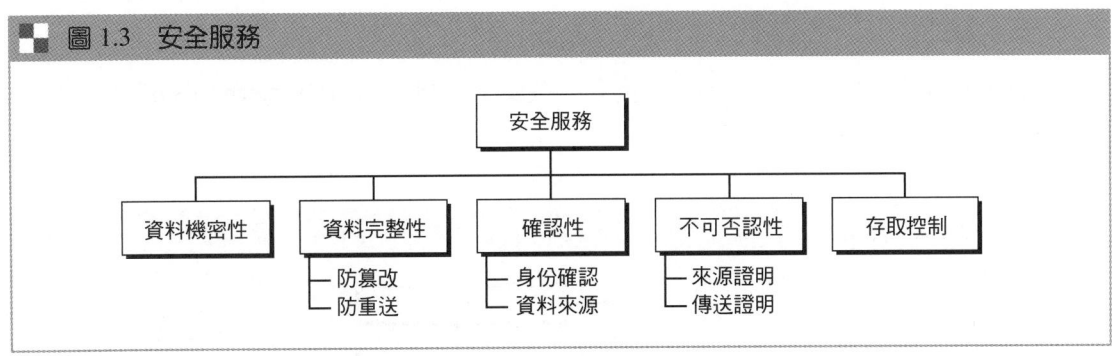

圖 1.3 安全服務

把某一個或多個服務和某一個或多個安全目標關連起來是容易的。顯而易見，這些服務已經被設計來防止已經提過的安全攻擊。

資料機密性

資料機密性（data confidentiality）用於保護資料免受洩露的攻擊。此服務正如X.800所定義非常廣泛，且包含全部或部分訊息的機密性，同時可避免流量分析的攻擊。換言之，它被用於防止窺探和流量分析攻擊。

資料完整性

資料完整性（data integrity）用於保護資料免於被篡改、插入、刪除與重送攻擊，它可以保護整個或部分的訊息。

確認性

這提供線上另一使用者的確認性（authentication）服務。在連線導向的傳輸中，它於建立連線過程中提供發送者或接收者的確認性服務（身份確認）。至於在非連線導向的傳輸中，它可以確認資料的來源（資料來源確認性）。

不可否認性

不可否認性（nonrepudiation）服務可避免資料的發送者或接收者進行非法的否認。若發送者否認，則接收者可以證明資料發送者的身份；若接收者否認，則發送者可以證明資料已經傳送給接收者。

存取控制

存取控制（access control）提供保護以防未經授權的資料被存取。存取術語的定義非常廣泛，包含讀、寫、修改、執行程式等等。

安全機制

在前面章節裡，ITU-T（X.800）也推薦一些**安全機制**（security mechanism）以提供安全服務。圖1.4 對這些機制加以分類。

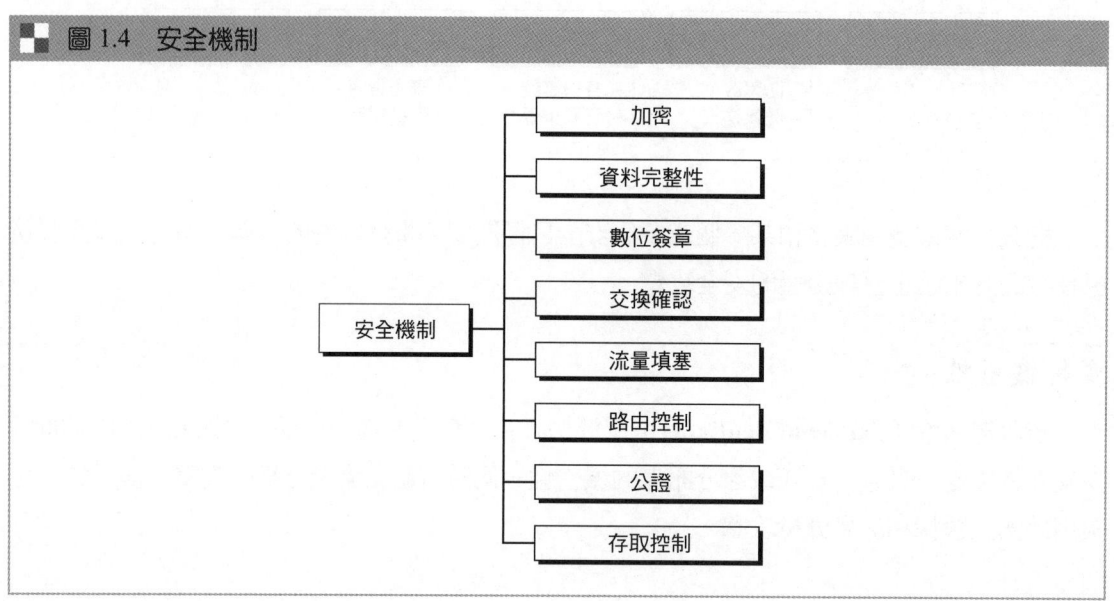

圖 1.4　安全機制

加密

加密（encipherment）、隱藏或遮蓋資料均能提供機密性，也能用來配合其他機制提供某些服務。現今有兩種技術──密碼學和隱藏學──被用來進行加密，以下我們將做簡短的討論。

資料完整性

資料完整性（data integrity）機制將一段簡短的資料檢查碼附加到資料後面，檢查碼是由資料本身透過一個特殊程序產生。接收者收到資料和檢查碼後，利用收到的資料產生一個新的檢查碼，並將此一新的檢查碼與收到的檢查碼比較，如果相同，則資料的完整性就獲得保障。

數位簽章

數位簽章（digital signature）是傳送者對一份資料做電子化簽章，接收者可進行電子化

驗證簽章。傳送者會進行一個程序,以顯示自己擁有一把與她已經公開宣佈的公開金鑰相關的祕密金鑰,接收者則使用傳送者的公開金鑰來證明此訊息確實由此傳送者簽署。

交換確認

在**交換確認**(authentication exchange)的過程中,兩個實體會交換一些訊息來證明彼此的身份。例如,一個實體能證明唯有自己才知道的祕密。

流量填塞

流量填塞(traffic padding)是將偽造的資料插入到通訊資料中,以阻礙攻擊者使用流量分析。

路由控制

路由控制(routing control)是選擇並改變在傳送者和接收者之間可使用的不同路由,以阻止攻擊者在某一特定的路由上進行竊聽。

公證

公證(notarization)是選擇一個第三方來控制兩個實體之間的通訊。例如,這可以用來防止否認。接收者與第三方可以儲存傳送者的請求,以避免傳送者日後否認曾經提出這些請求。

存取控制

存取控制(access control)使用一些方法來證明某一使用者對某些資料或系統資源具有存取權,例如通行碼或識別碼。

服務和機制之間的關係

表1.2顯示在安全服務和安全機制之間的關係。此表顯示三個機制(加密、數位簽章及

表 1.2　安全服務與安全機制之間的關係

安全服務	安全機制
資料機密性	加密、路由控制
資料完整性	加密、數位簽章、資料完整性
確認性	加密、數位簽章、交換確認
不可否認性	數位簽章、資料完整性、公證
存取控制	存取控制機制

交換確認）能用來提供確認，同時也顯示此加密機制可以包含在三種服務內（資料機密性、資料完整性及確認性）。

1.4 技術

前面所討論的機制只是實現安全的理論訣竅，安全目標的真正實現需要一些技術。現今有兩種技術非常盛行：一種是一般的（密碼學），另一種是特殊的（隱藏學）。

密碼學

在前面所列舉的一些安全機制可以用密碼學來實現。**密碼學**（cryptography），由希臘起源的一個字，表示「保密信件」（secret writing）。但是，現在我們使用此術語來表示一種轉換訊息的科學或藝術，使其安全並免除攻擊。雖然在過去，密碼學只提到使用祕密金鑰對訊息**加密**（encryption）和**解密**（decryption），但今天它被定義為包含三個不同的機制：對稱式金鑰加密、非對稱式金鑰加密及雜湊。我們將在此簡短討論這三個機制。

對稱式金鑰加密

在**對稱式金鑰加密**（symmetric-key encipherment，有時稱為祕密金鑰加密或祕密金鑰密碼學）中，一個實體（稱為 Alice）能在一個不安全的通道上傳送訊息給另一個實體（稱為 Bob）。若有一個攻擊者（稱為 Eve），僅在這個通道上進行竊聽，是無法得到訊息內容的。Alice 使用加密演算法對訊息加密；Bob 使用解密演算法對訊息解密。對稱式金鑰加密使用單一**祕密金鑰**（secret key）來進行加密和解密，而加密／解密可被想像為電子鎖。在對稱式金鑰加密裡，Alice 把訊息放進一個箱子，並且使用一把共用的祕密金鑰鎖住箱子；Bob 則用相同的金鑰打開箱子的鎖，並取出訊息。

非對稱式金鑰加密

非對稱式金鑰加密（asymmetric-key encipherment，有時稱為公開金鑰加密或公開金鑰密碼學）的情況與對稱式金鑰加密相同，但有一些例外。首先，在非對稱式金鑰加密中有兩把金鑰，而不是一把金鑰：一把**公開金鑰**（public key）及一把**私密金鑰**（private key）。為了傳送祕密消息給 Bob，Alice 首先使用 Bob 的公開金鑰加密訊息。為了解開此訊息，Bob 須使用自己的私密金鑰解密。

雜湊

在**雜湊**（hashing）中，一個固定長度的訊息摘要由一個變動長度的訊息產生，此訊息摘要通常比原訊息簡短很多。為了實用起見，訊息和摘要必須一起送給 Bob。雜湊可用來提供檢查碼已在先前探討資料完整性的時候談過。

隱藏學

雖然本書乃植基於密碼學的技術來實現安全機制，但另一種過去被用來保護通訊的技術現在正重新開始流行，即隱藏學。**隱藏學（steganography）**，是希臘起源的一個字，表示「藏匿信件」（covered writing），和密碼學表示的「保密信件」形成對比。密碼學藉由加密來隱藏訊息的內容，而隱藏學則用其他事物來藏匿訊息本身。

歷史用法

關於隱藏學的運用充滿了事實和神話。在中國，戰爭消息被寫在薄絲綢上，並捲成一個小球讓信差嚥下。在羅馬和希臘，訊息被雕刻在碎木頭上，然後用蠟蓋住這些字。隱形墨水（例如洋蔥汁或者氨鹽）也被用在掩飾訊息的行列之間，或在紙背上書寫祕密訊息；當紙張被加熱或用另一種物質處理時，這些祕密訊息才會顯露出來。

最近也有一些其他方法被設計出來。一些無害的信可能會用鉛筆重複描寫，而只有在某一角度時，才能利用光線顯示出來。無效的加密器也被用來把祕密訊息隱藏在一個無害的簡單訊息裡。例如，掩飾訊息中每個單字的第一個或者第二個字母可以組成一個祕密訊息。縮影小點也可用於此，祕密訊息可被印成或縮成一些小點，並插入在掩飾訊息中取代句末規律的結尾。

現代用法

今天，資料的任何形式（如本文、圖像、聲音或影片）都可能被數位化。祕密的二位元資訊可能在數位化的過程中被插入，這些隱藏的資訊不需要是祕密的，它也可能被用來保護版權、防止竄改，或者增加額外的資訊。

掩飾文 掩飾文（text cover）可能是文字。有很多方法可以用來插入二位元資料到無害的文章中，例如，我們能在單字與單字間使用單間隔來代表二進位的0，而在單字與單字間以雙間隔來代表二進位的1。下列短文隱藏了ASCII代碼A的二進位表示法（01000001）。

```
This book  is mostly about cryptography, not  steganography.
     □   □□□       □        □              □ □□
     0   1 0 0     0        0              0 1
```

上述訊息中，在「book」與「is」之間，以及在「not」與「steganography」之間有兩個空格。當然，精明的軟體能從辨識中區別出隱藏的代碼。

另一個更有效率的方法，就是使用根據語法慣例所編撰而成的單詞字典。我們可以有一本包含兩篇文章、八個動詞、三十二個名詞和四個介詞的字典，然後，我們同意使用具有文章－名詞－動詞－文章－名詞模式的掩飾文。祕密的二位元資料可被分成16位元的區塊。二位元資料的第一個位元表示文章（例如，0代表a，1代表the），下五個位元代表名詞（句子的主詞），下四個位元代表動詞，再下一個位元代表第二篇文章，最後五個位元代表另一

名詞（受語）。例如，祕密資料「Hi」在ASCII中為01001000 01001001，可以是如下的一個句子：

A	friend	called	a	doctor.
0	10010	0001	0	01001

這只是一個非常簡單的例子，通常實際的方法會採用更複雜的設計和多種模式。

掩飾圖像　　祕密資料也能隱藏在一幅彩色圖像下，這就是所謂的掩飾圖像（image cover）。數位化圖像是由像素組成，通常每個像素會包含24位元（三個位元組）。每個位元組代表某一原色（紅、綠或藍色），因此每種顏色會有2^8種不同的色度。在一種稱為LSB（最不重要位元）的方法中，每個位元組的最不重要位元被設定為0，這將使這幅圖像在某一些區域會變得亮一點，但正常情況下，它通常不會被注意到。現在，我們能透過保持或改變最不重要位元，把一個二位元的資料隱藏在這幅圖像內。如果二位元資料是0，我們保留此位元；如果是1，我們就將此位元改為1。以這種方法，我們能將一個字元（八個ASCII位元）隱藏在三個像素中。例如，以下的三個像素能代表字母M。

```
01010011  10111100  01010101
01011110  10111100  01100001
01111110  01001010  00010101
```

當然，現今採用更複雜的方法。

其他掩飾　　其他的掩飾也都可能。例如，祕密訊息可利用音頻（聲音和音樂）和視頻掩飾。現今，音頻與視頻都能被壓縮；祕密資料能在壓縮期間或在壓縮之前嵌入。這些技術應在隱藏學的專書中討論。本書主要是關於密碼學，並非隱藏學。

1.5 本書其餘章節

本書其餘章節可區分為以下四篇。

第一篇：對稱式金鑰加密技術

此篇的章節主要探討加密法，包含古典與現代對稱式金鑰密碼學。這些章節將介紹安全的第一個目標如何使用此技術來實現。

第二篇：非對稱式金鑰加密技術

此篇的章節主要探討非對稱式金鑰密碼學的加密方式，這些章節將介紹安全的第一個目標如何使用此技術來實現。

第三篇：完整性、確認性與金鑰管理

此篇的章節主要探討密碼學的第三個應用（雜湊），以及如何結合第一篇與第二篇的內容來實現安全的第二個目標。

第四篇：網路安全

此篇的章節介紹如何結合第一篇、第二篇和第三篇的方法，在網際網路模式下建立網路安全。

推薦讀物

為了更深入瞭解本章所討論的主題，我們建議選讀下列書籍與網站。括號內的項目請參閱本書書末的參考文獻。

書籍

有幾本書討論安全目標、攻擊和機制。我們推薦 [Bis05] 和 [Sta06]。

網站

對於本章所討論的主題，以下的網站提供了許多更深入的資訊。

- http://www.faqs.org/rfcs/rfc2828.html
- fag.grm.hia.no/IKT7000/litteratur/paper/x800.pdf

關鍵詞彙

- access control　　存取控制　　8, 9
- active attack　　主動攻擊　　6
- asymmetric-key encipherment　　非對稱式金鑰加密　　10
- authentication　　確認性　　7
- authentication exchange　　交換確認　　9
- availability　　可使用性　　3
- confidentiality　　機密性　　3
- cryptography　　密碼學　　10
- data confidentiality　　資料機密性　　7
- data integrity　　資料完整性　　7, 8
- decryption　　解密　　10
- denial of service　　阻斷式服務　　5
- digital signature　　數位簽章　　8
- encipherment　　加密　　8
- encryption　　加密　　10
- hashing　　雜湊　　10
- integrity　　完整性　　3
- International Telecommunication Union–Telecommunication Standardization Sector（ITU-T）　　國際電信聯盟－電信標準化部門　　6
- masquerading　　偽裝　　5
- modification　　篡改　　5
- nonrepudiation　　不可否認性　　7
- notarization　　公證　　9
- passive attack　　被動攻擊　　6
- private key　　私密金鑰　　10

- public key　　公開金鑰　10
- replaying　　重送　5
- repudiation　　否認　5
- routing control　　路由控制　9
- secret key　　祕密金鑰　10
- security attack　　安全攻擊　4
- security goal　　安全目標　3
- security mechanism　　安全機制　8
- snooping attack　　窺探攻擊　4
- steganography　　隱藏學　11
- symmetric-key encipherment　　對稱式金鑰加密　10
- traffic analysis　　流量分析　4
- traffic padding　　流量填塞　9

重點摘要

- 定義三個一般的安全目標：機密性、完整性和可使用性。
- 兩種會威脅訊息機密性的攻擊：窺探與流量分析。四種會威脅訊息完整性的攻擊：篡改、偽裝、重送以及否認。阻斷式服務攻擊會威脅訊息的可使用性。
- 一些資料通信和網路組織，如國際電信聯盟－電信標準化部門或網際網路，已經對安全目標和安全攻擊相關的幾種安全服務做明確的定義。本章討論五種共通的安全服務：資料機密性、資料完整性、確認性、不可否認性和存取控制。
- 國際電信聯盟－電信標準化部門也建議一些機制來提供安全性。我們討論其中的八個機制：加密、資料完整性、數位簽章、交換確認、流量填塞、路由控制、公證和存取控制。
- 有兩種技術（密碼學和隱藏學）可以用來實現部分或所有機制。密碼學或「保密信件」包含擾亂訊息或產生訊息摘要，而隱藏學或「藏匿信件」代表用其他事物來藏匿訊息本身。

練習集

問題回顧

1. 定義三個安全目標。
2. 釐清被動攻擊和主動攻擊，並分別舉出一些被動攻擊與主動攻擊的例子。
3. 列出並定義本章討論的五種安全服務。
4. 定義本章討論的八個安全機制。
5. 釐清密碼學和隱藏學的不同。

習題

6. 當郵局利用下列方法送信時，可以確保完成哪種安全服務？
    a. 普通郵件。
    b. 有寄信確認的普通郵件。
    c. 有寄信和收信簽章的普通郵件。
    d. 公證郵件。
    e. 有投保郵件。
    f. 掛號郵件。

7. 根據下列各種情況定義安全攻擊的類型：
    a. 某學生闖進某教授的辦公室，並拿到隔天考卷的副本。
    b. 某學生付 10 美元支票買一本舊書。之後，她發現支票是被以 100 美元兌現。
    c. 某學生每天利用一個假的電子郵件回覆位址寄給另一個學生數百封電子郵件。
8. 下列情況中提供了哪些安全機制？
    a. 學校要求學生提供身份證明和通行碼，以讓學生登入學校伺服器。
    b. 如果某學生已經登入系統超過兩個小時，學校伺服器將強迫他離線。
    c. 某教授拒絕透過電子郵件寄成績給學生，除非學生提供教授先前指派給他們的身份證明。
    d. 某銀行需要顧客的簽章來進行提款。
9. 為了保密起見，下列情況中使用了哪種技術（密碼學或隱藏學）？
    a. 學生把測驗的答案寫到一小張紙上，並將紙張捲起來插入一支原子筆中，再將筆遞給另一名學生。
    b. 為了傳送一個訊息，某間諜用先前同意做字元替換的一個符號，來取代訊息的每個字元。
    c. 某公司在它的支票上使用特別的墨水以防止偽造。
    d. 某研究生使用浮水印來保護她放在網站上的論文。
10. 當某人簽署一張信用卡的申請書時，已經提供了哪種安全機制？

Symmetric-Key Encipherment
對稱式金鑰加密技術

在第一章中,我們得知密碼學包含了三種技術:對稱式金鑰加密、非對稱式金鑰加密以及雜湊。在第一篇中,我們致力於介紹對稱式金鑰加密。第二章和第四章回顧一些必要的數學背景,以便我們瞭解本篇中其餘章節的內容。第三章探究過去所使用的傳統加密法。第五、六、七章說明目前所使用的現代區塊加密法。第八章說明如何使用現代的區塊加密法與串流加密法來加密較長的訊息。

第二章:密碼基礎數學 I:模數算術、同餘與矩陣

第二章回顧一些必要的數學概念,以便我們瞭解其後幾個章節的內容。在第二章中,我們討論整數和模數算術、矩陣以及同餘關係。

第三章:傳統對稱式金鑰加密法

第三章介紹傳統對稱式金鑰加密法。雖然這些加密法在今日已不再使用,但它們卻奠定了現代對稱式金鑰加密法的基礎。本章著重在兩種傳統式的加密法:取代加密法和換位加密法。在本章中,我們也會介紹串流加密法和區塊加密法的概念。

第四章:密碼基礎數學 II:代數結構

第四章再一次地回顧後續章節中所使用到數學概念,即一些代數結構,例如群、環以及有限體。這些代數結構都被使用在現代區塊加密法中。

第五章:現代對稱式金鑰加密法

第五章是現代對稱式金鑰加密法的簡介。瞭解現代對稱式金鑰加密法所使用到的每個獨立元件可以幫助我們更容易瞭解並分析現代的加密法。本章中,我們介紹了區塊加密法的組成元件,例如 P-box 和 S-box。此外,我們也釐清乘積加密法的兩種類別:Feistel 和非 Feistel 加密法。

第六章:資料加密標準

第六章使用第五章所定義的元件來討論並分析目前最通行的一種對稱式金鑰加密法:資料加密標準(DES)。本章的重點在於說明 DES 如何應用 Feistel 加密法的十六個回合來完成資料的加密。

第七章:進階加密標準

第七章闡述如何利用在第四章中所討論的一些代數結構和第五章中所討論的一些元件,來建立一個極為安全的加密法:進階加密標準(AES)。本章的重點在於如何應用第四章所介紹的代數結構來達成 AES 的安全目標。

第八章:運用現代對稱式金鑰加密法之加密技術

第八章說明如何實際地運用現代區塊加密法與串流加密法來加密較長的訊息。在本章中,我們說明了區塊加密法所使用的五種操作模式。此外,我們也介紹兩種用來進行即時資料處理的串流加密法。

密碼基礎數學 I：模數算術、同餘與矩陣

CHAPTER 2

學習目標

本章所討論的數學是未來數章中密碼學的基礎。本章的學習目標包括：

- 回顧整數算術，特別是整除性，並利用歐幾里德演算法來找出最大公因數。
- 學習利用歐幾里德延伸演算法來解線性 Diophantine 方程式、線性同餘方程式，以及找出乘法反元素。
- 著重在模數算術和模運算子的學習，因為這在密碼學中會被大量地使用。
- 強調並回顧矩陣和餘數矩陣的運算，因為它們在密碼學中的應用非常廣泛。
- 學習利用餘數矩陣來解同餘方程組。

　　密碼學應用了一些特定領域的數學知識，這些領域包括數論、線性代數以及代數結構。在本章中，我們將介紹上述領域中的一些數學知識，以幫助讀者瞭解後續數章的內容。讀者若對於本章所介紹的數學知識已經非常熟悉，可以選擇性地略過本章全部或是部分的內容。類似的章節也適當地安排在本書的其他地方，以介紹所需的密碼基礎數學。本章中，我們不提供定理和演算法的證明，僅介紹這些定理和演算法的應用。有興趣的讀者可以在附錄Q中找到這些定理和演算法的證明。

本章中所討論的定理和演算法，讀者可以在附錄Q中找到證明。

Cryptography and Network Security

2.1 整數算術

在**整數算術**（integer arithmetic）中，我們使用一個集合和一些運算。或許你對這個集合和運算可能已經非常熟悉，但為了建立模數算術的背景知識，在此我們還是對整數算術做一個回顧。

整數集合

整數集合（set of integers），標記為 **Z**，是從負無窮大到正無窮大的所有整數（不含分數）所形成的集合（圖 2.1）。

圖 2.1　整數集合

$$Z = \{\ldots, -2, -1, 0, 1, 2, \ldots\}$$

二元運算

在密碼學中，我們對於三種作用在整數集合的二元運算感到興趣。**二元運算**（binary operation）可接受兩個輸入值，然後產生一個輸出值。常見的二元運算有加法、減法和乘法三種。這三種運算均可接受兩個輸入值（*a* 和 *b*），然後產生一個輸出值（*c*），如圖 2.2 所示。二元運算的兩個輸入值屬於整數集合，而產生的輸出值也屬於整數集合。

注意，除法並不屬於二元運算的一種，因為我們可以很容易地發現，除法所產生的輸出值是兩個（商和餘數），不是只有一個。

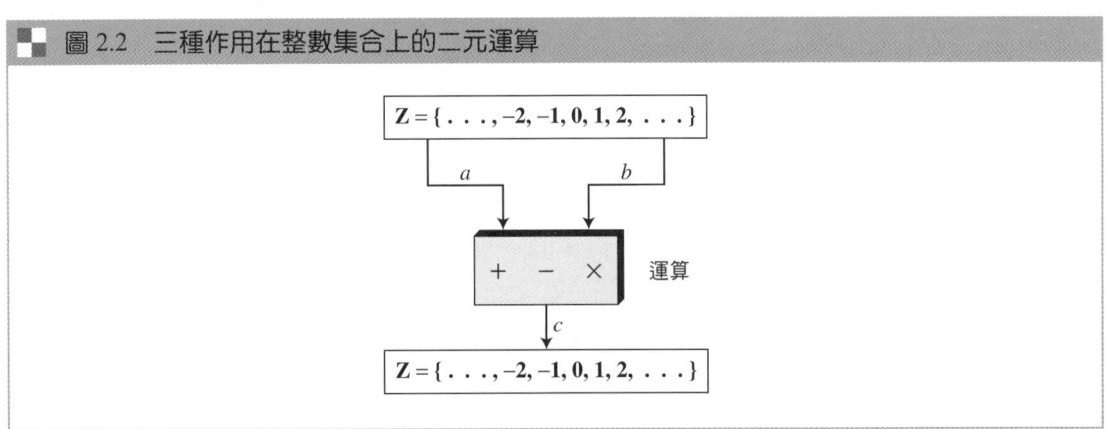

圖 2.2　三種作用在整數集合上的二元運算

範例 2.1　下列的例子顯示出三種二元運算作用於兩個整數後所產生的結果。由於每個輸入值均可為正值或負值，因此對於每一種運算我們都討論四種情形。

加：	5 + 9 = 14	(−5) + 9 = 4	5 + (−9) = −4	(−5) + (−9) = −14
減：	5 − 9 = −4	(−5) − 9 = −14	5 − (−9) = 14	(−5) − (−9) = +4
乘：	5 × 9 = 45	(−5) × 9 = −45	5 × (−9) = −45	(−5) × (−9) = 45

整數除法

在整數算術中，如果使用 n 來除 a，可以得到 q 和 r。這四個整數之間的關係可以表示為：

$$a = q \times n + r$$

在這個關係式中，a 稱為被除數；q 稱為商；n 稱為除數；r 稱為餘數。注意，這種式子並不是一個運算式，因為用 n 來除 a 所得到的結果是兩個整數（q 和 r）。我們將這種式子稱為除法關係。

範例 2.2 假設 $a = 255$ 且 $n = 11$。利用過去所學的除法算術，我們可以得到 $q = 23$ 且 $r = 2$，如圖 2.3 所示。

■ 圖 2.3 範例 2.2：找出商和餘數

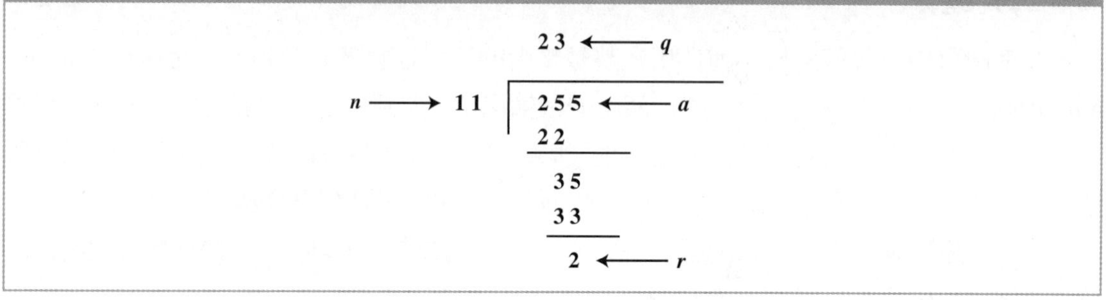

```
                        23  ← q
            n → 11 ) 2 5 5  ← a
                    2 2
                    ─────
                      3 5
                      3 3
                    ─────
                        2  ← r
```

大部分的電腦語言可利用特定的運算子來找出商和餘數。舉例來說，在 C 語言中，運算子 / 可找出商，而運算子 % 可找出餘數。

兩個限制

在密碼學中應用上述的除法關係時，我們增加了兩個限制。首先，規定除數必須為正整數（$n > 0$）；其次，規定餘數為非負整數（$r \geq 0$）。圖 2.4 表示出除法關係和其兩個限制。

範例 2.3 當我們使用電腦或計算機時計算除法時，若 a 為負數，則 r 和 q 也為負數。我們要如何根據限制讓 r 變為正數呢？很簡單，我們只要將 q 值減 1，並且將 r 值加 n，就可以讓 r 變成正數。

$$-255 = (-23 \times 11) + (-2) \quad \leftrightarrow \quad -255 = (-24 \times 11) + 9$$

我們將 −23 減 1 變成 −24，並且將 −2 加 11 使其變成 9。此關係式仍然是正確的。

■ 圖 2.4　整數的除法演算法

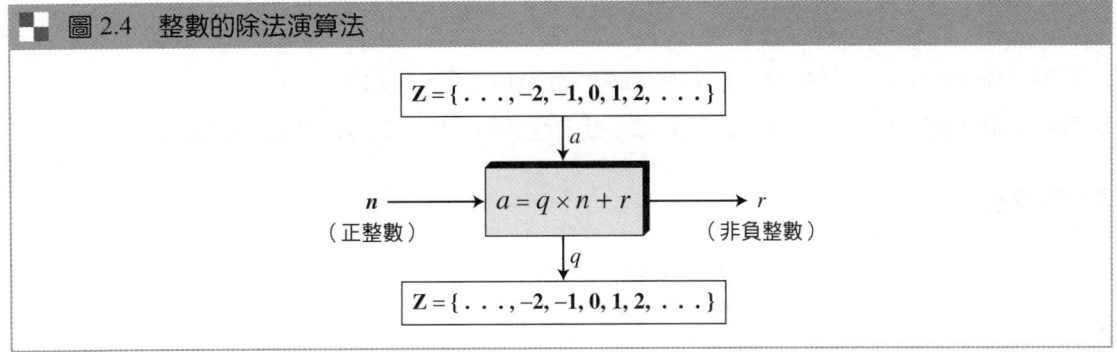

關係式的圖

我們可以利用圖 2.5 中的兩個圖來闡述在 n 與 r 的限制之下，如何找出上述的關係式。第一個圖形顯示 a 為正數的情形，第二個圖形則顯示 a 為負數的情形。

■ 圖 2.5　除法演算法的圖形

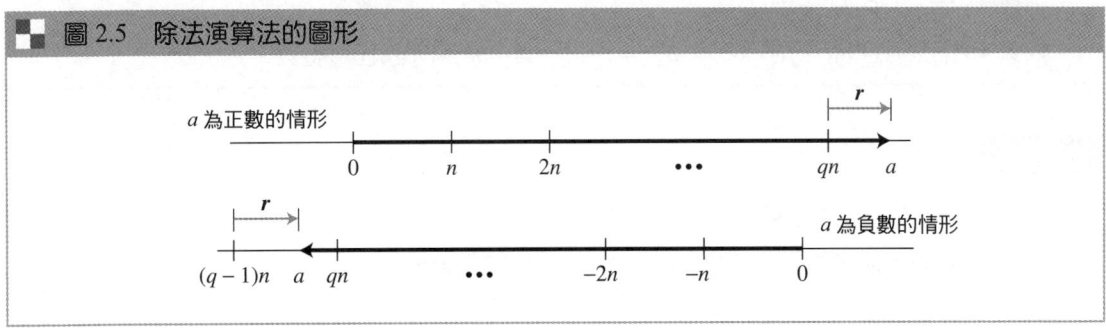

以上的圖形表示出如何從原點移動到數線上的整數點 a。當 a 是正數時，我們需要向右移動 $q \times n$ 個單位，然後再往同方向移動 r 個單位；當 a 是負數時，需要向左移動 $(q-1) \times n$ 個單位（此時 q 為負值），然後再往反方向移動 r 個單位。在這兩種情形下 r 都是正數。

🔑 整除性

我們簡短地討論一下密碼學中常常會碰到的一個議題：**整除性（divisibility）**。在一個除法關係中，如果 a 不為 0 且令 $r = 0$，則可以得到：

$$a = q \times n$$

在此，我們可以宣稱 n 整除 a（或 n 是 a 的一個因數），也可以宣稱 a 被 n 整除。當我們對 q 值不感興趣時，可以將上述關係寫成 **n|a**。若餘數不為 0 時，則 n 無法整除 a，這時可以將這此種關係寫成 **n∤a**。

範例 2.4

a. 整數 4 可以整除 32，因為 $32 = 8 \times 4$。我們將此關係表示成 4|32。

b. 整除 8 無法整除 42，因為 $42 = 5 \times 8 + 2$，此方程式的餘數為2。我們將此關係表示成 8∤42。

範例 2.5

a. 我們可以得到 13|78, 7|98, −6|24, 4|44 以及 11|(−33)。

b. 我們可以得到 13∤27, 7∤50, −6∤23, 4∤41 以及 11∤(−32)。

性質

下列為數種和整除性有關的性質。有興趣的讀者可以在附錄 Q 中找到這些性質的證明。

性質 1：若 $a|1$，則 $a = \pm 1$。
性質 2：若 $a|b$ 且 $b|a$，則 $a = \pm b$。
性質 3：若 $a|b$ 且 $b|c$，則 $a|c$。
性質 4：若 $a|b$ 且 $a|c$，則 $a|(m \times b + n \times c)$，其中 m 和 n 為任意整數。

範例 2.6

a. 因為 3|15 且 15|45，根據性質 3，3|45。

b. 因為 3|15 且 3|9，根據性質4，$3|(15 \times 2 + 9 \times 4)$，亦即 3|66。

所有的因數

一個正整數可有超過一個以上的因數。舉例來說，整數 32 有六個因數：1、2、4、8、16 和 32。對於正整數而言，我們注意到以下兩個有趣的事實：

事實 1：整數 1 只有一個因數，就是它自己。
事實 2：任何整數至少有兩個因數，1 和它自己（但也可能有更多其他因數）。

最大公因數

在密碼學中，我們常常會使用到一個特別的整數：**最大公因數（greatest common divisor, gcd）**。兩個正整數可能會有許多公因數，但只會有一個最大公因數。舉例來說，12 和 140 的公因數有 1、2 和 4，而最大公因數是 4，如圖 2.6 所示。

兩個整數的最大公因數為所有能整除這兩個整數之最大整數。

圖 2.6 兩個整數的公因數

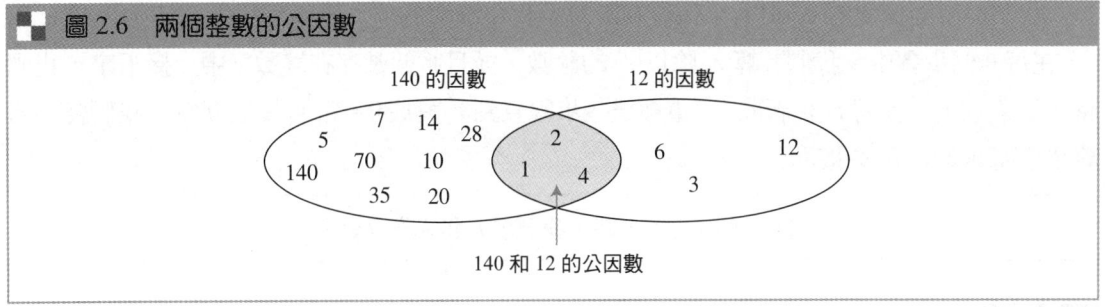

歐幾里德演算法

當兩個整數很大時，使用窮舉法找出它們的最大公因數是很沒有效率的。然而很幸運地，在2000年以前，數學家歐幾里德（Euclid）發明了一個演算法，可以找出兩個正整數的最大公因數。**歐幾里德演算法（Euclidean algorithm）**植基於下列兩個事實（這兩個事實的證明請參見附錄Q）：

事實 1：$\gcd(a, 0) = a$
事實 2：$\gcd(a, b) = \gcd(b, r)$，其中 r 是 a 除以 b 的餘數

事實 1 告訴我們如果第二個整數是 0，則最大公因數是第一個整數。事實 2 允許我們置換 a、b 的值，直到 b 變成 0。舉例來說，當要計算 $\gcd(36, 10)$ 時，我們可以多次地應用事實 2，並且在最後應用一次事實 1 來求出 36 和 10 的最大公因數。計算過程如下：

$$\gcd(36, 10) = \gcd(10, 6) = \gcd(6, 4) = \gcd(4, 2) = \gcd(2, 0) = 2$$

換句話說，我們可以得到 $\gcd(36, 10) = 2$，$\gcd(10, 6) = 2$，以此類推。這表示當我們要求 $\gcd(36, 10)$ 時，只要直接計算 $\gcd(2, 0)$ 即可。圖 2.7 闡述如何利用上述兩個事實來計算 $\gcd(a, b)$。

圖 2.7 歐幾里德演算法

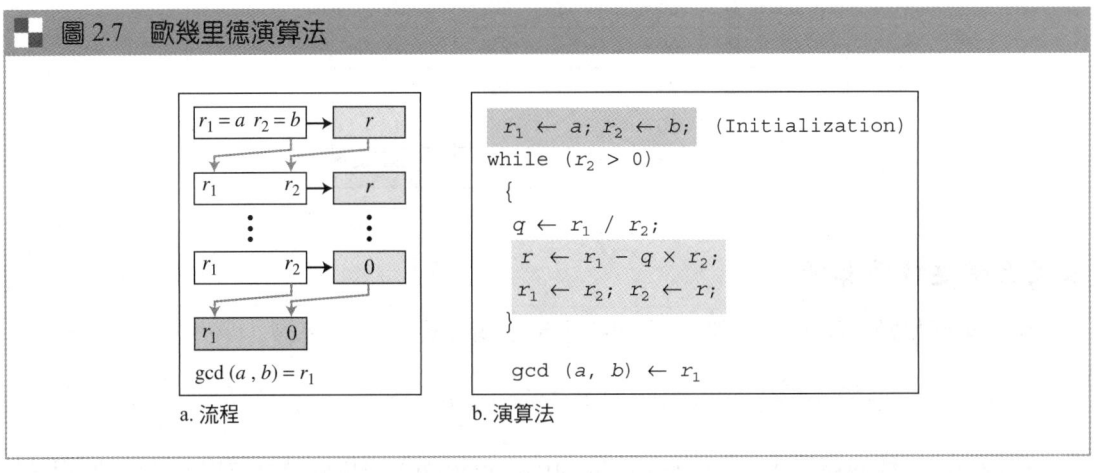

a. 流程　　　　　　　　　　　b. 演算法

我們使用兩個變數 r_1 和 r_2 來保留在計算過程會改變的值。這兩個變數被初始化成 a 和 b。在每一個步驟中，我們計算 r_1 除以 r_2 的餘數，並且將餘數存在變數 r 中。接下來，我們將 r_1 更新成 r_2，並將 r_2 更新成 r。重複這些步驟直到 r_2 變成 0。當 r_2 變成 0 時，我們終止演算法，而 gcd (a, b) 的值即為 r_1。

當 gcd $(a, b) = 1$ 時，我們說 a 和 b 為互質。

範例 2.7 求出 2740 和 1760 的最大公因數。

解法 我們使用一個表來執行上述的流程。令 r_1 的初始值為 2740，r_2 的初始值為 1760，並在每一個步驟中顯示出 q 的值。最後，我們得到 gcd (2740, 1760) = 20。

q	r_1	r_2	r
1	2740	1760	980
1	1760	980	780
1	980	780	200
3	780	200	180
1	200	180	20
9	180	20	0
	20	0	

範例 2.8 求出 25 和 60 的最大公因數。

解法 我們選擇這個特殊的例子來證明當第一個數值小於第二個數值時，這個演算法還是能正確地算出最大公因數。這是因為此一演算法可以立即地將兩個數值轉成正確的順序。最後，我們得到 gcd (25, 65) = 5。

q	r_1	r_2	r
0	25	60	25
2	60	25	10
2	25	10	5
2	10	5	0
	5	0	

歐幾里德延伸演算法

給定兩個整數 a 和 b，我們時常需要找出另兩個整數 s 和 t，使得

$$s \times a + t \times b = \gcd(a, b)$$

歐幾里德延伸演算法（extended Euclidean algorithm）可以同時計算出 gcd (a, b) 以及 s

■ 圖 2.8　歐幾里德延伸演算法

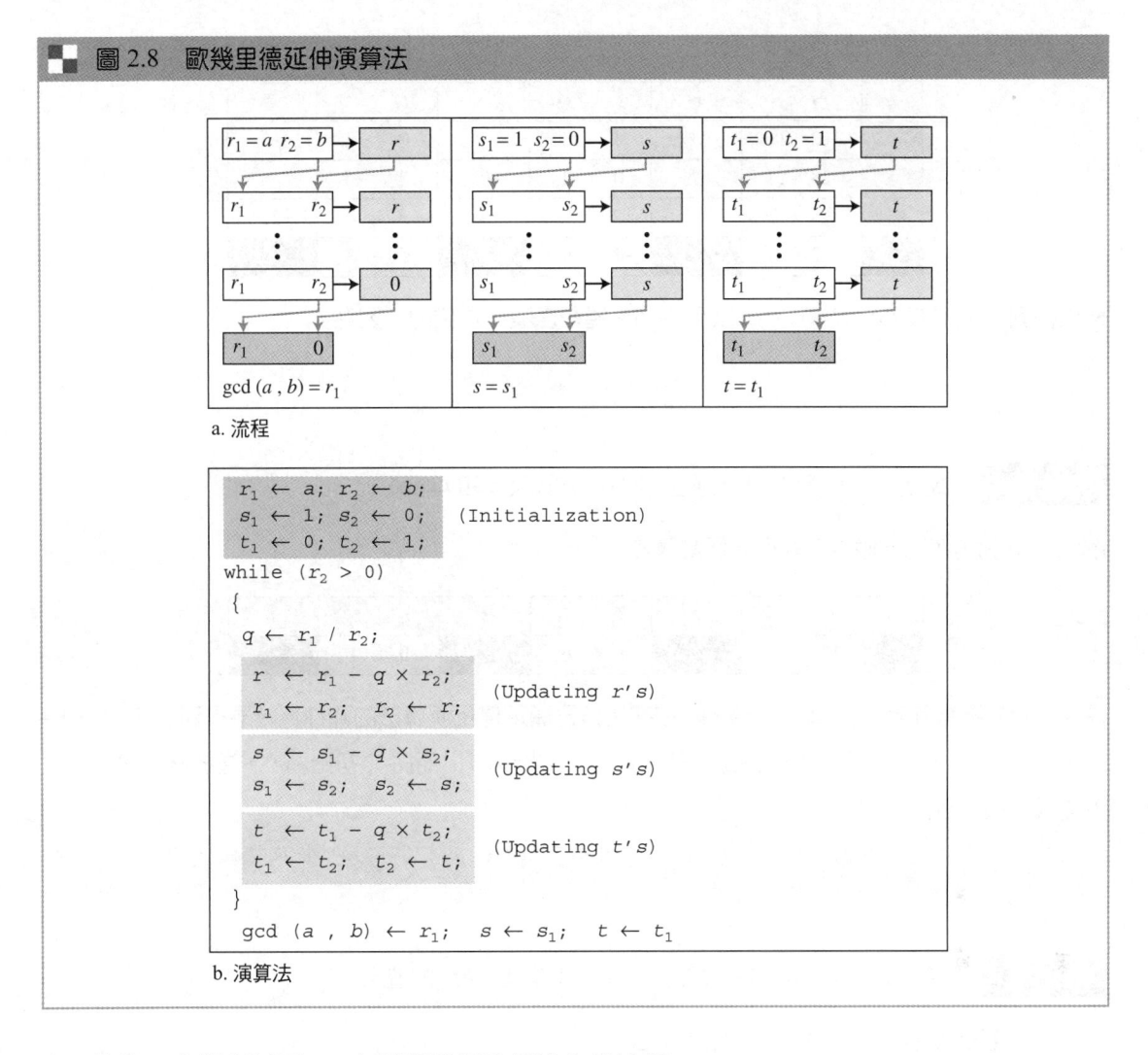

a. 流程

```
r₁ ← a;  r₂ ← b;
s₁ ← 1;  s₂ ← 0;     (Initialization)
t₁ ← 0;  t₂ ← 1;
while (r₂ > 0)
{
  q ← r₁ / r₂;
  r ← r₁ - q × r₂;
  r₁ ← r₂;  r₂ ← r;    (Updating r's)

  s ← s₁ - q × s₂;
  s₁ ← s₂;  s₂ ← s;    (Updating s's)

  t ← t₁ - q × t₂;
  t₁ ← t₂;  t₂ ← t;    (Updating t's)
}
gcd (a, b) ← r₁;  s ← s₁;  t ← t₁
```

b. 演算法

和 t 的值。我們利用圖 2.8 來說明這個演算法和其流程。

如圖 2.8 所示，執行歐幾里德延伸演算法時所需要的步驟次數和歐幾里德演算法是相同的。然而在每個步驟中，我們所用到的計算和置換卻由原來的一組增加為三組。其中，我們也使用了三組變數，分別為 r 組、s 組及 t 組。

在每個步驟中，r_1、r_2、r 的值和歐幾里德演算法是相同的。變數 r_1 和 r_2 的初始值分別為 a 和 b；變數 s_1 和 s_2 的初始值分別為 1 和 0；變數 t_1 和 t_2 的初始值分別為 0 和 1。r、s 和 t 的計算方式基本上是相似的，只有一點值得注意。雖然 r 是 r_1 除以 r_2 的餘數，但是另外兩組的計算式卻沒有這樣的關係。這個演算法中，我們是使用一個 q 值（由 r_1/r_2 計算所得）來完成三組的計算式。

範例 2.9　給定 $a = 161$ 和 $b = 28$，求出 $\gcd(a, b)$ 以及 s 和 t 的值。

解法

$$r = r_1 - q \times r_2 \qquad s = s_1 - q \times s_2 \qquad t = t_1 - q \times t_2$$

我們使用一個表來執行這個演算法。

q	r_1	r_2	r	s_1	s_2	s	t_1	t_2	t
5	161	28	21	1	0	1	0	1	−5
1	28	21	7	0	1	−1	1	−5	6
3	21	7	0	1	−1	4	−5	6	−23
	7	0		**−1**	4		**6**	−23	

結果得到 gcd (161, 28) = 7，$s = -1$ 以及 $t = 6$。這些答案是正確的，因為

$$(-1) \times 161 + 6 \times 28 = 7$$

範例 2.10 給定 $a = 17$ 和 $b = 0$，求出 gcd (a, b) 以及 s 和 t 的值。

解法 我們使用一個表來執行這個演算法。

q	r_1	r_2	r	s_1	s_2	s	t_1	t_2	t
	17	0		1	0		0	1	

注意，我們不需計算 q、r 及 s 的值。r_2 的初始值已滿足停止演算法的條件。結果得到 gcd (17, 0) = 17，$s = 1$ 以及 $t = 0$。這個例子指出為什麼要將 s_1 初始為 1，而將 t_1 初始為 0。這些答案可利用以下的式子來驗證：

$$(1 \times 17) + (0 \times 0) = 17$$

範例 2.11 給定 $a = 0$ 和 $b = 45$，求出 gcd (a, b) 以及 s 和 t 的值。

解法 我們使用一個表來執行這個演算法。

q	r_1	r_2	r	s_1	s_2	s	t_1	t_2	t
0	0	45	0	1	0	1	0	1	0
	45	0		0	1		**1**	0	

結果得到 gcd (0, 45) = 45，$s = 0$ 以及 $t = 1$。這個例子指出為什麼要將 s_2 初始為 0，而將 t_2 初始為 1。這些答案可利用以下的式子來驗證：

$$(0 \times 0) + (1 \times 45) = 45$$

🔑 線性 Diophantine 方程式

雖然我們將在下節中看到一個非常重要的歐幾里德延伸演算法應用，但現在先看一下如何利用這個演算法來對雙變數之**線性 Diophantine 方程式**（**linear Diophantine equation**，其型態為 $ax + by = c$ 的方程式）求解。我們要求出 x 和 y 的整數解來滿足此方程式。此型

態的方程式不是無解，就是無限多解。令 $d = \gcd(a, b)$。如果 $d \nmid c$，則這條方程式無解；如果 $d | c$，則這條方程式有無限多解。我們在這些解中找出其中一組，稱之為特解（particular solution），其餘解則稱為通解（general solution）。

雙變數之線性 Diophantine 方程式是一種形態為 $ax + by = c$ 的方程式。

特解

如果 $d | c$，則利用以下的步驟可以求出上述方程式的特解：
1. 利用等號的兩邊同時除以 d 來約分這條方程式。此一步驟是可行的，因為前提的假設已經告訴我們 d 可以整除 a、b 和 c。
2. 使用歐幾里德延伸演算法來求出關係式 $a_1 s + b_1 t = 1$ 的 s 值和 t 值。
3. 利用以下的式子求出特解：

特解：$x_0 = (c/d)s$ 和 $y_0 = (c/d)t$

通解

當我們找到特解後，就可以利用以下式子來求出通解：

通解：$x = x_0 + k(b/d)$ 和 $y = y_0 - k(a/d)$，其中 k 為整數

範例 2.12 求出方程式 $21x + 14y = 35$ 的特解和通解。

解法 我們先計算 $d = \gcd(21, 14) = 7$。因為 $7 | 35$，所以此方程式有無限多解。我們可以把等號兩邊同除以 7，得到方程式 $3x + 2y = 5$。使用歐幾里德延伸演算法，可求出 s 值和 t 值，使得 $3s + 2t = 1$，最後得到 $s = 1$ 和 $t = -1$。此方程式的解為：

特解：$x_0 = 5 \times 1 = 5$ 和 $y_0 = 5 \times (-1) = -5$	因為 $35/7 = 5$
通解：$x = 5 + k \times 2$ 和 $y = -5 - k \times 3$	其中 k 為整數

因此，此方程式的解為 $(5, -5)$、$(7, -8)$、$(9, -11)$……。我們可以很容易地驗證這些解都滿足原方程式。

範例 2.13 找出價值相異的物件所組成的組合數是真實生活中一種有趣的應用。舉例來說，我們要把 100 美元的支票兌換成 20 美元和 5 美元的鈔票。利用求解線性 Diophantine 方程式 $20x + 5y = 10$，可以找出許多不同的兌換方式。因為 $d = \gcd(20, 5) = 5$，而且 $5 | 100$，此方程式有無限多解，但本例中，這些解只有少數是合理的（x 值和 y 值必須同時為非負整數解）。我們將等號的兩邊同時除以 5，可以得到 $4x + y = 20$，然後解方程式 $4s + t = 1$。使用歐幾里德延伸演算法，可以求出 $s = 0$ 和 $t = 1$。這條方程式的特解為 $x_0 = 0 \times 20 = 0$ 和 $y_0 = 1 \times 20 = 20$。這條方程式的非負整數

的通解為 (0, 20)、(1, 16)、(2, 12)、(3, 8)、(4, 4)、(5, 0)。其餘的解都是不合理的，因為 y 將會變成負值。兌換時，銀行行員必須先詢問我們想用上述的哪種組合方式兌換。第一種方式是沒有 20 美元的鈔票；最後一種方式是沒有 5 美元的鈔票。

2.2 模數算術

前一節所討論的除法關係（$a = q \times n + r$）有兩個輸入值（a 和 n）以及兩個輸出值（q 和 r）。在**模數算術（modular arithmetic）**中，我們只對其中一個輸出值餘數 r 感興趣，而不在乎商數 q 的值為何。換句話說，當用 n 來除 a 時，我們只想知道餘數 r 為何。這導致我們可以將上述關係轉換為一個二元運算子，此運算子有兩個輸入值 a 和 n，以及一個輸出值 r。

模運算子

上述的二元運算子稱為**模運算子（modulo operator）**，符號為 mod。第二個輸入值 (n) 稱為**模數（modulus）**，輸出值 r 則稱為**餘數（residue）**。圖 2.9 比較除法關係和模運算子之不同。

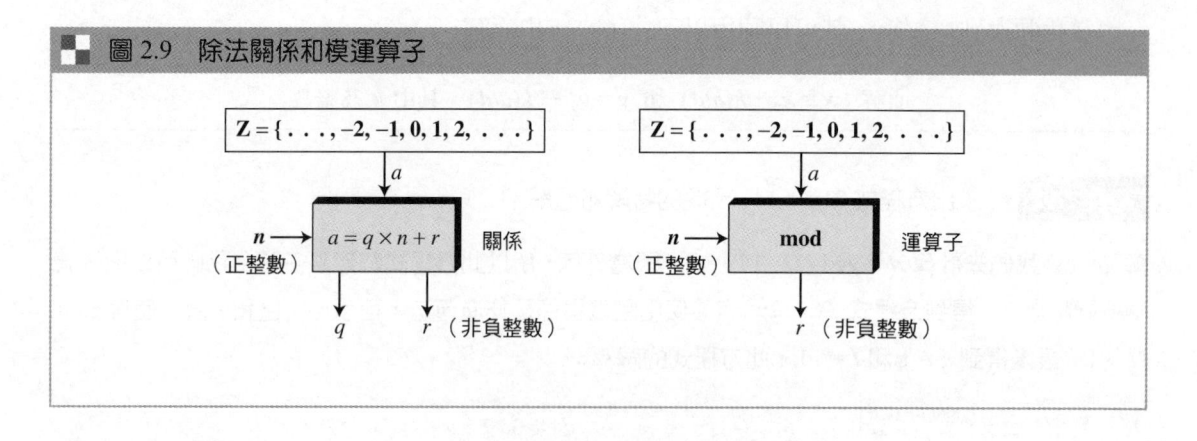

圖 2.9　除法關係和模運算子

如圖 2.9 所示，模運算子（**mod**）從集合 **Z** 選擇一個整數（a）和一個正的模數（n）當作輸入值，然後產生一個非負的餘數（r）。我們可以說

$$a \bmod n = r$$

範例 2.14　求解下列運算式：

a. 27 mod 5

b. 36 mod 12

c. –18 mod 14

d. –7 mod 10

解法 我們要求的是餘數 r。我們可以利用 n 除 a 來求出 q 和 r，然後忽略 q 並保留 r。

a. 27 除以 5 可得 $r = 2$，這表示 27 mod 5 = 2。

b. 36 除以 12 可得 $r = 0$，這表示 36 mod 12 = 0。

c. –18 除以 14 可得 $r = -4$。然而，我們必須加上模數（14）讓其變成非負整數，最後可得 $r = -4 + 14 = 10$，這表示 –18 mod 14 = 10。

d. –7 除以 10 可得 $r = -7$。將模數 10 和 –7 相加之後，可得 $r = 3$，這表示 –7 mod 10 = 3。

餘數集合：Z_n

模數為 n 的模數運算，其結果必定是一個 0 到 $n-1$ 之間的整數。換句話說，a mod n 的結果必定是一個小於 n 的非負整數。因此，我們可以說模數運算產生了一個集合，此集合在模數算術中被稱為**模 n 之最小餘數集合（set of least residues modulo n）**，或記為 Z_n。然而要注意的是，雖然我們只有一個整數集合（Z），但卻有無限多個不同的**餘數集合（set of residues, Z_n）**，因為每個整數 n 都有一個餘數集合。圖 2.10 顯示集合 Z_n 和三個餘數集合的例子：Z_2、Z_6 和 Z_{11}。

圖 2.10 一些 Z_n 的集合

$Z_n = \{ 0, 1, 2, 3, \ldots, (n-1) \}$

$Z_2 = \{ 0, 1 \}$ $Z_6 = \{ 0, 1, 2, 3, 4, 5 \}$ $Z_{11} = \{ 0, 1, 2, 3, 4, 5, 6, 7, 8, 9, 10 \}$

同餘

在密碼學中，我們常常使用**同餘（congruence）**的概念來取代等式（equality）的概念。注意，從 Z 到 Z_n 的對應並非一對一。在 Z 中有無限多個元素會對應到 Z_n 中的一個元素。例如，2 mod 10 = 2，12 mod 10 = 2，22 mod 2 = 2，以此類推。在模數算術中，我們稱整數 2、12、22 在模 10 之下同餘。我們使用**同餘運算子（congruence operator）** $\equiv$ 來表示兩個整數是同餘的。此外，我們會在同餘式的右邊加上標示（mod n）定義使這個同餘關係成立的模數值。舉例來說，我們寫出：

$2 \equiv 12$ (mod 10)	$13 \equiv 23$ (mod 10)	$34 \equiv 24$ (mod 10)	$-8 \equiv 12$ (mod 10)
$3 \equiv 8$ (mod 5)	$8 \equiv 13$ (mod 5)	$23 \equiv 33$ (mod 5)	$-8 \equiv 2$ (mod 5)

圖 2.11 顯示出同餘的概念。我們必須解釋以下幾點。

a. 同餘運算子和等式運算子看起來非常相似，但有幾點不同。第一，等式運算子將 Z 中的元素對應到它自己，但同餘運算子卻將 Z 中的元素對應到一個 Z_n 中的元素。第二，等式運算子是一對一的，但是同餘運算子卻是多對一。

圖 2.11 同餘的概念

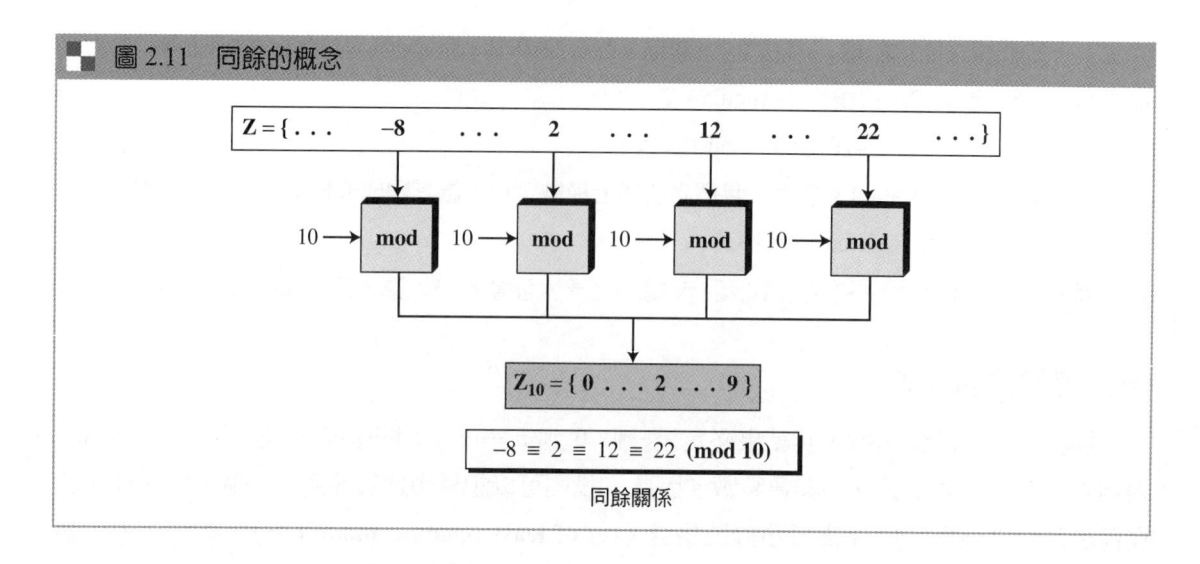

$Z = \{ \ldots \ -8 \ \ldots \ 2 \ \ldots \ 12 \ \ldots \ 22 \ \ldots \}$

$10 \to \text{mod} \ 10 \to \text{mod} \ 10 \to \text{mod} \ 10 \to \text{mod}$

$Z_{10} = \{ 0 \ \ldots \ 2 \ \ldots \ 9 \}$

$-8 \equiv 2 \equiv 12 \equiv 22 \ (\text{mod } 10)$

同餘關係

b. 我們插在同餘運算子右邊的標示 mod n 只是用來表示此運算的目標集合（Z_n）。我們必須加上這個標示來顯示此運算中用到的模數。在此，符號 mod 不是當作二元運算子來使用。換句話說，符號 mod 在 12 mod 10 中是一個運算子；但是標示 mod 10 在 2 ≡ 12 (mod 10) 則表示此運算的目標集合為 Z_{10}。

剩餘類

剩餘類（residue class）[a] 或 $[a]_n$ 是一個在模 n 之下所有餘數為 a 的整數集合。換句話說，它是一個包含所有滿足 x ≡ a (mod n) 的整數集合。舉例來說，若 n = 5，我們有下列五個集合 [0]、[1]、[2]、[3] 和 [4]，如下：

```
[0] = {..., −15, −10, −5, 0,  5, 10, 15, ...}
[1] = {..., −14,  −9, −4, 1,  6, 11, 16, ...}
[2] = {..., −13,  −8, −3, 2,  7, 12, 17, ...}
[3] = {..., −12,  −7, −5, 3,  8, 13, 18, ...}
[4] = {..., −11,  −6, −1, 4,  9, 14, 19, ...}
```

集合 [0] 中的所有整數在模 5 之後會餘 0，集合 [1] 中的所有整數在模 5 之後會餘 1，以此類推。每個集合中，都會有一個元素稱為最小（非負）餘數。集合 [0] 中，這個元素為 0；集合 [1] 中，這個元素為 1，以此類推。包含所有這些最小餘數的集合就是我們之前介紹過的 $Z_5 = \{0, 1, 2, 3, 4\}$。換句話說，集合 Z_n 就是在模 n 下所有**最小餘數（least residue）**的集合。

環狀圖表示法

利用環狀圖可以讓我們更容易瞭解同餘的概念。就好比使用數線來表示在 **Z** 中的整數分佈，我們可以利用環狀圖來表示在 Z_n 中的整數分布。圖 2.12 顯示出這兩種的差別。整數

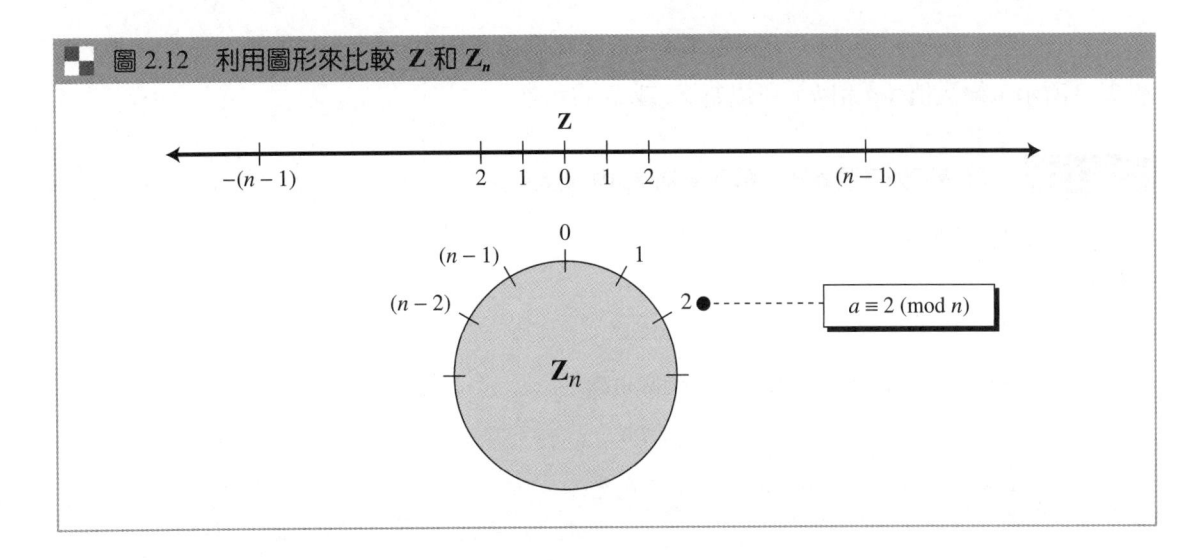

圖 2.12 利用圖形來比較 Z 和 Z_n

0 到 $n-1$ 在環狀圖上均勻分布。所有模 n 下同餘的整數將對應到環上的同一個點。Z 集合中的正整數和負整數以對稱的方式對應到這個環上。

範例 2.15 日常生活中常會用到模數算術，例如使用時鐘來測量時間。時鐘系統是模數為 12 的算術。然而在時鐘系統中，我們使用數字 12 來代替 0，所以時鐘系統從 0（或 12）開始前進，直到 11 為止。因為一天是 24 小時，因此會沿著時鐘的圓形循環兩次，並且把第一次的循環記為 A.M.，然後把第二次的循環記為 P.M.。

Z_n 下的運算

我們之前討論集合 Z 中的三個運算（加法、減法和乘法）也可以在集合 Z_n 中定義。這些運算的結果可能需要使用模運算子將其對應到 Z_n 中，如圖 2.13 所示。

事實上，在此我們使用兩種運算子的集合。第一種集合是作用在二元運算子（＋、－、

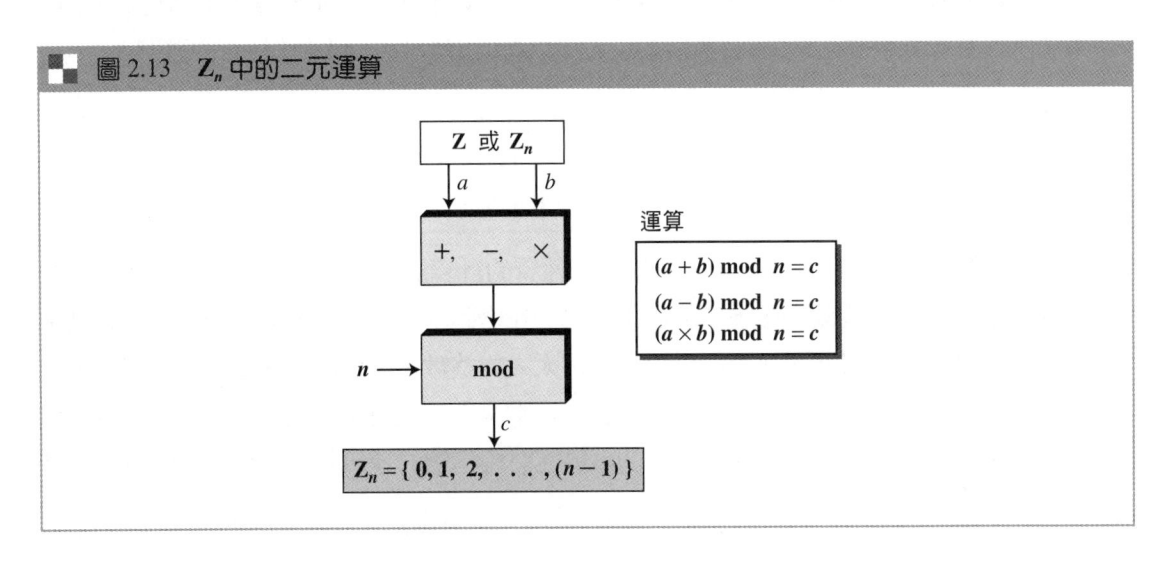

圖 2.13 Z_n 中的二元運算

×）上；而第二種集合則是作用在模運算子上。我們必須使用小括號來強調運算的順序。如圖 2.13 所示，輸入值（a 和 b）可以為 Z_n 或 Z 的元素。

範例 2.16 計算下列各運算式（輸入值為 Z_n 中的元素）：

a. 在 Z_{15} 中計算 14 加 7。
b. 在 Z_{13} 中計算 7 減 11。
c. 在 Z_{20} 中計算 7 乘 11。

解法　下列運算式顯示每小題所用到的兩個步驟：

$(14 + 7)$ mod 15　→　(21) mod $15 = 6$
$(7 - 11)$ mod 13　→　(-4) mod $13 = 9$
(7×11) mod 20　→　(77) mod $20 = 17$

範例 2.17 計算下列各運算式（輸入值為 Z 或 Z_n 中的元素）：

a. 在 Z_{14} 中計算 17 加 27。
b. 在 Z_{13} 中計算 12 減 43。
c. 在 Z_{19} 中計算 123 乘 -10。

解法　下列運算式顯示每小題所用到的兩個步驟：

$(17 + 27)$ mod 14　→　(44) mod $14 = 2$
$(12 - 43)$ mod 13　→　(-31) mod $13 = 8$
$(123 \times (-10))$ mod 19　→　(-1230) mod $19 = 5$

性質

在模數算術中，我們曾經提到三種二元運算的兩個輸入值可以為 Z 或 Z_n 的元素。下列的性質讓我們可以在使用三種二元運算（+、−、×）之前，先將兩個輸入值對應到 Z_n 中（如果它們原先為 Z 中的元素）。有興趣的讀者可以在附錄 Q 中找到這些性質的證明。

性質 1： $(a + b)$ mod $n = [(a$ mod $n) + (b$ mod $n)]$ mod n
性質 2： $(a - b)$ mod $n = [(a$ mod $n) - (b$ mod $n)]$ mod n
性質 3： $(a \times b)$ mod $n = [(a$ mod $n) \times (b$ mod $n)]$ mod n

圖 2.14 顯示出應用這些性質和未應用這些性質的計算流程。雖然此圖顯示出應用這些性質時將會使得計算流程變長，但我們必須記得，在密碼學中都是處理極大的整數。舉例來說，如果兩個極大的整數相乘，可能會得到一個太大的整數，以致於無法在電腦中儲存，但應用以上的性質可以讓原來的那兩個運算元在進行乘法之前先變小。換句話說，這些性質讓我們可以在較小的數值中進行運算。後面的章節在討論指數的運算時，這個事實將會更清楚地顯現出來。

■ 圖 2.14　模運算子的性質

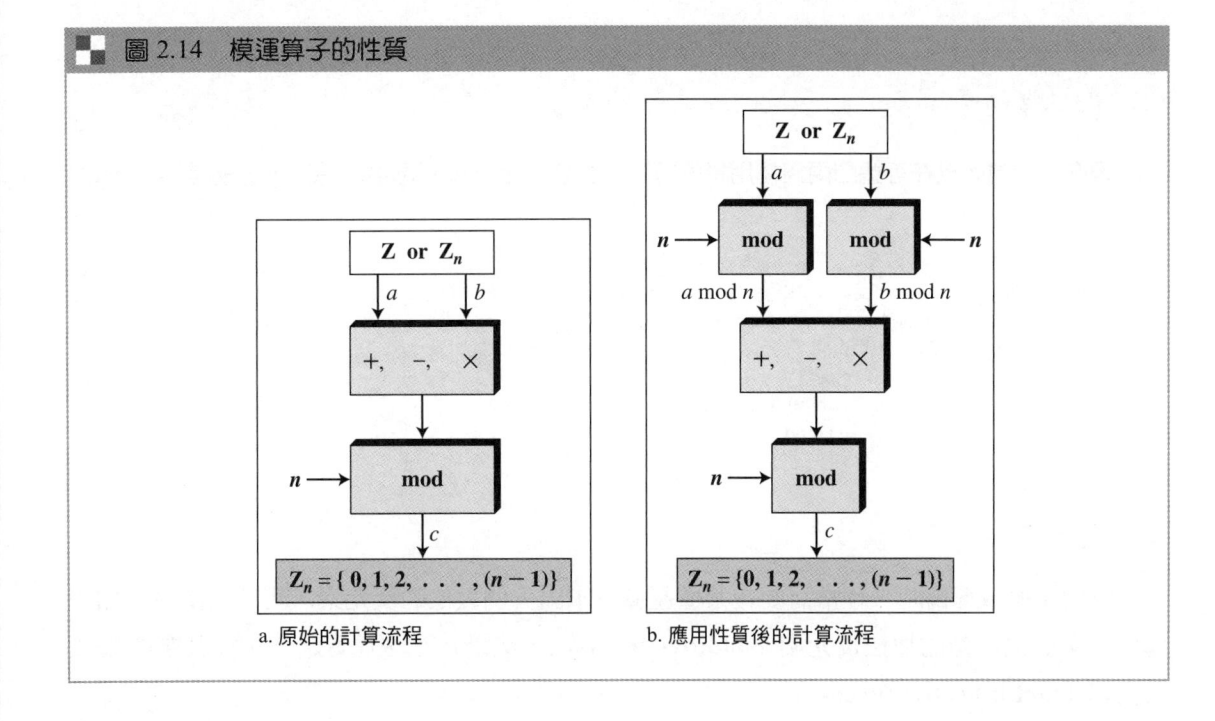

a. 原始的計算流程
b. 應用性質後的計算流程

範例 2.18　下列運算式顯示出如何應用上述性質：

a. $(1,723,345 + 2,124,945) \bmod 11 = (8 + 9) \bmod 11 = 6$
b. $(1,723,345 - 2,124,945) \bmod 16 = (8 - 9) \bmod 11 = 10$
c. $(1,723,345 \times 2,124,945) \bmod 16 = (8 \times 9) \bmod 11 = 6$

範例 2.19　在算術中，我們經常需要計算 10 的冪次方除以某個整數所得之餘數。舉例來說，我們需要求出 $10 \bmod 3$、$10^2 \bmod 3$、$10^3 \bmod 3$……等，也可能需要求出 $10 \bmod 7$、$10^2 \bmod 7$、$10^3 \bmod 7$……等。應用上述模運算子的性質 3 將會使計算過程容易許多。

$10^n \bmod x = (10 \bmod x)^n$　　　使用 n 次性質 3。

我們得到

$10 \bmod 3 = 1$　→　$10^n \bmod 3 = (10 \bmod 3)^n = 1$
$10 \bmod 9 = 1$　→　$10^n \bmod 9 = (10 \bmod 9)^n = 1$
$10 \bmod 7 = 3$　→　$10^n \bmod 7 = (10 \bmod 7)^n = 3^n \bmod 7$

範例 2.20　我們在過去被教導過，算術中一個整數除以 3 的餘數，和其每一位數之總和除以 3 的餘數是相同的。換句話說，6371 除以 3 的餘數和 17 除以 3 的餘數相同，因為 $6 + 3 + 7 + 1 = 17$。我們可以使用模運算子的性質來證明這項宣稱。我們先將整數改寫成每一個位數乘以 10 的冪次方之總和。

$$a = a_n \times 10^n + \cdots + a_1 \times 10^1 + a_0 \times 10^0$$

舉例來說：$6371 = 6 \times 10^3 + 3 \times 10^2 + 7 \times 10^1 + 1 \times 10^0$

現在，我們可以在等號的兩邊使用模運算子，並使用上一個範例中的結果，也就是 $10^n \bmod 3$ 其值為 1。

$$\begin{aligned}a \bmod 3 &= (a_n \times 10^n + \cdots + a_1 \times 10^1 + a_0 \times 10^0) \bmod 3 \\ &= (a_n \times 10^n) \bmod 3 + \cdots + (a_1 \times 10^1) \bmod 3 + (a_0 \times 10^0) \bmod 3 \\ &= (a_n \bmod 3) \times (10^n \bmod 3) + \cdots + (a_1 \bmod 3) \times (10^1 \bmod 3) + \\ &\quad (a_0 \bmod 3) \times (10^0 \bmod 3) \\ &= a_n \bmod 3 + \cdots + a_1 \bmod 3 + a_0 \bmod 3 \\ &= (a_n + \cdots + a_1 + a_0) \bmod 3\end{aligned}$$

反元素

當使用模數算術時，經常需要在某種運算下求出一個數值的反元素。我們通常會在加法運算之下尋找某數的**加法反元素（additive inverse）**，或是在乘法運算之下尋找某數的**乘法反元素（multiplicative inverse）**。

加法反元素

在 $\mathbf{Z}_n$ 中，若下式成立，則稱兩數 a 和 b 互為對方的加法反元素：

$$a + b \equiv 0 \pmod{n}$$

在 $\mathbf{Z}_n$ 中，a 的加法反元素 b 可以利用計算式 $b = n - a$ 求出。舉例來說，4 在 $\mathbf{Z}_{10}$ 的加法反元素為 $10 - 4 = 6$。

在模數算術中，每個整數都有加法反元素。
一個整數和其加法反元素之和，在模 n 下與 0 同餘。

注意，在模數算術中，每個數都有加法反元素，且反元素是唯一的；也就是說，每個數都有一個唯一的加法反元素。然而，有時候某數的加法反元素也有可能剛好就是它自己。

範例 2.21 求出 $\mathbf{Z}_{10}$ 中所有互為加法反元素的數對。

解法 加法反元素的六個數對分別為 (0, 0)、(1, 9)、(2, 8)、(3, 7)、(4, 6) 和 (5, 5)。在這些數對中，0 和 5 的加法反元素就是自己本身。我們注意到加法反元素都是相互的；亦即如果 4 是 6 的加法反元素，則 6 也是 4 的加法反元素。

乘法反元素

在 $\mathbf{Z}_n$ 中，若下式成立，則稱兩數 a 和 b 互為對方的乘法反元素：

$$a \times b \equiv 1 \ (\text{mod} \ n)$$

舉例來說，如果模數是 10，則 3 的乘法反元素是 7。換句話說，我們得到 (3×7) mod $10 = 1$。

在模數算術中，一個整數不一定有乘法反元素。
若一個整數有乘法反元素，則該整數和其乘法反元素的乘積必定在模 n 下與 1 同餘。

以下的定理可以證明：a 在 $\mathbf{Z}_n$ 中有乘法反元素，若且唯若 gcd $(n, a) = 1$。在這種情形下，我們稱 a 和 n 為**互質**（relatively prime）。

範例 2.22　求出 8 在 $\mathbf{Z}_{10}$ 中的乘法反元素。

解法　乘法反元素是不存在的，因為 gcd $(10, 8) = 2 \neq 1$。換句話說，在 0 到 9 之間，我們無法找出一個整數使其和 8 相乘後，結果和 1 同餘。

範例 2.23　求出在 $\mathbf{Z}_{10}$ 中所有的乘法反元素。

解法　在 $\mathbf{Z}_{10}$ 中只有三對乘法反元素：$(1, 1)$、$(3, 7)$ 和 $(9, 9)$。數值 0、2、4、5、6 和 8 沒有乘法反元素。我們可以發現

$$(1 \times 1) \bmod 10 = 1 \qquad (3 \times 7) \bmod 10 = 1 \qquad (9 \times 9) \bmod 10 = 1$$

範例 2.24　求出在 $\mathbf{Z}_{11}$ 中所有的乘法反元素。

解法　我們有七對乘法反元素：$(1, 1)$、$(2, 6)$、$(3, 4)$、$(5, 9)$、$(7, 8)$、$(9, 9)$ 和 $(10, 10)$。當我們把 $\mathbf{Z}_{10}$ 換成 $\mathbf{Z}_{11}$ 後，乘法反元素的數對變成了兩倍以上。這是因為在 $\mathbf{Z}_{11}$ 中，所有的數值 a（除了 0 以外）都滿足 gcd $(11, a)$ 為 1（互質）。這表示從 1 到 10 所有的整數都有乘法反元素。

a 在 $\mathbf{Z}_n$ 中有乘法反元素，若且唯若 gcd $(n, a) \equiv 1$ (mod n)

給定整數 n 和 b，且 b 在模 n 下的乘法反元素存在時，可以利用本章稍早討論到的歐幾里德延伸演算法來求出 b 在 $\mathbf{Z}_n$ 中的乘法反元素。為了證明這點，先將演算法中的第一個整數 a 代換成 n（模數）。我們可以說，這個演算法是找出 s 和 t 滿足 $s \times n + b \times t =$ gcd (n, b)。然而，如果 b 的乘法反元素存在，則 gcd (n, b) 必定為 1。因此，這個關係式會變成

$$(s \times n) + (b \times t) = 1$$

現在，我們在等號兩邊使用模運算子。換句話說，分別將等號兩邊對應到 $\mathbf{Z}_n$，我們將會得到

$(s \times n + b \times t) \bmod n = 1 \bmod n$
$[(s \times n) \bmod n] + [(b \times t) \bmod n] = 1 \bmod n$
$0 + [(b \times t) \bmod n] = 1$
$(b \times t) \bmod n = 1$ → 這表示 t 是 b 在 $\mathbf{Z}_n$ 中的乘法反元素。

注意在第三行中，$[(s \times n) \bmod n]$ 等於 0 是因為當我們用 n 來除 $(s \times n)$ 時，其商等於 s，但餘數為 0。

給定整數 n 和 b，且 $\gcd(n, b) = 1$，歐幾里德延伸演算法可以求出 b 在 $\mathbf{Z}_n$ 中的乘法反元素。b 的乘法反元素為 t 對應到 $\mathbf{Z}_n$ 後所得到的數值。

圖 2.15 顯示出如何使用歐幾里德延伸演算法來求出某數的乘法反元素。

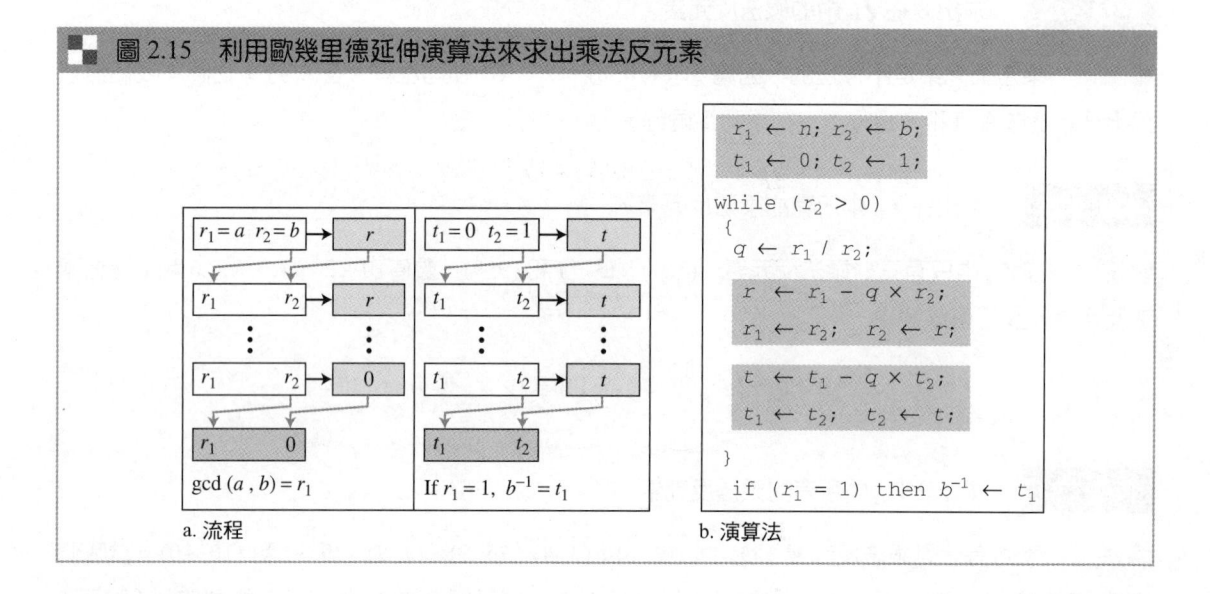

圖 2.15　利用歐幾里德延伸演算法來求出乘法反元素

```
r1 ← n; r2 ← b;
t1 ← 0; t2 ← 1;
while (r2 > 0)
{
  q ← r1 / r2;
  r ← r1 - q × r2;
  r1 ← r2;  r2 ← r;
  t ← t1 - q × t2;
  t1 ← t2;  t2 ← t;
}
if (r1 = 1) then b^-1 ← t1
```

a. 流程　　　　　　　　　　　　　　b. 演算法

範例 2.25　求出 11 在 $\mathbf{Z}_{26}$ 中的乘法反元素。

解法　我們使用和之前相似的表格，且令 $r_1 = 26$ 和 $r_2 = 11$。在此，我們只對 t 的數值感興趣。

q	r_1	r_2	r	t_1	t_2	t
2	26	11	4	0	1	−2
2	11	4	3	1	−2	5
1	4	3	1	−2	5	−7
3	3	1	0	5	−7	26
	1	0		−7	26	

$\gcd(26, 11)$ 的值為 1，這表示 11 的乘法反元素存在。利用歐幾里德延伸演算法，我們最後得到 $t_1 = -7$。乘法反元素即為 $(-7) \bmod 26 = 19$。換句話說，11 和 19 在 $\mathbf{Z}_{26}$ 中互為乘法反元素。我們可以發現 $(11 \times 19) \bmod 26 = 209 \bmod 26 = 1$。

範例 2.26 求出 23 在 Z_{100} 中的乘法反元素。

解法 我們使用和之前相似的表格,且令 $r_1 = 100$ 和 $r_2 = 23$。在此,只對 t 的數值感興趣。

q	r_1	r_2	r	t_1	t_2	t
4	100	23	8	0	1	−4
2	23	8	7	1	−4	19
1	8	7	1	−4	9	−13
7	7	1	0	9	−13	100
	1	0		−13	100	

gcd (100, 23) 的值為 1,這表示 23 的乘法反元素存在。利用歐幾里德延伸演算法,我們最後得到 t_1 = −13。乘法反元素即為 (−13) mod 100 = 87。換句話說,13 和 87 在 Z_{100} 中互為乘法反元素。我們可以發現 (23 × 87) mod 100 = 2001 mod 100 = 1。

範例 2.27 求出 12 在 Z_{26} 中的乘法反元素。

解法 我們使用和之前相似的表格,且令 $r_1 = 26$ 和 $r_2 = 12$。

q	r_1	r_2	r	t_1	t_2	t
2	26	12	2	0	1	−2
6	12	2	0	1	−2	13
	2	0		−2	13	

gcd (26, 12) = 2 ≠ 1,這表示 12 在 Z_{26} 中沒有乘法反元素。

加法表和乘法表

圖 2.16 顯示出加法和乘法兩個表格。在加法表中,每個整數都有加法反元素。加法反元素的數對可以由相加為 0 的行與列中找出。我們得到 (0, 0)、(1, 9)、(2, 8)、(3, 7)、(4, 6)

圖 2.16 Z_{10} 的加法表和乘法表

	0	1	2	3	4	5	6	7	8	9
0	0	1	2	3	4	5	6	7	8	9
1	1	2	3	4	5	6	7	8	9	0
2	2	3	4	5	6	7	8	9	0	1
3	3	4	5	6	7	8	9	0	1	2
4	4	5	6	7	8	9	0	1	2	3
5	5	6	7	8	9	0	1	2	3	4
6	6	7	8	9	0	1	2	3	4	5
7	7	8	9	0	1	2	3	4	5	6
8	8	9	0	1	2	3	4	5	6	7
9	9	0	1	2	3	4	5	6	7	8

Z_{10} 的加法表

	0	1	2	3	4	5	6	7	8	9
0	0	0	0	0	0	0	0	0	0	0
1	0	1	2	3	4	5	6	7	8	9
2	0	2	4	6	8	0	2	4	6	8
3	0	3	6	9	2	5	8	1	4	7
4	0	4	8	2	6	0	4	8	2	6
5	0	5	0	5	0	5	0	5	0	5
6	0	6	2	8	4	0	6	2	8	4
7	0	7	4	1	8	0	2	9	6	3
8	0	8	6	4	2	0	8	6	4	2
9	0	9	8	7	6	5	4	3	2	1

Z_{10} 的乘法表

和 (5, 5)。在乘法表中，只有三個乘法反元素的數對 (1, 1)、(3, 7) 和 (9, 9)，它們可以由相乘為 1 的行與列中找出。我們可以發現，這兩個表格都是以左上至右下的對角線為基準而形成對稱，這個事實顯示出加法和乘法都具有交換性（$a + b = b + a$ 和 $a \times b = b \times a$）。加法表也顯示出每一列或行都是另一個列或行的排列。但是乘法表卻沒有這樣的性質。

🔑 加法和乘法的不同集合

在密碼學中，我們常常會使用到反元素。如果傳送方使用一個整數（當作加密的金鑰），則接收方就使用該整數的反元素（當作解密的金鑰）。若使用的運算（加密／解密演算法）是加法時，我們可以把集合 Z_n 當作可使用的金鑰空間，是因為在這個集合所有的整數都有加法反元素。另一方面，若使用的運算（加密／解密演算法）是乘法時，我們就不可以把集合 Z_n 當作可使用的金鑰空間，這是因為在此一集合中只有部分的元素有乘法反元素。這時我們需要另一種集合。這個新的集合是一個 Z_n 的子集合，只包含 Z_n 中具有唯一乘法反元素的那些成員，我們稱這個集合為 Z_{n^*}。圖 2.17 顯示出這兩種集合的一些例子。注意，Z_{n^*} 可以利用乘法表產生，如同圖 2.16 所示。

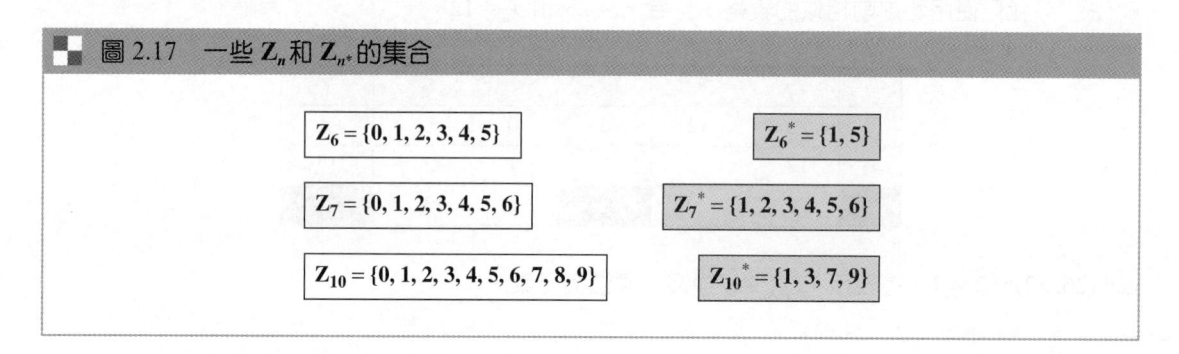

■ 圖 2.17　一些 Z_n 和 Z_{n^*} 的集合

$Z_6 = \{0, 1, 2, 3, 4, 5\}$　　　　$Z_6^* = \{1, 5\}$

$Z_7 = \{0, 1, 2, 3, 4, 5, 6\}$　　　$Z_7^* = \{1, 2, 3, 4, 5, 6\}$

$Z_{10} = \{0, 1, 2, 3, 4, 5, 6, 7, 8, 9\}$　$Z_{10}^* = \{1, 3, 7, 9\}$

Z_n 中的每個成員都有加法反元素，但只有部分的成員有乘法反元素。Z_{n^*} 中的每個成員都有乘法反元素，但只有部分的成員有加法反元素。

當需要加法反元素時，我們使用集合 Z_n；當需要乘法反元素時，我們使用集合 Z_{n^*}。

🔑 另外兩種集合

密碼學常常使用另外兩種集合：Z_p 和 Z_{p^*}。這兩種集合所使用的模數都是質數。我們將在後面的章節討論質數。如果一個數只有兩個因數，1 和它自己本身，則稱此數為質數。

集合 Z_p 和 Z_n 幾乎完全相同，除了 p 是質數之外。Z_p 包含了從 0 至 $p-1$ 所有的整數。Z_p 中的每個成員都有加法反元素；除了 0 以外的每個成員都有乘法反元素。

集合 Z_{p^*} 和 Z_{n^*} 幾乎完全相同，除了 p 是質數之外。Z_{p^*} 包含了從 1 至 $p-1$ 所有的整數。Z_{p^*} 中的每個成員都有加法反元素和乘法反元素。當我們需要一個同時具備加法反元素和乘

法反元素的集合時，$\mathbf{Z}_{p^*}$ 是一個非常好的選擇。

以下列出當 $p = 13$ 時的這兩種集合：

$\mathbf{Z}_{13} = \{0, 1, 2, 3, 4, 5, 6, 7, 8, 9, 10, 11, 12\}$
$\mathbf{Z}_{13^*} = \{1, 2, 3, 4, 5, 6, 7, 8, 9, 10, 11, 12\}$

2.3 矩陣

在密碼學中我們有時會用到矩陣。雖然這個主題是屬於代數中的一個分支──線性代數，但為了有助於學習矩陣在密碼學中的應用，以下將簡單地回顧矩陣。若對這個主題已經非常熟悉，可以選擇性地跳過本節的全部或部分內容。在本節中，我們將先介紹一些定義，再說明如何在模數算術中使用矩陣。

定義

矩陣（matrix）是一個由 $1 \times m$ 個元素所構成的矩形陣列，其中 l 為列數而 m 為行數。我們通常使用粗體大寫的英文字母來標記一個矩陣，例如 $\mathbf{A}$。元素 a_{ij} 的位置是在矩陣中的第 i 列第 j 行。雖然矩陣中的元素可為任意數值的集合，但在此我們只討論元素屬於 $\mathbf{Z}$ 的矩陣。圖 2.18 顯示出一個矩陣。

圖 2.18　一個大小為 $l \times m$ 的矩陣

$$\text{矩陣 } \mathbf{A}: l \text{ 列} \quad \overset{m \text{ 行}}{\begin{bmatrix} a_{11} & a_{12} & \cdots & a_{1m} \\ a_{21} & a_{22} & \cdots & a_{2m} \\ \vdots & \vdots & & \vdots \\ a_{l1} & a_{l2} & \cdots & a_{lm} \end{bmatrix}}$$

若一個矩陣只有一列（$l = 1$），我們稱它為**列矩陣**（row matrix）；若它只有一行（$m = 1$），我們稱它為**行矩陣**（column matrix）。在一個**方陣**（square matrix）中，其列數和行數是相等的（$l = m$），元素 $a_{11}, a_{22}, ..., a_{mm}$ 形成**主對角線**（main diagonal）。一個加法單位矩陣，標記為 $\mathbf{0}$，是一個所有列和行都為 0 的矩陣。一個**單位矩陣**（identity matrix），標記為 $\mathbf{I}$，是一個主對角線為 1，其餘位置全為 0 的方陣。圖 2.19 列出一些元素屬於 $\mathbf{Z}$ 的矩陣。

運算和關係式

在線性代數中，我們對於矩陣定義了一個關係式（等式）和四個運算（加法、減法、乘法以及純量乘法）。

圖 2.19　一些矩陣的範例

$$\begin{bmatrix} 2 & 1 & 5 & 11 \end{bmatrix}$$
列矩陣

$$\begin{bmatrix} 2 \\ 4 \\ 12 \end{bmatrix}$$
行矩陣

$$\begin{bmatrix} 23 & 14 & 56 \\ 12 & 21 & 18 \\ 10 & 8 & 31 \end{bmatrix}$$
方陣

$$\begin{bmatrix} 0 & 0 \\ 0 & 0 \\ 0 & 0 \end{bmatrix}$$
0

$$\begin{bmatrix} 1 & 0 \\ 0 & 1 \end{bmatrix}$$
I

等式

若兩個矩陣有相同的列數和行數，且同樣位置的元素都相等，我們稱此兩個矩陣為相等。換句話說，如果對於所有的 i 和 j，$a_{ij} = b_{ij}$，則 **A** = **B**。

加法和減法

只有當兩個矩陣有相同的列數和行數時，它們才可以進行相加，並表示成 **C** = **A** + **B**。在這個情形下，計算結果矩陣 **C** 和矩陣 **A** 或矩陣 **B** 有相同的列數和行數。**C** 中的每個元素為 **A** 和 **B** 中同樣位置元素的和：$c_{ij} = a_{ij} + b_{ij}$。減法和加法幾乎是相同的，除了結果矩陣中的每個元素為 **A** 和 **B** 中同樣位置元素的差：$d_{ij} = a_{ij} - b_{ij}$。

範例 2.28　圖 2.20 顯示出一些加法和減法的範例。

圖 2.20　矩陣的加法和減法

$$\begin{bmatrix} 12 & 4 & 4 \\ 11 & 12 & 30 \end{bmatrix} = \begin{bmatrix} 5 & 2 & 1 \\ 3 & 2 & 10 \end{bmatrix} + \begin{bmatrix} 7 & 2 & 3 \\ 8 & 10 & 20 \end{bmatrix}$$
C = A + B

$$\begin{bmatrix} -2 & 0 & -2 \\ -5 & -8 & 10 \end{bmatrix} = \begin{bmatrix} 5 & 2 & 1 \\ 3 & 2 & 10 \end{bmatrix} - \begin{bmatrix} 7 & 2 & 3 \\ 8 & 10 & 20 \end{bmatrix}$$
D = A − B

乘法

我們可以將兩個大小不同的矩陣相乘，只要第一個矩陣的行數和第二個矩陣的列數相等即可。若 **A** 是一個 $l \times m$ 矩陣，而 **B** 是一個 $m \times p$ 矩陣，則兩個矩陣相乘的結果是一個大小為 $l \times p$ 的矩陣 **C**。如果令矩陣 **A** 的每個元素為 a_{ij}，矩陣 **B** 的每個元素為 b_{jk}，則矩陣 **C** 的每個元素 c_{ik} 計算如下：

$$c_{ik} = \sum a_{ij} \times b_{jk} = a_{i1} \times b_{1j} + a_{i2} \times b_{2j} + \cdots + a_{im} \times b_{mj}$$

範例 2.29　圖 2.21 顯示一個 1×3 矩陣和一個 3×1 矩陣的乘積，結果是一個大小為 1×1 的矩陣。

圖 2.21　一個列矩陣和一個行矩陣的相乘

$$\begin{bmatrix} 53 \end{bmatrix} = \begin{bmatrix} 5 & 2 & 1 \end{bmatrix} \times \begin{bmatrix} 7 \\ 8 \\ 2 \end{bmatrix}$$

其中：$53 = 5\times 7 + 2\times 8 + 1\times 2$

範例 2.30　圖 2.22 顯示一個 2×3 矩陣和一個 3×4 矩陣的乘積，結果是一個大小為 2×4 的矩陣。

圖 2.22　一個 2×3 矩陣和一個 3×4 矩陣的相乘

$$\begin{bmatrix} 52 & 18 & 14 & 9 \\ 41 & 21 & 22 & 7 \end{bmatrix} = \begin{bmatrix} 5 & 2 & 1 \\ 3 & 2 & 4 \end{bmatrix} \times \begin{bmatrix} 7 & 3 & 2 & 1 \\ 8 & 0 & 0 & 2 \\ 1 & 3 & 4 & 0 \end{bmatrix}$$

純量乘法

我們可以將一個矩陣和一個數值〔稱為**純量（scalar）**〕相乘。若 **A** 是一個 $l \times m$ 矩陣且 x 是一個純量，$\mathbf{C} = x\mathbf{A}$ 是一個大小為的 $l \times m$ 矩陣，其中 $c_{ij} = x \times a_{ij}$。

範例 2.31　圖 2.23 顯示一個純量乘法的範例。

圖 2.23　純量乘法

$$\begin{bmatrix} 15 & 6 & 3 \\ 9 & 6 & 12 \end{bmatrix} = 3 \times \begin{bmatrix} 5 & 2 & 1 \\ 3 & 2 & 4 \end{bmatrix}$$

行列式

一個大小為 $m \times m$ 的方陣 **A**，其**行列式（determinant）**標記為 det (**A**)，是一個可利用下列遞迴式計算所得之純量：

1. 若 $m = 1$，則 det (**A**) = a_{11}
2. 若 $m > 1$，則 det (**A**) = $\sum_{i=1...m} (-1)^{i+j} \times a_{ij} \times \det(\mathbf{A}_{ij})$

其中，$\mathbf{A}_{ij}$ 是一個由 **A** 刪除掉第 i 列和第 j 行所得的矩陣。

只有方陣具有行列式。

範例 2.32　圖 2.24 顯示我們如何利用上述的遞迴式和 1×1 矩陣的行列式，來計算 2×2 矩陣的行列式。這個例子告訴我們，當 m 為 1 或 2 時，要求出一個矩陣的行列式非常容易。

■ 圖 2.24　計算 2×2 矩陣的行列式

$$\det \begin{bmatrix} 5 & 2 \\ 3 & 4 \end{bmatrix} = (-1)^{1+1} \times 5 \times \det[4] + (-1)^{1+2} \times 2 \times \det[3] \longrightarrow 5 \times 4 - 2 \times 3 = 14$$

或 $\det \begin{bmatrix} a_{11} & a_{12} \\ a_{21} & a_{22} \end{bmatrix} = a_{11} \times a_{22} - a_{12} \times a_{21}$

範例 2.33　圖 2.25 顯示如何計算 3×3 矩陣的行列式。

■ 圖 2.25　計算 3×3 矩陣的行列式

$$\det \begin{bmatrix} 5 & 2 & 1 \\ 3 & 0 & -4 \\ 2 & 1 & 6 \end{bmatrix} = (-1)^{1+1} \times 5 \times \det \begin{bmatrix} 0 & -4 \\ 1 & 6 \end{bmatrix} + (-1)^{1+2} \times 2 \times \det \begin{bmatrix} 3 & -4 \\ 2 & 6 \end{bmatrix} + (-1)^{1+3} \times 1 \times \det \begin{bmatrix} 3 & 0 \\ 2 & 1 \end{bmatrix}$$

$$= (+1) \times 5 \times (+4) \quad + \quad (-1) \times 2 \times (24) \quad + \quad (+1) \times 1 \times (3) = -25$$

⚬┬ 反矩陣

矩陣對於加法和乘法都具有反矩陣。

加法反矩陣

矩陣 **A** 的加法反矩陣是一個使得 **A** + **B** = **0** 的矩陣 **B**。換句話說，對於所有的 i 值和 j 值，我們可得 $b_{ij} = -a_{ij}$。一般來說，對於矩陣 **A** 的加法反矩陣，我們通常記為 −**A**。

乘法反矩陣

乘法反矩陣只在方陣中有定義。方陣 **A** 的乘法反矩陣是一個使得 **A** × **B** = **B** × **A** = **I** 的方陣 **B**。一般來說，對於矩陣 **A** 的乘法反矩陣，我們通常記為 **A**$^{-1}$。對於一個矩陣 **A**，只有當 det (**A**) 在其所對應的集合中具有乘法反元素時，該矩陣之乘法反矩陣才會存在。因此，由於 **Z** 中沒有任何整數具有乘法反元素，所以在 **Z** 中不存在任何乘法反矩陣。然而，任何 det (**A**) ≠ 0 的實數矩陣都具有乘法反矩陣。

乘法反矩陣只在方陣中有定義。

餘數矩陣

在密碼學上我們使用餘數矩陣：所有元素皆定義在 Z_n 中的矩陣。餘數矩陣上所有的運算和整數矩陣是完全相同的，除了最後還要再做一次模數算術。對於餘數矩陣，我們有個有趣的結論，那就是若一個餘數矩陣的行列式在 Z_n 有乘法反元素，則其具有乘法反矩陣。換句話說，若 gcd (det (**A**), n) = 1，則該餘數矩陣具有乘法反矩陣。

範例 2.34　圖 2.26 顯示在 Z_{26} 中的一個餘數矩陣 **A** 和其乘法反矩陣 A^{-1}。我們可得 det (**A**) = 21，而其在 Z_{26} 中的乘法反元素是 5。注意，當我們將這兩個矩陣相乘時，結果為 Z_{26} 的單位矩陣。

■ 圖 2.26　一個餘數矩陣和其乘法反矩陣

$$\mathbf{A} = \begin{bmatrix} 3 & 5 & 7 & 2 \\ 1 & 4 & 7 & 2 \\ 6 & 3 & 9 & 17 \\ 13 & 5 & 4 & 16 \end{bmatrix} \quad \mathbf{A}^{-1} = \begin{bmatrix} 15 & 21 & 0 & 15 \\ 23 & 9 & 0 & 22 \\ 15 & 16 & 18 & 3 \\ 24 & 7 & 15 & 3 \end{bmatrix}$$

$\det(\mathbf{A}) = 21$　　　　　　　$\det(\mathbf{A}^{-1}) = 5$

同餘

若兩個矩陣具有相同的列數和行數，且它們所有相對位置的元素在模 n 下都同餘，則我們說這兩個矩陣在模 n 下同餘，記為 $\mathbf{A} \equiv \mathbf{B} \pmod{n}$。換句話說，對於所有的 i 值 和 j 值，若 $a_{ij} \equiv b_{ij} \pmod{n}$，則 $\mathbf{A} \equiv \mathbf{B} \pmod{n}$。

2.4 線性同餘

在密碼學中，我們常常需要在 Z_n 中去解單變數或多變數的方程式或方程組。本節將討論如何解變數為 1 次方的方程式（線性方程式）。

單變數線性方程式

我們首先看看如何求解單變數的方程式──也就是型式為 $ax \equiv b \pmod{n}$ 的方程式。這種型態的方程式可能為無解或是有限個數的解。假設 gcd (a, n) = d，如果 $d \nmid b$，則無解；如果 $d \mid b$，則有 d 個解。

如果 $d \mid b$，我們使用以下的方法來求解：
1. 將等號的兩邊（包含模數）同時除以 d 來約分方程式。
2. 對於約分後的方程式，在等號的兩邊同時乘以 a 的乘法反元素，以求出特解 x_0。
3. 通解為 $x = x_0 + k\,(n/d)$，其中 $k = 0, 1, ..., (d-1)$。

範例 2.35
求解方程式 $10x \equiv 2 \pmod{15}$。

解法 首先求出 $\gcd(10, 15) = 5$。因為 5 不能整除 2，所以此方程式無解。

範例 2.36
求解方程式 $14x \equiv 12 \pmod{18}$。

解法 我們注意到 $\gcd(14, 18) = 2$。因為 2 能整除 12，可知此方程式有兩個解，但在此我們先約分此方程式。

$$14x \equiv 12 \pmod{18} \rightarrow 7x \equiv 6 \pmod 9 \rightarrow x \equiv 6(7^{-1}) \pmod 9$$
$$x_0 = (6 \times 7^{-1}) \bmod 9 = (6 \times 4) \bmod 9 = 6$$
$$x_1 = x_0 + 1 \times (18/2) = 15$$

6 和 15 這兩個解都滿足這個同餘關係，因為 $(14 \times 6) \bmod 18 = 12$，而 $(14 \times 15) \bmod 18 = 12$。

範例 2.37
求解方程式 $3x + 4 \equiv 6 \pmod{13}$。

解法 首先將方程式轉換成 $ax \equiv b \pmod n$ 的型式。我們在等號的兩邊同時加 -4（4 的加法反元素），讓方程式變成 $3x \equiv 2 \pmod{13}$。因為 $\gcd(3, 13) = 1$，此方程式只有一個解，也就是 $x_0 = (2 \times 3^{-1}) \bmod 13 = 18 \bmod 13 = 5$。我們可以發現這個解滿足原方程式：$3 \times 5 + 4 \equiv 6 \pmod{13}$。

線性方程組

在相同的模數下，若一個線性方程組的所有係數所形成的矩陣是可逆的，則此線性方程組有解。我們造出三個矩陣來解線性方程組：第一個是由係數所形成的方陣；第二個是由變數所形成的行矩陣；第三個是由同餘運算子右邊的值所形成的行矩陣。如此一來，就可以將線性方程組轉換成矩陣乘法。如果在同餘式的兩邊同時乘以第一個矩陣的乘法反矩陣，則變數矩陣的解即為同餘式右邊的矩陣，這也就代表著我們可以利用矩陣乘法來解決線性方程組的問題，如圖 2.27 所示。

範例 2.38
求解下列方程組：

$$3x + 5y + 7z \equiv 3 \pmod{16}$$
$$x + 4y + 13z \equiv 5 \pmod{16}$$
$$2x + 7y + 3z \equiv 4 \pmod{16}$$

解法 在此 x, y, z 和 x_1, x_2, x_3 扮演相同的角色。由此方程組所形成的係數矩陣是可逆的。我們求出此係數矩陣的乘法反矩陣，並且和由 3, 5, 4 所形成的行矩陣相乘，其結果為 $x \equiv 15 \pmod{16}$，$y \equiv 4 \pmod{16}$ 和 $z \equiv 14 \pmod{16}$。我們可以將這些值代入方程式中來驗證其正確性。

圖 2.27 線性方程組

$$
\begin{array}{c}
a_{11}x_1 + a_{12}x_2 + \cdots + a_{1n}x_n \equiv b_1 \\
a_{21}x_1 + a_{22}x_2 + \cdots + a_{2n}x_n \equiv b_2 \\
\vdots \\
a_{n1}x_1 + a_{n2}x_2 + \cdots + a_{nn}x_n \equiv b_n
\end{array}
$$

a. 方程組

$$
\begin{bmatrix} a_{11} & a_{12} & \cdots & a_{1n} \\ a_{21} & a_{22} & \cdots & a_{2n} \\ \vdots & \vdots & & \vdots \\ a_{n1} & a_{n2} & \cdots & a_{nn} \end{bmatrix} \begin{bmatrix} x_1 \\ x_2 \\ \vdots \\ x_n \end{bmatrix} \equiv \begin{bmatrix} b_1 \\ b_2 \\ \vdots \\ b_n \end{bmatrix} \qquad \begin{bmatrix} x_1 \\ x_2 \\ \vdots \\ x_n \end{bmatrix} \equiv \begin{bmatrix} a_{11} & a_{12} & \cdots & a_{1n} \\ a_{21} & a_{22} & \cdots & a_{2n} \\ \vdots & \vdots & & \vdots \\ a_{n1} & a_{n2} & \cdots & a_{nn} \end{bmatrix}^{-1} \begin{bmatrix} b_1 \\ b_2 \\ \vdots \\ b_n \end{bmatrix}
$$

b. 轉換為矩陣　　　　　　　　　　　　　　　　c. 解

推薦讀物

為了更深入瞭解本章所討論的主題，我們建議選讀下列書籍與網站。括號內的項目請參閱本書書末的參考文獻。

書籍

許多書籍對於數論均有簡單且完整的介紹，其中包含[Ros06]、[Sch99]、[Cou99] 和 [BW00]。在任何一本有關線性代數的書中，均會討論到矩陣；[LEF04]、[DF04] 和 [Dur05] 都是一些很好的教科書，這些書可以幫助我們瞭解矩陣的性質。

網站

對於本章所討論的主題，以下的網站提供了許多更深入的資訊。

- http://en.wikipedia.org/wiki/Euclidean_algorithm
- http://en.wikipedia.org/wiki/Multiplicative_inverse
- http://en.wikipedia.org/wiki/Additive_inverse

關鍵詞彙

- additive inverse　加法反元素　34
- binary operation　二元運算　19
- column matrix　行矩陣　39
- congruence　同餘　29
- congruence operator　同餘運算子　29
- determinant　行列式　41
- divisibility　整除性　21
- Euclidean algorithm　歐幾里德演算法　23
- extended Euclidean algorithm　歐幾里德延伸演算法　24

- greatest common divisor（gcd）
  最大公因數　22
- identity matrix　單位矩陣　39
- integer arithmetic　整數算術　19
- least residue　最小餘數　30
- linear congruence　線性同餘　43
- linear Diophantine equation　線性 Diophantine 方程式　26
- main diagonal　主對角線　39
- matrix　矩陣　39
- modular arithmetic　模數算術　28
- modulo operator（mod）　模運算子　28
- modulus　模數　28
- multiplicative inverse　乘法反元素　34
- relatively prime　互質　35
- residue　餘數　28
- residue class　剩餘類　30
- row matrix　列矩陣　39
- scalar　純量　41
- set of integers, $\mathbf{Z}$　整數集合　19
- set of residues, $\mathbf{Z}_n$　餘數集合　29
- square matrix　方陣　39

重點摘要

- 整數集合，標記為 $\mathbf{Z}$，是從負無窮大到正無窮大之所有整數形成的集合。常見的二元運算有加法、減法和乘法三種。除法並不屬於二元運算的一種，因為除法所產生的輸出值是兩個而不是一個。
- 在整數算術中，如果我們使用 n 來除 a，可以得到 q 和 r。這四個整數之間的關係可以表示成 $a = q \times n + r$。若 $a = q \times n$，我們說 $n \mid a$。在本章中，我們提到有關整除性的四個性質。
- 兩個正整數可能會有許多公因數，但我們通常只對最大公因數感興趣。歐幾里德演算法提供一個快速且系統化的方法，來計算兩個整數之最大公因數。
- 歐幾里德延伸演算法可以同時計算出 gcd (a, b) 及 s 和 t 的值，來滿足方程式 $as + bt =$ gcd (a, b)。
- 一個雙變數之線性 Diophantine 方程式為 $ax + by = c$。此方程式具有特解和通解。
- 在模數算術中，我們只對餘數感興趣。當用 n 來除 a 時，我們只想知道其餘數 r 為何。我們使用一個新的運算子，稱為模運算子 (mod)，使得 $a \bmod n = r$。在此，n 稱為模數，r 稱為餘數。
- 模數為 n 的模數運算，其結果必定是一個 0 到 $n - 1$ 之間的整數。我們可以說模數運算產生了一個集合，此集合在模數算術中被稱為模 n 之最小餘數集合，或記為 $\mathbf{Z}_n$。
- 從 $\mathbf{Z}$ 到 $\mathbf{Z}_n$ 的對應並不是一對一的。在 $\mathbf{Z}$ 中有無限個元素會對應到 $\mathbf{Z}_n$ 中的一個元素。在模數算術中，如果 $\mathbf{Z}$ 中的整數都對應到 $\mathbf{Z}_n$ 中同一個整數，則我們稱這些整數在模 n 下同餘。為了表示兩個整數同餘，我們使用同餘運算子 $\equiv$。
- 剩餘類 $[a]$ 是一個在模 n 之下所有餘數為 a 的整數集合。它是一個包含所有滿足 $x = a \pmod{n}$ 的整數集合。
- $\mathbf{Z}$ 中的三個運算（加法、減法和乘法）也可以在集合 $\mathbf{Z}_n$ 中定義。這些運算的結果可能需要使用模運算子將其對應到 $\mathbf{Z}_n$ 中。
- 在本章中我們定義了許多模數運算的性質。
- 在 $\mathbf{Z}_n$ 中，若兩數 $a + b \equiv 0 \pmod{n}$，則 a 和 b 互為對方的加法反元素。若 $a \times b \equiv 1 \pmod{n}$，則它們互為對方的乘法反元素。整數 a 在 $\mathbf{Z}_n$ 中有乘法反元素，若且唯若 gcd $(n, a) = 1$（a 和 n 為互質）。
- 給定 n 和 b 且 gcd $(n, b) = 1$，則歐幾里德延伸演算法可以求出 b 在 $\mathbf{Z}_n$ 中的乘法反元素。b 的乘法反元素為 t 對應到 $\mathbf{Z}_n$ 後所得到的數值。

- 矩陣是一個由 1 × m 個元素所構成的矩形陣列，其中 1 為列數而 m 為行數。我們通常使用粗體大寫的英文字母來標記一個矩陣，例如 **A**。元素 a_{ij} 的位置是在矩陣中的第 i 列第 j 行。
- 若兩個矩陣有相同的列數和行數，且同樣位置的元素都相等，則我們稱這兩個矩陣相等。
- 只有當矩陣的大小相同時，才可以進行加法或減法。我們可以將兩個大小不同的矩陣相乘，只要第一個矩陣的行數和第二個矩陣的列數相等即可。
- 對於一個餘數矩陣，其所有元素都在 Z_n 中。餘數矩陣上所有的運算都是在模數算術中完成。若一個餘數矩陣的行列式在 Z_n 有乘法反元素，則其具有乘法反矩陣。
- 型式為 $ax \equiv b \pmod{n}$ 的方程式可能為無解或是有限個數的解。若 $\gcd(a, n) \mid b$，則此方程式有有限個數的解。
- 在相同模數下，若一個線性方程組的所有係數所形成的矩陣是可逆的，則此線性方程組有解。

練習集

問題回顧

1. 分辨兩種集合 **Z** 和 Z_n 之異同。哪一種集合有負整數？我們如何將 **Z** 的整數對應到 Z_n 中的整數？
2. 列出本章所討論之整除性的四種性質。舉出一個只有一個因數的整數、一個只有兩個因數的整數，以及一個有兩個以上因數的整數。
3. 定義兩個整數的最大公因數。哪個演算法可以很快地求出最大公因數？
4. 何謂雙變數之線性 Diophantine 方程式？這種方程式有幾組解？如何找出這些解？
5. 何謂模運算子？其應用為何？列出本章所提到關於模數運算的所有性質。
6. 定義同餘，並將其和等式做比較。
7. 定義剩餘類和最小餘數。
8. 集合 Z_n 和集合 Z_{n^*} 的差別為何？哪個集合中所有的元素都有加法反元素？哪個集合中所有的元素都有乘法反元素？哪個演算法可以在 Z_n 中找出整數的乘法反元素？
9. 定義出矩陣。何謂列矩陣？何謂行矩陣？何謂方陣？哪種型態的矩陣有行列式？哪種型態的矩陣有反矩陣？
10. 定義線性同餘。哪個演算法可以用來解型態為 $ax \equiv b \pmod{n}$ 的方程式？我們如何求解一個線性方程組？

習題

11. 下列關係何者是正確的，何者是錯誤的？

    5|26   3|123   27∤127   15∤21   23|96   8|5

12. 使用歐幾里德演算法，求出下列數對的最大公因數。

    a. 88 和 220
    b. 300 和 42
    c. 24 和 320
    d. 401 和 700

13. 求解下列各式。
    a. 給定 gcd $(a, b) = 24$，求出 gcd $(a, b, 16)$。
    b. 給定 gcd $(a, b, c) = 12$，求出 gcd $(a, b, c, 16)$。
    c. 求出 gcd $(200, 180, 450)$。
    d. 求出 gcd $(200, 180, 450, 610)$。

14. 假設 n 是一個非負整數。
    a. 求出 gcd $(2n + 1, n)$。
    b. 使用 a 小題的結果，求出 gcd $(201, 100)$、gcd $(81, 40)$ 和 gcd $(501, 250)$。

15. 假設 n 是一個非負整數。
    a. 求出 gcd $(3n + 1, 2n + 1)$。
    b. 使用 a 小題的結果，求出 gcd $(301, 201)$ 和 gcd $(121, 81)$。

16. 使用歐幾里德延伸演算法，求出下列數對的最大公因數以及 s 和 t 的值。
    a. 4 和 7
    b. 291 和 42
    c. 84 和 320
    d. 400 和 60

17. 求出下列各運算式的結果。
    a. 22 mod 7
    b. 140 mod 10
    c. –78 mod 13
    d. 0 mod 15

18. 先簡化後再計算下列各運算式。
    a. $(273 + 147)$ mod 10
    b. $(4223 + 17323)$ mod 10
    c. $(148 + 14432)$ mod 12
    d. $(2467 + 461)$ mod 12

19. 先簡化後再計算下列各運算式。
    a. (125×45) mod 10
    b. (424×32) mod 10
    c. (144×34) mod 12
    d. (221×23) mod 22

20. 使用 mod 運算子的性質來證明下列各小題：
    a. 任何整數除以 10 的餘數等於該整數之最右一個位數。
    b. 任何整數除以 100 的餘數等於該整數之最右兩個位數。
    c. 任何整數除以 1000 的餘數等於該整數之最右三個位數。

21. 我們以前曾經學過，在算術中一個整數除以 5 的餘數和其最右的一個位數除以 5 的餘數是相同的。使用 mod 運算子的性質來證明這項宣稱。

22. 我們以前曾經學過，在算術中一個整數除以 2 的餘數和其最右的一個位數除以 2 的餘數是相同的。使用 mod 運算子的性質來證明這項宣稱。
23. 我們以前曾經學過，在算術中一個整數除以 4 的餘數和其最右的兩個位數除以 4 的餘數是相同的。使用 mod 運算子的性質來證明這項宣稱。
24. 我們以前曾經學過，在算術中一個整數除以 8 的餘數和其最右的三個位數除以 8 的餘數是相同的。使用 mod 運算子的性質來證明這項宣稱。
25. 我們以前曾經學過，在算術中一個整數除以 9 的餘數和其所有位數之總和除以 9 的餘數是相同的。換句話說，6371 除以 9 的餘數和 17 除以 9 的餘數是相同的，因為 $6 + 3 + 7 + 1 = 17$。使用 mod 運算子的性質來證明這項宣稱。
26. 下列顯示 10 的冪次方除以 7 所得的餘數。我們可以證明在更高的次方時，這些餘數的樣式（pattern）是一直循環出現的。

$$10^0 \bmod 7 = 1 \quad 10^1 \bmod 7 = 3 \quad 10^2 \bmod 7 = 2$$
$$10^3 \bmod 7 = -1 \quad 10^4 \bmod 7 = -3 \quad 10^5 \bmod 7 = -2$$

使用上述資訊，求出一個整數除以 7 後所得的餘數。利用 631453672 來檢驗你的方法。

27. 下列顯示 10 的冪次方除以 11 所得的餘數。我們可以證明在更高的次方時，這些餘數的樣式是一直循環出現的。

$$10^0 \bmod 11 = 1 \quad 10^1 \bmod 11 = -1 \quad 10^2 \bmod 11 = 1 \quad 10^3 \bmod 11 = -1$$

使用上述資訊，求出一個整數除以 11 後所得的餘數。利用 631453672 來檢驗你的方法。

28. 下列顯示 10 的冪次方除以 13 所得的餘數。我們可以證明在更高的次方時，這些餘數的樣式是一直循環出現的。

$$10^0 \bmod 13 = 1 \quad 10^1 \bmod 13 = -3 \quad 10^2 \bmod 13 = -4$$
$$10^3 \bmod 13 = -1 \quad 10^4 \bmod 13 = 3 \quad 10^5 \bmod 13 = 4$$

使用上述資訊，求出一個整數除以 13 後所得的餘數。利用 631453672 來檢驗你的方法。

29. 讓我們將所有的大寫英文字母都指定一個數值（A = 0, B = 1, ..., Z = 25）。我們可以使用模數 26 在此系統中進行模數算術。
    a. 在此系統中，(A + N) mod 26 的字母為何？
    b. 在此系統中，(A + 6) mod 26 的字母為何？
    c. 在此系統中，(Y – 5) mod 26 的字母為何？
    d. 在此系統中，(C – 10) mod 26 的字母為何？
30. 在模數為 20 時，列出所有加法反元素的數對。
31. 在模數為 20 時，列出所有乘法反元素的數對。
32. 使用歐幾里德延伸演算法，求出下列各數在 Z_{180} 中的乘法反元素。
    a. 38
    b. 7
    c. 132
    d. 24

33. 求出下列各線性 Diophantine 方程式的特解和通解：

   a. $25x + 10y = 15$

   b. $19x + 13y = 20$

   c. $14x + 21y = 77$

   d. $40x + 16y = 88$

34. 證明下列各線性 Diophantine 方程式無解：

   a. $15x + 12y = 13$

   b. $18x + 30y = 20$

   c. $15x + 25y = 69$

   d. $40x + 30y = 98$

35. 一個郵局只販售面額為 39 美分和 15 美分的兩種郵票。當客人要寄郵資為 2.70 美元的包裹時，請問需要這兩種郵票各幾張？找出一些不同解答。

36. 求解下列各線性方程式：

   a. $3x \equiv 4 \pmod 5$

   b. $4x \equiv 4 \pmod 6$

   c. $9x \equiv 12 \pmod 7$

   d. $256x \equiv 442 \pmod{60}$

37. 求解下列各線性方程式：

   a. $3x + 5 \equiv 4 \pmod 5$

   b. $4x + 6 \equiv 4 \pmod 6$

   c. $9x + 4 \equiv 12 \pmod 7$

   d. $232x + 42 \equiv 248 \pmod{50}$

38. 使用圖 2.28 的矩陣，求出 $(\mathbf{A} \times \mathbf{B}) \bmod 16$。

■ 圖 2.28　習題 38 的矩陣

$$\begin{bmatrix} 3 & 7 & 10 \end{bmatrix} \times \begin{bmatrix} 2 \\ 4 \\ 12 \end{bmatrix} \qquad \begin{bmatrix} 3 & 4 & 6 \\ 1 & 1 & 8 \\ 5 & 8 & 3 \end{bmatrix} \times \begin{bmatrix} 2 & 0 & 1 \\ 1 & 1 & 0 \\ 5 & 2 & 4 \end{bmatrix}$$
$$\quad\mathbf{A} \qquad\qquad \mathbf{B} \qquad\qquad \mathbf{A} \qquad\qquad \mathbf{B}$$

39. 求出圖 2.29 中，各矩陣在 $\mathbf{Z}_{10}$ 中之餘數矩陣的行列式和乘法反矩陣。

■ 圖 2.29　習題 39 的矩陣

$$\mathbf{A} = \begin{bmatrix} 3 & 0 \\ 1 & 1 \end{bmatrix} \qquad \mathbf{B} = \begin{bmatrix} 4 & 2 \\ 1 & 1 \end{bmatrix} \qquad \mathbf{C} = \begin{bmatrix} 3 & 4 & 6 \\ 1 & 1 & 8 \\ 5 & 8 & 3 \end{bmatrix}$$

40. 求解下列各線性方程組：
    a. $3x + 5y \equiv 4 \pmod 5$
       $2x + y \equiv 3 \pmod 5$
    b. $3x + 2y \equiv 5 \pmod 7$
       $4x + 6y \equiv 4 \pmod 7$
    c. $7x + 3y \equiv 3 \pmod 7$
       $4x + 2y \equiv 5 \pmod 7$
    d. $2x + 3y \equiv 5 \pmod 8$
       $x + 6y \equiv 3 \pmod 8$

CHAPTER 3 傳統對稱式金鑰加密法

學習目標

此章節主要描述過去使用傳統對稱式金鑰加密法的結果。藉由闡述加密原理,使讀者能瞭解後面章節提到的最新對稱式金鑰加密法。本章的學習目標包括:

- 定義對稱式金鑰加密法的術語及概念。
- 強調兩種不同的傳統加密法:取代加密法及換位加密法。
- 敘述對稱加密法的破密分析之範疇。
- 說明串流加密法及區塊加密法的概念。
- 探討過去常用的加密法,例如迷團機。

我們藉由密碼學的範例來介紹對稱式金鑰加密法的概念,在之後有關對稱式金鑰加密法的章節將會使用這些密碼學的術語及定義。接著討論傳統對稱式金鑰加密法,雖然現在這些加密法已不再使用,但基於以下幾個原因,我們仍然會進行探討。第一,這些加密法比現在所使用的簡單且更容易瞭解;第二,它們展現密碼學和加密的基礎:根據此基礎將能進一步地瞭解最新的加密法;第三,因為傳統加密法很容易以電腦破解,所以更有理由使用最新的加密法。進入電腦時代後,加密法已不像早期那樣安全。

3.1 簡介

圖3.1顯示對稱式金鑰加密法的概念。

圖 3.1　對稱式金鑰加密法的一般概念

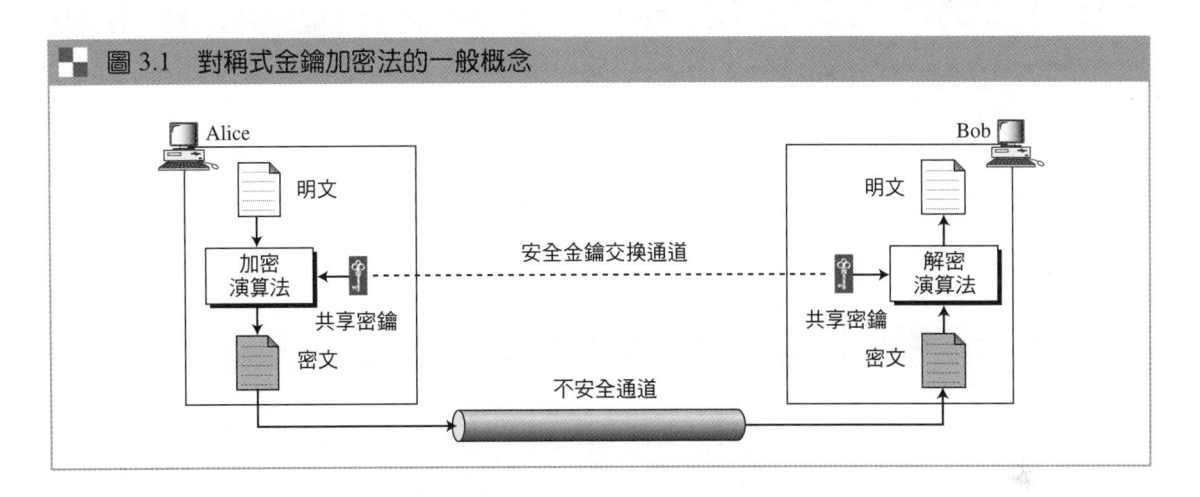

圖3.1中，Alice透過一個不安全通道傳訊息給Bob，並假定Eve為敵人，而Eve無法偷聽此通道去瞭解這個訊息。

由Alice傳送給Bob的訊息稱為**明文**（**plaintext**）；而此訊息經由通道傳送時，稱為**密文**（**ciphertext**）。Alice以**加密演算法**（**encryption algorithm**）和**共享密鑰**（**shared secret key**）產生出密文；為了使密文轉換成明文，Bob使用**解密演算法**（**decryption algorithm**）以及同一組共享密鑰。我們將加密演算法和解密演算法視為**加密法**（**cipher**），而**金鑰**（**key**）就是一組數值，用於加密法。

對稱式金鑰加密是使用單一金鑰（金鑰本身可能是一組值）進行加密和解密。此外，加密和解密演算法是相反的。若P是明文，C是密文，K是金鑰，則加密演算法$E_k(x)$可將明文變成密文，而解密演算法$D_k(x)$能將密文變成明文。我們假定$E_k(x)$和$D_k(x)$是相反的，若以相同的輸入應用於任何一方，它們可以抵銷對彼此的影響。

加密：$C = E_k(P)$　　　　解密：$P = D_k(C)$
其中，$D_k(E_k(x)) = E_k(D_k(x)) = x$

我們可以證明Bob的明文是源自於Alice。假設Bob產生P_1，我們可以證明$P_1 = P$：

Alice: $C = E_k(P)$　　　　**Bob:** $P_1 = D_k(C) = D_k(E_k(P)) = P$

我們必須強調，根據Kerckhoff's原則（稍後解釋），最好公開加密和解密演算法，但得保密共享金鑰。這表示Alice和Bob需要另一個安全的通道來交換祕密金鑰。他們可以見一次面以交換金鑰，而此安全通道就是面對面交換金鑰；或可以讓信任的第三個人將相同的金鑰交給他們；亦可暫時使用非對稱式金鑰加密的金鑰（後面章節會再討論）。在本章中，我們假定Alice和Bob之間已有祕密金鑰。

藉著對稱式金鑰加密，Alice和Bob能使用同一把金鑰互相傳達訊息，這就是為什麼此法稱為對稱式的原因。

對稱式金鑰加密的另一把元件就是金鑰的數量。Alice要與其他人（例如David）傳達訊息時，就需要另一把密鑰。若一群人裡有m個人想要聯絡彼此，需要幾把金鑰？答案是$(m \times (m-1))/2$把，因為每一個人需要$m-1$把金鑰與其他人傳達訊息，而A和B兩人間能使用同一把金鑰。後面章節會再對此問題加以說明。

加密可想像為將訊息鎖在一個盒子裡，而解密就是解開此盒子的鎖。圖3.2顯示對稱式金鑰加密以同一把金鑰上鎖和解鎖。後面的章節會再說明非對稱式金鑰加密需要兩把金鑰，一把用於上鎖，另一把用於解鎖。

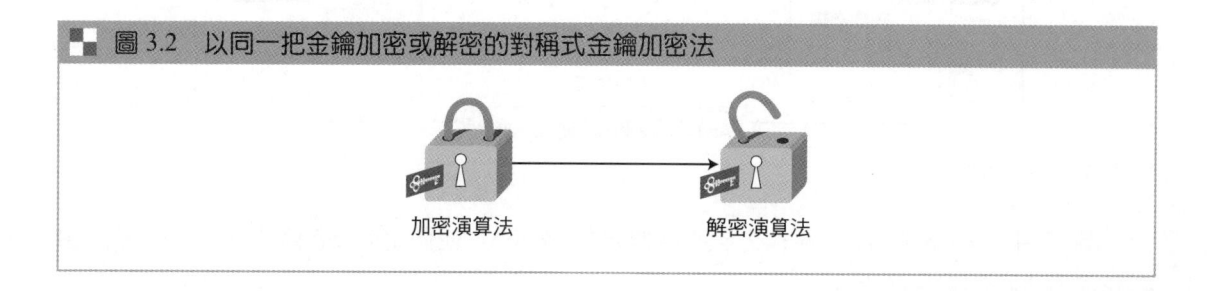

圖 3.2　以同一把金鑰加密或解密的對稱式金鑰加密法

加密演算法　　　　　解密演算法

🗝 Kerckhoff's 原則

以一組密碼來說，若我們隱藏其加密／解密演算法和密鑰會比較安全，但其實並不建議如此。根據**Kerckhoff's 原則**（Kerckhoff's principle），必須假定敵人Eve知道加密／解密演算法。密鑰為此密碼被攻擊的唯一抵抗力，換句話說，猜測金鑰是非常困難的，所以不需要隱藏加密／解密演算法。我們研究現在的密碼時可更瞭解此原則，現今的密碼只有少數幾個演算法。然而，每個演算法的**金鑰範圍**（key domain）非常廣，所以敵人很難找得到金鑰。

🗝 破密分析

密碼學可說是產生密碼的科學與藝術，而**破密分析**（cryptanalysis）則為破解密碼的科學與藝術。除了研究密碼學的技巧之外，我們也必須研討破密分析的技巧。這不是為了要破解他人的密碼，而是為了瞭解我們的密碼系統有沒有任何弱點。此外，還能產生更安全的密碼。圖3.3顯示四種破密分析攻擊，我們會在本章和後面章節探討一些針對特殊加密法的攻擊。

只知密文攻擊

以**只知密文攻擊**（ciphertext-only attack）來說，Eve只得到一些密文，並試著找出符合的金鑰和明文。假設Eve知道演算法並能攔截密文，則只知密文攻擊是最有可能的方法，

圖 3.3　破密分析攻擊

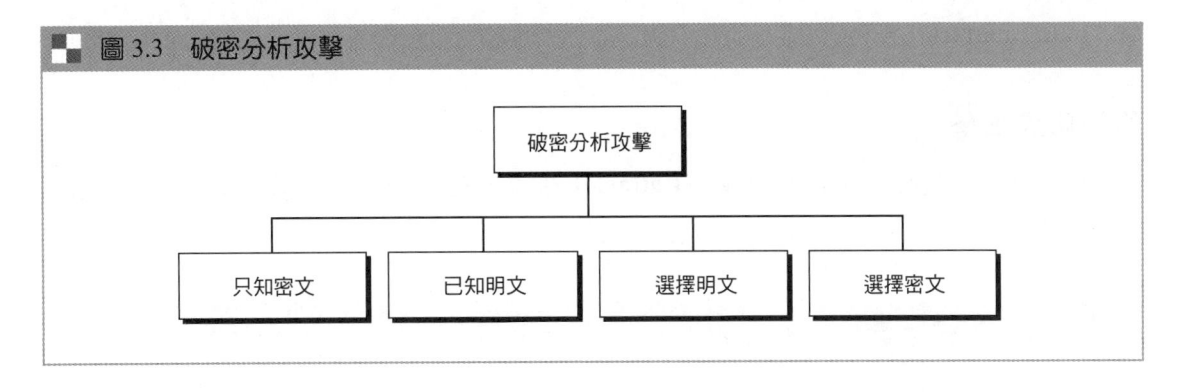

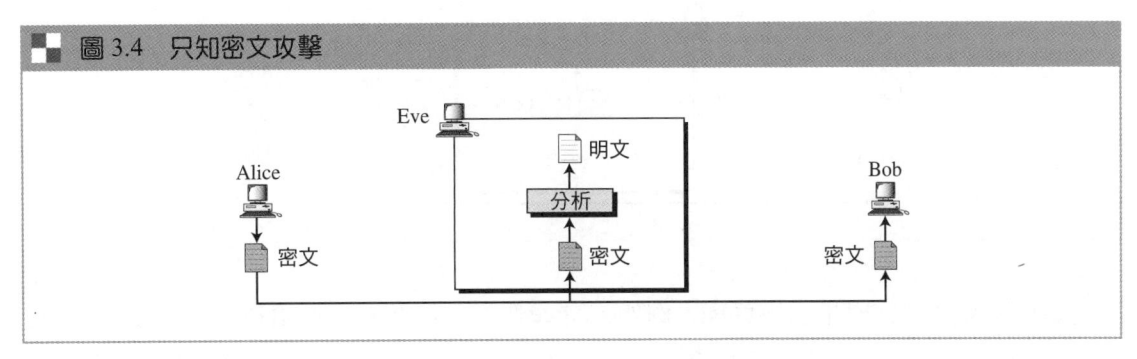

圖 3.4　只知密文攻擊

因為Eve只需得到密文。要阻止敵人解密，加密法一定要承受得住這種攻擊，圖3.4顯示其過程。

許多方法能用於只知密文攻擊，這裡我們提出幾個最普遍的方法。

暴力攻擊

以**暴力攻擊**（**brute-force attack**）或**徹底搜尋金鑰方法**（**exhaustive-key-search method**）來說，Eve會試著使用所有可能的金鑰。我們假設Eve知道演算法和金鑰範圍（所有可能的金鑰表）。有了攔截的密碼，Eve可以使用每個可能的金鑰來解密文，直到解出有意義的明文。使用暴力攻擊方法在過去是非常艱辛的，但現在用電腦就容易多了。為了防止這種攻擊，必須有非常多的可能金鑰。

統計攻擊

解密者能由明文文字裡的特性而使用**統計攻擊**（**statistical attack**）。舉例來說，我們知道字母E是英文裡最常使用的字母。解密者找出密文中最多的字，並假設對應的明文字為E，找到幾對之後，分析者就能找出金鑰並解出訊息。欲預防此種攻擊，加密法應隱藏語言的特性。

模式攻擊

有些加密法能隱藏語言的特性，但也可能產生出密文的樣本，解密者就可能使用**模式攻**

擊（pattern attack）解開密碼。因此，使用加密法讓密文看起來盡可能的隨機是很重要的。

已知明文攻擊

以**已知明文攻擊**（known-plaintext attack）來說，圖3.5顯示出，除了Eve截取到她想要破解的密文之外，也已得到一些明文／密文對。

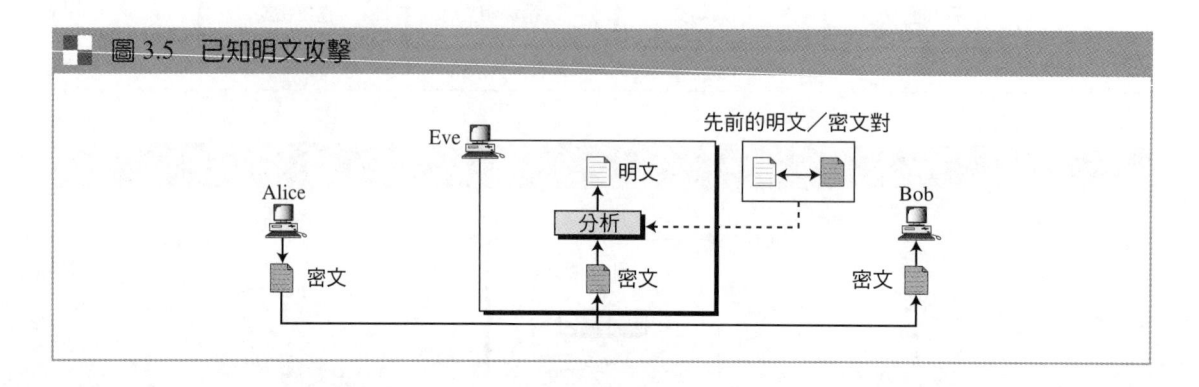

圖 3.5　已知明文攻擊

這些明文／密文對早已被蒐集，例如，Alice傳送一個祕密訊息給Bob，但之後她又把訊息的內容公開。假設Alice沒有更改金鑰，Eve能同時用密文和明文來解開Alice傳送給Bob的祕密訊息。Eve能以之前的資料來分析目前的密文，所用的方法跟只知密文攻擊的方法一樣。此種攻擊較容易執行，因為Eve有很多資料可用來分析；但這種情況其實很少發生，因為Alice可能會更改金鑰，而且也可能不會透露任何訊息內容。

選擇明文攻擊

選擇明文攻擊（chosen-plaintext attack）類似已知明文攻擊，但攻擊者本身已選擇了明文／密文對（參閱圖3.6）。

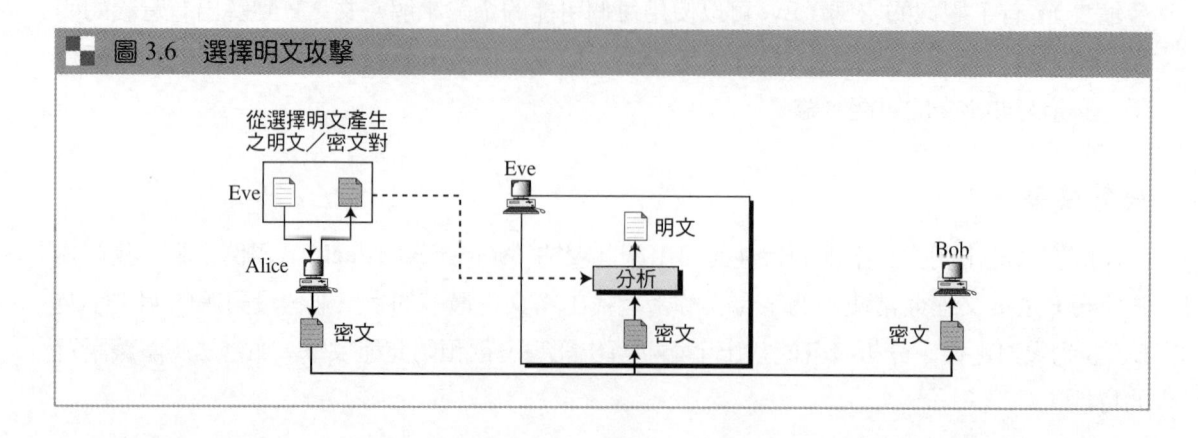

圖 3.6　選擇明文攻擊

這可能發生於Eve已進入Alice的電腦，並選擇了一些明文和截取已存在的密文。當然，她無法取得金鑰，因為通常金鑰已被傳送者所使用的軟體嵌入。這種攻擊很容易執行，但也很少發生。

選擇密文攻擊

選擇密文攻擊（chosen-ciphertext attack）和選擇明文攻擊類似，除了Eve已選擇並解開了一些密文以組成密文／明文對。此情況可能發生於Eve已進入Bob的電腦，圖3.7顯示此過程。

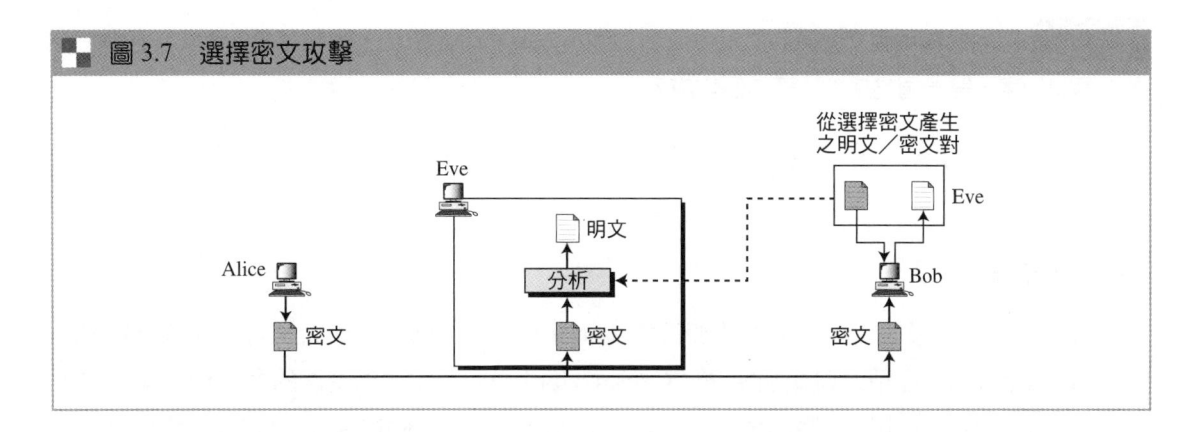

圖 3.7　選擇密文攻擊

傳統加密法的類型

傳統對稱式金鑰加密法共分為兩種：取代加密法及換位加密法。取代加密法是以另一個符號取代明文中的一個符號，而換位加密法是重排明文裡符號的位置。

3.2 取代加密法

取代加密法（substitution cipher）是以一個符號取代另一個符號。若明文裡的符號為字母，則使用另一個字母代替。例如，我們可以用字母D取代字母A，或用字母Z取代字母T。若符號為數字（0到9），我們可以用7取代3，用6取代2。取代加密法可以歸類為單字母加密法或多字母加密法。

> 取代加密法是以另外的符號代替原來的符號。

單字母加密法

我們首先討論一組稱為**單字母加密法（monoalphabetic cipher）**的取代密碼。以單字母取代來說，不管在內文中的位置為何，通常明文裡的字（或符號）換成密文時是同一個字（或符號）。舉例來說，如果演算法表明了明文裡的字母A都換成字母D，那每個A就會變成D。換句話說，明文和密文裡字母的關係都是一對一的。

> 在單字母取代法中，明文裡的符號和密文的符號通常都是一對一的。

範例 3.1 下面顯示明文和其對應的密文，明文用小寫字體，密文則用大寫字體。這很可能為單字母加密法，因為兩個 l 在轉換為密碼時都變成 O。

明文：hello　　　　　密文：KHOOR

範例 3.2 下面顯示明文和其對應的密文，這就不是單字母加密法，因為每個 l 轉換成密碼時都變成不同的字，第一個變成 N，第二個變成 Z。

明文：hello　　　　　密文：ABNZF

加法加密法

最簡單的單字母加密法就是**加法加密法（additive cipher）**。此加密法有時稱為**位移加密法（shift cipher）**，亦稱為**凱撒加密法（Caesar cipher）**，但加法加密法的名稱較能顯示其數學意涵。假設明文由小寫字體組成（a 到 z），而密文由大寫字體組成（A 到 Z）。將數學計算套用到明文與密文，並分配數值給每一個字母（小寫或大寫），如圖 3.8 所示。

圖 3.8　Z_{26} 中代表明文和密文字母的數

明文	a	b	c	d	e	f	g	h	i	j	k	l	m	n	o	p	q	r	s	t	u	v	w	x	y	z
密文	A	B	C	D	E	F	G	H	I	J	K	L	M	N	O	P	Q	R	S	T	U	V	W	X	Y	Z
值	00	01	02	03	04	05	06	07	08	09	10	11	12	13	14	15	16	17	18	19	20	21	22	23	24	25

圖 3.8 中，每個字母（小寫或大寫）都被分配到 Z_{26} 的一個整數，Alice 和 Bob 之間的祕密金鑰也是 Z_{26} 的一個整數。加密演算法是於明文字母加入金鑰，而解密演算法是減掉密文字母中的金鑰，所有過程都於 Z_{26} 中完成，參見圖 3.9。

圖 3.9　加法加密法

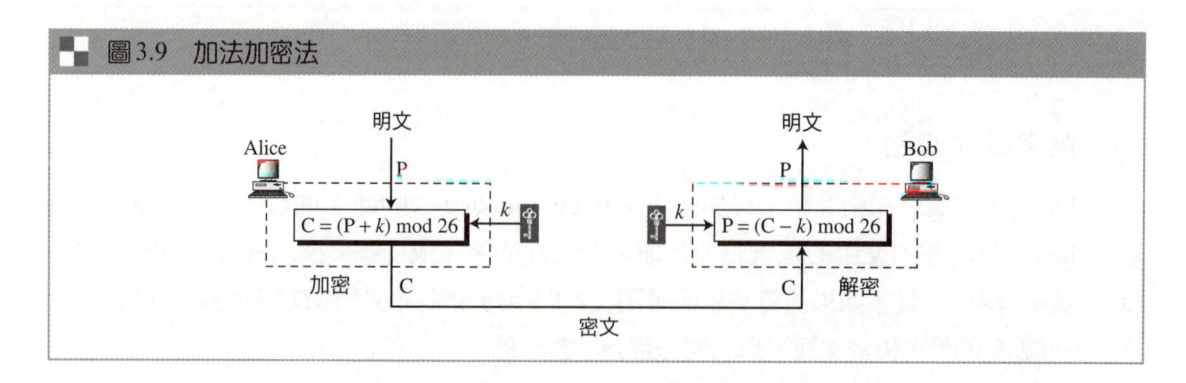

Alice：$C = (P + k) \bmod 26$　加密
Bob：$P = (C - k) \bmod 26$　解密

我們很容易就可以證明加密和解密演算法是相反的，因為 Bob 的明文（P_1）和 Alice 傳送的明文（P）是相同的。

$$P_1 = (C - k) \bmod 26 = (P + k - k) \bmod 26 = P$$

若是加法加密法，其明文、密文和金鑰都是 Z_{26} 中的整數。

範例 3.3　使用加法加密法，以金鑰 =15 加密訊息「hello」。

解法　我們以字對字的方式應用加密演算法於明文：

明文：h→07	加密：(07 + 15) mod 26	密文：22→W
明文：e→04	加密：(04 + 15) mod 26	密文：19→T
明文：l→11	加密：(11 + 15) mod 26	密文：00→A
明文：l→11	加密：(11 + 15) mod 26	密文：00→A
明文：o→14	加密：(14 + 15) mod 26	密文：03→D

結果為「WTAAD」。由此可知，其加密法為單字母，因為就和前面兩個例子一樣，明文中的字母 l 都變為 A。

範例 3.4　使用加法加密法，以金鑰 = 15 解密訊息「WTAAD」。

解法　我們以字對字的方式應用解密演算法於明文：

密文：W→22	解密：(22 − 15) mod 26	明文：07→h
密文：T→19	解密：(19 − 15) mod 26	明文：04→e
密文：A→00	解密：(00 − 15) mod 26	明文：11→l
密文：A→00	解密：(00 − 15) mod 26	明文：11→l
密文：D→03	解密：(03 − 15) mod 26	明文：14→o

結果為「hello」。注意此運算發生於模數 26（見第二章），表示負的結果必須對應到 Z_{26}（例如 −15 變成 11）。

位移加密法

加法加密法也稱為**位移加密法（shift cipher）**，因為加密演算法可解釋為「往下位移金鑰字元」，而解密演算法為「往上位移金鑰字元」。舉例來說，若金鑰 = 15，加密演算法是往下（往最後一個字母）位移 15 個字元，解密演算法則是往上（往第一個字母）位移 15 個字元。當然，到達最後或第一個字母時進行迴圈（模數 26 的表現形式）。

凱撒加密法

凱撒（Julius Ceasar）利用加法加密法與他的屬下聯繫，因此加法加密法有時也稱為**凱撒加密法（Caesar cipher）**。凱撒以 3 當成金鑰。

加法加密法有時候被稱為位移加密法或凱撒加密法。

破密分析

在只知密文攻擊中使用徹底搜尋金鑰（暴力攻擊）的方式，加法加密法很容易被破解。因為加法加密法的金鑰範圍很小，只有26把金鑰。然而，其中一把金鑰「零」是沒有用的（其密文和明文相同），所以只剩25把金鑰，Eve能以暴力攻擊輕易地破解密文。

範例 3.5　Eve攔截到密文「UVACLYFZLJBYL」。證明她如何使用暴力攻擊破解加密法。

解法　Eve嘗試1到7的金鑰，試到金鑰為7時，明文為「not very secure」，這是有意義的。

```
密文：UVACLYFZLJBYL
        K = 1  →  明文：tuzbkxeykiaxk
        K = 2  →  明文：styajwdxjhzwj
        K = 3  →  明文：rsxzivcwigyvi
        K = 4  →  明文：qrwyhubvhfxuh
        K = 5  →  明文：pqvxgtaugewtg
        K = 6  →  明文：opuwfsztfdvsf
        K = 7  →  明文：notverysecure
```

加法加密法也容易遭受統計攻擊，尤其是敵人擁有很長的密文時。敵人可以利用字母在一個特定語言中的出現頻率。表3.1表示100個英文字中各個字母出現的頻率。

表 3.1　英文字母出現的頻率

字母	頻率	字母	頻率	字母	頻率	字母	頻率
E	12.7	H	6.1	W	2.3	K	0.08
T	9.1	R	6.0	F	2.2	J	0.02
A	8.2	D	4.3	G	2.0	Q	0.01
O	7.5	L	4.0	Y	2.0	X	0.01
I	7.0	C	2.8	P	1.9	Z	0.01
N	6.7	U	2.8	B	1.5		
S	6.3	M	2.4	V	1.0		

然而，有時很難只靠單一個字母出現的頻率分析密文，我們可能也需要知道特定字母組合的出現頻率。我們需要知道密文中兩個字母和三個字母串列出現的頻率，並和明文文字中的兩個字母和三個字母串列出現的頻率做比較。

表3.2列出英文文字中最普遍的**雙字母組（digram）**和**三字母組（trigram）**。

表 3.2　英文的雙字母組和三字母組的頻率

雙字母組	TH, HE, IN, ER, AN, RE, ED, ON, ES, ST, EN, AT, TO, NT, HA, ND, OU, EA, NG, AS, OR, TI, IS, ET, IT, AR, TE, SE, HI, OF
三字母組	THE, ING, AND, HER, ERE, ENT, THA, NTH, WAS, ETH, FOR, DTH

範例 3.6　Eve 攔截到以下密文。使用統計攻擊以找出明文。

> XLILSYWIMWRSAJSVWEPIJSVJSYVQMPPMSRHSPPEVWMXMWASVXLQSVILY-VVCFIJSVIXLIWIPPIVVIGIMZIWQSVISJJIVW

解法　當 Eve 將密文中字母出現的頻率列表顯示時，她得到：I = 14，V = 13，S = 12 等。最常出現的字母是 I，頻率為 14 次，顯示 I 有可能對應明文中的字母 e，並表示金鑰 = 4。Eve 破解原文得知：

> the house is now for sale for four million dollars it is worth more hurry before the seller receives more offers

乘法加密法

在**乘法加密法**（multiplicative cipher）中，加密演算法是以明文乘以金鑰，而解密演算法則是以密文除以金鑰，如圖 3.10 所示。然而，因為其運算是於 Z_{26} 之內，所以這裡的解密是指與金鑰的乘法反元素相乘。此金鑰必須屬於 Z_{26^*}，以確保加密和解密演算法是相反的。

圖 3.10　乘法加密法

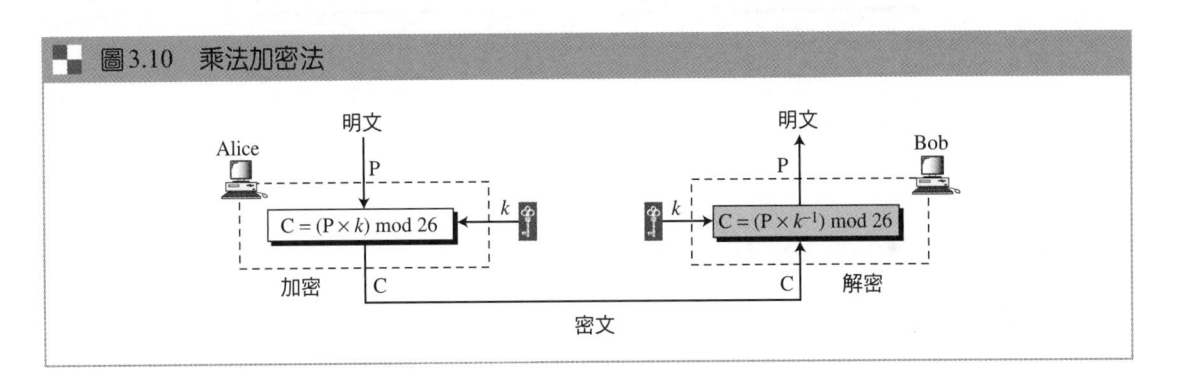

在乘法加密法中，明文和密文都是 Z_{26} 的整數；金鑰為一個 Z_{26^*} 的整數。

範例 3.7　乘法加密法的金鑰範圍為何？

解法　金鑰必須在 Z_{26^*} 之內，此組合只有 12 個：1、3、5、7、9、11、15、17、19、21、23、25。

範例 3.8　我們使用乘法加密法和金鑰 7 加密訊息「hello」，其密文為「XCZZU」。

明文：h → 07	加密：(07 × 07) mod 26	密文：23 → X
明文：e → 04	加密：(04 × 07) mod 26	密文：02 → C
明文：l → 11	加密：(11 × 07) mod 26	密文：25 → Z
明文：l → 11	加密：(11 × 07) mod 26	密文：25 → Z
明文：o → 14	加密：(14 × 07) mod 26	密文：20 → U

仿射加密法

結合加法和乘法加密法可得到另一種加密法，稱為**仿射加密法**（affine cipher），其為兩個加密法和一對金鑰的組合，第一把金鑰用於乘法加密法，第二把用於加法加密法。圖3.11表示仿射加密法其實是兩個加密法，運用一個之後還有另一個。對於加密和解密演算法，我們只能用一個運算來表示，$C = (P \times k_1 + k_2) \bmod 26$ 與 $P = ((C - k_2) \times k_1^{-1}) \bmod 26$。然而，我們使用一個暫時性的答案（T）並指出兩個不同的運算，以顯示不管什麼時候使用加密法組合，一定要確定加密法是相反的，而且其使用的加密和解密演算法是倒序的。若加密演算法的最後是加法，解密演算法的最前面則是減法運算。

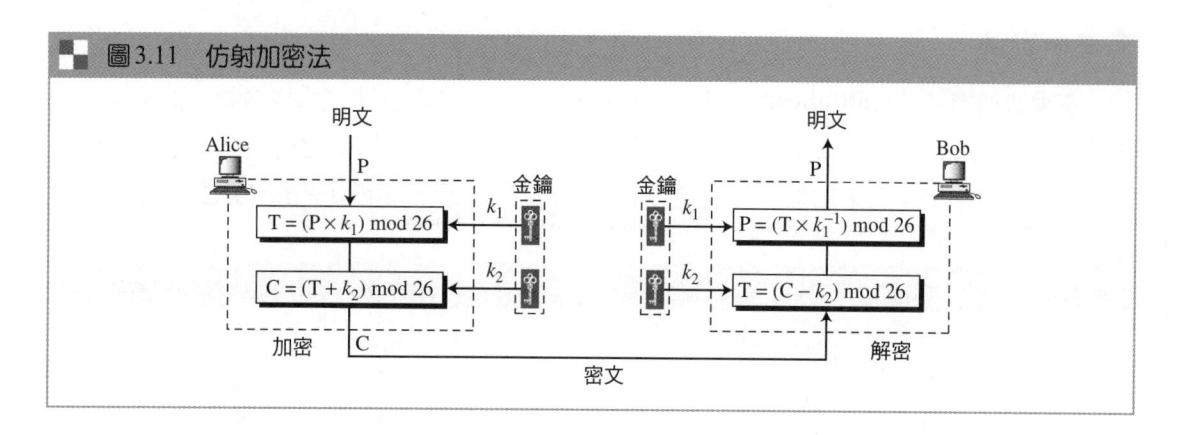

■ 圖3.11　仿射加密法

```
                    明文                              明文
  Alice              P                                 P              Bob
         ┌───────────────────┐  金鑰      金鑰  ┌───────────────────┐
         │ T = (P × k₁) mod 26│← k₁       k₁ →│ P = (T × k₁⁻¹) mod 26│
         │                    │                │                      │
         │ C = (T + k₂) mod 26│← k₂       k₂ →│ T = (C − k₂) mod 26 │
         └───────────────────┘                └───────────────────┘
            加密    C                                    解密
                           密文
```

仿射加密法的明文P和密文C的關係為：

$$C = (P \times k_1 + k_2) \bmod 26 \qquad P = ((C - k_2) \times k_1^{-1}) \bmod 26$$

其中，k_1^{-1} 是 k_1 的乘法反元素，而 $-k_2$ 是 k_2 的加法反元素

範例 3.9　仿射加密法使用一對金鑰，第一把出自 Z_{26^*}，第二把出自 Z_{26}，其金鑰範圍大小為 $26 \times 12 = 312$。

範例 3.10　使用仿射加密法及金鑰對 (7, 2) 加密訊息「hello」。

解法　我們使用 7 為乘法金鑰，2 為加法金鑰，得到的結果是「ZEBBW」。

明文：h → 07	加密：(07 × 07 + 2) mod 26	密文：25 → Z
明文：e → 04	加密：(04 × 07 + 2) mod 26	密文：05 → E
明文：l → 11	加密：(11 × 07 + 2) mod 26	密文：01 → B
明文：l → 11	加密：(11 × 07 + 2) mod 26	密文：01 → B
明文：o → 14	加密：(14 × 07 + 2) mod 26	密文：22 → W

範例 3.11　使用仿射加密法及模數 26 裡的金鑰對 (7, 2) 解密訊息「ZEBBW」。

解法　在收到的密文中加入 $-2 \equiv 24 \pmod{26}$ 的加法反元素後，再乘以 $7^{-1} \equiv 15 \pmod{26}$ 的乘法

反元素，以求出明文。因為2在Z_{26}中有加法反元素，而7在Z_{26^*}中有乘法反元素，此明文就是我們於範例3.10所使用的。

密文：Z→25	解密：$((25-2) \times 7^{-1}) \bmod 26$	明文：07→h
密文：E→04	解密：$((04-2) \times 7^{-1}) \bmod 26$	明文：04→e
密文：B→01	解密：$((01-2) \times 7^{-1}) \bmod 26$	明文：11→l
密文：B→01	解密：$((01-2) \times 7^{-1}) \bmod 26$	明文：11→l
密文：W→22	解密：$((22-2) \times 7^{-1}) \bmod 26$	明文：14→o

範例 3.12 　加法加密法可視為仿射加密法裡 $k_1 = 1$ 時的特例，而乘法加密法為 $k_2 = 0$ 時的特例。

仿射加密法的破密分析

雖然可使用暴力攻擊和只知密文攻擊的統計方法，但我們也可嘗試使用選擇明文攻擊。假設Eve已攔截以下密文：

PWUFFOGWCHFDWIWEJOUUNJORSMDWRHVCMWJUPVCCG

Eve只有一點時間能進入Alice電腦只夠打「et」兩個字的明文，之後她嘗試用兩個不同的演算法加密此明文，因為她並不確定哪一個才是仿射加密法。

第一個演算法：	明文：et	密文：→WC
第二個演算法：	明文：et	密文：→WF

為了找到金鑰，Eve使用了以下的策略：

a. Eve知道如果第一個演算法是仿射加密法，那她就能依第一個資料集建構以下兩個方程式：

e→W	04→22	$(04 \times k_1 + k_2) \equiv 22 \pmod{26}$
t→C	19→02	$(19 \times k_1 + k_2) \equiv 02 \pmod{26}$

在第二章中，我們可知這兩個全等方程式是可以解開的，並可求出 k_1 和 k_2 這兩個值。然而，此答案卻不被接受，因為 $k_1 = 16$ 不是金鑰的第一部分，而 16 這個值並沒有 Z_{26^*} 中的乘法反元素。

$$\begin{bmatrix} k_1 \\ k_2 \end{bmatrix} = \begin{bmatrix} 4 & 1 \\ 19 & 1 \end{bmatrix}^{-1} \begin{bmatrix} 22 \\ 2 \end{bmatrix} = \begin{bmatrix} 19 & 7 \\ 3 & 24 \end{bmatrix} \begin{bmatrix} 22 \\ 2 \end{bmatrix} = \begin{bmatrix} 16 \\ 10 \end{bmatrix} \longrightarrow k_1 = 16 \quad k_2 = 10$$

b. Eve現在嘗試第二個資料集的結果：

e→W	04→22	$(04 \times k_1 + k_2) \equiv 22 \pmod{26}$
t→F	19→05	$(19 \times k_1 + k_2) \equiv 05 \pmod{26}$

此方陣和其反矩陣是相同的，現在她得知 $k_1 = 11$ 和 $k_2 = 4$。這組金鑰對是可接受的，因為 k_1 有 Z_{26^*} 中的乘法反元素。她嘗試金鑰對 (11, 4) 的相反金鑰對 (19, 22)，此明文為：

best time of the year is spring when flowers bloom

單字母取代加密法

由於加法、乘法和仿射加密法的金鑰範圍很小，所以很容易受到暴力攻擊。在 Alice 和 Bob 同意使用某一把金鑰後，此金鑰就會用來加密明文中的每一個字或解密密文中的每一個字。換句話說，當文字被傳送時，其金鑰是分開的。

更好的解決方法就是建立明文每個字元和其密文字元之間的對應，Alice 和 Bob 能公開陳列每個字元的對應。圖 3.12 顯示其對應的範例。

■ 圖 3.12　單字母取代加密法的金鑰範例

明文 →	a	b	c	d	e	f	g	h	i	j	k	l	m	n	o	p	q	r	s	t	u	v	w	x	y	z
密文 →	N	O	A	T	R	B	E	C	F	U	X	D	Q	G	Y	L	K	H	V	I	J	M	P	Z	S	W

範例 3.13　我們可以使用圖 3.12 的金鑰加密此訊息：

this message is easy to encrypt but hard to find the key

其密文為

ICFVQRVVNEFVRNVSIYRGAHSLIOJICNHTIYBFGTICRXRS

破密分析

單字母取代加密法的金鑰大小為 26!（差不多是 4×10^{26}）。因此，即使 Eve 有很強的電腦，也很難使用暴力攻擊。但她可依字元的頻率使用統計攻擊，因為加密法並無改變字元的頻率。

單字母加密法並無改變密文裡字元的頻率，這很容易遭受統計攻擊。

多字母加密法

在**多字母取代加密法**（**polyalphabetic substitution cipher**）中，每個字元的出現都可能有不同代換。明文裡一個字元和密文裡一個字元之間的關係是一對多。舉例來說，「a」在剛開始可能被加密為「D」，但到中間可能就變成「N」。多字母加密法的優點就是能隱藏文字字母的頻率，Eve 無法使用單一字母的頻率統計去破解密文。

想要建立多字母加密法，我們必須使密文的每個字元根據其對應明文字元和明文字元在訊息中的位置而定。這意味著我們的金鑰應該是個子金鑰串流，每個子金鑰取決於明文字元

的位置，而使用其子金鑰加密。換句話說，我們需要一個金鑰串流 $k = (k_1, k_2, k_3, \cdots)$，$k_i$ 用來加密明文中的第 i 個字元以產生密文中的第 i 個字元。

自動金鑰加密法

為瞭解金鑰的位置依賴性，我們提出一個簡單的多字母加密法：**自動金鑰加密法**（**autokey cipher**）。此加密法的金鑰為子金鑰串流，每把子金鑰都用來將對應明文中的字元加密成密碼。第一把子金鑰是 Alice 和 Bob 早就祕密決定好的值，第二把子金鑰是第一個明文字元的值（介於 0 和 25 之間），而第三把子金鑰是第二個明文的值，以此類推。

$$P = P_1 P_2 P_3 \cdots \qquad C = C_1 C_2 C_3 \cdots \qquad k = (k_1, P_1, P_2, \cdots)$$
$$加密：C_i = (P_i + k_i) \bmod 26 \qquad 解密：P_i = (C_i - k_i) \bmod 26$$

其加密法的名稱「自動」，意味著加密處理過程中，子金鑰是自動從明文密碼字元產生的。

範例 3.14 假設 Alice 和 Bob 同意使用初始金鑰值為 $k_1 = 12$ 的自動金鑰加密法。現在 Alice 要傳送訊息「Attack is today」的訊息給 Bob，密碼會一個字元一個字元地加密，明文裡的每個字元都會被其整數值取代（見圖3.8）。第一把子金鑰會變為第一個密文字元，其他的金鑰會在明文字元被讀取時產生。其密碼為多字母的，因為明文裡出現的「a」三次都變成不同的密碼，而「t」也是。

明文：	a	t	t	a	c	k	i	s	t	o	d	a	y
P 值：	00	19	19	00	02	10	08	18	19	14	03	00	24
金鑰串流：	*12*	*00*	*19*	*19*	*00*	*02*	*10*	*08*	*18*	*19*	*14*	*03*	*00*
C 值：	12	19	12	19	02	12	18	00	11	7	17	03	24
密文：	M	T	M	T	C	M	S	A	L	H	R	D	Y

破密分析

很明顯地，自動金鑰加密法能隱藏明文單字母頻率統計，但其加密法還是跟加法加密法一樣，很容易遭受暴力攻擊，因為第一把子金鑰一定是 25 個值裡的其中一個（1 到 25）。所以我們需要一個不只能隱藏文字特徵的多字母加密法，而且還擁有很大的金鑰範圍。

Playfair 加密法

另一個多字母加密法的範例是 **Playfair 加密法**（**Playfair cipher**），由英國軍隊於第一次世界大戰使用。此加密法的密鑰由 25 個字母排列於 5 × 5 矩陣中所組成（字母 I 和 J 於加密時被視為相同的），矩陣中字母不同的排列能產生很多不同的密鑰，圖 3.13 顯示其中一個可能的排列。我們從矩陣的右上角開始斜對排列字母。

圖 3.13　Playfair加密法的密鑰範例

$$密鑰 = \begin{array}{|c|c|c|c|c|} \hline L & G & D & B & A \\ \hline Q & M & H & E & C \\ \hline U & R & N & I/J & F \\ \hline X & V & S & O & K \\ \hline Z & Y & W & T & P \\ \hline \end{array}$$

加密前，若有一對字母是相同的，中間就會加入一個假的字母區隔。插入其字母後，若明文的字數變成奇數，最後面就會再加入一個假文字，將字數變成偶數。

此加密法有三個加密規則：

a. 若密鑰裡，有一對字母是在同一列，則其對應的加密文字就會是同一列右方的字母（若明文的字母是此列中的最後一個，其加密文字就會是第一個字母）。

b. 若密鑰裡，有一對字母是在同一行，則其對應的加密文字就會是同一行下方的字母（若明文的字母是此行中的最後一個，則其對應的加密文字就會是該行的第一個字母）。

c. 若密鑰裡，這兩個字母不在同一列或同一行，個別的加密文字就會是同一列的字母，但與其他字母是在同一行裡。

Playfair加密法符合多字母加密法的標準，其金鑰屬於可同時產生兩個子金鑰的子金鑰串流。此外，Playfair加密法的金鑰串流和密文流是相同的，這表示以上所提及的規則也視為產生金鑰串流的規則。其加密演算法依照以上的規則，以明文中的兩個文字產生一對子金鑰，也就是說，其金鑰串流依賴明文裡文字的位置而定。而位置依賴性在此有不同的解釋：每個明文裡，其文字的子金鑰都依賴前面或後面的文字。所以，Playfair加密法的密文其實就是金鑰串流。

$$P = P_1P_2P_3\cdots \quad C = C_1C_2C_3\cdots \quad k = [(k_1, k_2), (k_3, k_4), \cdots]$$
$$加密：C_i = k_i \quad 解密：P_i = k_i$$

範例 3.15　我們使用圖3.13中的金鑰來加密明文「hello」，並將字母組成一對為「he, ll, o」，於兩個「l」之間加入「x」，得到「he, lx, lo」。

$$he \rightarrow EC \quad lx \rightarrow QZ \quad lo \rightarrow BX$$
明文：hello　　密文：ECQZBX

我們可從此範例看出，其加密法其實就是多字母加密法：兩個「l」加密為「Q」和「B」。

Playfair加密法的解密分析

顯然，以暴力攻擊破解Playfair加密法是非常困難的，其金鑰範圍大小為25!（25階乘）。此外，Playfair加密法加密時會隱藏單一字母的頻率。然而，雙字母組的頻率會被保持（因

插入填充符而保持在某範圍內）。因此，密碼分析者能根據雙字母組頻率測試，以只知密文攻擊方法找到金鑰。

Vigenere加密法

另一個有趣的多字母加密法，是由十六世紀法國數學家Blaise de Vigenere所設計的。**Vigenere加密法（Vigenere cipher）** 以不同的策略產生金鑰串流，其金鑰串流是一個長度為m的初始密鑰串流的重複，也就是$1 \leq m \leq 26$。若Alice和Bob所同意的初始密鑰為$(k_1, k_2, ..., k_m)$，則其加密法如下：

$$P = P_1P_2P_3\cdots \quad C = C_1C_2C_3\cdots \quad k = [(k_1, k_2, ..., k_m), (k_1, k_2, ..., k_m), \cdots]$$
$$加密：C_i = P_i + k_i \quad 解密：P_i = C_i - k_i$$

Vigenere加密法和其他兩個多字母加密法有個很不同的地方，亦即Vigenere的金鑰串流不需依賴明文文字，而是根據文字在明文中的位置。換句話說，不需要知道明文也能產生金鑰串流。

範例 3.16 我們可用6個字母的關鍵字「PASCAL」加密訊息「She is listening」，初始金鑰串流為(15, 0, 18, 2, 0, 11)，而金鑰串流為此初始金鑰串流之重複（需要幾次就重複幾次）。

明文：	s	h	e	i	s	l	i	s	t	e	n	i	n	g
P值：	18	07	04	08	18	11	08	18	19	04	13	08	13	06
金鑰串流：	*15*	*00*	*18*	*02*	*00*	*11*	*15*	*00*	*18*	*02*	*00*	*11*	*15*	*00*
C值：	07	07	22	10	18	22	23	18	11	6	13	19	02	06
密文：	H	H	W	K	S	W	X	S	L	G	N	T	C	G

範例 3.17 Vigenere加密法也可視為m個加法加密法的組合，圖3.14表示之前範例的明文如何分為六等份，並個別加密，此圖幫助我們瞭解Vigenere加密法的破密分析。明文分為m部分，每部分以不同的金鑰加密，產生出m份的密文。

範例 3.18 根據範例3.17，加法加密法可視為Vigenere加密法$m = 1$時的特例。

Vigenere表

可用**Vigenere表（Vigenere tableau）** 來檢視Vigenere加密法（見表3.3）。

第一列是待加密的明文文字，第一行包含金鑰使用的文字，表格裡其餘的部分為密文文字。要找出明文「She is listening」以金鑰「PASCAL」所加密的密文，我們找出第一列「s」與第一行「P」的交叉處，得出其密文文字為「H」；再找出第一列「h」與第二行「A」的交叉處，得出其密文文字為「H」。以同樣的方法，直到找出所有密文文字。

圖 3.14　Vigenere 加密法為 m 個加法加密法的組合

全部的明文：sheislistening

	P1	P2	P3	P4	P5	P6
明文	s i n	h s g	e t	i e	s n	l i
金鑰	p	a	s	c	a	l
密文	H X C	H S G	W L	K G	S N	W P

全部的密文：HHWKSWXSLGNPCG

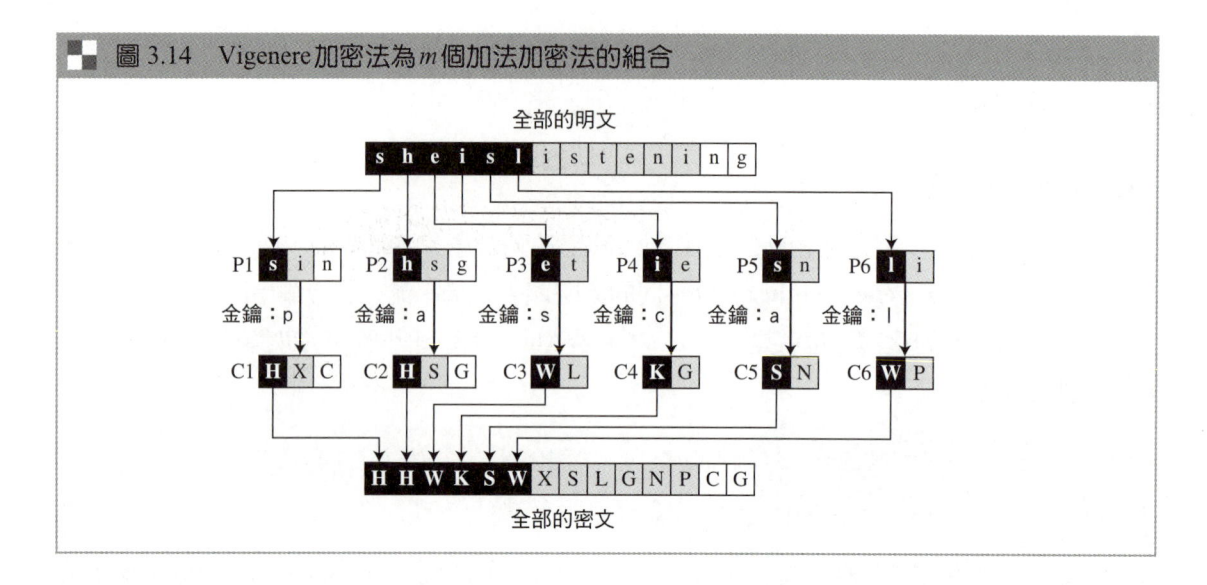

表 3.3　Vigenere 表

	a	b	c	d	e	f	g	h	i	j	k	l	m	n	o	p	q	r	s	t	u	v	w	x	y	z
A	A	B	C	D	E	F	G	H	I	J	K	L	M	N	O	P	Q	R	S	T	U	V	W	X	Y	Z
B	B	C	D	E	F	G	H	I	J	K	L	M	N	O	P	Q	R	S	T	U	V	W	X	Y	Z	A
C	C	D	E	F	G	H	I	J	K	L	M	N	O	P	Q	R	S	T	U	V	W	X	Y	Z	A	B
D	D	E	F	G	H	I	J	K	L	M	N	O	P	Q	R	S	T	U	V	W	X	Y	Z	A	B	C
E	E	F	G	H	I	J	K	L	M	N	O	P	Q	R	S	T	U	V	W	X	Y	Z	A	B	C	D
F	F	G	H	I	J	K	L	M	N	O	P	Q	R	S	T	U	V	W	X	Y	Z	A	B	C	D	E
G	G	H	I	J	K	L	M	N	O	P	Q	R	S	T	U	V	W	X	Y	Z	A	B	C	D	E	F
H	H	I	J	K	L	M	N	O	P	Q	R	S	T	U	V	W	X	Y	Z	A	B	C	D	E	F	G
I	I	J	K	L	M	N	O	P	Q	R	S	T	U	V	W	X	Y	Z	A	B	C	D	E	F	G	H
J	J	K	L	M	N	O	P	Q	R	S	T	U	V	W	X	Y	Z	A	B	C	D	E	F	G	H	I
K	K	L	M	N	O	P	Q	R	S	T	U	V	W	X	Y	Z	A	B	C	D	E	F	G	H	I	J
L	L	M	N	O	P	Q	R	S	T	U	V	W	X	Y	Z	A	B	C	D	E	F	G	H	I	J	K
M	M	N	O	P	Q	R	S	T	U	V	W	X	Y	Z	A	B	C	D	E	F	G	H	I	J	K	L
N	N	O	P	Q	R	S	T	U	V	W	X	Y	Z	A	B	C	D	E	F	G	H	I	J	K	L	M
O	O	P	Q	R	S	T	U	V	W	X	Y	Z	A	B	C	D	E	F	G	H	I	J	K	L	M	N
P	P	Q	R	S	T	U	V	W	X	Y	Z	A	B	C	D	E	F	G	H	I	J	K	L	M	N	O
Q	Q	R	S	T	U	V	W	X	Y	Z	A	B	C	D	E	F	G	H	I	J	K	L	M	N	O	P
R	R	S	T	U	V	W	X	Y	Z	A	B	C	D	E	F	G	H	I	J	K	L	M	N	O	P	Q
S	S	T	U	V	W	X	Y	Z	A	B	C	D	E	F	G	H	I	J	K	L	M	N	O	P	Q	R
T	T	U	V	W	X	Y	Z	A	B	C	D	E	F	G	H	I	J	K	L	M	N	O	P	Q	R	S
U	U	V	W	X	Y	Z	A	B	C	D	E	F	G	H	I	J	K	L	M	N	O	P	Q	R	S	T
V	V	W	X	Y	Z	A	B	C	D	E	F	G	H	I	J	K	L	M	N	O	P	Q	R	S	T	U
W	W	X	Y	Z	A	B	C	D	E	F	G	H	I	J	K	L	M	N	O	P	Q	R	S	T	U	V
X	X	Y	Z	A	B	C	D	E	F	G	H	I	J	K	L	M	N	O	P	Q	R	S	T	U	V	W
Y	Y	Z	A	B	C	D	E	F	G	H	I	J	K	L	M	N	O	P	Q	R	S	T	U	V	W	X
Z	Z	A	B	C	D	E	F	G	H	I	J	K	L	M	N	O	P	Q	R	S	T	U	V	W	X	Y

Vigenere 加密法的破密分析

就像所有的多字母加密法一樣，Vigenere 加密法並未保存文字的頻率。然而，Eve 還是可以利用一些技巧破解攔截到的密文。其破密分析分為兩部分：找出金鑰長度和金鑰本身。

1. 有些方法是用來找出金鑰長度，這裡討論的方法為 **Kasiski 測試（Kasiski test）**。以此方法來說，密法分析者會於密文中，以至少三個文字尋找重複的文字區段。假設已找出兩個區段，而且兩者之間的距離為 d，密碼分析者假定 $d|m$，其中 m 為金鑰長度。若可以找出更多的重複區段，而且距離為 $d_1, d_2, ..., d_n$，則 $\gcd(d_1, d_2, ..., d_n)|m$。此假設是合理的，因為若兩個文字是相同的，且 $k \times m$ ($k = 1, 2, ...$) 個文字分散於明文中，則在密文裡也會一樣。密碼分析者利用至少三個文字的區段，以避免金鑰中的文字不明顯，範例 3.20 能幫助我們瞭解原因。

2. 找出金鑰長度後，密碼分析者可使用範例 3.18 的概念。Eve 將密文分成 m 個不同的部分並應用其方法破密分析加法加密法，包括頻率攻擊。組合每份被解密的密文後，可得到全部的明文。換言之，整個密文並未保存明文的單一字母頻率，但每個部分卻有。

範例 3.19　假設我們截取到以下密文：

LIOMWGFEGGDVWGHHCQUCRHRWAGWIOWQLKGZETKKMEVLWPCZVGTH-
VTSGXQOVGCSVETQLTJSUMVWVEUVLXEWSLGFZMVVWLGYHCUSWXQH-
KVGSHEEVFLCFDGVSUMPHKIRZDMPHHBVWVWJWIXGFWLTSHGJOUEEHH-
VUCFVGOWICQLTJSUXGLW

表 3.4 顯示以三個字母區段重複的 Kasiski 測試所產生的結果。

表 3.4　範例 3.19 的 Kasiski 測試

字串	第一個索引	第二個索引	差
JSU	68	168	100
SUM	69	117	48
VWV	72	132	60
MPH	119	127	8

差之最大公因數為 4，表示金鑰長度是 4 的倍數。先試 $m = 4$，再將密文分成四份。C_1 由 1, 5, 9, ... 組成；C_2 由 2, 6, 10, ... 組成；以此類推，再分別使用統計攻擊。之後再插入破解的部分，一次一個字元，以得到全部的明文。若所得到的明文不合理，那就再試試另一個 m。

```
C1: LWGWCRAOKTEPGTQCTJVUEGVGUQGECVPRPVJGTJEUGCJG
P1: jueuapymircneroarhtsthihytrahcieixsthcarrehe
C2: IGGGQHGWGKVCTSOSQSWVWFVYSHSVFSHZHWWFSOHCOQSL
P2: ussscrsiswhofeaeceihcetesoecatnpntherhctecex
C3: OFDHURWQZKLZHGVVLUVLSZWHWKHFDUKDHVIWHUHFWLUW
P3: lcaerotnwhiwedssirsiirhketehretltiideatrairt
C4: MEVHCWILEMWVVXGETMEXLMLCXVELGMIMBWXLGEVVITX
P4: iardysehaisrrtcapiafpwtethecarhaesfterectpt
```

得到以下的明文，這是合理的：

Julius Caesar used a cryptosystem in his wars, which is now referred to as Caesar cipher. It is an additive cipher with the key set to three. Each character in the plaintext is shifted three characters to create ciphertext.

Hill 加密法

另一個有趣的多字母加密法是由 Lester S. Hill 發明的 **Hill 加密法（Hill cipher）**。此加密法和之前所討論的多字母加密法不一樣，它將明文分成均等的區塊。一次加密一個區塊，而區塊裡的每個字元再進行其他區塊字元的加密。因此，Hill 加密法屬於區塊加密法的一種，而其他曾討論過的加密法皆屬於串流加密法，本章最末會討論區塊加密法和串流加密法的不同。

在 Hill 加密法中，其金鑰是一個大小為 $m \times m$ 的方陣，其中 m 為區塊的大小。若我們稱金鑰方陣為 **K**，則方陣裡的每個元素就是 $k_{i,j}$（見圖 3.15）。

圖 3.15　Hill 加密法的金鑰

$$K = \begin{bmatrix} k_{11} & k_{12} & \cdots & k_{1m} \\ k_{21} & k_{22} & \cdots & k_{2m} \\ \vdots & \vdots & & \vdots \\ k_{m1} & k_{m2} & \cdots & k_{mm} \end{bmatrix}$$

讓我們展示一個區塊的密文如何加密：若將明文區塊的 m 個字元稱為 $P_1, P_2, ..., P_m$，則密文區塊對應的字元就是 $C_1, C_2, ..., C_m$。

$$\begin{aligned} C_1 &= P_1 k_{11} + P_2 k_{21} + \cdots + P_m k_{m1} \\ C_2 &= P_1 k_{12} + P_2 k_{22} + \cdots + P_m k_{m2} \\ &\cdots \\ C_m &= P_1 k_{1m} + P_2 k_{2m} + \cdots + P_m k_{mm} \end{aligned}$$

此方程式顯示，每個密文字元，例如 C_1，皆根據區塊裡的明文字元 ($P_1, P_2, ..., P_m$) 而來。然而，我們應注意並非所有的方陣在 Z_{26} 裡都有乘法反元素。所以，Alice 和 Bob 應謹慎選擇金鑰。若矩陣沒有乘法反元素，Bob 便無法解開 Alice 傳送的密文。

Hill 加密法中的金鑰方陣需有乘法反元素。

範例 3.20　使用矩陣能讓 Alice 加密整個明文。以此例來說，明文是一個 $l \times m$ 的矩陣，其中 l 是區塊的數量。例如，在明文「Code is ready」最後一個區塊裡加上假字元「z」，並移除空格，

則會產生一個 3 × 4 的矩陣。其密文為「OHKNIHGKLISS」，Bob 能使用金鑰矩陣的反矩陣解密，圖 3.16 顯示加密和解密過程。

圖 3.16　範例 3.20

$$\begin{bmatrix} 14 & 07 & 10 & 13 \\ 08 & 07 & 06 & 11 \\ 11 & 08 & 18 & 18 \end{bmatrix} = \begin{bmatrix} 02 & 14 & 03 & 04 \\ 08 & 18 & 17 & 04 \\ 00 & 03 & 24 & 25 \end{bmatrix} \begin{bmatrix} 09 & 07 & 11 & 13 \\ 04 & 07 & 05 & 06 \\ 02 & 21 & 14 & 09 \\ 03 & 23 & 21 & 08 \end{bmatrix}$$

a. 加密

$$\begin{bmatrix} 02 & 14 & 03 & 04 \\ 08 & 18 & 17 & 04 \\ 00 & 03 & 24 & 25 \end{bmatrix} = \begin{bmatrix} 14 & 07 & 10 & 13 \\ 08 & 07 & 06 & 11 \\ 11 & 08 & 18 & 18 \end{bmatrix} \begin{bmatrix} 02 & 15 & 22 & 03 \\ 15 & 00 & 19 & 03 \\ 09 & 09 & 03 & 11 \\ 17 & 00 & 04 & 07 \end{bmatrix}$$

b. 解密

Hill 加密法的破密分析

　　Hill 加密法的只知密文破密分析是很困難的。首先，暴力攻擊 Hill 加密法尤其艱難，因為其金鑰是一個 $m \times m$ 的矩陣，矩陣中的每個元素是 26 個值的其中之一，表示金鑰範圍大小為 $26^{m \times m}$。然而，並不是每個矩陣都有乘法反元素，金鑰範圍雖然會小一些，但仍然很廣。

　　再者，Hill 加密法並無保存明文的統計資料，因此 Eve 無法使用單一字母、雙字母組或三字母組的頻率分析。以 m 的大小字組頻率分析或許有用，但明文裡很少會有許多 m 的大小字串相同的情況。

　　但若 Eve 知道 m 的值和 m 區塊的明文／密文組合，則 Eve 就能用已知明文攻擊解密。此區塊可以屬於相同訊息或不同訊息，但必須有所區別。Eve 能產生兩個 $m \times m$ 的矩陣，**P**（明文）和 **C**（密文）的對應列表示對應的已知明文／密文組合。因為 **C** = **PK**，若 **P** 是可逆的，則 Eve 能利用 **K** = **CP**⁻¹ 的關係式找到金鑰。若 **P** 不是可逆的，則 Eve 就得使用另一個 m 明文／密文組合。

　　若 Eve 不知道 m 的值，而且 m 不是很大，那她可以嘗試不同的值。

範例 3.21　　假設 Eve 知道 $m = 3$，並且已攔截了三個明文／密文組合區塊（*毋*須來自於同一個訊息），如圖 3.17 所示。

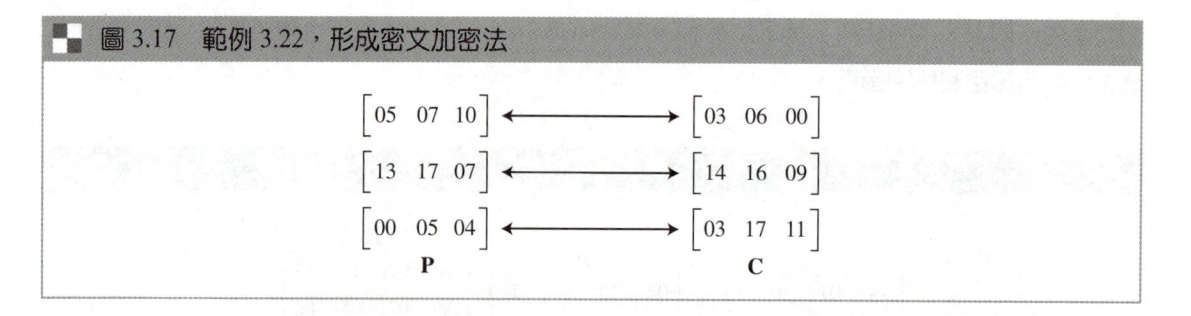

圖 3.17 範例 3.22，形成密文加密法

$$\begin{bmatrix} 05 & 07 & 10 \\ 13 & 17 & 07 \\ 00 & 05 & 04 \end{bmatrix} \longleftrightarrow \begin{bmatrix} 03 & 06 & 00 \\ 14 & 16 & 09 \\ 03 & 17 & 11 \end{bmatrix}$$
$$\quad\quad\quad\text{P} \quad\quad\quad\quad\quad\quad\quad\quad\quad\text{C}$$

由此組合中，她求得矩陣 P 和 C，因為 P 是可逆的，她求出 P 的反矩陣，並與 C 相乘，得到 K 矩陣（如圖 3.18 所示）。

圖 3.18 範例 3.22，找到金鑰

$$\begin{bmatrix} 02 & 03 & 07 \\ 05 & 07 & 09 \\ 01 & 02 & 11 \end{bmatrix} = \begin{bmatrix} 21 & 14 & 01 \\ 00 & 08 & 25 \\ 13 & 03 & 08 \end{bmatrix} \begin{bmatrix} 03 & 06 & 00 \\ 14 & 16 & 09 \\ 03 & 17 & 11 \end{bmatrix}$$
$$\quad\quad\text{K} \quad\quad\quad\quad\quad\text{P}^{-1} \quad\quad\quad\quad\quad\text{C}$$

現在她找出金鑰，並能以此破解任何使用此金鑰加密的密文。

單次密碼本

　　密碼學的目標之一就是能完全保密。Shannon 的研究表示，若每個明文的符號都由一個金鑰範圍隨機挑出的一把金鑰加密，就能達到完全保密。例如，一個加法加密法之所以能輕易地被破解，是因為皆用同一把金鑰加密每個字元。若用來加密每個字元的金鑰是隨機地從金鑰範圍（00, 01, 02, ..., 25）中挑出，則再簡單的加密法都能變成完美的加密法——也就是說，如果第一個字元是以金鑰 04 加密，第二個字元以金鑰 02 加密，第三個字元以金鑰 21 加密，以此類推，就無法用只知密文攻擊。若傳送者於每次傳送訊息時都改變金鑰，並使用其他隨機整數的順序，也無法使用其他的攻擊法。

　　此概念用於 Vernam 發明的**單次密碼本（one-time pad）**。在此加密法中，金鑰的長度和明文一樣，而且金鑰都是完全隨機選出的。

　　單次密碼本是個完美的加密法，但幾乎無法應用。因為如果每次金鑰都是新產生的，那每次 Alice 傳訊息，要如何告知 Bob 新的金鑰？然而，有一些情況能使用單次密碼本。例如，某個國家的總統需要傳送一個完全保密的訊息給另一個國家的總統時，能在傳送訊息前將隨機的密碼交給信賴的外交使者。

迴轉加密法

　　雖然單次密碼本並不實際，但有另一個更安全的加密法為**迴轉加密法（rotor cipher）**。

迴轉加密法使用了單字母取代加密法的概念，但改變了每個明文和密文之間字元的對應。圖3.19列出一個迴轉加密法的簡單範例。

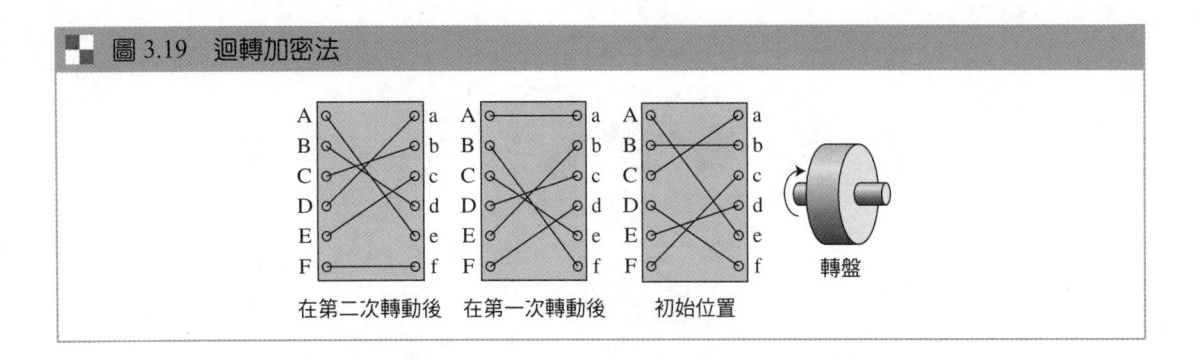

圖 3.19　迴轉加密法

在第二次轉動後　　在第一次轉動後　　初始位置　　轉盤

圖3.19的迴轉加密法只用了6個字母，但實際上是26個。轉盤是永久有線的，但連接加密／解密字元的是電刷。其線路顯示轉盤是透明的，可看到裡面。

迴轉加密法的初始設定（位置）是Alice和Bob之間的密鑰，第一個明文字元的加密是使用初始設定；第二個字元加密是在第一次轉動後（圖3.19中為1/6圈，但實際上是1/26圈）；以此類推。

若無轉動（單字母取代加密法），三個字母的文字，例如「bee」，加密後為「BAA」；若有轉動（迴轉加密法），就會變為「BCA」。這表示迴轉加密法為多字母加密法，因為兩個同樣的明文文字加密後變成不同的字元。

迴轉加密法和單字母取代加密法一樣都能抵擋暴力攻擊，因為Eve需從26!個可能的組合中找到第一組對應。迴轉加密法比起單字母取代加密法更能抵擋統計攻擊，因為迴轉加密法並無保存字母頻率。

迷團機

迷團機（Enigma machine）原始發明者為Sherbius，但在第二次世界大戰時，被德國軍隊修改並廣泛地利用。迷團機是依據迴轉加密法的原理設計，圖3.20陳列出一個簡單的迷團機概要圖。

以下為迷團機的主要構成元件：
1. 一個26個鍵的鍵盤，用來於加密時輸入明文和解密時輸入密文。
2. 一個26個燈的燈盤，用來顯示加密的密文字元和解密的明文字元。
3. 一個由13條線連接而成之26插頭的插接板，其配置規劃每天都會改變，以提供不同且不規則的密碼。
4. 前面所描述的有線轉盤。每天由五個可用的轉盤中挑出三個。鍵盤輸入一個字元，快的轉盤轉動1/26圈。快的轉盤每轉動1圈，中等的轉盤轉動1/26圈。中等轉盤每轉動1圈，慢的轉盤轉動1/26圈。

■ 圖 3.20　迷團機的模式

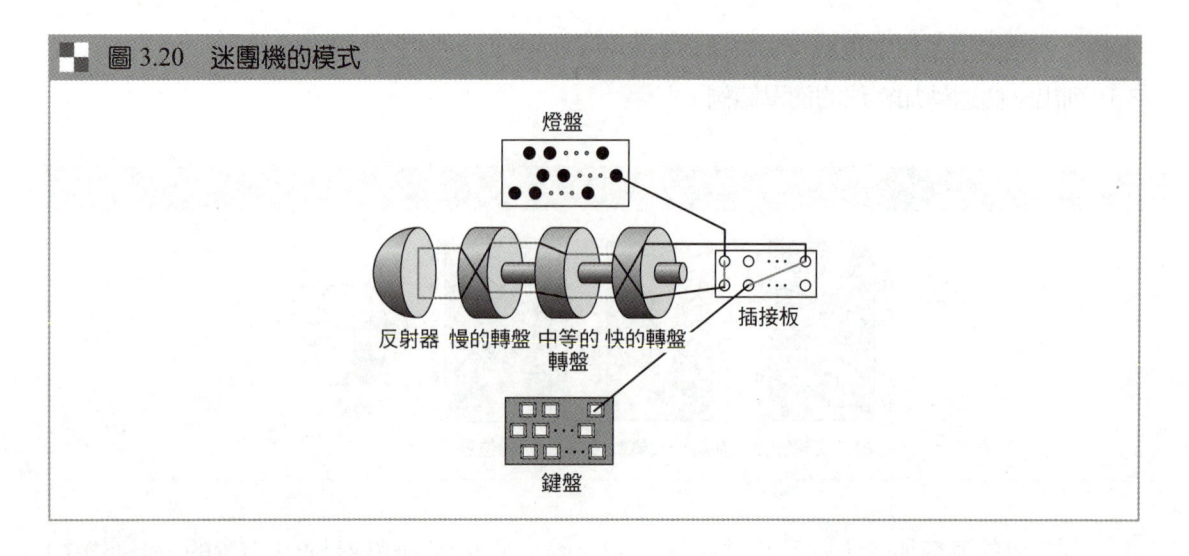

5. 已固定且預先接線的反射器。

密碼書

要使用迷團機，需有一本密碼書（code book）來提供每天的設定，包括：

a. 由五個轉盤選出的三個轉盤。
b. 轉盤安裝順序。
c. 插接板的設定。
d. 當天的三個字母密碼。

加密訊息的步驟

欲加密一個訊息，操作步驟如下：

1. 設置當天密碼轉盤的開始位置，例如：若密碼為「HUA」，則轉盤會被個別初始化為「H」、「U」和「A」。
2. 選擇一個隨機的三個字母密碼，例如「ACF」。利用第一步驟的初始設定，加密文字「ACFACF」（重複密碼）。例如，假定加密密碼為「OPNABT」。
3. 設定轉盤開始的位置為 OPN（加密密碼的一半）。
4. 將第二步驟得到加密的六個字母（「OPNABT」）附加到訊息的開頭部分。
5. 加密包括這六個字母的密碼訊息後，傳送此加密後的訊息。

解密訊息的步驟

欲解密一個訊息，操作步驟如下：

1. 收到訊息後，分隔前六個字母。
2. 設置當天密碼轉盤的開始位置。

3. 利用步驟二的初始設定解碼前六個字母。
4. 將轉盤的位置設置為解密後密碼的前半段。
5. 解密訊息（不含前六個字母）。

破密分析

我們知道迷團機於戰爭時就被破解了，但德國軍隊和世界其他國家直到數十年後才知曉。問題在於這麼複雜的加密法是如何被攻擊破解的。雖然德國軍隊已嘗試隱藏轉盤的內部線路，但同盟國仍然取得了迷團機的複製件。下個步驟就是找出每天的設定和每個訊息傳送至初始化轉盤的密碼，而第一部電腦的發明協助同盟國克服了這些困難。有些有關迷團機的網站能找到整個迷團機的圖像和其破密分析。

3.3 換位加密法

換位加密法（transposition cipher）並不是更換符號，而是改變符號的位置。明文中的第一個符號有可能出現在密文中第八個位置，而明文中的第八個符號也可能出現於密文中的第一個位置。換句話說，換位加密法就是重新安排（調換）符號的順序。

換位加密法就是重新安排符號的順序。

無金鑰的換位加密法

過去使用的簡易換位加密法是無金鑰的。有兩個排列字元的方法：第一個方法是將文字以一行一行的方式寫入表格後，再以一列一列的方式傳送；第二個方法就是將文字以一列一列的方式寫入表格後，再以一行一行的方式傳送。

範例 3.22 無金鑰加密法的一個很好範例就是欄加密法（rail fence cipher）。在此加密法中，明文是編排成兩排Z字形的圖樣（也就是一行一行的），而密文是一列一列的圖樣。例如，Alice傳送「Meet me at the park」的訊息給Bob。

```
m   e   m   a   t   e   a   k
  e   t   e   t   h   p   r
```

她產生出密文「MEMATEAKETETHPR」，在第一列傳送完後，接著傳送第二列。Bob接收到此密文後，將其密文分成一半（此例的第二部分字元比較少）。前半部分為第一列，第二部分為第二列，Bob所讀取的結果是Z字形的。因為這並無任何金鑰，而且行列數固定為2，所以對Eve來說，只要她知道這是使用欄加密法，此密文的破密分析就非常簡單。

76　Part 1　對稱式金鑰加密技術

範例 3.23　Alice 和 Bob 同意使用的行數並使用第二個方法。Alice 在一個四行的表格中，以一列一列的方式寫入相同的明文。

m	e	e	t
m	e	a	t
t	h	e	p
a	r	k	

她產生出密文「MMTAEEHREAEKTTP」，並以一行一行的方式傳送字元。Bob 接收到密文後，以相反的方式處理。他將收到的訊息以一行一行的方式寫入後，以一列一列的方式讀取明文。若 Eve 知道行數，就能輕易破解此訊息。

範例 3.24　範例 3.23 的加密法其實就是換位加密法，以下所示為明文中的每個字元調換成密文的位置排列。

01	02	03	04	05	06	07	08	09	10	11	12	13	14	15
↓	↓	↓	↓	↓	↓	↓	↓	↓	↓	↓	↓	↓	↓	↓
01	05	09	13	02	06	10	13	03	07	11	15	04	08	12

明文的第二個字元移動至密文的第五個位置；第三個字元移動至第九個位置；以此類推。字元雖被調換，但卻是依照某個調換模式：(01, 05, 09, 13), (02, 06, 10, 13), (03, 07, 11, 15) 和 (08, 12)。每個區塊中，兩個鄰近號碼的差為 4。

🔑 有金鑰的換位加密法

無金鑰加密法調換字元是以一種方式寫入明文（例如一列一列的），再以另一種方式讀取（例如一行一行的）。它是調換整個明文後才產生密文。另一個方法是將明文分組（稱為區塊），再利用一個金鑰分別更換每個區塊的字元。

範例 3.25　Alice 需要傳送「Enemy attacks tonight」的訊息給 Bob。Alice 和 Bob 已同意將內容分為五個字元一組，並調換每一組的字元。以下列出其分組，其中為了使最後一組的字數和其他組一樣，在最後一組加入一個假字元。

```
e n e m y   a t t a c   k s t o n   i g h t z
```

用來加密和解密的金鑰是一把排列的金鑰，顯示字元是如何調換的。以此訊息來說，假定 Alice 和 Bob 使用以下的金鑰：

加密 ↓
3	1	4	5	2
1	2	3	4	5
↑ 解密

明文區塊中的第三個字元變成密文區塊中的第一個字元；明文區塊中的第一個字元變成密文區塊中的第二個字元；以此類推。經過排列產生：

| E E M Y N | T A A C T | T K O N S | H I T Z G |

Alice 傳送密文「EEMYNTAACTTKONSHITZG」給 Bob，Bob 將其密文分為五個字元一組，並使用金鑰翻轉順序，得到明文。

兩種方法的結合

近代的換位加密法結合了這兩種方法，以達到更好的不規則效果。加密和解密動作在三個步驟內完成：第一，文字以一列一列的方式寫入表格；第二，以重新排列欄位的順序更換字元；第三，以一行一行的方式讀取新的表格。第一個和第三個步驟為無金鑰整體重新排序；第二個步驟是以區塊有金鑰方式重新排序。這類加密法通常稱為有金鑰圓柱換位加密法，或簡稱為圓柱換位加密法。

範例 3.26　假設 Alice 這次是以結合的方法加密範例 3.25 中的訊息，圖 3.21 展示其加密和解密過程。

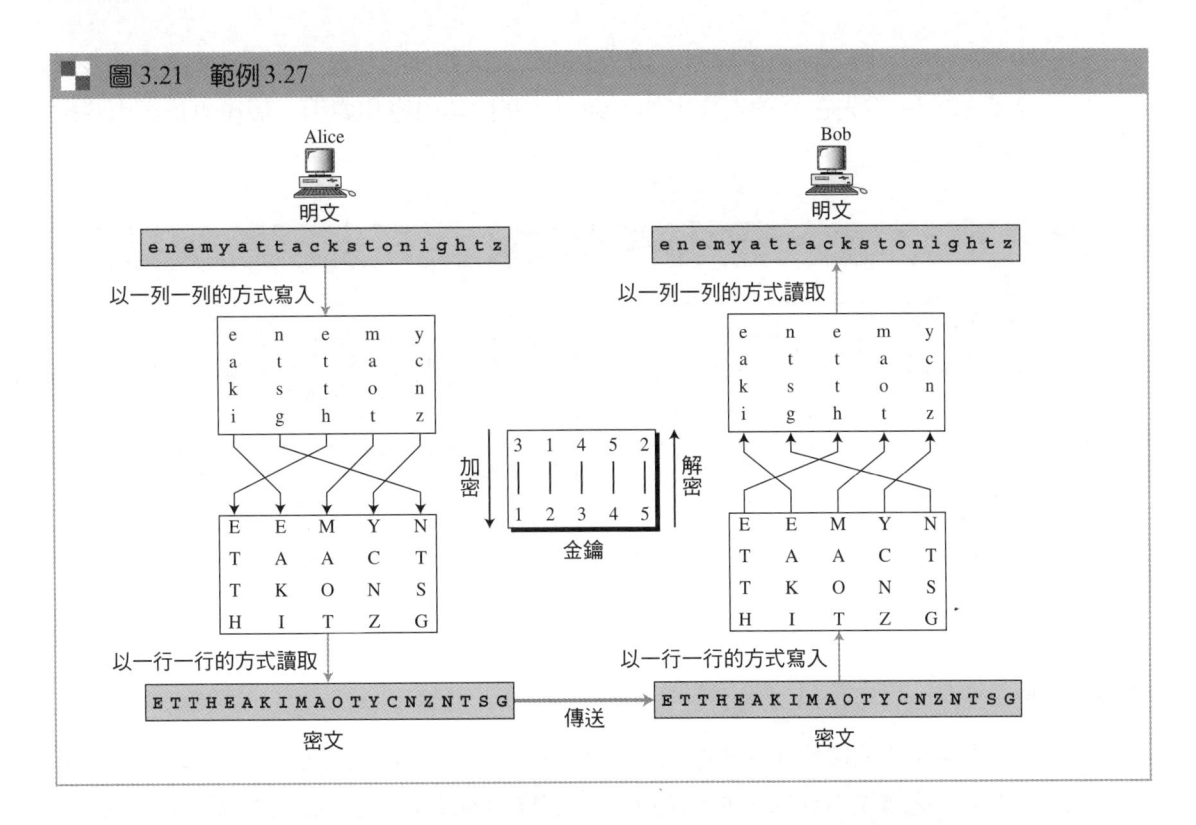

■ 圖 3.21　範例 3.27

第一個表格是由 Alice 以一列一列的方式寫入的明文，使用和之前範例的金鑰變更行列，密文是以一行一行的方式讀取第二個表格而產生。Bob 以相同的步驟翻轉其順序，並以一行一行的方式將密文寫入第一個表格後，調換欄位，再以一列一列的方式讀取第二個表格。

金鑰

在範例3.27中,利用一個簡單的金鑰,以兩個方向做行數調換:加密是向下,解密是向上。此圖像顯示會慣例性地產生兩個金鑰:一個為加密用,另一個用於方向。這些金鑰儲存於表格裡,一行一個登錄。此登錄顯示起點行數;由登錄的位置可得知終端行數。圖3.22顯示如何從金鑰圖像中得到這兩個表格。

圖 3.22　換位加密法的加密/解密金鑰

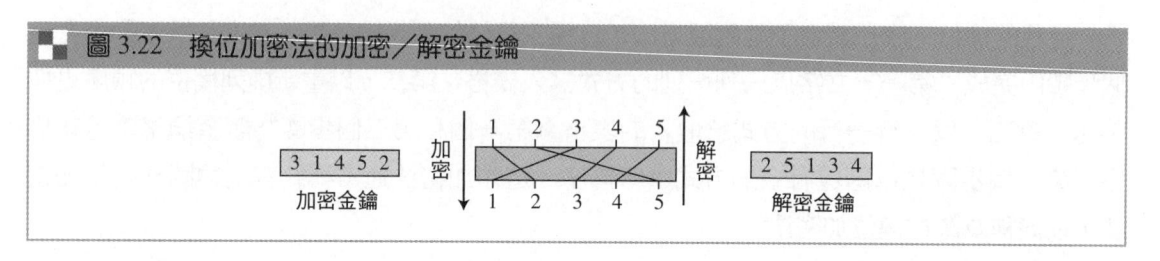

```
      3 1 4 5 2          加     1 2 3 4 5    解      2 5 1 3 4
       加密金鑰           密    ╳ ╳ ╳ ╳ ╳    密       解密金鑰
                                 1 2 3 4 5
```

加密金鑰為 (3 1 4 5 2),第一個登錄顯示於起點的行數3(內容)變成終端的行數1(登錄的位置或索引)。解密金鑰為 (2 5 1 3 4),第一個登錄顯示於起點的行數2變成終端的行數1。

若已知加密金鑰,應如何產生解密金鑰?反過來又該如何呢?此程序可在少數幾個步驟中完成(見圖3.23)。首先在金鑰表格中加入索引,交換其內容和索引,最後再依索引將配對排序。

圖 3.23　換位加密法的金鑰倒轉

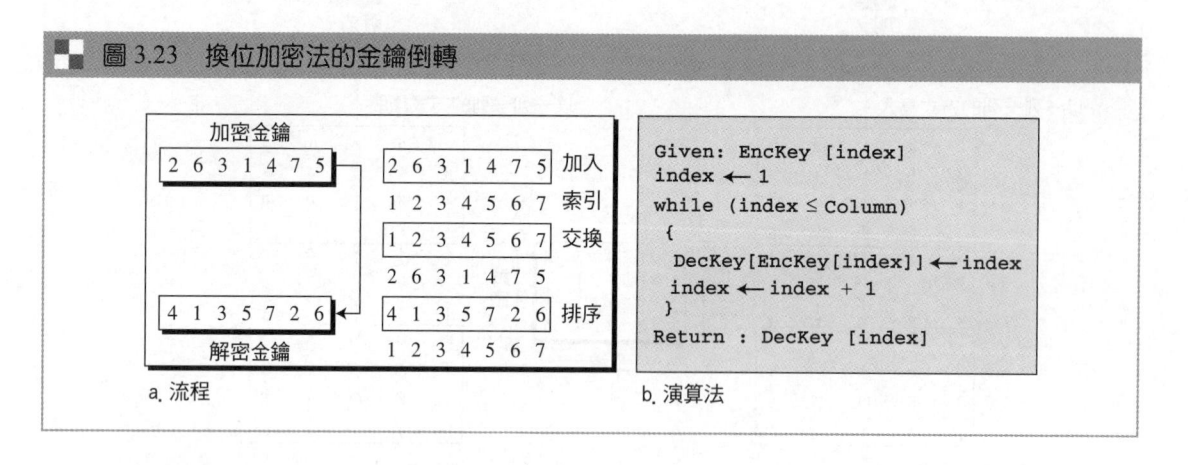

```
      加密金鑰
      2 6 3 1 4 7 5        2 6 3 1 4 7 5   加入
                           1 2 3 4 5 6 7   索引

                           1 2 3 4 5 6 7   交換
                           2 6 3 1 4 7 5

      4 1 3 5 7 2 6        4 1 3 5 7 2 6   排序
      解密金鑰              1 2 3 4 5 6 7

      a. 流程                            b. 演算法
```

```
Given: EncKey [index]
index ← 1
while (index ≤ Column)
 {
  DecKey[EncKey[index]] ← index
  index ← index + 1
 }
Return : DecKey [index]
```

使用矩陣

我們可利用矩陣陳列換位加密法的加密/解密過程。其明文和密文為 $l \times m$ 的矩陣,表示字元的數值;金鑰為大小 $m \times m$ 的方陣。在一個排列矩陣中,每列或每行都只有一個1,而其他的數值皆為0。加密是以金鑰矩陣乘以明文矩陣,得到密文矩陣;解密是以反金鑰矩陣乘以密文,得到明文矩陣。有趣的一點是,在此例中,解密矩陣為加密矩陣的反矩陣。然而,並不需要反轉其矩陣,因為只要轉置加密金鑰矩陣(交換列和行),就能得到解密金鑰矩陣。

範例 3.27 　圖3.24顯示一個加密過程。4 × 5的明文矩陣與5 × 5的加密金鑰相乘，得到4 × 5的密文矩陣。矩陣的操作必須以數值（從00至25）取代範例3.27中的字元。矩陣的乘法運算只能用於行數的換位，而矩陣的讀取或寫入必須使用其他演算法。

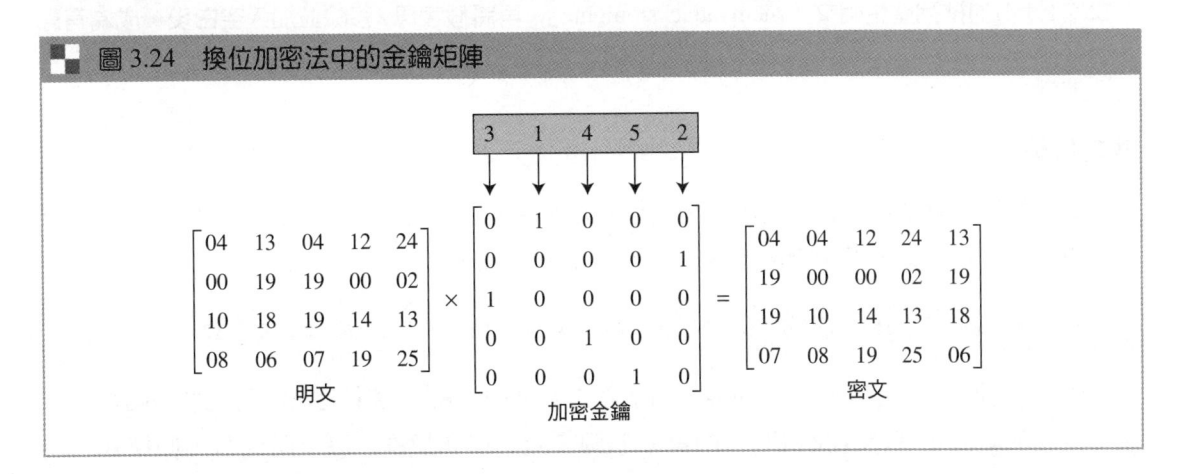

圖 3.24　換位加密法中的金鑰矩陣

$$\begin{bmatrix} 04 & 13 & 04 & 12 & 24 \\ 00 & 19 & 19 & 00 & 02 \\ 10 & 18 & 19 & 14 & 13 \\ 08 & 06 & 07 & 19 & 25 \end{bmatrix} \times \begin{bmatrix} 0 & 1 & 0 & 0 & 0 \\ 0 & 0 & 0 & 0 & 1 \\ 1 & 0 & 0 & 0 & 0 \\ 0 & 0 & 1 & 0 & 0 \\ 0 & 0 & 0 & 1 & 0 \end{bmatrix} = \begin{bmatrix} 04 & 04 & 12 & 24 & 13 \\ 19 & 00 & 00 & 02 & 19 \\ 19 & 10 & 14 & 13 & 18 \\ 07 & 08 & 19 & 25 & 06 \end{bmatrix}$$

明文　　　　　　　加密金鑰（欄頂順序 3 1 4 5 2）　　　　密文

換位加密法的破密分析

換位加密法容易遭受到幾種只知密文攻擊。

統計攻擊

換位加密法並未改變密文中字母的頻率，只有重新編排字母。因此，第一個能應用的就是單一字母頻率的分析攻擊。若密文的長度夠長，此種方法最有效，我們之前已見識過此種攻擊。然而，換位加密法並未保存雙字母組和三字母組的頻率，表示Eve不能使用此種方法。事實上，若一個加密法並未保存雙字母組和三字母組的頻率，但保存了單一字母的頻率，則此種加密法很有可能是換位加密法。

暴力攻擊

Eve能試著使用所有可能的金鑰解密其訊息，但金鑰的數量可能非常多(1! + 2! + 3! + … + L!)，其中L為密文的長度。另一個較好的方法就是猜測行數，Eve知道行數可以整除L。例如，若加密的長度為20個字元，因為20 = 1 × 2 × 2 × 5，表示行數可能為這些因數的組合(1、2、4、5、10、20)，但是第一個（只有一行）和最後一個（只有一列）都是不可能的。

範例 3.28 　假設Eve攔截到密文訊息「EEMYNTAACTTKONSHITZG」，訊息長度L = 20，表示行數為1、2、4、5、10、20。Eve忽略第一個值，因為它表示只有一行而且沒有排列。

a. 若行數為2，則只有兩個排列為(1, 2)和(2, 1)。Eve嘗試第二個，她將密文分為兩個字元一組：「EE MY NT AA CT TK ON SH IT ZG」。之後試著將其變更為「ee ym nt aa tc kt no hs ti gz」，但這並無任何意義。

b. 若行數為4，則有4! = 24個排列。第一個為(1 2 3 4)，表示沒有排列，Eve需嘗試其他組合。試過23種可能組合後，Eve無法找出有意義的明文。

c. 若行數為5，則有5! = 120個排列。第一個為(1 2 3 4 5)，表示沒有排列，Eve需嘗試其他組合。(2 5 1 3 4)的排列產生明文「enemyattackstonightz」，再將假字母z移除並加入空白後，成為有意義的明文。

模式攻擊

另一個能破解換位加密法的攻擊稱為模式攻擊。有金鑰的換位加密法所產生的密文會有一些重複的模式，以下顯示範例3.28密文的字元來自何處。

| 03 | 08 | 13 | 18 | 01 | 06 | 11 | 16 | 04 | 09 | 14 | 19 | 05 | 10 | 15 | 20 | 02 | 07 | 12 | 17 |

密文的第一個字元來自明文的第三個字元；密文中的第二個字元來自明文中的第八個字元；密文的第二十個字元來自明文的第十七個字元；以此類推。以上所列有一個模式。在此，有五個組合：(3, 8, 13, 18)、(1, 6, 11, 16)、(4, 9, 14, 19)、(5, 10, 15, 20)和(2, 7, 12, 17)，其兩個鄰近數字的差均為5，此規律性能使破解密碼者破解其加密法。若Eve知道或猜到行數（此例為5），她就能以四個字元為一個組合的方式組織密文，而調換組合就能找出明文的線索。

雙重換位加密法

雙重換位加密法（double transposition cipher） 能增加分析密碼者解密的難度。範例3.26就是一個例子，此加密法為了加密和解密，重複兩次演算法。每一個步驟可以使用不同的金鑰，但通常都是用同一把金鑰。

範例 3.29 讓我們使用雙重換位加密法重複範例3.26，圖3.25展列其過程。

雖然密碼分析者能使用單一字母頻率攻擊解開密文，但模式攻擊會變得更困難。內文的模式分析顯示

| 13 | 16 | 05 | 07 | 03 | 06 | 10 | 20 | 04 | 10 | 12 | 01 | 09 | 15 | 17 | 08 | 11 | 19 | 02 |

與範例3.28的結果比較，我們可以看到這並無重複模式。雙重換位加密法移除了之前所看到的規律性。

3.4 串流加密法與區塊加密法

文獻資料將對稱式加密法分為兩大類：串流加密法和區塊加密法。雖然這種分類法應用於現代加密法中，但這種分類法其實也可以應用於傳統加密法。

圖 3.25　雙重換位加密法

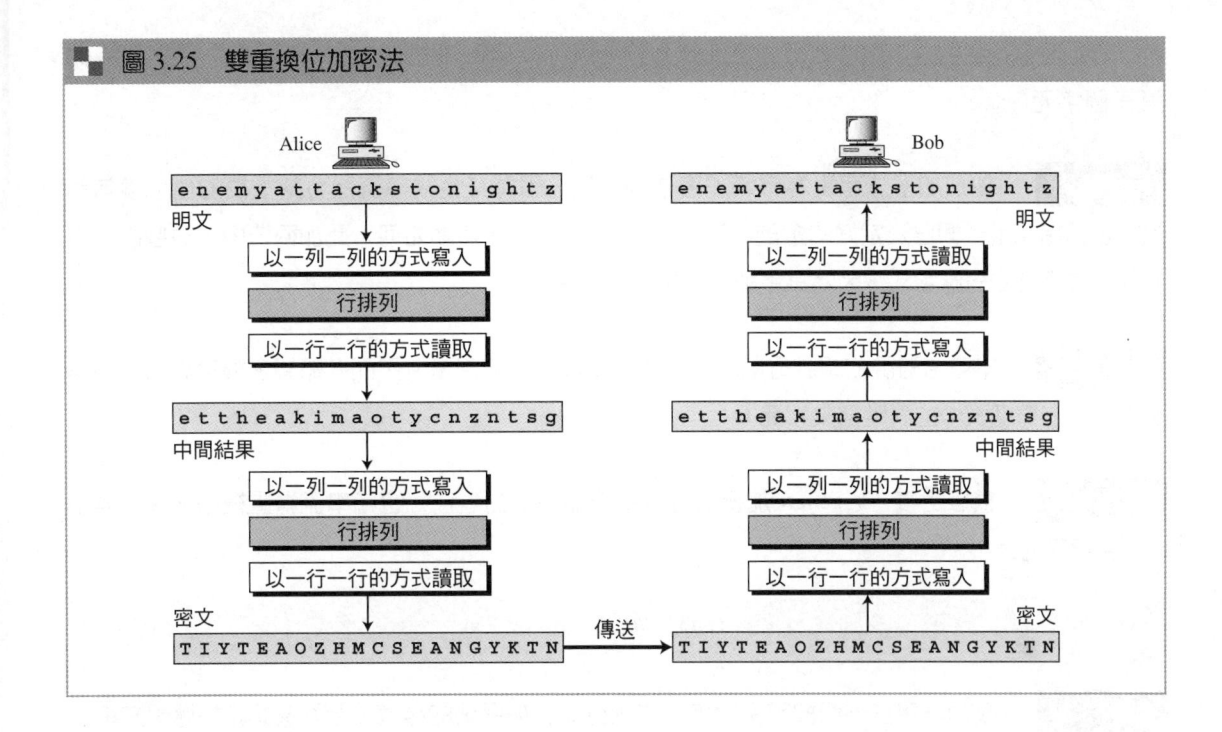

```
         Alice                                      Bob
  enemyattackstonightz                    enemyattackstonightz
  明文                                                      明文
     │                                              ▲
     ▼                                              │
  以一列一列的方式寫入                      以一列一列的方式讀取
     │                                              ▲
     ▼                                              │
  行排列                                          行排列
     │                                              ▲
     ▼                                              │
  以一行一行的方式讀取                      以一行一行的方式寫入
     │                                              ▲
     ▼                                              │
  ettheakimaotycnzntsg                    ettheakimaotycnzntsg
  中間結果                                            中間結果
     │                                              ▲
     ▼                                              │
  以一列一列的方式寫入                      以一列一列的方式讀取
     │                                              ▲
     ▼                                              │
  行排列                                          行排列
     │                                              ▲
     ▼                                              │
  以一行一行的方式讀取                      以一行一行的方式寫入
     │                                              ▲
     ▼                                              │
  密文                                                     密文
  TIYTEAOZHMCSEANGYKTN  ──傳送──▶  TIYTEAOZHMCSEANGYKTN
```

串流加密法

在**串流加密法**（stream cipher）中，都是一次以一個符號（例如一個字元或位元）加密和解密。我們會有一個明文串流、密文串流和金鑰串流。明文串流為 P，密文串流為 C，而金鑰串流為 K。

$$P = P_1P_2P_3 \ldots \qquad C = C_1C_2C_3 \ldots \qquad K = (k_1, k_2, k_3, \ldots)$$

$$C_1 = E_{k1}(P_1) \qquad C_2 = E_{k2}(P_2) \qquad C_3 = E_{k3}(P_3) \ldots$$

圖 3.26 顯示了串流加密法的概念。加密演算法一次採用一個明文中的字元，而密文字元也一次產生一個。金鑰串流能以很多方式產生，有可能是一串已決定好的值，也有可能以演算法一次產出一個值，這些值可能根據明文或密文的字元，也有可能根據之前的金鑰值。

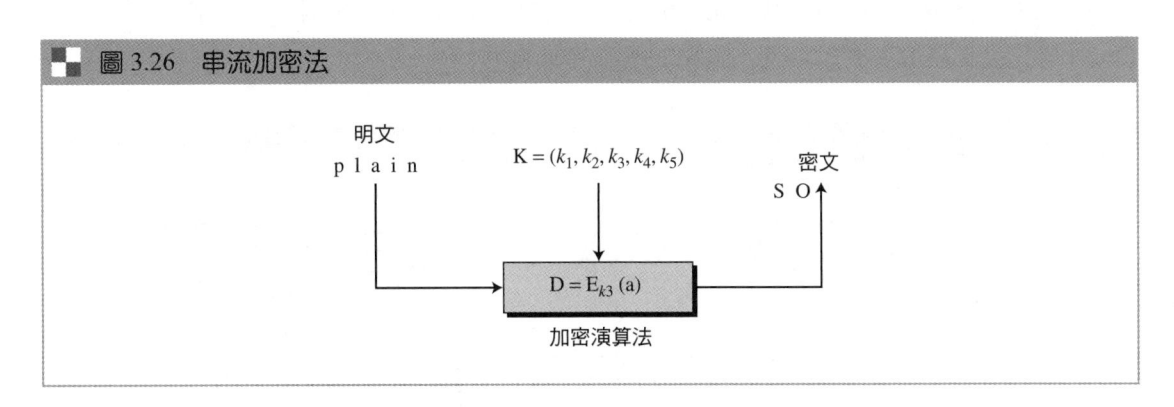

圖 3.26　串流加密法

```
      明文                                    密文
      plain      K = (k_1, k_2, k_3, k_4, k_5)   S O
         │            │                          ▲
         │            │                          │
         └──────▶ ┌─────────────┐ ────────────────┘
                  │  D = E_{k3}(a) │
                  └─────────────┘
                    加密演算法
```

該圖也顯示明文串流的第三個字元是以金鑰串流的第三個值加密,結果產生密文串流的第三個字元。

範例 3.30　加法加密法可視為串流加密法的一種,因為其金鑰串流是金鑰重複的值。換句話說,金鑰串流是一個已決定好的金鑰串流或 K = (k, k, ..., k)。無論如何,此加密法中,每個密文字元都根據明文的對應字元,因為其金鑰串流是獨立產生的。

範例 3.31　本章曾討論的單字母取代加密法也屬於串流加密法。然而,每個金鑰串流的值都是明文字元在對應表中的對應密文字元。

範例 3.32　根據定義,Vigenere加密法也是串流加密法的一種。金鑰串流為重複的 m 值,其中 m 是關鍵字的大小。

$$K = (k_1, k_2, ..., k_m, k_1, k_2, ..., k_m, ...)$$

範例 3.33　我們能建立一個按照金鑰串流來劃分串流加密法的標準。若 k_i 值並非根據明文串流中明文字元的位置而定,則此串流加密法就是單字母加密法,否則就是多字母加密法。

- 因加法加密法的金鑰串流 k_i 是固定的,且並非根據明文字元的位置而定,所以加法加密法定義為單字元加密法。
- 因單字母取代加密法的 k_i 並非根據串流中的對應字元位置而定,只根據明文字元的值,所以單字母取代加密法也被定義為單字母加密法。
- 因Vigenere加密法的 k_i 根據明文字元的位置而定,所以屬於多字母加密法。然而,其相依性是循環的,意即兩個相隔距離為 m 的字元其加密金鑰是相同的。

區塊加密法

在**區塊加密法（block cipher）**中,一組大小為 m（$m > 1$）的明文符號會一起被加密成一組相同大小的密文。依據區塊加密法的定義,即使金鑰由許多個值組成,我們只使用單一金鑰來加密整個區塊。圖3.27列出區塊加密法的概念。

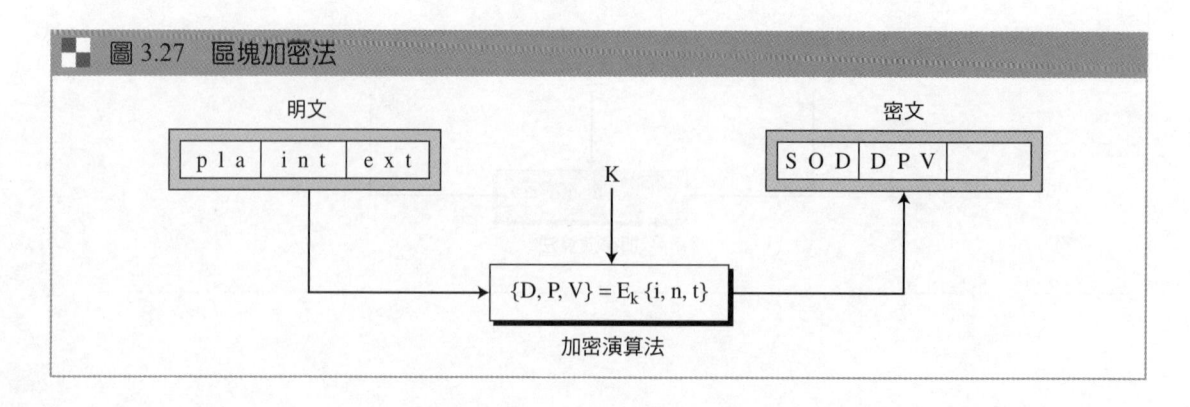

圖 3.27　區塊加密法

明文: p l a i n t e x t

密文: S O D D P V

$\{D, P, V\} = E_k \{i, n, t\}$

加密演算法

以區塊加密來說，一個密文區塊會根據整個明文區塊而定。

範例 3.34 Playfair 加密法就是區塊加密法，其區塊大小為 $m = 2$，兩個字元一起被加密。

範例 3.35 Hill 加密法也是區塊加密法，使用單一金鑰（矩陣）一起加密一個大小為 2 或更多的明文區塊。在此加密法中，密文每個字元的值根據所有明文字元的值而定。雖然其金鑰由 $m \times m$ 個值所組成，但還是被視為一把單一金鑰。

範例 3.36 由區塊加密法的定義可明顯看出，每個區塊加密法都是多字母加密法，因為密文區塊的每個字元都根據所有明文區塊的字元而定。

組合

實際上，明文區塊是獨立加密的，但它是利用一個金鑰串流以區塊和區塊的方式加密整個訊息。換句話說，以獨立區塊來看，此加密法為區塊加密法；但就整個訊息而言，若將一個區塊視為一個單位，則此加密法就是串流加密法。每個區塊使用不同的金鑰，其金鑰就有可能於加密過程前或加密過程進行時產生，後面的章節會再介紹這類例子。

推薦讀物

為了更深入瞭解本章所討論的主題，我們建議選讀下列書籍與網站。括號內的項目請參閱本書書末的參考文獻。

書籍

有數本探討典型對稱式金鑰加密法的書，[Kah96] 和 [Sin99] 介紹此類加密法的完整歷史。[Sti06]、[Bar02]、[TW06]、[Cou99]、[Sta06]、[Sch01]、[Mao03] 和 [Gar01] 提供許多技術細節。

網站

對於本章所討論的主題，以下的網站提供了許多更深入的資訊。

- http://www.cryptogram.org
- http://www.cdt.org/crypto/
- http://www.cacr.math.uwaterloo.ca/
- http://www.acc.stevens.edu/crypto.php
- http://www.crypto.com/
- http://theory.lcs.mit.edu/~rivest/crypto–security.html
- http://www.trincoll.edu/depts/cpsc/cryptography/substitution.html
- http://hem.passagen.se/tan01/transpo.html
- http://www.strangehorizons.com/2001/20011008/steganography.shtml

關鍵詞彙

- additive cipher　加法加密法　58
- affine cipher　仿射加密法　62
- autokey cipher　自動金鑰加密法　65
- block cipher　區塊加密法　82
- brute-force attack　暴力攻擊　55
- Caesar cipher　凱撒加密法　58, 59
- chosen-ciphertext attack　選擇密文攻擊　57
- chosen-plaintext attack　選擇明文攻擊　56
- cipher　加密法　53
- ciphertext　密文　53
- ciphertext-only attack　只知密文攻擊　54
- cryptanalysis　破密分析　54
- decryption algorithm　解密演算法　53
- digram　雙字母組　60
- double transposition cipher　雙重換位加密法　80
- encryption algorithm　加密演算法　53
- Enigma machine　迷團機　73
- exhaustive-key-search method　徹底搜尋金鑰方法　55
- Hill cipher　Hill加密法　70
- Kasiski test　Kasiski測試　69
- Kerckhoff's principle　Kerckhoff's原則　54
- key　金鑰　53
- key domain　金鑰範圍　54
- known-plaintext attack　已知明文攻擊　56
- monoalphabetic cipher　單字元加密法　57
- monoalphabetic substitution cipher　單字母取代加密法　64
- multiplicative cipher　乘法加密法　61
- one-time pad　單次密碼本　72
- pattern attack　模式攻擊　55
- plaintext　明文　53
- Playfair cipher　Playfair加密法　65
- polyalphabetic cipher　多字母加密法　64
- polyalphabetic substitution cipher　多字母取代加密法　64
- rail fence cipher　欄加密法　75
- rotor cipher　迴轉加密法　72
- shared secret key　共享密鑰　53
- shift cipher　位移加密法　58, 59
- statistical attack　統計攻擊　55
- stream cipher　串流加密法　81
- substitution cipher　取代加密法　57
- transposition cipher　換位加密法　75
- trigram　三字母組　60
- Vigenere cipher　Vigenere加密法　67
- Vigenere tableau　Vigenere表　67

重點摘要

- 對稱式金鑰加密使用單一金鑰加密和解密，此外，其加密和解密演算法為相反的。
- 原始訊息稱為明文；經由通道傳送後的訊息稱為密文。要將明文變成密文，需使用有共享密鑰的加密演算法。欲將密文轉換成明文，必須使用同一個密鑰的解密演算法。加密和解密演算法合稱為加密法。
- 根據Kerckhoff's原則，必須假設敵人知道加密和解密演算法，因此要抵擋攻擊就只能依靠密鑰。
- 破密分析是破解加密法的科學與藝術。有四種破密分析攻擊：只知密文、已知明文、選擇明文和選擇密文。
- 傳統對稱式金鑰加密法可分為兩種：取代加密法和換位加密法。取代加密法是用一個字元取代另一個，而換位加密法則是重新安排符號的順序。
- 取代加密法可分為兩種：單字母加密法和多字母加密法。以單字母取代法來說，明文字元和密文字元的關係是一對一，而多字母取代法中的明文字元和密文字元的關係是一對多。

- 單字母加密法包括：加法加密法、乘法加密法、仿射加密法和單字母取代加密法。
- 多字母加密法包括：自動金鑰加密法、Playfair 加密法、Vigenere 加密法、Hill 加密法、單次密碼本、迴轉加密法和迷團機。
- 換位加密法包括：無金鑰的換位加密法、有金鑰的換位加密法和雙重換位加密法。
- 對稱式加密法可分為串流加密法和區塊加密法。以串流加密法來說，加密和解密是一次針對一個符號，而區塊加密法是將區塊中所有的符號一起加密。實際上，明文區塊是獨立加密的，但會使用一個金鑰串流以區塊和區塊的方式加密整個訊息。

練習集

問題回顧

1. 定義對稱式金鑰加密法。
2. 區別取代加密法和換位加密法。
3. 區別單字母加密法和多字母加密法。
4. 區別串流加密法和區塊加密法。
5. 所有串流加密法都是單字母加密法嗎？解釋之。
6. 所有區塊加密法都是多字母加密法嗎？解釋之。
7. 列出三個單字母加密法。
8. 列出三個多字母加密法。
9. 列出兩個換位加密法。
10. 列出四種破密分析攻擊。

習題

11. 有一個私人俱樂部只有100名會員，回答以下問題：
    a. 若所有俱樂部會員需互相傳送祕密訊息，則需要多少密鑰？
    b. 若每個人都相信俱樂部的會長，則需要多少密鑰？（若有一個會員想傳送一個訊息給另一個會員，她會先將訊息傳給會長，之後會長再將訊息傳給另一個會員。）
    c. 若會長決定，如果有兩個會員想要互相聯絡，必須先跟他聯絡，則需要多少密鑰？（會長設定一把暫時的金鑰給這兩個會員使用，而此金鑰會先加密後再傳送給這兩個會員。）
12. 一些考古學家發現一個新的且未知的手寫文字，之後於同一個地方找到一塊小刻寫板，上面有其文字和翻譯的希臘文。利用這塊刻寫板，他們就能閱讀原文。試問考古學家利用了哪一種攻擊？
13. Alice以她的電腦使用加法加密法傳送訊息給朋友，她認為以不同的金鑰加密訊息兩次會更安全。她的想法是對的嗎？
14. Alice想要使用單字母取代加密法傳送一個很長的訊息，並且認為若將訊息壓縮，就能防止 Eve 使用單字元頻率攻擊。壓縮有用嗎？她應該在加密訊息前還是加密訊息後壓縮？
15. Alice通常都用字母（a到z）和數字（0到9）加密明文。
    a. 若使用加法加密法，金鑰範圍和模數為何？

b. 若使用乘法加密法，金鑰範圍和模數為何？
　　c. 若使用仿射加密法，金鑰範圍和模數為何？
16. 假設於明文中加入空白、句號和問號，以增加簡單加密法的金鑰範圍。
　　a. 若使用加法加密法，金鑰範圍為何？
　　b. 若使用乘法加密法，金鑰範圍為何？
　　c. 若使用仿射加密法，金鑰範圍為何？
17. Alice和Bob決定忽視Kerckhoff's原則，並隱藏他們所使用的加密法。
　　a. Eve如何判斷他們是使用取代加密法還是換位加密法？
　　b. 若Eve知道加密法為取代加密法，則她如何判斷是加法、乘法或仿射加密法？
　　c. 若Eve知道是取代位加密法，則她如何找出區塊的大小（m）？
18. 以下每個加密法中，若明文只改變一個字元，則密文最多會改變幾個字元？
　　a. 加法。
　　b. 乘法。
　　c. 仿射。
　　d. Vigenere。
　　e. 自動金鑰。
　　f. 單次密碼本。
　　g. 迴轉。
　　h. 迷團機。
19. 以下每個加密法中，若明文只改變一個字元，則密文最多會改變幾個字元？
　　a. 單一換位。
　　b. 雙重換位。
　　c. Playfair。
20. 以下每個加密法，哪些是串流加密法或區塊加密法？
　　a. Playfair。
　　b. 自動金鑰。
　　c. 單次密碼本。
　　d. 迴轉。
　　e. 迷團機。
21. 使用以下其中一個加密法加密訊息「this is an exercise」，忽略文字中間的空白，並解密訊息得到原始的明文：
　　a. 金鑰 = 20的加法加密法
　　b. 金鑰 = 15的乘法加密法
　　c. 金鑰 = (15, 20) 的仿射加密法
22. 使用以下其中一個加密法加密訊息「the house is being sold tonight」，忽略文字中間的空白，並解密訊息得到原始的明文：
　　a. 金鑰為「dollars」的Vigenere加密法。
　　b. 金鑰 = 7的自動金鑰加密法。
　　c. 金鑰於文字中產生的Playfair加密法（參見圖3.13）。

23. 使用關鍵字為「HEALTH」的 Vigenere 加密法加密訊息「Life is full of surprises」。
24. 使用 Playfair 加密法加密訊息「The key is hidden under the door pad」。欲取得密鑰，可在第一列與第二列填入「GUIDANCE」，並在矩陣中剩餘的空位填入剩下的字母。
25. 使用 Hill 加密法加密訊息「We live in an insecure world」。利用以下的金鑰：

$$K = \begin{bmatrix} 03 & 02 \\ 05 & 07 \end{bmatrix}$$

26. 約翰正在閱讀有關密碼學的推理小說。書中的第一個部分，作者給了密文「CIW」，在兩個段落後，作者告訴讀者這是一個位移加密法，而且明文為「yes」。在下一章，主角在洞穴裡找到了一塊刻寫板，上面刻著「XVIEWYWI」。約翰馬上就找出密文的真實意義，約翰用了哪一種攻擊法？其明文為何？
27. Eve 偷偷進入 Alice 的電腦，並使用 Alice 的加密法輸入「abcdefghij」，螢幕顯示「CABDEHFGIJ」。若 Eve 知道 Alice 使用的是有金鑰的換位加密法，回答下列問題：
    a. Eve 使用了哪一種攻擊？
    b. 排列金鑰的大小為何？
28. 使用暴力攻擊破解以下 Alice 用加法加密法所加密的訊息。假設 Alice 常常使用跟她生日（本月的 13 號）很接近的金鑰。

NCJAEZRCLASJLYODEPRLYZRCLASJLCPEHZDTOPDZQLNZTY

29. 使用暴力攻擊破解以下訊息。假設你知道這是仿射加密法，而且明文「ab」加密為「GL」。

XPALASXYFGFUKPXUSOGEUTKCDGFXANMGNVS

30. 使用單一字母頻率攻擊破解以下訊息。假設你知道這是單字母取代加密法。

ONHOVEJHWOBEVGWOCBWHNUGBLHGBGR

31. 假設於 Hill 加密法中加入標點符號（句號、問號和空白）加密，而且利用 Z_{29} 中的一個 2×2 金鑰矩陣加密和解密。
    a. 找出全部可能的矩陣數量。
    b. 我們已證明全部的可逆矩陣共有 $(N^2 - 1)(N^2 - N)$ 個，其中 N 是字母的數量，利用字母找出 Hill 加密法的金鑰範圍。
32. 使用單一字母頻率攻擊破解以下密文。已知這是使用加法加密法。

OTWEWNGWCBPQABIZVQAPMLJGZWTTQVOBQUMAPMIDGZCAB
EQVBMZLZIXMLAXZQVOQVLMMXAVWEIVLLIZSNZWAB
JQZLWNLMTQOPBVIUMLGWCBPAEQNBTGTMNBBPMVMAB
ITIAKWCTLVBBQUMQBEPQTMQBEIAQVUGBZCAB

33. 使用 Kasiski 測試和單一字母頻率攻擊破解以下密文。已知這是使用 Vigenere 加密法。

MPYIGOBSRMIDBSYRDIKATXAILFDFKXTPPSNTTJIGTHDELT
TXAIREIHSVOBSMLUCFIOEPZIWACRFXICUVXVTOPXDLWPENDHPTSI
DDBXWWTZPHNSOCLOUMSNRCCVUUXZHHNWSVXAUHIK
LXTIMOICHTYPBHMHXGXHOLWPEWWWWDALOCTSQZELT

34. 若一個換位加密法的加密金鑰為(3, 2, 6, 1, 5, 4)，求出其解密金鑰。
35. 若換位加密法的金鑰為(3, 2, 6, 1, 5, 4)，求出加密金鑰的矩陣表示法以及解密金鑰的矩陣表示法。
36. 已給明文「letusmeetnow」與其對應密文「HBCDFNOPIKLB」，已知是使用Hill加密法演算，但不知金鑰的排列，求出其金鑰矩陣。
37. Hill加密法和乘法加密法是非常類似的。Hill加密法是利用矩陣乘法運算的區塊加密法，而乘法加密法是利用數量乘法運算的串流加密法。
    a. 利用矩陣加法運算定義和加法加密法相似的區塊加密法。
    b. 利用矩陣乘法和加法運算定義和仿射加密法很像的區塊加密法。
38. 讓我們定義一個新的串流加密法。此加密法是仿射的，但其金鑰根據明文字元的位置而定。若欲加密的明文字元是在位置i，則我們能找到以下金鑰：
    a. 乘法金鑰為Z_{26^*}中第(i mod 12)個元素。
    b. 加法金鑰為Z_{26}中第(i mod 26)個元素。
    利用這個新的加密法加密訊息「cryptography is fun」。
39. 假設Hill加密法的明文為一個乘法單位矩陣（**I**），找出其金鑰和密文之間的關係。利用你找到的結果，使用選擇明文攻擊破解Hill加密法。
40. Atbash曾是受聖經作家歡迎的加密法。在Atbash加密法中，「A」加密為「Z」，「B」加密為「Y」，以此類推。同樣地，「Z」加密為「A」，「Y」加密為「B」，以此類推。假設將字元表分為兩部分，前半部分的字母加密為第二部分的字母，反之亦然。找出其加密法和金鑰的類型，並利用Atbash加密法加密訊息「an exercise」。
41. 在Polybius加密法中，每個字母加密為兩個整數，其金鑰和Playfair加密法一樣，是一個5 × 5的矩陣。明文為矩陣中的字元，密文為兩個整數（每個皆位於1到5之間），代表列和行的數量。利用以下金鑰和Polybius加密法加密訊息「an exercise」。

	1	2	3	4	5
1	z	q	p	f	e
2	y	r	o	g	d
3	x	s	n	h	c
4	w	t	m	i/j	b
5	v	u	l	k	a

CHAPTER 4 密碼基礎數學 II：代數結構

學習目標

本章是未來數章討論基於代數結構的現代對稱式加密法的基礎。本章的學習目標包括：

- 回顧代數結構的概念。
- 定義「群」並使用範例解說。
- 定義「環」並使用範例解說。
- 定義「體」並使用範例解說。
- 強調在現代區塊加密法中對 n 位元做加減乘除運算的能力來自於由 **GF(2^n)** 所構成的有限體。

以下的幾章將會討論現代對稱式金鑰的區塊加密法，為了能瞭解並進一步分析，首先必須對代數結構（現代代數的一個分支）有一些基本知識。本章首先回顧代數結構這個主題，然後展示同時對 n 位元區塊處理的運算，例如乘法。

4.1 代數結構

第二章曾討論數的集合，例如 $\mathbf{Z}$、$\mathbf{Z}_n$、$\mathbf{Z}_{n^*}$、$\mathbf{Z}_p$ 和 $\mathbf{Z}_{p^*}$。密碼學需要這些整數集合以及定義這些集合的特定運算式。這些集合以及對集合元素所進行的運算合稱為**代數結構**（algebraic structure）。本章我們將要定義群、環以及體等三個常用的代數結構（圖4.1）。

圖 4.1 常見的代數結構

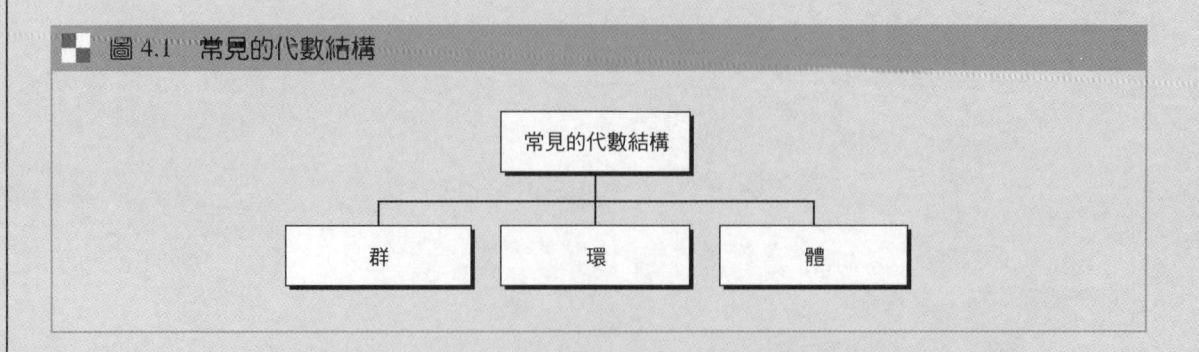

```
           常見的代數結構
          ┌───────┼───────┐
          群      環      體
```

群

群（group, G）是一個元素的集合和一個二元運算子「・」的結合，滿足以下四種特性（或稱公理）。一個**交換群**（commutative group，或稱為 abelian group），除了滿足群的四個特性之外，還有一個額外的特性：交換性。

接下來，我們定義這四個特性以及交換性：

- **封閉性**（closure）：令 a 和 b 為 **G** 的元素，則 $c = a \cdot b$ 亦為 **G** 的元素。也就是說，集合中任兩元素經過運算之後的結果仍為集合的元素。
- **結合性**（associativity）：令 a、b 和 c 為 **G** 的元素，則 $(a \cdot b) \cdot c = a \cdot (b \cdot c)$。換言之，兩個以上之元素的運算毋須按照特定的順序。
- **交換性**（commutativity）：對集合 **G** 的所有元素 a 和 b，$a \cdot b = b \cdot a$，注意只有交換群才需滿足此特性。
- **存在單位元素**（existence of identity）：對集合 **G** 的所有元素 a，存在一個特定的單位元素 e，使得 $e \cdot a = a \cdot e = a$。
- **存在反元素**（existence of inverse）：對集合 **G** 的任一元素 a，存在一個反元素 a'，使得 $a \cdot a' = a' \cdot a = e$。

圖 4.2 是群的概念圖。

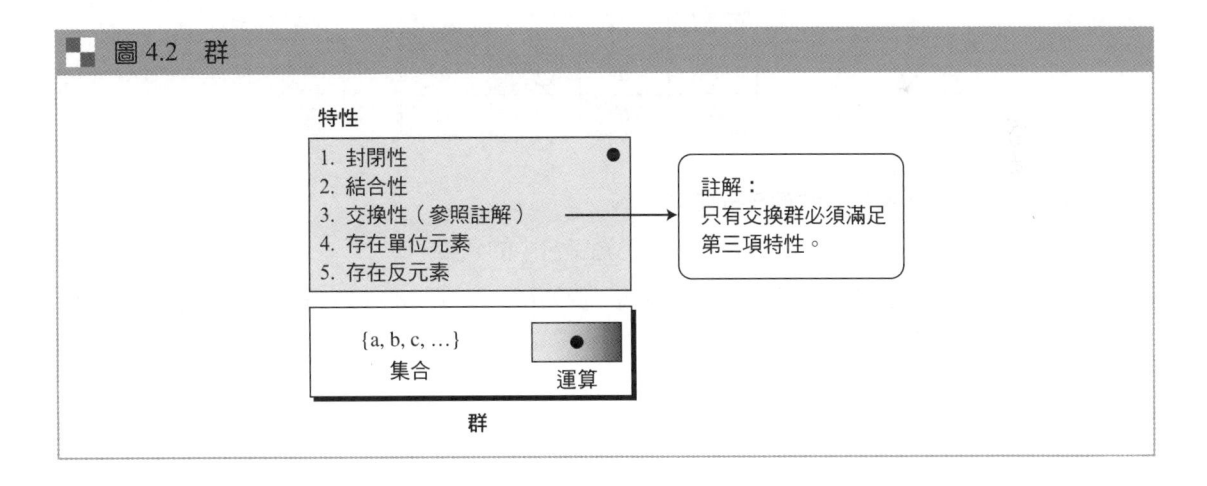

圖 4.2 群

特性
1. 封閉性
2. 結合性
3. 交換性（參照註解）
4. 存在單位元素
5. 存在反元素

註解：
只有交換群必須滿足第三項特性。

{a, b, c, ...}　　運算
　集合

群

應用

雖然一個群只有單一的運算子，但是這個運算子受到群的特性影響，使得一個群可以有一對互為逆運算的運算子。舉例來說，如果一個群所定義的運算為加法，則這個群同時支援加法與減法，因為減法相當於使用反元素的加法運算。同樣的推理也適用於乘法與除法。然而，一個群只能支援加／減法或乘／除法的其中一種，不能同時支援這兩組運算。

範例 4.1 整數餘數集合與加法運算子，$G = <Z_n, +>$，為一交換群。我們可以對此集合的元素執行加法與減法的運算，而結果仍為此集合的元素。我們檢查以下特性：

1. 滿足封閉性。Z_n 中任兩元素相加後仍為 Z_n 的元素。
2. 滿足結合律。4 + (3 + 2) 與 (4 + 3) + 2 的結果相同。
3. 滿足交換律。已知 3 + 5 = 5 + 3。
4. 單位元素為 0。已知 3 + 0 = 0 + 3 = 3。
5. 所有的元素皆有運算反元素。元素的反元素稱為互補元素。例如，3 的反元素為 –3（在 Z_n 當中的 $n-3$），而 –3 的反元素則為 3。我們可以利用反元素執行減法運算。

範例 4.2　集合 Z_{n*} 與乘法運算子可構成一交換群 $G = <Z_{n*}, \times>$。我們可以對該群的元素執行乘法與除法的運算，而結果仍為此群的元素。前三個特性可以很容易地加以驗證。其單位元素為 1，而且每個元素皆可利用歐幾里德延伸演算法求得其反元素。

範例 4.3　雖然一般認為一個群是由一組數字和一般的運算（例如加法或乘法）所構成，但也可以定義一個滿足上述條件的任意元素與運算所構成的群。以下定義一個群 $G = <\{a, b, c, d\}, •>$，其運算如表 4.1 所示。

表 4.1　範例 4.3 的運算表

•	a	b	c	d
a	a	b	c	d
b	b	c	d	a
c	c	d	a	b
d	d	a	b	c

這是一個交換群，滿足五個構成特性：
1. 滿足封閉性。任兩元素進行運算後，其結果仍為集合中的元素。
2. 滿足結合性。藉由改變任三個元素的結合方式，例如 $(a • b) • c = a • (b • c) = d$，可以證實滿足結合律。
3. 滿足交換律。已知 $a • b = b • a$。
4. 單位元素為 a。
5. 所有的元素皆有運算反元素。元素與反元素對可以從表 4.1 每一列中的單位元素找到（塗上陰影的部分）。這些配對為 (a, a)、(b, d)、(c, c)。

範例 4.4　一個群裡面的元素不一定是數字或物件，可以是規則、映射、函數或者動作。例如**排列群**（permutation group）就是一個很有意思的例子。這個集合是所有排列方式的集合，集合的運算是合成（composition）：先進行一種排列，之後再進行另一種排列。圖 4.3 就是兩種排列方式的合成，可以將三個輸入變換成三種輸出。

■ 圖 4.3　排列運算的合成（範例 4.4）

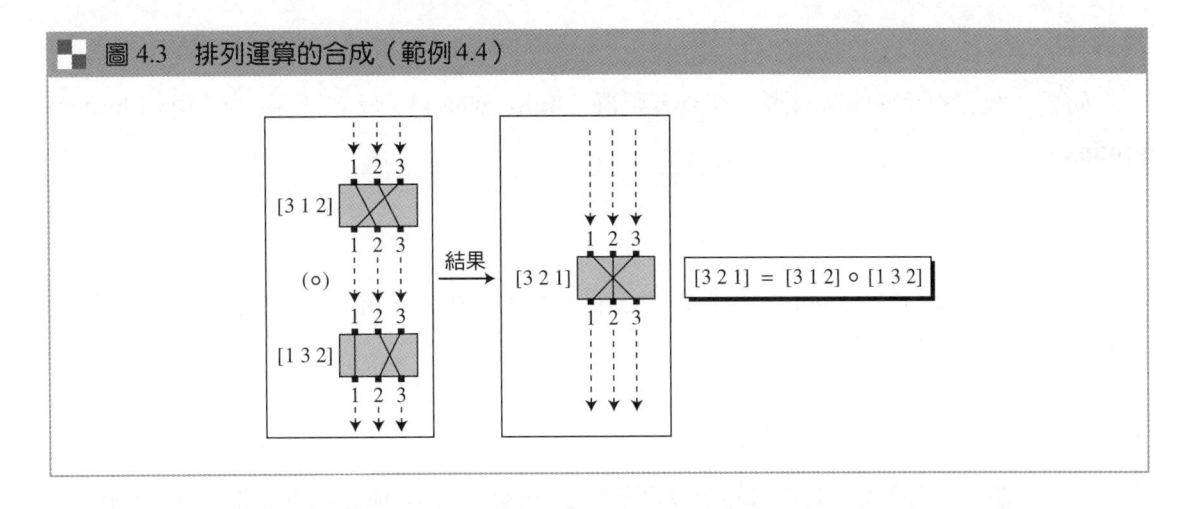

這些輸入和輸出的值可以是字元（第二章）或是位元（第五章）。我們在這裡將每一種排列當成一個表，表的內容告訴我們輸入的位置，而索引（沒有標示）則是輸出的位置。合成的動作是將兩個排列的動作按照順序完成。注意，在圖 4.3 中要從右邊讀到左邊：第一個排列運算是 [1 3 2]，接下來是 [3 1 2]，結果就得到 [3 2 1]。三個運算元的輸入總共可以有 3!個（或 6 個）不同的排列方式。表 4.2 列出這些運算的定義方式。第一列是第一種排列方式，第一欄則是第二種排列方式。行列交會的地方就是合成的結果。

表 4.2　排列群的運算表

∘	[1 2 3]	[1 3 2]	[2 1 3]	[2 3 1]	[3 1 2]	[3 2 1]
[1 2 3]	[1 2 3]	[1 3 2]	[2 1 3]	[2 3 1]	[3 1 2]	[3 2 1]
[1 3 2]	[1 3 2]	[1 2 3]	[2 3 1]	[2 1 3]	[3 2 1]	[3 1 2]
[2 1 3]	[2 1 3]	[3 1 2]	[1 2 3]	[3 2 1]	[1 3 2]	[2 3 1]
[2 3 1]	[2 3 1]	[3 2 1]	[1 3 2]	[3 1 2]	[1 2 3]	[2 1 3]
[3 1 2]	[3 1 2]	[2 1 3]	[3 2 1]	[1 2 3]	[2 3 1]	[1 3 2]
[3 2 1]	[3 2 1]	[2 3 1]	[3 1 2]	[1 3 2]	[2 1 3]	[1 2 3]

在這個例子裡，因為只滿足四個特性，所以這個群並不是交換群。

1. 滿足封閉性。
2. 滿足結合性。我們可以任意找出三個元素來檢查這個特性。
3. 不能滿足交換性。這也很容易檢查，不過我們把它留做練習題。
4. 這個集合的單位元素是 [1 2 3]（沒有排列）。就是表中塗上陰影的部分。
5. 每個元素都有一個反元素。只要對照表中的單位元素就可以找到。

範例 4.5　　在前一個範例中，我們將一組排列方式加上合成運算就成為一個群。這裡隱含的意思是使用兩個連續的排列方式並不能提升加密法的安全度，我們必定可以找到一個排列方式，其效果相當於兩個排列方式的合成，因為這是群的封閉性。

有限群

如果一個群的元素個數有限，稱為**有限群**（finite group），反之則稱為**無限群**（infinite group）。

群的秩

群的秩（order of a group）|G|，是指這個群的元素個數。所以一個無限的群，其秩為無限；一個有限的群，其秩為有限。

子群

如果一個群 G 的子集合 H 在 G 的運算之下自成一個群，則 H 稱為 G 的**子群**（subgroup）。換言之，若 G = <S, •> 為一個群，H = <T, •> 為一個在相同運算子之下的群，而且 T 不是 S 的空子集合，則 H 為 G 的子群。以上的定義引申出：

1. 若 a 與 b 為此兩集合的成員，則 $c = a • b$ 亦為此兩集合的成員。
2. 這兩個群有共同的單位元素。
3. 若 a 為此兩集合的成員，則 a 的反元素亦為此兩集合的成員。
4. 由 G 的單位元素所構成的群 H = <{e}, •>，是 G 的子群。
5. 每個群都是自己的子群。

範例 4.6 群 H = <Z_{10}, +> 是否為 G = <Z_{12}, +> 的子群？

解法 答案是否定的。雖然 H 是 G 的子集合，但是這兩個群所定義的運算子並不相同。H 的運算子是模數為 10 的加法，而 G 的運算子是模數為 12 的加法。

循環子群

若一個子群的每一個元素都是另一個群中某一個元素的乘冪，則此子群稱為**循環子群**（cyclic subgroup）。這裡乘冪的意思是重複對這個元素引用群運算：

$$a^n \to a • a • ... • a \quad (n 次)$$

經由這個程序產生的集合稱為 <a>。注意，集合中重複出現的元素必須剔除。另外，$a^0 = e$。

範例 4.7 群 G = <Z_6, +> 可以產生四個循環子群，分別是 H_1 = <{0}, +>、H_2 = <{0, 2, 4}, +>、H_3 = <{0, 3}, +> 和 H_4 = G。注意這些群的運算是加法，所以 a^n 的意思是 n 乘以 a。另外要注意的是，以上所有的群運算都是模數為 6 的加法。以下我們說明如何找出這些循環子群的元素。

a. 從元素 0 產生的循環子群為 H_1，集合元素僅有一個單位元素。

$0^0 \bmod 6 = 0$ （停止：接下來就會進入重複的程序）

b. 從元素1產生的循環子群為 H_4，剛好就是 G。

$1^0 \bmod 6 = 0$
$1^1 \bmod 6 = 1$
$1^2 \bmod 6 = (1 + 1) \bmod 6 = 2$
$1^3 \bmod 6 = (1 + 1 + 1) \bmod 6 = 3$
$1^4 \bmod 6 = (1 + 1 + 1 + 1) \bmod 6 = 4$
$1^5 \bmod 6 = (1 + 1 + 1 + 1 + 1) \bmod 6 = 5$ （停止：接下來就會進入重複的程序）

c. 從元素2產生的循環子群為 H_2，集合元素有三個：0、2和4。

$2^0 \bmod 6 = 0$
$2^1 \bmod 6 = 2$
$2^2 \bmod 6 = (2 + 2) \bmod 6 = 4$ （停止：接下來就會進入重複的程序）

d. 從元素3產生的循環子群為 H_3，集合元素有兩個：0和3。

$3^0 \bmod 6 = 0$
$3^1 \bmod 6 = 3$ （停止：接下來就會進入重複的程序）

e. 從元素4產生的循環子群為 H_2，這個集合前面已經出現過了。

$4^0 \bmod 6 = 0$
$4^1 \bmod 6 = 4$
$4^2 \bmod 6 = (4 + 4) \bmod 6 = 2$ （停止：接下來就會進入重複的程序）

f. 從元素5產生的循環子群為 H_4，剛好就是 G。

$5^0 \bmod 6 = 0$
$5^1 \bmod 6 = 5$
$5^2 \bmod 6 = 4$
$5^3 \bmod 6 = 3$
$5^4 \bmod 6 = 2$
$5^5 \bmod 6 = 1$ （停止：接下來就會進入重複的程序）

範例 4.8 從群 G = <Z_{10*}, ×>中產生的三個循環子群只有四個元素：1、3、7和9。這些循環子群分別是 H_1 = <{1}, ×>、H_2 = <{1, 9}, ×>和 H_3 = G。以下我們說明如何找出這些循環子群的元素。

a. 從元素1產生的循環子群為 H_1，集合元素只有一個單位元素。

$1^0 \bmod 10 = 1$ （停止：接下來就會進入重複的程序）

b. 從元素3產生的循環子群為 H_3，剛好就是 G。

$3^0 \bmod 10 = 1$

$3^1 \bmod 10 = 3$

$3^2 \bmod 10 = 9$

$3^3 \bmod 10 = 7$ （停止：接下來就會進入重複的程序）

c. 從元素7產生的循環子群為 H_3，剛好就是 G。

$7^0 \bmod 10 = 1$

$7^1 \bmod 10 = 7$

$7^2 \bmod 10 = 9$

$7^3 \bmod 10 = 3$ （停止：接下來就會進入重複的程序）

d. 從元素9產生的循環子群為 H_2，集合元素有兩個。

$9^0 \bmod 10 = 1$

$9^1 \bmod 10 = 9$ （停止：接下來就會進入重複的程序）

循環群

若一個群為本身的循環子群，則稱為**循環群（cyclic group）**。在範例4.7裡，群 G 的循環子群中 H_4 = G，所以群 G 是一個循環群。就這個例子而言，產生循環子群的元素同時也可以產生原來的群，這種元素稱為生成子（generator）。如果 g 是一個生成子，則一個有限循環群的元素可以寫成

$$\{e, g, g^2, ..., g^{n-1}\}，其中 g^n = e$$

注意循環群中可以有許多個生成子。

範例 4.9

a. 群 G = <Z_6, +>為一個具有兩個生成子（g = 1 和 g = 5）的循環群。
b. 群 G = <Z_{10^*}, ×>為一個具有兩個生成子（g = 3 和 g = 7）的循環群。

Lagrange 定理

Lagrange 定理（Lagrange's theorem）和群的秩與其子群的秩有關。假設有一群 G，H 為其子群，令 G 和 H 的秩分別為 |G| 和 |H|。根據 Lagrange 定理，|H| 會整除 |G|。在範例4.7中，|G| = 6，其子群的秩分別為 |H_1| = 1、|H_2| = 3、|H_3| = 2 和 |H_4| = 6，顯然這些秩全部都可以整除6。

Lagrange 定理有個很有趣的應用。假設有一群 G，其秩為 |G|，我們藉由找出可以整除 |G| 的數，來決定其潛在子群的秩。舉例來說，群 G = <Z_{17}, +>的秩為17。可以將17整除的數只有1和17。意思就是這個群只有兩個子群，就是單位元素 H_1 和 H_2 = G。

元素的級數

在一個群中，*a* **元素的級數**（**order of an element**）ord(*a*) 是使得 $a^n = e$ 的最小整數 *n*。這個定義可以改寫成：所謂元素的級數就是這個元素所生成之循環群的秩。

範例 4.10

a. 在群 **G** = <$\mathbf{Z}_6$, +> 中，個別元素的級數為：ord(0) = 1，ord(1) = 6，ord(2) = 3，ord(3) = 2，ord(4) = 3，ord(5) = 6。

b. 在群 **G** = <$\mathbf{Z}_{10^*}$, ×> 中，個別元素的級數為：ord(1) = 1，ord(3) = 4，ord(7) = 4，ord(9) = 2。

環

環（**ring**）是由一個集合和兩種二元運算所構成的代數結構，記作 **R** = <{...}, •, □>。其中，第一種運算必須滿足交換群的五個特性，而第二種運算只要滿足前兩種特性即可。除此之外，第二種運算還必須在第一種運算上具備分配性。所謂**分配性**（**distributivity**）是指 **R** 中所有的 *a*、*b* 和 *c*，都滿足 *a* □ (*b* • *c*) = (*a* □ *b*) • (*a* □ *c*) 以及 (*a* • *b*) □ *c* = (*a* □ *c*) • (*a* □ *c*)。**交換環**（**commutative ring**）則是指第二種運算也滿足交換律的環。圖 4.4 是環與交換環的概念圖。

圖 4.4 環

□ 對 ● 具有分配性

1. 封閉性 ●	1. 封閉性 □
2. 結合性	2. 結合性
3. 交換性	3. 交換性
4. 存在單位元素	
5. 存在反元素	

註解：
只有交換環必須滿足第三項特性。

{a, b, c, ...}
集合　　　　　　　● □ 運算

環

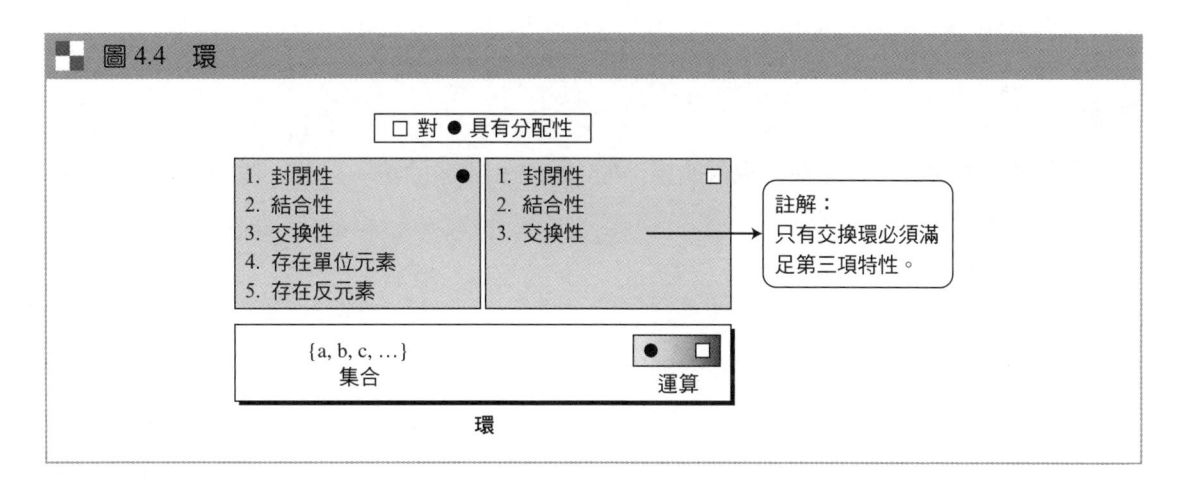

應用

環有兩種運算，然而，第二種運算可能無法滿足第三項和第四項特性。換言之，第一種運算事實上是成對的運算，類似加法和減法；而第二種運算則是獨立的運算，例如有乘法而沒有除法。

範例 4.11

集合 **Z** 內含加法與乘法兩種運算，為一交換環。我們可以證明 **R** = <**Z**, +, ×>。其中加法滿足全部五項特性，而乘法僅滿足三項特性。同時，乘法對加法具有分配性。舉例來說，5 × (3 + 2) = (5 × 3) + (5 × 2) = 25。雖然我們可以對此集合進行加法與減法的運算，但是只能進行乘法

運算而不能做除法,這是因為會產生集合外的元素。例如,12除以5的結果為2.4,顯然不是此集合的元素。

體

體(field),記為 **F** = <{...}, •, □>,為一交換環,其中第二種運算能夠滿足和第一種運算一樣的五項特性,唯一的例外是第一種運算的單位元素(有時候也稱為零元素)在第二種運算中沒有反元素。圖4.5是體的概念圖。

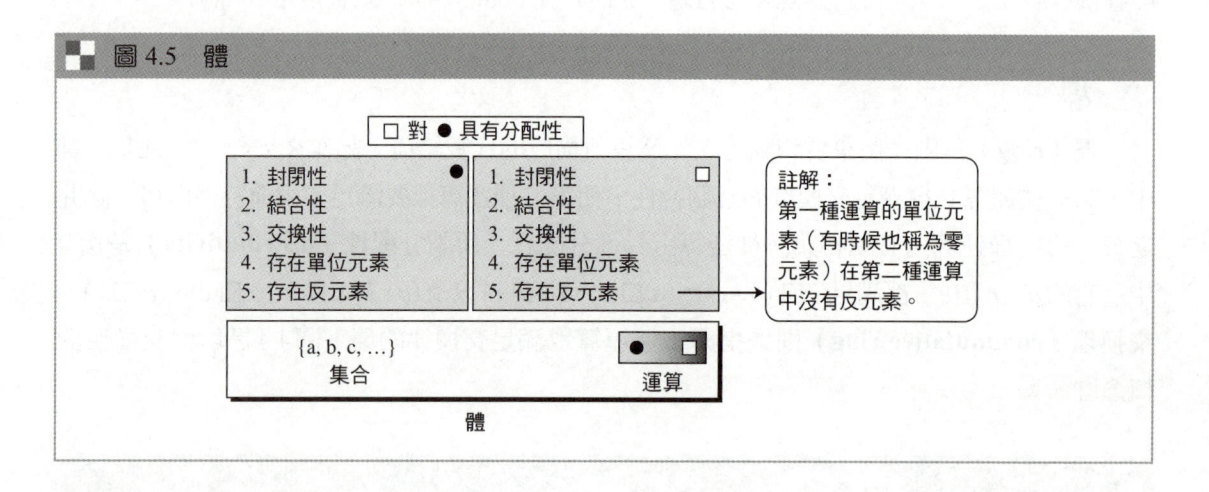

圖 4.5 體

□ 對 ● 具有分配性

1. 封閉性
2. 結合性
3. 交換性
4. 存在單位元素
5. 存在反元素

1. 封閉性
2. 結合性
3. 交換性
4. 存在單位元素
5. 存在反元素

註解:
第一種運算的單位元素(有時候也稱為零元素)在第二種運算中沒有反元素。

{a, b, c, ...}
集合

● □
運算

體

應用

體的結構支援數學裡面兩種成對運算:加/減法和乘/除法。只有一個例外:不可以用0當作除數。

有限體

雖然我們有無限級數的體,但在密碼學上大部分只會使用有限體。**有限體**(finite field)即元素個數有限的體,在密碼學上是非常重要的結構。蓋洛瓦(Galois)證明,如果一個體為有限體,則其元素個數為 p^n,其中 p 為質數且 n 為正整數,這樣的有限體稱為**蓋洛瓦體**(Galois field),並記為 $GF(p^n)$。

蓋洛瓦體 $GF(p^n)$ 是一個有限體,內含 p^n 個元素。

GF(p) 體

當 $n = 1$ 時,我們得到 $GF(p)$ 體。這個體可以是集合 Z_p = {0, 1,..., p – 1},內含兩種算術運算(加法與乘法)。記得在這個集合中,每個元素都有一個加法反元素,而且所有非零元素都有一個乘法反元素(0沒有乘法反元素)。

範例 4.12 在這一類中很常用到的體是 GF(2)，集合為 {0, 1}，內含加法與乘法兩種運算，參考圖 4.6。

■ 圖 4.6　GF(2) 體

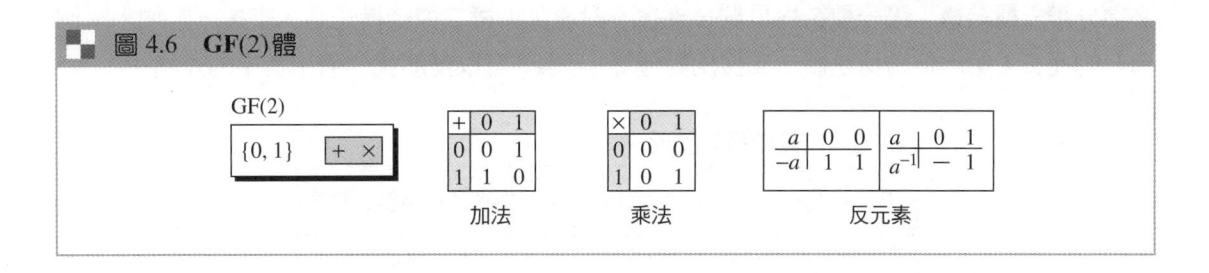

GF(2)
{0, 1}　+ ×

+	0	1
0	0	1
1	1	0

加法

×	0	1
0	0	0
1	0	1

乘法

a	0	0	a	0	1
$-a$	1	1	a^{-1}	—	1

反元素

這個體有幾個地方值得注意。首先，集合裡只有 0 與 1 兩個元素（二進位的兩個數字或位元的兩種狀態）。其次，這裡的加法事實上相當於對二進位數字做互斥或（XOR）的運算。第三，乘法相當於對二進位數字做 AND 的運算。第四，加法和減法的運算結果相同（都是 XOR 運算）。第五，乘法和除法的運算結果也相同（都是 AND 運算）。

在 GF(2) 中，加／減法相當於 XOR 運算，而乘／除法相當於 AND 運算。

範例 4.13 我們從集合 Z_5（5 是質數）可以定義出內含加法與乘法運算子的 GF(5)，見圖 4.7。

■ 圖 4.7　GF(5) 體

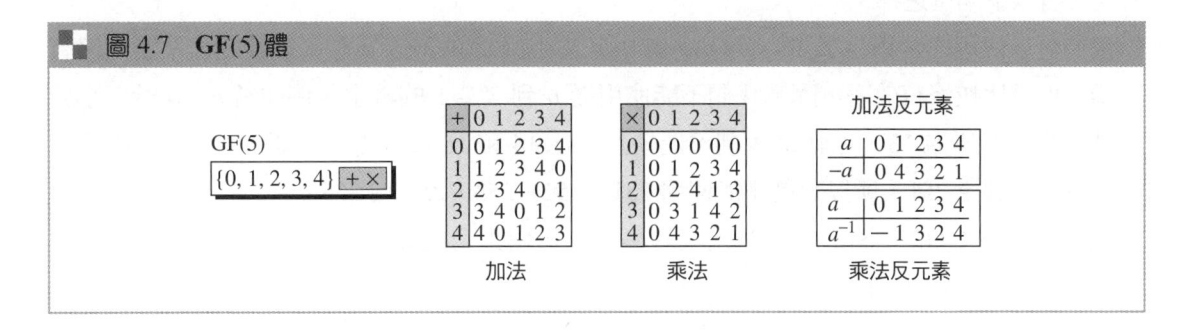

GF(5)
{0, 1, 2, 3, 4}　+ ×

+	0	1	2	3	4
0	0	1	2	3	4
1	1	2	3	4	0
2	2	3	4	0	1
3	3	4	0	1	2
4	4	0	1	2	3

加法

×	0	1	2	3	4
0	0	0	0	0	0
1	0	1	2	3	4
2	0	2	4	1	3
3	0	3	1	4	2
4	0	4	3	2	1

乘法

加法反元素

a	0	1	2	3	4
$-a$	0	4	3	2	1

a	0	1	2	3	4
a^{-1}	—	1	3	2	4

乘法反元素

雖然我們可以使用歐幾里德延伸演算法來找出在 GF(5) 中各元素的乘法反元素，然而從乘法表中找到相乘結果為 1 的元素對比較簡單。這些元素／反元素對有 (1, 1)、(2, 3)、(3, 2) 和 (4, 4)。除了不允許把 0 當作除數以外，我們可以隨意對這個集合裡面所有的元素做加／減法和乘／除法的運算。

GF(p^n) 體

除了 GF(p) 體之外，在密碼學中我們也對 GF(p^n) 體有興趣。但到目前為止，我們一直拿來做加法和乘法運算的集合 Z、Z_n、Z_{n^*} 和 Z_p 卻不能滿足這個體的需求。我們必須重新定義一些集合與運算。下一節中，我們將會說明 GF(2^n) 在密碼學中為何是個非常有用的體。

結語

研究這三種代數結構讓我們可以將加／減法和乘／除法這樣的運算應用在集合上。我們必須分辨三種結構：第一種結構是群，支援一對運算；第二種結構是環，支援一對加上一個單一的運算；第三種結構是體，支援兩對運算。表4.3可以幫助我們看出其中的差異。

表4.3 代數結構總整理

代數結構	所支援的典型運算	所支援的典型整數集合
群	(+ −) 或 (× ÷)	Z_n 或 Z_n^*
環	(+ −) 與 (×)	Z
體	(+ −) 與 (× ÷)	Z_p

4.2 GF(2^n) 體

在密碼學中，我們常常要用到加減乘除等四則運算。也就是說，我們需要用到體的概念。然而，由於在電腦中正整數是以 n 位元字組的型態儲存（n通常是8、16、32、64等），也就是說，在電腦運算中，正整數的範圍是 0 到 $2^n - 1$，而模數為 2^n。所以我們在使用體的時候，有以下兩個選擇：

1. 我們可以使用內含集合 Z_p 的 GF(p)，其中 p 為小於 2^n 的最大質數。這樣的作法雖然沒有錯，但是比較沒有效率，因為我們不能使用從 p 到 $2^n - 1$ 的數字。例如當 $n = 4$ 時，小於 2^4 的最大質數為 13，也就是我們不能使用 13、14 和 15 這些整數。當 $n = 8$ 時，小於 2^8 的最大質數為 251，所以我們不能使用 251、252、253、254 和 255。

2. 我們可以在 GF(2^n) 下使用 2^n 個元素的集合。這個集合的元素為 n 位元的字組。舉例來說，當 $n = 3$ 時，此集合為

$$\{000, 001, 010, 011, 100, 101, 110, 111\}$$

然而，我們現在卻不能將這些元素當成 0 到 7 的整數，因為正常的四則運算在這裡並不成立（模數 2^n 並非質數）。我們需要定義一個由 n 位元字組所構成的集合和兩種新的運算，來滿足在一個體當中所需的特性。

範例 4.14 我們來定義 GF(2^2) 這個體，其集合由2位元字組所組成：{00, 01, 10, 11}。我們為這個體重新定義加法和乘法，使得這些特性都能滿足，見圖4.8。

每一個字組都是自己的加法反元素。每個字組（除了00以外）也都有一個乘法反元素。這些乘法反元素對為 (01, 01) 與 (10, 11)。我們把加法和乘法都以多項式來定義。

圖 4.8　GF(2^2) 體的例子

加法

⊕	00	01	10	11
00	00	01	10	11
01	01	00	11	10
10	10	11	00	01
11	11	10	01	00

單位元素：00

乘法

⊗	00	01	10	11
00	00	00	00	00
01	00	01	10	11
10	00	10	11	01
11	00	11	01	10

單位元素：01

多項式

雖然我們可以為了滿足在 **GF(2^n)** 下所需的特性，直接對 n 位元字組定義加法和乘法規則，然而比較簡單的作法是用 $n-1$ 階的多項式來代表一個 n 位元的字組。一個 $n-1$ 階的**多項式（polynomial）**通常寫成

$$f(x) = a_{n-1}x^{n-1} + a_{n-2}x^{n-2} + \cdots + a_1x^1 + a_0x^0$$

其中，x^i 稱為第 i 項，而 a_i 則稱為第 i 項的係數。雖然我們已經熟悉代數裡的多項式，但是要用一個多項式來代表一個 n 位元字組，還是必須遵守幾個規則：

a. x 的指數代表一個位元在這個 n 位元字組的位置。也就是說，最左邊的位元在第零個位置（即 x^0），最右邊的位元則是在第 $n-1$ 個位置（即 x^{n-1}）。

b. 各項的係數代表該位元的值。因為位元的值只可能是 0 或 1，多項式各項的係數也必須是 0 或 1。

範例 4.15　圖 4.9 說明如何使用多項式來表示一個 8 位元的字組 (10011001)。

當某項的係數為 0 時，我們可以省略該項；而當係數為 1 時，可以省略係數。另外，x^0 就是 1。

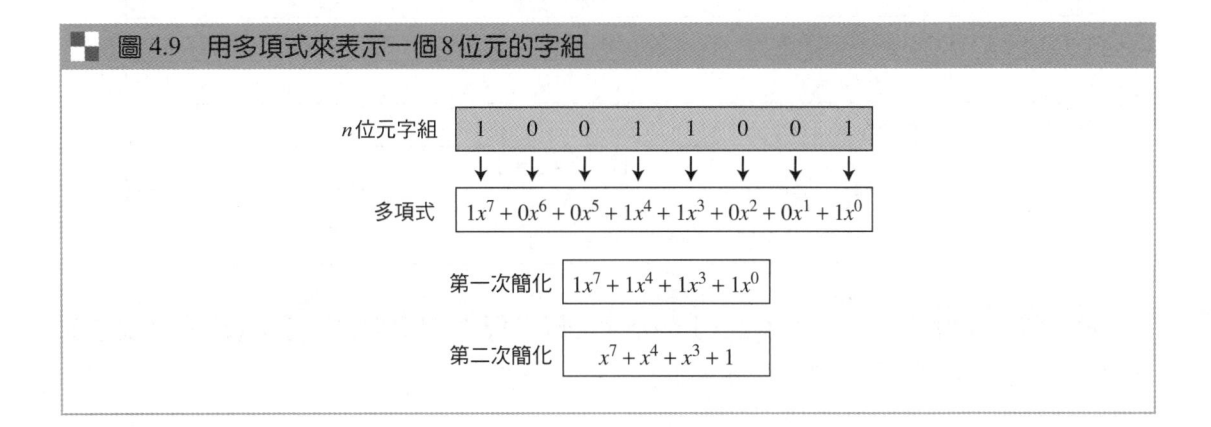

圖 4.9　用多項式來表示一個 8 位元的字組

n 位元字組：1 0 0 1 1 0 0 1

多項式：$1x^7 + 0x^6 + 0x^5 + 1x^4 + 1x^3 + 0x^2 + 0x^1 + 1x^0$

第一次簡化：$1x^7 + 1x^4 + 1x^3 + 1x^0$

第二次簡化：$x^7 + x^4 + x^3 + 1$

範例 4.16 要找出多項式 $x^5 + x^2 + x$ 所代表的 8 位元字組，首先要將省略的項加以還原。因為 $n = 8$，所以多項式的階數為 7。還原後的多項式為

$$0x^7 + 0x^6 + 1x^5 + 0x^4 + 0x^3 + 1x^2 + 1x^1 + 0x^0$$

所以這個 8 位元字組為 00100110。

運算

要注意，任何多項式的運算都包括兩個部分：對係數的運算以及對兩個多項式的運算。換言之，我們需要為個別係數和多項式的體分別定義。係數只有 0 或 1，所以我們可以使用 GF(2) 的體。我們已經在範例 4.14 討論過這個體。至於多項式的運算，我們需要使用 GF(2^n) 體，這部分很快就會加以說明。

用來表示 n 位元字組的多項式使用兩個體：GF(2) 和 GF(2^n)。

模多項式

在定義多項式的運算之前，我們必須先討論一下模數。兩個多項式相加絕對不會得到集合外的結果。然而，兩個多項式相乘的結果就可能會得到階數大於 $n-1$ 的多項式。所以我們必須要像數字的模運算一樣，將計算的結果除以某個模多項式然後取其餘式。對於在 GF(2^n) 的多項式，我們定義了一組 n 階的模多項式。這些模多項式在這裡被當作質多項式（prime polynomial），意思就是集合中沒有任何一個多項式可以將之整除。質多項式不能被分解成 n 階以下的多項式，所以又稱為**不可分解多項式（irreducible polynomial）**。表 4.4 列出 1 到 5 階的不可分解多項式。

表 4.4 不可分解多項式列表

階數	不可分解多項式
1	$(x + 1)$, (x)
2	$(x^2 + x + 1)$
3	$(x^3 + x^2 + 1)$, $(x^3 + x + 1)$
4	$(x^4 + x^3 + x^2 + x + 1)$, $(x^4 + x^3 + 1)$, $(x^4 + x + 1)$
5	$(x^5 + x^2 + 1)$, $(x^5 + x^3 + x^2 + x + 1)$, $(x^5 + x^4 + x^3 + x + 1)$, $(x^5 + x^4 + x^3 + x^2 + 1)$, $(x^5 + x^4 + x^2 + x + 1)$

每一階的多項式通常都有一個以上的不可分解多項式，所以在定義 GF(2^n) 時必須指定一個不可分解多項式來當作模多項式。

加法

現在我們來定義在 GF(2) 下的多項式加法運算。加法非常簡單：我們將兩個多項式中對

等項的係數在 **GF**(2) 下相加就可以了。注意，兩個 $n-1$ 階的多項式相加之後的結果必定也是一個 $n-1$ 階的多項式，這表示我們不需要使用模多項式化簡結果。

範例 4.17 現在我們在 **GF**(2^8) 下執行 $(x^5 + x^2 + x) \oplus (x^3 + x^2 + 1)$。我們在這裡使用 $\oplus$ 符號來代表多項式的加法。加法程序如下：

$$
\begin{array}{l}
0x^7 + 0x^6 + 1x^5 + 0x^4 + 0x^3 + 1x^2 + 1x^1 + 0x^0 \quad \oplus \\
0x^7 + 0x^6 + 0x^5 + 0x^4 + 1x^3 + 1x^2 + 0x^1 + 1x^0 \\
\hline
0x^7 + 0x^6 + 1x^5 + 0x^4 + 1x^3 + 0x^2 + 1x^1 + 1x^0 \quad \rightarrow \quad x^5 + x^3 + x + 1
\end{array}
$$

速解：把係數不同的項留下來，係數相同的項就丟掉。換言之，x^5、x^3、x 和 1 這幾項被留下，x^2 的項因為兩個係數都是 1 而被刪掉。

範例 4.18 還有另外一種速解。因為在 **GF**(2) 下的加法相當於 XOR 運算，所以可以直接將兩個字組做位元的 XOR 運算而得到相同的結果。以上一個範例來說，$x^5 + x^2 + x$ 相當於 00100110，而 $x^3 + x^2 + 1$ 相當於 00001101。兩個字組執行 XOR 運算後的結果為 00101011，或者以多項式表示為 $x^5 + x^3 + x + 1$。

加法單位元素 多項式的加法單位元素是一個零多項式（所有係數皆為零的多項式），因為任何一個多項式和自己相加後的結果都是零多項式。

加法反元素 係數在 **GF**(2) 下的多項式，其加法反元素就是該多項式。也就是說，多項式的加法運算和減法運算所得到的結果相同。

對多項式而言，加法和乘法是完全相等的運算。

乘法

多項式的乘法相當於將第一個多項式的每一項乘以第二個多項式的每一項之後的總和。但是要注意以下三點：第一，係數是在 **GF**(2) 下執行乘法；第二，x^i 乘以 x^j 就得到 x^{i+j}；第三，相乘的結果階數可能會超過 $n-1$，所以必須除以模多項式取其餘式。我們先看看如何按照這幾項要點將兩個多項式相乘，之後再來看一個比較有效率且適合用在電腦程式的演算法。

範例 4.19 計算在 **GF**(2^8) 下 $(x^5 + x^2 + x) \oplus (x^7 + x^4 + x^3 + x^2 + x)$ 的結果，不可分解多項式為 $(x^8 + x^4 + x^3 + x + 1)$。這裡我們用 $\oplus$ 符號來代表兩個多項式相乘。

解法 我們首先利用在代數學到的方法將兩個多項式相乘。但是要注意，一對同階的項會互相消去。例如，$x^9 + x^9$ 會因為相加的結果為零多項式而互相抵銷，這點先前已經討論過了。

$$P_1 \otimes P_2 = x^5(x^7 + x^4 + x^3 + x^2 + x) + x^2(x^7 + x^4 + x^3 + x^2 + x) + x(x^7 + x^4 + x^3 + x^2 + x)$$
$$P_1 \otimes P_2 = x^{12} + x^9 + x^8 + x^7 + x^6 + x^9 + x^6 + x^5 + x^4 + x^3 + x^8 + x^5 + x^4 + x^3 + x^2$$
$$P_1 \otimes P_2 = (x^{12} + x^7 + x^2) \bmod (x^8 + x^4 + x^3 + x + 1) = x^5 + x^3 + x^2 + x + 1$$

要得到最後的結果,必須將相乘後的12階多項式除以8階的模多項式,然後得到餘式。這個過程也和代數的作法相同,但是要記住現在加法和減法的結果相同。圖4.10是除法的過程。

圖 4.10　係數在 GF(2) 之下的多項式除法

$$\begin{array}{r}
x^4 + 1 \\
x^8 + x^4 + x^3 + x + 1 \overline{)\, x^{12} + x^7 + x^2 } \\
\underline{x^{12} + x^8 + x^7 + x^5 + x^4} \\
x^8 + x^5 + x^4 + x^2 \\
\underline{x^8 + x^4 + x^3 + x + 1} \\
\text{餘式}\ \boxed{x^5 + x^3 + x^2 + x + 1}
\end{array}$$

乘法單位元素　乘法的單位元素永遠為1。例如,在 $GF(2^8)$ 下,乘法單位元素為00000001的位元組。

乘法反元素　要找出多項式的乘法反元素比較麻煩。我們必須將歐幾里德延伸演算法應用在多項式上。其過程與求取整數的乘法反元素相同。

範例 4.20　在 $GF(2^4)$ 下,找出多項式 $(x^2 + 1)$ 對模多項式 $(x^4 + x + 1)$ 的乘法反元素。

解法　我們用歐幾里德延伸演算法來找出乘法反元素,見表4.5。

表 4.5　範例 4.20 的歐幾里德演算法

q	r_1	r_2	r	t_1	t_2	t
$(x^2 + 1)$	$(x^4 + x + 1)$	$(x^2 + 1)$	(x)	(0)	(1)	$(x^2 + 1)$
(x)	$(x^2 + 1)$	(x)	(1)	(1)	$(x^2 + 1)$	$(x^3 + x + 1)$
(x)	(x)	(1)	(0)	$(x^2 + 1)$	$(x^3 + x + 1)$	(0)
	(1)	(0)		$(x^3 + x + 1)$	(0)	

也就是說 $(x^2 + 1)^{-1}$ 模 $(x^4 + x + 1)$ 得到 $(x^3 + x + 1)$。要驗算答案只要將兩式相乘再取模多項式的餘式就可以了。

$$[(x^2 + 1) \oplus (x^3 + x + 1)] \bmod (x^4 + x + 1) = 1$$

範例 4.21 在 $\text{GF}(2^8)$ 下，找出 (x^5) 模 $(x^8 + x^4 + x^3 + x + 1)$ 的反元素。

解法 我們再度使用歐幾里德延伸演算法，見表 4.6。

表 4.6 範例 4.21 的歐幾里德演算法

q	r_1	r_2	r	t_1	t_2	t
(x^3)	$(x^8+x^4+x^3+x+1)$	(x^5)	(x^4+x^3+x+1)	(0)	(1)	(x^3)
$(x+1)$	(x^5)	(x^4+x^3+x+1)	(x^3+x^2+1)	(1)	(x^3)	(x^4+x^3+1)
(x)	(x^4+x^3+x+1) (x^3+x^2+1)		(1)	(x^3)	(x^4+x^3+1)	$(x^5+x^4+x^3+x)$
(x^3+x^2+1)	(x^3+x^2+1)	(1)	(0)	(x^4+x^3+1)	$(x^5+x^4+x^3+x)$	(0)
	(1)	(0)		$(x^5+x^4+x^3+x)$	(0)	

也就是說 $(x^5)^{-1}$ 模 $(x^8 + x^4 + x^3 + x + 1)$ 得到 $(x^5 + x^4 + x^3 + x)$。要驗算答案，同樣只要將兩式相乘，再取模多項式的餘式就可以了。

$$[(x^5) \oplus (x^5 + x^4 + x^3 + x)] \bmod (x^8 + x^4 + x^3 + x + 1) = 1$$

使用電腦執行乘法運算

因為除法運算比較費時，直接寫程式做多項式乘法會有效率上的問題，所以在電腦上實作時會使用另一個較好的演算法，將一個已經分解的多項式重複乘上 x。舉例來說，程式是計算 $(x \oplus (x \oplus P_2))$ 的結果，而不是直接求 $(x^2 \oplus P_2)$ 的答案。我們等一下就會討論這種計算方式的好處，首先先看一個範例。

範例 4.22 計算在 $\text{GF}(2^8)$ 下，$P_1 = (x^5 + x^2 + x)$ 乘以 $P_2 = (x^7 + x^4 + x^3 + x^2 + x)$ 的結果，使用不可分解多項式 $(x^8 + x^4 + x^3 + x + 1)$。

解法 計算的過程列在表 4.7。我們先分別算出 x^0、x^1、x^2、x^3、x^4 以及 x^5 乘以 P_2 的結果。可以在表中看到，雖然只需要三項，我們還是把 $x^m \oplus P_2$ 的乘積從 $m = 0$ 算到 $m = 5$，這是因為每一項乘積計算都要用到前一項的結果。

表 4.7 一個較有效率的多項式乘法演算法（範例 4.22）

階數	運算	新的結果	是否化約
$x^0 \otimes P_2$		$x^7 + x^4 + x^3 + x^2 + x$	否
$x^1 \otimes P_2$	$x \otimes (x^7 + x^4 + x^3 + x^2 + x)$	$x^5 + x^2 + 1$	是
$x^2 \otimes P_2$	$x \otimes (x^5 + x^2 + x + 1)$	$x^6 + x^3 + x^2 + x$	否
$x^3 \otimes P_2$	$x \otimes (x^6 + x^3 + x^2 + x)$	$x^7 + x^4 + x^3 + x^2$	否
$x^4 \otimes P_2$	$x \otimes (x^7 + x^4 + x^3 + x^2)$	$x^5 + x + 1$	是
$x^5 \otimes P_2$	$x \otimes (x^5 + x + 1)$	$x^6 + x^2 + x$	否
$P_1 \times P_2 = (x^6 + x^2 + x) + (x^6 + x^3 + x^2 + x) + (x^5 + x^2 + x + 1) = \mathbf{x^5 + x^3 + x^2 + x + 1}$			

以上的演算法有兩個優點。第一，任何多項式與 x 的乘積都可以很容易地將 n 位元字組向左移動一個位元來達成，一般的程式語言都有提供這樣的指令。第二，計算的結果只有在多項式的階數超過 $n-1$ 的時候才需要進行。在計算過程中，由於階數最大不會超過 8，所以只要簡單地將結果與模多項式做 XOR 運算即可。以下我們設計了一個簡單的演算法來計算部分結果：

1. 如果前一個結果的最高位元是 0，就直接將前一個結果向左移動一個位元。
2. 如果前一個結果的最高位元是 1，則
    a. 向左移動一個位元。
    b. 去掉最左邊的位元，然後將剩下的字組與模數做 XOR。

範例 4.23　將範例 4.22 的計算用 8 位元的字組重做一次。

解法　現在 $P_1 = 000100110$，$P_2 = 10011110$，模數為 100011010（9 個位元）。符號代表 XOR 的運算。見表 4.8。

表 4.8　使用 n 位元字組做乘法運算的快速演算法

階數	位元左移	XOR 運算
$x^0 \otimes P_2$		10011110
$x^1 \otimes P_2$	00111100	(00111100) ⊕ (00011010) = **00100111**
$x^2 \otimes P_2$	01001110	**01001110**
$x^3 \otimes P_2$	10011100	10011100
$x^4 \otimes P_2$	00111000	(00111000) ⊕ (00011010) = 00100011
$x^5 \otimes P_2$	01000110	**01000110**
$P_1 \otimes P_2$ = (00100111) ⊕ (01001110) ⊕ (01000110) = 00101111		

在這個例子裡，我們只需要五個位元左移的動作再加上四個 XOR 運算，就可以算出兩個多項式的乘積。一般而言，兩個 $n-1$ 階的多項式相乘最多只需要 $n-1$ 個左移的動作和 $2n$ 個 XOR 運算就可以完成了。

在 GF(2^n) 下的多項式乘法可以用左移和 XOR 運算求得解答。

範例 4.24　GF(2^3) 的體共有 8 個元素。以下我們用不可分解多項式 ($x^3 + x^2 + 1$) 列出這個體的加法和乘法表。該表同時列出 3 位元字組以及多項式的表示法。要注意的是，3 階多項式一共有兩個不可分解多項式。另一個式子 ($x^3 + x + 1$) 會得到完全不同的乘法表。表 4.9 列出所有的加法運算。塗上陰影的部分讓我們很容易就找到加法的反元素對。

表 4.10 是乘法表。塗上陰影的部分也是為了讓我們很容易地找到乘法反元素對。

表 4.9　GF(2^3)下的加法表

⊕	000 (0)	001 (1)	010 (x)	011 (x + 1)	100 (x^2)	101 ($x^2 + 1$)	110 ($x^2 + x$)	111 ($x^2 + x + 1$)
000 (0)	000 (0)	001 (1)	010 (x)	011 (x + 1)	100 (x^2)	101 ($x^2 + 1$)	110 ($x^2 + x$)	111 ($x^2 + x + 1$)
001 (1)	001 (1)	000 (0)	011 (x + 1)	010 (x)	101 (x^2)	100 ($x^2 + 1$)	111 ($x^2 + x + 1$)	110 ($x^2 + x$)
010 (x)	010 (x)	011 (x + 1)	000 (0)	001 (1)	110 ($x^2 + x$)	111 ($x^2 + x + 1$)	100 ($x^2 + x$)	101 ($x^2 + 1$)
011 (x + 1)	011 (x + 1)	010 (x)	001 (1)	000 (0)	111 ($x^2 + x + 1$)	110 ($x^2 + x$)	101 ($x^2 + 1$)	100 (x^2)
100 (x^2)	100 (x^2)	101 ($x^2 + 1$)	110 ($x^2 + x$)	111 ($x^2 + x + 1$)	000 (0)	001 (1)	010 (x)	011 (x + 1)
101 ($x^2 + 1$)	101 ($x^2 + 1$)	100 (x^2)	111 ($x^2 + x + 1$)	110 ($x^2 + x$)	001 (1)	000 (0)	011 (x + 1)	010 (x)
110 ($x^2 + x$)	110 ($x^2 + x$)	111 ($x^2 + x + 1$)	100 (x^2)	101 ($x^2 + 1$)	010 (x)	011 (x + 1)	000 (0)	001 (1)
111 ($x^2 + x + 1$)	111 ($x^2 + x + 1$)	110 ($x^2 + x$)	101 ($x^2 + 1$)	100 (x^2)	011 (x + 1)	010 (x)	001 (1)	000 (0)

表 4.10　在 GF(2^3)下對不可分解多項式($x^3 + x^2 + 1$)的乘法表

⊗	000 (0)	001 (1)	010 (x)	011 (x + 1)	100 (x^2)	101 ($x^2 + 1$)	110 ($x^2 + x$)	111 ($x^2 + x + 1$)
000 (0)	000 (0)	000 (0)	000 (0)	000 (0)	000 (0)	000 (0)	000 (0)	000 (0)
001 (1)	000 (0)	001 (1)	010 (x)	011 (x + 1)	100 (x^2)	101 ($x^2 + 1$)	110 ($x^2 + x$)	111 ($x^2 + x + 1$)
010 (x)	000 (0)	010 (x)	100 (x^2)	110 ($x^2 + x$)	101 ($x^2 + 1$)	111 ($x^2 + x + 1$)	001 (1)	011 (x + 1)
011 (x + 1)	000 (0)	011 (x + 1)	110 ($x^2 + x$)	101 ($x^2 + 1$)	001 (1)	010 (x)	111 ($x^2 + x + 1$)	100 (x)
100 (x^2)	000 (0)	100 (x^2)	101 ($x^2 + 1$)	001 (1)	111 ($x^2 + x + 1$)	011 (x + 1)	010 (x)	110 ($x^2 + x$)
101 ($x^2 + 1$)	000 (0)	101 ($x^2 + 1$)	111 ($x^2 + x + 1$)	010 (x)	011 (x + 1)	110 ($x^2 + x$)	100 (x^2)	001 (1)
110 ($x^2 + x$)	000 (0)	110 ($x^2 + x$)	001 (1)	111 ($x^2 + x + 1$)	010 (x)	100 (x^2)	011 (x + 1)	101 ($x^2 + 1$)
111 ($x^2 + x + 1$)	000 (0)	111 ($x^2 + x + 1$)	011 (x + 1)	100 (x^2)	110 ($x^2 + x$)	001 (1)	101 ($x^2 + 1$)	010 (x)

使用生成子

有時候使用生成子比較容易找出 GF(2^n)的所有元素。在 GF(2^n)下，對不可分解多項式 $f(x)$ 所形成的體，該體中任何一個元素 a 都必須滿足 $f(a) = 0$。而且，若 g 是這個體的生成子，則 $f(g) = 0$。我們可以證明使用這個生成子可以推導出這個體的所有元素：

$$\{0, g, g, g^2, ..., g^N\}，其中 N = 2^n - 2$$

範例 4.25　使用不可分解多項式 $f(x) = x^4 + x + 1$ 找出 $GF(2^4)$ 的所有元素。

解法　0、g^0、g^1、g^2 和 g^3 這幾個元素很容易找出來，因為它們剛好就是 0、1、x^2 和 x^3 的 4 位元表示式（不需使用多項式除法）。接下來，g^4 到 g^{14}（代表 x^4 到 x^{14}）等元素就需要用到指定的不可分解多項式來做除法了。為了要避免多項式除法，我們利用 $f(g) = g^4 + g + 1 = 0$ 這個關係式，重新整理後得到 $g^4 = -g - 1$。因為在這個體中加法和減法的運算效果相同，所以 $g^4 = g + 1$。現在，我們就可以利用這個關係式來找出剩下所有元素的 4 位元字組：

0	$= 0$	$= 0$	$= 0$	$\longrightarrow$	0	$= (0000)$
g^0	$= g^0$	$= g^0$	$= g^0$	$\longrightarrow$	g^0	$= (0001)$
g^1	$= g^1$	$= g^1$	$= g^1$	$\longrightarrow$	g^1	$= (0010)$
g^2	$= g^2$	$= g^2$	$= g^2$	$\longrightarrow$	g^2	$= (0100)$
g^3	$= g^3$	$= g^3$	$= g^3$	$\longrightarrow$	g^3	$= (1000)$
g^4	$= g^4$	$= g^4$	$= g + 1$	$\longrightarrow$	g^4	$= (0011)$
g^5	$= g(g^4)$	$= g(g+1)$	$= g^2 + g$	$\longrightarrow$	g^5	$= (0110)$
g^6	$= g(g^5)$	$= g(g^2+g)$	$= g^3 + g^2$	$\longrightarrow$	g^6	$= (1100)$
g^7	$= g(g^6)$	$= g(g^3+g)$	$= g^3 + g + 1$	$\longrightarrow$	g^7	$= (1011)$
g^8	$= g(g^7)$	$= g(g^3+g+1)$	$= g^2 + 1$	$\longrightarrow$	g^8	$= (0101)$
g^9	$= g(g^8)$	$= g(g^2+1)$	$= g^3 + g$	$\longrightarrow$	g^9	$= (1010)$
g^{10}	$= g(g^9)$	$= g(g^3+g)$	$= g^2 + g + 1$	$\longrightarrow$	g^{10}	$= (0111)$
g^{11}	$= g(g^{10})$	$= g(g^2+g+1)$	$= g^3 + g^2 + g$	$\longrightarrow$	g^{11}	$= (1110)$
g^{12}	$= g(g^{11})$	$= g(g^3+g^2+g)$	$= g^3 + g^2 + g + 1$	$\longrightarrow$	g^{12}	$= (1111)$
g^{13}	$= g(g^{12})$	$= g(g^3+g^2+g+1)$	$= g^3 + g^2 + 1$	$\longrightarrow$	g^{13}	$= (1101)$
g^{14}	$= g(g^{13})$	$= g(g^3+g^2+1)$	$= g^3 + 1$	$\longrightarrow$	g^{14}	$= (1001)$

主要的想法是利用 $g^4 = g + 1$ 的關係式，將 g^4 到 g^{14} 等元素分解成 1、g、g^2 和 g^3 等元素的組合。例如，

$$g^{12} = g(g^{11}) = g(g^3 + g^2 + g) = g^4 + g^3 + g^2 = g^3 + g^2 + g + 1$$

簡化之後，我們很容易就可以將多項式再還原成 n 位元的字組。舉例來說，$g^3 + 1$ 就相當於 1001，因為多項式中只有指數為 0 和 3 這兩項。要記得兩個相等項相加後會互相抵銷。例如，$g^2 + g^2 = 0$。

反元素

使用以上的表示法，要找出反元素就相當容易了。

加法反元素

加法反元素就是該元素本身，因為加法和減法在這個體中是完全相等的運算：$-g^3 = g^3$。

乘法反元素

找出每個元素的乘法反元素也相當簡單。以 g^3 為例，我們可以用下面的方法找出它的乘法反元素：

$$(g^3)^{-1} = g^{-3} = g^{12} = g^3 + g^2 + g + 1 \quad \rightarrow \quad (1111)$$

注意，指數在計算的時候要模 $2^n - 1$，在這裡是 15。所以，指數 $-3 \mod 15 = 12 \mod 15$。而我們又很容易可以證明 g^3 和 g^{12} 互為乘法反元素，因為 $g^3 \times g^{12} = g^{15} = g^0 = 1$。

四則運算

在這個體中所定義的四則運算也可以用這種表示法來做計算。

加法與減法

加法和減法是相等的運算。計算過程可以像接下來的範例般加以簡化。

範例 4.26 以下我們展示加法和減法運算的結果：

a. $g^3 + g^{12} + g^7 = g^3 + (g^3 + g^2 + g + 1) + (g^3 + g + 1) = g^3 + g^2 \rightarrow (1100)$
b. $g^3 - g^6 = g^3 + g^6 = g^3 + (g^3 + g^2) = g^2 \rightarrow (0100)$

乘法與除法

乘法相當於指數相加後模 $2^n - 1$，除法則相當於乘以除數的乘法反元素。

範例 4.27 以下我們展示乘法和除法運算的結果：

a. $g^9 \times g^{11} = g^{20} = g^{20 \bmod 15} = g^5 = g^2 + g \rightarrow (0110)$
b. $g^3 / g^8 = g^3 \times g^7 = g^{10} = g^2 + g + 1 \rightarrow (0111)$

結語

有限體 $GF(2^n)$ 可以用來定義 n 位元字組的加減乘除等四則運算。唯一的限制是當除數為零時，結果沒有定義。每一個 n 位元字組也可以用一個 $n - 1$ 階且各項係數在 $GF(2)$ 下的多項式來表示，所以對 n 位元字組的運算也相當於對這些多項式的運算。兩個多項式相乘時，必須先指定一個 n 階的不可分解多項式當作模多項式。乘法反元素則可以利用歐幾里德延伸演算法求出。

推薦讀物

為了更深入瞭解本章所討論的主題，我們建議選讀下列書籍與網站。括號內的項目請參閱本書書末的參考文獻。

書籍

[Dur05]、[Ros06]、[Bla03]、[BW00]和[DF04]對代數結構有詳盡的說明。

網站

對於本章所討論的主題，以下的網站提供了許多更深入的資訊。

- http://en.wikipedia.org/wiki/Algebraic_structure
- http://en.wikipedia.org/wiki/Ring_%28mathematics%29
- http://en.wikipedia.org/wiki/Polynomials
- http://www.math.niu.edu/~rusin/known-math/index/20-XX.html
- http://www.math.niu.edu/~rusin/known-math/index/13-XX.html
- http://www.hypermaths.org/quadibloc/math/abaint.htm
- http://en.wikipedia.org/wiki/Finite_field

關鍵詞彙

- abelian group　交換群　90
- algebraic structure　代數結構　90
- associativity　結合性　91
- closure　封閉性　91
- commutative group　交換群　91
- commutative ring　交換環　97
- commutativity　交換性　91
- composition　合成　92
- cyclic group　循環群　96
- cyclic subgroup　循環子群　94
- distributivity　分配性　97
- existence of identity　存在單位元素　91
- existence of inverse　存在反元素　91
- field　體　98
- finite field　有限體　98
- finite group　有限群　94
- Galois field　蓋洛瓦體　98
- group　群　91
- infinite group　無限群　94
- irreducible polynomial　不可分解多項式　102
- Lagrange's theorem　Lagrange定理　96
- order of an element　元素的級數　97
- order of a group　群的秩　94
- permutation group　排列群　92
- polynomial　多項式　101
- ring　環　97
- subgroup　子群　94

重點摘要

- 密碼學需要集合以及在集合中所定義的運算。這些集合和對集合元素的運算合稱為代數結構。本章介紹三種代數結構：群、環以及體。
- 群這種代數結構的二元運算滿足四個特性：封閉性、結合性、存在單位元素以及存在反元素。交換群為一個滿足交換性的群。
- 若一個群 **G** 的子集合 **H** 具有與群相同的運算子，則稱 **H** 為群 **G** 的子群。若子群可由母群的元素之一的乘冪生成，則該子群稱為循環群。一個循環群為自己的循環子群。
- Lagrange定理說明一個群的秩與其子群的秩之關係。令 $|G|$ 與 $|H|$ 分別為 **G** 與 **H** 的秩，則 $|H|$ 必可整除 $|G|$。

- 群的元素 a 之級數 n 為滿足 $a^n = e$ 的最小正整數。
- 代數結構環有兩種運算子。第一種必須滿足交換群的五項特性。第二種只需滿足前兩項。除此之外，第二種運算必須對第一種運算具有分配性。第二種運算又滿足交換性的環稱為交換環。
- 交換環的第二種運算滿足全部五種特性，且第一種運算的單位元素不具有反元素者稱為體。有限體（或稱為蓋洛瓦體）為一元素個數為 p^n 之體，其中 p 為質數而 n 為正整數。$GF(p^n)$ 體被用來在密碼學中對 n 位元字組做運算。
- 係數在 $GF(2)$ 下的多項式可以用來表示 n 位元字組。對 n 位元字組的加法和乘法可以定義成對多項式的加法和乘法。
- 有時候使用生成子來定義 $GF(2^n)$ 體的元素比較方便。
- 令 g 為一體之生成子，則 $f(g) = 0$。將體的元素以生成子的冪次來表示，可以簡化找出反元素以及運算的過程。

練習集

問題回顧

1. 定義一個代數結構，並列出本章所討論的三種代數結構。
2. 定義一個群，並說明群與交換群的不同處。
3. 定義一個環，並說明環與交換環的不同處。
4. 定義一個體，並說明無限體與有限體的不同處。
5. 將蓋洛瓦體的元素個數以質數 p 的關係式表示。
6. 使用餘數集合產生一個群的例子。
7. 使用餘數集合產生一個環的例子。
8. 使用餘數集合產生一個體的例子。
9. 說明如何使用多項式來表示一個 n 位元的字組。
10. 定義不可分解多項式。

習題

11. 對群 $G = <Z_4, +>$：
    a. 證明其為交換群。
    b. 計算 $3 + 2$ 與 $3 - 2$ 的結果。
12. 對群 $G = <Z_{6^*}, \times>$：
    a. 證明其為交換群。
    b. 計算 5×1 與 $1 \div 5$ 的結果。
    c. 說明在這個群中為何不用考慮零為除數的問題。
13. 在表 4.1 裡，我們只定義了一種運算，假設該運算為加法。求出減法運算（逆運算）表。
14. 證明表 4.2 的排列群不是一個交換群。
15. 舉例說明表 4.2 的排列群滿足結合性。
16. 參考表 4.2，建立一個包含二個輸入與二個輸出的排列表。

17. Alice使用三個連續的排列運算[1 3 2]、[3 2 1]以及[2 1 3]。說明Bob如何使用一個排列運算就將這三個動作抵銷。參考表4.2。

18. 求出以下各群的全部子群：
    a. $\mathbf{G} = <\mathbf{Z}_{16}, +>$
    b. $\mathbf{G} = <\mathbf{Z}_{23}, +>$
    c. $\mathbf{G} = <\mathbf{Z}_{16*}, \times>$
    d. $\mathbf{G} = <\mathbf{Z}_{17*}, \times>$

19. 使用Lagrange定理，求出以下各群之所有子群的秩：
    a. $\mathbf{G} = <\mathbf{Z}_{18}, +>$
    b. $\mathbf{G} = <\mathbf{Z}_{29}, +>$
    c. $\mathbf{G} = <\mathbf{Z}_{12*}, \times>$
    d. $\mathbf{G} = <\mathbf{Z}_{19*}, \times>$

20. 求出以下各群之所有元素的級數：
    a. $\mathbf{G} = <\mathbf{Z}_{8}, +>$
    b. $\mathbf{G} = <\mathbf{Z}_{7}, +>$
    c. $\mathbf{G} = <\mathbf{Z}_{9*}, \times>$
    d. $\mathbf{G} = <\mathbf{Z}_{7*}, \times>$

21. 使用不可分解多項式 $f(x) = x^4 + x^3 + 1$ 重做範例4.25。
22. 使用不可分解多項式 $f(x) = x^4 + x^3 + 1$ 重做範例4.26。
23. 使用不可分解多項式 $f(x) = x^4 + x^3 + 1$ 重做範例4.27。
24. 以下何者為有效的蓋洛瓦體？
    a. **GF**(12)
    b. **GF**(13)
    c. **GF**(16)
    d. **GF**(17)

25. 寫出代表以下各 n 位元字組的多項式：
    a. 10010
    b. 10
    c. 100001
    d. 00011

26. 寫出以下各多項式所表示的 n 位元字組：
    a. **GF**(2^4)中的 $x^2 + 1$
    b. **GF**(2^5)中的 $x^2 + 1$
    c. **GF**(2^3)中的 $x + 1$
    d. **GF**(2^8)中的 x^7

27. 在 **GF**(7) 中，寫出以下算式的結果：
    a. $5 + 3$
    b. $5 - 4$

c. 5×3

d. $5 \div 3$

28. 證明 (x) 與 $(x+1)$ 為1階不可分解多項式。
29. 證明 $(x^2 + x + 1)$ 為2階不可分解多項式。
30. 證明 $(x^3 + x^2 + 1)$ 為3階不可分解多項式。
31. 使用多項式計算以下 n 位元字組乘法。

    a. $(11) \times (10)$

    b. $(1010) \times (1000)$

    c. $(11100) \times (10000)$

32. 求出下列多項式在 **GF**(2^2) 下的乘法反元素。注意在這個體之下沒有模多項式。

    a. 1

    b. x

    c. $x - 1$

33. 使用歐幾里德延伸演算法，求出 $(x^4 + x^3 + 1)$ 在 **GF**(2^5) 下的乘法反元素，模多項式為 $(x^5 + x^2 + 1)$。
34. 使用 $(x^4 + x^3 + 1)$ 為模多項式，建立 **GF**(2^4) 的加法表與乘法表。
35. 參考表4.10執行以下運算：

    a. $(100) \div (010)$

    b. $(100) \div (000)$

    c. $(101) \div (011)$

    d. $(000) \div (111)$

36. 利用表4.7的演算法，寫出在 **GF**(2^4) 下，$(x^3 + x^2 + x + 1)$ 乘以 $(x^2 + 1)$ 的過程。使用 $(x^4 + x^3 + 1)$ 為模多項式。
37. 利用表4.8的演算法，寫出在 **GF**(2^5) 下，(10101) 乘以 (10000) 的過程。使用 $(x^5 + x^2 + 1)$ 為模多項式。

5 現代對稱式金鑰加密法

學習目標

本章的學習目標包括:

- 區別傳統對稱式金鑰加密法和現代對稱式金鑰加密法。
- 介紹現代區塊加密法並討論其特性。
- 解釋為何要將現代區塊加密法設計成取代加密法。
- 介紹區塊加密法的組成元件,例如 P-box 和 S-box。
- 討論乘積加密法並區別兩類乘積加密法:Feistel 加密法和非 Feistel 加密法。
- 討論特別為現代區塊加密法而設計的兩種攻擊:差異破密分析和線性破密分析。
- 介紹串流加密法並區別同步串流加密法和非同步串流加密法。
- 討論在實作串流加密法時,線性回饋位移暫存器與非線性回饋位移暫存器的使用。

本書到目前所討論的傳統對稱式金鑰加密法是屬於**字元導向加密法**(character-oriented cipher),隨著電腦的來臨,我們需要**位元導向加密法**(bit-oriented cipher)。這是因為需要加密的資訊不再只是文字,也可以由數字、圖形、音訊和視訊資料等組成。將這些類型的資料轉換成一連串的位元進行加密,然後送出這些加密的串流是很容易的。此外,當文字被視為位元時,每個字元會以 8(或 16)位元來取代,意味著符號的數量會變成 8(或 16)倍。混合更大量的符號將能增加安全性。

本章將提供研讀後續三章中的現代區塊和串流加密法所需的背景知識。本章大部分偏重於現代區塊加密法一般概念的討論,其他部分則致力於現代串流加密法原則的討論。

5.1 現代區塊加密法

一個對稱式金鑰**現代區塊加密法**（modern block cipher）是加密一個 n 位元的明文區塊或解密一個 n 位元的密文區塊。加密演算法或解密演算法使用一把 k 位元的金鑰。解密演算法必須是加密演算法的反向，而且加密與解密必須使用相同的祕密金鑰，以便 Bob 能還原 Alice 所傳送的訊息。圖 5.1 顯示現代區塊加密法加密和解密的一般概念。

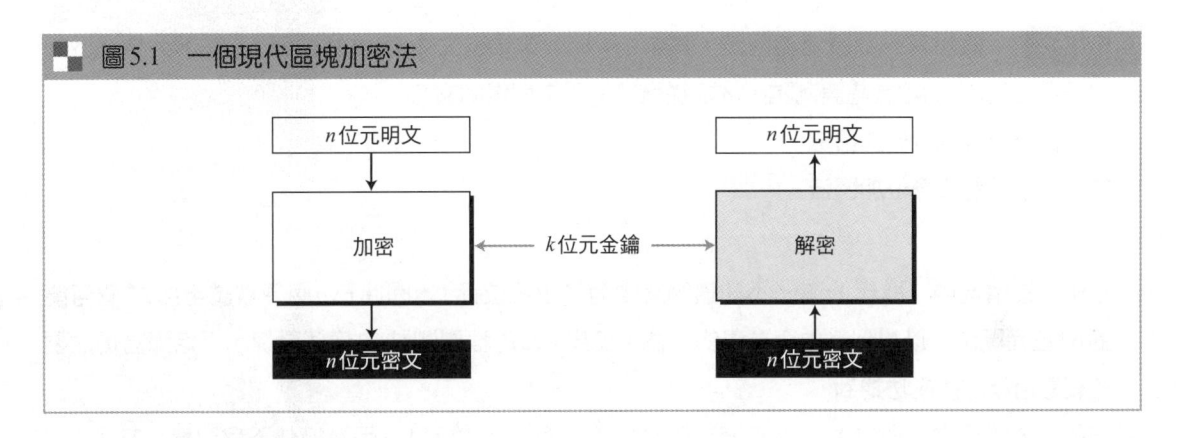

圖 5.1　一個現代區塊加密法

如果訊息小於 n 位元，則必須加入填塞位元，使其成為一個 n 位元的區塊；如果訊息大於 n 位元，則應該分割成數個 n 位元的區塊，如有必要，最後的區塊必須加入適當的填塞位元。一個區塊的大小 n，其值一般是 64、128、256 或 512 位元。

範例 5.1　如果一個字元使用 8 位元的 ASCII 編碼，而區塊加密法接受 64 位元的區塊，則 100 個字元的訊息必須加入多少填塞位元呢？

解法　使用 8 位元的 ASCII 對 100 個字元編碼，將產生一個 800 位元的訊息，明文必須可以被 64 整除，假設 |M| 和 |Pad| 分別表示訊息的長度和填塞位元的長度，

$$|M| + |Pad| = 0 \bmod 64 \quad \rightarrow \quad |Pad| = -800 \bmod 64 \quad \rightarrow \quad 32 \bmod 64$$

這意味著需要加入 32 位元的填塞位元（例如位元 0）到訊息中，如此明文將包含 832 位元或 13 個 64 位元區塊。注意，只有最後的區塊包含填塞位元。此加密法將使用 13 次加密演算法以產生 13 個密文區塊。

取代或換位

現代區塊加密法可以設計成取代加密法或換位加密法。就跟傳統加密法的想法一樣，只不過要被取代或被換位的符號是位元而不是字元。

如果加密法被設計成取代加密法，明文的位元 1 或位元 0 可能被位元 1 或位元 0 中的任一個取代，這意味著明文和密文中 1 的數目可能不同。一個包含 12 個 0 和 52 個 1 的 64 位元明文

區塊，可能被加密成一個包含34個0和30個1的密文。如果加密法被設計成換位加密法，則位元只是被重新排序（調換位置）；在明文和密文中1的數目會相同。無論哪一種設計方式，n 位元的可能明文或密文個數是 2^n，因為在 n 位元區塊中的每一個位元都是兩個可能值之一，也就是0或1。

現代區塊加密法一般是設計成取代加密法，因為換位的特性（維持相同數目的1或0）會使換位加密法容易遭受徹底搜尋攻擊，如下一個範例所示。

範例 5.2　假設有一個區塊加密法，其中 n = 64。如果密文中有10個位元1，在下列情況下，Eve需要做多少次的嘗試錯誤測試，才能從竊聽的密文取得明文？

a. 加密法被設計成取代加密法。
b. 加密法被設計成換位加密法。

解法

a. 在第一種情況中（取代），Eve不知道明文中有多少個位元1，因此Eve必須嘗試全部 2^{64} 個可能的64位元區塊，以找到其中有意義的一個。如果Eve每秒能測試10億個區塊，平均而言仍然要花費數百年才能成功找到。

b. 在第二種情況中（換位），Eve知道在明文中正好有10個位元1，因為換位不會改變密文裡1的數目。Eve可以只使用那些正好有10個位元1的64位元區塊，來進行徹底搜尋攻擊。在 2^{64} 個64位元區塊中，只有 (64!) / [(10!)(54!)] = 151,473,214,816 個區塊正好有10個位元1，如果Eve每秒能測試10億個，就能在3分鐘內全部測試完成。

為了抵抗徹底搜尋攻擊，現代區塊加密法必須設計成取代加密法。

🔑 區塊加密法形成排列群

在後續各章裡即將看到，我們需要知道一個現代區塊加密法是否為一個群（見第四章）。若要回答這個問題，首先假設金鑰的長度足夠，可以選擇每一種從輸入到輸出的可能對應，此稱為全大小（full-size）金鑰加密法。然而實際上，金鑰長度是較小的，只有少數輸入到輸出的對應可以選擇。雖然一個區塊加密法在傳送者和接收者之間需要一把密鑰，但加密法中還是會使用到一些無金鑰的（keyless）組成元件。

全大小金鑰加密法

雖然在實際上並不會使用全大小金鑰加密法，我們仍然要先討論此加密法，讓部分大小（partial-size）金鑰加密法的討論更容易理解。

全大小金鑰換位區塊加密法　一個全大小金鑰換位加密法只調換位元的位置而不改變其值，因此可視為 n 個物件的排列，共有 $n!$ 個排列表，其中金鑰定義Alice和Bob所使用的排列表。我們需要有 $n!$ 個可能的金鑰，因此金鑰應該有 $\lceil \log_2 n! \rceil$ 個位元。

範例 5.3 顯示一個3位元區塊換位加密法的模型和其排列表集合,其中區塊大小是3位元。

解法 排列表的集合共有3! = 6個元素,如圖5.2所示。金鑰長度應該是 $\lceil \log_2 6 \rceil$ = 3位元。注意,雖然一把3位元的金鑰能選擇 2^3 = 8 種不同的對應,我們只使用其中6種。

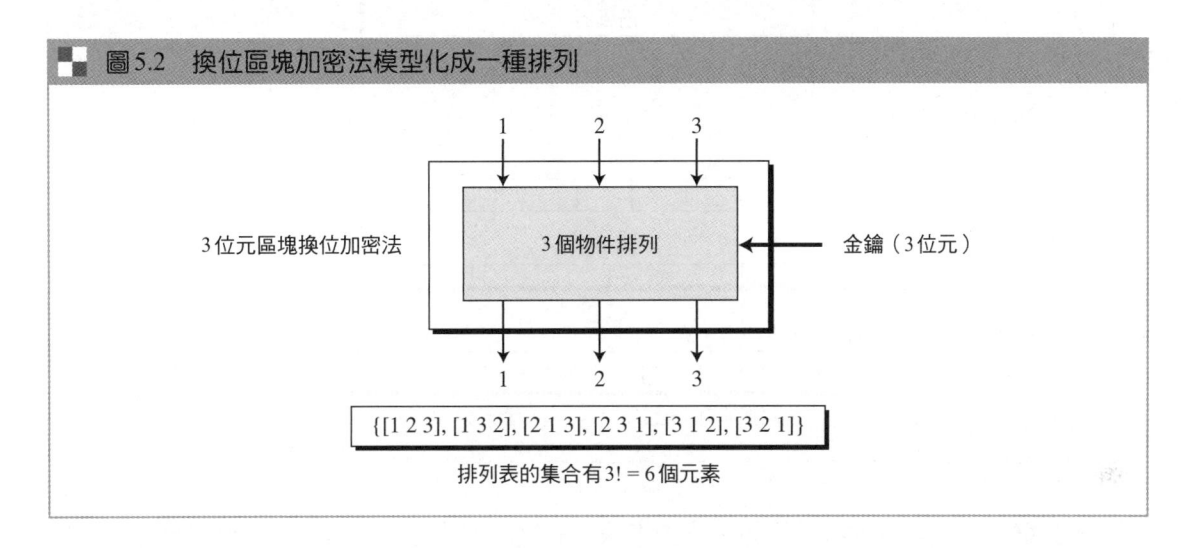

■ 圖5.2 換位區塊加密法模型化成一種排列

3位元區塊換位加密法
3個物件排列
金鑰(3位元)

{[1 2 3], [1 3 2], [2 1 3], [2 3 1], [3 1 2], [3 2 1]}
排列表的集合有3! = 6個元素

全大小金鑰取代區塊加密法 一個全大小金鑰取代加密法不調換位元而是取代位元,乍看之下,一個全大小金鑰取代加密法似乎無法被模型化成一種排列,但如果能對輸入解碼並對輸出編碼,就能將取代加密法模型化成一種排列。這裡的**解碼**(decoding)是將一個 n 位元的整數轉換成一個 2^n 位元的字串,此字串只有一個位元1和 $2^n - 1$ 個位元0,其中位元1的位置是此整數的值,而位置的範圍是從 0 到 $2^n - 1$。這裡的**編碼**(encoding)是解碼的相反程序。因為新的輸入和輸出中位元1的個數只有一個,所以此加密法可以被模型化成一個 $2^n!$ 個物件的排列。

範例 5.4 顯示一個3位元區塊取代加密法的模型和其排列表集合。

解法 輸入是3位元的明文可能是0到7之間的一個整數。這樣的整數可以解碼為只包含一個位元1的8位元字串,例如,000可以被解碼為00000001,101可以被解碼為00100000。圖5.3顯示其模型和排列表集合。注意,集合裡的元素個數(8! = 40,320)比此換位加密法的元素個數大得多,而且金鑰長度 $\lceil \log_2 40{,}320 \rceil$ = 16位元也長很多。雖然一把16位元的金鑰可以定義65,536個不同的對應,但只有40,320個會被使用。

一個全大小金鑰的 n 位元換位加密法或取代區塊加密法可以被模型化成一種排列,但是它們的金鑰大小是不相同的:

對換位加密法而言,金鑰的長度是 $\lceil \log_2 n! \rceil$ 位元。

對取代加密法而言,金鑰的長度是 $\lceil \log_2 (2^n)! \rceil$ 位元。

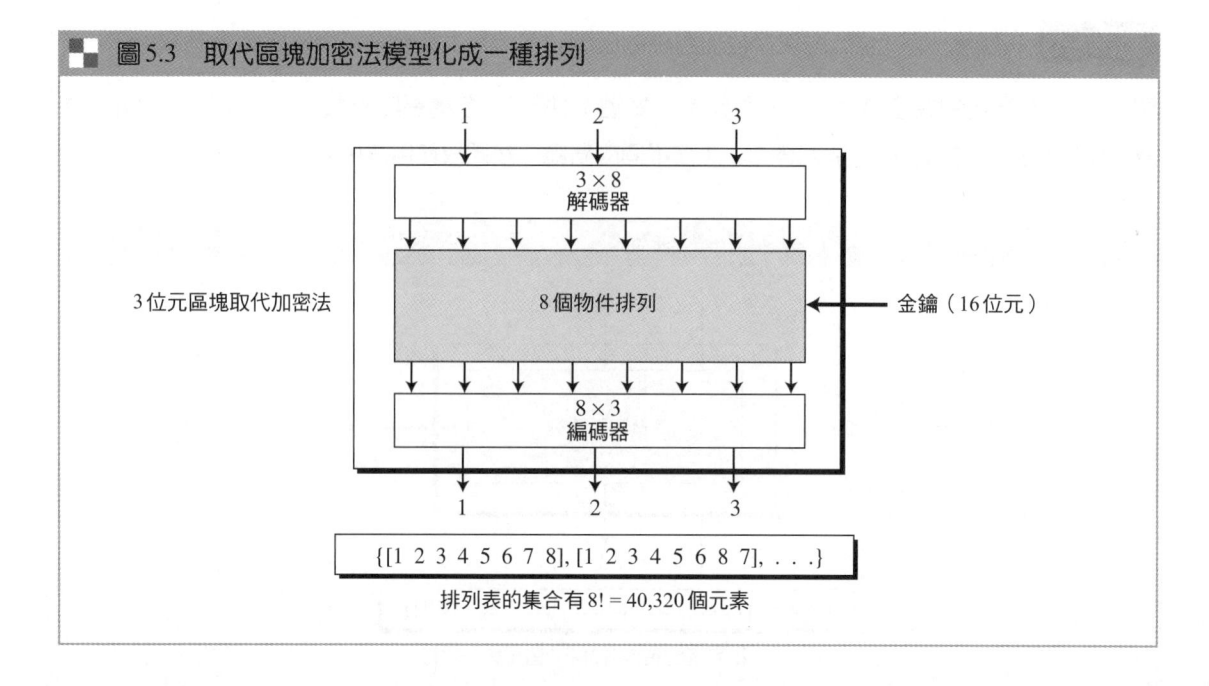

圖 5.3　取代區塊加密法模型化成一種排列

```
          1     2     3
          ↓     ↓     ↓
     ┌─────────────────────┐
     │      3 × 8          │
     │      解碼器          │
     └─────────────────────┘
3位元區塊取代加密法
     ┌─────────────────────┐
     │    8 個物件排列      │ ← 金鑰（16 位元）
     └─────────────────────┘
     ┌─────────────────────┐
     │      8 × 3          │
     │      編碼器          │
     └─────────────────────┘
          ↓     ↓     ↓
          1     2     3
     {[1 2 3 4 5 6 7 8], [1 2 3 4 5 6 8 7], ...}
        排列表的集合有 8! = 40,320 個元素
```

排列群　一個全大小金鑰的換位加密法或取代加密法是一種排列，這個事實顯示：如果加密（或解密）是使用這種加密法不只一次，其結果相當於排列群的組合運算。就像在第四章所討論的，兩個以上的排列一定可以轉換成某個單一排列，這意味著使用超過一次的全大小金鑰加密法是無意義的，因為其效果與使用一次一樣。

部分大小金鑰加密法

實務上的加密法不能使用全大小金鑰，因為這樣金鑰的大小會變得很大，特別是取代區塊加密法。以常見的取代加密法 DES（見第六章）為例，其區塊大小是 64 位元，如果 DES 的設計是使用全大小金鑰，那麼金鑰將會是 $\log_2(2^{64}!) \approx 2^{70}$ 位元，然而事實上 DES 的金鑰大小只有 56 位元，是其全大小金鑰的一小部分，這意味著 DES 只使用了大約 $2^{(2^{70})}$ 個可能對應中的 2^{56} 個對應。

排列群　現在有個問題：一個多階段的部分金鑰換位或取代在組合運算下是否是一個排列群？這個問題極其重要，因為它代表一個相同加密法的多階段版本是否會達到更高的安全性（見第六章有關多重 DES 的討論）。如果一個部分金鑰加密法是其相對應全大小金鑰加密法的一個子群，那麼這個部分金鑰加密法是一個群；換句話說，如果一個全大小金鑰加密法形成一個群 $G = <M, \circ>$，其中 M 是對應的集合，而 ($\circ$) 是組合運算，那麼部分大小金鑰加密法必定形成一個子群 $H = <N, \circ>$，其中 N 是 M 的一個子集合，且其運算相同。

例如，已經證明使用 56 位元金鑰的多階段 DES 不是一個群，因為無法從有 $2^{64}!$ 個對應的群中建立出有 2^{56} 個對應的子群。

如果一個部分金鑰加密法是其相對應全大小金鑰加密法的一個子群，那麼這個部分金鑰加密法在組合運算下是一個群。

無金鑰的加密法

雖然無金鑰的加密法在實際上是無用的，但是可以做為金鑰加密法的組成部分。

無金鑰的換位加密法 一個無金鑰或固定金鑰的換位加密法或單元以硬體實作時，可視為一個預先接線的換位加密法；當此單元是以軟體實作時，這把固定的金鑰單一排列規則可被表示成一個表格。下一節將討論無金鑰的換位加密法，稱為P-box，是現代區塊加密法的組成部分。

無金鑰的取代加密法 一個無金鑰或固定金鑰的取代加密法或單位，可視為從輸入到輸出之事先定義好的對應，這個對應可被定義成一個表格或數學函數等。下一節將討論無金鑰的取代加密法，稱為S-box，也是現代區塊加密法的組成部分。

現代區塊加密法的組成要素

現代區塊加密法通常是有金鑰的取代加密法，其中金鑰只允許從可能的輸入到可能的輸出之部分對應，不過，現代區塊加密法通常不會設計成只有一個單元。為了提供現代區塊加密法需要的特性，例如擴散和混淆（將於稍後討論），一個現代區塊加密法會由換位單元（稱為P-box）、取代單元（稱為S-box）及其他單元（將於稍後討論）組合而成。

P-Box

P-box（排列box）類似於傳統的字元換位加密法，不同之處在於P-box的換位單元是位元。在現代區塊加密法中，我們可以找到三種不同型態的P-box：標準的P-box、擴展的P-box和壓縮的P-box，如圖5.4所示。

圖5.4顯示一個 5 × 5 的標準的P-box、一個 5 × 3 的壓縮的P-box和一個 3 × 5 的擴展的P-box。接著將進行更詳細的討論。

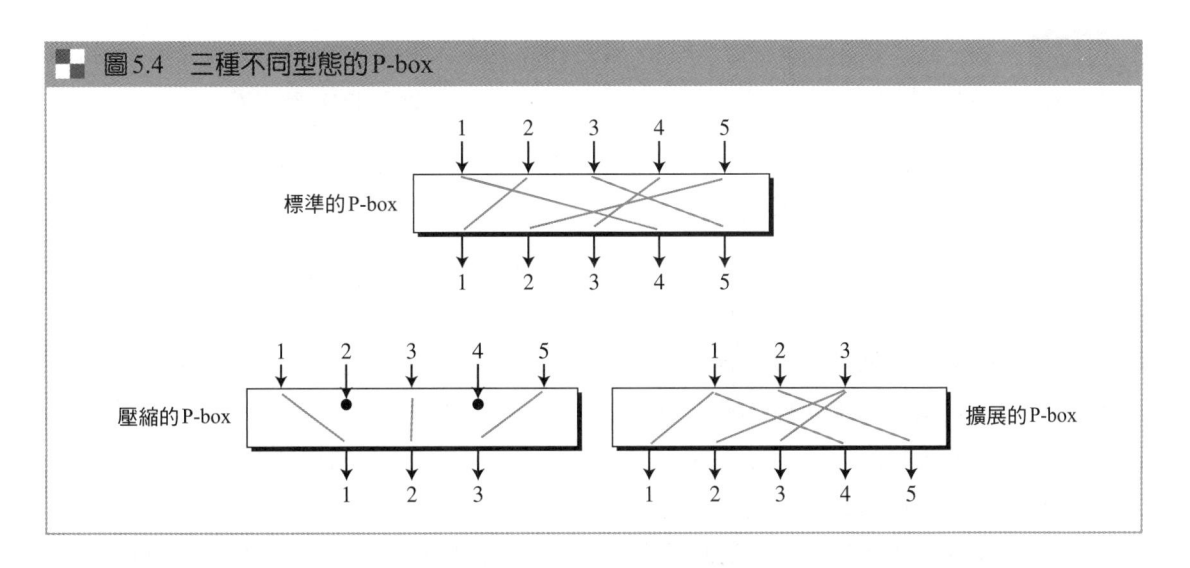

圖5.4 三種不同型態的P-box

標準的 P-Box　　一個有 n 個輸入和 n 個輸出的**標準的 P-box（straight P-box）**是一種排列，總共有 $n!$ 種可能的對應。

範例 5.5　　圖 5.5 顯示一個 3×3 的標準的 P-box 之全部六種的可能對應。

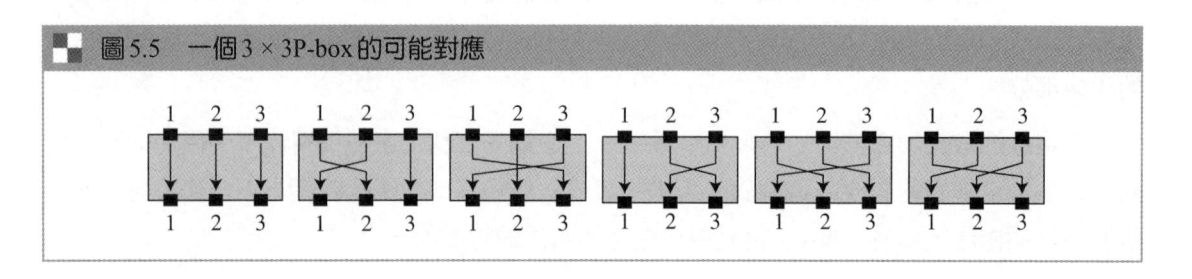

圖 5.5　一個 3×3 P-box 的可能對應

雖然一個 P-box 能將 $n!$ 種對應的每一個分別以一把金鑰來加以定義，但是 P-box 在使用上通常不會定義金鑰，這意味其對應是事先決定的。如果一個 P-box 是以硬體實作時，是預先接線的；如果是以軟體實作時，是用一份排列表來表示對應方式，其中，表中每一個項目（的值）代表輸入，而項目的位置則是輸出。表 5.1 顯示一個 n 為 64 的標準排列表範例。

表 5.1　一個標準的 P-box 的排列表範例

58	50	42	34	26	18	10	02	60	52	44	36	28	20	12	04
62	54	46	38	30	22	14	06	64	56	48	40	32	24	16	08
57	49	41	33	25	17	09	01	59	51	43	35	27	19	11	03
61	53	45	37	29	21	13	05	63	55	47	39	31	23	15	07

表 5.1 有 64 個項目，對應 64 個輸入，項目的位置（索引）則是輸出。因為第一個項目是 58，因此第一個輸出是來自第 58 次的輸入，又因為最後一項是 7，因此第 64 個輸出來自第 7 次的輸入，依此類推。

範例 5.6　　為一個標準的 P-box 設計一個 8×8 排列表，將輸入字組的兩個中間位元（位元 4 和 5）移動至輸出字組的兩端兩個位元（位元 1 和 8），而其他位元彼此間的相對位置不變。

解法　　此標準的 P-box 排列表是 [4 1 2 3 6 7 8 5]，輸入位元 1、2、3、6、7、8 彼此間的相對位置沒有改變，但是第 1 個輸出來自第 4 個輸入，且第 8 個輸出來自第 5 個輸入。

壓縮的 P-Box　　一個**壓縮的 P-box（compression P-box）**是一個輸入為 n 且輸出為 m 的 P-box，其中 $m < n$。某些輸入被阻斷而不會到達輸出（參閱圖 5.4）。在現代區塊加密法中所使用的壓縮的 P-box 通常毋須金鑰，而是以排列表來定義位元換位的規則。我們要知道一個壓縮的 P-box 的排列表有 m 個項目，但是這些項目的內容是從 1 到 n，表示有一些遺漏值（也就是被阻斷的那些輸入）。表 5.2 顯示一個 32×24 壓縮的 P-box 的排列表範例，注意輸入位元 7、8、9、15、16、23、24、25 被阻斷了。

壓縮的 P-box 的使用時機是需要重新排列位元且同時要為下個階段減少位元數量時。

表 5.2　一個 32 × 24 的排列表範例

| 01 | 02 | 03 | 21 | 22 | 26 | 27 | 28 | 29 | 13 | 14 | 17 |
| 18 | 19 | 20 | 04 | 05 | 06 | 10 | 11 | 12 | 30 | 31 | 32 |

擴展的 P-Box　　一個**擴展的 P-box**（expansion P-box）是一個輸入為 n 且輸出為 m 的 P-box，其中 $m > n$。某些輸入被連接到一個以上的輸出（參閱圖 5.4）。在現代區塊加密法中所使用的擴展的 P-box 通常毋須金鑰，而是以排列表來定義位元換位的規則。我們要知道一個擴展的 P-box 的排列表有 m 個項目，但其中有 $m - n$ 項是重複的（也就是那些對應到一個以上輸出的輸入）。表 5.3 顯示一個 12 × 16 之擴展的 P-box 的排列表範例，注意輸入位元 1、3、9、12 對應到兩個輸出。

表 5.3　一個 12 × 16 的排列表範例

| 01 | 09 | 10 | 11 | 12 | 01 | 02 | 03 | 03 | 04 | 05 | 06 | 07 | 08 | 09 | 12 |

擴展的 P-box 的使用時機是需要重新排列位元且同時要為下個階段增加位元數量時。

可逆性　　一個標準的 P-box 是可逆的，這意味著我們能在加密中使用一個標準的 P-box，而在解密中使用其反向。然而，每一個排列表必須與另一個排列表彼此互為反向。我們在第三章已看過如何產生排列表的反向排列表。

範例 5.7　　圖 5.6 以一個一維的表格來顯示如何反轉一個排列表。

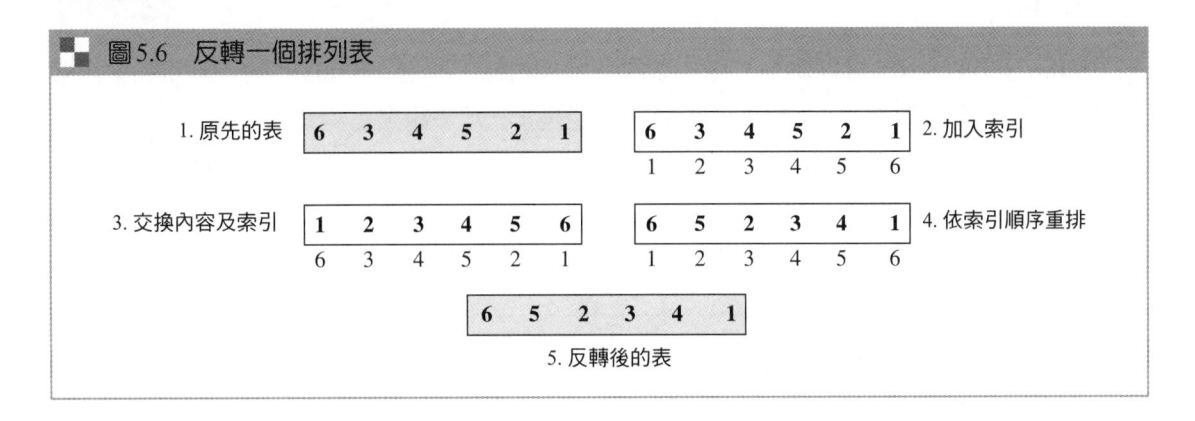

圖 5.6　反轉一個排列表

1. 原先的表	6　3　4　5　2　1		6　3　4　5　2　1	2. 加入索引
			1　2　3　4　5　6	
3. 交換內容及索引	1　2　3　4　5　6		6　5　2　3　4　1	4. 依索引順序重排
	6　3　4　5　2　1		1　2　3　4　5　6	

6　5　2　3　4　1
5. 反轉後的表

壓縮的 P-box 和擴展的 P-box 是不可逆的。在一個壓縮的 P-box 中，某個輸入可能在加密時被丟棄，而解密演算法卻沒有任何線索來恢復該丟棄的位元（只能在 0 或 1 之間擇一）。在一個擴展的 P-box 中，某個輸入可能在加密時對應到一個以上的輸出，而解密演算法卻沒有任何線索知道數個輸入中的哪一個該對應到一個輸出。圖 5.7 顯示這兩個情況。

圖 5.7 也顯示一個壓縮的 P-box 不是一個擴展的 P-box 的反向，反之亦然。這意味著如果我們在加密演算法中使用壓縮的 P-box，那麼在解密演算法中無法使用擴展的 P-box 來解密，反之亦然。不過本章稍後將會看到，某些加密法在加密過程使用到壓縮的 P-box 或擴展的

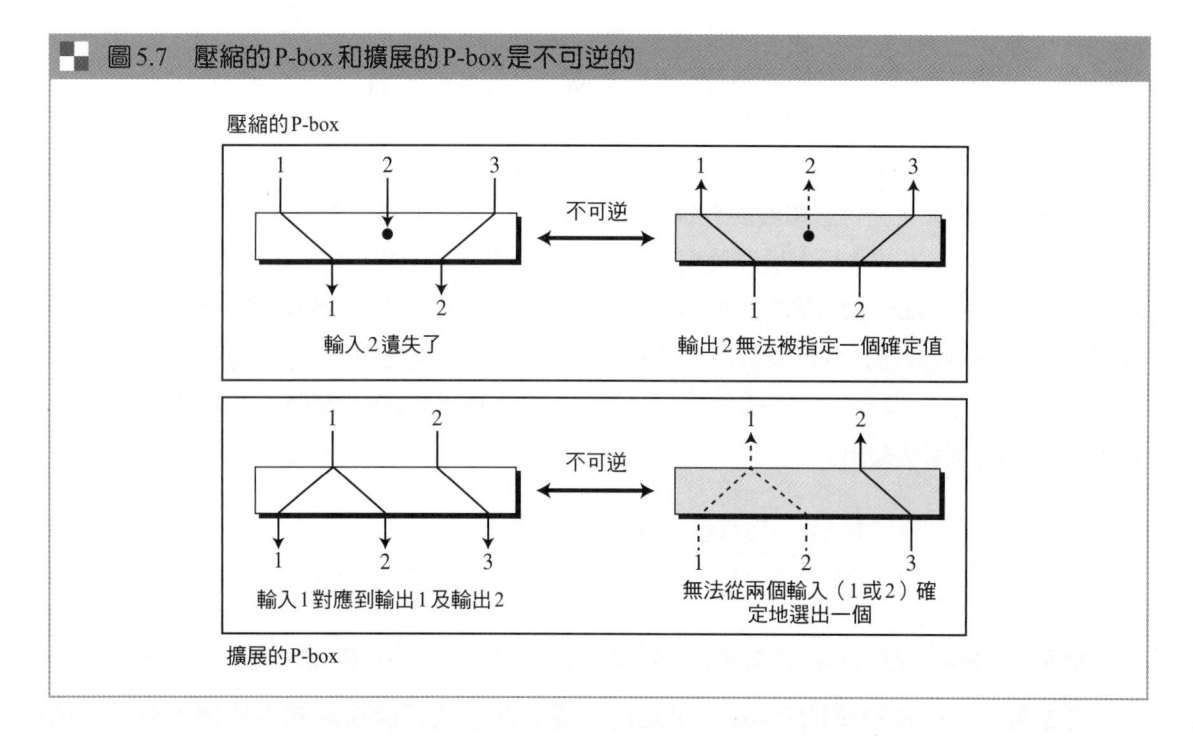

圖 5.7　壓縮的 P-box 和擴展的 P-box 是不可逆的

壓縮的 P-box

輸入 2 遺失了　　　　　　　　　輸出 2 無法被指定一個確定值

輸入 1 對應到輸出 1 及輸出 2　　　無法從兩個輸入（1 或 2）確定地選出一個

擴展的 P-box

P-box，而其產生的作用在解密過程會被其他方法抵銷。

一個標準的 P-box 是可逆的，但壓縮的 P-box 和擴展的 P-box 是不可逆的。

S-Box

S-box（取代 box）可以視為一種小型的取代加密法，不過，S-box 的輸入數量和輸出數量可以不同。換句話說，一個 S-box 的輸入可能是 n 位元，輸出可能是 m 位元，而 n 和 m 不一定要相同。雖然一個 S-box 可以有金鑰或無金鑰，但現代區塊加密法通常是使用無金鑰的 S-box，其輸入到輸出的對應是預先決定好的。

一個 S-box 是一個 $m \times n$ 的取代裝置，其中 m 和 n 不一定要相同。

線性 S-Box 與非線性 S-Box　　在一個具有 n 個輸入和 m 個輸出的 S-box 中，若 n 個輸入為 $x_1, ..., x_n$，m 個輸出為 $y_1, ..., y_m$，則輸入和輸出之間的關係可以表示成一組方程式：

$$y_1 = f_1(x_1, x_2, ..., x_n)$$
$$y_2 = f_2(x_1, x_2, ..., x_n)$$
$$...$$
$$y_m = f_m(x_1, x_2, ..., x_n)$$

在**線性 S-box（linear S-box）**中，上述關係可以表示成

$$y_1 = a_{1,1}x_1 \oplus a_{1,2}x_1 \oplus \cdots \oplus a_{1,n}x_n$$
$$y_2 = a_{2,1}x_1 \oplus a_{2,2}x_1 \oplus \cdots \oplus a_{2,n}x_n$$
$$\cdots$$
$$y_m = a_{m,1}x_1 \oplus a_{m,2}x_1 \oplus \cdots \oplus a_{m,n}x_n$$

而在**非線性S-box（nonlinear S-box）**中，輸出則沒有上述的關係。

範例 5.8 在一個具有3個輸入和2個輸出的S-box中，若輸入和輸出之間的關係是

$$y_1 = x_1 \oplus x_2 \oplus x_3 \qquad y_2 = x_1$$

則此S-box是線性的，因為$a_{1,1} = a_{1,2} = a_{1,3} = a_{2,1} = 1$且$a_{2,2} = a_{2,3} = 0$。此關係可用以下的矩陣來表示：

$$\begin{bmatrix} y_1 \\ y_2 \end{bmatrix} = \begin{bmatrix} 1 & 1 & 1 \\ 1 & 0 & 0 \end{bmatrix} \times \begin{bmatrix} x_1 \\ x_2 \\ x_3 \end{bmatrix}$$

範例 5.9 在一個具有3個輸入和2個輸出的S-box中，輸入和輸出之間的關係是

$$y_1 = (x_1)^3 + x_2 \qquad y_2 = (x_1)^2 + x_1 x_2 + x_3$$

其中，乘法和加法是在**GF(2)**裡的運算。此S-box是非線性的，因為輸入和輸出之間沒有線性關係。

範例 5.10 下表定義一個3×2 S-box的輸入／輸出關係，其中列表示輸入的最左邊位元，欄表示輸入的最右邊兩個位元，而列與欄交叉處的值則是兩個位元的輸出值。

	00	01	10	11
0	00	10	01	11
1	10	00	11	01

（最左邊位元 ↓；最右邊位元 →；輸出位元）

依此表格，010的輸入會產生01的輸出，101的輸入會產生00的輸出。

可逆性 S-box是一種取代加密法，其輸入和輸出之間的關係是以表格或數學關係式來定義。S-box可以是可逆的或是不可逆的，可逆的S-box其輸入位元的數量必須與輸出位元的數量相同。

範例 5.11 圖5.8是一個可逆的S-box例子，左邊是加密用的表格，右邊是解密用的表格。在每個表格中，列表示輸入的最左邊位元，欄表示輸入的後續兩個位元，而列與欄交叉處的值則是輸出值。

例如，如果左邊S-box的輸入是001，則輸出是101；而右邊表格的輸入是101時，將產生001的輸出。這顯示了這兩個表格彼此互為反向。

圖5.8 範例5.11的S-box表格

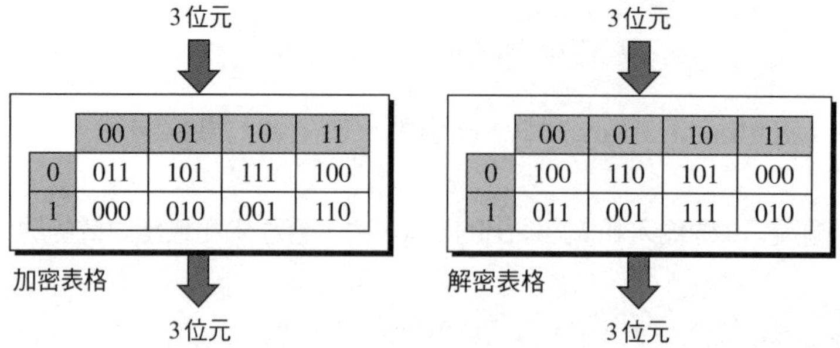

加密表格

	00	01	10	11
0	011	101	111	100
1	000	010	001	110

解密表格

	00	01	10	11
0	100	110	101	000
1	011	001	111	010

互斥或

在大多數的區塊加密法中，互斥或運算是非常重要的。我們在第四章曾討論過，在 $GF(2^n)$ 中的加法和減法運算是透過稱為互斥或（XOR）的單一運算來執行的。

特性　　互斥或運算在 $GF(2^n)$ 中的五種特性，使此運算在區塊加密法中變得很有趣。

1. 封閉性：此特性保證兩個 n 位元的字組互斥或運算後的結果也是一個 n 位元的字組。
2. 結合性：此特性允許以任意順序使用一個以上的互斥或運算。

$$x \oplus (y \oplus z) \leftrightarrow (x \oplus y) \oplus z$$

3. 交換性：此特性允許交換輸入而不影響輸出。

$$x \oplus y \leftrightarrow y \oplus x$$

4. 存在單位元素：互斥或運算的單位元素是由全部是位元 0 組成的 n 位元字組（00…0），這意味著一個字組與單位元素進行互斥或運算並不會改變該字組。

$$x \oplus (00\cdots 0) = x$$

我們將在本章稍後討論到 Feistel 加密法時使用此特性。

5. 存在反元素：在 $GF(2^n)$ 中，每個字組是自己的反元素，這意味著將一個字組與自己進行互斥或運算之後會是單位元素。

$$x \oplus x = (00\cdots 0)$$

我們將在本章稍後討論到 Feistel 加密法時使用此特性。

補數　　補數運算是一種將字組中每一個位元翻轉的單元運算（一個輸入和一個輸出）。例如，位元 0 轉換成位元 1；位元 1 轉換成位元 0。我們關注在補數運算和互斥或運算的關係。如果 $\bar{x}$ 是 x 的補數，則以下兩個關係成立：

$$x \oplus \bar{x} = (11\cdots 1) \text{ 且 } x \oplus (11\cdots 1) = \bar{x}$$

我們將在本章稍後討論到一些加密法的安全時使用這些特性。

反向　在一個加密法中，如果某個組成元件是代表單元運算（一個輸入和一個輸出），那麼此組成元件的反向是有意義的。例如，一個無金鑰的P-box或者一個無金鑰的S-box可以是可逆的，因為有一個輸入和一個輸出。一個互斥或運算是一個單元運算，互斥或運算只有在輸入之一是固定的情況下（加密和解密時都一樣），其反向才會有意義。例如，如果輸入之一是金鑰，此金鑰通常在加密和解密時是一樣的，那麼互斥或運算是自我可逆的，如圖5.9所示。

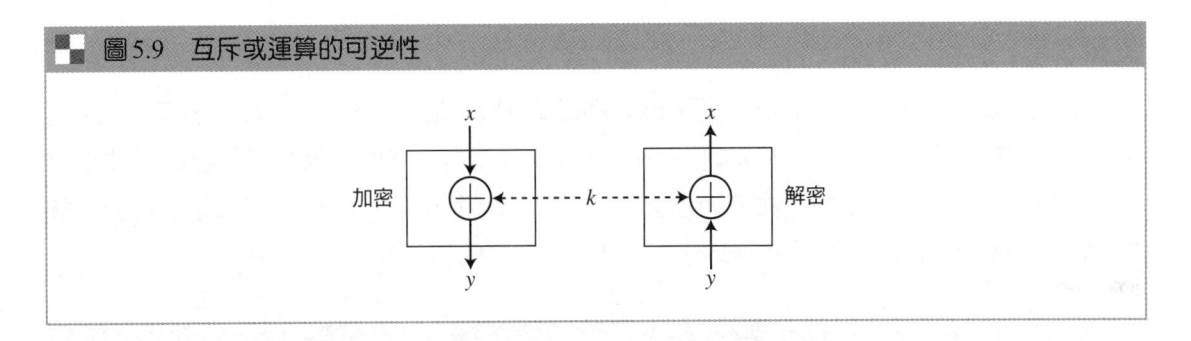

■ 圖5.9　互斥或運算的可逆性

在圖5.9中，此反向的特性意味著

$$y = x \oplus k \quad \rightarrow \quad x = k \oplus y$$

我們將在本章稍後討論到區塊加密法的結構時使用此特性。

循環位移

一些現代區塊加密法也常使用**循環位移運算（circular shift operation）**。位移可能是向左或向右。循環向左位移運算是將 n 位元字組中的每個位元向左位移 k 個位置，而最左邊的 k 個位元則被從左側移除，變成最右邊的 k 個位元。循環向右位移運算是將 n 位元字組中的每個位元向右位移 k 個位置，而最右邊的 k 個位元則被從右側移除，變成最左邊的 k 個位元。圖5.10顯示循環向左及向右的位移運算，其中 $n = 8$ 而 $k = 3$。

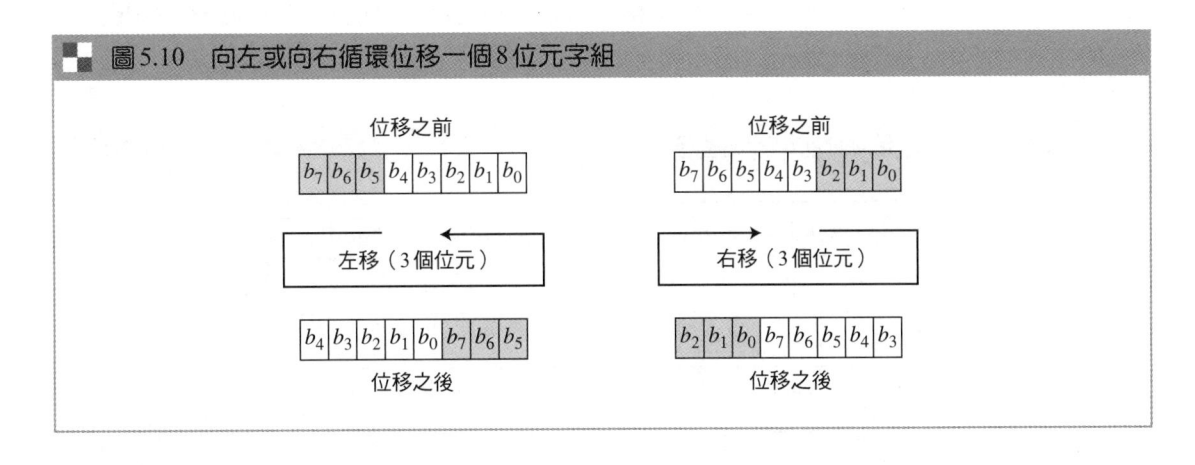

■ 圖5.10　向左或向右循環位移一個8位元字組

循環位移運算混淆字組中的位元，並且有助於隱藏原字組的樣式。雖然被位移的位置數目能做為金鑰，但循環位移運算通常是無金鑰的；k 值是固定且事先就決定好的。

可逆性　　循環向左位移運算是循環向右位移運算的反向。如果其中一個用在加密過程，那麼另一個則可用在解密過程。

特性　　使用循環位移運算需要注意兩個特性。第一，位移是模 n，換句話說，如果 $k = 0$ 或 $k = n$，表示沒有位移；如果 k 比 n 大，則輸入是被位移 k 模 n 位元。第二，循環位移運算在合成運算下是一個群，表示位移一個字組超過一次和只位移一次是一樣的。

交換

交換運算（swap operation） 是循環位移運算的特殊情況，其中 $k = n/2$，表示只有 n 是偶數時此運算才有效。因為左移 $n/2$ 位元和右移 $n/2$ 位元是一樣的，因此這個組成元件是自我可逆的。在加密過程中的一次交換運算可以被解密過程中的一次交換運算完全抵銷。圖 5.11 顯示一個 8 位元字組的交換運算。

圖 5.11　一個 8 位元字組的交換運算

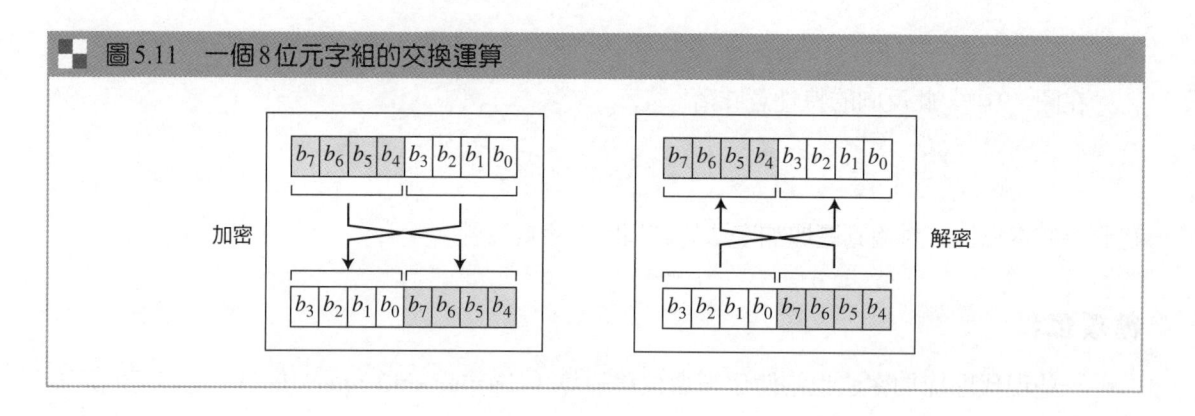

分割與整合

一些現代區塊加密法中其他兩個常見的運算是分割與整合。**分割運算（split operation）** 是將一個 n 位元字組分割成兩個同長度的字組。**整合運算（combine operation）** 是將兩個同長度的字組串接成一個 n 位元字組。這兩個運算彼此互為反向，而且能相互抵銷。如果其中一個用在加密過程，則另一個可以用在解密過程。圖 5.12 以 $n = 8$ 顯示這兩個運算。

圖 5.12　一個 8 位元字組的分割與整合運算

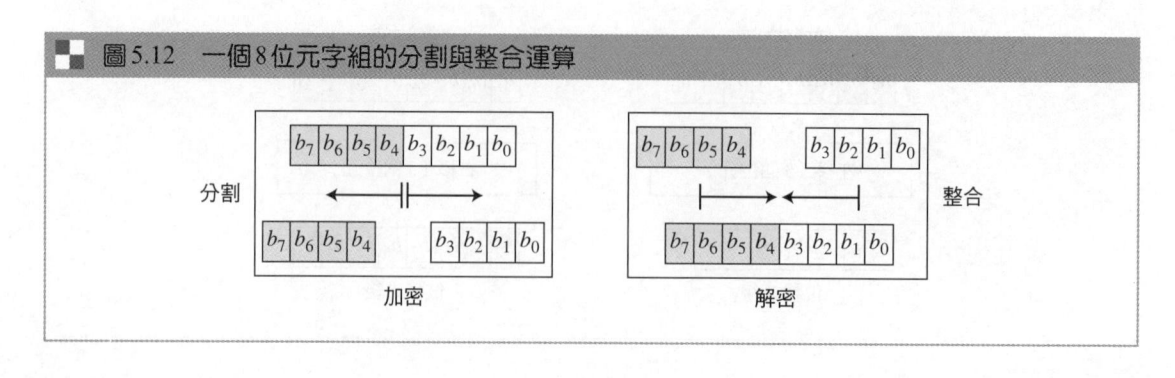

🗝 乘積加密法

乘積加密法（**product cipher**）的概念是由Shannon提出。乘積加密法是一種結合了取代、排列和前幾節所討論的其他運算之複雜加密法。

擴散與混淆

Shannon提出乘積加密法的想法是希望區塊加密法具有兩個重要的特性：擴散和混淆。**擴散**（**diffusion**）的概念是要隱藏密文和明文之間的關係，阻止攻擊者利用密文的統計來找出明文。擴散意味著密文中的每個符號（字元或位元）取決於明文中的某些或全部的符號；換句話說，如果明文中的一個符號被改變，密文中的幾個或全部的符號也將被改變。

擴散隱藏密文和明文之間的關係。

混淆（**confusion**）的概念是要隱藏密文和金鑰之間的關係，阻止攻擊者利用密文來找出金鑰；換句話說，如果金鑰中的一個位元被改變，密文中大部分或全部的位元也將被改變。

混淆隱藏密文和金鑰之間的關係。

回合

擴散和混淆可以使用迭代的乘積加密法來達到，其中每一次的迭代是S-box、P-box和其他組成元件的結合。每一次迭代稱為一個**回合**（**round**）。區塊加密法使用**金鑰排程器**（**key schedule**）或**金鑰產生器**（**key generator**）從加密金鑰來產生每個回合的不同金鑰。一個 N 回合的加密法，其明文被加密 N 次以產生密文，而密文被解密 N 次以產生明文。在兩個回合之間所產生的文字，稱為中間文字。圖5.13顯示一個簡單的兩回合乘積加密法。實際上，乘積加密法會有兩個以上的回合。

在圖5.13中，每個回合會發生三種轉換：

a. 混合8位元的本文和金鑰以漂白本文（利用金鑰隱藏位元），通常是以8位元字組和8位元金鑰做互斥或運算來完成。

b. 將漂白器的輸出分成4個2位元的群組，並投入4個 S-box，位元值則依據 S-box 在此次轉換的結構而被改變。

c. S-box 的輸出再透過一個 P-box 來排列位元，使得下一個回合得到不同的輸入。

　　擴散　　圖5.13的基本設計顯示一個結合S-box和P-box的乘積加密法如何能夠保證擴散。圖5.14顯示在明文中改變單一位元如何影響密文中的許多位元。

a. 在第一回合，位元8在與 K_1 的相對應位元互斥或運算之後，經由 S-box 4 影響了兩個位元（位元7和8），位元7被重新排列成為位元2；位元8被重新排列成為位元4。在第一回合之後，位元8已經影響了位元2和4。在第二回合，位元2在與 K_2 的相對應位元互

■ 圖 5.13 一個兩回合的乘積加密法

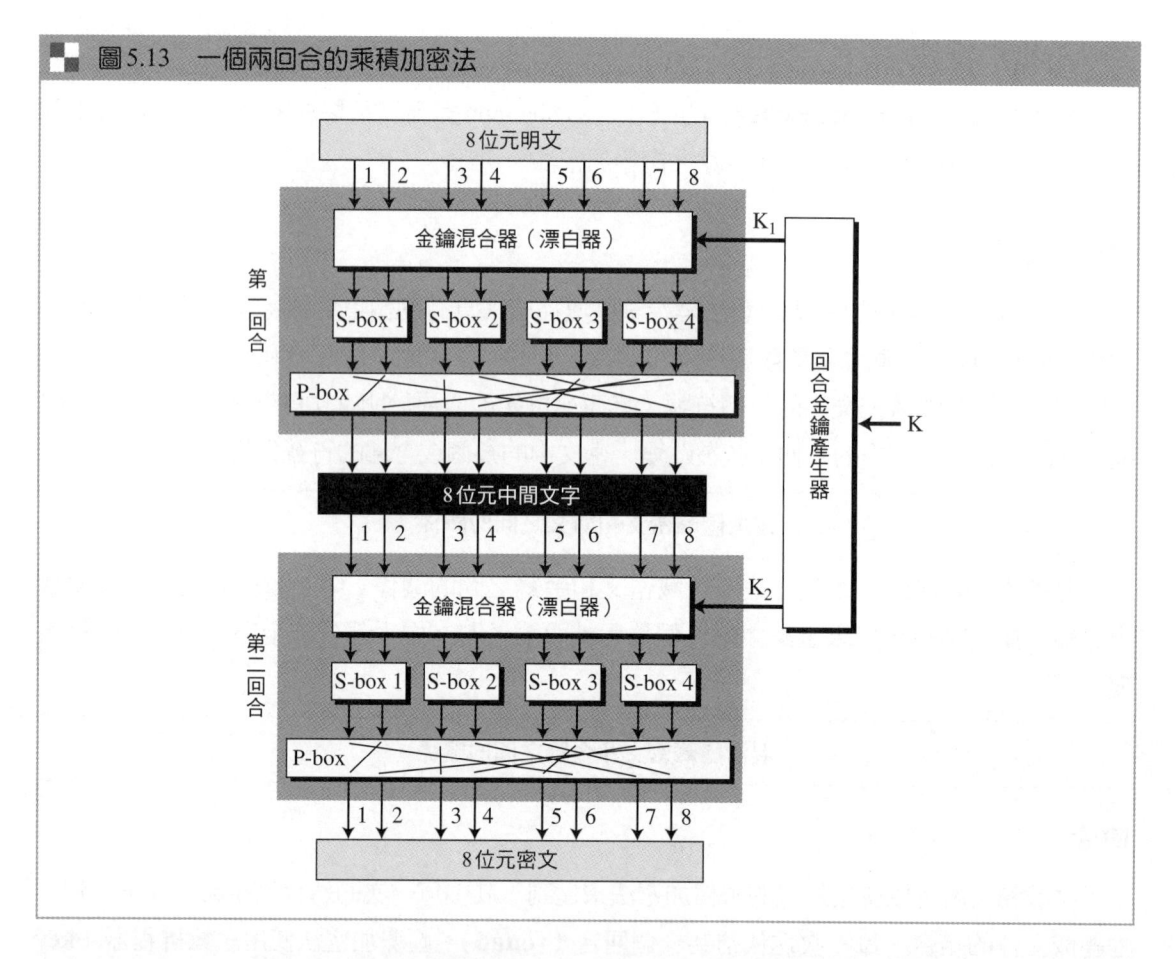

■ 圖 5.14 區塊加密法的擴散和混淆

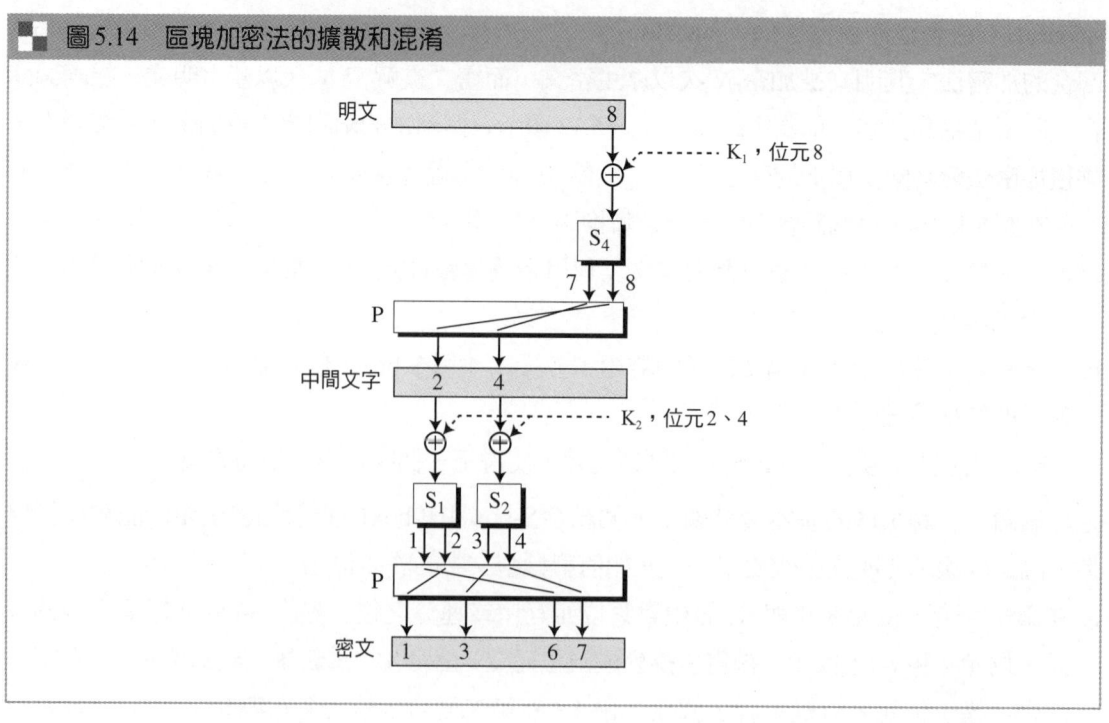

斥或運算之後,經由 S-box 1 影響了兩個位元(位元 1 和 2),其中位元 1 被重新排列成為位元 6,位元 2 被重新排列成為位元 1。位元 4 在與 K_2 的相對應位元互斥或運算之後,影響了位元 3 和 4,其中位元 3 維持不變,位元 4 被重新排列成為位元 7。在第二回合之後,位元 8 已經影響了位元 1、3、6 和 7。

b. 以另一個方向(從密文到明文)進行這些步驟,顯示密文中的每一個位元是被明文中的數個位元所影響。

混淆 圖5.14顯示混淆特性如何透過乘積加密法來達到。密文中的四個位元(位元 1、3、6和7)被金鑰中的三個位元所影響(K_1 的位元 8 和 K_2 的位元 2、4)。以另一個方向進行這些步驟,顯示每個回合金鑰的每個位元會影響密文中的幾個位元。密文位元和金鑰位元之間的關係是不明顯的。

實際的加密法 為了改進擴散和混淆,實際的加密法使用更大的資料區塊、更多的 S-box 和更多的回合。基於一些概念,增加回合的數量以使用更多的 S-box,顯然可以創造更好的加密法,而使得密文看起來非常像是一個 n 位元的隨機字組。以這種方式,密文和明文之間的關係將被完全隱藏(擴散),而增加回合的數量也增加了回合金鑰的數量,這將更加隱藏密文和金鑰之間的關係。

兩種乘積加密法的類型

現代區塊加密法都是乘積加密法,但是可分成兩種。第一種加密法同時使用了可逆和不可逆的組成元件,這類加密法稱為Feistel加密法,第六章將討論的區塊加密法DES即是Feistel加密法的良好範例。第二種加密法只使用可逆的組成元件,這類加密法稱為非Feistel加密法,第七章將討論的區塊加密法AES是非Feistel加密法的良好範例。

Feistel 加密法

Feistel 設計了一種非常聰明和有趣的加密法,已經使用數十年了。**Feistel 加密法**(**Feistel cipher**)有三種組成元件:自我可逆、可逆和不可逆的。Feistel加密法將全部不可逆的元素結合在一個單元裡,並且在加密和解密演算法中使用相同的單元。問題是如果加密和解密演算法中各有一個不可逆的單元,則它們如何成為對方的反向呢?Feistel證明了它們是可以相互抵銷的。

最初的想法 為了更容易理解Feistel加密法,我們先來看如何在加密和解密演算法中使用相同的不可逆組成元件。如圖5.15所示,如果我們使用互斥或運算,則加密演算法中不可逆組成元件的影響可以在解密演算法中抵銷。

加密時,一個不可逆的函數 $f(K)$ 接收金鑰為輸入,這個函數的輸出和明文做互斥或運算,結果成為密文。該函數和互斥或運算的結合稱為**混合器**(**mixer**),混合器在Feistel加密法的後續發展中扮演一個很重要的角色。

圖5.15　Feistel加密法設計的最初想法

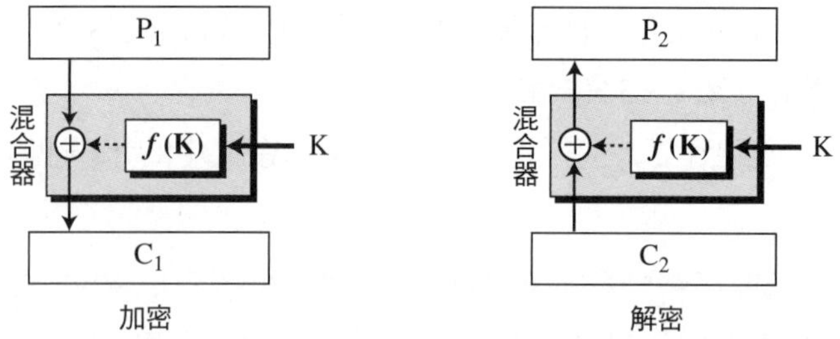

加密　　　　　　　解密

因為加密和解密的金鑰是一樣的，我們能證明這兩個演算法互為反向，換句話說，如果 $C_2 = C_1$，則 $P_2 = P_1$。

> 加密：$C_1 = P_1 \oplus f(K)$
> 解密：$P_2 = C_2 \oplus f(K) = C_1 \oplus f(K) = P_1 \oplus f(K) \oplus f(K) = P_1 \oplus (00…0) = P_1$

請注意，上式使用到互斥或運算的兩個特性（存在反元素和存在單位元素）。

上述的討論證明了雖然混合器有一個不可逆的元素，但混合器本身是自我可逆的。

在Feistel設計裡的混合器是自我可逆的。

範例 5.12　　這是一個簡單的範例。明文和密文的長度各是4位元，金鑰長度是3位元，假設此函數取金鑰的第一和第三位元，將此二位元解釋成十進位的數字，再將該數字平方，以二進位的4位元表示結果。如果原始的明文是0111，而金鑰是101，請顯示加密和解密的結果。

解法　　此函數取出第一和第三位元，得到二進位的11或十進位的3，平方的結果是9，以二進位表示則是1001。

> 加密：$C = P \oplus f(K) = 0111 \oplus 1001 = 1110$
> 解密：$P = C \oplus f(K) = 1110 \oplus 1001 = 0111$　　與原始的P相同

函數 $f(101) = 1001$ 是不可逆的，但互斥或運算允許我們在加密和解密演算法中使用該函數，換句話說，此函數是不可逆的，但混合器是自我可逆的。

改進　　接著對我們的最初想法加以改進，以更接近Feistel加密法。我們知道需要對不可逆的元素（該函數）使用相同的輸入，但不想只使用金鑰，還想要該函數的輸入在加密時是明文的一部分，而在解密時是密文的一部分。金鑰可以是此函數的第二個輸入。以這種方式，我們的函數可能是一個複雜的元素，包含一些無金鑰的元素和一些有金鑰的元素。為了達到這個目的，我們把明文和密文分割成左右兩個等長度的區塊，左區塊稱為L，而右區塊為R。讓右區塊是函數的輸入，而讓左區塊與函數的輸出做互斥或運算。我們要記住：函數

的輸入在加密和解密時一定要完全一樣，這意味著加密時明文的右半邊與解密時密文的右半邊必須相同，也就是說，右半邊進入加密和從解密出來必須不變，圖5.16顯示此想法。

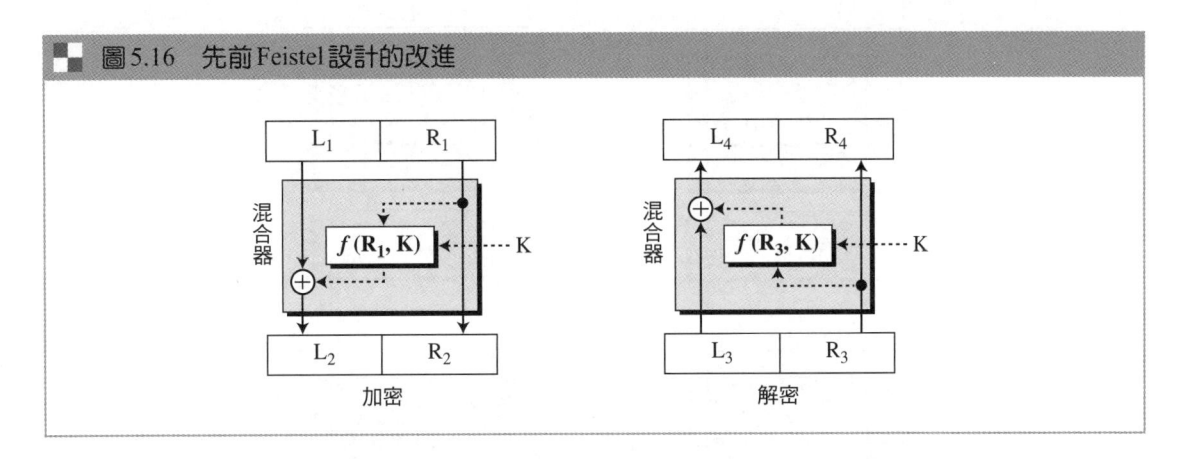

圖5.16　先前Feistel設計的改進

加密和解密演算法仍然彼此互為反向，假設$L_3 = L_2$而$R_3 = R_2$（密文在傳輸過程沒有改變）。

$R_4 = R_3 = R_2 = R_1$
$L_4 = L_3 \oplus f(R_3, K) = L_2 \oplus f(R_2, K) = L_1 \oplus f(R_1, K) \oplus f(R_1, K) = L_1$

加密時的明文可由解密演算法正確地產生。

最後的設計　　先前的改進仍有一個瑕疵，明文的右半邊從未改變，Eve藉由攔截密文並且取出它的右半邊，可以立即獲得明文的右半邊，因此設計還需要再改進。首先，增加回合的數量；其次，每回合增加一個新元素：**交換器（swapper）**。交換器在加密回合的影響會被解密回合的交換器所抵銷，但是，它允許我們在每個回合中交換左半邊和右半邊。圖5.17以兩個回合顯示此新的設計。

要注意回合金鑰有兩把（K_1和K_2），這兩把金鑰在加密和解密時的使用順序是相反的。

因為兩個混合器互為反向，兩個交換器也互為反向，因此很清楚地可以知道加密和解密也互為反向。然而，我們還是可以試著使用加解密中左右半邊的關係來證明這個事實。換句話說，假設$L_6 = L_1$、$R_6 = R_1$，且$L_4 = L_3$、$R_4 = R_3$，我們首先證明中間文字相等。

$L_5 = R_4 \oplus f(L_4, K_2) = R_3 \oplus f(R_2, K_2) = L_2 \oplus f(R_2, K_2) \oplus f(R_2, K_2) = L_2$
$R_5 = L_4 = L_3 = R_2$

接著可以很容易地證明兩個明文區塊的相等是成立的。

$L_6 = R_5 \oplus f(L_5, K_1) = R_2 \oplus f(L_2, K_1) = L_1 \oplus f(R_1, K_1) \oplus f(R_1, K_1) = L_1$
$R_6 = L_5 = L_2 = R_1$

■ 圖5.17 兩回合的Feistel加密法最後設計

非Feistel加密法

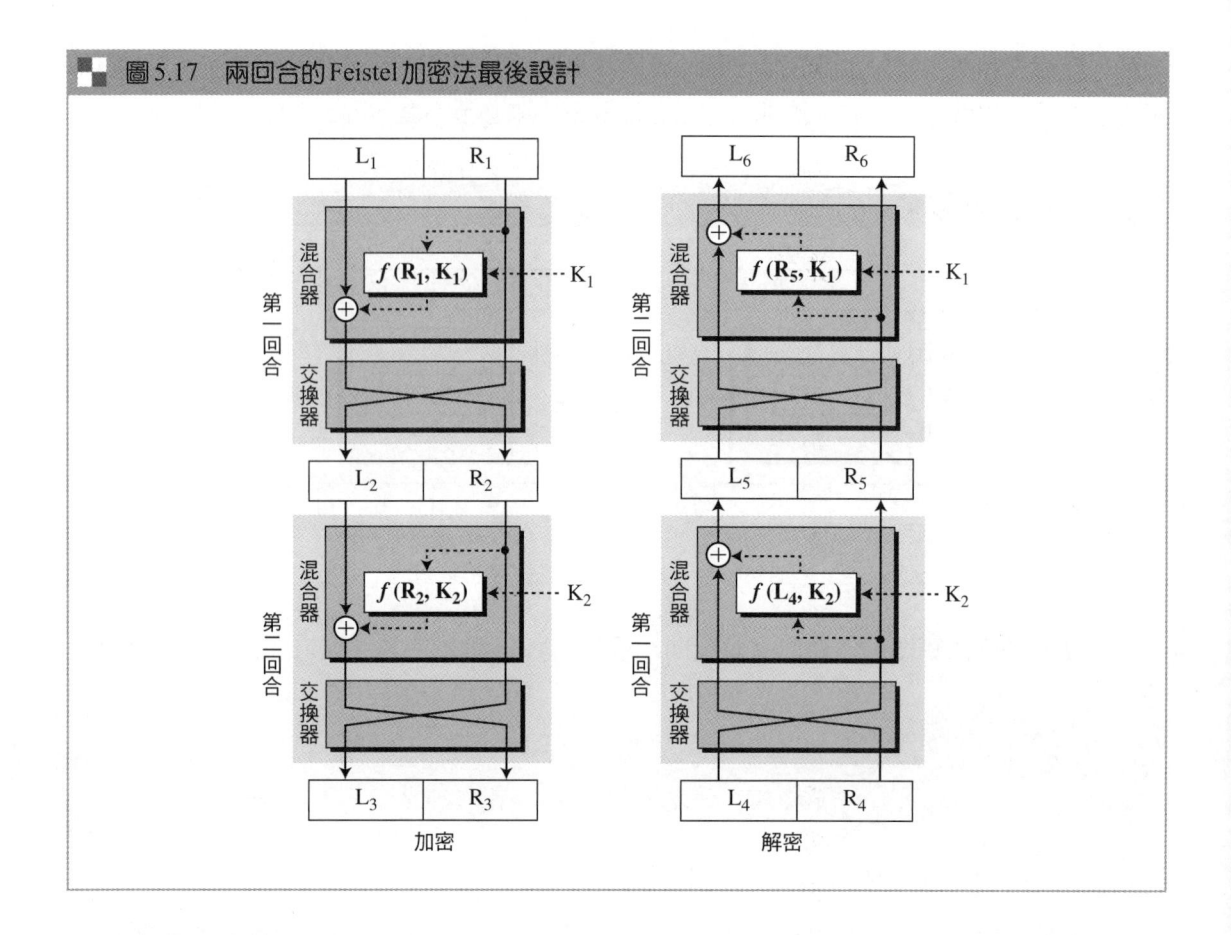

非Feistel加密法（non-Feistel cipher）只使用可逆的組成元件，明文的某個成分在密文中有相對應的成分，例如，S-box需要有相同數量的輸入和輸出才符合要求。壓縮或擴展的P-box是不允許的，因為它們是不可逆的。在非Feistel加密法中，並不需要像Feistel加密法將明文分成兩半。圖5.13可以視為一個非Feistel加密法，因為每個回合的組成要件只包括互斥或運算（自我可逆的）、可以被設計成可逆的 2 × 2 S-box，以及一個使用適當排列表而達到可逆的標準的P-box。由於每個組成元件都是可逆的，因此每一回合也是可逆的，只需以相反的順序使用回合金鑰：加密時使用回合金鑰K_1和K_2，解密時使用回合金鑰K_2和K_1。

區塊加密法的攻擊

對傳統加密法的攻擊也能用在現代區塊加密法上，但是第三章討論過現今的區塊加密法能抵抗大多數這類攻擊。例如，對金鑰的暴力攻擊通常是不可行的，因為金鑰的長度通常很大，不過，最近出現一些針對區塊加密法的新型攻擊，這些攻擊是基於現代區塊加密法的結構，使用的是差異破密分析技術和線性破密分析技術。

差異破密分析

Eli Biham 和 Adi Shamir 提出**差異破密分析**（**differential cryptanalysis**）的想法，這是一種選擇明文攻擊，Eve 能設法存取 Alice 的電腦，提交所選擇的明文並且獲得相對應的密文，目標是要找出 Alice 的加密金鑰。

演算法分析　　在 Eve 使用選擇明文攻擊之前，為了蒐集一些有關明文和密文關係的資訊，Eve 需要分析加密演算法，當然，Eve 並不知道加密金鑰，但是某些加密法結構上的弱點能允許 Eve 在不知道金鑰的情況下，找出明文差異和密文差異之間的關係。

範例 5.13　　假設有一加密法只由一個互斥或運算組成，如圖 5.18 所示，在不知道金鑰的情況之下，Eve 可以容易地找出明文差異與密文差異之間的關係，其中明文差異是指 $P_1 \oplus P_2$，而密文差異是指 $C_1 \oplus C_2$。以下證明 $C_1 \oplus C_2 = P_1 \oplus P_2$：

$$C_1 = P_1 \oplus K \quad C_2 = P_2 \oplus K \;\rightarrow\; C_1 \oplus C_2 = P_1 \oplus K \oplus P_2 \oplus K = P_1 \oplus P_2$$

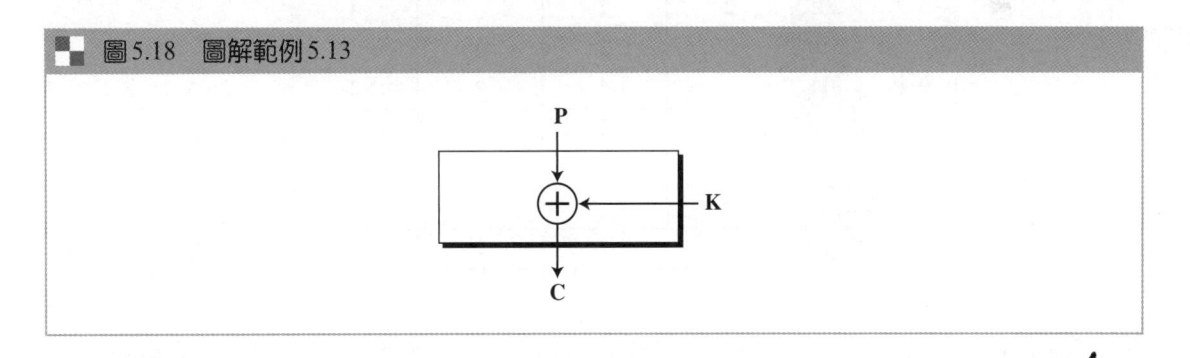

■ 圖 5.18　圖解範例 5.13

不過，這個範例非常不實際，現代區塊加密法並非如此簡單。

範例 5.14　　我們在範例 5.13 中新增一個 S-box，如圖 5.19 所示。

當我們使用兩個 X 和兩個 P 之間的差異時（$X_1 \oplus X_2 = P_1 \oplus P_2$），雖然金鑰的影響仍然會被抵銷，但 S-box 的存在防止了 Eve 找出明文差異與密文差異之間的確切關係。不過，她能建立機率的關係。針對此加密法，Eve 可以建立出每一個明文差異可能對應到多少個密文差異，如表 5.4 所示。請注意，此表格是依據圖 5.19 的 S-box 輸入／輸出表的資訊所製成，因為 $P_1 \oplus P_2 = X_1 \oplus X_2$。

由於金鑰長度是 3 位元，因此輸入的每個差異有八種情況，此表格顯示如果輸入差異是 $(000)_2$，則輸出差異永遠是 $(00)_2$；另一方面，如果輸入差異是 $(100)_2$，則輸出差異有兩種情況是 $(00)_2$、兩種情況是 $(01)_2$、四種情況是 $(10)_2$。

■ 圖 5.19　圖解範例 5.14

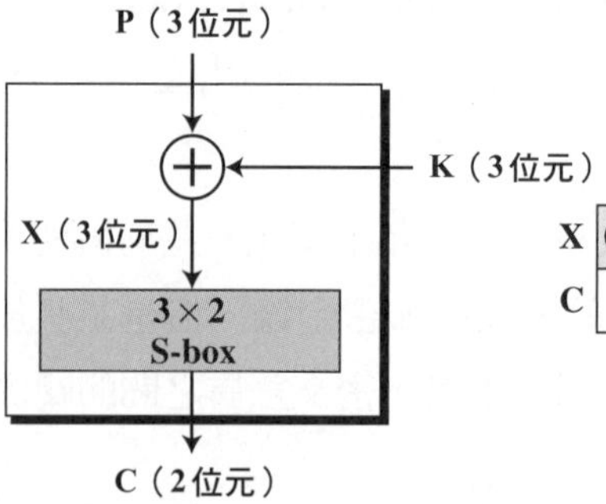

```
         P (3位元)
            ↓
           ⊕ ← K (3位元)
            ↓
       X (3位元)
         ┌─────┐
         │ 3×2 │
         │S-box│
         └─────┘
            ↓
         C (2位元)
```

X	000	001	010	011	100	101	110	111
C	11	00	10	10	01	00	11	00

S-box 表格

表 5.4　範例 5.14 加密法的不同輸入／輸出

$C_1 \oplus C_2$

$P_1 \oplus P_2$	00	01	10	11
000	8			
001	2	2		4
010	2	2	4	
011		4	2	2
100	2	2	4	
101		4	2	2
110	4		2	2
111			2	6

範例 5.15　Eve 能從範例 5.14 的結果建立機率的資訊，如表 5.5 所示，表格的每一項顯示發生的機率，機率為零表示永遠不會發生。

表 5.5　範例 5.15 的差異分布表

$C_1 \oplus C_2$

$P_1 \oplus P_2$	00	01	10	11
000	1	0	0	0
001	0.25	0.25	0	0.50
010	0.25	0.25	0.50	0
011	0	0.50	0.25	0.25
100	0.25	0.25	0.50	0
101	0	0.50	0.25	0.25
110	0.50	0	0.25	0.25
111	0	0	0.25	0.75

我們稍後即將看到 Eve 現在有很多資訊可以開始進行攻擊。由於 S-box 結構上的弱點，此表格顯示機率並非均勻分布。表 5.5 有時也稱為差異分布表（differential distribution table）或 XOR 曲線（XOR profile）。

發動選擇明文攻擊　　上述的分析在進行一次之後,可以一直使用直到加密法的結構改變為止。在分析之後,Eve能選擇攻擊用的明文,差異機率分布表(表5.5)有助於Eve選擇在表格裡有最高機率的明文。

猜測金鑰值　　在適當地選擇明文並發動一些攻擊之後,Eve能找出允許她猜測金鑰值的一些明文密文對,此步驟從C開始並且朝P進行。

範例 5.16　　查看表5.5,Eve知道如果 $P_1 \oplus P_2 = 001$,則 $C_1 \oplus C_2 = 11$ 的機率是0.50(50%),她嘗試 $C_1 = 00$ 並且得到 $P_1 = 010$(選擇密文攻擊),她也嘗試 $C_2 = 11$ 並且得到 $P_2 = 011$(另一次選擇密文攻擊)。現在,她試著往回做,根據第一對 P_1 和 C_1,

$C_1 = 00$ 　→ 　$X_1 = 001$ 或 $X_1 = 111$
若 $X_1 = 001$ 　→ 　$K = X_1 \oplus P_1 = 011$　　若 $X_1 = 111$ 　→ 　$K = X_1 \oplus P_1 = 101$

使用第二對 P_2 和 C_2,

$C_2 = 11$ 　→ 　$X_2 = 000$ 或 $X_2 = 110$
若 $X_2 = 000$ 　→ 　$K = X_2 \oplus P_2 = 011$　　若 $X_2 = 110$ 　→ 　$K = X_2 \oplus P_2 = 101$

這兩次的試驗確認 $K = 011$ 或 $K = 101$,雖然Eve不能確定這把金鑰的精確值是什麼,但她知道最右邊的位元是1(這兩個值的共同位元)。在假設金鑰的最右邊位元是1的情況下,再發動更多次的攻擊就能揭露這把金鑰的更多位元。

一般的程序　　現代區塊加密法比此節所討論的要更複雜,此外,它們是由不同的回合所組成。Eve能使用以下的策略:

1. 因為每個回合都是相同的,Eve 可以為每個 S-box 建立一個差異分布表(XOR 曲線),然後將它們結合以建立每個回合的分布。
2. 假設每個回合是獨立的(一個合理的假設),Eve能夠透過將相對應的機率相乘,為整個加密法建立一個分布表。
3. Eve 現在能根據步驟 2 的分布表列出攻擊用的明文。注意,步驟 2 的表格只能幫助 Eve 選擇少量的密文明文對。
4. Eve 選擇一份密文並找出相對應的明文,接著分析此結果以找出金鑰的某些位元。
5. Eve 重複步驟 4 以找出金鑰的更多位元。
6. 在找出金鑰的足夠位元之後,Eve 能使用暴力攻擊來找出整個金鑰。

差異破密分析是基於區塊加密法中S-box的不均勻差異分布表。
更詳細的差異破密分析在附錄N說明。

線性破密分析

線性破密分析（linear cryptanalysis）是1993年由Mitsuru Matsui所提出，此分析使用已知明文攻擊（相對於差異破密分析的選擇明文攻擊）。這個攻擊的詳細討論是基於某些機率的概念，而這些已超出本書所探討的範圍。為了瞭解這個攻擊的主要概念，我們假設此加密法是由單一回合組成，如圖5.20所示，其中c_0、c_1和c_2代表S-box輸出的三個位元，而x_0、x_1和x_2代表輸入的三個位元。

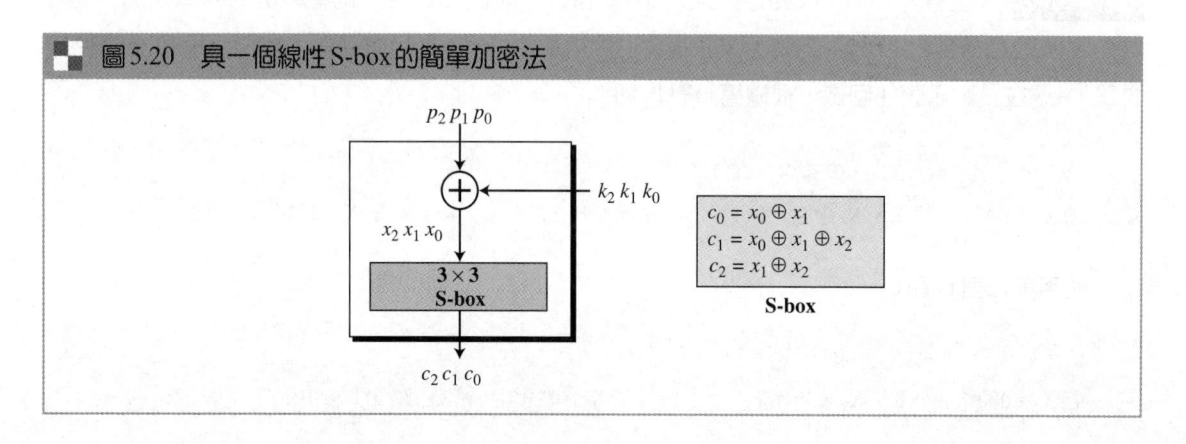

圖5.20　具一個線性S-box的簡單加密法

$$c_0 = x_0 \oplus x_1$$
$$c_1 = x_0 \oplus x_1 \oplus x_2$$
$$c_2 = x_1 \oplus x_2$$

這個S-box是一個線性轉換，就如我們在本章先前所討論的，每一個輸出是輸入的一個線性函數。有了這個線性元件，我們能建立三個明文和密文位元之間的線性方程式，如下所示：

$$c_0 = p_0 \oplus k_0 \oplus p_1 \oplus k_1$$
$$c_1 = p_0 \oplus k_0 \oplus p_1 \oplus k_1 \oplus p_2 \oplus k_2$$
$$c_2 = p_1 \oplus k_1 \oplus p_2 \oplus k_2$$

求解三個未知數，我們得到

$$k_1 = (p_1) \oplus (c_0 \oplus c_1 \oplus c_2)$$
$$k_2 = (p_2) \oplus (c_0 \oplus c_1)$$
$$k_0 = (p_0) \oplus (c_1 \oplus c_2)$$

這意味著三個已知明文攻擊能找出k_0、k_1和k_2，不過真正的區塊加密法不會如此簡單，它們有更多的組成元件，而且S-box不是線性的。

線性相近　在一些現代區塊加密法中，可能發生的情況是某些S-box不是完全非線性，而是藉由一些線性函數機率式地近似於非線性。一般而言，當給定一個n位元明文和密文、m位元金鑰的加密法，我們要尋找一些以下形式的方程式：

$$(k_0 \oplus k_1 \oplus \cdots \oplus k_x) = (p_0 \oplus p_1 \oplus \cdots \oplus p_y) \oplus (c_0 \oplus c_1 \oplus \cdots \oplus c_z)$$

其中，$1 \leq x \leq m$、$1 \leq y \leq n$ 且 $1 \leq z \leq n$。被攔截的明文和密文中的位元可以用來找出金鑰位元。為了有效地達到非線性，每個方程式應該具有 $1/2 + \varepsilon$ 的機率，其中 ε 稱為偏離。具有較大 ε 的方程式要比具有較小 ε 的方程式來得有效。

更詳細的線性破密分析在附錄 N 說明。

5.2 現代串流加密法

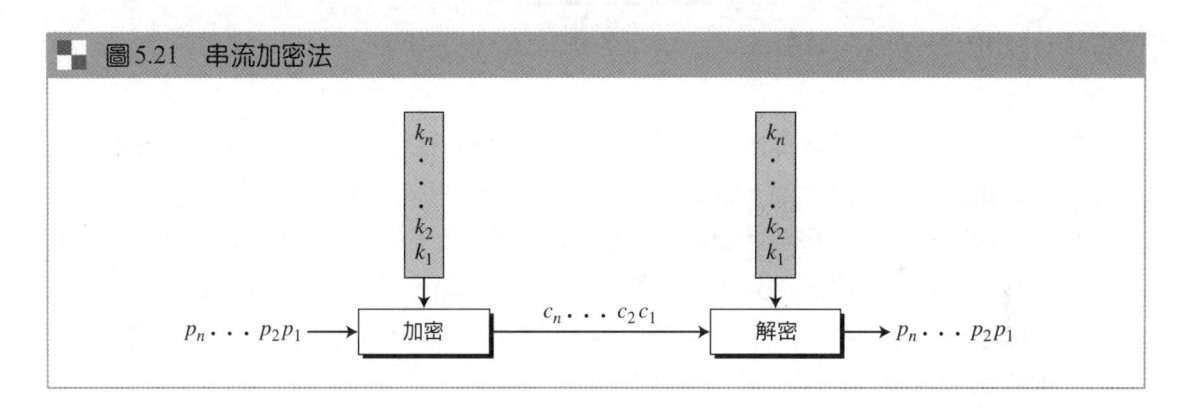

第三章已簡單地討論傳統串流加密法和傳統區塊加密法之間的差別，類似的差別也存在於現代串流加密法和現代區塊加密法之間。在**現代串流加密法（modern stream cipher）**中，加密和解密一次完成 r 個位元，我們有一個明文位元串流 $P = p_n...p_2p_1$、一個密文位元串流 $C = c_n...c_2c_1$ 和一個金鑰位元串流 $K = k_n...k_2k_1$，其中 p_i、c_i 和 k_i 是 r 位元的字組。加密是 $c_i = E(k_i, p_i)$，而解密是 $p_i = D(k_i, c_i)$，如圖 5.21 所示。

圖 5.21　串流加密法

串流加密法比區塊加密法快，串流加密法的硬體實作也較容易。當我們需要加密二元串流並以固定的速率傳遞時，串流加密法是較好的選擇，也較能避免傳輸時的位元毀損。

在現代串流加密法中，明文串流中的每個 r 位元字組使用金鑰串流中的一個 r 位元字組來加密，以產生密文串流中相對應的 r 位元字組。

從圖 5.21 中，我們可以知道現代串流加密法的主要問題是如何產生金鑰串流 $K = k_n...k_2k_1$。現代串流加密法分成兩大類：同步和非同步。

同步串流加密法

在**同步串流加密法（synchronous stream cipher）**中，金鑰串流是和明文串流或密文串流獨立的。金鑰串流的產生和使用與明文或密文位元無關。

在同步串流加密法中金鑰是和明文或密文獨立的。

單次密碼本

最簡單且最安全的同步串流加密法稱為**單次密碼本（one-time pad）**，這是由Gilbert Vernam所發明並取得專利。一個單次密碼本在每次加密時都使用隨機選擇的金鑰串流。加密和解密演算法都使用單一的互斥或運算；基於之前討論的互斥或運算的特性，加密和解密演算法互為反向。注意，在此加密法中，每次的互斥或運算是使用在一個位元上；換句話說，此運算是針對1位元的字組且是**GF(2)**體。同時要注意必須有一條安全通道，使得Alice可以傳送金鑰串流序列給Bob（圖5.22）。

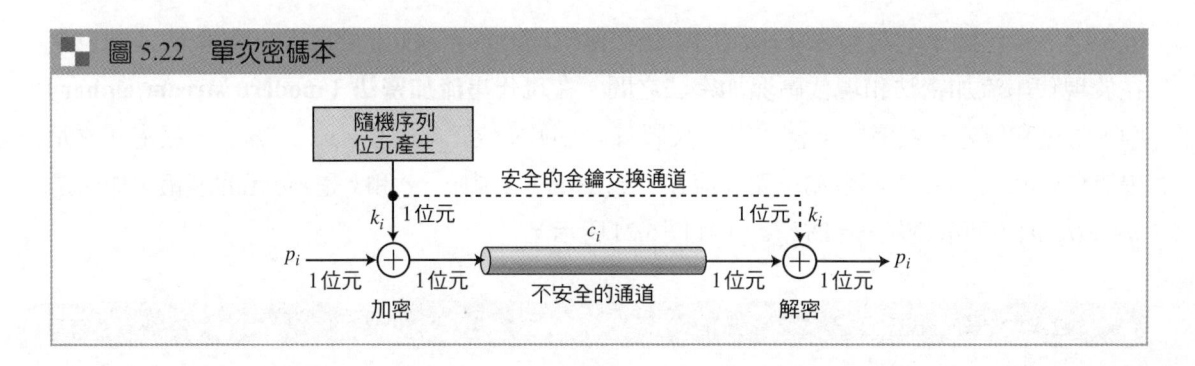

■ 圖 5.22　單次密碼本

單次密碼本是一種理想的加密法。它是完美的，攻擊者無法猜到金鑰或者明文和密文的統計，明文和密文之間也沒有任何關係；換句話說，即使明文包含某些樣式，密文也是完全隨機的位元串流。Eve不能破解此加密法，除非嘗試所有可能的隨機金鑰串流。如果明文的大小是n位元，則所有的隨機金鑰串流總數將會是2^n。不過，這裡有個問題：傳送者和接收者每次想要通訊時，如何共有一把單次密碼本的金鑰呢？他們需要設法商定這把隨機金鑰，因此這種完美且理想的加密法是非常難以達到的。

範例 5.17　在下列每個情況，單次密碼本的密文有什麼樣式？

a. 明文是由n個0所組成。

b. 明文是由n個1所組成。

c. 明文是由交替的0和1所組成。

d. 明文是隨機的位元串。

解法

a. 因為$0 \oplus k_i = k_i$，因此密文串流會與金鑰串流相同。如果金鑰串流是隨機的，密文也會是隨機的，密文不會保有明文的樣式。

b. 因為$1 \oplus k_i = \bar{k}_i$，$\bar{k}_i$是k_i的補數，密文串流是金鑰串流的補數。如果金鑰串流是隨機的，密文也會是隨機的。同樣地，密文不會保有明文的樣式。

c. 在這個情況下，密文串流的每個位元不是與金鑰串流的相對應位元相同就是其補數。因此，如果金鑰串流是隨機的，其密文也是隨機的。

d. 在這個情況下，密文必定是隨機的，因為兩個隨機位元的互斥或運算結果也是隨機位元。

回饋位移暫存器

單次金鑰加密法的折衷方案是**回饋位移暫存器**（**feedback shift register, FSR**）。FSR 可以用軟體或硬體來實作，但是硬體的實作較容易討論。如圖 5.23 所示，一個回饋位移暫存器是由一個**位移暫存器**（**shift register**）和一個**回饋函數**（**feedback function**）所組成。

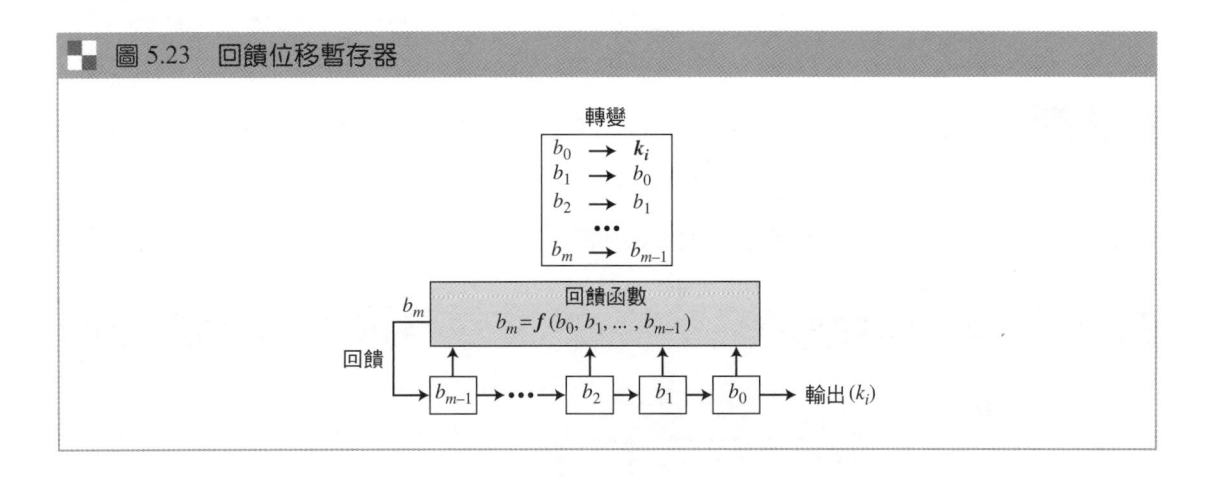

圖 5.23　回饋位移暫存器

轉變
$b_0 \rightarrow k_i$
$b_1 \rightarrow b_0$
$b_2 \rightarrow b_1$
⋯
$b_m \rightarrow b_{m-1}$

回饋函數
$b_m = f(b_0, b_1, ..., b_{m-1})$

輸出（k_i）

位移暫存器是 m 個一連串的記憶單元，b_0 到 b_{m-1}，每一個記憶單元容納一個位元。這些記憶單元初始化成一個 m 位元的字組，稱為初始值或**種子**（**seed**）。當需要一個輸出位元時（例如，時間跳動一次的時間），每個位元向右位移一個記憶單元，這意味著每個記憶單元將它的值給右邊的記憶單元，並接收其左邊記憶單元的值。最右邊的記憶單元 b_0 將它的值做為輸出（k_i）；最左邊的記憶單元 b_{m-1} 從回饋函數接收它的值。我們稱回饋函數的輸出為 b_m。回饋函數定義記憶單元的值是如何被結合以計算出 b_m。一個回饋位移暫存器可能是線性或非線性的。

線性回饋位移暫存器　　在**線性回饋位移暫存器**（**linear feedback shift register, LFSR**）中，b_m 是 $b_0, b_1, ..., b_{m-1}$ 的一個線性函數。

$$b_m = c_{m-1}b_{m-1} + \cdots + c_2 b_2 + c_1 b_1 + c_0 b_0 \quad (c_0 \neq 0)$$

不過，我們要處理的是二進位數字，因為這些乘法和加法是在 **GF**(2) 體，因此 c_i 的值不是 1 就是 0，但是 c_0 必須是 1 才能從輸出得到回饋。此加法運算也是互斥或運算，換句話說，

$$b_m = c_{m-1}b_{m-1} \oplus \cdots \oplus c_2 b_2 \oplus c_1 b_1 \oplus c_0 b_0 \quad (c_0 \neq 0)$$

範例 5.18　　建立一個具備五個記憶單元的線性回饋位移暫存器，其中 $b_5 = b_4 \oplus b_2 \oplus b_0$。

解法　　如果 $c_i = 0$，則 b_i 在 b_m 的計算上是沒有作用的，這意味著 b_i 沒有連接到回饋函數。如果 $c_i = 1$，則 b_i 將參與 b_m 的計算。在這個範例中，c_1 和 c_3 是 0，因此我們只有三個連線，圖 5.24 顯示其設計。

圖 5.24　範例 5.18 的 LFSR

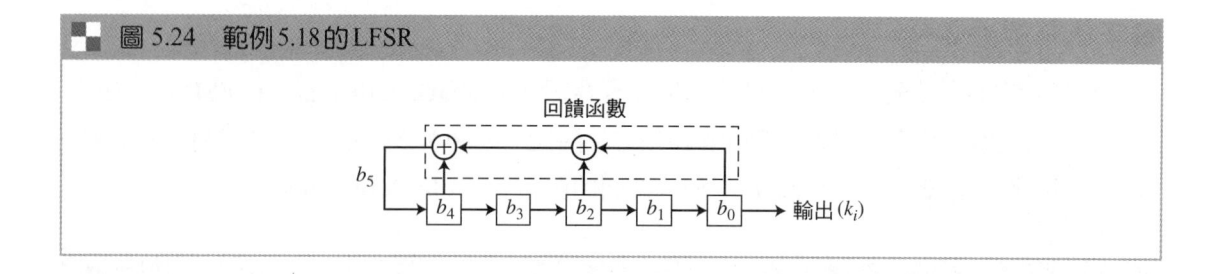

範例 5.19　建立一個具備四個記憶單元的線性回饋位移暫存器，其中 $b_4 = b_1 \oplus b_0$。假設種子是 $(0001)_2$，求出在 20 次轉變（位移）之後的輸出值。

解法　圖 5.25 顯示此設計並且使用該 LFSR 來加密。

圖 5.25　範例 5.19 的 LFSR

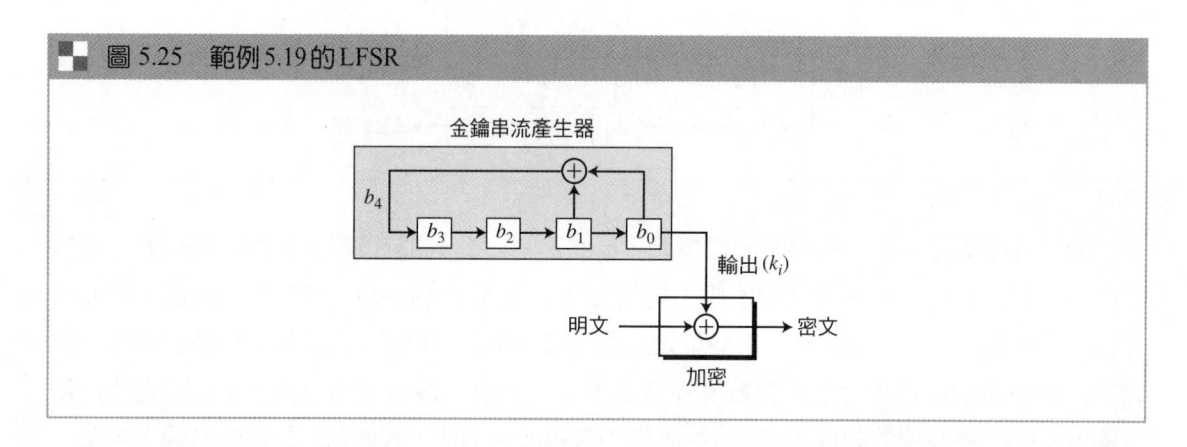

表 5.6 顯示此金鑰串流的值，對於每一次轉變，先算出 b_4 的值，然後每個位元向右位移一個記憶單元。

注意這個金鑰串流是 100010011010111 10001...，乍看之下像是一個隨機序列，但是如果經過更多次轉變，可看出此序列是有週期的，如下所示，每 15 位元即重複一次：

100010011010111 **100010011010111** 100010011010111 **100010011010111** ...

從 LFSR 產生的金鑰串流是一個每 N 位元重複一次的虛擬亂數序列。這個串流有一個週期，但是此週期不是種子的大小 4。基於這樣的設計和種子，週期最大可以達到 $2^m - 1$。原因是 m 位元的種子能建立多達 2^m 個不同的樣式，從全部是 0 到全部是 1；不過，如果種子全部是 0，其結果是無用的，金鑰串流將會是一連串連續的 0，因此這個情況會被排除。

一個 LFSR 的最大週期是 $2^m - 1$。

在前一個範例中，週期是最大值（$2^4 - 1 = 15$）。要達到這個最大週期（較佳的隨機性），我們需要先考慮回饋函數是**特徵多項式（characteristic polynomial）**，多項式係數是在 **GF(2)** 體。

表 5.6 範例 5.19 的記憶單元值和金鑰序列

狀態	b_4	b_3	b_2	b_1	b_0	k_i
初始	1	0	0	0	1	
1	0	1	0	0	0	1
2	0	0	1	0	0	0
3	1	0	0	1	0	0
4	1	1	0	0	1	0
5	0	1	1	0	0	1
6	1	0	1	1	0	0
7	0	1	0	1	1	0
8	1	0	1	0	1	1
9	1	1	0	1	0	1
10	1	1	1	0	1	0
11	1	1	1	1	0	1
12	0	1	1	1	1	0
13	0	0	1	1	1	1
14	0	0	0	1	1	1
15	1	0	0	0	1	1
16	0	1	0	0	0	1
17	0	0	1	0	0	0
18	1	0	0	1	0	0
19	1	1	0	0	1	0
20	1	1	1	0	0	1

$$b_m = c_{m-1} b_{m-1} + \cdots + c_1 b_1 + c_0 b_0 \quad \rightarrow \quad x^m = c_{m-1} x^{m-1} + \cdots + c_1 x^1 + c_0 x^0$$

因為加法和減法在這個體內是相同的，所有的項目可以移到同一邊，產生一個 m 次多項式（稱為特徵多項式）。

$$x^m + c_{m-1} x^{m-1} + \cdots + c_1 x^1 + c_0 x^0 = 0$$

如果一個LFSR有偶數個記憶單元且其特徵多項式是一個**原根多項式（primitive polynomial）**，則有最大的週期 $2^m - 1$。一個原根多項式是一個能整除 $x^e + 1$ 的不可分解多項式，其中 e 是滿足 $e = 2^k - 1$ 且 $k \geq 2$ 的最小整數。要產生原根多項式並不容易，先隨機選擇一個多項式，然後再檢驗是否為原根多項式，不過，有許多已經被測試過的原根多項式可供選擇（見附錄G）。

範例 5.20 範例 5.19 的LFSR其特徵多項式是 $(x^4 + x + 1)$，這是一個原根多項式。表4.4（第四章）顯示它是一個不可分解多項式，此多項式也整除 $(x^7 + 1) = (x^4 + x + 1)(x^3 + 1)$，表示 $e = 2^3 - 1 = 7$。

LFSR的攻擊　　線性回饋位移暫存器的結構非常簡單，但是此簡單性卻使這種加密法容易遭受攻擊。兩個常見的攻擊如下：

1. 如果 LFSR 的結構已知，Eve 在攔截和分析一個 n 位元密文之後，就能預測未來所有的密文。
2. 如果 LFSR 的結構並非已知，Eve 能使用一個 $2n$ 位元的已知明文攻擊來破解此加密法。

非線性回饋位移暫存器　　線性回饋位移暫存器之所以容易遭受攻擊，主要是因為它的線性特性。使用**非線性回饋位移暫存器（nonlinear feedback shift register, NLFSR）**可以達到一種更好的串流加密法。NLFSR的結構與LFSR相同，差別在於b_m是$b_0, b_1, ..., b_{m-1}$的非線性函數。例如，在一個4位元的NLFSR中，其關係式如下所示，其中AND是指位元方式的and運算，OR是指位元方式的or運算，而橫槓是指補數：

$$b_4 = (b_3 \text{ AND } b_2) \text{ OR } (b_1 \text{ AND } \overline{b_0})$$

不過，NLFSR並不常見，因為沒有數學原理可以知道如何使NLFSR有最大週期。

整合　　一個串流加密法可以整合線性結構和非線性結構。可以先利用某些LFSR取得最大週期，然後再與非線性函數整合。

非同步串流加密法

在**非同步串流加密法（nonsynchronous stream cipher）**中，金鑰串流中的每個金鑰取決於之前的明文或密文。

在非同步串流加密法中，金鑰取決於明文或密文。

兩種用來建立區塊加密法不同操作模式的方法（輸出回饋模式和計數器模式），實際上可用來建造串流加密法（見第八章）。

推薦讀物

為了更深入瞭解本章所討論的主題，我們建議選讀下列書籍與網站。括號內的項目請參閱本書書末的參考文獻。

書籍

[Sti06]和[PHS03]對於 P-box 和 S-box 有完整的討論。串流加密法在[Sch99]和[Sal03]中有詳細的說明。[Sti06]、[PHS03]和[Vau06]對差異破密分析和線性破密分析有徹底且有趣的討論。

網站

對於本章所討論的主題，以下的網站提供了許多更深入的資訊。

- http://en.wikipedia.org/wiki/Feistel_cipher
- http://www.quadibloc.com/crypto/co040906.htm
- tigger.uic.edu/~jleon/mcs425-s05/handouts/feistal-diagram.pdf

關鍵詞彙

- bit-oriented cipher　位元導向加密法　114
- characteristic polynomial　特徵多項式　140
- character-oriented cipher　字元導向加密法　114
- circular shift operation　循環位移運算　125
- combine operation　整合運算　126
- compression P-box　壓縮的 P-box　120
- confusion　混淆　127
- decoding　解碼　117
- differential cryptanalysis　差異破密分析　133
- differential distribution table　差異分布表　134
- diffusion　擴散　127
- encoding　編碼　117
- expansion P-box　擴展的 P-box　121
- feedback function　回饋函數　139
- feedback shift register（FSR）　回饋位移暫存器　139
- Feistel cipher　Feistel 加密法　129
- key generator　金鑰產生器　127
- key schedule　金鑰排程器　127
- linear cryptanalysis　線性破密分析　136
- linear feedback shift register（LFSR）　線性回饋位移暫存器　139
- linear S-box　線性 S-box　122
- mixer　混合器　129
- modern block cipher　現代區塊加密法　115
- modern stream cipher　現代串流加密法　137
- non-Feistel cipher　非 Feistel 加密法　132
- nonlinear feedback shift register（NLFSR）　非線性回饋位移暫存器　142
- nonlinear S-box　非線性 S-box　123
- nonsynchronous stream cipher　非同步串流加密法　142
- one-time pad　單次密碼本　138
- P-box　119
- primitive polynomial　原根多項式　141
- product cipher　乘積加密法　127
- round　回合　127
- S-box　122
- seed　種子　139
- shift register　位移暫存器　139
- split operation　分割運算　126
- straight P-box　標準的 P-box　120
- swap operation　交換運算　126
- swapper　交換器　131
- synchronous stream cipher　同步串流加密法　137
- XOR profile　XOR 曲線　134

重點摘要

- 傳統對稱式金鑰加密法是字元導向加密法，隨著電腦時代的來臨，我們需要位元導向加密法。
- 現代對稱式金鑰區塊加密法是加密一個 n 位元的明文區塊或解密一個 n 位元的密文區塊。加密演算法或解密演算法使用一把 k 位元的金鑰。

- 現代區塊加密法可以設計成取代加密法或換位加密法。不過，為了抵抗徹底搜尋的攻擊，現代區塊加密法必須設計成取代加密法。
- 現代區塊加密法通常是有金鑰的取代加密法，其中金鑰只允許從可能的輸入到可能的輸出的部分對應。
- 現代區塊加密法是由 P-box、取代單元、S-box 以及其他單元所組合而成。
- P-box（排列 box）類似於傳統的字元換位加密法。有三種不同型態的 P-box：標準的 P-box、擴展的 P-box 和壓縮的 P-box。
- S-box（取代 box）可以視為一種小型的取代加密法，不過，S-box 的輸入數量和輸出數量可以不同。
- 在大多數的區塊加密法中，互斥或運算是非常重要的，可以視為 $GF(2^n)$ 中的加法和減法運算。
- 一些現代區塊加密法也常使用循環位移運算，其中位移可能是向左或向右。交換運算是循環位移運算的特殊情況，其中 $k = n/2$。一些現代區塊加密法中其他兩個常見的運算是分割與整合。
- 乘積加密法的概念是由 Shannon 提出。乘積加密法是一種結合了 S-box、P-box 與其他元件的複雜加密法，以達到擴散和混淆。擴散隱藏了密文和明文之間的關係，而混淆隱藏了密文和金鑰之間的關係。
- 現代區塊加密法都是乘積加密法，但是可分成兩種：Feistel 加密法和非 Feistel 加密法。Feistel 加密法同時使用了可逆的和不可逆的組成元件，而非 Feistel 加密法只使用可逆的組成元件。
- 一些針對區塊加密法的新型攻擊是基於現代區塊加密法的結構，這些攻擊使用差異破密分析技術和線性破密分析技術。
- 在現代串流加密法中，明文串流中的每個 r 位元字組使用金鑰串流中的一個 r 位元字組來加密，以產生密文串流中相對應的 r 位元字組。現代串流加密法可以分成兩大類：同步串流加密法和非同步串流加密法。在同步串流加密法中，金鑰串流是和明文或密文串流獨立的；在非同步串流加密法中，金鑰串流取決於明文或密文串流。
- 最簡單且最安全的同步串流加密法稱為單次密碼本。一個單次密碼本在每次加密時都使用隨機選擇的金鑰串流。加密和解密演算法都使用單一的互斥或運算。單次密碼本是不實際的，因為每次通訊時都需要更改金鑰。單次密碼本的折衷方案是回饋位移暫存器，可以用軟體或硬體來實作。

練習集

問題回顧

1. 區別現代對稱式金鑰加密法和傳統對稱式金鑰加密法。
2. 解釋現代區塊加密法為什麼應設計為取代加密法而非換位加密法。
3. 解釋取代加密法和換位加密法為什麼可以視為排列。
4. 列舉現代區塊加密法的一些組成元件。
5. 定義 P-box 並列舉三種變化。哪種變化是可逆的？
6. 定義 S-box 並指出一個 S-box 是可逆的必要條件。
7. 定義乘積加密法並列舉兩種乘積加密法。

8. 區別擴散和混淆。
9. 區別Feistel區塊加密法和非Feistel區塊加密法。
10. 區別差異和線性破密分析。哪一個是選擇明文攻擊？哪一個是已知明文攻擊？
11. 區別同步串流加密法和非同步串流加密法。
12. 定義回饋位移暫存器，並列舉其用在串流加密法中的兩種變化。

習題

13. 一個換位區塊有10個輸入和10個輸出，其排列群組的順序是什麼？金鑰的大小是多少？
14. 一個取代區塊有10個輸入和10個輸出，其排列群組的順序是什麼？金鑰的大小是多少？
15.
    a. 顯示在字組$(10011011)_2$的3位元循環向左位移的結果。
    b. 顯示(a)的結果字組的3位元循環向左位移的結果。
    c. 比較(a)的原始字組與(b)的結果。
16.
    a. 交換字組$(10011011)_2$。
    b. 交換(a)的結果字組。
    c. 比較(a)與(b)的結果以證明交換是自我可逆運算。
17. 找出下列運算的結果：
    a. (01001101) ⊕ (01001101)
    b. (01001101) ⊕ (10110010)
    c. (01001101) ⊕ (00000000)
    d. (01001101) ⊕ (11111111)
18.
    a. 使用一個3×8的解碼器對字組010解密。
    b. 使用一個8×3的編碼器對字組00100000編碼。
19. 一個訊息有2000個字元，假設要使用一個64位元的區塊加密法來加密，找出填塞的大小和區塊的數量。
20. 顯示圖5.4中標準的P-box的排列表。
21. 顯示圖5.4中壓縮的P-box的排列表。
22. 顯示圖5.4中擴展的P-box的排列表。
23. 顯示由下列表格所定義的P-box：

| 8 | 1 | 2 | 3 | 4 | 5 | 6 | 7 |

24. 具有下列排列表的P-box是一個標準的P-box、壓縮的P-box或是擴展的P-box？

| 1 | 1 | 2 | 3 | 4 | 4 |

25. 具有下列排列表的P-box是一個標準的P-box、壓縮的P-box或是擴展的P-box？

| 1 | 3 | 5 | 6 | 7 |

26. 具有下列排列表的P-box是一個標準的P-box、壓縮的P-box或是擴展的P-box？

$$\boxed{1\ 2\ 3\ 4\ 5\ 6}$$

27. 下表顯示一個2×2的S-box的輸入／輸出關係，顯示此S-box反向的表格。

		輸入：右位元	
		0	1
輸入：左位元	0	01	11
	1	10	00

28. 顯示具有特徵多項式 $x^5 + x^2 + 1$ 的LFSR。其週期是多少？
29. 下列LFSR的特徵多項式是什麼？其最大週期是多少？

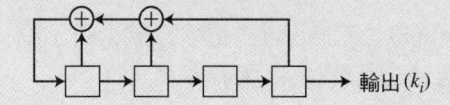

30. 如果種子是1110，顯示由圖5.25的LFSR所產生的20位元金鑰串流。
31. 一個LFSR的最大週期長度是32，此位移暫存器有多少位元？
32. 一個6×2的S-box，對奇數位的位元做互斥或運算以得到輸出的左位元，對偶數位的位元做互斥或運算以得到輸出的右位元。如果輸入是110010，輸出是什麼？如果輸入是101101，輸出是什麼？
33. 一個4×3的S-box其最左邊位元決定其他三個位元如何旋轉。如果最左邊位元是0，其他三個位元向右旋轉一個位元；如果最左邊位元是1，其他三個位元向左旋轉一個位元。如果輸入是1011，輸出是什麼？如果輸入是0110，輸出是什麼？
34. 以虛擬程式碼寫一個程序將一個n位元字組分割成兩個各n/2位元的字組。
35. 以虛擬程式碼寫一個程序將兩個n/2位元的字組整合成一個n位元的字組。
36. 以虛擬程式碼寫一個程序交換一個n位元字組的左半邊和右半邊。
37. 以虛擬程式碼寫一個程序，依傳遞至該程序的第一個參數，將一個n位元字組向左或向右循環位移k個位元。
38. 以虛擬程式碼寫一個P-box的程序，其中排列是根據一個表格所定義。
39. 以虛擬程式碼寫一個S-box的程序，其中輸出／輸入是根據一個表格所定義。
40. 以虛擬程式碼寫一個程序來模擬圖5.13所描述的非Feistel加密法的每個回合。
41. 以虛擬程式碼寫一個程序來模擬圖5.17所描述的Feistel加密法的每個回合。
42. 以虛擬程式碼寫一個程序來模擬一個n位元的LFSR。

CHAPTER 6 資料加密標準

學習目標

本章將討論資料加密標準,為現代新式的對稱式金鑰區塊加密法。本章的學習目標包括:

- 回顧DES的發展歷史。
- 定義DES的基本結構。
- 描述DES建構元件的詳細情形。
- 描述回合金鑰產生程序。
- 分析DES。

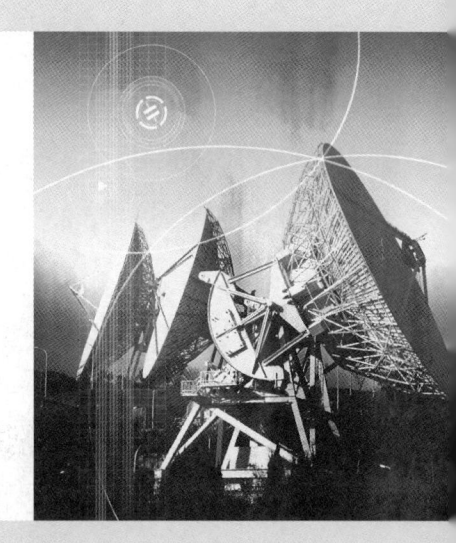

本章重點在於DES如何使用Feistel加密法來達到從明文轉為密文的位元混淆與擴散特性。

6.1 簡介

資料加密標準(Data Encryption Standard, DES)是一個對稱式金鑰區塊加密法,由美國國家標準技術局(National Institute of Standards and Technology, NIST)發表。

歷史

在1973年,NIST發布一個國家對稱式金鑰系統的需求提案。一個由IBM所修改的Lucifer計畫被接受成為DES。DES於1975年3月發表在《聯邦公報》(*Federal Register*)上而成為**聯邦資訊處理標準**(Federal Information Processing Standard, FIPS)的草案。

草案發表之後,因以下兩個原因遭受嚴格的批評。首先,評論者質疑其金鑰長度過短(只有56位元),將使得加密法容易遭受暴力攻擊。其次,評論者關注某些隱藏在DES內部結構背後的設計。他們懷疑某些部分的結構(S-box)可能有某些隱藏的暗門(trapdoor),使得**美國國家安全局**(National Security Agency, NSA)不需解密金鑰便能解得訊息。後來

IBM的設計師提出內部結構的設計是用來防止差異破密分析。

DES最後在，1977年1月發表於《聯邦公報》，稱為FIPS 46。然而，NIST卻將DES定義為使用於非機密應用的標準。DES目前已是最廣為應用的對稱式金鑰區塊加密法。NIST隨後也發表一個新的標準（FIPS 46-3），建議在未來的應用上使用三重DES（重複DES加密法三次）。此外我們將在第七章談到，最新的標準AES將長期取代DES。

概述

DES是一個區塊加密法，如圖6.1所示。

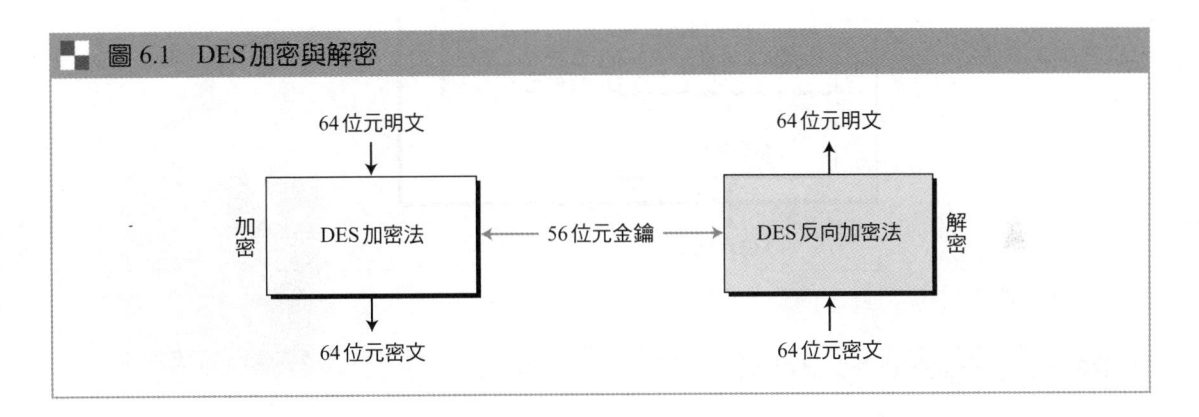

圖 6.1　DES加密與解密

在加密端，DES接受一個64位元明文並產生一個64位元密文；在解密端，DES接受一個64位元密文並產生一個64位元明文。加密端與解密端使用相同的56位元金鑰。

6.2　DES結構

我們先將焦點集中在加密上，隨後再討論解密。加密程序由兩個排列（P-box，稱為初始排列與最終排列）以及十六個Feistel回合所組成。每一個回合使用一把不同的48位元回合金鑰。該回合金鑰由加密金鑰透過一個預先定義的演算法產生。此演算法將於本章稍後描述。圖6.2顯示DES加密法加密端的元件。

初始排列與最終排列

圖6.3表示初始排列與最終排列。每一個排列接受一個64位元的輸入，並根據預先定義的規則來排列。在圖中僅顯示部分的輸入及相對應輸出。這兩個排列是沒有金鑰的標準排列並且互為反向。舉例而言，在初始排列中，輸入的第58個位元將變成輸出的第1個位元。同理，在最終排列中，輸入的第1個位元將變成輸出的第58個位元。換句話說，如果在這兩個排列之間的回合不存在，則進入初始排列的第58個位元將會與離開最終排列輸出的第58個位元相同。

圖 6.2　DES 的一般結構

圖 6.3　DES 初始排列與最終排列的步驟

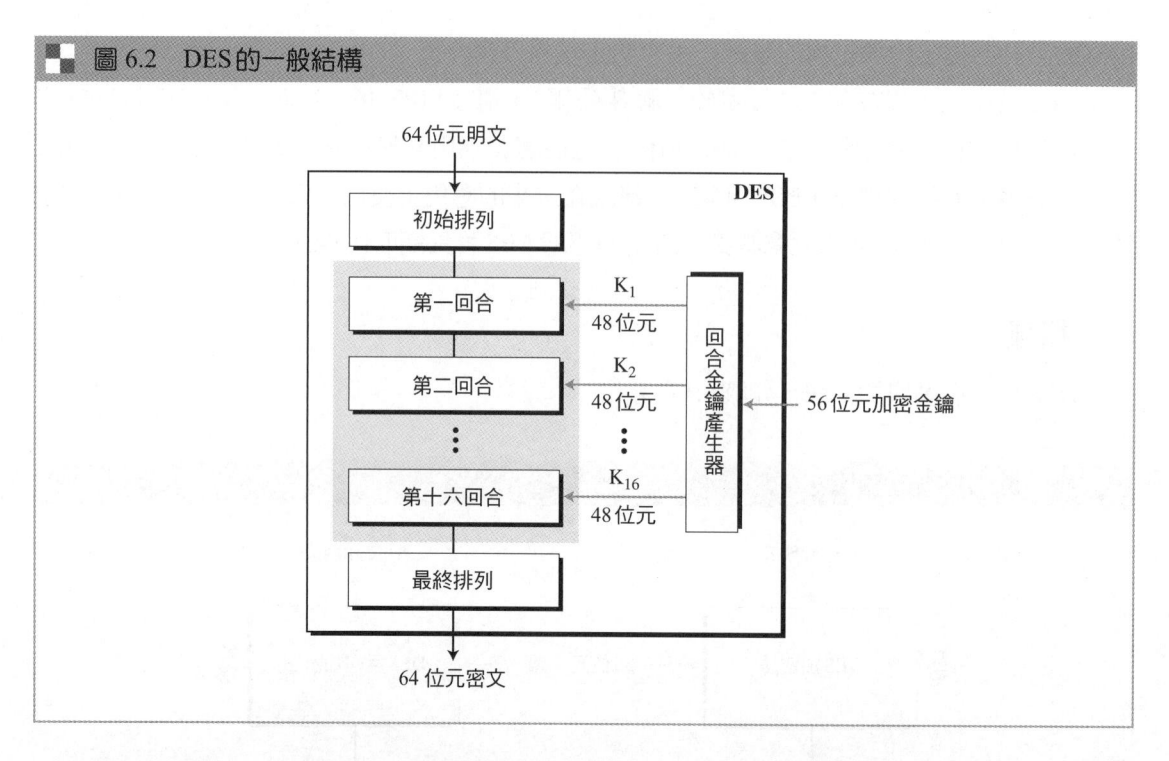

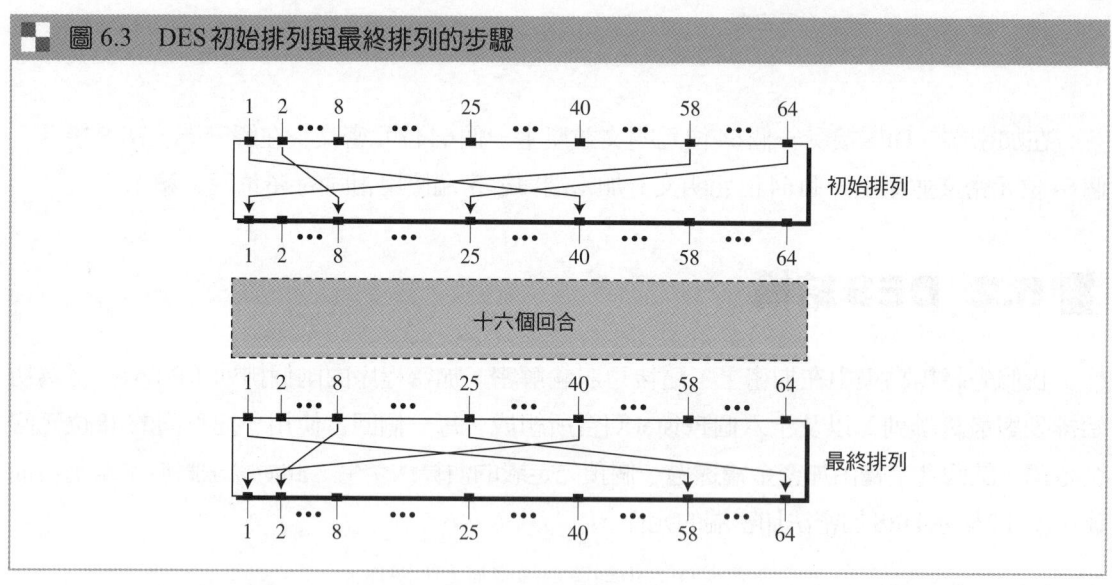

　　P-box 的排列規則列於表 6.1。表的左右兩邊皆可視為一個大小為 64 個元素的陣列。如同我們對一般排列表格的定義，每一個元素的值代表輸入為第幾位元（位元埠號），而元素的順序（索引）表示輸出為第幾位元（位元埠號）。

　　這兩個在 DES 中的排列均與密碼學無太大關係。這兩個排列均是沒有金鑰的，而且已預先定義。加入這兩個排列的原因並不清楚，DES 設計人員亦未揭露。一般的猜測是 DES 當初設計在硬體（晶片）上實現，而此兩個複雜排列也許可以阻止軟體模擬機制。

表 6.1　初始排列與最終排列表

初始排列	最終排列
58　50　42　34　26　18　10　02	40　08　48　16　56　24　64　32
60　52　44　36　28　20　12　04	39　07　47　15　55　23　63　31
62　54　46　38　30　22　14　06	38　06　46　14　54　22　62　30
64　56　48　40　32　24　16　08	37　05　45　13　53　21　61　29
57　49　41　33　25　17　09　01	36　04　44　12　52　20　60　28
59　51　43　35　27　19　11　03	35　03　43　11　51　19　59　27
61　53　45　37　29　21　13　05	34　02　42　10　50　18　58　26
63　55　47　39　31　23　15　07	33　01　41　09　49　17　57　25

範例 6.1　找出初始排列的輸出結果，假設輸入以十六進位表示如下：

0x0002 0000 0000 0001

解法　輸入僅有兩個為1的位元（第15個位元及第64個位元），因此輸出必定也只有兩個位元為1（標準排列的性質）。使用表6.1，我們可以找到這兩個位元的相對輸出。輸入的第15個位元將變為輸出的第63個位元；輸入的第64個位元將變為輸出的第25個位元。亦即輸出只有兩個1，分別在第25個位元及第63個位元。以十六進位表示如下：

0x0000 0080 0000 0002

範例 6.2　假設輸入為

0x0000 0080 0000 0002

找出最終排列的輸出，以證明初始排列與最終排列互為反向。

解法　只有第25個位元及第63個位元為1，其餘為0。在最終排列中，輸入的第25個位元將變為輸出的第64個位元，而輸入的第63個位元將變為輸出的第15個位元。因此結果為

0x0002 0000 0000 0001

初始排列與最終排列皆為標準的 P-box 且互為反向。
它們在 DES 中均與密碼學無太大關係。

回合

DES使用十六個回合。每一個回合是一個Feistel加密法，如圖6.4所示。

在一個回合中，輸入前一個回合的L_{I-1}及R_{I-1}（或初始P-box）並建立L_I及R_I，然後進入下一個回合（或最終P-box）。如在第五章所述，假設每一個回合有兩個加密元件（混合器與交換器），每一個元件皆為可逆。交換器明顯為可逆，其交換左半邊與右半邊的文字。混合器為可逆，主要是因為XOR運算。所有不可逆的元件均被置於$f(R_{I-1}, K_I)$函數內。

圖 6.4　DES 的一個回合（加密端）

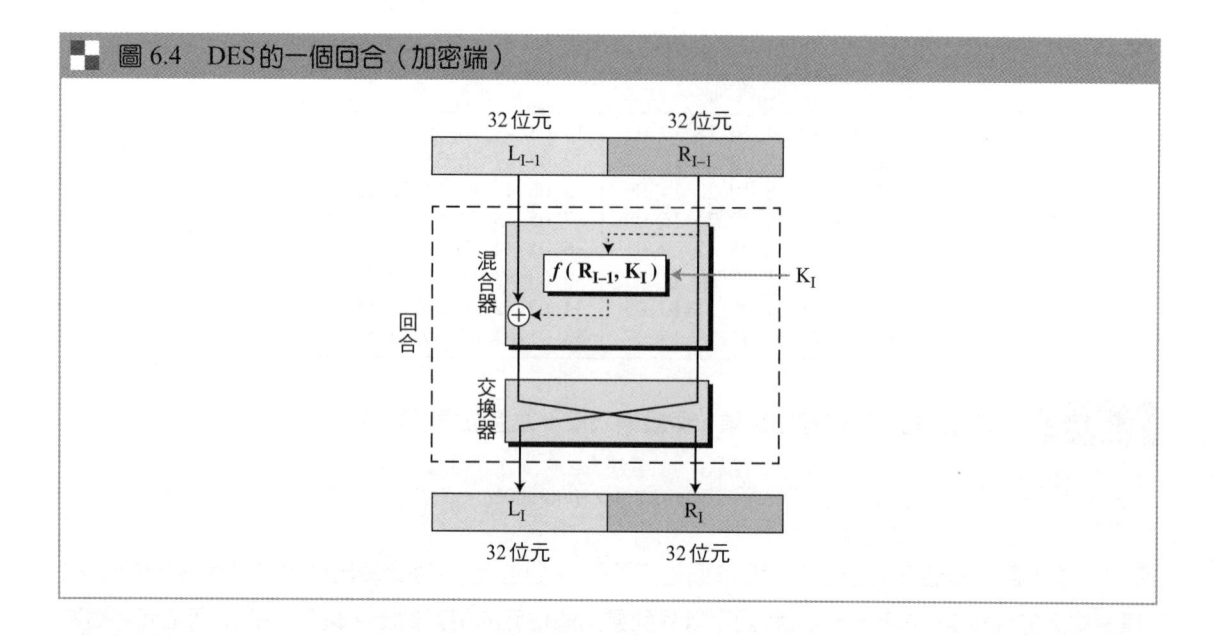

DES 函數

　　DES 的核心為 DES 函數。DES 函數在最右邊的 32 位元（R_{I-1}）上運用一個 48 位元的金鑰，以產生一個 32 位元的輸出。這個函數由四個部分組成：一個擴展的 P-box、一個漂白器（負責加入金鑰）、一群 S-box，以及一個標準的 P-box。如圖 6.5 所示。

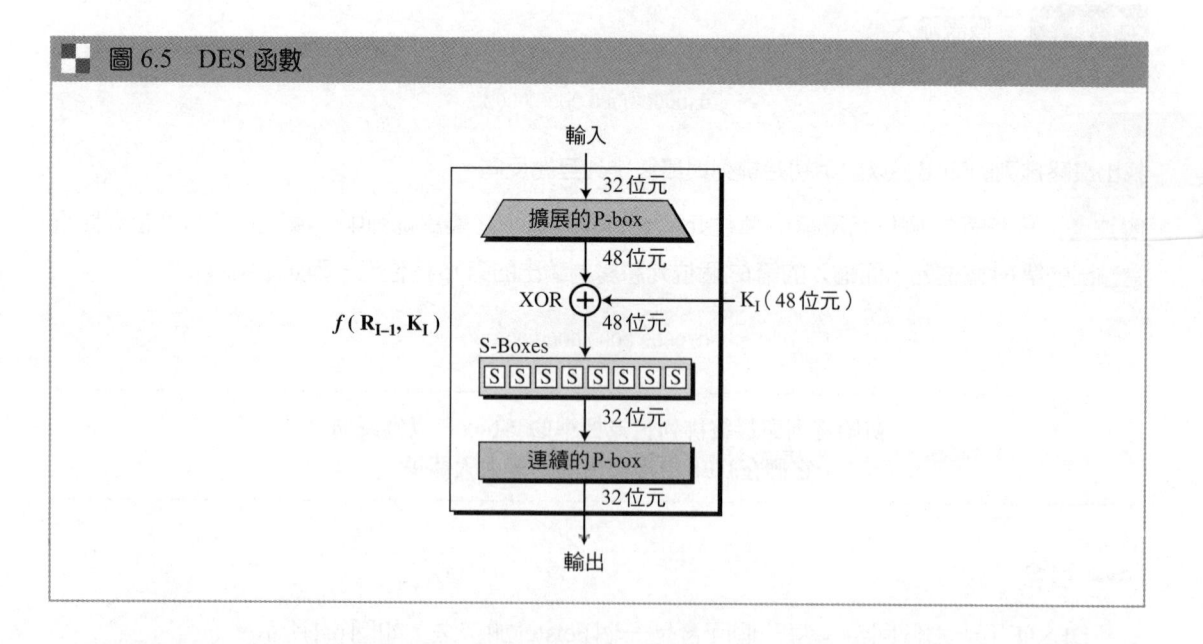

圖 6.5　DES 函數

擴展的 P-box　　因為 R_{I-1} 是一個 32 位元輸入且 K_I 是一個 48 位元金鑰，一開始需要先將 R_{I-1} 擴展到 48 位元。將 R_{I-1} 分成 8 個區段，每區段 4 位元，然後每區段擴展成 6 位元。擴展的排列方式依循一個預先定義的規則。在每一個區段的輸入，第 1、2、3 及 4 位元分別被複製到輸出的第 2、3、4 及 5 位元，而輸出的第 1 位元來自於前一個區段的第 4 位元，輸出的第

6位元來自於下一個區段的第1位元。若第1個區段與第8個區段為相鄰，則可以把相同的規則應用於第1位元及第32位元。圖6.6顯示在擴展排列中的輸入及輸出。

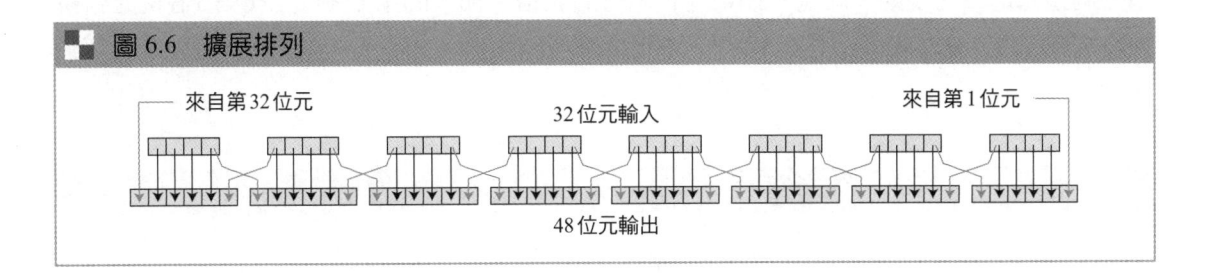

圖 6.6　擴展排列

雖然輸入與輸出的關係可用數學方式來定義，但DES採用表6.2來定義這個P-box。注意其輸出位元為48，但範圍卻只有從1至32；亦即某些輸入映射至超過一個以上的輸出。例如，輸入之第5位元將成為輸出的第6位元及第8位元。

表 6.2　擴展的P-box表

32	01	02	03	04	05
04	05	06	07	08	09
08	09	10	11	12	13
12	13	14	15	16	17
16	17	18	19	20	21
20	21	22	23	24	25
24	25	26	27	28	29
28	29	31	31	32	01

漂白器（XOR）　在擴展排列之後，DES將擴展的右半部分與回合金鑰做XOR運算。注意右半部與金鑰長度均為48位元，而且回合金鑰僅使用在這個運算上。

S-box　S-box進行實際的混合（混淆）。DES使用8個S-box，每一個S-box有6位元的輸入及4位元輸出，見圖6.7。

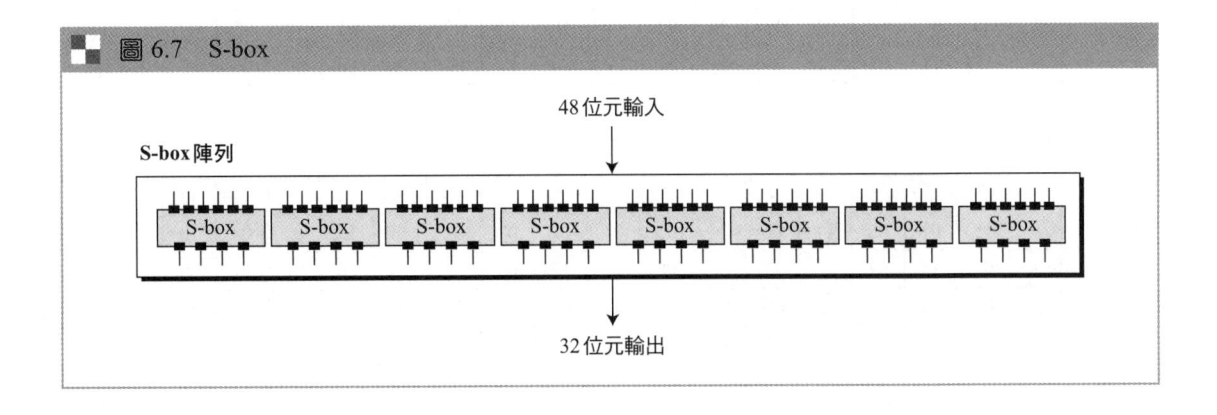

圖 6.7　S-box

第二個運算的48位元資料分成八個6位元的區塊，每一個區塊被餵入一個S-box，每一個S-box輸出結果為4位元的區塊，這些結果合起來為32位元。每一個S-box的取代方式遵循一個預先定義的規則，即為一個4列乘16行的表格。輸入的第1個位元與第6個位元合併來決定列的值；第2個位元至第5個位元決定行的值，如圖6.8所示。在範例中的說明會更加清楚。

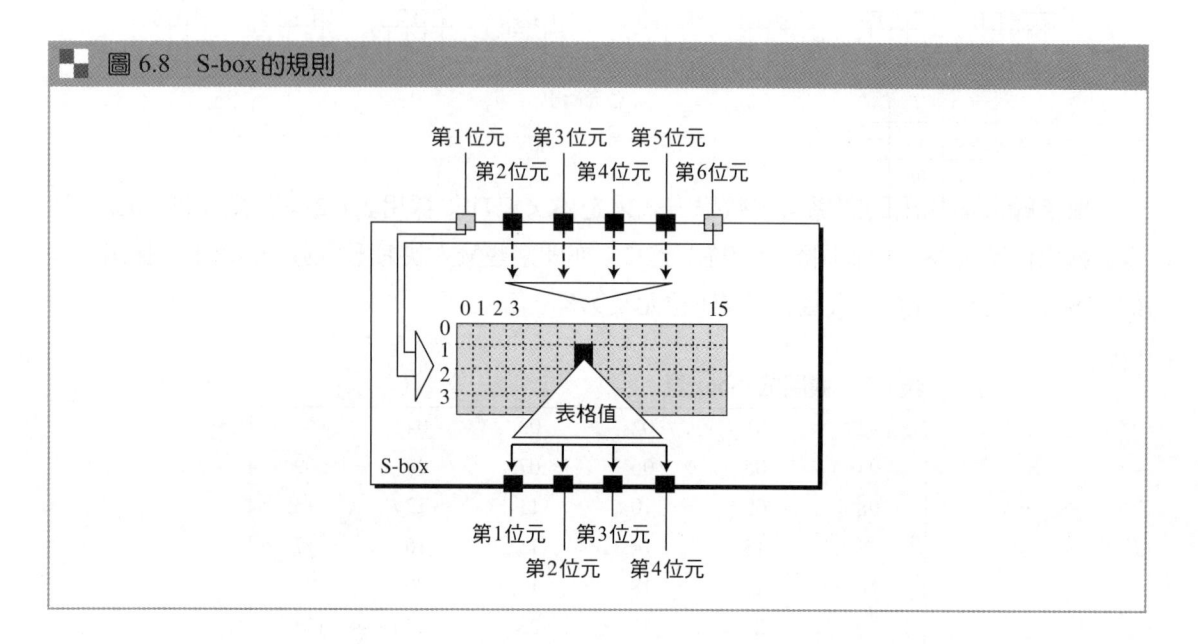

圖 6.8　S-box 的規則

因為每一個S-box有自己的表格，因此總共需要八個表格來定義這些S-box的輸出，如表6.3至表6.10所示。輸入值（列數字與行數字）以及輸出值以十進位來表示，以減少空間。這些值需轉換成二進位來進行解析。

表 6.3　S-box 1

	0	1	2	3	4	5	6	7	8	9	10	11	12	13	14	15
0	14	04	13	01	02	15	11	08	03	10	06	12	05	09	00	07
1	00	15	07	04	14	02	13	10	03	06	12	11	09	05	03	08
2	04	01	14	08	13	06	02	11	15	12	09	07	03	10	05	00
3	15	12	08	02	04	09	01	07	05	11	03	14	10	00	06	13

表 6.4　S-box 2

	0	1	2	3	4	5	6	7	8	9	10	11	12	13	14	15
0	15	01	08	14	06	11	03	04	09	07	02	13	12	00	05	10
1	03	13	04	07	15	02	08	14	12	00	01	10	06	09	11	05
2	00	14	07	11	10	04	13	01	05	08	12	06	09	03	02	15
3	13	08	10	01	03	15	04	02	11	06	07	12	00	05	14	09

表 6.5　S-box 3

	0	1	2	3	4	5	6	7	8	9	10	11	12	13	14	15
0	10	00	09	14	06	03	15	05	01	13	12	07	11	04	02	08
1	13	07	00	09	03	04	06	10	02	08	05	14	12	11	15	01
2	13	06	04	09	08	15	03	00	11	01	02	12	05	10	14	07
3	01	10	13	00	06	09	08	07	04	15	14	03	11	05	02	12

表 6.6　S-box 4

	0	1	2	3	4	5	6	7	8	9	10	11	12	13	14	15
0	07	13	14	03	00	6	09	10	1	02	08	05	11	12	04	15
1	13	08	11	05	06	15	00	03	04	07	02	12	01	10	14	09
2	10	06	09	00	12	11	07	13	15	01	03	14	05	02	08	04
3	03	15	00	06	10	01	13	08	09	04	05	11	12	07	02	14

表 6.7　S-box 5

	0	1	2	3	4	5	6	7	8	9	10	11	12	13	14	15
0	02	12	04	01	07	10	11	06	08	05	03	15	13	00	14	09
1	14	11	02	12	04	07	13	01	05	00	15	10	03	09	08	06
2	04	02	01	11	10	13	07	08	15	09	12	05	06	03	00	14
3	11	08	12	07	01	14	02	13	06	15	00	09	10	04	05	03

表 6.8　S-box 6

	0	1	2	3	4	5	6	7	8	9	10	11	12	13	14	15
0	12	01	10	15	09	02	06	08	00	13	03	04	14	07	05	11
1	10	15	04	02	07	12	09	05	06	01	13	14	00	11	03	08
2	09	14	15	05	02	08	12	03	07	00	04	10	01	13	11	06
3	04	03	02	12	09	05	15	10	11	14	01	07	10	00	08	13

表 6.9　S-box 7

	0	1	2	3	4	5	6	7	8	9	10	11	12	13	14	15
0	4	11	2	14	15	00	08	13	03	12	09	07	05	10	06	01
1	13	00	11	07	04	09	01	10	14	03	05	12	02	15	08	06
2	01	04	11	13	12	03	07	14	10	15	06	08	00	05	09	02
3	06	11	13	08	01	04	10	07	09	05	00	15	14	02	03	12

表 6.10　S-box 8

	0	1	2	3	4	5	6	7	8	9	10	11	12	13	14	15
0	13	02	08	04	06	15	11	01	10	09	03	14	05	00	12	07
1	01	15	13	08	10	03	07	04	12	05	06	11	10	14	09	02
2	07	11	04	01	09	12	14	02	00	06	10	10	15	03	05	08
3	02	01	14	07	04	10	8	13	15	12	09	09	03	05	06	11

範例 6.3 若 S-box 1 的輸入為 **1**0001**1**，其輸出為何？

解法 若將第 1 位元及第 6 位元寫在一起，以二進位表示為 11，以十進位表示為 3。剩下的位元為 0001，以十進位表示為 1。我們查表 6.3（S-box 1）的第 3 列與第 1 行，結果為 12（十進位），以二進位表示為 1100。因此若輸入為 100011，則輸出為 1100。

範例 6.4 若 S-box 1 的輸入為 **0**00000，其輸出為何？

解法 若將第 1 位元及第 6 位元寫在一起，以二進位表示為 00，以十進位表示為 0。剩下的位元為 0000，以十進位表示為 0。我們查表 6.3（S-box 1）的第 0 列與第 0 行，結果為 13（十進位），以二進位表示為 1101。因此若輸入為 000000，則輸出為 1101。

標準排列 DES 函數的最後一個運算是 32 位元輸入及 32 位元輸出的標準排列，其輸入／輸出關係顯示於表 6.11 且和之前的排列表遵循相同的規則。例如，輸入的第 7 位元成為輸出的第 2 位元。

表 6.11 標準排列表

16	07	20	21	29	12	28	17
01	15	23	26	05	18	31	10
02	08	24	14	32	27	03	09
19	13	30	06	22	11	04	25

加密法與反向加密法

使用混合器與交換器，可以建立加密法與反向加密法（即解密），均有十六個回合。整個想法是讓加密法與反向加密法的演算法變得十分類似。

第一種方式

為達到上述目的，第一種方式即是讓最後一個回合（第十六回合）與其他回合不同；其僅有一個混合器而無交換器。如圖 6.9 所示。

雖然回合並非對齊一致的，然而其內的元件（混合器或交換器）卻是對齊一致的。我們在第五章已證明混合器是自我可逆，交換器亦然。初始排列與最終排列也是互為反向。在加密端的明文左半部分，L_0 被加密成為 L_{16}；而在解密端，L_{16} 被解密為 L_0。在 R_0 與 R_{16} 的情形也是相同的。

有一點非常重要必須記住，回合金鑰（K_1 至 K_{16}）在解密時要以相反的順序輸入。在加密端，第一回合使用 K_1 而第十六回合使用 K_{16}；在解密端，第一回合使用 K_{16} 而第十六回合使用 K_1。

在第一種方式中，最後一個回合沒有交換器。

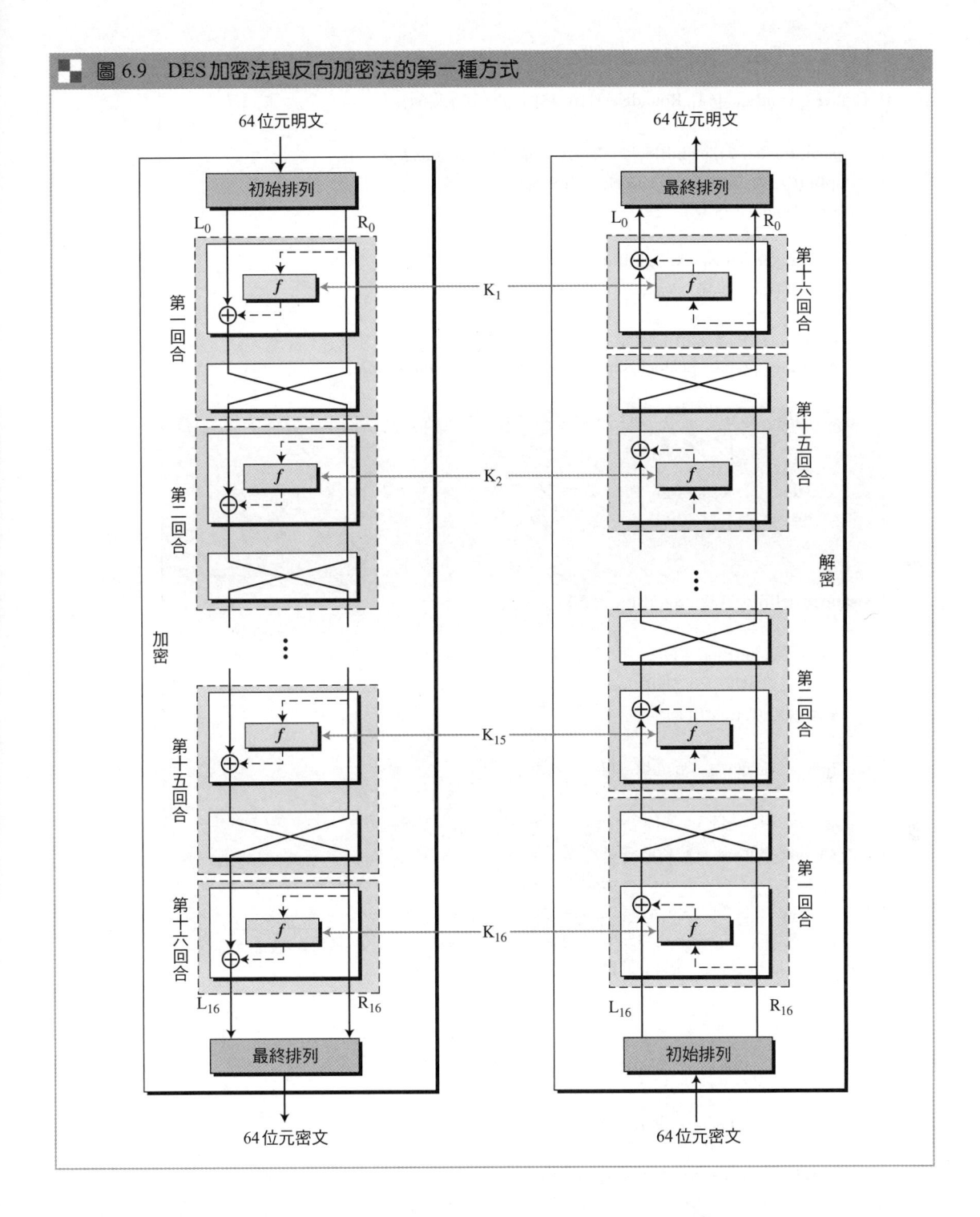

圖 6.9　DES加密法與反向加密法的第一種方式

演算法

　　演算法6.1提出一個加密法以及在第一種方式中四個對應程序的虛擬碼，其餘程序則做為練習題。

演算法 6.1　DES 加密法的虛擬碼

```
Cipher (plainBlock[64], RoundKeys[16, 48], cipherBlock[64])
{
    permute (64, 64, plainBlock, inBlock, InitialPermutationTable)
    split (64, 32, inBlock, leftBlock, rightBlock)
    for (round = 1 to 16)
    {
         mixer (leftBlock, rightBlock, RoundKeys[round])
         if (round!=16) swapper (leftBlock, rightBlock)
    }
    combine (32, 64, leftBlock, rightBlock, outBlock)
    permute (64, 64, outBlock, cipherBlock, FinalPermutationTable)
}

mixer (leftBlock[48], rightBlock[48], RoundKey[48])
{
    copy (32, rightBlock, T1)
    function (T1, RoundKey, T2)
    exclusiveOr (32, leftBlock, T2, T3)
    copy (32, T3, rightBlock)
}

swapper (leftBlock[32], rigthBlock[32])
{
    copy (32, leftBlock, T)
    copy (32, rightBlock, leftBlock)
    copy (32, T, rightBlock)
}

function (inBlock[32], RoundKey[48], outBlock[32])
{
    permute (32, 48, inBlock, T1, ExpansionPermutationTable)
    exclusiveOr (48, T1, RoundKey, T2)
    substitute (T2, T3, SubstituteTables)
    permute (32, 32, T3, outBlock, StraightPermutationTable)
}

substitute (inBlock[32], outBlock[48], SubstitutionTables[8, 4, 16])
{
    for (i = 1 to 8)
    {
        row ← 2 × inBlock[i × 6 + 1] + inBlock [i × 6 + 6]
        col ← 8 × inBlock[i × 6 + 2] + 4 × inBlock[i × 6 + 3] +
              2 × inBlock[i × 6 + 4] + inBlock[i × 6 + 5]

        value = SubstitutionTables [i][row][col]

        outBlock[[i × 4 + 1] ← value / 8;      value ← value mod 8
        outBlock[[i × 4 + 2] ← value / 4;      value ← value mod 4
        outBlock[[i × 4 + 3] ← value / 2;      value ← value mod 2
        outBlock[[i × 4 + 4] ← value
    }
}
```

另一種方式

在前述第一種方式中,第十六回合與其他回合的動作不同,亦即在該回合中沒有交換器。加密法中最後一個混合器以及反向加密法中的第一個混合器必須對齊一致。我們可以在第十六回合中包含交換器,然後在其後加入一個額外的交換器(兩個交換器的效果相互抵銷),則可使所有十六個回合動作都相同。我們將這個方式的設計留做練習題。

金鑰產生

回合金鑰產生器(round-key generator)建立16個48位元金鑰,這些金鑰從56位元的加密金鑰而來。然而,加密金鑰通常為64位元金鑰,其中包含額外8個位元為同位元檢查。這8個位元在真正金鑰產生程序前將被移除,如圖6.10所示。

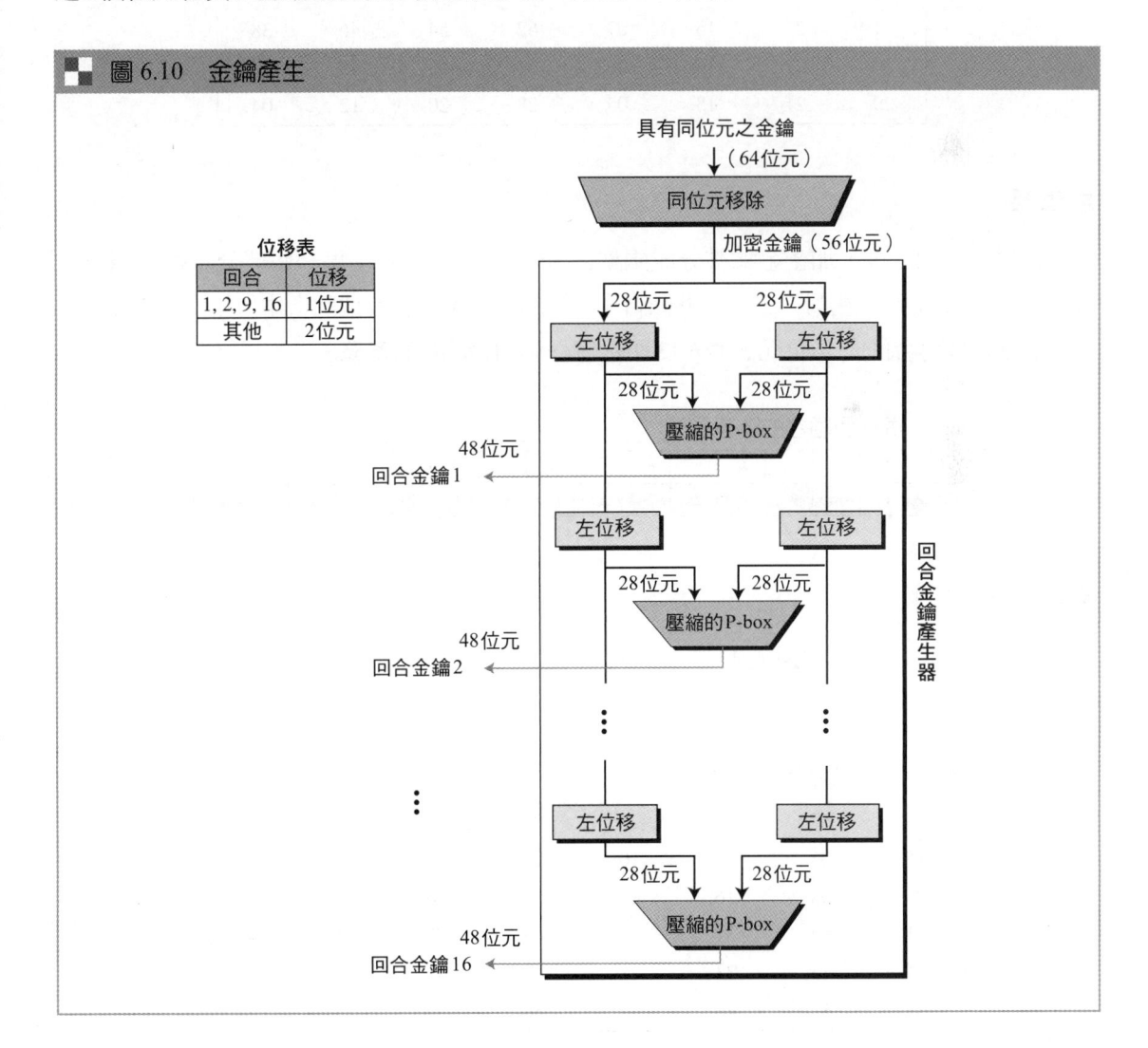

圖 6.10　金鑰產生

位移表

回合	位移
1, 2, 9, 16	1位元
其他	2位元

同位元移除

在金鑰擴展之前的預先程序是一個壓縮排列，我們稱之為**同位元移除（parity bit drop）**。其從64位元金鑰中移除同位元（第8、16、24、32……64位元），並根據表6.12來排列剩下的位元。剩下的56位元金鑰為實際的加密金鑰，可用來產生回合金鑰。同位元移除排列（壓縮的 P-box）如表6.12所示。

表 6.12　同位元移除表

57	49	41	33	25	17	09	01
58	50	42	34	26	18	10	02
59	51	43	35	27	19	11	03
60	52	44	36	63	55	47	39
31	23	15	07	62	54	46	38
30	22	14	06	61	53	45	37
29	21	13	05	28	20	12	04

左位移

在標準排列之後，加密金鑰被分成兩個部分，各為28位元。每一個部分左移（循環左移）1位元或2位元。在第一、二、九回合中，左移1位元；在其他回合中，則左移2位元。此兩部分之後再合併成56位元。表6.13顯示每一個回合的位移數量。

表 6.13　每一個回合的位移數量

回合	1	2	3	4	5	6	7	8	9	10	11	12	13	14	15	16
位移數量	1	1	2	2	2	2	2	2	1	2	2	2	2	2	2	1

壓縮排列

壓縮排列將56位元轉換成48位元，此48位元成為每一個回合的金鑰。壓縮排列如表6.14所示。

表 6.14　金鑰壓縮表

14	17	11	24	01	05	03	28
15	06	21	10	23	19	12	04
26	08	16	07	27	20	13	02
41	52	31	37	47	55	30	40
51	45	33	48	44	49	39	56
34	53	46	42	50	36	29	32

演算法

我們寫一個簡單的演算法，以從具有同位元的金鑰來建立回合金鑰。演算法6.2使用演算法6.1中的數個程序。新的程序為 **shiftLeft**，注意 T 是一個暫存區塊。

演算法 6.2　回合金鑰產生演算法

```
Key_Generator (keyWithParities[64], RoundKeys[16, 48], ShiftTable[16])
{
    permute (64, 56, keyWithParities, cipherKey, ParityDropTable)
    split (56, 28, cipherKey, leftKey, rightKey)
    for (round = 1 to 16)
    {
        shiftLeft (leftKey, ShiftTable[round])
        shiftLeft (rightKey, ShiftTable[round])
        combine (28, 56, leftKey, rightKey, preRoundKey)
        permute (56, 48, preRoundKey, RoundKeys[round], KeyCompressionTable)
    }
}

shiftLeft (block[28], numOfShifts)
{
    for (i = 1 to numOfShifts)
    {
        T ← block[1]
        for (j = 2 to 28)
        {
            block [j–1] ← block [j]
        }
        block[28] ← T
    }
}
```

範例

在分析DES之前，我們舉一些例子來說明在每一個回合當中，加密及解密如何改變位元值。

範例 6.5　我們選擇一個隨機的明文區塊以及一個隨機的金鑰，並決定將產生什麼樣的密文區塊（全部均以十六進位表示）：

明文：123456ABCD132536　　　金鑰：AABB09182736CCDD
密文：C0B7A8D05F3A829C

我們顯示每一個回合的結果以及在回合前後所建立的文字資料。首先表6.15顯示在回合開始前的結果，明文經過初始排列後產生完全不同的64位元資料（16個十六進位的數字）。在這個步驟

之後，文字資料被分成兩半，稱為 L_0 及 R_0。表格中顯示這十六個回合的處理，包含混合器與交換器的結果（最後一個回合除外）。最後一個回合的結果（L_{16} 及 R_{16}）被合併，最後經由最終排列後得到密文。

表 6.15　範例 6.5 的資料追蹤

明文：123456ABCD132536			
在初始排列之後：14A7D67818CA18AD			
在分割之後：L_0=14A7D678　R_0=18CA18AD			
回合	左半部	右半部	回合金鑰
第一回合	18CA18AD	5A78E394	194CD072DE8C
第二回合	5A78E394	4A1210F6	4568581ABCCE
第三回合	4A1210F6	B8089591	06EDA4ACF5B5
第四回合	B8089591	236779C2	DA2D032B6EE3
第五回合	236779C2	A15A4B87	69A629FEC913
第六回合	A15A4B87	2E8F9C65	C1948E87475E
第七回合	2E8F9C65	A9FC20A3	708AD2DDB3C0
第八回合	A9FC20A3	308BEE97	34F822F0C66D
第九回合	308BEE97	10AF9D37	84BB4473DCCC
第十回合	10AF9D37	6CA6CB20	02765708B5BF
第十一回合	6CA6CB20	FF3C485F	6D5560AF7CA5
第十二回合	FF3C485F	22A5963B	C2C1E96A4BF3
第十三回合	22A5963B	387CCDAA	99C31397C91F
第十四回合	387CCDAA	BD2DD2AB	251B8BC717D0
第十五回合	BD2DD2AB	CF26B472	3330C5D9A36D
第十六回合	19BA9212	CF26B472	181C5D75C66D
在合併之後：19BA9212CF26B472			
密文：C0B7A8D05F3A829C　　　　　　　　　　（在最終排列之後）			

有一些重點值得注意。首先，在每一個回合的右半部分與下一回合的左半部分資料相同。原因是右半部分的資料直接通過混合器並未改變，但經由交換器將其移至左半部。例如，R_1 通過第二回合的混合器並未改變，卻因為交換器變成 L_2。有趣的地方是最後一個回合沒有交換器，這便是 R_{15} 變成 R_{16} 而非 L_{16} 的原因。

範例 6.6　讓我們來看在目的地的 Bob 如何使用相同的金鑰解開 Alice 傳送的密文。我們只顯示一部分的回合以節省空間。表 6.16 顯示某些有趣的地方。首先，需以反向順序使用回合金鑰。比較表 6.15 與表 6.16，表 6.15 中第一回合的回合金鑰與表 6.16 中第十六回合的回合金鑰相同。解密程序中 L_0 與 R_0 的值與加密程序中 L_{16} 與 R_{16} 的值相同，在其他的回合中亦有相同情形。這不但證明加密法與反向加密法整體而言互為反向，也證明加密法的每一個回合於反向加密法中都有對應的反向回合。這個結果證明初始排列與最終排列也互為反向。

表 6.16　範例 6.6 的資料追蹤

密文：C0B7A8D05F3A829C				
在初始排列之後：19BA9212CF26B472				
在分割之後：L_0=19BA9212　　R_0=CF26B472				
回合	左半部	右半部	回合金鑰	
第一回合	CF26B472	BD2DD2AB	181C5D75C66D	
第二回合	BD2DD2AB	387CCDAA	3330C5D9A36D	
...	...	...	...	
第十五回合	5A78E394	18CA18AD	4568581ABCCE	
第十六回合	14A7D678	18CA18AD	194CD072DE8C	
在合併之後：14A7D67818CA18AD				
密文：123456ABCD132536				（在最終排列之後）

6.3　DES 分析

評論者使用放大鏡來分析 DES，測量區塊加密法之某些預期特性強度的測試已經進行，DES 的元件也被仔細審查是否符合建構的準則。我們將在本節討論部分的情形。

特性

區塊加密法想要達成的兩個特性為崩塌影響以及完整性影響。

崩塌影響

崩塌影響（avalanche effect）意指在明文（或金鑰）的一個小改變會造成在密文中的重大改變。DES 已被證明這項特性很強。

範例 6.7　　為了檢查 DES 的崩塌影響，我們（以相同的金鑰）加密兩個明文區塊。兩個明文區塊僅有一個位元不同，試著觀察在每個回合中位元差異的數量。

明文：0000000000000000　　金鑰：22234512987ABB23
密文：4789FD476E82A5F1

明文：0000000000000001　　金鑰：22234512987ABB23
密文：0A4ED5C15A63FEA3

雖然兩個明文區塊僅有最右邊的位元不同，其密文卻有 29 個位元不同。這表示改變大約 1.5% 的明文將產生大約 45% 的密文變化。表 6.17 顯示每一個回合的改變情形，其中早在第三回合就已發生重大改變。

表 6.17　範例 6.7 中位元差異的數量

回合	1	2	3	4	5	6	7	8	9	10	11	12	13	14	15	16
位元差異	1	6	20	29	30	33	32	29	32	39	33	28	30	31	30	29

完整性影響

完整性影響（completeness effect）意指密文的每一個位元需要由明文的許多位元來決定。DES 的 P-box 與 S-box 會產生混淆與擴散，顯示具有非常強的完整性影響。

設計準則

DES 的設計在 1994 年由 IBM 發表。許多測試已經證明 DES 滿足其所宣稱的部分要求準則。我們簡要討論一些設計的要點。

S-Box

我們已經在第五章討論過 S-box 的一般設計準則，在此僅討論有關 DES 的部分。DES 在設計上提供位元從每個回合至下一回合的混淆與擴散。根據發表的資料與一些研究，S-box 的幾個特性如下：

1. 每一列內的值為 0 到 15 之間的排列。
2. S-box 為非線性；換句話說，其輸出並非輸入的仿射轉換。參見第五章的 S-box 線性討論。
3. 若改變輸入的一個位元，將會改變兩個以上的輸出位元。
4. 若 S-box 的輸入位元僅有兩個中間位元（第 3 位元與第 4 位元）不同，則輸出必須至少有兩個位元不同。換句話說，$S(x)$ 與 $S(x \oplus 001100)$ 必須至少有兩個位元不同，其中 x 為輸入且 $S(x)$ 為輸出。
5. 若 S-box 的輸入位元是最前面兩個位元（第 1 位元與第 2 位元）不同，而最後兩個位元（第 5 位元與第 6 位元）相同，則其輸出必定會不同。換句話說，下列關係存在：$S(x) \neq S(x \oplus 11bc00)$，其中 b 與 c 為任意位元值。
6. 只有 32 個 6 位元輸入字組對（x_i 與 x_j），其中 $x_i \oplus x_j \neq (000000)_2$。這 32 個輸入對建立 32 個 4 位元輸出字組對。若建立這 32 個輸出對的差值，即 $d = y_i \oplus y_j$，則這些 d 值中沒有超過 8 個是相同的。
7. 類似於上述第 6 點的規則也應用於三個 S-box 上。
8. 在任何 S-box 中，若有一個輸入位元被固定（為 0 或 1），且其餘位元為隨機變動，則輸出之 0 與 1 的數量差異將會最小。

P-box

在兩次 S-box 之間（在兩個接續的回合中），有一個標準的 P-box（32 位元至 32 位元）以及一個擴展的 P-box（32 位元至 48 位元）。這兩個 P-box 同時提供位元擴散。我們已經在第

五章討論過 P-box 的一般設計原則，在此僅討論應用於 DES 函數內部的 P-box。下列準則被實現在設計 P-box 上，以達到位元擴散的目標。

1. 每一個 S-box 的輸入來自一個不同 S-box 的輸出（在前一個回合中）。
2. 沒有一個 S-box 的輸入來自相同 S-box 的輸出（在前一個回合中）。
3. 每一個 S-box 的四個輸出將分別進入到六個不同的 S-box（在下一個回合中）。
4. 沒有兩個來自同一個 S-box 的輸出會進入到相同的 S-box（在下一個回合中）。
5. 如果我們將八個 S-box 標示為 S_1、S_2……S_8，則
    a. S_{j-2} 的一個輸出會進入到 S_j 的最前兩個位元之一（在下一個回合中）。
    b. S_{j-1} 的一個輸出會進入到 S_j 的最後兩個位元之一（在下一個回合中）。
    c. S_{j+1} 的一個輸出會進入到 S_j 的中間兩個位元之一（在下一個回合中）。
6. 對於每一個 S-box，兩個輸出位元會進入到下一個回合中 S-box 的最前兩個位元或最後兩個位元，其他兩個輸出會進入到下一個回合中 S-box 的中間位元。
7. 如果 S_j 的一個輸出位元進入到 S_k 的中間位元之一（在下一個回合中），則 S_k 的一個輸出位元將不會進入到 S_j 的中間位元。如果令 $j = k$，則意指沒有一個 S-box 的中間位元會進入到下一個回合中相同 S-box 的中間位元之一。

回合數量

DES 使用十六個回合的 Feistel 加密法。目前已證明在第八回合之後，密文是每一個明文及金鑰位元的函數；密文完全是明文與金鑰的隨機函數。因此，八個回合似乎已足夠。然而，實驗發現少於十六個回合的 DES 變形容易遭受已知明文攻擊，甚至較暴力攻擊法更容易成功，這說明了 DES 設計者使用十六個回合的原因。

⚿ DES 的弱點

近年來，評論者已找到 DES 的一些弱點。

加密法設計的弱點

我們將簡要陳述在加密法設計上已被發現的某些弱點。

S-box　在文獻上至少已提出三個 S-box 的弱點：
1. 在 S-box 4，最後三個輸出位元可用相同於第一個輸出位元的方式來推導，方法是取某些輸入位元的補數。
2. 對一個 S-box 而言，兩個特定選擇的輸入可得到相同的輸出。
3. 在單一回合中，只改變三個相鄰的 S-box 的輸入位元可能會得到相同的輸出。

P-box　在 P-box 的設計上，已發現一個祕而不宣的問題及一個弱點：
1. 設計者為何使用初始排列與最終排列的原因並不清楚，這兩個排列並無益於安全性。
2. 在（函數中的）擴展排列上，每四個位元序列的第 1 位元及第 4 位元是重複的。

加密金鑰的弱點

有一些加密金鑰的弱點已被發現：

金鑰長度　　評論者認為DES最嚴重的弱點是金鑰長度（56位元）。若在給定的密文區塊上使用暴力攻擊法，則攻擊者需要檢查2^{56}把金鑰。

a. 在目前的技術中，每秒檢查100萬把金鑰是可行的；也就是說，若使用的電腦只有一個處理器，在DES上執行暴力攻擊法需要超過2000年的時間。

b. 若使用一台有100萬個晶片的電腦（平行處理），則大約花費20個小時即可測試所有的金鑰範圍。在DES剛被發表的年代，這樣的電腦價格超過數百萬美元，但其價格已急速下降。1998年已製造出一台特殊的電腦，可以在112個小時內找出金鑰。

c. 電腦網路可以模擬平行處理。1977年，有一個研究團隊使用網際網路上的3500台電腦，在120天內找到RSA實驗室所提出挑戰題目的DES加密金鑰。金鑰的範圍分割給所有的電腦，而每一台電腦負責檢查分配到的範圍。

d. 若3500台網際網路上的電腦可以在120天內找到金鑰，則一個有42,000人的祕密團體能在10天內找到金鑰。

上面的討論顯示DES的金鑰長度56位元在使用上是不夠安全的，本章稍後將討論一個使用三重DES的解決方法，其有使用兩把金鑰（112位元）或三把金鑰（168位元）的不同方式。

弱金鑰　　在2^{56}把金鑰中，4把是**弱金鑰（weak key）**。弱金鑰是指經過同位元移除後（使用表6.12），所有位元均為0或均為1，或是一半為0、一半為1。這些金鑰如表6.18所示。

表 6.18　弱金鑰

同位元移除前的金鑰（64位元）	實際金鑰（56位元）
0101 0101 0101 0101	0000000 0000000
1F1F 1F1F 0E0E 0E0E	0000000 FFFFFFF
E0E0 E0E0 F1F1 F1F1	FFFFFFF 0000000
FEFE FEFE FEFE FEFE	FFFFFFF FFFFFFF

若由這些金鑰其中之一產生回合金鑰，將會與原加密金鑰具有相同的樣式。例如，由第一把加密金鑰所產生的第十六回合金鑰之所有位元均為0；由第二把加密金鑰產生的回合金鑰將有一半為0、一半為1。其原因是金鑰產生演算法一開始先將加密金鑰分成左右兩半，若區塊內的位元均為0或均為1，則區塊內的位移與排列將不會改變內容。

使用弱金鑰的缺點是什麼呢？如果使用弱金鑰加密一個區塊，再接著使用相同弱金鑰加密結果，則會得到原始的區塊內容。若解密此區塊兩次也會得到相同的原始區塊內容。換句話說，每一個弱金鑰是自己本身的反向，即$E_k(E_k(P)) = P$，如圖6.11所示。

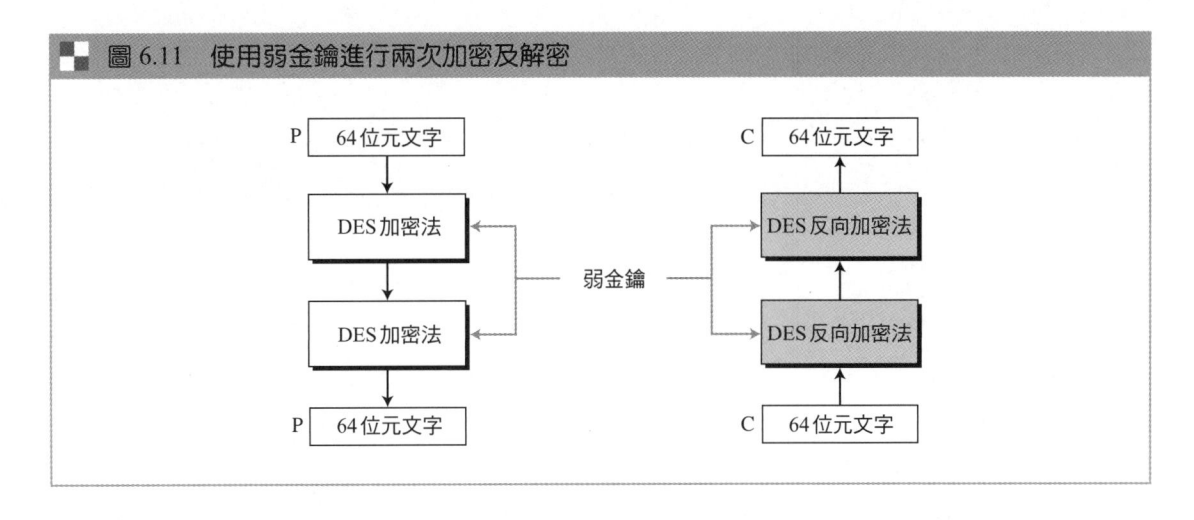

■ 圖 6.11　使用弱金鑰進行兩次加密及解密

```
P → 64位元文字              C → 64位元文字
      ↓                           ↑
   DES加密法 ←──┐           ┌──→ DES反向加密法
      ↓         │ 弱金鑰    │         ↑
   DES加密法 ←──┘           └──→ DES反向加密法
      ↓                           ↑
P → 64位元文字              C → 64位元文字
```

我們應該避免使用弱金鑰，因為攻擊者可以很簡單地透過攔截密文來測試。若經過兩次解密後得到的結果相同，則攻擊者便可找到金鑰。

範例 6.8　我們嘗試使用表6.18的第一把弱金鑰來加密一個區塊內容兩次。在使用相同弱金鑰加密一個區塊兩次後，將會出現原始明文區塊。注意我們使用加密演算法兩次，並非進行一次加密後再接著進行一次解密。

金鑰：0x0101010101010101
明文：*0x1234567887654321*　　　密文：0x814FE938589154F7

金鑰：0x0101010101010101
明文：0x814FE938589154F7　　　密文：*0x1234567887654321*

半弱金鑰　有六個金鑰對是**半弱金鑰**（semi-weak key），如表6.19所示（在同位元移除前的64位元格式）。

表 6.19　半弱金鑰

金鑰對的第一把金鑰	金鑰對的第二把金鑰
01FE 01FE 01FE 01FE	FE01 FE01 FE01 FE01
1FE0 1FE0 0EF1 0EF1	E01F E01F F10E F10E
01E0 01E1 01F1 01F1	E001 E001 F101 F101
1FFE 1FFE 0EFE 0EFE	FE1F FE1F FE0E FE0E
011F 011F 010E 010E	1F01 1F01 0E01 0E01
E0FE E0FE F1FE F1FE	FEE0 FEE0 FEF1 FEF1

一把半弱金鑰僅建構兩把不同的回合金鑰，而且每把均重複八次。此外，從每一個半弱金鑰對所建構的回合金鑰是相同的，但順序不同。為了顯示這個想法，我們列出第一個半弱金鑰對所建構的所有回合金鑰：

回合金鑰1	9153E54319BD	6EAC1ABCE642
回合金鑰2	6EAC1ABCE642	9153E54319BD
回合金鑰3	6EAC1ABCE642	9153E54319BD
回合金鑰4	6EAC1ABCE642	9153E54319BD
回合金鑰5	6EAC1ABCE642	9153E54319BD
回合金鑰6	6EAC1ABCE642	9153E54319BD
回合金鑰7	6EAC1ABCE642	9153E54319BD
回合金鑰8	6EAC1ABCE642	9153E54319BD
回合金鑰9	9153E54319BD	6EAC1ABCE642
回合金鑰10	9153E54319BD	6EAC1ABCE642
回合金鑰11	9153E54319BD	6EAC1ABCE642
回合金鑰12	9153E54319BD	6EAC1ABCE642
回合金鑰13	9153E54319BD	6EAC1ABCE642
回合金鑰14	9153E54319BD	6EAC1ABCE642
回合金鑰15	9153E54319BD	6EAC1ABCE642
回合金鑰16	6EAC1ABCE642	9153E54319BD

如上所列，每一把半弱金鑰有8把相同的回合金鑰。此外，回合金鑰1的第一個集合的值與回合金鑰16的第二個集合的值相同。同理，回合金鑰2的第一個集合的值與回合金鑰15的第二個集合的值相同；以此類推。也就是說這些金鑰互為反向，亦即 $E_{k_2}(E_{k_1}(P)) = P$，如圖6.12所示。

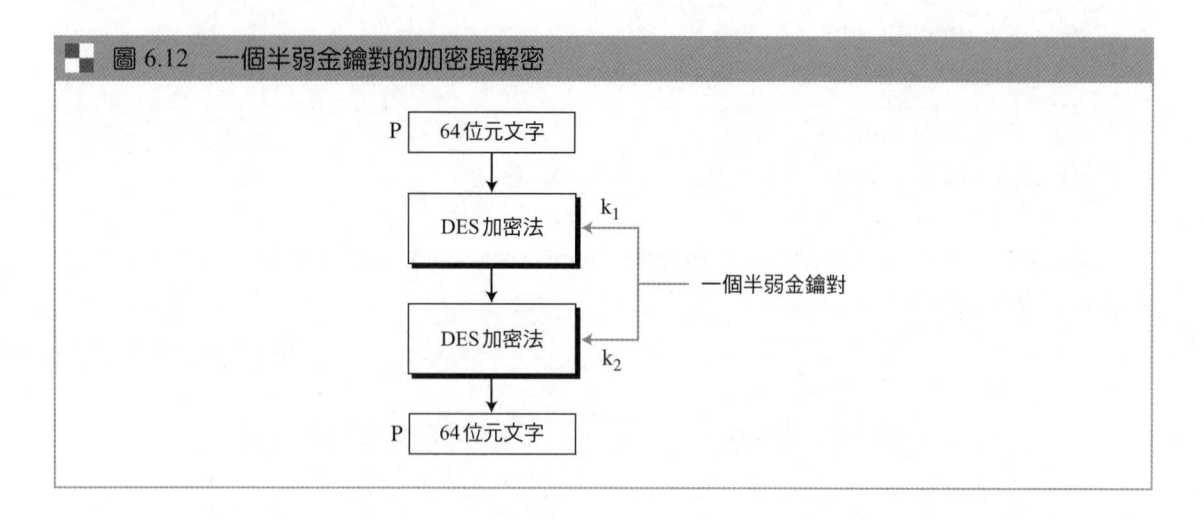

■ 圖 6.12 一個半弱金鑰對的加密與解密

可能的弱金鑰　有48把金鑰是**可能的弱金鑰**（possible weak key）。所謂可能的弱金鑰是指其僅建立4把不同的回合金鑰。換句話說，16把回合金鑰被劃分成四群，每一群有相同的回合金鑰。

範例 6.9　隨機挑選到一把弱金鑰、一把半弱金鑰或一把可能的弱金鑰的機率為何？

解法　DES的金鑰範圍大小為 2^{56}。上述所有的金鑰數目為64（即為 4 + 12 + 48）。因此挑選到其中一把金鑰的機率為 8.8×10^{-16}，這幾乎是不可能的。

金鑰補數　　在金鑰範圍（2^{56}）裡，很明顯地一半的金鑰與另一半的金鑰互為補數。**金鑰補數（key complement）**可以經由每一位元反向（將0改變為1，或將1改變為0）來得到。金鑰補數是否會簡化密碼分析的工作呢？答案是肯定的。攻擊者可以僅使用一半的可能金鑰（2^{55}）來執行暴力攻擊法。因為：

$$C = E(K, P) \quad \rightarrow \quad \overline{C} = E(\overline{K}, \overline{P})$$

換句話說，如果使用金鑰補數來加密明文的補數，會得到密文的補數。攻擊者不需測試所有 2^{56} 把可能的金鑰，可以僅測試一半，然後再取其結果的補數。

範例 6.10　　測試我們所宣稱的金鑰補數。使用任意一把金鑰以及一個明文來計算其相對的密文。如果我們擁有金鑰補數及明文，則可以得到密文的補數（見表6.20）。

表 6.20　範例6.10的結果

	原始值	補數
金鑰	1234123412341234	EDCBEDCBEDCBEDCB
明文	12345678ABCDEF12	EDCBA987543210ED
密文	E112BE1DEFC7A367	1EED41E210385C98

金鑰叢集　　**金鑰叢集（key clustering）**是指使用2把以上不同的金鑰，能夠從相同的明文建立相同的密文。很明顯地，每一個半弱金鑰對是一個金鑰叢集。然而，並未發現更多的DES金鑰叢集，也許未來的研究可以發表更多的資料。

6.4 多重DES

如我們所知，對DES主要的批評是金鑰長度。若以目前的技術及可能的平行處理，使用暴力攻擊法來破解DES是可行的。一種安全改良的解決方式是放棄DES，重新設計一個新的加密法，這樣的解決方式可參見第七章AES的介紹。第二種解決方式是使用多重（串接）的DES並使用多把金鑰。這樣的解決方式已經使用一陣子了，也並不需要新的軟體與硬體的投資。我們在此探討第二種解決方式。

如在第五章所討論的，一個取代動作會將群中所有可能的輸入映射至所有可能的輸出。把映射當作是集合的元素，合成當作是運算子。在此情況下，使用兩個連續的映射是沒有幫助的，因為我們總是可以找到一個映射相等於兩個映射的合成（封閉性）。也就是說，如果DES為一個群，使用具有兩把金鑰 k_1 及 k_2 的雙重DES並沒有幫助，因為單一個具有金鑰 k_3 的DES也可達到相同的效果（圖6.13）。

圖 6.13 映射的合成

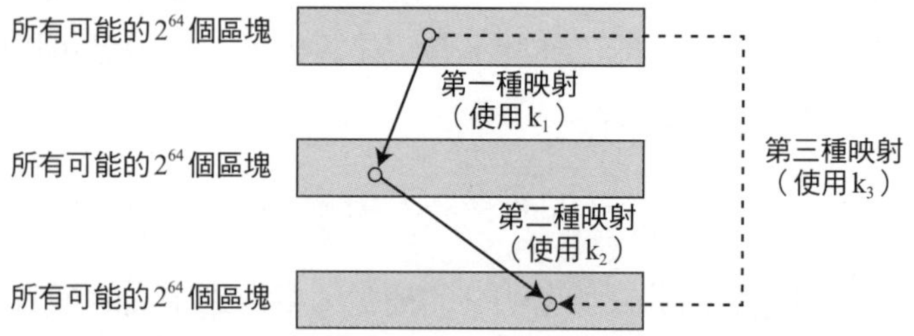

幸運的是，基於下面的論點，DES 並非一個群：

a. 在 DES 中可能的輸入或輸出數量為 N = 2^{64}。也就是說，有 N! = $(2^{64})!$ = $10^{347,380,000,000,000,000,000}$ 種映射。要使 DES 為一個群的一個方法是讓 DES 支援所有的映射，這需要有 $\log_2(2^{64})!$ ≈ 2^{70} 位元的金鑰長度。但我們知道 DES 的金鑰長度僅有 56 位元（僅為上述巨大金鑰的一小部分）。

b. 另一個讓 DES 成為一個群的方法是讓映射成為上述第一個論點情形的子集合。但已經證明沒有這樣的子集合（具有 56 位元金鑰）可從第一個論點所述之群所構成。

如果 DES 不是一個群，則有很高的機率無法找到一把金鑰 k_3，使得

$$E_{k_2}(E_{k_1}(P)) = E_{k_3}(P)$$

這表示我們可以使用雙重 DES 或三重 DES 來增加金鑰長度。

雙重 DES

第一個方式是使用**雙重 DES（double DES, 2DES）**。在這種方式下，我們使用兩個 DES 加密法來加密，並使用兩個反向加密法來解密。每一個 DES 使用不同的金鑰，也就是說，金鑰長度為原來的兩倍（112 位元）。然而，雙重 DES 容易遭受已知明文攻擊，將在下一節中討論。

中間相遇攻擊

乍看之下，雙重 DES 似乎增加了金鑰測試的數量，由 2^{56}（在單一 DES 中）變為 2^{112}（在雙重 DES 中）。然而，使用稱為**中間相遇攻擊（meet-in-the-middle attack）**的已知明文攻擊，證明雙重 DES 僅些微地改善此弱點（僅達 2^{57} 次測試），並非很大的提升（達 2^{112} 次測試）。圖 6.14 顯示雙重 DES 的圖解。Alice 使用兩把金鑰 k_1 及 k_2 將明文 P 加密成為密文 C，而 Bob 使用密文 C 以及兩把金鑰 k_1 及 k_2 來還原明文 P。

重點是在中間文字上，中間文字 M 為第一次加密或是第一次解密所產生，因此從加密與解密端來進行均會得到相同的結果。換句話說，我們會有兩個關係式：

圖 6.14　雙重DES的中間相遇攻擊

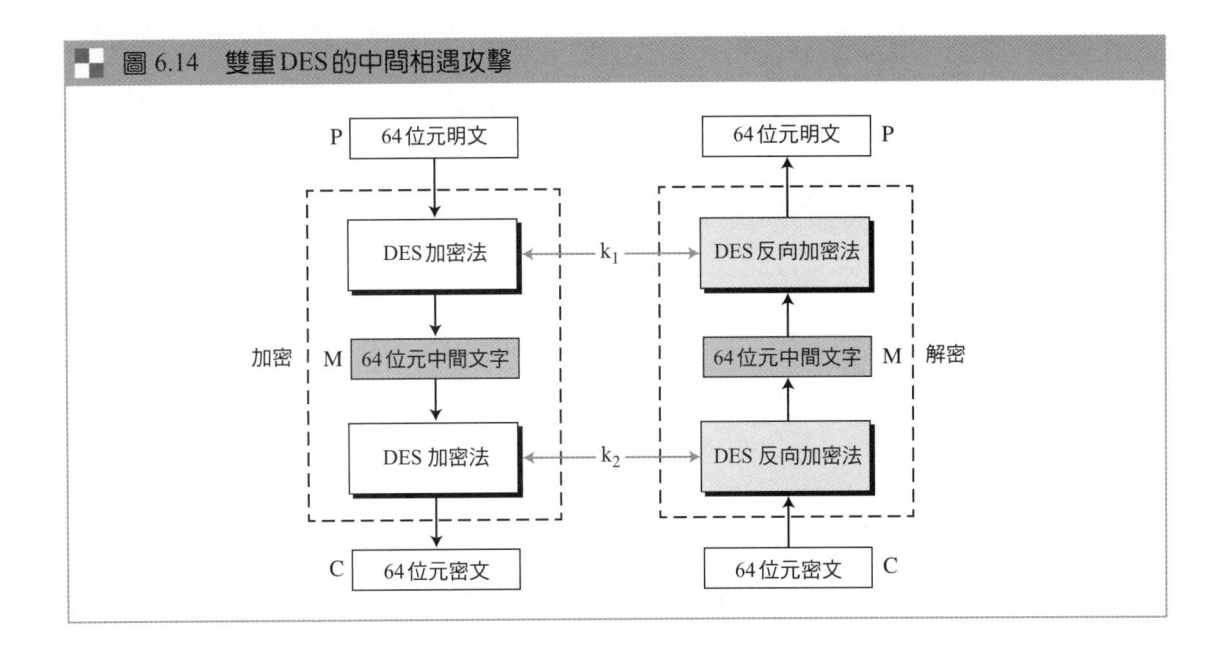

$$M = E_{k_1}(P) \quad 以及 \quad M = D_{k_2}(C)$$

假設Eve已經攔截一個先前的明文－密文對P與C（已知明文攻擊）。根據上述第一個關係式，Eve使用所有可能的k_1值（2^{56}種）加密P，並記錄所有得到的M值。根據上述第二個關係式，Eve使用所有可能的k_2值（2^{56}種）解開C，並記錄所有得到的M值。於是Eve建立兩個儲存M值的表格，她會比較這些M值，直到找到能夠使M值在兩個表格內都相同的一些k_1與k_2對，如圖6.15所示。注意至少會找到一個金鑰對，因為是徹底搜尋所有兩把金鑰的組合。

圖 6.15　中間相遇攻擊的表格

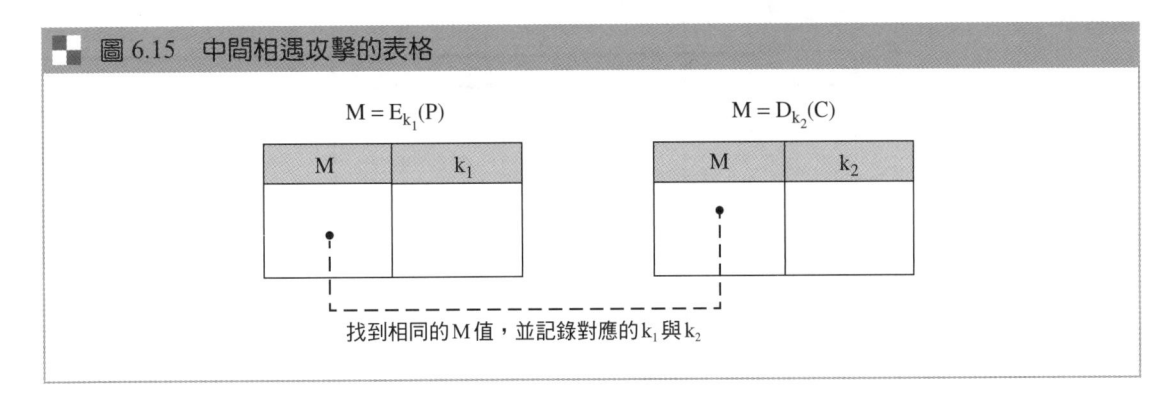

1. 如果只有找到一個，則Eve已經找到這兩把金鑰（k_1與k_2）。如果超過一個，則Eve將進行下一個步驟。
2. 她取出另一個被攔截的明文－密文對，並使用每一個候選的金鑰對來測試是否可以從明文得到密文。若找到一個以上的候選金鑰對，則不斷地重複步驟2，直到找到唯一的金鑰對。

已經證明在對一些被攔截的明文－密文對使用步驟2之後,將會找到金鑰對。也就是說,Eve 並非使用 2^{112} 把金鑰搜尋測試,而是使用 2^{56} 把金鑰搜尋測試兩次(如果找到超過單一的候選金鑰對,則需要較多次的測試)。換句話說,將單一DES換成雙重DES,僅將安全強度從 2^{56} 增加到 2^{57}(並非表面上認為的 2^{112})。

三重DES

為了增加DES的安全性,有人提出三重DES(triple DES, 3DES)。三重DES使用三階段的DES加密及解密。現今採用的三重DES有兩種版本:使用兩把金鑰的三重DES以及使用三把金鑰的三重DES。

使用兩把金鑰的三重DES

在**使用兩把金鑰的三重DES(triple DES with two keys)**中,只有兩把金鑰:k_1 及 k_2。第一階段及第三階段使用 k_1,而第二階段使用 k_2。為使三重DES與單一DES相容,中間階段在加密端使用解密(反向加密法),在解密端使用加密(加密法)。在此方法中,若 $k_1 = k_2 = k$,則以金鑰為k的單一DES所加密的訊息,可使用三重DES來解密。雖然使用兩把金鑰的三重DES仍會遭受已知明文攻擊,但其安全性較雙重DES要強上許多。目前此方法已被銀行產業所採用。圖6.16顯示使用兩把金鑰的三重DES。

圖 6.16　使用兩把金鑰的三重DES

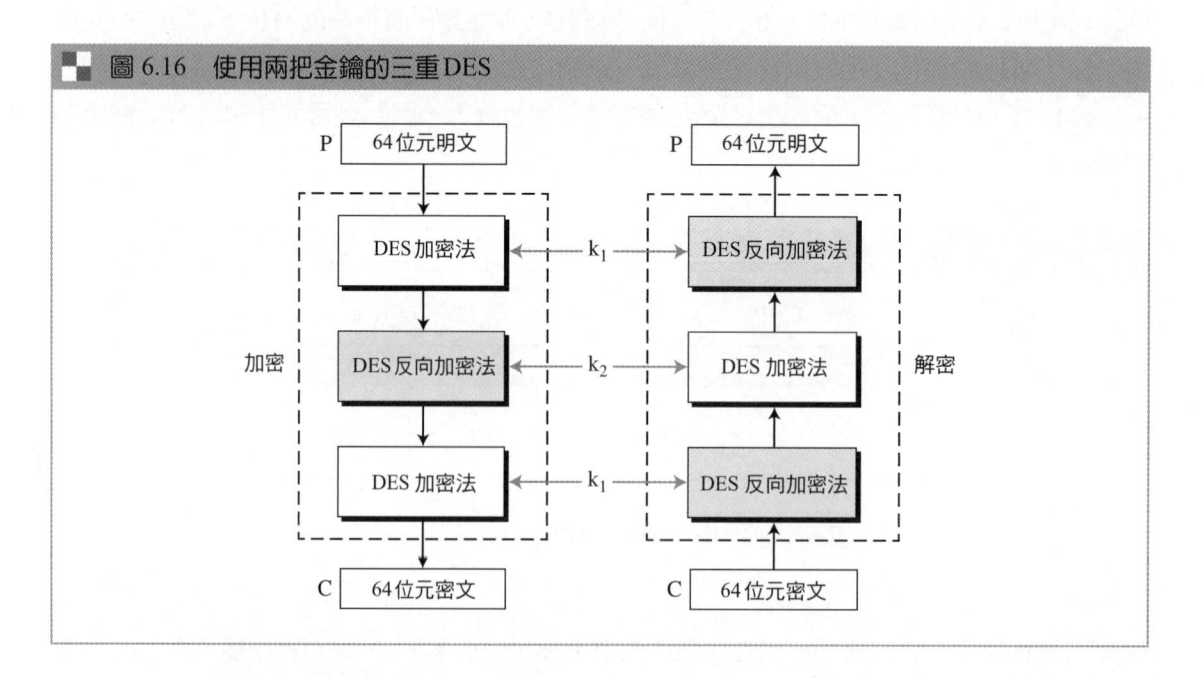

使用三把金鑰的三重DES

由於已知明文攻擊有可能成功破解使用兩把金鑰的三重DES,因而促使某些應用採取**使用三把金鑰的三重DES(triple DES with three keys)**。雖然演算法在加密端使用三個加

密階段，並在解密端使用三個反向加密階段，但為了與單一DES相容，所以在加密端使用EDE，而在解密端使用DED（E表示加密，D表示解密）。若設定$k_1 = k$且k_2與k_3與接收者所選的任一把金鑰相同，則可提供與單一DES的相容性。許多應用均採取使用三把金鑰的三重DES，例如PGP（見第十六章）。

6.5 DES安全性

由於DES是第一個重要的區塊加密法，因此經過許多嚴密的審查。在所有的意圖攻擊當中，有三個非常重要：暴力攻擊法、差異破密分析以及線性破密分析。

暴力攻擊法

我們已經討論過DES其短加密金鑰的弱點。結合這個弱點與金鑰補數的弱點，很清楚地，DES可以使用2^{55}次加密來破解。然而，現今大部分的應用都採用使用兩把金鑰的三重DES（金鑰長度為112位元）或是三把金鑰的三重DES（金鑰長度為168位元）。這兩個多重DES版本使得DES可以抵抗暴力攻擊法。

差異破密分析

我們在第五章討論過現代區塊加密法的差異破密分析技術。DES也未對這類的攻擊免疫。然而，DES的設計者已知關於這類的攻擊，並且設計S-box及選擇使用十六個回合，使得DES特別能夠抵抗這類的攻擊。現今，已經證明若我們有2^{47}個選擇明文或是2^{55}個已知明文，便可透過差異破密分析來破解DES。雖然這看似較暴力演算法要有效率，但要找到2^{47}個選擇明文或是2^{55}個已知明文是不切實際的。因此，我們可以說DES可以抵抗差異破密分析。同時也已經證明，若將回合數目增加到20，則需要超過2^{64}個選擇明文才能攻擊成功。但這是不可能的，因為DES中所有可能的明文區塊數目僅為2^{64}。

我們在附錄N中展示一個DES差異破密分析的例子。

線性破密分析

我們在第五章討論過現代區塊加密法的線性破密分析技術。線性破密分析較差異破密分析來得新穎。比起差異破密分析，DES較易遭受線性破密分析的攻擊，這是因為DES設計者尚未知曉此類攻擊。S-box幾乎不能抵抗線性破密分析。目前已經證明使用2^{43}對已知明文便可破解DES。然而，從實際的角度來看，找到這麼多對已知明文是不可行的。

我們在附錄N中展示一個DES線性破密分析的例子。

推薦讀物

為了更深入瞭解本章所討論的主題，我們建議選讀下列書籍與網站。括號內的項目請參閱本書書末的參考文獻。

書籍

[Sta06]、[Sti06]、[Rhe03]、[Sal03]、[Mao04] 及 [TW06] 中討論 DES 的主題。

網站

對於本章所討論的主題，以下的網站提供了許多更深入的資訊。

- http://www.itl.nist.gov/fipspubs/fip46-2.htm
- www.nist.gov/director/prog-ofc/report01-2.pdf
- www.engr.mun.ca/~howard/PAPERS/ldc_tutorial.ps
- islab.oregonstate.edu/koc/ece575/notes/dc1.pdf
- homes.esat.kuleuven.be/~abiryuko/Cryptan/matsui_des
- http://nsfsecurity.pr.erau.edu/crypto/lincrypt.html

關鍵詞彙

- avalanche effect　崩塌影響　163
- completeness effect　完整性影響　164
- Data Encryption Standard（DES）　資料加密標準　148
- double DES（2DES）　雙重 DES　170
- Federal Information Processing Standard（FIPS）聯邦資訊處理標準　148
- key complement　金鑰補數　169
- meet-in-the-middle attack 中間相遇攻擊　170
- National Institute of Standards and Technology（NIST）　美國國家標準技術局　148
- National Security Agency（NSA）　美國國家安全局　148
- parity bit drop　同位元移除　160
- possible weak key　可能的弱金鑰　168
- round-key generator　回合金鑰產生器　159
- semi-weak key　半弱金鑰　167
- triple DES（3DES）　三重 DES　172
- triple DES with three keys　使用三把金鑰的三重 DES　172
- triple DES with two keys　使用兩把金鑰的三重 DES　172
- weak key　弱金鑰　166

重點摘要

- 資料加密標準是一個對稱式金鑰區塊加密法，由美國國家標準技術局發表，為《聯邦公報》的 FIPS 46。
- 在加密端，DES 接受一個 64 位元明文並產生一個 64 位元密文；在解密端，DES 接受一個 64 位元密文並產生建立一個 64 位元明文。加密端與解密端使用相同的 56 位元金鑰。

- 加密程序由兩個排列（P-box，稱為初始排列與最終排列）以及十六個Feistel回合所組成。每一個回合是一個Feistel加密法，有兩個元件（混合器與交換器），每一個元件皆為可逆。
- DES的核心為DES函數。DES函數在最右邊的32位元（R_{I-1}）上運用一個48位元的金鑰以產生一個32位元的輸出。這個函數由四個部分組成：一個擴展的P-box、一個漂白器（負責加入金鑰）、一群S-box以及一個標準的P-box。
- 回合金鑰產生器建立十六個48位元金鑰，這些金鑰從56位元的加密金鑰而來。然而，加密金鑰通常為64位元金鑰，其中包含額外八個位元為同位元檢查。這八個位元在真正金鑰產生程序前將被移除。
- DES已經被證明對崩塌影響與完整性影響有很好的效能。DES的弱點包括加密法設計（S-box與P-box）以及加密金鑰（金鑰長度、弱金鑰、半弱金鑰、可能的弱金鑰，以及金鑰補數）。
- 既然DES並非一個群，一個增加DES安全性的解決方案便是使用多重DES（雙重DES及三重DES）。雙重DES易遭受中間相遇攻擊，因此使用兩把金鑰或三把金鑰的三重DES被普遍應用。
- S-box以及回合數目的設計使得DES幾乎得以免疫於差異破密分析。然而，若攻擊者能蒐集夠多的已知明文，則DES容易遭受線性破密分析的攻擊。

練習集

問題回顧

1. DES的區塊長度為何？DES的加密金鑰長度為何？DES的回合金鑰長度為何？
2. DES的回合數目是多少？
3. 在使加密與解密互為反向的第一種方式中，使用多少混合器與交換器？在第二種方式中使用多少？
4. 在DES加密演算法中使用多少排列？在回合金鑰產生器中使用多少排列？
5. 在DES加密法中使用多少互斥或運算？
6. 為何DES函數需要一個擴展排列？
7. 為何回合金鑰產生器需要一個同位元移除排列？
8. 弱金鑰、半弱金鑰以及可能的弱金鑰之間有何不同？
9. 何謂雙重DES？何種攻擊會使雙重DES變得沒有用處？
10. 何謂三重DES？何謂使用兩把金鑰的三重DES？何謂使用三把金鑰的三重DES？

習題

11. 關於DES的S-box，回答下面問題：
    a. 寫出110111經過S-box 3之後的結果。
    b. 寫出001100經過S-box 4之後的結果。
    c. 寫出000000經過S-box 7之後的結果。
    d. 寫出111111經過S-box 2之後的結果。
12. 畫一個表格來顯示000000經過所有八個S-box之後的結果。在輸出中是否可看到某種樣式？
13. 畫一個表格來顯示111111經過所有八個S-box之後的結果。在輸出中是否可看到某種樣式？

14. 使用下面的輸入對，檢查 S-box 3 的第三個設計準則。
    a. 000000 及 000001
    b. 111111 及 111011
15. 使用下面的輸入對，檢查 S-box 2 的第四個設計準則。
    a. 001100 及 110000
    b. 110011 及 001111
16. 使用下面的輸入對，檢查 S-box 4 的第四個設計準則。
    a. 001100 及 110000
    b. 110011 及 001111
17. 建立 32 個 6 位元的輸入對來檢查 S-box 5 的第六個設計準則。
18. 描述在 S-box 7 中，如何滿足所有八個設計準則。
19. 透過檢查在第二回合中 S-box 2 的輸入，證明 P-box 的第一個設計準則。
20. 透過檢查在第四回合中 S-box 3 的輸入，證明 P-box 的第二個設計準則。
21. 透過檢查在第三回合中 S-box 4 的輸出，證明 P-box 的第三個設計準則。
22. 透過檢查在第十二回合中 S-box 6 的輸出，證明 P-box 的第四個設計準則。
23. 透過檢查在第十回合與第十一回合中 S-box 3、S-box 4 及 S-box 5 之間的關係，證明 P-box 的第五個設計準則。
24. 透過檢查任意一個 S-box 輸出的目的位置，證明 P-box 的第六個設計準則。
25. 透過檢查在第四回合中 S-box 5 以及第五回合中 S-box 7 之間的關係，證明 P-box 的第七個設計準則。
26. 使用另一種方式重畫圖 6.9。
27. 證明圖 6.9 中的反向加密法事實上是三個回合 DES 的反向加密法。假設在加密開始先有一個明文，然後證明在反向加密結束之後能得到相同的明文。
28. 仔細研讀表 6.14 的金鑰壓縮排列。
    a. 哪一個輸入的部分並未在輸出中出現？
    b. 所有左邊 24 位元的輸出是否均來自所有左邊 28 位元？
    c. 所有右邊 24 位元的輸出是否均來自所有右邊 28 位元？
29. 顯示下面十六進位資料：

    0110 1023 4110 1023

    經過初始 P-box 之後的結果。
30. 顯示下面十六進位資料：

    AAAA BBBB CCCC DDDD

    經過最終 P-box 之後的結果。
31. 如果具有同位元的金鑰（64 位元）為 0123 ABCD 2562 1456，找出第一把回合金鑰。
32. 使用一個全為 0 的明文區塊以及一把全為 0 的 56 位元金鑰，並假設 DES 僅有一個回合，證明金鑰補數的弱點。
33. 你是否能設計在三重 DES 上的中間相遇攻擊？

34. 寫一個使用在演算法6.1中 *permute* 程序的虛擬碼。

　　　　　permute (n, m, inBlock[n], outBlock[m], *permutationTable[m]*)

35. 寫一個使用在演算法6.1中 *split* 程序的虛擬碼。

　　　　　split (n, m, inBlock[n], leftBlock[m], rightBlock[m])

36. 寫一個使用在演算法6.1中 *combine* 程序的虛擬碼。

　　　　　combine (n, m, leftBlock[n], rightBlock[n], outBlock[m])

37. 寫一個使用在演算法6.1中 *exclusiveOr* 程序的虛擬碼。

　　　　　exclusiveOr (n, firstInBlock[n], secondInBlock[n], outBlock[n])

38. 改寫演算法6.1來描述另一種方式。
39. 論述演算法6.1可用於加密與解密。

CHAPTER 7 進階加密標準

學習目標

在本章中,我們將討論能取代 DES 的對稱式區塊加密法——進階加密標準。本章的學習目標包括:

- 回顧 AES 的發展歷史。
- 定義 AES 的基本結構。
- 定義 AES 的轉換。
- 定義金鑰擴展程序。
- 討論不同的實作方式。

本章的重點在於如何應用第四章所介紹的算術結構,以達成 AES 的安全目標。

7.1 簡介

進階加密標準(Advanced Encryption Standard, AES)是美國國家標準技術局(National Institute of Standards and Technology, NIST)於 2001 年 12 月所發布的對稱式區塊加密法。

歷史

NIST 從 1997 年開始尋找取代 DES 的標準加密法,並命名為進階加密標準。在 NIST 的需求規格中,明定區塊大小為 128 位元,而金鑰長度則有 128、192 和 256 位元三種長度,同時要求 AES 的演算法必須公開。這份聲明隨即向全球公開募集合適的演算法。

在 1998 年 8 月舉行的第一次 AES 候選研討會中,NIST 公布全部的 21 個演算法中有 15 個滿足規格需求,並晉級到下一輪的評選。這些候選名單來自世界各地,也證實了評選過程的公開性與全球性的參與。

1999 年 9 月,在第二次 AES 候選研討會中,NIST 在羅馬公開發表從 15 個競爭演算法中

挑選5個候選演算法參與決選，包括MARS、RC6、Rijndael、Serpent以及Twofish。

2000年10月，在第三次AES候選研討會中，NIST宣布由比利時的研究學者Joan Daemen和Vincent Rijment所設計的**Rijndael**（發音類似「Rain Doll」）演算法正式成為新的進階加密標準。

隨即於2001年2月，NIST針對AES公開發布了一份**聯邦資訊處理標準（Federal Information Processing Standard, FIPS）**的草案。

最後，在2001年12月，AES正式發表於《聯邦公報》，稱為FIPS 197。

評選準則

NIST對AES的評選準則包括安全性、成本以及實作三個方面。Rijndael最後獲選的理由即為此三個分項的總和成績最高。

安全性

這是評選的重點項目。因為NIST明確地要求金鑰長度必須有128位元，因此本項目的重點即在於該演算法對暴力攻擊以外之破密分析攻擊的抵抗力。

成本

成本是評選考量的第二個重點，包括計算的效率以及在不同的平台上（包括硬體、軟體和智慧卡等）對記憶體的需求。

實作

這個項目的重點在於強調AES的演算法必須具有彈性（以便在任意平台上實作），而且簡單。

回合數

AES是一種非Feistel加密法，資料區塊的長度為128位元，其運算回合數可為十、十二和十四個回合。金鑰的長度則取決於回合數，可以有128、192和256位元。圖7.1是AES加密演算法（稱為加密法）的略圖，解密演算法（稱為反向加密法）與加密演算法類似，但回合金鑰的使用順序剛好相反。

在圖7.1中，N_r指的是回合數。根據圖中所示的回合數與金鑰長度的關係，可知一共有三種AES的版本，分別稱為AES-128、AES-192以及AES-256。然而，每個回合中利用金鑰擴展演算法所產生的回合金鑰的長度都是128位元，和明文或密文的區塊長度一樣。

> AES總共定義了三個版本，分別有十、十二和十四個回合的運算，每個版本使用的金鑰長度也都有所不同（分別是128、192或256位元），但是所有的回合金鑰都是128位元。

圖 7.1　AES 加密法的設計概念

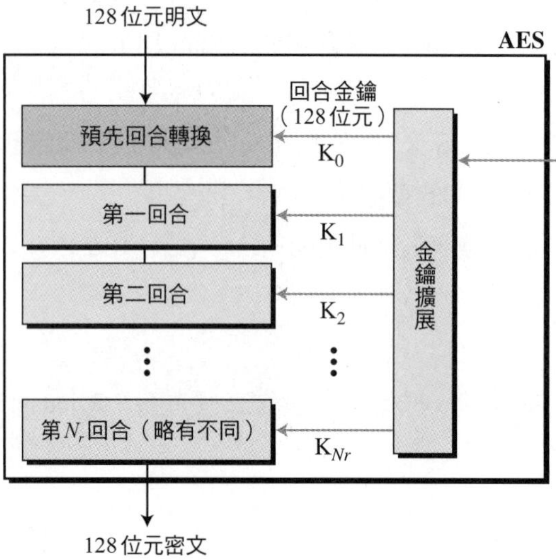

Nr	金鑰長度
10	128
12	192
14	256

回合數與加密金鑰長度的關係

這些利用金鑰擴展演算法所產生之回合金鑰的個數永遠都比回合數多一。也就是說，

$$\text{回合金鑰個數} = N_r + 1$$

我們通常用 $K_0, K_1, K_2, ..., K_{N_r}$ 來代表這些回合金鑰。

資料單位

AES 使用五種資料長度的單位，分別是位元、位元組、字組、區塊和狀態。其中位元是最小的資料單位，其他的資料單位都可以由較小的單位組成。圖 7.2 展示字元組、字組、區塊和狀態等四種的資料單位。

位元

在 AES 中，**位元（bit）** 是指二進位數字（其值可能為 0 或 1）。通常我們會用小寫的字母代表一個位元。

位元組

位元組（byte） 是一個由 8 個位元所組成的單位，在運算中可以被當成一個單一的項目，一個 1 × 8 的矩陣列，或是一個 8 × 1 的矩陣行。做為矩陣列的時候，8 個位元由矩陣行的最左邊開始向右排，矩陣行則是由上往下排。我們通常用小寫的粗體字母代表一個位元組。

圖 7.2　AES 所使用的資料單位

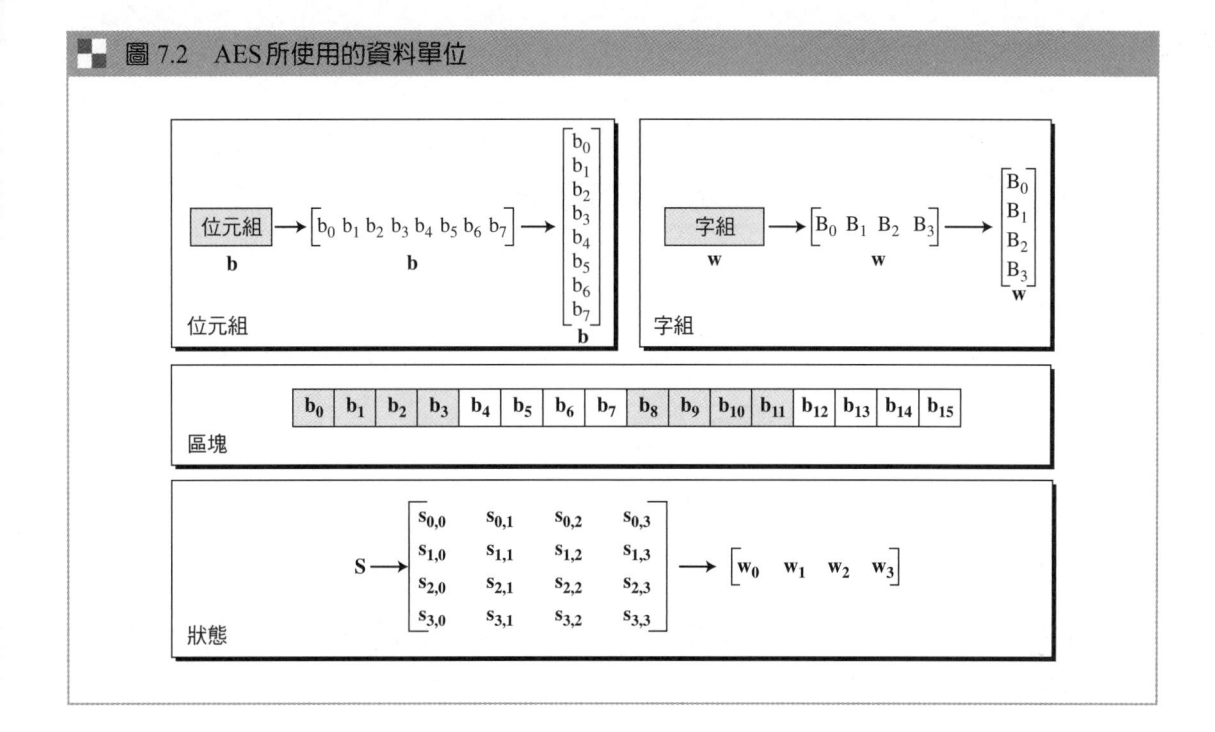

字組

字組（word）的長度有 32 位元，在運算中可以當成一個單一的項目，一個長度為 4 個位元組的列矩陣，或是一個長度為 4 個位元組的行矩陣。做為列矩陣的時候，4 個位元組由列矩陣的最左邊開始向右排，行矩陣則是由上往下排。我們通常用小寫的粗體字母 **w** 代表一個字組。

區塊

AES 的加解密都是以資料區塊為單位。一個**區塊**（block）有 128 位元，或者可以用一個長度為 16 個位元組的列矩陣來表示。

狀態

AES 執行的過程可以分為許多個回合，每個回合又可以再細分為好幾個階段。資料區塊在通過各個階段的運算時會被改變。在 AES 加密法的開頭和結尾，每個單位的資料稱為資料區塊（data block），然而在每個階段的開頭和結尾時，此單位特別被稱為**狀態**（state）。我們通常用大寫的粗體字母 **S** 來代表狀態，有時候也使用大寫字母 **T** 來代表暫時的狀態。狀態和區塊一樣由 16 個位元組所構成，但通常在運算過程中被當做一個由 4 × 4 個位元組所構成的矩陣。這時候會用 $s_{r,c}$ 來代表矩陣的元素（其中 r 代表矩陣的列數，c 代表矩陣的行數，而且 $0 \leq r \leq 3, 0 \leq c \leq 3$）。有時候，狀態也會被當做一個由 1 × 4 個字組所構成的列矩陣。把字組當成行陣列的想法，有助於瞭解資料填入的順序，因為在開始加解密的時候，資料區塊

■ 圖 7.3　區塊與狀態之間的轉換

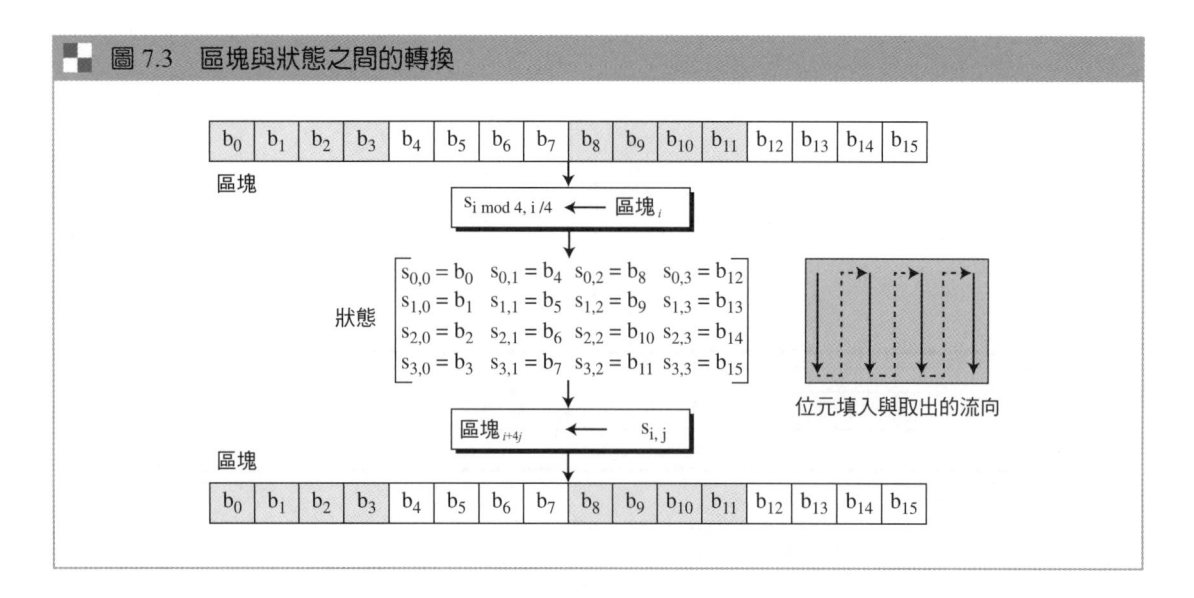

$$\begin{array}{l} s_{0,0}=b_0 \quad s_{0,1}=b_4 \quad s_{0,2}=b_8 \quad s_{0,3}=b_{12} \\ s_{1,0}=b_1 \quad s_{1,1}=b_5 \quad s_{1,2}=b_9 \quad s_{1,3}=b_{13} \\ s_{2,0}=b_2 \quad s_{2,1}=b_6 \quad s_{2,2}=b_{10} \quad s_{2,3}=b_{14} \\ s_{3,0}=b_3 \quad s_{3,1}=b_7 \quad s_{3,2}=b_{11} \quad s_{3,3}=b_{15} \end{array}$$

區塊 $\to$ $s_{i \bmod 4,\ i/4}$ $\leftarrow$ 區塊$_i$

區塊$_{i+4j}$ $\leftarrow$ $s_{i,j}$

位元填入與取出的流向

就是一行一行地由上而下、由左向右填入。同樣地，在加解密結束時，資料也是以同樣的順序加以取出，參考圖7.3。

範例 7.1　現在我們來看看如何用一個4 × 4的陣列來表示16個英文字母。假設文字區塊的內容是「AES uses a matrix」，必須再填入兩個無意義的字母來湊滿16個，得到「AESUSESAMATRIXZZ」，然後用00到25的數字來取代這些字母。接下來，將這些十進位的數字轉換成十六進位。例如字母「S」首先會被換成數字18，然後記為十六進位的12_{16}。最後，將這些十六進位的數字按照由上到下、由左到右的順序填入狀態陣列（參考圖7.4）。

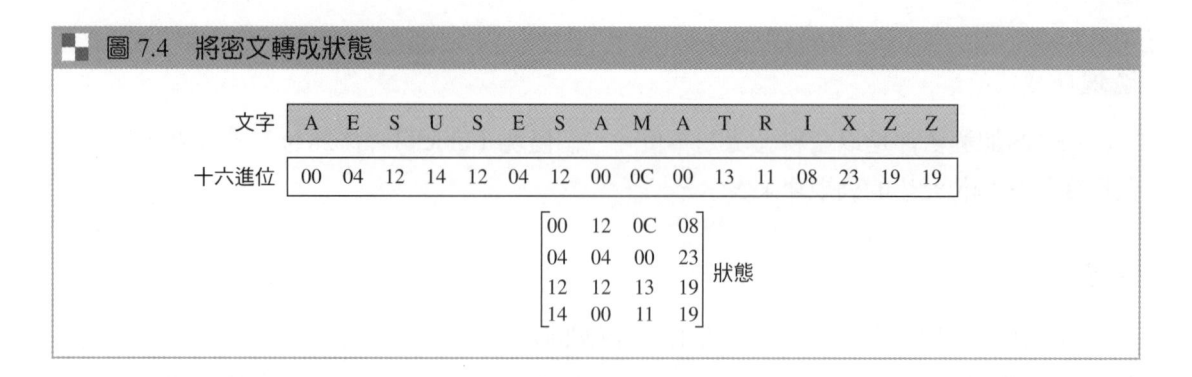

■ 圖 7.4　將密文轉成狀態

文字	A	E	S	U	S	E	S	A	M	A	T	R	I	X	Z	Z
十六進位	00	04	12	14	12	04	12	00	0C	00	13	11	08	23	19	19

$$\begin{bmatrix} 00 & 12 & 0C & 08 \\ 04 & 04 & 00 & 23 \\ 12 & 12 & 13 & 19 \\ 14 & 00 & 11 & 19 \end{bmatrix} \text{狀態}$$

🔑 每個回合的結構

圖7.5顯示加密端每個回合的結構。除了最後一個回合以外，每個回合都有四個可逆的轉換。最後一個回合則只有三個轉換。

從圖7.5可以看出，每個轉換都接受一個狀態做為輸入，並產生另一個狀態給下一個轉換或下一個回合。預先回合只有使用一個轉換（AddRoundKey），而最後一個回合則只有三個轉換（少了MixColumns轉換）。

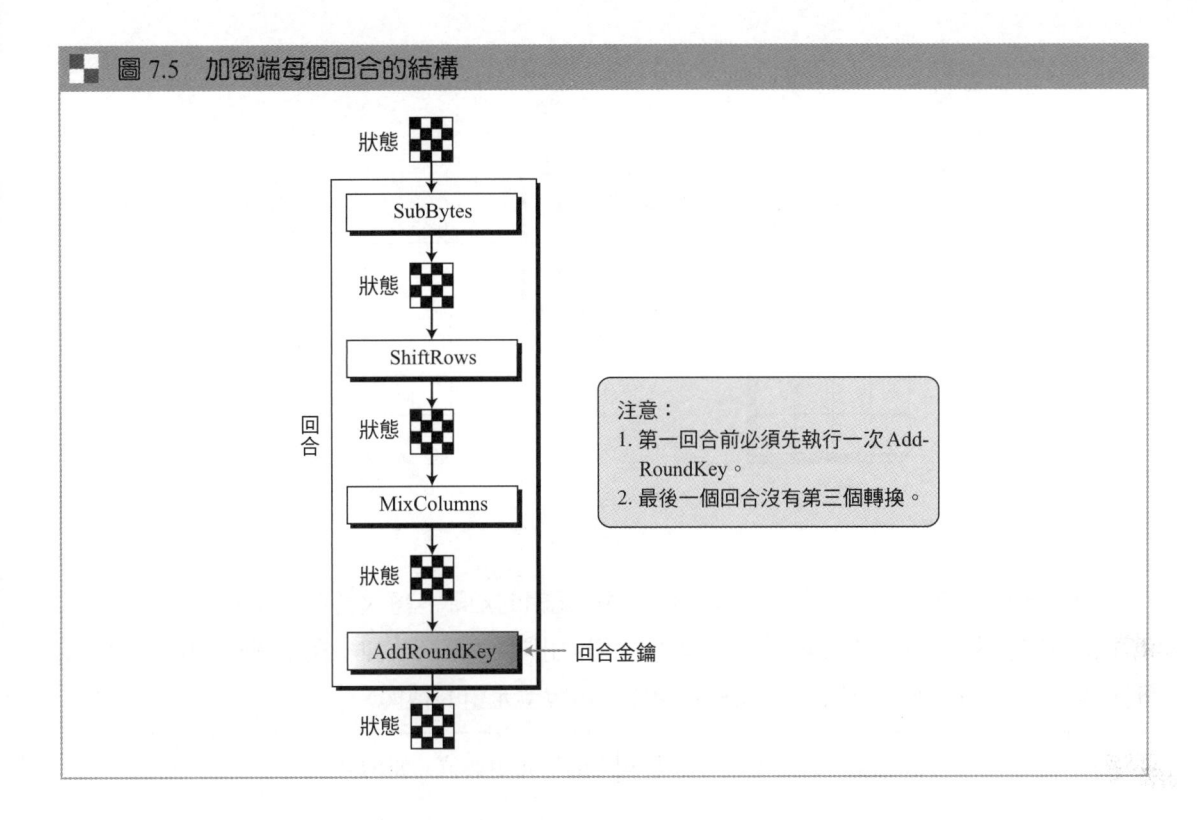

■ 圖 7.5　加密端每個回合的結構

```
         狀態
          ↓
      ┌─────────┐
      │ SubBytes│
      └─────────┘
          ↓
         狀態
          ↓
      ┌─────────┐
      │ShiftRows│
      └─────────┘
          ↓
         狀態           注意：
          ↓           1. 第一回合前必須先執行一次 Add-
      ┌──────────┐        RoundKey。
      │MixColumns│    2. 最後一個回合沒有第三個轉換。
      └──────────┘
          ↓
         狀態
          ↓
      ┌───────────┐
      │AddRoundKey│ ← 回合金鑰
      └───────────┘
          ↓
         狀態
```

解密時所使用的就是這些轉換運算的反向：InvSubByte、InvShiftRows、InfMixColumns 以及 AddRoundKey（本身就是自我可逆的）。

7.2　轉換

為了安全起見，AES 使用了四種類型的轉換，分別是取代、排列、混合以及加入金鑰。以下將分別加以討論。

⚬── 取代

AES 也像 DES 一樣使用取代，但是有幾點不同。首先，AES 的取代是以位元組為單位。其次，所有的位元組的轉換都使用相同的取代表；也就是說，相同的位元組轉換後會得到相同的結果。第三，可以查閱事先定義的取代表進行轉換，或即時地執行在 $GF(2^8)$ 體下的數學運算。AES 使用兩個可逆的轉換。

SubBytes

第一種轉換是在加密端使用，稱為 **SubBytes**。在取代一個位元組的時候，首先將位元組表示成兩個十六進位的數字，左邊的數字做為取代表的列，右邊的數字做為取代表的行。在行列交叉處的兩個十六進位數字就是新的位元組，參考圖7.6。

圖 7.6　SubBytes 轉換

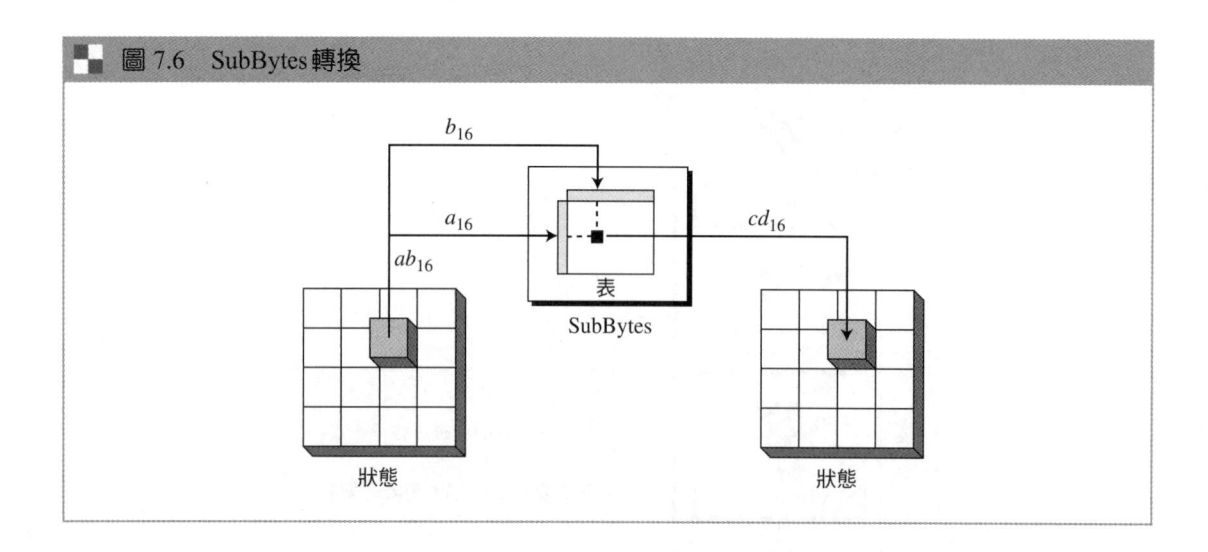

在SubBytes轉換中，將狀態視為一個4×4位元組的矩陣。每次轉換是以位元組為單位，所以每個位元組的內容被改變，但矩陣中位元組的排列並沒有改變。在這個過程中，每個位元組是獨立地被轉換，所以是16個獨立的位元組與位元組的轉換。

SubBytes運算總共有16個獨立的位元組與位元組的轉換。

表7.1的內容就是SubBytes轉換的S-box。此轉換提供混淆的影響。例如，$5A_{16}$和$5B_{16}$兩個位元組只相差最右邊的一個位元，但是轉換後變成BE_{16}和39_{16}，相差四個位元。

表 7.1　SubBytes 轉換表

	0	1	2	3	4	5	6	7	8	9	A	B	C	D	E	F
0	63	7C	77	7B	F2	6B	6F	C5	30	01	67	2B	FE	D7	AB	76
1	CA	82	C9	7D	FA	59	47	F0	AD	D4	A2	AF	9C	A4	72	C0
2	B7	FD	93	26	36	3F	F7	CC	34	A5	E5	F1	71	D8	31	15
3	04	C7	23	C3	18	96	05	9A	07	12	80	E2	EB	27	B2	75
4	09	83	2C	1A	1B	6E	5A	A0	52	3B	D6	B3	29	E3	2F	84
5	53	D1	00	ED	20	FC	B1	5B	6A	CB	BE	39	4A	4C	58	CF
6	D0	EF	AA	FB	43	4D	33	85	45	F9	02	7F	50	3C	9F	A8
7	51	A3	40	8F	92	9D	38	F5	BC	B6	DA	21	10	FF	F3	D2
8	CD	0C	13	EC	5F	97	44	17	C4	A7	7E	3D	64	5D	19	73
9	60	81	4F	DC	22	2A	90	88	46	EE	B8	14	DE	5E	0B	DB
A	E0	32	3A	0A	49	06	24	5C	C2	D3	AC	62	91	95	E4	79
B	E7	CB	37	6D	8D	D5	4E	A9	6C	56	F4	EA	65	7A	AE	08
C	BA	78	25	2E	1C	A6	B4	C6	E8	DD	74	1F	4B	BD	8B	8A
D	70	3E	B5	66	48	03	F6	0E	61	35	57	B9	86	C1	1D	9E
E	E1	F8	98	11	69	D9	8E	94	9B	1E	87	E9	CE	55	28	DF
F	8C	A1	89	0D	BF	E6	42	68	41	99	2D	0F	B0	54	BB	16

InvSubBytes

InvSubBytes 就是 SubBytes 的反向。使用表7.2即可加以轉換。我們可以很容易地驗證這兩個轉換互為反向。

表 7.2　InvSubBytes 轉換表

	0	1	2	3	4	5	6	7	8	9	A	B	C	D	E	F
0	63	7C	77	7B	F2	6B	6F	C5	30	01	67	2B	FE	D7	AB	76
1	CA	82	C9	7D	FA	59	47	F0	AD	D4	A2	AF	9C	A4	72	C0
2	B7	FD	93	26	36	3F	F7	CC	34	A5	E5	F1	71	D8	31	15
3	04	C7	23	C3	18	96	05	9A	07	12	80	E2	EB	27	B2	75
4	09	83	2C	1A	1B	6E	5A	A0	52	3B	D6	B3	29	E3	2F	84
5	53	D1	00	ED	20	FC	B1	5B	6A	CB	BE	39	4A	4C	58	CF
6	D0	EF	AA	FB	43	4D	33	85	45	F9	02	7F	50	3C	9F	A8
7	51	A3	40	8F	92	9D	38	F5	BC	B6	DA	21	10	FF	F3	D2
8	CD	0C	13	EC	5F	97	44	17	C4	A7	7E	3D	64	5D	19	73
9	60	81	4F	DC	22	2A	90	88	46	EE	B8	14	DE	5E	0B	DB
A	E0	32	3A	0A	49	06	24	5C	C2	D3	AC	62	91	95	E4	79
B	E7	CB	37	6D	8D	D5	4E	A9	6C	56	F4	EA	65	7A	AE	08
C	BA	78	25	2E	1C	A6	B4	C6	E8	DD	74	1F	4B	BD	8B	8A
D	70	3E	B5	66	48	03	F6	0E	61	35	57	B9	86	C1	1D	9E
E	E1	F8	98	11	69	D9	8E	94	9B	1E	87	E9	CE	55	28	DF
F	8C	A1	89	0D	BF	E6	42	68	41	99	2D	0F	B0	54	BB	16

範例 7.2　圖7.7展示一組狀態如何使用 SubBytes 進行轉換，該圖同樣也展示出 InvSubBytes 轉換可產生原始的狀態。值得注意的是，若兩個位元組的值相同，則它們的轉換結果也相同。例如左邊狀態中兩個位元組 04_{16}，轉換後的結果皆為右邊狀態中的位元組 $F2_{16}$；反之亦然。這是因為每個位元組使用相同的轉換表；這點和 DES（見第六章）不同，DES 使用八組不同的 S-box。

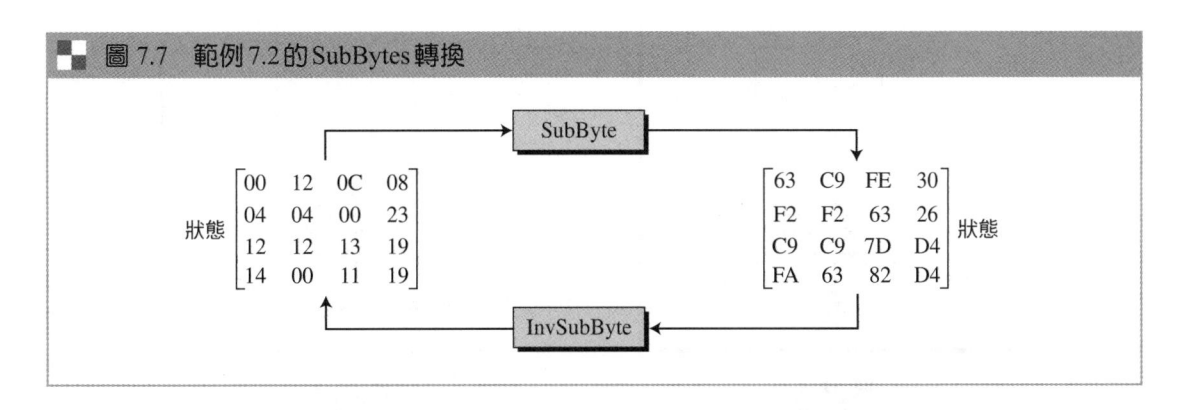

圖 7.7　範例7.2的 SubBytes 轉換

狀態
$$\begin{bmatrix} 00 & 12 & 0C & 08 \\ 04 & 04 & 00 & 23 \\ 12 & 12 & 13 & 19 \\ 14 & 00 & 11 & 19 \end{bmatrix} \xrightarrow{\text{SubByte}} \begin{bmatrix} 63 & C9 & FE & 30 \\ F2 & F2 & 63 & 26 \\ C9 & C9 & 7D & D4 \\ FA & 63 & 82 & D4 \end{bmatrix}$$
狀態
（InvSubByte 為反向）

使用 GF(2^8) 體的轉換

雖然我們可以使用表7.1或表7.2來查詢每個位元組的取代，然而AES同時定義了一個代數上的轉換，亦即使用在 **GF**(2^8) 體下的不可分解多項式 ($x^8 + x^4 + x^3 + x + 1$)，請參考圖 7.8。

SubBytes的轉換運算重複執行一個稱為subbyte的程序16次，而InvSubBytes則使用一個稱為invsubbyte的程序。每一次執行程序轉換一個位元組。

在SubByte的程序中，首先找出原始位元組在**GF**(2^8) 體下，以多項式 ($x^8 + x^4 + x^3 + x + 1$) 為模多項式的乘法反元素。如果輸入的位元組是 00_{16}，則其本身就是自己的乘法反元素。接下來將所求得的位元組當做一個行矩陣（將最右邊的位元擺在矩陣的最上面，依次而下），乘上一個固定的方陣 **X** 而得到一個新的行矩陣，再和另外一個固定的行矩陣 **y** 相加，最後就得到新的位元組。注意：以上位元的乘法運算和加法運算都是在 **GF**(2) 體下進行的。

圖 7.8　SubBytes 與 InvSubBytes 程序

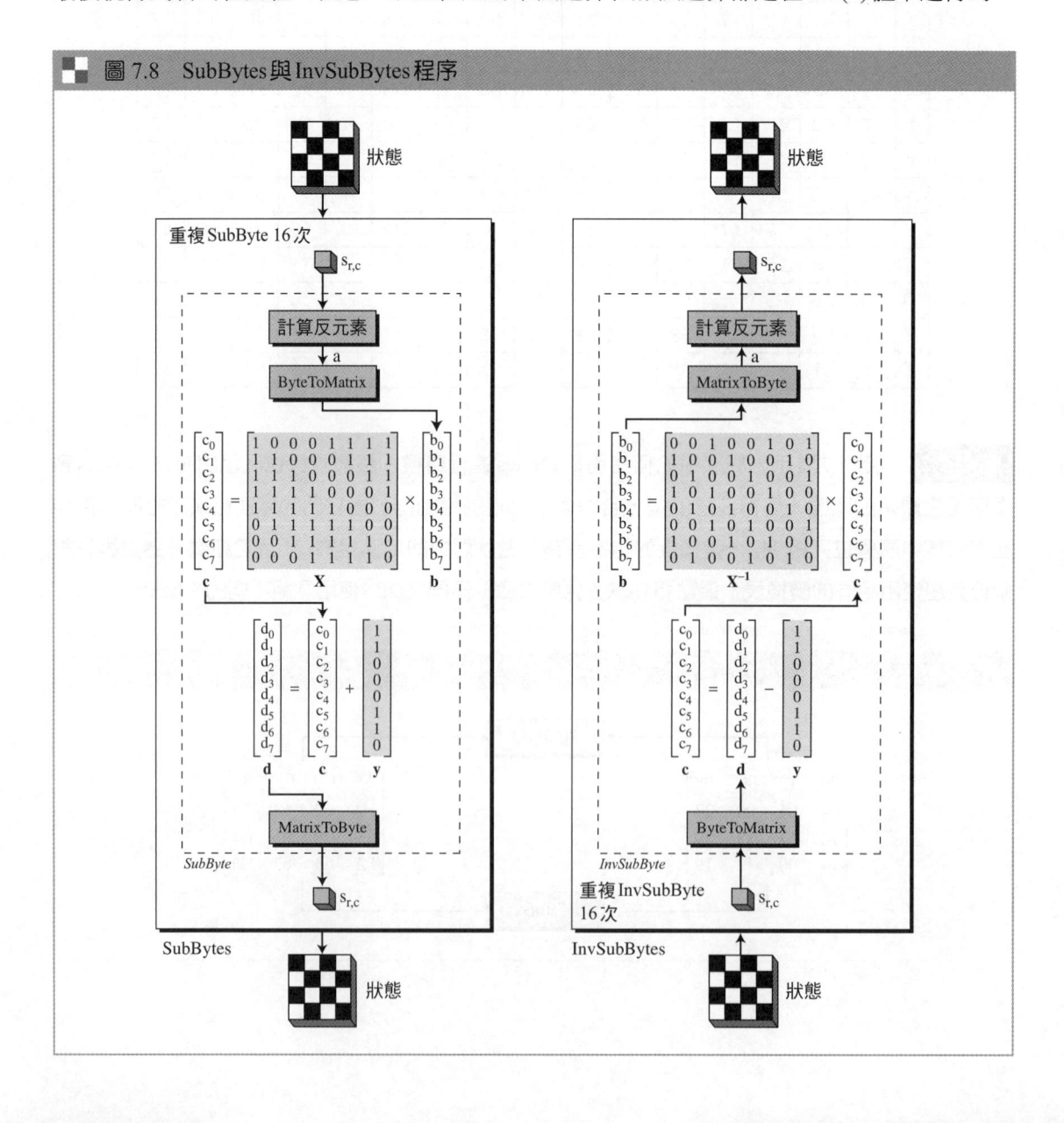

InvSubBytes 的轉換運算就是把以上的程序倒著進行。

找到輸入位元組的乘法反元素之後，接下來的程序就和第三章所介紹的仿射加密法十分類似。加密時先做乘法再做加法；解密時則相反，先做減法（加上反元素）再做除法（乘上反元素）。由於在 $GF(2)$ 下執行加法或減法相當於 XOR 運算，所以我們很容易便可以證明這兩個轉換互為反向。

SubBytes：　　→　　$d = X(s_{r,c})1 \oplus y$

InvSubBytes：　→　　$[X^{-1}(d \oplus y)]^{-1} = [X^{-1}(X(s_{r,c})^{-1} \oplus y \oplus y)]^{-1} = [(s_{r,c})^{-1}]^{-1} = s_{r,c}$

SubBytes 與 InvSubBytes 轉換互為反向。

範例 7.3　　以下我們展示如何經由 SubBytes 程序將位元組 0C 轉換成 FE，再使用 InvSubBytes 程序將其轉換回 0C。

1. SubByte
    a. 位元組 0C 在 $GF(2^8)$ 體下的乘法反元素為 B0，所以 **b** 就是 (10110000)。
    b. 將 **b** 乘上矩陣 **X**，得到矩陣 **c** = (10011101)。
    c. 對 **b** 和 **y** 執行 XOR 運算，得到矩陣 **d** = (11111110)，也就是十六進位的 FE。
2. InvSubByte
    a. 執行 XOR 運算後得到矩陣 **c** = (10011101)。
    b. 乘上矩陣 X^{-1}，得到 (11010000)，即為十六進位的 B0。
    c. B0 的乘法反元素即是 0C。

演算法

雖然前面以矩陣運算示範來強調取代（仿射轉換）的性質，但實際上由於常數方陣 **X** 裡面的元素只有 0 跟 1，演算法不一定要做矩陣的乘法和加法。我們可以將常數行矩陣 **y** 的值記為十六進位的 0x63，然後寫一個簡單的演算法來進行 SubBytes 轉換。在演算法 7.1 中就使用 16 次 SubBytes 程序，狀態中每個位元組都要使用 1 次。

ByteToMatrix 程序將位元組轉換成一個 8 × 1 的行矩陣，而 MatrixToByte 程序則反過來將一個 8 × 1 的行矩陣轉換成一個位元組。這些程序的詳細內容以及 InvSubBytes 演算法則留做練習題。

非線性

雖然 SubBytes 程序中的矩陣乘法和加法都是線性的仿射轉換，但是在 $GF(2^8)$ 下使用乘法反元素取代原始位元組的過程卻是非線性的。這個步驟使得整個轉換結構具有非線性的性質。

演算法 7.1　SubBytes 轉換的虛擬程式碼

```
SubBytes (S)
{
   for (r = 0 to 3)
      for (c = 0 to 3)
            S_{r,c} = subbyte (S_{r,c})
}

subbyte (byte)
{
   a ← byte^{-1}                    //在 GF(2^8) 體之下的乘法反元素 00 的反元素亦為 00
   ByteToMatrix (a, b)
   for (i = 0 to 7)
   {
      c_i ← b_i ⊕ b_{(i+4)mod 8} ⊕ b_{(i+5)mod 8} ⊕ b_{(i+6)mod 8} ⊕ b_{(i+7)mod 8}
      d_i ← c_i ⊕ ByteToMatrix (0x63)
   }
   MatrixToByte (d, d)
   byte ← d
}
```

排列

另一種轉換是位元組排列的位移。這和DES的不同之處在於DES的位移是以位元為單位，而AES則是以位元組為單位，位元組內的位元順序完全不受影響。

ShiftRows

在加密時，這種轉換稱為**ShiftRows**，其位移是由右向左。位移的次數取決於狀態矩陣的列數（0、1、2或3）。也就是說，矩陣中的第0列不位移，而最後一列則向左位移3個位元組。圖7.9展示位移轉換的方式。

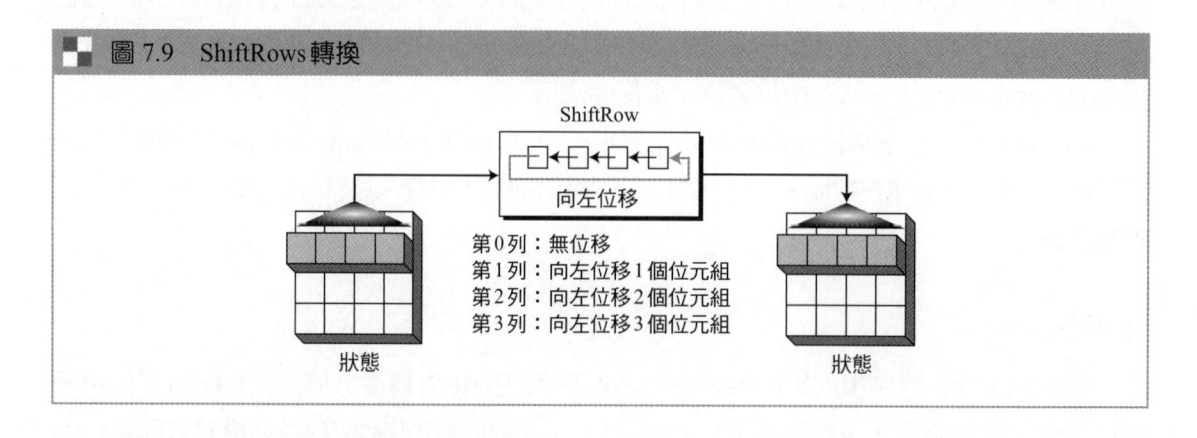

圖 7.9　ShiftRows 轉換

ShiftRow
向左位移

第0列：無位移
第1列：向左位移1個位元組
第2列：向左位移2個位元組
第3列：向左位移3個位元組

狀態　　　　　　　　　　　　　　　狀態

注意，ShiftRows轉換是以列為單位。

InvShiftRows

在解密時，這種轉換稱為 **InvShiftRows**，其位移是由左向右。位移的次數同樣取決於狀態矩陣的列數（0、1、2或3）。

ShiftRows 轉換和 InvShiftRows 轉換互為反向。

演算法

從演算法 7.2 中可以看出 ShiftRows 轉換非常簡單。然而，為了強調轉換過程是以列為單位，我們使用了一個 shiftrow 程序，在單一列中對位元組進行位移。這個函數在演算法中被呼叫了三次。shiftrow 程序首先將列複製到一個暫時的列矩陣 **t**，然後開始位移。

演算法 7.2　ShiftRows 轉換的虛擬程式碼

```
ShiftRows (S)
{
    for (r = 1 to 3)
        shiftrow (s_r, r)            //s_r 為第 r 列
}

shiftrow (row, n)                    //n 為位移的位元組數
{
    CopyRow (row, t)                 //t 為暫時列
    for (c = 0 to 3)
        row_{(c − n) mod 4} ← t_c
}
```

範例 7.4　圖 7.10 展示一組狀態如何使用 ShiftRows 進行轉換，也展示出 InvShiftRows 轉換可產生原始的狀態。

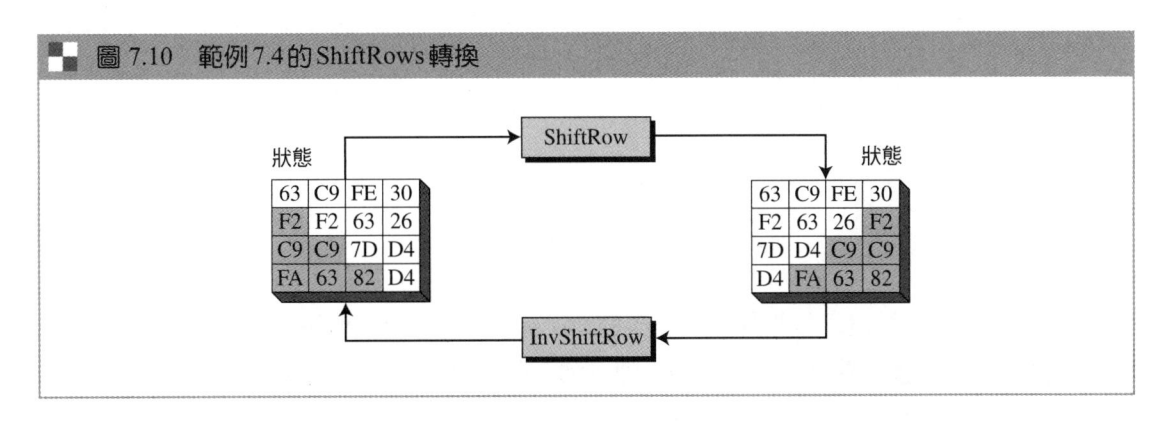

圖 7.10　範例 7.4 的 ShiftRows 轉換

狀態

63	C9	FE	30
F2	F2	63	26
C9	C9	7D	D4
FA	63	82	D4

ShiftRow →

狀態

63	C9	FE	30
F2	63	26	F2
7D	D4	C9	C9
D4	FA	63	82

← InvShiftRow

混合

SubBytes 轉換所提供的取代僅改變了原始值和表格當中的項目，並不包含鄰近的位元

組，因此SubBytes稱為位元組內（intra-byte）的轉換。ShiftRows轉換則是以位元組為單位所進行的排列，位元組內各位元的位置則沒有受到影響，因此ShiftRows稱為位元組交換（byte-exchange）的轉換。我們還需要一個位元組間（inter-byte）的轉換，依據鄰近位元組的內容改變目前位元組內的位元。藉由混合位元組，以提供位元的擴散效果。

混合轉換改變每個位元組的內容時是一次取用四個位元組，加以組合後重新產生四個位元組。為了要保證四個新的位元組都不相同（即使四個原始的位元組皆相同），在組合過程中，每個位元組都會先各自乘上一個不同的常數，然後再使用矩陣乘法加以混合。我們在第二章已經討論過，方陣和行矩陣相乘後會得到一個新的行矩陣，而新矩陣內的每個元素都是原始矩陣的四個元素乘上常數行矩陣中相對應之值的總和。圖7.11是這個過程的示意圖。

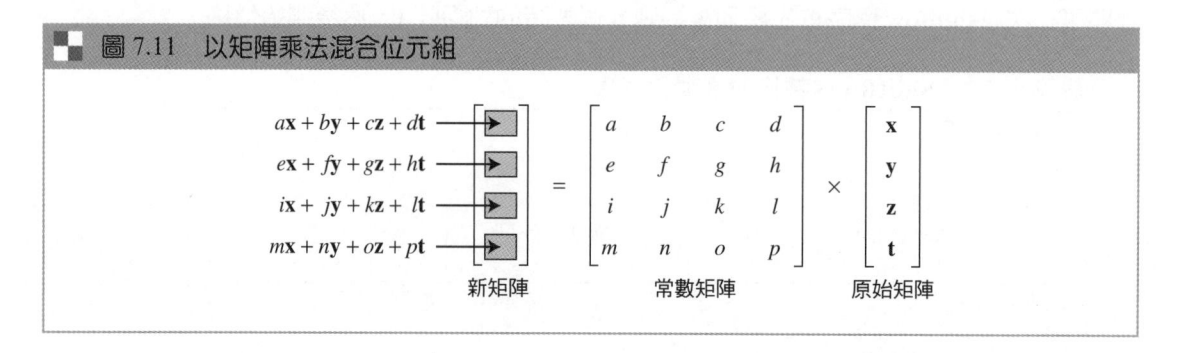

圖 7.11　以矩陣乘法混合位元組

$$\begin{bmatrix} a\mathbf{x}+b\mathbf{y}+c\mathbf{z}+d\mathbf{t} \\ e\mathbf{x}+f\mathbf{y}+g\mathbf{z}+h\mathbf{t} \\ i\mathbf{x}+j\mathbf{y}+k\mathbf{z}+l\mathbf{t} \\ m\mathbf{x}+n\mathbf{y}+o\mathbf{z}+p\mathbf{t} \end{bmatrix} = \begin{bmatrix} a & b & c & d \\ e & f & g & h \\ i & j & k & l \\ m & n & o & p \end{bmatrix} \times \begin{bmatrix} \mathbf{x} \\ \mathbf{y} \\ \mathbf{z} \\ \mathbf{t} \end{bmatrix}$$

新矩陣　　　　　　　常數矩陣　　　　　原始矩陣

AES定義的混合程序稱為MixColumns，而MixColumns的反向則稱為InvMixColumns。圖7.12為這兩個混合程序裡使用的常數矩陣。在$GF(2^8)$下將矩陣元素當作8位元的字組（或多項式），則這兩個矩陣互為彼此的反向。這兩個矩陣關係的證明留做練習題。

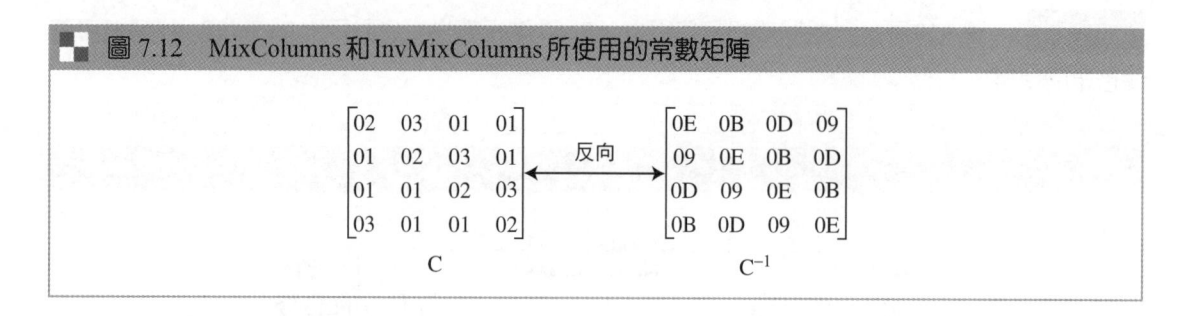

圖 7.12　MixColumns 和 InvMixColumns 所使用的常數矩陣

$$\begin{bmatrix} 02 & 03 & 01 & 01 \\ 01 & 02 & 03 & 01 \\ 01 & 01 & 02 & 03 \\ 03 & 01 & 01 & 02 \end{bmatrix} \xleftrightarrow{\text{反向}} \begin{bmatrix} 0E & 0B & 0D & 09 \\ 09 & 0E & 0B & 0D \\ 0D & 09 & 0E & 0B \\ 0B & 0D & 09 & 0E \end{bmatrix}$$

　　　　　C　　　　　　　　　　　　　　C^{-1}

MixColumns

MixColumns轉換是以行矩陣為單位來執行；它將每個行矩陣轉換成另一組數值。這個轉換事實上是將狀態行乘上常數方陣的矩陣乘法。狀態行和常數矩陣裡的位元組會被當做8位元的字組（或多項式）來計算，而係數皆是在$GF(2)$下。位元組的計算是在$GF(2^8)$下的乘法，模數為(10001101)或$(x^8+x^4+x^3+x+1)$。加法相當於對8位元的字組執行XOR運算。圖7.13是MixColumns轉換的示意圖。

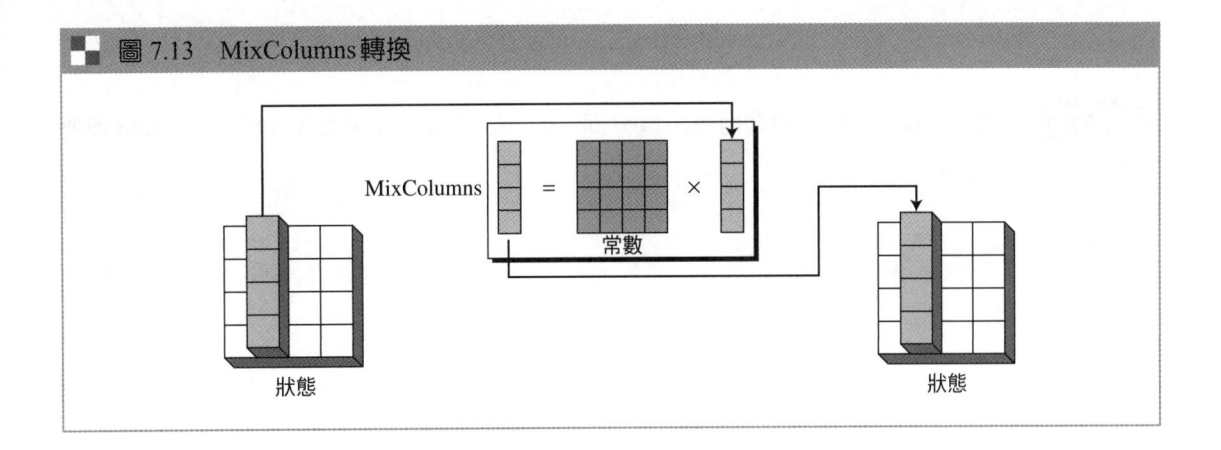

圖 7.13 MixColumns 轉換

InvMixColumns

InvMixColumns 的轉換程序基本上和 MixColumns 一樣。只要兩個常數矩陣互為彼此的反元素，我們可以很容易地證明這兩種轉換程序也是互為彼此的反向。

MixColumns 轉換和 InvMixColumns 轉換互為反向。

演算法

演算法 7.3 是 MixColumns 轉換的程式碼。

演算法 7.3　MixColumns 轉換的虛擬程式碼

```
MixColumns (S)
{
    for (c = 0 to 3)
        mixcolumn (s_c)
}
mixcolumn (col)
{
    CopyColumn (col, t)                              //t 為暫時行

    col_0 ← (0x02) • t_0 ⊕ (0x03 • t_1) ⊕ t_2 ⊕ t_3

    col_1 ← t_0 ⊕ (0x02) • t_1 ⊕ (0x03) • t_2 ⊕ t_3

    col_2 ← t_0 ⊕ t_1 ⊕ (0x02) • t_2 ⊕ (0x03) • t_3

    col_3 ← (0x03 • t_0) ⊕ t_1 ⊕ t_2 ⊕ (0x02) • t_3
}
```

MixColumns 和 InvMixColumns 演算法使用在 $GF(2^8)$ 體下的加法和乘法。第四章曾經介紹過一種在該體下簡單又有效的演算法。然而，此處為了要展示轉換演算法一次轉換一個矩陣行的特性，我們在演算法中呼叫一個 MixColumn 程序四次。MixColumn 程序只是將常數矩陣的一列乘上狀態的一行。在演算法中，我們用運算子 • 來代表在 $GF(2^8)$ 體下的乘法，

也可以用第四章介紹的程序來取代。InvMixColumns的程式碼就留做練習題。

範例 7.5 圖7.14展示一組狀態如何使用MixColumns進行轉換，也展示出InvMixColumns轉換可產生原始的狀態。

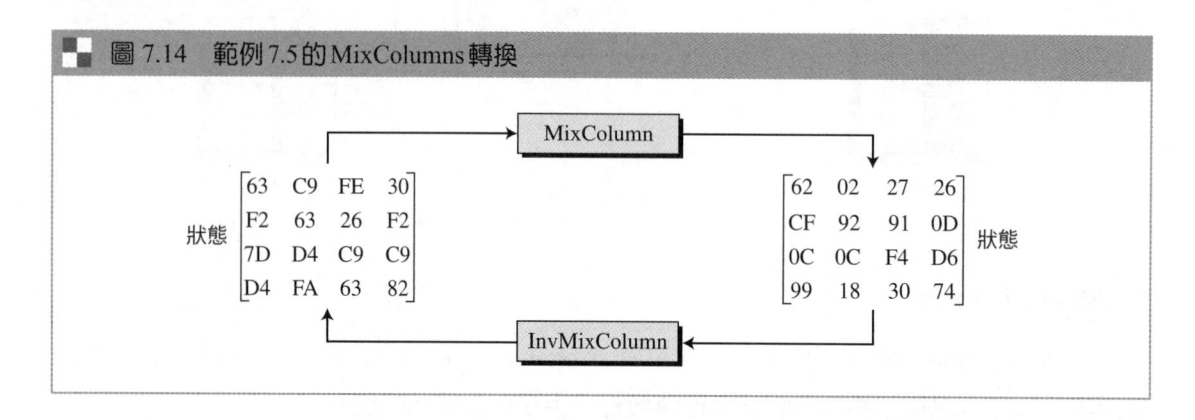

■ 圖 7.14 範例7.5的MixColumns轉換

$$
\text{狀態} \begin{bmatrix} 63 & C9 & FE & 30 \\ F2 & 63 & 26 & F2 \\ 7D & D4 & C9 & C9 \\ D4 & FA & 63 & 82 \end{bmatrix} \xrightarrow{\text{MixColumn}} \begin{bmatrix} 62 & 02 & 27 & 26 \\ CF & 92 & 91 & 0D \\ 0C & 0C & F4 & D6 \\ 99 & 18 & 30 & 74 \end{bmatrix} \text{狀態}
$$

注意，圖中相等的位元組在轉換後就不再相等。例如，第二列有兩個位元組F2，在轉換後則分別變成CF和0D。

加入金鑰

在整個加密的過程中，最重要的就是如何將金鑰加入運算。以上所有的轉換都是可逆的。如果每個回合沒有在狀態中加入加密金鑰，攻擊者只要取得密文就很容易可推導出明文。加密金鑰是Alice和Bob在整個過程中共享的唯一祕密。

AES使用一個金鑰擴展程序（本章稍後會詳加討論）從加密金鑰來建立$N_r + 1$個回合金鑰。回合金鑰的長度是128個位元，在運算中會當成四個32位元長度的字組使用。在將回合金鑰加入狀態的過程中，我們將每個字組看成一個行矩陣。

AddRoundKey

AddRoundKey和MixColumns一樣，一次處理一行。但是MixColumns是將每一個狀態行乘上一個常數方陣，而AddRoundKey則是將回合金鑰加入狀態矩陣行。MixColumns使用矩陣乘法，而AddRoundKey則使用矩陣加法。因為矩陣的加法和減法作法相同，所以AddRoundKey本身就是自己的反向。圖7.15是AddRoundKey轉換的示意圖。

AddRoundKey轉換為自己的反向。

演算法

我們可以把AddRoundKey轉換想成狀態行與相對應金鑰字組的XOR運算。在下一節我

■ 圖 7.15　AddRoundKey 轉換

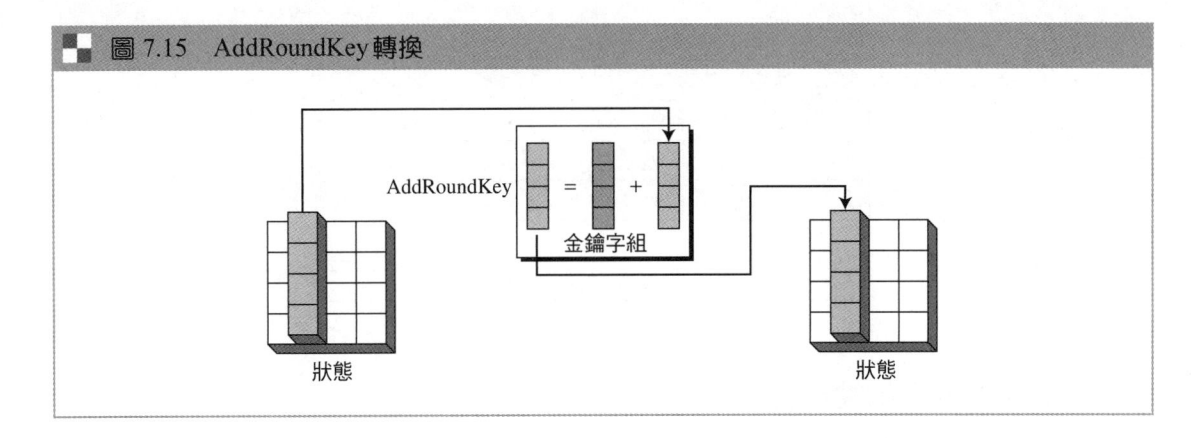

們將討論如何將加密金鑰擴展成金鑰字組的集合。現在，我們將 AddRoundKey 的轉換寫成以下的演算法 7.4。注意演算法中 s_c 和 $w_{round+4c}$ 都是 4×1 的行矩陣。

演算法 7.4　AddRoundKey 轉換的虛擬程式碼

```
AddRoundKey (S)
{
    for (c = 0 to 3)
        s_c ← s_c ⊕ w_round + 4c
}
```

演算法中的 ⊕ 符號代表兩個行矩陣的 XOR 運算，其中每一個都是 4 個位元組。這個演算法的程式碼撰寫將留做練習題。

7.3　金鑰擴展

AES 使用**金鑰擴展（key-expansion）**程序來建立每一回合中所使用的回合金鑰。假設回合數為 N_r，則金鑰擴展程序將從一個長度為 128 位元的加密金鑰，產生 $N_r + 1$ 個長度為 128 位元的回合金鑰。其中，第一個回合金鑰被用於預先回合的轉換（AddRoundKey），剩下的回合金鑰則分配給每個回合的最後一個轉換。

金鑰擴展程序在產生回合金鑰時，是一個字組一個字組地產生，其中每一個字組的長度為 4 個位元組。這個程序產生 $4 \times (N_r + 1)$ 個字組：

$$w_0, w_1, w_2, \cdots, w_{4(N_r+1)-1}$$

換言之，在 128 位元版本的 AES（十個回合），總共要產生 44 個字組，192 位元版本（十二個回合）需要 52 個字組，而 256 位元版本（十四個回合）則需要 60 個字組。每個回合金鑰由 4 個字組構成。表 7.3 列出回合數和字組數的關係。

表 7.3　每一回合的字組

回合	字組			
預先回合	w_0	w_1	w_2	w_3
1	w_4	w_5	w_6	w_7
2	w_8	w_9	w_{10}	w_{11}
...	...			
N_r	w_{4N_r}	w_{4N_r+1}	w_{4N_r+2}	w_{4N_r+3}

AES-128 的金鑰擴展程序

以下討論是以 AES-128 的版本為例；另外兩種版本的差異非常小。圖 7.16 說明如何從原始的金鑰產生這 44 個字組。

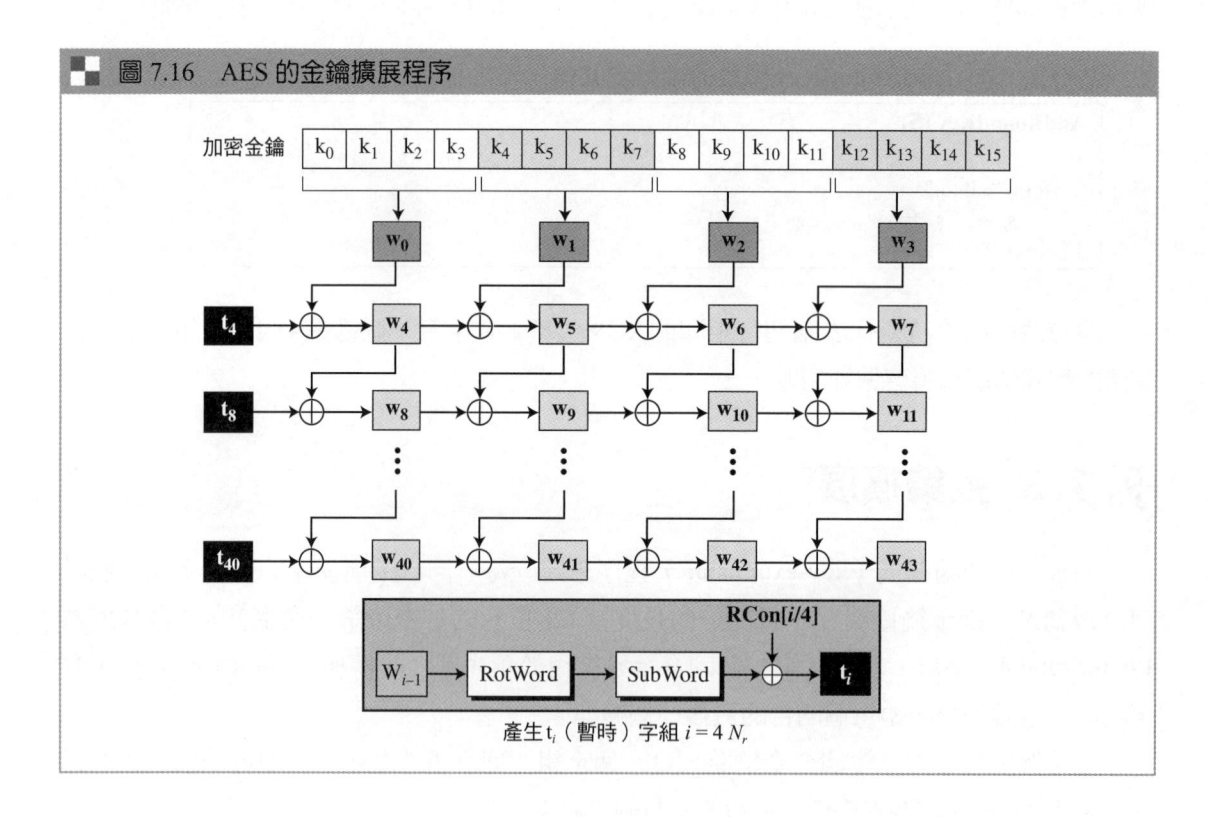

圖 7.16　AES 的金鑰擴展程序

產生 t_i（暫時）字組 $i = 4 N_r$

這個程序大致如下：

1. 前 4 個字組（w_0, w_1, w_2, w_3）直接由加密金鑰組成。整個加密金鑰被當成一個長度為 16 個位元組（k_0 至 k_{15}）的陣列。最前面的 4 個位元組（k_0 至 k_3）構成字組 w_0；接下來的 4 個位元組（k_4 至 k_7）變成 w_1；以此類推。換言之，這一群字組是直接從加密金鑰複製而來。

2. 其他的字組（w_i，其中 $i = 4$ 至 43）產生程序如下：

   a. 當 $(i \bmod 4) \neq 0$ 時，$w_i = w_{i-1} \oplus w_{i-4}$。參考圖 7.16，此時每個字組都是由左邊的字組和

上面的字組得來。

b. 當 $(i \bmod 4) = 0$ 時，$w_i = t \oplus w_{i-4}$。這裡 t 是一個由 w_{i-1} 經過 SubWord 和 RotWord，再和一個回合常數 RCon 做 XOR 後所得的暫時字組。換言之，

$$t = \text{SubWord (RotWord} (w_{i-1})) \oplus \text{RCon}_{i/4}$$

RotWord

RotWord 類似於 ShiftRows 轉換，但只用在單一列。這個程序將一個字組當作長度為 4 個位元組的陣列，並將每位元組以迴轉的方式向左位移。

SubWord

SubWord 類似於 SubBytes 轉換，但只用在 4 個位元組。這個程序將字組內的 4 個位元組用別的位元組加以取代。

回合常數

每個回合常數 RCon 都是一個長度為 4 個位元組，但是右邊 3 個位元組皆為零的值。表 7.4 列出所有在 AES-128 使用的 RCon 值。

表 7.4　RCon 常數

回合	常數（RCon）	回合	常數（RCon）
1	(**01** 00 00 00)$_{16}$	6	(**20** 00 00 00)$_{16}$
2	(**02** 00 00 00)$_{16}$	7	(**40** 00 00 00)$_{16}$
3	(**04** 00 00 00)$_{16}$	8	(**80** 00 00 00)$_{16}$
4	(**08** 00 00 00)$_{16}$	9	(**1B** 00 00 00)$_{16}$
5	(**10** 00 00 00)$_{16}$	10	(**36** 00 00 00)$_{16}$

金鑰擴展程序在計算字組時，可以選擇使用查表或者在 $GF(2^8)$ 體下計算最左邊位元組的值。計算方式如下所列（prime 為一不可分解多項式）：

$$
\begin{aligned}
RC_1 &\to x^{1-1} = x^0 \bmod prime = 1 &&\to 00000001 \to 01_{16} \\
RC_2 &\to x^{2-1} = x^1 \bmod prime = x &&\to 00000010 \to 02_{16} \\
RC_3 &\to x^{3-1} = x^2 \bmod prime = x^2 &&\to 00000100 \to 04_{16} \\
RC_4 &\to x^{4-1} = x^3 \bmod prime = x^3 &&\to 00001000 \to 08_{16} \\
RC_5 &\to x^{5-1} = x^4 \bmod prime = x^4 &&\to 00010000 \to 10_{16} \\
RC_6 &\to x^{6-1} = x^5 \bmod prime = x^5 &&\to 00100000 \to 20_{16} \\
RC_7 &\to x^{7-1} = x^6 \bmod prime = x^6 &&\to 01000000 \to 40_{16} \\
RC_8 &\to x^{8-1} = x^7 \bmod prime = x^7 &&\to 10000000 \to 80_{16} \\
RC_9 &\to x^{9-1} = x^8 \bmod prime = x^4 + x^3 + x + 1 &&\to 00011011 \to 1B_{16} \\
RC_{10} &\to x^{10-1} = x^9 \bmod prime = x^5 + x^4 + x^2 + x &&\to 00110110 \to 36_{16}
\end{aligned}
$$

最左邊的位元組稱為 RC_i，事實上是 x^{i-1}，其中 i 是回合數。AES 使用的不可分解多項式為 $(x^8 + x^4 + x^3 + x + 1)$。

演算法

演算法 7.5 是 AES-128 執行金鑰擴展的程序。

演算法 7.5　AES-128 金鑰擴展的虛擬程式碼

```
KeyExpansion ([key₀ to key₁₅], [w₀ to w₄₃])
{
    for (i = 0 to 3)
        wᵢ ← key₄ᵢ + key₄ᵢ₊₁ + key₄ᵢ₊₂ + key₄ᵢ₊₃

    for (i = 4 to 43)
    {
        if (i mod 4 ≠ 0)    wᵢ ← wᵢ₋₁ + wᵢ₋₄
        else
        {
            t ← SubWord (RotWord (wᵢ₋₁)) ⊕ RConᵢ/₄        //t 為暫時字組
            wᵢ ← t + wᵢ₋₄
        }
    }
}
```

範例 7.6　表 7.5 顯示使用 (24 75 A2 B3 34 75 56 88 31 E2 12 00 13 AA 54 87)₁₆ 這個金鑰所產生的回合金鑰。

表 7.5　金鑰擴展範例

回合	t 值	回合中的第一個字組	回合中的第二個字組	回合中的第三個字組	回合中的第四個字組
—		w_{00} = 2475A2B3	w_{01} = 34755688	w_{02} = 31E21200	w_{03} = 13AA5487
1	AD20177D	w_{04} = 8955B5CE	w_{05} = BD20E346	w_{06} = 8CC2F146	w_{07} = 9F68A5C1
2	470678DB	w_{08} = CE53CD15	w_{09} = 73732E53	w_{10} = FFB1DF15	w_{11} = 60D97AD4
3	31DA48D0	w_{12} = FF8985C5	w_{13} = 8CFAAB96	w_{14} = 734B7483	w_{15} = 2475A2B3
4	47AB5B7D	w_{16} = B822deb8	w_{17} = 34D8752E	w_{18} = 479301AD	w_{19} = 54010FFA
5	6C762D20	w_{20} = D454F398	w_{21} = E08C86B6	w_{22} = A71F871B	w_{23} = F31E88E1
6	52C4F80D	w_{24} = 86900B95	w_{25} = 661C8D23	w_{26} = C1030A38	w_{27} = 321D82D9
7	E4133523	w_{28} = 62833EB6	w_{29} = 049FB395	w_{30} = C59CB9AD	w_{31} = F7813B74
8	8CE29268	w_{32} = EE61ACDE	w_{33} = EAFE1F4B	w_{34} = 2F62A6E6	w_{35} = D8E39D92
9	0A5E4F61	w_{36} = E43FE3BF	w_{37} = 0EC1FCF4	w_{38} = 21A35A12	w_{39} = F940C780
10	3FC6CD99	w_{40} = DBF92E26	w_{41} = D538D2D2	w_{42} = F49B88C0	w_{43} = 0DDB4F40

每個回合中最後三個字組的計算都很簡單，但是在計算第一個字組之前必須先算出暫時字組 (t)。例如第一個回合的 t 計算如下：

RotWord (13AA5487) = AA548713 → SubWord (AA548713) = AC20177D

t = AC20177D ⊕ **RCon**$_1$ = AC20 17 7D ⊕ 01000000$_{16}$ = AD20177D

範例 7.7　AES中每個回合金鑰都是由上一個回合金鑰算出來的。然而，因為計算中使用SubWord 轉換程序，所以回合金鑰之間的關係是非線性的。加入回合常數的步驟也確保了每個回合金鑰都不會和上一個相同。

範例 7.8　即使加密金鑰只差一個位元，所求出來的兩組回合金鑰的差異也很明顯。

加密金鑰1：12 45 A2 A1 23 31 A4 A3　B2 CC A**A** 34　C2 BB 77 23
加密金鑰2：12 45 A2 A1 23 31 A4 A3　B2 CC A**B** 34　C2 BB 77 23

由表7.6中可知，加密金鑰中單一位元的差異就足以產生兩組完全不同的回合金鑰（R.是回合數，而B.D.是不同的位元數）。

表 7.6　兩組回合金鑰比較

R.	第一組回合金鑰	第二組回合金鑰	B. D.
—	1245A2A1 2331A4A3 B2CCA**A**34 C2BB7723	1245A2A1 2331A4A3 B2CCA**B**34 C2BB7723	01
1	F9B08484 DA812027 684D8**A**13 AAF6F**D**30	F9B08484 DA812027 684D8**B**13 AAF6F**C**30	02
2	B9E48028 6365A00F 0B282A1C A1DED72C	B9008028 6381A00F 0BCC2B1C A13AD72C	17
3	A0EAF11A C38F5115 C8A77B09 6979AC25	3D0EF11A 5E8F5115 55437A09 F479AD25	30
4	1E7BCEE3 DDF49FF6 1553E4FF 7C2A48DA	839BCEA5 DD149FB0 8857E5B9 7C2E489C	31
5	EB2999F3 36DD0605 238EE2FA 5FA4AA20	A2C910B5 7FDD8F05 F78A6ABC 8BA42220	34
6	82852E3C B4582839 97D6CAC3 C87260E3	CB5AA788 B487288D 430D4231 C8A96011	56
7	82553FD4 360D17ED A1DBDD2E 69A9BDCD	588A2560 EC0D0DED AF004FDC 67A92FCD	50
8	D12F822D E72295C0 46F948EE 2F50F523	0B9F98E5 E7929508 4892DAD4 2F3BF519	44
9	99C9A438 7EEB31F8 38127916 17428C35	F2794CF0 15EBD9F8 5D79032C 7242F635	51
10	83AD32C8 FD460330 C5547A26 D216F613	E83BDAB0 FDD00348 A0A90064 D2EBF651	52

範例 7.9　在第六章我們討論過DES系統中的弱金鑰，然而這個概念並不適用於AES。假設加密金鑰的位元全部為0。以下列出加密過程中數個回合的字組：

```
預先回合：   00000000    00000000    00000000    00000000
第一回合：   62636363    62636363    62636363    62636363
第二回合：   9B9898C9    F9FBFBAA    9B9898C9    F9FBFBAA
第三回合：   90973450    696CCFFA    F2F45733    0B0FAC99
   ...         ...         ...         ...         ...
第十回合：   B4EF5BCB    3E92E211    23E951CF    6F8F188E
```

預先回合和第一回合的字組都完全相同。在第二回合時，第一個字組和第三個相同，而第二個字組和第四個相同。然而，從第二回合以後所有的字組就都完全不一樣了。

🗝 AES-192 和 AES-256 的金鑰擴展程序

AES-192 和 AES-256 這兩個版本的金鑰擴展程序和 AES-128 非常相近，不同的地方只有以下幾點：

1. 在 AES-192 中，一次產生六個字組而非四個。
   a. 使用加密金鑰產生前六個字組（w_0 至 w_5）。
   b. 當 $i \bmod 6 \neq 0$ 時，$w_i \leftarrow w_{i-1} + w_{i-6}$；否則，$w_i \leftarrow t + w_{i-6}$。
2. 在 AES-256 中，一次產生八個字組而非四個。
   a. 使用加密金鑰產生前八個字組（w_0 至 w_7）。
   b. 當 $i \bmod 8 \neq 0$ 時，$w_i \leftarrow w_{i-1} + w_{i-8}$；否則，$w_i \leftarrow t + w_{i-8}$。
   c. 當 $i \bmod 4 = 0$ 且 $i \bmod 8 \neq 0$ 時，$w_i = \text{SubWord}(w_{i-1}) + w_{i-8}$。

🗝 金鑰擴展分析

AES 的金鑰擴展機制設計有幾個特性可以抵抗破密分析：

1. 就算 Eve 知道部分的加密金鑰或回合金鑰中的數個字組，她還是需要取得加密金鑰的其他部分才能算出全部的回合金鑰。這是因為金鑰擴展程序中的 SubWord 轉換所產生的非線性特徵。
2. 無論兩個加密金鑰多相似，擴展程序都會很快地把兩組回合金鑰變得完全不同。
3. 加密金鑰中的每個位元都會被擴散到數個回合中。例如，修改加密金鑰的單一位元就會對數個回合的許多位元產生影響。
4. 使用 RCon 常數可以排除在其他轉換過程中可能產生的對稱性。
5. 和 DES 不同的是，AES 沒有弱金鑰。
6. 金鑰擴展程序可以很容易地在所有的平台上實作。
7. 金鑰擴展程序可以在完全沒有儲存任何數值表的條件下，在 $GF(2^8)$ 體及 $GF(2)$ 體下計算出來。

🔒 7.4 加密法

現在我們來看看 AES 如何在加密和解密的過程中使用以上所介紹的四種轉換。在發布的標準文件中，加密演算法稱為**加密法（cipher）**，而解密演算法則稱為**反向加密法（inverse cipher）**。

我們前面已經提過，AES 是一種非 Feistel 加密法。也就是說，每一個轉換或是每一組轉換都必須是可逆的，而且加密法和反向加密法裡的運算必須剛好互相抵銷。回合金鑰在加密法和反向加密法裡使用的順序恰好相反。為了在不同的環境下實作，AES 有兩種不同的設計。以下我們討論 AES-128 的兩種不同設計；其他兩個版本的設計都和 AES-128 一樣。

原始設計

在原始設計中,加密法與反向加密法執行轉換結構的順序並不一樣。圖7.17是此版本的結構圖。

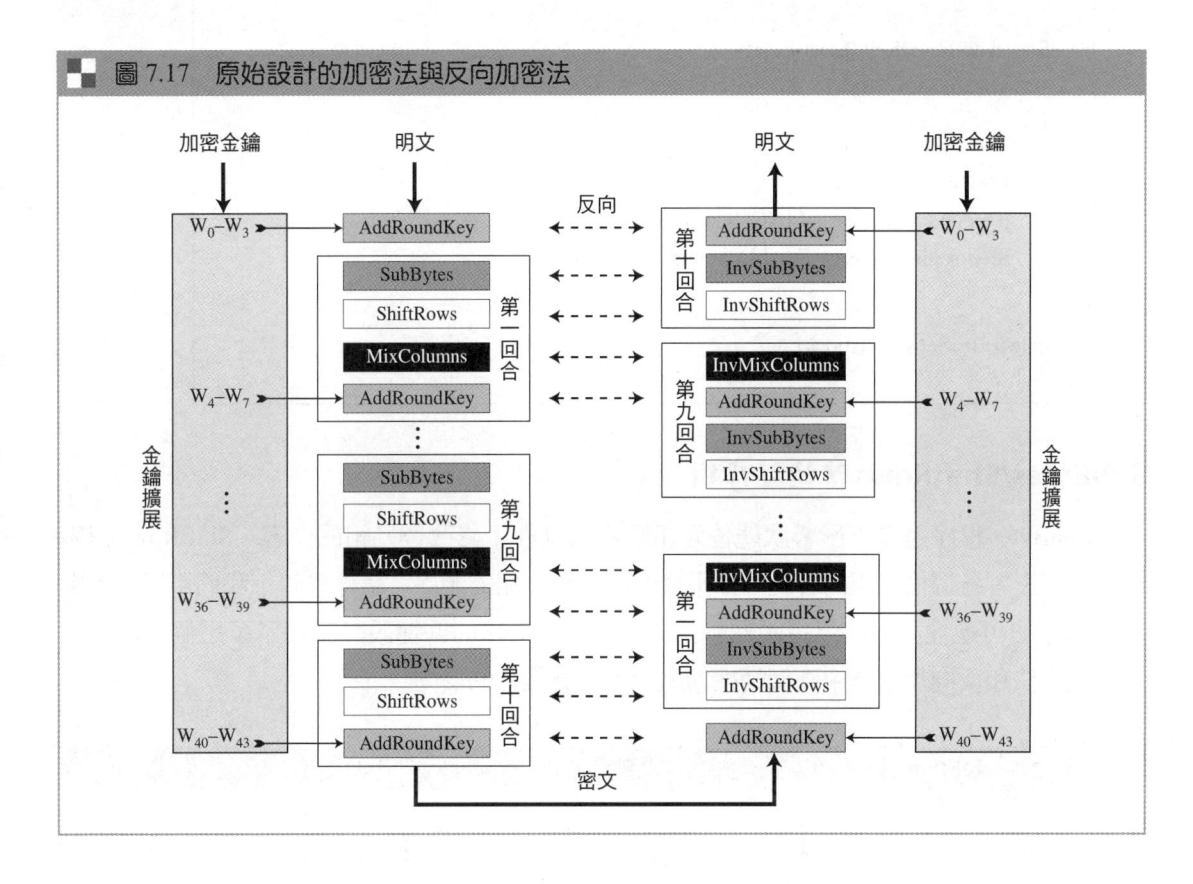

圖 7.17 原始設計的加密法與反向加密法

從圖7.17可看出 SubBytes 和 ShiftRows 的順序對調,MixColumns 和 AddRoundKey 的順序對調。順序對調是為了能夠讓這些轉換程序和它們的反向在整體結構上對齊,使得整個解密演算法剛好成為加密演算法的反向。圖7.17只顯示出三個回合,但其他的回合也都一樣。注意,回合金鑰在加密過程和解密過程的使用順序剛好相反,所以加密和解密的演算法並不相同。

演算法

AES-128版本的程式碼如演算法7.6所示。反向加密法的程式碼就留做練習題。

另一種設計

為了某些偏好使用相同加解密演算法的應用環境,AES有另外一種反向加密法的設計。在這個版本中,反向加密法中的轉換程序結構被重新安排,使得反向加密法裡轉換程序的執行順序和加密法裡的順序相同。在此設計中,成對的轉換必須是可逆的,而非只是單一的轉換可逆。

演算法 7.6　原始設計加密法的虛擬程式碼

```
Cipher (InBlock [16], OutBlock[16], w[0 … 43])
{
    BlockToState (InBlock, S)

    S ← AddRoundKey (S, w[0…3])
    for (round = 1 to 10)
    {
        S ← SubBytes (S)
        S ← ShiftRows (S)
        if (round ≠ 10)   S ← MixColumns (S)
        S ← AddRoundKey (S, w[4 × round, 4 × round + 3])
    }
    StateToBlock (S, OutBlock);
}
```

SubBytes/ShiftRows 轉換程序對

SubBytes 程序是在不影響狀態位元組順序的條件下修改位元組的內容，ShiftRows 程序則是在不影響各個位元組內容的條件下修改狀態位元組的順序。這件事暗示我們可以在不影響演算法的可逆性下，改變這兩個轉換的順序。圖 7.18 的區塊設計就展示了這個想法。注意，加密法和反向加密法中兩個轉換的組合也互為彼此的反向。

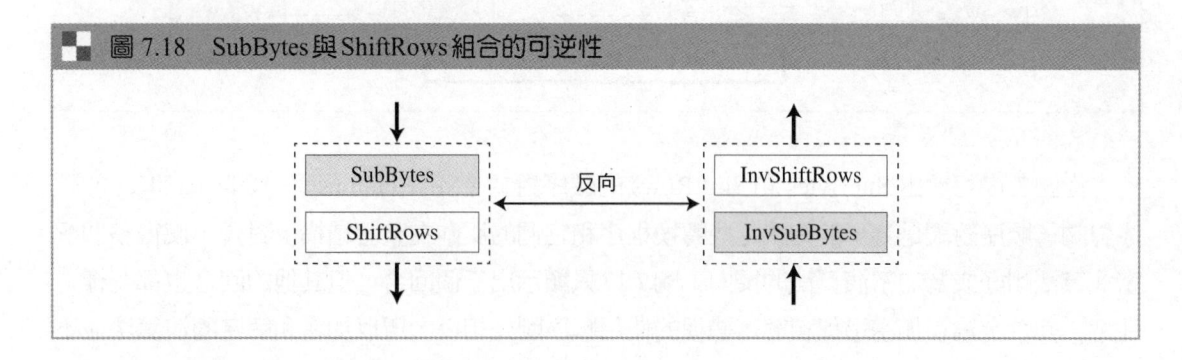

圖 7.18　SubBytes 與 ShiftRows 組合的可逆性

```
    ↓                              ↑
┌─────────────┐              ┌─────────────┐
│  SubBytes   │              │ InvShiftRows│
├─────────────┤     反向     ├─────────────┤
│  ShiftRows  │ ←──────────→ │ InvSubBytes │
└─────────────┘              └─────────────┘
    ↓                              ↑
```

MixColumns/AddRoundKey 轉換程序對

這兩個轉換程序的本質不同，但是仍然可以觀察到當把 MixColumns 轉換中的金鑰矩陣乘上常數方陣的反矩陣，則這兩組程序仍然可以互為彼此的反向。我們將這個新的轉換程序稱為 **InvAddRoundKey**。圖 7.19 展示這個新的結構。

我們可以證明這兩個組合互為反向。假設在加密法裡，這個組合的輸入狀態為 S，而輸出狀態為 T。假設在反向加密法中，組合的輸入狀態為 T，以下將證明其輸出為 S。注意，MixColumns 轉換事實上相當於把狀態矩陣乘上 C（常數方陣）：

圖 7.19　MixColumns 與 AddRoundKey 組合的可逆性

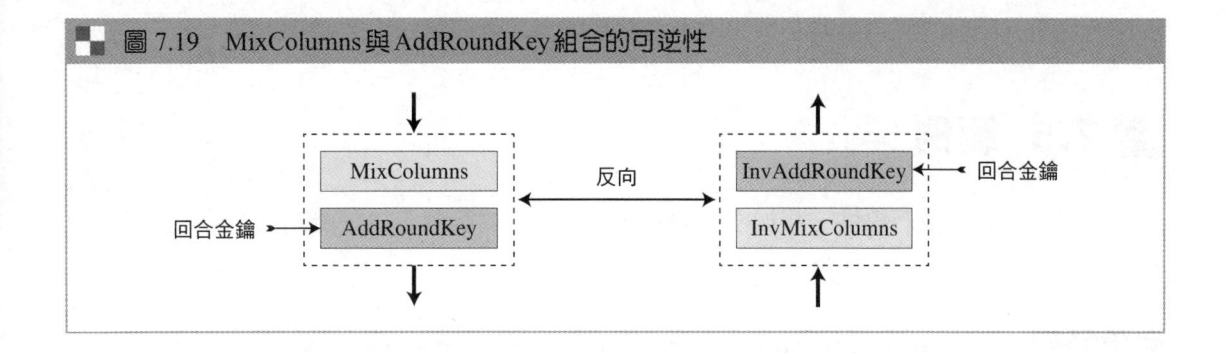

加密法：T = CS ⊕ K

反向加密法：$C^{-1}T \oplus C^{-1}K = C^{-1}(CS \oplus K) \oplus C^{-1}K = C^{-1}CS \oplus C^{-1}K \oplus C^{-1}K = S$

現在我們已經準備好介紹另一種設計的加密法與反向加密法。注意，在解密過程中仍然需要兩個 AddRoundKey 轉換，所以總共有九個 InvAddRoundKey 轉換和兩個 AddRoundKey 轉換，如圖 7.20 所示。

圖 7.20　替代型設計的加密法與反向加密法

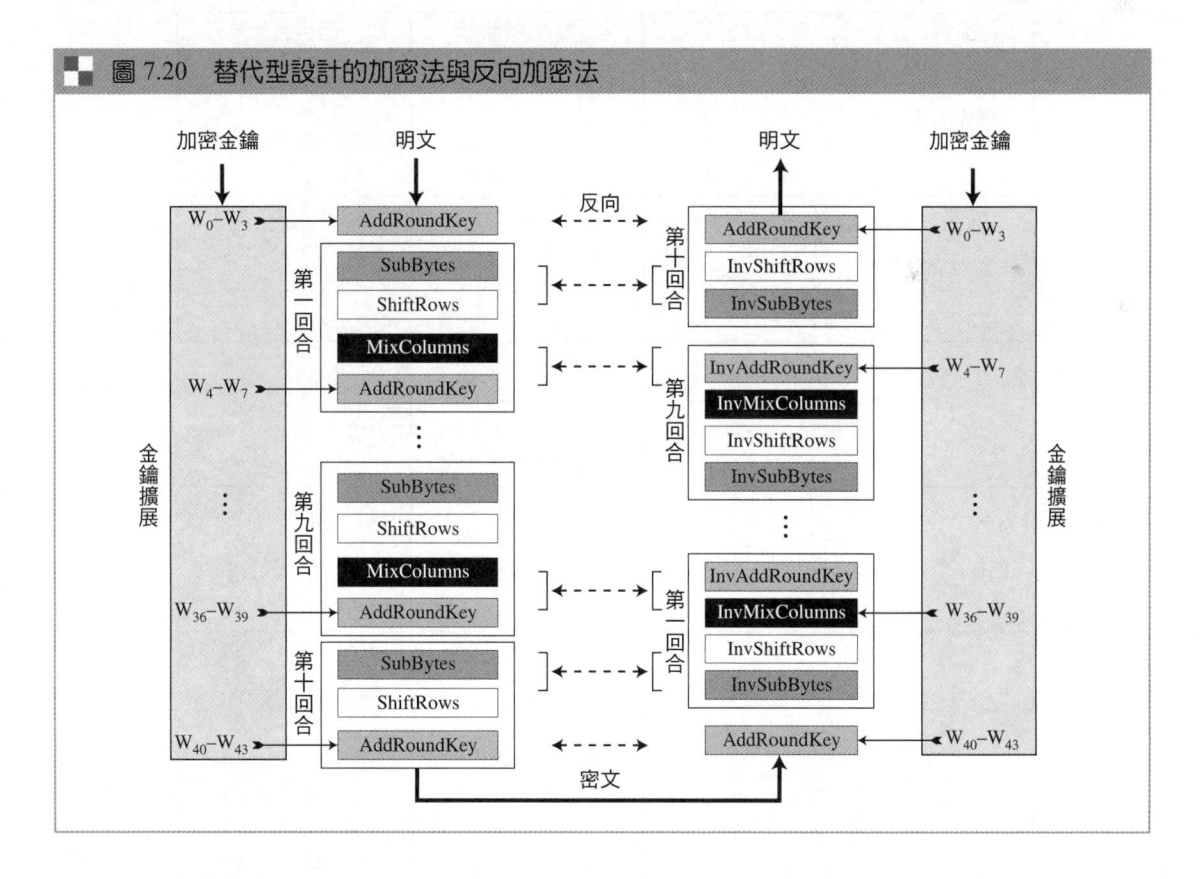

改變金鑰擴展演算法

若反向加密法不使用 InvRoundKey 轉換，我們可以透過修改金鑰擴展演算法來產生另一組回合金鑰供反向加密法使用。然而，預先回合及最後一個回合的回合金鑰不可以變更。第

一回合到第九回合的回合金鑰必須先乘上常數矩陣。這個演算法將留做練習題。

7.5 範例

在這一節中,我們提供一些加密/解密和金鑰產生的範例,以強調前面兩節所介紹的概念。

範例 7.10 以下是使用一個隨機選擇加密金鑰將明文加密後產生的密文區塊。

```
明文:       00 04 12 14 12 04 12 00 0C 00 13 11 08 23 19 19
加密金鑰:   24 75 A2 B3 34 75 56 88 31 E2 12 00 13 AA 54 87
密文:       BC 02 8B D3 E0 E3 B1 95 55 0D 6D FB E6 F1 82 41
```

表 7.7 列出此範例的狀態矩陣以及回合金鑰的值。

表 7.7 加密範例

回合	輸入狀態	輸出狀態	回合金鑰
預先回合	00 12 0C 08 04 04 00 23 12 12 13 19 14 00 11 19	24 26 3D 1B 71 71 E2 89 B0 44 01 4D A7 88 11 9E	24 34 31 13 75 75 E2 AA A2 56 12 54 B3 88 00 87
1	24 26 3D 1B 71 71 E2 89 B0 44 01 4D A7 88 11 9E	6C 44 13 BD B1 9E 46 35 C5 B5 F3 02 5D 87 FC 8C	89 BD 8C 9F 55 20 C2 68 B5 E3 F1 A5 CE 46 46 C1
2	6C 44 13 BD B1 9E 46 35 C5 B5 F3 02 5D 87 FC 8C	1A 90 15 B2 66 09 1D FC 20 55 5A B2 2B CB 8C 3C	CE 73 FF 60 53 73 B1 D9 CD 2E DF 7A 15 53 15 D4
3	1A 90 15 B2 66 09 1D FC 20 55 5A B2 2B CB 8C 3C	F6 7D A2 B0 1B 61 B4 B8 67 09 C9 45 4A 5C 51 09	FF 8C 73 13 89 FA 4B 92 85 AB 74 0E C5 96 83 57
4	F6 7D A2 B0 1B 61 B4 B8 67 09 C9 45 4A 5C 51 09	CA E5 48 BB D8 42 AF 71 D1 BA 98 2D 4E 60 9E DF	B8 34 47 54 22 D8 93 01 DE 75 01 0F B8 2E AD FA
5	CA E5 48 BB D8 42 AF 71 D1 BA 98 2D 4E 60 9E DF	90 35 13 60 2C FB 82 3A 9E FC 61 ED 49 39 CB 47	D4 E0 A7 F3 54 8C 1F 1E F3 86 87 88 98 B6 1B E1

表 7.7　加密範例（續）

6	90 35 13 60 2C FB 82 3A 9E FC 61 ED 49 39 CB 47	18 0A B9 B5 64 68 6A FB 5A EF D7 79 8E B2 10 4D	86 66 C1 32 90 1C 03 1D 0B 8D 0A 82 95 23 38 D9
7	18 0A B9 B5 64 68 6A FB 5A EF D7 79 8E B2 10 4D	01 63 F1 96 55 24 3A 62 F4 8A DE 4D CC BA 88 03	62 04 C5 F7 83 9F 9C 81 3E B3 B9 3B B6 95 AD 74
8	01 63 F1 96 55 24 3A 62 F4 8A DE 4D CC BA 88 03	2A 34 D8 46 2D 6B A2 D6 51 64 CF 5A 87 A8 F8 28	EE EA 2F D8 61 FE 62 E3 AC 1F A6 9D DE 4B E6 92
9	2A 34 D8 46 2D 6B A2 D6 51 64 CF 5A 87 A8 F8 28	0A D9 F1 3C 95 63 9F 35 2A 80 29 00 16 76 09 77	E4 0E 21 F9 3F C1 A3 40 E3 FC 5A C7 BF F4 12 80
10	0A D9 F1 3C 95 63 9F 35 2A 80 29 00 16 76 09 77	BC E0 55 E6 02 E3 0D F1 8B B1 6D 82 D3 95 F8 41	DB D5 F4 0D F9 38 9B DB 2E D2 88 4F 26 D2 C0 40

範例 7.11　圖 7.21 展示範例 7.10 裡第七回合的狀態值變化。

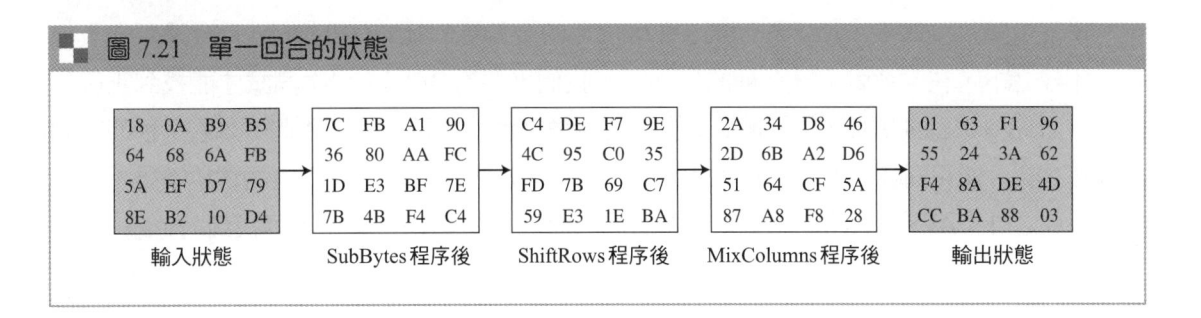

圖 7.21　單一回合的狀態

18 0A B9 B5 64 68 6A FB 5A EF D7 79 8E B2 10 4D	→	7C FB A1 90 36 80 AA FC 1D E3 BF 7E 7B 4B F4 C4	→	C4 DE F7 9E 4C 95 C0 35 FD 7B 69 C7 59 E3 1E BA	→	2A 34 D8 46 2D 6B A2 D6 51 64 CF 5A 87 A8 F8 28	→	01 63 F1 96 55 24 3A 62 F4 8A DE 4D CC BA 88 03
輸入狀態		SubBytes 程序後		ShiftRows 程序後		MixColumns 程序後		輸出狀態

範例 7.12　也許有人會對全部由位元 0 所組成的明文經過加密的結果感到好奇。以下的密文便是使用範例 7.10 的金鑰加密後之結果。

```
明文：    00 00 00 00 00 00 00 00 00 00 00 00 00 00 00 00
加密金鑰： 24 75 A2 B3 34 75 56 88 31 E2 12 00 13 AA 54 87
密文：    63 2C D4 5E 5D 56 ED B5 62 04 01 A0 AA 9C 2D 8D
```

範例 7.13　現在來檢查一下第六章討論過的崩塌影響。我們只修改明文的一個位元，然後比較加密後的結果。以下可以看到，光是修改明文的最後一個位元，對於密文的擴散和混淆的效果就非常明顯了。明文修改後的密文和原來的密文相較，可以看出有許多位元都不一樣。

明文1：	00 00 00 00 00 00 00 00 00 00 00 00 00 00 00 00
明文2：	00 00 00 00 00 00 00 00 00 00 00 00 00 00 00 01
密文1：	63 2C D4 5E 5D 56 ED B5 62 04 01 A0 AA 9C 2D 8D
密文1：	26 F3 9B BC A1 9C 0F B7 C7 2E 7E 30 63 92 73 13

範例 7.14　以下展示使用全部由位元 0 所組成的金鑰之加密效果。

明文：	00 04 12 14 12 04 12 00 0c 00 13 11 08 23 19 19
金鑰：	00 00 00 00 00 00 00 00 00 00 00 00 00 00 00 00
密文：	5A 6F 4B 67 57 B7 A5 D2 C4 30 91 ED 64 9A 42 72

7.6　AES 安全性分析

以下我們簡短地回顧 AES 的三個特性。

🔑 安全性

AES 本來就是設計來取代 DES 的，所以 AES 幾乎已經測試過所有在 DES 上見過的攻擊。目前尚未發現其中有任何一種方法可以破壞 AES 的安全性。

暴力攻擊

單就金鑰長度來看，AES 裡面最少 128 位元的金鑰絕對比 DES 的 56 位元金鑰要安全得多。相較之下，在不考慮金鑰互補的條件下，我們需要對 DES 做 2^{56} 次測試才能找到正確的金鑰，而 AES 系統則需要 2^{128} 次測試才能找到金鑰。也就是說，如果我們可以在 t 秒的時間內破解 DES，使用同樣的方法破解 AES 則需要 $(2^{72} \times t)$ 秒的時間。在現實的環境下幾乎不可能。除此之外，AES 還有兩個金鑰更長的版本，而且 AES 比 DES 更不容易找到弱金鑰。

統計攻擊

SubBytes、ShiftRows 和 MixColumns 等轉換的組合提供足夠的擴散和混淆，足以除去明文當中任何頻率樣式的殘留。已經有很多的測試都無法對 AES 所產生的密文進行統計攻擊。

差異攻擊與線性攻擊

既然 AES 是設計來取代 DES 的，自然早已考慮差異破密分析和線性破密分析等攻擊。AES 系統目前仍然沒有任何已知的差異攻擊或者線性攻擊存在。

實現性

AES的設計非常具有彈性，可以在軟體、硬體和韌體上實作，並利用查表或是使用完整定義的算術結構。轉換可以用位元組為單位或是以字組為單位。以位元組為單位的版本，整個演算法可以在一個8位元的處理器上直接執行；而以字組為單位的版本，則可以使用常見的32位元處理器來提升效率。無論哪一種方法，演算法裡面的常數設計皆可以讓它很快地執行。

簡單性與成本

AES設計所使用的演算法都非常簡單，可以很容易地在非常便宜的處理器和非常小的記憶體條件下實作。

推薦讀物

為了更深入瞭解本章所討論的主題，我們建議選讀下列書籍與網站。括號內的項目請參閱本書書末的參考文獻。

書籍

[Sta06]、[Sti06]、[Rhe03]、[Sal03]、[Mao04]和[TW06]討論AES。

網站

對於本章所討論的主題，以下的網站提供了許多更深入的資訊。

- csrc.nist.gov/publications/fips/fips197/fips-197.pdf
- http://www.quadibloc.com/crypto/co040401.htm
- http://www.ietf.org/rfc/rfc3394.txt

關鍵詞彙

- AddRoundKey　192
- Advanced Encryption Standard（AES）進階加密標準　178
- bit　位元　180
- block　區塊　181
- byte　位元組　180
- cipher　加密法　198
- InvAddRoundKey　200
- inverse cipher　反向加密法　198
- InvMixColumns　191
- InvShiftRows　189
- InvSubBytes　185
- key expansion　金鑰擴展　193
- MixColumns　190
- National Institute of Standards and Technology（NIST）美國國家標準技術局　178
- Rijndael　179
- RotWord　195
- ShiftRows　188
- state　狀態　181

- SubBytes 183
- SubWord 195
- word 字組 181

重點摘要

- 進階加密標準是一個基於Rijndael演算法的對稱式金鑰區塊加密法，由NIST發表為FIPS197。
- AES是一種非Feistel加密法，加密與解密的資料區塊長度為128位元，其運算回合數可為十、十二和十四個回合。金鑰的長度則取決於回合數，可以有128、192和256位元。
- AES的運算是以位元組為導向。128位元長的明文在運算中被當成16個8位元的位元組。為了方便這種以位元組為單位的運算，AES定義了狀態矩陣的概念。每個狀態都是一個4 × 4矩陣，矩陣中每個元素都是一個位元組。
- 為了安全起見，AES使用了四種類型的轉換，分別是取代、排列、混合以及加入金鑰。除了最後個一回合以外，AES在每個回合都用到這四種轉換方法。最後一回合只使用了其中的三種。
- AES的取代程序可以使用查表法或者在$GF(2^8)$體下的計算。AES使用SubBytes和InvSubBytes等兩種互為反向的取代。
- 回合運算中的第二種轉換是位元組的位移。在加密和解密的時候分別使用ShiftRows和InvShiftRows這兩種互為反向的轉換。
- 混合轉換改變每個位元組的內容，每次取出四個位元組重新組合成另外四個不同的位元組。AES分別為加密和解密的過程定義了MixColumns和InvMixColumns兩個互為反向的混合轉換。MixColumns將狀態矩陣乘上一個常數方陣；InvMixColumns的作法相同，但是乘上原始常數方陣的反矩陣。
- 計算過程中AddRoundKey轉換提供漂白效果。將前一個狀態矩陣和回合金鑰做矩陣相加。矩陣中個別元素在$GF(2^8)$體下相加（效果相當於對8位元的字組做XOR運算）。AddRoundKey轉換為自我可逆的。
- 在第一種組態之下（使用128位元金鑰進行十回合的運算），金鑰產生器從原來128位元的加密金鑰算出十一個128位元的回合金鑰。AES的金鑰產生程序一次產生一個字組，每個字組有四個位元組，所產生的字組編號為w_0到w_{43}。此程序稱為金鑰擴展。
- 在原始的設計中，AES加密法有加密和解密兩個演算法。兩個演算法在每個回合內轉換的執行順序不同。在另一種設計中，藉由重新安排解密過程的轉換程序可以得到完全相同的執行順序。這個版本對於一對轉換提供了可逆性。

練習集

問題回顧

1. 列出NIST為AES所制定的條件。
2. 列出AES三個不同版本的區塊大小、金鑰長度和回合數等參數。
3. 不同版本的AES分別需要幾個轉換程序？各需要幾個回合金鑰？
4. 比較DES和AES。哪一個的計算是位元導向？哪一個是位元組導向？

5. 定義AES的狀態。在不同版本的AES裡各有幾個狀態？
6. 在AES所定義的四種轉換結構中，哪些會修改位元組的內容？哪些不會？
7. 比較DES和AES的取代。為什麼DES有許多取代表，而AES只有一個？
8. 比較DES和AES的排列。為什麼DES需要有擴展的排列程序和壓縮的排列程序，而AES不用？
9. 比較DES和AES的回合金鑰。哪一種加密法的回合金鑰長度和區塊長度相同？
10. 為什麼DES不需要MixColumns，而AES需要？

習題

11. 在加密法中所使用的S-box可以是靜態或動態。S-box裡的參數和金鑰並不相關。

    a. 列舉動態S-box及靜態S-box的優點和缺點。

    b. AES的S-box是靜態還是動態的？

12. AES的區塊長度（128位元）比DES的區塊長度（64位元）要來得大。這算優點還是缺點？請加以說明。

13. AES定義了數個不同的版本，不同版本的回合數也不同（十、十二和十四回合），而DES卻只定義了一種十六回合的版本。和DES相比，AES擁有較多版本算是優點還是缺點？

14. AES系統有三種不同的金鑰長度（128、192和256位元），而DES只有一種（56位元）。和DES相比，這算是AES的優點還是缺點？

15. 在AES裡，區塊長度和回合金鑰長度一樣都是128位元；然而在DES裡，區塊長度是64位元，而回合金鑰長度則是48位元。和DES相比，AES的設計有哪些優點和缺點？

16. 依照下列動作證明ShiftRows轉換和InvShiftRows轉換是排列：

    a. 寫出ShiftRows的排列表。這個表總共有128個項目，但因為位元組的內容並未修改，可以假設每個項目為一個位元組，而只寫下16個項目。

    b. 按照上面的方法，對InvShiftRows轉換再做一次。

    c. 使用以上(a)和(b)的結果，證明ShiftRows和InvShiftRows互為反向。

17. 使用相同的加密金鑰，對僅有第一個位元不同的兩個明文執行以下的轉換程序。轉換後的結果有幾個位元不同？各個轉換程序必須獨立進行。

    a. SubBytes

    b. ShiftRows

    c. MixColumns

    d. AddRoundKey（隨便選一個相同的回合金鑰）

18. 為了確認SubBytes轉換的非線性，證明當 a 和 b 為兩個位元組時，下式成立：

$$\text{SubBytes}(a \oplus b) \neq \text{SubBytes}(a) \oplus \text{SubBytes}(b)$$

以 $a = 0x57$, $b = 0xA2$ 為例。

19. 設計一個公式，計算在不同版本的AES系統中會執行多少次SubBytes、ShiftRows、MixColumns和AddRoundKey轉換，以及這些轉換的執行總次數。公式必須以回合數進行參數化。

20. 按照圖7.16的方式，重畫AES-192和AES-256的版本。

21. 參考圖7.4，利用兩個表分別列出AES-192和AES-256的RCon值。
22. 在AES-128裡，預先回合運算所使用的回合金鑰就是加密金鑰。在AES-192也是這樣嗎？在AES-256也是這樣嗎？
23. 參考圖7.8，將矩陣X和X^{-1}相乘，證明它們互為反矩陣。
24. 參考圖7.12，將方陣C和C^{-1}寫成係數在$GF(2)$體下的多項式。將兩個多項式相乘，證明它們互為反矩陣。
25. 證明演算法7.1的程式碼（SubBytes轉換）所做的程序和圖7.8一致。
26. 使用演算法7.1（SubBytes轉換）執行以下的工作：
    a. 寫出一個在$GF(2^8)$體下，求出位元組乘法反元素的程式。
    b. 寫出ByteToMatrix轉換的程式碼。
    c. 寫出MatrixToByte轉換的程式碼。
27. 寫出InvSubBytes轉換的演算法。
28. 證明演算法7.2的程式碼（ShiftRows轉換）所做的程序和圖7.9一致。
29. 參考演算法7.1（ShiftRows轉換），寫出CopyRow程序的程式碼。
30. 寫出InvShiftRows轉換的演算法。
31. 證明演算法7.3的程式碼（MixColumns轉換）所做的程序和圖7.13一致。
32. 參考演算法7.3（MixColumns轉換），寫出Copy-Column程序的程式碼。
33. 重寫演算法7.3（MixColumns轉換），使用一個稱為MultField的函數取代(.)運算子，進行$GF(2^8)$體下的位元組相乘運算。
34. 寫出InvMixColumn轉換的演算法。
35. 證明演算法7.4的程式碼（AddRoundKey轉換）所做的程序和圖7.15一致。
36. 參考演算法7.5（金鑰擴展程序）：
    a. 寫出SubWord程序的程式碼。
    b. 寫出RotWord程序的程式碼。
37. 分別寫出AES-192和AES-256的金鑰擴展演算法（參考演算法7.5）。
38. 寫出另一種設計的反向加密法之金鑰擴展演算法。
39. 寫出原始設計的反向加密法演算法。
40. 寫出另一種設計的反向加密法演算法。

CHAPTER 8 運用現代對稱式金鑰加密法之加密技術

學習目標

本章的學習目標包括：

- 介紹現代標準加密法如何用來加密長訊息，例如資料加密標準（DES）或進階加密標準（AES）。
- 探討現代區塊加密法的五種運算模式。
- 闡明哪一種運算模式能於區塊加密法外創造串流加密法。
- 研討安全問題和不同運算模式的誤差增值。
- 討論即時資料處理的兩種串流加密法。

本章會證明第五章所討論的概念，以及第六章和第七章所探討用來加密長訊息的兩種現代區塊加密法，並介紹兩種串流加密法。

8.1 現代區塊加密法的使用

使用現代區塊加密法能完成對稱式金鑰加密。第六章和第七章討論過的兩種現代區塊加密法DES和AES，是設計用來加密和解密固定大小的文字區塊。DES適用於64位元的區塊；AES適用於128位元的區塊。在現實應用上，被加密文字的大小是多變的，而且通常都會大於64或128位元。**運算模式（mode of operation）**就是設計用來加密任何大小的文字，而且會運用DES或AES。圖8.1展示了本章所討論的五種運算模式。

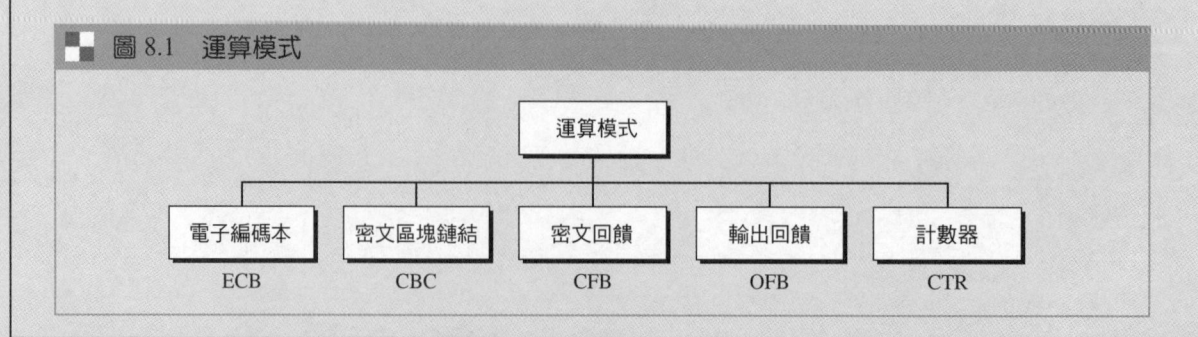

圖 8.1　運算模式

```
                        運算模式
          ┌───────────┬────┴────┬───────────┐
       電子編碼本  密文區塊鏈結  密文回饋  輸出回饋    計數器
         ECB         CBC        CFB       OFB        CTR
```

電子編碼本模式

最簡單的運算模式為**電子編碼本模式**（electronic codebook mode, ECB mode）。其明文被分為 N 個區塊，區塊大小為 n 位元。若明文大小不是區塊大小的倍數，會在最後的區塊加上文字，讓此區塊的大小跟其他相同。每個區塊使用相同的金鑰加密和解密。圖 8.2 列出此模式的加密和解密過程。

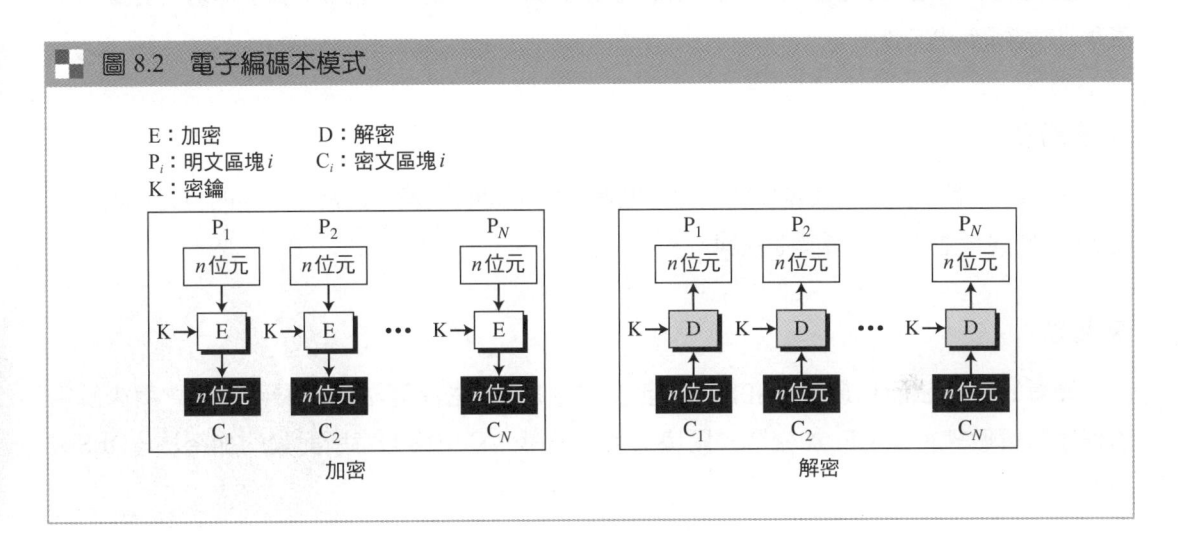

圖 8.2　電子編碼本模式

下列為明文和密文區塊之間的關係：

$$加密：C_i = E_K(P_i) \qquad 解密：P_i = D_K(C_i)$$

範例 8.1　因為加密和解密互為反向，可以證明 Alice 將每個明文區塊傳送給 Bob 後，能完全恢復原狀。

$$P_i = D_K(C_i) = D_K(E_K(P_i)) = P_i$$

範例 8.2　此模式之所以稱為電子編碼本，是因為能事先編譯 2^K 的編碼本（每個金鑰一個），而每個編碼本的兩行內都有 2^n 個登錄。每個登錄可以列出明文和其對應的密文區塊。然而，如果 K 和 n 太大，就很難事先編譯和維護編碼本。

安全問題

以下為電子編碼本模式的安全問題：

1. 區塊階層的樣式會被保存。舉例來說，明文中相同的區塊變成密文後，其區塊也相同。若 Eve 發現密文區塊 1、5 和 10 是相同的，則可以知道明文區塊 1、5 和 10 也是相同的。這是一個安全漏洞，Eve 以徹底搜尋破解其中一個區塊後，就能得到全部的內容。

2. 區塊的獨立性讓 Eve 不需知道金鑰，就有機會調換某些密文。舉例來說，若她知道區塊 8 經常傳送某些特定的資料，那她就能用之前所攔截訊息的對應區塊替換區塊 8。

範例 8.3　假設 Eve 在一間公司上班，每個月只工作幾個小時（所以月薪非常低）。她知道這間公司使用一些資料區塊儲存每名員工的資料，其中第七區塊是每月需存到該名員工帳戶的金額。Eve 能攔截月底傳送至銀行的密文，將正職員工的薪資資料區塊和她的薪資資料區塊調換後，Eve 每個月就能領到更多錢。

誤差增值

傳送時，單一位元的誤差會造成對應區塊幾個位元的誤差（通常為一半的位元或所有位元），但此誤差並不會影響其他區塊。

演算法

簡單的演算法能用於加密和解密，演算法 8.1 為加密演算法的虛擬碼程序，用來解密的程序將留做練習題。E_K 加密單一區塊，可以是第六章或第七章所討論的加密法（DES 或 AES）之一。

演算法 8.1　電子編碼本模式的加密

```
ECB_Encryption (K, Plaintext blocks)
{
    for (i = 1 to N)
    {
        C_i ← E_K (P_i)
    }
    return Ciphertext blocks
}
```

密文偷竊

在電子編碼本模式中，若最後一個區塊長度不是 n 位元，就必須加入填塞（padding）。然而，在某些情況下我們無法使用填塞。例如，當密文需要儲存於之前明文所儲存的緩衝區時，則明文和密文必須相同。有一種技術稱為**密文偷竊**（**ciphertext stealing, CTS**），能在不加入填塞的情況下使用電子編碼本模式。在此技術中，我們以不同的方式加密，並對調最後兩個區塊之明文（亦即 P_{N-1} 和 P_N）的順序，如下所示，假設 P_{N-1} 有 n 位元，而 P_N 有 m 位元，其中 $m \leq n$。

$$X = E_K(P_{N-1}) \quad \rightarrow \quad C_N = head_m(X)$$
$$Y = P_N \mid tail_{n-m}(X) \quad \rightarrow \quad C_{N-1} = E_K(Y)$$

$head_m$ 函數選擇最左邊的 m 位元，而 $tail_{n-m}$ 函數選擇最右邊的 $n-m$ 位元。詳細的圖以及加密和解密過程留做練習題。

應用

若要加密不只一個區塊的訊息，而且此訊息是經由不安全頻道傳送，不建議使用電子編碼本運算模式。若此訊息只有一個區塊，則其安全問題和誤差增值尚可容許。

當紀錄在儲存到資料庫前需要加密時，或在檢索前需要解密時，密文區塊的獨立性是有用的。因為此模式區塊加密和解密的順序並不重要，所以若每個紀錄是一個區塊或倍數個區塊，則資料庫的存取可以是隨機的。在進行不影響其他紀錄的修改後，就能由中間、解密和加密時檢索其紀錄。

當需要創造一個非常大的加密資料庫時，可以利用並行處理，這也是此模式的另一個優點。

密文區塊鏈結模式

下一個發展出來的運算模式為**密文區塊鏈結模式（cipher block chaining mode, CBC mode）**。在此模式中，每個明文在加密前都與之前的密文區塊進行互斥或運算。雖然一個區塊在加密後已被傳送出去，但其副本已儲存於記憶體中，用來加密下一個區塊。讀者可能會對初始區塊感覺納悶，因為在第一個區塊前並無密文區塊。在此情況下，會使用一個假的區塊，稱為**初始向量（initialization vector, IV）**。傳送者和接收者事先同意使用特定的初始向量，換句話說，初始向量是用來替代不存在的 C_0。圖 8.3 列出密文區塊鏈結模式。在傳送者端，加密前已完成互斥或運算；在接收者端，互斥或運算前已完成解密。

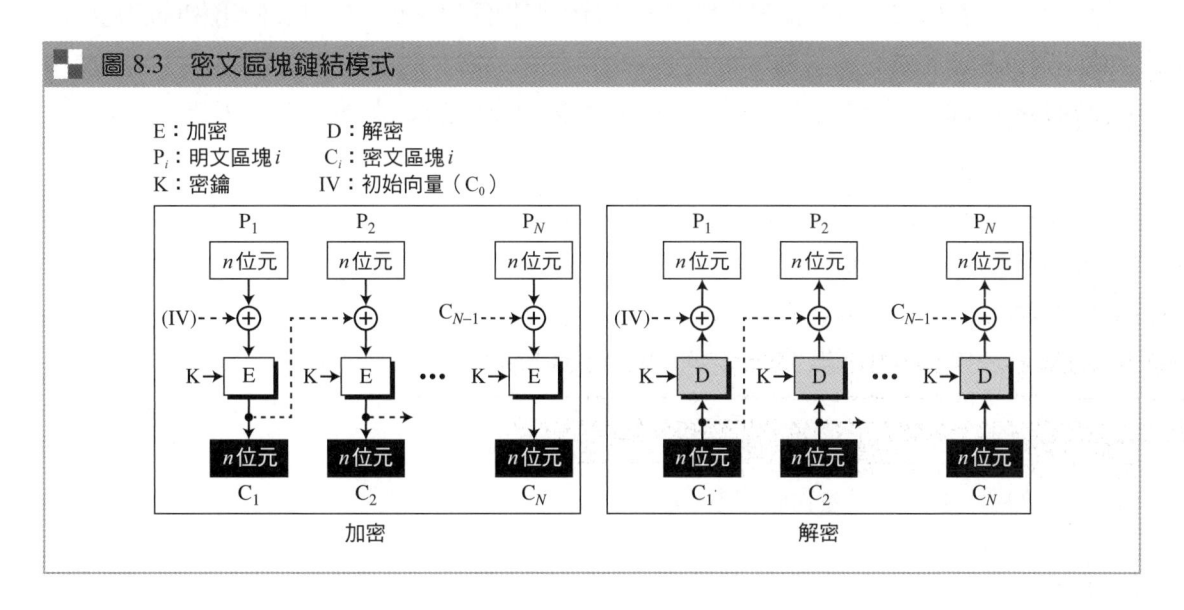

圖 8.3　密文區塊鏈結模式

E：加密　　　　D：解密
P_i：明文區塊 i　　C_i：密文區塊 i
K：密鑰　　　　IV：初始向量（C_0）

明文和密文區塊之間的關係如下：

加密：	解密：
$C_0 = IV$	$C_0 = IV$
$C_i = E_K(P_i \oplus C_{i-1})$	$P_i = D_K(C_i) \oplus C_{i-1}$

範例 8.4 因為加密和解密互為反向，可以證明 Alice 將每個明文區塊傳送給 Bob 後，能完全恢復原狀。

$$P_i = D_K(C_i) \oplus C_{i-1} = D_K(E_K(P_i \oplus C_{i-1})) \oplus C_{i-1} = P_i \oplus C_{i-1} \oplus C_{i-1} = P_i$$

初始向量

傳送者和接收者都應知道初始向量。雖然此向量的保密並非必要，但在密文區塊鏈結模式的安全中，向量的完整性扮演重要的角色，所以應維持初始向量的安全，使其不會遭到竄改。若 Eve 能改變初始向量的位元值，則第一個區塊的位元值就會改變。

使用初始向量時，建議使用數個方法。傳送者可挑選一個虛擬隨機的號碼，並經由安全頻道傳送（以電子編碼本模式為例）。當建立密鑰時，Alice 和 Bob 可以同意使用一個固定值做為初始向量，這也可以是密鑰的一部分。

安全問題

以下為密文區塊鏈結模式的兩個安全問題：

1. 在密文區塊鏈結模式中，同一個訊息的相同明文區塊會被加密成不同的密文區塊，換言之，並無保存區塊層級的樣式。然而，若有兩個相同的訊息，而且又使用相同的初始向量，則其加密也會是一樣的。事實上，若兩個不同訊息的前 M 個區塊相同，除非使用不同的初始向量，否則這些區塊也會被加密成相同的區塊。因此，有些人建議使用時戳（timestamp）做為初始向量。
2. Eve 能於密文串流末端加入某些密文區塊。

誤差增值

在密文區塊鏈結模式中，若密文區塊 C_j 在傳送時有單一位元的誤差，則解密時可能導致大部分明文區塊 P_j 位元皆有誤差。然而，此單一誤差只影響明文區塊 P_{j+1} 的一個位元（同一個位置的位元），此證明留做練習題。明文區塊 P_{j+2} 到 P_N 並不受此單一位元誤差的影響，而密文中的單一位元誤差會自動修復。

演算法

演算法 8.2 為加密演算法的虛擬碼，此演算法稱為加密程序，可用來加密一個區塊（例

如 DES 或 AES）。此解密運算法將留做練習題。

演算法 8.2　電子編碼本模式的加密演算法

```
CBC_Encryption (IV, K, Plaintext blocks)
{
    C_0 ← IV
    for (i = 1 to N)
    {
        Temp ← P_i ⊕ C_{i−1}
        C_i ← E_K (Temp)
    }
    return Ciphertext blocks
}
```

密文偷竊

電子編碼本模式的密文偷竊也能應用於密文區塊鏈結模式，如下所示：

$U = P_{N-1} \oplus C_{N-2}$　　→　　$X = E_K(U)$　　→　　$C_N = head_m(X)$

$V = P_N | pad_{n-m}(0)$　　→　　$Y = X \oplus V$　　→　　$C_{N-1} = E_K(Y)$

head 函數就和電子編碼本模式的 *head* 函數相同，而 *pad* 函數插入 0。

應用

密文區塊鏈結運算模式也能用來加密訊息，但因為是鏈結結構，並行處理是不可能的，所以密文區塊鏈結模式不能用於加密和解密隨機存取的檔案，主要原因是加密和解密需存取之前的紀錄。第十一章將看到密文區塊鏈結模式也可用於認證。

密文回饋模式

電子編碼本模式和密文區塊鏈結模式針對訊息的區塊進行加密和解密。加密法事先決定好的區塊大小為 n，例如 DES 的 $n = 64$，AES 的 $n = 128$。有些情況需要使用安全的加密法，例如 DES 或 AES，但其明文或密文區塊太小。舉例來說，若要加密和解密 ASCII 8 位元的字元，你不會想使用第三章的傳統式加密法，因為那些加密法並不安全，解決方法就是在**密文回饋模式（cipher feedback mode, CFB mode）**中使用 DES 或 AES。在此模式中，DES 或 AES 的區塊大小為 n，但明文和密文區塊大小為 r，其中 $r \leq n$。

這個構想是不使用 DES 或 AES 來直接加密明文或解開密文，而是用來加密或解密大小為 n 的位移暫存器（S）的內容。加密過程是以位移暫存器的 r 位元與 r 位元明文區塊進行互斥或運算，而解密過程是以位移暫存器的 r 位元與 r 位元密文區塊進行互斥或運算。在每個區塊，位移暫存器 S_i 是將位移暫存器 S_{i-1}（前一個位移暫存器）的 r 位元位移到左邊，並於最右邊的 r 位元填入 C_{i-1}。S_i 加密為 T_i，只有 T_i 最右邊的 r 位元與明文區塊 P_i 進行互斥或運算

產生 C_i。注意 S_1 並無位移,而是做為第一個區塊的初始向量。

圖 8.4 顯示密文回饋模式的加密;解密是相同的,但必須調換明文區塊(P_i)和密文區塊(C_i)。加密和解密都是使用其區塊加密法(例如 DES 或 AES)的加密函數。

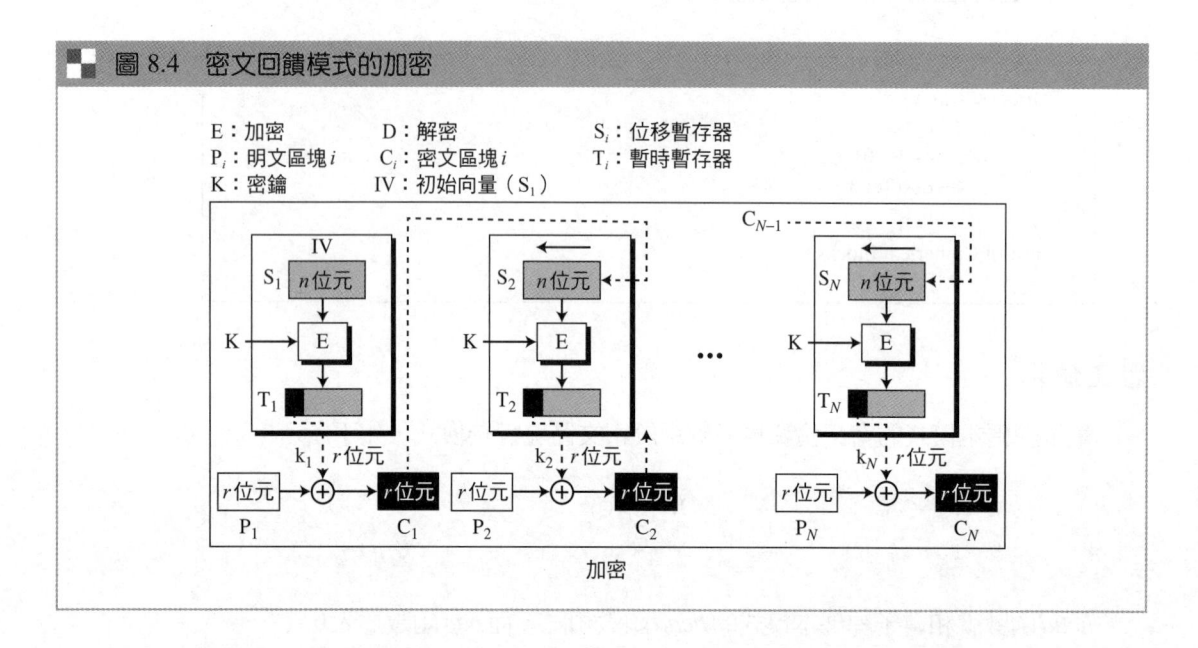

圖 8.4　密文回饋模式的加密

在密文回饋模式中,我們使用區塊加密法的加密函數來進行加密和解密。

明文和密文區塊的關係如下:

加密: $C_i = P_i \oplus \text{SelectLeft}_r \{E_K[\text{ShiftLeft}_r(S_{i-1})|C_{i-1})]\}$

解密: $P_i = C_i \oplus \text{SelectLeft}_r \{E_K[\text{ShiftLeft}_r(S_{i-1})|C_{i-1})]\}$

其中,ShiftLeft_r 程序將參數 r 位元內容位移到左邊(最左邊的 r 位元已移除),運算 | 將訊息串接。SelectLeft_r 程序只從參數中挑出最左邊的 r 位元。這證明每個由 Alice 發出的明文區塊傳送給 Bob 後都能恢復原狀,此一證明留做練習題。

此模式有趣的一點就是不需要填塞,因為通常都會挑選適合加密資料單位的區塊大小 r(例如一個字元)。另一個有趣的地方就是在開始加密前,系統不需等待接收大型的資料區塊(64 位元或 128 位元)。但這兩個優點都有一個缺點:比起密文區塊鏈結模式或電子編碼本模式,密文回饋模式較無效率,因為每個大小為 r 的小區塊皆需應用其區塊加密法的加密函數。

如同串流加密法的密文回饋模式

雖然密文回饋模式是用於區塊加密法(例如 DES 或 AES)的運算模式,但其結果卻是串流加密法。事實上,密文回饋模式是一個非同步串流加密法,其金鑰串流根據密文而定。圖 8.5 顯示金鑰產生器很明顯時的加密點和解密點。

圖 8.5 如同串流加密法的密文回饋模式

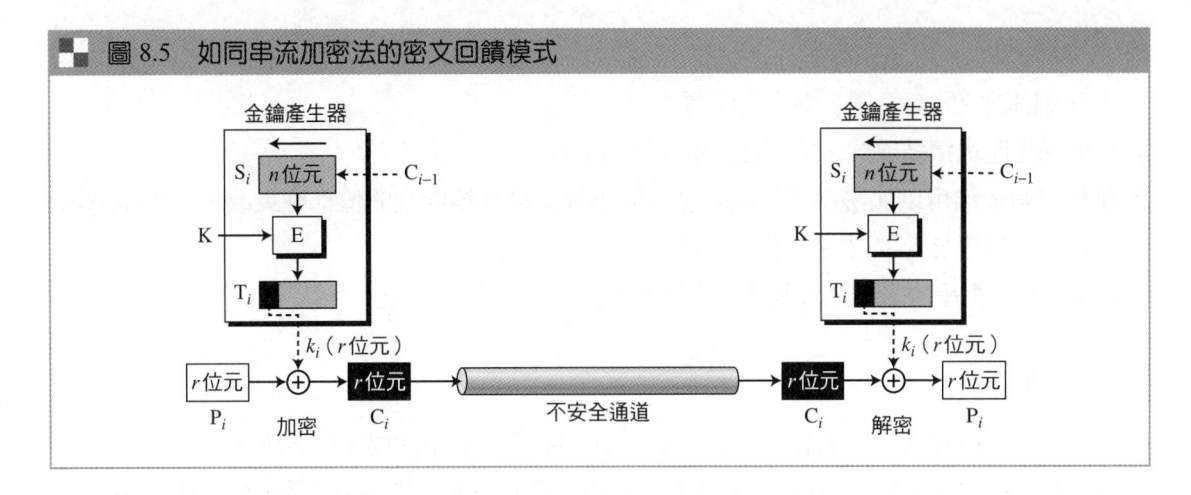

圖 8.5 顯示了用來產生金鑰串流（$k_1, k_2, ..., k_N$）的加密法（DES 或 AES）、加密金鑰（K）和前一個加密區塊（C_i）。

演算法

演算法 8.3 為加密的程序。此演算法呼叫了數個其他程序，其細節留做練習題。注意，此演算法的編寫方式顯示出此模式的串流特性（即時情況）。只要有明文區塊需要加密，此演算法就會執行。

演算法 8.3　密文回饋模式的加密演算法

```
CFB_Encryption (IV, K, r)
{
  i ← 1
  while (more blocks to encrypt)
  {
    input (P_i)
    if (i = 1)
        S  ← IV
    else
      {
      Temp ← shiftLeft_r (S)
      S  ← concatenate (Temp, C_{i−1})
      }
    T  ← E_K(S)
    k_i  ← selectLeft_r (T)
    C_i ← P_i ⊕ k_i
    output (C_i)
    i ← i + 1
  }
}
```

安全問題

　　密文回饋模式有三個主要安全問題：
1. 如同密文區塊鏈結模式，並無保存區塊層級的樣式。
2. 雖然一個金鑰可以加密不只一個訊息，但每個訊息初始向量的值都應更改，這表示 Alice 每傳送一個訊息，就得使用不同的初始向量。
3. Eve 能於密文串流末端加入某些密文區塊。

誤差增值

　　在密文回饋模式中，若密文區塊 C_j 在傳送時有單一位元的誤差，會於明文區塊 P_j 中產生單一位元的誤差（相同的位置）。然而，只要一些 C_j 的位元還存在位移暫存器裡，接下來大部分明文區塊的位元都會有誤差（機率為 50%），被影響區塊的數量計算將留做練習題。位移暫存器完全刷新後，系統就會回復。

應用

　　密文回饋運算模式能用來加密小的區塊，例如一次一個字元或位元，也不需要填塞，因為明文區塊的大小通常都是固定的（8 為一字元，1 為一位元）。

特殊案例

　　若文字區塊和加密法的大小一樣（$n = r$），則加密／解密會變得更簡單，其圖解和演算法將留做練習題。

輸出回饋模式

　　輸出回饋模式（output feedback mode, OFB mode）和密文回饋模式很類似，唯一不同的地方是：密文中的每個位元不依賴之前的位元，這能避免誤差增值的發生。若傳輸時有一個錯誤發生，也不會影響之後的位元。如同密文回饋模式一樣，傳送者和接收者都使用加密演算法。圖 8.6 顯示輸出回饋模式。

如同串流加密法的輸出回饋模式

　　輸出回饋模式和密文回饋模式一樣，由區塊加密法產生一個串流加密法，但其金鑰串流獨立於明文或密文，表示串流加密法是同步的，就如第五章所討論到的一樣。圖 8.7 顯示金鑰產生器的加密和解密過程。

圖 8.6 輸出回饋模式的加密

E：加密　　　D：解密　　　S_i：位移暫存器
P_i：明文區塊 i　C_i：密文區塊 i　T_i：暫時暫存器
K：密鑰　　　IV：初始向量（S_1）

圖 8.7 如同串流加密法的輸出回饋模式

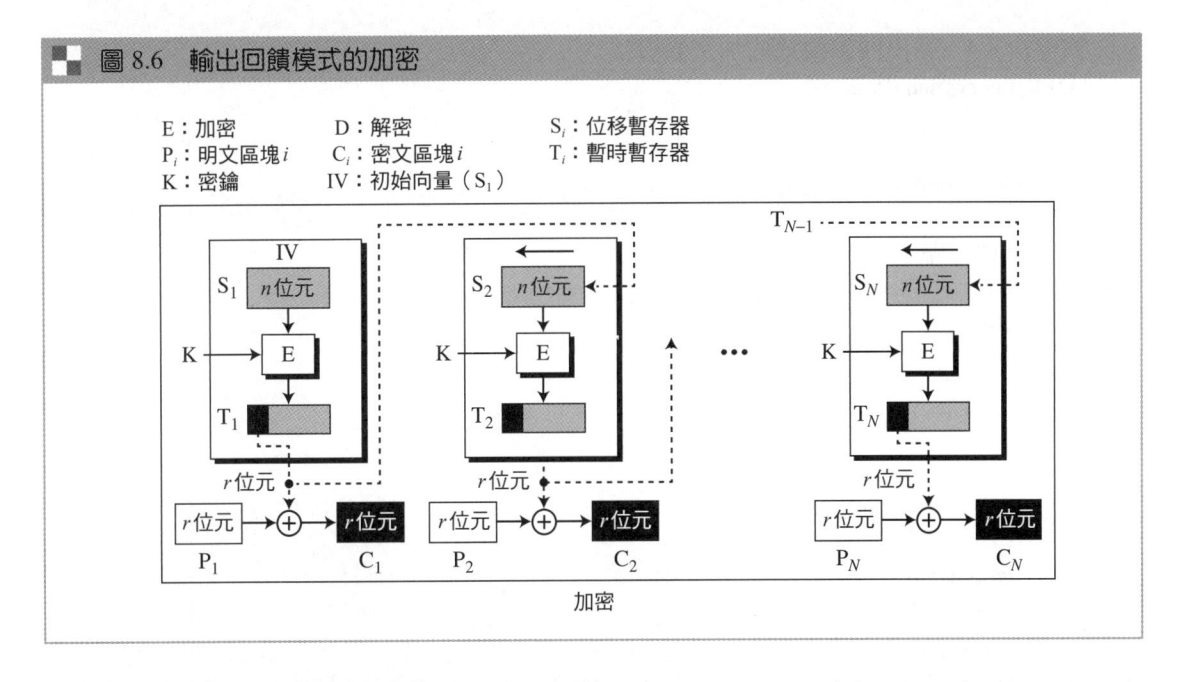

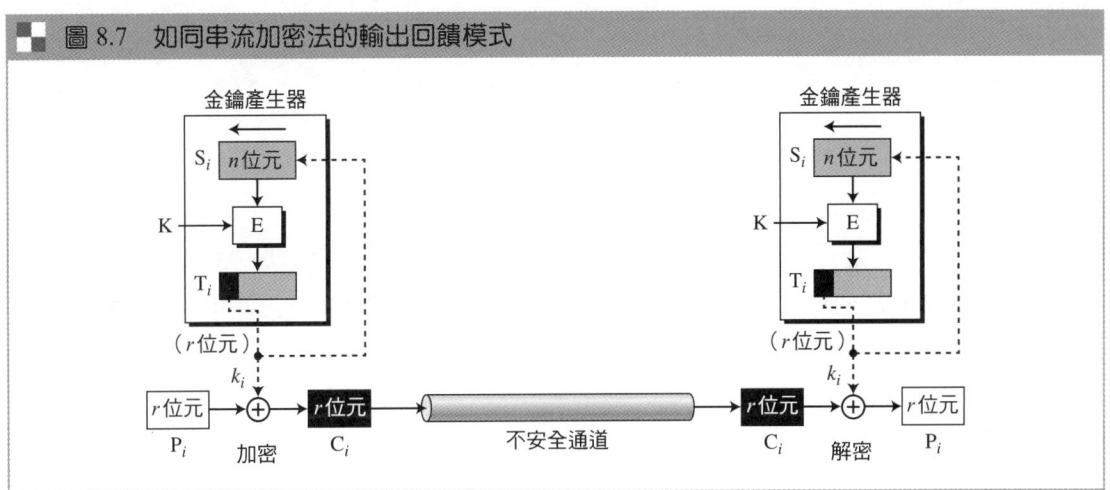

演算法

演算法 8.4 為加密的程序。此演算法呼叫了數個其他程序，其細節留做練習題。此演算法的編寫方式顯示出此模式的串流特性（即時情況）。只要有明文區塊需要加密，此演算法就會執行。

安全問題

以下兩點為輸出回饋模式的安全問題：
1. 如同密文回饋模式，並無保存區塊層級的樣式。
2. 密文的任何改變都會影響接收者這端加密的明文。

演算法 8.4　輸出回饋模式的加密演算法

```
OFB_Encryption (IV, K, r)
{
    i ← 1
    while (more blocks to encrypt)
    {
        input (P_i)
        if (i = 1)   S ← IV
        else
        {
            Temp ← shiftLeft_r (S)
            S ← concatenate (Temp, k_{i−1})
        }
        T ← E_K (S)
        k_i ← selectLeft_r (T)
        C_i ← P_i ⊕ k_i
        output (C_i)
        i ← i + 1
    }
}
```

誤差增值

密文中的單一誤差只會影響對應明文的位元。

特殊案例

若文字區塊和加密法的大小一樣（$n = r$），則加密／解密會變得更簡單，其圖解和演算法將留做練習題。

🗝 計數器模式

在**計數器模式**（counter mode, CTR mode）中並無任何回饋，利用計數器能產生金鑰串流的虛擬亂數。一個 n 位元計數器初始化為預先測定的值（初始向量），並根據預先定義的規則（mod 2^n）增量。欲提供更好的隨機性，其增量值能依區塊數量增加。其明文和密文區塊和加密法（例如 DES 或 AES）一樣有相同的區塊大小，大小為 n 的明文區塊加密產生大小為 n 的密文區塊。圖 8.8 展示計數器模式。

其明文和密文區塊的關係如下：

加密：$C_i = P_i \oplus E_{k_i}$（計數器）　　解密：$P_i = C_i \oplus E_{k_i}$（計數器）

計數器使用了區塊加密法（E_K）的加密函數加密和解密，很容易證明明文區塊 P_i 能從密文區塊 C_i 中回復，這留做練習題。

我們比較一下計數器模式、輸出回饋模式和電子編碼本模式。如同輸出回饋模式，計數

圖 8.8　計數器模式的加密

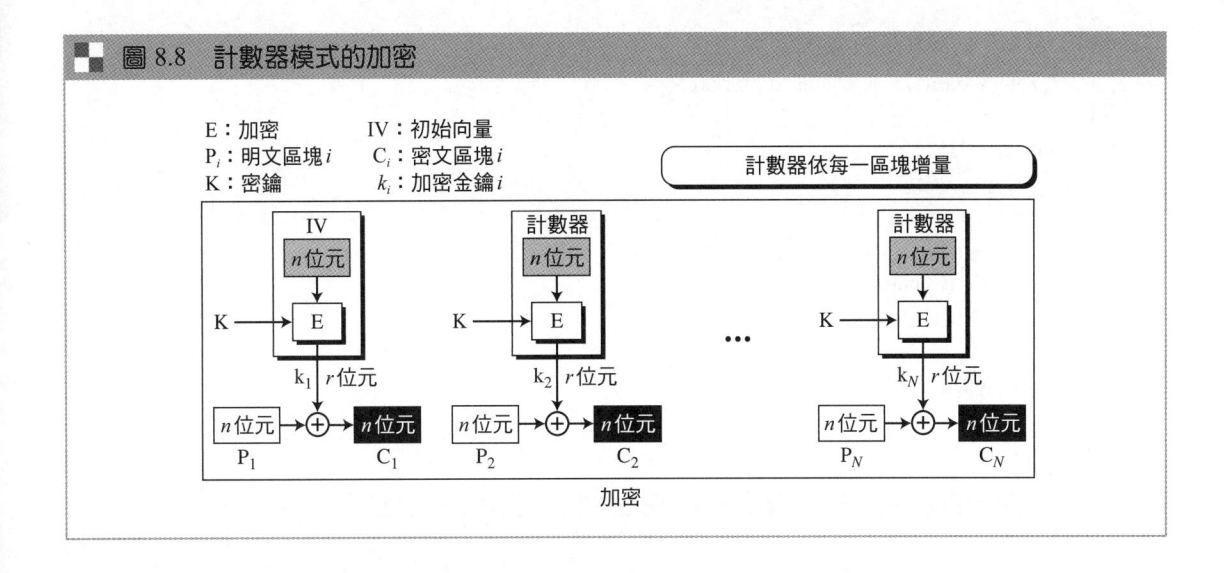

器模式創造一個獨立於之前密文區塊的金鑰串流,但計數器模式並未使用回饋。如同電子編碼本模式,計數器模式創造獨立於其他 n 位元的密文區塊,這些只依賴計數器的值。以負面來看,這表示計數器模式和電子編碼本模式一樣無法用於即時處理,因為加密前,加密演算法需等到一個完整的 n 位元資料區塊。以正面來看,計數器模式和電子編碼本模式一樣,只要計數器的值和檔案中的紀錄編碼有關,就能用於加密和解密隨機存取的檔案。

如同串流加密法的計數器

如同密文回饋模式和輸出回饋模式,計數器其實是一個串流加密法(不同區塊與不同金鑰互斥或運算)。圖 8.9 列出第 i 個資料區塊的加密和解密過程。

圖 8.9　如同串流加密法的計數器模式

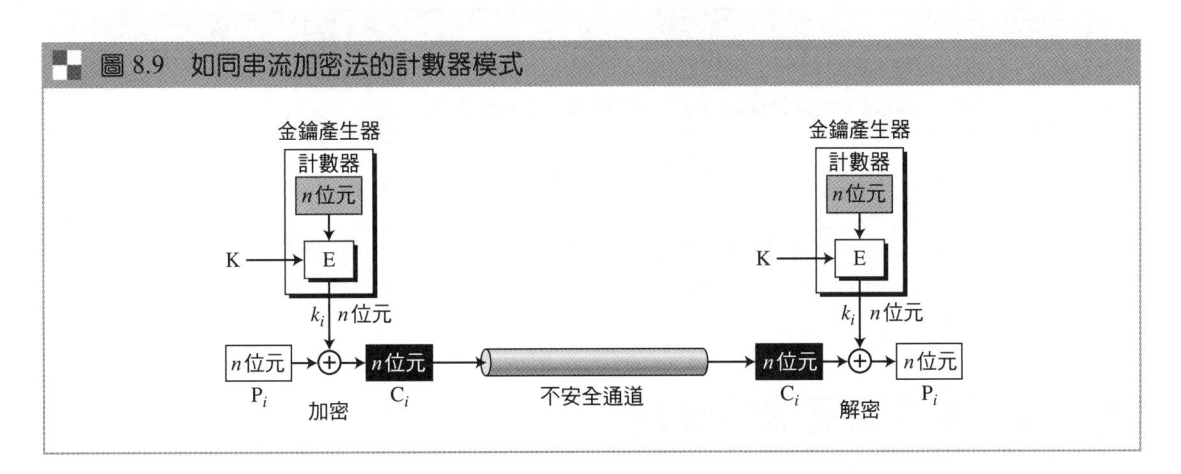

演算法

演算法 8.5 為加密演算法的虛擬碼程序,解密演算法留做練習題。在此演算法中,增量值根據區塊數增加,亦即其計數值為 IV、IV + 1、IV + 3、IV + 6 等。假設所有 N 明文區塊

演算法 8.5　計數器的加密演算法

```
CTR_Encryption (IV, K, Plaintext blocks)
{
    Counter ← IV
    for (i = 1 to N)
    {
        Counter ← (Counter + i − 1) mod 2^N
        k_i ← E_K (Counter)
        C_i ← P_i ⊕ k_i
    }
    return Ciphertext blocks
}
```

在開始加密前已預先準備好。若要避免此假設成立，必須重寫演算法。

安全問題

計數器模式的安全問題與輸出回饋模式的安全問題一樣。

誤差增值

密文中的單一誤差只會影響對應明文的位元。

不同模式的比較

表 8.1 簡單地比較本章所討論的五種不同運算模式。

表 8.1　運算模式摘要

運算模式	敘述	結果類型	資料單位大小
ECB	使用相同加密金鑰獨立加密每 n 位元區塊。	區塊加密法	n
CBC	與 ECB 相同，但是每個區塊首先與前一密文區塊做互斥或運算。	區塊加密法	n
CFB	每個 r 位元區塊與 r 位元金鑰（前一密文區塊之部分）做互斥或運算。	串流加密法	$r \leq n$
OFB	與 CFB 相同，但是位移暫存器由前一 r 位元金鑰取代。	串流加密法	$r \leq n$
CTR	與 OFB 相同，但是使用計數器取代位移暫存器。	串流加密法	n

8.2　串流加密法的使用

儘管五種運算模式能利用區塊加密法加密大單位的訊息或檔案（電子編碼本、密文區塊鏈結和計數器）以及小單位的訊息或檔案（密文回饋和輸出回饋），但有時需用純串流加密小型資料單位，例如字元或位元。串流加密法用於即時處理時更有效率。幾十年前，有數個串流加密法用於不同的協定，這裡我們只討論兩個：RC4 和 A5/1。

RC4

RC4是1984年由Ronald Rivest為RSA數據安全所設計的串流加密法。RC4用於許多資料通信和聯網協定，包含SSL/TLS（見第十七章）和IEEE802.11無限區域網路標準。

RC4是一個位元組導向的串流加密法，一個位元組（8位元）的明文與一個位元組的金鑰進行互斥或運算，產生一個位元組的密文。其密鑰是由金鑰串流中的一個位元組金鑰產生，能包含從1到256個位元組。

狀態

RC4是根據狀態的概念。在加密過程的每一刻，其256個位元組的狀態都是處於運作中，我們隨機挑選其中一個位元組當做金鑰來加密。其概念可顯示為一個位元組的陣列：

$$S[0]\ \ S[1]\ \ S[2]\ \cdots\ S[255]$$

注意，其元件範圍的索引介於0到255之間，每個元件的內容也是一個位元組（8位元），這能解釋為一個介於0到255之間的整數。

概念

圖8.10顯示RC4的概念，前兩個方盒只執行一次（初始化）；只要有明文位元組需要加密，用來產生串流金鑰的排列就會重複。

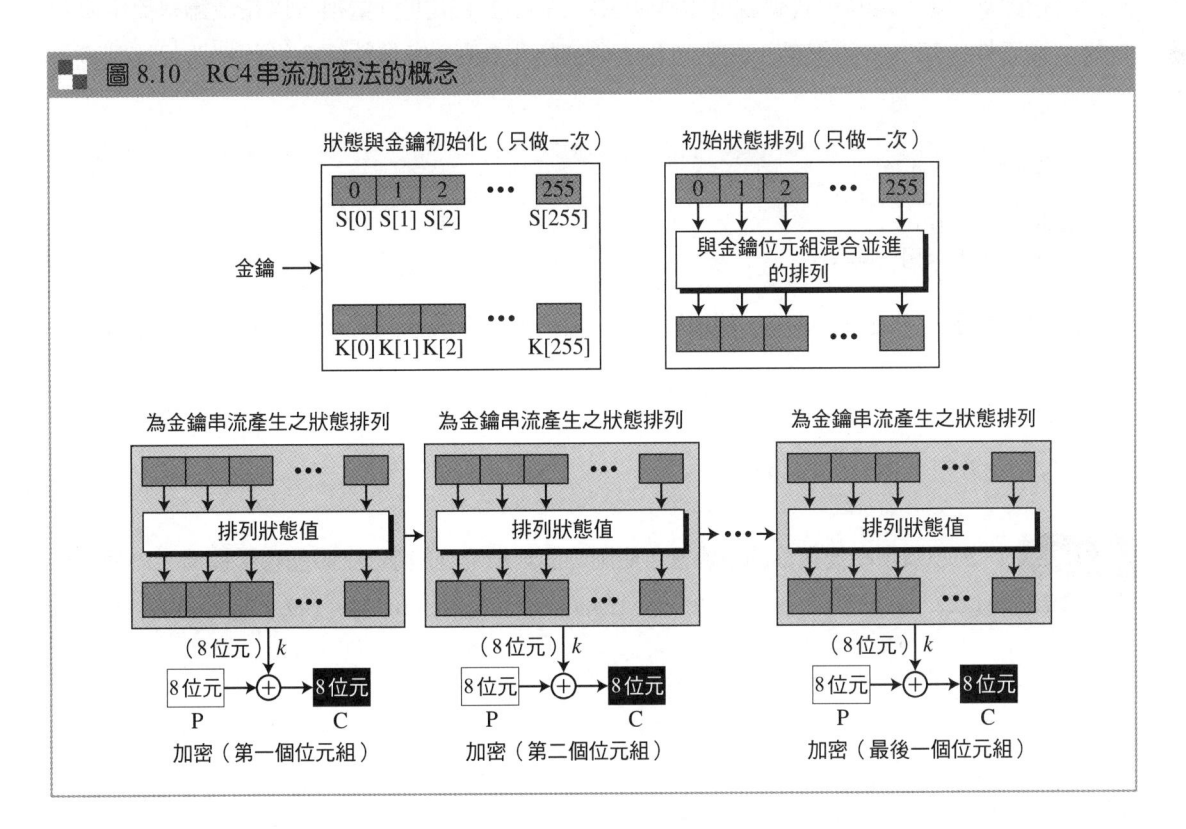

圖 8.10　RC4串流加密法的概念

初始化　　初始化有兩個步驟：

1. 在第一個步驟中，將狀態初始化為 0, 1, ..., 255 值，就會產生金鑰陣列 K[0], K[1], ..., K[255]。若祕密金鑰剛好為 256 個位元組，這些位元組會被複製至 K 陣列，否則會一直重複這些位元組，直到填滿 K 陣列。

```
for (i = 0 to 255)
{
    S[i]  ← i
    K[i]  ← Key [i mod KeyLength]
}
```

2. 在第二個步驟中，初始化狀態將依據 K[i] 中的位元值進行排列（交換元件）。金鑰位元組只用於此步驟，用來定義要交換哪些元件。經過此步驟後，狀態位元組就完全洗牌。

```
j ← 0
for (i = 0 to 255)
{
    j ← (j + S[i] + K[i]) mod 256
    swap (S[i] , S[j])
}
```

金鑰串流產生　　金鑰串流中的金鑰是一個接著一個地產生。第一，狀態的排列是依據狀態元件值和兩個不同變數（i 和 j）。第二，位置 i 和 j 的兩個狀態元件的值是用來定義狀態元件的指數 k。接下來的程式碼就會根據明文的每個位元組進行重複，以在金鑰串流中產生新的金鑰元件。第一次重複前，變數 i 和 j 會初始化為 0，但其數值會從此次迭代複製到下一次。

```
i ← (i + 1) mod 256
j ← (j + S[i]) mod 256
swap (S[i] , S[j])
k ← S [(S[i] + S[j]) mod 256]
```

加密或解密　　在產生 k 後，利用 k 將明文位元組加密成密文位元組，其反向即為解密。

演算法

演算法 8.6 顯示 RC4 的程序。

範例 8.5　　為了顯示串流金鑰的隨機性，使用一個全部位元組都設為 0 的祕密金鑰。20 個 k 值的金鑰串流為 (222, 24, 137, 65, 163, 55, 93, 58, 138, 6, 30, 103, 87, 110, 146, 109, 199, 26, 127, 163)。

演算法 8.6　RC4的加密演算法

```
RC4_Encryption (K)
{
    //產生初始狀態與金鑰位元組
    for (i = 0 to 255)
    {
        S[i] ← i
        K[i] ← Key [i mod KeyLength]
    }
    //植基於金鑰位元組的值來排列狀態位元組
    j ← 0
    for (i = 0 to 255)
    {
        j ← (j + S[i] + K[i]) mod 256
        swap (S[i] , S[j])
    }
    //持續排列狀態位元組產生金鑰且加密
    i ← 0
    j ← 0
    while (more byte to encrypt)
    {
        i ← (i + 1) mod 256
        j ← (j + S[i]) mod 256
        swap (S [i] , S[j])
        k ← S [(S[i] + S[j]) mod 256]
        //準備好金鑰，加密
        input P
        C ← P ⊕ k
        output C
    }
}
```

範例 8.6　重複範例 8.5，但這次祕密金鑰為 5 個位元組 (15, 202, 33, 6, 8)，金鑰串流為 (248, 184, 102, 54, 212, 237, 186, 133, 51, 238, 108, 106, 103, 214, 39, 242, 30, 34, 144, 49)，其金鑰串流的隨機性是很明顯的。

安全問題

　　若金鑰大小為至少 128 位元（16 個位元組），則一般會認為此加密法是安全的。有些報告指出，若此加密法的金鑰較小（少於 5 個位元組），可能會遭受攻擊，但現在的協定都使用能維持 RC4 安全的金鑰大小。然而，如同其他很多加密法一樣，建議於不同的會議（session）使用不同的金鑰，這能防止 Eve 使用不同的破密分析此加密法。

A5/1

有一種使用LFSR（見第五章）產生位元串流的串流加密法：**A5/1**（A5系列的加密法）。A5/1常見於**全球行動通訊系統（Global System for Mobile Communication, GSM）**。GSM是一個行動電話通訊的網路，電話通訊以一連串的228位元訊框運作，其中每個訊框能維持4.6毫秒。A5/1產生一個超過64位元金鑰的位元串流，此位元串流被蒐集到一個228位元的緩衝器中，並與一個228位元的訊框進行互斥或運算，如圖8.11所示。

圖 8.11　A5/1的一般概要

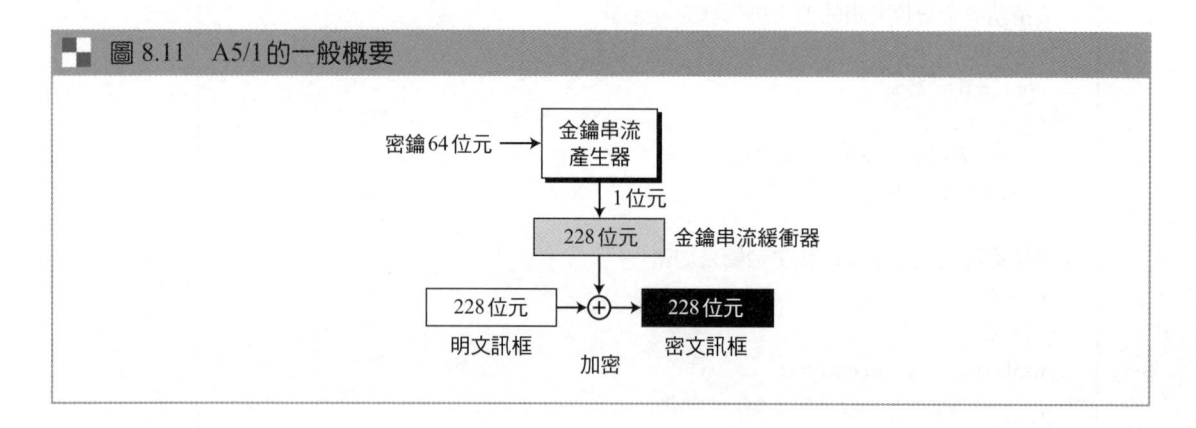

金鑰產生器

A5/1使用了三個LFSR，分別是19、22和23位元。特徵多項式LFSR的整步位元（clocking bit）顯示於圖8.12。

圖 8.12　A5/1的三個LFSR

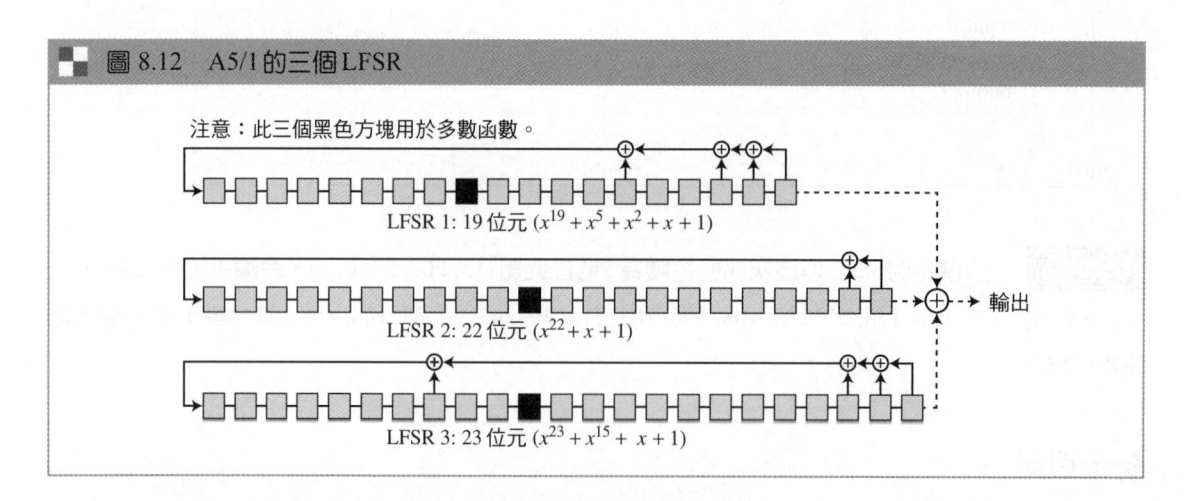

注意：此三個黑色方塊用於多數函數。

LFSR 1: 19位元 ($x^{19} + x^5 + x^2 + x + 1$)

LFSR 2: 22位元 ($x^{22} + x + 1$)

LFSR 3: 23位元 ($x^{23} + x^{15} + x + 1$)

1位元的輸出被餵給228位元緩衝器以進行加密（或解密）。

初始化　加密（或解密）的每個訊框都必須進行初始化。初始化使用一個64位元的密鑰和22位元對應訊框數值。步驟如下：

1. 第一，將三個LFSR的所有位元設置為0。

2. 第二，根據以下程式碼，以暫存器的數值混合 64 位元的金鑰。整步是指每個 LFSR 需經過一次位移處理。

```
for (i = 0 to 63)
{
    Exclusive-or K[i] with the leftmost bit in all three registers.
    Clock all three LFSRs
}
```

3. 使用 22 位元的訊框數值，重複之前的程序。

```
for (i = 0 to 21)
{
    Exclusive-or FrameNumber [i] with the leftmost bit in all three registers.
    Clock all three LFSRs
}
```

4. 在 100 個週期中，為整個產生器計時，但利用多數函數（majority-function，參閱下段）檢視應為哪個 LFSR 整步。此處整步是指兩個或三個 LFSR 需經過位移處理。

```
for (i = 0 to 99)
{
    Clock the whole generator based on the majority function.
}
```

多數函數　　若位元的多數數值為 1，則多數函數 Majority (b_1, b_2, b_3) 就是 1；若位元多數為 0，則為 0。舉例來說，Majority (1, 0, 1) = 1，而 Majority (0, 0, 1) = 0。在每次時間點選（click）前，多數函數都有一個數值；若最右邊的位元為位元零，則三個稱為整步位元的輸入位元為：位元 LFSR1[10]、LFSR2[11] 和 LFSR3[11]。在文獻上，這些位元被稱為位元 8、10 和從左邊數來位元 10，但我們稱之為位元 10、11 和從右邊數來位元 11，以對應特徵多項式。

金鑰串流位元　　金鑰產生器在每次時間點選產生一個位元的金鑰串流。在金鑰產生之前，會先計算多數函數。若其整步位元符合多數函數的結果，就會整步每個 LFSR；否則，就不會整步。

範例 8.7　　在整步位元為 1、0 和 1 的時間點，哪個 LFSR 被整步（位移）？

解法　　Majority (1, 0, 1) = 1，LFSR1 和 LASR3 被位移，但 LFSR2 沒有。

加密／解密

金鑰產生器所產生的位元串流被用來緩衝，以形成 228 位元金鑰，該金鑰與明文訊框進行互斥或運算以產生密文訊框。加密／解密是一次處理一個訊框。

安全問題

儘管GSM持續使用A5/1，但有幾個攻擊GSM的紀錄，我們在此指出其中兩個。2000年，Alex Biryukov、Adi Shamir和David Wagner發表一個能於幾分鐘內從一部分已知明文找到金鑰的即時攻擊，但需要一個2^{48}步驟的預先處理階段。2003年，Ekdahl和Johannson發表一個能於2到5分鐘內破解A5/1的攻擊。因應這些新型攻擊方法的出現，未來GSM可能需要換掉A5/1或進行增強。

8.3 其他問題

若要使用對稱式金鑰區塊或串流加密法加密，必須探討其他問題。

金鑰管理

使用對稱式金鑰加密法時，Alice和Bob需要共享一個密鑰以保通訊安全。若社群裡有n個實體，每個需要與其他$n-1$個實體通訊，所以總共需要$n(n-1)$個密鑰。然而，在對稱式金鑰加密中，單一金鑰能用於兩個方向：從Alice到Bob，以及從Bob到Alice，這表示$n(n-1)/2$個金鑰就足夠了。若n大約為100萬，必須交換5億個金鑰。但這並不可行，所以我們找出幾個解決方式。第一，每次Alice和Bob想要聯絡時，他們可以產生一個（暫時的）會議金鑰。第二，社群應建立一個或更多的金鑰分配中心，以分配會議金鑰給實體。這些問題都屬於金鑰管理的一部分，在探討必要的工具之後，第十五章會討論有關金鑰管理的問題。

金鑰管理將於第十五章探討。

金鑰產生

另一個對稱式金鑰加密的問題就是安全金鑰的產生。不同的對稱式金鑰加密法需要不同大小的金鑰。為了避免安全漏洞，我們得使用系統化方法來選擇金鑰。若Alice和Bob之間要產生一個會議金鑰，他們需隨機選擇金鑰，讓Eve猜不到下一個金鑰。若金鑰分配中心需要分配金鑰時，其金鑰應為隨機的，這樣Eve就無法從指派給John和她的金鑰，猜到分配給Alice和Bob的金鑰。這表示需要一個隨機（或虛擬隨機）號碼產生器。因為有關隨機號碼產生器的討論涉及其他尚未探討過的主題，所以隨機號碼產生器的研究將留到附錄K探討。

隨機號碼產生器將於附錄K探討。

推薦讀物

為了更深入瞭解本章所討論的主題，我們建議選讀下列書籍與網站。括號內的項目請參閱本書書末的參考文獻。

書籍

[Sch99]、[Sta06]、[PHS03]、[Sti06]、[MOV97] 和 [KPS02] 探討運算模式，[Vau06] 和 [Sta06] 研討串流加密法。

網站

對於本章所討論的主題，以下的網站提供了許多更深入的資訊。

- http://en.wikipedia.org/wiki/Block_cipher_modes_of_operation
- http://www.itl.nist.gov/fipspubs/fip81.htm
- en.wikipedia.org/wiki/A5/1
- en.wikipedia.org/wiki/RC4

關鍵詞彙

- A5/1　226
- cipher block chaining（CBC）mode　密文區塊鏈結模式　213
- cipher feedback（CFB）mode 密文回饋模式　215
- ciphertext stealing（CTS）密文偷竊　212
- counter（CTR）mode　計數器模式　220
- electronic codebook（ECB）mode　電子編碼本模式　211
- Global System for Mobile Communication（GSM）全球行動通訊系統　226
- initialization vector（IV）初始向量　213
- mode of operation　運算模式　210
- output feedback（OFB）mode 輸出回饋模式　218
- RC4　223

重點摘要

- 在現實應用上，被加密文字的大小是多變的，而且通常都會大於現代區塊加密法的區塊大小；運算模式可以用來加密任何大小的文字，本章探討五種運算模式。
- 最簡單的運算模式為電子編碼本模式，其明文被分為 N 個區塊，區塊大小為 n 位元，每個區塊使用相同的金鑰加密和解密。
- 在密文區塊鏈結模式中，每個明文在加密前都與之前的密文區塊進行互斥或運算。一個區塊加密後，雖然已被傳送出去，但其副本已儲存於記憶體中，用來加密下一個區塊。傳送者和接收者事先同意使用特定的初始向量以與第一個密文區塊進行互斥或運算。
- 為了即時處理加密小型資料單位，本章介紹密文回饋模式。密文回饋模式使用標準的區塊加密法（例如 DES 或 AES）加密位移暫存器，但使用互斥或運算加密或解密實際的資料單位。雖然

密文回饋模式使用區塊加密法，但其結果其實是串流加密法，因為每個資料單位都用不同的金鑰加密。

- 輸出回饋模式和密文回饋模式很類似，唯一不同的地方是：密文中的每個位元不依賴之前的位元，以避免發生誤差增值；輸出回饋模式使用之前的金鑰代替密文區塊做為回饋。
- 計數器模式中並無任何回饋，利用計數器能產生金鑰串流的虛擬亂數。一個 n 位元計數器初始化為預先測定的值（初始向量），並根據預先定義的規則增量。
- 為了加密小型資料單位，例如字元或位元，設計出幾個串流加密法，這些加密法能更有效率進行即時處理。本章只討論兩個純串流加密法：RC4 和 A5/1。
- RC4 是一個位元組導向的串流加密法，一個位元組（8 位元）的明文與一個位元組的金鑰進行互斥或運算，產生一個位元組的密文。其密鑰是由金鑰串流中的一個位元組金鑰產生，能包含從 1 到 256 個位元組；其金鑰串流產生器是依據 256 個位元組的狀態排列。
- A5/1 是一個行動電話通訊的串流加密法，利用三個 LFSR 創造一個超過 64 位元金鑰的位元串流。

練習集

問題回顧

1. 解釋為什麼現代區塊加密法加密時需要使用運算模式。
2. 列出本章所探討的五種運算模式。
3. 定義電子編碼本模式，並列出其優缺點。
4. 定義密文區塊鏈結模式，並列出其優缺點。
5. 定義密文回饋模式，並列出其優缺點。
6. 定義輸出回饋模式，並列出其優缺點。
7. 定義計數器模式，並列出其優缺點。
8. 將五種運算模式分為兩組：一組為使用加密法（例如 DES 或 AES）的加密和解密函數；另一組只用加密函數。
9. 將五種運算模式分為兩組：需要填塞和不需要填塞。
10. 將五種運算模式分為兩組：所有區塊都使用同一組金鑰加密；使用一個金鑰串流於區塊加密。
11. 解釋 RC4 和 A5/1 的三個最大不同點。哪一個使用 LFSR？
12. RC4 的資料單位大小為何？A5/1 的資料單位大小為何？
13. 列出能透過並行處理加快速度的運算模式。
14. 列出能使用於加密隨機存取檔案的運算模式。

習題

15. 說明為什麼密文回饋模式產生非同步串流加密法，但輸出回饋模式卻產生同步串流加密法。
16. 在密文回饋模式中，多少區塊受到傳輸時單一位元誤差的影響？
17. 在電子編碼本模式中，密文區塊 8 的位元 17 於傳輸時損毀，找出明文中可能損毀的位元。
18. 在密文區塊鏈結模式中，密文區塊 9 的位元 17 和位元 18 於傳輸時損毀，找出明文中可能損毀的位元。
19. 在密文回饋模式中，密文區塊 11 的位元 3 和位元 6 損毀（$r = 8$），找出明文中可能損毀的位元。

20. 在計時器模式中，區塊3和4完全損毀，找出明文中可能損毀的位元。
21. 在輸出回饋模式中，整個密文區塊11完全損毀（$r = 8$），找出明文中可能損毀的位元。
22. 證明在密文回饋模式中，Alice使用的明文傳送給Bob後會完全復原。
23. 證明在輸出回饋模式中，Alice使用的明文傳送給Bob後會完全復原。
24. 證明在計時器模式中，Alice使用的明文傳送給Bob後會完全復原。
25. $r = n$時，列出密文回饋模式的加密和解密圖。
26. $r = n$時，列出輸出回饋模式的加密和解密圖。
27. 若使用密文偷竊，說明電子編碼本模式解密演算法的處理過程。
28. 若使用密文偷竊，列出電子編碼本模式加密和解密圖（只要最後兩個區塊）。
29. 若使用密文偷竊，說明密文區塊鏈結模式解密演算法的處理過程。
30. 若使用密文偷竊，列出密文區塊鏈結模式加密和解密圖（只要最後兩個區塊）。
31. 解釋為什麼密文回饋模式、輸出回饋模式和計數器模式不需竊取密文。
32. 說明電子編碼本模式使用密文偷竊技巧時誤差增值的影響。
33. 說明密文區塊鏈結模式使用密文偷竊技巧時誤差增值的影響。
34. 區塊鏈結模式是密文區塊鏈結模式的變異，其中差異在於加密前，所有之前的密文區塊都會與現在的明文區塊進行互斥或運算。畫出加密和解密過程的說明圖。
35. 增值密文區塊鏈結模式是密文區塊鏈結模式的變異，其中差異在於加密前，之前的明文區塊和密文區塊都會與現在的明文區塊進行互斥或運算。畫出加密和解密過程的說明圖。
36. 密文區塊鏈結檢查和模式是密文區塊鏈結模式的變異，其中差異在於加密前，所有之前的明文區塊都會與現在的明文區塊進行互斥或運算。畫出加密和解密的說明圖。
37. 在RC4中，若祕密金鑰只有7個位元組，其數值為1, 2, 3, 4, 5, 6和7，列出金鑰串流的前20個元件，可能需要撰寫一個小程式。
38. 在RC4中，找出一個經過第一和第二個初始化步驟後，不會改變狀態的金鑰值。
39. Alice和Bob使用有16位元組祕密金鑰的RC4聯絡。利用遞迴定義$K_i = (K_{i-1} + K_{i-2}) \bmod 2^{128}$，每一次祕密金鑰都會改變。在該模式重複前，他們可以傳送多少訊息？
40. 在A5/1中，求出每個LFSR最大限度的週期。
41. 在A5/1中，求出以下函數的數值，並列出有多少LFSR被整步：
    a. Majority (1, 0, 0)
    b. Majority (0, 1, 1)
    c. Majority (0, 0, 0)
    d. Majority (1, 1, 1)
42. 在A5/1中，求出多數函數的表示式。
43. 寫出電子編碼本模式的虛擬密碼解密運算法。
44. 寫出密文區塊鏈結模式的虛擬密碼解密運算法。
45. 寫出密文回饋模式的虛擬密碼解密運算法。
46. 寫出輸出回饋模式的虛擬密碼解密運算法。
47. 寫出計時器模式的虛擬密碼解密運算法。
48. 寫出演算法8.4使用的shiftLeft程序演算法。
49. 寫出演算法8.4使用的selectLeft程序演算法。
50. 寫出演算法8.4使用的concatenate程序演算法。

Asymmetric-Key Encipherment

非對稱式金鑰加密技術

PART 2

在第一章中，我們得知密碼學包含了三種技術：對稱式金鑰加密法、非對稱式金鑰加密法以及雜湊演算法。在第二篇中，我們致力於介紹非對稱式金鑰加密法。第九章回顧一些必要的數學背景，以便瞭解本篇和本書中的其餘章節。第十章探究一些當代的非對稱式金鑰加密法。

第九章：密碼基礎數學 III：質數與和質數相關的同餘方程式

第九章回顧一些必要的數學概念，以便瞭解其後的幾個章節。在本章中，將討論質數和其在密碼學中的應用，並介紹質數測試演算法及其效能。其餘的主題包含了因數分解、中國餘數定理及二次同餘。本章也討論模數的指數性質與對數性質，以幫助之後在第十章中探討公開金鑰密碼系統。

第十章：非對稱式金鑰密碼學

第十章討論非對稱式金鑰（公開金鑰）加密法。本章介紹許多密碼系統，例如RSA、Rabin、Elgamal和ECC。同時也指出對於這些系統的多種攻擊方法，並提出一些建議來預防這些攻擊。

CHAPTER 9

密碼基礎數學 III：質數與和質數相關的同餘方程式

學習目標

本章的學習目標包括：

- 介紹質數及其在密碼學上的應用。
- 討論一些質數測試演算法，並探討它們的效能。
- 討論因數分解的演算法及其在密碼學上的應用。
- 說明中國餘數定理及其應用。
- 介紹二次同餘。
- 介紹模數下的指數和對數。

第十章將討論的非對稱式密碼系統植基於數論中的某些主題，包括與質數相關的定理、將合成數分解成質數、模數下的指數和對數、二次同餘以及中國餘數定理。我們在本章中將深入探討這些主題，以更容易瞭解第十章的內容。

9.1 質數

質數在非對稱式的密碼系統中被廣泛地應用。不論是哪一本有關數論的書籍，與質數相關的主題總是在書中佔了很大的部分。在本節中，我們只討論其中一些重要的觀念和事實，以做為瞭解第十章的基石。

定義

我們可以將正整數分成三個群組：數字1、質數以及合成數，如圖9.1所示。

一個正整數稱為**質數**（prime）若且唯若其只能被兩個整數整除，亦即1和它自己。一個**合成數**（composite）是具有超過兩個以上因數的正整數。

圖 9.1　正整數的三個群組

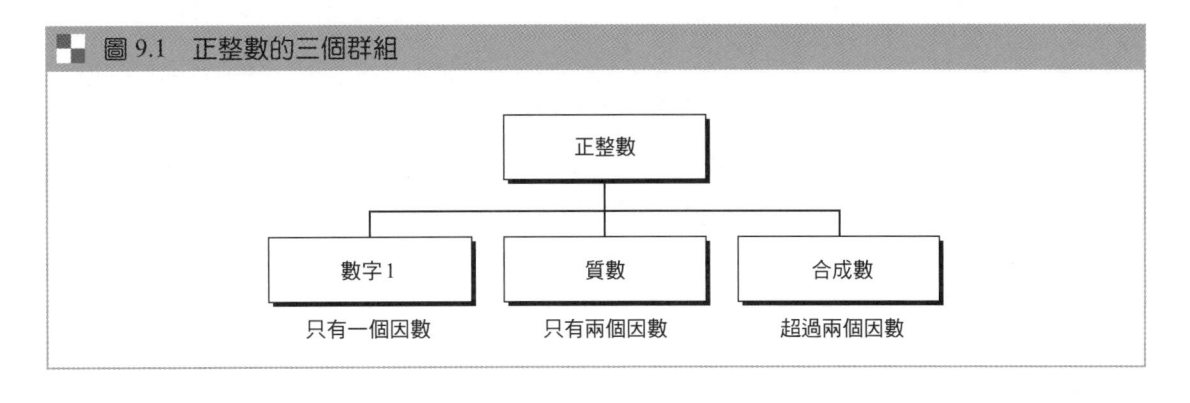

```
            正整數
   ┌──────────┼──────────┐
  數字1       質數       合成數
只有一個因數  只有兩個因數  超過兩個因數
```

一個質數只能被自己和1所整除。

範例 9.1　最小的質數為何？

解法　最小的質數是2，因為2只能被2（它自己）和1所整除。注意，在這個定義下，1不是質數。因為一個質數必須被兩個不同的整數整除，不能多、也不能少。整數1只能被自己所整除，所以它不是質數。

範例 9.2　列出所有小於10的質數。

解法　小於10的質數有四個：2、3、5和7。有趣的是，我們注意到在1到10這個範圍中，質數所佔的百分比為40%，但這個百分比會隨著範圍擴大而下降。

互質

對於兩個正整數 a 和 b，若 gcd $(a, b) = 1$，則稱這兩個整數為**互質**（relatively prime；coprime）。注意，1和任何整數都互質。如果 p 是質數，則從1到 $p-1$ 的所有整數都和 p 互質。在第二章中，我們討論過集合 Z_{n^*}，此集合裡所有的元素都和 n 互質。集合 Z_{p^*} 也具有同樣的性質，差別只在於其模數（p）是質數。

質數的個數

當我們瞭解質數的概念之後，很自然衍生出兩個問題：質數的個數是有限個還是無限多個？給定一個數字 n，在 n 之下（小於或等於 n）有多少個質數？

無限多個質數

質數的個數有無限多個。以下是一個非正式的證明：假設質數集合的個數是有限的，而 p 是這個集合中最大的質數。我們將此集合中所有的質數相乘，且令結果為 P = 2 × 3 × ... × p。注意，對於整數(P + 1)，我們無法找到一個因數 $q \leq p$，這是因為 q 整除 P，若 q 同時也能整除(P + 1)，則 q 必能整除(P + 1) – P = 1。由於唯一能夠整除1的整數就是1，而1不是質

數。因此，能整除(P + 1)的因數 q 必定大於 p。

質數有無限多個。

範例 9.3　以下是一個明顯的例子，假設所有質數所形成的集合如下：{2, 3, 5, 7, 11, 13, 17}。此處 P = 510510，而 P + 1 = 510511。然而，510511 = 19 × 97 × 277；這些質數沒有任何一個在原來的集合之中。因此，我們必定可以找到大於17的質數。

質數的個數

為了回答第二個問題，我們定義 $\pi(n)$ 函數來計算小於或等於 n 的質數個數。以下的例子顯示出在不同 n 之下的函數值。

$$\pi(1) = 0 \quad \pi(2) = 1 \quad \pi(3) = 2 \quad \pi(10) = 4 \quad \pi(20) = 8 \quad \pi(50) = 15 \quad \pi(100) = 25$$

但是當 n 很大時，我們要如何計算 $\pi(n)$ 呢？對於這個問題，我們只能求出近似值。其關係式如下所示：

$$[n/(\ln n)] < \pi(n) < [n/(\ln n - 1.08366)]$$

Gauss 發現此關係式的上界；Lagrange 發現此關係式的下界。

範例 9.4　求出小於1,000,000的質數個數。

解法　由近似值的關係式可知範圍為72,383到78,543，真正的質數個數為78,498。

質數的檢查

接下來會產生下列問題：給定一個數值 n，如何判定 n 是否為質數？答案就是我們必須一一測試所有小於 $\sqrt{n}$ 質數是否可以整除 n。我們知道這不是一個有效率的方法，但卻是個好的開始。

範例 9.5　97是否為質數？

解法　$\lfloor\sqrt{97}\rfloor = 9$。小於9的質數為2、3、5和7。我們必須確認97是否會被這些數的其中之一整除。因為這些數都不能整除97，所以97是質數。

範例 9.6　301是否為質數？

解法　$\lfloor\sqrt{301}\rfloor = 17$。我們需要檢查2、3、5、7、11、13和17。數值2、3和5無法整除301，但是7可以。因此301不是質數。

埃拉托斯特尼篩選法

希臘數學家埃拉托斯特尼（Eratosthenes）發明了一個方法來求出所有小於 n 的質數。這個方法稱為**埃拉托斯特尼篩選法**（**sieve of Eratosthenes**）。假設我們要求出所有小於 100 的質數，先寫下所有從 2 到 100 的整數。因為 $\sqrt{100} = 10$，我們需要檢查任何小於 10 的數值中，有哪些可以被 2、3、5 和 7 整除。表 9.1 顯示其結果。

表 9.1　埃拉托斯特尼篩選法

2	3	4	5	6	7	8	9	10
11	12	13	14	15	16	17	18	19	20
21	22	23	24	25	26	27	28	29	30
31	32	33	34	35	36	37	38	39	40
41	42	43	44	45	46	47	48	49	50
51	52	53	54	55	56	57	58	59	60
61	62	63	64	65	66	67	68	69	70
71	72	73	74	75	76	77	78	79	80
81	82	83	84	85	86	87	88	89	90
91	92	93	94	95	96	97	98	99	100

以下顯示其流程：

1. 刪除所有被 2 整除的數值（除了 2 本身）。
2. 刪除所有被 3 整除的數值（除了 3 本身）。
3. 刪除所有被 5 整除的數值（除了 5 本身）。
4. 刪除所有被 7 整除的數值（除了 7 本身）。
5. 剩下的數值都是質數。

尤拉 phi 函數

尤拉 phi 函數（**Euler's phi-function**）$\phi(n)$，有時稱為**尤拉 totient 函數**（**Euler's totient function**），在密碼學中扮演非常重要的角色。這個函數求出所有小於 n 且與 n 互質之整數個數。回顧第二章，集合 $\mathbf{Z}_{n^*}$ 包含了所有小於 n 且與 n 互質的數值。此函數 $\phi(n)$ 可以計算這個集合元素的個數。以下的規則有助於計算出 $\phi(n)$ 的值。

1. $\phi(1) = 0$。
2. $\phi(p) = p - 1$，若 p 是一個質數。
3. $\phi(m \times n) = \phi(m) \times \phi(n)$，若 m 和 n 互質。
4. $\phi(p^e) = p^e - p^{e-1}$，若 p 是質數。

我們可以合併以上四個規則計算出 $\phi(n)$ 的值。舉例來說，如果 n 可以分解成 $n = p_1^{e_1} \times p_2^{e_2} \times ... \times p_k^{e_k}$，則可以使用規則 3 和規則 4：

$$\phi(n) = (p_1^{e_1} - p_1^{e_1-1}) \times (p_2^{e_2} - p_2^{e_2-1}) \times \cdots \times (p_k^{e_k} - p_k^{e_k-1})$$

在此有件非常重要的事值得注意，若 n 是一個很大的合成數，則只有當 n 可以被分解成數個質數時，才能計算出 $\phi(n)$ 的值。換句話說，求出 $\phi(n)$ 的難度相當於對 n 進行因數分解的難度。對於這點，我們將在下一節詳細討論。

求出 $\phi(n)$ 的難度相當於對 n 進行因數分解的難度。

範例 9.7 $\phi(13)$ 的值為何？

解法 由於 13 是質數，$\phi(13) = (13 - 1) = 12$。

範例 9.8 $\phi(10)$ 的值為何？

解法 我們可以使用規則 3：$\phi(10) = \phi(2) \times \phi(5) = 1 \times 4 = 4$，因為 2 和 5 為質數。

範例 9.9 $\phi(240)$ 的值為何？

解法 我們可以寫成 $240 = 2^4 \times 3^1 \times 5^1$。因此

$$\phi(240) = (2^4 - 2^3) \times (3^1 - 3^0) \times (5^1 - 5^0) = 64$$

範例 9.10 我們可以說 $\phi(49) = \phi(7) \times \phi(7) = 6 \times 6 = 36$ 嗎？

解法 不可。因為規則 3 只有在 m 和 n 互質時才可以使用。在此，$49 = 7^2$。我們必須使用規則 4：$\phi(49) = 7^2 - 7^1 = 42$。

範例 9.11 在 Z_{14*} 中有多少個元素？

解法 答案是 $\phi(14) = \phi(7) \times \phi(2) = 6 \times 1 = 6$。這些成員是 1、3、5、9、11 和 13。

有趣的觀點：若 $n > 2$，則 $\phi(n)$ 的值是偶數。

費瑪小定理

費瑪小定理（Fermat's little theorem）在數論和密碼學中扮演非常重要的角色。在此我們介紹此定理的兩種版本。

第一種版本

第一種版本告訴我們，若 p 是質數，而 a 是一個 p 無法整除的整數，則 $a^{p-1} \equiv 1 \bmod p$。

第二種版本

第二種版本移除了 a 的限制條件。它告訴我們，若 p 是質數，而 a 是整數，則 $a^p \equiv a \bmod p$。

應用

雖然我們稍後才會看到此定理的應用，但當面對某些問題時，使用此定理來解決是十分有幫助的。

指數運算　費瑪小定理有時可以幫助我們快速地計算出某些指數運算的答案。我們使用以下的例子來證明這個想法。

範例 9.12　計算 $6^{10} \bmod 11$。

解法　我們可得 $6^{10} \bmod 11 = 1$。這是在 $p = 11$ 時，使用費瑪小定理的第一種版本計算出來的。

範例 9.13　計算 $3^{12} \bmod 11$。

解法　此處指數（12）和模數（11）是不同的。藉由替換法，這個式子可以使用費瑪小定理來求解。

$$3^{12} \bmod 11 = (3^{11} \times 3) \bmod 11 = (3^{11} \bmod 11)(3 \bmod 11) = (3 \times 3) \bmod 11 = 9$$

乘法反元素　費瑪小定理有個非常有趣的應用，那就是當模數是質數時，我們可以快速地求出乘法反元素。若 p 是質數，而 a 是一個 p 無法整除的整數（$p \nmid a$），則 $a^{-1} \bmod p = a^{p-2} \bmod p$。

當我們在等號的兩邊同時乘以 a 且應用費瑪小定理的第一種版本時，可以很容易地證明上述事實：

$$a \times a^{-1} \bmod p = a \times a^{p-2} \bmod p = a^{p-1} \bmod p = 1 \bmod p$$

此應用顯示在不使用歐幾里德延伸演算法的情形下求出一些乘法反元素。

範例 9.14　當模數是質數時，我們可以不使用歐幾里德延伸演算法來求出乘法反元素的解：

a. $8^{-1} \bmod 17 = 8^{17-2} \bmod 17 = 8^{15} \bmod 17 = 15 \bmod 17$
b. $5^{-1} \bmod 23 = 5^{23-2} \bmod 23 = 5^{21} \bmod 23 = 14 \bmod 23$
c. $60^{-1} \bmod 101 = 60^{101-2} \bmod 101 = 60^{99} \bmod 101 = 32 \bmod 101$
d. $22^{-1} \bmod 211 = 22^{211-2} \bmod 211 = 22^{209} \bmod 211 = 48 \bmod 211$

尤拉定理

尤拉定理（Euler's theorem）可以視為費瑪小定理的推廣。在費瑪小定理中，模數必須為質數。而在尤拉定理中，模數只要是整數即可。在此我們介紹尤拉定理的兩種版本。

第一種版本

尤拉定理的第一種版本和費瑪小定理的第一種版本是相似的。若 a 和 n 互質，則 $a^{\phi(n)} \equiv 1 \pmod{n}$。

第二種版本

尤拉定理的第二種版本和費瑪小定理的第二種版本是相似的，但移除了 a 和 n 必須互質的條件。若 $n = p \times q$，$a < n$ 且 k 是整數，則 $a^{k \times \phi(n)+1} \equiv a \pmod{n}$。

此處我們以一個非正式的證明來證明第二種版本，此證明植基於第一種版本。因為 $a < n$，所以需考慮下列三種可能情形：

1. 若 a 既不是 p 的倍數也不是 q 的倍數，則 a 和 n 互質。

$$a^{k \times \phi(n)+1} \bmod n = (a^{\phi(n)})^k \times a \bmod n = (1)^k \times a \bmod n = a \bmod n$$

2. 若 a 是 p 的倍數（$a = i \times p$），但不是 q 的倍數：

$$a^{\phi(n)} \bmod q = (a^{\phi(q)} \bmod q)^{\phi(p)} \bmod q = 1 \quad \rightarrow \quad a^{\phi(n)} \bmod q = 1$$
$$a^{k \times \phi(n)} \bmod q = (a^{\phi(n)} \bmod q)^k \bmod q = 1 \quad \rightarrow \quad a^{k \times \phi(n)} \bmod q = 1$$
$$a^{k \times \phi(n)} \bmod q = 1 \quad \rightarrow \quad a^{k \times \phi(n)} = 1 + j \times q \quad \text{(同餘的表示法)}$$
$$a^{k \times \phi(n)+1} = a \times (1 + j \times q) = a + j \times q \times a = a + (i \times j) \times q \times p = a + (i \times j) \times n$$
$$a^{k \times \phi(n)+1} = a + (i \times j) \times n \quad \rightarrow \quad a^{k \times \phi(n)+1} = a \bmod n \quad \text{(同餘關係)}$$

3. 若 a 是 q 的倍數（$a = i \times q$），但不是 p 的倍數，其證明和第二種情形是相同的，只要把 p 和 q 對調即可。

尤拉定理的第二種版本被應用在第十章中所介紹的 RSA 密碼系統。

應用

雖然我們稍後才會看到尤拉定理的應用，但當面對某些問題時，使用此定理來解決是十分有幫助的。

指數運算　尤拉定理有時可以幫助我們快速地計算出某些指數運算的答案。我們使用以下的例子來證明這個想法。

範例 9.15　計算 $6^{24} \bmod 35$。

解法　我們可得 6^{24} mod 35 = $6^{\phi(35)}$ mod 35 = 1。

範例 9.16　計算 20^{62} mod 77。

解法　令第二種版本中的 $k = 1$，我們可得 20^{62} mod 77 = (20 mod 77) ($20^{\phi(77)+1}$ mod 77) mod 77 = (20)(20) mod 77 = 15。

乘法反元素　當模數是質數時，我們可以使用尤拉定理求出乘法反元素；當模數是合成數時，我們也可以使用尤拉定理求出乘法反元素。若 n 和 a 互質，則 a^{-1} mod n = $a^{\phi(n)-1}$ mod n。

當我們在等號的兩邊同時乘以 a 時，可以很容易地證明上述事實：

$$a \times a^{-1} \bmod n = a \times a^{\phi(n)-1} \bmod n = a^{\phi(n)} \bmod n = 1 \bmod n$$

範例 9.17　當知道如何分解合成數時，我們不需要使用歐幾里德延伸演算法，就可以求出模數為該合成數之下的乘法反元素：

a. 8^{-1} mod 77 = $8^{\phi(77)-1}$ mod 77 = 8^{59} mod 77 = 29 mod 77
b. 7^{-1} mod 15 = $7^{\phi(15)-1}$ mod 15 = 7^{7} mod 15 = 13 mod 15
c. 60^{-1} mod 187 = $60^{\phi(187)-1}$ mod 187 = 60^{159} mod 187 = 53 mod 187
d. 71^{-1} mod 100 = $71^{\phi(100)-1}$ mod 100 = 71^{39} mod 100 = 31 mod 100

產生質數

莫仙尼（Mersenne）和費瑪（Fermat）兩位數學家曾經嘗試設計公式來產生質數。

莫仙尼質數

莫仙尼定義以下公式，稱為**莫仙尼數（Mersenne numbers）**，這個公式曾被認為可以列舉出所有的質數。

$$M_p = 2^p - 1$$

在上述公式中，若 p 是質數，則 M_p 曾被認定必定為質數。幾年後，莫仙尼公式被證明其所產生的數字並非皆為質數。以下我們列出一些莫仙尼數。

$M_2 = 2^2 - 1 = 3$
$M_3 = 2^3 - 1 = 7$
$M_5 = 2^5 - 1 = 31$
$M_7 = 2^7 - 1 = 127$
$M_{11} = 2^{11} - 1 = 2047$　　**不是質數（2047 = 23 × 89）**
$M_{13} = 2^{13} - 1 = 8191$
$M_{17} = 2^{17} - 1 = 131071$

我們可以發現M_{11}不是質數。然而，目前已知有41個莫仙尼質數；其中最新的是$M_{124036583}$，是一個極大的數值，有7,253,733位。尋找莫仙尼質數的研究目前還在進行中。

> 可以表示成$M_p = 2^p - 1$的數值稱為莫仙尼數，其可能是質數，也可能不是。

費瑪質數

費瑪曾經嘗試找出一個公式來產生質數。以下公式可以產生**費瑪數**（Fermat number）：

$$F_n = 2^{2^n} + 1$$

費瑪所測試的費瑪數最高到F_4，但後來被發現F_5不是質數。目前沒有一個大於F_4的費瑪數被證明是質數。事實上，在目前所測試到的F_{24}以下，有許多費瑪數被證明是合成數。

$F_1 = 3$
$F_2 = 17$
$F_3 = 257$
$F_4 = 65537$
$F_5 = 4294967297 = 641 \times 6700417$　　**不是質數**

9.2 質數測試法

如果費瑪或莫仙尼所設計的公式無法成功地產生大質數，則應如何產生密碼學所需要的大質數呢？我們可以先產生一個大的亂數，然後再測試其是否為質數。

找出一個能正確且有效率地測試非常大的整數並判定其為質數或合成數的演算法，一直都是數論和密碼學的挑戰。然而，近年來所發展的一些方法（本節將會討論其中一種），看起來十分有希望可以完成這項挑戰。

用來解決這個問題的演算法可以區分為兩種類別：**確定式演算法**（deterministic algorithm）和**機率式演算法**（probabilistic algorithm）。在此，我們會從這兩種類別中分別挑出一些來討論。確定式演算法永遠可以提供正確的解答；而機率式演算法大多可以提供正確答案，但並非永遠可以。雖然確定式演算法比較理想，但其效率通常比機率式演算法差。

確定式演算法

確定式質數測試演算法接受一個整數當作輸入值，輸出其為質數或合成數。一直到前一陣子，所有確定式質數測試演算法都因為尋找大質數時缺乏效率而被認定為不可行。但在本節最末，我們將簡短地介紹一個新的確定式演算法，此演算法看起來十分有希望能在容許時間內測出大質數。

整除性演算法

對於質數的測試,最基本的確定式演算法為**整除性測試法(divisibility test)**。我們將所有小於 $\sqrt{n}$ 的數當作除數。如果在這些除數當中有任何數可以整除 n,則 n 是合成數。演算法 9.1 顯示整除性測試法的原型,這是一種非常沒有效率的形式。

我們可以利用只測試奇數的方法來增進這個演算法的效率。這個演算法的效率還可以進一步強化——利用一個從 2 到 $\sqrt{n}$ 的質數表來進行測試。演算法 9.1 中所用到的算術運算次數為 $\sqrt{n}$。如果我們假設每一次的算術運算只使用一次位元運算(這個假設是不合實際的),則演算法 9.1 的位元運算複雜度為 $f(n_b) = \sqrt{2^{n_b}} = 2^{n_b/2}$,其中 n_b 為 n 的位元數。在 Big-O 表示法中,其複雜度可以寫成 $O(2^{n_b})$:指數成長(參見附錄 L)。換句話說,當 n_b 很大時,整除性演算法是不可行的(很難在容許時間內完成)。

整除性測試法的位元運算複雜度是以指數成長的。

範例 9.18 假設 n 有 200 個位元。對 n 執行整除性測試法演算法需要多少次位元運算?

解法 這個演算法的位元運算複雜度為 $2^{n_b/2}$,表示此演算法需要 2^{100} 次位元運算。在一部 1 秒可以執行 2^{30} 次位元運算的電腦上,此演算法需要 2^{70} 秒來完成這個測試(永遠算不完)。

演算法 9.1　整除性測試法的虛擬碼

```
Divisibility_Test (n)                    //測試n是否為質數
{
  r ← 2
  while (r < √n )
  {
   if (r | n) return "a composite"
   r ← r + 1
  }
  return "a prime"
}
```

AKS 演算法

在 2002 年,Agrawal、Kayal 和 Saxena 宣稱他們找到了一個質數測試的演算法,該演算法的位元運算時間複雜度為 $O((\log_2 n_b)^{12})$,是以多項式成長。此演算法植基於 $(x - a)^p \equiv (x^p - a) \bmod p$ 的性質。如果此演算法在未來經過一些改進之後,變成在數學以及電腦科學上的質數測試標準,我們並不會感到太意外。

範例 9.19 假設 n 有 200 個位元。對 n 執行 AKS 演算法需要多少次位元運算?

解法 此演算法的位元運算複雜度為 $O((\log_2 n_b)^{12})$,表示這個演算法只需執行 $(\log_2 200)^{12} = 39{,}547{,}615{,}483$ 次位元運算。在一部 1 秒可以執行 10 億次位元運算的電腦上,這個演算法僅需 40 秒。

機率式演算法

在還沒有AKS演算法之前，所有高效率的質數測試法都是機率式。這些方法可能還會使用一陣子，直到AKS被定為質數測試法的標準。所有的機率式演算法都不保證其結果的正確性。然而，我們可以使錯誤的機率小到輸出結果幾乎可以確保是正確的。當我們可以容許極小的錯誤率發生時，就可以使用這些位元運算複雜度為多項式成長的演算法。在這個分類中，一個機率式演算法是植基於以下法則來回傳是質數或合成數：

a. 若被測試的整數確實是一個質數，則演算法一定會回傳是質數。
b. 若被測試的整數確實是一個合成數，則演算法回傳是合成數的機率是 $1 - \varepsilon$，但它也可能以 ε 的機率回傳該數是質數。

如果使用不同的參數多執行幾次演算法，或者利用不同的方法來測試，可以降低錯誤的機率。如果我們執行同一個演算法 m 次，則錯誤的機率就會降低至 ε^m。

費瑪測試法

我們第一個討論的機率式測試法是**費瑪質數測試法（Fermat primality test）**。回顧費瑪小定理：

> 若 n 是質數，則 $a^{n-1} \equiv 1 \bmod n$。

在此我們注意到，若 n 是質數，上述的同餘式就會成立。但這並不表示當同餘式成立時，n 就一定是質數，此時 n 可能為質數或合成數。我們可以將費瑪測試法定義如下：

> 若 n 是質數，$a^{n-1} \bmod n \equiv 1$ 一定會成立。
> 若 n 是合成數，$a^{n-1} \bmod n \equiv 1$ 有可能會成立。

質數一定會通過費瑪測試法；合成數通過費瑪測試法的機率為 ε。費瑪測試法的位元運算複雜度和計算指數的演算法之複雜度是相等的。本章稍後會介紹一個可以快速計算指數的演算法，其位元運算的複雜度為 $O(n_b)$，其中 n_b 是 n 的位元數。我們可以利用不同的底數（a_1, a_2, a_3, ...）進行測試以提高正確的機率。每一次的測試都會增加 n 是質數的機率。

範例 9.20 561能否通過費瑪測試法？

解法 我們使用2為底數

$$2^{561-1} = 1 \bmod 561$$

這個整數可以通過費瑪測試法，但它不是質數，因為 $561 = 33 \times 17$。

平方根測試法

在模數算術中，若 n 是質數，則1的平方根為 $+1$ 或 -1；若 n 是合成數，則1的平方

根除了 +1 或 −1，可能還會有其他解。這就是我們所知的**平方根質數測試法（square root primality test method）**。注意在模數算術中，−1 表示 $n - 1$。

> 若 n 是質數，$\sqrt{1} \bmod n = \pm 1$。
> 若 n 是合成數，$\sqrt{1} \bmod n = \pm 1$，可能還有其他解。

範例 9.21　當 n 為 7（質數）時，1 在模 n 下的平方根為何？

解法　其平方根只有 1 和 −1。我們可以發現：

> $1^2 = 1 \bmod 7$　　$(-1)^2 = 1 \bmod 7$
> $2^2 = 4 \bmod 7$　　$(-2)^2 = 4 \bmod 7$
> $3^2 = 2 \bmod 7$　　$(-3)^2 = 2 \bmod 7$

注意，我們並未測試 4、5 和 6，因為 $4 = -3 \bmod 7$、$5 = -2 \bmod 7$ 和 $6 = -1 \bmod 7$。

範例 9.22　當 n 為 8（合成數）時，1 在模 n 下的平方根為何？

解法　其平方根有四個解：1、3、5 和 7（即為 −1）。我們可以發現

> $1^2 = 1 \bmod 8$　　$(-1)^2 = 1 \bmod 8$
> $3^2 = 1 \bmod 8$　　　$5^2 = 1 \bmod 8$

範例 9.23　當 n 為 17（質數）時，1 在模 n 下的平方根為何？

解法　其平方根只有兩個解：1 和 −1。

> $1^2 = 1 \bmod 17$　　$(-1)^2 = 1 \bmod 17$
> $2^2 = 4 \bmod 17$　　$(-2)^2 = 4 \bmod 17$
> $3^2 = 9 \bmod 17$　　$(-3)^2 = 9 \bmod 17$
> $4^2 = 16 \bmod 17$　　$(-4)^2 = 16 \bmod 17$
> $5^2 = 8 \bmod 17$　　$(-5)^2 = 8 \bmod 17$
> $6^2 = 2 \bmod 17$　　$(-6)^2 = 2 \bmod 17$
> $(7)^2 = 15 \bmod 17$　　$(-7)^2 = 15 \bmod 17$
> $(8)^2 = 13 \bmod 17$　　$(-8)^2 = 13 \bmod 17$

注意，我們並不需要測試比 8 大的整數，因為 $9 = -8 \bmod 17$，以此類推。

範例 9.24　當 n 為 22（合成數）時，1 在模 n 下的平方根為何？

解法　令人驚訝地，雖然 22 是一個合成數，但其平方根只有兩個解，+1 和 −1。

$1^2 = 1 \bmod 22$

$(-1)^2 = 1 \bmod 22$

雖然這個測試可以告訴我們某數是否為合成數，但要進行這樣的測試卻很困難。給定一個整數 n，所有小於 n 的整數（除了 1 和 $n-1$）都必須做一次平方運算來確保這些數中沒有任何一個數的平方值等於 1。這個測試可以用來測試某數（非 +1 或 –1）的平方值在模 n 是否為 1。這個性質對於下一段介紹的 Miller-Rabin 測試法相當有幫助。

Miller-Rabin 測試法

Miller-Rabin 質數測試法（**Miller-Rabin primality test**）很巧妙地結合了費瑪測試法和平方根測試法來找出**強虛擬質數**（**strong pseudoprime**，有很高的機率為質數）。在這個測試中，我們將 $n-1$ 改寫成一個奇數 m 和 2 的冪次方的乘積：

$$n - 1 = m \times 2^k$$

以 a 為底數的費瑪測試法可以表示成圖 9.2。

■ 圖 9.2　費瑪質數測試法背後的原理

$$a^{n-1} = a^{m \times 2^k} = [a^m]^{2^k} = [a^m]^{\underbrace{2^2 \cdots 2}_{k\ \text{次}}}$$

換句話說，我們不是在一個步驟裡直接計算 $a^{n-1} \pmod{n}$，而是把它分成 $k+1$ 個步驟來計算。用 $k+1$ 個步驟來代替只用一個步驟有什麼好處呢？這樣做的好處在於，我們可以在每個步驟中進行平方根測試法。如果平方根測試法失敗，我們就可以停止計算，並且宣稱 n 是合成數。當測試沒有結論之前，我們在每個步驟中都要確保被測試的數值可以通過費瑪測試法，並且每兩個相鄰步驟之間的數值要能夠滿足平方根測試法的條件。

初始化

選擇一個底數 a，並計算 $T = a^m$，其中 $m = (n-1)/2^k$：

a. 若 T 為 +1 或 –1，則宣稱 n 是強虛擬質數，並且停止計算。我們可以確定 n 同時通過了兩種測試法：費瑪測試法和平方根測試法。這是為什麼呢？因為當 T 為 ±1，T 在下個步驟會變成 1，並且保持為 1 直到通過費瑪測試法。此外，T 也通過了平方根測試法，因為 T 在下個步驟會變成 1，而 1（在下個步驟）的平方根為 ±1（在這個步驟）。

b. 若 T 為其他值，我們無法判定 n 是質數或合成數，所以我們繼續執行接下來的步驟。

步驟 1

我們將 T 平方。

a. 若其結果為 +1，我們百分之百確定會通過費瑪測試法，因為 T 在接下來的測試中都會保持為 1；然而卻無法通過平方根測試法，因為在這個步驟 T 變成了 1，但它在前一個步驟是 ±1 以外的數值（因為在前一個步驟中，T 為 ±1 以外的數值才會繼續執行），我們宣稱 n 是合成數且停止計算。

b. 若其結果為 –1，我們可以確定 n 會通過費瑪測試法。我們也可以知道它會通過平方根測試法，因為在這個步驟中 T 為 –1，但在下一個步驟會變成 1，我們宣稱 n 是強虛擬質數且停止計算。

c. 若 T 為其他的值，我們無法判定 n 是質數或合成數，所以繼續執行接下來的步驟。

步驟 2 至步驟 k – 1

從步驟 2 到步驟 k – 1 都和步驟 1 相同。

步驟 k

這個步驟是不需要的。如果到了這個步驟仍無法得到結果，這個步驟也無法幫助我們做任何結論。若這個步驟的結果是 1，則會通過費瑪測試法，但因為前一個步驟的結果不是 ±1，所以無法通過平方根測試法。在經過 k – 1 個步驟之後，如果仍無法停止，我們就宣稱 n 是合成數。

Miller-Rabin 測試法需要從步驟 0 執行到步驟 k – 1。

演算法 9.2 顯示 Miller-Rabin 測試法的虛擬碼。

演算法 9.2　Miller-Rabin 測試法的虛擬碼

```
Miller_Rabin_Test (n, a)            //n 是要被測試的數，a 是底數
{
    Find m and k such that n − 1 = m × 2^k
    T ← a^m mod n
    if (T = ± 1)  return "a prime"
    for (i ← 1 to k − 1)            //k − 1 為所需要執行的最大步驟數
    {
        T ← T^2 mod n
        if (T = +1) return "a composite"
        if (T = −1) return "a prime"
    }
    return "a composite"
}
```

我們可以證明，當一個數值通過Miller-Rabin測試法時，有1/4的機率不是質數。若這個數值通過了m次的測試（使用m個不同的底數），其不是質數的機率為$(1/4)^m$。

範例 9.25 561能否通過Miller-Rabin測試法？

解法 我們用2為底數，令$561 - 1 = 35 \times 2^4$，這表示$m = 35$，$k = 4$和$a = 2$。

初始化：	$T = 2^{35} \bmod 561 = 263 \bmod 561$
$k = 1$：	$T = 263^2 \bmod 561 = 166 \bmod 561$
$k = 2$：	$T = 166^2 \bmod 561 = 67 \bmod 561$
$k = 3$：	$T = 67^2 \bmod 561 = +1 \bmod 561$ → 是合成數

範例 9.26 已知27不是質數，讓我們用Miller-Rabin測試法來驗證看看。

解法 使用2為底數，令$27 - 1 = 13 \times 2^1$，這表示$m = 13$，$k = 1$和$a = 2$。這種情形下，因為$k - 1 = 0$，我們只執行初始化的步驟：$T = 2^{13} \bmod 27 = 11 \bmod 27$。然而，因為此演算法不會進入迴圈，所以它會回傳是合成數。

範例 9.27 已知61是質數，讓我們看看其是否可以通過Miller-Rabin測試法。

解法 我們使用2為底數。

$61 - 1 = 15 \times 2^2$ →	$m = 15 \quad k = 2 \quad a = 2$
初始化：	$T = 2^{15} \bmod 61 = 11 \bmod 61$
$k = 1$	$T = 11^2 \bmod 61 = -1 \bmod 61$ → 是質數

注意，最後的結果是$60 \bmod 61$，但我們知道$60 = -1 \bmod 61$。

建議的質數測試法

目前最普遍的質數測試法是由整除性測試法和Miller-Rabin測試法結合而成。以下是我們建議的步驟：

1. 選擇一個奇數，因為所有的偶數（除了2）都一定是合成數。
2. 利用一些已知的質數（例如3、5、7、11、13等等）來執行簡單的整除性測試法，以確保你選出來的數值不是一個很明顯的合成數。如果選出來的數值可以通過所有的測試，則進到下個步驟。如果選出來的數值無法通過其中任何一個測試，則回到步驟1重新選擇另一個奇數。
3. 選擇一個底數的集合準備進行測試。我們希望所選出來的底數集合是較大的。
4. 對於底數集合中的底數逐一執行Miller-Rabin測試法。若其中有任何一次測試失敗，則回到步驟1重新選擇另一個奇數。如果所有的底數都通過測試，則我們宣稱所選出來的數值是強虛擬質數。

> **範例 9.28** 　數值 4033 是一個合成數（37 × 109）。它可以通過建議的質數測試法嗎？

解法
1. 我們先執行整除性測試法。質數 2、3、5、7、11、17 和 23 都無法整除 4033。
2. 以 2 為底數執行 Miller-Rabin 測試法，$4033 - 1 = 63 \times 2^6$，這表示 m 為 63 而 k 為 6。

   初始化：$T \equiv 2^{63} \pmod{4033} \equiv 3521 \pmod{4033}$
   $k = 1$ 　 $T \equiv T^2 \equiv 3521^2 \pmod{4033} \equiv -1 \pmod{4033}$ 　　→ 通過測試

3. 但我們並不滿足於此。我們繼續以 3 為底數進行測試。

   初始化：$T \equiv 3^{63} \pmod{4033} \equiv 3551 \pmod{4033}$
   $k = 1$ 　 $T \equiv T^2 \equiv 3551^2 \pmod{4033} \equiv 2443 \pmod{4033}$
   $k = 2$ 　 $T \equiv T^2 \equiv 2443^2 \pmod{4033} \equiv 3442 \pmod{4033}$
   $k = 3$ 　 $T \equiv T^2 \equiv 3442^2 \pmod{4033} \equiv 2443 \pmod{4033}$
   $k = 4$ 　 $T \equiv T^2 \equiv 2443^2 \pmod{4033} \equiv 3442 \pmod{4033}$
   $k = 5$ 　 $T \equiv T^2 \equiv 3442^2 \pmod{4033} \equiv 2443 \pmod{4033}$ 　　→ 測試失敗（合成數）

9.3 因數分解

因數分解（factorization）的問題從過去一直被研究至今，而這樣的研究在未來似乎會持續下去。因數分解在公開金鑰密碼系統（參見第十章）的安全性扮演一個非常重要的角色。

算術的基本定理

依據算術的基本定理，任何大於 1 的正整數可以被唯一表示成下列質因數分解的形式，其中 $p_1, p_2, ..., p_k$ 為質數，而 $e_1, e_2, ..., e_k$ 為正整數。

$$n = p_1^{e_1} \times p_2^{e_2} \times \cdots \times p_k^{e_k}$$

我們立刻可以想到許多因數分解的應用，例如計算最大公因數和最小公倍數。

最大公因數

在第二章中，我們討論過兩個數值的最大公因數 gcd (a, b)。回顧第二章，我們知道歐幾里德演算法可以求出最大公因數，但如果可以因數分解 a 和 b，一樣可以找出最大公因數。

$$a = p_1^{a_1} \times p_2^{a_2} \times \cdots \times p_k^{a_k} \qquad b = p_1^{b_1} \times p_2^{b_2} \times \cdots \times p_k^{b_k}$$

$$\gcd(a, b) = p_1^{\min(a_1, b_1)} \times p_2^{\min(a_2, b_2)} \times \cdots \times p_k^{\min(a_k, b_k)}$$

最小公倍數

最小公倍數 lcm (a, b) 是一個同時為 a 和 b 倍數的最小整數。使用因數分解，我們也可以求出 lcm (a, b)。

$$a = p_1^{a_1} \times p_2^{a_2} \times \cdots \times p_k^{a_k} \qquad b = p_1^{b_1} \times p_2^{b_2} \times \cdots \times p_k^{b_k}$$

$$\text{lcm}(a, b) = p_1^{\max(a_1, b_1)} \times p_2^{\max(a_2, b_2)} \times \cdots \times p_k^{\max(a_k, b_k)}$$

我們可以證明 gcd (a, b) 和 lcm (a, b) 具有以下關係：

$$\text{lcm}(a, b) \times \gcd(a, b) = a \times b$$

因數分解法

尋找一個能快速分解大的合成數之演算法的研究已經進行很久了。不幸的是，目前為止並未找到任何一個完美的演算法。雖然有許多方法可以分解一個數值，但這些方法都無法在合理的時間內分解一個非常大的數值。稍後我們會發現這對於密碼學是一件好事，因為許多現代的密碼系統都植基於這個事實。在本節中，我們提供一些簡單的演算法來分解合成數。這麼做的目的是讓大家瞭解進行因數分解是一件多麼耗時的工作。

試除法

從遠古以來，最簡單但最缺乏效率的演算法是**試除因數分解法（trial division factorization method）**。我們簡單地從 2 開始嘗試所有的正整數，看看其中是否有一個數可以整除 n。從埃拉托斯特尼篩選法的討論中，我們知道如果 n 是合成數，則它會有一個質因數 $p \leq \sqrt{n}$。演算法 9.3 顯示此一方法的虛擬碼。這個演算法有兩個迴圈，一個外圈和一個內圈。外圈尋找單一的因數，內圈尋找該因數重複出現幾次。舉例來說，$24 = 2^3 \times 3$。外圈找出因數 2 和 3；內圈找出 2 是一個重複出現的因數。

演算法 9.3　試除因數分解法的虛擬碼

```
Trial_Division_Factorization (n)           //n 是要分解的數值
{
    a ← 2
    while (a ≤ √n)
    {
        while (n mod a = 0)
        {
            output a                        //一個接一個地輸出因數
            n = n / a
        }
        a ← a + 1
    }
    if (n > 1) output n                     //n 沒有其他的因數
}
```


複雜度　當 $n < 2^{10}$ 時，試除因數法是一個不錯的方法，但要分解很大的數值時，卻非常缺乏效率，而且不可行。這個演算法的複雜度（參見附錄L）是指數成長的。

範例 9.29　使用試除因數法來找出1233的因數。

解法　我們執行一個程式並得到以下的結果。

$$1233 = 3^2 \times 137$$

範例 9.30　使用試除因數法來找出1523357784的因數。

解法　我們執行一個程式並得到以下的結果。

$$1523357784 = 2^3 \times 3^2 \times 13 \times 37 \times 43987$$

費瑪分解法

費瑪因數分解法（Fermat factorization method，演算法9.4）可以將一個數值 n 分解成兩個正整數 a 和 b（不一定為質數），使得 $n = a \times b$。

演算法 9.4　費瑪因數分解法的虛擬碼

```
Feramat_Factorization (n)                    //n是要分解的數值
{
    x ← √n                                    //大於√n的最小整數
    while (x < n)
    {
        w ← x² − n
        if (w is perfect square)  y ← √w;  a ← x+y;  b ← x−y;  return a and b
        x ← x + 1
    }
}
```

費瑪分解法植基於一個事實，那就是若可以找到 x 和 y，使得 $n = x^2 - y^2$，則我們可得

$$n = x^2 - y^2 = a \times b \quad \text{其中 } a = (x+y) \text{ 和 } b = (x-y)$$

這個方法嘗試找出兩個相近的整數 a 和 b（$a \approx b$）。此方法從大於 $x = \sqrt{n}$ 的最小整數開始，並且嘗試找出另一個整數 y，使得關係式 $y^2 = x^2 - n$ 成立。關鍵點在於在迴圈的每一回合中，我們需要確認 $x^2 - n$ 是否為一個完全平方。當找到這樣的 y 值時，我們計算 a 和 b 並且中斷這個迴圈。如果沒有找到，則進行下一個回合。

注意，這個方法並不一定會把數值分解成質因數，所以我們必須對每一個 a 值和 b 值以遞迴的方式重複執行此演算法，直到所有的質因數都被找出來為止。

複雜度 費瑪分解法的複雜度接近次指數成長（參見附錄L）。

Pollard $p-1$ 分解法

1974年，John M. Pollard設計了一個方法來求出某數的質因數p。此方法植基於一個條件：$p-1$不能有大於預定邊界B的因數。Pollard證明在這種條件之下：

$$p = \gcd(2^{B!} - 1, n)$$

演算法9.5顯示 **Pollard $p-1$ 因數分解法**（Pollard $p-1$ factorization method）的虛擬碼。注意，當我們離開迴圈時，$2^{B!}$是儲存在變數a中。

演算法 9.5　Pollard $p-1$ 因數分解法的虛擬碼

```
Pollard_(p − 1)_Factorization (n, B)        //n是要分解的數值
{
    a ← 2
    e ← 2
    while (e ≤ B)
    {
        a ← a^e mod n
        e ← e + 1
    }
    p ← gcd (a −1, n)
    if 1 < p < n   return p
    return failure
}
```

複雜度　注意這個方法需要執行 B − 1 次指數運算（$a = a^e \bmod n$）。本章稍後會介紹一個快速的指數運算演算法，可以用 $2\log_2 B$ 次運算來完成這個計算。這個方法同時也使用到 gcd 的計算，需要 $\log n^3$ 次運算。我們可以說這個方法的複雜度約大於 $O(B)$ 或 $O(2^{n_b})$，為指數成長，其中 n_b 是 B 的位元數。另一個問題是這個演算法可能會失敗，其成功的機率非常低，除非 B 很接近 $\sqrt{n}$。

範例 9.31　使用 Pollard $p-1$ 分解法來求出 57247159 的因數，其中邊界 B = 8。

解法　我們依這個演算法執行程式，並找出 p = 421。事實上，57247159 = 421 × 135979。注意421是質數，而且 $p-1$ 沒有任何大於8的因數（$421-1 = 2^2 \times 3 \times 5 \times 7$）。

Pollard rho 分解法

在1975年，John M. Pollard設計了第二種因數分解的方法。**Pollard rho 因數分解法**（Pollard rho factorization method）植基於下列觀點：

a. 假設有兩個整數 x_1 和 x_2，使得 p 可以整除 $x_1 - x_2$，但 n 不能整除 $x_1 - x_2$。
b. 我們可以證明 $p = \gcd(x_1 - x_2, n)$。因為 p 整除 $x_1 - x_2$，可以表示成 $x_1 - x_2 = q \times p$。但因為 n 不能整除 $x_1 - x_2$，所以很明顯地，q 不能整除 n。這表示 $\gcd(x_1 - x_2, n)$ 不是 1 就是 n 的因數。

以下的演算法重複地選擇 x_1 和 x_2，直到找到適合的數對。

1. 選擇 x_1，一個較小的隨機整數，我們稱它為種子。
2. 使用一個函數來計算 x_2，使得 n 不能整除 $x_1 - x_2$。這裡可以使用函數 $x_2 = f(x_1) = x_1^2 + a$（a 通常為 1）。
3. 計算 $\gcd(x_1 - x_2, n)$。如果計算結果不為 1，則其即為 n 的因數；停止演算法。如果計算結果為 1，則回到步驟 1，並以 x_2 當種子，然後計算 x_3。注意，在下一回合，我們以 x_3 當種子，以此類推。若將 Pollard rho 分解法所用到的 x 值全部列出，我們會發現這些數值最後會重複，並且會形成一個和希臘字母 rho（ρ）相似的形狀，如圖 9.3 所示。

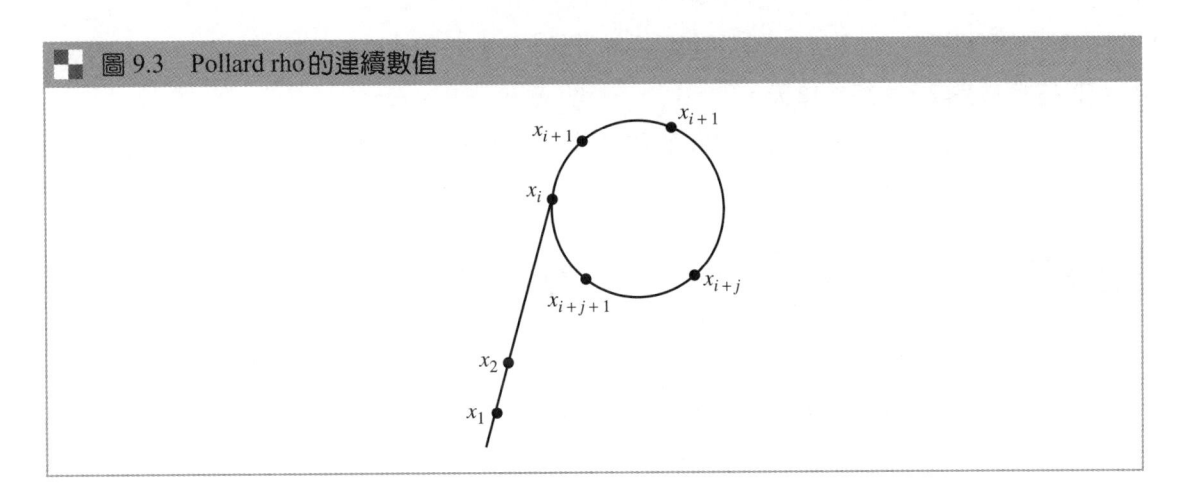

圖 9.3 Pollard rho 的連續數值

為了降低回合的次數，我們稍微修改這個演算法。新的演算法從數對 (x_0, x_0) 開始，並反覆使用 $x_{i+1} = f(x_i)$ 來計算 $(x_1, x_2), (x_2, x_4), (x_3, x_6), \ldots, (x_i, x_{2i})$。在每一回合中，我們使用（步驟2的）函數一次來計算數對中的第一個數值，並使用函數兩次來計算數對中的第二個數值（參見演算法 9.6）。

複雜度 這個方法需要 $\sqrt{p}$ 個算術運算。然而，因為我們預期 p 小於或等於 $\sqrt{n}$，所以要執行 $n^{1/4}$ 個算術運算。這表示其位元運算複雜度為 $O(2^{n_b/4})$，為指數成長。

範例 9.32 假設有一台電腦 1 秒可以執行 2^{30}（將近 10 億）次位元運算，其分解下列大小的整數大約需要多少時間？
a. 60 位數。
b. 100 位數。

演算法 9.6　Pollard rho 分解法的虛擬碼

```
Pollard_rho_Factorization (n, B)            //n 是要分解的數值
{
    x ← 2
    y ← 2
    p ← 1
    while (p = 1)
    {
        x ← f(x) mod n
        y ← f(f(y) mod n) mod n
        p ← gcd (x − y, n)
    }
    return p                                //若 p = n，則此演算法失敗
}
```

解法

a. 一個 60 位數將近有 200 個位元，其複雜度為 $2^{n_b/4}$ 或 2^{50}。當每秒可以執行 2^{30} 次運算時，此演算法可以在 2^{20} 秒完成，大約為 12 天。

b. 一個 100 位數將近有 300 個位元，其複雜度為 2^{75}。當每秒可以執行 2^{30} 次運算時，此演算法可以在 2^{45} 秒完成，需要好幾年。

範例 9.33　我們寫出一個程式來分解 434617，其結果為 709（434617 = 709 × 613）。表 9.2 顯示執行此程式時的數對（x 和 y）以及 p 的值。

表 9.2　範例 9.33 中 x、y 和 p 的值

x	y	p
2	2	1
5	26	1
26	23713	1
677	142292	1
23713	157099	1
346589	52128	1
142292	41831	1
380320	68775	1
157099	427553	1
369457	2634	1
52128	63593	1
102901	161353	1
41831	64890	1
64520	21979	1
68775	16309	709

更快速的分解法

近幾十年來，已發現許多因數分解的方法，在此我們介紹其中兩種。

二次篩選法

Pomerance 發現了稱為**二次篩選法（quadratic sieve method）**的因數分解法。這個方法使用篩選方式來找出 $x^2 \bmod n$ 的值。這個方法用來分解大於 100 位數的整數，它的複雜度為 $O(e^C)$，其中 $C \approx (\ln n \ln\ln n)^{1/2}$。注意，其複雜度是次指數成長。

數體篩選法

Hendric Lenstra 和 Argin Lenstra 發現了稱為**數體篩選法（number field sieve method）**的因數分解法。這個方法在代數的環結構中使用篩選方式來找出 $x^2 \equiv y^2 \bmod n$。此方法已被證明在分解超過 120 位數的數值時速度較快。它的複雜度為 $O(e^C)$，其中 $C \approx 2 (\ln n)^{1/3} (\ln\ln n)^{2/3}$。注意，其複雜度也是次指數成長。

範例 9.34 假設有一台電腦 1 秒可以執行 2^{30}（將近 10 億）次位元運算。使用下列方法來分解一個 100 位數的整數，大約各需要多少時間？

a. 二次篩選法。
b. 數體篩選法。

解法 一個 100 位數將近有 300 個位元（$n = 2^{300}$）。$\ln(2^{300}) = 207$，而 $\ln\ln(2^{300}) = 5$。

a. 對於二次篩選法，我們可得 $(207)^{1/2} \times (5)^{1/2} = 14 \times 2.23 \approx 32$。這表示我們需要 e^{32} 次位元運算來完成這個演算法，其所花的時間為 $(e^{32})/(2^{30}) \approx 20$ 小時。

b. 對於數體篩選法，我們可得 $(207)^{1/3} \times (5)^{2/2} = 6 \times 3 \approx 18$。這表示我們需要 e^{18} 次位元運算來完成這個演算法，其所花的時間為 $(e^{18})/(2^{30}) \approx 6$ 秒。

然而，以上的結果只在擁有一台 1 秒可以處理 10 億次運算的電腦才能成立。

其他挑戰

第十章將討論如何應用因數分解來破解公開金鑰密碼系統。當愈快速的因數分解法被發明出來，則公開金鑰密碼系統需要使用愈大的整數當參數，以抵擋破密分析。RSA 的發明者舉行了一個因數分解的競賽，最高需要分解 2048 位元（超過 600 位數）的數值。

9.4 中國餘數定理

中國餘數定理（Chinese remainder theorem, CRT）是用來求解模數兩兩相異且互質之單變數的同餘方程組。此方程組如下所述：

$$x \equiv a_1 \pmod{m_1}$$
$$x \equiv a_2 \pmod{m_2}$$
$$\ldots$$
$$x \equiv a_k \pmod{m_k}$$

中國餘數定理告訴我們，當所有模數兩兩互質時，以上的方程式有唯一解。

範例 9.35　以下範例為模數均相異的同餘方程組：

$$x \equiv 2 \ (\text{mod } 3)$$
$$x \equiv 3 \ (\text{mod } 5)$$
$$x \equiv 2 \ (\text{mod } 7)$$

我們將在下一節說明這個方程組的解法；目前，先注意到這個方程組的解為 $x = 23$。這個值可以滿足所有的方程式：$23 \equiv 2 \ (\text{mod } 3)$、$23 \equiv 3 \ (\text{mod } 5)$ 和 $23 \equiv 2 \ (\text{mod } 7)$。

解法　我們可以依照以下的步驟來解這個方程組：
1. 求出 $M = m_1 \times m_2 \times \ldots \times m_k$。這是所有方程式共同的模數。
2. 求出 $M_1 = M/m_1$，$M_2 = M/m_2$，...，$M_k = M/m_k$。
3. 在相對應的模數 $(m_1, m_2, ..., m_k)$ 下，求出 $M_1, M_2, ..., M_k$ 的乘法反元素 $M_1^{-1}, M_2^{-1}, \ldots, M_k^{-1}$。
4. 這些方程式共同的解為

$$x = (a_1 \times M_1 \times M_1^{-1} + a_2 \times M_2 \times M_2^{-1} + \cdots + a_k \times M_k \times M_k^{-1}) \bmod M$$

注意，若方程組的模數並未兩兩互質，但在滿足某些條件下，這個方程組也可能是有解的。然而，在密碼學中，我們只對解其模數兩兩互質的方程組感興趣。

範例 9.36　求出下列方程式共同的解：

$$x \equiv 2 \bmod 3$$
$$x \equiv 3 \bmod 5$$
$$x \equiv 2 \bmod 7$$

解法　由前一個範例，我們已經知道答案是 $x = 23$。依照以下四個步驟計算。
1. $M = 3 \times 5 \times 7 = 105$。
2. $M_1 = 105/3 = 35$，$M_2 = 105/5 = 21$，$M_3 = 105/7 = 15$。
3. 乘法反元素為 $M_1^{-1} = 2$，$M_2^{-1} = 1$，$M_3^{-1} = 1$。
4. $x = (2 \times 35 \times 2 + 3 \times 21 \times 1 + 2 \times 15 \times 1) \bmod 105 = 23 \bmod 105$。

範例 9.37　求出一個整數使得其除以 7 和 13 的餘數為 3，而且可以被 12 整除。

解法　這是一個 CRT 的問題。我們可以寫出三個方程式，並求出它們的解 x。

$$x = 3 \bmod 7$$
$$x = 3 \bmod 13$$
$$x = 0 \bmod 12$$

如果依照CRT的四個步驟，可得 $x = 276$。我們可以驗證 $276 = 3 \mod 7$、$276 = 3 \mod 13$ 以及276可以被12整除（商為23，而餘數為0）。

應用

中國餘數定理在密碼學上有許多應用，其中之一就是用來解二次同餘，我們將在下一節討論。另一個應用就是使用一列較小的整數來表示一個非常大的整數。

範例 9.38 假設我們需要計算 $z = x + y$，其中 $x = 123$ 和 $y = 334$，但系統只允許使用小於100的數值。這些數值可以用下列表示法來代替：

$$x \equiv 24 \pmod{99} \quad y \equiv 37 \pmod{99}$$
$$x \equiv 25 \pmod{98} \quad y \equiv 40 \pmod{98}$$
$$x \equiv 26 \pmod{97} \quad y \equiv 43 \pmod{97}$$

將每一組模數相同的 x 和 y 相加，我們得到

$$x + y \equiv 61 \pmod{99} \quad z \equiv 61 \pmod{99}$$
$$x + y \equiv 65 \pmod{98} \quad z \equiv 65 \pmod{98}$$
$$x + y \equiv 69 \pmod{97} \quad z \equiv 69 \pmod{97}$$

現在，我們可以用中國餘數定理來解這三個方程式，並求出 z，其中一個可以滿足這些方程式的解為 $z = 457$。

9.5 二次同餘

我們在第二章討論過線性同餘，而前一節也討論過中國餘數定理。除了以上所述，在密碼學中，我們也必須探討**二次同餘**（quadratic congruence），亦即形式為 $a_2 x^2 + a_1 x + a_0 \equiv 0 \pmod{n}$ 的方程式。此處我們將探討的範圍限制在 $a_2 = 1$ 和 $a_1 = 0$ 的二次方程式，亦即形式為 $x^2 \equiv a \pmod{n}$ 的方程式。

模數為質數的二次同餘

我們首先考慮當模數為質數的情形。換句話說，我們想求解形式為 $x^2 \equiv a \pmod{p}$ 的方程式，其中 p 為質數，a 為使得 $p \nmid a$ 的整數。這種形式的方程式已被證明不是無解，就是只有兩個不同餘的解。

範例 9.39 方程式 $x^2 \equiv 3 \pmod{11}$ 有兩個解，$x \equiv 5 \pmod{11}$ 和 $x \equiv -5 \pmod{11}$。但我們注意到 $-5 \equiv 6 \pmod{11}$，所以此方程式真正的解為5和6，同時這兩個解是非同餘的。

範例 9.40　方程式 $x^2 \equiv 2 \pmod{11}$ 無解。我們無法找到任何一個整數，其平方數等於 2 mod 11。

二次剩餘與非二次剩餘

在方程式 $x^2 \equiv a \pmod{p}$ 中，如果此方程式有兩個解，a 稱為**二次剩餘**（quadratic residue, QR）；如果此方程式無解，a 稱為**非二次剩餘**（quadratic nonresidue, QNR）。我們可以證明在集合 $\mathbf{Z}_{p^*}$ 的 $p-1$ 個元素中，剛好有 $(p-1)/2$ 個元素是二次剩餘，而另外 $(p-1)/2$ 個元素是非二次剩餘。

範例 9.41　在 $\mathbf{Z}_{11^*}$ 中有十個元素，其中剛好有五個是二次剩餘，而另五個是非二次剩餘。換句話說，我們可以將 $\mathbf{Z}_{11^*}$ 分成兩個不同的集合：QR 和 QNR，如圖 9.4 所示。

圖 9.4　將 $\mathbf{Z}_{11^*}$ 的元素分成 QR 和 QNR

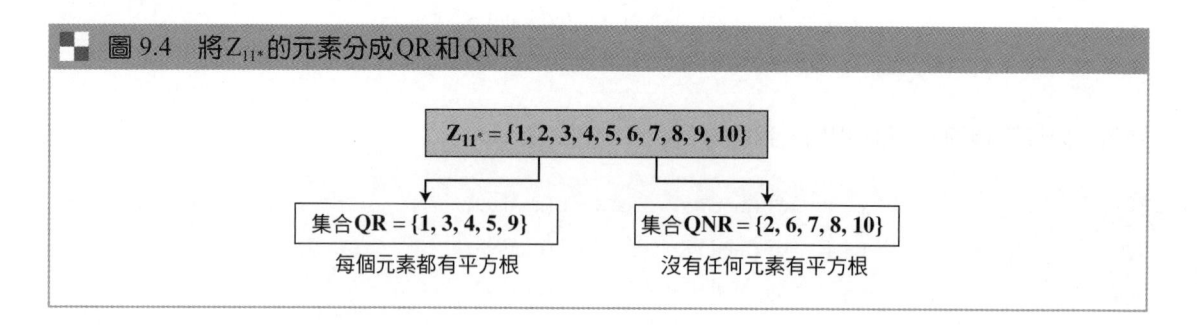

$\mathbf{Z}_{11^*} = \{1, 2, 3, 4, 5, 6, 7, 8, 9, 10\}$

集合 QR = {1, 3, 4, 5, 9}　　　集合 QNR = {2, 6, 7, 8, 10}
每個元素都有平方根　　　　　沒有任何元素有平方根

尤拉準則

要如何才能確定一個整數在模 p 之下是否為 QR？尤拉準則給我們十分明確的條件：

a. 若 $a^{(p-1)/2} \equiv 1 \pmod{p}$，則 a 在模 p 下是二次剩餘。
b. 若 $a^{(p-)/2} \equiv -1 \pmod{p}$，則 a 在模 p 下是非二次剩餘。

範例 9.42　為了確認 14 或 16 在 $\mathbf{Z}_{23^*}$ 是否為 QR，我們計算：

$14^{(23-1)/2}$ mod 23 → 14^{11} mod 23 → 22 mod 23 → -1 mod 23　　非二次剩餘
$15^{(23-1)/2}$ mod 23 → 16^{11} mod 23 → 1 mod 23　　二次剩餘

解出模數為質數的二次方程式

雖然根據尤拉準則可以知道一個整數在 $\mathbf{Z}_{p^*}$ 之中是 QR 或 QNR，但它沒辦法幫助我們求出方程式 $x^2 \equiv a \pmod{p}$ 的解。為了求出這個二次方程式的解，我們注意到質數可以分成 $p = 4k+1$ 和 $p = 4k+3$ 兩種形式，其中 k 是一個正整數。模數為第一種形式的二次方程式非常難解，但若是第二種形式卻簡單得多。在此我們只討論模數為第二種形式的二次方程式，我們將會在第十章討論 Rabin 密碼系統時使用到這種方程式。

特殊形式：$p = 4k + 3$　　若 p 的形式是 $4k + 3$（也就是 $p \equiv 3 \bmod 4$），而 a 在 $\mathbf{Z}_{p^*}$ 中為 QR，則

$$x \equiv a^{(p+1)/4} \pmod{p} \quad \text{和} \quad x \equiv -a^{(p+1)/4} \pmod{p}$$

範例 9.43　　求解下列各二次方程式：

a. $x^2 \equiv 3 \pmod{23}$

b. $x^2 \equiv 2 \pmod{11}$

c. $x^2 \equiv 7 \pmod{19}$

解法

a. 在第一個方程式，3 在 $\mathbf{Z}_{23}$ 中是 QR。解為 $x \equiv \pm 16 \pmod{23}$。亦即，$\sqrt{3} \equiv \pm 16 \pmod{23}$。

b. 在第二個方程式，2 在 $\mathbf{Z}_{11}$ 中是 QNR。$\sqrt{2}$ 在 $\mathbf{Z}_{11}$ 中無解。

c. 在第三個方程式，7 在 $\mathbf{Z}_{19}$ 中是 QR。解為 $x \equiv \pm 11 \pmod{19}$。亦即，$\sqrt{7} \equiv \pm 11 \pmod{19}$。

模數為合成數的二次同餘

我們可以利用求解一組模數為質數的二次同餘方程組，來求解一個模數為合成數的二次同餘方程式。換句話說，如果我們可以因數分解 n，則可解出 $x^2 \equiv a \pmod{n}$。現在我們可以解出每一個方程式（如果可解），並且求出 x 的 k 組解，如圖 9.5 所示。

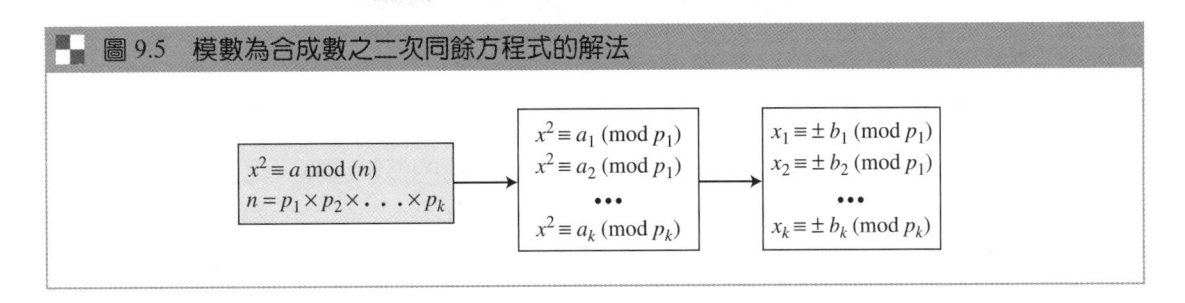

圖 9.5　模數為合成數之二次同餘方程式的解法

$$x^2 \equiv a \bmod (n) \atop n = p_1 \times p_2 \times \ldots \times p_k \quad \longrightarrow \quad {x^2 \equiv a_1 \pmod{p_1} \atop x^2 \equiv a_2 \pmod{p_1}} \atop \vdots \atop x^2 \equiv a_k \pmod{p_k} \quad \longrightarrow \quad {x_1 \equiv \pm b_1 \pmod{p_1} \atop x_2 \equiv \pm b_2 \pmod{p_1}} \atop \vdots \atop x_k \equiv \pm b_k \pmod{p_k}$$

利用這 k 組解，我們可以產生 2^k 個方程組，對於這些方程組，我們可以用中國餘數定理求出 x 的 2^k 個解。在密碼學中，我們選擇的 n 通常是 $n = p \times q$，也就是當 $k = 2$ 的情形，所以總共只會有四個解。

範例 9.44　　假設 $x^2 \equiv 36 \pmod{77}$。我們知道 $77 = 7 \times 11$，可以寫出

$$x^2 \equiv 36 \pmod{7} \equiv 1 \pmod{7} \quad \text{和} \quad x^2 \equiv 36 \pmod{11} \equiv 3 \pmod{11}$$

注意，我們選擇形式為 $4k + 3$ 的質數 7 和 11，因此可以用先前討論的方法求解這些方程式。這兩個方程式都在各自的集合中有二次剩餘。其解分別為 $x \equiv +1 \pmod{7}$，$x \equiv -1 \pmod{7}$，$x \equiv +5 \pmod{11}$ 和 $x \equiv -5 \pmod{11}$。現在我們可以產生四個方程組：

方程組 1：	$x \equiv +1 \pmod 7$	$x \equiv +5 \pmod{11}$
方程組 2：	$x \equiv +1 \pmod 7$	$x \equiv -5 \pmod{11}$
方程組 3：	$x \equiv -1 \pmod 7$	$x \equiv +5 \pmod{11}$
方程組 4：	$x \equiv -1 \pmod 7$	$x \equiv -5 \pmod{11}$

此二次同餘式的答案是 $x = \pm 6$ 和 ± 27。

複雜度

求解一個模數為合成數之二次同餘式的難度有多高？其主要難度在於模數的因數分解。換句話說，求解一個模數為合成數之二次同餘式的難度，等同於對一個合成數進行因數分解。如之前所述，當 n 很大時，因數分解是不可行的。

> 求解一個模數為合成數之二次同餘式的難度，等同於對該模數進行因數分解。

9.6 指數運算與對數運算

指數運算與對數運算互為對方的反函數。下列的式子顯示兩者之間的關係，其中 a 稱為指數運算或對數運算的底數。

$$\text{指數運算：} y = a^x \quad \rightarrow \quad \text{對數運算：} x = \log_a y$$

指數運算

在密碼學中，**指數運算**（exponentiation）是一種常用的模數運算。也就是說，我們常常需要計算

$$y = a^x \bmod n$$

我們即將在第十章討論的RSA密碼系統，其加密和解密都會使用非常大的指數來進行指數運算。不幸的是，大部分的電腦語言皆未提供可以快速計算指數運算的運算指令，尤其是當指數非常大時。為了讓此種型態的運算能更加快速，我們需要更有效率的演算法。

快速指數運算

我們可以使用**平方暨乘演算法**（square-and-multiply method）來進行快速的指數運算。傳統的演算法只使用乘法來模擬指數運算，但快速指數運算同時使用平方和乘法。這個方法主要的原理在於將指數表示為 n_b 個位元的二進位數（x 到 x_{n_b-1}）。舉例來說，$x = 22 = (10110)_2$。一般而言，x 可以表示成：

$$x = x_{n_b-1} \times 2^{k-1} + x_{n_b-2} \times 2^{k-2} + \ldots + x_2 \times 2^2 + x_1 \times 2^1 + x_0 \times 2^0$$

現在我們可以將 $y = a^x$ 表示成如圖 9.6。

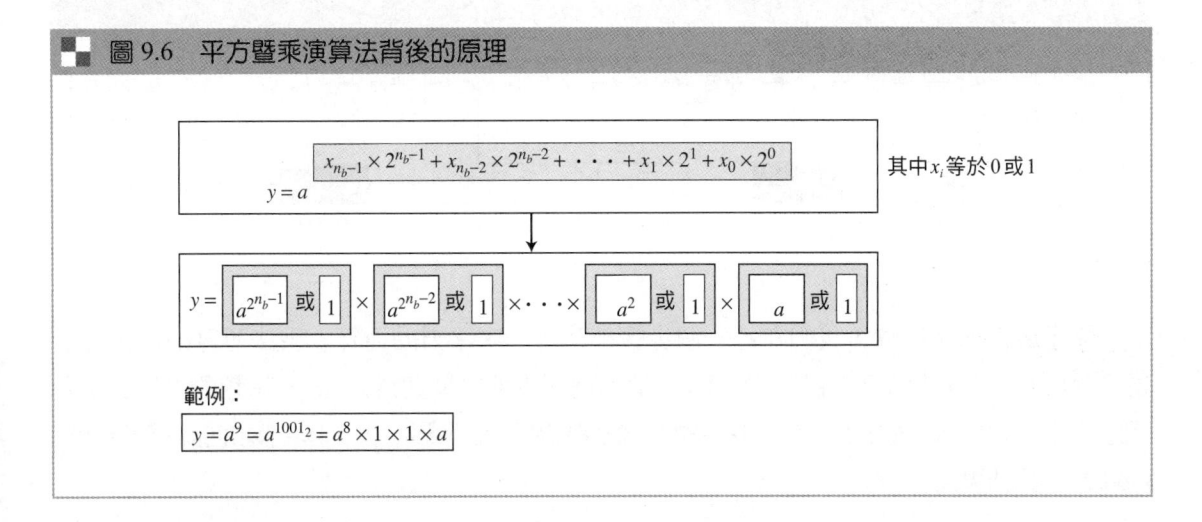

■ 圖 9.6 平方暨乘演算法背後的原理

$$y = a^{x_{n_b-1} \times 2^{n_b-1} + x_{n_b-2} \times 2^{n_b-2} + \cdots + x_1 \times 2^1 + x_0 \times 2^0}$$

其中 x_i 等於 0 或 1

$$y = (a^{2^{n_b-1}} \text{ 或 } 1) \times (a^{2^{n_b-2}} \text{ 或 } 1) \times \cdots \times (a^2 \text{ 或 } 1) \times (a \text{ 或 } 1)$$

範例：
$$y = a^9 = a^{1001_2} = a^8 \times 1 \times 1 \times a$$

注意，y 是 n_b 個項相乘的乘積。每一個項不是 1（若相對應的位元為 0）就是 a^{2^i}（若相對應的位元為 1）。換句話說，若對應的位元為 1，則 a^{2^i} 項包含在乘法中；若對應的位元為 0，則 a^{2^i} 項不包含在乘法中（乘以 1 不影響乘法的結果）。圖 9.6 提供一個一般化的概念，讓我們知道要如何寫演算法。我們可以將底數不斷平方：$a, a^2, a^4, \ldots, a^{2^{n_b-1}}$。若相對應的位元為 0，則該項不包含在乘法的流程中；若相對應的位元為 1，則該項要包含。演算法 9.7 反映出以上兩個原則。

演算法 9.7　平方暨乘演算法的虛擬碼

```
Square_and_Multiply (a, x, n)
{
    y ← 1
    for (i ← 0 to n_b − 1)                //n_b 是 x 位元數
    {
        if (x_i = 1)    y ← a × y mod n   // 只有當位元等於 1 時才與該項相乘
        a ← a² mod n                       // 最後一回合不用平方
    }
    return y
}
```

演算法 9.7 使用了 n_b 個回合。在每個回合中，它會檢查相對應位元的值。如果該位元的值為 1，則會將目前的底數與前一回合的結果相乘。然後，此演算法會將底數平方，做為下一回合的底數。注意在最後一回合中，不需將底數平方（因為我們用不到其平方後的結果）。

範例 9.45　圖 9.7 顯示利用演算法 9.7 來計算 $y = a^x$ 的流程（為了簡化，圖中省略模數）。在這個範例中，$x = 22 = (10110)_2$。其指數有五個位元。

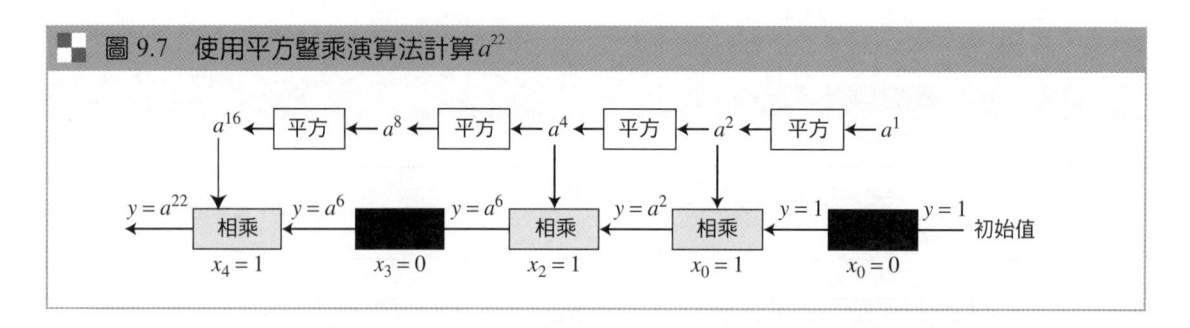

圖 9.7　使用平方暨乘演算法計算 a^{22}

除了最後一個步驟，我們在每一個步驟都執行一次平方的運算。乘法運算則是只有當位元等於 1 的時候才執行。圖 9.7 顯示 y 的值如何逐步地成長直到 $y = a^{22}$。黑色的方塊表示我們忽略這次的乘法，並且將前一個步驟的 y 值保留到下個步驟。表 9.3 顯示如何計算 $y = 17^{22} \bmod 21$，其結果為 $y = 4$。

表 9.3　計算 $17^{22} \bmod 21$

i	x_i	乘法（初始值：$y = 1$）		平方（初始值：$a = 17$）
0	0		→	$a = 17^2 \bmod 21 = 16$
1	1	$y = 1 \times 16 \bmod 21 = 16$	→	$a = 16^2 \bmod 21 = 4$
2	1	$y = 16 \times 4 \bmod 21 = 1$	→	$a = 4^2 \bmod 21 = 16$
3	0		→	$a = 16^2 \bmod 21 = 4$
4	1	$y = 1 \times 4 \bmod 21 = 4$	→	

複雜度　演算法 9.7 最多使用 $2n_b$ 個算術運算，其中 n_b 為模數的位元長度（$n_b = \log_2 n$）。所以此演算法的位元運算複雜度為 $O(n_b)$，以多項式成長。

快速指數運算演算法的位元複雜度是以多項式成長。

替代的演算法　注意，演算法 9.7 是由右至左的方式來檢查 x 的位元（從最不重要的位元到最重要的位元）。我們可以寫出另一個使用反向順序來檢查的演算法。我們選擇上述的演算法是因為其平方運算可以完全與乘法運算獨立分開；因此，這兩種運算可以平行處理以增進運算的效能。這個替代的演算法留做練習題。

對數運算

在密碼學中，我們也需要討論模對數運算。如果使用指數運算來加密或解密，攻擊者可以利用對數運算來攻擊。我們需要瞭解將指數運算反轉的難度到底有多高。

暴力搜尋

我們心中第一個出現的解法可能是要求解 $x = \log_a y \pmod{n}$。我們可以寫一個演算法不停地計算 $y = a^x \bmod n$，直到找到一個 x 值計算後等於 y。演算法 9.8 顯示這種解法。

演算法 9.8　模對數運算的暴力搜尋法

```
Modular_Logarithm (a, y, n)
{
    for (x = 1 to n −1)
    {
        if (y ≡ a^x mod n) return x
    }
    return failure
}
```

演算法 9.8 絕對是非常缺乏效率的。其位元運算的複雜度為 $O(2^{n_b})$，為指數成長。

離散對數

第二種解法是使用**離散對數（discrete logarithm）**的觀念。我們需要先瞭解乘法群的一些性質才能瞭解離散對數的觀念。

有限乘法群　在密碼學中，我們常常會使用到有限乘法群：$G = <Z_{n*}, \times>$，也就是該群的運算為乘法。集合 Z_{n*} 包含了從 1 到 $n-1$ 所有與 n 互質的整數；其單位元素 $e = 1$。注意，當該群的模數為質數時，我們得到 $G = <Z_{p*}, \times>$。由於這種群為第一種群的特例，所以在本節中，我們專注於探討第一種群。

群的秩　在第四章中，我們討論過有限群的秩 $|G|$，也就是群 G 中的元素個數。在群 $G = <Z_{n*}, \times>$，我們可以證明群 G 的秩為 $\phi(n)$。我們也已經說明過，當 n 可以被分解成質數時應如何計算 $\phi(n)$。

範例 9.46　群 $G = <Z_{21*}, \times>$ 的秩為何？$|G| = \phi(21) = \phi(3) \times \phi(7) = 2 \times 6 = 12$。在此群中有 12 個元素：1、2、4、5、8、10、11、13、16、17、19 和 20。這些元素都與 21 互質。

元素的秩　在第四章中，我們也討論過元素的秩 ord(a)。在群 $G = <Z_{n*}, \times>$ 中，我們使用和之前相同的定義。一個元素的秩 a 是一個最小的整數 i，使得 $a^i \equiv e \pmod{n}$。在這種群下，單位元素 e 等於 1。

範例 9.47　求出在群 $G = <Z_{10*}, \times>$ 中所有元素的秩。

解法　這個群只有 $\phi(10) = 4$ 個元素：1、3、7、9。我們可以使用嘗試錯誤法來找出每一個元素的秩。然而，在第四章中，我們曾說明過元素的秩可以整除群的秩（Lagrange 定理）。可以整除 4 的整數只有 1、2 和 4，這表示對於每個元素，我們只要檢查這三個次方就可以找出元素的秩。

a. $1^1 \equiv 1 \bmod (10) \rightarrow \text{ord}(1) = 1$
b. $3^1 \equiv 3 \bmod (10)$；$3^2 \equiv 9 \bmod (10)$；$3^4 \equiv 1 \bmod (10) \rightarrow \text{ord}(3) = 4$
c. $7^1 \equiv 7 \bmod (10)$；$7^2 \equiv 9 \bmod (10)$；$7^4 \equiv 1 \bmod (10) \rightarrow \text{ord}(7) = 4$
d. $9^1 \equiv 9 \bmod (10)$；$9^2 \equiv 1 \bmod (10) \rightarrow \text{ord}(9) = 2$

尤拉定理　　另一個相關的定理是（本章討論過的）尤拉定理。尤拉定理告訴我們，若 a 是群 $G = <\mathbf{Z}_{n^*}, \times>$ 的成員，則 $a^{\phi(n)} = 1 \bmod n$。

這個定理對我們是非常有幫助的。因為它告訴我們，不論是否存在一個整數 $i = \phi(n)$ 使得 $a^i \equiv 1 \pmod{n}$ 成立，當 $i < \phi(n)$ 時，該關係式一定會成立。換句話說，這個關係式至少會成立一次。

範例 9.48　　表9.4 顯示對於群 $G = <\mathbf{Z}_{8^*}, \times>$，$a^i \equiv x \pmod{8}$ 的結果。注意，$\phi(8) = 4$。其元素為 1、3、5 和 7。

表 9.4 找出範例9.48中所有元素的秩

	$i = 1$	$i = 2$	$i = 3$	$i = 4$	$i = 5$	$i = 6$	$i = 7$
$a = 1$	**x: 1**	x: 1	x: 1	x: 1	x: 1	x: 1	x: 1
$a = 3$	x: 3	**x: 1**	x: 3	x: 1	x: 3	x: 1	x: 3
$a = 5$	x: 5	**x: 1**	x: 5	x: 1	x: 5	x: 1	x: 5
$a = 7$	x: 7	**x: 1**	x: 7	x: 1	x: 7	x: 1	x: 7

表9.4 揭示了一些觀點。首先，陰影的區域顯示出應用尤拉定理的結果：當 $i = \phi(8) = 4$ 時，對於所有的 a，其結果 $x = 1$。其次，這個表格顯示對於許多 i 值，其 x 值都可能等於1。當 x 第一次等於1時，其 i 值即為該元素的秩（雙框線的矩形）。這些元素的秩分別為 $\text{ord}(1) = 1$、$\text{ord}(3) = 2$、$\text{ord}(5) = 2$ 和 $\text{ord}(7) = 2$。

原根　　在乘法群中有個非常有趣的概念，那就是**原根（primitive root）**，我們會在第十章的ElGamal密碼系統中用到它。在群 $G = <\mathbf{Z}_{n^*}, \times>$ 中，當一個元素的秩和 $\phi(n)$ 相等時，則該元素稱為群 G 的原根。

範例 9.49　　表9.4 顯示出群 $G = <\mathbf{Z}_{8^*}, \times>$ 沒有原根。因為沒有任何元素的秩等於 $\phi(8) = 4$。所有元素的秩都小於4。

範例 9.50　　表9.5 顯示對於群 $G = <\mathbf{Z}_{7^*}, \times>$，$a^i \equiv x \pmod{7}$ 的結果。在這個群中，$\phi(7) = 6$。

這些元素的秩為 $\text{ord}(1) = 1$、$\text{ord}(2) = 3$、$\text{ord}(3) = \underline{\mathbf{6}}$、$\text{ord}(4) = 3$、$\text{ord}(5) = \underline{\mathbf{6}}$ 和 $\text{ord}(6) = 1$。表9.5 顯示只有3和5兩個元素的秩為 $i = \phi(n) = 6$。因此，這個群只有兩個原根：3和5。

前人已經證明，只有當 $n = 2$、4、p^t 或 $2p^t$ 時，群 $G = <\mathbf{Z}_{n^*}, \times>$ 才會有原根，其中 p 是奇質數（非2），t 是整數。

表 9.5　範例 9.50

	$i=1$	$i=2$	$i=3$	$i=4$	$i=5$	$i=6$
$a=1$	$x:1$	$x:1$	$x:1$	$x:1$	$x:1$	$x:1$
$a=2$	$x:2$	$x:4$	$x:1$	$x:2$	$x:4$	$x:1$
原根 → $a=3$	$x:3$	$x:2$	$x:6$	$x:4$	$x:5$	$x:1$
$a=4$	$x:4$	$x:2$	$x:1$	$x:4$	$x:2$	$x:1$
原根 → $a=5$	$x:5$	$x:4$	$x:6$	$x:2$	$x:3$	$x:1$
$a=6$	$x:6$	$x:1$	$x:6$	$x:1$	$x:6$	$x:1$

只有當 $n = 2$、4、p^t 或 $2p^t$ 時，群 $G = <Z_{n^*}, \times>$ 才會有原根。

範例 9.51　當 n 等於下列哪些值時，群 $G = <Z_{n^*}, \times>$ 會有原根：17、20、38 和 50？

解法

a. $G = <Z_{17^*}, \times>$ 有原根，因為 17 是質數（p^t，其中 t 等於 1）。

b. $G = <Z_{20^*}, \times>$ 沒有原根。

c. $G = <Z_{38^*}, \times>$ 有原根，因為 $38 = 2 \times 19$，而 19 是質數。

d. $G = <Z_{50^*}, \times>$ 有原根，因為 $50 = 2 \times 5^2$，而 5 是質數。

當一個群有原根時，它通常會有許多原根。我們可以用 $\phi(\phi(n))$ 來計算原根個數。舉例來說，群 $G = <Z_{17^*}, \times>$ 的原根個數為 $\phi(\phi(17)) = \phi(16) = 8$。注意，在計算某個群原根的個數之前，應該先確認這個群是否有原根。

若群 $G = <Z_{n^*}, \times>$ 有原根，則其原根的個數為 $\phi(\phi(n))$。

此處產生三個問題：

1. 給定一個元素 a 和群 $G = <Z_{n^*}, \times>$，我們要如何確認 a 是否為群 G 的原根？這不是一件簡單的工作。

   a. 我們必須求出 $\phi(n)$，這和對 n 因數分解的難度相同。

   b. 我們必須確認 $\text{ord}(a) = \phi(n)$ 是否成立。

2. 給定一個群 $G = <Z_{n^*}, \times>$，我們要如何找出 G 的所有原根？這件工作比第一件還困難，因為我們必須對群中所有的元素重複執行步驟 b。

3. 給定一個群 $G = <Z_{n^*}, \times>$，我們要如何從 G 中選出一個原根？在密碼學中，我們需要在群中找至少一個原根。然而，在這種情形下，因為 n 是由使用者挑選的，因此使用者知道 $\phi(n)$ 的值。這個使用者可以嘗試許多元素，直到找到第一個原根。

循環群　我們在第四章中討論過循環群。注意，若群 $G = <Z_{n^*}, \times>$ 具有原根，則其是可循環的。每個原根都是生成子，並且可以用來產生整個集合。換句話說，若 g 是群中的一個原根，我們可以產生集合 Z_{n^*} 如下：

$$Z_{n^*} = \{g^1, g^2, g^3, \ldots, g^{\phi(n)}\}$$

> **範例 9.52** 群 $G = <\mathbf{Z}_{10^*}, \times>$ 有兩個原根，因為 $\phi(10) = 4$ 和 $\phi(\phi(10)) = 2$。我們可以找到其原根為 3 和 7。以下顯示我們如何使用每一個原根來產生整個集合 $\mathbf{Z}_{10^*}$。
>
> $g = 3 \rightarrow \quad g^1 \bmod 10 = 3 \quad g^2 \bmod 10 = 9 \quad g^3 \bmod 10 = 7 \quad g^4 \bmod 10 = 1$
>
> $g = 7 \rightarrow \quad g^1 \bmod 10 = 7 \quad g^2 \bmod 10 = 9 \quad g^3 \bmod 10 = 3 \quad g^4 \bmod 10 = 1$

注意群 $G = <\mathbf{Z}_{p^*}, \times>$ 永遠是可循環的，因為 p 是質數。

> 群 $G = <\mathbf{Z}_{n^*}, \times>$ 是一個循環群，若其具有原根。
>
> 群 $G = <\mathbf{Z}_{p^*}, \times>$ 一定是可循環的。

離散對數的概念　　群 $G = <\mathbf{Z}_{p^*}, \times>$ 具有一些有趣的性質：

1. 它的元素包含了從 1 到 $p-1$ 的所有整數。
2. 它一定有原根。
3. 它是可循環的。我們可以使用 g^x 來產生群中所有的元素，其中 x 是從 1 到 $\phi(n) = p-1$ 中的一個整數。
4. 我們可以把原根視為對數運算的底數。如果一個群有 k 個原根，則我們可用 k 個不同的底數來計算離散對數。對於集合中的一個元素 y，給定 $x = \log_g y$，則在不同的底數 g 之下，一定會存在另一個 x，為 y 在 g 之下的對數。這種型態的對數運算稱為**離散對數（discrete logarithm）**。對於離散對數，許多文獻皆使用不同的符號，此處我們使用記號 L_g 來表示其底數為 g。

使用離散對數來解模對數問題的方法

現在讓我們來看看如何來解決型態為 $y = a^x \pmod{n}$ 的模對數問題；也就是當給定 y 時，應如何找出 x？

離散對數的表格　　解決上述問題的其中一個方法，就是對於每一個 $\mathbf{Z}_{p^*}$ 和不同的底數，使用表格列出所有離散對數的值。這種表格可以事先計算好並儲存起來。舉例來說，表 9.6 顯示 $\mathbf{Z}_{7^*}$ 的所有離散對數。我們知道在這個集合中，共有兩個原根。

表 9.6　$G = <\mathbf{Z}_{7^*}, \times>$ 的離散對數

y	1	2	3	4	5	6
$x = L_3 y$	6	2	1	4	5	3
$x = L_5 y$	6	4	5	2	1	3

若能夠對於所有的群和其所有可能的底數都給予一個離散對數的表格，就可以解出任何離散對數的問題。這個方法和過去解決傳統對數問題的方法很相似，只是在還沒有電腦與計算機的年代，我們所使用的對數表格都是以 10 為底數。

範例 9.53　求出下列各式的 x 值：

a. $4 \equiv 3^x \pmod 7$
b. $6 \equiv 5^x \pmod 7$

解法　使用表 9.6 可以很容易地找出答案。

a. $4 \equiv 3^x \bmod 7$　→　$x = L_3 4 \bmod 7 = 4 \bmod 7$
b. $6 \equiv 5^x \bmod 7$　→　$x = L_5 6 \bmod 7 = 3 \bmod 7$

使用離散對數的性質　為了瞭解離散對數的運作方式和傳統對數十分相似，表 9.7 列出這兩種對數運算的一些性質。注意模數是 $\phi(n)$，而不是 n。

表 9.7　傳統對數與離散對數的比較

傳統對數	離散對數
$\log_a 1 = 0$	$L_g 1 \equiv 0 \pmod{\phi(n)}$
$\log_a (x \times y) = \log_a x + \log_a y$	$L_g(x \times y) \equiv (L_g x + L_g y) \pmod{\phi(n)}$
$\log_a x^k = k \times \log_a x$	$L_g x^k \equiv k \times L_g x \pmod{\phi(n)}$

使用植基於離散對數的演算法　當 n 非常大時，表格和離散對數的性質都無法用來解決 $y \equiv a^x \pmod n$ 的問題。因此，有許多應用離散對數基本概念的演算法被設計出來解決這個問題。雖然這些演算法比暴力搜尋演算法快速許多，但如同本節一開始所提的，這些演算法的複雜度都不是多項式成長。大部分演算法的複雜度和因數分解問題的複雜度等級相同。

離散對數問題與因數分解問題的複雜度是相同的。

推薦讀物

為了更深入瞭解本章所討論的主題，我們建議選讀下列書籍與網站。括號內的項目請參閱本書書末的參考文獻。

書籍

為了更深入瞭解本章的主題，我們建議選讀 [Ros06]、[Cou99]、[BW00] 和 [Bla03]。

網站

對於本章所討論的主題，以下的網站提供了許多更深入的資訊。

- http://en.wikipedia.org/wiki/Prime_number
- http://primes.utm.edu/mersenne/
- http://en.wikipedia.org/wiki/Primality_test
- www.cl.cam.ac.uk/~jeh1004/research/talks/miller-talk.pdf

- http://mathworld.wolfram.com/TotientFunction.html
- http://en.wikipedia.org/wiki/Proofs_of_Fermat's_little_theorem
- faculty.cs.tamu.edu/klappi/629/analytic.pdf

關鍵詞彙

- Chinese remainder theorem（CRT） 中國餘數定理 255
- composite 合成數 234
- coprime（relatively prime） 互質 235
- deterministic algorithm 確定式演算法 242
- discrete logarithm 離散對數 263, 266
- divisibility test 整除性測試法 243
- Euler's phi-function 尤拉 phi 函數 237
- Euler's theorem 尤拉定理 240
- exponentiation 指數運算 260
- factorization 因數分解 249
- Fermat factorization method 費瑪因數分解法 251
- Fermat primality test 費瑪質數測試法 244
- Fermat number 費瑪數 242
- Fermat prime 費瑪質數 242
- Fermat's little theorem 費瑪小定理 238
- Mersenne number 莫仙尼數 241
- Mersenne prime 莫仙尼質數 241
- Miller-Rabin primality test Miller-Rabin 質數測試法 246
- number field sieve method 數體篩選法 255
- Pollard $p-1$ factorization method Pollard $p-1$ 因數分解法 252
- Pollard rho factorization method Pollard rho 因數分解法 252
- primality test 質數測試法 242
- prime 質數 234
- primitive root 原根 264
- probabilistic algorithm 機率式演算法 242
- quadratic congruence 二次同餘 257
- quadratic nonresidue（QNR） 非二次剩餘 258
- quadratic residue（QR） 二次剩餘 258
- quadratic sieve method 二次篩選法 255
- sieve of Eratosthenes 埃拉托斯特尼篩選法 237
- square-and-multiply method 平方暨乘演算法 260
- square root primality test method 平方根質數測試法 245
- strong pseudoprime 強虛擬質數 246
- trial division factorization method 試除因數分解法 250

重點摘要

- 我們可以將正整數分成三個群組：數字1、質數以及合成數。一個正整數稱為質數若且唯若其只能被兩個整數整除，亦即1和它自己。一個合成數是具有超過兩個以上因數的正整數。
- 尤拉 phi 函數 $\phi(n)$ 有時稱為尤拉 totient 函數，在密碼學中扮演非常重要的角色。這個函數找出所有小於 n 且與 n 互質之整數的個數。
- 表9.8為本章所討論的費瑪小定理與尤拉定理。
- 為了產生一個大質數，我們隨機選擇一個很大的數值並測試其是否為質數。用來處理這種問題的演算法可以分成兩類：確定式演算法與機率式演算法。我們舉出一些用來測試質數的機率式演算法，包括費瑪測試法、平方根測試法及 Miller-Rabin 測試法。我們也舉出一些確定式演算法，包括整除性測試法及 AKS 演算法。

表 9.8 費瑪小定理與尤拉定理

費瑪	第一種版本： 若 gcd $(a, p) = 1$，則 $a^{p-1} \equiv 1 \pmod{p}$
	第二種版本： $a^p \equiv a \pmod{p}$
尤拉	第一種版本： 若 gcd $(a, n) = 1$，則 $a^{\phi(n)} \equiv 1 \pmod{n}$
	第二種版本： 若 $n = p \times q$ 且 $a < n$，則 $a^{k \times \phi(n)+1} \equiv a \pmod{n}$

- 依據算術的基本定理，任何大於1的正整數可以被分解成質數相乘。我們說明了許多因數分解的方法，其中包括試除因數法、費瑪分解法、Pollard $p - 1$ 分解法、Pollard rho分解法、二次篩選法及數體篩選法。
- 中國餘數定理是用來解模數兩兩相異且互質之單變數的同餘方程組。
- 我們探討模數為質數與模數為合成數之二次同餘的解法。然而，如果模數很大，則解出二次同餘的難度與對模數因數分解的難度相同。
- 在密碼學中，指數運算是一種常用的模數運算。我們可以使用平方暨乘演算法來進行快速的指數運算。密碼學同時也包含模對數運算。如果我們使用指數運算來做加密或解密，攻擊者可以利用對數運算來攻擊。我們需要瞭解將指數運算反轉的難度到底有多高。雖然我們可以用快速的演算法來進行指數運算，但在很大的模數下進行對數運算的難度，卻和因數分解的問題一樣困難。

練習集

問題回顧

1. 區別質數與合成數。
2. 定義互質。
3. 定義下列函數及其應用：
   a. $\pi(n)$ 函數
   b. 尤拉 totient 函數
4. 說明埃拉托斯特尼篩選法及其應用。
5. 定義費瑪小定理並說明其應用。
6. 定義尤拉定理並說明其應用。
7. 何謂莫仙尼質數？何謂費瑪質數？
8. 區別質數測試的確定式演算法與機率式演算法。
9. 列出一些可將整數因數分解成質數的演算法。
10. 定義中國餘數定理及其應用。
11. 定義二次同餘，並說明解二次方程式時 QR 與 QNR 的重要性。
12. 定義離散對數，並說明其在解對數方程式的重要性。

習題

13. 使用逼近法，求出
    a. 100,000 到 200,000 之間質數的個數。
    b. 100,000 到 200,000 之間合成數的個數。
    c. 在上述區間內質數與合成數的比例。比較此比例和 1 到 10 之間質數與合成數的比例。
14. 對於下列的合成數，求出最大的質因數：100、1000、10,000、100,000 和 1,000,000。另外也求出 101、1001、10,001、100,001 和 1,000,001 之最大的質因數。
15. 證明所有質數的形式不是 $4k + 1$ 就是 $4k + 3$，其中 k 為正整數。
16. 求出一些形式為 $5k + 1$、$5k + 2$、$5k + 3$ 和 $5k + 4$ 的質數，其中 k 為正整數。
17. 求出下列函數的值：$\phi(29)$、$\phi(32)$、$\phi(80)$、$\phi(100)$、$\phi(101)$。
18. 證明 $2^{24} - 1$ 與 $2^{16} - 1$ 為合成數。提示：利用 $(a^2 - b^2)$ 的展開式。
19. 有一個假設：每一個大於 2 的整數都可以表示成兩個質數相加。利用 10、24、28 和 100 來檢驗這個假設。
20. 有一個假設：許多質數的形式為 $n^2 + 1$，求出一些這類的質數。
21. 利用費瑪小定理求出下列各式的值：
    a. $5^{15} \bmod 13$
    b. $15^{18} \bmod 17$
    c. $456^{17} \bmod 17$
    d. $145^{102} \bmod 101$
22. 利用費瑪小定理求出下列各式的值：
    a. $5^{-1} \bmod 13$
    b. $15^{-1} \bmod 17$
    c. $27^{-1} \bmod 41$
    d. $70^{-1} \bmod 101$

    注意，所有的模數都是質數。
23. 利用尤拉定理求出下列各式的值：
    a. $12^{-1} \bmod 77$
    b. $16^{-1} \bmod 323$
    c. $20^{-1} \bmod 403$
    d. $44^{-1} \bmod 667$

    注意，$77 = 7 \times 11$，$323 = 17 \times 19$，$403 = 31 \times 13$ 和 $667 = 23 \times 29$。
24. 計算下列莫仙尼數是否為質數：M_{23}、M_{29} 和 M_{31}。提示：莫仙尼數的所有因數其形式均為 $2kp + 1$。
25. 寫出一些例子，證明若 $2^n - 1$ 是質數，則 n 是質數。這個事實可以用來當作質數測試法嗎？說明之。
26. 計算下列整數有多少個可以通過費瑪質數測試法：100、110、130、150、200、271、341、561。以 2 做為底數。
27. 計算下列整數有多少個可以通過 Miller-Rabin 質數測試法：100、109、201、271、341、349。以 2 做為底數。

28. 使用建議的質數測試法，計算下列整數是否為質數：271、3149、9673。
29. 使用 $a = 2$，$x = 3$ 以及少數質數證明：若 p 是質數，則下列同餘式 $(x - a)^p \equiv (x^p - a) \pmod{p}$ 成立。
30. 有一個假設：第 n 個質數 p_n 的近似值 $p_n \approx n \ln n$。利用一些質數來檢驗這個假設。
31. 使用中國餘數定理，求出下列同餘方程組的 x 值。
    a. $x \equiv 2 \bmod 7$ 和 $x \equiv 3 \bmod 9$
    b. $x \equiv 4 \bmod 5$ 和 $x \equiv 10 \bmod 11$
    c. $x \equiv 7 \bmod 13$ 和 $x \equiv 11 \bmod 12$
32. 求出在 $\mathbf{Z}_{13*}$、$\mathbf{Z}_{17*}$ 和 $\mathbf{Z}_{23*}$ 中所有的 QR 與 QNR。
33. 使用二次剩餘，解出下列同餘式：
    a. $x^2 \equiv 4 \bmod 7$
    b. $x^2 \equiv 5 \bmod 11$
    c. $x^2 \equiv 7 \bmod 13$
    d. $x^2 \equiv 12 \bmod 17$
34. 使用二次剩餘，解出下列同餘式：
    a. $x^2 \equiv 4 \bmod 14$
    b. $x^2 \equiv 5 \bmod 10$
    c. $x^2 \equiv 7 \bmod 33$
    d. $x^2 \equiv 12 \bmod 34$
35. 使用平方暨乘演算法，求出下列各式的結果：
    a. $21^{24} \bmod 8$
    b. $320^{23} \bmod 461$
    c. $1736^{41} \bmod 2134$
    d. $2001^{35} \bmod 2000$
36. 對於群 $\mathbf{G} = <\mathbf{Z}_{19*}, \times>$：
    a. 求出此群的秩。
    b. 求出此群中每一個元素的秩。
    c. 求出此群中原根的個數。
    d. 求出此群的所有原根。
    e. 證明此群是可循環的。
    f. 寫出此群的離散對數表。
37. 使用離散對數的性質，說明如何解出下列同餘式：
    a. $x^5 \equiv 11 \bmod 17$
    b. $2x^{11} \equiv 22 \bmod 19$
    c. $5x^{12} + 6x \equiv 8 \bmod 23$
38. 假設你有一台每秒可以執行 100 萬次位元運算的電腦，而你希望只花 1 小時就可以完成一次質數測試。使用下列各質數測試法時，你可以測試的最大數值為何？
    a. 整除性測試法
    b. AKS 演算法

c. 費瑪測試法

d. 平方根測試法

e. Miller-Rabin 測試法

39. 假設你有一台每秒可以執行 100 萬次位元運算的電腦，而你希望只花 1 小時就可以完成一次因數分解。使用下列各因數分解法時，你可以分解的最大數值為何？

a. 試除因數法

b. 費瑪分解法

c. Pollard rho 分解法

d. 二次篩選法

e. 數體篩選法

40. 當底數為 1 時，平方暨乘快速指數演算法允許我們直接終止程式。修改演算法 9.7 以滿足這個條件。

41. 修改演算法 9.7，使得其測試指數的位元順序是由最重要的位元到最不重要的位元。

42. 平方暨乘快速指數演算法也可以設計成測試指數為奇數或偶數，取代原先測試指數的每個位元為 1 或 0。修改演算法 9.7 以滿足這個條件。

43. 使用虛擬碼寫出費瑪質數測試法的演算法。

44. 使用虛擬碼寫出平方根質數測試法的演算法。

45. 使用虛擬碼寫出中國餘數定理的演算法。

46. 使用虛擬碼寫出在任意 Z_{p*} 中求出 QR 與 QNR 演算法。

47. 使用虛擬碼寫出在集合 Z_{p*} 中求出一個原根的演算法。

48. 使用虛擬碼寫出在集合 Z_{p*} 中求出所有原根的演算法。

49. 使用虛擬碼寫出在集合 Z_{p*} 中求出並儲存所有離散對數的演算法。

CHAPTER 10 非對稱式金鑰密碼學

學習目標

本章的學習目標包括：

- 區別對稱式金鑰密碼系統與非對稱式金鑰密碼系統。
- 介紹單向暗門函數以及其於非對稱式金鑰密碼系統的使用情形。
- 介紹背包問題密碼系統，其為最早非對稱式金鑰密碼學的構想之一。
- 討論 RSA 密碼系統。
- 討論 Rabin 密碼系統。
- 討論 ElGamal 密碼系統。
- 討論橢圓曲線密碼系統。

本章討論數個非對稱式金鑰密碼系統：RSA、Rabin、ElGamal 以及 ECC。而 Diffie-Hellman 密碼系統則留到第十五章討論，因為其主要是金鑰交換演算法，而非加密／解密演算法。

Diffie-Hellman 密碼系統在第十五章討論。

10.1 簡介

在第二章至第八章，我們強調**對稱式金鑰密碼學**（symmetric-key cryptography）的原理。在本章中，我們開始討論**非對稱式金鑰密碼學**（asymmetric-key cryptography）。對稱式金鑰密碼學與非對稱式金鑰密碼學可以同時並存，並且提供服務。我們著實認為它們之間是互補的，其中一個的優點可以補償另外一個的缺點。

這兩個系統在概念上的不同是基於如何保持一個祕密。在對稱式金鑰密碼學中，祕密必須分享給兩人，而在非對稱式金鑰密碼學中，祕密是個人的（非分享），每一個人建立且保

存自己的祕密。

若一個社群裡有 n 個人，則對稱式金鑰密碼學需要 $n(n-1)/2$ 個分享的祕密，但非對稱式金鑰密碼學只需要 n 個個人的祕密。對一個有 100 萬人的社群而言，對稱式金鑰密碼學需要將近 5 億個分享的祕密；非對稱式金鑰密碼學僅需 100 萬個個人祕密。

**對稱式金鑰密碼學是基於分享的祕密；
非對稱式金鑰密碼學是基於個人的祕密。**

除了加密之外，尚有某些安全方面需要使用非對稱式金鑰密碼學，包括確認性與數位簽章。每當一個應用是基於個人祕密時，我們便需要使用非對稱式金鑰密碼學。

對稱式金鑰密碼學是基於符號（文字或位元）的取代與排列，然而非對稱式金鑰密碼學則是應用數字的數學函數。在對稱式金鑰密碼學中，將明文與密文當成符號的組合，加密與解密則是重新排列或取代這些符號。在非對稱式金鑰密碼學中，將明文與密文當成數字，加密與解密則是數學函數，將這些數字轉換成其他數字。

**在對稱式金鑰密碼學中，符號被重新排列與取代；
在非對稱式金鑰密碼學中，數字被操作處理。**

金鑰

非對稱式金鑰密碼學使用兩把不同的金鑰：一把為**私密金鑰（private key）**，一把為**公開金鑰（public key）**。若把加密與解密想像成使用鑰匙來上鎖與開鎖，則上鎖使用公開金鑰，開鎖則使用對應的私密金鑰。圖 10.1 表示若 Alice 使用 Bob 的公開金鑰上鎖，則只有用 Bob 的私密金鑰才能解開它。

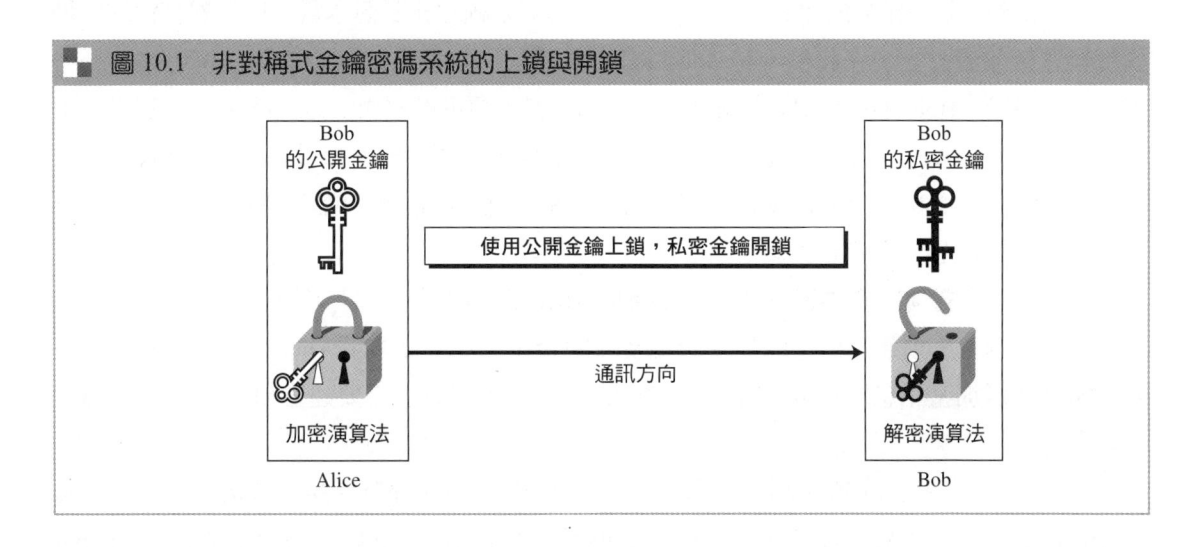

圖 10.1　非對稱式金鑰密碼系統的上鎖與開鎖

🗝 一般概念

圖10.2顯示使用非對稱式金鑰密碼學加密的概念。我們將在往後的章節裡看到非對稱式金鑰密碼學的其他應用。如圖所示，與對稱式金鑰密碼學不同的是，非對稱式金鑰密碼學有兩把不同的金鑰：一把是私密金鑰，一把是公開金鑰。雖然有某些教科書使用祕密金鑰（secret key）的字眼，而非私密金鑰，但在本書中我們只在對稱式金鑰上使用祕密金鑰，而非對稱式金鑰密碼學則使用私密金鑰與公開金鑰。這是因為我們認為祕密金鑰一詞在對稱式金鑰密碼學上，其本質與私密金鑰在非對稱式金鑰密碼學上是不同的。前者通常是一串的符號（例如位元），後者是數字或是數字的集合。換句話說，我們想要說明的是，祕密金鑰與私密金鑰的用詞不能互換，這是兩種不同型態的祕密。

圖 10.2　非對稱式金鑰密碼系統的一般概念

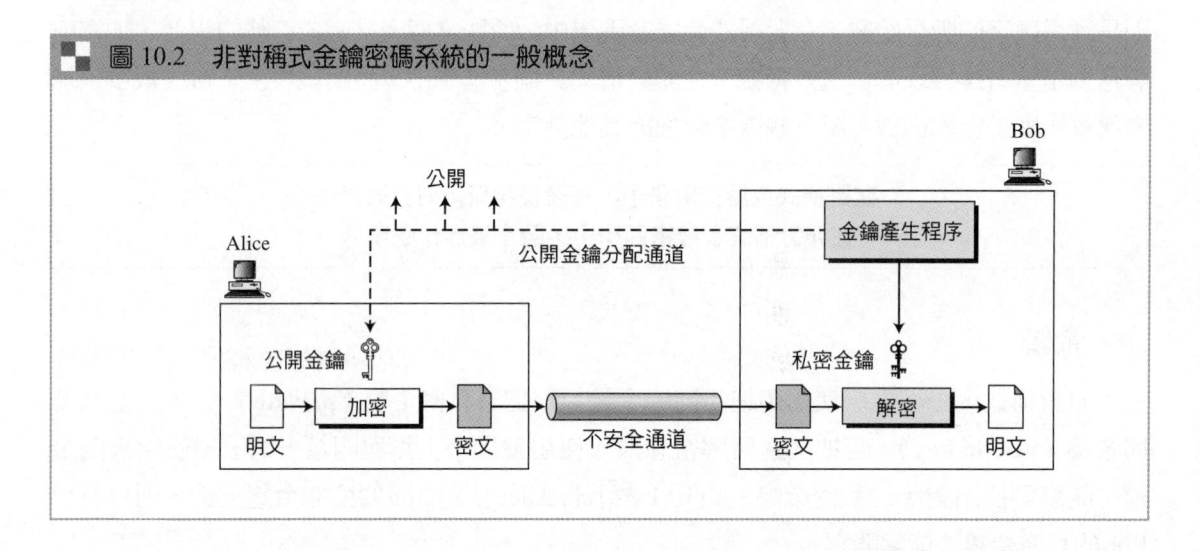

圖10.2顯示幾個重要的事實，首先，它強調密碼系統的非對稱本質。提供安全性的負擔大都落在接收者身上（在此例中是Bob）。Bob需要建立兩把金鑰，一把為私密金鑰，另一把為公開金鑰。Bob負責將公開金鑰發送給整個社群，這可以經由一個公開金鑰分配通道來完成。雖然這個通道並未要求提供隱密性，但需要提供確認性與完整性。Eve不能將自己的公開金鑰偽冒成Bob的公開金鑰而向社群宣傳。關於公開金鑰分配的議題將在第十五章中討論，在此，我們先假設存在這樣的通道。

第二點，非對稱式金鑰密碼學是指Bob與Alice雙方通訊不能使用相同的金鑰集合。每一個社群中的人必須建立自己的私密金鑰及公開金鑰。圖10.2顯示Alice如何使用Bob的公開金鑰來傳送加密訊息給Bob。如果Bob想要回應，則Alice也需要建立自己的私密金鑰與公開金鑰。

第三點，非對稱式金鑰密碼學是指Bob只需要一把私密金鑰就能接受來自社群中任何人所有的通訊資料，但Alice需要n把公開金鑰與社群中的n個人通訊，每個人都需要一把公開金鑰。換句話說，Alice需要一個公開金鑰圈（ring of public keys）。

明文／密文

與對稱式金鑰密碼學不同的是，非對稱式金鑰密碼學將明文與密文當成整數。訊息在加密前必須被編碼成整數（或是整數的集合），而整數（或是整數的集合）在解密後也必須被解碼成訊息。非對稱式金鑰密碼學通常使用在小片段訊息的加密或解密，例如對稱式金鑰密碼學的加密金鑰。換句話說，非對稱式金鑰密碼學通常是用來輔助而加密訊息。然而，這種輔助在現代密碼學中扮演十分重要的角色。

加密／解密

非對稱式金鑰密碼學中的加密與解密是應用於數字上的數學函數，而明文與密文是以數字表示。密文表示為 $C = f(K_{公開}, P)$；而明文為 $P = g(K_{私密}, C)$。函數 f 只用來加密，而函數 g 只用來解密。下面我們將說明 f 必須是單向暗門函數，使得 Bob 可以解開訊息，但 Eve 不行。

兩者皆需要

一件重要但有時卻難以理解的事實是，非對稱式金鑰（公開金鑰）密碼學的來臨並不會抹煞我們對於對稱式金鑰（祕密金鑰）密碼學的需求。這是因為非對稱式金鑰密碼學使用數學函數進行加密與解密，因此比起對稱式金鑰密碼學要慢許多。對於加密一個大的訊息而言，對稱式金鑰密碼學仍有其必要。非對稱式金鑰密碼學對於確認性、數位簽章與祕密金鑰交換等也是必要的。也就是說，為了能夠使用現今各方面的安全特性，我們同時需要對稱與非對稱式金鑰密碼學。這兩項技術是互補的。

單向暗門函數

非對稱式金鑰密碼學的主要概念是單向暗門函數。

函數

雖然大家已經熟知函數在數學上的概念，我們在此仍要下一個非正式的定義。**函數**（function）是一個規則，將集合 A（稱為定義域）的一個元素關聯（映射）到集合 B（稱為值域）中的一個元素，如圖10.3所示。

可逆函數（invertible function）是指該函數值域內的每一個元素都恰有一個定義域中的元素與之關聯。

單向函數

單向函數（one-way function, OWF）是一個滿足下面兩項特性的函數：
1. f 容易計算；換句話說，給定 x，則 $y = f(x)$ 可以很容易計算出來。

圖 10.3 函數為一個從定義域映射至值域的規則

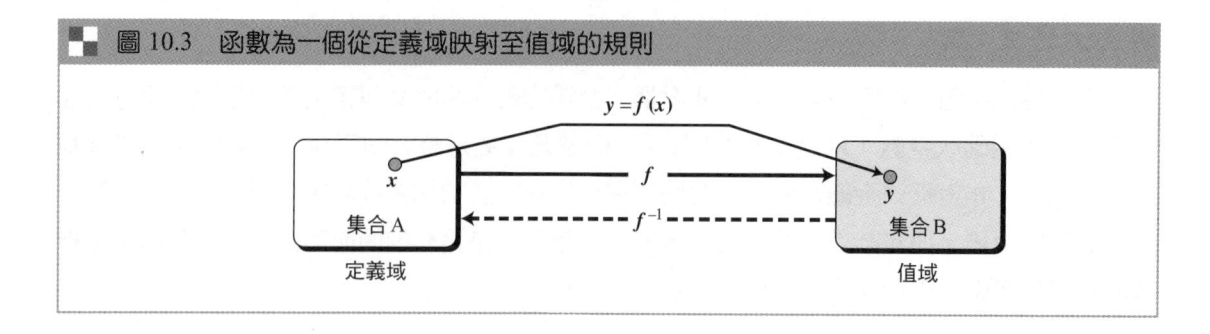

2. f^{-1} 很難計算；換句話說，給定 y，則要計算 $x = f^{-1}(y)$ 是很難的。

單向暗門函數

單向暗門函數（trapdoor one-way function, **TOWF**）是一個滿足下面第三個特性的單向函數：

3. 給一個 y 以及一個**暗門**（**trapdoor**，祕密），則 x 可以很容易計算出來。

範例 10.1 當 n 值很大，$n = p \times q$ 是一個單向函數。注意，在這個函數內，x 是指由兩個質數所構成的序列 (p, q)，而且 y 值為 n。給定 p 及 q，計算 n 值十分容易；但給 n 值，要計算 p 及 q 則非常困難。這是一個分解因數的問題，我們已於第九章中討論過。在此情形下，計算 f^{-1} 並沒有多項式時間的解法。

範例 10.2 當 n 值很大，函數 $y = x^k \bmod n$ 是一個單向暗門函數。給定 x、k 及 n，要計算 y 是很容易的，可以使用第九章所討論的快速指數運算演算法。但給定 y、k 及 n，要計算 x 是很困難的，這是第九章所討論的離散對數問題。在此情形下，沒有多項式時間的解法來計算 f^{-1}。然而，如果我們知道 $k \times k' = 1 \bmod \phi(n)$ 的暗門 k'，則我們能夠使用 $x = y^{k'} \bmod n$ 來求出 x。這便是著名的 RSA 系統，本章稍後將會討論。

背包問題密碼系統

關於公開金鑰密碼技術的第一個令人注目的想法是由 Merkle 及 Hellman 所提出的**背包問題密碼系統**（**knapsack cryptosystem**）。雖然此系統在今日的標準上已被發現並不安全，但其背後的主要觀念可以讓我們深入理解稍後所要討論的近代公開金鑰密碼系統。

如果我們被告知一個背包內有哪些事先定義好的集合中的數字，則可以很容易地計算出這些數字的總和；但若是被告知一個總和數字，想要說出背包裡有哪些數字卻相當困難。

定義

假設給兩個 k 序列，$a = [a_1, a_2, ..., a_k]$ 及 $x = [x_1, x_2, ..., x_k]$。第一個序列是預先定義的集

合；第二個序列的 x_i 僅為 0 或 1，定義哪些在 a 中的元素會從背包中移除。背包內的元素總和為

$$s = knapsackSum\ (a, x) = x_1a_1 + x_2a_2 + \cdots + x_ka_k$$

給定 a 及 x，要計算 s 是容易的。然而，給定 s 及 a，要計算 x 卻是困難的。換句話說，$s = knapsackSum\ (x, a)$ 是容易計算的，但計算 $x = inv\_knapsackSum\ (s, a)$ 則相當困難。若 a 是一般的 k 序列，則 $knapsackSum$ 是一個單向函數。

超增序列

若 k 序列是一個超增序列，則計算 $knapsacksum$ 及 $inv\_knapsackSum$ 函數是簡單的。在一個**超增序列**（superincreasing tuple）中，$a_i \geq a_1 + a_2 + \ldots + a_{i-1}$；換句話說，每一個元素（除了 a_1 以外）皆大於或等於前面所有元素的總和。在這個情形下，我們計算 $knapsacksum$ 及 $inv\_knapsackSum$ 函數的方法可如演算法 10.1 所列。演算法 $inv\_knapsackSum$ 從最大元素開始處理至最小元素。在每一個迭代中，會檢查某一個元素是否在背包當中。

演算法 10.1　超增序列中的 $knapsackSum$ 及 $inv\_knapsackSum$ 函數

```
knapsackSum (x [1 … k], a [1 … k])
{
    s ← 0
    for (i = 1 to k)
    {
        s ← s + a_i × x_i
    }
    return s
}
```

```
inv_knapsackSum (s, a [1 … k])
{
    for (i = k down to 1)
    {
        if s ≥ a_i
        {
            x_i ← 1
            s ← s − a_i
        }
        else x_i ← 0
    }
    return x [1 … k]
}
```

範例 10.3　一個顯而易見的例子如下。假設給定 a = [17, 25, 46, 94, 201, 400] 以及 s = 272。表 10.1 顯示如何利用演算法 10.1 的 $inv\_knapsackSum$ 函數來找到序列 x。

表 10.1　範例 10.3 中 i、a_i、s 及 x_i 的值

i	a_i	s	$s \geq a_i$	x_i	$s \leftarrow s - a_i \times x_i$
6	400	272	否	$x_6 = 0$	272
5	201	272	是	$x_5 = 1$	71
4	94	71	否	$x_4 = 0$	71
3	46	71	是	$x_3 = 1$	25
2	25	25	是	$x_2 = 1$	0
1	17	0	否	$x_1 = 0$	0

在此情形下，x = [0, 1, 1, 0, 1, 0]，也就是 25、46 及 201 在背包當中。

利用背包問題進行祕密通訊

我們來看看Alice如何使用背包密碼系統來傳送一個祕密訊息給Bob，如圖10.4所示。

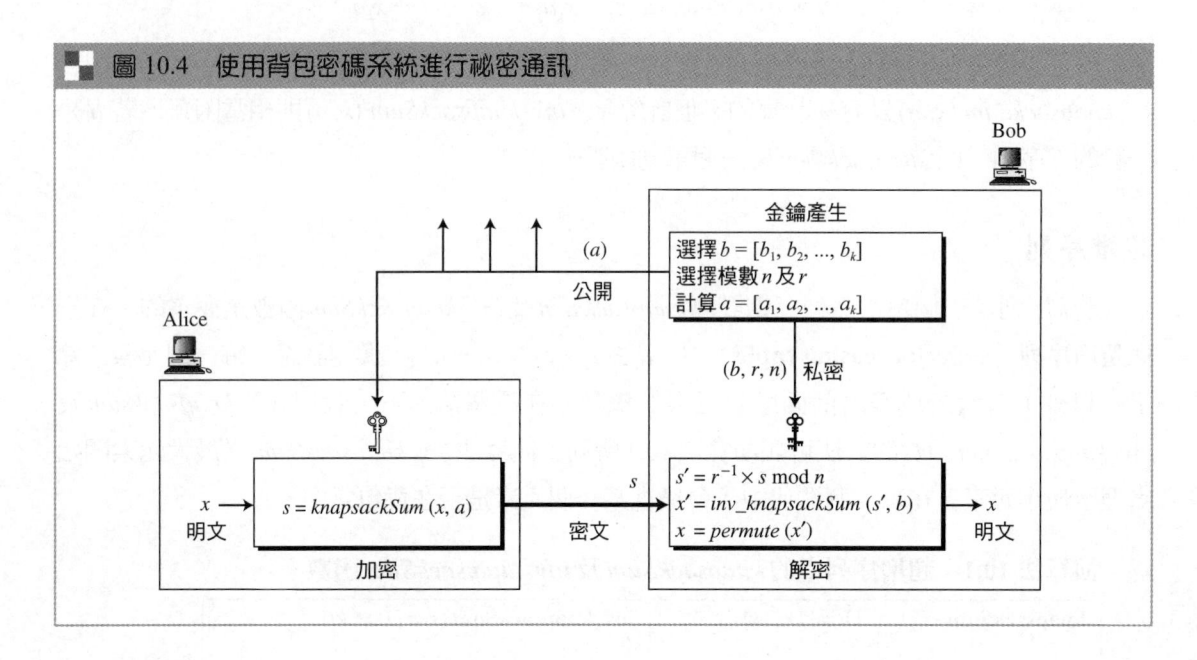

圖 10.4　使用背包密碼系統進行祕密通訊

金鑰產生

a. 建立一個超增 k 序列 $b = [b_1, b_2, ..., b_k]$。

b. 選擇一個模數 n，使得 $n > b_1 + b_2 + ... + b_k$。

c. 選擇一個與 n 互質的隨機亂數 r 且 $1 \leq r \leq n-1$。

d. 建立一個暫時的 k 序列 $t = [t_1, t_2, ..., t_k]$，其中 $t_i = r \times b_i \bmod n$。

e. 選擇一個 k 物件的排列，並找到一個新的序列 $a = permute(t)$。

f. 公開金鑰為 k 序列的 a 值。私密金鑰為 n、r 以及 k 序列 b。

加密

假設Alice需要送一個訊息給Bob。

a. Alice 轉換其訊息為一個 k 序列 $x = [x_1, x_2, ..., x_k]$，其中 x_i 為 0 或 1，序列 x 是明文。

b. Alice 使用 *knapsackSum* 程序來計算 s，將 s 當成密文來傳送。

解密

Bob 收到密文 s。

a. Bob 計算 $s' = r^{-1} \times s \bmod n$。

b. Bob 使用 *inv_knapsackSum* 來計算 x'。

c. Bob 重新排列 x' 以找到 x。序列 x 為回復的明文。

範例 10.4 這是一個顯而易見的例子（非常不安全），只是為了說明程序。

1. 金鑰產生

   a. Bob 建立一個超增序列 b = [7, 11, 19, 39, 79, 157, 313]。

   b. Bob 選擇模數 n = 900 且 r = 37，並將 [4 2 5 3 1 7 6] 當作一個排列表。

   c. Bob 接著計算序列 t = [259, 407, 703, 543, 223, 409, 781]。

   d. Bob 計算序列 a = $permute$ (t) = [543, 407, 223, 703, 259, 781, 409]。

   e. Bob 公布 a，並將 n、r 及 b 等值保密。

2. 假設 Alice 想要傳送一個單字元「g」給 Bob。

   a. Alice 使用「g」的 7 位元 ASCII 編碼，即 $(1100111)_2$，並且建立序列 x = [1, 1, 0, 0, 1, 1, 1]。此為明文。

   b. Alice 計算 s = $knapsackSum$ (a, x) = 2165。這是傳送給 Bob 的密文。

3. Bob 可以解開密文 s = 2165。

   a. Bob 計算 s' = $s \times r^{-1}$ mod n = 2165 × 37^{-1} mod 900 = 527。

   b. Bob 計算 x' = $Inv\_knapsackSum$ (s', b) = [1, 1, 0, 1, 0, 1, 1]。

   c. Bob 計算 x = $permute$ (x') = [1, 1, 0, 0, 1, 1, 1]。於是，他可解譯 $(1100111)_2$ 為字元「g」。

暗門

計算 Alice 背包內的項目總和，事實上是列矩陣 x 乘上行矩陣 a，結果是一個 1 × 1 的矩陣 s。矩陣相乘 s = x × a 是一個單向函數，其中 x 是列矩陣，a 是行矩陣。給定 s 及 x，Eve 無法容易地找到 a。而 Bob 有一個暗門，他使用 s' = r^{-1} × s 以及祕密超增序列的行矩陣 b，藉由 $inv\_knapsackSum$ 程序來找到列矩陣 x'。排列表可讓 Bob 從 x' 找到 x。

10.2 RSA 密碼系統

最為普遍的公開金鑰演算法為 **RSA 密碼系統（RSA cryptosystem）**，其命名是根據其發明者（Rivest、Shamir 及 Adleman）。

簡介

RSA 使用兩個指數 e 及 d，其中 e 是公開的，d 是私密的。假設 P 是明文且 C 為密文。Alice 使用 C = P^e mod n 從明文 P 來建立密文 C，Bob 使用 P = C^d mod n 來取出 Alice 所要傳送的明文。模數 n 是一個很大的數，由金鑰產生程序建立，我們稍後將討論。

加密與解密使用模指數運算。如同在第九章所討論的，模指數運算在多項式時間內是可實行的，可使用快速指數運算。然而，模對數如同分解模數一樣困難，至今仍無多項式複雜度的演算法。也就是說，Alice 可以在多項式時間內加密（e 是公開的），Bob 也可以在多項

式時間內解密（因為他知道 d）。但 Eve 無法解密，因為她必須使用模數算術計算 C 的 e 次方根。圖 10.5 說明這個概念。

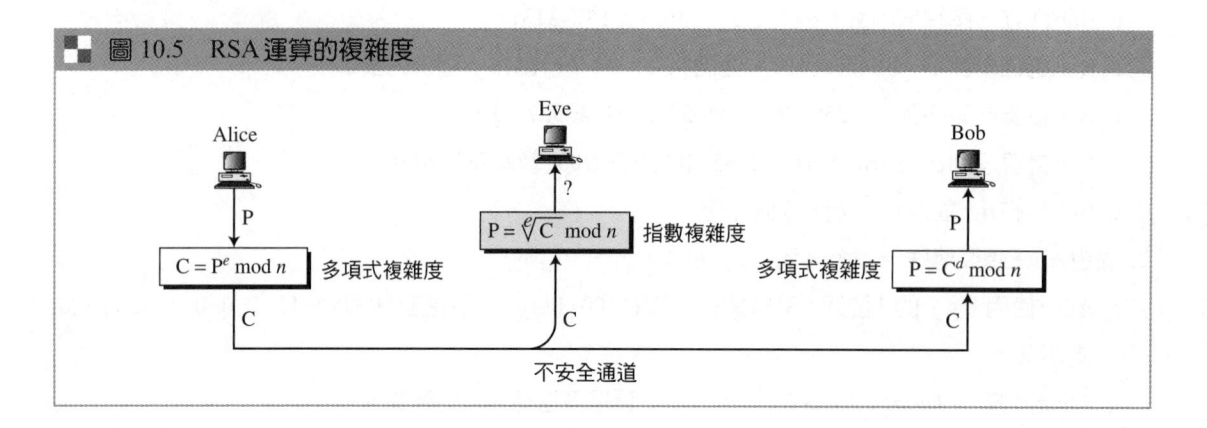

圖 10.5　RSA 運算的複雜度

換句話說，Alice 使用一個僅有 Bob 知道暗門的單向函數（模指數運算）。Eve 不知道暗門，因此不能夠解密。如果某一天，e 次根模 n 的運算可以在多項式演算法中做到，則模指數運算就不再是一個單向函數。

程序

圖 10.6 說明使用 RSA 程序的一般概念。

RSA 使用模指數運算進行加密與解密；若要攻擊它，Eve 需要計算 $\sqrt[e]{C} \bmod n$。

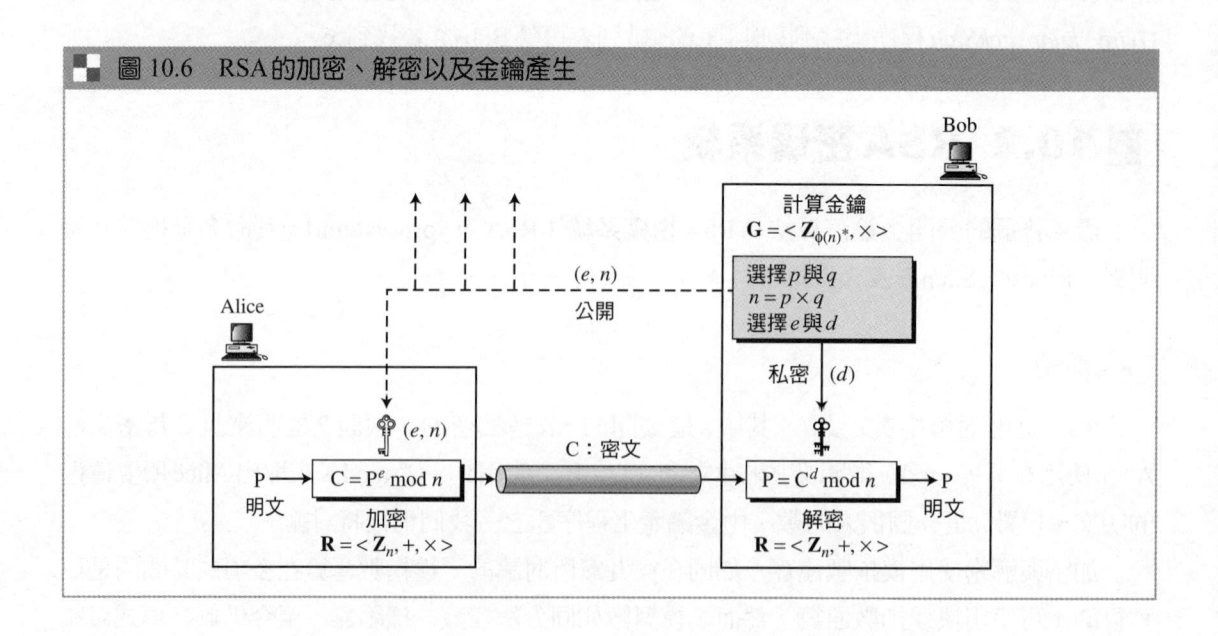

圖 10.6　RSA 的加密、解密以及金鑰產生

兩個代數結構

RSA使用兩個代數結構:一個為環,一個為群。

加密/解密環 加密與解密使用具有兩個運算符號(加法與乘法)的交換環 $R = <Z_n, +, \times>$。在RSA中,環是公開的,因為其模數 n 是公開的。任何人都能使用這個環來加密訊息並傳送給Bob。

金鑰產生群 RSA使用一個乘法群 $G = <Z_{\phi(n)}^*, \times>$ 來產生金鑰。這個群僅提供乘法與除法(使用乘法反元素),並用其產生公開金鑰與私密金鑰。這個群是隱藏的,因為其模數 $\phi(n)$ 是隱藏的。我們將很快地看到,如果Eve可以找到該模數,則可輕易地攻擊該密碼系統。

RSA使用兩個代數結構:一個公開環 $R = <Z_n, +, \times>$ 以及一個私密群 $G = <Z_{\phi(n)}^*, \times>$。

金鑰產生

Bob使用演算法10.2的步驟來建立公開金鑰與私密金鑰。在金鑰產生後,Bob公布序列 (e, n) 為他的公開金鑰;Bob並保存整數 d 為他的私密金鑰。Bob可以丟棄 p、q 以及 $\phi(n)$,已經不再需要它們,除非Bob需要在不改變模數的情形下改變私密金鑰(並不建議這樣做,我們很快就會說明)。為了安全,每個質數 p 或 q 建議為512位元(大約154位十進位數字),使得模數 n 為1024位元(309位十進位數字)。

演算法 10.2 RSA 金鑰產生

```
RSA_Key_Generation
{
    Select two large primes p and q such that p ≠ q.
    n ← p × q
    φ(n) ← (p − 1) × (q − 1)
    Select e such that 1 < e < φ(n) and e is coprime to φ(n)
    d ← e⁻¹ mod φ(n)              //d是e在模φ(n)底下的乘法反元素
    Public_key ← (e, n)           // 公開宣布
    Private_key ← d               // 保持祕密
    return Public_key and Private_key
}
```

在RSA中,序列 (e, n) 是公開金鑰;整數 d 是私密金鑰。

加密

任何人可以使用Bob的公開金鑰來傳送一個訊息給他。RSA的加密可以使用一個多項式時間複雜度的演算法來達成,如演算法10.3所示。快速的指數演算法在第九章已經討論過了。明文的長度必須比 n 來得小;也就是說,若明文的長度比 n 大,就必須切割區塊來處理。

演算法 10.3　RSA 加密

```
RSA_Encryption (P, e, n)                    // P是在 Z_n 下的明文且 P < n
{
    C ← Fast_Exponentiation (P, e, n)       //計算 (P^e mod n)
    return C
}
```

解密

Bob 能使用演算法 10.4 解開所收到的密文。RSA 的解密可以使用一個多項式時間複雜度的演算法來達成。密文的長度必須比 n 來得小。

演算法 10.4　RSA 解密

```
RSA_Decryption (C, d, n)                    //C是在 Z_n 下的密文
{
    P ← Fast_Exponentiation (C, d, n)       //計算 (C^d mod n)
    return P
}
```

在 RSA 中，p 及 q 必須至少為 512 位元；n 必須至少為 1024 位元。

RSA 的證明

我們可以利用第九章尤拉定理的第二種版本來證明加密與解密互為反向。

如果 $n = p \times q$，$a < n$，而且 k 是一個整數，則 $a^{k \times \phi(n)+1} \equiv a \pmod{n}$。

假設 Bob 所取出的明文為 P_1，證明其與 P 值相等。

$P_1 = C^d \bmod n = (P^e \bmod n)^d \bmod n = P^{ed} \bmod n$
$ed = k\,\phi(n) + 1$　　　　　　　　　　　　//d 與 e 在模 $\phi(n)$ 底下互為乘法反元素
$P_1 = P^{ed} \bmod n \rightarrow P_1 = P^{k\phi(n)+1} \bmod n$
$P_1 = P^{k\phi(n)+1} \bmod n = P \bmod n$　　　//尤拉定理（第二種版本）

一些顯而易見的例子

下列有一些關於 RSA 程序之顯見（不安全）的例子。使 RSA 系統安全的準則將在稍後幾節中討論。

範例 10.5　Bob 選擇 7 與 11 為 p 及 q，並且計算 $n = 7 \times 11 = 77$，則 $\phi(n) = (7-1)(11-1)$ 或寫成 60。現在他從 Z_{60^*} 下選擇兩個指數 e 及 d，如果他選擇 e 為 13，則 d 為 37。注意，$e \times d \bmod 60 = 1$（互為乘法反元素）。現在 Alice 要將明文 5 傳送給 Bob，並使用公開金鑰 13 來加密 5：

明文：5　　C = 5^{13} = 26 mod 77　　密文：26

Bob 收到密文 26，並使用私密金鑰 37 來解開密文：

密文：26　　P = 26^{37} = 5 mod 77　　明文：5

Alice 送出明文 5，Bob 也收到明文 5。

範例 10.6　假設另一個人 John 想要送訊息給 Bob。John 能使用 Bob 所公布的相同公開金鑰 13（可能在 Bob 的網頁中）；John 的明文為 63。John 計算下面算式：

明文：63　　C = 63^{13} = 28 mod 77　　密文：28

Bob 收到密文 28，並使用私密金鑰 37 來解開密文：

密文：28　　P = 28^{37} = 63 mod 77　　明文：63

範例 10.7　Jennifer 建立自己的金鑰對，她選擇 p = 397 及 q = 401。她計算 n = 397 × 401 = 159197，然後計算 $\phi(n)$ = 396 × 400 = 158400，接著選擇 e = 343 及 d = 12007。如果 Ted 知道 e 及 n，他如何傳送一份訊息給 Jennifer？

解法　假設 Ted 想要送訊息「NO」給 Jennifer。他將每一個字元轉成數字（從 00 到 25），每一個字元被編碼成兩位數。於是，他連結這兩個兩位數的數字而得到一個四位數的數字，明文為 1314。Ted 接著使用 e 及 n 來加密訊息，密文為 1314^{343} = 33677 mod 159197。Jennifer 收到訊息 33677 後，使用解密金鑰 d 來解開密文 33677^{12007} = 1314 mod 159197。最後，Jennifer 解碼 1314 得到訊息「NO」。圖 10.7 說明這個流程。

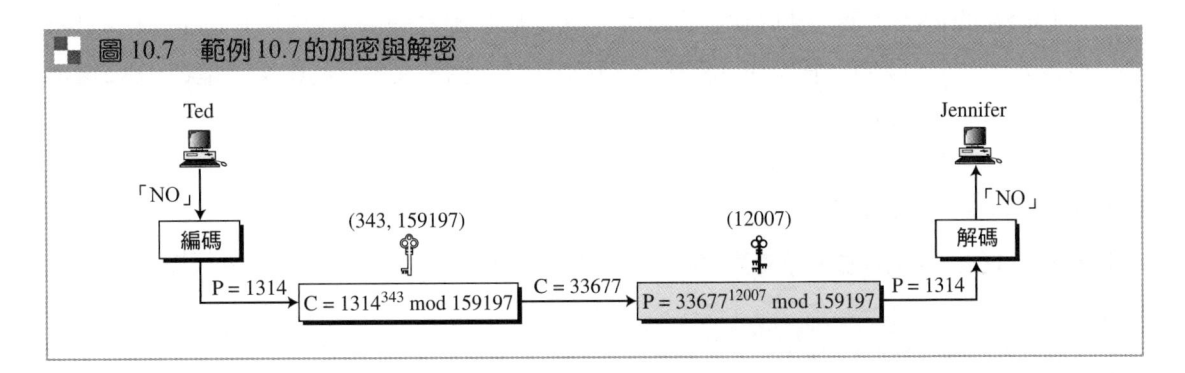

■ 圖 10.7　範例 10.7 的加密與解密

RSA 的攻擊

目前尚未發現 RSA 的破壞性攻擊。有一些基於弱明文、弱參數選擇或是不適當的實作所產生的的攻擊已經被預測出來。圖 10.8 說明這些潛在攻擊的類別。

圖 10.8　RSA 潛在攻擊的分類

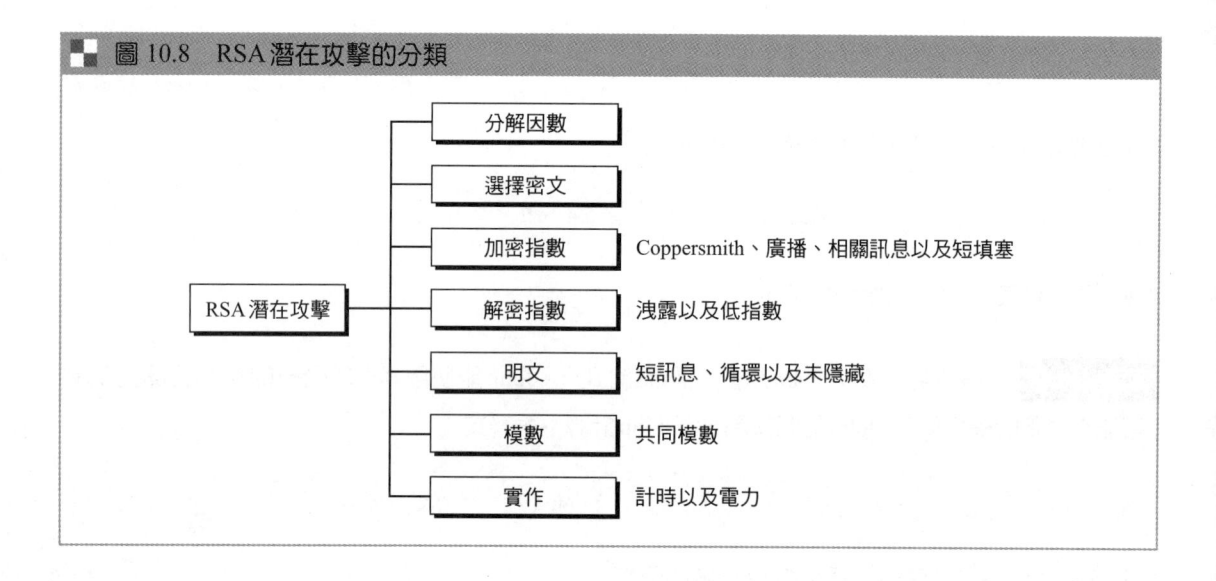

RSA 潛在攻擊
- 分解因數
- 選擇密文
- 加密指數 ── Coppersmith、廣播、相關訊息以及短填塞
- 解密指數 ── 洩露以及低指數
- 明文 ── 短訊息、循環以及未隱藏
- 模數 ── 共同模數
- 實作 ── 計時以及電力

分解因數攻擊

RSA 的安全性植基於模數非常大，很難在合理的時間內進行分解。Bob 選擇 p 及 q 並計算 $n = p \times q$。雖然 n 是公開的，但 p 與 q 是祕密的。如果 Eve 能分解 n 而得到 p 及 q，便能計算 $\phi(n) = (p-1)(q-1)$。私密指數 d 是一個暗門，Eve 可以使用它來解開任何的加密訊息。

第九章曾提過許多分解因數的演算法，但沒有一個演算法能夠在多項式時間複雜度內分解大整數。為了安全，RSA 現在要求 n 必須超過 300 位十進位數字，也就是說模數必須要至少 1024 位元。就算使用現今最大、最快速的電腦，要分解如此大的整數也需要非常長的時間，而這幾乎是無法實行的；也就是說，只要尚未找到有效的分解因數演算法，RSA 仍舊是安全的。

選擇密文攻擊

一個潛在的 RSA 攻擊是基於乘法的特性。假設 Alice 建立一個密文 $C = P^e \bmod n$，並且將 C 送給 Bob。此外，我們也假設 Bob 將幫 Eve 解密任意一個密文，但此密文不是 C。Eve 攔截 C，並使用下面的步驟找到 P。

a. Eve 選擇一個在 Z_n^* 下的隨機整數 X。

b. Eve 計算 $Y = C \times X^e \bmod n$。

c. Eve 將 Y 送給 Bob 解密，並得到 $Z = Y^d \bmod n$；這個步驟是一個選擇密文攻擊的一個實例。

d. Eve 可以容易地找到 P，因為

$Z = Y^d \bmod n = (C \times X^e)^d \bmod n = (C^d \times X^{ed}) \bmod n = (C^d \times X) \bmod n = (P \times X) \bmod n$

$Z = (P \times X) \bmod n \rightarrow P = X^{-1} \bmod n$

Eve 使用歐幾里德延伸演算法來找到 X 的乘法反元素，最終可以得到 P。

加密指數上的攻擊

為了降低加密時間,使用一個小的加密指數 e 是十分吸引人的作法。一個共同的 e 值是 $e = 3$(第二個質數)。然而,在低加密指數上有某些潛在的攻擊,我們在此簡要討論。一般而言,這些攻擊並不能破解系統,但仍需要加以防範。為了去除這些攻擊,建議使用 $e = 2^{16} + 1 = 65537$(或是接近此值的質數)。

Coppersmith 定理攻擊 主要的**低加密指數攻擊**(low encryption exponent attack)可參考 **Coppersmith 定理攻擊**(Coppersmith theorem attack)。這個定理描述在一個模 n 的最高次方為 e 的多項式 $f(x)$ 中,可以使用一個複雜度為 $\log n$ 的演算法找到根,條件是其中一個根小於 $n^{1/e}$。此定理可應用於 RSA 密碼系統上,也就是 $C = f(P) = P^e \bmod n$。若 $e = 3$ 且明文 P 中只有三分之二的位元已知,此演算法可以找出所有的明文位元。

廣播攻擊 只有當一個人利用低加密指數傳送相同的訊息給一群接收者時,才能發動**廣播攻擊**(broadcast attack)。例如,假設下面的情節:Alice 想要利用低加密指數 $e = 3$ 及模數 n_1、n_2 與 n_3 傳送相同訊息給三個接收者。

$$C_1 = P^3 \bmod n_1 \quad C_2 = P^3 \bmod n_2 \quad C_3 = P^3 \bmod n_3$$

在這些方程式上應用中國餘數定理,Eve 能找到一個形式為 $C' = P^3 \bmod n_1 n_2 n_3$ 的方程式,其中 $P^3 < n_1 n_2 n_3$。這表示在正規算術中,$C' = P^3$(非模算術)。Eve 能找到 $C' = P^{1/3}$ 的值。

相關訊息攻擊 **相關訊息攻擊**(related message attack)由 Franklin Reiter 發現,簡要描述如下:Alice 使用 $e = 3$ 加密兩個明文 P_1 及 P_2,並將 C_1 及 C_2 傳送給 Bob。若 P_1 經由一個線性函數與 P_2 相關,則 Eve 能夠在可實行的計算時間內解出 P_1 及 P_2。

短填塞攻擊 **短填塞攻擊**(short pad attack)由 Coppersmith 發現,簡要描述如下:Alice 有一個訊息要傳送給 Bob。她使用 r_1 來填塞訊息,然後加密得到 C_1,再將 C_1 傳送給 Bob,而 Eve 攔截 C_1 然後丟棄。於是 Bob 通知 Alice 他沒有收到訊息,所以 Alice 再次填塞訊息,這次使用 r_2,加密之後送給 Bob,而 Eve 仍舊攔截此訊息。於是 Eve 便有 C_1 及 C_2,而且知道這兩份密文是屬於同一個明文。Coppersmith 證明如果 r_1 及 r_2 太短,Eve 便可以回復原始訊息 M。

解密指數上的攻擊

解密指數上有兩種型態的攻擊:**洩漏解密指數攻擊**(revealed decryption exponent attack)以及**低解密指數攻擊**(low decryption exponent attack),簡要討論如下。

洩漏解密指數攻擊 非常明顯地,如果 Eve 可以找到解密指數 d,則她便可解開目前加密的訊息。然而,攻擊不僅於此。若 Eve 知道 d,則她可以使用機率式演算法(不在此討論)來分解 n,並找到 p 及 q。因此,如果 Bob 僅改變被破解的解密指數,但卻保持相同的模數 n,則 Eve 便能解開往後的訊息,因為她已經分解 n。也就是說,如果 Bob 發現解密指數已

經遭到破解，他需要選擇新的 p、q 與模數 n，並建立全新的私密金鑰與公開金鑰。

在 RSA 中，若 d 遭破解，則 p、q、n、e 及 d 必須重新建立。

低解密指數攻擊　　Bob 也許想要使用小的解密金鑰 d，使得解密的速度較快。Wiener 證明，若 $d < 1/3\ n^{1/4}$，則一個基於連分數（在數論裡討論過的主題）的特殊型態攻擊將會危及 RSA 的安全。這必須是在 $q < p < 2q$ 的情形下才會發生。如果這兩個條件都存在，則 Eve 能夠在多項式時間內分解 n。

在 RSA 中，建議 $d \geq 1/3\ n^{1/4}$ 以防止低解密指數攻擊。

明文攻擊

在 RSA 中，明文與密文是彼此的排列，因為它們都是在相同區間（0 到 $n-1$）之間的整數。換句話說，Eve 已經知道明文的某些資訊。這樣的特性便會有一些在明文上的攻擊。在文獻中已提出三個攻擊：短訊息攻擊、循環攻擊以及未隱藏訊息攻擊。

短訊息攻擊　　在**短訊息攻擊**（short message attack）中，如果 Eve 知道可能的明文集合，則根據密文是明文排列的事實，她知道不只一個資訊。Eve 可以加密所有可能的訊息，直到結果與攔截的密文相等為止。例如，若知道 Alice 傳送四位數的數字給 Bob，Eve 便能從 0000 到 9999 來測試明文。為了這個原因，短訊息必須要在前面及後面填塞隨機位元以除去這種型態的攻擊。我們強烈建議在加密前訊息使用隨機亂數填塞，使用的填塞方法稱為 OAEP，在本章稍後將會討論。

循環攻擊　　**循環攻擊**（cycling attack）是基於若密文是明文的排列，則連續加密密文最終將會變回明文。換句話說，如果 Eve 連續加密攔截的密文 C，她最終會得到明文。然而，Eve 並不知道明文為何，所以她不知道何時該停止，她需要再多進行一個步驟。當她又再次得到密文，回到上一步驟便可得到明文。

攔截的密文：C
$C_1 = C^e \bmod n$
$C_2 = C_1^e \bmod n$
…
$C_k = C_{k-1}^e \bmod n \rightarrow$ 如果 $C_k = C$，停止：明文為 $P = C_{k-1}$

對 RSA 而言，這是一個嚴重的問題嗎？已經證明這個演算法的複雜度相當於分解因數 n。換句話說，若 n 值很大，沒有一個有效的演算法可以在多項式時間內進行這項攻擊。

未隱藏訊息攻擊　　另一個基於明文與密文間排列關係的攻擊是**未隱藏訊息攻擊**（unconcealed message attack）。一個未隱藏訊息是指一個訊息加密的結果為自己本身（沒有被隱藏）。已被證明有某些訊息加密後會變成自己本身。因為加密指數一般而言是奇數，某

些明文加密後會變成自己本身,例如P = 0及P = 1。雖然有許多這種情況,但若小心選擇加密指數的話,則可以忽略這些訊息的數量。加密演算法若檢查到計算的密文與明文相同,則可以在送出密文前,拒絕該明文。

模數攻擊

如前所述,在RSA上的攻擊主要是分解因數的攻擊。分解因數的攻擊可以考慮在低模數上的攻擊。然而,因為已經討論過這個攻擊,我們將焦點集中在模數的另一個攻擊:共同模數攻擊。

共同模數攻擊 如果一個社群使用一個共同的模數n,則**共同模數攻擊(common modulus attack)**將被發動。例如,在社群中的人可以讓一個可信賴的單位選擇p與q,計算n及$\phi(n)$,並為每個人建立一個指數對(e_i, d_i)。假設Alice需要傳送一份訊息給Bob。Bob的密文是$C = P^{e_B} \bmod n$。Bob使用他的祕密指數d_B來加密訊息$P = C^{d_B} \bmod n$。問題是如果Eve是社群中的成員,並且也已經被指定指數對(e_E和d_E),她也可以解密。如同我們在「低解密指數攻擊」中所討論的,Eve使用自己的指數(e_E和d_E),她可以啟動一個機率式攻擊來分解n並找到Bob的d_B。為了除去這樣的攻擊,模數不能共享使用。每一個人需要計算自己的模數。

實作攻擊

在此之前的攻擊是基於RSA的基本結構。根據 Dan Boneh 指出,RSA有幾個在實作上面的攻擊。我們底下說明其中的兩個:計時攻擊及電力攻擊。

計時攻擊 Paul Kocher展示一個只知密文攻擊,稱為**計時攻擊(timing attack)**。這個攻擊是基於第九章中討論的快速指數演算法。如果在私密指數d上對應的位元為0,則這個演算法僅使用平方;若對應的指數為1,則使用平方暨乘法。換句話說,若對應的位元為1,則執行每一個迭代所需的時間較長。這個時間的差異讓Eve可以一個接著一個地找到d的位元值。

假設Eve已經攔截大量的密文,從C_1到C_m,又假設Eve已觀察出Bob解開每一個密文所花費的時間,從T_1到T_m。如果Eve知道基本上硬體執行一個乘法運算所花費的時間,則可計算出t_1到t_m,此處t_i是表示計算乘法運算Result = Result × C_i mod n所花費的時間。

Eve可以使用演算法10.5來計算d的所有位元(d_0到d_{k-1})。此演算法為實際使用上的一個簡化版本。

演算法設定$d_0 = 1$(因為d必須為奇數)並計算T_i的新值(d_1到d_{k-1}的解密時間),然後演算法假設下一個位元為1,並且根據這個假設找到D_1到D_m的新值。如果假設是正確的,每一個D_i可能比對應的T_i小。然而,演算法使用變異數(或其他相關的準則)來考慮所有D_i與T_i的變動值。如果變異數的差為正數,演算法假設下一個位元為1;否則,假設下一個

位元為0。演算法於是計算新的T_i值以用於剩下的位元。

演算法 10.5　RSA的計時攻擊

```
RSA_Timing_Attack ([T₁ … Tₘ])
{
    d₀ ← 1                                      //因為d是奇數
    Calculate [t₁ … tₘ]
    [T₁ … Tₘ] ← [T₁ … Tₘ] − [t₁ … tₘ]           //為下一個位元更新 Tᵢ
    for ( j from 1 to k − 1)
    {
        Recalculate [t₁ … tₘ]                   //假設下一個位元為1，重新計算 tᵢ
        [D₁ … Dₘ] ← [T₁ … Tₘ] − [t₁ … tₘ]
        var ← variance ([D₁ … Dₘ]) − variance ([T₁ … Tₘ])
        if (var > 0)  dⱼ ← 1     else   dⱼ ← 0
        [T₁ … Tₘ] ← [T₁ … Tₘ] − dⱼ×[t₁ … tₘ]    //為下一個位元更新 Tᵢ
    }
}
```

有兩種方式可以避免計時攻擊：

1. 增加指數運算上隨機的延遲，使得每一個指數運算所花費的時間相同。
2. Rivest 建議使用**盲化（blinding）**的方式。這個概念是在解密前將密文乘上一個隨機值。程序如下：
   a. 選擇一個在1與$(n-1)$之間的祕密隨機亂數r。
   b. 計算 $C_1 = C \times r^e \bmod n$。
   c. 計算 $P_1 = C_1^d \bmod n$。
   d. 計算 $P = P_1 \times r^{-1} \bmod n$。

　　電力攻擊　　電力攻擊（power attack）類似於計時攻擊。Kocher證明，如果Eve可以精確地測量解密期間電力的耗損，她便能夠啟動一個基於計時攻擊原理的電力攻擊。一個包含乘法與平方的迭代會花費比只有平方的迭代更多的電力。用來防止計時攻擊的同樣技術也可用來避免電力攻擊。

建議

下面的建議是基於理論與實驗的結果：

1. n值的位元數目至少為1024。也就是說，n的值大約為2^{1024}，或是309位十進位數字。
2. 兩個質數p與q必須至少為512位元。也就是說，p與q的值大約為2^{512}，或是154位十進位數字。
3. p與q的值不能非常接近。
4. $p-1$與$q-1$至少應包含一個大的質因數。
5. p/q的比率不能接近一個具有小的分子或小的分母的有理數。

6. 不能分享模數 n。
7. e 的值應該是 $2^{16}+1$，或是接近此值的整數。
8. 如果私密金鑰 d 被洩漏，Bob 應該立即更換 n、e 與 d。已經證明若知道 n 及一對 (e, d)，可以容易地找到在相同模數下的其他金鑰對。
9. 應該利用 OAEP 填塞訊息，稍後將會討論。

最佳非對稱式加密填塞技術

如前所述，RSA中一個短的訊息會使密文容易遭受短訊息攻擊。已證明若僅簡單地在原訊息中加入假的訊息（填塞），可能會使Eve的攻擊工作較困難，但雖然增加了額外的負擔，她卻仍然可以攻擊密文。RSA團體及其他廠商提出解決的方法是應用一個稱為**最佳非對稱式加密填塞技術（optimal asymmetric encryption padding, OAEP）**的程序。圖10.9顯示此程序的簡單版本；在實作時會使用更為複雜的版本。

圖10.9中的整個概念為 $P = P_1 \| P_2$，此處 P_1 是被填塞資訊M的遮罩版本；傳送 P_2 則是為了讓Bob能夠找到此遮罩。

加密　　下面顯示加密程序：
1. Alice 填塞訊息，使之成為一個 m 位元的訊息，稱為 M。
2. Alice 選擇一個 k 位元的隨機亂數 r，注意，r 只使用一次，之後就會銷毀。

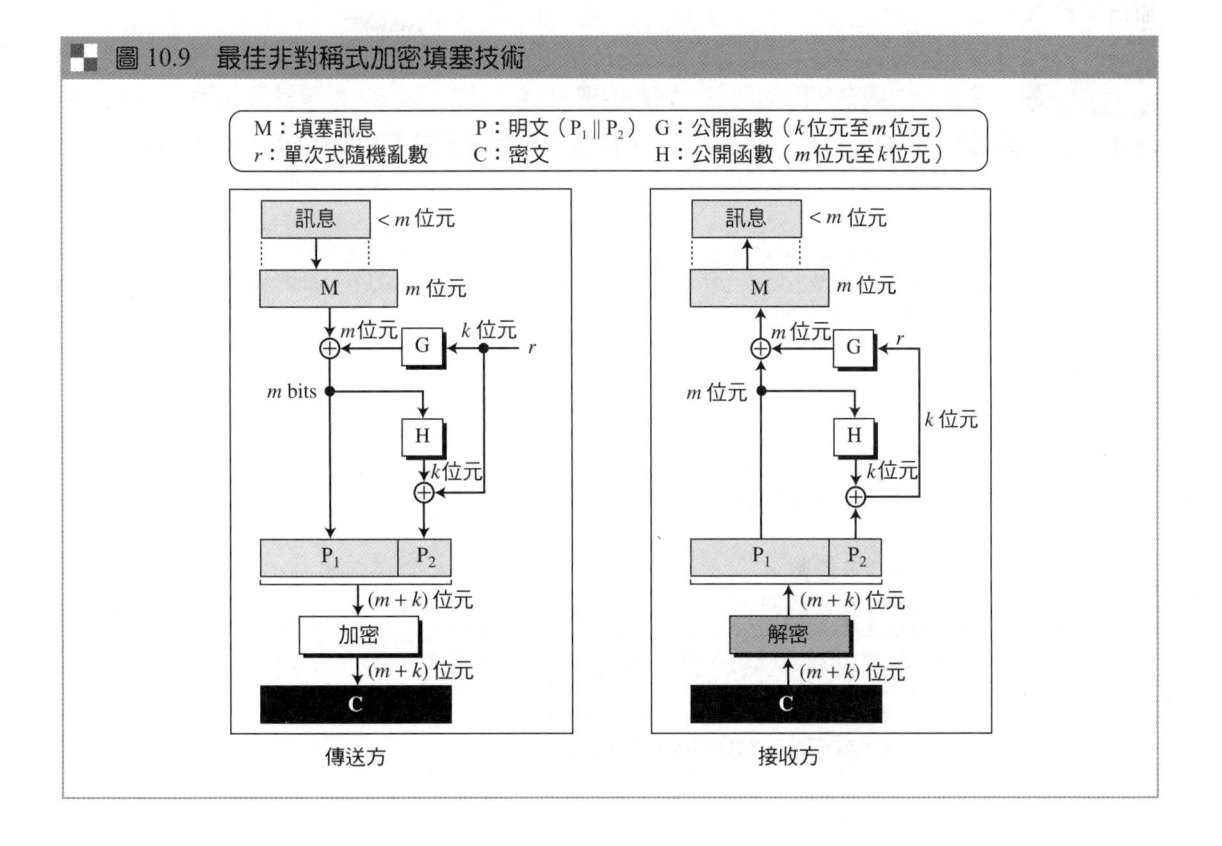

圖 10.9　最佳非對稱式加密填塞技術

3. Alice 使用一個公開的單向函數 G,其輸入一個 r 位元的整數並產生一個 m 位元的整數(m 為 M 的長度,並且 r < m)。這是一個遮罩。
4. Alice 運用遮罩 G(r) 來建立明文的第一個部分 P_1 = M ⊕ G(r)。P_1 是被加入遮罩的訊息。
5. Alice 建立明文的第二個部分 P_2 = H(P_1) ⊕ r。函數 H 是另外一個函數,其輸入 m 位元並產生 k 位元的輸出。此函數可以是密碼學的雜湊函數(見第十二章)。P_2 是用來讓 Bob 在解密後能夠重建遮罩。
6. Alice 建立 C = P^e = (P_1 ∥ P_2)^e,然後將 C 傳送給 Bob。

解密　　下面說明解密程序:
1. Bob 建立 P = C^d = (P_1 ∥ P_2)。
2. Bob 首先使用 H(P_1) ⊕ P_2 = H(P_1) ⊕ H(P_1) ⊕ r = r 來重建 r 值。
3. Bob 使用 G(r) ⊕ P = G(r) ⊕ G(r) ⊕ M = M 來重建被填塞的訊息。
4. 從 M 中移除填塞之後,Bob 找到原始訊息。

傳輸中的錯誤

在傳輸過程中,就算只有一個位元錯誤,RSA 也會失敗。如果接收的訊息與被傳送的訊息不同,接收者將不能決定原始明文。在接收方計算出的明文可能會與在傳送方所送出的明文完全不同。傳輸的媒體必須能夠透過在密文中增加錯誤偵測或是錯誤修正的冗餘位元,以排除錯誤。

範例 10.8　　這是一個較為實際的例子。我們選擇 512 位元的 p 與 q,然後計算 n 及 ϕ(n),接著選擇 e 並檢查其是否與 ϕ(n) 互質,然後計算 d。最後,我們顯示加密與解密的結果。整數 p 是 159 位數。

p =	9613034531358350457419158128061542790930984559499621582258315087964794045505647063849125716018034750312098666064924201918087806674210960633542199266612090

整數 q 是 160 位數。

q =	12060191957231446918276794204450896001555925054637033936061798321731482148483764659215389453209175225273226830107120695604602513887145524196900035966004561 7

模數 n = p × q,其為 309 位數。

n =	11593504173967614968892509864615887523771457375454144775485526137614788540832635081727687881596832516846884930062548576411125016241455233918292716250765677272746009708271412773043496050055634727456662806009992403710299142447229221577279853127033839381334692684137327622000966676671831831088373420823444370953

$\phi(n) = (p-1)(q-1)$ 為 309 位數。

| $\phi(n) =$ | 1159350417396761496889250986461588752377145737545414477548552613761478854083263508172768788159683251684688493006254857641112501624145523391829271625076567510542336084929167520344826279881175547876570139234444057169895817281960982226361075467211864612171359107358640614008885170265377277264467341066243857664128 |

Bob 選擇 $e = 35535$（理想值是 65537），並測試確認其與 $\phi(n)$ 互質。然後，他找到 e 在模 $\phi(n)$ 下的乘法反元素 d。

$e =$	35535
$d =$	58008302860037763936093661289677917594669062089650962180422866111380593852822358731706286910030021710859044338402170729869087600611530620252495988444804756824096624708148581713046324064407770483313401085094738529564507193677406119732655742423721761767462077637164207600337085333288532144708859551366702948310

Alice 想要傳送訊息「THIS IS A TEST」，這個訊息可經由 00 到 26 的編碼系統改成數值（26 是「空白」字元）。

| $P =$ | 19070818260818260026190418190 |

Alice 計算密文為 $C = P^e$，即

| $C =$ | 47530912364622682720636555061054518094237179607049171652323924305445296061319932856661784341835911415119741125200568297979457173603610127821884789274156609048002350719071527718591497518846588863210114835410336165789846796838676373376577746562507928052114814184404814184430812773059004692874248559166462108656 |

Bob 能夠使用 $P = C^d$ 而將密文回復成明文，即

| $P =$ | 19070818260818260026190418190 |

在解碼後，回復的明文為「THIS IS A TEST」。

應用

雖然 RSA 可以被用來加密與解密真實的訊息，但若訊息非常長，速度會非常緩慢，因此 RSA 對於短訊息是有用的。特別的是，我們將會看到 RSA 使用於數位簽章及其他密碼系統時，經常需要加密一個小的訊息，而不必利用對稱式金鑰。RSA 也被用於確認性，我們將在後面章節中討論。

10.3 Rabin密碼系統

Rabin密碼系統（Rabin cryptosystem）由M. Rabin所設計，是RSA密碼系統的變形。RSA是基於指數同餘，而Rabin是基於二次同餘。Rabin密碼系統可想成一個將 e 及 d 固定的RSA密碼系統，其中 $e = 2$ 且 $d = 1/2$。換句話說，加密是 $C \equiv P^2 \pmod{n}$，而解密是 $P \equiv C^{1/2} \pmod{n}$。

在Rabin密碼系統裡的公開金鑰是 n，私密金鑰是序列 (p, q)。每一個人都能使用 n 加密一個訊息，而只有Bob可以使用 p 與 q 解密。Eve無法解密，因為她不知道 p 與 q 的值。圖10.10說明加密與解密。

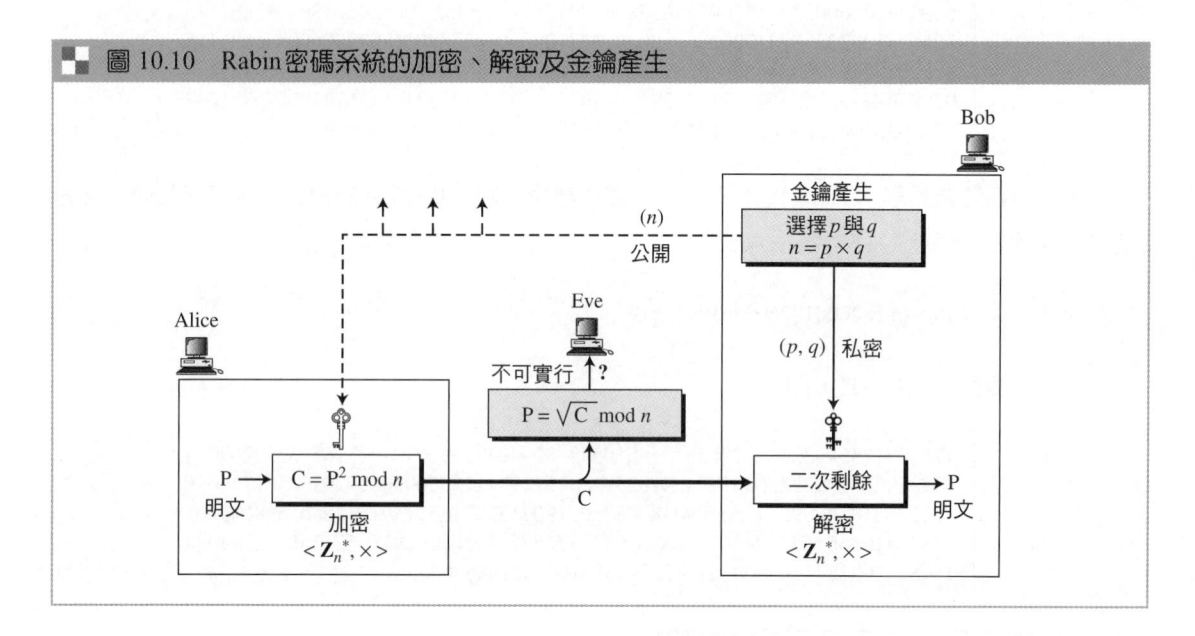

圖 10.10　Rabin密碼系統的加密、解密及金鑰產生

在此我們要強調的是，如果Bob使用RSA，在金鑰產生後，他要保存 d 及 n，而丟棄 p、q 及 $\phi(n)$。如果Bob使用Rabin密碼系統，則需要保存 p 及 q。

程序

金鑰產生、加密及解密程序描述如下。

金鑰產生

Bob使用演算法10.6的步驟建立自己的公開金鑰與私密金鑰。

雖然兩個質數 p 及 q 可以是 $4k + 1$ 或 $4k + 3$ 的形式，但若使用第一種形式，將使解密程序變得較為困難，建議使用第二種形式 $4k + 3$ 讓解密更為簡單。

演算法 10.6　Rabin 密碼系統的金鑰產生

```
Rabin_Key_Generation
{
    Choose two large primes p and q in the form 4k + 3 and p ≠ q.
    n ← p × q
    Public_key ← n                          //公開宣布
    Private_key ← (q, n)                    //保持祕密
    return Public_key and Private_key
}
```

加密

任何人可以使用 Bob 的公開金鑰送一份訊息給他。加密程序如演算法 10.7 所示。

演算法 10.7　Rabin 密碼系統加密

```
Rabin_Encryption (n, P)         //n是公開金鑰；P是在 Z_n* 下的明文
{
    C ← P² mod n                //C是密文
    return C
}
```

雖然明文 P 可以從 Z_n 的集合中選取，我們定義集合為 Z_n^* 使解密較為容易。

在 Rabin 密碼系統中的加密非常簡單。運算僅需要一個乘法，因此執行可以非常快速。這在資源有限的情形下是很有優勢的。例如，智慧卡的記憶體有限，並需要使用極短的 CPU 時間。

解密

Bob 使用演算法 10.8 來解開收到的密文。

演算法 10.8　Rabin 密碼系統解密

```
Rabin_Decryption (p, q, C)              //C是密文；p及q是私密金鑰
{
    a₁ ← +(C^((p+1)/4)) mod p
    a₂ ← −(C^((p+1)/4)) mod p
    b₁ ← +(C^((q+1)/4)) mod q
    b₂ ← −(C^((q+1)/4)) mod q           //呼叫四次中國餘數定理演算法
    P₁ ← Chinese_Remainder (a₁, b₁, p, q)
    P₂ ← Chinese_Remainder (a₁, b₂, p, q)
    P₃ ← Chinese_Remainder (a₂, b₁, p, q)
    P₄ ← Chinese_Remainder (a₂, b₂, p, q)
    return P₁, P₂, P₃, and P₄
}
```

有一些事實需要特別強調，解密是基於二次同餘的解，這已經在第九章中討論過。因為收到的密文是明文的平方，因此可以保證C在Z_n^*中有根（二次剩餘）。中國餘數定理的演算法可以用來找到這四個根。

關於Rabin密碼系統最重要的一點是：它是非確定式的。解密有四個答案，由接收方決定選擇四個訊息中的一個為最後的答案。然而，接收方可以很容易得到正確答案。

Rabin密碼系統是非確定式的：解密得到四個皆有可能的明文。

範例 10.9 以一個非常顯而易見的例子來說明此概念。

1. Bob選擇$p = 23$及$q = 7$。注意兩個都是在模4下同餘為3。
2. Bob計算$n = p \times q = 161$。
3. Bob公布n；他保持p及q為私密。
4. Alice想要傳送明文P = 24。注意161與24互質；24在Z_{161}^*中。她計算$C = 24^2 = 93 \mod 161$，並將密文93傳送給Bob。
5. Bob收到93，並計算下面四個值：
    a. $a_1 = +(93^{(23+1)/4}) \mod 23 = 1 \mod 23$
    b. $a_2 = -(93^{(23+1)/4}) \mod 23 = 22 \mod 23$
    c. $b_1 = +(93^{(7+1)/4}) \mod 7 = 4 \mod 7$
    d. $b_2 = -(93^{(7+1)/4}) \mod 7 = 3 \mod 7$
6. Bob得到四個可能的答案(a_1, b_1)、(a_1, b_2)、(a_2, b_1)及(a_2, b_2)，並使用中國餘數定理找到四個可能的明文116、**24**、137及45（全部都與161互質）。注意，只有第二個答案是Alice的明文。Bob必須根據情況來決定。再次注意，所有四個解答在平方再模n之後，都會得到Alice送出的密文93。

$$116^2 = 93 \mod 161 \quad 24^2 = 93 \mod 161 \quad 137^2 = 93 \mod 161 \quad 45^2 = 93 \mod 161$$

Rabin密碼系統的安全性

只要p及q是大的質數，Rabin密碼系統便是安全的。Rabin密碼系統的複雜度相當於將一個大數n分解為兩個質因數p及q。換句話說，Rabin密碼系統與RSA一樣安全。

10.4 ElGamal密碼系統

除了RSA與Rabin，另外一個公開金鑰密碼系統是 **ElGamal密碼系統（ElGamal cryptosystem）**，根據發明者Taher ElGamal命名。ElGamal是基於我們在第九章所討論過的離散對數問題。

ElGamal密碼系統

回顧第九章，假如p是一個非常大的質數，e_1是群$\mathbf{G} = <\mathbf{Z}_{p^*}, \times>$的原根且$r$是整數，則$e_2 = e_1^r \bmod p$很容易使用快速指數演算法（平方暨乘演算法）計算出來；然而，若給定e_2、e_1及p，則計算$r = \log_{e_1} e_2 \bmod p$是難以實行的（離散對數問題）。

程序

圖10.11說明ElGamal系統的金鑰產生、加密及解密程序。

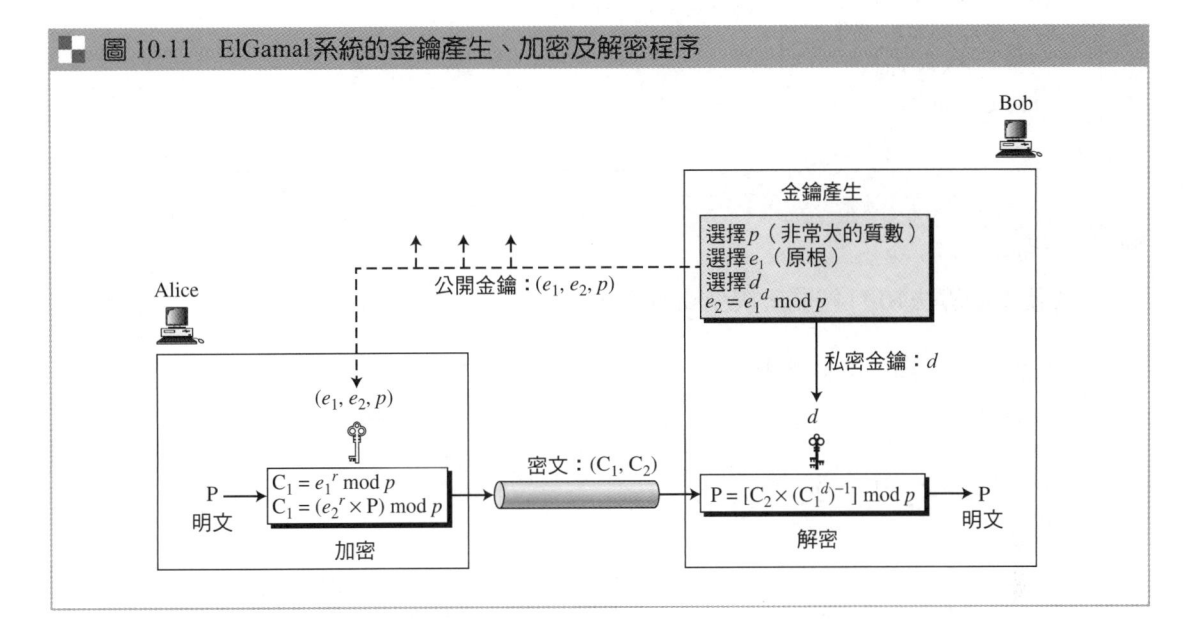

圖 10.11　ElGamal系統的金鑰產生、加密及解密程序

金鑰產生：
- 選擇p（非常大的質數）
- 選擇e_1（原根）
- 選擇d
- $e_2 = e_1^d \bmod p$

公開金鑰：(e_1, e_2, p)
私密金鑰：d

加密（Alice）：
$$C_1 = e_1^r \bmod p$$
$$C_2 = (e_2^r \times P) \bmod p$$

密文：(C_1, C_2)

解密（Bob）：
$$P = [C_2 \times (C_1^d)^{-1}] \bmod p$$

金鑰產生

Bob使用演算法10.9的步驟來建立自己的公開金鑰及私密金鑰。

演算法 10.9　ElGamal系統的金鑰產生

```
ElGamal_Key_Generation
{
    Select a large prime p
    Select d to be a member of the group G = < Z_p*, × > such that 1 ≤ d ≤ p − 2
    Select e_1 to be a primitive root in the group G = < Z_p*, × >
    e_2 ← e_1^d mod p
    Public_key ← (e_1, e_2, p)           //公開宣布
    Private_key ← d                       //保持祕密
    return Public_key and Private_key
}
```

加密

任何人皆可以使用Bob的公開金鑰傳送一份訊息給他。加密的程序如演算法10.10所示。如果使用快速指數演算法（參見第九章），ElGamal密碼系統的加密便能在多項式時間複雜度內完成。

演算法 10.10　ElGamal加密

```
ElGamal_Encryption (e₁, e₂, p, P)                    //P是一個明文
{
    Select a random integer r in the group G = < Z_p*, × >
    C₁ ← e₁^r mod p
    C₂ ← (P × e₂^r) mod p                            //C₁及C₂是密文
    return C₁ and C₂
}
```

解密

Bob使用演算法10.11解開所接受到的密文。

演算法 10.11　ElGamal解密

```
ElGamal_Decryption (d, p, C₁, C₂)                    //C₁及C₂是密文
{
    P ← [C₂ (C₁^d)^(-1)] mod p                       //P是明文
    return P
}
```

在ElGamal密碼系統中的加密或解密位元運算複雜度是多項式型態的。

證明

ElGamal解密表示式 $C_2 \times (C_1^d)^{-1}$ 可以經由下面的取代方式被驗證其值為P：

$$[C_2 \times (C_1^d)^{-1}] \bmod p = [(e_2^r \times P) \times (e_1^{rd})^{-1}] \bmod p = (e_1^{dr}) \times P \times (e_1^{rd})^{-1} = P$$

範例 10.10　這是一個顯而易見的例子。Bob選擇p為11，於是選擇$e_1 = 2$。注意，2是在Z_{11^*}底下的原根（參見附錄J）。然後，他選擇$d = 3$並計算$e_2 = e_1^d = 8$。因此公開金鑰為(2, 8, 11)，而私密金鑰為3。Alice選擇$r = 4$，並計算明文7的密文C_1及C_2。

明文：7
$C_1 = e_1^r \bmod 11 = 16 \bmod 11 = 5 \bmod 11$
$C_2 = (P \times e_2^r) \bmod 11 = (7 \times 4096) \bmod 11 = 6 \bmod 11$
密文：(5, 6)

Bob收到密文（5及6）並計算明文。

密文：$[C_2 \times (C_1^d)^{-1}] \bmod 11 = 6 \times (5^3)^{-1} \bmod 11 = 6 \times 3 \bmod 11 = 7 \bmod 11$

明文：7

範例 10.11 不使用 $P = [C_2 \times (C_1^d)^{-1}] \bmod p$ 來解密，我們可以避免計算乘法反元素，使用 $P = [C_2 \times C_1^{p-1-d}] \bmod p$（參見第九章之費瑪小定理）。在範例 10.10 中，我們能計算 $P = [6 \times 5^{11-1-3}] \bmod 11 = 7 \bmod 11$。

分析

關於 ElGamal 密碼系統非常重要的一點是，Alice 建立 r 並保持祕密；Bob 建立 d 並保持祕密。這個密碼系統的謎題可以如此解決：

a. Alice 傳送 $C_2 = [e_2^r \times P] \bmod p = [(e_1^{rd}) \times P] \bmod p$。表示式 (e_1^{rd}) 當成遮罩來隱藏 P。為了找到 P，Bob 必須移除這個遮罩。

b. 因為使用模算術，Bob 需要計算一個遮罩的複本並且將其反向（乘法反元素），來消除遮罩的作用。

c. Alice 也傳送 $C_1 = e_1^r$ 給 Bob，這是遮罩的一部分。因為 $C_1^d = (e_1^r)^d = (e_1^{rd})$，Bob 需要計算 C_1^d 來製作遮罩的複本。換句話說，在得到遮罩複本後，Bob 將其反向並乘上 C_2 來消除遮罩。

d. 我們可以宣稱 Bob 幫助 Alice 製作遮罩 (e_1^{rd})，而不會洩漏 d 值（d 已經包含在 $e_2 = e_1^d$ 中）；Alice 幫助 Bob 製作遮罩 (e_1^{rd})，而不會洩漏 r 值（r 已經包含在 $C_1 = e_1^r$ 中）。

ElGamal 的安全性

文獻中已提出兩個 ElGamal 密碼系統的攻擊：低模數攻擊以及已知明文攻擊。

低模數攻擊

如果 p 的值並不夠大，Eve 可以使用某些有效的演算法（參見第九章），解決離散對數問題來找到 d 及 r。若 p 很小，Eve 能夠簡單地找到 $d = \log_{e_1} e_2 \bmod p$ 並儲存它，來解開任何傳送給 Bob 的訊息。只要 Bob 使用相同的金鑰，Eve 可以只製作一次並一直用來攻擊。在每次傳輸中，$r = \log_{e_1} C_1 \bmod p$，因此 Eve 也可以使用 C_1 來找到 Alice 所使用的隨機亂數 r。這兩個情形強調 ElGamal 密碼系統的安全是基於在一個大模數下，解離散對數問題是難以實行的。建議 p 至少為 1024 位元（300 位十進位數字）。

已知明文攻擊

Alice 使用相同的隨機指數 r 來加密兩個明文 P 與 P'。如果 Eve 知道 P，則她可以得到 P'。

假設 $C_2 = P \times (e_2^r) \bmod p$ 以及 $C'_2 = P' \times (e_2^r) \bmod p$。Eve 使用下面兩個步驟找到 P'。

1. $(e_2^r) = C_2 \times P^{-1} \bmod p$
2. $P' = C'_2 \times (e_2^r)^{-1} \bmod p$

建議 Alice 使用全新的 r 值來阻止已知明文攻擊的發生。

若希望 ElGamal 密碼系統是安全的，p 必須至少為 300 位數字，而且對每一次加密，
r 必須都是一個全新的值。

範例 10.12 這裡有一個較為實際的例子。Bob 使用一個 512 位元的隨機整數（理想值是 1024 位元）。整數 p 為 155 位數字（理想值是 300 位數字）。於是，Bob 選擇 e_1、d 並計算 e_2，如以下所示：Bob 宣稱 (e_1, e_2, p) 為他的公開金鑰，並保持 d 為私密金鑰。

p =	11534899272561676244925313717014331740490094532609834959814346921905689869862264593212975473787189514436889176526473093615929993728061165964347353440008577
e_1 =	2
d =	1007
e_2 =	97886413043009189508766856938097739043880062887337687610022062233255450707415618921231831770461014167336015088413294085724853770315820660100725587074555

Alice 將明文 P = 3200 傳送給 Bob。她收到 r = 545131，計算 C_1 與 C_2，並將它們傳送給 Bob。

P =	3200
r =	545131
C_1 =	88729706938352847102257047149227566312026006725656212501818835142941722359971268111410536366170517305158153318916540097373635508029573678856906061915288
C_2 =	70845433304892994457701601238079499956743602183619244696177450692124469615516580077945559308034588961440240859952591957920972162887968135058277956643029 50

Bob 計算明文 $P = C_2 \times ((C_1)^d)^{-1} \bmod p = 3200 \bmod p$。

P =	3200

應用

只要是可以使用 RSA 的應用環境，便可以使用 ElGamal。ElGamal 可運用在金鑰交換、確認以及加密與解密小的訊息。

10.5 橢圓曲線密碼系統

雖然RSA與ElGamal是安全的非對稱式金鑰密碼系統，但它們的安全是有代價的，也就是需要大的金鑰長度。研究學者已經在尋找替代方案，以提供相同的安全等級，但金鑰長度較小。其中一個有希望的替代方案便是**橢圓曲線密碼系統（elliptic curve cryptosystem, ECC）**。這個系統是基於**橢圓曲線（elliptic curve）**定理。雖然此定理的深入部分已超出本書範圍，但本節將簡單介紹三種型態的橢圓曲線，並建議一些使用這些曲線的密碼系統。

在實數中的橢圓曲線

橢圓曲線並不直接與橢圓相關，而是一個有兩個變數的三次方程式，類似於用來計算一個橢圓圓周曲線長度的方程式。橢圓曲線一般的方程式如下：

$$y^2 + b_1 xy + b_2 y = x^3 + a_1 x^2 + a_2 x + a_3$$

在實數中的橢圓曲線使用一個橢圓曲線型態上特殊的類別。

$$y^2 = x^3 + ax + b$$

在上面的方程式中，如果 $4a^3 + 27b^2 \neq 0$，則方程式表示一個**非奇異橢圓曲線（nonsingular elliptic curve）**，否則此方程式表示一個**奇異橢圓曲線（singular elliptic curve）**。在非奇異橢圓曲線中，方程式 $x^3 + ax + b = 0$ 有三個不同的根（實數或是複數）；在一個奇異橢圓曲線中，方程式 $x^3 + ax + b = 0$ 則沒有三個不同的根。

檢視上述方程式，我們可以看到左式最高次方為2，而右式最高次方為3。這表示若所有的根都是實數，則水平線相交於曲線有三個點。然而，垂直線相交於曲線最多只有兩個點。

範例 10.13 圖10.12顯示兩個橢圓曲線的方程式分別為 $y^2 = x^3 - 4x$ 及 $y^2 = x^3 - 1$。這兩個曲線均為非奇異。然而，第一個曲線有三個實數根（$x = -2$、$x = 0$ 和 $x = 2$），但第二個曲線只有一個實數解根（$x = 1$）及兩個虛數根。

圖 10.12　在實數體中的兩個橢圓曲線

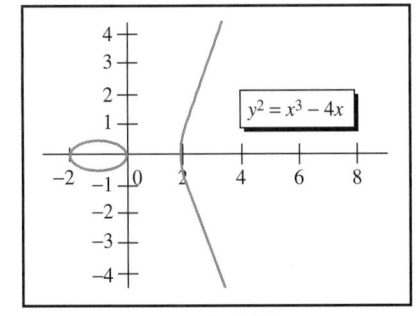

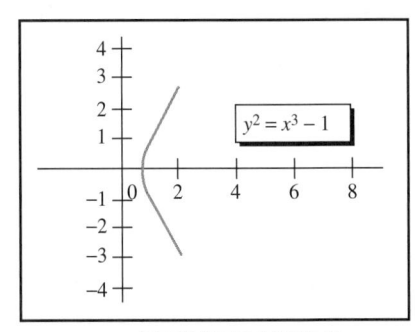

a. 三個實數根　　　　　　　　　　　　b. 一個實數根及兩個虛數根

交換群

我們使用橢圓曲線上的點來定義交換群（abelian (commutative) group，參見第四章）。如果 x_1 及 y_1 是曲線上滿足曲線方程式的座標點，則序列 P = (x_1, y_1) 便表示一個在曲線上的點。例如，P = (2.0, 0.0)、Q = (0.0, 0.0)、R = (−2.0, 0.0)、S = (10.0, 30.98) 及 T = (10.0, −30.98) 都是在曲線 $y^2 = x^3 − 4x$ 上的點。注意，每一個點由兩個實數來表示。第四章曾討論過，要建立一個交換群，我們需要一個集合、一個在集合上的運算，以及運算所滿足的五個特性。在此情況下，群被表示為 **G** = <**E**, +>。

集合　　我們定義集合為曲線上的點，其中每一個點是一個實數對。例如，在曲線 $y^2 = x^3 − 4x$ 上的集合 E 如下所示：

$$E = \{(2.0, 0.0), (0.0, 0.0), (-2.0, 0.0), (10.0, 30.98), (10, -30.98), \cdots\}$$

運算　　非奇異橢圓曲線的特性，允許我們定義一個在曲線上的點的加法運算。然而，我們必須記得這裡的加法運算與整數中加法運算的定義是不同的。這裡的運算是兩個曲線上的點相加而得到曲線上的另一個點。

$$R = P + Q，其中 P = (x_1, y_1)、Q = (x_2, y_2) 及 R = (x_3, y_3)$$

為了找到曲線上的 R，我們考慮圖 10.13 中所顯示的三種情況。

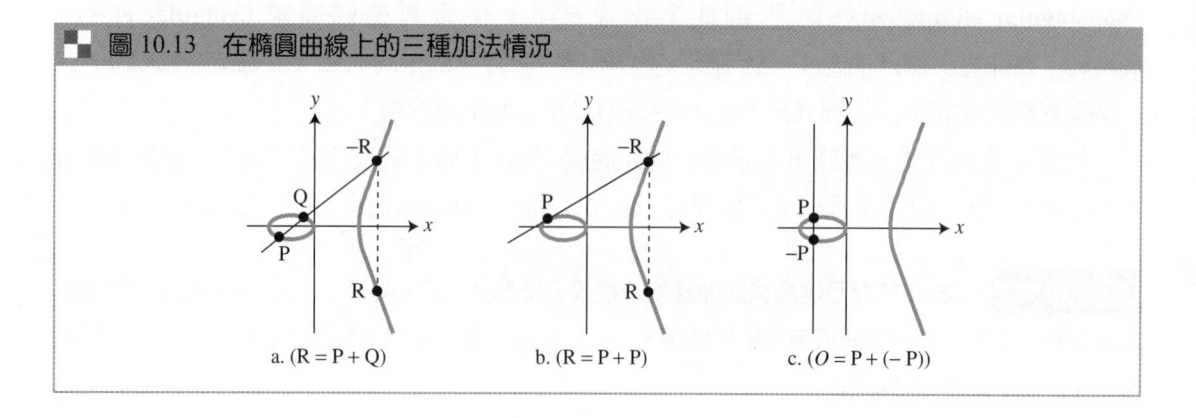

■ **圖 10.13　在橢圓曲線上的三種加法情況**

a. (R = P + Q)　　　b. (R = P + P)　　　c. (O = P + (− P))

1. 在第一種情況，兩個點 P = (x_1, y_1) 與 Q = (x_2, y_2) 有不同的 x 座標與 y 座標（$x_1 \neq y_1$ 且 $x_2 \neq y_2$），如圖 10.13a 所示。P 與 Q 連線相交於曲線上的點稱為 −R。R 是 −R 相對於 x 軸的對稱點。要找到 R 點的座標 x_3 與 y_3，首先找到直線的斜率 λ，然後計算 x_3 及 y_3 的值如下：

$$\lambda = (y_2 − y_1)/(x_2 − x_1)$$
$$x_3 = \lambda^2 − x_1 − x_2 \qquad y_3 = \lambda(x_1 − x_3) − y_1$$

2. 在第二種情況，兩點重疊（R = P + P），如圖 10.13b 所示。在此情形下，能求出直線的斜率與 R 點的座標值如下：

$$\lambda = (3x_1^2 + a)/(2y_1)$$
$$x_3 = \lambda^2 - x_1 - x_2 \qquad y_3 = \lambda(x_1 - x_3) - y_1$$

3. 在第三種情況，這兩點互為加法反元素，如圖 10.13c 所示。如果第一點是 P = (x_1, y_1)，第二點是 Q = (x_1, $-y_1$)。這兩個點所連接而成的直線與曲線並無交集。數學家指稱它們的交點在無窮遠；他們定義 ***O*** 為無窮遠點或稱為零點，這是在群中的加法單位元素。

運算的特性　　下面是運算特性的簡要定義，如同第四章所討論的。
1. 封閉性：可以證明使用先前定義的加法運算將兩點相加，會產生在曲線上的另外一點。
2. 結合性：可以證明 (P + Q) + R = P + (Q + R)。
3. 交換性：在一個非奇異橢圓曲線上的點所組成的群是一個交換群；可以證明 P + Q = Q + P。
4. 存在單位元素：加法單位元素為零點 ***O***。換句話說，P = P + ***O*** = ***O*** + P。
5. 存在反元素：曲線上的每一個點都有一個反元素。其反元素為對稱於 *x* 軸的點。換句話說，P = (x_1, y_1) 及 Q = (x_1, $-y_1$) 這兩點互為反元素，也就是 P + Q = ***O***。注意，單位元素為其本身的反元素。

群與體

注意在前面所討論提到兩個代數結構：群與體。群定義在橢圓曲線上點的集合及在點上的加法運算。體定義在實數上的加法、減法、乘法及除法，這些體的運算是必需的，用來計算在群中點的加法。

在 GF(*p*) 中的橢圓曲線

前面的橢圓曲線使用一個實數體來計算點的加法。密碼學通常要求模數算術。我們定義一個橢圓曲線的群以及一個加法運算，但座標點的運算是在 **GF**(*p*) 的體下，且 *p* > 3。在模數算術中，在曲線中的點並不能畫出先前所見到的漂亮圖形，但其概念是相同的。我們使用相同的加法運算，其計算結果要模 *p*。我們稱這樣的橢圓曲線為 E$_p$(*a*, *b*)，其中 *p* 定義為模數，且 *a* 與 *b* 是方程式 $y^2 = x^3 + ax + b$ 的係數。注意，雖然 *x* 的值在此情形下的範圍是從 0 到 *p*，但通常並不是所有點都在曲線上。

求出反元素

(*x*, *y*) 點的反元素是 (*x*, *-y*)，其中 *-y* 是 *y* 的加法反元素。例如，如果 *p* = 13，則 (4, 2) 的反元素為 (4, 11)。

求出在曲線上的點

演算法 10.12 顯示求出在曲線 $E_p(a, b)$ 上一點的虛擬碼。

演算法 10.12　求出在橢圓曲線上一點的虛擬碼

```
ellipticCurve_points (p, a, b)                              //p是模數
{
    x ← 0
    while (x < p)
    {
        w ← (x³ + ax + b) mod p                             //w是y²
        if (w is a perfect square in Z_p) output (x, √w) (x, −√w)
        x ← x + 1
    }
}
```

範例 10.14　定義一個橢圓曲線 $E_{13}(1, 1)$。方程式為 $y^2 = x^3 + x + 1$ 並在模 13 下計算。在曲線上的點可被找到，如圖 10.14 所示。

注意下列幾點：

a. 某些 y^2 的值在模 13 算術下沒有平方根。這些並非在橢圓曲線上的點。例如 $x = 2$、$x = 3$、$x = 6$ 及 $x = 9$，這些點不在曲線上。

b. 每一個在曲線上定義的點有一個反元素。反元素被列成一對。注意 (7, 0) 是自己本身的反元素。

c. 注意，對於一對互為反元素的點，其 y 值在 Z_p 下互為加法反元素。例如 4 與 9 在 Z_{13} 下互為加法反元素，因此我們可以說，如果 4 是 y 的話，則 9 為 $-y$。

d. 反元素在相同的垂直線上。

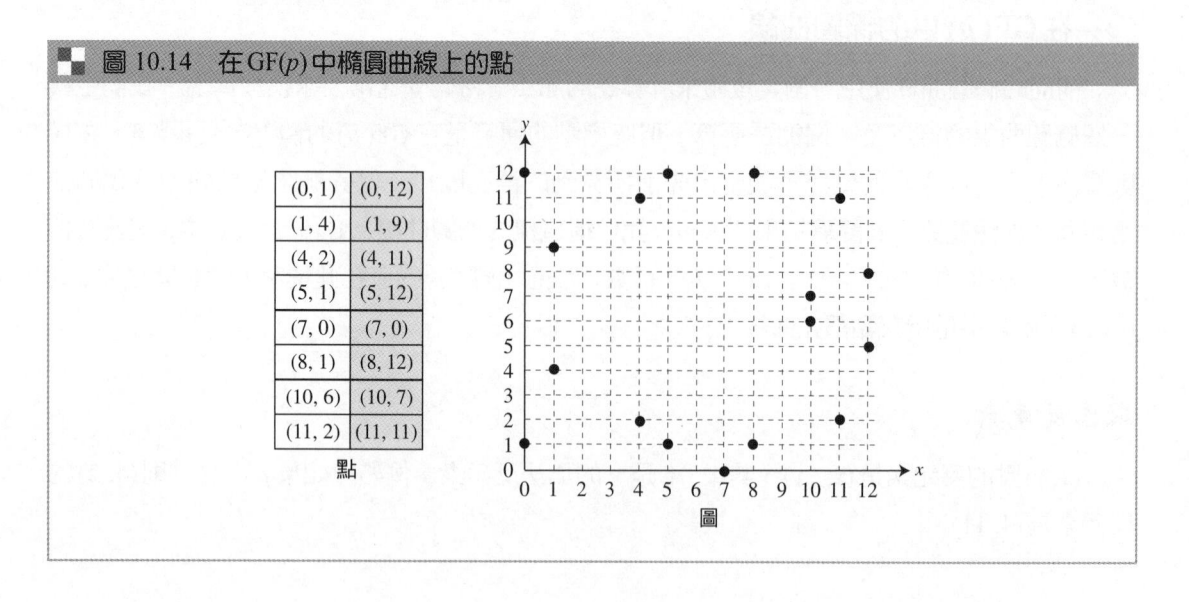

圖 10.14　在 GF(p) 中橢圓曲線上的點

點	
(0, 1)	(0, 12)
(1, 4)	(1, 9)
(4, 2)	(4, 11)
(5, 1)	(5, 12)
(7, 0)	(7, 0)
(8, 1)	(8, 12)
(10, 6)	(10, 7)
(11, 2)	(11, 11)

圖

兩個點相加

我們使用前面所定義的橢圓曲線群,但是在 **GF**(*p*) 底下計算。我們不使用減法與除法,而是使用加法與乘法的反元素。

範例 10.15 我們將範例 10.14 中的兩個點相加,R = P + Q,其中 P = (4, 2) 且 Q = (10, 6)。

a. $\lambda = (6-2) \times (10-4)^{-1} \mod 13 = 4 \times 6^{-1} \mod 13 = 5 \mod 13$。
b. $x = (5^2 - 4 - 10) \mod 13 = 11 \mod 13$。
c. $y = [5(4-11) - 2] \mod 13 = 2 \mod 13$。
d. R = (11, 2),這是在範例 10.14 中曲線上的點。

將一個點乘上一個常數

在算術中,將一個數乘上一個常數 *k* 的意思是將這個數加上自己本身 *k* 次,此情況也相同。將一個橢圓曲線上的點乘上一個常數 *k*,表示將這個點加上自己本身 *k* 次。例如,在 E_{13} (1, 1) 中,若點 (1, 4) 乘上 4,其結果為點 (5, 1)。如果點 (8, 1) 乘上 3,其結果為點 (10, 7)。

在 GF(2ⁿ) 中的橢圓曲線

橢圓曲線群的計算可被定義在 **GF**(2^n) 的體之中。回顧第四章,這個體的元素為 *n* 位元的字組,可以被解譯為係數在 **GF**(2) 中的多項式。在這些元素中的加法與乘法和在多項式中的加法與乘法相同。要定義在 **GF**(2^n) 中的橢圓曲線,我們需要改變原來的三次方程式。一般的式子如下:

$$y^2 + xy = x^3 + ax^2 + b$$

其中 $b \neq 0$。注意,*x*、*y*、*a* 及 *b* 的值為多項式所表示的 *n* 位元字組。

求出反元素

如果 P = (*x*, *y*),則 –P = (*x*, *x* + *y*)。

求出在曲線上的點

我們可以寫一個演算法來求出在曲線上的點,使用第七章所討論的多項式生成子。演算法留做習題。下面是一個十分顯見的例子。

範例 10.16 我們選擇 **GF**(2^3),其元素為 {0, 1, *g*, g^2, g^3, g^4, g^5, g^6},使用的不可分解多項式為 $f(x) = x^3 + x + 1$。這表示 $g^3 + g + 1 = 0$ 或 $g^3 = g + 1$。*g* 的其他次方可因此被計算出來。下面顯示這些 *g* 值。

0	000	$g^3 = g + 1$	011
1	001	$g^4 = g^2 + g$	110
g	010	$g^5 = g^2 + g + 1$	111
g^2	100	$g^6 = g^2 + 1$	101

使用橢圓曲線 $y^2 + xy = x^3 + g^3x^2 + 1$，其中 $a = g^3$ 及 $b = 1$，我們能夠找到在這曲線上的點，如圖 10.15 所示。

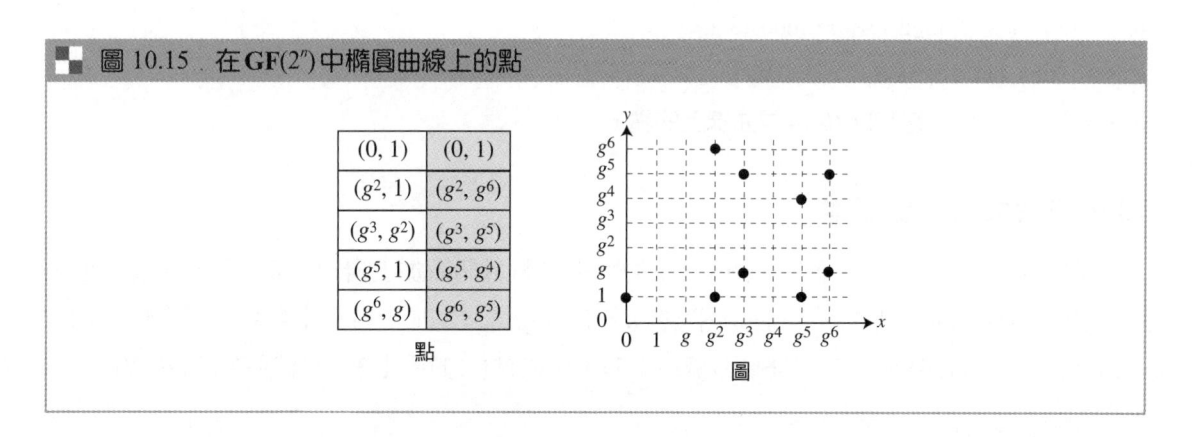

■ 圖 10.15 在 GF(2^n) 中橢圓曲線上的點

點	
(0, 1)	(0, 1)
(g^2, 1)	(g^2, g^6)
(g^3, g^2)	(g^3, g^5)
(g^5, 1)	(g^5, g^4)
(g^6, g)	(g^6, g^5)

兩個點相加

在 GF(2^n) 中，點加法的規則與在 GF(p) 中的規則有些微不同。

1. 若 P = (x_1, y_1)，Q = (x_2, y_2)，Q ≠ −P 且 Q ≠ P，則 R = (x_3, y_3) = P + Q 可由下面式子求出：

$$\lambda = (y_2 + y_1)/(x_2 + x_1)$$
$$x_3 = \lambda^2 + \lambda + x_1 + x_2 + a \qquad y_3 = \lambda(x_1 + x_3) + x_3 + y_1$$

2. 若 Q = P，則 R = P + P（或 R = 2P）可由下面式子找到：

$$\lambda = x_1 + y_1/x_1$$
$$x_3 = \lambda^2 + \lambda + a \qquad y_3 = x_1^2 + (\lambda + 1)x_3$$

範例 10.17 求出 R = P + Q 的值，其中 P = (0, 1) 及 Q = (g^2, 1)。我們得到 $\lambda = 0$ 及 R = (g^5, g^4)。

範例 10.18 求出 R = 2P 的值，其中 P = (g^2, 1)。我們得到 $\lambda = g^2 + 1/g^2 = g^2 + g^5 = g + 1$ 及 R = (g^6, g^5)。

將一個點乘上一個常數

要將一個點乘上一個常數，這個點必須連續相加。注意，其規則是 R = 2P。

橢圓曲線密碼學模擬 ElGamal

已有許多方法使用橢圓曲線來進行加密與解密,常見的一種便是使用在 $GF(p)$ 或 $GF(2^n)$ 中的橢圓曲線來模擬 ElGamal 密碼系統。如圖 10.16 所示。

圖 10.16 使用橢圓曲線的 ElGamal 密碼系統

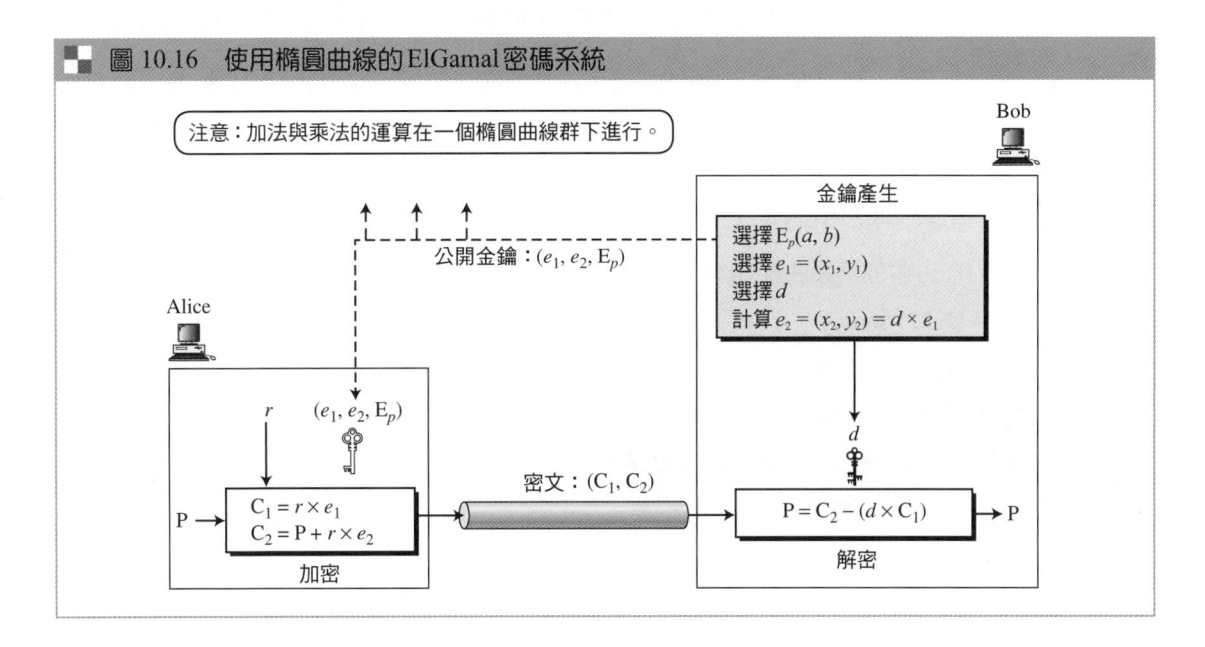

產生公開金鑰與私密金鑰

1. Bob 選擇在 $GF(p)$ 或 $GF(2^n)$ 中的橢圓曲線 $E(a, b)$。
2. Bob 選擇一個在曲線上的點 $e_1(x_1, y_1)$。
3. Bob 選擇一個整數 d。
4. Bob 計算 $e_2(x_2, y_2) = d \times e_1(x_1, y_1)$。注意,乘法在此是指多次的點相加,如之前所定義。
5. Bob 宣布 $E(a, b)$、$e_1(x_1, y_1)$ 及 $e_2(x_2, y_2)$ 為其公開金鑰;他保有 d 為其私密金鑰。

加密

Alice 選擇一個在曲線上的點 P 當做明文。她計算密文如下:

$$C_1 = r \times e_1 \qquad C_2 = P + r \times e_2$$

讀者也許想要知道一個任意的明文如何成為橢圓曲線上的點。這是使用橢圓曲線的挑戰議題之一。Alice 需要使用一個演算法找到符號(或是文字區塊)與曲線上的點之間的一對一對應。

解密

Bob 在收到 C_1 與 C_2 之後,使用下面的公式計算明文 P。

$$P = C_2 - (d \times C_1) \qquad \text{負號在此表示加上其反元素。}$$

我們能夠證明Bob所計算的P與Alice想要傳送的相同,如下所示:

$$P + r \times e_2 - (d \times r \times e_1) = P + (r \times d \times e_1) - (r \times d \times e_1) = P + O = P$$

P、C_1、C_2、e_1及e_2都是在曲線上的點。注意,兩個互為反元素的點相加會得到曲線上的零點。

範例 10.19　這是一個使用在 **GF**(p) 中的橢圓曲線的加密,非常顯而易見。

1. Bob選擇在 **GF**(p) 中的橢圓曲線 $E_{67}(2, 3)$。
2. Bob選擇 $e_1 = (2, 22)$ 及 $d = 4$。
3. Bob計算 $e_2 = (13, 45)$,其中 $e_2 = d \times e_1$。
4. Bob公開宣布序列 (E, e_1, e_2)。
5. Alice想要傳送明文 P = (24, 26) 給Bob。她選擇 $r = 2$。
6. Alice找到 $C_1 = (35, 1)$,其中 $C_1 = r \times e_1$。
7. Alice找到 $C_2 = (21, 44)$,其中 $C_2 = P + r \times e_2$。
8. Bob收到 C_1 及 C_2。他使用 $2 \times C_1 (35, 1)$ 而得到 (23, 25)。
9. Bob計算點 (23, 25) 的反元素,得到點 (23, 42)。
10. Bob把 $C_2 = (21, 44)$ 加上 (23, 42) 而得到原始的明文 P = (24, 26)。

比較

下面顯示原始的ElGamal演算法與使用橢圓曲線模擬方法的比較。

a. 原始的演算法使用乘法群;模擬系統使用橢圓曲線。

b. 在原始演算法中的兩個指數是在乘法群中的數字;在模擬系統中的乘數是橢圓曲線上的點。

c. 在兩個演算法中,私密金鑰都是一個整數。

d. 在兩個演算法中,Alice 選的祕密數字都是整數。

e. 在原始演算法中的指數運算被取代成一個點乘上一個常數。

f. 在原始演算法中的乘法被取代成點的加法。

g. 在原始演算法中的反元素是在乘法群中的乘法反元素;在模擬系統中的反元素是在曲線中點的加法反元素。

h. 在橢圓曲線中的計算較為容易,因為乘法較指數運算簡單,加法較乘法簡單,而在橢圓曲線群中找反元素也較在乘法群中來得簡單許多。

ECC 的安全

為了要解密訊息，Eve 需要找到 r 或 d 的值。

a. 如果 Eve 知道 r，她能使用 $P = C_2 - (r \times e_2)$ 來找到與明文相關的 P。但要找到 r，Eve 需要解開方程式 $C_1 = r \times e_1$。也就是說，給兩個在曲線上的點 C_1 及 e_1，Eve 必須找到可從 e_1 建構 C_1 的乘數。這可參考**橢圓曲線對數問題**（**elliptic curve logarithm problem**），而現在只有 Polard rho 演算法可以解此問題，但若 r 很大且 p 在 **GF**(p) 中或 n 在 **GF**(2^n) 中很大時是很難實行的。

b. 如果 Eve 知道 d，她便能計算 $P = C_2 - (d \times C_1)$ 而找到相關於明文的 P。由於 $e_2 = d \times e_1$，因此這是相同型態的問題。Eve 知道 e_1 及 e_2 的值；她需要找到乘數 d。

ECC 的安全是基於解橢圓曲線對數問題的困難度上。

模數大小

對於相同的安全等級（計算花費）而言，在 ECC 中的模數 n 可以比 RSA 中來得小。例如，在 **GF**(2^n) 中具有 160 位元 n 值的 ECC 可提供與具有 1024 位元 n 值的 RSA 有相同的安全等級。

推薦讀物

為了更深入瞭解本章所討論的主題，我們建議選讀下列書籍與網站。括號內的項目請參閱本書最後的參考文獻。

書籍

[Sti06]、[Sta06]、[PHS03]、[Vau06]、[TW06] 及 [Mao04] 討論 RSA 密碼系統。Rabin 及 ElGamal 密碼系統則在 [Sti06] 及 [Mao04] 中討論。橢圓曲線密碼系統在 [Sti06]、[Eng99] 及 [Bla99] 中討論。

網站

對於本章所討論的主題，以下的網站提供了許多更深入的資訊。

- http://www1.ics.uci.edu/~mingl/knapsack.html
- www.dtc.umn.edu/~odlyzko/doc/arch/**knapsack**.survey.pdf
- http://en.wikipedia.org/wiki/RSA
- citeseer.ist.psu.edu/boneh99twenty.html
- www.mat.uniroma3.it/users/pappa/SLIDES/**RSA**-HRI_05.pdf
- http://en.wikipedia.org/wiki/Rabin_cryptosystem

- http://en.wikipedia.org/wiki/ElGamal_encryption
- www.cs.purdue.edu/homes/wspeirs/**elgamal**.pdf
- http://en.wikipedia.org/wiki/Elliptic_curve_cryptography
- www.cs.utsa.edu/~rakbani/publications/Akbani-ECC-IEEESMC03.pdf

關鍵詞彙

- asymmetric-key cryptography　非對稱式金鑰密碼學　274
- blinding　盲化　290
- broadcast attack　廣播攻擊　287
- common modulus attack　共同模數攻擊　289
- Coppersmith theorem attack　Coppersmith定理攻擊　287
- cycling attack　循環攻擊　288
- ElGamal cryptosystem　ElGamal密碼系統　296
- elliptic curve　橢圓曲線　301
- elliptic curve cryptosystem（ECC）橢圓曲線密碼系統　301
- elliptic curve logarithm problem　橢圓曲線對數問題　309
- function　函數　277
- invertible function　可逆函數　277
- knapsack cryptosystem　背包問題密碼系統　278
- low decryption exponent attack　低解密指數攻擊　287
- low encryption exponent attack　低加密指數攻擊　287
- nonsingular elliptic curve　非奇異橢圓曲線　301
- one-way function（OWF）單向函數　277
- optimal asymmetric encryption padding（OAEP）最佳非對稱式加密填塞技術　291
- power attack　電力攻擊　290
- private key　私密金鑰　275
- public key　公開金鑰　275
- Rabin cryptosystem　Rabin密碼系統　294
- related message attack　相關訊息攻擊　287
- revealed decryption exponent attack　洩漏解密指數攻擊　287
- RSA (Rivest, Shamir, Adleman) cryptosystem　RSA密碼系統　281
- short message attack　短訊息攻擊　288
- short pad attack　短填塞攻擊　287
- singular elliptic curve　奇異橢圓曲線　301
- superincreasing tuple　超增序列　279
- symmetric-key cryptography　對稱式金鑰密碼學　274
- timing attack　計時攻擊　289
- trapdoor　暗門　278
- trapdoor one-way function（TOWF）單向暗門函數　278
- unconcealed message attack　未隱藏訊息攻擊　288

重點摘要

- 有兩個方式達到祕密性：對稱式金鑰密碼學與非對稱式金鑰密碼學。這兩種方式將同時存在且互補；其中一個的優點可以補償另一個的缺點。
- 這兩個系統在概念上的不同是基於如何保持一個祕密。在對稱式金鑰密碼學中，祕密必須被兩個實體所分享；在非對稱式金鑰密碼學中，祕密是個人的（非分享）。
- 對稱式金鑰密碼學是基於符號的取代與排列；非對稱式金鑰密碼學則是基於應用於數字的數學函數。

- 非對稱式金鑰密碼學使用兩把不同的金鑰：一把為私密金鑰，一把為公開金鑰。加密與解密可以想成是使用鑰匙來上鎖與開鎖。使用公開金鑰上鎖後只能使用相對的私密金鑰來開鎖。
- 在非對稱式金鑰密碼學中，提供安全性的負擔大都落在接收者身上（Bob）。Bob需要建立兩把金鑰，一把為私密，另一把為公開。Bob負責將其公開金鑰發送給整個社群。這可以經由一個公開金鑰分配通道來完成。
- 與對稱式金鑰密碼學不同的是，非對稱式金鑰密碼學將明文與密文當成整數。訊息在加密前必須被編碼成整數（或是整數的集合），而整數（或是整數的集合）在解密後也必須被解碼成訊息。非對稱式金鑰密碼學通常使用在小片段訊息的加密或解密，例如對稱式金鑰密碼學的加密金鑰。
- 在非對稱式金鑰密碼學背後主要的概念是單向暗門函數。單向暗門是指函數 f 很容易計算，但除非使用暗門，否則難以計算 f^{-1}。
- 公開金鑰密碼技術第一個令人注目的想法是由Merkle及Hellman所提出的背包問題密碼系統。如果我們被告知一個背包內有哪些事先定義好的集合中的數字，則可以很容易地計算出這些數字的總和；但若是被告知一個總和數字，想要說出背包裡有哪些數字卻相當困難，除非背包裡所填入的元素來自一個超增集合。
- 最普遍的公開金鑰演算法為RSA密碼系統。RSA使用兩個指數 e 及 d，其中 e 是公開的，而 d 是私密的。Alice使用 $C = P^e \bmod n$，從明文P來建立密文C。Bob使用 $P = C^d \bmod n$，來取出Alice所要傳送的明文。
- RSA使用兩個代數結構：一個為環，一個為群。加密與解密使用具有兩個運算符號（加法與乘法）的交換環 $R = <Z_n, +, \times>$。RSA使用一個乘法群 $G = <Z_n^*, \times>$ 來產生金鑰。
- 目前尚未發現RSA的破壞性攻擊。有一些基於分解因數、選擇密文、解密指數、加密指數、明文、模數及實作所產生的攻擊已經被預測出來。
- Rabin密碼系統是RSA密碼系統的變形。RSA是基於指數同餘，而Rabin是基於二次同餘。Rabin密碼系統可以想成是RSA密碼系統，其中 $e = 2$ 且 $d = 1/2$。只要 p 及 q 是大數，則Rabin密碼系統是安全的。Rabin密碼系統的複雜度相當於將一個大數 n 分解成兩個質因數 p 及 q。
- ElGamal密碼系統是基於離散對數的問題。ElGamal使用在 Z_p^* 底下的原根概念。在ElGamal的加密與解密使用群 $G = <Z_p^*, \times>$。公開金鑰是兩個指數 e_1 及 e_2；私密金鑰是一個整數 d。ElGamal的安全是基於解離散對數問題的不可實行。然而，文獻上已經提出基於低模數攻擊及已知明文攻擊。
- 本章討論的另一個密碼系統是基於橢圓曲線。橢圓曲線是一個有兩變數的三次方程式。在實數中的橢圓曲線使用一個特殊的橢圓曲線類別 $y^2 = x^3 + ax + b$，其中 $4a^3 + 27b^2 \neq 0$。一個在橢圓曲線上的交換群已經被定義，其加法運算顯示如何將兩個在曲線上的點相加而得到曲線上的另外一個點。
- 橢圓曲線密碼技術使用兩個代數結構，一個為交換群，一個為體。體可以為一個實數的無限體 $GF(p)$ 及 $GF(2^n)$。我們已經說明如何使用在有限體中的橢圓曲線來模擬ElGamal密碼系統。ECC的安全基於橢圓曲線對數問題，如果模數很大的話，求解是難以實行的。

練習集

問題回顧

1. 區分對稱式金鑰與非對稱式金鑰密碼系統的不同。
2. 區分在非對稱式金鑰密碼系統中公開金鑰與私密金鑰的不同。比較在對稱式金鑰與非對稱式金鑰密碼系統中的金鑰使用情形。
3. 定義單向暗門函數，並解釋其在非對稱式金鑰密碼學中的使用情形。
4. 簡要說明在背包問題密碼系統的概念。
   a. 在此系統中，單向函數為何？
   b. 在此系統中，暗門為何？
   c. 定義在此系統中的公開金鑰及私密金鑰。
   d. 描述此系統的安全性。
5. 簡要說明在RSA密碼系統的概念。
   a. 在此系統中，單向函數為何？
   b. 在此系統中，暗門為何？
   c. 定義在此系統中的公開金鑰及私密金鑰。
   d. 描述此系統的安全性。
6. 簡要說明在Rabin密碼系統的概念。
   a. 在此系統中，單向函數為何？
   b. 在此系統中，暗門為何？
   c. 定義在此系統中的公開金鑰及私密金鑰。
   d. 描述此系統的安全性。
7. 簡要說明在ElGamal密碼系統的概念。
   a. 在此系統中，單向函數為何？
   b. 在此系統中，暗門為何？
   c. 定義在此系統中的公開金鑰及私密金鑰。
   d. 描述此系統的安全性。
8. 簡要說明在ECC密碼系統的概念。
   a. 在此系統中，單向函數為何？
   b. 在此系統中，暗門為何？
   c. 定義在此系統中的公開金鑰及私密金鑰。
   d. 描述此系統的安全性。
9. 定義橢圓曲線，並解釋其在密碼學上的應用。
10. 定義使用由橢圓曲線上的點所構成之交換群上的運算。

習題

11. 給一個超增序列 b = [7, 11, 23, 43, 87, 173, 357]，r = 41 及模數 n = 1001，使用背包問題密碼系統加密及解密字元「a」。使用[7 6 5 1 2 3 4]為排列表。

12. 在RSA中：
    a. 給定 $n = 221$ 及 $e = 5$，求出 d 值。
    b. 給定 $n = 3937$ 及 $e = 17$，求出 d 值。
    c. 給定 $p = 19$、$q = 23$ 以及 $e = 3$，求出 n、$\phi(n)$ 及 d 值。
13. 瞭解RSA演算法的安全性，若已知 $e = 17$ 及 $n = 187$，求出 d 值。
14. 在RSA中，給定 n 及 $\phi(n)$，計算 p 及 q。
15. 在RSA中，給定 $e = 13$ 及 $n = 100$：使用00至25表示字元A到Z，且26表示空白。加密訊息「HOW ARE YOU」。使用不同的區塊使得 $P < n$。
16. 在RSA中，給定 $n = 12091$ 及 $e = 13$。使用00至26的編碼系統來加密訊息「THIS IS TOUGH」。解密其密文以找出原始訊息。
17. 在RSA中：
    a. 為何Bob不選擇1當作公開金鑰 e？
    b. 選擇2當作公開金鑰 e 會有什麼問題？
18. Alice使用Bob的公開金鑰（$e = 17$, $n = 19519$）將四個字元的訊息傳送給Bob，以(A ↔ 0，B ↔ 1，..., Z ↔ 25)的編碼系統並分別加密每一個字元。Eve攔截密文(6625 0 2968 17863)，並在未分解模數的情形下解開訊息。求出明文並解釋為何Eve能夠容易地破解密文。
19. Alice使用Bob的RSA公開金鑰（$e = 17$, $n = 143$）將明文 $P = 8$ 加密為 $C = 57$，並傳送給Bob。假設Eve可存取Bob的電腦找到明文，說明Eve如何能使用選擇密文攻擊。
20. Alice使用Bob的RSA公開金鑰（$e = 3$, $n = 35$）並傳送密文22給Bob。說明Eve如何能使用循環攻擊找到明文。
21. Alice如何防止RSA的相關訊息攻擊？
22. 使用Rabin密碼系統，其中 $p = 47$ 及 $q = 11$：
    a. 加密 $P = 17$ 找出其密文。
    b. 使用中國餘數定理找出四個可能的明文
23. 在ElGamal中，給定一個質數 $p = 31$：
    a. 選擇合適的 e_1 及 d，計算 e_2。
    b. 加密訊息「HELLO」；使用00至25編碼系統。使用不同的區塊，使得 $P < p$。
    c. 解開密文以求得明文。
24. 在ElGamal中，如果 C_1 與 C_2 在轉變的期間互換，會發生什麼情況？
25. 假設Alice使用Bob的ElGamal公開金鑰（$e_1 = 2$ 和 $e_2 = 8$）傳送兩個訊息 $P = 17$ 及 $P' = 37$，而其使用相同的隨機亂數 $r = 9$。Eve攔截密文並設法找到明文 $P = 17$。說明Eve如何使用已知明文攻擊來找到 P' 的值。
26. 在 $GF(11)$ 體中的橢圓曲線 $E(1, 2)$：
    a. 求出曲線的方程式。
    b. 求出曲線中的所有點，並畫一個類似圖10.14的圖。
    c. 建立Bob的公開金鑰及私密金鑰。
    d. 選擇一個在曲線上的點做為Alice的明文。
    e. 建立對應於Alice明文（在d小題中）的密文。
    f. 解開Bob的密文以找到Alice所傳送的明文。

27. 在 **GF**(2^4) 體中的橢圓曲線 E(g^4, 1)：
    a. 求出曲線的方程式。
    b. 求出曲線中的所有點，並畫一個類似圖 10.15 的圖。
    c. 建立 Bob 的公開金鑰及私密金鑰。
    d. 選擇一個在曲線上的點做為 Alice 的明文。
    e. 建立對應於 Alice 明文（在 d 小題中）的密文。
    f. 解開 Bob 的密文以找到 Alice 所傳送的明文。
28. 使用背包問題密碼系統：
    a. 寫出一個加密演算法。
    b. 寫出一個解密演算法。
29. 在 RSA 中：
    a. 寫出一個使用 OAEP 的加密演算法。
    b. 寫出一個使用 OAEP 的解密演算法。
30. 寫出一個在 RSA 上的循環攻擊演算法。
31. 寫出一個在 **GF**(p) 下之橢圓曲線兩點相加的演算法。
32. 寫出一個在 **GF**(2^n) 下之橢圓曲線兩點相加的演算法。

PART 3

Integrity, Authentication, and Key Management
完整性、確認性與金鑰管理

在第一章中，我們知道密碼學提供三種技術：對稱式金鑰加密法、非對稱式金鑰加密法和雜湊。第三篇將討論密碼雜湊函數及其應用，並探討其他與第一、二篇之主題有關的問題，例如金鑰管理。第十一章討論有關訊息完整性與訊息確認性的一般概念。第十二章探討一些密碼雜湊函數。第十三章討論數位簽章。第十四章說明身份確認的概念與方法。最後，第十五章討論對稱式金鑰與非對稱式金鑰密碼學中的金鑰管理。

第十一章：訊息完整性與訊息確認性

第十一章討論使用密碼雜湊函數來為訊息建立訊息摘要的一般概念，以確保訊息的完整性。本章接著說明如何更改簡單的訊息摘要，以達到訊息確認。

第十二章：密碼雜湊函數

第十二章探討一些密碼雜湊函數的標準，共分成兩大類：一類為從頭開始的壓縮函數，另一類為使用區塊加密法的壓縮函數。本章接著描述這兩大類中的雜湊函數：SHA-512 和 Whirlpool。

第十三章：數位簽章

本章介紹一些數位簽章機制，包括 RSA、ElGamal、Schnorr、DSS 和橢圓曲線，同時也探討對上述機制的一些攻擊和如何預防這些攻擊。

第十四章：身份確認

第十四章首先區別訊息確認與身份確認，接著討論一些身份確認的方法，包括通行碼的使用、挑戰－回應方法和零知識協定。本章也包含一些對生物測定學的討論。

第十五章：金鑰管理

第十五章首先解釋金鑰管理的不同解決方法，包括金鑰分配中心（KDC）、憑證管理中心（CA）和公開金鑰基礎建設（PKI）的使用。本章說明對稱式金鑰與非對稱式金鑰密碼學如何互補，以解決金鑰管理的問題。

CHAPTER 11 訊息完整性與訊息確認性

學習目標

本章的學習目標包括：

- 定義訊息完整性。
- 定義訊息確認性。
- 定義密碼雜湊函數的準則。
- 定義 Random Oracle 模式以及其在評估密碼雜湊函數安全性上的角色。
- 區別 MDC 和 MAC。
- 討論一些常見的 MAC。

這是專注在訊息完整性、訊息確認性和身份確認三章中的第一章。本章將討論有關密碼雜湊函數的一般概念。這些密碼雜湊函數用來為訊息建立訊息摘要，而訊息摘要可保證訊息的完整性。我們接著討論如何簡易地修改訊息摘要以確認訊息。密碼雜湊函數的標準將在第十二章詳盡闡述。

11.1 訊息完整性

至目前為止，我們已經研讀的密碼系統可以提供保密性或機密性，但是並未提供完整性。然而，我們有時可能不需要機密性，卻必須有完整性。例如，Alice 可能寫一份遺囑來分配死後的財產，這份遺囑不需要加密，在她死後，任何人都能檢驗這份遺囑，不過，這份遺囑需要維持其完整性，Alice 當然不想這份遺囑的內容被改變。

文件與指紋

保護文件完整性的方法之一是使用指紋（fingerprint）。如果 Alice 需要確保她的文件內容不會被改變，她可以在文件的底部按印指紋，Eve 無法修改這份文件的內容或者建立一份

假的文件，因為 Eve 無法偽造 Alice 的指紋。為了確保文件未被更改，可以比對文件上的指紋和 Alice 存檔的指紋。如果比對的結果不同，這份文件就不是出自於 Alice。

訊息與訊息摘要

相對於文件與指紋的電子版本是訊息與摘要。若要保護訊息的完整性，此訊息須經過稱為**密碼雜湊函數（cryptographic hash function）**的演算法，此函數建立該訊息的壓縮映像，就像使用指紋一樣。圖 11.1 顯示出訊息、密碼雜湊函數和**訊息摘要（message digest）**。

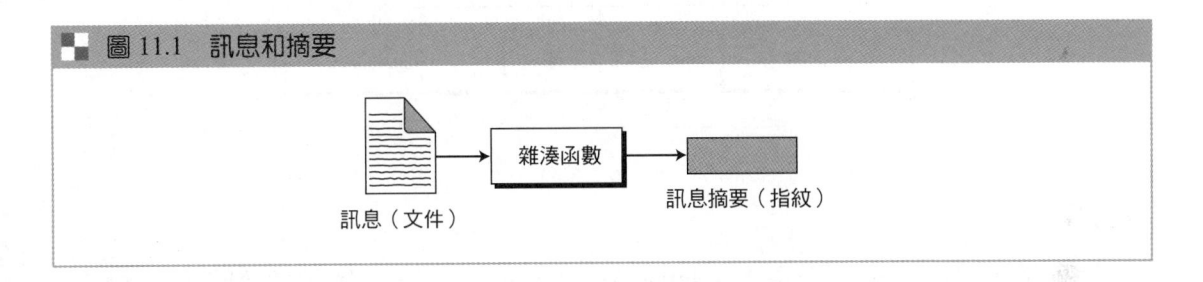

圖 11.1　訊息和摘要

差異

「文件／指紋」和「訊息／訊息摘要」這兩對雖然相似，但還是有一些差異。文件和指紋在實體上是連在一起的，而訊息和訊息摘要可以個別分開（或傳送），最重要的是訊息摘要必須能免於被改變。

訊息摘要必須能免於被改變。

檢查完整性

為了檢查訊息或文件的完整性，我們再次執行密碼雜湊函數，並且比較新的訊息摘要與之前的訊息摘要。如果兩者相同，則可確信原始的訊息未被更改。圖 11.2 顯示這個概念。

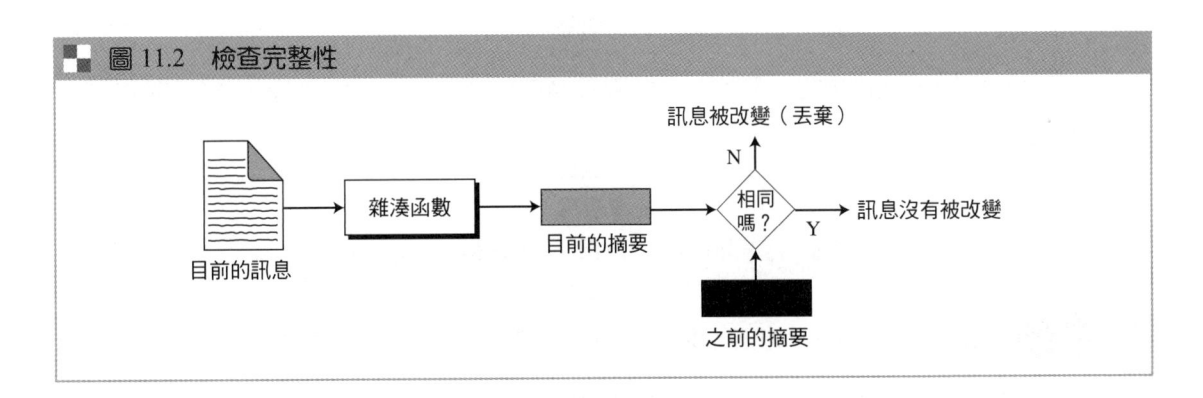

圖 11.2　檢查完整性

密碼雜湊函數的準則

一個密碼雜湊函數必須滿足三個準則：**抗前像**（preimage resistance）、**抗第二前像**（second preimage resistance）和**抗碰撞**（collision resistance），如圖11.3所示。

圖 11.3　一個密碼雜湊函數的準則

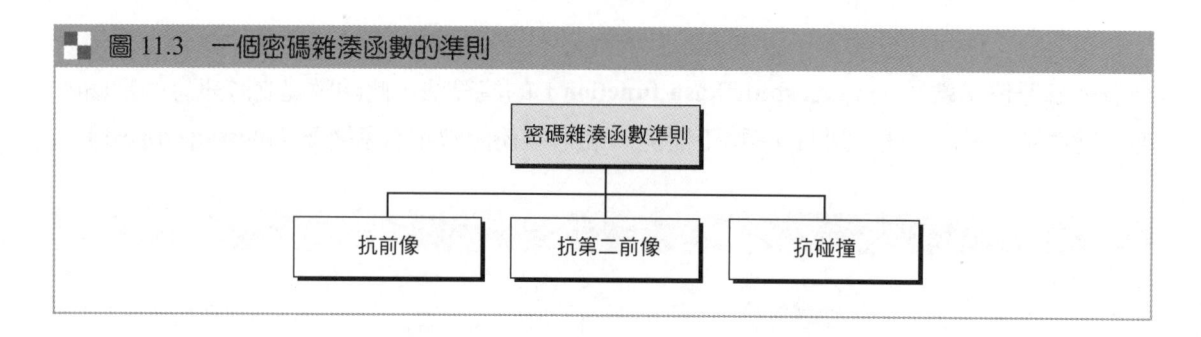

```
              密碼雜湊函數準則
         ┌────────┼────────┐
       抗前像   抗第二前像   抗碰撞
```

抗前像

密碼雜湊函數必須能**抗前像**（preimage resistance）。給定一個雜湊函數 h 且 y = h(M)，對 Eve 而言，要找到任何訊息 M′ 使得 y = h(M′) 必須是相當困難的。圖11.4顯示這個概念。

圖 11.4　前像

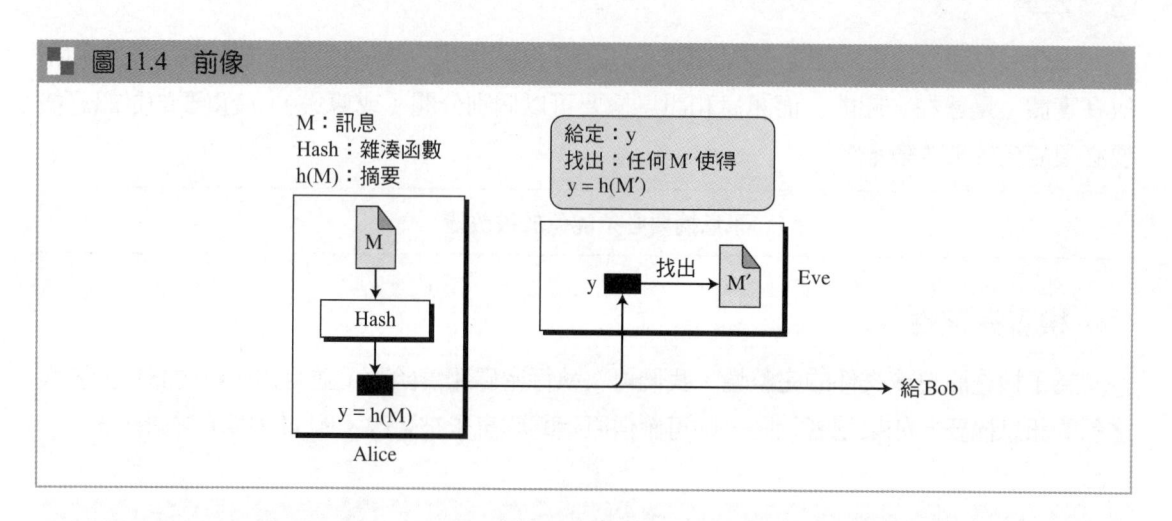

M：訊息
Hash：雜湊函數
h(M)：摘要

給定：y
找出：任何 M′ 使得 y = h(M′)

Alice　　　　　　　　　　　Eve　　　　→ 給 Bob

如果雜湊函數無法抗前像，那麼 Eve 能攔截摘要 h(M) 並且建立一個訊息 M′，然後傳送 M′ 給 Bob 假裝它是 M。

前像攻擊
給定：y = h(M)　　找出：M′ 使得 y = h(M′)

範例 11.1　常用的無失真壓縮方法（例如 StuffIt）可做為密碼雜湊函數嗎？

解法　不能。無失真壓縮方法所產生的壓縮訊息是可逆的，因此任何人可以還原這個壓縮的訊息以得到原始的訊息。

範例 11.2　檢查碼函數可做為密碼雜湊函數嗎？

解法　不能。檢查碼函數不是抗前像的，Eve 可能會找出一些訊息，其檢查碼與所給定的檢查碼相吻合。

抗第二前像

第二個準則稱為**抗第二前像（second preimage resistance）**，確保訊息不能被輕易偽造。如果 Alice 建立一個訊息和一個摘要並傳送給 Bob，這個準則可以確保 Eve 無法很容易地建立另一個有完全相同摘要的訊息；換句話說，給定一個特定的訊息和其摘要，要建立另一個有相同摘要的訊息是不可能的（或者至少非常困難）。圖 11.5 顯示這個概念。

Eve 攔截一個訊息 M 和其摘要 h(M)。她建立另一個訊息 M′ ≠ M，但是 h(M) = h(M′)，Eve 傳送 M′ 和 h(M′) 給 Bob，她已經成功偽造了訊息。

第二前像攻擊

給定：M 和 h(M)　　找出：M′ ≠ M 使得 h(M) = h(M′)

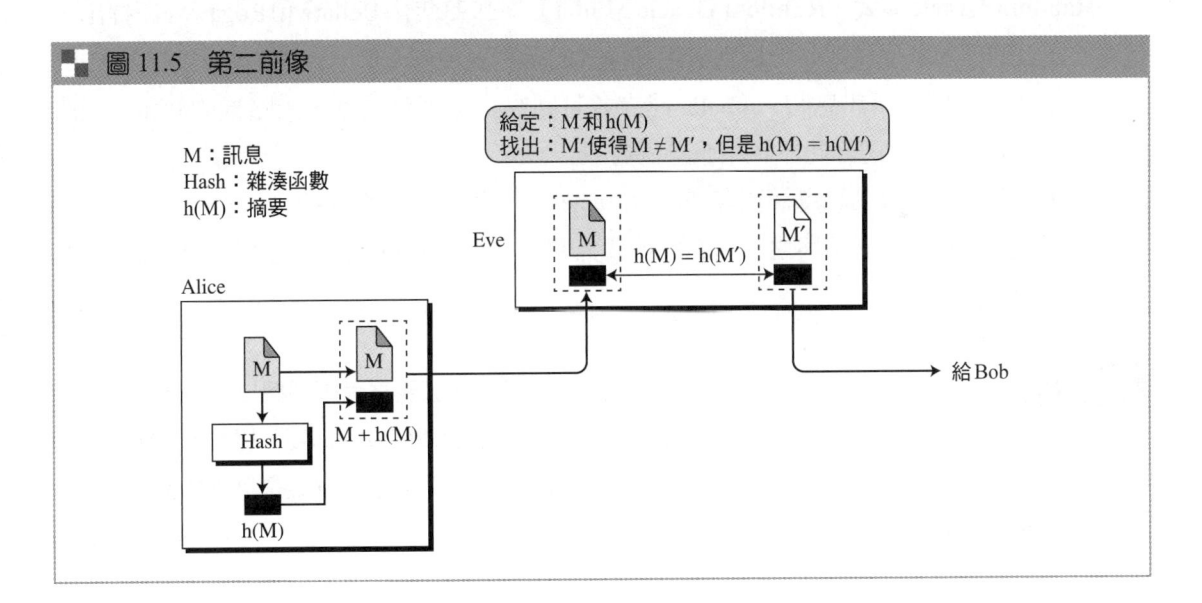

圖 11.5　第二前像

抗碰撞

第三個準則稱為**抗碰撞（collision resistance）**，確保 Eve 無法找出兩個可以雜湊出相同摘要的訊息。此攻擊是指 Eve 可以建立兩個訊息（沒有設限），並且雜湊出相同的摘要，我們稍後將看到 Eve 如何從一個具有此弱點的雜湊函數得到好處。現在假設建立兩份不同的遺囑，並雜湊出相同的摘要，當遺囑要被履行的時候，若將第二個（亦即偽造的）遺囑交付繼承人，因為兩份遺囑的摘要吻合，因此該替換的遺囑將不會被發覺。圖 11.6 顯示這個概念。我們稍後將看到這類攻擊比前兩種更容易執行；換句話說，我們需要特別確保一個雜湊函數是抗碰撞的。

■ 圖 11.6 抗碰撞

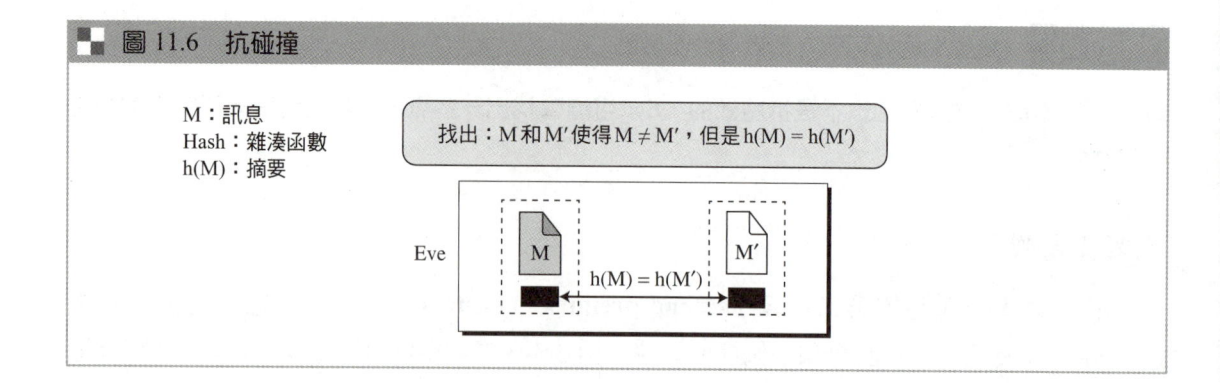

M：訊息
Hash：雜湊函數
h(M)：摘要

找出：M 和 M′ 使得 M ≠ M′，但是 h(M) = h(M′)

Eve　M　h(M) = h(M′)　M′

碰撞攻擊
給定：無　　找出：M′ ≠ M 使得 h(M) = h(M′)

11.2 Random Oracle 模式

Random Oracle 模式（Random Oracle Model）係 1993 年由 Bellare 和 Rogaway 所提出，是雜湊函數的理想數學模式。一個基於這種模式的函數表現如下：

1. 當給予任意長度的新訊息時，oracle* 建立並且回應一個固定長度、由隨機的 0 和 1 組成的訊息摘要，oracle 記錄此訊息和訊息摘要。
2. 當給予一個訊息，而其訊息摘要存在時，oracle 僅回應紀錄的摘要。
3. 一個新訊息的摘要，必須與之前所有的摘要無關，這意味著 oracle 不能使用一個公式或演算法來計算摘要。

範例 11.3　假設一個 oracle 有一個表格和一枚公正的硬幣。該表格有兩個欄位，第一個欄位顯示該 oracle 已經發出摘要的訊息，第二個欄位則列出為這些訊息所建立的摘要。假設不論訊息的大小，摘要都是 16 位元。表 11.1 顯示一個這種表格的例子，其中訊息和訊息摘要是以十六進位表示，表中 oracle 已經建立了三個摘要。

表 11.1　oracle 回應最初三個摘要之後的表格

訊息	訊息摘要
4523AB1352CDEF45126	13AB
723BAE38F2AB3457AC	02CA
AB45CD1048765412AAAB6662BE	A38B

---

* oracle 這個名詞可以想像是一個類似水晶球的回應體。當一個 oracle 接收到一個詢問訊息時，它會如實地回應應該回應的東西。例如一個 random oracle 接收到一個詢問訊息時，它會如實地回應一個亂數。

現在假設發生兩個狀況：

a. 給予訊息 AB1234CD8765BDAD，欲要求 oracle 計算摘要。oracle 檢查它的表格，發現表格中無此訊息，因此 oracle 擲硬幣 16 次，若結果是 HHTHHHTTHTHHTTTH，其中字母 H 代表正面，字母 T 代表反面，oracle 將 H 解釋為位元 1，將 T 解釋為位元 0，並且回應二進位的 1101110010110001 或十六進位的 DCB1 做為該訊息的訊息摘要，然後將此訊息和訊息摘要新增至表格中（表 11.2）。

b. 給予訊息 4523AB1352CDEF45126，欲要求 oracle 計算摘要。oracle 檢查它的表格，發現表格中有該訊息的摘要（第一列），oracle 僅回應相對應的摘要（13AB）。

表 11.2　oracle 發行第四個摘要之後的表格

訊息	訊息摘要
4523AB1352CDEF45126	13AB
723BAE38F2AB3457AC	02CA
AB1234CD8765BDAD	DCB1
AB45CD1048765412AAAB6662BE	A38B

範例 11.4　範例 11.3 的 oracle 不能使用一個公式或演算法來建立訊息摘要。例如，想像 oracle 使用公式 h(M) = M mod n 來計算摘要。現在假設 oracle 已經回應 h(M_1) 和 h(M_2) 了，如果有一個新訊息 $M_3 = M_1 + M_2$，oracle 不必計算 h(M_3)，新的摘要恰好是 [h(M_1) + h(M_2)] mod n，因為

$$h(M_3) = (M_1 + M_2) \bmod n = M_1 \bmod n + M_2 \bmod n = [h(M_1) + h(M_2)] \bmod n$$

如此違反第三個要求，也就是對每個給予 oracle 的訊息，其摘要必須是隨機選擇的。

鴿籠理論

要理解 Random Oracle 模式的分析，首先要熟悉**鴿籠理論**（**pigeonhole principle**）：如果 n 個鴿籠被 $n + 1$ 隻鴿子佔用，那麼至少有一個鴿籠是被兩隻鴿子佔用。鴿籠理論的一般化意義是，如果 n 個鴿籠被 $kn + 1$ 隻鴿子佔用，那麼至少有一個鴿籠是被 $k + 1$ 隻鴿子佔用。

因為雜湊的主要概念是要求摘要應該要比訊息短，根據鴿籠理論可知將會產生碰撞；換句話說，有些摘要會對應到不只一個訊息，可能的訊息和可能的摘要之間的關係是多對一。

範例 11.5　假設一個雜湊函數的訊息長度是 6 位元，而摘要長度只有 4 位元，那麼摘要（鴿籠）的可能數量是 $2^4 = 16$，而訊息（鴿子）的可能數量是 $2^6 = 64$，這意味著 $n = 16$ 而 $kn + 1 = 64$，因此 k 大於 3，結論是一個摘要至少對應到四個（即 $k + 1$ 個）訊息。

🔑 生日問題

要分析 Random Oracle 模式之前,第二件要知道的是著名的**生日問題**(**birthday problems**)。四種不同的生日問題常在機率課程中遇到,其中第三個問題有時稱為生日迷失(birthday paradox),是在文獻上最普遍的。圖 11.7 顯示每個問題的概念。

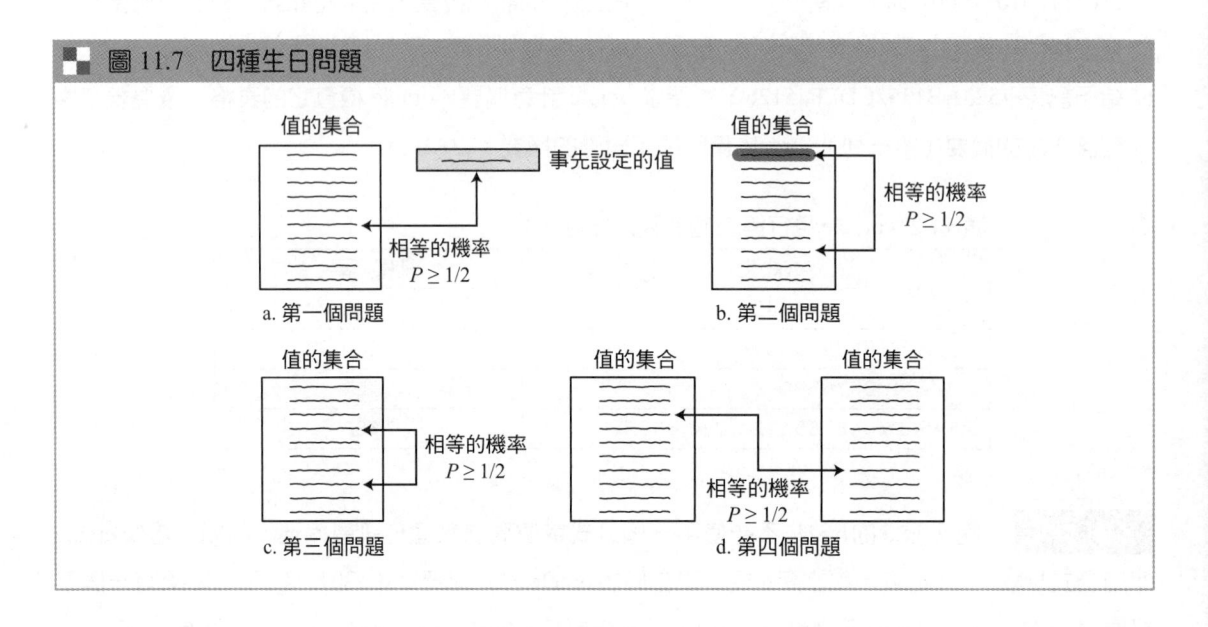

■ 圖 11.7　四種生日問題

問題的說明

以下就生日問題應用到雜湊函數的安全性加以說明。注意,以下所有情況提到「很可能」一詞是指機率 $P \geq 1/2$。

- **問題 1**:一間教室內的學生人數 k 最少是多少,才很可能至少有一位學生的生日與預定的生日一樣?這個問題可以被一般化如下:假設隨機變數的值有 N 個可能(0 到 $N-1$)且平均分布,那麼變數個數 k 最少是多少,才很可能至少有一個變數的值與預定的值一樣?
- **問題 2**:一間教室內的學生人數 k 最少是多少,才很可能至少有一位學生的生日與教授選擇的某位學生的生日一樣?這個問題可以被一般化如下:假設隨機變數的值有 N 個可能(0 到 $N-1$)且平均分布,那麼變數個數 k 最少是多少,才很可能至少有一個變數的值與被選擇的變數值一樣?
- **問題 3**:一間教室內的學生人數 k 最少是多少,才很可能至少有兩位學生的生日相同?這個問題可以被一般化如下:假設隨機變數的值有 N 個可能(0 到 $N-1$)且平均分布,那麼變數個數 k 最少是多少,才很可能至少有兩個變數的值是一樣的?
- **問題 4**:有兩班的學生人數相同,則每班教室內的學生人數 k 最少是多少,才很可能至少有兩位來自不同教室的學生有相同的生日?這個問題可以被一般化如下:假設隨機變數的值有 N 個可能(0 到 $N-1$)且平均分布,現在有兩個隨機變數的集合其數量相同,那

麼變數個數 k 最少是多少，才很可能至少有兩個變數分別來自不同的集合，且這兩個變數的值是一樣的？

解法的總結

對於這些問題的解法，有興趣的讀者可以參閱附錄 E。表 11.3 總結解法的結果。

表 11.3　四個生日問題的解法總結

問題	機率	k 的一般值	$P = 1/2$ 的 k 值	學生的數量 ($N = 365$)
1	$P \approx 1 - e^{-k/N}$	$k \approx \ln[1/(1-P)] \times N$	$k \approx 0.69 \times N$	253
2	$P \approx 1 - e^{-(k-1)/N}$	$k \approx \ln[1/(1-P)] \times N + 1$	$k \approx 0.69 \times N + 1$	254
3	$P \approx 1 - e^{k(k-1)/2N}$	$k \approx \{2 \ln [1/(1-P)]\}^{1/2} \times N^{1/2}$	$k \approx 1.18 \times N^{1/2}$	23
4	$P \approx 1 - e^{-k^2/2N}$	$k \approx \{\ln [1/(1-P)]\}^{1/2} \times N^{1/2}$	$k \approx 0.83 \times N^{1/2}$	16

表 11.3 中灰色顯示的值 23 是傳統生日問題的解答。如果在一間教室裡僅有 23 位學生，那麼很可能（機率 $P \geq 1/2$）有兩位學生的生日是同一天（不管他們是幾年出生的）。

比較

問題 1 與問題 2 的 k 值與 N 成正比；問題 3 與問題 4 的 k 值與 $N^{1/2}$ 成正比。我們很快將看到前兩個問題與前像攻擊和第二前像攻擊有關；而後兩個問題與碰撞攻擊有關。經過比較，顯示出發動前像攻擊或第二前像攻擊要比發動碰撞攻擊更困難。圖 11.8 顯示 P 相對於 k 的關係。問題 1 和問題 2 只顯示一條曲線（因為它們的機率非常相近），問題 2 與問題 3 的曲線有比較明顯的區別。

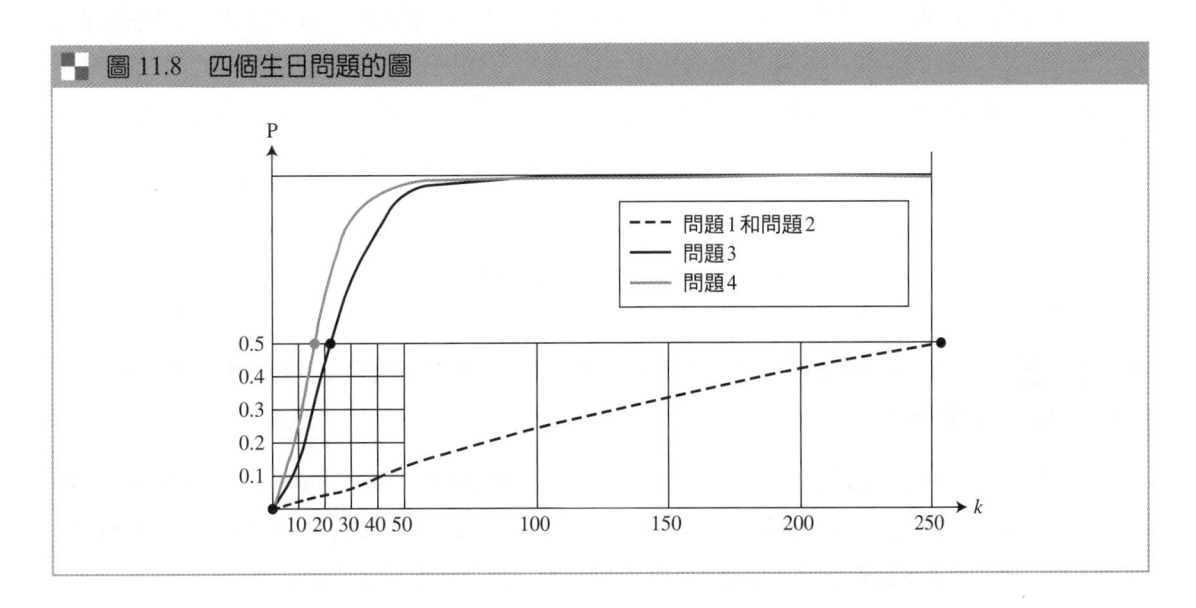

■ 圖 11.8　四個生日問題的圖

針對 Random Oracle 模式的攻擊

想要更瞭解雜湊函數的性質和 Random Oracle 模式的重要性，我們來思考 Eve 如何能夠攻擊由 oracle 所建立的雜湊函數。假設此雜湊函數產生 n 位元的摘要，那麼此摘要可以視為一個平均分布在 0 到 $N-1$ 之間的隨機變數，其中 $N = 2^n$；換句話說，此摘要有 2^n 個可能的值，而針對每一次的訊息，oracle 隨機選擇這些值之一來回應。注意，這並不意味選擇是徹底的；某些值可能從未被選擇，而某些值可能被選擇了好幾次。我們假設雜湊函數演算法是公開的，且 Eve 知道摘要的大小是 n。

前像攻擊

Eve 已經攔截一個摘要 D = h(M)，她想要找到任何訊息 M′ 使得 D = h(M′)，Eve 可以建立 k 個訊息並執行演算法 11.1。

演算法 11.1 前像攻擊

```
Preimage_Attack (D)
{
    for (i = 1 to k)
    {
        create (M [i])
        T ← h(M [i])                    // T是一個暫時的摘要
        if (T = D) return M [i]
    }
    return failure
}
```

此演算法能判斷一個訊息的摘要是否為 D。其成功的機率是多少？很顯然地，這取決於 Eve 所選擇的 k 之大小。要找出此機率，我們使用第一個生日問題。由此程式建立的摘要定義了一個隨機變數的結果，成功的機率為 $P \approx 1 - e^{-k/N}$。如果 Eve 需要至少 50% 的成功機率，那麼 k 的大小應該是多少？我們也在表 11.3 顯示了第一個生日問題的這個 k 值：$k \approx 0.69 \times N$ 或 $k \approx 0.69 \times 2^n$；換句話說，若 Eve 需要超過 50% 的成功機率，她需要建立的摘要大小與 2^n 成正比。

前像攻擊的困難度與 2^n 成正比。

範例 11.6 一個密碼雜湊函數使用 64 位元的摘要，若 Eve 成功找到原始訊息的機率要大於 0.5，則需要建立多少個摘要？

解法 要建立的摘要數量是 $k \approx 0.69 \times 2^n \approx 0.69 \times 2^{64}$，這是一個非常大的數目，即使 Eve 能每秒建立 2^{30}（將近 10 億）個訊息，也要花 0.69×2^{34} 秒或超過 500 年，這意味著一個大小為 64 位元的訊息摘要對前像攻擊而言是安全的，但我們即將看到這對碰撞攻擊而言是不安全的。

第二前像攻擊

Eve已經攔截一個摘要 D = h(M) 和其對應的訊息 M，她想要找到另一個訊息 M′ 使得 h(M′) = D，Eve可以建立 k − 1 個訊息並執行演算法11.2。

演算法 11.2　第二前像攻擊

```
Second_Preimage_Attack (D, M)
{
   for (i = 1 to k-1)
   {
      create (M [i])
      T ← h (M [i])                  // T是一個暫時的摘要
      if (T = D) return M [i]
   }
   return failure
}
```

此演算法能判斷另一個訊息的摘要是否為 D。其成功的機率是多少？很顯然地，這取決於Eve所選擇的 k 之大小。要找出此機率，我們使用第二個生日問題。由此程式建立的摘要定義了一個隨機變數的結果，成功的機率是 $P \approx 1 - e^{-(k-1)/N}$。如果Eve需要至少50%的成功機率，那麼 k 的大小應該是多少？表11.3也顯示了第二個生日問題的這個 k 值：$k \approx 0.69 \times N + 1$ 或 $k \approx 0.69 \times 2^n + 1$；換句話說，若Eve需要超過50%的成功機率，她需要建立的摘要大小與 2^n 成正比。

第二前像攻擊的困難度與 2^n 成正比。

碰撞攻擊

Eve需要找到兩個訊息 M 和 M′，使得 h(M) = h(M′)，Eve可以建立 k 個訊息並執行演算法11.3。

演算法 11.3　碰撞攻擊

```
Collision_Attack
{
   for (i = 1 to k)
   {
      create (M[i])
      D[i] ← h (M[i])                // D[i]是一列暫時的摘要
      for (j = 1 to i - 1)
      {
         if (D[i] = D[j]) return (M[i] and M[j])
      }
   }
   return failure
}
```

此演算法能找出兩個有相同摘要的訊息。其成功的機率是多少？很顯然地，這取決於 Eve 所選擇的 k 之大小。要找出此機率，我們使用第三個生日問題。由此程式建立的摘要定義了一個隨機變數的結果，成功的機率是 $P \approx 1 - e^{-k(k-1)/2N}$。如果 Eve 需要至少 50% 的成功機率，那麼 k 的大小應該是多少？表 11.3 也顯示了第三個生日問題的這個 k 值：$k \approx 1.18 \times N^{1/2}$ 或 $k \approx 1.18 \times 2^{n/2}$；換句話說，若 Eve 需要超過 50% 的成功機率，她需要建立的摘要大小與 $2^{n/2}$ 成正比。

碰撞攻擊的困難度與 $2^{n/2}$ 成正比。

範例 11.7 一個密碼雜湊函數使用 64 位元的摘要，若 Eve 找到兩個有相同摘要的訊息之機率需要大於 0.5，則她要建立多少個摘要？

解法 要建立的摘要數量是 $k \approx 1.18 \times 2^{n/2} \approx 1.18 \times 2^{32}$。如果 Eve 能每秒測試 2^{20}（將近 100 萬）個訊息，那要花 1.18×2^{12} 秒或不到 2 小時，這意味著一個大小為 64 位元的訊息摘要無法安全地抵擋碰撞攻擊。

交替的碰撞攻擊

對 Eve 而言，之前的碰撞攻擊可能是沒有用的，攻擊者需要建立兩個會雜湊出相同值的訊息：一個真的和一個偽造的。每個訊息都應該具有意義。之前的演算法並不提供這類的碰撞。解決方法是建立兩個有意義的訊息，但是對訊息加入多餘的資料或修飾，在不改變訊息意義的情況下修改訊息的內容，例如許多訊息可以透過對第一個訊息增加空格、改變單字、增加一些多餘的單字等方式加以修改，第二個訊息也可以依此方式建立出許多訊息，我們將原始訊息稱為 M，偽造訊息稱為 M′，Eve 建立 k 個 M 的不同變形（$M_1, M_2, ..., M_k$）和 k 個 M′ 的不同變形（$M′_1, M′_2, ..., M′_k$），Eve 接著使用演算法 11.4 來發動這個攻擊。

演算法 11.4　交替的碰撞攻擊

```
Alternate_Collision_Attack (M [k], M′[k])
{
    for (i = 1 to k)
    {
        D[i] ← h (M[i])
        D′[i] ← h (M′[i])
        if (D [i] = D′[j]) return (M[i], M′[j])
    }
    return failure
}
```

此演算法成功的機率是多少？很顯然地，這取決於 Eve 所選擇的 k 之大小。要找出此機率，我們使用第四個生日問題。由此程式建立的兩列摘要定義了一個隨機變數的結果，成功的機率是 $P \approx 1 - e^{-k^2/N}$，如果 Eve 需要至少 50% 的成功機率，那麼 k 的大小應該是多少？

表11.3也顯示了第四個生日問題的這個k值：$k \approx 0.83 \times N^{1/2}$或$k \approx 0.83 \times 2^{n/2}$；換句話說，若Eve需要超過50%的成功機率，她需要建立的摘要大小與$2^{n/2}$成正比。

交替的碰撞攻擊之困難度與$2^{n/2}$成正比。

攻擊的總結

表11.4顯示摘要為n位元時，每一種攻擊的困難程度。

表11.4　每一種攻擊型態的困難程度

攻擊	P = 1/2的k值	等級
前像	$k \approx 0.69 \times 2^n$	2^n
第二前像	$k \approx 0.69 \times 2^n + 1$	2^n
碰撞	$k \approx 1.18 \times 2^{n/2}$	$2^{n/2}$
交替的碰撞	$k \approx 0.83 \times 2^{n/2}$	$2^{n/2}$

表11.4顯示出碰撞攻擊的等級或困難程度比前像攻擊或第二前像攻擊低許多，如果一個雜湊函數能抵抗碰撞，那我們就不用擔心前像和第二前像攻擊了。

範例 11.8　起初，摘要大小是64位元的雜湊函數被認為可以防止碰撞攻擊，但是隨著處理速度的增快，今日大家都認同這些雜湊函數已不再安全。Eve要啟動一個機率1/2或更大的攻擊只需要$2^{64/2} = 2^{32}$次測試。假設她能每秒執行2^{20}（100萬）次測試，那麼在$2^{32}/2^{20} = 2^{12}$秒內（將近1小時）就能發動一次攻擊。

範例 11.9　長期以來，MD5（參閱第十二章）是雜湊函數的標準之一，其產生128位元的摘要。若要發動一次碰撞攻擊，攻擊者需要在碰撞演算法中測試2^{64}（$2^{128/2}$）次，即使攻擊者每秒能執行2^{30}（超過10億）次測試，也要花2^{34}秒（超過500年）才能發動一次攻擊。這樣的攻擊分析是基於Random Oracle模式。然而，因為其演算法結構的因素，MD5已經被證明可以在2^{64}次測試內攻擊成功。

範例 11.10　SHA-1（參閱第十二章）是由NIST開發的雜湊函數標準，其產生160位元的摘要。若要發動一次碰撞攻擊，攻擊者需要在碰撞演算法中測試$2^{160/2} = 2^{80}$次。即使攻擊者每秒能執行2^{30}（超過10億）次測試，也要花2^{50}秒（超過1萬年）才能發動一次攻擊。不過，研究人員已經發現此函數的某些特徵，可以在少於上述計算的時間內攻擊成功。

範例 11.11　SHA-512（參閱第十二章）很有可能成為NIST標準的新雜湊函數，其產生512位元的摘要。基於Random Oracle模式，這個函數明顯可以抵抗碰撞攻擊。若要有1/2的機率找到碰撞，需要$2^{512/2} = 2^{256}$次測試。

對結構的攻擊

所有對雜湊函數攻擊的相關討論都是針對理想的密碼雜湊函數，它們是基於 Random Oracle 模式而表現得像水晶球一樣。雖然這類的分析對演算法提供了有系統的評估，然而實際的雜湊函數可能有一些內部的結構，導致其安全性要薄弱許多。要一個雜湊函數產生完全隨機的摘要是不可能的，攻擊者可能有其他的工具來攻擊雜湊函數，例如第六章討論過的雙重 DES 的中間相遇攻擊。我們將在下一章看到某些雜湊演算法容易遭受此類型的攻擊。這些類型的雜湊函數與理想的模式相差太遠，並且應該被避免。

11.3 訊息確認性

訊息摘要保證訊息的完整性，亦即保證訊息沒有被更改過。然而，訊息摘要並不會確認訊息的傳送者，當 Alice 傳送訊息給 Bob 時，Bob 需要知道此訊息是否來自 Alice。為了提供訊息的確認性，Alice 需要提供證據以證明這是 Alice 所傳送的訊息，而非冒充者所傳。訊息摘要本身無法提供這樣的證據。密碼雜湊函數所產生的摘要通常稱為篡改偵測碼，其能偵測訊息的任何更改，而對於訊息確認（資料來源的確認），我們需要的是訊息確認碼。

篡改偵測碼

篡改偵測碼（modification detection code, MDC）是一個訊息摘要，可以證明訊息的完整性：訊息沒有被更改過。如果 Alice 需要傳送訊息給 Bob，並且確保訊息在傳輸過程不會被更改，Alice 可以建立一個訊息摘要 MDC，並且把訊息和 MDC 傳送給 Bob。Bob 可以從訊息建立新的 MDC，並且比較收到的 MDC 和此新建立的 MDC，如果它們相同，則訊息沒有被更改過。圖 11.9 顯示這樣的概念。

圖 11.9 顯示訊息可以經由不安全的通道來傳輸，Eve 可以讀取或甚至更改訊息，然而，MDC 需要透過安全的通道來傳輸。這裡的「安全」一詞是指免於被更改，如果訊息和

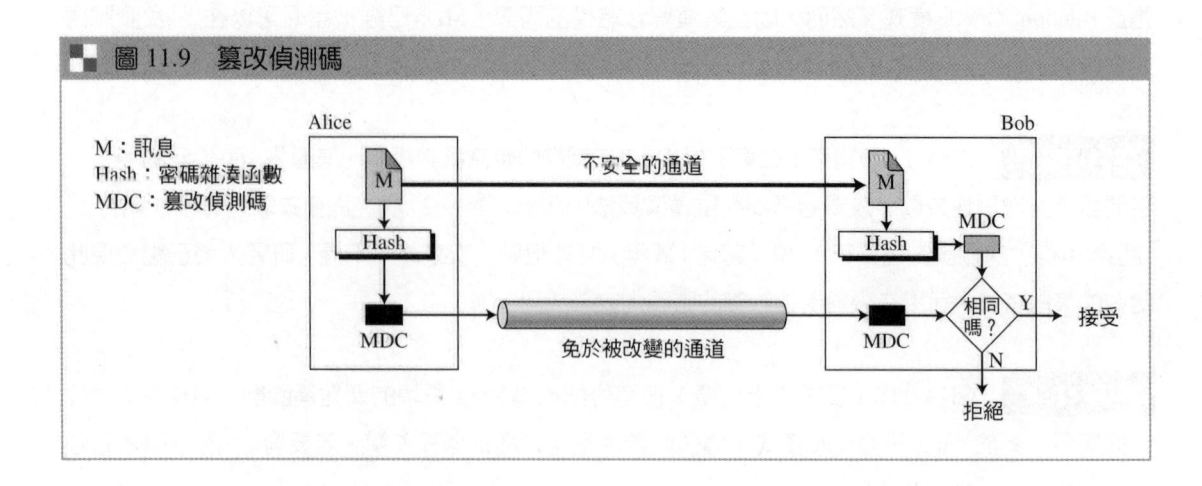

圖 11.9　篡改偵測碼

MDC 都經由不安全的通道來傳送，Eve 可以攔截訊息、改變它、為此更改的訊息建立新的 MDC、然後再將兩者傳送給 Bob，Bob 不會知道此訊息是來自於 Eve。注意，「安全」一詞可以意指一個信任的一方，而「通道」一詞可以意指時間的經過。例如，如果 Alice 從她的遺囑產生一個 MDC，並且把它寄存在律師那裡，而律師把它鎖起來直到 Alice 死亡為止，Alice 已經使用了安全的通道。

Alice 寫下遺囑並且公開宣布（不安全的通道），並從遺囑產生一個 MDC 寄存在律師那裡，而律師把它保存直到 Alice 死亡為止（安全的通道）。雖然 Eve 可能更改遺囑的內容，但是律師能從遺囑建立一個 MDC，並且證明 Eve 的版本是偽造的。如果用來建立 MDC 的密碼雜湊函數有本章一開始所描述的三個特性，那麼 Eve 將會失敗。

訊息確認碼

要保證訊息的完整性和確認資料的來源——在此 Alice 是訊息的來源方，而不是其他人——我們需要將篡改偵測碼改成**訊息確認碼（message authentication code, MAC）**。MDC 和 MAC 之間的差別在於 MAC 包括一個在 Alice 和 Bob 之間的祕密，例如，一把 Eve 沒有的祕密金鑰。圖 11.10 顯示這樣的概念。

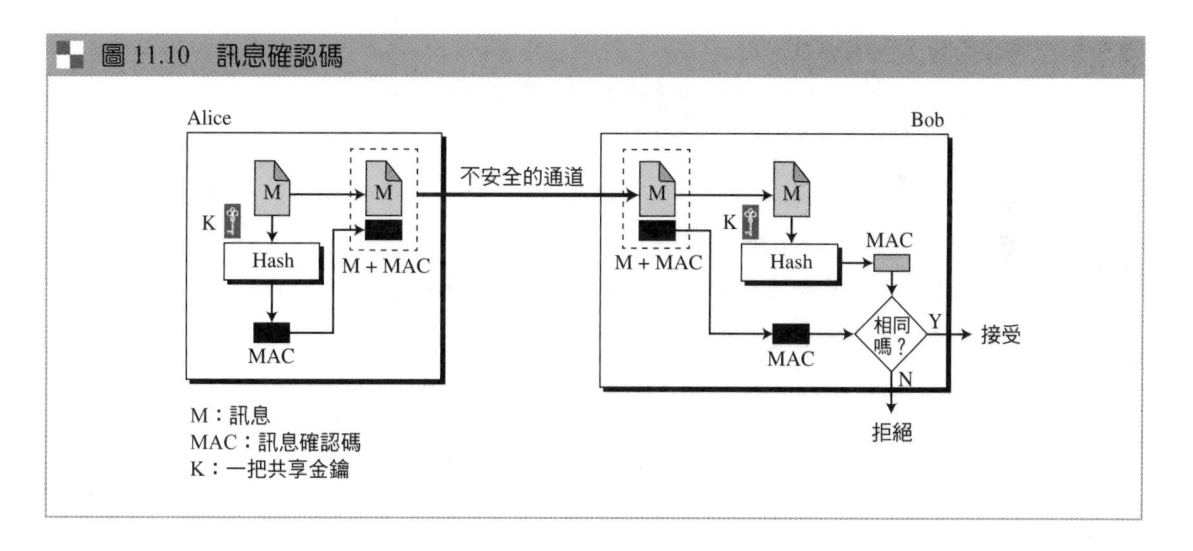

圖 11.10 訊息確認碼

M：訊息
MAC：訊息確認碼
K：一把共享金鑰

Alice 使用一個雜湊函數從金鑰和訊息的連結建立一個 MAC——h(K|M)，她經由不安全的通道傳送這個訊息和 MAC 給 Bob。Bob 將訊息與 MAC 分開，接著從祕密金鑰和訊息的連結建立一個新的 MAC，然後比較新建立的 MAC 與接收到的 MAC，如果這兩個 MAC 吻合，此訊息是真實的且沒有被攻擊者更改過。

注意，在這個情況中不需要使用兩個通道，訊息和 MAC 都可以在相同的不安全通道上傳送，Eve 能看到訊息，但她無法偽造一個新訊息來取代它，因為 Eve 沒有 Alice 和 Bob 之間的共享金鑰，她無法建立和 Alice 一樣的 MAC。

我們目前所描述的MAC稱為前置MAC，因為祕密金鑰是被附加在訊息的前端，也有金鑰是附加在訊息後端的後置MAC。我們能結合前置MAC和後置MAC，其可以使用一把相同的金鑰或兩把不同的金鑰，儘管如此，這種最終的MAC仍然是不安全的。

MAC的安全性

假設Eve已經攔截訊息M和摘要h(K|M)，Eve在不知道祕密金鑰的情況下要如何偽造訊息呢？有三種可能的情況：

1. 如果這把金鑰的大小允許徹底的搜尋，Eve可以事先在訊息的前端附加所有可能的金鑰，並且產生(K|M)的摘要以找出和所攔截的相等摘要，然後她就可知道這把金鑰，並且能成功地將訊息替換成她選擇的偽造訊息。
2. 在MAC中，這把金鑰的大小通常非常大，但是Eve能使用另一個工具：在演算法11.1所討論的前像攻擊，她使用此演算法直到找到X，使得h(X)等於她所攔截的MAC，這時候她可以找到這把金鑰，並且成功地將訊息替換成一個偽造的訊息。因為這把金鑰的大小對徹底搜尋而言通常非常大，Eve只能使用前像演算法來攻擊MAC。
3. 假使Eve蒐集了一些訊息和其MAC的配對，Eve能運用這些配對得到一個新訊息和其MAC。

MAC的安全性取決於其植基的雜湊函數之安全性。

巢狀MAC

為了改進MAC的安全性，**巢狀MAC（nested MAC）**被設計出來，其在兩個步驟中做了雜湊：在步驟1中，金鑰和訊息串連且被雜湊以建立一個中間摘要；在步驟2中，金鑰和中間摘要串連以建立最後的摘要。圖11.11顯示一般的概念。

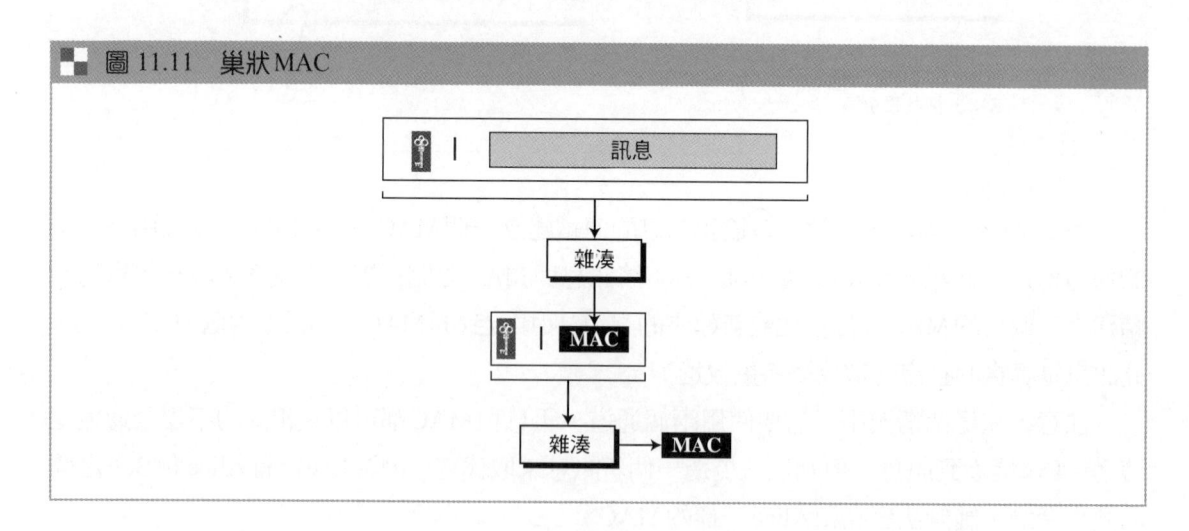

■ 圖 11.11 巢狀 MAC

HMAC

NIST已經發布一個巢狀MAC的標準（FIPS 198），經常被稱為**雜湊的訊息確認碼**（**Hashed Message Authentication Code (HMAC)**，是為了與CMAC區別，CMAC將在下一節討論）。HMAC的實作要比圖11.11所示的簡化巢狀MAC來得複雜許多，HMAC有更多的特性，例如填塞，圖11.12顯示其細節。我們來檢視其步驟：

1. 將訊息分成 N 個區塊，每一區塊 b 個位元。
2. 將 0 附加到祕密金鑰的左邊以建立一把 b 位元的金鑰。注意，建議這把祕密金鑰（附加之前）大於 n 位元，n 是 HMAC 的大小。
3. 將步驟 2 的結果與一個稱為 **ipad**（**輸入填塞，input pad**）的常數做互斥或運算以建立一個 b 位元的區塊，ipad 的值是將位元串 00110110（十六進位是 36）重複 $b/8$ 次所得。
4. 此區塊的結果附加在 N 區塊訊息之前，其結果是 $N+1$ 個區塊。
5. 將步驟 4 的結果雜湊以產生一個 n 位元摘要，我們稱此摘要為中間 HMAC。
6. 在這個 n 位元的中間 HMAC 的左邊附加 0，以產生一個 b 位元區塊。
7. 以一個不同的常數 **opad**（**輸出填塞，output pad**）重複步驟 2 和步驟 3，opad 的值是將位元串 01011100（十六進位是 5C）重複 $b/8$ 次所得。
8. 步驟 7 的結果附加在步驟 6 的區塊之前。
9. 以相同的雜湊演算法將步驟 8 的結果雜湊，以產生最後的 n 位元 HMAC。

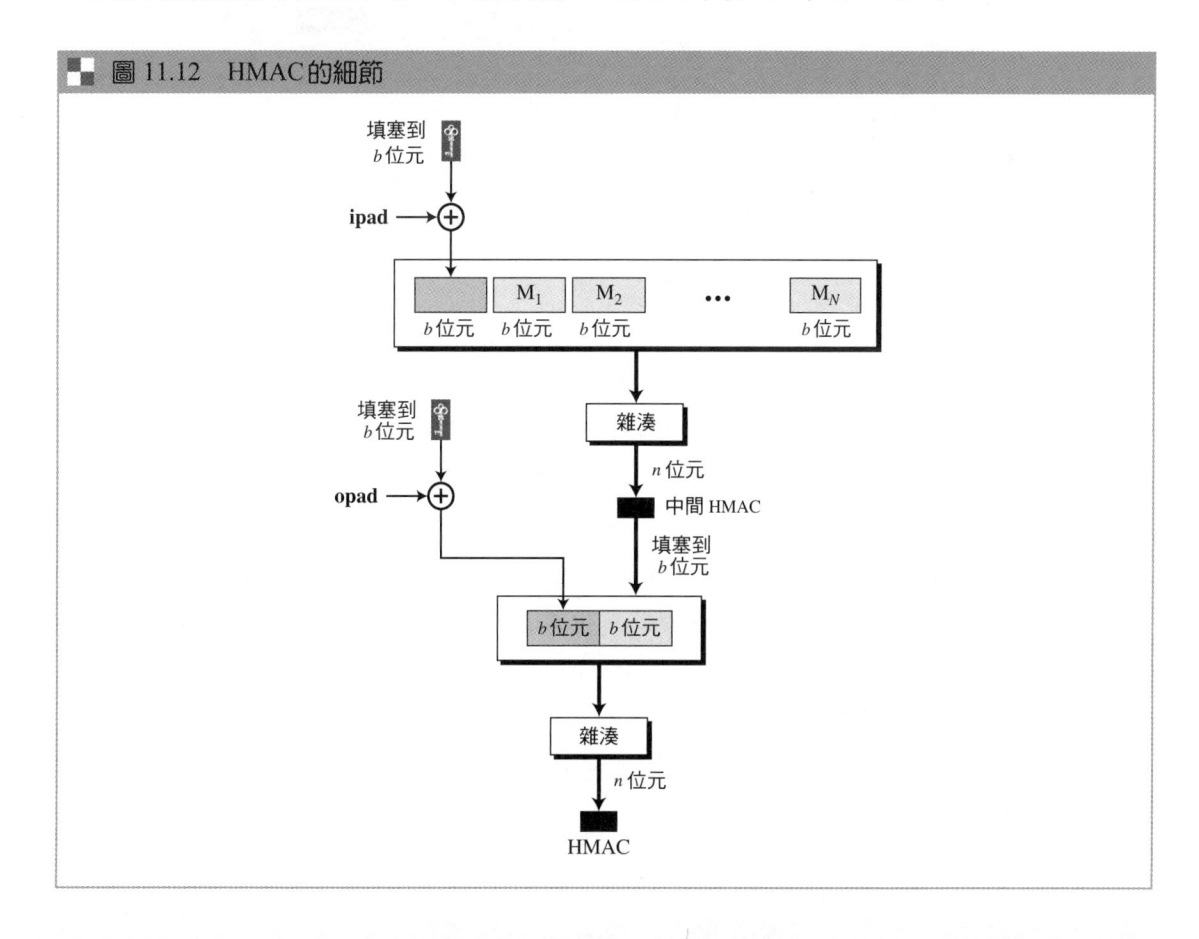

圖 11.12　HMAC 的細節

CMAC

NIST已經定義了一個稱為資料確認演算法（Data Authentication Algorithm）的標準（FIPS 113），也稱為 **CMAC** 或 **CBCMAC**，這個方法類似於第八章所討論之對稱式金鑰加密法的密文區塊鏈結（CBC）模式。不過，這裡的想法並不是從 N 個區塊的明文建立 N 個區塊的密文，而是使用一個對稱式金鑰加密法 N 次，以從 N 個區塊的明文建立一個 MAC 區塊。圖 11.13 顯示這樣的概念。

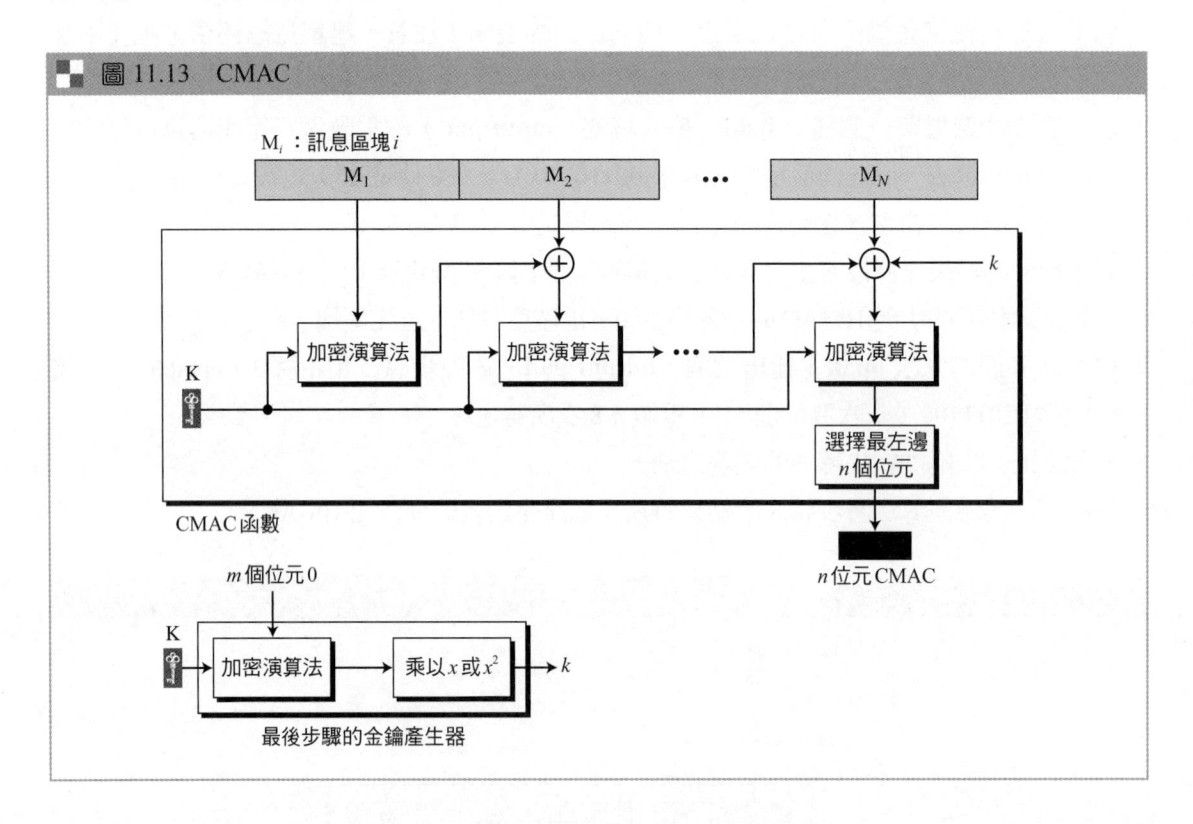

圖 11.13　CMAC

訊息被分成 N 個區塊，每一個區塊 m 位元，CMAC 的大小是 n 位元，如果最後區塊不是 m 位元，那麼就附加一個位元 1，再接著足夠的位元 0 使其成為 m 位元。訊息的第一個區塊用對稱式金鑰加密以建立一個 m 位元區塊的加密資料，此區塊與下一個區塊做互斥或運算，結果再被加密一次以建立一個新的 m 位元區塊，持續這樣的過程直到訊息的最後區塊被加密為止，而最後區塊的最左邊 n 個位元就是 CMAC。除了這把對稱式金鑰 K 之外，CMAC 也使用另一把金鑰 k，其只在最後一步使用，這把金鑰是由 m 個位元 0 的明文使用加密金鑰 K 從加密演算法推導而來的。接著，此一結果若沒有被填塞則乘以 x，若有被填塞則乘以 x^2，此乘法是在 $GF(2^m)$ 中使用，而此 $GF(2^m)$ 具有由特定協定所選擇的 m 次不可分解多項式。

注意，這與用於機密性的 CBC 不同，其每次加密的輸出被當作密文傳送，且同時和下一個明文區塊做互斥或運算；而這裡的中間加密區塊未被做為密文傳送，只用來和下一個區塊做互斥或運算。

推薦讀物

為了更深入瞭解本章所討論的主題，我們建議選讀下列書籍與網站。括號內的項目請參閱本書書末的參考文獻。

書籍

有幾本書對密碼雜湊函數有很好的介紹，包括 [Sti06]、[Sta06]、[Sch99]、[Mao04]、[KPS02]、[PHS03] 和 [MOV96]。

網站

對於本章所討論的主題，以下的網站提供了許多更深入的資訊。

- http://en.wikipedia.org/wiki/Preimage_attack
- http://en.wikipedia.org/wiki/Collision_attack#In_cryptography
- http://en.wikipedia.org/wiki/Pigeonhole_principle
- csrc.nist.gov/ispab/2005-12/B_Burr-Dec2005-ISPAB.pdf
- http://en.wikipedia.org/wiki/Message_authentication_code
- http://en.wikipedia.org/wiki/HMAC
- csrc.nist.gov/publications/fips/fips198/fips-198.pdf
- http://www.faqs.org/rfcs/rfc2104.html
- http://en.wikipedia.org/wiki/Birthday_paradox

關鍵詞彙

- birthday problems　生日問題　322
- CBCMAC　332
- CMAC　332
- collision resistance　抗碰撞　318, 319
- cryptographic hash function　密碼雜湊函數　317
- hashed message authentication code（HMAC）雜湊的訊息確認碼　331
- input pad（ipad）　輸入填塞　331
- message authentication code（MAC）　訊息確認碼　329
- message digest　訊息摘要　317
- modification detection code（MDC）　篡改偵測碼　328
- nested MAC　巢狀MAC　330
- output pad（opad）　輸出填塞　331
- pigeonhole principle　鴿籠理論　321
- preimage resistance　抗前像　318
- Random Oracle Model　Random Oracle模式　320
- second preimage resistance　抗第二前像　318, 319

重點摘要

- 指紋或訊息摘要可以用來確保文件或訊息的完整性。為了確保文件的完整性，文件和指紋兩者都需要；為了確保訊息的完整性，訊息和訊息摘要兩者都需要，訊息摘要需要保持安全，避免被更改。

- 密碼雜湊函數從訊息建立訊息摘要，此函數必須滿足三個準則：抗前像、抗第二前像和抗碰撞。
- 第一個準則為抗前像，意指 Eve 要從摘要建立任何訊息必須是相當困難的。第二個準則為抗第二前像，確保如果 Eve 有一個訊息和其相對應的摘要，也不能夠建立第二個訊息其摘要是和第一個訊息摘要一樣。第三個準則為抗碰撞，確保 Eve 無法找出可以雜湊出相同摘要的兩個訊息。
- Random Oracle 模式是 1993 年由 Bellare 和 Rogaway 所提出，是一種雜湊函數的理想數學模式。
- 鴿籠理論陳述，如果 n 個鴿籠被 $n+1$ 隻鴿子佔用，那麼至少有一個鴿籠是被兩隻鴿子佔用；鴿籠理論的一般化意義是如果 n 個鴿籠被 $kn+1$ 隻鴿子佔用，那麼至少有一個鴿籠是被 $k+1$ 隻鴿子佔用。
- 四個生日問題被用來分析 Random Oracle 模式：問題 1 用來分析前像攻擊；問題 2 用來分析第二前像攻擊；問題 3 和問題 4 用來分析碰撞攻擊。
- 篡改偵測碼（MDC）是一個訊息摘要，可以證明訊息的完整性：訊息沒有被更改過。要保證訊息的完整性和確認資料的來源，我們需要將篡改偵測碼改成訊息確認碼（MAC）。MDC 和 MAC 之間的差別，在於 MAC 包括一個傳送者與接收者之間的祕密。
- NIST 已經發布一個巢狀 MAC 的標準（FIPS 198），稱為雜湊的訊息確認碼（HMAC）；NIST 也定義了另一個標準（FIPS 113），稱為 CMAC 或 CBCMAC。

練習集

問題回顧

1. 區別訊息完整性和訊息確認性。
2. 定義密碼雜湊函數的第一個準則。
3. 定義密碼雜湊函數的第二個準則。
4. 定義密碼雜湊函數的第三個準則。
5. 定義 Random Oracle 模式，並描述其在分析雜湊函數攻擊上的應用。
6. 說明鴿籠理論，並描述其在分析雜湊函數上的應用。
7. 定義本章討論的四個生日問題。
8. 將每一個生日問題聯繫到一個雜湊函數的攻擊。
9. 區別 MDC 和 MAC。
10. 區別 HMAC 和 CMAC。

習題

11. 在 Random Oracle 模式中，為何 oracle 需要記錄為某一訊息所建立的摘要，並且對相同的訊息回應相同的摘要？
12. 為何私密－公開金鑰對不能用來建造 MAC？
13. 不論出生月份，要找到一個人與你的生日是相同的日期，平均需要測試多少次？假設所有的月份都是 30 天。

14. 不論出生月份，要找到兩個人的生日是相同的日期，平均需要測試多少次？假設所有的月份都是30天。
15. 在一群1950年之後出生的人中，要找到一個與你同年齡的人，平均需要測試多少次？
16. 在一群1950年之後出生的人中，要找到兩個相同年齡的人，平均需要測試多少次？
17. 回答下列關於一個六人的家庭的問題，假定生日是平均分布在一週的每一天、一個月的每一日、一年的每個月和一年的365天。此外，假定一年剛好是365天且每個月剛好是30天。
    a. 此家庭成員中有兩位有相同生日的機率是多少？他們之中沒有人有相同生日的機率是多少？
    b. 此家庭成員中有兩位是同月份出生的機率是多少？他們之中沒有人是同月份出生的機率是多少？
    c. 此家庭成員中有一位出生於一個月的第一天的機率是多少？
    d. 此家庭成員中有三位出生於相同星期幾的機率是多少？
18. 一個班級有 k 個學生而另一個班級有 l 個學生，兩個班級的學生生日相同的機率是多少？
19. 在一個有100個學生的班級中，兩個或更多學生的身份證號碼末四位相同的機率是多少？
20. 一個班級有100個學生，教授將測驗的評分分為五個等級（A、B、C、D、E），證明至少有20個學生是屬於同一個等級。
21. 鴿籠理論是否要求鴿子隨機分布在鴿籠中？
22. 假設Eve決定以演算法11.1來找出一個前像，Eve平均需要重複此演算法幾次？
23. 假設Eve決定以演算法11.3來找出一個碰撞，Eve平均需要重複此演算法幾次？
24. 假設我們有一個非常簡單的訊息摘要，這個不實際的訊息摘要只是一個介於0到25之間的數，此摘要的初始值是0。密碼雜湊函數將目前摘要的值與目前字元的值（介於0到25）相加，此加法是模26的加法，圖11.14顯示這樣的概念。如果訊息是「HELLO」，則摘要的值是多少？這個摘要為何是不安全的？

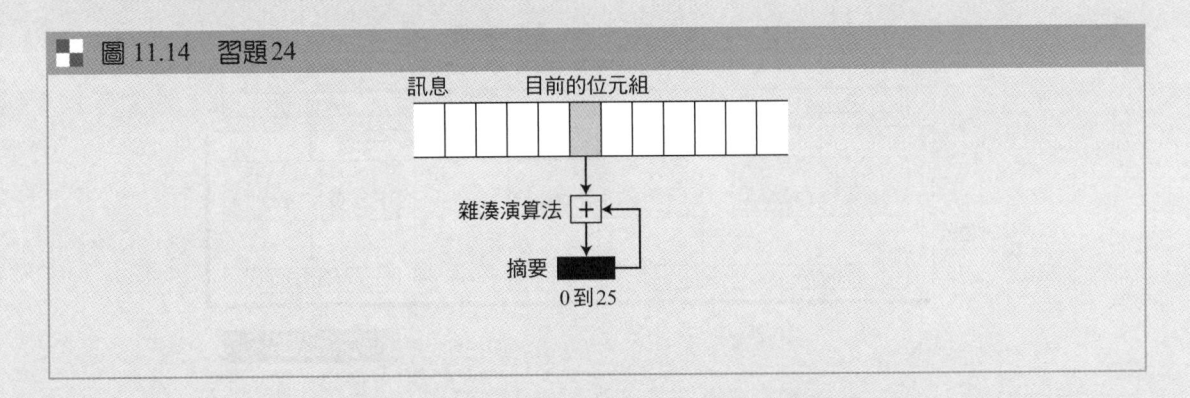

■ 圖 11.14　習題24

25. 讓我們增加前一題的複雜度。我們取目前字元的值，用另一個數取代，然後加上前一個摘要的值之後模100，此摘要的初始值是0，圖11.15顯示這樣的概念。如果訊息是「HELLO」，則摘要的值是多少？這個摘要為何是不安全的？

■ 圖 11.15　習題 25

26. 使用模數算術來找出一個訊息的摘要，圖 11.16 顯示其程序，步驟如下：
    a. 令訊息摘要的長度是 n 位元。
    b. 選擇一個 n 位元的質數 p 做為模數。
    c. 將訊息表示成二進位的數，然後附加額外的位元 0 至訊息之後，使其成為 m 位元的倍數。
    d. 將此填塞後的訊息分成 N 個區塊，每一個區塊 m 位元，第 i 個區塊表示成 X_i。
    e. 選擇一個 N 位元的初始摘要 H_0。
    f. 重複下列式子 N 次：
    $$H_i = (H_{i-1} + X_i)^2 \bmod p$$
    g. 摘要是 H_N。

    如果訊息是「HELLO」，則摘要的值是多少？這個摘要為何是不安全的？

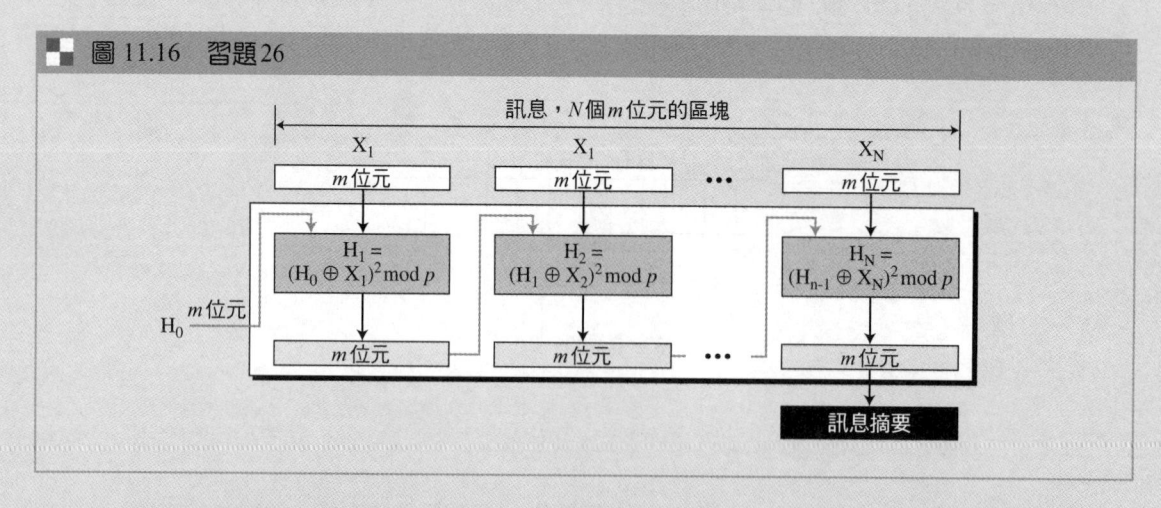

■ 圖 11.16　習題 26

27. 一個稱為模數算術安全雜湊（**MASH**）的雜湊函數描述如下：給予訊息，寫一個演算法計算其摘要，找出你擁有的訊息的摘要。
    a. 令訊息摘要的長度是 N 位元。
    b. 選擇兩個質數 p 和 q，計算 $M = pq$。
    c. 將訊息表示成二進位的數，然後附加額外的位元 0 至訊息之後，使其成為 $N/2$ 位元的倍數。所選擇的 N 是 16 的倍數且少於 M 的位元數。

d. 將此填塞後的訊息分成 m 個區塊，每一個區塊 $N/2$ 位元，每一個區塊表示成 X_i。
e. 將訊息的長度模 $N/2$ 後，以二進位表示附加至訊息之後，使得訊息成為 $m + 1$ 個 $N/2$ 位元的區塊。
f. 展開此訊息以得到 $m + 1$ 個區塊，每個區塊 N 位元，如下所示：
   - 將區塊 X_1 到 X_m 分成 4 位元的群組，在每個群組之前插入 1111。
   - 將區塊 X_{m+1} 分成 4 位元的群組，在每個群組之前插入 1010。
   - 這些擴大的區塊稱為 $Y_1, Y_2, ..., Y_{m+1}$。
g. 選擇一個 N 位元的初始摘要 H_0。
h. 選擇一個 N 位元的常數 K。
i. 重複下列式子 $m + 1$ 次（T_i 和 G_i 是中間值），而「$\|$」符號是串連的意思。
$$T_i = ((H_{i-1} + Y_i) \| K)^{257} \bmod M \qquad G_i = H_i \bmod 2^N \qquad H_i = H_{i-1} + G_i$$
j. 摘要是 H_{m+1}。

28. 以虛擬程式碼寫一個演算法來解出第一個生日問題（以一般的形式）。
29. 以虛擬程式碼寫一個演算法來解出第二個生日問題（以一般的形式）。
30. 以虛擬程式碼寫一個演算法來解出第三個生日問題（以一般的形式）。
31. 以虛擬程式碼寫一個演算法來解出第四個生日問題（以一般的形式）。
32. 以虛擬程式碼寫一個 HMAC 的演算法。
33. 以虛擬程式碼寫一個 CMAC 的演算法。

CHAPTER 12 密碼雜湊函數

學習目標

本章的學習目標包括：

- 介紹密碼雜湊函數的基本原理。
- 探討以 Merkle-Damgard 機制為基礎的迭代式雜湊函數。
- 區別兩類雜湊函數：一類為使用內含暫存區的壓縮函數之雜湊函數，另一類為將區塊加密法當作壓縮函數之雜湊函數。
- 探討使用內含暫存區的壓縮函數之 SHA-512 密碼雜湊函數的結構。
- 探討使用區塊加密法當作壓縮函數之 Whirlpool 密碼雜湊函數的結構。

12.1 簡介

如同第十一章的討論，一個密碼雜湊函數能輸入任意長度的訊息，並產生固定長度的訊息摘要。本章的最終目標是探討兩個最被看好的密碼雜湊演算法——SHA-512 和 Whirlpool。不過，我們首先需要探討可以用於任意密碼雜湊函數的一般作法。

迭代式雜湊函數

所有密碼雜湊函數會從一個變動長度的訊息產生一個固定長度的訊息摘要。設計這種函數最好使用迭代法。具固定長度輸入的函數常被使用好幾次來代替具變動長度輸入的雜湊函數。具固定長度輸入的函數常被視為**壓縮函數**（compression function），將 n 位元字串壓縮成為 m 位元字串，而 n 通常遠大於 m，此方法稱為**迭代式密碼雜湊函數**（iterated cryptographic hash function）。

Merkle-Damgard 機制

Merkle-Damgard 機制（Merkle-Damgard scheme）是一種迭代式雜湊函數。如果壓縮函數可以抗碰撞，則其雜湊函數亦可以抗碰撞。這是可以被證明的，我們將證明留做練習題。其機制如圖 12.1 所示。

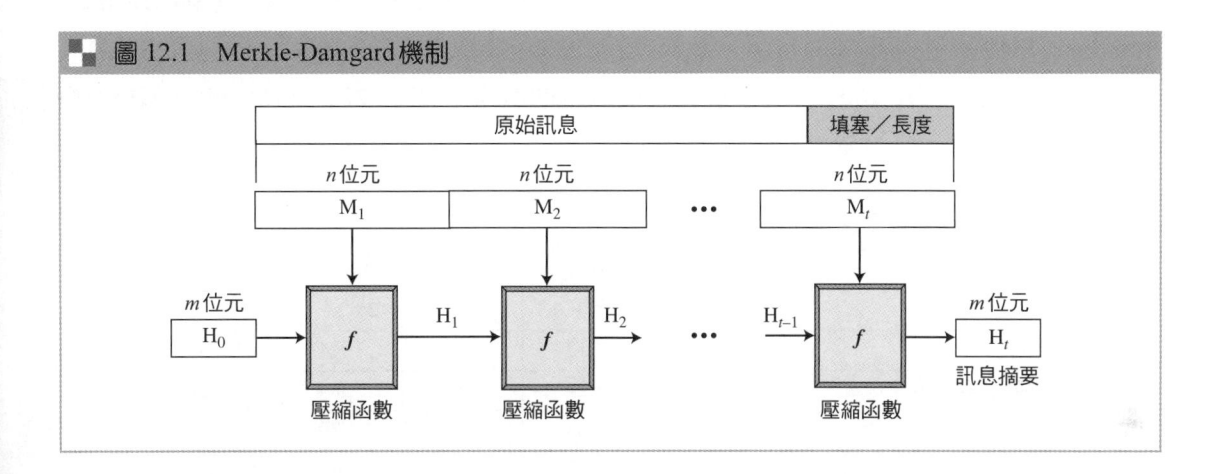

圖 12.1　Merkle-Damgard 機制

此機制使用下列步驟：

1. 訊息長度與填塞被附加到訊息後面，以產生一個擴增訊息。擴增訊息可以被平分成數個 n 位元大小的區塊，其中 n 表示在壓縮函數中可以處理的區塊大小。
2. 假設訊息有 t 個區塊，每個區塊有 n 個位元，這些區塊標示為 $M_1, M_2, ..., M_t$，而 t 次迭代的訊息摘要稱為 $H_1, H_2, ..., H_t$。
3. 在開始迭代前，訊息摘要 H_0 通常被設定為固定值，稱為 IV（初始值或初始向量）。
4. 在每個迭代中，壓縮函數對 H_{i-1} 和 M_i 運算，以產生一個新的 H_i。換句話說，即 $H_i = f(H_{i-1}, M_i)$，其中 f 為壓縮函數。
5. H_t 是原始訊息的密碼雜湊函數值，即 $h(M)$。

如果在 Merkle-Damgard 機制中的壓縮函數可以抗碰撞，則其雜湊函數亦可以抗碰撞。

兩類壓縮函數

Merkle-Damgard 機制是許多密碼雜湊函數的基礎，因此我們唯一需要做的就是設計一個可以抗碰撞的壓縮函數，並把它置入 Merkle-Damgard 機制中。目前可使用兩種不同方法來設計雜湊函數：第一種方法是壓縮函數內含暫存區，它是特別為此目的而設計的；第二種方法是把對稱式金鑰區塊加密法當作壓縮函數使用。

內含暫存區的雜湊函數

一些密碼雜湊函數使用內含暫存區的壓縮函數，這些壓縮函數是特別為此目的而設計的。

訊息摘要 Rivest設計了許多雜湊演算法，例如**MD2**、**MD4**和**MD5**，其中MD代表訊息摘要。最後一版MD5是MD4的加強版，MD4把訊息分成512位元的區塊，並產生128位元的訊息摘要。結果證明128位元的訊息摘要太小了，以致於無法抵擋碰撞攻擊。

安全雜湊演算法 安全雜湊演算法（Secure Hash Algorithm, SHA）是由國家標準技術局發展和公布的聯邦資訊處理標準（FIP 180），有時亦稱為**安全雜湊標準**（Secure Hash Standard, SHS），主要是基於MD5。此標準在1995年被修正成FIP 180-1，並包含**SHA-1**。之後，又被修正成FIP 180-2，其中規範了四個新的版本：**SHA-224**、**SHA-256**、**SHA-384**以及**SHA-512**。表12.1列舉這些版本的一些特性。

表 12.1 安全雜湊演算法的特性

特性	SHA-1	SHA-224	SHA-256	SHA-384	SHA-512
最大訊息大小	$2^{64}-1$	$2^{64}-1$	$2^{64}-1$	$2^{128}-1$	$2^{128}-1$
區塊大小	512	512	512	1024	1024
訊息摘要大小	160	224	256	384	512
回合數	80	64	64	80	80
字組大小	32	32	32	64	64

所有版本都有相同的架構，本章後面將詳細探討SHA-512。

其他演算法 RACE原始完整性評量訊息摘要（RACE Integrity Primitives Evaluation Message Digest, RIPEMD）有數個版本。**RIPEMD-160**是一個具有160位元訊息摘要的雜湊函數。RIPEMD-160與MD5的架構相同，但其使用了平行運算的作法。**HAVAL**是一個具有128、160、192、224和256位元訊息摘要的變動長度訊息摘要演算法，其區塊長度為1024位元。

基於區塊加密法的雜湊函數

迭代式密碼雜湊演算法可以使用一種對稱式金鑰區塊加密法當作壓縮函數，整個概念就是把安全的對稱式金鑰區塊加密法（例如3DES或AES）取代壓縮函數而當作單向函數來使用，在此狀況下的區塊加密法只進行加密動作。許多機制已經被提出來，接著，我們將介紹其中最受期待的機制之一：Whirlpool。

Rabin 機制 由Rabin所提出的迭代式雜湊函數是非常簡單的，**Rabin 機制**（Rabin scheme）是基於Merkle-Damgard的機制，只是將壓縮函數替換成任意的加密法。訊息區塊被用來當作金鑰；先前建立的訊息摘要被當作明文，密文變成新的訊息摘要。注意，訊息摘要的大小就是所使用的加密法之資料區塊大小。例如，如果DES被當成區塊加密法，訊息摘要的大小就是64位元。此方法雖然簡單，但主要是因應第六章討論的中間相遇攻擊所設計的機制，因為攻擊者能使用加密法的解密演算法。圖12.2介紹Rabin機制。

圖12.2　Rabin機制

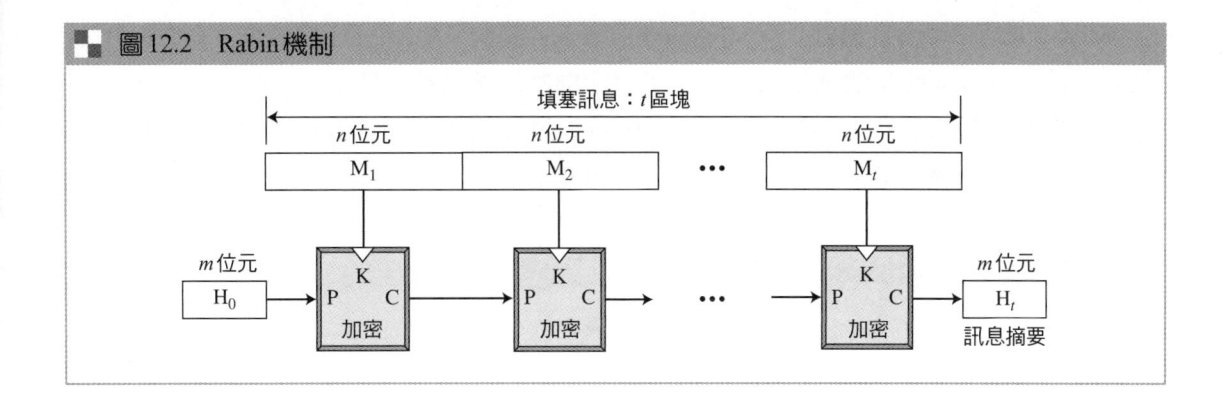

(圖示：填塞訊息：t區塊，M₁, M₂, ..., Mₜ，H₀經加密產生Hₜ訊息摘要)

Davies-Meyer機制　　基本上 Davies-Meyer 機制（Davies-Meyer scheme）跟 Rabin 機制一樣，差別在於它使用前向回饋的方式來避免中間相遇攻擊。圖12.3介紹 Davies-Meyer 機制。

圖12.3　Davies-Meyer機制

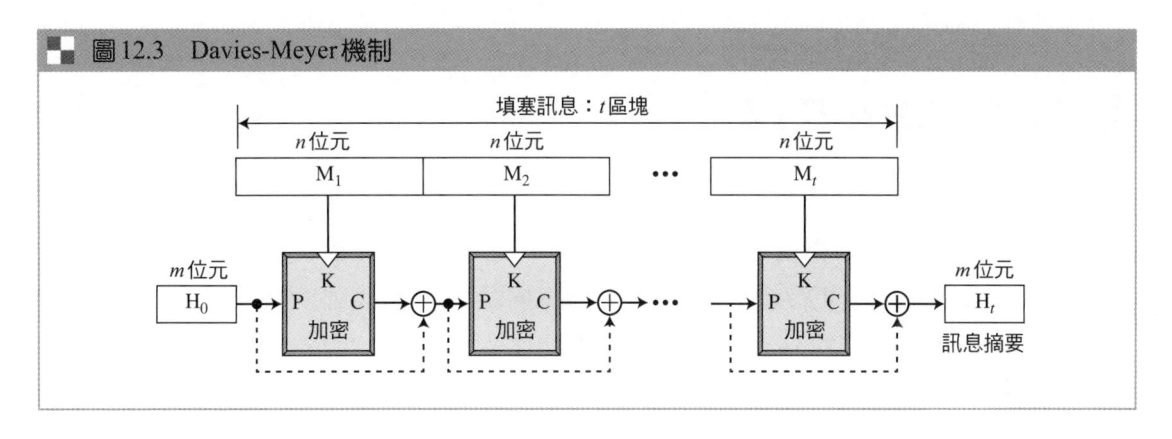

(圖示：Davies-Meyer機制架構圖)

Matyas-Meyer-Oseas機制　　Matyas-Meyer-Oseas 機制（Matyas-Meyer-Oseas scheme）是 Davies-Meyer 機制的雙重版本：訊息區塊被當作加密法的金鑰。如果訊息區塊與加密法的金鑰大小相同，就可以使用此機制。例如，AES 就是一個可以選擇的加密法。圖12.4顯示 Matyas-Meyer-Oseas 機制。

圖12.4　Matyas-Meyer-Oseas機制

(圖示：Matyas-Meyer-Oseas機制架構圖)

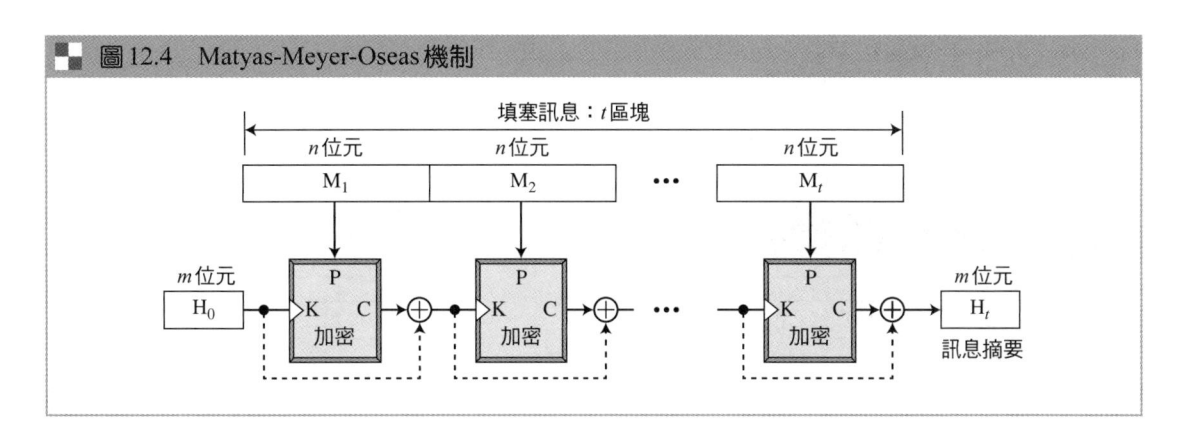

Miyaguchi-Preneel機制　　Miyaguchi-Preneel機制（Miyaguchi-Preneel scheme）是Matyas-Meyer-Oseas機制的延伸版本。為了讓此機制能抗攻擊，明文、密碼金鑰和密文全部做互斥或運算來產生新的摘要。這也是Whirlpool雜湊函數所採用的機制。圖12.5顯示Miyaguchi-Preneel機制。

圖12.5　Miyaguchi-Preneel機制

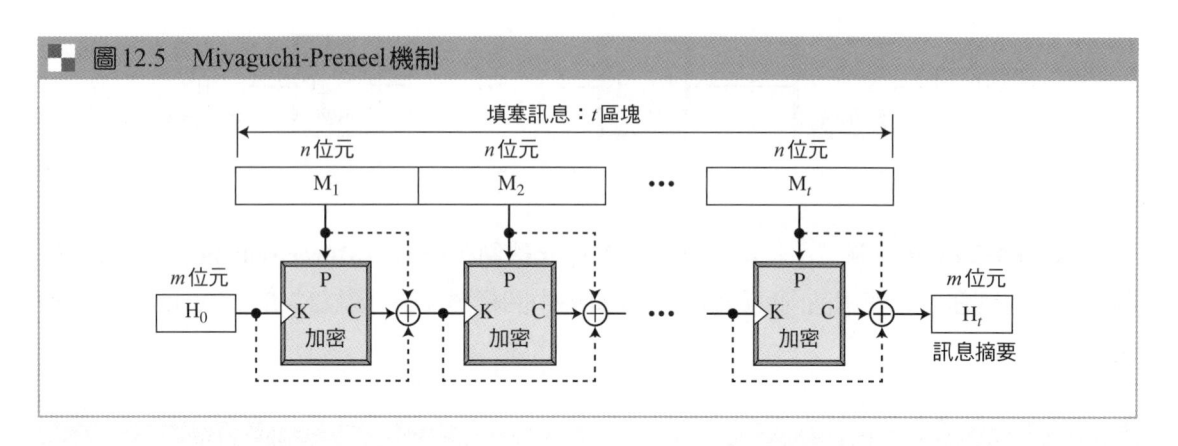

12.2　SHA-512

SHA-512是SHA的512位元訊息摘要的版本。這個版本與SHA家族的其他演算法一樣，都是基於Merkle-Damgard機制。因為是最新版本，所以我們選擇此特別的版本加以討論。與其他版本相較，它具有更複雜的架構，而且訊息摘要是最長的。如果能瞭解這個版本的架構，瞭解其他版本的架構就不困難。SHA-512的特性請參閱表12.1。

簡介

SHA-512從多重區塊訊息中產生一個512位元的訊息摘要。如圖12.6中所示，每個區塊長度有1024位元。

圖12.6　SHA-512的訊息摘要

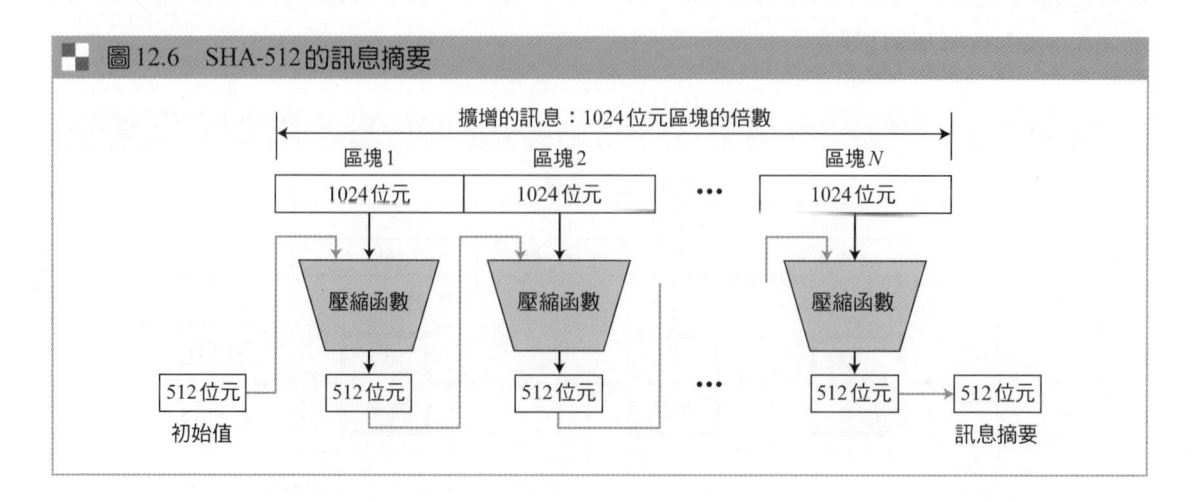

訊息摘要先初始化成一個512位元的預定值。此演算法將初始值與訊息的第一個區塊混合，以產生中間的第一個512位元訊息摘要；接著，此摘要與第二個訊息區塊混合，以產生中間的第二個512位元訊息摘要；最後，第 $N-1$ 個訊息摘要與第 N 個訊息區塊混合，產生第 N 個訊息摘要。當最後的區塊被處理後，留下的訊息摘要就是整個訊息的訊息摘要。

訊息準備

SHA-512堅持原始訊息的長度需小於 2^{128} 位元。這表示如果訊息的長度等於或大於 2^{128} 位元，SHA-512將無法處理。這通常不是一個太大的問題，因為 2^{128} 位元可能已經比任何系統的總儲存量還大。

SHA-512可從小於 2^{128} 位元的訊息產生512位元的訊息摘要。

範例 12.1　這個範例顯示SHA-512的訊息長度限制並不是一個嚴重的問題。假定我們需要傳送一個 2^{128} 位元長度的訊息，以一個具有每秒 2^{64} 位元傳輸率的通訊網路而言，傳輸這個訊息需要花多久的時間？

解法　每秒可以傳輸 2^{64} 位元的通訊網路尚未出現，即使有，也要花費很多年才能傳送此訊息。這告訴我們一個事實：不需要擔心SHA-512的訊息長度限制。

範例 12.2　這個範例也考量SHA-512的訊息長度問題。一個 2^{128} 位元的訊息會佔用多少頁？

解法　假設一個字元為32或 2^{6} 位元，每頁少於2048字元，或者大約 2^{12} 字元，故 2^{128} 位元需要至少 $2^{128}/2^{18}$ 或 2^{110} 頁。這再次顯示我們不必擔心訊息長度的限制。

長度欄位與填塞

在訊息摘要產生之前，SHA-512需要增加一個128位元長度欄位之無正負符號的整數，此整數定義訊息的位元長度，這是原先的訊息在填塞前的長度。一個128位元的無正負符號的整數能定義0到 $2^{128}-1$ 之間的數，這是SHA-512允許的訊息最大長度。長度欄位定義原始訊息在加入長度欄位或填塞前的長度（圖12.7）。

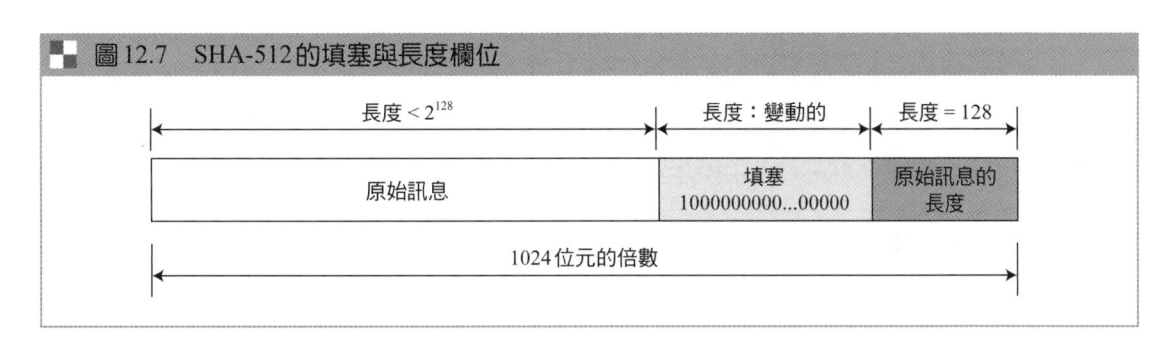

■ 圖12.7　SHA-512的填塞與長度欄位

長度 < 2^{128}	長度：變動的	長度 = 128
原始訊息	填塞 1000000000...00000	原始訊息的長度

1024位元的倍數

在加入長度欄位前，我們需要填塞原始訊息，使訊息長度變為1024的倍數。如圖12.7所示，我們為長度欄位保留128位元。填塞欄位的長度計算如下，令 |M| 為原始訊息的長度，|P| 為填塞欄位的長度。

$$(|M| + |P| + 128) = 0 \bmod 1024 \quad \rightarrow \quad |P| = (-|M| - 128) \bmod 1024$$

填塞位元的格式為1，後面加上必要數量的0。

範例 12.3 如果原始訊息的長度是2590位元，填塞位元的數量為多少？

解法 我們計算填塞位元的數量如下：

$$|P| = (-2590 - 128) \bmod 1024 = -2718 \bmod 1024 = 354$$

填塞包含一個1，後面再接著353個0。

範例 12.4 如果原始訊息的長度已經是1024的倍數，我們還需要填塞嗎？

解法 是的，需要。因為我們要加入長度欄位，因此需要填塞使新的區塊成為1024位元的倍數。

範例 12.5 能加入訊息的最小和最大填塞位元數量是多少？

解法

a. 填塞的最小長度為0，並且發生在$(-M - 128) \bmod 1024$為0時。這表示$|M| = -128 \bmod 1024 = 896 \bmod 1024$位元；換句話說，若原始訊息的最後區塊是896位元，我們加入一個128位元的長度欄位後，可使區塊變得完整。

b. 填塞的最大長度為1023，並且發生在$(-|M| - 128) = 1023 \bmod 1024$。這表示原始訊息的長度是$|M| = (-128 - 1023) \bmod 1024$或長度$|M| = 897 \bmod 1024$。在此情況下，我們不能只加入長度欄位，因為最後區塊的長度比1024多一個位元，因此需要增加897位元以完成這個區塊，並且產生第二個896位元的區塊。現在，此長度可加入以使此區塊變得完整。

字組

SHA-512為**字組導向（word oriented）**，是在字組上進行運算。一個字組定義為64位元。這表示在填塞和長度欄位被加入訊息之後，訊息的每個區塊包含16個64位元的字組。訊息摘要也由64位元的字組構成，但是訊息摘要只有8個字組，這些字組被命名為A、B、C、D、E、F、G和H，如圖12.8中所示。

SHA-512是字元導向，每個區塊有16個字組，而摘要只有8個字組。

圖12.8　表示成字組之訊息區塊與摘要

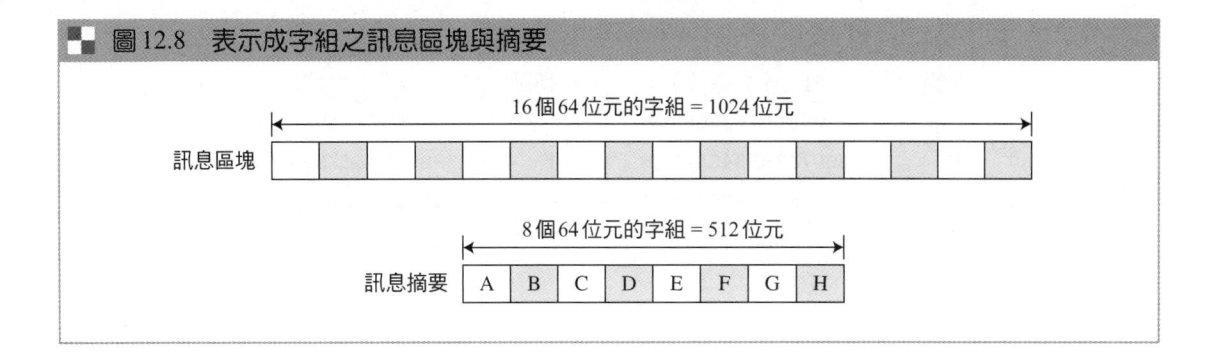

```
              16個64位元的字組 = 1024位元
訊息區塊  □□□□□□□□□□□□□□□□

              8個64位元的字組 = 512位元
訊息摘要  │A│B│C│D│E│F│G│H│
```

字組擴展

在處理之前，每個訊息區塊必須擴展。一個區塊由1024位元或者16個64位元的字組所組成。稍後將看到，我們在處理階段需要80個字組。因此，16個字組的區塊需要擴展到80個字組，從 W_0 到 W_{79}。圖12.9顯示**字組擴展（word expansion）**的過程。1024位元的區塊變成前面16個字組，其餘字組根據圖中的運算由已完成的字組產生。

圖12.9　SHA-512的字組擴展

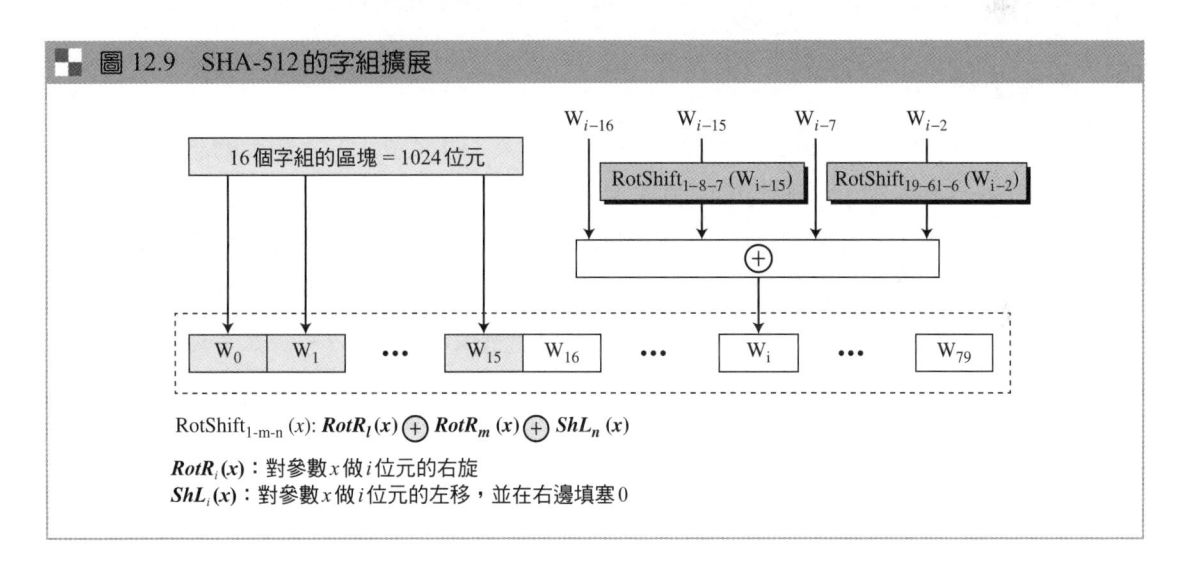

```
                                    W_{i-16}  W_{i-15}   W_{i-7}   W_{i-2}
                                              │                     │
16個字組的區塊 = 1024位元             RotShift_{1-8-7}(W_{i-15})   RotShift_{19-61-6}(W_{i-2})
                                              │                     │
                                              └─────────⊕───────────┘
                                                        │
  ┌────┬────┬ ··· ┬────┬────┬ ··· ┬────┬ ··· ┬────┐
  │W_0 │W_1 │     │W_15│W_16│     │W_i │     │W_79│
  └────┴────┴─────┴────┴────┴─────┴────┴─────┴────┘
```

$\text{RotShift}_{1\text{-}m\text{-}n}(x): RotR_l(x) \oplus RotR_m(x) \oplus ShL_n(x)$

$RotR_i(x)$：對參數 x 做 i 位元的右旋
$ShL_i(x)$：對參數 x 做 i 位元的左移，並在右邊填塞0

範例 12.6　顯示 W_{60} 如何產生。

解法　從 W_{16} 到 W_{79} 範圍的每個字組是由先前產生的字組所產生。W_{60} 由此產生：

$$W_{60} = W_{44} \oplus \text{RotShift}_{1\text{-}8\text{-}7}(W_{45}) \oplus W_{53} \oplus \text{RotShift}_{19\text{-}61\text{-}6}(W_{58})$$

訊息摘要初始化

此演算法在訊息摘要初始化的過程使用了八個常數，我們將這些常數稱為 A_0 到 H_0，以與字組中的稱謂吻合。表12.2顯示這些常數的值。

表 12.2　在SHA-512中訊息摘要初始化的常數值

緩衝區	值（十六進位）	緩衝區	值（十六進位）
A_0	6A09E667F3BCC908	E_0	510E527FADE682D1
B_0	BB67AE8584CAA73B	F_0	9B05688C2B3E6C1F
C_0	3C6EF372EF94F828	G_0	1F83D9ABFB41BD6B
D_0	A54FE53A5F1D36F1	H_0	5BE0CD19137E2179

你可能會納悶這些常數值從何而來，這些值是由前八個質數（2、3、5、7、11、13、17和19）計算而來的，在將這些質數開平方根並轉換成二進位後，保留小數部分前64位元。例如，第八個質數是19，將19開平方根，$(19)^{1/2} = 4.35889894354$後，將此數轉換成二進位，取至小數部分的前64位元，我們可得

$$(100.0101\ 1011\ 1110\ldots 1001)_2 \rightarrow (4.5BE0CD19137E2179)_{16}$$

SHA-512保留小數部分$(5BE0CD19137E2179)_{16}$，當成一個無正負符號的整數。

🔑 壓縮函數

SHA-512將一個多區塊的訊息產生一個512位元（8個64位元的字組）的訊息摘要，每個區塊的長度為1024位元。資料的每個區塊在SHA-512中包含80回合的處理，圖12.10顯示壓縮函數的概要。在每個回合中，八個緩衝區的內容、一個擴展區塊的字組（W_i）和一個64位元常數（K_i）混合在一起，然後運算產生一套新的緩衝區內容，在處理開始時，八個緩衝區的值被儲存到八個暫時的變數中。在處理結束後（在步驟79之後），這些值被加入到由步驟79所產生的值中。我們將這最後的運算稱為最後加法（final adding），如圖12.10所示。

每個回合的架構

在每個回合中，八個64位元緩衝區的新值會從上一回合的緩衝區的結果產生。如圖12.11（第348頁）所示，六個緩衝區的值從上一回合的緩衝區複製過來，如下所示：

| $A \rightarrow B$ | $B \rightarrow C$ | $C \rightarrow D$ | $E \rightarrow F$ | $F \rightarrow G$ | $G \rightarrow H$ |

新緩衝區中的A和E，從一些包括先前緩衝區的複雜函數、對應此回合的字組（W_i）、對應此回合的常數值（K_i）中得到輸入值。圖12.11顯示每個回合的架構。

總共有二個混合器、三個函數和數個運算子。每個混合器結合兩個函數。函數和運算子的描述如下：

1. 多數函數是一個與位元相關的函數。它取在三個緩衝區（A、B和C）的對應位元，並計算

圖 12.10　SHA-512 的壓縮函數

$$(A_j \text{ AND } B_j) \oplus (B_j \text{ AND } C_j) \oplus (C_j \text{ AND } A_j)$$

計算後的位元值即是此 3 個位元中佔多數的值。若 2 個或 3 個位元為 1，則結果為 1；反之，則為 0。

2. 條件函數也是一個與位元相關的函數。它取在三個緩衝區（E、F 和 G）的對應位元，並計算

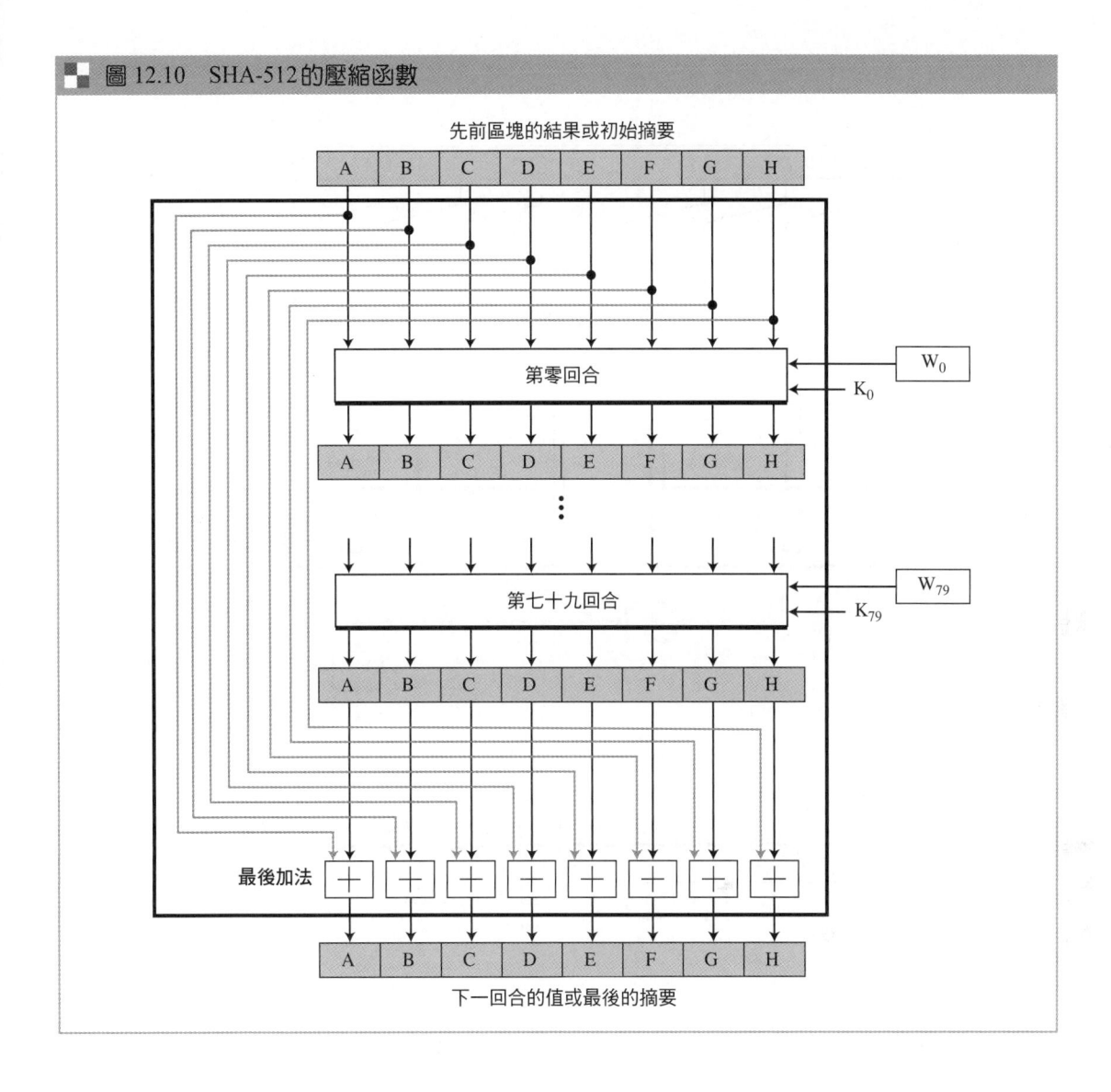

$$(E_j \text{ AND } F_j) \oplus (\text{NOT } E_j \text{ AND } G_j)$$

計算後的位元值為「If E_j then F_j; else G_j」的邏輯值。

3. 右旋函數（Rotate function）將同一個緩衝區（A 或 E）的三個值做右旋，並對這些值進行互斥或運算：

$$\text{Rotate (A)}：\text{RotR}_{28}(A) \oplus \text{RotR}_{34}(A) \oplus \text{RotR}_{29}(A)$$

$$\text{Rotate (E)}：\text{RotR}_{28}(E) \oplus \text{RotR}_{34}(E) \oplus \text{RotR}_{29}(E)$$

圖 12.11　SHA-512中每個回合的架構

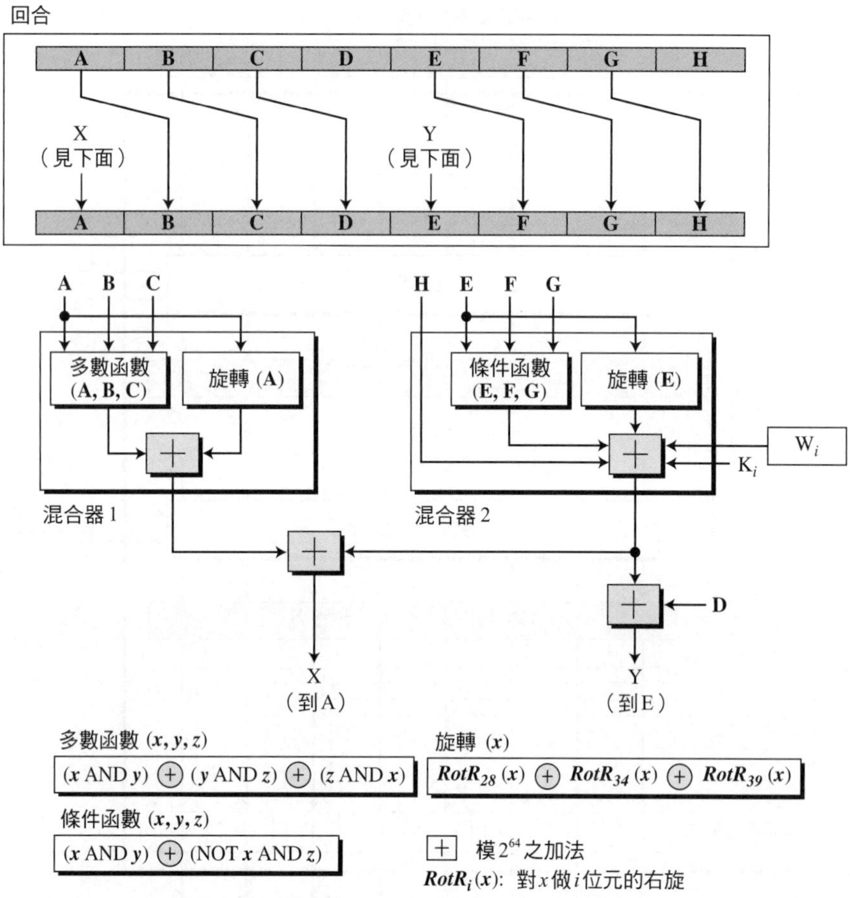

多數函數 (x, y, z)
$(x \text{ AND } y) \oplus (y \text{ AND } z) \oplus (z \text{ AND } x)$

條件函數 (x, y, z)
$(x \text{ AND } y) \oplus (\text{NOT } x \text{ AND } z)$

旋轉 (x)
$RotR_{28}(x) \oplus RotR_{34}(x) \oplus RotR_{39}(x)$

$\boxplus$ 模 2^{64} 之加法
$RotR_i(x)$：對 x 做 i 位元的右旋

4. 右旋函數 $RotR_i(x)$ 如我們在字組擴展程序中所使用一樣，將其參數右旋 i 個位元，其為一個向右循環的運算。

5. 在此程序中所使用的加法運算子為一個模 2^{64} 的加法運算，這表示對二個或更多緩衝區進行加法運算後的結果，一定是一個 64 位元的字組。

6. 如表 12.3 中所示，總共有 80 個（4 個一列）以十六進位表示的常數，K_0 到 K_{79}，每個為 64 位元，類似於八個摘要緩衝區的初始值，這些值由最先的 80 個質數（2, 3, ..., 409）計算得來。

每個值是將對應質數立方根的小數轉換成二進位，並保留前 64 位元的結果。例如，第 80 個質數是 409，將其開立方根後可得 $(409)^{1/3} = 7.42291412044$，再把此數轉換成二進位，並保留小數部分的前 64 位元，可得

$$(111.0110\ 1100\ 0100\ 0100 \cdots 0111)_2 \quad \rightarrow \quad (7.6C44198C4A475817)_{16}$$

SHA-512 保留小數部分 $(6C44198C4A475817)_{16}$，並將其視為一個無正負符號的整數。

表 12.3 SHA-512中，在80個回合中使用的80個常數

428A2F98D728AE22	7137449123EF65CD	B5C0FBCFEC4D3B2F	E9B5DBA58189DBBC
3956C25BF348B538	59F111F1B605D019	923F82A4AF194F9B	AB1C5ED5DA6D8118
D807AA98A3030242	12835B0145706FBE	243185BE4EE4B28C	550C7DC3D5FFB4E2
72BE5D74F27B896F	80DEB1FE3B1696B1	9BDC06A725C71235	C19BF174CF692694
E49B69C19EF14AD2	EFBE4786384F25E3	0FC19DC68B8CD5B5	240CA1CC77AC9C65
2DE92C6F592B0275	4A7484AA6EA6E483	5CB0A9DCBD41FBD4	76F988DA831153B5
983E5152EE66DFAB	A831C66D2DB43210	B00327C898FB213F	BF597FC7BEEF0EE4
C6E00BF33DA88FC2	D5A79147930AA725	06CA6351E003826F	142929670A0E6E70
27B70A8546D22FFC	2E1B21385C26C926	4D2C6DFC5AC42AED	53380D139D95B3DF
650A73548BAF63DE	766A0ABB3C77B2A8	81C2C92E47EDAEE6	92722C851482353B
A2BFE8A14CF10364	A81A664BBC423001	C24B8B70D0F89791	C76C51A30654BE30
D192E819D6EF5218	D69906245565A910	F40E35855771202A	106AA07032BBD1B8
19A4C116B8D2D0C8	1E376C085141AB53	2748774CDF8EEB99	34B0BCB5E19B48A8
391C0CB3C5C95A63	4ED8AA4AE3418ACB	5B9CCA4F7763E373	682E6FF3D6B2B8A3
748F82EE5DEFB2FC	78A5636F43172F60	84C87814A1F0AB72	8CC702081A6439EC
90BEFFFA23631E28	A4506CEBDE82BDE9	BEF9A3F7B2C67915	C67178F2E372532B
CA273ECEEA26619C	D186B8C721C0C207	EADA7DD6CDE0EB1E	F57D4F7FEE6ED178
06F067AA72176FBA	0A637DC5A2C898A6	113F9804BEF90DAE	1B710B35131C471B
28DB77F523047D84	32CAAB7B40C72493	3C9EBE0A15C9BEBC	431D67C49C100D4C
4CC5D4BECB3E42B6	4597F299CFC657E2	5FCB6FAB3AD6FAEC	6C44198C4A475817

範例 12.7 我們將緩衝區 A、B 和 C 做多數函數運算，如果這些緩衝區最左邊的數字以十六進位表示法分別為 0x7、0xA 及 0xE，則運算結果最左邊的數字為何？

解法 這些數字的二進位值為 0111、1010 和 1110。

a. 第一個位元分別為 0、1 和 1，多數為 1。我們也能用多數函數的定義來證明它。

$$(0 \text{ AND } 1) \oplus (1 \text{ AND } 1) \oplus (1 \text{ AND } 0) = 0 \oplus 1 \oplus 0 = 1$$

b. 第二個位元為 1、0 和 1，多數為 1。
c. 第三個位元為 1、1 和 1，多數為 1。
d. 第四個位元為 1、0 和 0，多數為 0。

故結果為 1110，或以十六進位表示法為 0xE。

範例 12.8 我們將緩衝區 E、F 和 G 做條件函數運算，如果這些緩衝區最左邊的數字以十六進位表示法分別為 0x9、0xA 和 0xF，則運算結果最左邊的數字為何？

解法 這些數字的二進位值為 1001、1010 和 1111。

a. 第一個位元分別為 1、1 和 1，因為 $E_1 = 1$，則結果為 F_1，即為 1。我們也能用條件函數的定義來證明它。

$$(1 \text{ AND } 1) \oplus (\text{NOT } 1 \text{ AND } 1) = 1 \oplus 0 = 1$$

b. 第二個位元為 0、0 和 1，因為 $E_2 = 0$，則結果為 G_2，即為 1。
c. 第三個位元為 0、1 和 1，因為 $E_3 = 0$，則結果為 G_3，即為 1。

d. 第四個位元為1、0和1，因為$E_4 = 1$，則結果為F_4，即為0。

最後結果為1110，或以十六進位表示法為0xE。

🔑 分析

以一個512位元的訊息摘要而言，SHA-512應該要能抵抗包含碰撞攻擊在內的所有攻擊，目前SHA-512已被宣稱此改良設計會更有效率，且比先前版本更安全。不過，可能需要更多的研究和測試來證實這項聲明。

12.3 Whirlpool雜湊函數

Whirlpool雜湊函數是Rijmen和Barreto所設計，由**歐洲資訊技術協會所主導的密碼安全計畫案（New European Schemes for Signatures, Integrity, and Encryption, NESSIE）**所認可的系統。Whirlpool是一個迭代式密碼雜湊函數，植基於Miyaguchi-Preneel機制，使用對稱式金鑰區塊加密法來代替壓縮函數，即是適用於此目標的改良AES加密法。圖12.12顯示Whirlpool雜湊函數。

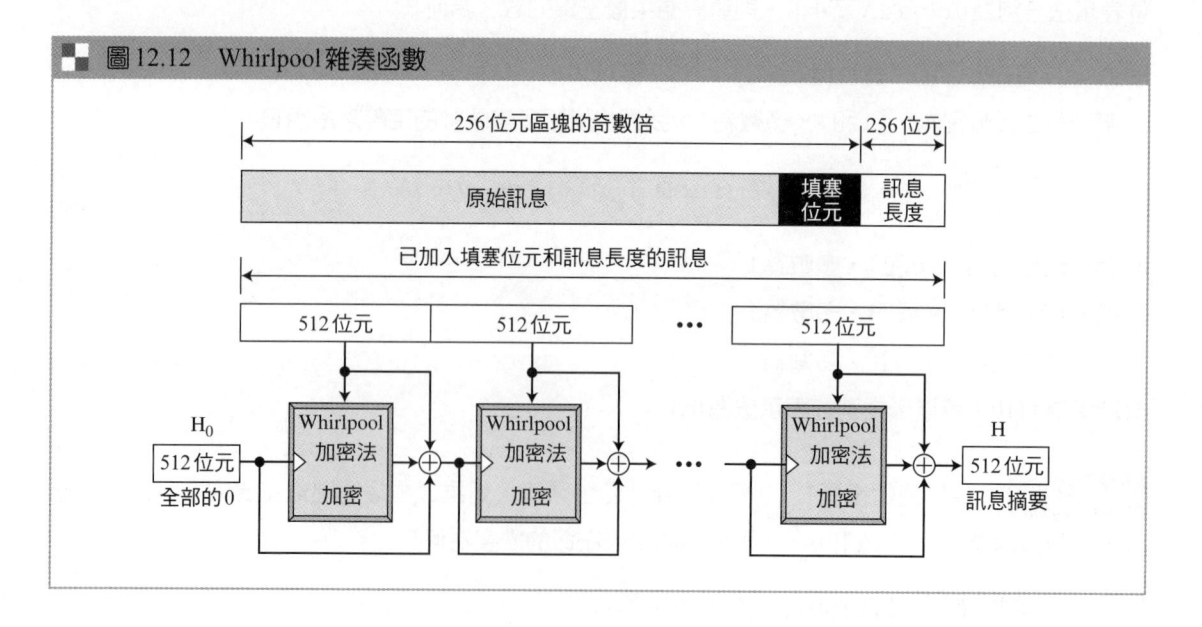

■ 圖12.12　Whirlpool雜湊函數

準備

在開始雜湊函數運算之前，訊息需要為運算先做準備。Whirlpool雜湊函數要求原始訊息的長度小於2^{256}位元，訊息在處理之前需要先做填塞動作。填塞是一個1後面跟著必要數量的0，使得填塞後的長度為256位元的奇數倍。在填塞之後，會加入一個256位元的長度欄位區塊，並定義原始訊息的長度，此區塊為一個無正負符號的數字。

在填塞並增加長度欄位之後，擴增的訊息為256位元的偶數倍，或512位元的倍數。

Whirlpool雜湊函數從一個512位元倍數的區塊訊息中,產生一個512位元的訊息摘要。512位元的摘要H_0先初始化為0,此值變成加密第一個區塊的金鑰,每個加密後的密文跟先前的金鑰與明文區塊作互斥或運算後,就變成用來加密下一個區塊的金鑰。訊息摘要就是做完最後互斥或運算的512位元密文。

Whirlpool加密法

Whirlpool加密法(Whirlpool cipher) 是一種非Feistel加密法,類似AES,主要設計成區塊加密法,並運用在雜湊函數。我們假設讀者已在第七章中熟悉了AES系統,因此不會深入介紹加密法的全貌。此處將比較Whirlpool加密法與AES加密法,並分析其差異。

回合

Whirlpool加密法是一種具有10個回合的回合加密法。區塊大小和金鑰大小都是512位元。此加密法使用11把回合金鑰,分別是K_0到K_{10},每一把都是512位元。圖12.13顯示Whirlpool加密法的一般設計。

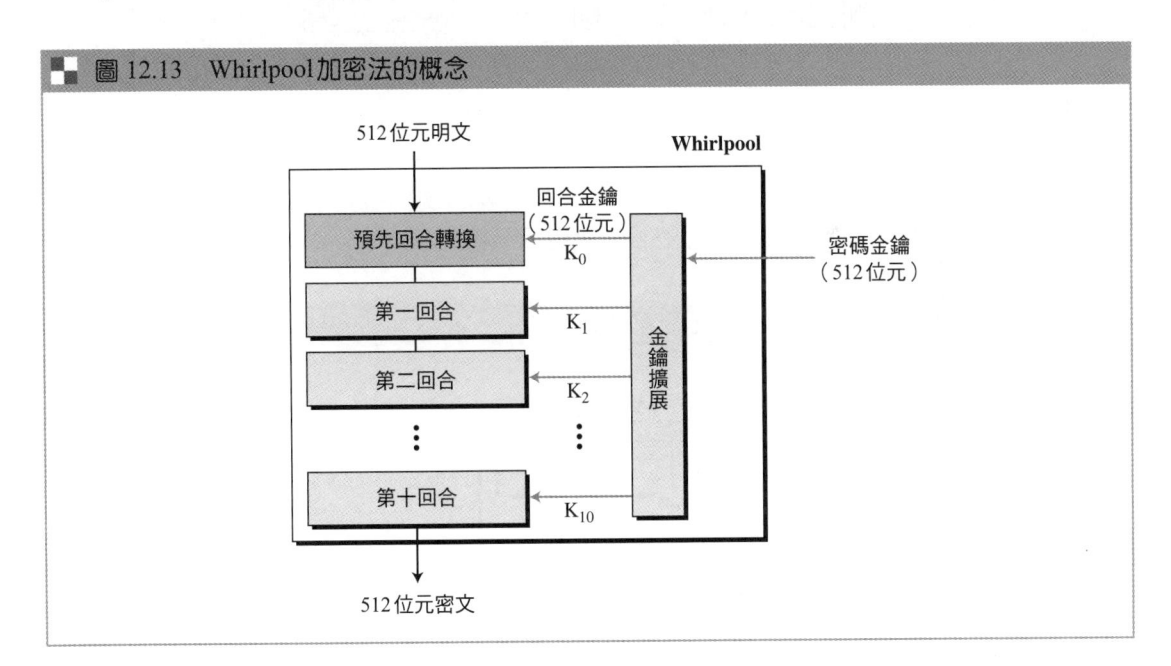

圖 12.13　Whirlpool加密法的概念

狀態與區塊

像AES加密法一樣,Whirlpool加密法使用狀態和區塊。不過,區塊和狀態的大小都是512位元。區塊以64位元組的列矩陣表示;狀態是以8 × 8位元組的方陣表示。而與AES不同的是,由區塊到狀態或由狀態到區塊的轉換是以列的方式來處理。圖12.14顯示Whirlpool加密法中的區塊、狀態和轉換。

圖 12.14　Whirlpool 加密法的區塊與狀態

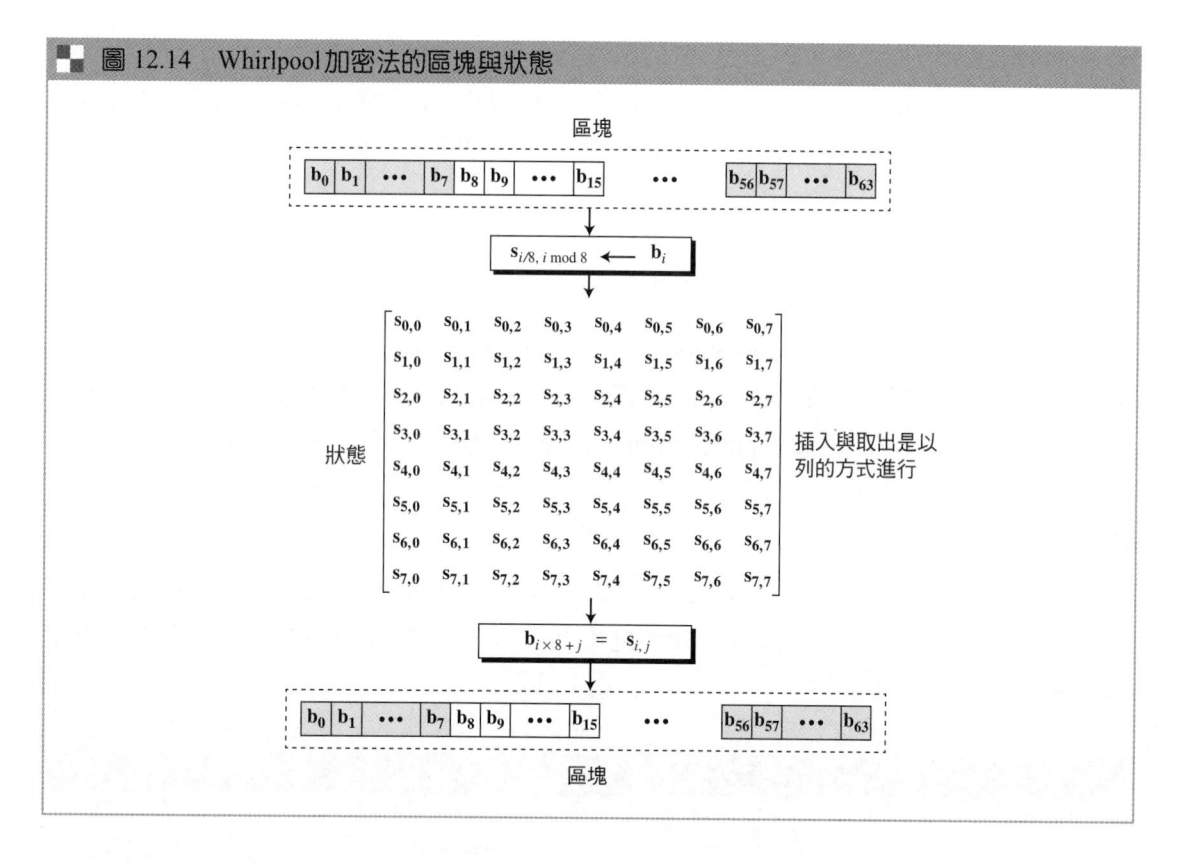

每個回合的架構

圖 12.15 顯示每個回合的架構。每個回合使用四種轉換。

圖 12.15　Whirlpool 加密法中每個回合的架構

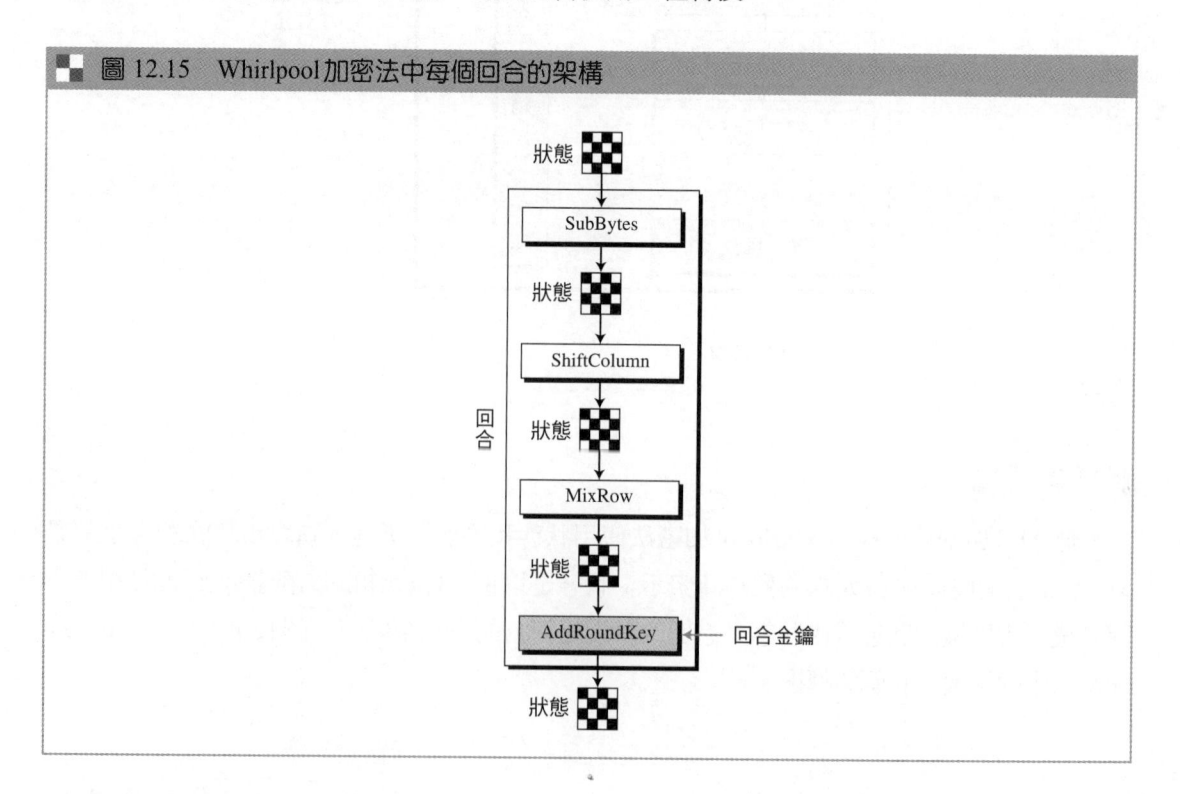

SubBytes　如同在 AES 中，**SubBytes** 提供非線性的轉換。一個位元組被表示成兩位十六進位的數字，左邊的數字代表取代表的列，右邊的數字代表欄。將列與欄的兩個十六進位數字連接在一起，變成一個新的位元組。圖 12.16 顯示其作法。

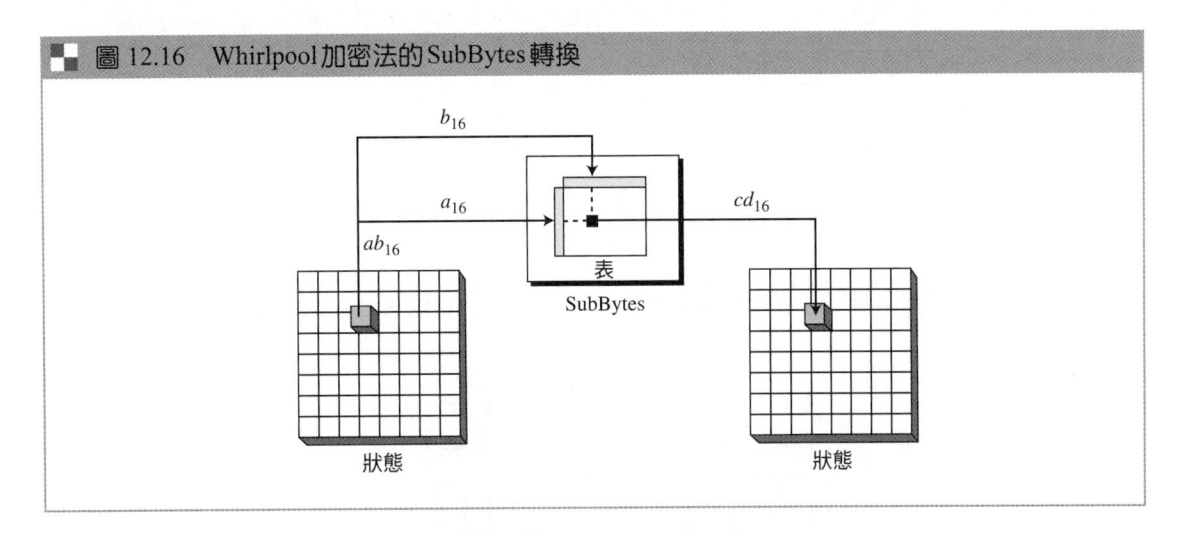

■ 圖 12.16　Whirlpool 加密法的 SubBytes 轉換

在 SubBytes 的轉換中，狀態是被視為 8×8 的位元組矩陣，轉換是一次處理一個位元組。每個位元組的內容會被改變，但是在矩陣裡位元組的排列維持不變。在處理過程中，每個位元組的變化是獨立的；我們有 64 種不同的位元組對位元組轉換。

表 12.4 顯示 SubBytes 轉換的取代表（S-Box）。此轉換明顯地提供混淆效果。例如，兩個位元組 $5A_{16}$ 和 $5B_{16}$ 只有一個位元不同（最右邊的位元），卻被轉換成 $5B_{16}$ 和 88_{16}，總共有

表 12.4　SubBytes 轉換表（S-Box）

	0	1	2	3	4	5	6	7	8	9	A	B	C	D	E	F
0	18	23	C6	E8	87	B8	01	4F	36	A6	D2	F5	79	6F	91	52
1	16	BC	9B	8E	A3	0C	7B	35	1D	E0	D7	C2	2E	4B	FE	57
2	15	77	37	E5	9F	F0	4A	CA	58	C9	29	0A	B1	A0	6B	85
3	BD	5D	10	F4	CB	3E	05	67	E4	27	41	8B	A7	7D	95	C8
4	FB	EF	7C	66	DD	17	47	9E	CA	2D	BF	07	AD	5A	83	33
5	63	02	AA	71	C8	19	49	C9	F2	E3	5B	88	9A	26	32	B0
6	E9	0F	D5	80	BE	CD	34	48	FF	7A	90	5F	20	68	1A	AE
7	B4	54	93	22	64	F1	73	12	40	08	C3	EC	DB	A1	8D	3D
8	97	00	CF	2B	76	82	D6	1B	B5	AF	6A	50	45	F3	30	EF
9	3F	55	A2	EA	65	BA	2F	C0	DE	1C	FD	4D	92	75	06	8A
A	B2	E6	0E	1F	62	D4	A8	96	F9	C5	25	59	84	72	39	4C
B	5E	78	38	8C	C1	A5	E2	61	B3	21	9C	1E	43	C7	FC	04
C	51	99	6D	0D	FA	DF	7E	24	3B	AB	CE	11	8F	4E	B7	EB
D	3C	81	94	F7	9B	13	2C	D3	E7	6E	C4	03	56	44	7E	A9
E	2A	BB	C1	53	DC	0B	9D	6C	31	74	F6	46	AC	89	14	E1
F	16	3A	69	09	70	B6	C0	ED	CC	42	98	A4	28	5C	F8	86

五個位元不同。

表12.4的值可用圖12.17的不可分解多項式 $(x^4 + x + 1)$ 在 **GF**(2^4) 中用代數模式計算出來，在一個位元組內的每個十六進位數字都是 box（E和E^{-1}）的輸入，其結果將填入另一個 R box 中，E box 計算輸入十六進位數字的指數次方，而 R box 使用一個虛擬亂數產生器。

$$E（輸入）= (x^3 + x + 1)^{輸入} \bmod (x^4 + x + 1) \text{ 若輸入} \neq 0xF$$
$$E(0xF) = 0$$

E^{-1} box 只是一個輸入和輸出互換的逆向E box。box的輸入／輸出值也顯示在圖12.17中。

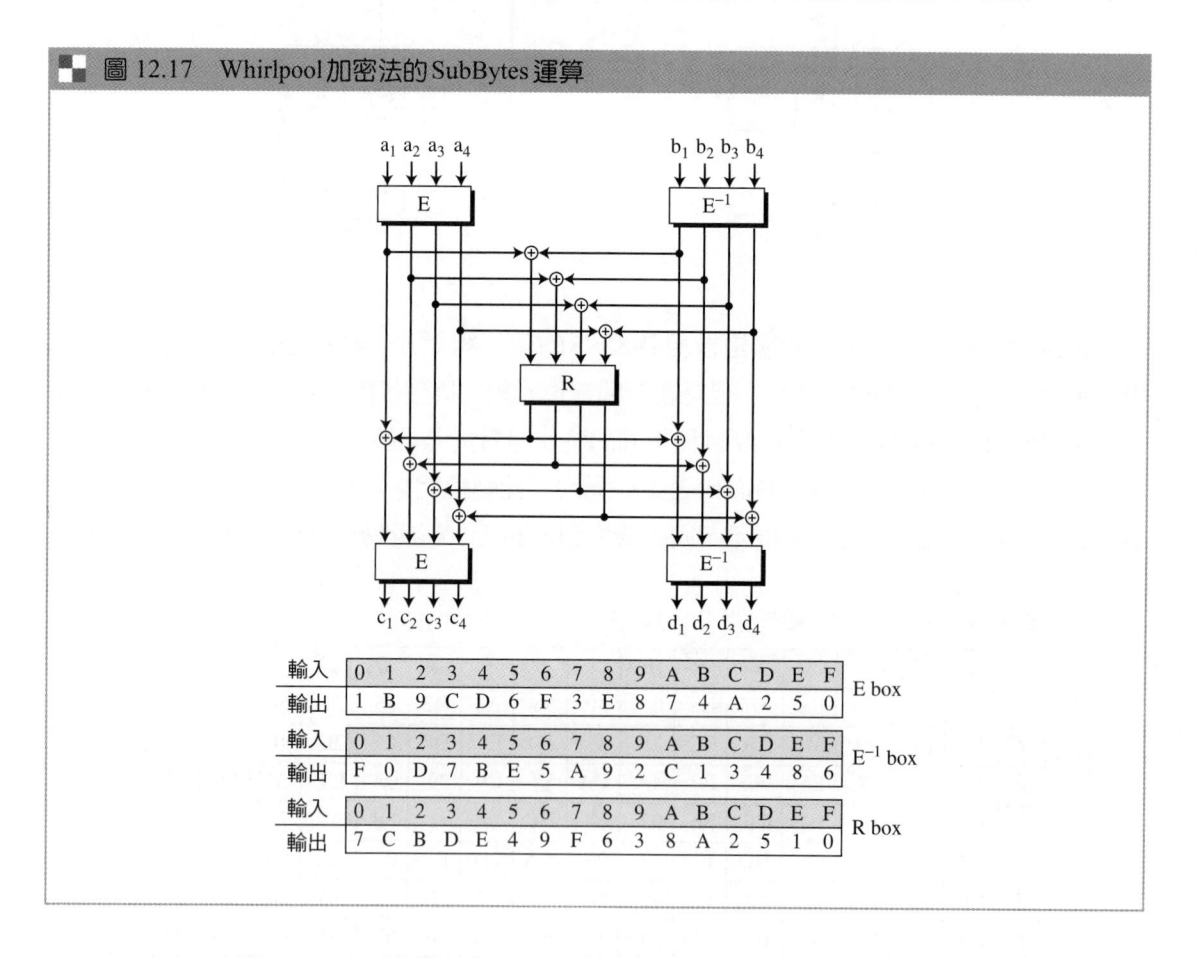

■ 圖 12.17　Whirlpool加密法的SubBytes運算

輸入	0	1	2	3	4	5	6	7	8	9	A	B	C	D	E	F	
輸出	1	B	9	C	D	6	F	3	E	8	7	4	A	2	5	0	E box

輸入	0	1	2	3	4	5	6	7	8	9	A	B	C	D	E	F	
輸出	F	0	D	7	B	E	5	A	9	2	C	1	3	4	8	6	E^{-1} box

輸入	0	1	2	3	4	5	6	7	8	9	A	B	C	D	E	F	
輸出	7	C	B	D	E	4	9	F	6	3	8	A	2	5	1	0	R box

ShiftColumns　　為了提供排列，Whirlpool使用**ShiftColumns**轉換，這非常類似AES裡的ShiftRow，差別在於用行來代替列。位移取決於行的位置，第0行位移0個位元組，而第7行則位移7個位元組。圖12.18顯示位移的轉換。

MixRows　　MixRows轉換具有和AES中MixColumns轉換的相同效果，其主要將位元擴散。MixRows轉換是一種矩陣轉換，其位元組被視為具有**GF**(2)係數的8位元字組（或多項式）。位元組的乘法在**GF**(2^8)中進行，但模運算與AES中的作法不同。Whirlpool加密法

圖 12.18　Whirlpool 加密法的 ShiftColumns 轉換

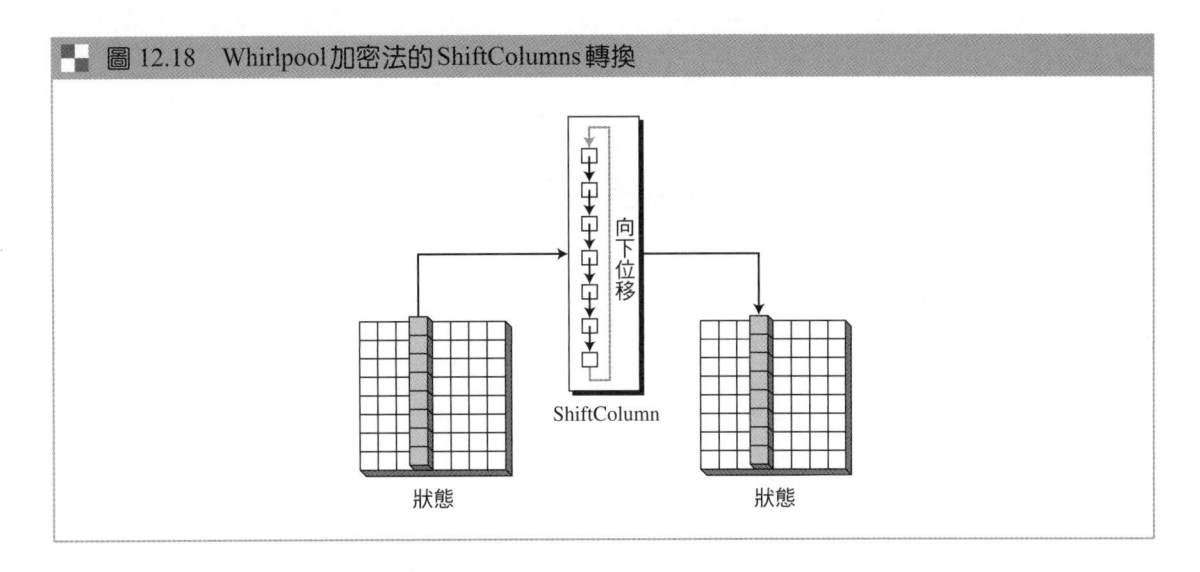

使用 (0x11D) 或 ($x^8 + x^4 + x^3 + x^2 + 1$) 當作模數，加法則如同對 8 位元的字組做互斥或運算。圖 12.19 顯示了 MixRows 轉換。

圖 12.19　Whirlpool 加密法的 MixRows 轉換

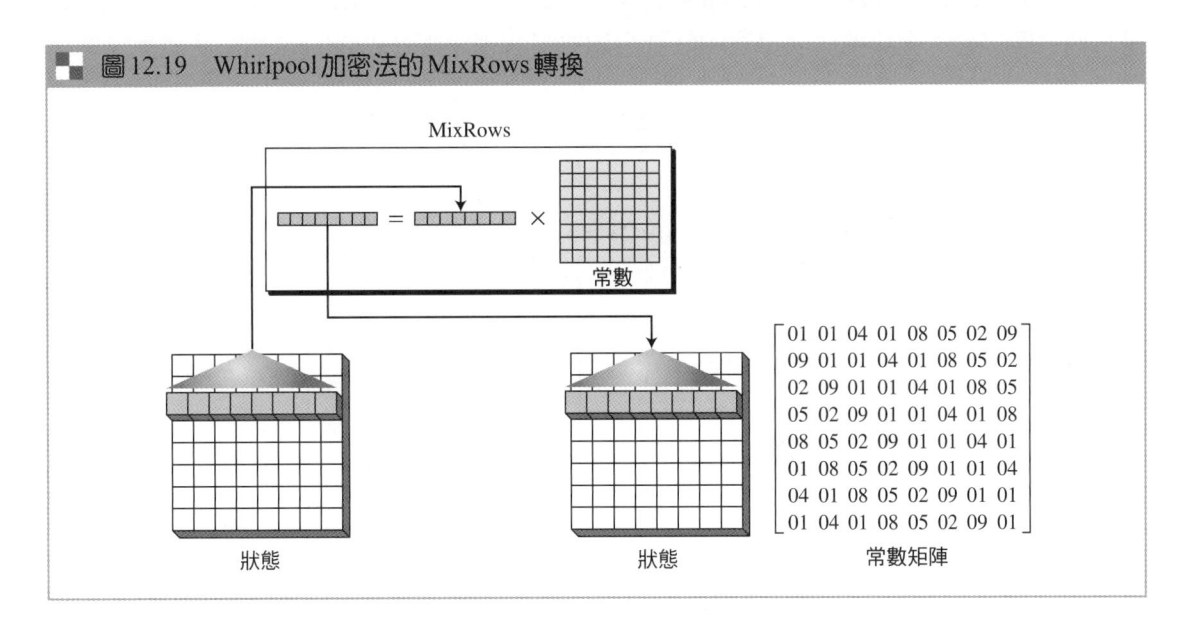

此圖顯示了單一列對常數矩陣的乘法運算，其乘法就是列對常數矩陣做乘法運算。注意，在常數矩陣中，每列都是前一列右旋的結果。

AddRoundKey　在 Whirlpool 加密法中的 **AddRoundKey** 轉換是以位元組為單位進行的，因為每把回合金鑰也是一個 8 × 8 矩陣的狀態值。圖 12.20 顯示其程序。一個在資料狀態的位元組對，在回合金鑰狀態的位元組進行在 $GF(2^8)$ 體中的加法運算，結果就是在新狀態下的一個新的位元組。

圖 12.20　Whirlpool加密法的AddRoundKey轉換

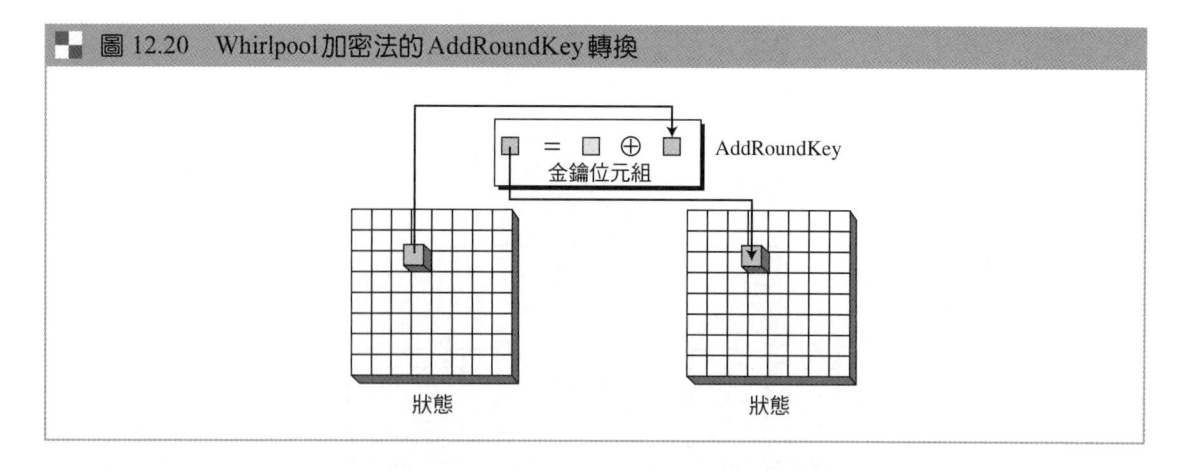

金鑰擴展

如圖 12.21 所示，在 Whirlpool 加密法中的金鑰擴展演算法與在 AES 中的演算法完全不同。Whirlpool 加密法並未使用新的演算法來產生回合金鑰，而是使用一種沒有預先回合的加密演算法。在加密演算法中，每個回合的輸出就是此回合的回合金鑰。乍看之下，似乎像是一個循環定義；金鑰擴展演算法的回合金鑰要從哪裡來呢？Whirlpool 加密法似乎已經簡

圖 12.21　Whirlpool加密法的金鑰擴展

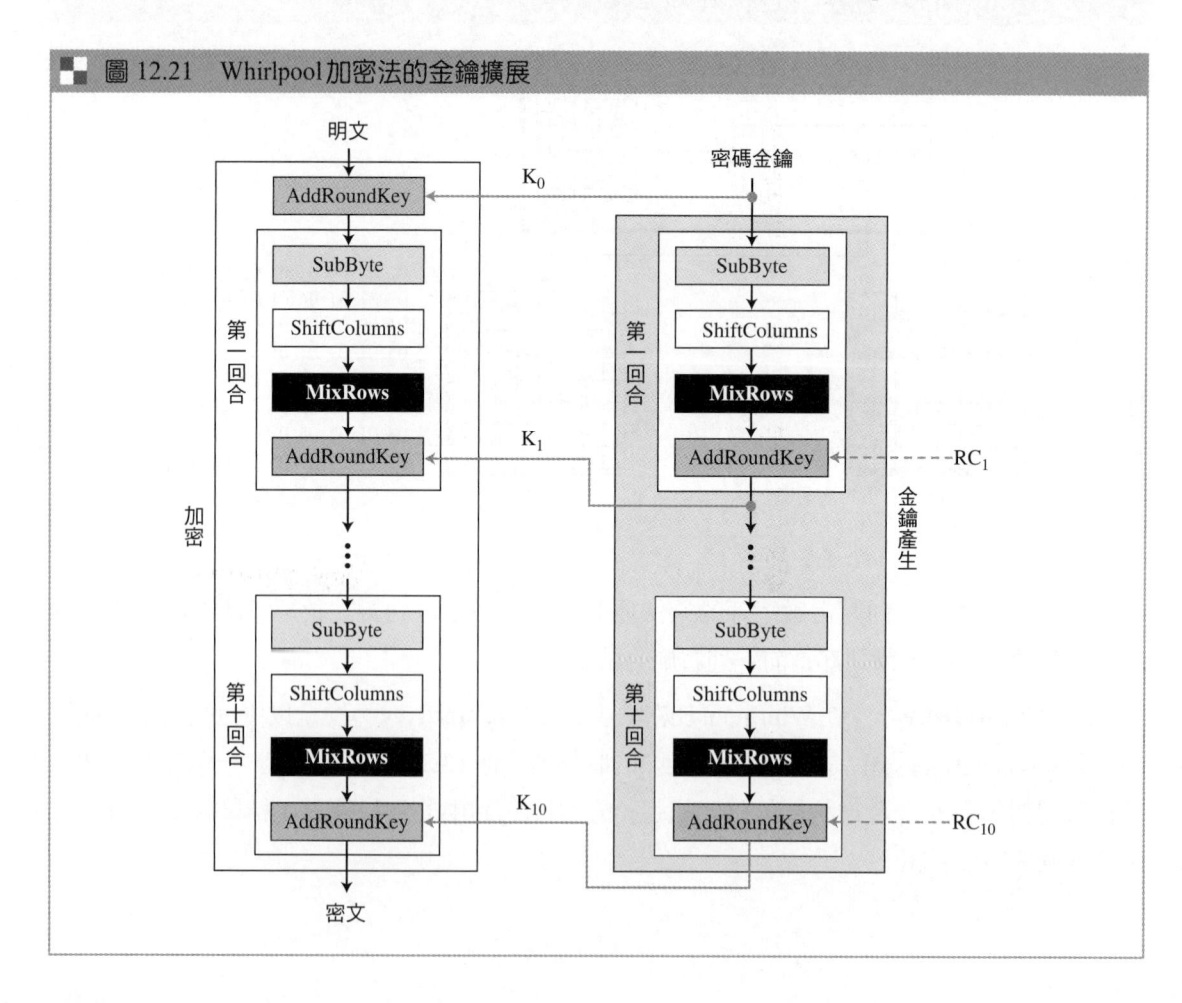

單地使用10個回合常數（RC）當作金鑰擴展演算法的虛擬回合金鑰來解決此問題。換句話說，金鑰擴展演算法使用常數做為回合金鑰，加密演算法使用金鑰擴展演算法每個回合的輸出當作回合金鑰。金鑰產生演算法將密碼金鑰視為明文並對它加密。注意，密碼金鑰在加密演算法中仍為K_0。

回合常數　　每個回合常數RC_r是一個8×8的矩陣，只有第一列有非零的值，其餘的值皆為0，在每個常數矩陣第一列的值是由SubBytes轉換計算得來（表12.4）。

RC_{round}[row, column] = SubBytes [8(round−1) + column]　　若 row = 0
RC_{round}[row, column] = 0　　若 row ≠ 0

換句話說，RC_1使用SubBytes轉換表中前八個項目（表12.4），RC_2使用接續的八個項目，依此類推。例如，圖12.22顯示RC_3使用SubBytes表中第三對八個項目。

■ 圖 12.22　　第三回合的回合常數

$$RC_3 = \begin{bmatrix} 1D & E0 & D7 & C2 & 2E & 4B & FE & 57 \\ 00 & 00 & 00 & 00 & 00 & 00 & 00 & 00 \\ 00 & 00 & 00 & 00 & 00 & 00 & 00 & 00 \\ 00 & 00 & 00 & 00 & 00 & 00 & 00 & 00 \\ 00 & 00 & 00 & 00 & 00 & 00 & 00 & 00 \\ 00 & 00 & 00 & 00 & 00 & 00 & 00 & 00 \\ 00 & 00 & 00 & 00 & 00 & 00 & 00 & 00 \\ 00 & 00 & 00 & 00 & 00 & 00 & 00 & 00 \end{bmatrix}$$

結語

表12.5總結Whirlpool加密法的一些特性。

表 12.5　Whirlpool加密法的主要特性

區塊大小：512位元
密碼金鑰大小：512位元
回合數：10
金鑰擴展：使用加密法本身的回合常數當作回合金鑰
代換：SubBytes轉換
排列：ShiftColumns轉換
混合：MixRows轉換
回合常數：前八個質數的立方根

分析

雖然Whirlpool雜湊函數並未被廣泛地研究或測試，但其基於一個強健的Miyaguchi-Preneel機制，而且使用AES加密法做為壓縮函數，AES已被證明可抵抗很多攻擊。此外，訊息摘要的大小與SHA-512相同，因此預計將成為一個非常強的密碼雜湊函數。不過，還

需要更多的測試和研究來進行確認。唯一的問題在於Whirlpool雜湊函數是使用加密法當作壓縮函數，尤其在實作於硬體時，可能無法像SHA-512一樣有效率。

推薦讀物

為了更深入瞭解本章所討論的主題，我們建議選讀下列書籍與網站。括號內的項目請參閱本書書末的參考文獻。

書籍

許多書籍提供很好的密碼雜湊函數之相關介紹，包括[Sti06]、[Sta06]、[Sch99]、[Mao04]、[KPS02]、[PHS03]和[MOV97]。

網站

對於本章所討論的主題，以下的網站提供了許多更深入的資訊。

- http://www.unixwiz.net/techtips/iguide-crypto-hashes.html
- http://www.faqs.org/rfcs/rfc4231.html
- http://www.itl.nist.gov/fipspubs/fip180-1.htm
- http://www.ietf.org/rfc/rfc3174.txt
- http://paginas.terra.com.br/informatica/paulobarreto/WhirlpoolPage.html

關鍵詞彙

- AddRoundKey　355
- compression function　壓縮函數　338
- Davies-Meyer scheme　Davies-Meyer機制　341
- HAVAL　340
- iterated cryptographic hash function　迭代式密碼雜湊函數　338
- Matyas-Meyer-Oseas scheme　Matyas-Meyer-Oseas機制　341
- Merkle-Damgard scheme　Merkle Damgard機制　339
- Message Digest（MD）　訊息摘要　340
- MD2　340
- MD4　340
- MD5　340
- MixRows　353
- Miyaguchi-Preneel scheme　Miyaguchi-Preneel機制　342
- New European Schemes for Signatures, Integrity, and Encryption（NESSIE）　歐洲資訊技術協會所主導的密碼安全計畫案　350
- Rabin scheme　Rabin機制　340
- RACE Integrity Primitives Evaluation Message Digest（RIPMED）　RACE原始完整性評量訊息摘要　340
- RIPEMD-160　340
- Secure Hash Algorithm（SHA）　安全雜湊演算法　340
- Secure Hash Standard（SHS）　安全雜湊標準
- SHA-1　340
- SHA-224　340
- SHA-256　340

- SHA-384　340
- SHA-512　340
- ShiftColumns　354
- SubBytes　353
- Whirlpool cipher　Whirlpool加密法　351
- Whirlpool　350
- word expansion　字組擴展　345
- word oriented　字組導向　344

重點摘要

- 全部密碼雜湊函數必須從一個變動長度的訊息中產生一個固定長度的摘要，建立這種函數最好用迭代方式來完成。因為一個壓縮函數會被重複使用來產生摘要，所以此方法稱為迭代式雜湊函數。
- Merkle-Damgard機制是一個迭代式密碼雜湊函數，如果所使用的壓縮函數不會碰撞，它就不會碰撞。Merkle-Damgard機制是今日許多密碼雜湊函數的基礎。
- 目前的趨勢為使用兩種不同的方法設計壓縮函數：第一種方法是壓縮函數內含暫存區，它特別是為此目的而設計的；第二種方法是使用一個對稱式金鑰區塊加密法來當作壓縮函數。
- 一堆密碼雜湊函數使用內含暫存區的壓縮函數，這些壓縮函數是特別為這個目的而設計的，例如訊息摘要系列、安全雜湊演算法系列、RIPEMD和HAVAL。
- 迭代式密碼雜湊函數使用對稱式金鑰區塊加密法來代替壓縮函數，許多使用這種方法的機制已經被提出，包括Rabin機制、Davies-Meyer機制、Matyas-Meyer-Oseas機制和Miyaguchi-Preneel機制。
- 最被看好的密碼雜湊函數之一是具有512位元訊息摘要的SHA-512，其基於Merkle-Damgard機制，也是使用內含暫存區的壓縮函數。
- 另一個被看好的密碼雜湊函數是Whirlpool雜湊函數，是由NESSIE所認可的系統。Whirlpool雜湊函數是一個迭代式密碼雜湊函數，其基於Miyaguchi-Preneel機制，使用對稱式金鑰區塊加密法來代替壓縮函數，其區塊加密法就是修改的AES加密法。

練習集

問題回顧

1. 定義一個密碼雜湊函數。
2. 定義一個迭代式密碼雜湊函數。
3. 描述Merkle-Damgard機制的想法。為何此想法對於設計一個密碼雜湊函數如此重要？
4. 列舉一些不使用加密法當作壓縮函數的雜湊函數。
5. 列舉一些使用區塊加密法當作壓縮函數的雜湊函數。
6. 列舉SHA-512密碼雜湊函數的主要特色。在SHA-512中使用哪種類型的壓縮函數？
7. 列舉Whirlpool密碼雜湊函數的主要特色。在Whirlpool中使用哪種類型的壓縮函數？
8. 比較與對照SHA-512與Whirlpool密碼雜湊函數的特色。

習題

9. 在SHA-512中，列出下列訊息長度的長度欄位的值，並以十六進位表示法表示：
   a. 1000 位元
   b. 10,000 位元
   c. 1000,000 位元

10. 在Whirlpool雜湊函數中，列出下列訊息長度的長度欄位的值，並以十六進位表示法表示：
    a. 1000 位元
    b. 10,000 位元
    c. 1000,000 位元

11. 若訊息長度如下，則在SHA-512中，其填塞位元為何？
    a. 5120 位元
    b. 5121 位元
    c. 6143 位元

12. 若訊息長度如下，則在Whirlpool雜湊函數中，其填塞位元為何？
    a. 5120 位元
    b. 5121 位元
    c. 6143 位元

13. 在下列情況下，證明若兩個訊息相同，則其最後區塊也會相同（在填塞與加入長度欄位後）。
    a. 雜湊函數為SHA-512。
    b. 雜湊函數為Whirlpool。

14. 使用第七個質數（17）計算表12.2的 G_0。

15. 使用80個回合的Feistel加密法在無最後運算（最後加法）的情況下，比較SHA-512的壓縮函數，並說明其同異。

16. SHA-512中的壓縮函數（圖12.10）可視為一個具有80個回合的加密法。如果字組 W_0 到 W_{79} 被視為回合金鑰，則其是否類似本章所描述的方法（Rabin、Davies-Meyer、Matyas-Meyer Oseas 或 Miyaguchi-Preneel）？提示：考量最後加法運算的影響。

17. 如果最後加法運算從壓縮函數中被移除，證明SHA-512將遭受中間相遇攻擊的破壞。

18. 以類似表12.5的方式，比較AES與Whirlpool。

19. 證明第三運算並不需要從Whirlpool加密法的第十回合移除，但其在AES加密法中必須移除。

20. 計算 $RotR_{12}(x)$ 的結果，如果
    $$x = 1234\ 5678\ ABCD\ 2345\ 34564\ 5678\ ABCD\ 2468$$

21. 計算 $ShL_{12}(x)$ 的結果，如果
    $$x = 1234\ 5678\ ABCD\ 2345\ 34564\ 5678\ ABCD\ 2468$$

22. 計算 $Rotate(x)$ 的結果，如果
    $$x = 1234\ 5678\ ABCD\ 2345\ 34564\ 5678\ ABCD\ 2468$$

23. 計算 $Conditional\ (x, y, z)$ 的結果，如果
    $$x = 1234\ 5678\ ABCD\ 2345\ 34564\ 5678\ ABCD\ 2468$$
    $$y = 2234\ 5678\ ABCD\ 2345\ 34564\ 5678\ ABCD\ 2468$$
    $$x = 3234\ 5678\ ABCD\ 2345\ 34564\ 5678\ ABCD\ 2468$$

24. 計算 Majority (x, y, z) 的結果,如果

$$x = 1234\ 5678\ ABCD\ 2345\ 34564\ 5678\ ABCD\ 2468$$
$$y = 2234\ 5678\ ABCD\ 2345\ 34564\ 5678\ ABCD\ 2468$$
$$x = 3234\ 5678\ ABCD\ 2345\ 34564\ 5678\ ABCD\ 2468$$

25. 在 SHA-512 中,寫一個程序(以虛擬碼的方式)計算 $RotR_i(x)$(圖 12.9)。
26. 在 SHA-512 中,寫一個程序(以虛擬碼的方式)計算 $ShL_i(x)$(圖 12.9)。
27. 在 SHA-512 中,寫一個程序(以虛擬碼的方式)計算條件函數(圖 12.11)。
28. 在 SHA-512 中,寫一個程序(以虛擬碼的方式)計算多數函數(圖 12.11)。
29. 在 SHA-512 中,寫一個程序(以虛擬碼的方式)計算旋轉函數(圖 12.11)。
30. 在 SHA-512 中,寫一個程序(以虛擬碼的方式)計算初始摘要值(A_0 到 H_0)(表 12.2)。
31. 在 SHA-512 中,寫一個程序(以虛擬碼的方式)計算第八個常數(表 12.3)。
32. 在 SHA-512 中,為擴展字組演算法寫一個程序(以虛擬碼的方式),如圖 12.9,考量兩種情況:
    a. 使用一個 80 個元素的陣列來處理所有字組。
    b. 一次使用一個 16 個元素的陣列來處理 16 個字組。
33. 在 SHA-512 中,為壓縮函數寫一個程序(以虛擬碼的方式)。
34. 在 SHA-512 中,寫一個程序(以虛擬碼的方式)改變 512 位元的區塊成為 8 × 8 狀態矩陣(圖 12.4)。
35. 在 SHA-512 中,寫一個程序(以虛擬碼的方式)改變 8 × 8 狀態矩陣成為 512 位元的區塊(圖 12.4)。
36. 在 Whirlpool 加密法中,寫一個程序(以虛擬碼的方式)計算 SubBytes 轉換(圖 12.6)。
37. 在 Whirlpool 加密法中,寫一個程序(以虛擬碼的方式)計算 ShiftColumns 轉換(圖 12.18)。
38. 在 Whirlpool 加密法中,寫一個程序(以虛擬碼的方式)計算 MixRows 轉換(圖 12.19)。
39. 在 Whirlpool 加密法中,寫一個程序(以虛擬碼的方式)計算 AddRoundKey 轉換(圖 12.20)。
40. 在 Whirlpool 加密法中,為金鑰擴展寫一個程序(以虛擬碼的方式)(圖 12.21)。
41. 在 Whirlpool 加密法中,寫一個程序(以虛擬碼的方式)產生回合常數(圖 12.20)。
42. 為 Whirlpool 加密法中寫一個程序(以虛擬碼的方式)。
43. 為 Whirlpool 密碼雜湊函數寫一個程序(以虛擬碼的方式)。
44. 使用網際網路(或其他可使用的資源)搜尋有關 SHA-1 的資訊,然後比較 SHA-1 和 SHA-512 的壓縮函數的異同。
45. 使用網際網路(或其他可使用的資源)搜尋有關下列壓縮函數的資訊,然後和 SHA-512 進行比較。
    a. SHA-224
    b. SHA-256
    c. SHA-384
46. 使用網際網路(或其他可使用的資源)搜尋有關 RIPEMD 的資訊,然後和 SHA-512 進行比較。
47. 使用網際網路(或其他可使用的資源)搜尋有關 HAVAL 的資訊,然後和 SHA-512 進行比較。

CHAPTER 13 數位簽章

學習目標

本章的學習目標包括：

- 定義數位簽章。
- 說明數位簽章所提供的安全服務。
- 解釋攻擊數位簽章的方法。
- 研討一些數位簽章機制，包括RSA、ElGamal、Schnorr、DSS和橢圓曲線。
- 描述一些數位簽章的應用。

我們都很熟悉簽章的概念，一個人於某文件簽名時，就表示此文件是她所發出或批准的。文件接收者可依簽名證明該文件是否來自正確的人。客戶簽發一張支票時，銀行必須確認此支票是否為該位客戶所簽發。換言之，文件上被驗證過的簽名就是一個確認的符號，證明此文件是真實的。例如藝術家簽名的畫，若藝術品上有真實的簽名，那就表示這幅畫有可能是真品。

當Alice傳送一個訊息Bob時，Bob需要確認傳送者；他必須確認該訊息是由Alice傳送的，而不是Eve。Bob可以要求Alice於此訊息以電子方式簽名。換句話說，電子簽名能證實Alice就是訊息的傳送者，這種簽名稱為**數位簽章（digital signature）**。

本章會介紹與數位簽章相關的議題，以及不同的數位簽章機制。

13.1 比較

讓我們先看傳統簽名和數位簽章之間的不同。

內含物

傳統簽名是屬於文件的一部分，我們簽發一張支票時，是將簽名簽在支票上，無法分開。但若是以數位方式簽署文件時，是分別發送簽名和文件。傳送者必須傳送兩個文件：訊

息和簽章。接收者會收到這兩個文件，並證明其簽名是否屬於傳送者。若證實如此，則訊息就會被保留，否則訊息會被拒絕。

確認方式

這兩種方式的第二個不同之處就是確認簽名的方式。以傳統式的簽名來說，接收者收到一份文件後，她必須比較這份文件的簽名與之前存檔文件的簽名。若兩個簽名相同，則此份文件就是真實的。此外，接收者還得留存一份簽名的副本，以供之後比較。數位簽章的接收者會收到訊息和簽章，因為沒有儲存任何簽章的副本，所以接收者需應用一個驗證的技術將訊息和簽章結合，以證明其真實性。

關係

以傳統簽名來說，一個簽名和文件之間的關係是一對多，一個人使用同一個簽名簽署很多文件。數位簽章的簽名和訊息之間的關係是一對一，每個訊息都有專屬的簽章，一個訊息的簽章不能用於另一個訊息。若Bob收到兩個Alice傳送的訊息，他不能用第一個訊息的簽章去驗證第二個訊息，每個訊息都需要一個新的簽章。

可複製性

這兩種簽名的另一個不同之處就是可複製性。以傳統簽名來說，一份已簽署文件的副本能和存檔的正本做出區別。數位簽章無法區別，除非文件有時間因素（例如時間郵戳）。舉例來說，假設Alice傳送一份文件給Bob，要Bob付款給Eve。若Eve攔截到此文件和簽章，她可以在稍後重送這些訊息，以再次從Bob處得到款項。

13.2 過程

圖13.1列出數位簽章的過程，傳送者使用**簽章演算法（signing algorithm）**簽署訊息後，傳送訊息和簽章給接收者。接收者收到訊息和簽章後，應用**驗證演算法（verifying algorithm）**結合訊息和簽章。若結果是正確的，訊息就會被保留，否則訊息會被拒絕。

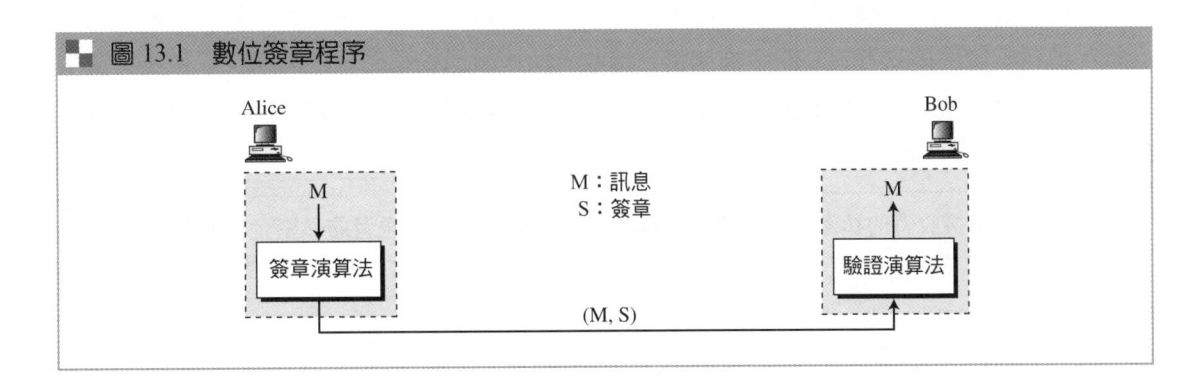

圖 13.1　數位簽章程序

🔑 金鑰的必要性

傳統簽名就如同文件簽署者的私密「金鑰」一樣，簽名者利用它簽署文件，沒有其他人有這個簽名。簽名的副本存檔後就像一把公開金鑰一樣，每個人都能利用它和原始簽名比較以核對文件。

以數位簽章來說，簽署者將她的私密金鑰應用於簽名演算法以簽署文件。驗證者將簽署者的公開金鑰應用於驗證演算法以驗證文件。

我們能將私密和公開的金鑰加入圖13.1，以提供更完整的數位簽章概念（見圖13.2）。每個人（包括Bob）都能驗證一份已簽署的文件，因為每個人都能使用Alice公開的金鑰。Alice千萬不能使用她的公開金鑰簽署文件，否則任何人都能偽造她的簽名。

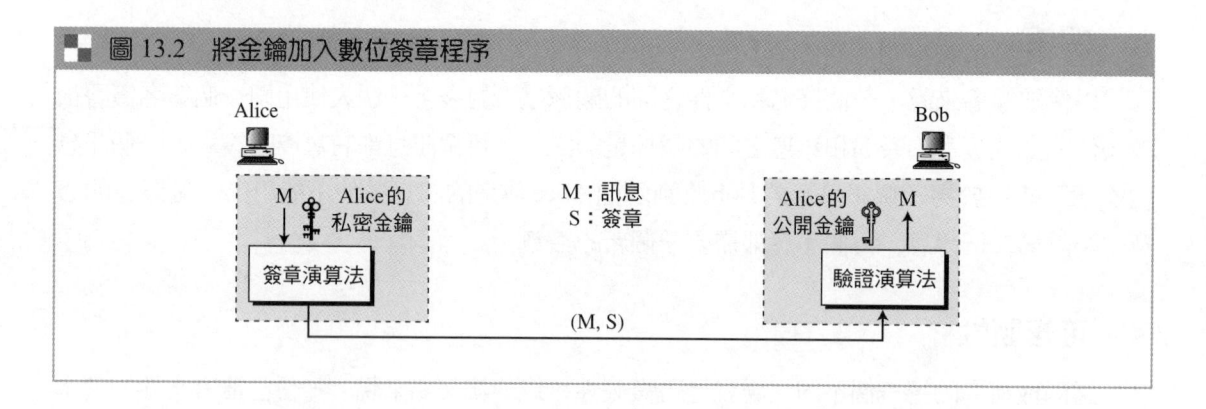

圖13.2 將金鑰加入數位簽章程序

我們能用一個祕密（對稱式）金鑰來簽名和驗證簽章嗎？答案是不行的，原因如下。第一，只有兩個人（例如Alice和Bob）知道祕密金鑰，所以如果Alice需要簽署另一份文件給Ted，她必須使用另一把祕密金鑰。第二，如同我們所看到的，要為會議（session）建立一個祕密金鑰，其牽涉到使用數位簽章的認證，這會是一種惡性循環。第三，Bob能使用他和Alice之間的祕密金鑰簽署一份文件，再傳給Ted，假裝是Alice傳送的。

數位簽章需要一個公開金鑰系統。
簽署者使用她的私密金鑰簽署；驗證者使用簽署者的公開金鑰驗證。

為了達到機密性，我們應該將使用於數位簽章的私密金鑰與公開金鑰，和使用於加密系統的私密金鑰與公開金鑰加以區分。以後者來說，此過程中會使用接收者的私密金鑰和公開金鑰。傳送者使用接收者的公開金鑰加密，接收者使用自己的私密金鑰解密；以數位簽章來說，會使用傳送者的私密金鑰和公開金鑰。傳送者使用自己的私密金鑰，接收者使用傳送者的公開金鑰。

密碼系統會使用接收者的私密金鑰和公開金鑰；數位簽章會使用傳送者的私密金鑰和公開金鑰。

摘要簽署

在第十章中，我們得知非對稱式金鑰密碼系統不擅長處理長訊息。而數位簽章系統的訊息通常都很長，但我們還是得使用非對稱式金鑰系統，解決方法就是簽署比訊息還短的摘要。由第十一章得知，慎選出的訊息摘要和其訊息的關係是一對一的。傳送者能簽署訊息摘要，而接收者能驗證訊息摘要，效果是相同的。圖13.3顯示數位簽章系統中的摘要簽署。

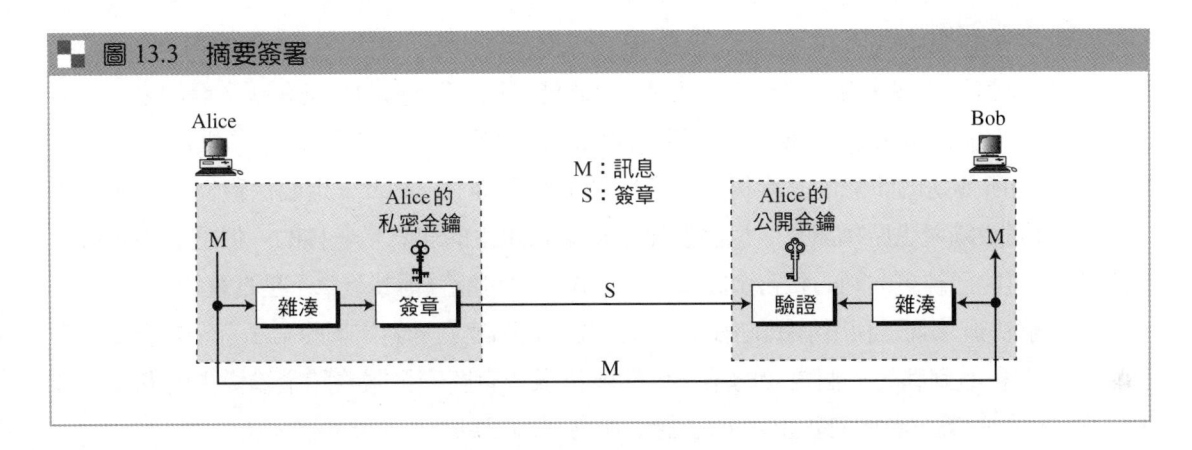

圖 13.3　摘要簽署

Alice得出訊息摘要並使用她的私密金鑰簽署摘要後，將訊息和簽章傳送給Bob。本章稍後將會看到，依賴此系統的過程會有些變化。例如摘要產生前，可能會有附加的計算，或使用其他機密。在一些系統中，簽章是一組數值。

Bob使用相同的公開雜湊函數，由接收到的訊息產生摘要，並計算簽章和摘要，驗證過程應用準則並依計算結果判定簽章的真實性。若是真實的，訊息就會被保留，否則訊息會被拒絕。

13.3　服務

第一章中，我們探討過幾個安全服務，包括訊息機密性、訊息確認性、訊息完整性和不可否認性。數位簽章提供後三種服務；訊息機密性仍然需要使用加密／解密。

訊息確認性

一個安全的數位簽章機制，如同一個傳統的簽名（無法輕易被複製），能提供訊息確認性（也稱為原始資料確認性）。Bob能確認訊息是由Alice傳送，這是因為使用Alice的公開金鑰驗證；Alice的公開金鑰無法驗證Eve私密金鑰的簽章。

數位簽章提供訊息確認性。

訊息完整性

即使我們簽署整個訊息，仍能保有訊息完整性。因為若訊息被改變，就無法得到同一個簽章。現今的數位簽章機制使用雜湊函數於簽署和驗證演算法，以確保訊息完整性。

數位簽章提供訊息完整性。

不可否認性

若 Alice 簽署一個訊息，之後卻又否認，Bob 能證明 Alice 真的有簽署嗎？舉例來說，若 Alice 傳送一個訊息給銀行（Bob），並要求從她的帳戶轉 10,000 美元到 Ted 的帳戶，Alice 之後能否認她所傳送的訊息嗎？根據目前所介紹的機制而言，Bob 一定要保留簽章，並使用 Alice 的公開金鑰產生原始訊息，以證明訊息檔案和產生的訊息是一樣的。但這並不可行，因為 Alice 可能已經更改她的私密金鑰或公開金鑰，也可能宣稱其簽章不是真實的。

一個解決辦法就是利用信賴的第三者，在彼此之間建立一個信賴的第三者。在後面的章節中，我們會看到利用一個信賴的第三者能解決很多有關安全服務和金鑰變更的問題。圖 13.4 顯示信賴的第三者如何防止 Alice 否認她所傳送的訊息。

Alice 簽署她的訊息（S_A），將訊息、自己的身份、Bob 的身份和簽章傳送到中心。中心檢查和驗證 Alice 的公開金鑰是有效的之後，會證實訊息是由 Alice 傳送的。中心會將訊息副本、傳送者身份、接收者身份和時間郵戳儲存於檔案中，再使用私密金鑰建立另一個簽章（S_T），之後將訊息和新的簽章、Alice 的身份和 Bob 的身份傳送給 Bob，Bob 則使用信賴中心的公開金鑰驗證訊息。

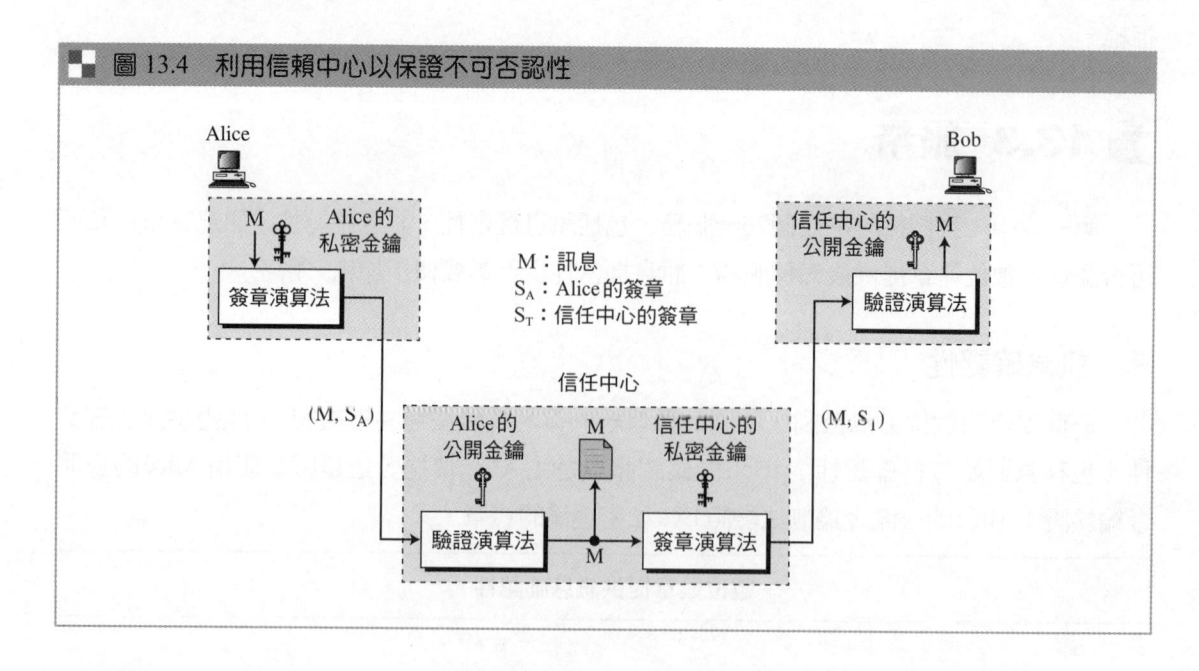

■ 圖 13.4　利用信賴中心以保證不可否認性

若之後 Alice 否認她所傳送的訊息，中心就能展示所儲存的訊息。若 Bob 的訊息是儲存於中心的訊息副本，Alice 就無法辯論。為了保有機密性，可以於此模式中加入加密／解密等級，下一段會進行探討。

信賴的第三者提供不可否認性。

機密性

數位簽章並不提供機密通訊，若需要保密，必須利用祕密金鑰或公開金鑰密碼系統加密訊息和簽章。圖 13.5 顯示如何將這些加入一個簡單的數位簽章機制。

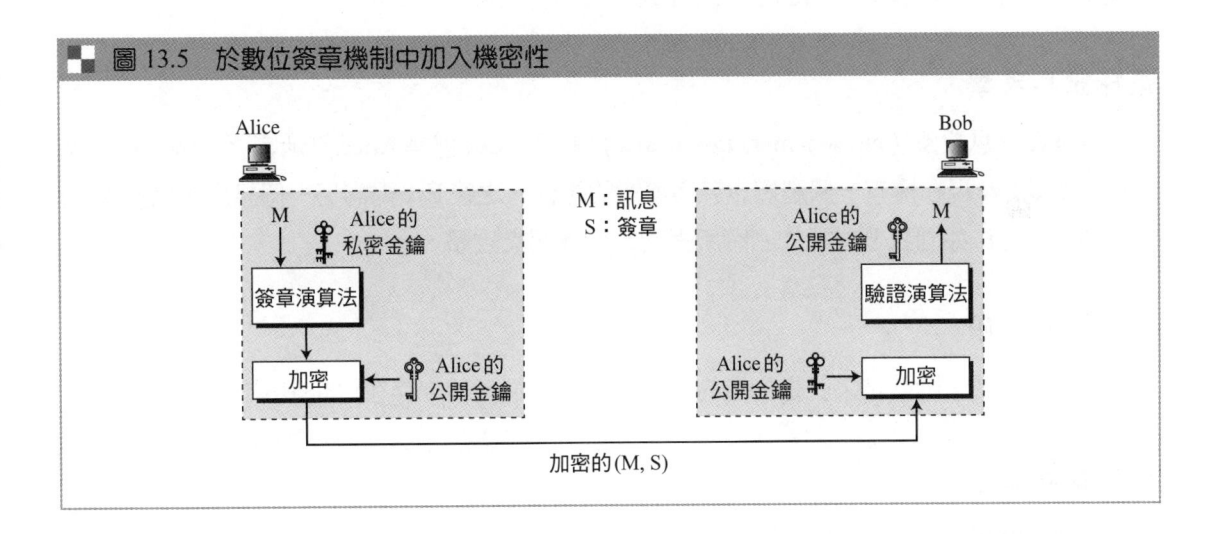

圖 13.5　於數位簽章機制中加入機密性

在上圖中，我們已表示出使用非對稱式金鑰來進行加密／解密，此圖只是強調每一個終端使用者所使用的金鑰種類為非對稱式的，其實這些終端使用者也能用對稱式金鑰來進行加密／解密。

數位簽章並不提供私密性。若要保有私密性，必須應用加密／解密。

13.4 數位簽章攻擊

本節將敘述數個數位簽章攻擊，並定義偽造的種類。

攻擊種類

以下探討三種攻擊數位金鑰的方法：僅有金鑰攻擊、已知訊息攻擊和選擇訊息攻擊。

僅有金鑰攻擊

以**僅有金鑰攻擊**（key-only attack）來說，Eve 只有 Alice 所釋放的公開資訊。為了偽造訊息，Eve 必須偽造 Alice 的簽章，讓 Bob 相信此訊息是由 Alice 傳送的，此方法如同我們討論加密時所提到的只知密文攻擊。

已知訊息攻擊

以**已知訊息攻擊**（known-message attack）來說，Eve 已取得一個或很多個訊息與簽章的配對；換言之，她已經擁有一些 Alice 之前簽署的文件，Eve 試著偽造另一個訊息和 Alice 的簽章，此方法如同我們討論加密時所提到的已知明文攻擊。

選擇訊息攻擊

以**選擇訊息攻擊**（chosen-message attack）來說，Eve 已讓 Alice 幫她簽署一個或很多個訊息，所以 Eve 現在擁有一個選擇訊息與簽章的組合。之後 Eve 編寫另一個訊息並偽造 Alice 的簽章，此方法如同我們討論加密時所提到的選擇明文攻擊。

偽造種類

若攻擊成功，則其結果就是偽造的。偽造可以分為兩種：存在性和選擇性。

存在性偽造

以**存在性偽造**（existential forgery）來說，Eve 或許可以建立一個有效的訊息與簽章的組合，但無法真的使用。換言之，已偽造了一個文件，但內容是隨機計算的。這種偽造是很有可能的，但幸運的是，Eve 無法從中獲利太多，因為她的訊息可能在語句構造或語義上是不通且難以理解的。

選擇性偽造

以**選擇性偽造**（selective forgery）來說，Eve 或許可以偽造 Alice 的簽章，用於 Eve 所選擇的訊息。雖然這對 Eve 有利，也可能對 Alice 有害，但這種偽造的可能性是很低的，卻也不能忽略。

13.5 數位簽章機制

近幾十年來已發展出數個數位簽章機制，有些已被實際應用。在本節中，我們會討論這些機制，而且即將討論的機制很有可能成為標準規範。

RSA 數位簽章機制

第十章中，我們探討如何使用RSA密碼系統提供私密性。RSA概念也可用於簽署或驗證訊息，稱為 **RSA數位簽章機制（RSA digital signature scheme）**。數位簽章機制改變了私密金鑰和公開金鑰的角色。第一，使用的是傳送者的私密金鑰和公開金鑰，而不是接收者的。第二，傳送者使用自己的私密金鑰簽署文件，而接收者使用傳送者的公開金鑰驗證文件。若我們比較此機制和傳統的簽署方式，可看出私密金鑰扮演傳送者的簽章角色，而傳送者的公開金鑰扮演公開簽章副本的角色。很明顯地，Alice不能使用Bob的公開金鑰簽署訊息，因為任何人都能這麼做。圖13.6給予RSA數位簽章機制的一般概念。

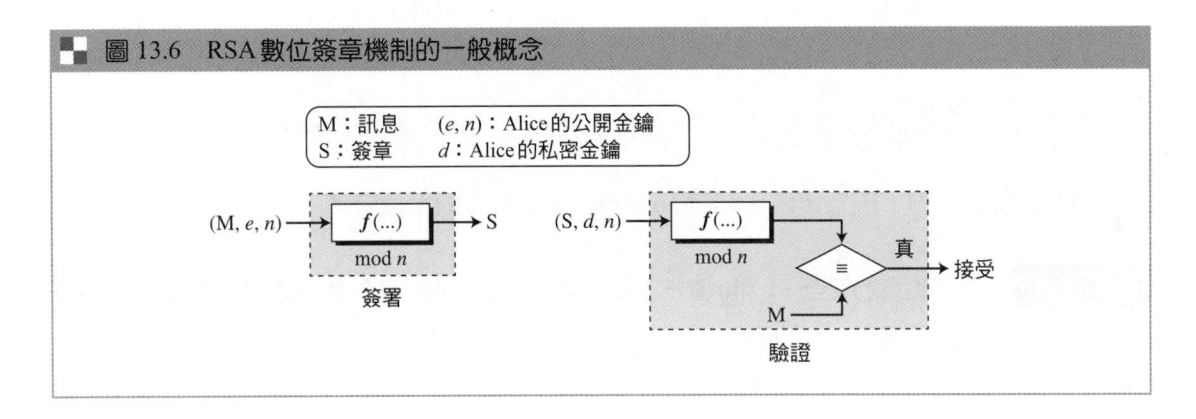

圖 13.6　RSA 數位簽章機制的一般概念

簽署和驗證都使用相同的函數，但參數不同。驗證者比較訊息和函數的輸出是否同餘，若結果為真，則訊息就會被接受。

金鑰產生

RSA數位簽章機制的金鑰產生和RSA密碼系統完全一樣（見第十章）。Alice選擇兩個質數 p 和 q，並計算 $n = p \times q$。Alice計算 $\phi(n) = (p-1)(q-1)$，之後選擇公開指數 e，並計算私密指數 d，而 $e \times d = 1 \bmod \phi(n)$。Alice保有 d；她公開發布 n 和 e。

RSA數位簽章機制中，d 是私密的，e 和 n 是公開的。

簽署與驗證

圖13.7顯示RSA數位簽章機制。

簽署　　Alice使用她的私密指數簽署訊息，$S = M^d \bmod n$，並傳送此訊息和簽章給Bob。

驗證　　Bob接收到M和S後，應用Alice的公開指數於簽章以產生訊息的副本 $M' = S^e \bmod n$。Bob比較 M' 和M的值，若兩個數值同餘，則Bob接受此訊息。我們以驗證式的判定準則來證明：

圖 13.7　RSA 數位簽章機制

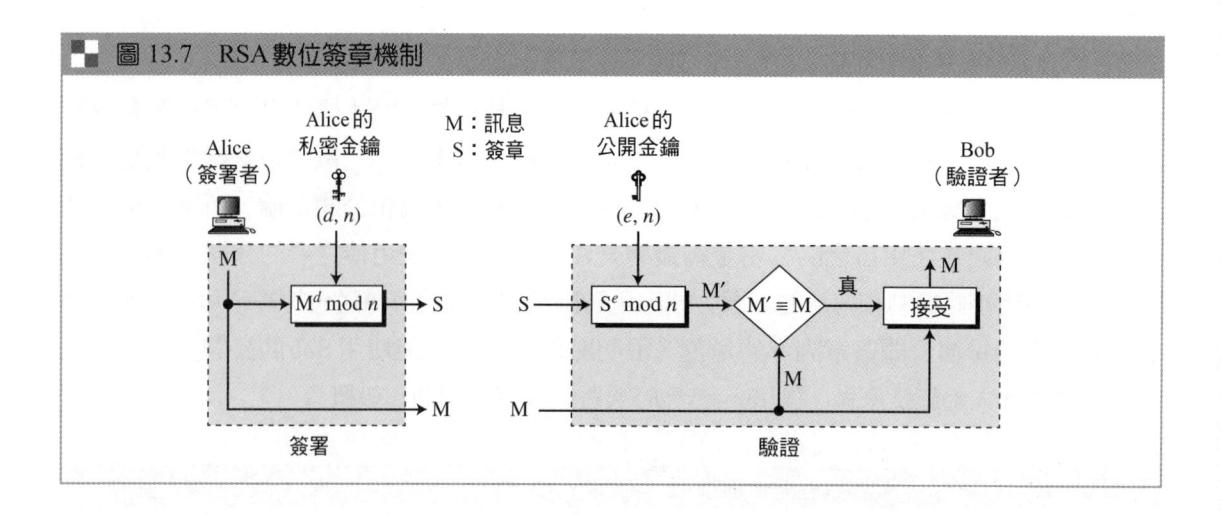

$$M' \equiv M \pmod{n} \quad \rightarrow \quad S^e \equiv M \pmod{n} \quad \rightarrow \quad M^{d \times e} \equiv M \pmod{n}$$

最後同餘會成立，因為 $d \times e = 1 \bmod \phi(n)$（見第九章的尤拉定理）。

範例 13.1　為了簽章的安全，p 和 q 值一定要非常大。舉一個顯見的例子來說，假設 Alice 選擇 $p = 823$ 和 $q = 953$，計算出 $n = 784319$，$\phi(n)$ 值為 782544。現在她選擇 $e = 313$ 和計算 $d = 160009$，此時已經完成金鑰產生的工作。現在想像 Alice 要傳送一個訊息 M = 19070 值給 Bob，她使用她的私密指數 160009 簽署此訊息。

$$M: 19070 \quad \rightarrow \quad S \equiv (19070^{160009}) \bmod 784319 = 210625 \bmod 784319$$

Alice 傳送訊息和簽章給 Bob。Bob 接收訊息和簽章，並進行計算：

$$M' \equiv 210625^{313} \bmod 784319 = 19070 \bmod 784319 \quad \rightarrow \quad M \equiv M' \bmod n$$

Bob 會接受此訊息是因為他已驗證 Alice 的簽章。

RSA 簽章的攻擊

Eve 能應用一些方法攻擊 RSA 數位簽章機制，以偽造 Alice 的簽章。

僅有金鑰攻擊　Eve 只有 Alice 的公開金鑰，但她攔截到一個配對 (M, S) 並嘗試建立另一個訊息 $M' \equiv S^e \pmod{n}$。這個問題就和第九章離散對數的問題一樣難解決，而且這是一個存在性偽造，對 Eve 來說，毫無用處。

已知訊息攻擊　這裡 Eve 利用 RSA 的乘法特性。假設 Eve 已攔截到兩個訊息與簽章的組合 (M_1, S_1) 和 (M_2, S_2)，這兩個組合是利用同樣的私密金鑰產生。若 $M = (M_1 \times M_2) \bmod n$，則 $S = (S_1 \times S_2) \bmod n$。這很容易證明：

$$S = (S_1 \times S_2) \bmod n = (M_1^d \times M_2^d) \bmod n = (M_1 \times M_2)^d \bmod n = M^d \bmod n$$

Eve可以建立 M = (M₁ × M₂) mod n 和 S = (S₁ × S₂) mod n，讓Bob相信S是Alice用於訊息M的簽章。此種攻擊有時也稱為乘法攻擊，很容易應用。然而，因為訊息M是Alice之前兩個訊息的乘積，而不是Eve的訊息，所以就會有存在性偽造；M通常沒有用。

選擇訊息攻擊　此種攻擊也利用RSA的乘法特性。Eve已讓Alice簽署兩個合理的訊息M₁和M₂，讓她隨後可以建立一個新的訊息 M = M₁ × M₂，Eve可以宣稱Alice已簽署M。此種攻擊有時也稱為乘法攻擊，對RSA數位簽章機制而言，這是一種非常嚴重的攻擊，因為它是選擇性偽造（Eve能將M₁和M₂相乘得到有用的M）。

訊息摘要的RSA簽章

如同我們之前所討論的，使用雜湊演算法簽署訊息摘要有幾個優點。以RSA來說，能加速簽章和驗證過程，因為RSA數位簽章機制只要使用私密金鑰加密和公開金鑰解密。使用密碼雜湊函數更能防止簽章被攻擊，圖13.8顯示此機制。

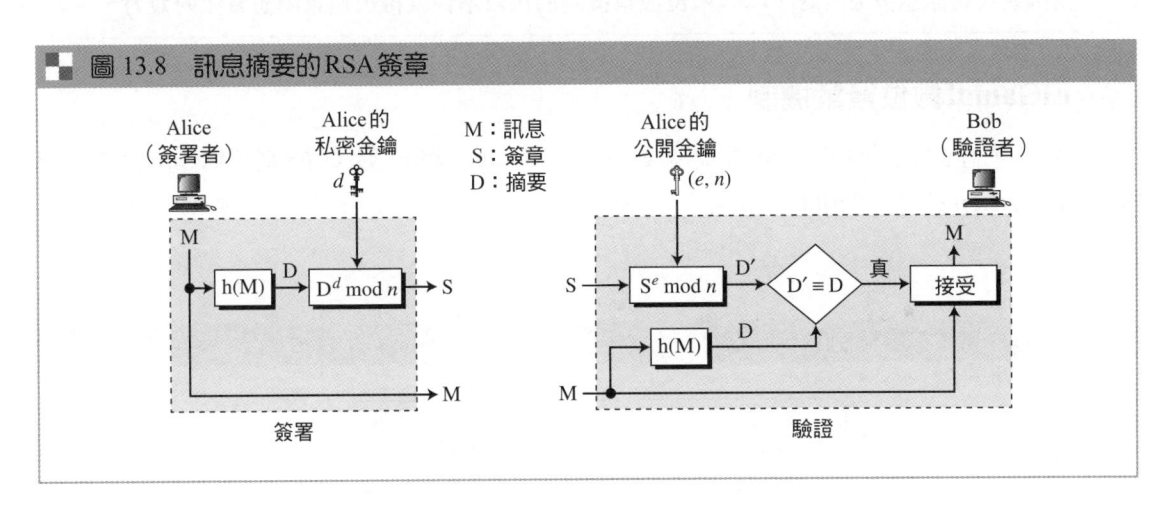

圖13.8　訊息摘要的RSA簽章

簽署者Alice使用一個雜湊函數建立訊息摘要 D = h(M)，她簽署其摘要 S = D^d mod n 後，將訊息和簽章傳送給Bob。驗證者Bob收到訊息和簽章後，使用Alice的公開指數得到摘要 D' = S^e mod n。再應用雜湊演算法於收到的訊息，會得到 D = h(M)。Bob比較這兩個摘要 D 和 D'，若它們同餘模數 n，就接受訊息。

攻擊已簽章的RSA摘要

當我們使用RSA數位簽章機制來簽署摘要時，其有多容易受到攻擊影響呢？

僅有金鑰攻擊　我們考慮以下三種情況：
a. Eve攔截到 (S, M) 組合，並嘗試找出另一個建立相同摘要的訊息 M'，h(M) = h(M')。我們由第十一章得知，若雜湊演算法為抗第二前像，則此種攻擊是非常困難的。
b. Eve找到兩個訊息 M 和 M'，h(M) = h(M')，並引誘Alice簽署 h(M) 以找出 S。現在Eve擁有通過驗證測驗的組合 (M', S)，但這是偽造。我們由第十一章得知，若雜湊演算法為

抗碰撞，則此種攻擊是非常困難的。

c. Eve 可能隨機找到訊息摘要 D，而摘要剛好和隨機的簽章 S 符合。之後她找出訊息 M，而 D = h(M)。我們由第十一章得知，若雜湊函數為抗前像，則此種攻擊是非常困難的。

已知訊息攻擊 假設Eve擁有兩個訊息與簽章的配對(M_1, S_1)和(M_2, S_2)，這兩個組合是利用同樣的私密金鑰而產生。Eve計算 $S \equiv S_1 \times S_2$，若她能找出訊息M，而$h(M) \equiv h(M_1) \times h(M_2)$，就能偽造一個新的訊息。然而，若雜湊演算法為抗前像，則要找出M產生h(M)是非常困難的。

選擇訊息攻擊 Eve要求Alice簽署兩個合理的訊息M_1和M_2給她後，她建立出一個新的簽章$S \equiv S_1 \times S_2$。因為Eve能計算$h(M) \equiv h(M_1) \times h(M_2)$，若她能在給定h(M)下找出訊息M，其新的訊息就是一個偽造。然而，若雜湊演算法為抗前像，則要找出M產生h(M)是非常困難的。

當摘要代替訊息被簽署時，RSA數位簽章機制的被攻擊性就得依賴雜湊演算法的效力。

ElGamal 數位簽章機制

第十章曾討論過ElGamal密碼系統，而 **ElGamal 數位簽章機制（ElGamal digital signature scheme）** 使用相同的金鑰，但演算法不同。圖13.9顯示ElGamal數位簽章機制的一般概念。

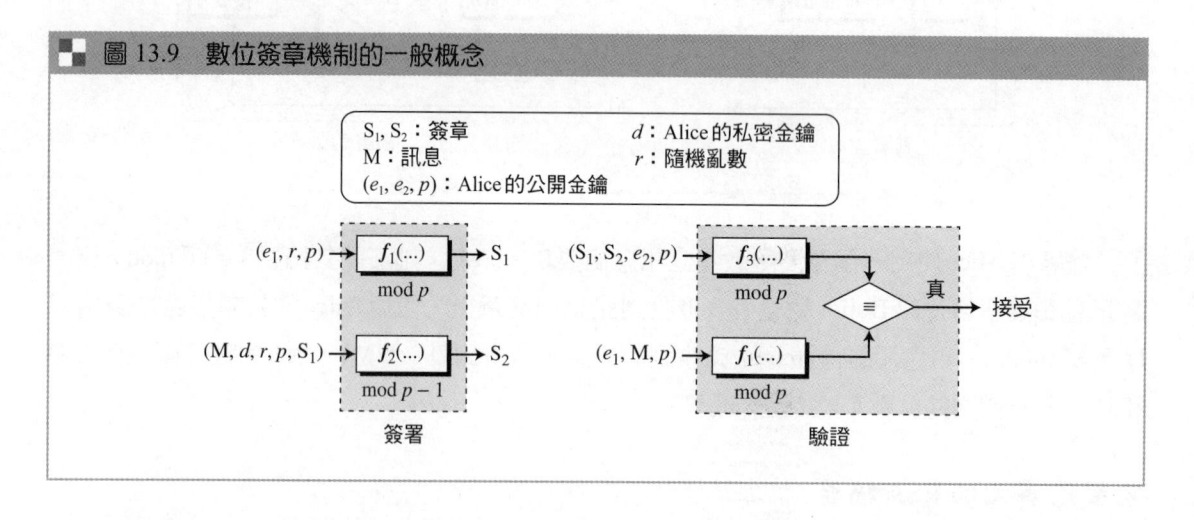

圖 13.9 數位簽章機制的一般概念

S_1, S_2：簽章 d：Alice的私密金鑰
M：訊息 r：隨機亂數
(e_1, e_2, p)：Alice的公開金鑰

簽署過程中，兩個函數會產生兩個簽章；驗證過程中，驗證會比較兩個函數的輸出。一個函數用於簽署和驗證，但其函數使用不同的輸入，圖中也顯示每個函數的輸出。簽署時，訊息是屬於函數2輸出的一部分；驗證時，則是屬於函數1輸出的一部分。函數1和3的計算是模p；函數2是模$p - 1$。

金鑰產生

此處金鑰產生過程和密碼系統一樣。p為足夠大的質數,用於$\mathbf{Z}_{p*}$中的離散對數問題,e_1為$\mathbf{Z}_{p*}$的一個原根。Alice選擇小於$p-1$的私密金鑰d,計算$e_2 = e_1^d$,Alice的公開金鑰組合為(e_1, e_2, p),私密金鑰為d。

ElGamal數位簽章機制中,(e_1, e_2, p)是Alice的公開金鑰,d是私密金鑰。

驗證與簽署

圖13.10顯示ElGamal數位簽章機制。

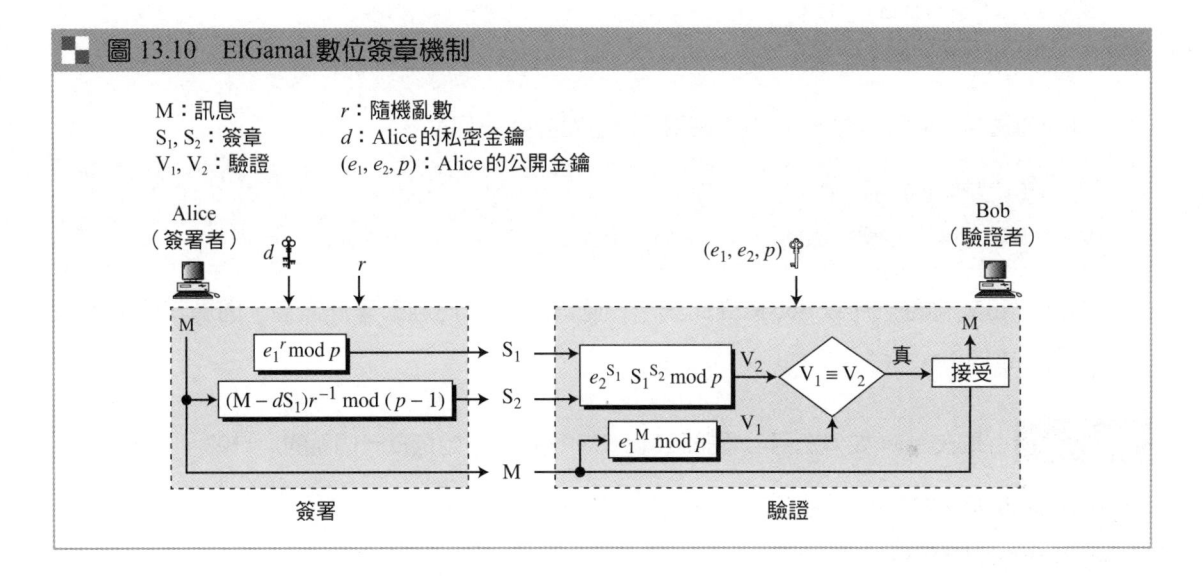

圖 13.10　ElGamal數位簽章機制

簽署　　Alice能簽署訊息摘要給任何人,包括Bob:

1. Alice選擇一個祕密隨機的數字r,雖然公開金鑰和私密金鑰能重複使用,但Alice每次還是需要一個新的r以簽署新的訊息。
2. Alice計算第一個簽章 $S_1 = e_1^r \bmod p$。
3. Alice計算第二個簽章 $S_2 = (M - d \times S_1) \times r^{-1} \bmod (p-1)$,其中$r^{-1}$是$r$模$p$的乘法反元素。
4. Alice傳送M、S_1和S_2給Bob。

驗證　　一個個體(例如Bob)接收到M、S_1和S_2後,可進行下列驗證:

1. Bob檢查是否 $0 < S_1 < p$。
2. Bob檢查是否 $0 < S_2 < p-1$。
3. Bob計算 $V_1 = e_1^M \bmod p$。
4. Bob計算 $V_2 = e_2^{S_1} \times S_1^{S_2} \bmod p$。
5. 若V_1和V_2同餘,則訊息就會被接受;否則會被拒絕。我們能證明驗證標準使用$e_2 = e_1^d$和$S_1 = e_1^r$。

$$V_1 \equiv V_2 \pmod{p} \rightarrow e_1^M \equiv e_2^{S_1} \times S_1^{S_2} \pmod{p} \equiv (e_1^d)^{S_1}(e_1^r)^{S_2} \pmod{p} \equiv e_1^{dS_1+rS_2} \pmod{p}$$

我們得到：$e_1^M \equiv e_1^{dS_1+rS_2} \pmod{p}$

因為 e_1 是原根，可以證明上述同餘成立，若且唯若 $M \equiv [dS_1 + rS_2] \bmod (p-1)$ 或 $S_2 \equiv [(M - d \times S_1) \times r^{-1}] \bmod (p-1)$，這和簽署過程的 S_2 相同。

範例 13.2 Alice 選擇 $p = 3119$，$e_1 = 2$，$d = 127$ 和計算 $e_2 = 2^{127} \bmod 3119 = 1702$，並選擇 r 為 307。之後她公開發布 e_1、e_2 和 p，並保有 d。以下顯示 Alice 如何簽署一個訊息。

M = 320
$S_1 = e_1^r = 2^{307} = 2083 \bmod 3119$
$S_2 = (M - d \times S_1) \times r^{-1} = (320 - 127 \times 2083) \times 307^{-1} = 2105 \bmod 3118$

Alice 傳送 M、S_1 和 S_2 給 Bob，Bob 使用公開金鑰計算 V_1 和 V_2。

$V_1 = e_1^M = 2^{320} = 3006 \bmod 3119$
$V_2 = d^{S_1} \times S_1^{S_2} = 1702^{2083} \times 2083^{2105} = 3006 \bmod 3119$

因為 V_1 和 V_2 同餘，所以 Bob 接受此訊息，並假設 Alice 已經簽署此訊息，因為其他人沒有 Alice 的私密金鑰 d。

範例 13.3 現在 Alice 要傳送另一個訊息 M = 3000 給 Ted，她選擇一個新的 $r = 107$。

M = 3000
$S_1 = e_1^r = 2^{107} = 2732 \bmod 3119$
$S_2 = (M - d \times S_1) \, r^{-1} = (3000 - 127 \times 2083) \times 107^{-1} = 2526 \bmod 3118$

Alice 傳送 M、S_1 和 S_2 給 Ted，Ted 使用金鑰計算 V_1 和 V_2。

$V_1 = e_1^M = 2^{3000} = 704 \bmod 3119$
$V_2 = d^{S_1} \times S_1^{S_2} = 1702^{2732} \times 2732^{2526} = 704 \bmod 3119$

因為 V_1 和 V_2 同餘，所以 Ted 接受此訊息，並假設 Alice 已經簽署此訊息，因為其他人沒有 Alice 的私密金鑰 d。任何人收到此訊息，目的不是隱藏訊息，而是證明訊息是由 Alice 傳送的。

ElGamal 數位簽章機制的偽造

ElGamal 機制容易有存在性偽造，但很難有選擇性偽造。

僅有金鑰偽造 此種偽造中，Eve 只取得公開金鑰，會有以下兩種可能的偽造：

1. Eve 已有一個預先定義的訊息 M，她需要偽造 Alice 的簽章。Eve 必須找出訊息的兩個有效簽章 S_1 和 S_2，這是一個選擇性偽造。

a. Eve 選擇 S_1 並計算 S_2，她需有 $d^{S_1} S_1^{S_2} \equiv e_1^M \pmod{p}$，換言之，$S_1^{S_2} \equiv e_1^M d^{-S_1} \pmod p$ 或 $S_2 \equiv \log_{S_1}(e_1^M d^{-S_1}) \pmod p$，表示要計算離散對數，這是非常困難的。

b. Eve 可選擇 S_2 並計算 S_1，但這比 a 部分還困難。

2. Eve 或許能找出三個隨機數值 M、S_1 和 S_2，後面兩個是第一個的簽章。若 Eve 能找到兩個新的參數 x 和 y，其中 M = xS_2 mod $(p - 1)$ 和 $S_1 = -yS_2$ mod $(p - 1)$，她就能偽造訊息，但這對她而言，並沒有太大的幫助，這是一個存在性偽造。

已知訊息偽造　　若 Eve 已攔截到訊息 M 和兩個簽章 S_1 和 S_2，她就能找出相同簽章 S_1 和 S 的另一個訊息 M′。然而，這也是一個存在性偽造，對她而言，也沒有太大的幫助。

🔑 Schnorr 數位簽章機制

這問題和 ElGamal 數位簽章機制一樣，需保證 p 非常大，用於 $\mathbf{Z}_{p^*}$ 中的離散對數問題。建議 p 至少要有 1024 位元，才能使簽章為 2048 位元。為了縮小簽章的大小，Schnorr 提出一個基於 ElGamal 且已縮小簽章大小的新機制，圖 13.11 展示 **Schnorr 數位簽章機制（Schnorr signature scheme）**的一般概念。

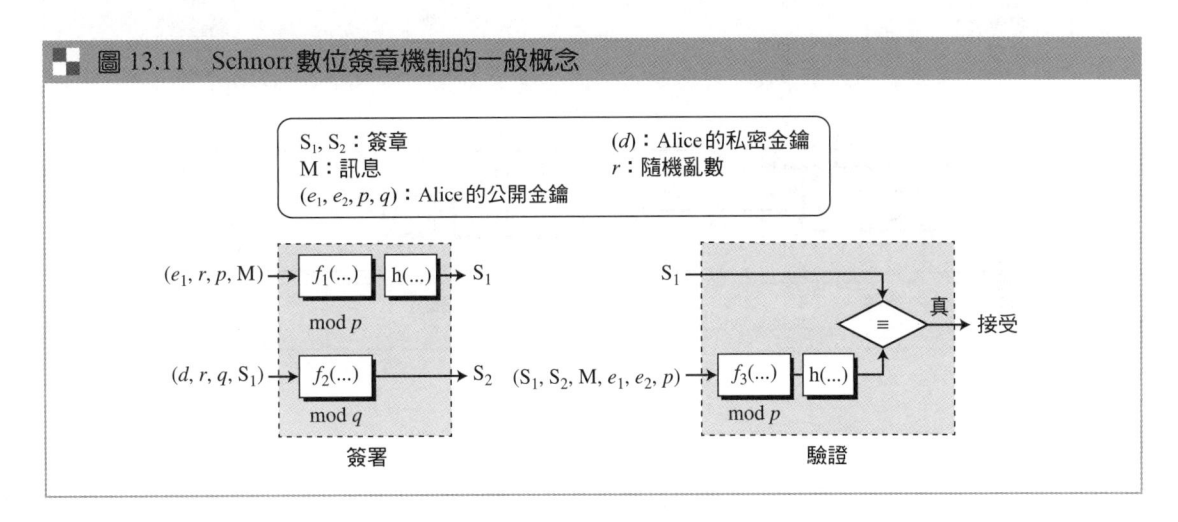

■ 圖 13.11　Schnorr 數位簽章機制的一般概念

簽署過程中，兩個函數會產生兩個簽章；驗證過程中，一個函數的輸出會和第一個驗證用的簽章做比較。圖 13.11 顯示每個函數的輸出，此機制的主要重點是使用兩個模數：p 和 q。函數 1 和 3 使用 p；函數 2 使用 q，之後會簡短地討論輸出和函數的細節。

金鑰產生

在簽署一個訊息之前，Alice 需要建立金鑰並發布公開金鑰。

1. Alice 選擇一個質數 p，通常長度為 1024 位元。
2. Alice 選擇另一個質數 q，其大小和密碼雜湊函數建立的摘要一樣（現為 160 位元，但未來可能會變多）。質數 q 需能整除 $(p - 1)$，換言之，$(p - 1) = 0 \bmod q$。

3. Alice 選擇 e_1 為 1 modulo p 的第 q 次根,為了這麼做,Alice 選擇 Z_p 中的一個原根 e_0(見附錄 J),並計算 $e_1 = e_0^{(p-1)/q} \bmod p$。
4. Alice 選擇整數 d 為她的私密金鑰。
5. Alice 計算 $e_2 = e_1^d \bmod p$。
6. Alice 的公開金鑰為 (e_1, e_2, p, q),私密金鑰為 (d)。

Schnorr 數位簽章機制中,Alice 的公開金鑰為 (e_1, e_2, p, q),私密金鑰為 (d)。

簽署與驗證

圖 13.12 顯示 Schnorr 數位簽章機制。

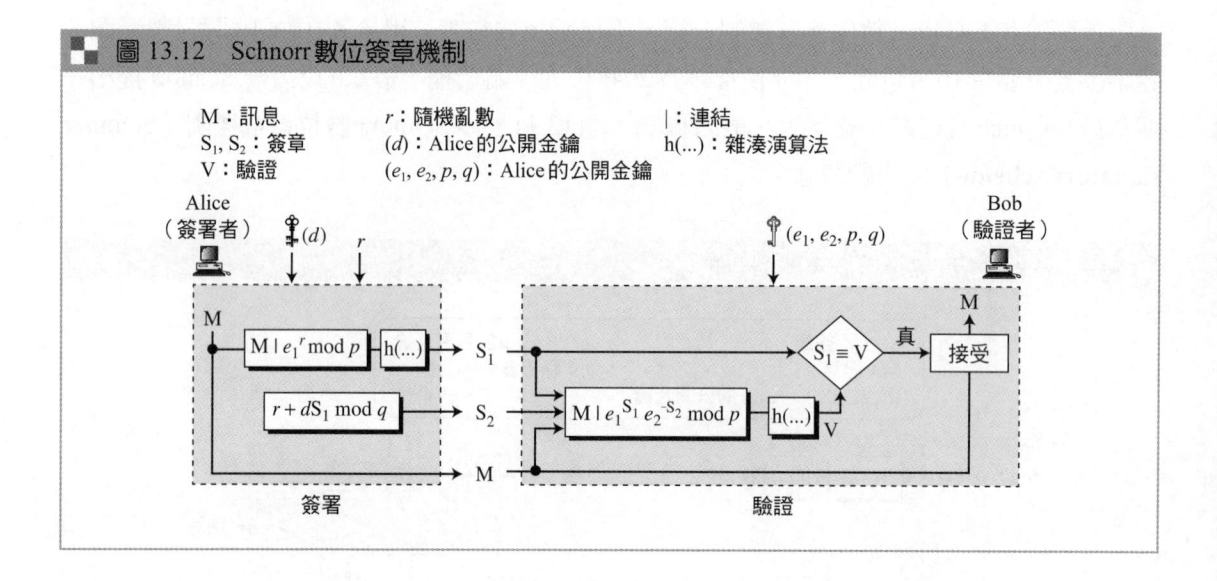

圖 13.12　Schnorr 數位簽章機制

簽署

1. Alice 選擇一個隨機數字 r,雖然公開金鑰和私密金鑰能簽署很多訊息,但 Alice 每次要傳送新訊息時,都得更改 r。注意,r 須位於 1 和 q 之間。
2. Alice 計算第一個簽章 $S_1 = h(M|e_1^r \bmod p)$,訊息為 $e_1^r \bmod p$ 數值,之後應用雜湊函數建立摘要。此雜湊函數並不是直接應用於訊息,而是應用於連接 M 和 $e_1^r \bmod p$。
3. Alice 計算第二個簽章 $S_2 = r + d \times S_1 \bmod q$。注意,$S_2$ 的部分計算已於模 q 的運算中完成。
4. Alice 傳送 M、S_1 和 S_2。

驗證訊息　例如接收者 Bob 接收到 M、S_1 和 S_2。
1. Bob 計算 $V = h(M | e_1^{S_2} e_2^{-S_1} \bmod p)$。
2. 若 S_1 和 V 同餘模數 p,則訊息就會被接受,否則會被拒絕。

範例 13.4 假設我們選擇 $q = 103$ 和 $p = 2267$，注意 $p = 22 \times q + 1$，我們選擇 Z_{2267*} 的原根 $e_0 = 2$，而 $(p-1)/q = 22$，因此我們有 $e_1 = 2^{22} \mod 2267 = 354$。我們選擇 $d = 30$，所以 $e_2 = 354^{30} \mod 2267 = 1206$。Alice 的私密金鑰為 (d)，公開金鑰為 (e_1, e_2, p, q)。

Alice 想要傳送訊息 M，她選擇 $r = 11$ 並計算 $e_2^r = 354^{11} = 630 \mod 2267$。假設訊息為 1000，而且連結是指 1000630。假設此數值的雜湊給予摘要 h(1000630) = 200，這表示 $S_1 = 200$。Alice 計算 $S_2 = r + d \times S_1 \mod q = 11 + 1026 \times 200 \mod 13 = 11 + 24 = 35$，傳送訊息 M = 1000，$S_1 = 200$ 和 $S_2 = 35$，其驗證留做練習題。

Schnorr 簽章機制的偽造

所有攻擊 ElGamal 機制的方法似乎也能用來攻擊 Schnorr 機制，但 Schnorr 不像 ElGamal 那麼容易被攻擊，因為 $S_1 = h(M \mid e_1^r \mod p)$，表示雜湊函數是訊息和 e_1^r 的結合，而 r 是祕密。

數位簽章標準

1994 年，美國國家標準與技術研究院（NIST）採用了**數位簽章標準（Digital Signature Standard, DSS）**，並以聯邦資訊處理標準 186 發行數位簽章標準。數位簽章標準依據 ElGamal 機制和一些 Schnorr 機制的概念使用**數位簽章演算法（Digital Signature Algorithm, DSA）**。但自發行數位簽章標準後就一直飽受批評。主要的抱怨是有關數位簽章標準設計的祕密性，第二個抱怨是有關質數的大小為 512 位元。之後，NIST 為了因應抱怨，將其大小更改為變數。圖 13.13 顯示數位簽章標準機制的一般概念。

簽署過程中，兩個函數會產生兩個簽章；驗證過程中，一個函數的輸出會和第一個驗證用的簽章做比較。這和 Schnorr 類似，但其輸出是不同的。另一個不同之處，在於這個機制使用訊息摘要（不是訊息）為函數 1 和 3 輸出的一部分。有趣的是，這個機制使用兩個公開模數：p 和 q，函數 1 和 3 使用了 p 和 q，而函數 2 只使用 q，之後會簡短地討論輸出和函數的細節。

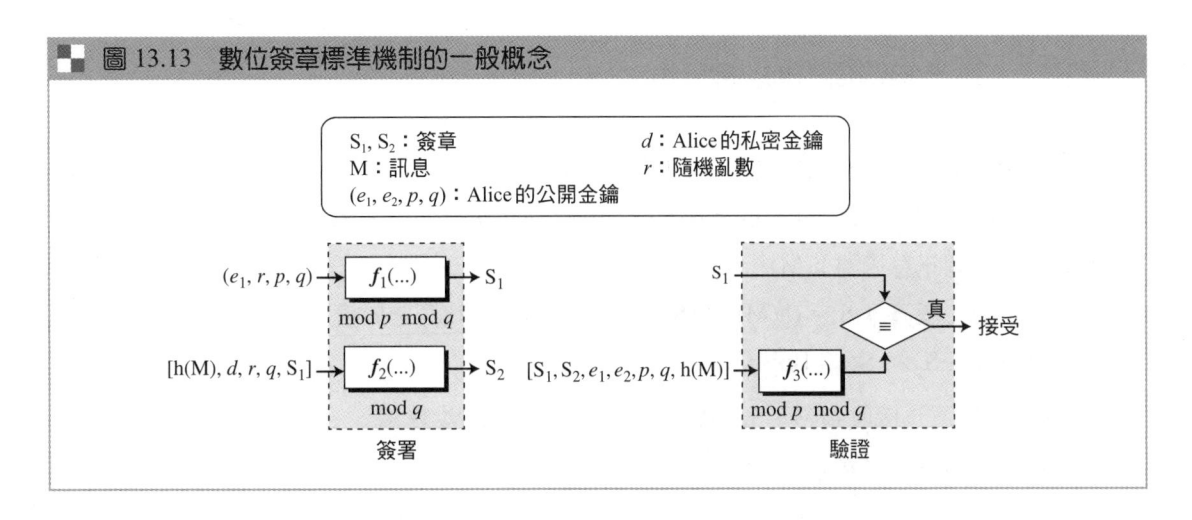

圖 13.13 數位簽章標準機制的一般概念

金鑰產生

在簽署一個訊息給任何人之前，Alice需要建立金鑰並發布公開金鑰。

1. Alice 選擇一個介於 512 和 1024 位元長度的質數 p，而 p 的位元數字必須為 64 的倍數。
2. Alice 選擇一個 160 位元的質數 q，且 q 整除 $(p-1)$。
3. Alice 使用兩個乘法群 $<\mathbf{Z}_{p^*}, \times>$ 和 $<\mathbf{Z}_{q^*}, \times>$；第二個群也是第一個群的子群。
4. Alice 建立 1 modulo p 之第 q 個根 e_1（$e_1^p = 1 \bmod p$），為了這麼做，Alice 選擇一個 $\mathbf{Z}_p$ 中的原根 e_0，並計算 $e_1 = e_0^{(p-1)/q} \bmod p$。
5. Alice 選擇 d 為私密金鑰，並計算 $e_2 = e_1^d$。
6. Alice 的公開金鑰為 (e_1, e_2, p, q)，私密金鑰為 (d)。

驗證與簽署

圖13.14顯示數位簽章標準機制。

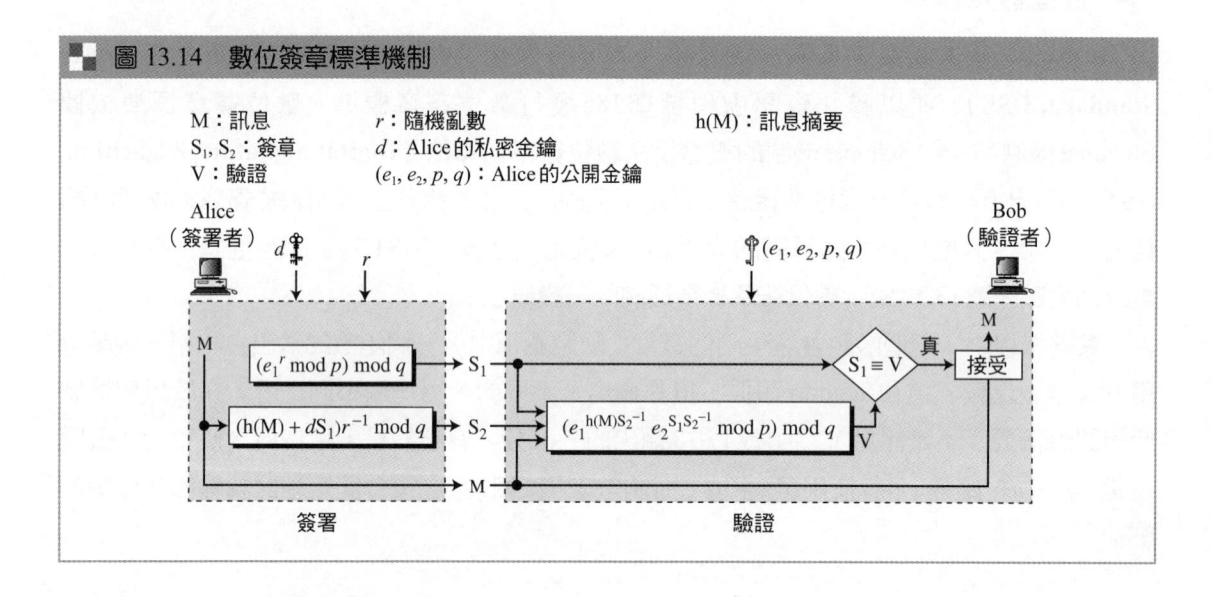

圖 13.14　數位簽章標準機制

M：訊息　　　　r：隨機亂數　　　　h(M)：訊息摘要
S_1, S_2：簽章　　d：Alice 的私密金鑰
V：驗證　　　　(e_1, e_2, p, q)：Alice 的公開金鑰

簽署　　以下為簽署訊息的步驟：

1. Alice 選擇一個隨機數值 r（$1 \leq r \leq q$）。雖然公開金鑰和私密金鑰能簽署很多訊息，但 Alice 每次要簽署一個新訊息時，就得選擇一個新的 r。
2. Alice 計算第一個簽章 $S_1 = (e_1^r \bmod p) \bmod q$，第一個簽章的值與訊息 M 無關。
3. Alice 建立一個訊息摘要 h(M)。
4. Alice 計算第二個簽章 $S_2 = (h(M) + dS_1)r^{-1} \bmod q$，$S_2$ 的計算是於模 q 的運算中完成。
5. Alice 傳送 M、S_1 和 S_2 給 Bob。

驗證　　以下為接收到 M、S_1 和 S_2 之後，驗證訊息的步驟：

1. Bob 檢查是否 $0 < S_1 < q$。

2. Bob 檢查是否 $0 < S_2 < q$。
3. Bob 利用 Alice 使用的雜湊演算法計算 M 的摘要。
4. Bob 計算 $V = [(e_1^{h(M)S_2^{-1}} e_2^{S_1 S_2^{-1}}) \bmod p] \bmod q$。
5. 若 S_1 和 V 同餘，則訊息就會被接受，否則會被拒絕。

範例 13.5 Alice 選擇 $q = 101$ 和 $p = 8081$，又挑選 $e_0 = 3$ 並計算 $e_1 = e_0^{(p-1)/q} \bmod p = 6968$。Alice 選擇 $d = 61$ 為私密金鑰，並計算 $e_2 = e_1^d \bmod p = 2038$，現在 Alice 可傳送訊息給 Bob。假設 h(M) = 5000，Alice 選擇 $r = 61$：

$h(M) = 5000 \qquad r = 61$
$S_1 = (e_1^r \bmod p) \bmod q = 54$
$S_2 = ((h(M) + d\, S_1)\, r^{-1}) \bmod q = 40$

Alice 傳送 M、S_1 和 S_2 給 Bob，Bob 使用公開金鑰計算 V。

$S_2^{-1} = 48 \bmod 101$
$V = [(6968^{5000 \times 48} \times 2038^{54 \times 48}) \bmod 8081] \bmod 101 = 54$

因為 S_1 和 V 同餘，Bob 接受此訊息。

DSS 對 RSA

使用相同的 p 時，DSS 簽章的計算會比 RSA 簽章還快。

DSS 對 ElGamal

因為 q 比 p 小，所以 DSS 簽章比 ElGamal 簽章小。

橢圓曲線數位簽章機制

最後一個機制為**橢圓曲線數位簽章機制**（elliptic curves digital signature scheme, ECDSA）。如第十章所討論的，數位簽章演算法就是根據橢圓曲線，此機制有時也稱為 ECDSA（橢圓曲線數位簽章演算法）。圖 13.15 列出橢圓曲線數位簽章機制的一般概念。

簽署過程中，兩個函數和一個提取器（extractor）會產生兩個簽章；驗證過程中，一個函數的輸出（經過提取器之後）會和第一個驗證用的簽章做比較。函數 f_1 和 f_3 建立了曲線點，第一個從簽署者的私密金鑰建立了一個新的點（只有一個點）；第二個從簽署者的兩個公開金鑰建立了新的點（很多點）。每個提取器摘取模數運算中對應點的第一個座標，之後會簡短地探討輸入和函數的細節。

圖 13.15　橢圓曲線數位簽章機制的一般概念

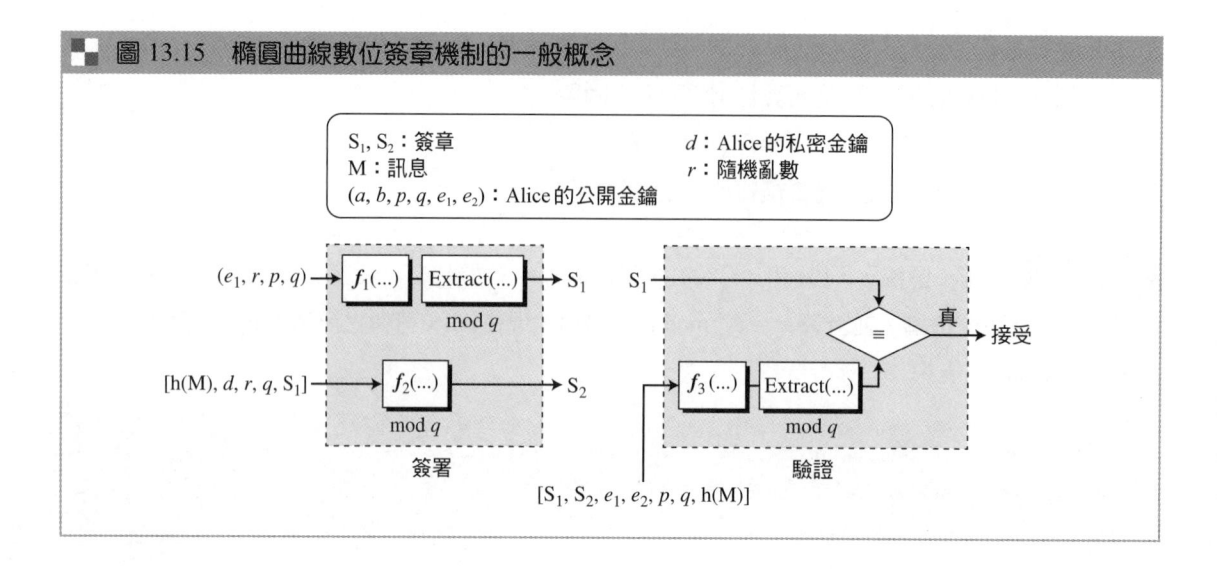

S_1, S_2：簽章　　　　　　　　　　d：Alice 的私密金鑰
M：訊息　　　　　　　　　　　　　r：隨機亂數
(a, b, p, q, e_1, e_2)：Alice 的公開金鑰

簽署／驗證

金鑰產生

金鑰產生的步驟如下：

1. Alice 選擇一個橢圓曲線 $E_p(a, b)$ 和一個質數 p。
2. Alice 選擇另一個質數數值 q，以使用於運算中。
3. Alice 挑選為一個整數的私密金鑰 d。
4. Alice 選擇曲線上的一個點 $e_1(..., ...)$。
5. Alice 計算曲線上的另一個點 $e_2(..., ...) = d \times e_1(..., ...)$。
6. Alice 的公開金鑰為 (a, b, p, q, e_1, e_2)，私密金鑰為 d。

簽署與驗證

圖 13.16 顯示橢圓曲線數位簽章機制。

圖 13.16　橢圓曲線數位簽章機制

M：訊息　　　　　r：隨機亂數　　　　　　　　　　$P(u, v), T(x, y)$：橢圓曲線上的點
S_1, S_2：簽章　　d：Alice 的私密金鑰　　　　　　$h(M)$：訊息摘要
V：驗證　　　　　(a, b, p, q, e_1, e_2)：Alice 的公開金鑰　　A, B：中間結果

Alice（簽署者）　　　　　　　　　　　　　　　　　　　　　　　　Bob（驗證者）

$P(u, v) = re_1(..., ...)$　　$u \bmod q \to S_1$

$(h(M) + dS_1)r^{-1} \bmod q \to S_2$

$A = h(M)\, S_2^{-1} \bmod q$
$B = S_2^{-1} S_1 \bmod q$
$T(x, y) = Ae_1(..., ...) + Be_2(..., ...)$

$x \bmod q \to V$

$S_1 \equiv V$ → 真 → 接受

簽署　　　　　　　　　　　　　　　　　　　驗證

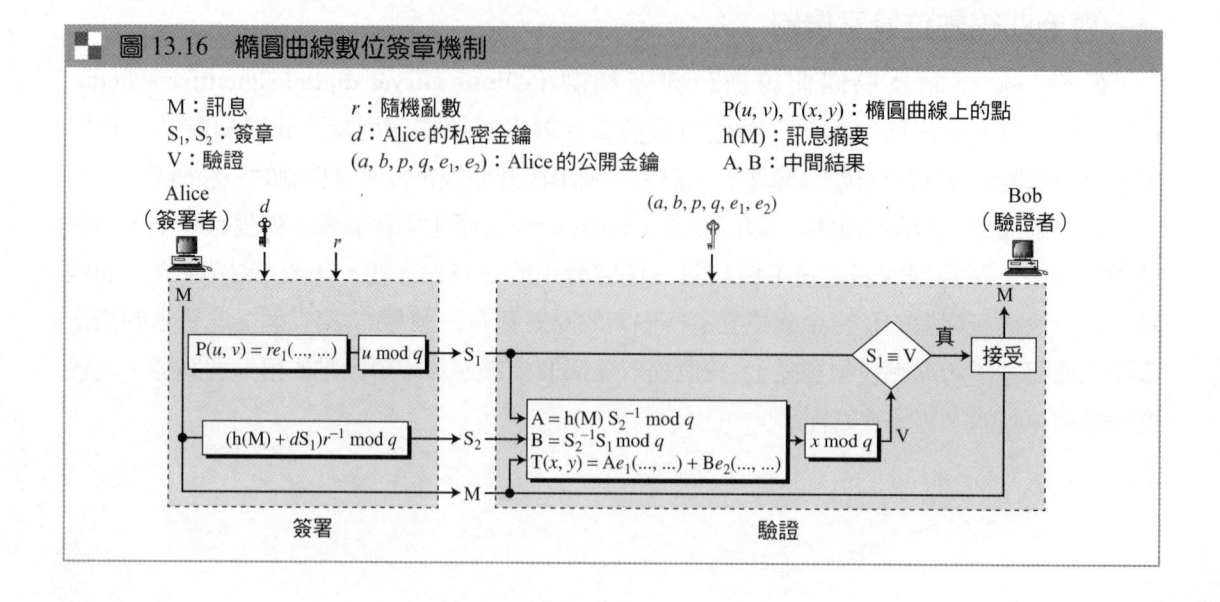

簽署　　簽署過程主要是由選擇一個祕密隨機數值、建立曲線上的一個第三點、計算兩個簽章，以及傳送訊息和簽章而組成。

1. Alice 選擇一個介於 1 和 $q-1$ 的祕密隨機數值 r。
2. Alice 挑選曲線上的一個第三點 $P(u, v) = r \times e_1 (..., ...)$。
3. Alice 使用 $P(u, v)$ 的第一個座標計算第一個簽章 S_1，這表示 $S_1 = u \bmod q$。
4. Alice 使用訊息摘要、她的私密金鑰、祕密隨機數值 r 和 S_1 計算第二個簽章 $S_2 = (h(M) + d \times S_1) \, r^{-1} \bmod q$。
5. Alice 傳送 M、S_1 和 S_2。

驗證　　驗證過程主要是重建和驗證第三個點，而第一個座標和模數 q 中的 S_1 相等。簽署者使用祕密隨機數值 r 建立第三個點，驗證者並沒有此數值，他必須從訊息摘要 S_1 和 S_2 中取得第三點：

1. Bob 使用 M、S_1 和 S_2 建立兩個中間結果 A 和 B：

$$A = h(M) \, S_2^{-1} \bmod q \quad \text{和} \quad B = S_2^{-1} \, S_1 \bmod q$$

之後 Bob 重建第三個點 $T(x, y) = A \times e_1 (..., ...) + B \times e_2 (..., ...)$。

2. Bob 使用 $T(x, y)$ 的第一個座標驗證訊息，若 $x = S_1 \bmod q$，則簽章已通過驗證，否則就會被拒絕。

🔒 13.6 變化與應用

本節將簡短地探討數位簽章的變化與應用。

🔑 變化

以下將簡單探討數位簽章主要概念的增加和變化，若想要知道更多，可參考更專業的文獻資料。

時戳式簽章

有時需要於文件上加上時間郵戳，以防止簽署過的文件被敵人重複使用，稱為**時戳式數位簽章機制**（timestamped digital signature scheme）。舉例來說，若 Alice 簽署要求給她的銀行 Bob，將一些錢轉到 Eve 的戶頭，若文件沒有時間郵戳，有可能會被 Eve 攔截後重新使用。若計時器沒有同步化，而且沒有使用格林威治標準時間，文件上的真實日期和時間就會有問題。一個解決方法就是使用**臨時亂數**（nonce，一次性的隨機數值），它是只能使用一次的數值。接收者收到一份有臨時亂數的文件時，他注意到傳送者現在使用的數值，而且此數值只能使用一次。換言之，一個新的臨時亂數定義為「現在時間」，使用過的臨時亂數為「過去時間」。

盲簽章

有時，我們有文件需要被簽署，但又不能讓簽署者知道文件內容。例如，科學家Bob可能發現一個非常重要的理論，需要公證人Alice簽署此理論，但不能讓Alice知道理論內容。David Chaum為此研發出**盲數位簽章機制（blind digital signature scheme）**而得到專利，此機制的主要概念如下：

a. Bob寫了一個訊息，將此訊息盲化後傳送給Alice。
b. Alice簽署此盲化訊息後，回傳訊息簽章。
c. Bob明化簽章後，得到原始訊息的簽章。

依據RSA機制的盲簽章 這裡簡單描述David Chaum所研發的盲數位簽章機制。可使用RSA機制的變數完成盲化，Bob選擇一個隨機數值b，並計算此盲化訊息$B = M \times b^e \bmod n$，e為Alice的公開金鑰，n為RSA數位簽章機制定義的模數，而b有時稱為盲化因子。

Bob傳送B給Alice，Alice使用RSA數位簽章所定義的簽章演算法簽署盲化訊息$S_{blind} = B^d \bmod n$，d為Alice的公開金鑰，S_b為盲化訊息的簽章。

為了移除簽章的屏蔽，Bob使用隨機數值b的乘法反元素，其簽章為$S = S_b\, b^{-1} \bmod n$。我們可證明S為原始訊息的簽章，如同RSA數位簽章機制所定義的：

$$S \equiv S_b\, b^{-1} \equiv B^d\, b^{-1} \equiv (M \times b^e)^d\, b^{-1} \equiv M^d\, b^{ed}\, b^{-1} \equiv M^d\, b\, b^{-1} \equiv M^d$$

若Bob已傳送需要Alice簽章的原始訊息，則S就是其簽章。

預防詐欺 Bob能得到Alice簽署的盲化訊息，但這對Alice來說，可能會造成傷害。舉例來說，Bob的訊息可能為一份假冒為Alice遺囑的文件，該遺囑宣稱Alice死後，所有東西都給Bob。至少有三個方法能預防以上傷害：

a. 透過法律授權，若訊息危害到Alice的利益，她不需對自己簽署的盲化訊息負責任。
b. Alice能要求Bob給予一份文件，保證她所簽署的訊息不會對自己有害。
c. Alice簽章前，能要求Bob證明他是誠實的。

不可否認數位簽章

不可否認數位簽章機制（undeniable digital signature scheme）是由Chaum和van Antwerpen所發明。不可否認數位簽章機制有三個構成要素：簽章演算法、驗證協定和否認協定。簽章演算法讓Alice能簽署訊息；驗證協定使用挑戰—回應確認（見第十四章），讓Alice驗證簽章，這能預防在沒有Alice同意的情況下複製或散布簽章的訊息；否認協定幫助Alice拒絕偽造的簽章，為了證明簽章是偽造的，Alice需要否認協定。

應用

後面數節討論幾個網路安全密碼的應用，大部分的應用都需要直接或間接使用公開金鑰。為了使用公開金鑰，使用者必須證明她真的擁有公開金鑰，因此發展出憑證和憑證管理

中心的概念（見第十四章和第十五章）。憑證需由憑證管理中心簽發才算有效，而數位簽章用來提供證明。Alice 需要使用 Bob 的公開金鑰時，她必須使用憑證管理中心發布的憑證。憑證管理中心使用私密金鑰簽發憑證，Alice 再用憑證中心的公開金鑰驗證簽章，而憑證包含了 Bob 的公開金鑰。

現在的協定皆使用憑證管理中心的服務，包括網際網路協定安全（第十八章）、SSL/TLS（第十七章）和 S/MIME（第十六章）。協定 PGP 使用憑證，但也能經由社群的人發布。

推薦讀物

為了更深入瞭解本章所討論的主題，我們建議選讀下列書籍與網站。括號內的項目請參閱本書最後的參考文獻。

書籍

[Sti06]、[TW06] 和 [PHS03] 探討更多有關數位簽章的細節。

網站

對於本章所討論的主題，以下的網站提供了許多更深入的資訊：

- http://www.itl.nist.gov/fipspubs/fip186.htm
- csrc.nist.gov/publications/fips/fips186-2/fips186-2-change1
- http://en.wikipedia.org/wiki/ElGamal_signature_scheme
- csrc.nist.gov/cryptval/dss/ECDSAVS.pdf
- http://en.wikipedia.org/wiki/Digital_signature

關鍵詞彙

- blind digital signature scheme　盲數位簽章機制　382
- chosen-message attack　選擇訊息攻擊　368
- digital signature　數位簽章　362
- Digital Signature Algorithm（DSA）　數位簽章演算法　377
- digital signature scheme　數位簽章機制　368
- Digital Signature Standard（DSS）　數位簽章標準　377
- ElGamal digital signature scheme　ElGamal 數位簽章機制　372
- elliptic curves digital signature scheme（ECDSA）橢圓曲線數位簽章機制　379
- existential forgery　存在性偽造　368
- key-only attack　僅有金鑰攻擊　368
- known-message attack　已知訊息攻擊　368
- nonce　臨時亂數　381
- RSA digital signature scheme　RSA 數位簽章機制　369
- Schnorr signature scheme　Schnorr 數位簽章機制　375
- selective forgery　選擇性偽造　368
- signing algorithm　簽章演算法　363
- timestamped digital signature scheme　時戳式數位簽章機制　381
- undeniable digital signature scheme　不可否認數位簽章機制　382
- verifying algorithm　驗證演算法　363

重點摘要

- 數位簽章機制能提供和傳統簽章一樣的服務。傳統簽名包含於文件中；數位簽章是分開的個體。欲驗證一個傳統簽章，接受者必須比較此簽章和存檔的簽章；欲驗證數位簽章，接受者必須對文件和簽章進行驗證。傳統簽章和文件之間的關係是一對多；數位簽章和文件的關係則是一對一。
- 數位簽章提供了訊息認證功能。若簽署的是訊息摘要而不是訊息本身，數位簽章可保持訊息的完整性。若利用可信賴的第三者，則訊息簽章可提供不可否認性。
- 數位簽章無法提供訊息機密性，若需保密，就必須於數位簽章機制應用密碼系統。
- 數位簽章需要非對稱式金鑰系統。系統密碼中，我們利用接收者的私密金鑰和公開金鑰；以數位簽章來說，我們利用傳送者的私密金鑰和公開金鑰。
- RSA數位簽章機制使用RSA密碼系統，但調換了私密和公開金鑰的角色。ElGamal數位簽章機制使用ElGamal密碼系統（只有些微改變），但調換了私密和公開金鑰的角色。Schnorr數位簽章機制是ElGamal機制的修改版，其金鑰比較小。數位簽章標準使用了數位簽章演算法，並依據ElGamal機制和一些Schnorr機制的概念。
- 時戳式數位簽章機制用來防止簽章被重新利用。盲數位簽章機制讓Alice幫Bob簽署文件，而且Alice無法看到文件內容。不可否認數位簽章讓簽署者能預防未經他同意的複製或發布已簽章的訊息。
- 數位簽章主要適應用於憑證管理中心簽發憑證。

練習集

問題回顧

1. 比較與對照傳統簽章和數位簽章。
2. 列出數位簽章所提供的安全服務。
3. 比較與對照攻擊數位簽章和密碼系統的方法。
4. 比較與對照存在性偽造和選擇性偽造。
5. 定義RSA數位簽章機制，並和RSA密碼系統做比較。
6. 定義ElGamal機制，並和RSA機制做比較。
7. 定義Schnorr機制，並和ElGamal機制做比較。
8. 定義數位簽章標準機制，並和ElGamal機制及Schnorr機制做比較。
9. 定義橢圓曲線數位簽章機制，並和橢圓曲線密碼系統做比較。
10. 提出此章節所討論的三個數位簽章之變化，並簡單地描述其目的。

習題

11. 使用RSA機制，令 $p = 809$，$q = 751$ 和 $d = 23$，並計算公開金鑰：
    a. 以 $M_1 = 100$ 簽章和驗證訊息，將簽章稱為 S_1。
    b. 以 $M_2 = 50$ 簽章和驗證訊息，將簽章稱為 S_2。
    c. 證明若 $M = M_1 \times M_2 = 5000$，則 $S = S_1 \times S_2$。

12. 使用ElGamal機制，令 $p = 881$ 和 $d = 700$，求出 e_1 和 e_2 的數值。選擇 $r = 17$，若 M = 400，求出 S_1 和 S_2 的數值。
13. 使用Schnorr機制，令 $q = 83$，$p = 997$ 和 $d = 23$，求出 e_1 和 e_2 的數值。選擇 $r = 11$，若 M = 400 和 h(400) = 100，求出 S_1、S_2 和 V 的數值。$S_1 \equiv V \pmod{p}$ 是否成立？
14. 使用數位簽章標準機制，令 $q = 59$，$p = 709$ 和 $d = 14$，求出 e_1 和 e_2 的數值。選擇 $r = 13$，若 h(M) = 100，求出 S_1 和 S_2 的數值，並驗證簽章。
15. a. RSA機制中，求出 S 和 n 之間的關係。
    b. ElGamal機制中，求出與 p 大小相關的 S_1 和 S_2。
    c. Schnorr機制中，求出與 p 和 q 大小相關的 S_1 和 S_2。
    d. 數位簽章標準機制中，求出與 p 和 q 大小相關的 S_1 和 S_2。
16. 美國國家標準與技術研究院強調，數位簽章標準中，若數值 $S_2 = 0$，必須使用新的 r 重新計算兩個簽章，其原因為何？
17. 在ElGamal、Schnorr或數位簽章標準中，若Eve能找出簽署者所使用 r 的數值，會發生什麼事？分別解釋每個協定的答案。
18. 在ElGamal、Schnorr或數位簽章標準中，若Eve使用相同 r 的數值簽署兩個訊息，會發生什麼事？分別解釋每個協定的答案。
19. p 和 q 數值很小時，使用 $p = 19$ 和 $q = 3$，列出RSA受到選擇性偽造影響的例子。
20. p 數值很小時，使用 $p = 19$，列出ElGamal受到選擇性偽造影響的例子。
21. p 和 q 數值很小時，使用 $p = 29$ 和 $q = 7$，列出Schnorr受到選擇性偽造影響的例子。
22. p 和 q 數值很小時，使用 $p = 29$ 和 $q = 7$，列出數位簽章標準受到選擇性偽造影響的例子。
23. ElGamal機制中，若Eve能求出 r 的數值，她能偽造訊息嗎？解釋之。
24. Schnorr機制中，若Eve能求出 r 的數值，她能偽造訊息嗎？解釋之。
25. 數位簽章標準機制中，若Eve能求出 r 的數值，她能偽造訊息嗎？解釋之。
26. 假設Schnorr機制中 p、q、e_1 和 r 數值和數位簽章標準機制中的對應數值是相同的，將Schnorr機制的 S_1 和 S_2 數值與數位簽章標準機制的對應數值做比較。
27. ElGamal機制中，解釋為什麼 S_1 的運算於模 p 中完成，但 S_2 的運算是於模 $p-1$ 中完成。
28. Schnorr機制中，解釋為什麼 S_1 的運算於模 p 中完成，但 S_2 的運算是於模 q 中完成。
29. 數位簽章標準機制中，解釋為什麼 S_1 的運算於模 p 和模 q 中完成，但 S_2 的運算是於模 q 中完成。
30. Schnorr機制中，證明驗證過程的正確性。
31. 數位簽章標準機制中，證明驗證過程的正確性。
32. 橢圓曲線數位簽章機制中，證明驗證過程的正確性。
33. 為RSA機制寫出兩個演算法：一個用於簽章過程，另一個用於驗證過程。
34. 為ElGamal機制寫出兩個演算法：一個用於簽章過程，另一個用於驗證過程。
35. 為Schnorr機制寫出兩個演算法：一個用於簽章過程，另一個用於驗證過程。
36. 為數位簽章標準機制寫出兩個演算法：一個用於簽章過程，另一個用於驗證過程。
37. 為橢圓曲線機制寫出兩個演算法：一個用於簽章過程，另一個用於驗證過程。

14 CHAPTER 身份確認

學習目標

本章的學習目標包括：

- 區別訊息確認與身份確認。
- 定義使用於識別的證據。
- 討論使用通行碼身份確認的方法。
- 介紹身份確認的挑戰－回應協定。
- 介紹身份確認的零知識協定。
- 定義生物測定及區別生理上與行為上的技術。

14.1 簡介

身份確認（entity authentication）是設計使一個實體能夠向另一個實體證明自己身份的一項技術。一個實體可以是一個人、一個程序、一個用戶端或一個伺服器。需要證明身份的實體稱為「要求者」，而要去證明要求者身份的實體則稱為「驗證者」。當Bob想要去證明Alice的身份時，Alice為要求者，而Bob為驗證者。

資料來源與身份確認

第十三章討論的訊息確認（或稱資料來源確認）與本章討論的身份確認有下面兩個不同之處：

1. 訊息確認可能不會在垷實中發生；身份確認卻會在現實中發生。以前者來說，Alice送一份訊息給Bob。當Bob確認訊息時，Alice可能（或不可能）出現在通訊過程中。相反地，當Alice要求身份確認，在她的身份尚未被Bob確認之前，雙方沒有實際的訊息傳輸。Alice需要在線上並參與程序。只有經過確認之後，訊息才會在雙方之間傳輸。當一個電子郵件從Alice傳送到Bob時，需要進行資料來源確認。當Alice從自動提款機提領現金時，便需要做身份確認。

2. 訊息確認簡單地確認一個訊息；每一個新訊息都必須重複該程序。身份確認則可確認「提出要求者」，涵蓋範圍是一整個會議。

驗證種類

在身份確認中，要求者必須向驗證者提出自己的身份。這可以用下面三種型態的證據來達成：知道之事、持有之物或與生俱有之物。

- **知道之事（something known）**：這是只有要求者才知道的祕密，可被驗證者檢查。例如通行碼、PIN、祕密金鑰及私密金鑰。
- **持有之物（something possessed）**：這是可用來證明要求者身份的物品。例如護照、駕照、身份證、信用卡及智慧卡。
- **與生俱有之物（something inherent）**：這是要求者與生俱來的特徵。例如傳統簽章、指紋、聲音、臉部特徵及視網膜的樣式。

身份確認與金鑰管理

本章討論身份確認，下一章將討論金鑰管理。這兩個主題十分相關。大部分金鑰管理的協定都會使用身份確認協定，這是在大部分書中都將這兩個主題合在一起討論的原因。本書為了清楚起見，選擇分開探討。

14.2 通行碼

最簡單且最古老的身份確認方法便是**植基通行碼之確認（password-based authentication）**方式。此處的通行碼便是**要求者（claimant）**知道之事。通行碼通常用在使用者需要存取系統並使用系統的資源時（登入）。每一個使用者有一個公開的身份以及一個私密的通行碼。我們可將確認系統分成兩類：**固定通行碼（fixed password）**以及**單次通行碼（one-time password）**。

固定通行碼

固定通行碼是指通行碼在每次存取時會重複使用。許多這類的系統已經陸續建構起來。

第一種方式

這是非常初步的方式，系統保存一個表格（一個檔案）。為了存取系統資源，使用者將其身份、通行碼以明文方式傳遞給系統。系統使用身份資訊來找到表格中相對的通行碼。如果使用者所送出的通行碼與表格中的通行碼相符，便允許存取，否則會遭到拒絕。圖14.1說明這種方式。

圖 14.1　使用者ID與通行碼檔案

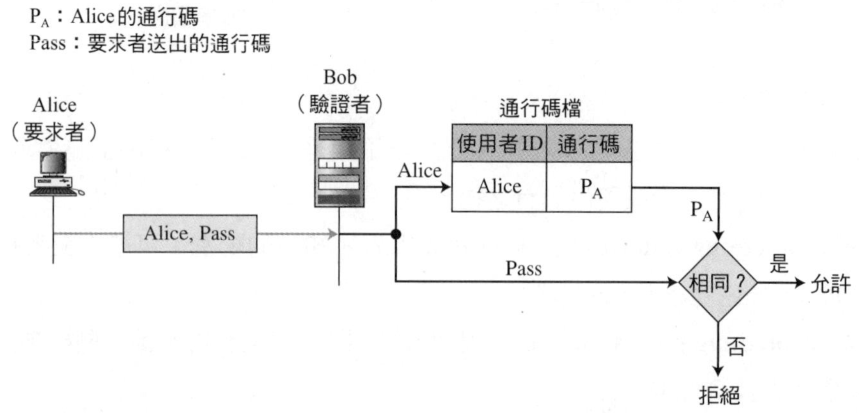

P_A：Alice 的通行碼
Pass：要求者送出的通行碼

第一種方式的攻擊　　這個方式易遭受下列幾種攻擊。

- **竊聽**：Eve 能夠看見 Alice 鍵入她的通行碼。根據安全的考量，大部分的系統不會顯示使用者所鍵入的字元。然而，竊聽能夠採取更精練的方式。Eve 能夠竊聽線路並攔下訊息，從而擷取通行碼自行使用。

- **偷竊通行碼**：第二種型態的攻擊是 Eve 嘗試偷取 Alice 的通行碼。若 Alice 沒有將通行碼寫下來而只是記在腦海裡，則可以防止這種攻擊。基於這個理由，通行碼應該要非常簡單或與 Alice 熟知的事物相關，但這會使通行碼容易遭受其他種類的攻擊。

- **存取通行碼檔**：Eve 能夠破解進入系統並存取 ID ／通行碼檔案，Eve 能夠讀檔並找到 Alice 的通行碼，甚至變更。為了防止這樣的攻擊，檔案必須要有讀／寫保護。然而，大部分系統需要讓這類的檔案能夠被公開讀取。我們將會看到第二種方式如何能防止檔案遭受這類攻擊。

- **猜測**：使用猜測的攻擊，Eve 登入系統並透過鍵入不同字元的組合來嘗試猜測 Alice 的通行碼。如果允許使用者選擇短的通行碼（只有很少的字元），則特別容易遭受攻擊。若 Alice 選擇某些顯而易見的通行碼，例如生日、小孩的名字或是最欣賞演員的名字，也很容易受到攻擊。為了防止猜測，建議選擇一個稍長且隨機的通行碼，而且不能非常顯而易見。然而，使用這樣的通行碼也會有一個問題。由於很容易忘記這樣的通行碼，Alice 可能會把通行碼儲存在某個地方，導致通行碼被偷取。

第二種方式

　　一個更安全的方式是在通行碼檔裡儲存通行碼的雜湊值（不是明文型態的通行碼）。任何使用者能夠讀檔案的內容，但因為雜湊函數是一個單向函數，因此不太可能猜到通行碼的值。圖14.2說明這個情況。當通行碼被建立之後，系統便計算其雜湊值並儲存於通行碼檔中。

■ 圖 14.2　計算通行碼的雜湊值

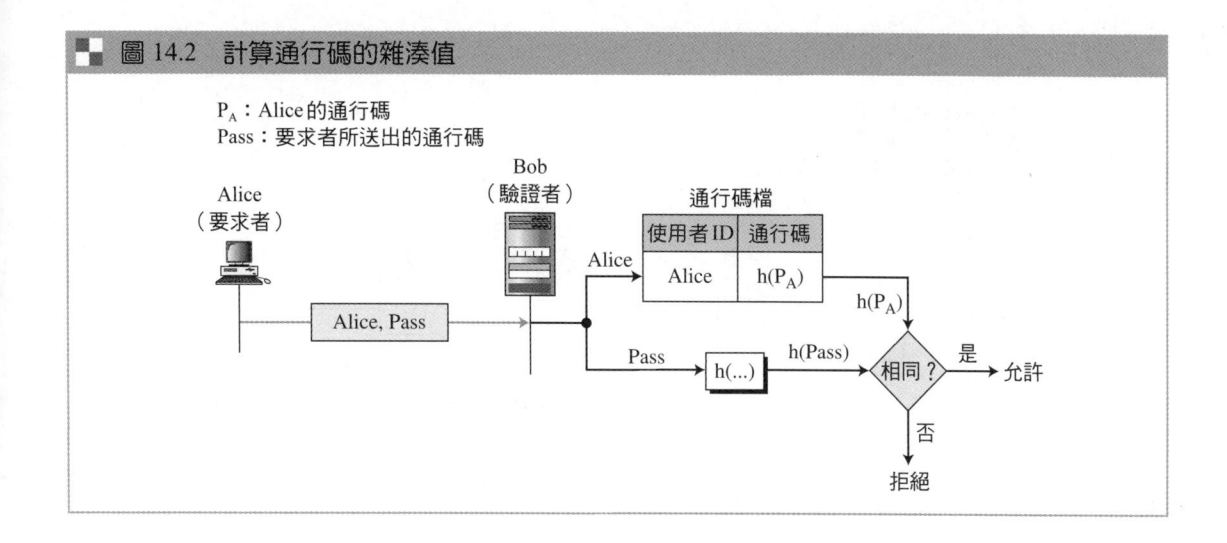

P_A：Alice 的通行碼
Pass：要求者所送出的通行碼

當使用者送出 ID 及通行碼，系統便建立通行碼的雜湊值，然後與存在檔案中的資料比對。如果相符，使用者便允許存取，否則存取將遭拒絕。在這個情形下，檔案不需要有讀取保護。

字典攻擊　　即使 Eve 已取得通行碼檔，雜湊函數仍能防止她存取系統，然而卻有可能遭受**字典攻擊（dictionary attack）**。在此種攻擊中，Eve 有興趣的是找到通行碼，而非使用者 ID。例如，如果通行碼是六位數，則 Eve 建立一個六位數數字的列表（000000 到 999999），然後將每一個數字應用於雜湊函數上，結果是一個 100 萬個雜湊值的列表，然後她拿到通行碼檔並搜尋第二行的項目，來找到相符合的值。這可以寫成程式，並在 Eve 私人的電腦上離線執行。在找到相符的資料後，Eve 便能上線使用這個通行碼來存取系統。第三種方式顯示如何讓這樣的攻擊變得較為困難。

第三種方式

第三種方式稱為通行碼**加鹽法（salting）**。當通行碼字串建立之後，一個稱為 salt 的亂數被串接在通行碼後面，接著再取這個被加鹽的通行碼的雜湊值，將 ID、salt 值及雜湊值儲存於檔案中。當一個使用者要求存取，系統取出 salt 值，與所收到的通行碼串接，然後計算雜湊值，再與存在檔案中的雜湊值比對，若相符，則允許存取，否則將拒絕存取（參見圖 14.3）。

加鹽法使得字典攻擊較為困難。如果原始的通行碼是六位數，再加上四位數的 salt 值，則雜湊將是在十位數上執行。也就是說，Eve 需要列出 1,000 萬個項目，並計算每一個項目的雜湊值。列出來的雜湊值也有 1,000 萬個，因此會花較長的時間。若 salt 值是非常大的隨機亂數，則加鹽法相當有效。UNIX 系統即是使用此方法的變形。

圖 14.3 通行碼加鹽法

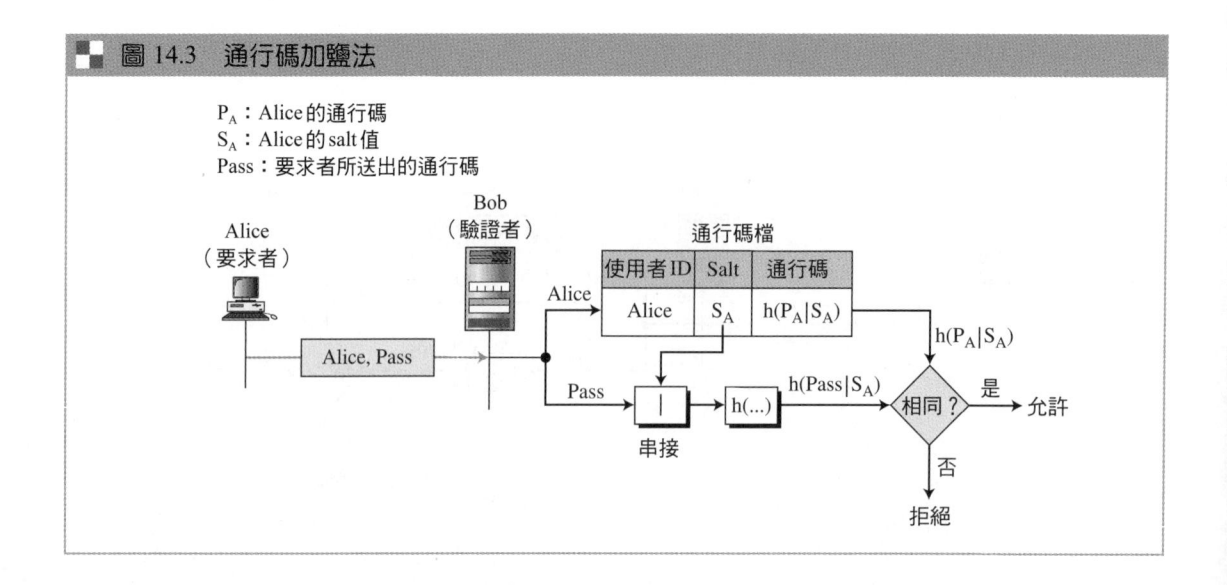

P_A：Alice 的通行碼
S_A：Alice 的 salt 值
Pass：要求者所送出的通行碼

（圖示：Alice（要求者）傳送 Alice, Pass 給 Bob（驗證者）；通行碼檔含使用者 ID、Salt、通行碼欄位，Alice 對應 S_A 與 $h(P_A|S_A)$；Pass 與 S_A 串接後經 $h(\ldots)$ 計算 $h(Pass|S_A)$，與 $h(P_A|S_A)$ 比較「相同？」，是→允許，否→拒絕）

第四種方式

第四種方式為結合兩個身份辨識的技術。此確認方式的一個絕佳例子是使用具有個人身份識別碼（personal identification number, PIN）的 ATM 卡。卡片屬於「持有之物」的類別，而 PIN 屬於「知道之事」的類別。PIN 是一個可加強卡片安全的通行碼。如果卡片被偷，除非知道 PIN，否則也無法使用。

單次通行碼

單次通行碼（one-time pasword）是指通行碼只使用一次。這類的通行碼使得竊聽以及加鹽法毫無作用。在此討論三種方式。

第一種方式

在第一種方式中，使用者及系統同意一個通行碼列表。列表上的每一個通行碼只能使用一次。這種方式有一些缺點。首先，系統及使用者必須保存一個很長的通行碼列表；第二，如果使用者未依照順序使用通行碼，系統要花很長的時間搜尋對應的通行碼。這個方法使得竊聽及重複使用通行碼變得無用。通行碼僅有一次有效，無法再次使用。

第二種方式

在第二種方式中，使用者與系統同意持續更新通行碼。使用者與系統同意一個原始的通行碼 P_1，其僅在第一次存取有效。在第一次存取期間，使用者產生另一個新的通行碼 P_2，並使用 P_1 當作金鑰來加密這個新的通行碼。P_2 做為第二次存取用。在第二次存取期間，使用者再次產生一個新的通行碼 P_3，並使用 P_2 當作金鑰來加密這個新的通行碼。P_3 做為第三次存取用。換句話說，P_i 被用來產生 P_{i+1}。當然，如果 Eve 能夠猜到第一次的通行碼（P_1），她便能找到所有後續的通行碼。

第三種方式

在第三種方式中，使用者及系統使用雜湊函數建立持續更新的通行碼。在此方式中，Leslie Lamport的設計如下：使用者及系統同意一個原始的通行碼P_0，以及一個計數值n。系統計算$h^n(P_0)$，其中h^n表示使用雜湊函數n次。換句話說，

$$h^n(x) = h(h^{n-1}(x)) \qquad h^{n-1}(x) = h(h^{n-2}(x)) \qquad \cdots \qquad h^2(x) = h(h(x)) \qquad h^1(x) = h(x)$$

系統儲存Alice的身份、n值及$h^n(P_0)$。圖14.4說明使用者第一次如何存取系統。

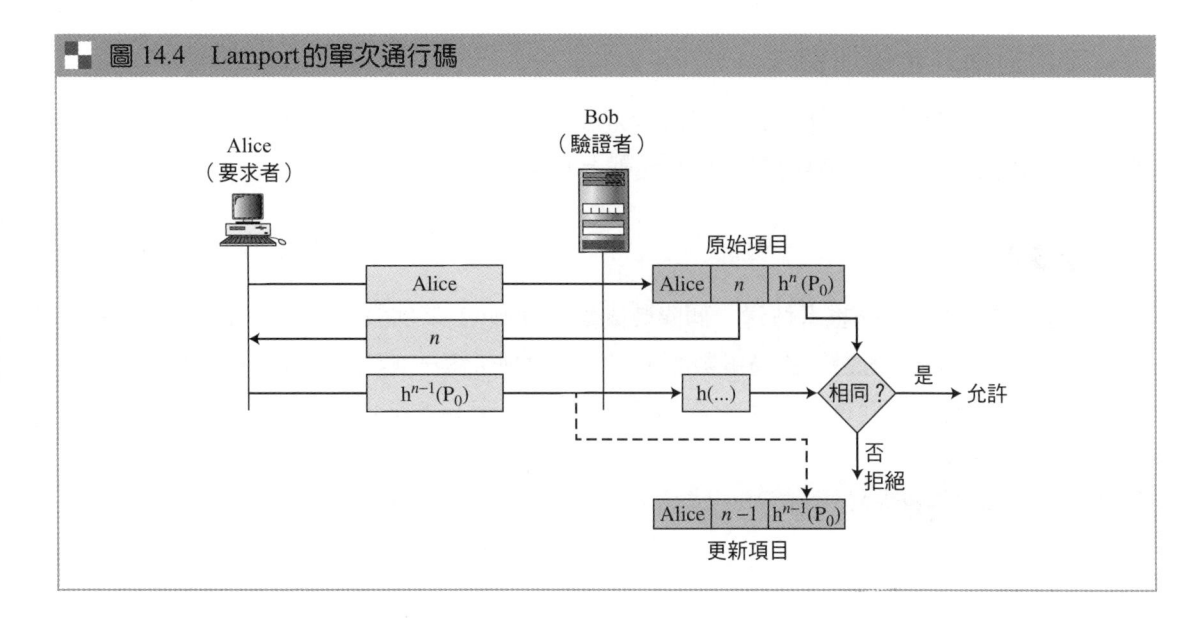

圖 14.4　Lamport的單次通行碼

當系統收到使用者在第三個訊息的回覆時，便在收到的值上使用雜湊函數來計算，看看是否與儲存的項目值相符。如果相符，則允許存取，否則便拒絕。系統接著將n值減1，並以新的通行碼$h^{n-1}(P_0)$取代舊的通行碼$h^n(P_0)$。

當使用者第二次嘗試去存取系統時，收到的計數值為$n-1$。使用者送出的第三個訊息變成$h^{n-2}(P_0)$。當系統收到這個訊息，便使用雜湊函數得到$h^{n-1}(P_0)$，此可與其更新的項目做比對。

每次存取後n值將會遞減。當n值變為0，使用者便不能再存取系統，必須重新設定所有資料。因為這個原因，一般會選一個較大的n值，例如1000。

14.3　挑戰－回應

在通行碼確認中，要求者透過展示其所知道的祕密（也就是通行碼）來證明身份。然而，因為要求者揭露這個祕密，因此容易被攻擊者攔截。在**挑戰－回應確認（challenge-response authentication）**中，要求者證明她知道祕密，卻不把祕密傳送出來。換句話說，

要求者並不會將祕密傳送給驗證者；驗證者若不是也有這個祕密，就是要去找到這個祕密。

在挑戰－回應確認中，要求者證明她知道祕密，但卻不將祕密傳送給驗證者。

挑戰是一個由驗證者所送出之隨時間變動的值，例如一個隨機亂數或時戳。要求者在這個挑戰上運用一個函數，並傳送其結果（稱為回應）給驗證者。回應可以顯示出要求者知道祕密。

挑戰是一個由驗證者所送出之隨時間變動的值，回應則是在此挑戰上運用一個函數的結果。

使用對稱式金鑰加密法

許多挑戰－回應的方法使用對稱式金鑰加密。在此，祕密是一個分享的祕密金鑰，要求者與驗證者雙方都知道。函數是指應用在挑戰上的加密演算法。

第一種方式

在第一種方式中，驗證者傳送一個**臨時亂數（nonce）**來挑戰要求者，其中臨時亂數是一個只使用一次的隨機亂數。臨時亂數必須隨時間變動；每一次建立的臨時亂數都不同。要求者使用她與驗證者所共享的祕密金鑰來回應此挑戰。圖 14.5 說明第一種方式。

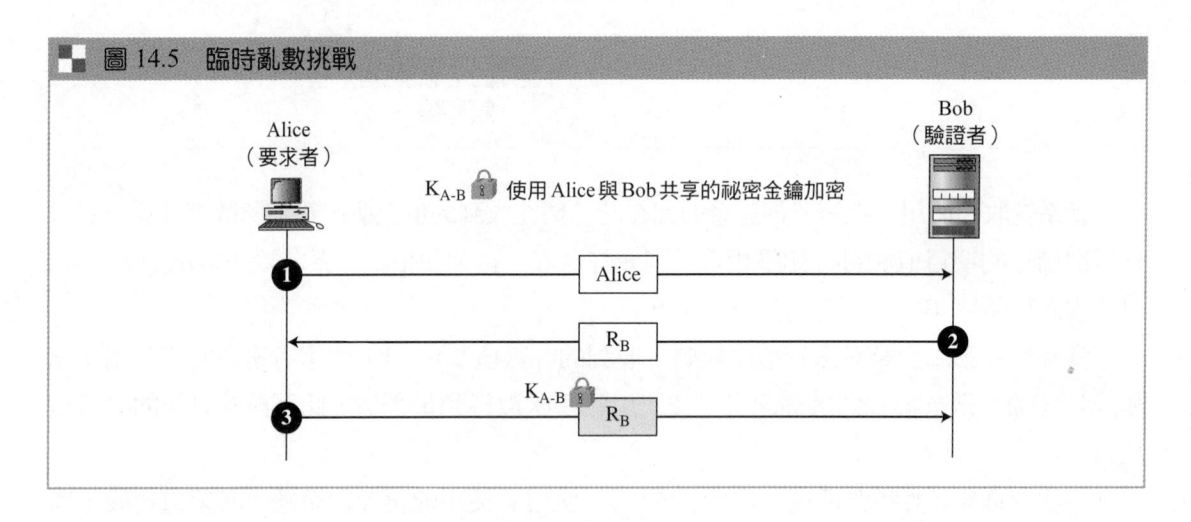

圖 14.5　臨時亂數挑戰

Alice（要求者）　　　　　　　　　　　　　　　　　　Bob（驗證者）

K_{A-B} 🔒 使用 Alice 與 Bob 共享的祕密金鑰加密

① ────────── Alice ──────────→
← ────────── R_B ────────── ②
③ ───── K_{A-B} 🔒 R_B ─────→

第一個訊息不屬於挑戰－回應，它只是通知驗證者，要求者想要被挑戰。第二個訊息是挑戰。R_B 是一個由驗證者（Bob）隨機選擇的臨時亂數，用來挑戰要求者。要求者使用只有她與驗證者知道的共享祕密金鑰來加密臨時亂數，並將結果送回給驗證者。驗證者解密訊息。如果解密得到的臨時亂數與驗證者所送出的相同，則 Alice 被允許存取。

注意，在這個過程中，要求者與驗證者需要對此過程中的對稱式金鑰保密。驗證者也必須在要求者身份辨識時保存臨時亂數，直到回應被送回來。

讀者也許會注意到使用臨時亂數可防止 Eve 的第三個訊息重送。Eve 不能重送第三個訊

息並假裝成是Alice一個新的確認要求，因為一旦Bob收到回應，R_B的值便不再有效，下一次會使用新的值。

第二種方式

在第二種方式中，隨時間變動的值是時戳，很明顯地會隨時間而改變。在此方式裡，挑戰的訊息是驗證者傳送給要求者目前的時間。然而，這必須假設用戶端與伺服器的時間是同步的，而要求者知道目前的時間。因此，不需要挑戰的訊息。第一個訊息與第三個訊息可以合併，故確認程序可以只用一個訊息，回應所針對的是一個隱含的挑戰，也就是目前時間。圖14.6顯示這個方式。

圖 14.6 時戳挑戰

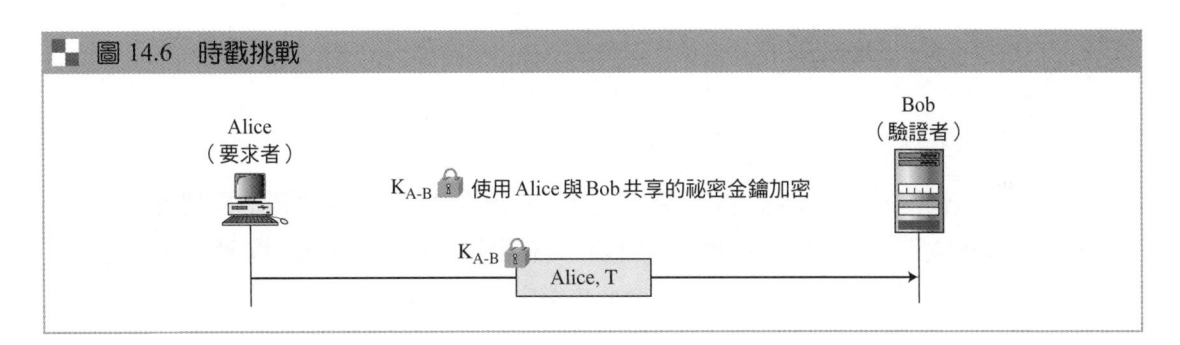

K_{A-B} 使用Alice與Bob共享的祕密金鑰加密

Alice, T

第三種方式

第一種方式與第二種方式是單向確認。Bob可以來確認Alice，但另一個方向不行。如果Alice也需要確認Bob的身份，我們必須使用雙向確認。圖14.7說明這個方法。

第二個訊息R_B是由Bob傳送到Alice的挑戰。在第三個訊息中，Alice回應挑戰給Bob，同時也傳送挑戰R_A給Bob。第三個訊息是Bob的回應。注意在第四個訊息中，R_A與R_B的順序被調換，以防止攻擊者重送第三個訊息。

圖 14.7 雙向確認

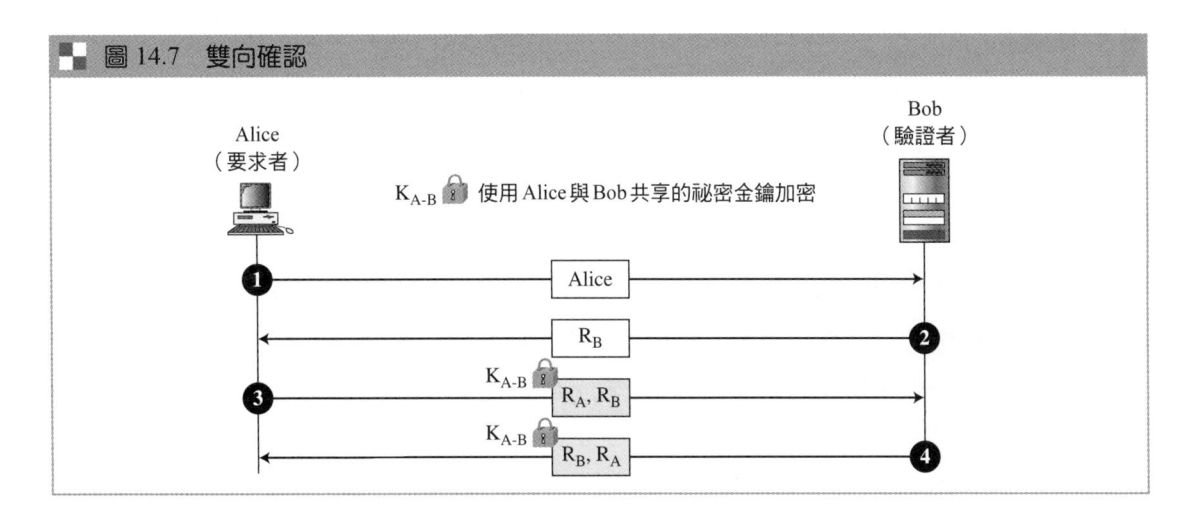

K_{A-B} 使用Alice與Bob共享的祕密金鑰加密

1. Alice
2. R_B
3. K_{A-B} R_A, R_B
4. K_{A-B} R_B, R_A

🔑 使用具有金鑰的雜湊函數

如果不使用加密／解密進行身份確認，也可以使用具有金鑰的雜湊函數（MAC）。這種方法的優點是保護挑戰與回應訊息的完整性，而且同時使用了一個祕密（金鑰）。

圖14.8顯示我們如何使用具有金鑰的雜湊函數來建立一個利用時戳的挑戰－回應系統。

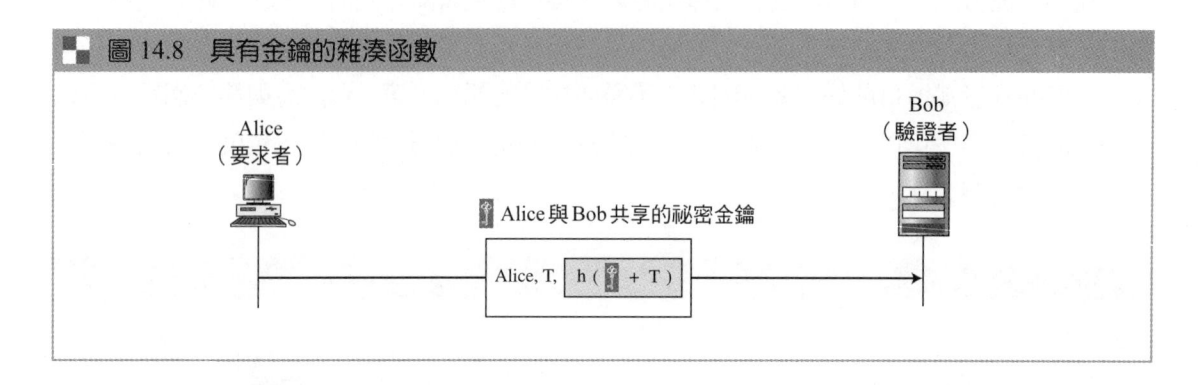

■ 圖14.8　具有金鑰的雜湊函數

注意，在這個情形下，是以明文以及使用具有金鑰的雜湊函數來攪亂的兩種方式，以傳遞時戳。當Bob收到訊息，也得到明文T，他將具有金鑰的雜湊函數運用於明文上，然後比較他所計算與所收到的雜湊值是否相同，由此來決定Alice的確認性。

🔑 使用非對稱式金鑰加密法

如果不使用對稱式金鑰加密法進行身份確認，也可以使用非對稱式金鑰加密法。在此，祕密必須是要求者的私密金鑰。要求者必須證明他擁有對應於公開金鑰的私密金鑰，其中公開金鑰為任何人都可存取。也就是說，驗證者必須使用要求者的公開金鑰來加密挑戰；要求者接著使用自己的私密金鑰解密。挑戰的回應為被解密的挑戰。以下有兩種方式：一個使用單向確認，一個使用雙向確認。

第一種方式

在第一種方式中，Bob使用Alice的公開金鑰加密挑戰。Alice使用自己的私密金鑰解密，並將臨時亂數傳送給Bob。方法如圖14.9所示。

第二種方式

第二種方式使用兩個公開金鑰，各用在其中一個方向。Alice利用Bob的公開金鑰加密她的身份及臨時亂數，並傳送出去。Bob則以利用Alice的公開金鑰所加密的臨時亂數進行回應。最後，Alice使用解開的Bob的臨時亂數回應。這個方法如圖14.10所示。

■ 圖 14.9　單向非對稱式金鑰確認

■ 圖 14.10　雙向非對稱式金鑰確認

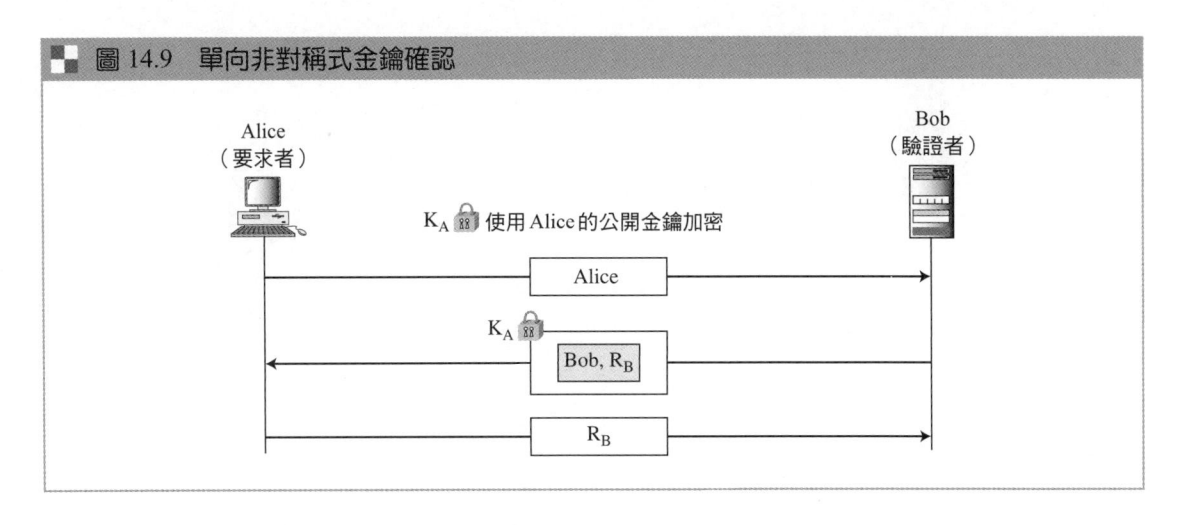

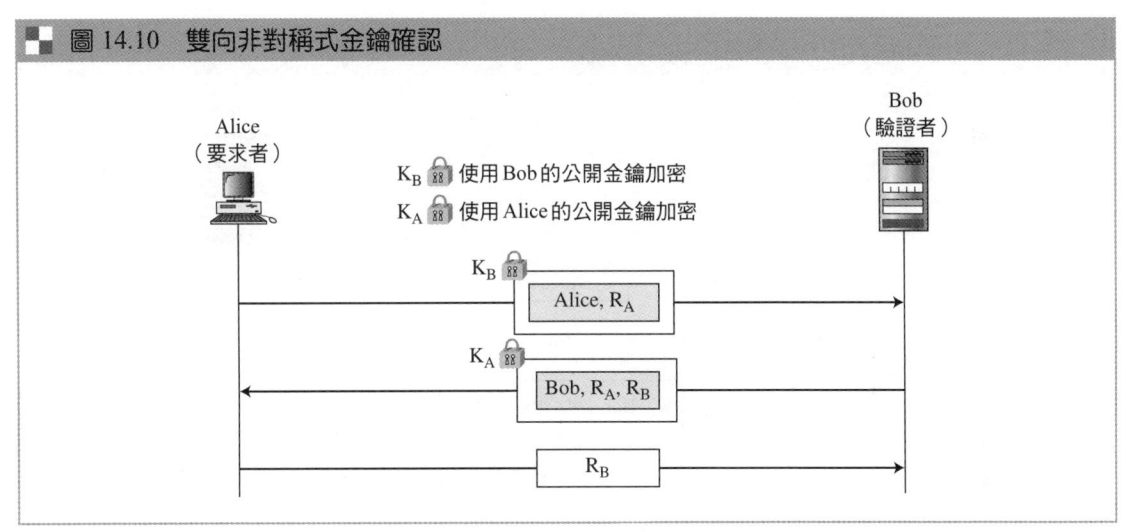

使用數位簽章

身份確認也能夠利用數位簽章來達成。當數位簽章被使用在身份確認時，要求者使用她的私密金鑰來簽署。這裡展示兩種方式，其他方式則留做練習題。

第一種方式

在第一種方式中，如圖 14.11 所示，Bob 使用明文的挑戰且 Alice 簽署回應。

第二種方式

在第二種方式中，如圖 14.12 所示，Alice 與 Bob 相互確認。

圖 14.11 使用數位簽章的單向確認

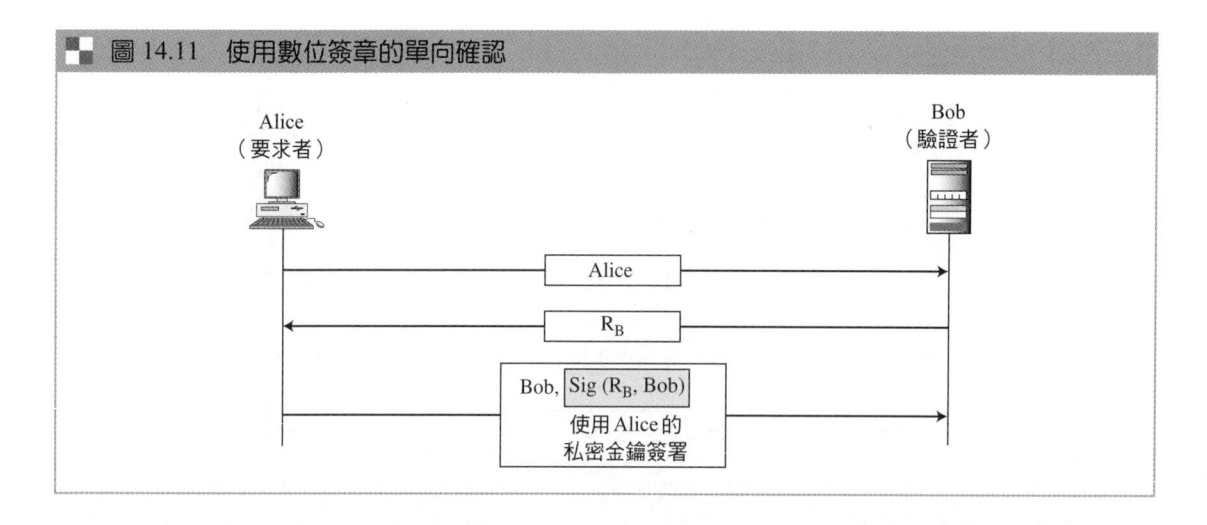

Alice（要求者） → Bob（驗證者）

Alice →

← R_B

Bob, Sig (R_B, Bob)
使用 Alice 的
私密金鑰簽署 →

圖 14.12 使用數位簽章的雙向確認

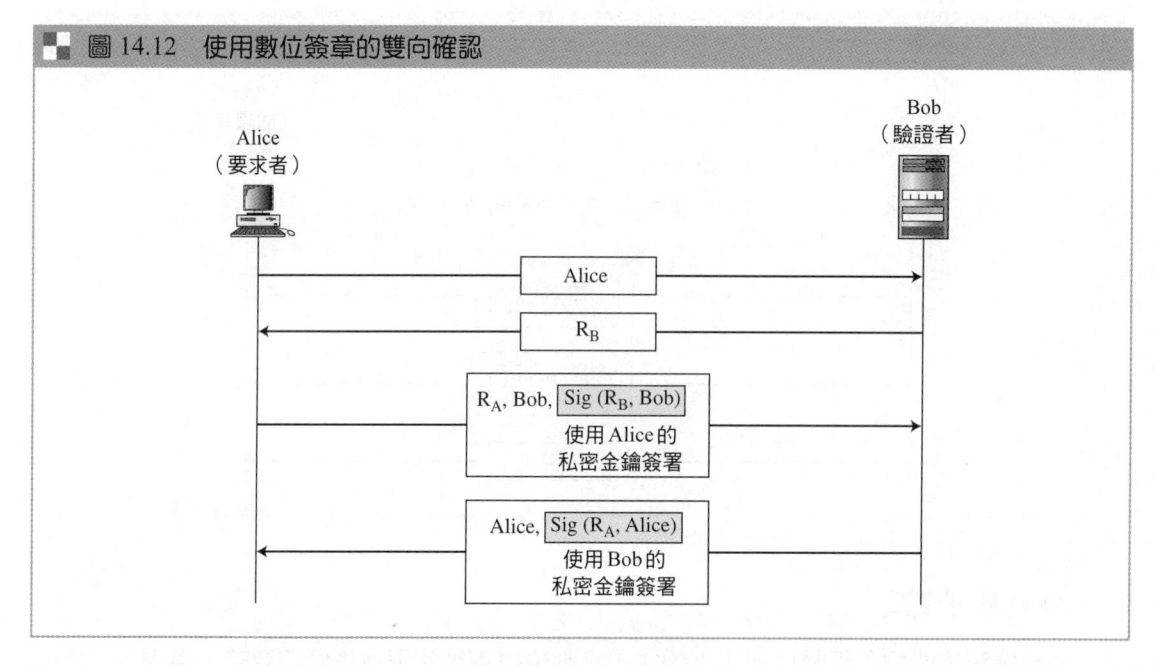

Alice（要求者） ↔ Bob（驗證者）

Alice →

← R_B

R_A, Bob, Sig (R_B, Bob)
使用 Alice 的
私密金鑰簽署 →

← Alice, Sig (R_A, Alice)
使用 Bob 的
私密金鑰簽署

14.4 零知識

　　在通行碼確認中，要求者需要將她的祕密（通行碼）傳送給驗證者，這會使得 Eve 可以竊聽。此外，一個不誠實的驗證者能夠洩漏通行碼給其他人，或是使用它來偽冒要求者。

　　在挑戰－回應身份確認中，要求者的祕密不會傳送給驗證者。要求者將一個包含她的祕密的函數運用在驗證者所傳送的挑戰上。在某些挑戰－回應的方法上，驗證者實際上知道要求者的祕密，而這可能會被一個不誠實的驗證者所誤用。換句話說，驗證者可以透過選擇一組預先計畫的挑戰來摘取某些關於要求者祕密的資訊。

　　在**零知識確認**（**zero-knowledge authentication**）中，要求者不會揭露任何會危及其祕密之機密性資訊。要求者向驗證者證明自己知道祕密，但卻不會將祕密洩漏出來。交互協定

的設計讓他們不會洩漏也不能猜測這個祕密。在交換訊息之後，驗證者只知道要求者有祕密或沒有祕密，除此之外沒有更多的資訊。結果是一個「是／否」的情形，只有單一位元的資訊。

> 在零知識確認中，要求者證明自己知道祕密，但不會將祕密洩漏出來。

Fiat-Shamir 協定

在 **Fiat-Shamir 協定**（Fiat-Shamir protocol）中，一個可信賴的第三方（參見第十五章）選擇兩個大質數 p 及 q，並計算 $n = p \times q$。n 的值被公開宣布，p 與 q 的值被祕密保存。要求者 Alice 選擇一個在 1 到 $n-1$ 之間（不含 $n-1$）的祕密數字 s。她計算 $v = s^2 \bmod n$。她將 s 當成她的私密金鑰，並向第三方註冊 v 為她的公開金鑰。Bob 經由四個步驟來驗證 Alice，如圖 14.13 所示。

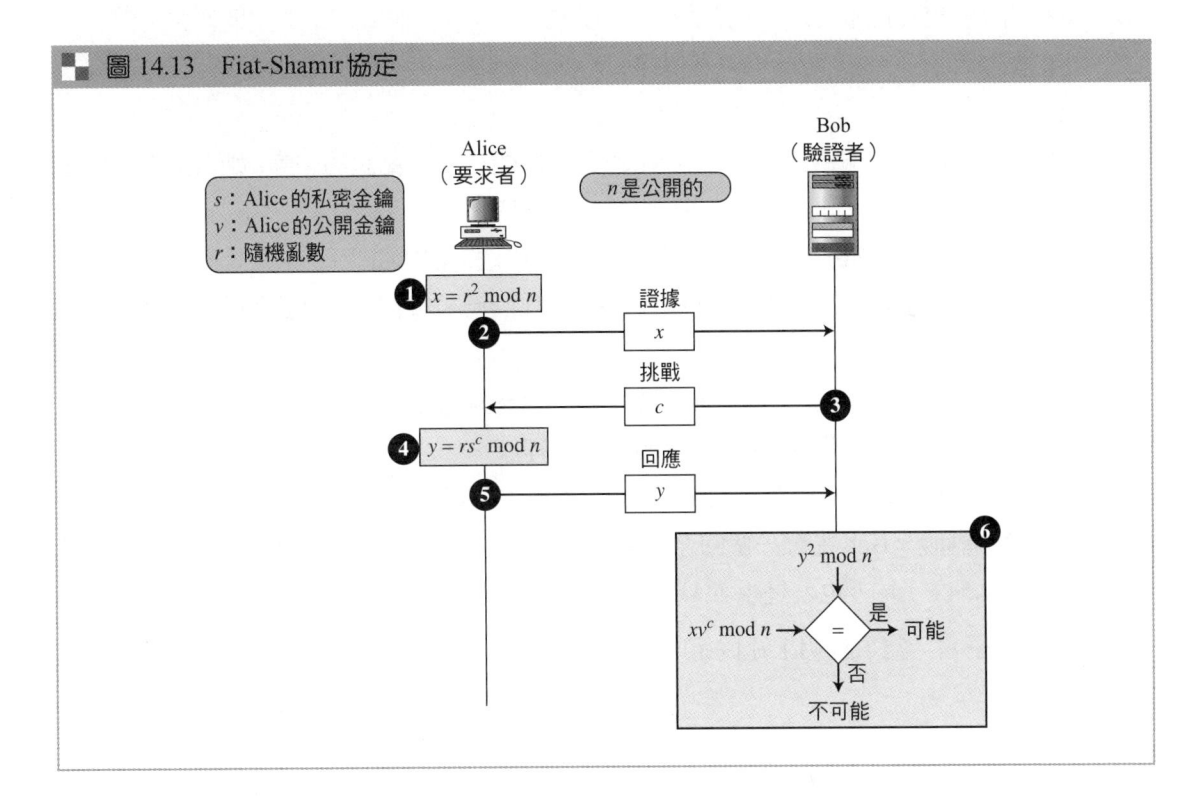

圖 14.13　Fiat-Shamir 協定

1. 要求者 Alice 在 0 到 $n-1$ 之間選擇一個隨機亂數 r（r 稱為委任）。然後她計算 $x = r^2 \bmod n$ 的值；x 稱為證據。
2. Alice 將 x 傳送給 Bob 當作證據。
3. 驗證者 Bob 將挑戰 c 傳送給 Alice。c 的值為 0 或 1。
4. Alice 計算回應 $y = rs^c$。注意，r 是 Alice 在步驟 1 所挑選的隨機亂數，s 是她的私密金鑰，c 是挑戰（0 或 1）。

5. Alice 將回應送回給 Bob 來證明她知道自己的私密金鑰的值 s。她宣稱她是 Alice。
6. Bob 計算 y^2 及 xv^c。如果這兩個數同餘，則 Alice 知道 s 的值（她是誠實的），或是她用某些方式計算 y 的值（她是不誠實的），因為我們可以很容易證明 y^2 與 xv^c 在模 n 下是相等的，如下所示：

$$y^2 = (rs^c)^2 = r^2 s^{2c} = r^2(s^2)^c = xv^c$$

步驟6構成一個回合；驗證者重複執行許多次，c 的值為 0 或 1（隨機選擇）。要求者必須通過每一回合的測試才算通過驗證。如果她在某一回合失敗，則程序將會中止，她也不會被確認。

我們詳述這個有趣的協定。Alice可能是誠實的（知道s的值）或不誠實的（不知道s的值）。如果她是誠實的，便可以通過每一個回合；如果她是不誠實的，仍可以靠著正確預測挑戰的值而通過一個回合。可能會發生以下兩個情形：

1. Alice 猜測 c 的值（挑戰）為 1（預測值）。她計算 $x = r^2/v$，並傳送 x 當作是證據。
   a. 如果她猜測正確（c 結果為 1），她傳送 $y = r$ 當作回應。我們可以知道她會通過測試（$y^2 = xv^c$）。
   b. 如果她猜測錯誤（c 結果為 0），她無法找到一個能夠通過測試的 y 值。她可能會離開或是傳送一個不會通過測試的值，而 Bob 將中止程序。
2. Alice 猜測 c 的值（挑戰）為 0。她計算 $x = r^2$，並傳送 x 當作是證據。
   c. 如果她猜測正確（c 結果為 0），她傳送 $y = r$ 當作回應。我們可以知道她會通過測試（$y^2 = xv^c$）。
   d. 如果她猜測錯誤（c 結果為 1），她無法找到一個能夠通過測試的 y 值。她可能會離開或是傳送一個不會通過測試的值，而 Bob 將中止程序。

我們可以知道一個不誠實的要求者有50%的機會藉由欺騙驗證者而通過測試（透過預測挑戰的值），換句話說，Bob 在每一個回合的測試有1/2的機率。如果程序重複20次，則機率降為 $(1/2)^{20}$ 或 9.54×10^{-7}。也就是說，Alice 極不可能正確地猜對20次。

洞穴的例子　　為了說明上述協定的背後邏輯，Quisquater 及 Guillou 設計了洞穴的例子（圖14.14）。

假設有一個地下的洞穴，門在洞穴的尾端，要使用咒語才能打開門。Alice宣稱她知道該咒語，而且可以打開門。Alice與Bob站在入口（1號位置）。Alice進入洞穴並到達分岔口（2號位置）。Bob不能從入口看到Alice。現在遊戲開始。

1. Alice 選擇走左邊或是右邊。這相對於送出證據（x）。
2. 在 Alice 消失進入洞穴之後，Bob 來到分岔口（2號位置），並要求 Alice 從左邊或是右邊出來。這相對於傳送挑戰（c）。
3. 如果 Alice 知道咒語（她的私密金鑰），她可以從 Bob 所要求的任何一邊出來。她可能使用咒語（如果她在錯誤的一邊），或不需用到咒語（如果她在正確的一邊）。然而，如

■ 圖 14.14 洞穴的例子

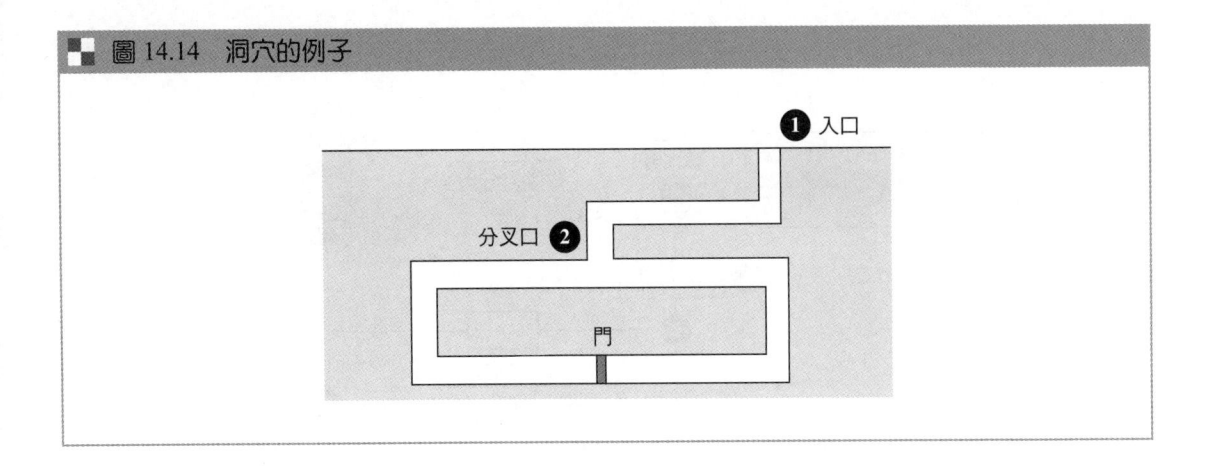

果 Alice 不知道咒語，若她猜對 Bob 的挑戰，她可能可以從正確的一邊出來。因此 Alice 有 1/2 的機率可以欺騙 Bob，並使他相信她知道這個咒語。上述 Alice 的動作相對於回應（y）。

4. 重複許多次這個遊戲。若 Alice 可以通過每一次的測試，她將贏得此遊戲。若 Alice 不知道咒語，她贏得此遊戲的機率很低。也就是 $P = (1/2)^N$，其中 P 是不知道咒語時贏的機率，而 N 是測試進行的次數。

🔑 Feige-Fiat-Shamir 協定

Feige-Fiat-Shamir 協定（Feige-Fiat-Shamir protocol）類似第一種方式，差別在於使用私密金鑰的向量 $[s_1, s_2, ..., s_k]$、公開金鑰的向量 $[v_1, v_2, ..., v_k]$ 及挑戰的向量 $(c_1, c_2, ..., c_k)$。私密金鑰是隨機選出的，但必須與 n 互質。選擇公開金鑰使得 $v_i = (s_i^2)^{-1} \bmod n$。程序的三個步驟如圖 14.15 所示。

我們可以證明 $y^2 v_1^{c_1} v_2^{c_2} ... v_k^{c_k}$ 與 x 相等：

$$y^2 v_1^{c_1} v_2^{c_2} ... v_k^{c_k} = r^2 (s_1^{c_1})^2 (s_2^{c_2})^2 ... (s_k^{c_k})^2 v_1^{c_1} v_2^{c_2} ... v_k^{c_k}$$
$$= x (s_1^2)^{c_1} (v_1^{c_1}) (s_2^2)^{c_2} (v_2^{c_2}) ... (s_2^2)^{c_2} (v_2^{c_k})$$
$$= x (s_1^2 v_1)^{c_1} (s_2^2 v_2)^{c_2} ... (s_k^2 v_k)^{c_k} = x (1)^{c_1} (1)^{c_2} ... (1)^{c_k} = x$$

在一個回合中包含三次交換；驗證重複許多次，其中 c 值等於 0 或 1（隨機選擇）。要求者必須通過每一個回合的測試才算完成驗證。若有一個回合失敗，程序將被中止且她不會被確認。

🔑 Guillou-Quisquater 協定

Guillou-Quisquater 協定（Guillou-Quisquater protocol）是 Fiat-Shamir 協定的延伸。在此協定中，使用較少的回合數來證明要求者的身份。一個信賴的第三方（參見第十五章）選擇兩個大質數 p 及 q 來計算 $n = p \times q$。可信賴方也選擇一個與 ϕ 互質的指數 e，其中

圖 14.15　Feige-Fiat-Shamir 協定

- $[s_1, s_2, ..., s_k]$：Alice 的私密金鑰
- $[v_1, v_2, ..., v_k]$：Alice 的公開金鑰
- r：隨機亂數

Alice（要求者）　　Bob（驗證者）

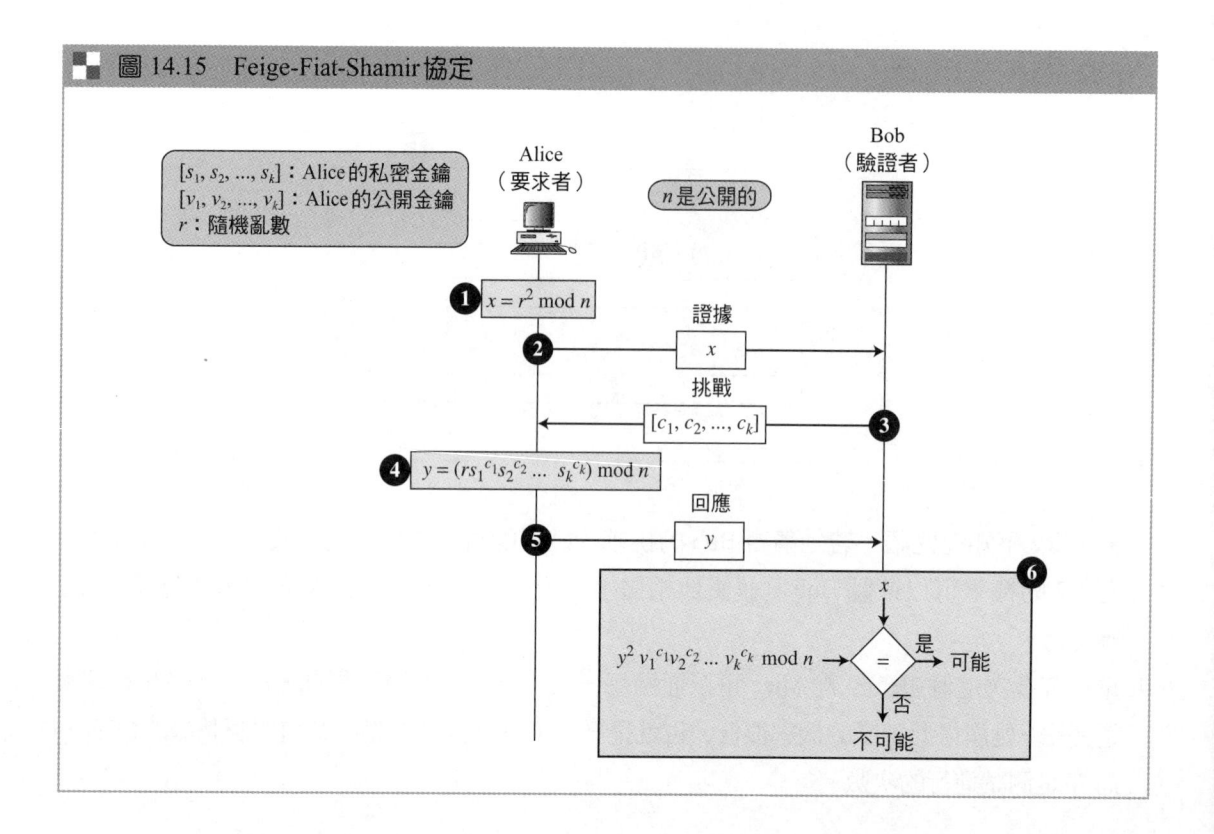

n 是公開的

1. $x = r^2 \bmod n$
2. 證據 x →
3. ← 挑戰 $[c_1, c_2, ..., c_k]$
4. $y = (r s_1^{c_1} s_2^{c_2} ... s_k^{c_k}) \bmod n$
5. 回應 y →
6. $y^2 v_1^{c_1} v_2^{c_2} ... v_k^{c_k} \bmod n \xrightarrow{} \overset{?}{=} x$　是 → 可能　否 → 不可能

$\phi = (p - 1)(q - 1)$。n 及 e 的值被公開宣布；p 與 q 的值被祕密保存。可信賴方為每一個人選擇兩個數：v 是公開的及 s 是祕密的。然而，在此情形下，v 與 s 之間的關係是不同的：$s^e \times v = 1 \bmod n$。

在一個回合中有三次交換；驗證使用隨機的 c 值（挑戰）重複許多次。要求者必須通過每一個回合的測試才算完成驗證。若有一個回合失敗，程序將被中止且她不會被確認。圖 14.16 顯示一個回合的程序。

圖中的相等性可被證明，如下所示：

$$y^e \times v^c = (r \times s^c)^e \times v^c = r^e \times s^{ce} \times v^c = r^e \times (s^e \times v)^c = x \times 1^c = x$$

14.5　生物測定

生物測定（biometrics）是一種生理或行為特徵的測量，可用來辨識一個人（根據某些與生俱有之物來確認）。生物測定所測量的特徵無法被猜測、偷竊或分享。

構成元件

有數個構成元件是生物測定所需要的，包括記錄器、處理器以及儲存設備。記錄器（例如讀入設備或感測器）用來測量生物特徵。處理器改變測量特徵，使之適合於儲存的型態。

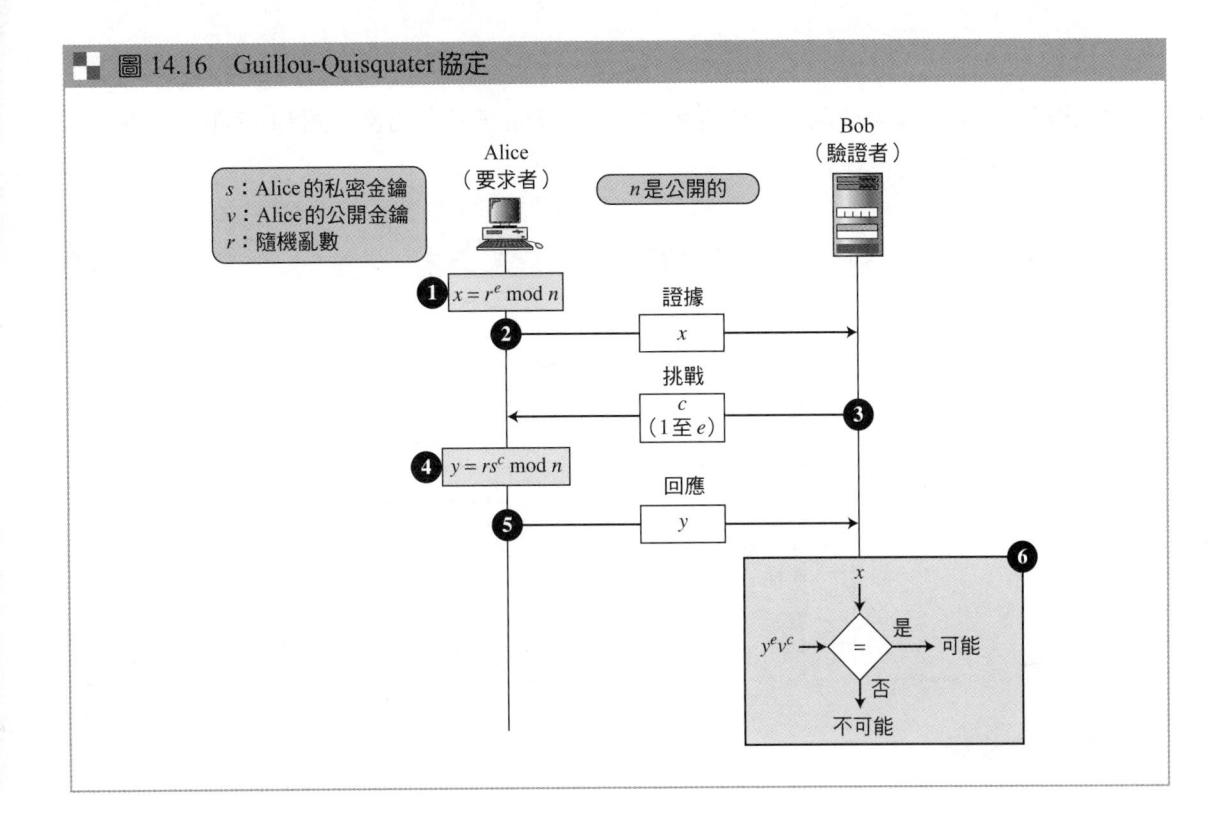

圖 14.16　Guillou-Quisquater 協定

- s：Alice 的私密金鑰
- v：Alice 的公開金鑰
- r：隨機亂數

Alice（要求者）　　Bob（驗證者）

n 是公開的

① $x = r^e \bmod n$

② 證據 x →

③ ← 挑戰 c（1 至 e）

④ $y = rs^c \bmod n$

⑤ 回應 y →

⑥ $y^e v^c \stackrel{?}{=} x$　是→可能　否→不可能

儲存設備則儲存處理或確認的結果。

註冊登錄

在使用生物測定技術之前，社群中每一個人的相關特徵必須已存在於資料庫中。這涉及到註冊登錄。

確認

確認程序由驗證或辨識來完成。

驗證

在**驗證**（verification）中，個人的特徵與資料庫中單一的一筆紀錄比對（一對一比對）來判斷她是否是其所宣稱的人。例如，當一家銀行需要驗證支票上客戶的簽名時。

辨識

在**辨識**（identification）中，個人的特徵與資料庫中所有的紀錄比對（一對多比對）來判斷她是否在資料庫中有紀錄。例如，當一家公司僅允許其員工進入公司的建築物內時。

技術

生物測定技術可以分成兩個主要的類別：生理方面與行為方面。圖14.17顯示在每一個類別下的數個共同技術。

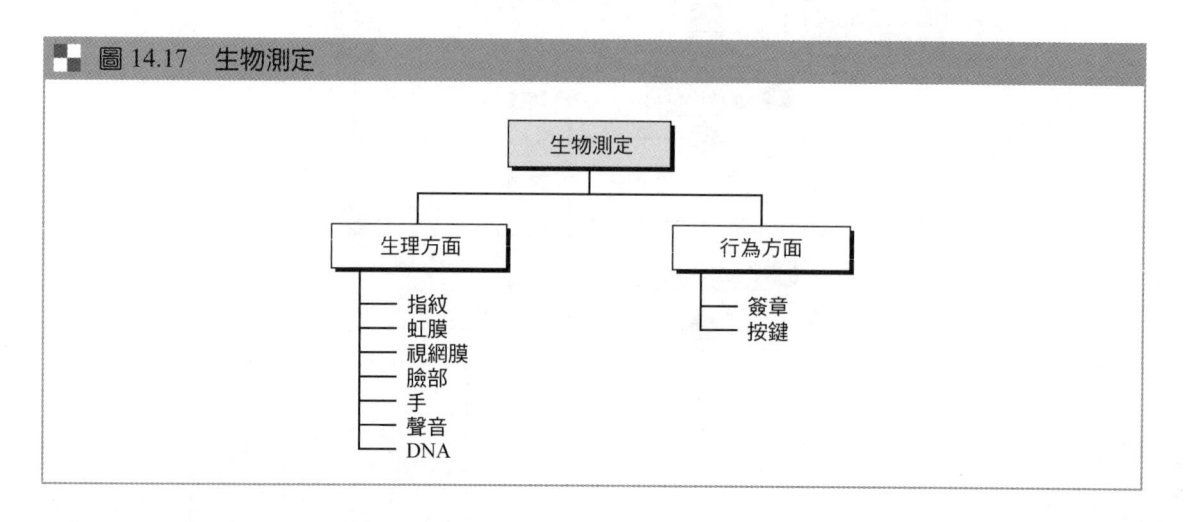

■ 圖 14.17　生物測定

```
                    生物測定
                   /        \
              生理方面        行為方面
              ├ 指紋          ├ 簽章
              ├ 虹膜          └ 按鍵
              ├ 視網膜
              ├ 臉部
              ├ 手
              ├ 聲音
              └ DNA
```

生理方面的技術

生理方面技術是指測量人類身體的生理特性以進行驗證與辨識。為了有效性，必須擁有在所有或大部分的人中是獨一無二的特性。此外，特徵可能會因為年齡、手術、生病、疾病等而改變。數個生理方面的技術如下。

指紋　雖然有多個測量特徵的方法與指紋有關聯，但兩個最常見的方法是基於細節與基於影像。在基於細節的技術中，系統根據每個人的紋線何處開始／結束或是分支來建立圖像。在基於影像的技術中，系統建立指尖的影像並找到資料庫中相似的影像。指紋已被使用一段相當長的時間，顯示其具有高度的準確性並支援驗證與辨識。然而，指紋會隨年齡或疾病而改變。

虹膜　這項技術測量虹膜的樣式，對每一個人而言是唯一的。它通常需要雷射（紅外線）。虹膜在人的生命當中是非常精確且穩定的，其亦支援驗證與辨識。然而，某些眼睛疾病（例如白內障），將會改變虹膜樣式。

視網膜　這個設備的目的是檢查眼睛後面的血管，然而這個設備十分昂貴且目前並不普及。

臉部　這項技術是基於臉部特徵（例如鼻子、嘴巴以及眼睛）的距離來分析臉部的幾何樣式。需要標準的錄影機並支援驗證與辨識。然而，準確度會受眼鏡、臉部生長的毛髮以及年齡的影響。

手　這項技術測量手的尺寸，包括形狀與手指長度。這項技術可在戶內及戶外使用。然而，它較適合在驗證上，而較不適合在辨識上。

聲音 聲音辨認測量音高、節奏及音調，可用於近端（麥克風）或遠端（聲音頻道）。這個方法大部分用在驗證。然而，背景的噪音、生病或是年齡會導致準確度的降低。

DNA DNA是在人類及大部分生物細胞核內的化學物質。在整個生命中（甚至死後），其樣式都是固定不變的，可以用在驗證與辨識上。唯一的問題是雙胞胎可能會有相同的DNA。

行為方面的技術

行為方面的技術測量人類的行為特性。與生理方面技術不同的是，行為方面的技術需要被監控，以確保要求者的行為是正常的，而不是想要偽冒其他人。

簽章 簽章過去被用在銀行驗證簽署支票者的身份。今日仍有許多專家能夠檢驗在支票上或文件上的簽名是否與檔案中的簽名相同。生物測定的方法使用簽章板及特殊的筆來辨識個人。這些設備不只是比較最後的產出（也就是簽章），也測量某些其他的行為特性，例如簽署所需的時間。簽章大部分用於驗證。

按鍵 按鍵（打字節奏）的技術測量一個人在鍵盤上工作的行為模式。它可以測量按下鍵持續的時間、按鍵之間的時間、錯誤的數量與頻率、鍵上的壓力等。它不需新的技術，因此花費並不昂貴。然而這並不會非常準確，因為它可能隨時間改變（變成較快或較慢的打字者）。這也取決於文字內容。

精確度

生物測定技術的精確度使用兩項參數來測量：**錯判拒絕率**（false rejection rate, FRR）以及**錯判接受率**（false acceptance rate, FAR）。

錯判拒絕率

這個參數測量一個人應該被辨認，但卻沒有被系統辨認的頻率。FRR以錯判拒絕數量相對於全部嘗試的數量之比率來測量（百分比）。

錯判接受率

這個參數測量一個人不應該被辨認，但卻被系統辨認的頻率。FAR以錯判接受數量相對於全部嘗試的數量之比率來測量（百分比）。

應用

目前已有數個生物測定的應用。在商業環境中，包括存取設備、存取資訊系統、銷售點交易以及員工計時等。在關於法律實施的系統中，包含調查（使用指紋或DNA）以及鑑識分析。邊境管制及移民管制也可使用某些生物測定技術。

推薦讀物

為了更深入瞭解本章所討論的主題，我們建議選讀下列書籍與網站。括號內的項目請參閱本書最後的參考文獻。

書籍

身份確認在 [Sti06]、[TW06]、[Sal03] 及 [KPS02] 中皆有討論。

網站

對於本章所討論的主題，以下的網站提供了許多更深入的資訊。

- http://en.wikipedia.org/wiki/Challenge-response_authentication
- http://en.wikipedia.org/wiki/Password-authenticated_key_agreement
- http://rfc.net/rfc2195.html

關鍵詞彙

- biometrics　生物測定　400
- challenge-response authentication　挑戰—回應確認　391
- claimant　要求者　387
- dictionary attack　字典攻擊　389
- entity authentication　身份確認　386
- false acceptance rate（FAR）　錯判接受率　403
- false rejection rate（FRR）　錯判拒絕率　403
- Feige-Fiat-Shamir protocol　Feige-Fiat-Shamir 協定　399
- Fiat-Shamir protocol　Fiat-Shamir 協定　397
- fixed password　固定通行碼　387
- Guillou-Quisquater protocol　Guillou-Quisquater 協定　399
- identification　辨識　401
- nonce　臨時亂數　392
- one-time password　單次通行碼　387, 390
- password　通行碼　387
- password-based authentication　植基通行碼之確認　387
- salting　加鹽法　389
- something inherent　與生俱有之物　387
- something known　知道之事　387
- something possessed　持有之物　387
- verification　驗證　401
- zero-knowledge authentication　零知識確認　396

重點摘要

- 身份確認使得一個實體能夠向另一個實體證明自己的身份。在身份確認中，一個要求者可以向驗證者證明自己的身份，使用下面三種之一的證據：知道之事、持有之物或是與生俱有之物。
- 在植基通行碼之確認中，要求者使用一串字元當作是她所知道之事。植基通行碼之確認可以分成兩個主要的類別：固定通行碼及單次通行碼。攻擊植基通行碼之確認的方法包括竊聽、偷竊通行碼、存取通行碼檔、猜測以及字典攻擊。

- 在挑戰－回應確認中，要求者證明自己知道祕密但不會真正地傳送出去。挑戰－回應確認可以使用對稱式金鑰加密法、具金鑰的雜湊函數、非對稱式金鑰加密法以及數位簽章。
- 在零知識確認中，要求者不會洩漏她的祕密；她僅證明她知道這個祕密。
- 生物測定是一種生理或行為特徵的測量，可根據某些與生俱有之物來辨識一個人。我們可以將生物測定技術分成兩個主要的類別：生理方面與行為方面。生理方面的技術測量人類身體的生理特性以用於驗證與辨識。行為方面的技術則是測量人類行為的一些特性。

練習集

問題回顧

1. 區別資料來源確認與身份確認。
2. 列出並定義三種在身份確認上的辨識證據。
3. 區別固定通行碼與單次通行碼。
4. 使用長的通行碼有何優點與缺點？
5. 解釋在挑戰－回應身份確認背後的一般概念。
6. 定義臨時亂數以及在身份確認上的使用方式。
7. 定義字典攻擊並說明如何防止。
8. 區別挑戰－回應與零知識身份確認。
9. 定義生物測定及區別兩個主要技術的類別。
10. 區別本章中定義在生物測定上的兩個精確度參數。

習題

11. 我們討論固定及單次通行碼為兩個極端。若經常改變密碼好不好呢？這樣的系統要如何實作出來？其優點與缺點為何？
12. 系統如何防止密碼猜測攻擊？若某人已經找到或是竊取一張提款卡並嘗試使用它，銀行如何防止他猜測 PIN？
13. 說明在圖 14.4 中確認程序裡兩個以上的交換。
14. 在圖 14.6 中，使用時戳有哪些缺點？
15. 我們是否可以重複在圖 14.5 的三個訊息來達到雙向確認？解釋之。
16. 說明在圖 14.5 中如何使用一個具有金鑰的雜湊函數來達成確認。
17. 說明在圖 14.7 中如何使用一個具有金鑰的雜湊函數來達成確認。
18. 比較圖 14.5 與圖 14.9，並列出其異同。
19. 比較圖 14.7 與圖 14.10，並列出其異同。
20. 我們是否可以使用一個時戳加上非對稱式金鑰加密法來達到確認？解釋之。
21. 比較及對照圖 14.13、圖 14.15 以及圖 14.16。列出其相似處與不同處。
22. 根據 Feige-Fiat-Shamir 協定，重做洞穴的例子。
23. 對於 $p = 569$，$q = 683$ 且 $s = 157$，展示 Fiat-Shamir 協定的三個回合。計算相關的值並填入一張表格中。

24. 對於 $p = 683$，$q = 811$，$s_1 = 157$ 且 $s_2 = 43215$，展示 Feige-Fiat-Shamir 協定的三個回合。計算相關的值並填入一張表格中。
25. 對於 $p = 683$，$q = 811$ 且 $v = 157$，展示 Guillou-Quisquater 協定的三個回合。計算相關的值並填入一張表格中。
26. 畫一個圖說明本章中所討論零知識證明之三個協定的概念。
27. 在 Fiat-Shamir 協定中，不誠實的要求者連續15次正確回應挑戰的機率為何？
28. 在 Feige-Fiat-Shamir 協定中，不誠實的要求者連續15次正確回應挑戰的機率為何？
29. 在 Guillou-Quisquater 協定中，不誠實的要求者連續15次正確回應挑戰的機率為何？假設挑戰的值是在1到15之間。
30. 在圖14.10雙向確認的方法中，若允許多會議確認，則 Eve 從 Bob 處攔截臨時亂數 R_B（在第二個會議），並將其當作 Alice 第二個會議的臨時亂數傳送出去。Bob 在沒有檢查這個臨時亂數是否與他所送出的相同情況下，他加密 R_B 並放入一個包含自己的臨時亂數的訊息中。Eve 使用加密的 R_B 並偽冒是 Alice，繼續進行第一個會議並用加密的 R_B 來回應。這稱為反射攻擊（reflection attack）。說明這個情節的步驟。

15 金鑰管理

學習目標

本章的學習目標包括：

- 闡述使用金鑰分配中心（KDC）的必要性。
- 說明KDC如何替通訊的雙方產生會議金鑰。
- 說明通訊的雙方如何在不使用KDC的服務之下，利用對稱式金鑰協議協定產生一把只有彼此知道的會議金鑰。
- 說明Kerberos既是一個KDC，同時也是一個身份確認協定。
- 闡述憑證管理中心對於公開金鑰的必要性，並說明在X.509的建議中如何定義憑證的格式。
- 介紹公開金鑰基礎建設的概念，並說明它的一些任務。

在前面的章節中，我們已經討論過對稱式金鑰和非對稱式金鑰的加密法。然而，我們還沒有討論到如何分配並維護對稱式金鑰加密法的祕密金鑰與非對稱式金鑰加密法的公開金鑰。在本章中，我們會接觸到這兩個議題。

我們首先討論使用一個信賴的第三者來分配對稱式金鑰。其次，我們說明通訊的雙方如何在不使用信賴的第三者之下，建立一把只有雙方知道的對稱式金鑰。第三，我們說明Kerberos既是一個KDC，同時也是一個身份確認協定。第四，我們討論在X.509的建議下，使用憑證管理中心（CA）來核發公開金鑰憑證。最後，我們簡短地討論公開金鑰基礎建設（PKI）的概念，並說明它的一些任務。

15.1 對稱式金鑰分配

當我們要加密較大的訊息時，對稱式金鑰加密法比非對稱式金鑰加密法快速許多。然而，對稱式金鑰加密法需要通訊的雙方事先共享一把祕密金鑰。

如果 Alice 需要和 N 個人交換機密的訊息，她需要 N 把不同的金鑰。如果 N 個人需要兩兩互相通訊，共需要幾把金鑰？如果要求 Alice 和 Bob 在雙向的通訊中必須使用兩把金鑰，則總共需要 $N(N - 1)$ 把金鑰；如果允許雙向通訊中使用同一把金鑰，則僅需要 $N(N - 1)/2$ 把金鑰。這表示如果有 100 萬個人需要兩兩互相通訊，每個人最多要用到 100 萬把不同的金鑰，也就是總共需要將近 1 兆把金鑰。我們通常把它視為一個 N^2 的問題，因為對於 N 個通訊者，總共需要 N^2 把金鑰。

金鑰的數量不是唯一的問題；如何分配金鑰又是另一個問題。如果 Alice 和 Bob 想要通訊，他們需要一個方法來交換祕密金鑰；如果 Alice 想要和 100 萬個人通訊，她要如何和這 100 萬個人交換 100 萬把金鑰呢？使用網際網路是一種絕對不安全的方法。很明顯地，我們需要一個有效率的方法來維護並分配祕密金鑰。

金鑰分配中心

一個可行的解決方法是使用信賴的第三者，也就是所謂的**金鑰分配中心（key-distribution center, KDC）**。為了降低金鑰的數量，每個人事先建立一把和 KDC 共享的祕密金鑰，如圖 15.1 所示。

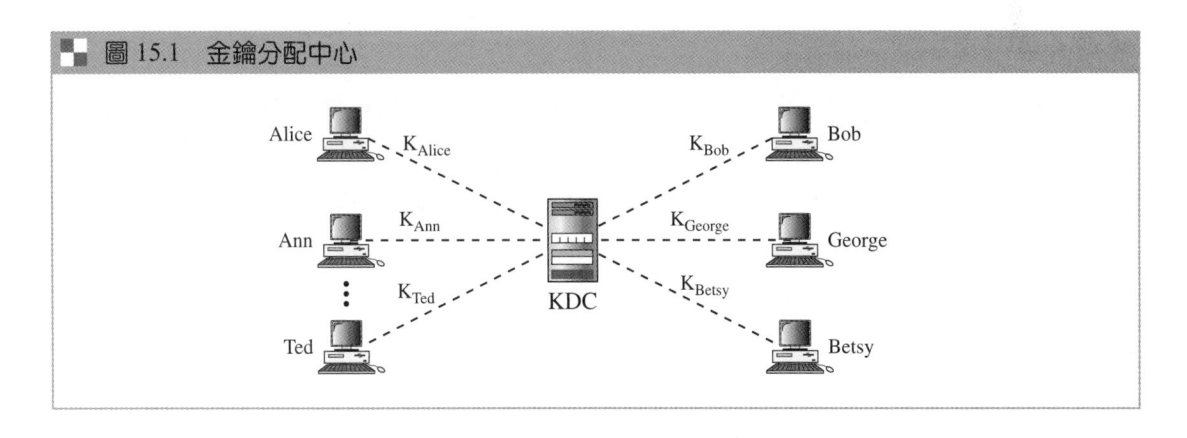

圖 15.1 金鑰分配中心

我們在 KDC 與每個成員間建立一把祕密金鑰。Alice 與 KDC 共享一把祕密金鑰，記為 K_{Alice}；Bob 與 KDC 共享一把祕密金鑰，記為 K_{Bob}；依此類推。現在的問題是 Alice 如何才能送一個機密的訊息給 Bob？整個傳送的流程如下：

1. Alice 送一個請求給 KDC，註明她需要和 Bob 共享一把會議（臨時）金鑰。
2. KDC 通知 Bob 有關 Alice 的請求。
3. 如果 Bob 同意，則 KDC 產生一把由 Alice 和 Bob 共享的會議金鑰。

Alice 與 Bob 所共享的祕密金鑰是經由 KDC 所建立的。這把金鑰是用來讓 KDC 確認 Alice 和 Bob 的身份，並且預防 Eve 偽冒這兩人中的任何一個。本章稍後會討論如何替 Alice 和 Bob 建立一把會議金鑰。

對等式多重 KDC

當 KDC 的使用人數增加時，整個系統將會變得難以管理，並且會導致 KDC 成為系統的瓶頸。為了解決這個問題，我們需要使用多重 KDC。我們可以將整個世界分成幾個範圍。每個範圍可以有一個或多個 KDC（多餘的 KDC 可以當成備援）。如果 Alice 想要送一個機密的訊息給 Bob，然而 Bob 屬於另一個範圍，Alice 先聯絡自己的 KDC，再由該 KDC 去聯絡 Bob 所在範圍的 KDC。這兩個 KDC 可以替 Alice 和 Bob 產生祕密金鑰。圖 15.2 顯示所有的 KDC 都屬於同一個階層。我們將這種架構稱為對等式多重 KDC。

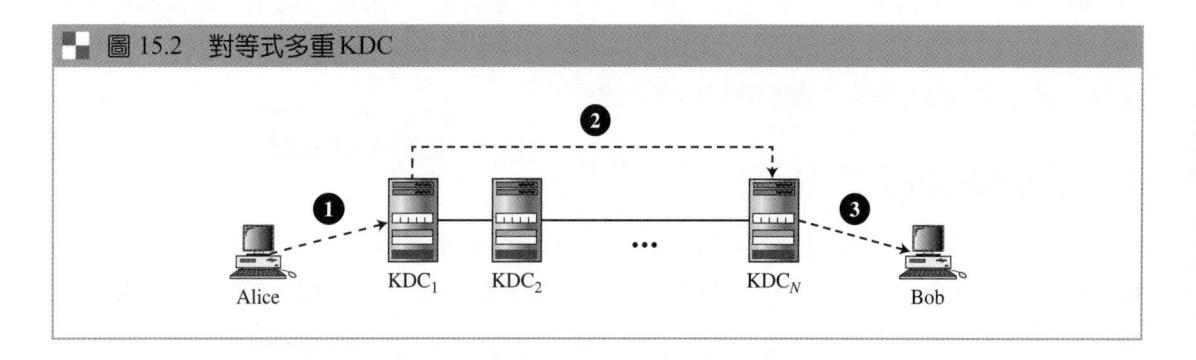

■ 圖 15.2　對等式多重 KDC

階層式多重 KDC

對等式多重 KDC 的概念可以延伸成由 KDC 所組成的階層式系統。這種系統有一個或多個 KDC 位於階層的頂端。舉例來說，我們可以有地區的 KDC、國家級的 KDC 以及國際級的 KDC。當 Alice 需要和住在另一個國家的 Bob 通訊時，她傳送請求給地區的 KDC；地區的 KDC 轉送這個請求給國家級的 KDC；國家級的 KDC 再轉送這個請求給國際級的 KDC。接著，這個請求依循同樣的方法向下轉送給 Bob 所在範圍中的 KDC。圖 15.3 顯示階層式多重 KDC 的架構。

🔑 會議金鑰

KDC 可以替每一位成員產生一把祕密金鑰。這把祕密金鑰只能用於成員與 KDC 之間，而不能用於兩個成員之間。所以如果 Alice 想要和 Bob 祕密地通訊，她需要與 Bob 建立另一把祕密金鑰。KDC 可以分別利用其與 Alice 和其與 Bob 之間的祕密金鑰，來替他們產生一把**會議金鑰（session key）**。在會議金鑰建立之前，Alice 和 Bob 的祕密金鑰是用來讓 KDC 確認他們的身份，也用來讓他們確認彼此的身份。當此次的通訊終止之後，這把會議金鑰就沒有任何用處了。

圖 15.3　階層式多重 KDC

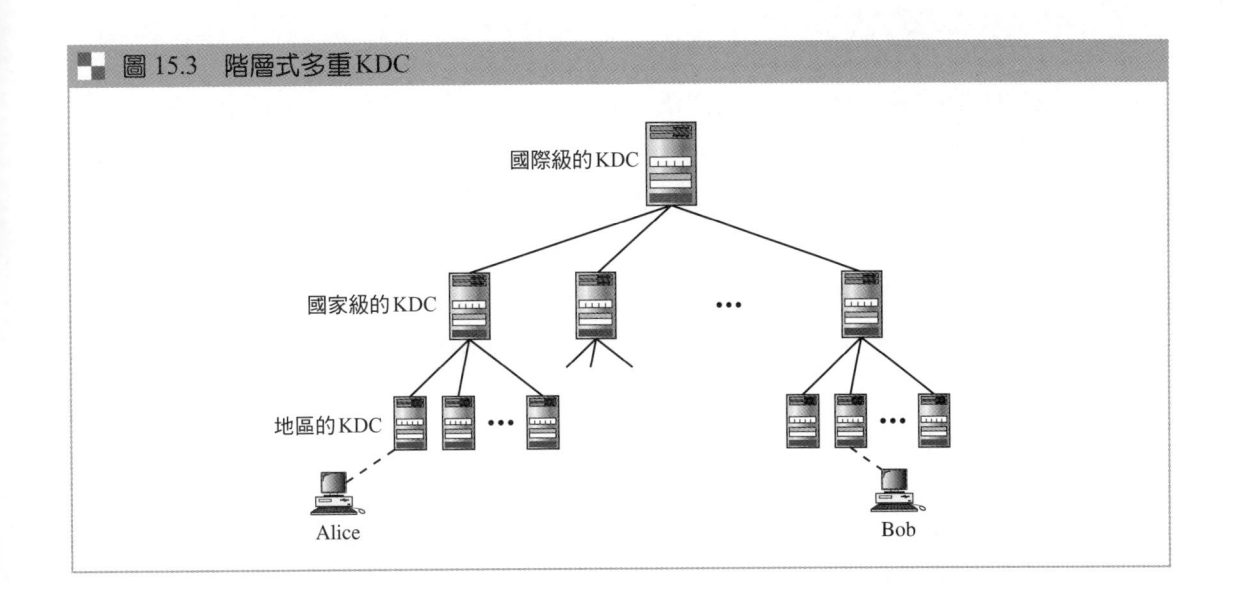

通訊雙方所共享的會議對稱式金鑰只能使用一次。

為了建立會議金鑰，有許多不同的方法被發表出來。這些方法均使用到第十四章所討論的身份確認概念。

一個使用 KDC 的簡單協定

讓我們看看 KDC 如何替 Alice 與 Bob 建立會議金鑰 K_{AB}。圖 15.4 顯示這些步驟。

1. Alice 傳送明文的訊息給 KDC 以得到她和 Bob 之間的對稱會議金鑰，其中包含了她註冊的身份（圖中的 Alice）以及 Bob 的身份（圖中的 Bob）。這個訊息並未被加密，而是公

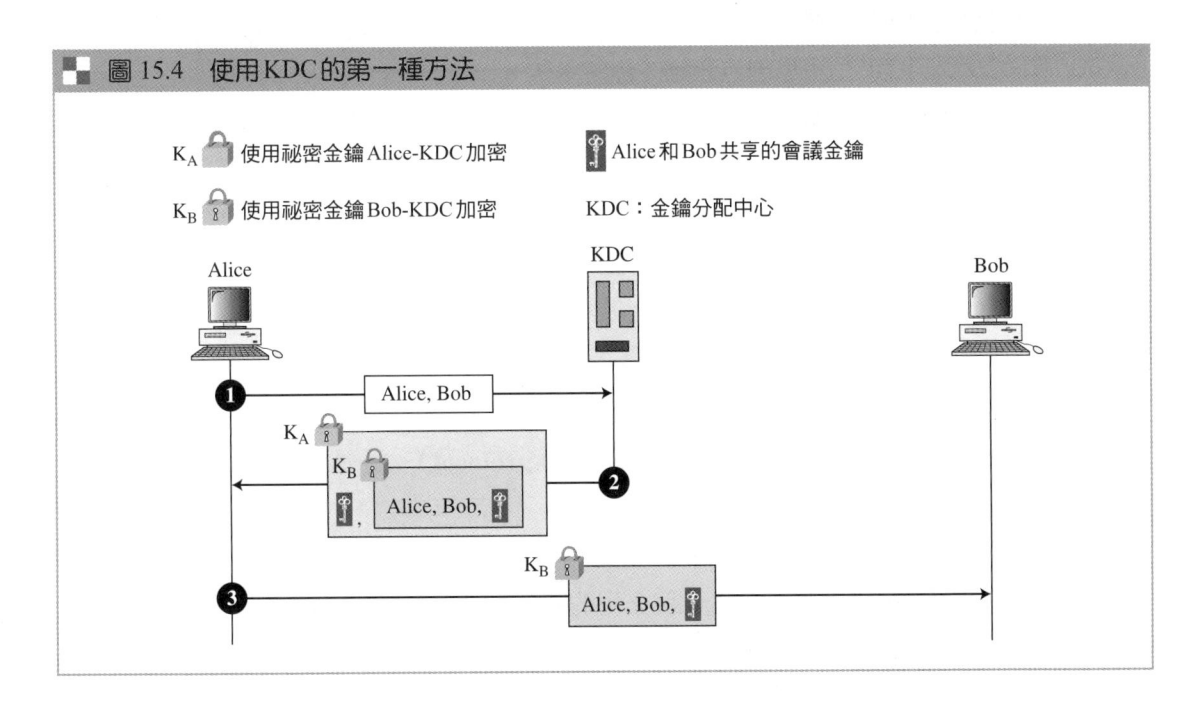

圖 15.4　使用 KDC 的第一種方法

開給大家知道的。KDC 並不在乎這一點。

2. KDC 收到這個訊息後，便產生一張**門票**（**ticket**）。這張門票使用 Bob 的金鑰（K_B）來加密。這張門票包含了 Alice 和 Bob 的身份，以及會議金鑰（K_{AB}）。KDC 將這張門票和會議金鑰的副本一起加密並傳送給 Alice。Alice 收到訊息後，先將訊息解密，然後取出會議金鑰。她無法解出 Bob 的門票；因為門票是給 Bob 的，不是給她的。注意這個訊息包含了雙重加密；門票是被加密的，而整個訊息也是被加密的。在第二個訊息中，Alice 的身份確實被 KDC 所認證，因為只有 Alice 可以使用她與 KDC 之間的祕密金鑰解出整個訊息。

3. Alice 將門票傳送給 Bob。Bob 解開門票並且得知 Alice 想要使用會議金鑰 K_{AB} 傳送訊息給他。注意在這個訊息中，因為只有 Bob 可以解出這張門票，所以 Bob 的身份已被 KDC 所認證。由於 Bob 的身份已被 KDC 所認證，所以他的身份也被 Alice 所認證，因為 Alice 信賴 KDC。同理，Alice 的身份也被 Bob 所認證，因為 Bob 信賴 KDC，而且在 KDC 傳送給 Bob 的門票中含有 Alice 的身份。

不幸地，這個簡單的協定有瑕疵。Eve 可以使用之前所討論過的重送攻擊；也就是她可以儲存步驟3的訊息，並且在稍後重送。

Needham-Schroeder 協定

另一個方法是經典的**Needham-Schroeder 協定**（**Needham-Schroeder protocol**），這個協定是許多其他協定的原型。這個協定在通訊的雙方間使用多次的挑戰－回應機制來達成一個無瑕疵的協定。Needham 和 Schroeder 使用了兩個臨時亂數：R_A 和 R_B。圖 15.5 顯示這個協定的五個步驟。

我們簡短地說明每個步驟：

1. Alice 傳送訊息給 KDC，訊息中包含她的臨時亂數 R_A、她的身份以及 Bob 的身份。
2. KDC 傳送加密的訊息給 Alice，訊息中包含 Alice 的臨時亂數、Bob 的身份、會議金鑰以及加密給 Bob 的門票。整個訊息使用 Alice 的金鑰加密。
3. Alice 傳送 Bob 的門票給他。
4. Bob 傳送他的挑戰（R_B）給 Alice，這個訊息用會議金鑰加密。
5. Alice 回應 Bob 的挑戰。注意，回應的內容是使用 $R_B - 1$ 來取代 R_B。

Otway-Rees 協定

第三種方法是**Otway-Rees 協定**（**Otway-Rees protocol**），這是另一個經典的協定。圖15.6（第414頁）顯示這五個步驟的協定。

我們簡短地說明每個步驟：

1. Alice 傳送訊息給 Bob，訊息中包含一個公用的臨時亂數 R、Alice 的身份和 Bob 的身份，以及一張給 KDC 的門票。這張門票中包含 Alice 的臨時亂數 R_A（給 KDC 的挑戰）、公用

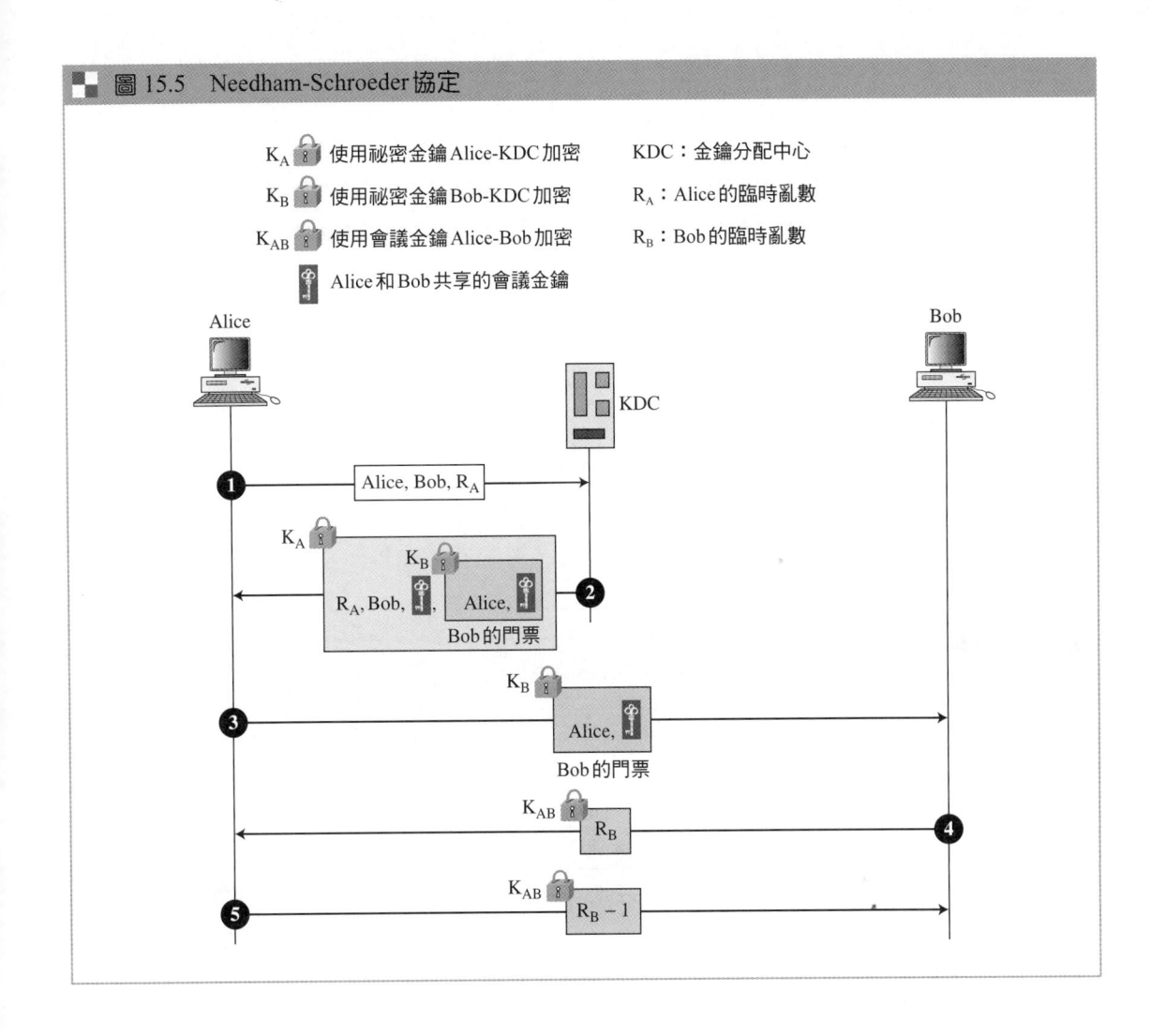

圖 15.5　Needham-Schroeder 協定

- K_A：使用祕密金鑰 Alice-KDC 加密
- K_B：使用祕密金鑰 Bob-KDC 加密
- K_{AB}：使用會議金鑰 Alice-Bob 加密
- Alice 和 Bob 共享的會議金鑰
- KDC：金鑰分配中心
- R_A：Alice 的臨時亂數
- R_B：Bob 的臨時亂數

臨時亂數的副本 R，以及 Alice 的身份和 Bob 的身份。

2. Bob 產生出相同型態的門票，但使用的是自己的臨時亂數 R_B。這兩張門票都傳送給 KDC。
3. KDC 產生一個訊息，此訊息包含公用的臨時亂數 R、一張給 Alice 的門票和一張給 Bob 的門票；這個訊息傳送給 Bob。這些門票中包含相對應的臨時亂數 R_A 或 R_B，以及會議金鑰 K_{AB}。
4. Bob 傳送 Alice 的門票給她。
5. Alice 使用她的會議金鑰加密傳送一個簡短的訊息，以證明她已經得到會議金鑰。

15.2　Kerberos

Kerberos 既是一個身份確認協定，同時也是一個 KDC，因此它變得非常熱門。許多系統（包括 Windows 2000）都使用 Kerberos。它是以希臘神話中幫冥王黑帝斯看門的三頭狗所

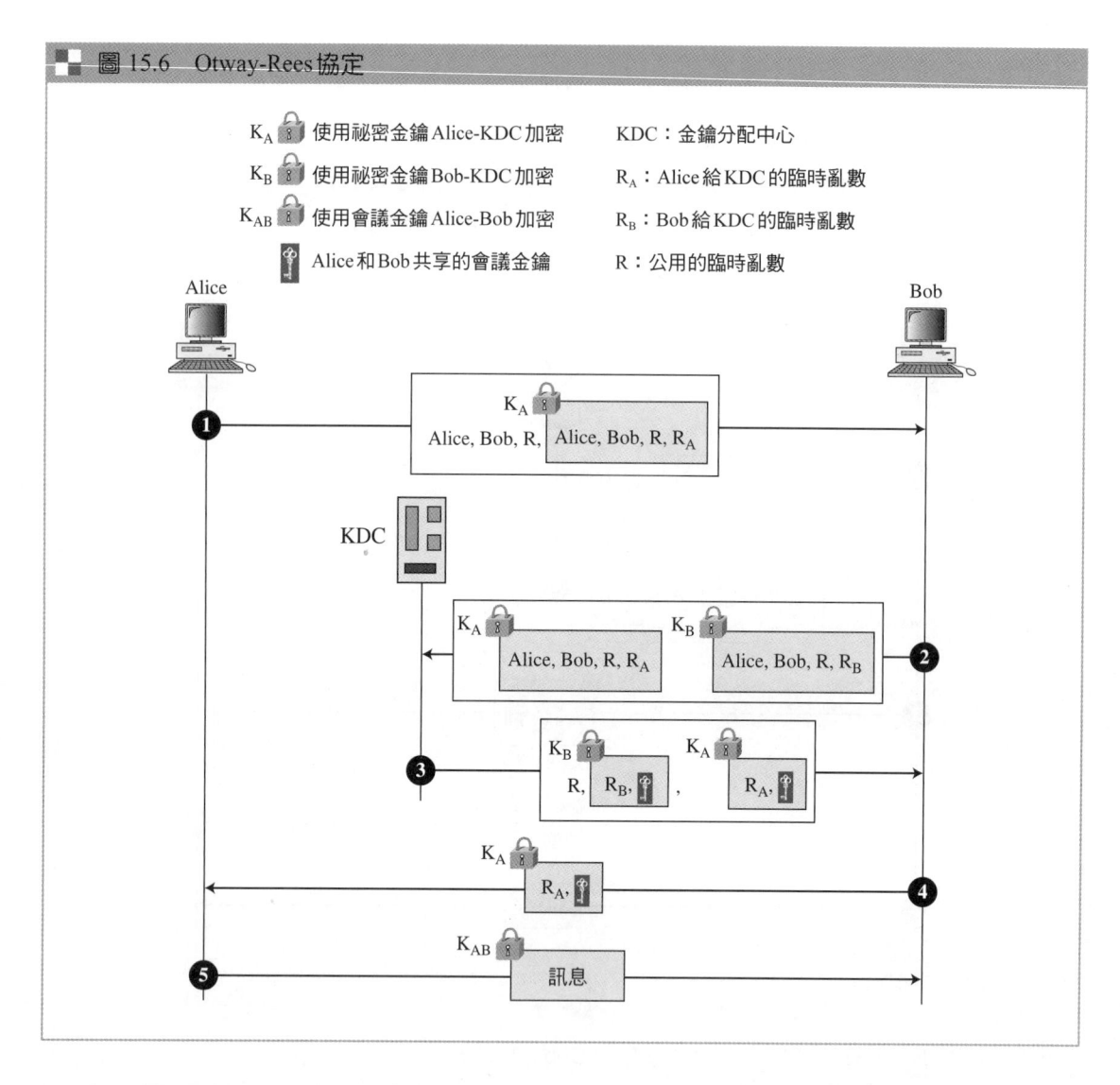

圖 15.6　Otway-Rees協定

- K_A 🔒 使用祕密金鑰Alice-KDC加密
- K_B 🔒 使用祕密金鑰Bob-KDC加密
- K_{AB} 🔒 使用會議金鑰Alice-Bob加密
- 🔑 Alice和Bob共享的會議金鑰
- KDC：金鑰分配中心
- R_A：Alice給KDC的臨時亂數
- R_B：Bob給KDC的臨時亂數
- R：公用的臨時亂數

① Alice, Bob, R, [Alice, Bob, R, R_A]K_A

② [Alice, Bob, R, R_A]K_A，[Alice, Bob, R, R_B]K_B

③ [R, R_B, 🔑]K_B , [R_A, 🔑]K_A

④ [R_A, 🔑]K_A

⑤ [訊息]K_{AB}

命名的。最原始的版本是由麻省理工學院（MIT）所設計，之後演變出許多版本。在此我們只討論第四版，亦即目前最熱門的版本。我們也會簡短地說明第四版和第五版（最新版）的不同。

🗝 伺服器

在Kerberos協定中有三種伺服器：身份確認伺服器（AS）、門票核准伺服器（TGS）以及提供服務給其他人的實際（資料）伺服器。在以下的範例和圖中，Bob為實際伺服器，而Alice為要求服務的使用者。圖15.7顯示這三種伺服器的關係。

身份確認伺服器

身份確認伺服器（authentication server, AS）是Kerberos協定中的KDC。每個使用者向AS註冊，並取得使用者身份與密碼。AS使用一個資料庫來儲存這些身份和相對應的密碼。

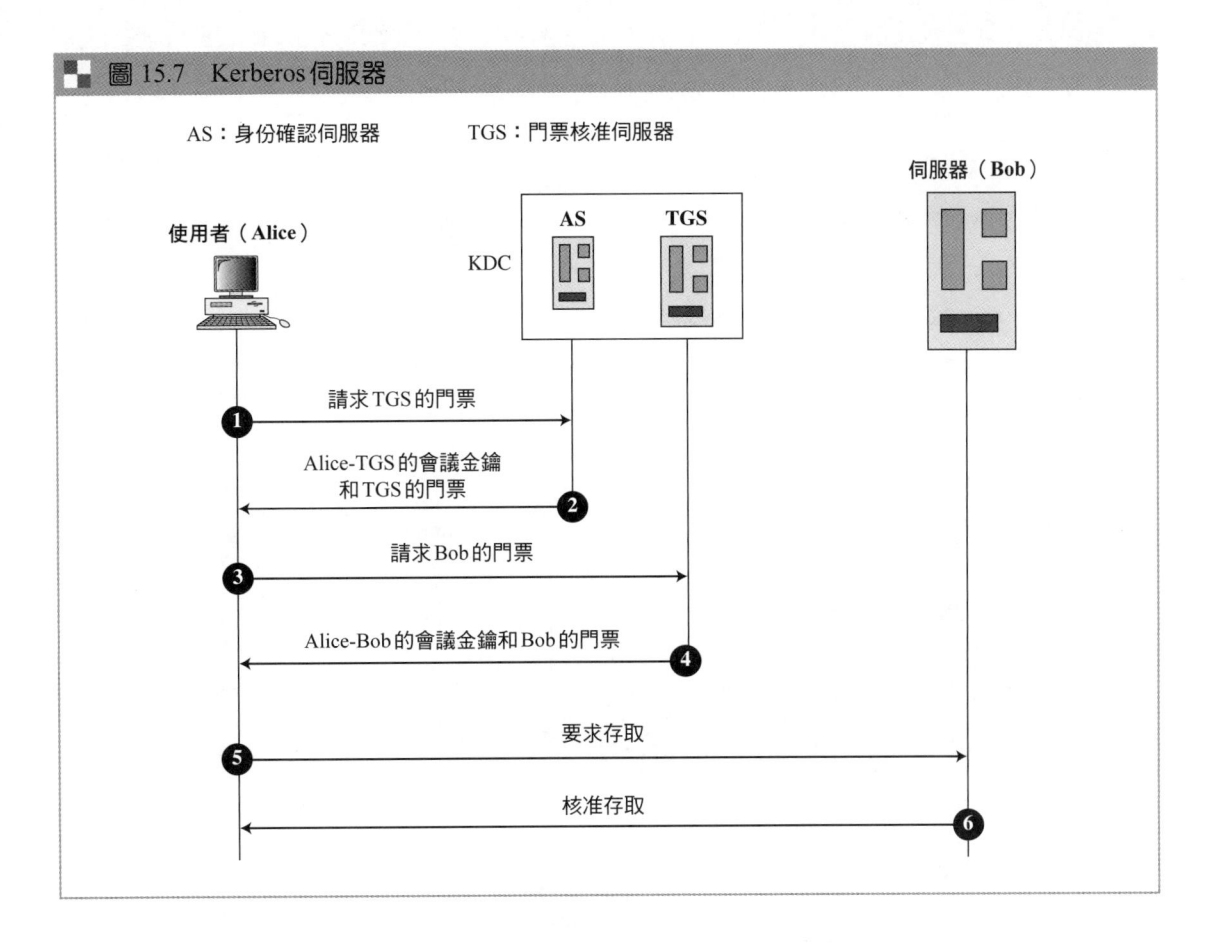

圖 15.7　Kerberos 伺服器

```
AS：身份確認伺服器        TGS：門票核准伺服器

使用者（Alice）              KDC  [AS] [TGS]                    伺服器（Bob）

  ① ──── 請求 TGS 的門票 ────▶
  ◀──── Alice-TGS 的會議金鑰 ② 
         和 TGS 的門票 ────
  ③ ──── 請求 Bob 的門票 ──────────▶
  ◀──── Alice-Bob 的會議金鑰和 Bob 的門票 ④
  ⑤ ──── 要求存取 ─────────────────────▶
  ◀──── 核准存取 ⑥
```

AS 驗證使用者核發 Alice 和 TGS 間的會議金鑰，並送出 TGS 的門票。

門票核准伺服器

門票核准伺服器（ticket-granting server, TGS）核發實際伺服器（Bob）的門票。它也提供 Alice 和 Bob 之間的會議金鑰（K_{AB}）。Kerberos 將驗證使用者與核發門票的工作分開。在這種方法下，雖然 Alice 的身份只被 AS 驗證一次，她卻可以和 TGS 通訊許多次以得到不同的實際伺服器的門票。

實際伺服器

實際伺服器（Bob）提供服務給使用者（Alice）。Kerberos 是設計給主從式程式（例如 FTP）所使用的，使用者利用一個用戶端的行程來存取伺服器的行程。Kerberos 不適合用來進行人與人之間的身份確認。

運作

用戶端的行程（Alice）可以經由六個步驟後取得實際伺服器（Bob）的存取權，如圖 15.8 所示。

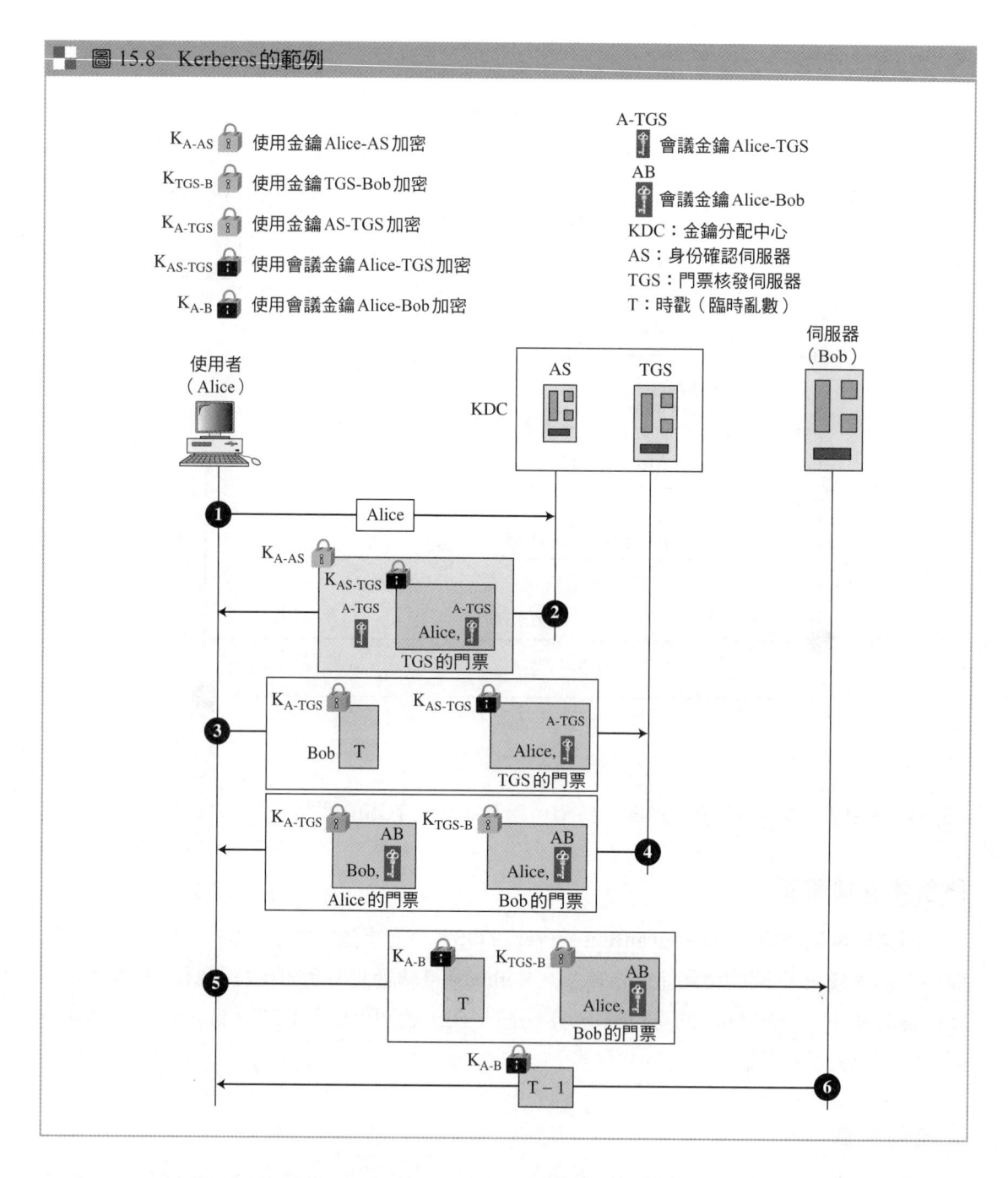

圖 15.8　Kerberos 的範例

K_{A-AS}　使用金鑰 Alice-AS 加密
K_{TGS-B}　使用金鑰 TGS-Bob 加密
K_{A-TGS}　使用金鑰 AS-TGS 加密
K_{AS-TGS}　使用會議金鑰 Alice-TGS 加密
K_{A-B}　使用會議金鑰 Alice-Bob 加密

A-TGS　會議金鑰 Alice-TGS
AB　會議金鑰 Alice-Bob
KDC：金鑰分配中心
AS：身份確認伺服器
TGS：門票核發伺服器
T：時戳（臨時亂數）

1. Alice 以明文的方式傳送她註冊的身份給 AS 當作請求。
2. AS 使用 Alice 永久的對稱式金鑰 K_{A-AS} 加密一個訊息，並傳送給 Alice。這個訊息包含了兩個項目，一個是會議金鑰 K_{A-TGS}，用來讓 Alice 聯絡 TGS；另一個是 TGS 的門票，這張門票是使用 TGS 的對稱式金鑰 K_{AS-TGS} 加密的。Alice 不知道 K_{A-AS}，但當訊息到達時，她鍵入她的對稱式密碼。如果密碼是正確的，這個密碼與適當的演算法可以合作產生 K_{A-AS}。然後這個密碼會立即被銷毀；它不會被傳送到網路上，也不會留在終端機中；它只有在產生 K_{A-AS} 時被使用到。用戶端的行程現在使用 K_{A-AS} 來解密接收到的訊息。然後

Alice 可以取得 K_{A-TGS} 和門票。

3. Alice 現在傳送三個項目給 TGS。第一個是從 AS 收到的門票，第二個是實際伺服器的名字（Bob），第三個是用 K_{A-TGS} 所加密的時戳。時戳是用來預防 Eve 的重送。
4. 現在，TGS 傳送兩張門票，這兩張門票都包含 Alice 和 Bob 共享的會議金鑰 K_{A-B}。Alice 的門票用 K_{A-TGS} 加密；Bob 的門票用 Bob 的金鑰 K_{TGS-B} 加密。注意，Eve 無法取得 K_{AB}，因為她不知道 K_{A-TGS} 或 K_{TGS-B}。她也無法重送步驟 3，因為她無法更新裡面的時戳（她不知道 K_{A-TGS}）。就算她很快地在時戳過期之前重送步驟 3 的訊息，她還是會得到兩個她無法解密的相同門票。
5. Alice 傳送 Bob 的門票以及用 K_{A-B} 加密的時戳給 Bob。
6. Bob 確認收到的訊息並將時戳加 1，然後用 K_{A-B} 加密此訊息並傳送給 Alice。

使用不同的伺服器

注意，如果 Alice 需要取得不同伺服器的服務，她只需要重複最後四個步驟。因為最前面的兩個步驟已經驗證過 Alice 的身份，所以不用再重複。Alice 可以重複執行步驟 3 到步驟 6，以請求 TGS 核發多個伺服器的門票給她。

第五版的 Kerberos

以下我們簡短列出第四版和第五版的細微差異：
1. 第五版的門票生存時間較長。
2. 第五版允許門票被更新。
3. 第五版可以使用任意的對稱式金鑰演算法。
4. 第五版使用不同的協定來描述資料型態。
5. 第五版的負載量較第四版為高。

領域

Kerberos 允許全體成員存取一個系統〔稱為領域（realm）〕中的 AS 和 TGS。使用者可取得一張本地伺服器的門票或遠端伺服器的門票。我們舉例說明第二種情形。Alice 可以向本地的 TGS 請求核發一張被遠端 TGS 所接受的門票。如果遠端的 TGS 已在本地的 TGS 註冊，則本地的 TGS 就可以核發這張門票。然後，Alice 可使用遠端的 TGS 來存取遠端的實際伺服器。

15.3 對稱式金鑰協議

Alice 和 Bob 可以在不使用 KDC 的情形下產生他們之間的會議金鑰。這種產生會議金鑰的方法稱為對稱式金鑰協議。雖然有許多方法可以達成這個目的，在此我們只討論兩個常見

的方法:Diffie-Hellman協定與站對站協定。

Diffie-Hellman 金鑰協議

在 **Diffie-Hellman 協定(Diffie-Hellman protocol)** 中,通訊的雙方不需要KDC就可以產生出一把對稱式會議金鑰。在建立會議金鑰之前,雙方需要選擇兩個數值p和g。第一個數值p,是一個秩為300位數(1024位元)的大質數。第二個數值g,是群<Z_{p*}, ×>中的一個生成子,其秩為$p-1$。這兩項(群和生成子)不需要保密。它們可以使用網際網路來傳送,亦即它們是公開的。圖15.9顯示這個流程。

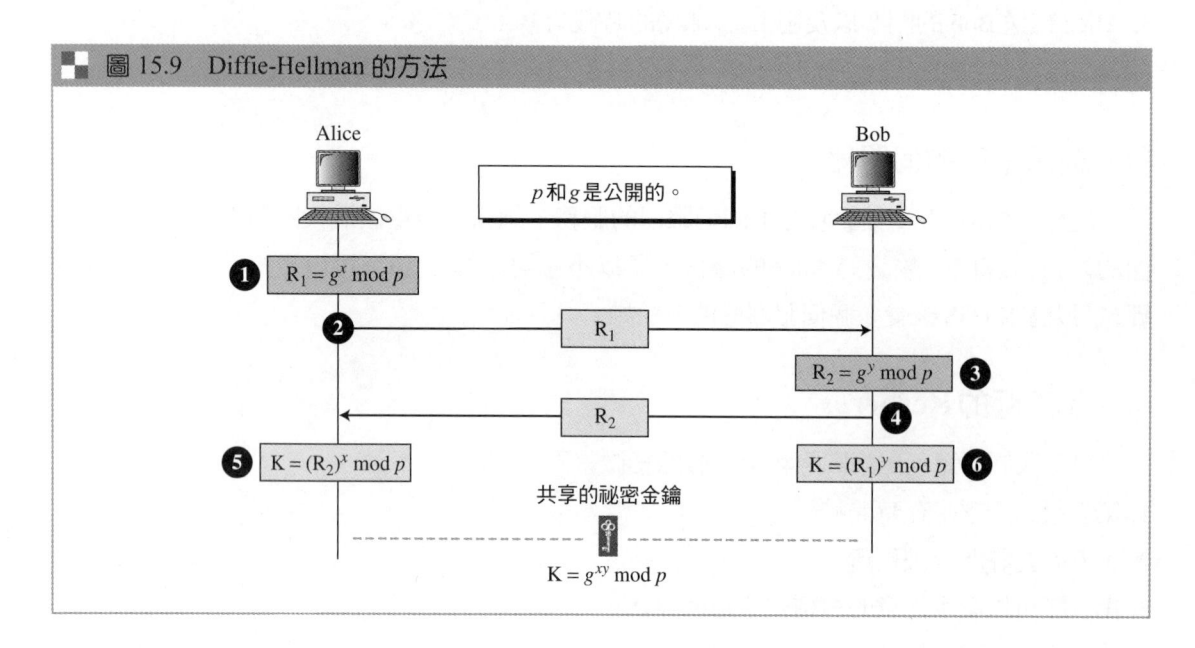

圖 15.9　Diffie-Hellman 的方法

```
                    p和g是公開的。
Alice                                          Bob

❶ R₁ = gˣ mod p
        ❷ ──── R₁ ────►
                                    R₂ = gʸ mod p ❸
        ◄──── R₂ ──── ❹
❺ K = (R₂)ˣ mod p              K = (R₁)ʸ mod p ❻

               共享的祕密金鑰
               K = gˣʸ mod p
```

這個協定的步驟如下:

1. Alice 隨機選擇一個大數 x,滿足 $0 \le x \le p-1$,並計算 $R_1 = g^x \bmod p$。
2. Bob 隨機選擇另一個大數 y,滿足 $0 \le y \le p-1$,並計算 $R_2 = g^y \bmod p$。
3. Alice 傳送 R_1 給 Bob。注意,Alice 不傳送 x,她只傳送 R_1。
4. Bob 傳送 R_2 給 Alice。同樣地,Bob 不傳送 y,他只傳送 R_2。
5. Alice 計算 $K = (R_2)^x \bmod p$。
6. Bob 也計算 $K = (R_1)^y \bmod p$。

K為這次會議的對稱式金鑰。

$$K = (g^x \bmod p)^y \bmod p = (g^y \bmod p)^x \bmod p = g^{xy} \bmod p$$

Bob計算了 $K = (R_1)^y \bmod p = (g^x \bmod p)^y \bmod p = g^{xy} \bmod p$。Alice計算了 $K = (R_2)^x \bmod p = (g^y \bmod p)^x \bmod = g^{xy} \bmod p$。雖然Bob不知道$x$的值,而且Alice不知道$y$的值,但他們卻可以計算出相同的值。

在 Diffie-Hellman 的方法中，對稱式（共享）金鑰為 $K = g^{xy} \bmod p$。

範例 15.1 我們提供一個簡單的範例讓這個流程變得易懂。這個範例使用很小的數值，但要注意，在實際情形下，這些數值都是非常大的。假設 $g = 7$ 和 $p = 23$。其步驟如下：

1. Alice 選擇 $x = 3$，並計算 $R_1 = 7^3 \bmod 23 = 21$。
2. Bob 選擇 $y = 6$，並計算 $R_2 = 7^6 \bmod 23 = 4$。
3. Alice 傳送數值 21 給 Bob。
4. Bob 傳送數值 4 給 Alice。
5. Alice 計算對稱式金鑰 $K = 4^3 \bmod 23 = 18$。
6. Bob 計算對稱式金鑰 $K = 21^6 \bmod 23 = 18$。

對於 Alice 和 Bob 而言，K 的值是相同的；$g^{xy} \bmod p = 7^{18} \bmod 35 = 18$。

範例 15.2 再提供一個更接近事實的範例。我們利用一個程式產生 512 個位元的隨機整數（理想值是 1024 個位元）。整數 p 是一個 159 位數的數值。我們也選擇下列 g、x 和 y：

p	764624298563493572182493765955030507476338096726949748923573772860925235666660755423637423309661180033338106194730130950414738700999178043 6548785807987581
g	2
x	557
y	273

以下顯示 R_1、R_2 和 K 值。

R_1	844920284205665505216172947491035094143433698520012660862863631067673 619959280828586700802131859290945140217500319973312945836083821943065 966020157955354
R_2	435262838709200379470747114895581627636389116262115557975123379218566 310011435718208390040181876486841753831165342691630263421106721508589 6255201288594143
K	155638000664522290596225827523270765273218046944423678520320400146406 500887936651204257426776608327911017153038674561522213151610976584200 1204086433617740

Diffie-Hellman 的分析

Diffie-Hellman 的概念如圖 15.10 所示，雖然簡單但卻十分巧妙。我們可以把 Alice 和 Bob 之間的祕密金鑰想成是由三個部分 g、x 和 y 所產生的。第一個部分是公開的。所有人都知道金鑰 1/3 的資訊；因為 g 是一個公開的值。其他兩個部分必須由 Alice 與 Bob 所加入。一人加入一個部分。Alice 替 Bob 加入 x 當成第二個部分；Bob 也替 Alice 加入 y 當成第二個部分。當 Alice 從 Bob 那邊收到已完成 2/3 的金鑰，她加入最後一個部分（她的 x）來完成這把金鑰。當 Bob 從 Alice 那邊收到已完成 2/3 的金鑰，他也加入最後一個部分（他的 y）來完成這把金

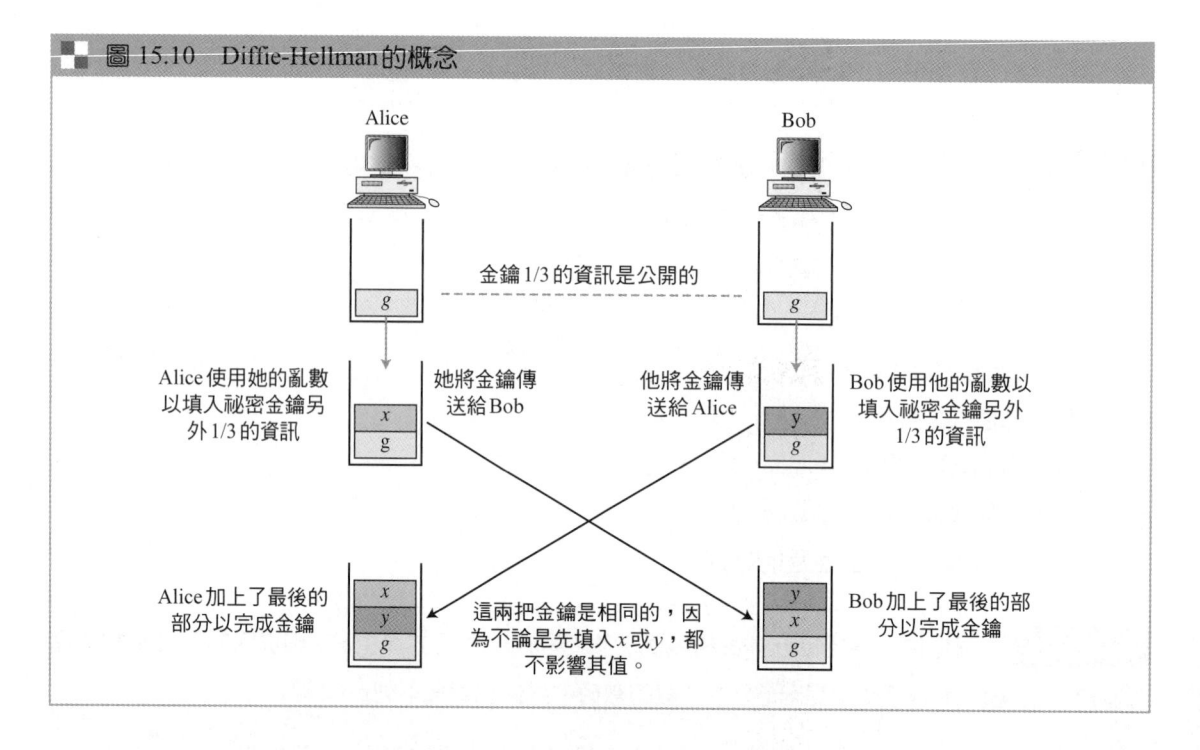

圖 15.10　Diffie-Hellman 的概念

鑰。注意，雖然 Alice 手上的金鑰是由 g、y 和 x 所組成，而 Bob 手上的金鑰是由 g、x 和 y 所組成，但這兩把金鑰是相同的，因為 $g^{xy} = g^{yx}$。

我們也注意到，雖然兩把金鑰是相同的，但是 Alice 無法找出 Bob 所使用的 y 值，因為我們是在模數 p 之下運算。Alice 從 Bob 那邊接收到 $g^y \bmod p$，而不是 g^y。為了解出 y 的值，Alice 必須使用前面章節中所討論過的離散對數演算法。

Diffie-Hellman 的安全性

Diffie-Hellman 金鑰交換會面臨兩種攻擊：離散對數攻擊和中間人攻擊。

離散對數攻擊　這個金鑰交換的安全性植基於離散對數問題的難度。Eve 可以竊聽 R_1 和 R_2。如果她可以從 $R_1 = g^x \bmod p$ 找到 x，並且從 $R_2 = g^y \bmod p$ 找到 y，則可以計算出對稱式金鑰 $K = g^{xy} \bmod p$。如此，祕密金鑰將無法保持機密。為了讓 Diffie-Hellman 能安全地抵擋離散對數攻擊，我們提出以下的建議。

1. 質數 p 必須非常大（超過 300 位數）。
2. 我們所挑選的質數 p 必須滿足 $p-1$ 有一個很大的質因數（超過 60 位數）。
3. 生成子必須從群 $<\mathbf{Z}_{p^*}, \times>$ 中挑選出來。
4. 當計算出對稱式金鑰後，Bob 和 Alice 必須立即銷毀 x 和 y。x 和 y 的值只能使用一次。

中間人攻擊　這個協定有另一個弱點。Eve 不必找出 x 和 y 的值來攻擊這個協定。她可以產生兩把金鑰來欺騙 Alice 和 Bob：其中一把金鑰是她與 Alice 共享，而另一把金鑰是她與 Bob 共享。圖 15.11 顯示這種情況。

圖 15.11 中間人攻擊

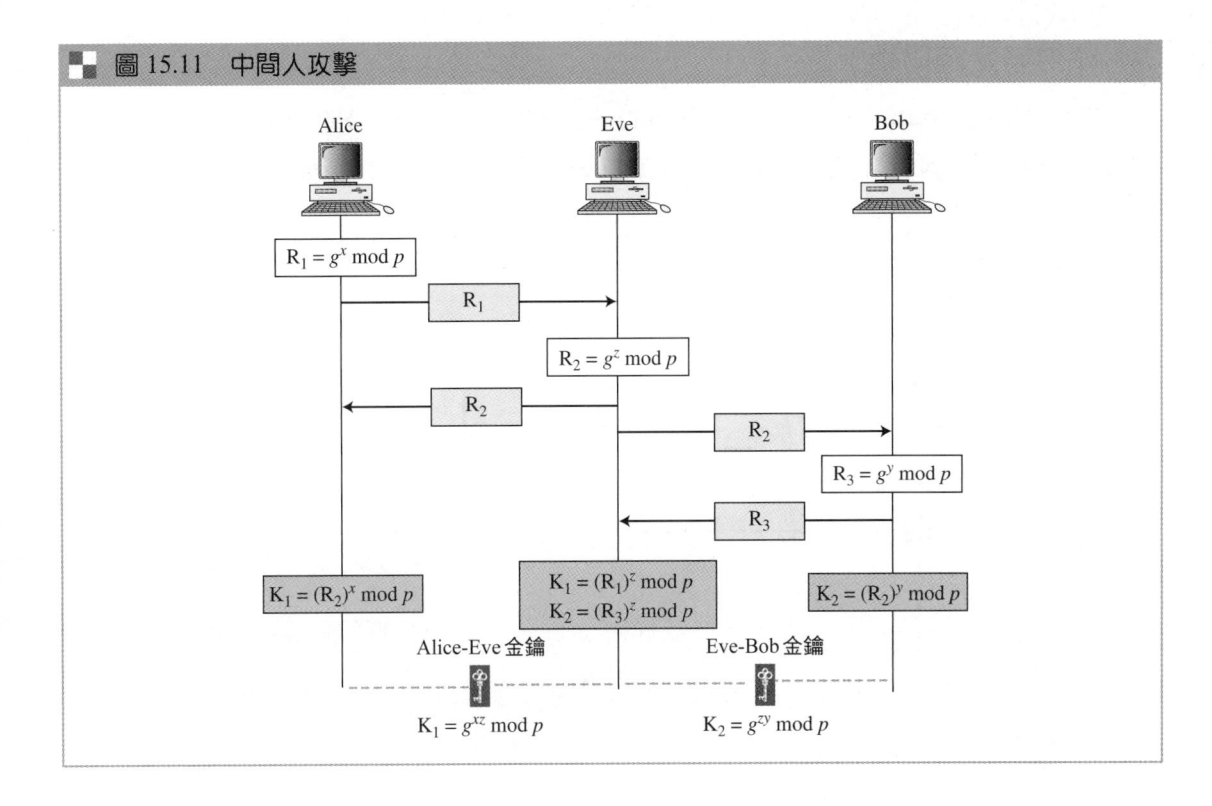

```
Alice                    Eve                     Bob
  |                       |                       |
  | R₁ = gˣ mod p          |                       |
  |────── R₁ ─────────────►|                       |
  |                       | R₂ = gᶻ mod p          |
  |◄───── R₂ ─────────────|                       |
  |                       |────── R₂ ────────────►|
  |                       |                       | R₃ = gʸ mod p
  |                       |◄───── R₃ ─────────────|
  |                       |                       |
  | K₁ = (R₂)ˣ mod p       | K₁ = (R₁)ᶻ mod p       | K₂ = (R₂)ʸ mod p
  |                       | K₂ = (R₃)ᶻ mod p       |
  |                Alice-Eve 金鑰         Eve-Bob 金鑰
  |                       |                       |
  |               K₁ = gˣᶻ mod p          K₂ = gᶻʸ mod p
```

以下的情形是可能發生的：

1. Alice 選擇 x，計算 $R_1 = g^x \bmod p$，並傳送 R_1 給 Bob。
2. 入侵者 Eve 攔截 R_1。她選擇 z，計算 $R_2 = g^z \bmod p$，並將 R_2 同時傳送給 Alice 和 Bob。
3. Bob 選擇 y，計算 $R_3 = g^y \bmod p$，並傳送 R_3 給 Alice。R_3 會被 Eve 攔截，並且永遠不會到達 Alice 的手中。
4. Alice 和 Eve 計算 $K_1 = g^{xz} \bmod p$，這把金鑰變成 Alice 和 Eve 共享的金鑰。然而，Alice 卻以為她是和 Bob 共享這把金鑰。
5. Eve 和 Bob 計算 $K_2 = g^{zy} \bmod p$，這把金鑰變成 Eve 和 Bob 共享的金鑰。然而，Bob 卻以為他是和 Alice 共享這把金鑰。

換句話說，Eve 產生了兩把金鑰取代原來的那一把：這兩把金鑰其中一把由 Alice 和 Eve 所共享，而另一把由 Eve 和 Bob 所共享。當 Alice 使用 K_1（Alice 和 Eve 所共享）加密資料傳送給 Bob，Eve 可以解密並讀取這個訊息。Eve 可以使用 K_2（Eve 和 Bob 所共享）加密訊息傳送給 Bob；或者她甚至可以改變訊息或傳送一個全新的訊息。Bob 會被欺騙而相信那個訊息是由 Alice 傳送的。另一方面，類似的情形也可能發生在 Alice 身上。

這種情形稱為**中間人攻擊（man-in-the-middle attack）**，因為 Eve 在中間攔截由 Alice 送給 Bob 的 R_1 以及由 Bob 送給 Alice 的 R_3。這也稱為**桶組式攻擊（bucket brigade attack）**，因為它就像一小排的志願者以一人接著一人的方式傳遞水桶。下一個方法是植基於 Diffie-Hellman，並使用身份確認的方式來抵擋這種攻擊。

站對站金鑰協議

站對站協定（station-to-station protocol）是一個植基於Diffie-Hellman的方法。它使用數位簽章與公開金鑰憑證（參見下節）來建立Alice和Bob共享的會議金鑰，如圖15.12所示。

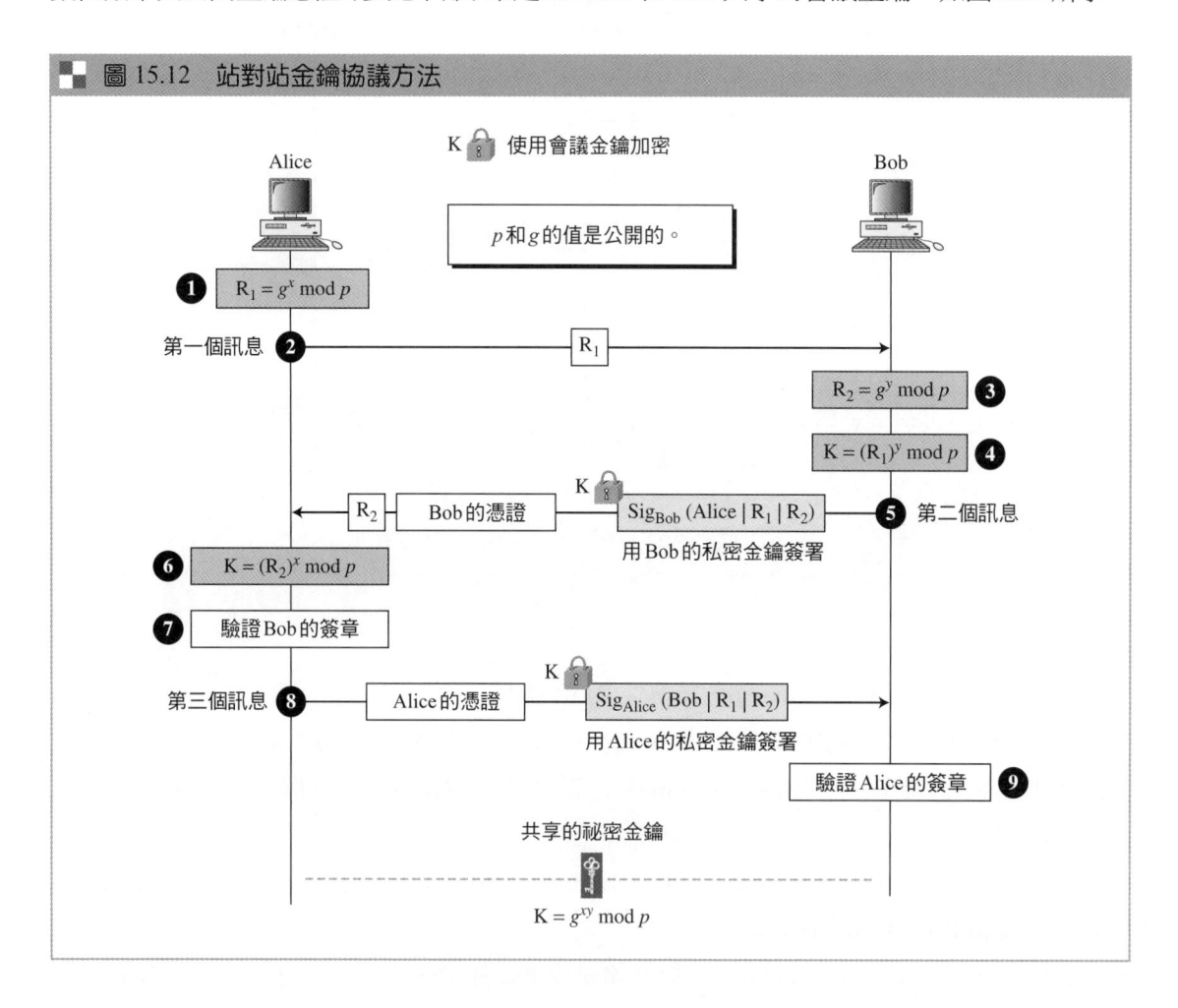

圖 15.12　站對站金鑰協議方法

```
Alice                    K🔒 使用會議金鑰加密                    Bob
 💻                                                              💻
 │                    p和g的值是公開的。                          │
 │  ❶ R₁ = gˣ mod p                                              │
 │                                                               │
第一個訊息 ❷ ──────────────── R₁ ──────────────────────────────▶│
 │                                                               │
 │                                              R₂ = gʸ mod p ❸ │
 │                                                               │
 │                                              K = (R₁)ʸ mod p ❹│
 │                                    K🔒                        │
 │◀── R₂ ── Bob的憑證 ── Sig_Bob(Alice|R₁|R₂) ── ❺ 第二個訊息    │
 │                         用Bob的私密金鑰簽署                    │
 │                                                               │
 │ ❻ K = (R₂)ˣ mod p                                            │
 │                                                               │
 │ ❼ 驗證Bob的簽章                                                │
 │                                         K🔒                   │
第三個訊息 ❽ ── Alice的憑證 ── Sig_Alice(Bob|R₁|R₂) ───────────▶│
 │                          用Alice的私密金鑰簽署                │
 │                                                               │
 │                                              驗證Alice的簽章 ❾│
 │                                                               │
 │              共享的祕密金鑰                                    │
 ┊                     🔑                                        ┊
                   K = gˣʸ mod p
```

以下說明這些步驟：

- 計算完 R_1 之後，Alice傳送 R_1 給Bob（圖15.12中的步驟1和步驟2）。
- 計算完 R_2 和會議金鑰後，Bob將Alice的身份、R_1 和 R_2 串接成一個訊息，然後他使用自己的私密金鑰對串接後的訊息簽署。Bob現在傳送 R_2、簽章和他的公開金鑰憑證給Alice。注意，簽章在傳送前要先使用會議金鑰加密（圖15.12中的步驟3、步驟4和步驟5）。
- 計算完會議金鑰之後，若Bob的簽章通過驗證，則Alice會將Bob的身份、R_1、R_2 串接起來，然後她使用自己的私密金鑰簽署串接後的訊息並傳送給Bob。注意，簽章在傳送前要先使用會議金鑰加密（圖15.12中的步驟6、步驟7和步驟8）。
- 如果Alice的簽章通過驗證，則Bob保留這把會議金鑰（圖15.12的步驟9）。

站對站協定的安全性

站對站協定可以預防中間人攻擊。當攔截 R_1 後，Eve 無法傳送自己的 R_2 給 Alice，並假裝它是由 Bob 傳送的，因為 Eve 無法偽造 Bob 的私密金鑰以產生簽章。因此，當 Alice 使用 Bob 憑證中所定義的公開金鑰驗證時，偽造的簽章將無法通過。同理，Eve 也無法偽造 Alice 的私密金鑰來對 Alice 所傳送的第三個訊息進行簽署。此外，如同下一節所述，憑證是可以被信賴的，因為它們是由信賴中心所核發。

15.4 公開金鑰的分配

在非對稱式金鑰的密碼學中，人們不需要共享對稱式金鑰。如果 Alice 想要傳送訊息給 Bob，她只需要知道 Bob 的公開金鑰，這把公開金鑰是公開的，而且任何人都可以使用。如果 Bob 需要傳送訊息給 Alice，他只需要知道 Alice 的公開金鑰，而這把金鑰也是眾所周知的。在公開金鑰的密碼學中，每個人都保護自己的私密金鑰並宣傳自己的公開金鑰。

在公開金鑰密碼學中，每個人都可以存取任何人的公開金鑰；公開金鑰是公布給所有人使用的。

公開金鑰就像祕密金鑰，需要經過分配才能發揮功用。讓我們簡短地討論一些公開金鑰的分配方法。

公開宣布

最直覺的方法就是公開地宣布公開金鑰。Bob 可以將他的公開金鑰放在他的網站上，或是在本地或是全國性的報紙上宣布。當 Alice 需要傳送一個機密的訊息給 Bob 時，她可以從 Bob 的網站或是報紙上取得他的公開金鑰，或者乾脆直接傳訊息給 Bob，要求 Bob 提供他的公開金鑰。圖 15.13 顯示這種情形。

然而，這個方法是不安全的。它會遭受到偽冒的攻擊。舉例來說，Eve 也可以公開宣布另一把公開金鑰是 Bob 的。在 Bob 發現之前，傷害可能已經造成了。Eve 可以欺騙 Alice，讓

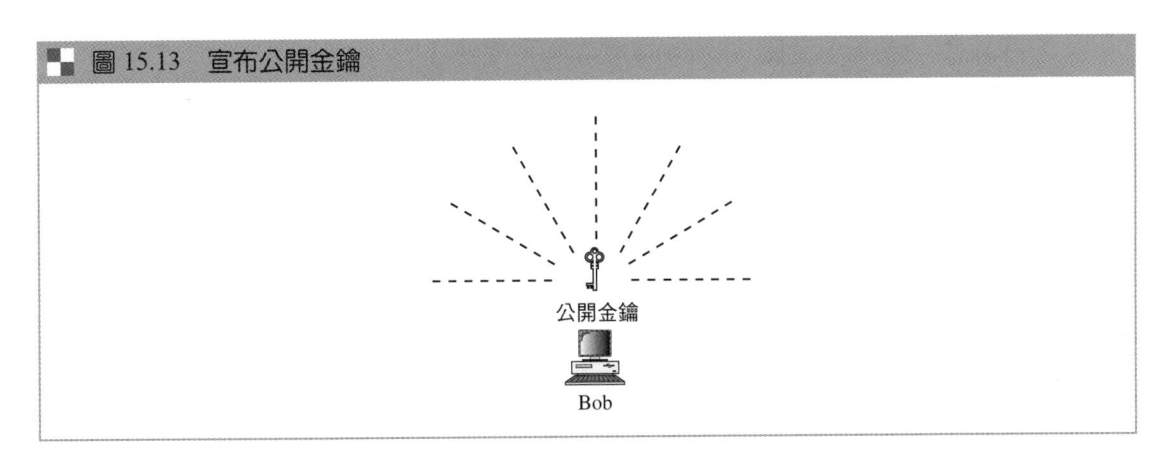

圖 15.13　宣布公開金鑰

Alice 利用這把偽冒的公開金鑰加密給 Bob。Eve 也可以使用相對應的私密金鑰去簽署一份文件，使得大家都相信那是 Bob 簽署的。就算 Alice 直接向 Bob 要求他的公開金鑰，這個方法還是不安全。Eve 可以攔截 Bob 的回應，並且用自己偽造的公開金鑰來取代 Bob 的公開金鑰。

信賴中心

一個比較安全的方法是利用一個信賴中心來保存公開金鑰的目錄。這個目錄就像電話系統一樣，是動態更新的。每一個使用者可以選擇一把私密金鑰和一把公開金鑰、保存那把私密金鑰，然後將公開金鑰傳送並儲存到目錄中。信賴中心會要求每個使用者到中心註冊並證明他（她）的身份，然後信賴中心會公開宣布公開金鑰的目錄。信賴中心也有責任回應任何關於公開金鑰的查詢。圖 15.14 顯示這個概念。

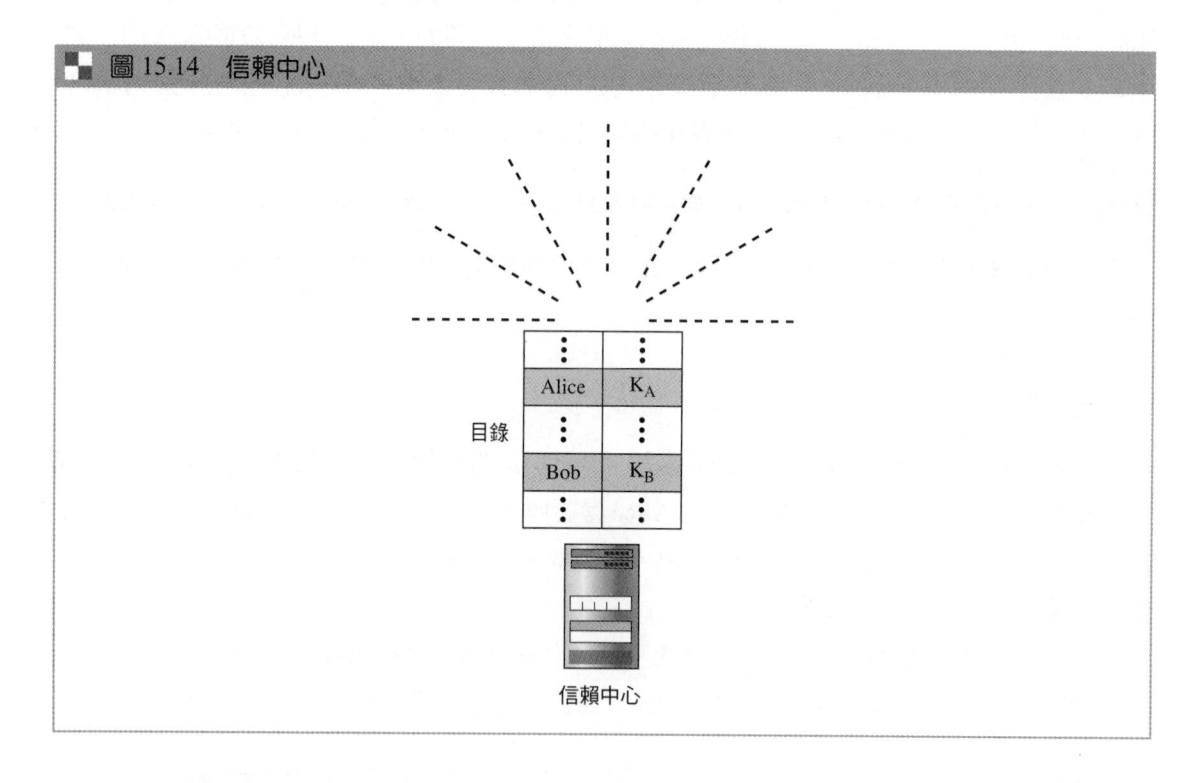

圖 15.14　信賴中心

在信賴中心加入控制

如果我們在公開金鑰分配的時候加入控制，則信賴中心可以達到更高的安全等級。我們可以在公開金鑰的宣告上加入時戳和中心的簽章，以防止中心的回應被攔截和竄改。如果 Alice 需要知道 Bob 的公開金鑰，她可以傳送一個請求給中心，其中包含了 Bob 的名字和時戳。中心收到後，回傳 Bob 的公開金鑰、原始的請求及用中心私密金鑰簽署過的時戳給 Alice。Alice 收到後，會使用（眾所周知的）中心的公開金鑰來驗證時戳的正確性。如果時戳通過驗證，她就從訊息中取出 Bob 的公開金鑰。圖 15.15 顯示出這種情境。

■ 圖 15.15　在信賴中心加入控制

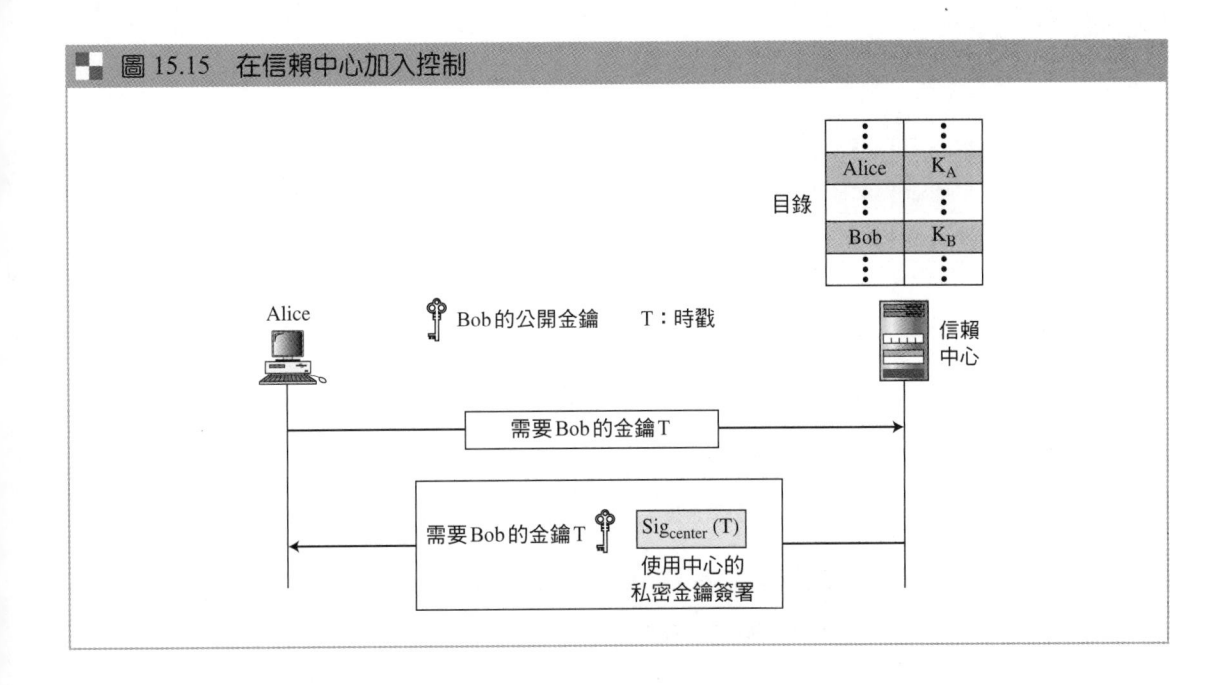

憑證管理中心

當使用者請求的數量很大時，前述的方法會造成中心的負荷過重。另一種方法就是產生**公開金鑰憑證（public-key certificate）**。Bob希望達成兩個目標；他希望人們都知道他的公開金鑰，但他也希望沒有人可以成功地偽造他的公開金鑰。Bob可前往**憑證管理中心（certification authority, CA）**，一個屬於聯邦或是州的組織。CA可以將一把公開金鑰和某個人的身份相連結，然後核發憑證。CA本身有一把眾所周知的公開金鑰是不能被偽造的。CA識別Bob的身份（使用有相片的ID再加上其他佐證），然後詢問Bob的公開金鑰並將其寫入憑證之中。為了防止憑證本身被偽造，CA以自己的私密金鑰對憑證簽章。現在Bob可以上傳已簽署過的憑證。任何想要Bob的公開金鑰的人，都可以下載這個簽署過的憑證，且使用中心的公開金鑰來驗證並取出Bob的公開金鑰。圖15.16顯示這個概念。

X.509

雖然使用CA可以解決假冒公開金鑰的問題，但卻也產生了一個副作用。那就是每一個憑證可能有不同的格式。如果Alice想使用一個程式來自動下載分屬不同人的憑證和摘要，這個程式可能無法完成這項工作。因為一個憑證可能用某種格式來儲存其公開金鑰，但在另一個憑證中卻可能使用不同的格式。此外，公開金鑰在某個憑證中可能被儲存在第一行，但在另一個憑證卻可能被儲存在第三行。因此，任何事物如果需要到處都能通用，則必定要有一個統一的格式。

為了移除這個副作用，ITU設計了**X.509**，這是一個建議的憑證格式標準。X.509在經過一些修改後，已在網際網路中被大家所接受。X.509使用結構的方式來描述憑證。它使用眾

圖 15.16　憑證管理中心

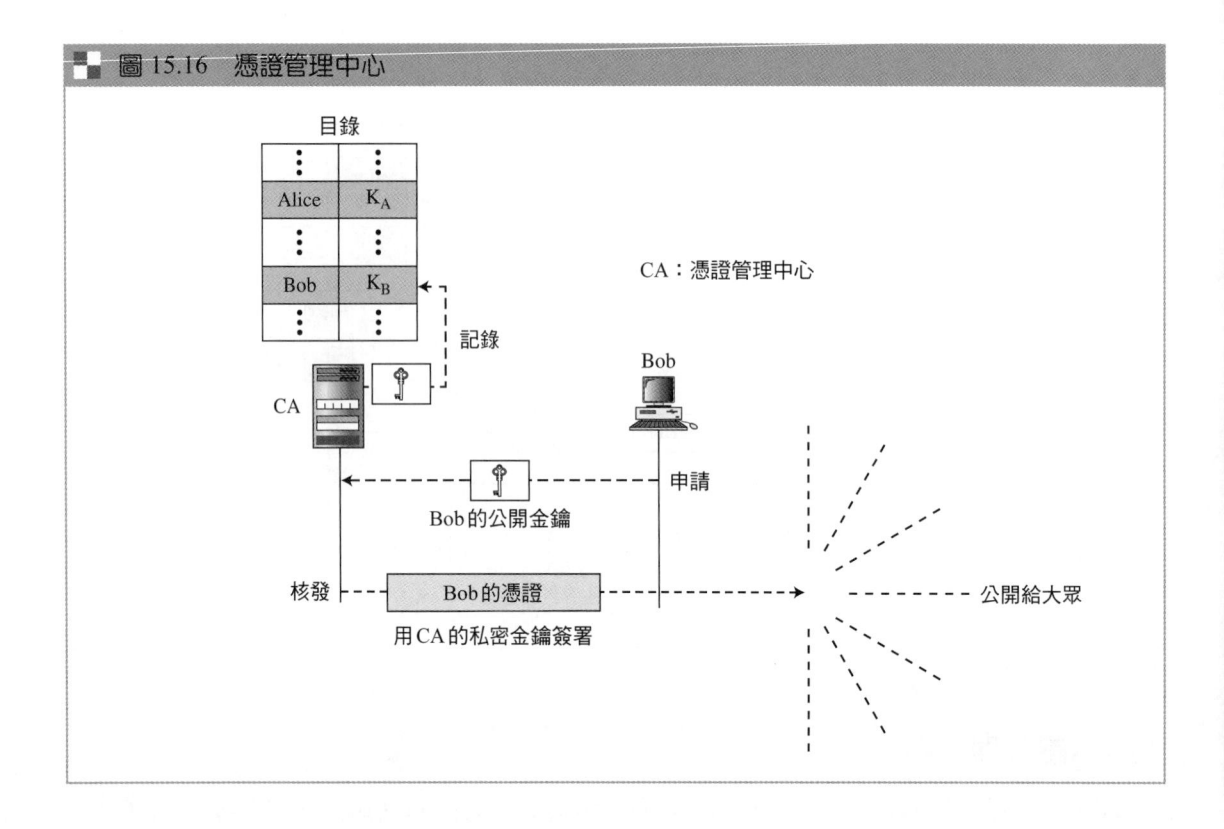

所周知的 ASN.1 協定〔抽象語法記法（一），Abstract Syntax Notation 1〕定義出類似 C 程式語言的欄位。

憑證

圖 15.17 顯示出憑證的格式。

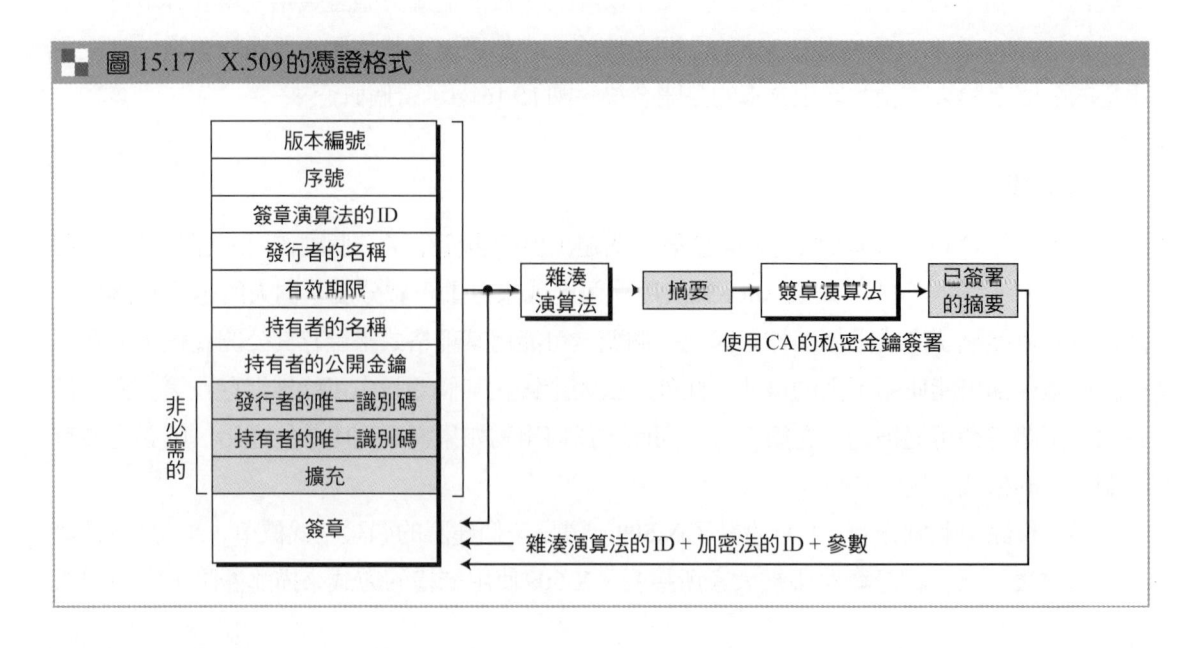

圖 15.17　X.509 的憑證格式

一個憑證具有以下的欄位：
- **版本編號**：這個欄位定義出此憑證之 X.509 的版本。這個版本編號從 0 開始；目前的編號為 2（第三版）。
- **序號**：這個欄位定義出指派給每一張憑證的號碼。每一個憑證發行者所發出的憑證序號都是唯一的。
- **簽章演算法的 ID**：這個欄位可以識別出此憑證所使用的簽章演算法。任何在簽署時所需要的參數也定義在此欄位中。
- **發行者的名稱**：這個欄位可以識別出發行此憑證的憑證管理中心。這個名稱通常是以一個階層式字串，來定義發行者的國家、州、組織、部門和其他資訊。
- **有效期限**：這個欄位定義出此憑證的起始時間（不能在這之前使用）和結束時間（不能在這之後使用）。
- **持有者的名稱**：這個欄位定義出公開金鑰持有者的名稱。它也是個階層式字串。這個欄位的其中一個部分定義出通用名稱（common name），也就是金鑰持有者真正的名字。
- **持有者的公開金鑰**：這個欄位定義出持有者的公開金鑰，也就是此憑證的核心。這個欄位也定義出相對應的公開金鑰演算法（例如 RSA）和它的參數。
- **發行者的唯一識別碼**：這是一個非必需的欄位。當發行者的唯一識別碼不同時，我們允許兩個發行者使用相同的名稱。
- **持有者的唯一識別碼**：這是一個非必需的欄位。當持有者的唯一識別碼不同時，我們允許兩個持有者使用相同的名稱。
- **擴充**：這是一個非必需的欄位。它允許發行者在憑證中加入更多私密的資訊。
- **簽章**：這個欄位包含三個區段。第一個區段包含了憑證裡所有其他的欄位。第二個區段包含了第一個區段的摘要，此摘要被 CA 的私密金鑰所簽署。第三個區段包含了產生第二個區段所需演算法的識別碼。

憑證的更新

每一個憑證都有有效期限。如果這個憑證沒有任何問題，CA 會在舊的憑證過期之前核發新的憑證。這個流程就像信用卡公司更新信用卡一樣；持卡人通常會在舊卡過期前，收到新的信用卡。

憑證的廢止

在某些情形下，憑證必須在過期前就先被廢止。以下是一些範例：
a. 使用者（持有者）的私密金鑰（相對於憑證中的公開金鑰）可能被洩露。
b. CA 已經不再願意幫使用者證明其身份。舉例來說，使用者已經不在憑證中所註明的組織裡工作。

c. CA 的私密金鑰（用來簽署所有的憑證）可能被洩露。在這個情形下，CA 需要廢止所有未過期的憑證。

CA 週期性的核發憑證廢止清單（certificate revocation list, CRL）來完成憑證的廢止。這份清單包含了當 CRL 發布時，所有尚未過期卻已被廢止的憑證。當使用者想要使用一張憑證時，她需要先去相對應的 CA 的目錄中檢查最新的憑證廢止清單。圖 15.18 顯示出憑證廢止清單。

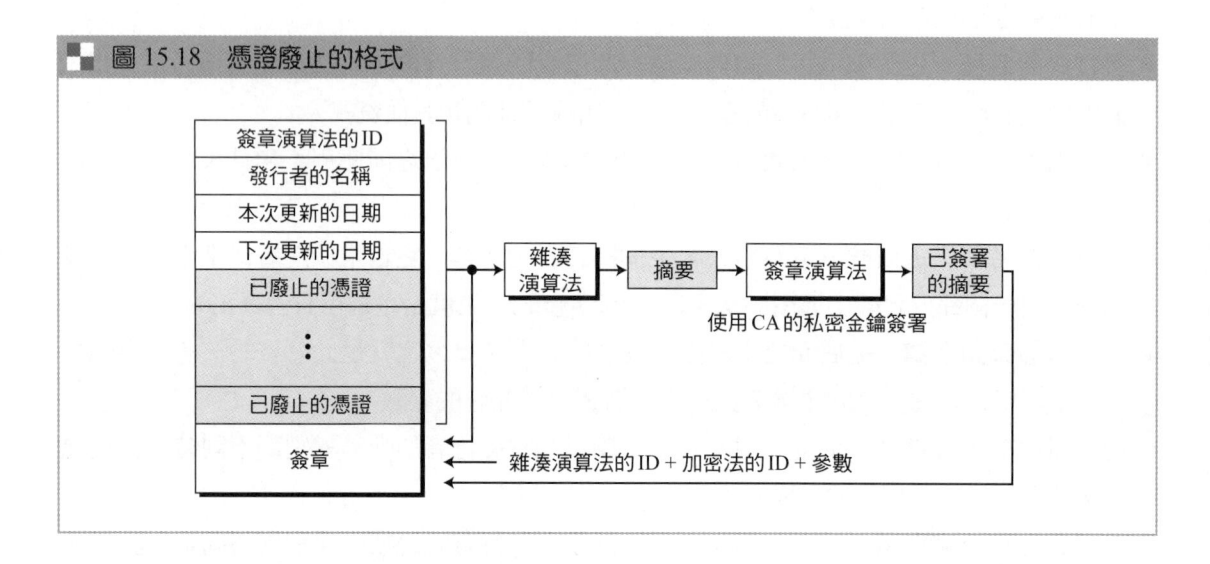

圖 15.18　憑證廢止的格式

一個憑證廢止清單具有以下的欄位：

- **簽章演算法的 ID**：這個欄位和憑證中同名的欄位相同。
- **發行者的名稱**：這個欄位和憑證中同名的欄位相同。
- **本次更新的日期**：這個欄位定義出這份清單釋出的時間。
- **下次更新的日期**：這個欄位定義出下一份新的清單釋出的時間。
- **已廢止的憑證**：這是一份結構重複的清單，其包含所有尚未過期卻已被廢止的憑證。每份清單包含兩個區段：使用者的憑證序號和憑證廢止的日期。
- **簽章**：這個欄位和憑證中同名的欄位相同。

差異式廢止

為了使憑證的廢止更有效率，我們介紹差異式憑證廢止清單〔差異式 CRL（delta CRL）〕。如果在本次更新日期與下次更新日期之間，有新增廢止的憑證時，我們便產生差異式 CRL 並把它公布在目錄中。舉例來說，若每個月發布一次 CRL，但這期間有許多憑證被廢止，CA 便可以在這個月當中有憑證被廢止時產生差異式 CRL。然而，差異式 CRL 只包含在最新 CRL 發布之後的改變。

公開金鑰基礎建設

公開金鑰基礎建設（public-key infrastructure, PKI）是一個植基於X.509來產生、分配和廢止憑證的模型。網際網路工程工作小組（參見附錄B）創造了公開金鑰基礎建設X.509（PKIX）。

任務

有許多任務被定義在PKI中，其中最重要的幾個列在圖15.19。

- **憑證的核發、更新與廢止**：這些任務被定義在X.509中。因為PKIX是植基於X.509，它需要處理所有和憑證相關的任務。
- **金鑰的儲存與更新**：當成員需要一個安全的地方保存他們的私密金鑰時，PKI應該提供一個私密金鑰的儲存裝置。此外，當成員有需要時，PKI也有責任幫成員更新這些金鑰。
- **提供服務給其他的協定**：我們將會在下面幾個章節中看到，一些網際網路的安全協定，例如IPSec與TLS，都必須依靠PKI所提供的服務。
- **提供存取控制**：PKI對於其資料庫可以提供不同等級的資料存取。舉例來說，一個組織化的PKI可能提供整個資料庫的存取權給最高的管理者，但卻限制員工的存取權。

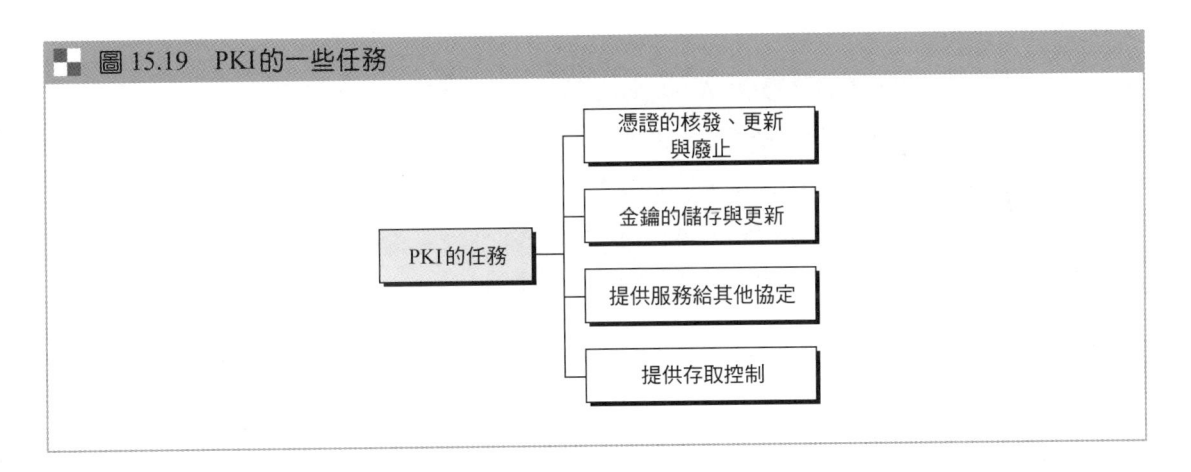

圖 15.19　PKI的一些任務

信任模型

我們不可能只用一個CA來核發全世界所有使用者的憑證，所以應該有許多CA。這些CA每一個都負責產生、儲存、核發、廢止憑證給有限個成員。**信任模型（trust model）**定義出使用者如何去驗證由CA所得到的憑證之規則。

階層式模型　　在這種模型中，會有一個根CA在樹狀的結構中。這個根CA有一張自我簽章、自我核發的憑證；它需要系統中其他的CA和使用者所信任。圖15.20顯示具有三個階層的此種信任模型。在實際情形下階層的數量可能比三層更多。

此圖顯示CA（根CA）簽署憑證給CA1、CA2和CA3；CA1簽署憑證給使用者1、使用

■ 圖 15.20 階層式模型的 PKI

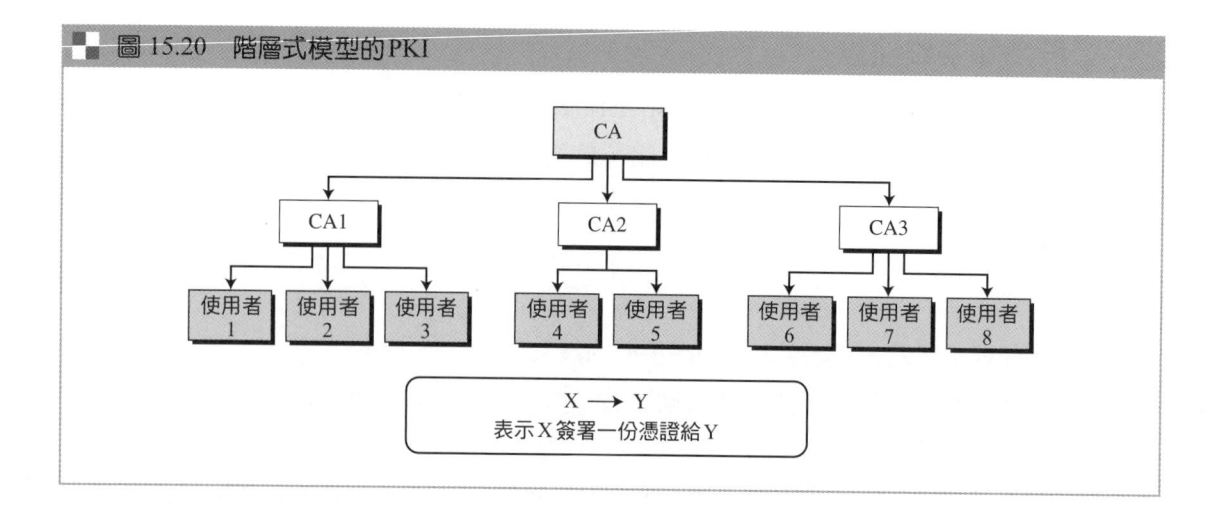

```
                        CA
            ┌───────────┼───────────┐
          CA1          CA2          CA3
         ┌─┼─┐        ┌─┴─┐       ┌─┼─┐
       使用者 使用者 使用者  使用者 使用者  使用者 使用者 使用者
         1    2    3     4    5     6    7    8
```

X ──→ Y
表示 X 簽署一份憑證給 Y

者2和使用者3；以此類推。PKI使用以下的記號來表示此憑證是由憑證中心X核發給Y。

X<<Y>>

範例 15.3 當使用者1只知道CA（根CA）的公開金鑰時，顯示要如何取得被驗證過的使用者3的公開金鑰之副本。

解法 使用者3傳送一連串的憑證CA<<CA1>>和CA1<<使用者3>>給使用者1。

a. 使用者1使用CA的公開金鑰來驗證CA<<CA1>>。
b. 使用者1從CA<<CA1>>中取出CA1的公開金鑰。
c. 使用者1使用CA1的公開金鑰來驗證CA1<<使用者3>>。
d. 使用者1從CA1<<使用者3>>中取出使用者3的公開金鑰。

範例 15.4 一些網頁瀏覽器（例如Netscape和Internet Explorer）內含一個集合的根憑證，這些根憑證都是各自獨立的，並沒有一個更高層憑證中心來證明這些憑證。使用者可以從Internet Explorer的工具／網際網路選項／內容／憑證／信任的根憑證授權（使用下拉式選單）找到這些根憑證的清單，然後使用者可以從這些根憑證中選擇其一來觀看內容。

網狀式模型 階層式模型在一個組織中或是小型的社群中可以運作良好，但一個較大的社群就可能需要將數個階層式結構連結在一起。其中一種連結的方法就利用網狀式模型將根CA連結在一起。在這種模型下，每個根CA都和所有其他的CA相連結，如圖15.21所示。

圖15.21顯示出網狀式模型只連結根CA，而每個根CA都有自己的階層式結構，我們以三角形表示。在根憑證之間的憑證為交互式憑證（cross-certificate）；每個根CA證明所有其他的根CA，這表示總共需要$N(N-1)$個憑證。在圖15.21中，總共有四個節點，所以我們需要$4 \times 3 = 12$個憑證。注意，每個雙箭頭的線都表示兩個憑證。

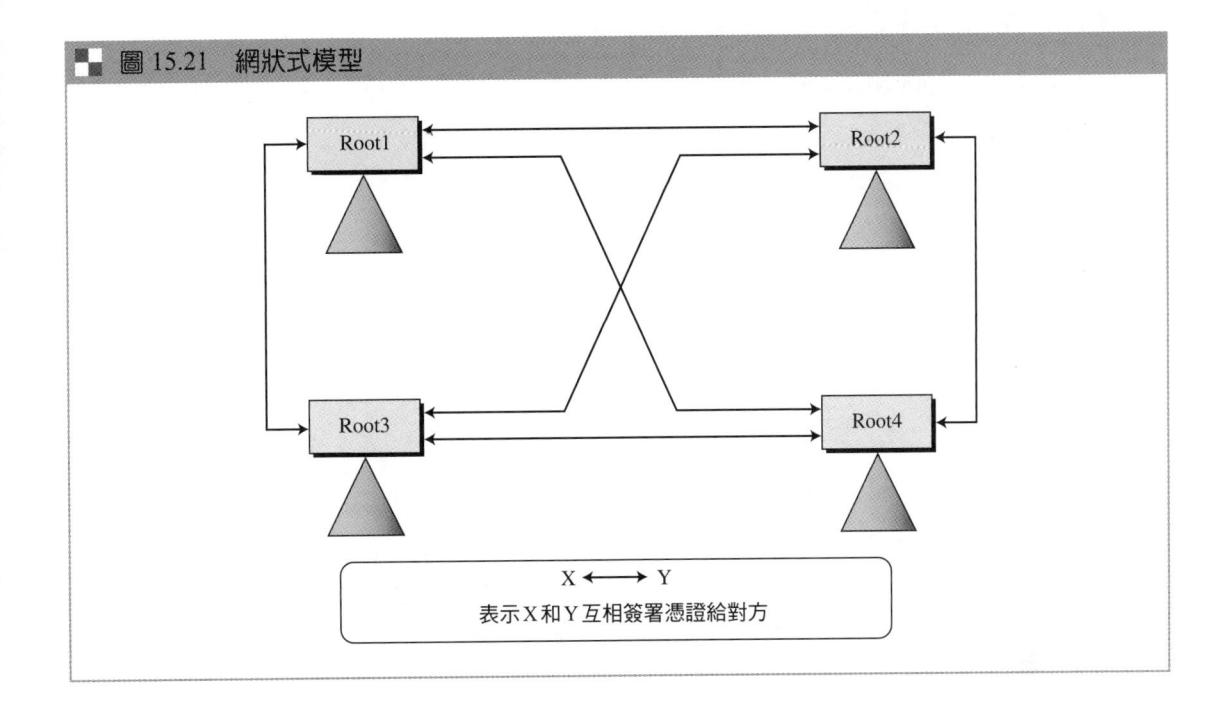

圖 15.21　網狀式模型

```
       Root1 ←――――――――――→ Root2
         ↕    ╲         ╱    ↕
         △     ╲       ╱     △
                ╲     ╱
                 ╲   ╱
                  ╲ ╱
                  ╱ ╲
                 ╱   ╲
                ╱     ╲
         ↕     ╱       ╲     ↕
       Root3 ←――――――――――→ Root4
         △                   △
```

X ←――→ Y
表示X和Y互相簽署憑證給對方

範例 15.5　Alice在憑證中心Root1之下；Bob在憑證中心Root4之下。顯示Alice要如何取得被驗證過的Bob的公開金鑰。

解法　Bob傳送一連串從Root4到Bob的憑證。Alice查詢Root1的目錄去找出憑證Root1<<Root1>>和Root1<<Root4>>。利用如圖15.21的流程，Alice可以驗證Bob的公開金鑰。

信任網絡　這種模型使用在Pretty Good Privacy協定中，其為一種應用在電子郵件上的安全服務，我們將會在第十六章進行討論。

推薦讀物

為了更深入瞭解本章所討論的主題，我們建議選讀下列書籍與網站。括號內的項目請參閱本書書末的參考文獻。

書籍

為了更深入探討對稱式金鑰與非對稱式金鑰的管理，可參看[Sti06]、[KPS02]、[Sta06]、[Rhe03]和[PHS03]。

網站

對於本章所討論的主題，以下的網站提供了許多更深入的資訊。

- http://en.wikipedia.org/wiki/Needham-Schroeder
- http://en.wikipedia.org/wiki/Otway-Rees

- http://en.wikipedia.org/wiki/Kerberos_%28protocol%29
- en.wikipedia.org/wiki/Diffie-Hellman
- www.ietf.org/rfc/rfc2631.txt

關鍵詞彙

- authentication server（AS）
  身份確認伺服器 414
- bucket brigade attack 桶組式攻擊 421
- certification authority（CA）
  憑證管理中心 425
- Diffie-Hellman protocol
  Diffie-Hellman 協定 418
- Kerberos 413
- key-distribution center（KDC） 金鑰分配
  中心 409
- man-in-the-middle attack 中間人攻擊 421
- Needham-Schroeder protocol
  Needham-Schroeder 協定 412
- Otway-Rees protocol Otway-Rees 協定 412
- public-key certificate 公開金鑰憑證 425
- public-key infrastructure（PKI） 公開金鑰基礎建設 429
- session key 會議金鑰 410
- station-to-station protocol 站對站協定 422
- ticket 門票 412
- ticket-granting server（TGS） 門票核准伺服器 415
- trust model 信任模型 429
- X.509 425

重點摘要

- 對稱式金鑰加密法需要通訊雙方事先共享一把祕密金鑰。如果 N 個人需要兩兩互相通訊，總共需要 $N(N-1)/2$ 把金鑰。金鑰數量不是唯一的問題；如何分配金鑰又是另一個問題。
- 一個可行的解法是使用信賴的第三者，也就是所謂的金鑰分配中心（KDC）。KDC 可以利用 Alice 和 Bob 在 KDC 註冊的金鑰來幫他們產生一把會議（臨時）金鑰。Alice 和 Bob 在 KDC 註冊的金鑰是用來讓 KDC 確認他們的身份。
- 為了建立會議金鑰，有許多不同的方法被發表。這些方法均使用第十四章所討論的身份確認概念。其中兩個最經典的方法是 Needham-Schroeder 協定（其為許多其他協定的原型）和 Otway-Rees 協定。
- Kerberos 既是一個身份確認協定，同時也是一個 KDC。許多系統（包括 Windows 2000）都使用 Kerberos。在 Kerberos 協定中有三種伺服器：身份確認伺服器（AS）、門票核准伺服器（TGS），以及提供服務給其他人的實際（資料）伺服器。
- Alice 和 Bob 可以在不使用 KDC 的情形下產生他們之間的會議金鑰。這種產生會議金鑰的方法稱為對稱式金鑰協議。我們討論兩種方法：Diffie-Hellman 協定與站對站協定。第一種方法會遭受到中間人攻擊，第二種則不會。
- 公開金鑰就像祕密金鑰，需要經過分配才能發揮功用。憑證管理中心（CA）核發憑證以證明公開金鑰的持有人。X.509 定義了 CA 核發的憑證之格式，為目前所使用的標準。
- 公開金鑰基礎建設（PKI）是一個植基於 X.509 來產生、分配和廢止憑證的模型。網際網路工程工作小組創造了公開金鑰基礎建設 X.509（PKIX）。PKI 的任務包含憑證的核發、私密金鑰的儲存、其他協定的服務和存取控制。

- PKI也定義了信任模型，也就是憑證管理中心之間彼此的關係。在本章中我們討論三種模型：階層式、網狀式和信任網絡。

練習集

問題回顧

1. 列出KDC的任務。
2. 定義出會議金鑰，並說明KDC如何替Alice和Bob建立共享的會議金鑰。
3. 定義出Kerberos和其伺服器的名稱。簡短地解釋每一種伺服器的任務。
4. 定義出Diffie-Hellman協定和其目標。
5. 定義出中間人攻擊。
6. 定義出站對站協定並說明其目標。
7. 定義出憑證管理中心（CA）和其與公開金鑰密碼學的關係。
8. 定義出X.509標準並說明它的目的。
9. 列出PKI的任務。
10. 定義出信任模型，並說明在本章所討論此種模型的一些變形。

習題

11. 在圖15.4中，如果在步驟2中Bob的門票沒有用K_B加密，但是在步驟3中使用K_{AB}加密，會發生什麼事情？
12. 為什麼Needham-Schroeder協定需要使用四個臨時亂數？
13. 在Needham-Schroeder協定中，Alice如何被KDC認證？Bob如何被KDC認證？KDC如何被Alice認證？KDC如何被Bob認證？Alice如何被Bob認證？Bob如何被Alice認證？
14. 為什麼在Needham-Schroeder協定中是由Alice和KDC連絡，但在Otway-Rees協定中卻是由Bob和KDC聯絡？
15. 在Needham-Schroeder協定中有四個臨時亂數（R_A、R_B、R_1和R_2），但在Otway-Rees協定中卻只有三個臨時亂數（R_A、R_B和R）。為什麼第一個協定需要多一個臨時亂數？
16. 為什麼在Kerberos可以只用一個時戳來取代在Needham-Schroeder的四個臨時亂數，或是取代在Otway-Rees的三個臨時亂數？
17. 在Diffie-Hellman協定中，$g=7$，$p=23$，$x=3$和$y=5$。
    a. 對稱式金鑰的值為何？
    b. R_1和R_2的值為何？
18. 在Diffie-Hellman協定中，如果x和y有相同的值，也就是Alice和Bob碰巧選擇同一個數值，會發生什麼事情？R_1和R_2會相同嗎？Alice和Bob所計算出的會議金鑰會有相同的值嗎？使用一個例子來證明你的假設。
19. 在簡單（不安全）的Diffie-Hellman金鑰協議中，$p=53$。找出一個適合的g值。
20. 在站對站協定中，證明如果把簽章中接收者的身份移除，這個協定將無法抵擋中間人攻擊。
21. 討論瀏覽器所提供的根憑證之可靠性。

Network Security

網路安全

PART 4

第四篇的焦點就是本書的終極目標：利用密碼學來建立安全的網路。本篇的內容假設讀者已經具備網際網路架構和 TCP/IP 通訊協定的知識。附錄 C 有這方面簡短的回顧。如果有興趣深入研究的話，我們推薦參考文獻中的 [For06]。本篇的三章分別討論 TCP/IP 通訊協定的三層：應用層、傳輸層及網路層。第十六章討論應用層的安全性。第十七章討論傳輸層的安全性。第十八章討論網路層的安全性。

第十六章：應用層安全：PGP 與 S/MIME

第十六章討論兩種提供電子郵件（e-mail）安全性的通訊協定。Pretty Good Privacy（PGP）是一種常用來做私人電子郵件交換的協定；安全的多用途網際網路郵遞延伸標準（S/MIME）則常見於商用的電子郵件系統。

第十七章：傳輸層安全：SSL 與 TLS

第十七章首先說明在網際網路模型中提供傳輸層安全服務的必要性，並解說如何使用 SSL 或 TLS 來提供傳輸層的安全性。事實上，TLS 是 SSL 的改良版本。

第十八章：網路層安全：IPSec

第十八章介紹網路層中唯一共通的安全協定：IPSec。本章定義 IPSec 的架構，並討論 IPSec 在傳輸與隧道模式中的應用。本章同時討論 IPSec 所用到的輔助協定（例如 IKE）、定義網際網路金鑰交換，並說明 IPSec 如何使用這些輔助工具。

16 應用層安全：PGP 與 S/MIME

學習目標

本章的學習目標包括：

- 說明電子郵件應用程式的一般架構。
- 討論 PGP 如何提供電子郵件的安全服務。
- 討論 S/MIME 如何提供電子郵件的安全服務。
- 定義 PGP 及 S/MIME 的信任機制。
- 展示 PGP 及 S/MIME 的訊息交換機制。

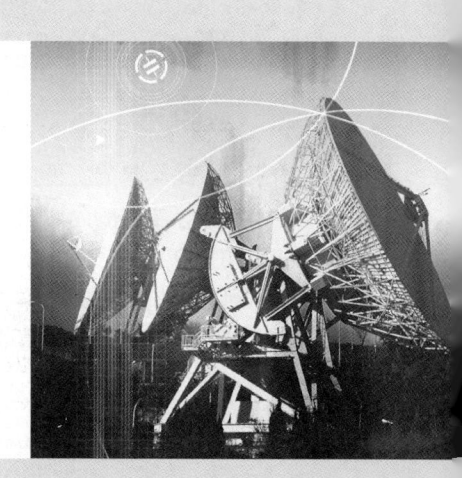

本章討論兩個安全的電子郵件交換協定：Pretty Good Privacy（PGP）以及安全的多用途網際網路郵遞延伸標準（S/MIME）。在解釋這些協定之前，我們首先介紹電子郵件交換的一般架構，然後說明 PGP 及 S/MIME 如何加強此架構的安全性。重點在於 PGP 與 S/MIME 如何在收發雙方沒有直接溝通管道的條件下，交換憑證、金鑰以及加解密演算法等資訊。

16.1 電子郵件

我們首先概略地介紹**電子郵件**（electronic mail, e-mail）系統。

電子郵件架構

圖 16.1 是最常見的電子郵件傳遞流程。假設 Alice 工作的地方有自己的電子郵件伺服器；所有的員工都透過區域網路連結到伺服器。同樣地，Alice 也可以透過廣域網路（電話線路或電纜線路）連結到伺服器。Bob 的連線狀態也可能是以上兩種情形之一。

Alice 的電子郵件系統管理員為伺服器設定將郵件傳遞到網際網路的連線。在 Bob 這一端，電子郵件系統管理員則為每個使用者建立信箱接收並暫存訊息，直到使用者連上伺服器並取走為止。

當 Alice 要寄送訊息給 Bob 時，首先要啟動**使用者代理人**（user agent, UA）程式來編纂訊息，然後使用另一個**訊息傳送代理人**（message transfer agent, MTA）程式將訊息傳送到

圖 16.1　電子郵件架構

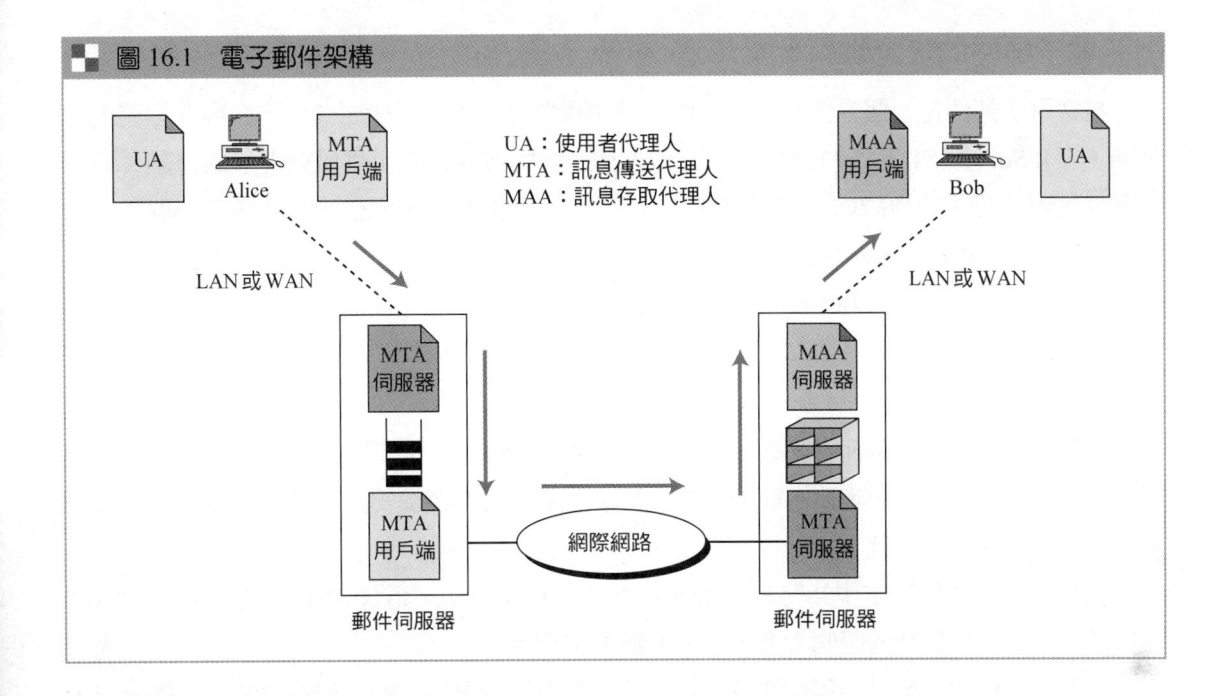

UA：使用者代理人
MTA：訊息傳送代理人
MAA：訊息存取代理人

伺服器。這個 MTA 程式分為用戶端與伺服端，Alice 電腦上安裝的是用戶端，而郵件伺服器上安裝的則是伺服端。

在郵件伺服器上，Alice 的訊息和其他人的訊息一起等待伺服器加以派送。每一封訊息都有指定的接收處，Alice 的會被送到 Bob 的郵件伺服器上。郵件伺服器之間是靠主從式傳送代理人程式的用戶端與伺服端之間的互動加以傳遞。當訊息抵達指定的伺服器之後，就會被存放在 Bob 的信箱等候他來領取。

當 Bob 要收取電子郵件時，必須啟動另一個稱為**訊息存取代理人（message access agent, MAA）**的程式到伺服器上，將所有準備給 Bob 的電子郵件（包括 Alice 寄來的那一封）一起收下來。這個 MAA 程式和 MTA 一樣分為用戶端與伺服端，Bob 的電腦裡安裝的是用戶端程式，而郵件伺服器上安裝的自然就是伺服端的程式。

此電子郵件系統的架構有以下數個重點：

a. Alice 傳送電子郵件給 Bob 是一個存入－取出（store-retrieve）的動作。也就是說，Alice 在今天寄的郵件，Bob 可以等到幾天後有空時再收取。在這期間，此份郵件就暫時存放在 Bob 的信箱裡面。

b. Alice 和 Bob 之間的通訊主要是透過安裝在 Alice 的電腦裡面的 MTA 程式，和安裝在 Bob 的電腦裡面的 MAA 程式來進行的。

c. MTA 的用戶端是一個推送（push）程式；在 Alice 寄送的時候，負責將訊息「推」到伺服器上。MAA 的用戶端則是一個拉取（pull）程式；當 Bob 要收信的時候，負責將伺服器上的訊息給「拉」下來。

d. Alice 和 Bob 之間並沒有直接的通訊管道。就算把 MTA 的用戶端安裝在 Alice 的電腦，而伺服端安裝在 Bob 的電腦也不實際，因為 Bob 可能會在不用電腦的時候將它關閉。

電子郵件的安全性

發送電子郵件是一個單獨進行的工作，這和我們接下來兩章所要介紹的內容有本質上的不同。在 IPSec 或 SSL 進行的時候，一般都假設通訊雙方會建立可供雙向溝通的會議。而電子郵件的傳遞是沒有會議的；Alice 和 Bob 中間沒有直接的通訊管道。Alice 送了一個訊息給 Bob；過了一段時間，Bob 讀了這個訊息也不見得要回應。所以，此處只需要討論 Alice 發送訊息單方面的安全性，與 Bob 回不回信完全無關。

密碼演算法

如果電子郵件是個別而且獨立的作業，傳送者和接收者之間要如何決定一致的密碼演算法？如果沒有通訊階段，也沒有訊號交換來協調加解密及雜湊演算法，接收者如何知道傳送者所選的演算法是哪一種？

我們可以在通訊協定中為每種加密運算指定一種演算法，這樣 Alice 就必須使用指定的演算法。但是這種作法的限制太多，雙方的能力都會受限。

比較好的作法應該是為每個運算定義使用者的系統內會用到的一組演算法。這樣一來，Alice 在發送信件時只要把她選擇的演算法名稱附上即可。舉例來說，Alice 可能選擇三重 DES 來加解密，並使用 MD5 做為雜湊函數。當 Alice 傳送訊息給 Bob 時，她就在電子郵件裡面標明使用三重 DES 和 MD5。如此一來，Bob 在收到信時就會知道該用哪種演算法解密和雜湊。

為了電子郵件的安全性，訊息傳送者必須在訊息中加註密碼演算法的名稱或識別碼。

祕密值

在密碼演算法發生的問題，同樣也會在加解密所使用的祕密值（金鑰）上出現。如果雙方沒有機會協調，他們兩者之間如何建立共用的祕密值呢？當然，Alice 和 Bob 可以使用非對稱式加密法來做確認和加密，這樣就不必使用對稱式金鑰。然而，我們之前討論過，非對稱式演算法在對較長的訊息加解密時非常缺乏效率。

現在，大部分的電子郵件安全協定都是使用對稱式金鑰系統來做加解密的工作，而金鑰也不可以重複使用。所以 Alice 要先產生一個祕密金鑰，然後和訊息一併送給 Bob。為了避免金鑰在傳送途中被 Eve 攔截，Alice 會先使用 Bob 的公開金鑰加密這個祕密金鑰。換言之，祕密金鑰本身就被加密了。

電子郵件安全性的維護是使用對稱式演算法來加密訊息，然後使用收信方的公開金鑰來加密這個祕密金鑰，並且隨著訊息送出。

憑證

在討論任何電子郵件安全協定之前，我們必須先思考一個問題。按照前面的說法，要維護電子郵件的安全性必須用到一些公開金鑰的密碼演算法，來做祕密金鑰的加密或者訊息的簽章等工作。Alice 需要 Bob 的公開金鑰來對祕密金鑰加密，而 Bob 也需要 Alice 的公開金鑰才能驗證訊息的簽章。所以，光是為了傳送一個機密且經過確認的訊息，就得要想辦法正確地傳送這兩個人的公開金鑰。然而，Alice 要如何確定所拿到的公開金鑰一定是 Bob 的呢？Bob 又要怎樣才能相信 Alice 的公開金鑰正確無誤呢？為了要達成這個目的，各種電子郵件安全協定都有各自的方法來驗證公開金鑰的真實性。

16.2 PGP

本章第一個要討論的通訊協定是 **Pretty Good Privacy（PGP）**。PGP 是由 Phil Zimmermann 所開發，提供電子郵件的隱私、完整性以及確認性。PGP 可以用來發送安全的電子郵件訊息，或是用來安全地儲存檔案以供未來使用。

應用情境

我們首先從一個簡單的應用情境開始，之後再討論一個複雜的環境來介紹 PGP 的設計理念。以下我們使用「資料」來代表未經處理的訊息或檔案。

明文

最簡單的情境就如圖 16.2 所示，以明文的格式發送電子郵件訊息或者檔案。以這種方式發送訊息，沒有任何的完整性及機密性可言。Alice 只是簡單地將準備好的訊息送給收信者 Bob，然後這個訊息就放在 Bob 的信箱中等他來取回。

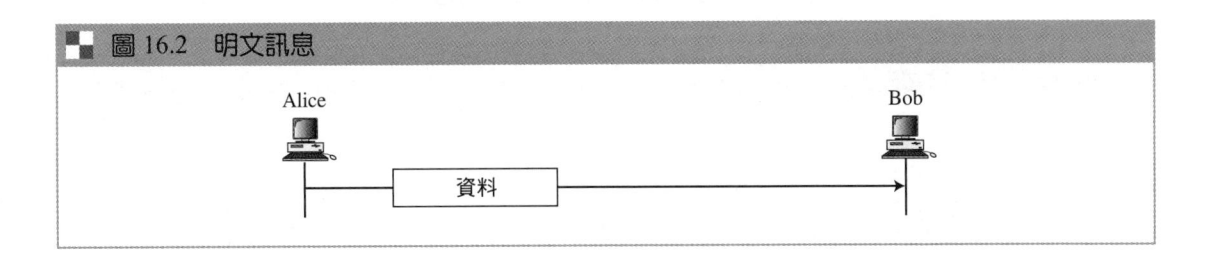

圖 16.2　明文訊息

訊息完整性

首先應該做的改進就是讓 Alice 對所發的訊息簽章。Alice 先建立訊息摘要，再使用自己的私密金鑰加以簽章。當 Bob 收到訊息時，可以使用 Alice 的公開金鑰來驗證。在這個情境下，總共需要兩把金鑰。Alice 要使用自己的私密金鑰，而 Bob 必須知道 Alice 的公開金鑰。圖 16.3 就是這個應用情境。

■ 圖 16.3　確認訊息

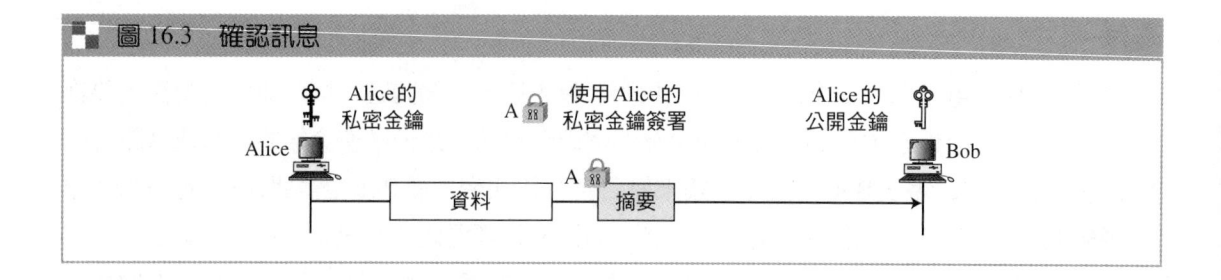

資料壓縮

下一個值得改進的地方就是對訊息及其摘要加以壓縮，讓封包的傳遞更有效率。這個改進項目本身對安全性沒有幫助，只是讓資料流通更為方便。圖 16.4 就是資料壓縮的示意圖。

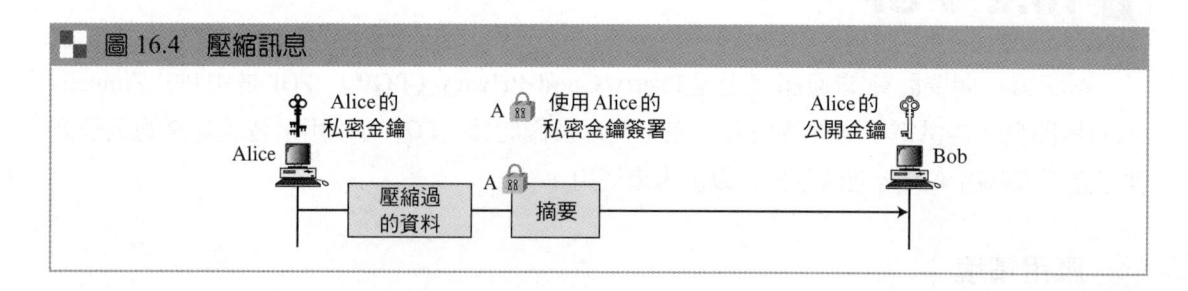

■ 圖 16.4　壓縮訊息

使用單次會議金鑰增加機密性

我們在前面提到過，電子郵件系統的安全性來自於使用單次會議金鑰的傳統加密法。Alice 首先建立一把會議金鑰，將訊息加密後再連同訊息一起送出。然而，Alice 必須使用 Bob 的公開金鑰來加密這把會議金鑰。圖 16.5 就是這個應用情境的示意圖。

當 Bob 收到封包後，首先使用自己的私密金鑰解開會議金鑰。然後，他再使用這把會議金鑰將訊息中剩下的部分加以解密。在將訊息解壓縮後，Bob 再自行算出這個訊息的摘要，並與 Alice 所送出來的摘要比對。如果比對的結果相同，則這個訊息就通過認證。

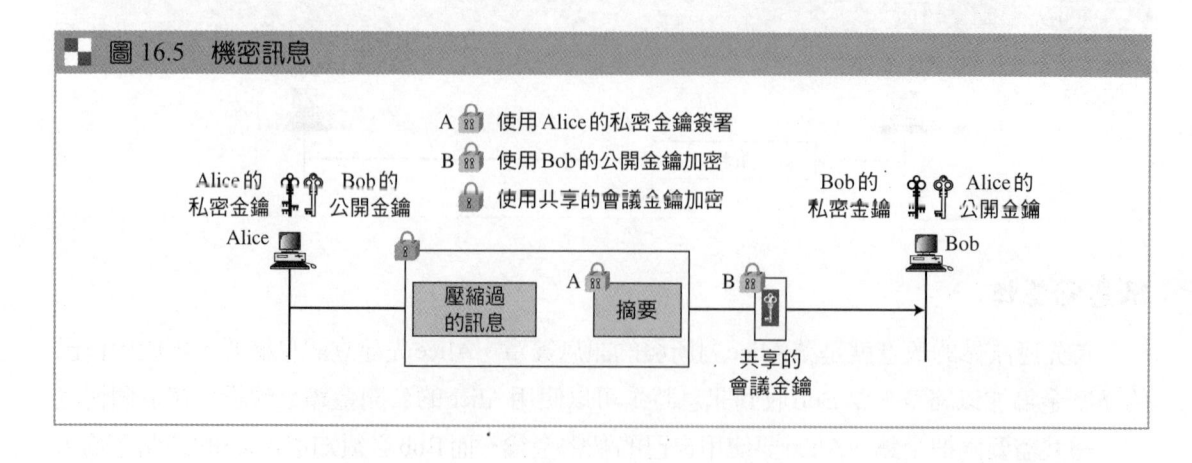

■ 圖 16.5　機密訊息

字碼轉換

PGP同時也提供字碼轉換的服務。大部分電子郵件系統只允許由ASCII字元所組成的訊息通過。如果訊息內容並不是由ASCII字元組成，PGP就使用Radix-64的編碼系統將這些字元轉譯成ASCII字元集，解密後這些字元再轉回Radix-64編碼。本章後面會再討論Radix-64的編碼法。

切割

PGP允許訊息在轉換成Radix-64編碼後，再加以切割成適合在電子郵件系統中傳送的大小。

金鑰圈

在前面所有的情境中，我們假設Alice只需送訊息給Bob，但通常並非如此。Alice可能需要傳送訊息給許多人，所以她需要**金鑰圈**（key ring）。Alice需要一個可以容納許多公開金鑰的金鑰圈，內含所有Alice需要通訊的人的公開金鑰。除此之外，PGP還設計了一個可以存放私密金鑰及公開金鑰的金鑰圈。理由之一是Alice可能需要常常更換金鑰對；理由之二是Alice可能會想要對不同的人（朋友、同事或其他人）使用不同的金鑰對。所以，PGP的每個使用者都有兩組金鑰圈：一個裝自己的公開／私密金鑰對，而另一個裝其他人的公開金鑰。圖16.6裡有某個社群當中四個使用者的金鑰圈，每個人都有一個金鑰圈，裝的是成對的公開／私密金鑰對，而另一個裝的則是其他人的公開金鑰。

以Alice為例，在她的金鑰圈中，有數個自己的公開／私密金鑰對，還有一些社群中其他人的公開金鑰。注意，每個人都可能擁有超過一把公開金鑰。接下來我們說明兩種可能的狀況。

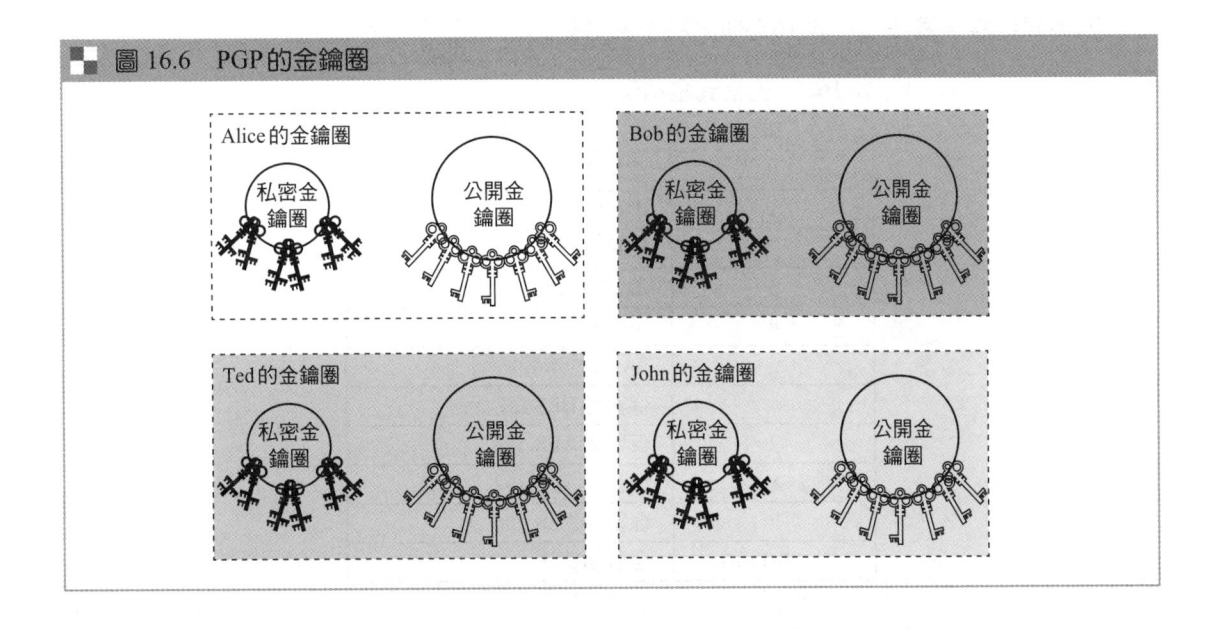

圖 16.6　PGP的金鑰圈

1. Alice 要發送訊息給社群中的其他人。
   a. 她使用自己的私密金鑰對訊息摘要簽章。
   b. 她使用收信者的公開金鑰加密剛剛產生的會議金鑰。
   c. 她使用這把會議金鑰加密訊息以及簽章。
2. Alice 收到社群中某個人所送來的訊息。
   a. 她使用自己的私密金鑰解出會議金鑰。
   b. 她使用會議金鑰解開訊息以及摘要的簽章。
   c. 她使用對方的公開金鑰驗證訊息摘要的簽章。

PGP 演算法

PGP 所用到的演算法有以下數種。

公開金鑰演算法　表 16.1 列出用來對訊息摘要簽章或者加密訊息的公開金鑰演算法。

表 16.1　公開金鑰演算法

ID	說明
1	RSA（加密或簽章）
2	RSA（僅供加密）
3	RSA（僅供簽章）
16	ElGamal（僅供加密）
17	DSS
18	保留給橢圓曲線
19	保留給 ECDSA
20	ElGamal（加密或簽章）
21	保留給 Diffie-Hellman
100-110	自訂演算法

對稱式金鑰演算法　表 16.2 列出用來做傳統加密的對稱式金鑰演算法。

表 16.2　對稱式金鑰演算法

ID	說明
0	不加密
1	IDEA
2	三重 DES
3	CAST-128
4	Blowfish
5	SAFER-SK128
6	保留給 DES/SK
7	保留給 AES-128
8	保留給 AES-192
9	保留給 AES-256
100-110	自訂演算法

雜湊演算法　　表 16.3 列出 PGP 用來產生訊息摘要的雜湊演算法。

表 16.3　雜湊演算法

ID	說明
1	MD5
2	SHA-1
3	RIPE-MD/160
4	保留給雙倍寬度的 SHA
5	MD2
6	TIGER/192
7	保留給 HAVAL
100-110	自訂演算法

壓縮演算法　　表 16.4 列出用來壓縮文字訊息的壓縮演算法。

表 16.4　壓縮方法

ID	說明
0	不壓縮
1	ZIP
2	ZLIP
100-110	自訂演算法

PGP 憑證

PGP 和我們目前所看過的協定一樣使用數位憑證來驗證公開金鑰。然而，PGP 的驗證程序和前面的大不相同。

X.509 憑證

X.509 憑證的程序必須仰賴一個階層式信任架構。每個憑證都要有一條可以通到根憑證的信任鏈。所有的使用者都完全相信最上層憑證中心的權威（這是先決條件）。根憑證中心發出憑證給第二層憑證管理機構，第二層的憑證管理機構發給第三層，依此類推。每個要被信任的人都必須提出一個從此一樹狀認證結構中所發出的憑證。如果 Alice 不能直接相信發出憑證給 Bob 的機構，則她必須找更高一層的憑證管理機構，一直到根憑證中心為止（Alice 必須相信根憑證中心，整個系統才能運作）。換言之，任何憑證一定只有一條認證路徑通到某個完全值得信賴的憑證中心。

> 在 X.509 系統中，每個憑證都有一條唯一的驗證路徑通到完全信任的機構。

PGP憑證

PGP系統中完全不需要憑證管理中心；金鑰圈中的任何人都可以為其他人簽章。例如Bob可以幫Ted、John、Anne或其他人的憑證簽章。PGP也沒有階層式（或樹狀）的信任結構。正是因為沒有階層式結構，所以Ted可以從Bob那裡取得一個憑證，然後又請Liz發另外一個憑證給他。如果Alice想要驗證Ted的憑證，她可以選擇驗證從Bob開始的路徑，或是從Liz開始的路徑。有趣的是，Alice可能完全信任Bob，而對Liz卻只有部分信任而已。任何憑證都可能有多個認證路徑，其中有些來自值得信任的機構，而其他可能來自只有部分信任的機構或個人。在PGP系統中，我們稱這些發出憑證的機構或個人為介紹人。

在PGP系統中，任何人都可以有多條認證路徑通往完全或部分信任的機構。

信任與合法性

PGP所有的活動都是基於對介紹人的信任、對憑證的信任以及公開金鑰的合法性。

介紹人的信任程度 因為沒有集中式的認證中心，如果每個PGP的使用者都要完全相信其他人，顯然使用的範圍不能太大（就算在現實中，我們也不能完全相信所有認識的人）。為了解決這個問題，PGP允許不同程度的信任等級。實際上，信任等級的數目大部分取決於程式的實作，不過為了簡化問題，我們先假設對介紹人的信任程度分為三級，分別是不信任、部分信任及完全信任。對於在金鑰圈裡面，每個人的信任程度都來自於我們對介紹人的信任程度。舉例來說，Alice可能完全相信Bob、部分相信Anne，而完全無法信任John。PGP完全不提供任何決定信任程度的機制；使用者必須自己做決定。

憑證信任等級 當Alice收到由介紹人發出的憑證之後，她將憑證儲存在憑證擁有者（被認證者）的名下，然後對這個憑證設定一個信任等級。通常憑證的信任程度和介紹人的信任程度是一樣的。假設Alice完全信任Bob，對Anne和Janette只有部分信任，而完全不信任John。以下是可能發生的情況。

1. Bob發出兩個憑證，其中一個給Linda（內含公開金鑰K1），另一個給Lesley（內含公開金鑰K2）。Alice將Linda的憑證存在Linda的名下，並設定其等級為完全信任。Alice另外將Lesley的憑證存在Lesley的名下，同時也設定為完全信任等級。
2. Anne發了一個憑證給John（內含公開金鑰K3）。Alice將這個憑證存在John的名下，並設定為部分信任等級。
3. Janette發出兩個憑證，其中一個給John（內含公開金鑰K3），另一個給Lee（內含公開金鑰K4）。Alice將這兩個憑證分別存在John和Lee的名下，並設定為部分信任等級。現在John的名下有兩個憑證，分別由Anne和Janette所發出，兩個憑證的信任等級都是部分信任。
4. John也為Liz簽署一個憑證。Alice可以選擇將這個憑證丟掉，或設定為完全不信任等級。

金鑰合法性　　使用介紹人和憑證信任等級的目的是為了決定公開金鑰的合法性。Alice 必須知道從 Bob、John、Liz、Anne 或其他人所取得的公開金鑰具有多少真實性。對於這把金鑰所認定的合法性，也就是經過加權計算後對這個使用者的信任程度。舉例來說，假設我們對憑證的信任程度指定以下的權值：

1. 完全不信任的憑證，權值為 0。
2. 部分信任的憑證，權值為 1/2。
3. 完全信任的憑證，權值為 1。

有了這些指定的權值以後，只要有一份完全信任的憑證或者兩個部分信任憑證，Alice 就可以將這份憑證設定為完全信任等級。以前面所舉的情境來說，Alice 現在可以使用 John 的公開金鑰，因為這個公開金鑰已經經過 Anne 和 Janette 兩個人的簽署，而這兩個人的權值都是 1/2。要特別注意的是，公開金鑰的合法性並不代表對金鑰擁有者的信任。雖然 Alice 可以用 John 的公開金鑰來加密給他，但是由於 Alice 並不信任 John 這個人，所以 Alice 仍然不願意接受由 John 所發出的憑證。

開始建立金鑰圈

　　從以上的討論中，讀者也許已經發現有個問題。如果沒有人送來可以完全信任或部分信任的憑證該怎麼辦？舉例來說，在還沒有人幫 Bob 送憑證來以前，我們要如何決定 Bob 的公開金鑰信任等級？在 PGP 系統中，對於各個可以完全或部分信賴的角色，其公開金鑰合法性也可用以下的方法決定。

1. Alice 可以實際取得 Bob 的公開金鑰。例如，Alice 和 Bob 可以把公開金鑰寫在紙上或記錄在磁碟片中，然後當面交換。
2. 如果 Alice 可以辨識 Bob 的聲音，她可以打電話給 Bob，請他把公開金鑰念給她聽。
3. PGP 系統也提出了一個比較方便的方法，就是讓 Bob 用電子郵件來把公開金鑰送給 Alice。接下來，Alice 和 Bob 事先各自算好公開金鑰的摘要值（使用 16 位元組的 MD5 或是 20 位元組的 SHA-1）。這個摘要值稱為指紋，通常記為四個一組的十六進位數字（總共有四組或五組）。然後，Alice 就可以打電話給 Bob 來確認這個指紋。如果金鑰在傳送途中被修改過，他們兩個人算出來的值就一定不會相符。為了讓這個過程更方便，PGP 還提供了一組單字，每個單字代表十六進位數字中一個特定的四位數字。如此一來，當 Alice 打電話給 Bob 時，Bob 就可以參考這個表，用八個（或十個）單字念出指紋值，而不用念一大串數字。這些單字在 PGP 設計時皆經過特別挑選以避免相似的發音，例如 sword 就列在表中，而 word 沒有。
4. PGP 完全沒有規定 Alice 不可以從一個正式的憑證管理中心取得 Bob 的公開金鑰，所以她也可以把從這種途徑所取得的公開金鑰自行加到金鑰圈中。

金鑰圈列表

每個使用者都像Alice一樣擁有兩個金鑰圈：一個拿來放私密金鑰，另一個放公開金鑰。PGP系統為這兩個金鑰圈設計了一個表格的儲存結構。

私密金鑰表　　圖16.7是一個私密金鑰表的格式。

■ 圖 16.7　私密金鑰圈格式

	使用者 識別碼	金鑰 識別碼	公開金鑰	加密過的 私密金鑰	時戳
私密金鑰圈	⋮	⋮	⋮	⋮	⋮

- **使用者識別碼**：使用者識別碼（User ID）通常就是使用者的電子郵件位址。然而，使用者也可以為每個金鑰對指定一個獨特的電子郵件位址或別名。表中所列的金鑰對各有相對應的使用者識別碼。
- **金鑰識別碼**：金鑰識別碼（Key ID）欄位標示出在使用者所有的公開金鑰中的特定一組。在 PGP 系統中，每個金鑰對的金鑰識別碼就是公開金鑰最右邊的 64 位元。換言之，金鑰識別碼是公開金鑰值模 2^{64} 後所得的值。金鑰識別碼對 PGP 的運作很重要，因為 Bob 的公開金鑰表裡可能有許多把屬於 Alice 的公開金鑰。當 Bob 收到 Alice 送來的訊息時，必須知道使用哪一把公開金鑰來加以驗證。隨訊息附送的金鑰識別碼可以讓 Bob 知道該用登記在金鑰圈中 Alice 名下的哪一把公開金鑰，稍後會再詳細討論。讀者也許會有疑問，為什麼不把整個公開金鑰附在訊息中一起寄出呢？這是因為在公開金鑰的加密法中，公開金鑰的長度可能很大；只傳送 8 個位元組可以有效地減少傳輸資料量。
- **公開金鑰**：這個欄位存放的就是特定金鑰對裡面的公開金鑰。
- **加密過的私密金鑰**：這個欄位所存放的是特定金鑰對中私密金鑰的加密值。雖然 Alice 是唯一可以存取這個私密金鑰表的人，PGP 還是只儲存私密金鑰的加密值。我們等一下再看看私密金鑰如何加密及解密。
- **時戳**：這個欄位存放建立金鑰對的日期與時間。此處記載的時間可以幫助使用者決定什麼時候該刪除舊的金鑰對，以及什麼時候該建立新的金鑰對。

範例 16.1　　我們來看看Alice的私密金鑰表。假設Alice只有兩個使用者識別碼：alice@some.com 和 alice@anet.net，同時假設 Alice 對這兩個使用者識別碼各有一個公開／私密金鑰對。表 16.5 就是Alice的私密金鑰表。

要注意的是表中所列出的數值（包括金鑰識別碼、公開金鑰、私密金鑰和時戳）只是用來展示的，實際內容可能因實作方式不同而有所不同。

表 16.5　範例 16.1 的私密金鑰表

使用者識別碼	金鑰識別碼	公開金鑰	加密過的私密金鑰	時戳
alice@anet.net	AB13...45	AB13...45...59	32452398...23	031505-16:23
alice@some.com	FA23...12	FA23...12...22	564A4923...23	031504-08:11

公開金鑰表　　圖 16.8 是公開金鑰表的格式。

圖 16.8　公開金鑰表的格式

使用者識別碼	金鑰識別碼	公開金鑰	發行者信任等級	憑證	憑證信任等級	金鑰合法性	時戳
⋮	⋮	⋮	⋮	⋮	⋮	⋮	⋮

公開金鑰圈

- **使用者識別碼**：和私密金鑰表一樣，此處通常是金鑰所有人的電子郵件位址。
- **金鑰識別碼**：和私密金鑰表一樣，金鑰識別碼就是公開金鑰最右邊的 64 位元。
- **公開金鑰**：這個欄位存放的是公開金鑰。
- **發行者信任等級**：這個欄位定義憑證發行者的信任等級。在大多數實際的系統中，等級分為不信任、部分信任和完全信任。
- **憑證**：這個欄位存放單純的憑證或是由其他人所簽署的憑證。同一個使用者識別碼的名下可以有一個以上的憑證。
- **憑證信任等級**：這個欄位代表對憑證的信任程度。如果 Anne 幫 John 送來了一個憑證，PGP 首先在表中找出對 Anne 的信任等級，再把它複製到 John 的憑證信任等級。
- **金鑰合法性**：這個欄位的值是由 PGP 根據每個憑證的信任等級，以及事先對每個憑證所定義的權重計算得到的。
- **時戳**：這個欄位存放建立這筆資料的日期與時間。

範例 16.2　　以下我們用一系列步驟說明 Alice 如何建立公開金鑰表。

1. 如表 16.6 所示，Alice 從第一列開始填入自己的資料。使用 N（不信任）、P（部分信任）和 F（完全信任）來代表信任等級。為了簡化程序，我們假設每個人（包括 Alice）都只有一個使用者識別碼。

表 16.6　範例 16.2，起始化表格

使用者識別碼	金鑰識別碼	公開金鑰	發行者信任等級	憑證	憑證信任等級	金鑰合法性	時戳
Alice...	AB...	AB.......	F			F	....

在這個表中，我們假設 Alice 自己發給自己一個憑證。Alice 當然可以完全信任她自己。所以在發行者與金鑰合法性的欄位中都填入完全信任。雖然這一行永遠都不會用到，但是 PGP 仍然要求必須有這一行。

2. 現在 Alice 將 Bob 加到表中。Alice 完全信任 Bob，但為了安全地取得 Bob 的公開金鑰，她還是要求 Bob 使用電子郵件將公開金鑰與指紋一起送過來。然後，Alice 打電話給 Bob 檢查指紋資料。表 16.7 就加入了新的一列。

表 16.7　範例 16.2，將 Bob 加入金鑰表之後

使用者識別碼	金鑰識別碼	公開金鑰	發行者信任等級	憑證	憑證信任等級	金鑰合法性	時戳
Alice...	AB...	AB........	F			F	....
Bob...	12...	12........	F			F	....

注意，表中 Bob 的發行者信任程度被設定為完全信任，因為 Alice 完全相信 Bob。憑證的欄位則是空白，表示這把公開金鑰並不是來自憑證，而是間接輸入的。

3. 現在 Alice 再把 Ted 加到表中，等級為完全信任。然而，Alice 並不需要特地打電話給 Ted，而是根據 Bob 所簽發給 Ted 的憑證來設定（參考表 16.8）。Bob 願意簽發憑證給 Ted，是因為他認得 Ted 的公開金鑰。

表 16.8　範例 16.2，將 Ted 加入金鑰表之後

使用者識別碼	金鑰識別碼	公開金鑰	發行者信任等級	憑證	憑證信任等級	金鑰合法性	時戳
Alice...	AB...	AB........	F			F	....
Bob...	12...	12........	F			F	....
Ted...	48...	48........	F	Bob 的	F	F	....

注意，表中的憑證欄位顯示這個憑證來自於 Bob，所以憑證信任等級的欄位內容就直接從 Bob 的發行者信任欄位複製過來。金鑰合法性的欄位值就等於憑證信任等級的值乘以 1（權重）。

4. 接下來 Alice 把 Anne 加到表中。由於 Alice 只有部分信任 Anne，但是完全信任發出憑證給 Anne 的 Bob。表 16.9 就是加入 Anne 的狀態。

特別注意，表中 Anne 的發行者信任等級為部分信任，而憑證信任以及金鑰合法性的欄位則是完全信任。

5. 現在 Anne 介紹 John 給 Alice。一開始 Alice 並不信任 John，表 16.10 就是現在的情形。

注意，PGP 把 Anne 的發行者信任等級（P）直接複製到 John 的憑證信任等級欄位。對於 John 的金鑰信任等級的值為 1/2（P），也就是說，Alice 要等到 John 的金鑰信任值達到 1（F）的時候，才應該開始使用這個金鑰。

6. 現在有一個 Alice 不認識的 Janette 幫 Lee 發了一個憑證。Alice 直接忽略這個憑證，因為她根本不認識 Janette。

表 16.9　範例 16.2，將 Anne 加入金鑰表之後

使用者識別碼	金鑰識別碼	公開金鑰	發行者信任等級	憑證	憑證信任等級	金鑰合法性	時戳
Alice...	AB...	AB........	F			F	....
Bob...	12...	12........	F			F	....
Ted...	48...	48........	F	Bob 的	F	F	....
Anne...	71...	71........	P	Bob 的	F	F	....

表 16.10　範例 16.2，將 John 加入金鑰表之後

使用者識別碼	金鑰識別碼	公開金鑰	發行者信任等級	憑證	憑證信任等級	金鑰合法性	時戳
Alice...	AB...	AB........	F			F	....
Bob...	12...	12........	F			F	....
Ted...	48...	48........	F	Bob 的	F	F	....
Anne...	71...	71........	P	Bob 的	F	F	....
John...	31...	31........	N	Anne 的	P	P	....

7. 現在 Ted 幫 John 發了一個憑證（John 可能請 Ted 幫忙送這個憑證，因為 Ted 認為他值得信任）。這時候 Alice 並沒有在表中建立新的紀錄，而是在 John 原來的紀錄上加註這個訊息（參考表 16.11）。

表 16.11　範例 16.2，收到 John 的另一個憑證之後

使用者識別碼	金鑰識別碼	公開金鑰	發行者信任等級	憑證	憑證信任等級	金鑰合法性	時戳
Alice...	AB...	AB........	F			F	....
Bob...	12...	12........	F			F	....
Ted...	48...	48........	F	Bob 的	F	F	....
Anne...	71...	71........	P	Bob 的	F	F	....
John...	31...	31........	N	Anne 的 Ted 的	P F	F	....

由於現在 John 的紀錄中有兩個憑證，而且他的金鑰合法性已經為 1，所以 Alice 可以開始使用這把公開金鑰。但注意 John 本身還沒有達到任何信任的等級。Alice 可以不斷地在表中加入新的紀錄。

PGP 的信任模型

　　Zimmerman 曾經提議，我們可以以使用者當作中心，為每個在金鑰圈裡的用戶建立一個信任模型。這個模型看起來就像圖 16.9 一樣。這個圖展示 Alice 在某個時間點的信任模型。當然，如果公開金鑰表有任何修改，這個圖就會跟著更動。

■ 圖 16.9　信任模型

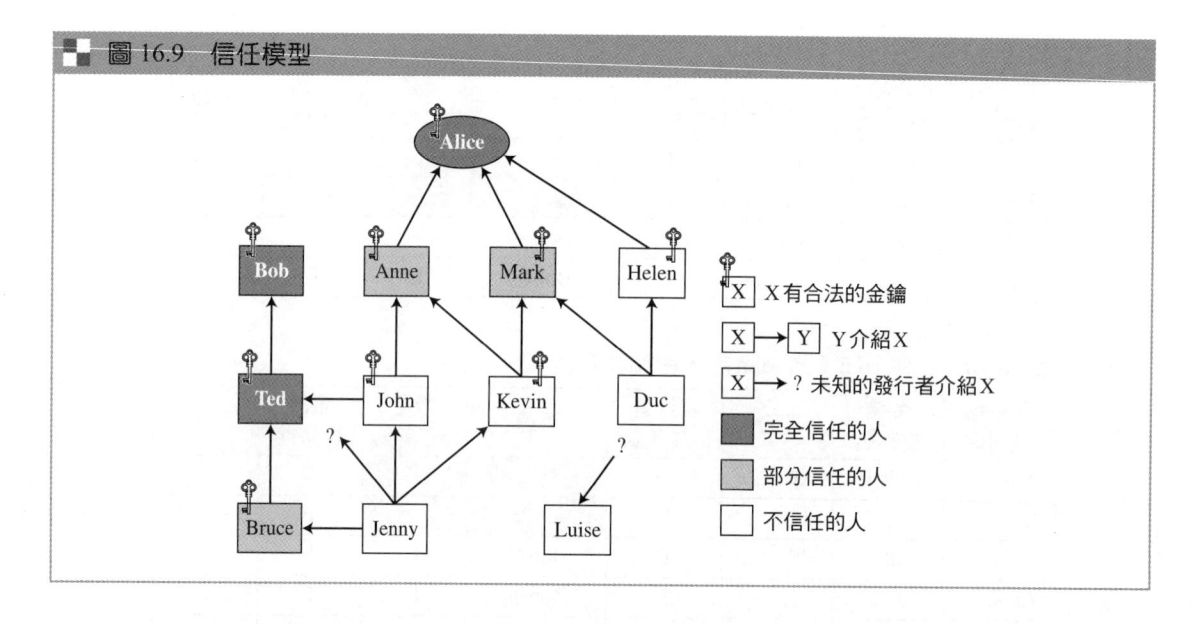

```
                        Alice
           ┌──────┬──────┬──────┐
          Bob   Anne   Mark  Helen
                                        X    X有合法的金鑰
                                        X → Y   Y介紹X
          Ted ← John   Kevin   Duc      X → ?   未知的發行者介紹X
               ?                              完全信任的人
                                              部分信任的人
          Bruce ← Jenny   Luise              不信任的人
```

接下來，我們對這個圖再詳加解釋。從圖 16.9 中可以看出，在 Alice 的金鑰圈中有三個完全信任的角色（Alice 自己，加上 Bob 和 Ted）、三個部分信任的角色（Anne、Mark 和 Bruce），另外還有六個不受信任的角色。總共有九個角色有自己合法的金鑰。Alice 可以使用這些金鑰加密訊息給這些人，或者驗證從這些人發出來的簽章（Alice 自己的金鑰則永遠不會用到）。另外三個人對 Alice 而言，他們沒有合法的金鑰。

Bob、Anne 和 Mark 三個人的金鑰是合法的，因為他們使用電子郵件把金鑰寄給 Alice，而且打電話確認過這些金鑰的指紋碼。另一方面，Helen 送來一個由 CA 發出的憑證給 Alice，因為她既不認識 Alice，也不能打電話和她驗證。雖然 Alice 已經完全信任 Ted，他還是寄來了一個由 Bob 所簽發的憑證。John 寄給 Alice 兩個憑證，分別是由 Ted 和 Anne 所發出來的。Kevin 寄了兩個由 Anne 和 Mark 所發出的憑證給 Alice。這兩個憑證各自有 1/2 的信任程度，所以加起來足以讓 Kevin 的金鑰變得合法。Duc 則是送了兩個分別由 Mark 和 Helen 所發的憑證給 Alice。由於 Alice 對 Mark 的信任點數只有一半，對 Helen 則是完全沒有，所以 Duc 還是沒有合法的金鑰。Jenny 總共送來了四個憑證，其中一個是由部分信任的人所簽發，另外兩個簽發者則是完全不信任，再加上一個不知名人士所發的憑證。這樣加起來，Jenny 還是沒有湊到足夠成為合法金鑰的點數。雖然 Luise 的名下只有一個由不知名人士所發的憑證，但 Alice 可能會保留 Luise 的紀錄，等待日後送來新的憑證。

信任網絡

PGP 系統最終將在一群人之間建立一個**信任網絡（web of trust）**。如果每個人都互相介紹更多的人給對方，這個公開金鑰圈就會愈來愈大，最後每個人都可以互相寄送安全的電子郵件。

金鑰撤銷

有時候某些人可能需要撤銷金鑰圈中的公開金鑰，原因可能是擁有者覺得這把金鑰已經被偷了，或者只是因為使用太久覺得不安全。要撤銷一把公開金鑰，擁有者必須自己產生一個撤銷憑證。這個憑證必須使用舊的私密金鑰加以簽署，並儘快傳遞給所有將這把公開金鑰放在金鑰圈的人。

從金鑰圈取得資訊

在前面我們看到，傳送者和接收者都有兩個金鑰圈：一個放私密金鑰，另一個放公開金鑰。現在我們來看看發信和收信過程如何從這些金鑰圈取得所需的資訊。

傳送者端

假設現在 Alice 要發一封電子郵件給 Bob。Alice 需要五個資訊：現在使用的公開金鑰的金鑰識別碼、相對應的私密金鑰、會議金鑰、Bob 的公開金鑰，以及這把金鑰的金鑰識別碼。要從 PGP 裡面取出這些資訊，Alice 首先必須輸入四項資料：她自己的使用者識別碼（在這裡就是電子郵件位址）、她的通行碼、任意打一個字串，再加上 Bob 的使用者識別碼。參考圖 16.10。

Alice 的公開金鑰識別碼和私密金鑰都存放在她的私密金鑰表中。Alice 首先選定她的電子郵件位址當作金鑰圈的索引。PGP 從金鑰表中取出金鑰識別碼跟加密過的私密金鑰，然後使用 Alice 所輸入的通行碼經過雜湊運算的值當作金鑰來解開私密金鑰。

Alice 現在還需要一把會議金鑰。在 PGP 裡面，會議金鑰是一組符合加解密演算法所定義長度的亂數。PGP 使用一個亂數產生器來產生隨機的會議金鑰；這個演算法的種子則是

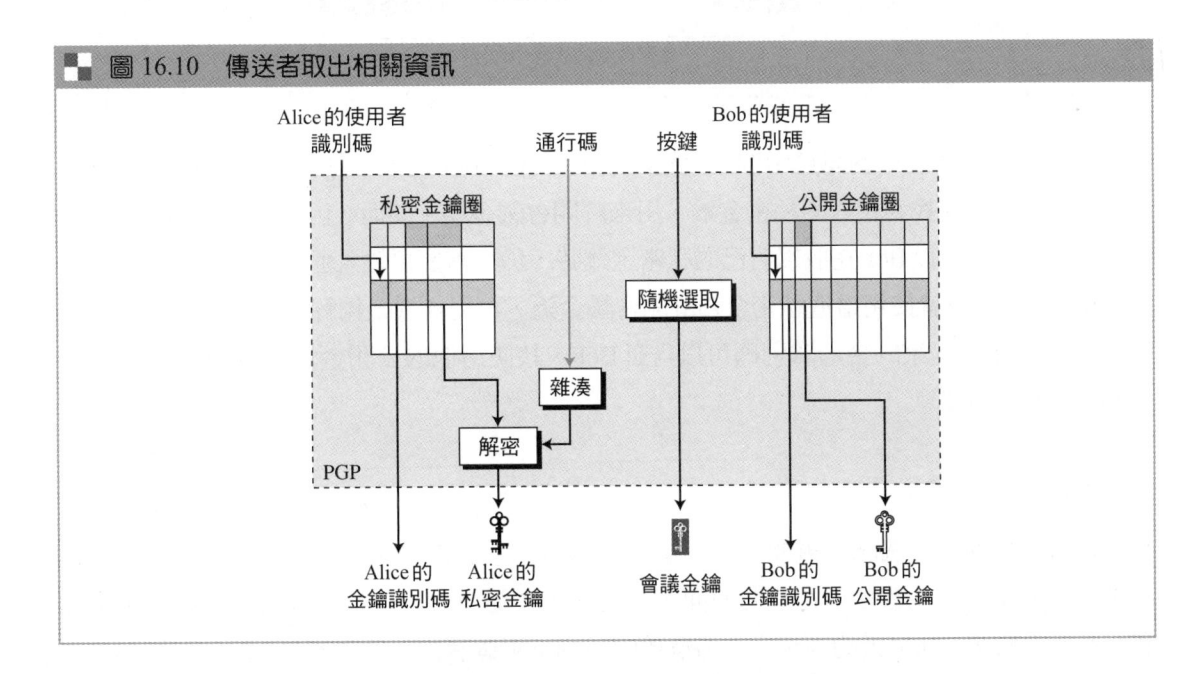

圖 16.10 傳送者取出相關資訊

Alice在鍵盤上所任意輸入的組合。Alice敲的每一個按鍵都會被轉成8位元，每次停頓的時間則轉成32位元，然後這些資料藉由一組複雜的亂數產生演算法，產生一個非常可靠的亂數當作會議金鑰。PGP的會議金鑰是單次的隨機金鑰（參考附錄K）。

Alice還需要Bob的金鑰識別碼（和訊息明文一起送出）以及他的公開金鑰（用來加密會議金鑰）。這兩個資訊都存放在Alice的公開金鑰圈裡，只要使用Bob的身份識別碼（就是他的電子郵件位址）即可找到。

接收者端

在接收者這一邊，Bob需要三項資訊：Bob自己的私密金鑰（用來解開會議金鑰）、會議金鑰（用來解開資料），以及Alice的公開金鑰（用來驗證簽章）。請參考圖16.11。

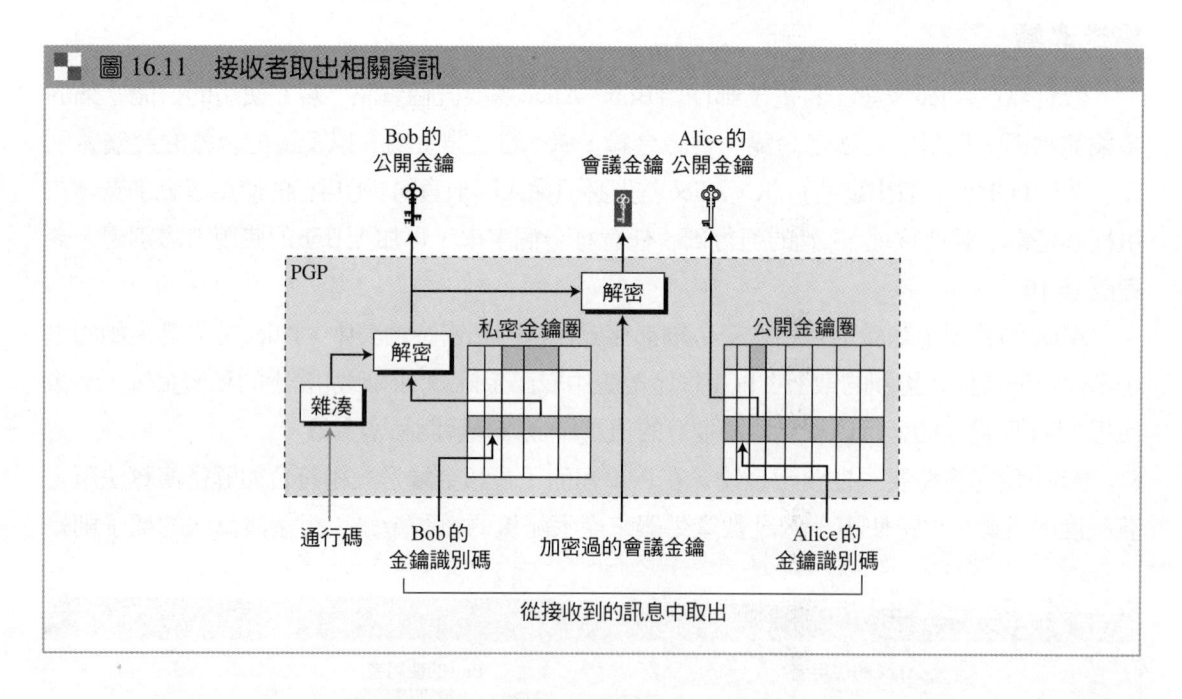

圖16.11　接收者取出相關資訊

Bob從Alice所送來的訊息中取出金鑰識別碼（代表Bob的某一把公開金鑰），然後從自己的私密金鑰圈中找到相對的私密金鑰，用來解開會議金鑰。然而，因為私密金鑰是以加密過的形式儲存，所以Bob在取用自己的私密金鑰時，仍然需要再輸入通行碼。

接下來，Bob就使用這把私密金鑰解開會議金鑰，再用會議金鑰解開訊息。

Alice隨訊息送來的金鑰識別碼可以告訴Bob，該使用他的公開金鑰表中Alice的哪一把公開金鑰來驗證訊息。

PGP封包

在PGP裡面，一個訊息可能包括一個或多個封包。在PGP演進的過程中，封包的格式和數量也經歷了一些改變。和我們前面所看過的一些通訊協定一樣，每個PGP的封包也都有一般性的標頭。在最近的版本中，這個標頭只剩下兩個欄位，參考圖16.12。

圖 16.12 封包標頭格式

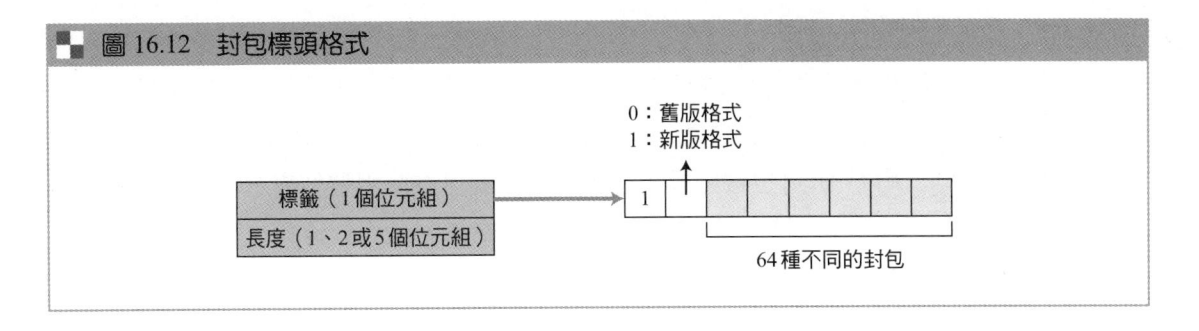

```
標籤（1 個位元組）        0：舊版格式
長度（1、2 或 5 個位元組）  1：新版格式

            │1│ │ │ │ │ │ │ │
                 └─────────┘
                 64 種不同的封包
```

- **標籤**：最新的格式中將這個欄位定義為一個 8 位元的標籤。從最左邊開始第一個位元永遠都是 1。接下來，如果這是最新的版本，則第二個位元也設為 1。接下來的六個位元就可以用來指定最多 64 種不同的封包類別，表 16.12 列出其中數種。
- **長度**：這個欄位的內容為整個封包的大小（以位元組為單位）。欄位的大小可以是 1、2 或 5 個位元組。接收方可以從緊接著標籤欄位的下一個位元組的值自行判斷這個欄位的大小。

表 16.12　一些常用的封包類別

標籤值	封包類別
1	使用公開金鑰加密過的會議金鑰
2	簽章封包
5	私密金鑰封包
6	公開金鑰封包
8	壓縮資料封包
9	使用祕密金鑰加密過的資料封包
11	文字資料封包
13	使用者識別碼封包

a. 如果標籤欄位的下一個位元組的值是 192，則長度的欄位只有 1 個位元組。封包資料的長度（封包長度減去表頭長度）的計算方式為

$$\text{封包資料長度} = \text{第一個位元組}$$

b. 如果標籤欄位的下一個位元組的值介於 192 和 223（包括 223），則長度的欄位有 2 個位元組。封包資料的長度的計算方式為

$$\text{封包資料長度} = (\text{第一個位元組} - 192) << 8 + \text{第二個位元組} + 192$$

c. 如果標籤欄位的下一個位元組的值介於 224 和 254（包括 254），則長度的欄位有 1 個位元組。這種類別的長度欄位只定義封包資料的部分長度。部分封包資料長度的計算方式為

$$\text{部分長度} = 1 << (\text{第一個位元組} \& \text{0x1F})$$

注意，這個公式的意思是 $1 \times 2^{(第一個位元組 \& 0x1F)}$。指數的部分相當於最右邊五個位元的數值。由於現在的欄位值為 224 到 254（包括 254）之間，所以最右邊五個位元的值就介於 0 到 30（包括 30）之間。換言之，這個部分長度的值就可以從 1（2^0）到 1,073,741,824（2^{30}）。當封包被分成幾個部分時，就可以使用這種表示法。每個部分長度欄位定義一段資料的長度。最後一個長度欄位絕對不是部分資料長度的型態。舉例來說，如果封包總共有四個部分，則前面有三個部分長度欄位，而最後一個必然是其他型態的長度欄位。

d. 如果標籤欄位的下一個位元的值是 255，則長度的欄位有 5 個位元組。封包資料的長度（封包長度減去標頭長度）的計算方式為：

資料長度 = 第二個位元組 << 24 | 第三個位元組 << 16 | 第四個位元組 << 8 | 第五個位元組

文字資料封包　　文字資料封包是指在傳輸或儲存時存放實際資料的封包。這類封包是最基本的訊息類別；也就是說，這類封包無法攜帶其他封包。此封包的格式請參考圖 16.13。

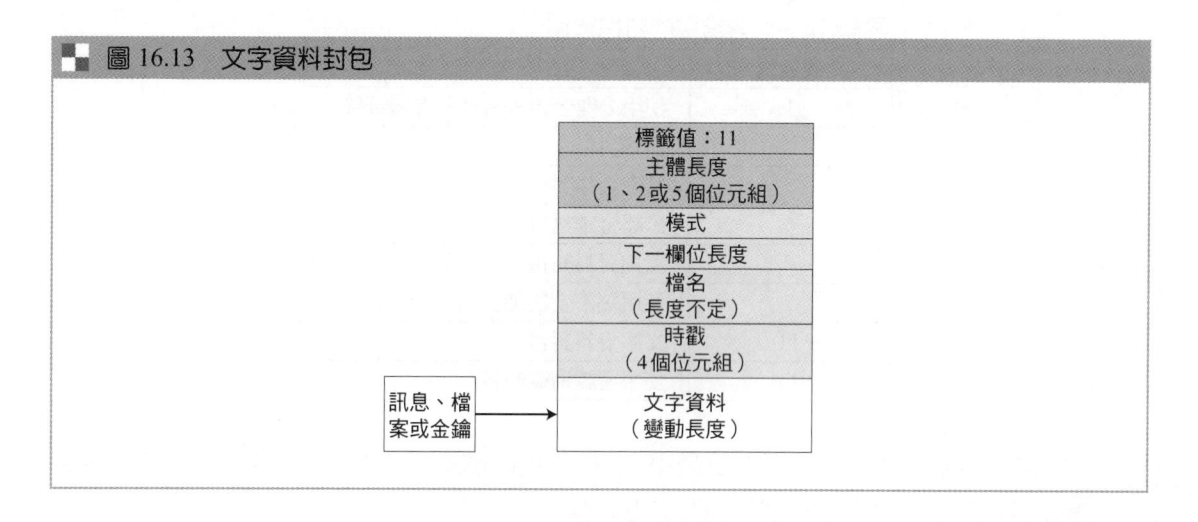

圖 16.13　文字資料封包

- **模式**：這個欄位的長度只有 1 個位元組，定義封包資料的類別。當值為「b」時代表內容為二進位資料、「t」為文字資料，或其他字型定義的值。
- **下一欄位長度**：這個欄位的長度也是 1 個位元組，定義下一個欄位（檔案名稱）的長度。
- **檔名**：這個欄位的長度由上面的欄位決定，內容就是以 ASCII 字串所表示的檔案名稱。
- **時戳**：這個欄位的長度有四個位元組，內容是訊息被建立或者修改的時間。當值為 0 的時候，表示使用者不想指定時間。
- **文字資料**：這個欄位沒有特定長度，內容就是檔案或訊息的實際資料，型態可能是文字或二進位資料（由最前面的模式欄位指定）。

壓縮資料封包　　這種封包攜帶經過壓縮的資料封包。圖 16.14 就是壓縮資料封包的格式。

圖 16.14 壓縮資料封包

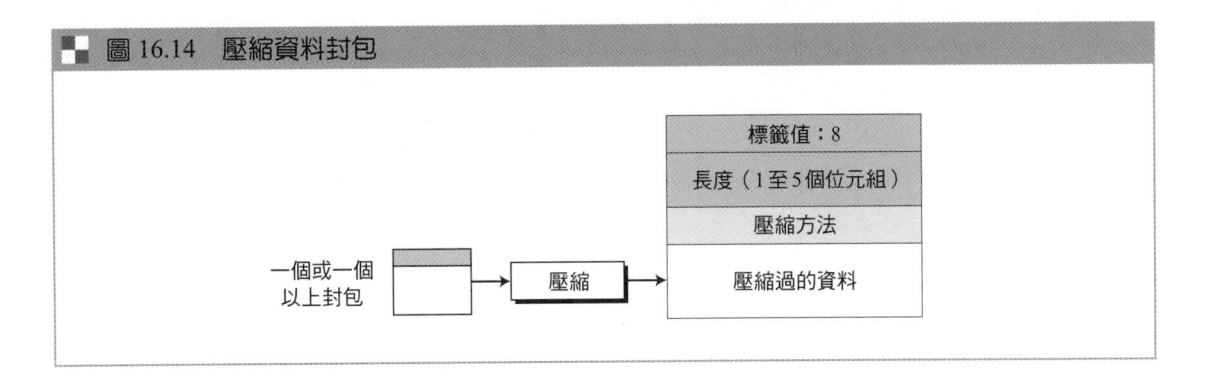

- **壓縮方法**：這個欄位的長度為 1 個位元組，標示用來對資料（下一個欄位）做壓縮的演算法。目前已經定義的值包括 1（ZIP）和 2（ZLIP）。當然，也可以用來標示其他演算法。ZIP 的演算法將在附錄 M 詳加討論。
- **壓縮過的資料**：這個欄位沒有固定長度，內容就是經過壓縮後的資料。這裡面的資料可以是單一的封包或是兩個連續的封包。不過通常是一個文字資料封包，或者是簽章封包和文字資料封包的組合。

使用祕密金鑰加密的封包 這種封包通常攜帶一個封包的資料，或者是經由傳統對稱式演算法加密後的一組封包。用來加密的單次會議金鑰必須在加密封包之前送出。圖 16.15 是加密資料封包的格式。

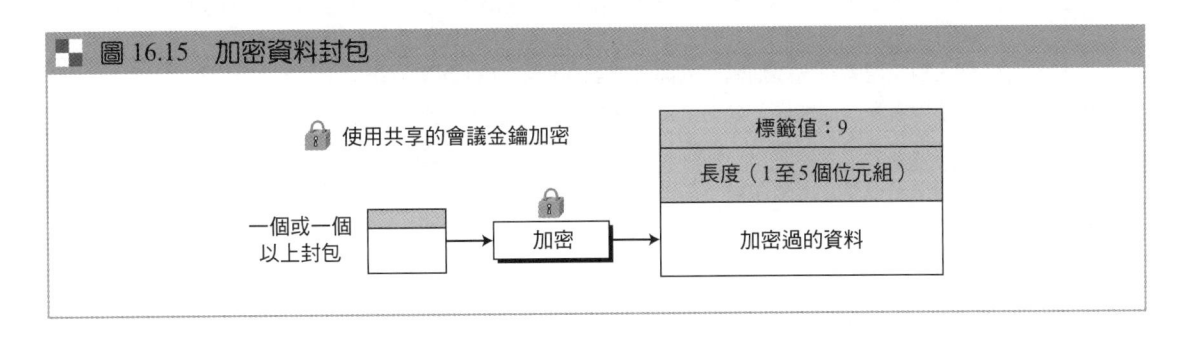

圖 16.15 加密資料封包

簽章封包 我們在前面已經討論過，簽章封包可以保護資料的完整性。圖 16.16 是簽章封包的格式。

- **版本**：這個欄位長度為 1 個位元組，標示所使用的 PGP 版本。
- **長度**：這個欄位本來式設計來標示接下來兩個欄位的長度的，但是現在這些欄位的大小都已經固定了，所以這個欄位的值就固定為 5。
- **簽章類別**：這個欄位長度為 1 個位元組，用來標示簽章的目的以及所簽署的文件。表 16.13 列出一些簽章類別。

圖 16.16　簽章封包

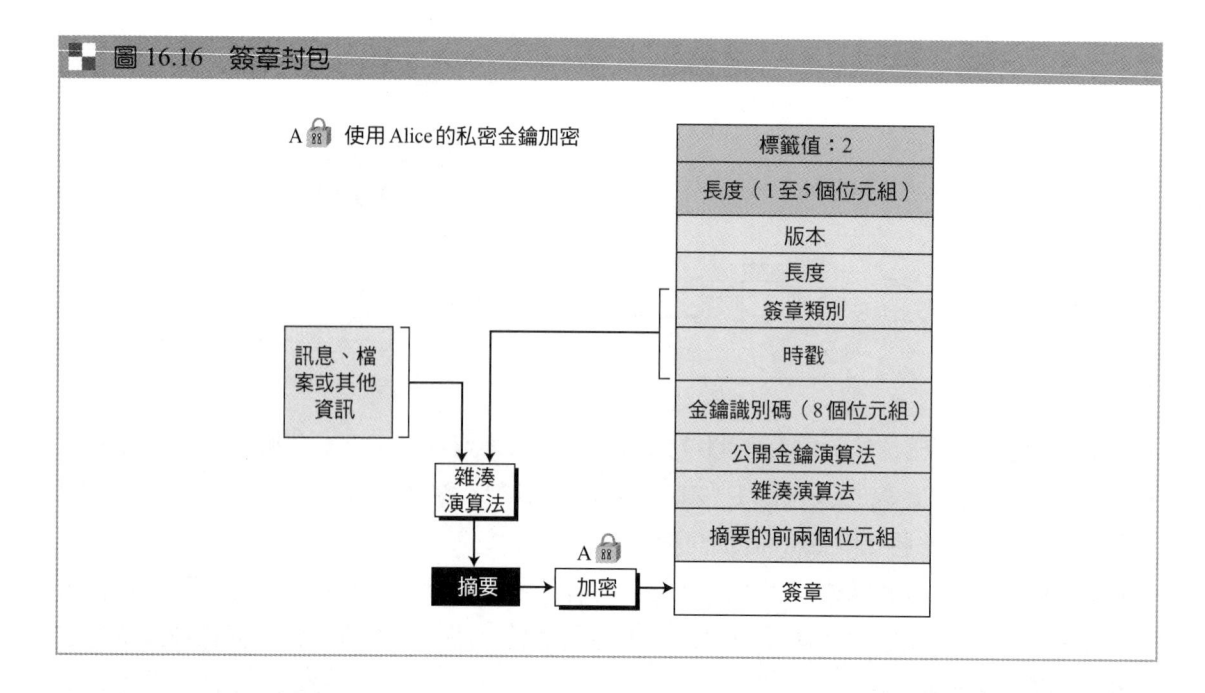

（簽章封包結構圖：訊息、檔案或其他資訊經雜湊演算法產生摘要，再以 Alice 的私密金鑰加密成簽章。封包欄位包含：標籤值：2、長度（1至5個位元組）、版本、長度、簽章類別、時戳、金鑰識別碼（8個位元組）、公開金鑰演算法、雜湊演算法、摘要的前兩個位元組、簽章）

表 16.13　簽章類別值範例

類別值	簽章內容
0x00	二進位文件的簽章（訊息或檔案）。
0x01	文字文件的簽章（訊息或檔案）。
0x10	對使用者身份識別碼及公開金鑰封包的一般性憑證。簽章者對金鑰擁有者沒有任何額外的認識。
0x11	個人對使用者身份識別碼及公開金鑰封包所發行的憑證。尚未對金鑰擁有者加以確認。
0x12	對使用者身份識別碼及公開金鑰封包的普通憑證。對金鑰擁有者有普通的確認。
0x13	對使用者身份識別碼及公開金鑰封包的正面憑證。對金鑰擁有者有一定程度的確認。
0x30	憑證撤銷簽章。用來撤銷以前所簽發的憑證（0x10至0x13）。

- **時戳**：這個欄位長度為 4 個位元組，內容就是產生簽章的時間。
- **金鑰識別碼**：這個欄位長度有 8 個位元組，用來標示簽章者所使用的金鑰識別。這可以幫助驗證者找到簽章者的公開金鑰來解開訊息摘要。
- **公開金鑰演算法**：這個欄位長度為 1 個位元組，用來標示對訊息摘要加密的公開金鑰演算法，因此驗證者就知道該用哪種演算法來解開訊息摘要。
- **雜湊演算法**：這個欄位長度為 1 個位元組，用來標示產生訊息摘要的雜湊演算法。
- **訊息摘要的前兩個位元組**：這兩個位元組用來核對，可以讓接收者確認用來解開訊息摘要的金鑰是正確的。
- **簽章**：這個欄位沒有固定長度，內容就是簽章本身。所簽的是加密後的訊息摘要。

用公開金鑰加密的會議金鑰封包　　這種封包用來送出經過接收者的公開金鑰所加密過的會議金鑰。封包格式如圖16.17所示。

圖 16.17 會議金鑰封包

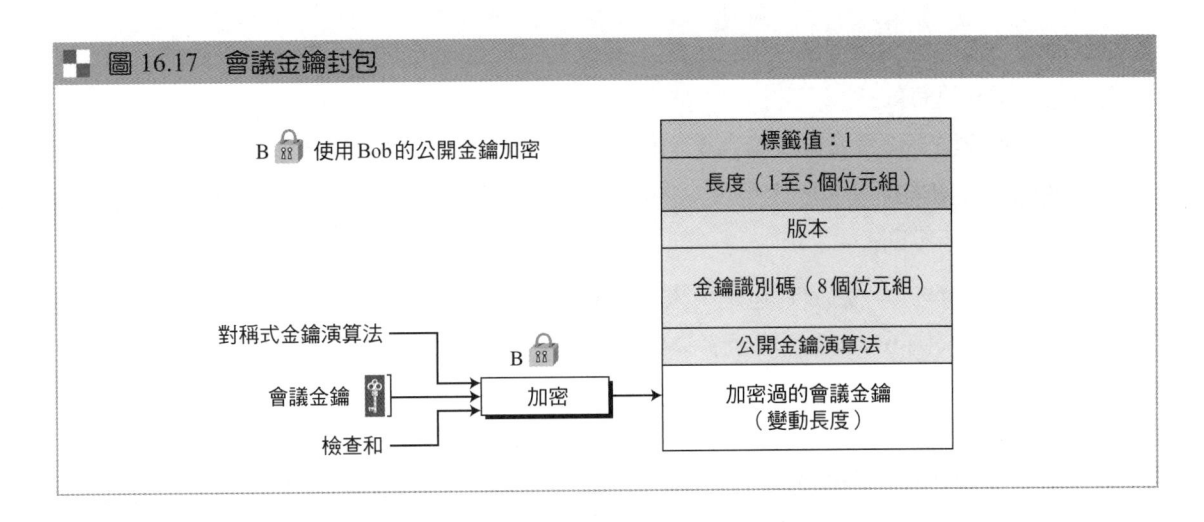

- **版本**：這個欄位長度為 1 個位元組，標示所使用的 PGP 版本。
- **金鑰識別碼**：這個欄位長度有 8 個位元組，用來標示簽章者所使用的金鑰識別。這可以幫助驗證者找到簽章者的公開金鑰來解開會議金鑰。
- **公開金鑰演算法**：這個欄位長度為 1 個位元組，用來標示對會議金鑰加密的公開金鑰演算法。這樣接收者就知道該用哪種演算法來解開會議金鑰。
- **加密過的會議金鑰**：這個欄位沒有固定長度，內容就是傳送者所產生的會議金鑰，加密後要傳送給接收者的值。加密的內容如下：

a. 8 位元標示對稱式加密演算法。

b. 會議金鑰。

c. 16 位元的核對值，應該等於會議金鑰個別位元組相加的總和。

公開金鑰封包　　這類封包的內容就是傳送者的公開金鑰，格式請參考圖 16.18。

- **版本**：這個欄位長度為 1 個位元組，標示所使用的 PGP 版本。
- **時戳**：這個欄位長度為 4 個位元組，內容就是產生金鑰的時間。

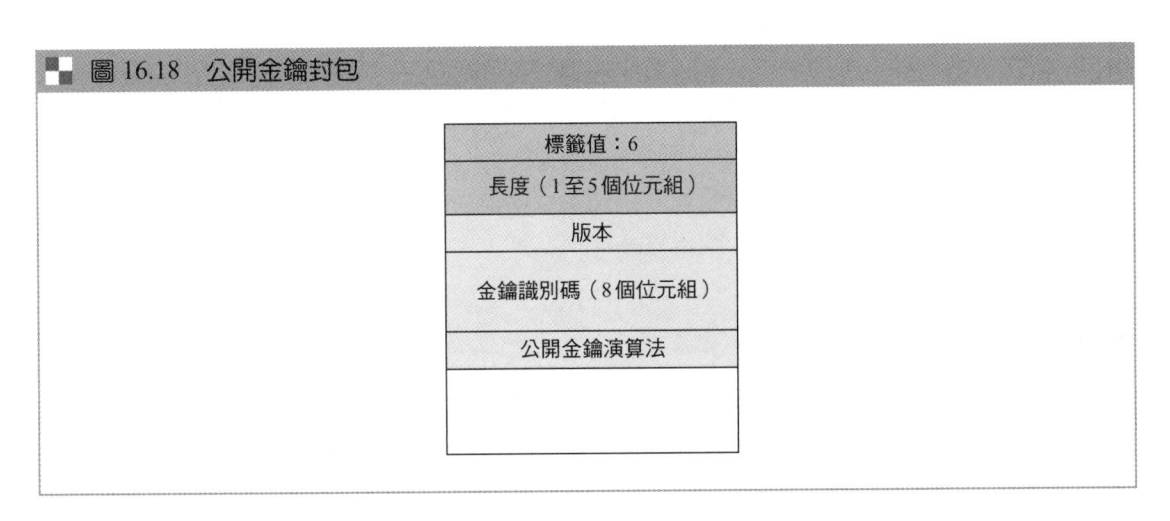

圖 16.18 公開金鑰封包

- **有效期限**：這個欄位長度為 4 個位元組，其值為這把金鑰的有效天數。如果數值為 0，代表這把金鑰永遠有效。
- **公開金鑰演算法**：這個欄位長度為 1 個位元組，用來標示公開金鑰演算法。
- **公開金鑰**：這個欄位沒有固定長度，內容就是傳送者的公開金鑰。內容則根據公開金鑰的演算法而有所不同。

　　使用者識別封包　　這種封包是用來辨識使用者，而且通常有助於找到與傳送者身份相對應的公開金鑰。圖16.19就是使用者識別封包的格式。注意，標頭中的長度欄位只有1個位元組。

圖 16.19　使用者識別碼封包

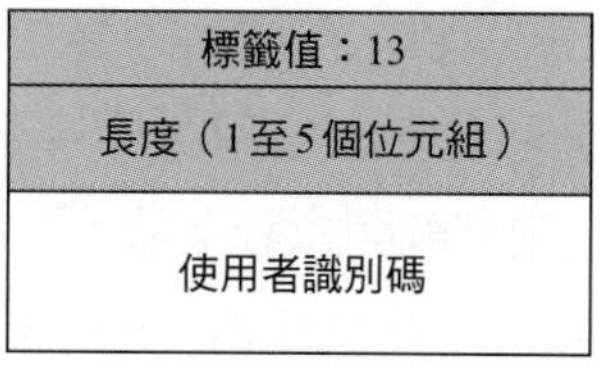

標籤值：13
長度（1至5個位元組）
使用者識別碼

- **使用者識別碼**：這是一個沒有固定長度的字串，內容就是傳送者的身份識別碼。通常就是使用者的名字加上一個電子郵件位址。

PGP 訊息

　　一個PGP的訊息是由一組以序列或巢狀結構組合的封包所構成。雖然不是所有的封包組合方式都可以構成有效的訊息，但仍然有許多種可以構成有效訊息的組合。此處我們以下列數個例子做為參考。

加密訊息

　　一個加密訊息可以由兩個封包組成，分別是會議金鑰和對稱式加密的封包。後者通常是一個巢狀結構的封包。圖16.20就是這種組合的例子。

　　圖中會議金鑰封包是一個單純的封包。加密資料封包是一個壓縮封包，而壓縮封包裡面的文字資料封包，才是真正存放文字資料的地方。

簽章訊息

　　一個簽章訊息通常由一個簽章封包和一個文字資料封包所組成，見圖16.21。

圖 16.20 加密訊息

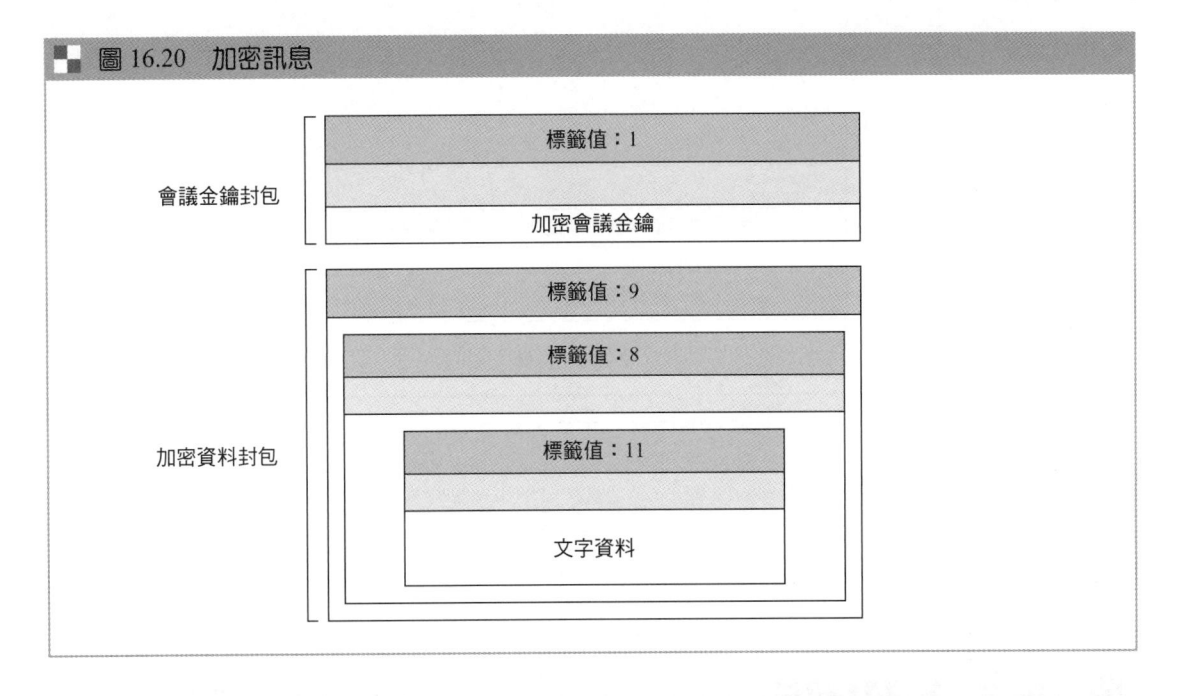

會議金鑰封包
- 標籤值：1
- 加密會議金鑰

加密資料封包
- 標籤值：9
  - 標籤值：8
    - 標籤值：11
    - 文字資料

圖 16.21 簽章訊息

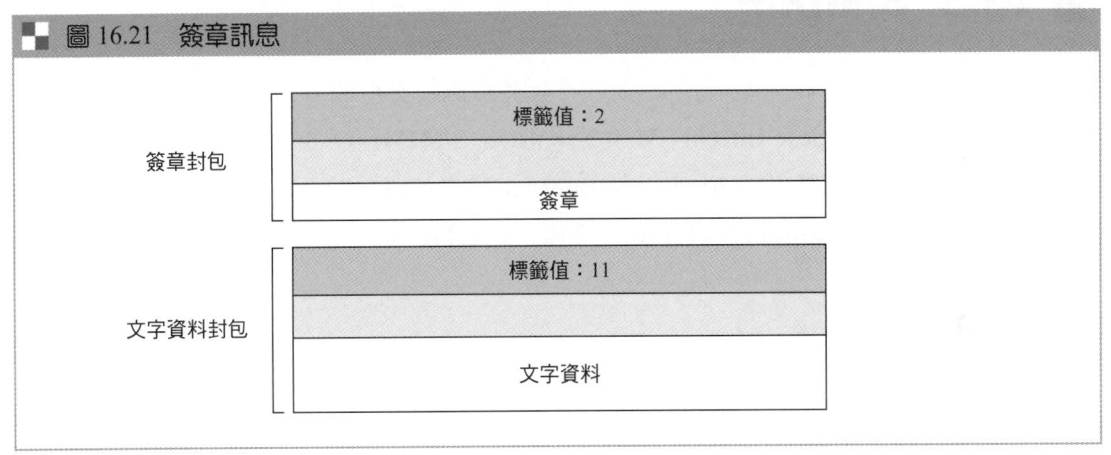

簽章封包
- 標籤值：2
- 簽章

文字資料封包
- 標籤值：11
- 文字資料

憑證訊息

雖然憑證有很多種類別，圖 16.22 是其中簡單的一種，主要內容是一個使用者識別封包和一個公開金鑰封包，最後再加上一個對前面這兩個封包的簽章，就組成了一個完整的訊息。

PGP 的應用

PGP 已經廣泛地使用在個人電子郵件系統之中，而且看起來應該會一直持續下去。

■ 圖 16.22 憑證訊息

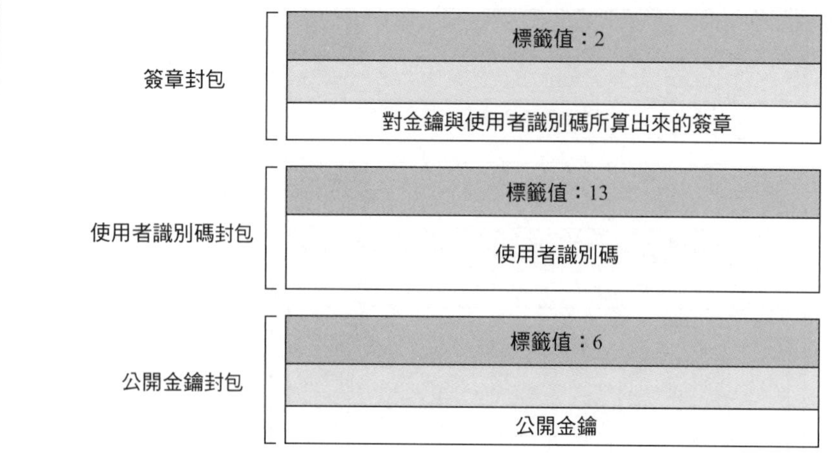

```
簽章封包         ┌─────────────────────────────────┐
                │ 標籤值：2                         │
                ├─────────────────────────────────┤
                │ 對金鑰與使用者識別碼所算出來的簽章  │
                └─────────────────────────────────┘

使用者識別碼封包 ┌─────────────────────────────────┐
                │ 標籤值：13                        │
                ├─────────────────────────────────┤
                │ 使用者識別碼                      │
                └─────────────────────────────────┘

公開金鑰封包     ┌─────────────────────────────────┐
                │ 標籤值：6                         │
                ├─────────────────────────────────┤
                │ 公開金鑰                          │
                └─────────────────────────────────┘
```

16.3 S/MIME

另一種特別為電子郵件系統所設計的安全服務稱為**安全的多用途網際網路郵遞延伸標準（Secure/Multipurpose Internet Mail Extension, S/MIME）**。這個協定是加強原本**多用途網際網路郵遞延伸標準（Multipurpose Internet Mail Extension, MIME）**。為了方便讀者瞭解 S/MIME，我們先簡單地介紹 MIME，然後再討論 MIME 如何擴充為 S/MIME。

MIME

電子郵件的結構很簡單，但這個簡單的結構有個代價：只能容納網路虛擬終端機（Network Virtual Terminal, NVT）7 位元的 ASCII 格式的字元。換言之，使用電子郵件有一些限制。舉例來說，有些語言（例如阿拉伯文、中文、法文、德文、希伯來文、日文或俄文等）無法使用 7 位元的 ASCII 字元來表示。另外，它也不能用來傳送影像或音訊這類二進位檔案。

MIME 就是一種讓非 ASCII 字元可以透過電子郵件傳送的附加協定。MIME 在發送端先將非 ASCII 字元轉換成 NVT ASCII 資料，再透過 MTA 用戶端傳送到網際網路上，之後在接收端再將資料轉回原來的格式。

我們可以將 MIME 當成可以在非 ASCII 與 ASCII 這兩種格式之間轉換資料的軟體功能，見圖 16.23。

除了電子郵件原來的標頭之外，MIME 新增了五種用來指定轉換參數的標頭：
1. MIME 版本（MIME-Version）。
2. 內容類別（Content-Type）。

圖 16.23 MIME

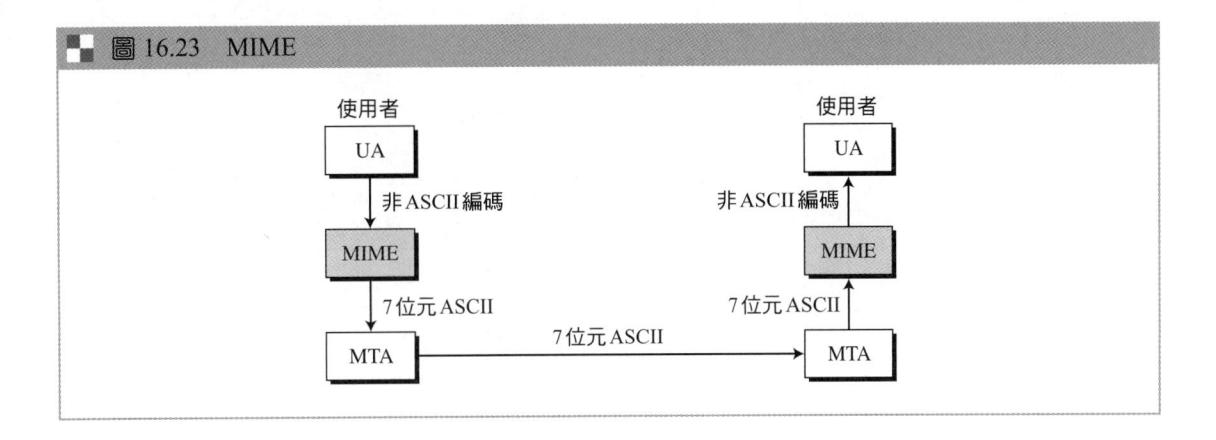

3. 內容傳遞編碼（Content-Transfer-Encoding）。
4. 內容識別碼（Content-Id）。
5. 內容描述（Content-Description）。

圖 16.24 列出這五種標頭，接下來將逐一加以討論。

圖 16.24 MIME 標頭

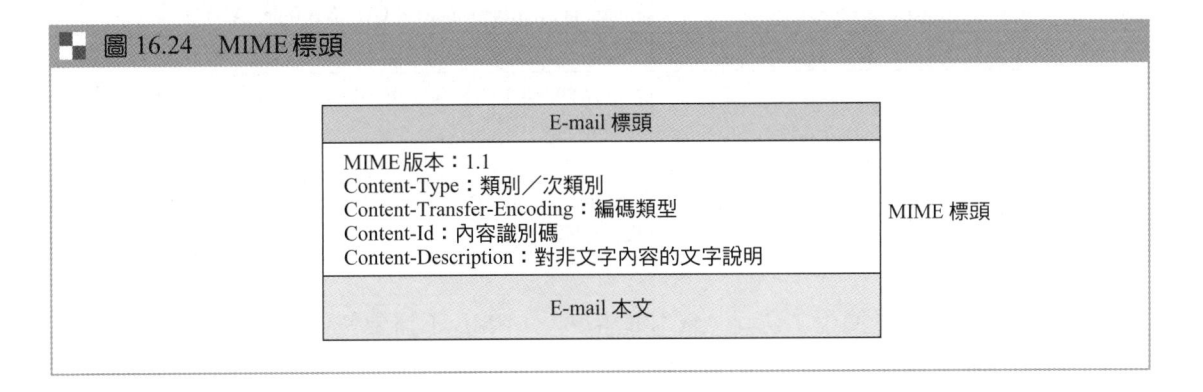

MIME 版本

這個標頭標示所使用的 MIME 版本，目前的版本為 1.1。

MIME-Version：1.1

內容類別

這個標頭定義訊息主體所使用的資料種類。內容類別與次類別間用斜線（/）隔開。注意，某些次類別可能會在標頭處附加一些參數。

Content-Type: <type / subtype; parameters>

表 16.14 列出這七種類別，以下提供較為詳細的說明。

表 16.14　MIME 的內容類別與次類別

類別	次類別	說明
Text（文字）	Plain（單純文字）	Unformatted.（沒有格式。）
	HTML	HTML format.（HTML 格式。）
Multipart（多部分）	Mixed（混合）	Body contains ordered parts of different data types.（訊息主體為按照順序呈現的不同類型資料。）
	Parallel（平行）	Same as above, but no order.（同上，但沒有特定順序。）
	Digest（摘要）	Similar to mixed, but the default is message/RFC822.（同混合次類別，但預設類型為符合 RFC822 規範的訊息。）
	Alternative（交替）	Parts are different versions of the same message.（各部分是相同訊息的不同版本。）
Message（訊息）	RFC822	Body is an encapsulated message.（訊息主體是經過封裝的另一個訊息。）
	Partial（部分）	Body is a fragment of a bigger message.（訊息主體是一個大型訊息的部分內容。）
	External-Body（外部主體）	Body is a refrent of a another message.（訊息主體是另一個外部訊息的指標。）
Image（影像）	JPEG	Image is in JPEG formate.（JPEG 格式的影像。）
	GIF	Image is in GIF formate.（GIF 格式的影像。）
Video（視訊）	MPEG	Video is in MPEG formate.（MPEG 格式的視訊。）
Audio（音訊）	Basic（基本）	Single channel encoding of voice at 8 KHz.（單聲道 8 KHz 頻率的音訊編碼。）
Application（應用）	PostScript	Adobe PostScript.（Adobe PostScript 格式的文件。）
	Octet-stream（位元組流）	General binary data (eight-bit bytes).〔一般二進位資料（每位元組有 8 位元）。〕

- **文字**：原始訊息就是使用 7 位元 ASCII 的格式。MIME 不需要任何轉換。以下有單純文字（plain）和 HTML 兩個次類別。
- **多部分**：訊息主體包括數個獨立的部分。多部分（Multipart）標頭必須規範每個部分的界線標誌。這個標誌是用兩個短橫線加上一個字串的獨立行。每個部分的開頭都有一個這樣的分隔標誌。訊息主體結束後，則以另一個分隔標誌再加上兩個短橫線表示結束。

　　這個類別有四種次類別：混合（mixed）、平行（parallel）、摘要（digest）以及交替（alternative）。混合類別表示內容呈現的順序和原始訊息一樣。每個部分都在分隔標誌處標示出指定的型態。平行類別和混合類別類似，但是不必按照原始順序。摘要類別也和混合類別類似，但是預設為 message/RFC822 類型，在下一段會加以說明。至於交替類別，則是以不同的格式呈現相同的訊息。以下是一個混合類別的多部分訊息例子。

```
Content-Type: multipart/mixed; boundary=xxxx

--xxxx
Content-Type: text/plain;
...........................
--xxxx
Content-Type: image/gif;
...........................
--xxxx--
```

- **訊息**：在訊息類別中，訊息主體是一個完整郵件訊息、完整郵件訊息的一部分或外部訊息的指標。這裡有三個次類別：RFC822、部分（partial）以及外部主體（external-body）。RFC822 的次類別是用來包裹另一個完整的訊息（包括標頭及本體）。部分次類別則是用於原始訊息已經被 MIME 切割成幾個段落，分別在不同的郵件訊息中送出的狀況。為了讓 MIME 在接收端可以將這些段落重新組合，必須加入三個參數：訊息識別碼（id，每個段落都必須有）、序列中的位置（number，累加）以及段落總數（total）。以下的例子將單一訊息分割成三個段落：

```
Content-Type: message/partial;
id="forouzan@challenger.atc.fhda.edu";
number=1;
total=3;

...........................
...........................
```

外部主體的次類別用來表示原始訊息中只有指向真正訊息所在位置的指標，而沒有實際的訊息內容。這個次類別後面的參數則定義存取原始訊息的方法。以下是這個次類別的例子：

```
Content-Type: message/external-body;
name="report.txt";
site="fhda.edu";
access-type="ftp";

...........................
...........................
```

- **影像**：原始訊息為一靜態影像。兩種現在常用的次類別是具影像壓縮功能的聯合影像專家群（Joint Photographic Experts Group, JPEG）格式以及圖形交換格式（Graphics Interchange Format, GIF）。
- **視訊**：原始訊息是一組隨時間改變的影像（動畫影片）。唯一的次類別是動態影像專家群（Moving Picture Experts Group, MPEG）。動態影像的聲音必須另外由音訊的類別加以傳送。

- **音訊**：原始訊息是聲音。唯一的次類別為基本（basic），內容為 8 kHz 的標準音訊資料。
- **應用**：原始訊息為之前未定義的類別。目前只有兩種次類別：PostScript 和位元組流（octet-stream）。PostScript 次類別代表內容為符合 Adobe PostScript 格式的資料，而位元組流的次類別則是用來表示內容必須當作一連串的位元組來處理（二進位檔案）。

內容傳遞編碼

內容傳遞編碼（Content-Transfer-Encoding）這個標頭的內容指定為了方便傳遞而對訊息編碼的方式：

Content-Transfer-Encoding: <type>

表 16.15 列出了五種編碼方式。

表 16.15　內容傳遞編碼

類別	說明
7bit（7 位元）	NVT ASCII characters and short lines.
8bit（8 位元）	Non-ASCII characters and short lines.
Binary（二進位）	Non-ASCII characters with unlimited-length lines.
Radix-64	6-bit blocks of data are encoded into 8-bit ASCII characters using Radix-64 conversion.
Quoted-printable（引用印刷編碼法）	Non-ASCII characters are encoded as an equal sign followed by an ASCII code.

- **7 位元**：這個就是 7 位元的 NVTASCII 編碼方式。雖然沒有特別加以轉換，但是每行文字的長度不可以超過 1,000 個字元。
- **8 位元**：這是 8 位元的編碼方式，可以用來傳送非 ASCII 字元資料，但是每行文字的長度也不可以超過 1,000 個字元。MIME 並沒有對這些字元做任何編碼的動作，但是底層的 SMTP 通訊協定必須支援 8 位元非 ASCII 字元的傳遞，所以並不建議使用這種方式。比較建議使用 Radix-64 和引用印刷編碼法。
- **二進位**：這也是 8 位元的編碼方式，可以用來傳送非 ASCII 字元資料，但是每行文字的長度也不可以超過 1,000 個字元。MIME 並沒有對這些字元做任何編碼的動作，但是底層的 SMTP 通訊協定必須支援二進位資料的傳遞，所以並不建議使用這種方式。比較建議使用 Radix-64 和引用印刷編碼法。
- **Radix-64**：這個解決方案是為了傳遞一些最高位元可能不為 0 的資料。Radix-64 的編碼方式將這類資料轉換成可列印的字元，然後就可以當成一般的 ASCII 字元或其他底層通訊協定所支援的字元集一樣地傳遞。

Radix-64 的編碼方式是將二元資料串流分割成一個個 24 位元的區塊。每個區塊再切成四段，每段有 6 個位元（參考圖 16.25）。每一個 6 位元的段落再按照表 16.16 一個一個

圖 16.25　Radix-64 轉碼法

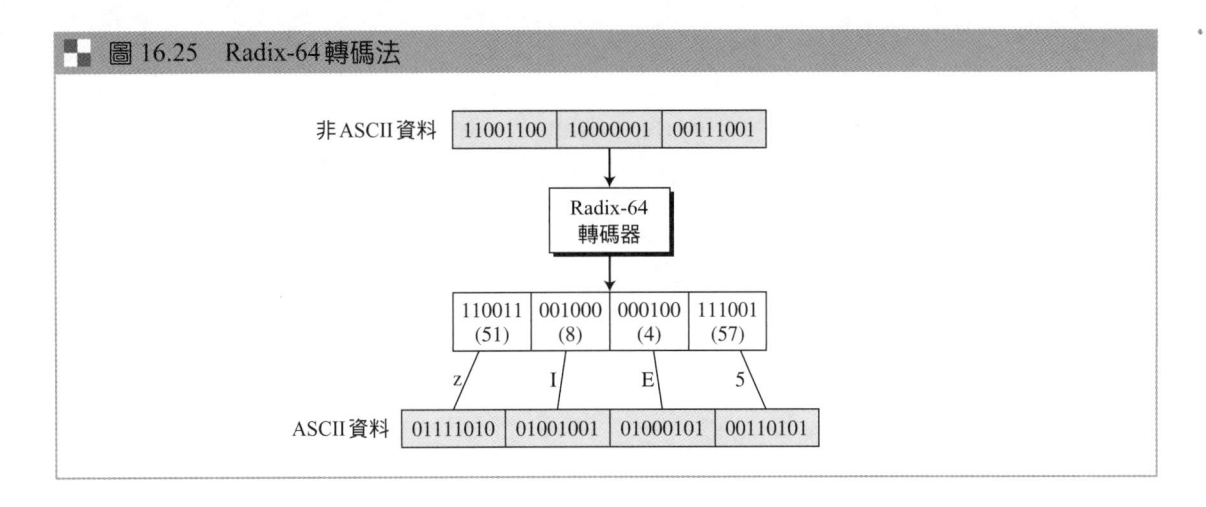

```
非ASCII資料  11001100  10000001  00111001
                        ↓
                    Radix-64
                     轉碼器
                        ↓
             110011  001000  000100  111001
              (51)    (8)     (4)    (57)
               z       I       E      5
ASCII資料    01111010 01001001 01000101 00110101
```

表 16.16　Radix-64 編碼表

數值	編碼	數值	編碼	數值	編碼	數值	編碼	數值	編碼	數值	編碼
0	A	11	L	22	W	33	h	44	s	55	3
1	B	12	M	23	X	34	i	45	t	56	4
2	C	13	N	24	Y	35	j	46	u	57	5
3	D	14	O	25	Z	36	k	47	v	58	6
4	E	15	P	26	a	37	l	48	w	59	7
5	F	16	Q	27	b	38	m	49	x	60	8
6	G	17	R	28	c	39	n	50	y	61	9
7	H	18	S	29	d	40	o	51	z	62	+
8	I	19	T	30	e	41	p	52	0	63	/
9	J	20	U	31	f	42	q	53	1		
10	K	21	V	32	g	43	r	54	2		

換成個別的字元。

- **引用印刷編碼法**：Radix-64 是一種擴充式的編碼方式；每 24 個位元會被轉換成四個字元。也就是說，總共會送出 32 個位元。這使得傳送的資料量增加了 25%。如果要傳送的資料大部分都是標準的 ASCII 字元，只有很小一部分是非 ASCII 字元，我們就可以用**引用印刷編碼法（quoted-printable）**的編碼方式。在編碼的時候，如果遇到標準 ASCII 字元的話就直接傳送；如果遇到非 ASCII 字元的時候，就把一個字元換成三個字元來傳送。第一個字元一定是等號（=），接下來的兩個字元就是兩個十六進位數字用來表示這個位元組。請參考圖 16.26 的例子。

內容識別碼

內容識別碼（Content-Id）這個標頭是用來在許多訊息流通的環境裡識別某個特定的訊息。

圖 16.26 引用印刷編碼法

| 00100110 & | 01001100 L | 10011101 非ASCII | 00111001 9 | 01001011 K | ASCII 和非 ASCII 資料混合 |

引用印刷編碼法 ↓

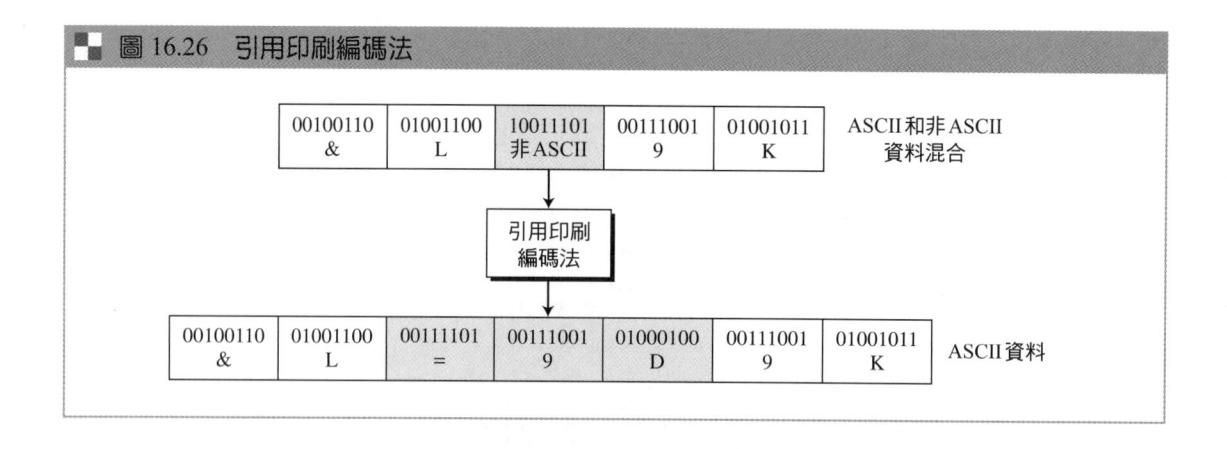

| 00100110 & | 01001100 L | 00111101 = | 00111001 9 | 01000100 D | 00111001 9 | 01001011 K | ASCII 資料 |

Content-ID: id=<content-id>

內容描述

內容描述（Content-Description）這個標頭標示訊息主體是影像、音訊或視訊。

Content-Description: <description>

S/MIME

S/MIME 為 MIME 擴充了數種新的內容種類以提供安全的服務。這些新的內容類別都必須加入一個名為「application/pkcs7-mime」的參數，其中 pkcs 是指公開金鑰密碼規範（Public Key Cryptography Specification）。

密碼訊息文法

為了定義安全服務（像是機密性或完整性等）如何加到原來 MIME 的內容類別中，S/MIME 定義了**密碼訊息文法**（Cryptographic Message Syntax, CMS）。目的是為每種內容類別的所有狀況定義精確的編碼方式。以下的內容將描述這種類別的訊息以及由這些訊息所發展出來的次類別。詳細內容請讀者參閱 RFC 3369 和 RFC 3370。

資料內容類別 此類別是一個任意的字串，所建立的物件則稱為資料。

簽章資料內容類別 此類別僅提供資料完整性的檢查。內容為任何資料類別加上零個以上的簽章。編碼後的結果為一個稱為 signedData 的物件。圖 16.27 就是產生這類物件的程序。以下列出這個程序的步驟：

1. 使用每位簽章者所指定的雜湊演算法，為每個簽章者算出訊息摘要。
2. 每位簽章者自行使用私密金鑰對訊息摘要簽署。
3. 把訊息內容，個別簽章者所算出的簽章值、憑證以及演算法都集合起來建立 signedData

圖 16.27　簽章資料內容類別

S_1 🔒 使用第一位簽章者的私密金鑰簽署
S_N 🔒 使用第 N 位簽章者的私密金鑰簽署

內容（任何類別）→ 雜湊演算法 → 摘要 → 數位簽章演算法（S_1）→ 簽章＋憑證＋演算法

⋮

→ 雜湊演算法 → 摘要 → 數位簽章演算法（S_N）→ 簽章＋憑證＋演算法

內容（任何類別）

signedData

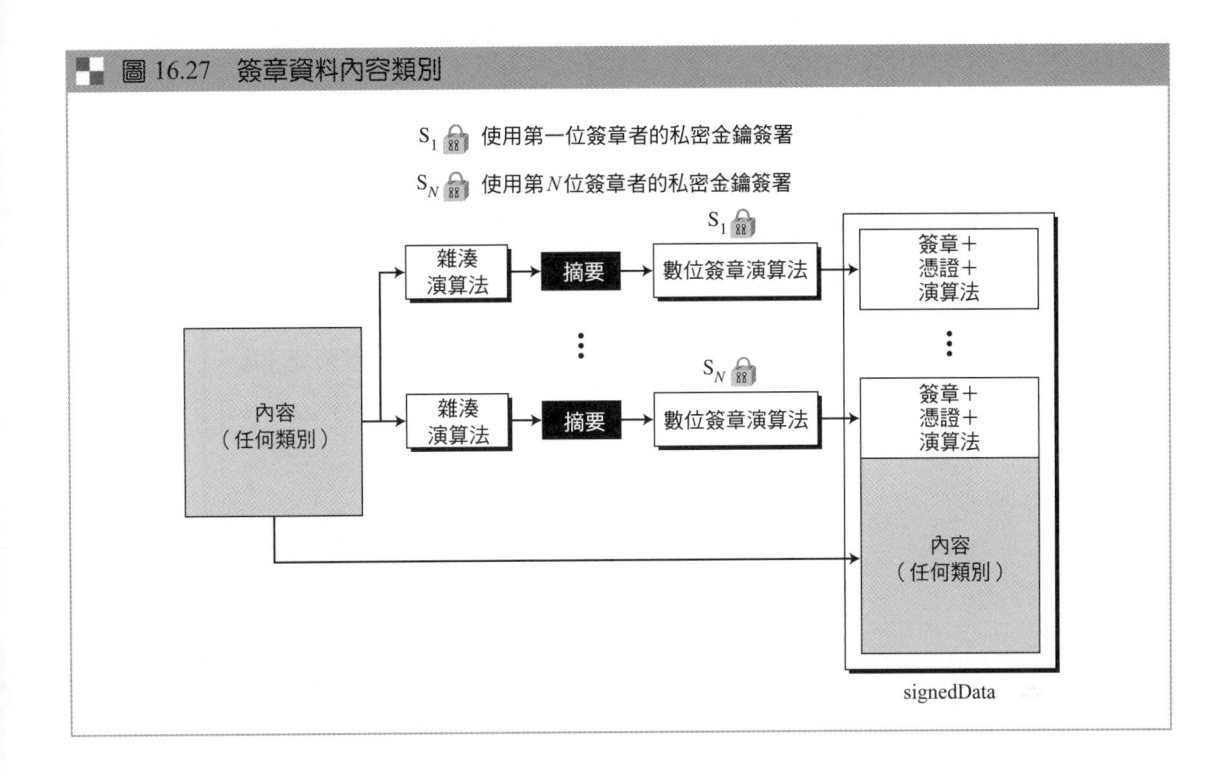

的物件。

封裝資料內容類別　此類別是用來提供訊息的隱密性。內容為任何資料類別加上零個以上的加密金鑰及憑證。編碼後的結果為一個稱為 envelopedData 的物件。圖 16.28 就是產生這類物件的程序。

1. 產生一個虛擬亂數當作對稱式加解密演算法所使用的會議金鑰。
2. 將會議金鑰用每個收件者的公開金鑰個別加密。
3. 現在訊息內容已經使用指定的加密演算法和會議金鑰完成加密。
4. 把加密後的訊息內容、加密過的會議金鑰、加密使用的演算法以及憑證組，一起用 Radix-64 的編碼方式加以編碼。

摘要資料內容類別　此類別是用來檢查訊息完整性。所產生的資料通常被拿來當作封裝資料內容類別物件的一部分。編碼後的結果為一個稱為 digestedData 的物件。圖 16.29 就是產生這類物件的程序。

1. 計算訊息內容的摘要。
2. 將訊息摘要，演算法，以及訊息內容加在一起組成 digestedData 的物件。

加密資料內容類別　此類別是用來產生任何類別內容的加密版本。雖然看起來和封裝資料內容相似，但是本類別的內容沒有指定接收者。可以用來儲存加密的資料，而不是傳送這些加密資料。產生這類物件的程序非常簡單，使用者選定任一把金鑰（通常是用使用者的通行碼算出來的）以及任一種演算法來加密訊息內容。在物件中只儲存加密後的內容，而不儲存金鑰及演算法等相關資訊。最後得到的物件稱為 encryptedData。

■ 圖 16.28　封裝資料內容類別

■ 圖 16.29　摘要資料內容類別

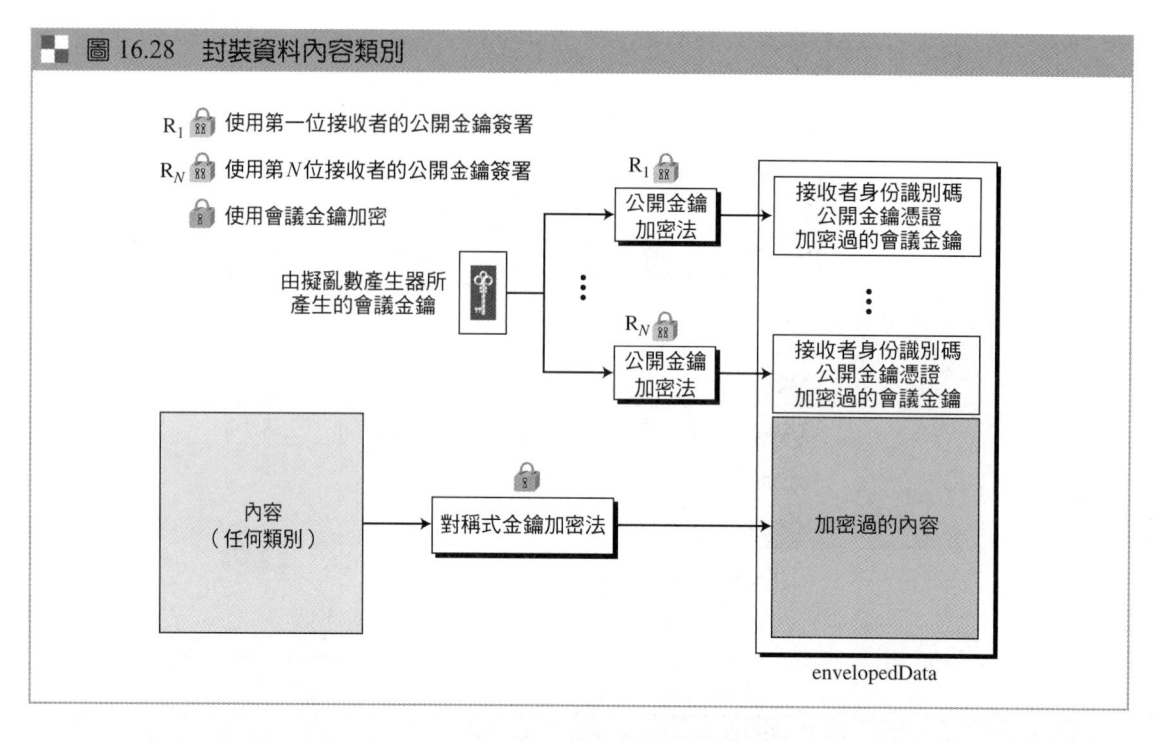

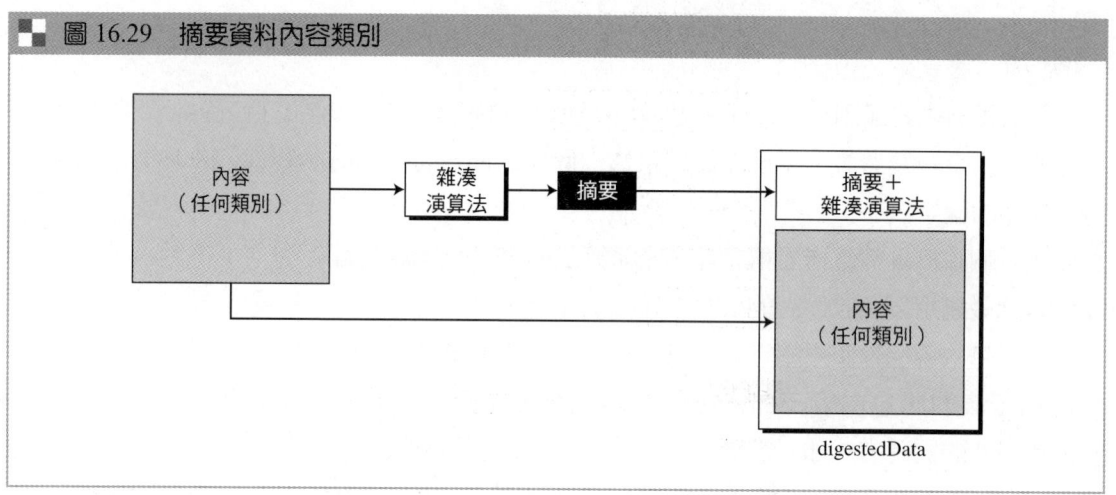

認證資料內容類別　　此類別是用來對資料提供認證的功能。這類物件稱為 authenticatedData。圖 16.30 是產生這類物件的程序。

1. 使用擬亂數產生器，為所有的接收者產生一把 MAC（訊息認證碼）金鑰。
2. 將 MAC 金鑰用個別接收者的公開金鑰加密。
3. 計算訊息內容的 MAC 值。
4. 將訊息內容、MAC 值、演算法以及其他相關資訊組合成 authenticatedData 物件。

圖 16.30　認證資料內容類別

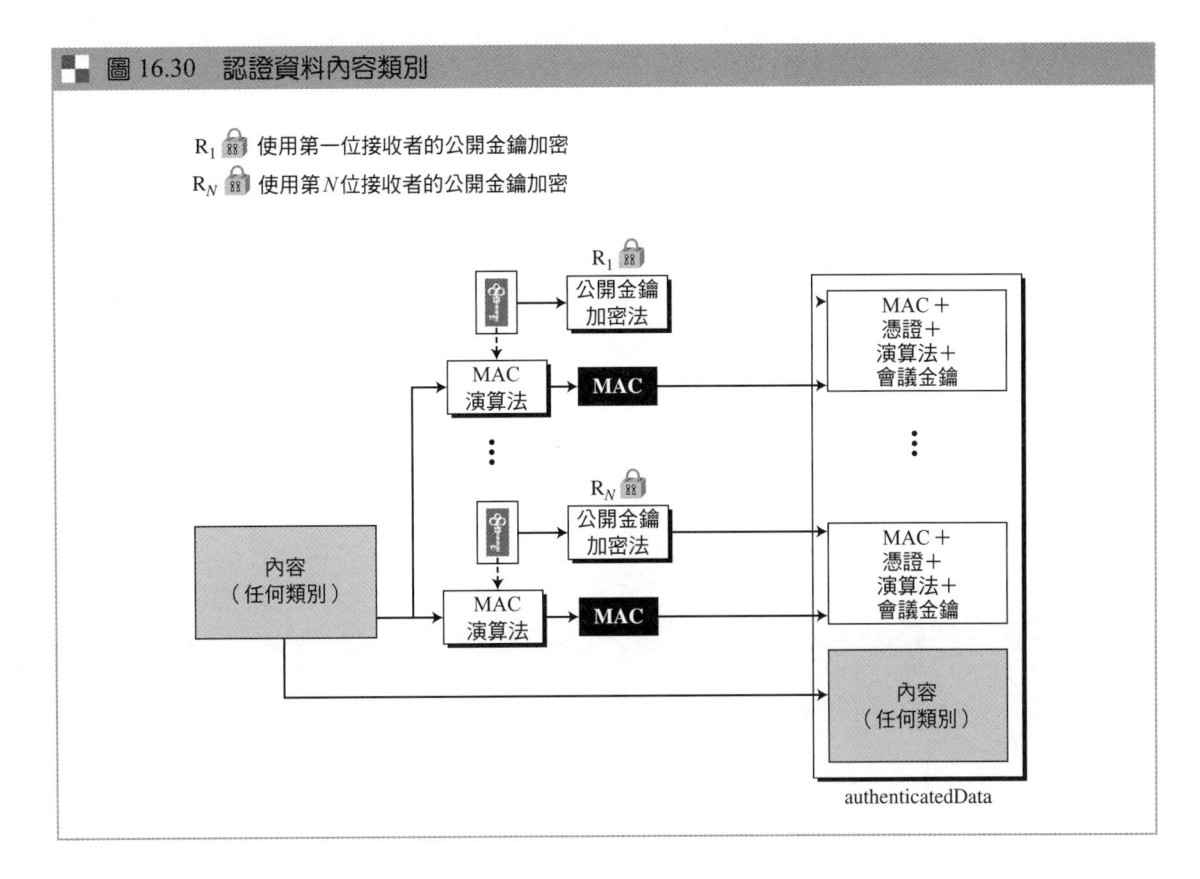

金鑰管理

S/MIME的金鑰管理方法結合了X.509和PGP所使用的方法。S/MIME使用X.509所定義的公開金鑰憑證（由憑證管理機構簽發）。然而，使用者必須自行以PGP所定義的信任網絡來驗證簽章。

密碼演算法

S/MIME定義了幾種密碼演算法（見表16.17）。在標題列的說明如果有「必須」，表示一定要提供這些演算法；如果有「應該」，則表示建議提供這些演算法。

表 16.17　S/MIME所使用的密碼演算法

演算法	傳送者必須支援	接收者必須支援	傳送者應該支援	接收者應該支援
內容加密演算法	三重DES	三重DES		1. AES 2. RC2/40
會議金鑰加密演算法	RSA	RSA	Diffie-Hellman	Diffie-Hellman
雜湊演算法	SHA-1	SHA-1		MD5
摘要加密演算法	DSS	DSS	RSA	RSA
訊息認證演算法		使用SHA-1的HMAC		

範例 16.3 以下是一個封裝資料類別的例子，內容為經過三重 DES 加密的短訊息。

Content-Type: application/pkcs7-mime; mime-type=enveloped-data
Content-Transfer-Encoding: Radix-64
Content-Description: attachment
name="report.txt";
cb32ut67f4bhijHU21oi87eryb0287hmnklsgFDoY8bc659GhIGfH6543mhjkdsaH23YjBnmN
ybmlkzjhgfdyhGe23Kjk34XiuD678Es16se09jy76jHuytTMDcbnmlkjgfFdiuyu678543m0n3h
G34un12P2454Hoi87e2ryb0H2MjN6KuyrlsgFDoY897fk923jljk130lXiuD6gh78EsUyT23y

S/MIME 的應用

有人預測 S/MIME 應該會成為提供商業化電子郵件安全性的業界標準。

推薦讀物

為了更深入瞭解本章所討論的主題，我們建議選讀下列書籍與網站。括號內的項目請參閱本書最後的參考文獻。

書籍

在 [For06] 和 [For07] 中對電子郵件有詳盡的討論。PGP 分別在 [Sta06]、[KPS02] 和 [Rhe03] 有進一步的資料。而 S/MIME 則在 [Sta06] 和 [Rhe03] 中加以討論。

網站

對於本章所討論的主題，以下的網站提供了許多更深入的資訊。

- http://axion.physics.ubc.ca/pgp-begin.html
- csrc.nist.gov/publications/nistpubs/800-49/sp800-49.pdf
- www.faqs.org/rfcs/rfc2632.html

關鍵詞彙

- Cryptographic Message Syntax（CMS） 密碼訊息文法　466
- quoted-printable　引用印刷編碼法　465
- electronic mail（e-mail） 電子郵件　436
- Radix-64　464
- key ring　金鑰圈　441
- Secure/Multipurpose Internet Mail Extension（S/MIME） 安全的多用途網際網路郵遞延伸標準　460
- message access agent（MAA） 訊息存取代理人　437
- message transfer agent（MTA） 訊息傳送代理人　436
- user agent（UA） 使用者代理人　436
- Multipurpose Internet Mail Extension（MIME）多用途網際網路郵遞延伸標準　460
- web of trust　信任網絡　450
- Pretty Good Privacy（PGP）　439

重點摘要

- 由於電子郵件的通訊方式沒有會議的概念，傳送者必須將處理訊息所使用的演算法名稱或識別碼含括在訊息中。電子郵件的通訊使用對稱式金鑰演算法來加密／解密，但是解開訊息所使用的祕密金鑰必須用接收者的公開金鑰加密後和訊息一起送出。
- 本章第一個討論的通訊協定是 Pretty Good Privacy（PGP），係由 Phil Zimmermann 所發明，主要提供電子郵件私密性、完整性及確認性等功能。PGP 可以用來建立安全的電子郵件訊息，或是安全地儲存檔案以供未來使用。
- 在 PGP 系統中，Alice 需要一個金鑰圈來存放所有與她有訊息往來的人的公開金鑰。另外，她還需要一個金鑰圈存放自己的公開／私密金鑰對。
- PGP 系統不需要憑證管理中心；任何人都可以幫金鑰圈上的任何人簽發憑證。PGP 也沒有任何樹狀或者階層式的信任層級。從完全信任或者部分信任者通往任何人的信任路徑可以超過一條以上。
- 整個 PGP 系統的運作是基於對介紹人的信任、信任的等級及公開金鑰的合法性。PGP 在一群人之間建立一個信任網絡。
- PGP 定義了數種封包種類：文字資料封包、壓縮資料封包、使用祕密金鑰加密的資料封包、簽章封包、使用公開金鑰加密的會議金鑰封包、公開金鑰封包，以及使用者身份識別碼封包。
- 在 PGP 中可以使用數種訊息種類：加密訊息、簽署訊息以及憑證訊息。
- 另一種為電子郵件設計的安全服務為安全的多用途網際網路郵遞延伸標準（S/MIME）。這種通訊協定是在原有的多用途網際網路郵遞延伸標準（MIME）協定上加強安全的功能。MIME 本來就是為了在電子郵件中傳送非 ASCII 字元資料的輔助通訊協定；S/MIME 藉由在 MIME 的協定中增加一些新的內容類別來提供安全服務。
- 密碼訊息文法在 MIME 之上定義了數種訊息類別來產生新的內容類別。本章討論數種訊息類別，包括資料內容類別、簽署資料內容類別、封裝資料內容類別、摘要資料內容類別、加密資料內容類別，以及認證資料內容類別。
- S/MIME 的金鑰管理方式結合了 X.509 和 PGP 所使用的方法。S/MIME 使用由憑證管理機構所發出的憑證。

練習集

問題回顧

1. 說明 Bob 在收到 Alice 送來的 PGP 訊息後，如何找出她所使用的密碼演算法。
2. 說明 Bob 在收到 Alice 送來的 S/MIME 訊息後，如何找出她所使用的密碼演算法。
3. 說明 Bob 和 Alice 在使用 PGP 時，如何交換加密訊息所用的祕密金鑰。
4. 說明 Bob 和 Alice 在使用 S/MIME 時，如何交換加密訊息所用的祕密金鑰。
5. 對照比較 PGP 與 S/MIME 所使用憑證的不同。說明 PGP 和 S/MIME 利用這些憑證所建立的信任網絡。
6. 列出 PGP 系統使用的七種封包類別，並說明它們的目的。
7. 列出 PGP 系統使用的三種訊息類別，並說明它們的目的。

8. 寫出所有在CMS中定義的內容類別及其目的。
9. 比較PGP與S/MIME所使用的金鑰管理方式。

習題

10. Bob收到了一個PGP訊息。當封包的標籤值為
    a. 8
    b. 9
    c. 2

    的時候，這幾個封包的類別為何？
11. 在PGP系統中，可不可以在一個電子郵件訊息中使用兩種不同的公開金鑰演算法？在Alice送給Bob的訊息中又是如何指定的？
12. 回答以下有關PGP封包標籤值的問題：
    a. 封包標籤值為1時，能否將另一個封包裝在這個封包裡？
    b. 封包標籤值為6時，能否將另一個封包裝在這個封包裡？
13. 在PGP系統中，以下的安全服務各是由哪種類別的封包所提供？
    a. 機密性
    b. 訊息完整性
    c. 確認性
    d. 不可否認性
    e. a和b
    f. a和c
    g. a、b和c
    h. a、b、c和d
14. 在S/MIME的協定中，以下的安全服務各是由哪種內容類別所提供？
    a. 機密性
    b. 訊息完整性
    c. 確認性
    d. 不可否認性
    e. a和b
    f. a和c
    g. a、b和c
    h. a、b、c和d
15. 比較在PGP和S/MIME中所使用的對稱式金鑰密碼演算法，並以列表方式表示。
16. 比較在PGP和S/MIME中所使用的非對稱式金鑰密碼演算法，並以列表方式表示。
17. 比較在PGP和S/MIME中所使用的雜湊演算法，並以列表方式表示。
18. 比較在PGP和S/MIME中所使用的數位簽章演算法，並以列表方式表示。
19. 使用以下兩種編碼方式對文字「This is a test」進行編碼：
    a. Radix-64
    b. 引用印刷編碼法

17 傳輸層安全：SSL 與 TLS

學習目標

本章的學習目標包括：

- 討論在網際網路模型中傳輸層的安全服務需求。
- 討論 SSL 的一般結構。
- 討論 TLS 的一般結構。
- 比較與對照 SSL 和 TLS。

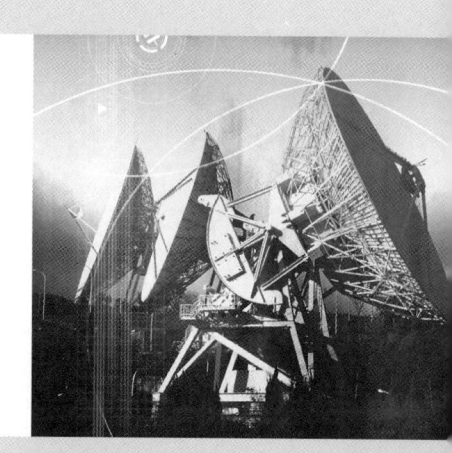

　　傳輸層安全對使用可靠傳輸層協定的應用（例如 TCP）提供點對點的安全服務，其概念在於對網際網路上的交易提供安全服務，例如，當客戶在線上購物時，需要滿足以下的安全服務：

1. 客戶需要確信此伺服器屬於真正的賣主，而非冒充者。客戶不會想把她的信用卡號碼提供給冒充者（確認性）。
2. 客戶和賣主需要確信訊息的內容在傳送過程中沒有被修改過（訊息完整性）。
3. 客戶和賣主需要確信冒充者並沒有攔截敏感性資訊，例如信用卡號碼（機密性）。

　　現今，有兩個協定被運用在傳輸層來提供安全性：**SSL 協定（Secure Sockets Layer (SSL) Protocol）**和**傳輸層安全協定（Transport Layer Security (TLS) Protocol）**。後者其實是前者的 IETF 版本。我們首先討論 SSL，然後討論 TLS，再對兩者進行比較。圖 17.1 顯示 SSL 和 TLS 在網際網路模型裡的位置。

　　這些協定的目標之一是提供伺服器和用戶間的確認性、資料機密性和資料完整性。應用層的用戶／伺服器程式，例如**超文字傳輸協定（Hypertext Transfer Protocol, HTTP）**，使用 TCP 的服務在 SSL 封包中封裝資料。如果伺服器和用戶能執行 SSL（或 TLS）程式，然後用戶能使用「https://」的 URL 來取代「http://」，使得 HTTP 訊息能夠被封裝在 SSL（或 TLS）封包中，如此一來，線上購物者的信用卡號碼就能夠安全地在網際網路中傳送。

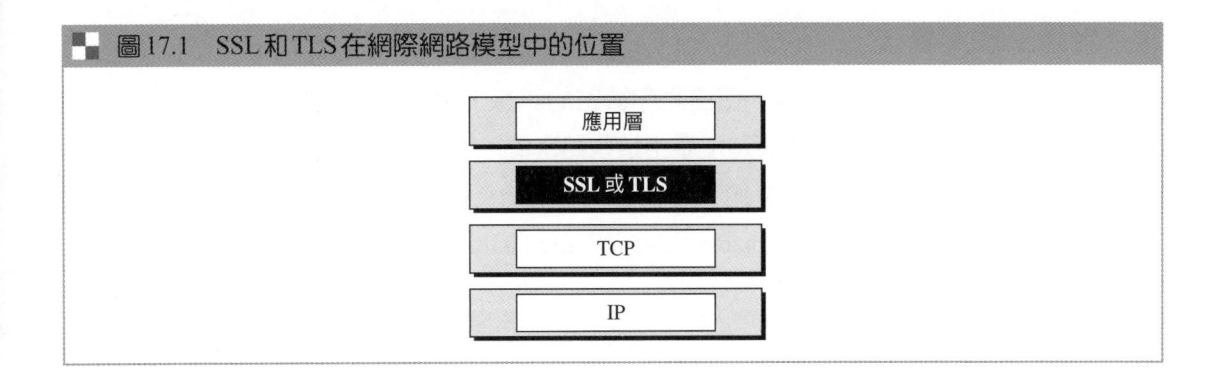

圖 17.1　SSL 和 TLS 在網際網路模型中的位置

```
┌─────────────────┐
│     應用層      │
├─────────────────┤
│   SSL 或 TLS    │
├─────────────────┤
│      TCP        │
├─────────────────┤
│       IP        │
└─────────────────┘
```

17.1　SSL 結構

　　SSL 是設計對來自於應用層產生的資料提供安全和壓縮的服務，基本上，SSL 能接收來自任何應用層協定的資料，但此協定通常就是 HTTP。從應用系統收到的資料就已經被壓縮（可選擇的）、簽署並加密，然後資料被傳給一個如 TCP 般可靠的傳輸層協定。Netscape 在 1994 年發展出 SSL，第二版和第三版在 1995 年發布。本章將討論 SSL 第三版。

服務

　　SSL 提供許多服務給從應用層收到的資料。

分割

　　首先，SSL 把資料分割成 2^{14} 個位元組（或更少）的區塊。

壓縮

　　資料的每個分割區塊使用由用戶與伺服器協商出來的一種無失真壓縮方法來進行壓縮，這是可選擇的服務。

訊息完整性

　　為了保護資料的完整性，SSL 使用一個具金鑰的雜湊函數來產生 MAC。

機密性

　　為了提供機密性，原始資料和 MAC 將會使用對稱式金鑰密碼系統進行加密。

結構

　　標頭被加入在加密後的承載內，該承載隨後被傳送給可靠的傳輸層協定。

🔑 金鑰交換演算法

我們稍後將看到，為了交換一個確認和機密的訊息，用戶和伺服器各需要六個祕密值（四把金鑰和兩個初始向量），然而為了產生這些祕密值，需要在此兩者間先建立一把預先主金鑰，SSL 為了建立此把預先主金鑰，定義了六種金鑰交換的方法：NULL、RSA、匿名式 Diffie-Hellman、暫時式 Diffie-Hellman、固定式 Diffie-Hellman 和 Fortezza，如圖 17.2 所示。

圖 17.2　金鑰交換方法

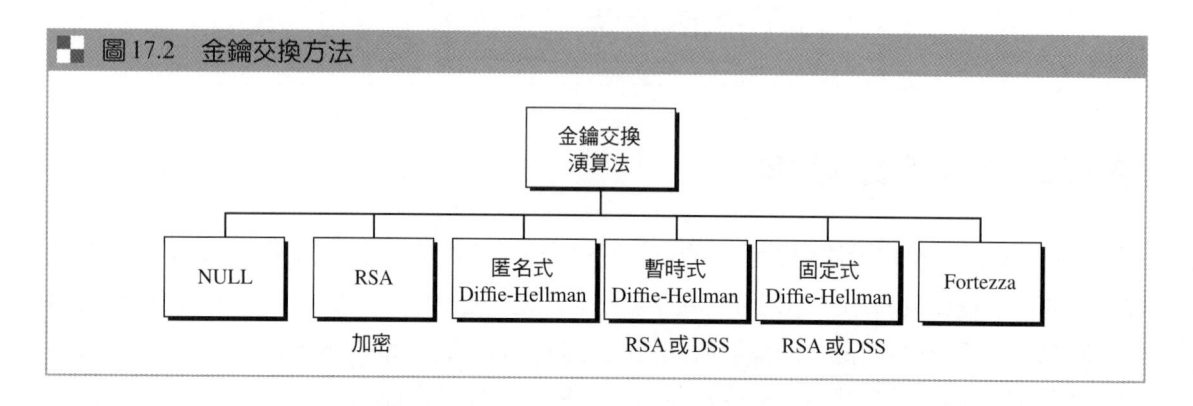

```
                    金鑰交換
                    演算法
    ┌──────┬─────┬─────────┬─────────┬─────────┬────────┐
   NULL   RSA   匿名式      暫時式     固定式    Fortezza
              Diffie-Hellman Diffie-Hellman Diffie-Hellman
         加密              RSA 或 DSS  RSA 或 DSS
```

NULL

在此方法中並沒有金鑰交換，用戶和伺服器間沒有建立預先主金鑰。

用戶和伺服器兩者需先知道預先主金鑰的值。

RSA

在此方法中，預先主金鑰是一個由用戶產生的 48 位元組的亂數，並使用伺服器的 RSA 公開金鑰加密，再傳送給伺服器。伺服器需要傳送它的 RSA 加密／解密憑證。圖 17.3 顯示其作法。

圖 17.3　RSA 金鑰交換；伺服器公開金鑰

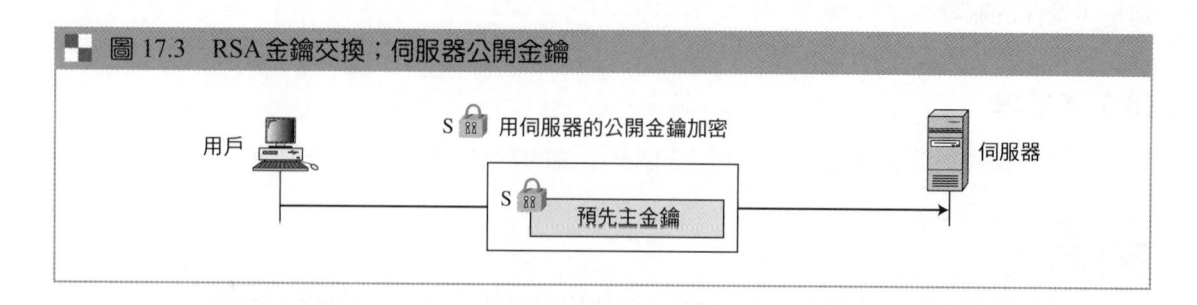

```
            S🔒 用伺服器的公開金鑰加密
 用戶 💻                                    伺服器
            S🔒
            預先主金鑰
```

匿名式 Diffie-Hellman

這是最簡單也最不安全的方法。用戶和伺服器間的預先主金鑰是使用 Diffie-Hellman（DH）協定建立的。Diffie-Hellman 的半金鑰是以明文傳送，稱為**匿名式 Diffie-Hellman**

圖 17.4　匿名式 Diffie-Hellman 金鑰交換演算法

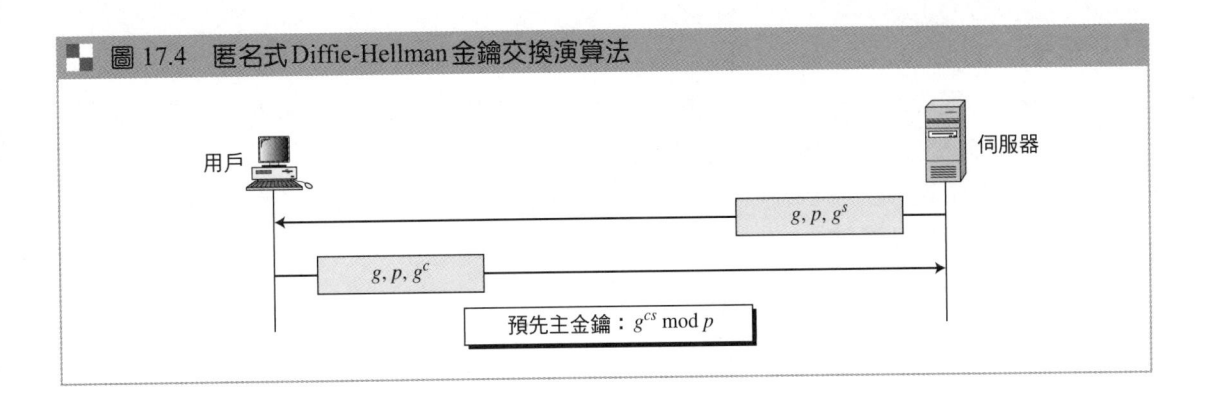

（anonymous Diffie-Hellman），因為兩者對另一個皆不熟識。如我們所討論的，這種方法最嚴重的缺點是有中間人攻擊。圖 17.4 顯示這個想法。

暫時式 Diffie-Hellman

為了阻止中間人攻擊，可以使用**暫時式 Diffie-Hellman**（ephemeral Diffie-Hellman）金鑰交換方法。雙方將一把使用自己私密金鑰簽署的 Diffie-Hellman 金鑰送給對方。收到的人需使用發送人的公開金鑰驗證簽章。用來驗證的公開金鑰是使用 RSA 或者 DSS 數位簽章憑證。圖 17.5 顯示這個想法。

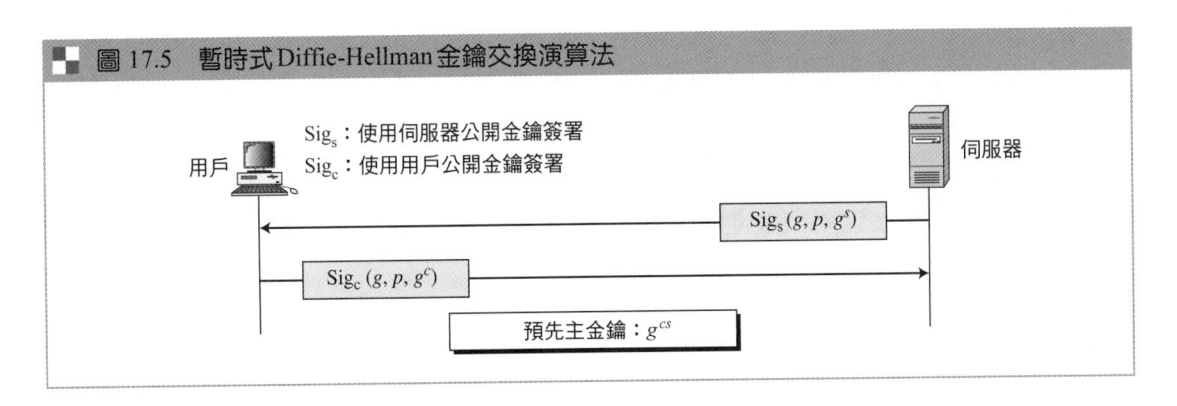

圖 17.5　暫時式 Diffie-Hellman 金鑰交換演算法

固定式 Diffie-Hellman

另一個解決辦法是使用**固定式 Diffie-Hellman**（fixed Diffie-Hellman）方法。同一群人都使用固定式 Diffie-Hellman 的參數（g 和 p），然後每個人產生固定式 Diffie-Hellman 的半金鑰（a^x）。為了增加安全性，每把半金鑰都被插入在由憑證管理中心（CA）驗證的某個憑證中。換句話說，兩者不直接交換半金鑰；CA 用 RSA 或 DSS 的特殊憑證來傳送半金鑰。當用戶需要預先主金鑰，則使用自己的固定半金鑰和伺服器在憑證中的半金鑰來計算。伺服器會做相同的事情，只是次序顛倒。注意，在這種方法中並沒有傳送金鑰交換的訊息，只有交換憑證。

Fortezza

Fortezza（從義大利語 fortress 演變而來）是一個美國國家安全局（NSA）的註冊商標。這是為國防部發展的安全協定系列。因為它太過複雜，我們不在此討論。

加密／解密演算法

對於加密／解密演算法有幾種選擇。我們把演算法分成六種，如圖 17.6 所示。除了 Fortezza 使用二十個位元組的初始向量外，其餘區塊協定皆使用八個位元組的初始向量。

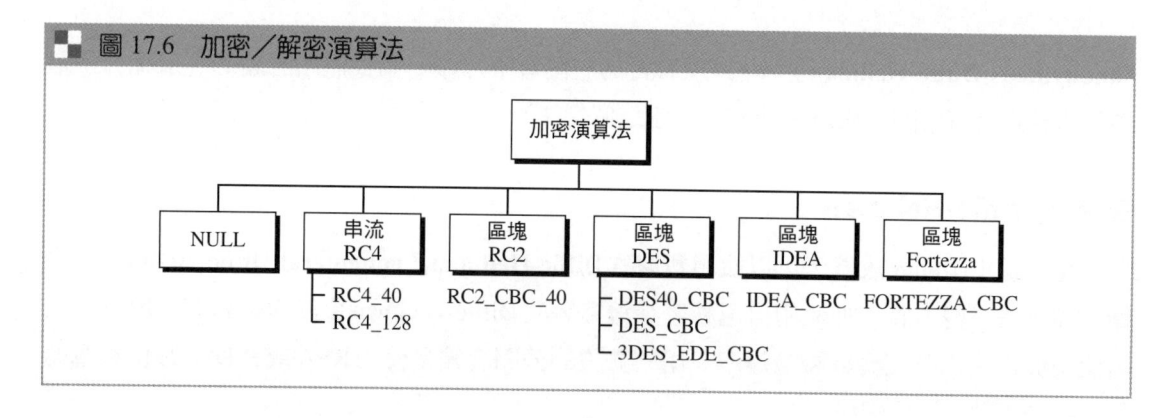

■ 圖 17.6 加密／解密演算法

```
                          加密演算法
        ┌──────┬──────┬──────┬──────┬──────┐
       NULL   串流    區塊    區塊    區塊    區塊
              RC4    RC2     DES    IDEA   Fortezza
              │      │       │       │       │
              ├RC4_40 RC2_CBC_40  ├DES40_CBC  IDEA_CBC  FORTEZZA_CBC
              └RC4_128            ├DES_CBC
                                  └3DES_EDE_CBC
```

NULL

NULL 簡單地定義無使用加解密演算法。

串流 RC4

有兩個 RC 演算法定義在串流模式下：RC4-40（40 位元金鑰）和 RC4-128（128 位元金鑰）。

區塊 RC

有一個 RC 演算法定義在區塊模式下：RC2_CBC_40（40 位元金鑰）。

DES

所有的 DES 都演算定義在區塊模式下，DES40_CBC 使用 40 位元金鑰，標準 DES 定義使用 DES_CBC，3DES_EDE_CBC 定義使用 168 位元金鑰。

IDEA

IDEA 演算法定義在區塊模式下：IDEA_CBC 使用 128 位元金鑰。

Fortezza

Fortezza演算法定義在區塊模式下：FORTEZZA_CBC使用96位元金鑰。

雜湊演算法

SSL使用雜湊演算法來提供訊息完整性（訊息確認性）。總共有三個雜湊演算法被定義，如圖17.7所示。

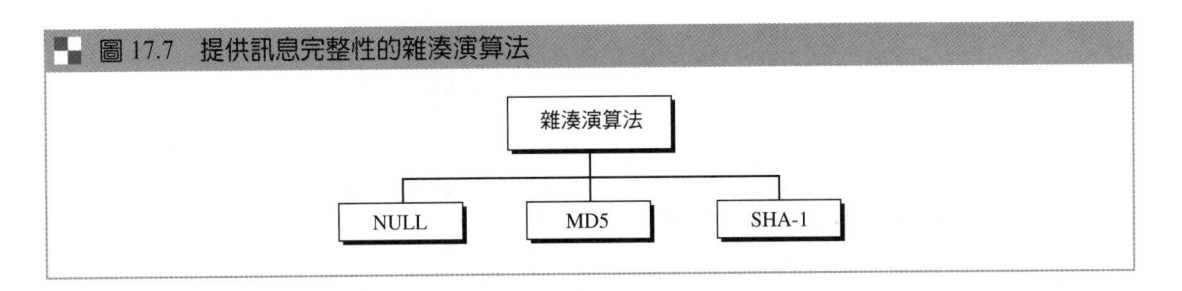

圖 17.7 提供訊息完整性的雜湊演算法

```
           雜湊演算法
         ┌─────┼─────┐
       NULL   MD5   SHA-1
```

NULL

雙方可以拒絕使用雜湊演算法。在這種情況下，沒有雜湊演算法，訊息也沒有被確認。

MD5

雙方可以選擇MD5為雜湊演算法。在這種情況下，會使用一個128位元的MD5雜湊演算法。

SHA-1

雙方可以選擇SHA為雜湊演算法。在這種情況下，會使用一個160位元的SHA-1雜湊演算法。

加密套件

金鑰交換、雜湊函數、加密演算法的組合定義了一個為SSL會議的**加密套件（cipher suite）**。表17.1顯示在美國使用的套件。此表未包含那些用於出口的舊套件。注意，並非全部金鑰交換、訊息完整性和訊息確認的組合都在清單裡。

每個套件從「SSL」開始，隨後進行金鑰交換的演算法。單字「WITH」把金鑰交換演算法和加密與雜湊演算法分開。例如，

SSL_DHE_RSA_WITH_DES_CBC_SHA

上式定義DHE_RSA（暫時式Diffie-Hellman和RSA數位簽章）為金鑰交換演算法，DES_

表 17.1　SSL 加密套件清單

加密套件	金鑰交換	加密	雜湊演算法
SSL_NULL_WITH_NULL_NULL	NULL	NULL	NULL
SSL_RSA_WITH_NULL_MD5	RSA	NULL	MD5
SSL_RSA_WITH_NULL_SHA	RSA	NULL	SHA-1
SSL_RSA_WITH_RC4_128_MD5	RSA	RC4	MD5
SSL_RSA_WITH_RC4_128_SHA	RSA	RC4	SHA-1
SSL_RSA_WITH_IDEA_CBC_SHA	RSA	IDEA	SHA-1
SSL_RSA_WITH_DES_CBC_SHA	RSA	DES	SHA-1
SSL_RSA_WITH_3DES_EDE_CBC_SHA	RSA	3DES	SHA-1
SSL_DH_anon_WITH_RC4_128_MD5	DH_anon	RC4	MD5
SSL_DH_anon_WITH_DES_CBC_SHA	DH_anon	DES	SHA-1
SSL_DH_anon_WITH_3DES_EDE_CBC_SHA	DH_anon	3DES	SHA-1
SSL_DHE_RSA_WITH_DES_CBC_SHA	DHE_RSA	DES	SHA-1
SSL_DHE_RSA_WITH_3DES_EDE_CBC_SHA	DHE_RSA	3DES	SHA-1
SSL_DHE_DSS_WITH_DES_CBC_SHA	DHE_DSS	DES	SHA-1
SSL_DHE_DSS_WITH_3DES_EDE_CBC_SHA	DHE_DSS	3DES	SHA-1
SSL_DH_RSA_WITH_DES_CBC_SHA	DH_RSA	DES	SHA-1
SSL_DH_RSA_WITH_3DES_EDE_CBC_SHA	DH_RSA	3DES	SHA-1
SSL_DH_DSS_WITH_DES_CBC_SHA	DH_DSS	DES	SHA-1
SSL_DH_DSS_WITH_3DES_EDE_CBC_SHA	DH_DSS	3DES	SHA-1
SSL_FORTEZZA_DMS_WITH_NULL_SHA	Fortezza	NULL	SHA-1
SSL_FORTEZZA_DMS_WITH_FORTEZZA_CBC_SHA	Fortezza	Fortezza	SHA-1
SSL_FORTEZZA_DMS_WITH_RC4_128_SHA	Fortezza	RC4	SHA-1

CBC當作加密演算法，SHA當作雜湊演算法。注意，DH是固定式Diffie-Hellman，DHE是暫時式Diffie-Hellman，而DH-anon是匿名式Diffie-Hellman。

壓縮演算法

如同我們之前所說，壓縮演算法在SSL第三版是可選擇的。SSL第三版沒有定義特定的壓縮演算法。因此，其內定的壓縮演算法是空的。不過，系統能使用它想要的任意壓縮演算法。

密碼參數的產生

為了達到訊息完整性和機密性，SSL需要六個密碼學上的祕密值、四把金鑰和兩個IV。用戶需要一把金鑰來做訊息確認（HMAC），一把金鑰來做加密和一個IV來做區塊加密。伺服器也需要相同東西。SSL需要那些金鑰來做某一方向運算，另一方向的金鑰又不一樣了。如果有一個針對某方向的攻擊，則對另一方向沒有任何影響。這些參數使用下列程序產生：

1. 用戶和伺服器交換兩個亂數：一個由伺服器產生，另一個由用戶產生。
2. 用戶和伺服器使用我們以前討論的金鑰演算法來交換一個預先主金鑰。
3. 一把48個位元組的**主金鑰（master secret）**是使用兩個雜湊演算法（SHA-1和MD5）和一把**預先主金鑰（pre-master secret）**產生，如圖17.8所示。
4. 主金鑰配合使用相同的雜湊演算法和不同的常數來產生變動長度的**金鑰內容（key material）**，如圖17.9所示，此模組被重複使用，直到產生適當大小的金鑰內容。注意，金鑰內容區塊的長度取決於選擇的加密套件以及用在此套件的金鑰大小。

5. 由金鑰內容中推算出六把不同的金鑰，如圖 17.10 所示。

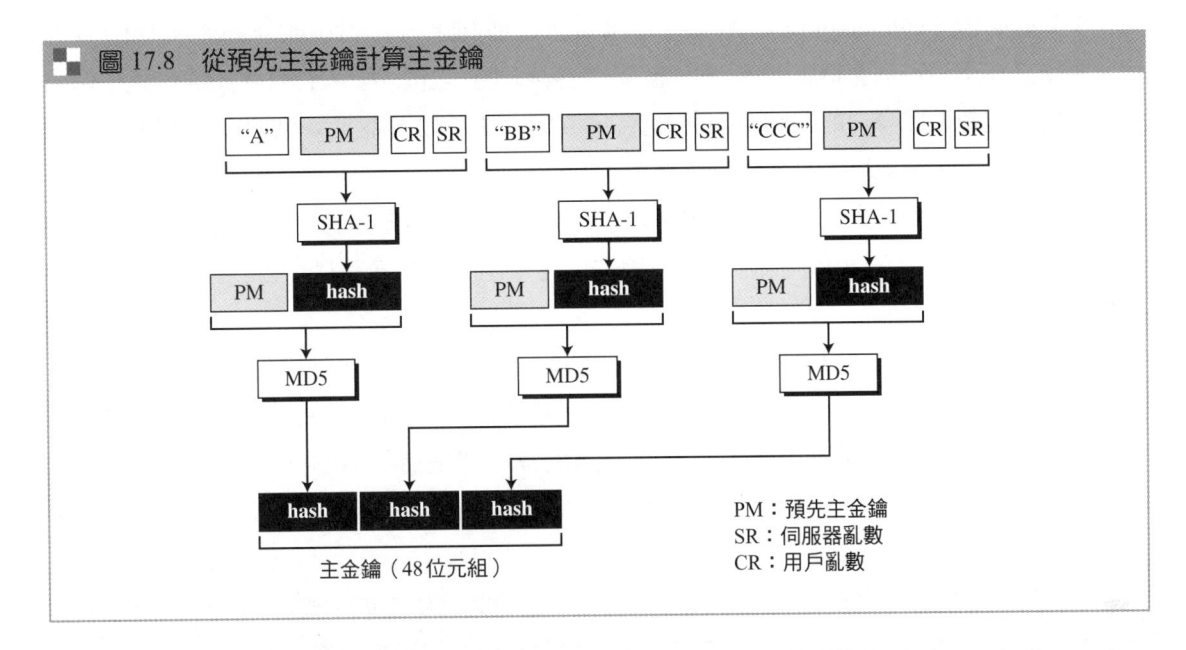

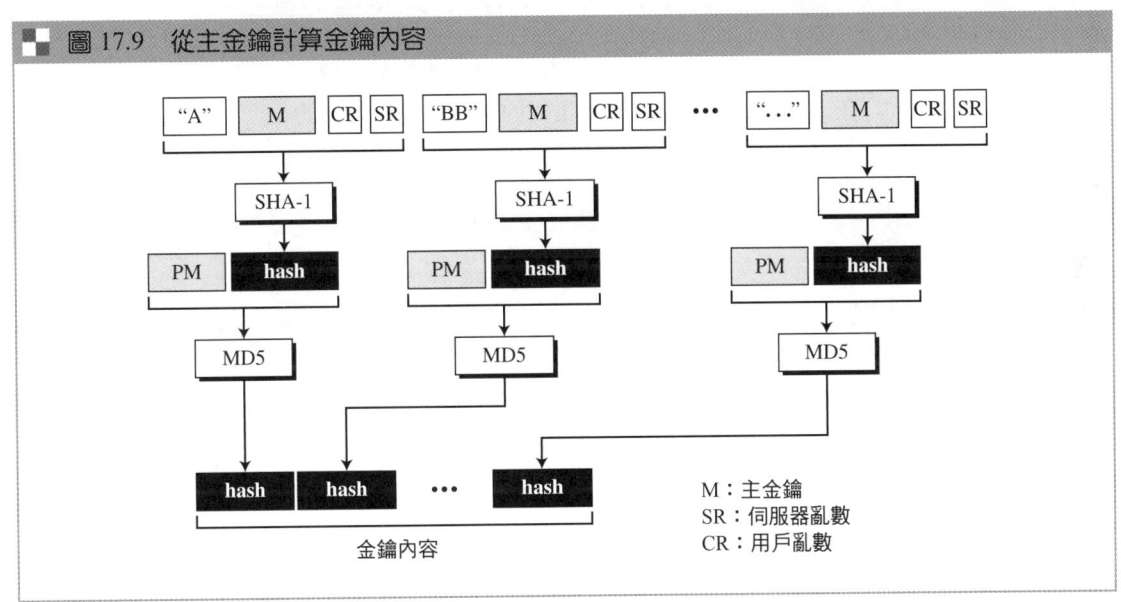

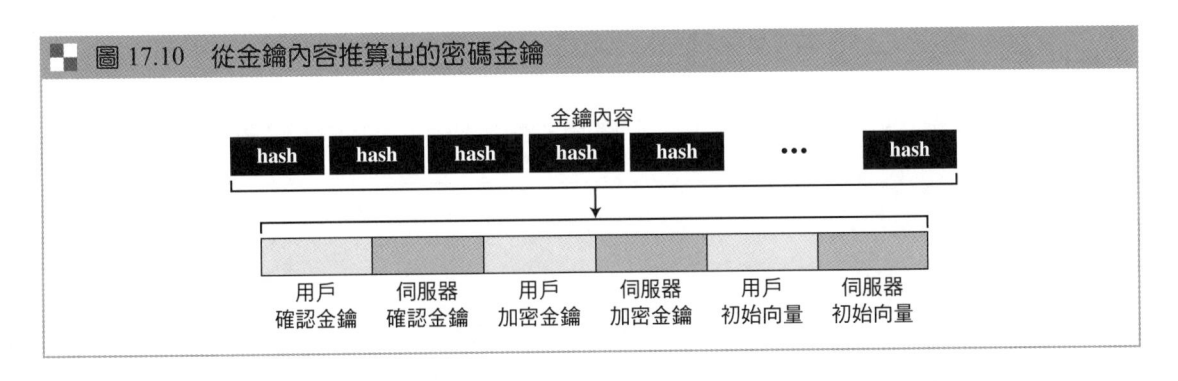

■ 圖 17.8　從預先主金鑰計算主金鑰

PM：預先主金鑰
SR：伺服器亂數
CR：用戶亂數

主金鑰（48 位元組）

■ 圖 17.9　從主金鑰計算金鑰內容

M：主金鑰
SR：伺服器亂數
CR：用戶亂數

金鑰內容

■ 圖 17.10　從金鑰內容推算出的密碼金鑰

金鑰內容

| 用戶
確認金鑰 | 伺服器
確認金鑰 | 用戶
加密金鑰 | 伺服器
加密金鑰 | 用戶
初始向量 | 伺服器
初始向量 |

會議與連線

SSL 把**連線（connection）**和**會議（session）**區別開來，我們在此詳細說明這兩個名詞。會議是在用戶和伺服器之間的一種連結。在會議建立之後，雙方會有共同的資訊，例如會議編號、確認彼此身份的憑證（如有必要）、壓縮方法（如果需要）、加密套件和一把主金鑰（主要用來產生金鑰以進行訊息確認與加密）。

對交換資料的兩方來說，建立一個會議是必要的，但不是充分的；他們需要在彼此之間建立一個連線。兩者交換兩個亂數，並使用主金鑰來建立為交換訊息（與驗證和隱私有關）而產生的金鑰與參數。

一個會議能由很多連線組成。兩者之間的連線可以被終止，也能在相同會議下重建。當一個連線結束時，兩者也能結束會議，但這不是強制的。一個會議可能被中止並再次恢復。

為了建立一個新會議，兩者需要經歷協商過程。若是繼續舊的會議並建立一個新連線，則兩方能略過部分協商過程並花費較短的時間。當一個會議繼續時，不需要產生一把主金鑰。

會議與連線的分隔免除產生主金鑰的高成本。透過允許中止或繼續會議，可以消除主金鑰的計算過程。圖17.11顯示在此會議裡面的一個會議和多個連線的想法。

> 在一個會議中，一方為用戶，另一方為伺服器；
> 在一個連線中，兩者扮演相同的角色，為點對點的。

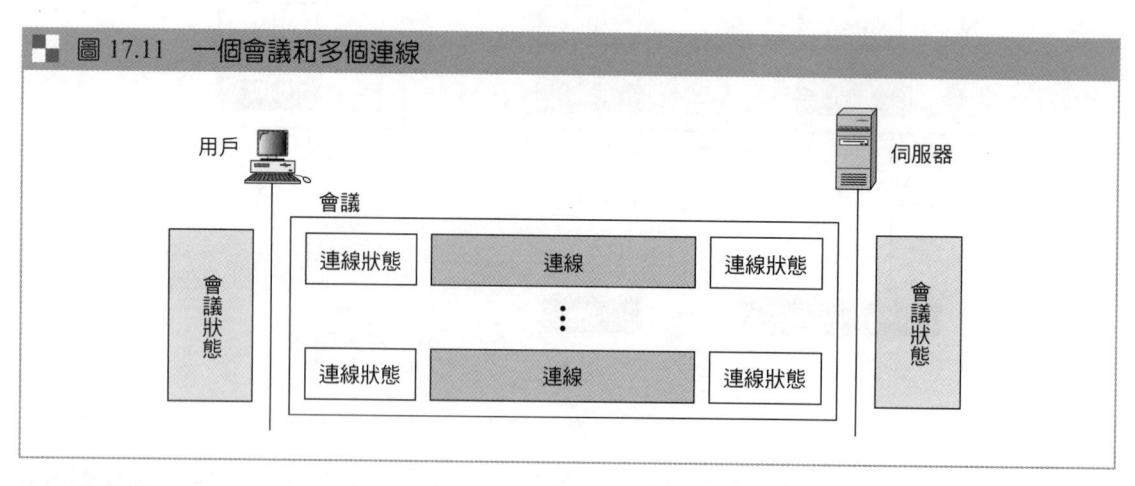

圖 17.11　一個會議和多個連線

會議狀態

會議是由會議狀態、伺服器和用戶之間建立之參數集所定義。表17.2顯示一個會議狀態的參數清單。

表 17.2　會議狀態參數

參數	說明
會議 ID	一個伺服器自選的 8 位元數字，用來定義一個會議。
Peer 憑證	型態為 X.509 第三版的憑證。此參數可為空的（null）。
壓縮方法	壓縮的方法。
加密套件	彼此同意的加密套件。
主金鑰	48 位元組的祕密值。
可繼續	舊會議裡是否允許新連線的 yes 或 no 標籤。

連線狀態

連線是由連線狀態、兩方之間建立的參數集所定義。表 17.3 顯示一個連線狀態的參數清單。

表 17.3　連線狀態參數

參數	說明
伺服器和用戶亂數	一串由伺服器和用戶選擇用在每個連線上的位元組。
伺服器 writeMAC 金鑰	伺服器在輸出時為訊息確認性所使用的 MAC 金鑰，伺服器用來簽署，用戶用來驗證。
用戶 writeMAC 金鑰	用戶在輸出時為訊息確認性所使用的 MAC 金鑰，用戶用來簽署，伺服器用來驗證。
伺服器 write 金鑰	伺服器在輸出時為訊息確認性所使用的加密金鑰。
用戶 write 金鑰	用戶在輸出時為訊息確認性所使用的加密金鑰。
初始向量	區塊加密法在 CBC 模式所使用的初始向量，在協商時，一個初始向量用來定義密碼金鑰，且使用在第一個交換區塊，從區塊產生的最終密文會當作下一區塊的初始向量。
序號	每方皆有一個序號，此序號從 0 開始增加，且不能超過 $2^{64}-1$。

SSL 使用兩個屬性來區分密碼金鑰：write 和 read。名詞「write」是指金鑰用於簽署或者加密送出的訊息；「read」定義這把金鑰用於驗證或解密收到的訊息。注意，用戶的 write 金鑰是與伺服器的 read 金鑰相同；用戶的 read 金鑰與伺服器的 write 金鑰相同。

> 用戶和伺服器有六把不同的密碼金鑰：三把 read 金鑰和三把 write 金鑰。
> 用戶的 read 金鑰與伺服器的 write 金鑰相同，反之亦然。

17.2　四個協定

我們已經討論過 SSL 的想法，而沒有說明 SSL 如何完成它的工作。如圖 17.12 所示，SSL 在兩層中定義四個協定。記錄協定負責運送，運送來自其他三個協定的訊息和來自應用層的資料。來自記錄協定的訊息是要送給傳輸層的承載，通常是 TCP。握手協定提供安全參

圖 17.12 四個SSL協定

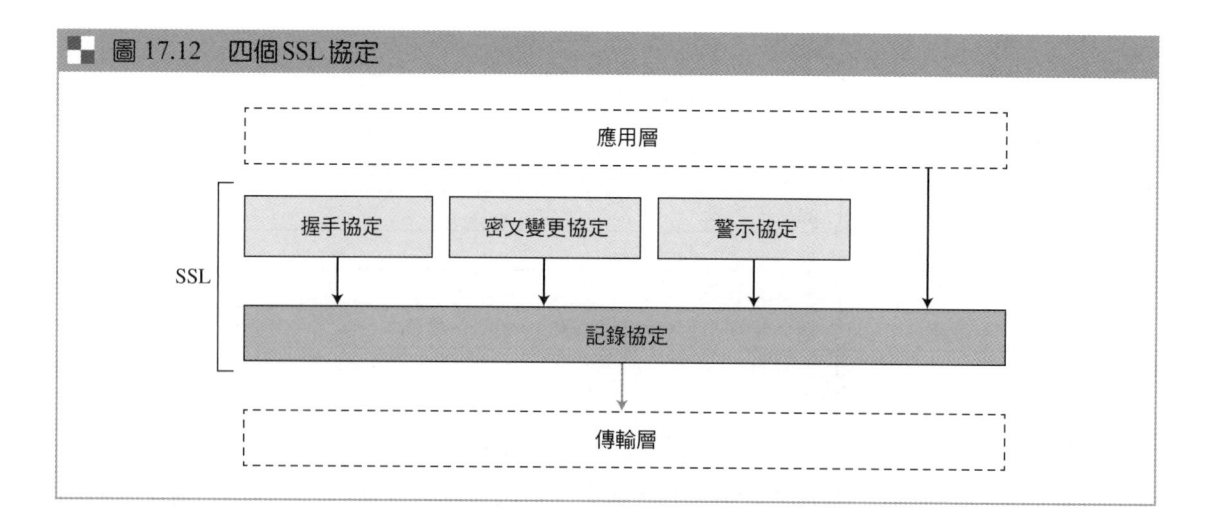

數給記錄協定，建立一個密碼集並提供金鑰和安全參數。如有需要，也可讓用戶確認伺服器的身份和讓伺服器確認用戶的身份。密文變更協定用於通知雙方密碼金鑰已經備妥。警示協定用來報告異常狀態。我們將在本節簡短討論這些協定。

握手協定

握手協定（Handshake Protocol）用訊息來協議加密套件，讓用戶確認伺服器的身份及在需要的情況下讓伺服器確認用戶的身份，並且交換資訊以建立密碼金鑰。握手程序在四個階段下完成，如圖17.13所示。

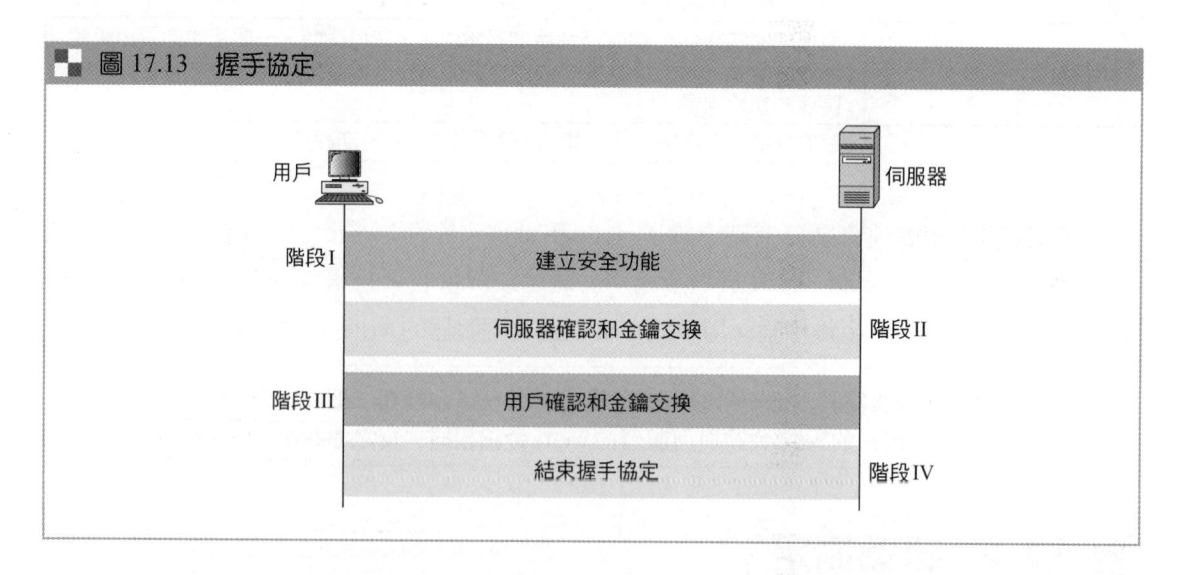

圖 17.13 握手協定

階段I：建立安全功能

在階段 I 中，用戶和伺服器宣布他們的安全功能，並選擇對於兩個都是便利的功能。在此階段會建立一個會議ID並選擇加密套件，雙方同意採用一種特別的壓縮方法。最後，選擇二個亂數，一個由用戶選擇，另一個由伺服器選擇，以產生我們先前討論過的主金鑰。在

■ 圖 17.14　握手協定的階段 I

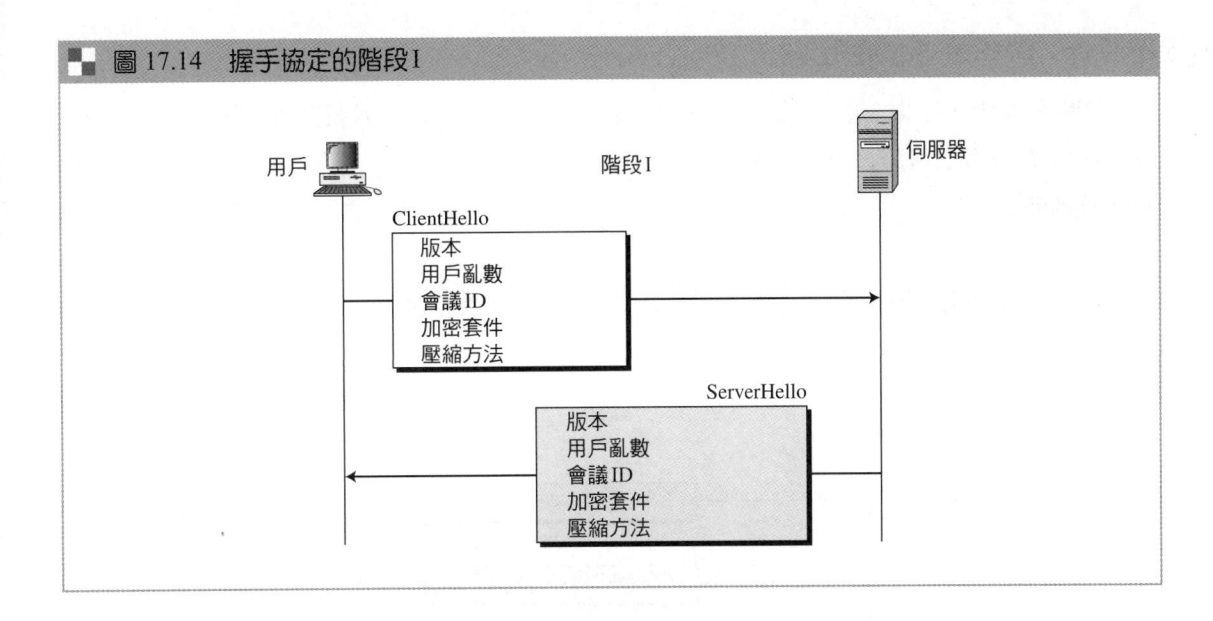

```
        用戶                    階段 I                 伺服器
         💻                                            🖥️
          ClientHello
          ┌──────────┐
          │ 版本      │
          │ 用戶亂數  │
          │ 會議 ID   │────────────────────────▶
          │ 加密套件  │
          │ 壓縮方法  │
          └──────────┘
                                ServerHello
                              ┌──────────┐
                              │ 版本      │
                              │ 用戶亂數  │
          ◀───────────────────│ 會議 ID   │
                              │ 加密套件  │
                              │ 壓縮方法  │
                              └──────────┘
```

這個階段中交換兩個訊息：ClientHello 訊息和 ServerHello 訊息。圖 17.14 說明有關階段 I 的額外細節。

ClientHello　　用戶傳送 ClientHello 訊息，包含以下內容：

a. 用戶能支援的最高 SSL 版本號碼。
b. 一個 32 個位元組的亂數（來自用戶）將用於產生主金鑰。
c. 定義會議 ID。
d. 定義用戶能支援的加密套件演算法清單。
e. 一個用戶能支援的壓縮方法清單。

ServerHello　　伺服器用一個 ServerHello 訊息對用戶做出回應，包含以下內容：

a. 一個 SSL 版本號碼。這個號碼是兩個版本號碼（用戶端能支援的最高號碼和伺服器端能支援的最高號碼）中較低者。
b. 一個 32 個位元組的亂數（來自伺服器）將用於產生主金鑰。
c. 定義會議 ID。
d. 從用戶提供的清單中選擇的加密套件。
e. 從用戶提供的清單中選擇的壓縮方法。

在階段 I 之後，用戶和伺服器知道以下內容：
- **SSL 的版本**
- **金鑰交換、訊息確認和加密的演算法**
- **壓縮方法**
- **產生金鑰的兩個亂數**

階段 II：伺服器確認和金鑰交換

在階段 II 中，如果需要，伺服器會確認自己的身份。伺服器會送它的憑證、公開金鑰，並可能向用戶請求憑證。最後，伺服器宣布 serverHello 程序完成。圖 17.15 說明有關階段 II 的額外細節。

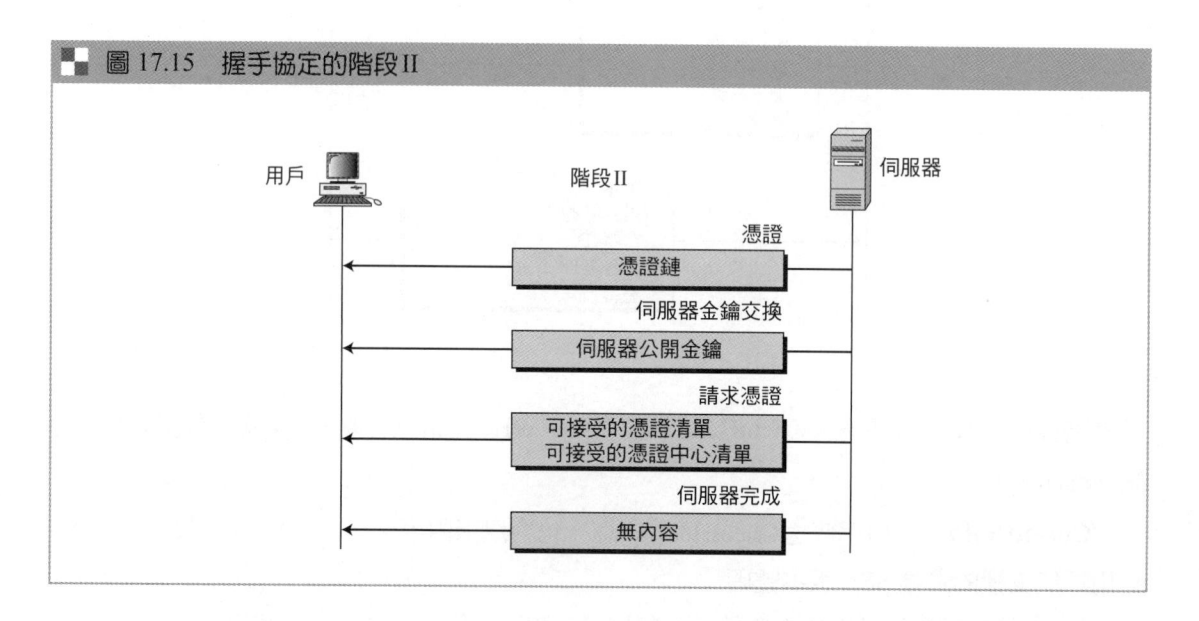

圖 17.15　握手協定的階段 II

```
用戶                   階段 II                  伺服器
                                              憑證
 ←────────────────  憑證鏈
                                       伺服器金鑰交換
 ←────────────────  伺服器公開金鑰
                                             請求憑證
 ←────────────────  可接受的憑證清單
                    可接受的憑證中心清單
                                           伺服器完成
 ←────────────────  無內容
```

憑證　　如果需要，伺服器傳送一個憑證訊息來確認自己的身份。訊息包括一個類型為 X.509 的憑證清單。若金鑰交換演算法為匿名式 Diffie-Hellman，則不需要此憑證。

伺服器金鑰交換　　在憑證訊息之後，伺服器傳送一個伺服器金鑰交換訊息來產生預先主金鑰，但若金鑰交換方法為 RSA 或固定式 Diffie-Hellman，則不需此訊息。

請求憑證　　伺服器可能會要求用戶確認自己的身份。在這種情況下，伺服器在階段 II 傳送一個請求憑證的訊息，要求在階段 III 用戶需傳送憑證。但如果使用匿名式 Diffie-Hellman，伺服器不能向用戶端請求憑證。

伺服器完成　　在階段 II 的最後訊息為 ServerHelloDone，其代表階段 II 已經結束，用戶需要開始進行階段 III。

在階段 II 之後，
- 用戶已確認伺服器的身份。
- 如有需要，用戶已知伺服器的公開金鑰。

這個階段將詳細說明伺服器確認和金鑰交換。在此階段的前兩個訊息是基於金鑰交換方法。圖 17.16 顯示我們先前討論的六種方法中的四種；我們並未包括 NULL 的方法，因為它並沒有交換；另外，也未包括 Fortezza 方法，因為本書不深入討論它。

圖 17.16　階段 II 的四種實例

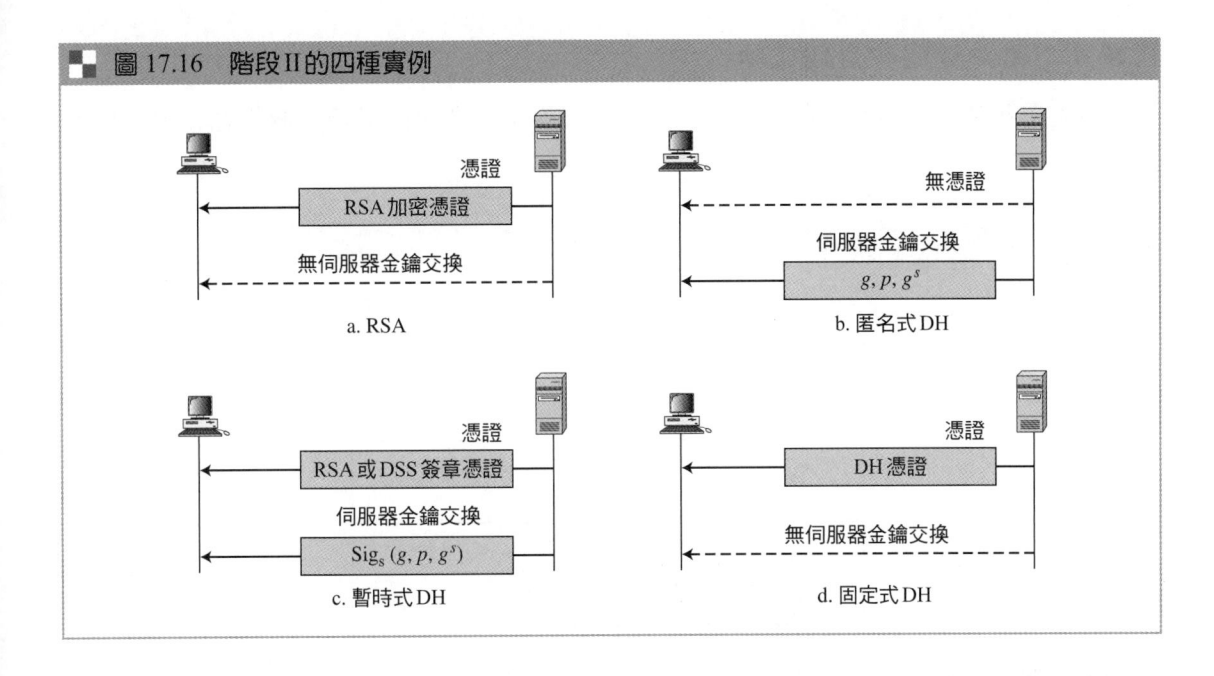

a. RSA

b. 匿名式 DH

c. 暫時式 DH

d. 固定式 DH

- **RSA**：在此種方法中，伺服器在第一個訊息中傳送它的 RSA 加密／解密公開金鑰憑證。然而，因為在下一個階段裡，用戶已產生並傳送預先主金鑰，所以第二個訊息是空的。注意，公開金鑰憑證可讓用戶確認伺服器的身份。當伺服器收到預先主金鑰，它使用自己的私密金鑰進行解密。伺服器擁有的私密金鑰證明了在第一個訊息中公開金鑰憑證所宣稱的身份。
- **匿名式 DH**：在此種方法中，並沒有憑證訊息。一個匿名的實體並沒有憑證。在伺服器金鑰交換（ServerKeyExchange）訊息裡，伺服器傳送 Diffie-Hellman 參數和它的半金鑰。注意，在此種方法中，伺服器並未被確認身份。
- **暫時式 DH**：在此種方法中，伺服器傳送 RSA 或 DSS 數位簽章憑證。與憑證相關的私密金鑰允許伺服器簽署訊息；公開金鑰允許接收者驗證簽章的正確性。在第二個訊息裡，伺服器傳送 Diffie-Hellman 參數和用私密金鑰簽章的半金鑰，也傳送其他內文。在此方法中，用戶會確認伺服器的身份，但不是因為它傳送憑證，而是因為使用私密金鑰簽署參數和金鑰。伺服器擁有的私密金鑰證明了在憑證中所宣稱的身份。如果偽冒者複製並傳送憑證給用戶，假裝其是在憑證裡聲稱的伺服器，則它無法簽署第二個訊息，因為它並未真正擁有這把私密金鑰。
- **固定式 DH**：在此種方法中，伺服器傳送 RSA 或 DSS 數位簽章憑證，包括它註冊的 DH 半金鑰。第二個訊息是空的。憑證是由 CA 的私密金鑰所簽署，而且用戶可使用 CA 的公開金鑰驗證憑證的正確性。換句話說，CA 被用戶驗證身份，並且 CA 聲稱此半金鑰屬於伺服器。

階段 III：用戶確認和金鑰交換

階段 III 被用於確認用戶的身份。從用戶傳送至伺服器可能多達三個訊息，如圖 17.17 所示。

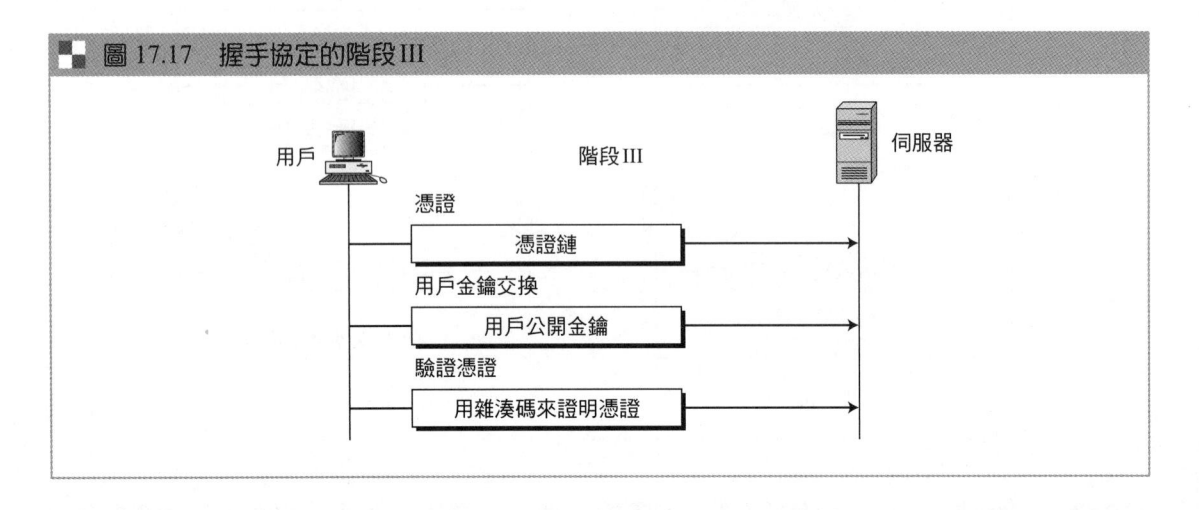

圖 17.17　握手協定的階段 III

憑證　　為向伺服器證明自己的身份，用戶傳送一個憑證訊息。注意，訊息格式與伺服器在階段 II 傳送的相同，但是內容不同。它包含驗證用戶的憑證鏈，此訊息只有在伺服器在階段 II 被請求傳送憑證的情況下，才需要傳送。如果有請求傳送，但用戶沒有傳送憑證，則傳送一個警示訊息（稍後會討論警示協定），表示沒有收到憑證。伺服器可以繼續會議或者決定中止。

用戶金鑰交換　　在傳送憑證訊息之後，用戶傳送一個用戶金鑰交換訊息，包括它對預先主金鑰的貢獻。這個訊息的內容是基於使用的金鑰交換演算法。如果是 RSA，用戶產生整個預先主金鑰，並用伺服器的 RSA 公開金鑰對它加密；如果是匿名式 Diffie-Hellman 或暫時式 Diffie-Hellman，用戶傳送它的 Diffie-Hellman 半金鑰；如果是 Fortezza，用戶傳送 Fortezza 參數；如果是固定式 Diffie-Hellman，則訊息內容是空的。

憑證驗證　　如果用戶已送出一個憑證，並宣告它擁有在憑證中的公開金鑰，則需要證明它知道相對應的私密金鑰。這是需要的，因為可以阻止偽冒者傳送憑證並聲稱它來自某個用戶。擁有私密金鑰的證據可透過建立一個訊息，並且用這把私密金鑰簽署來達成。伺服器能用已被送出的公開金鑰驗證訊息，以確保此憑證確實屬於此用戶。注意，如果憑證有簽章的能力，有可能包含一對金鑰：公開金鑰和私密金鑰。固定式 Diffie-Hellman 的憑證不能以這種方法證明。

在階段 III 之後，
- 伺服器已經確認用戶的身份。
- 用戶與伺服器已經知道預先主金鑰。

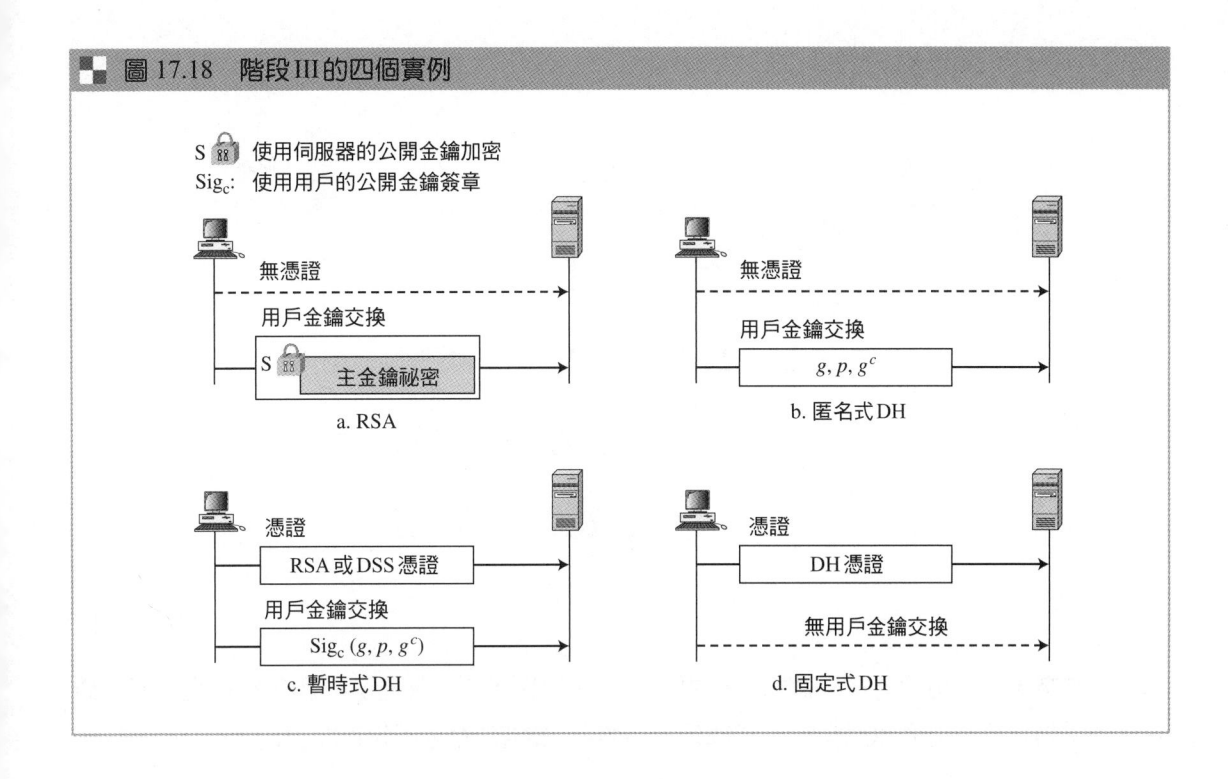

圖 17.18　階段 III 的四個實例

S 🔒：使用伺服器的公開金鑰加密
Sig_c：使用用戶的公開金鑰簽章

a. RSA（無憑證；用戶金鑰交換：主金鑰祕密）

b. 匿名式 DH（無憑證；用戶金鑰交換：g, p, g^c）

c. 暫時式 DH（憑證：RSA 或 DSS 憑證；用戶金鑰交換：$\text{Sig}_c(g, p, g^c)$）

d. 固定式 DH（憑證：DH 憑證；無用戶金鑰交換）

此階段將詳細說明用戶確認和金鑰交換。在這個階段中的三個訊息是基於金鑰交換的方法。圖 17.18 顯示我們先前討論過的六種方法中的四種。再次地，我們並未討論 NULL 方法和 Fortezza 方法。

- **RSA**：在這個方法裡，沒有憑證訊息，除非伺服器在階段 II 已經明確地提出請求。用戶金鑰交換方法包括以階段 II 收到的 RSA 公開金鑰所加密的預先主金鑰。
- **匿名式 DH**：在這個方法裡，沒有憑證訊息。伺服器沒有權利要求憑證（在階段 II 中），因為用戶和伺服器都是匿名的。在用戶金鑰交換訊息裡，伺服器傳送 Diffie-Hellman 參數和它的半金鑰。注意，在此實例中，用戶未被伺服器確認身份。
- **暫時式 DH**：在這個方法裡，用戶通常有憑證，伺服器需要傳送其 RSA 或 DSS 憑證（基於彼此同意的加密法）。在用戶金鑰交換訊息裡，用戶簽署 DH 參數和它的半金鑰並且送出這些值。用戶透過簽署第二個訊息讓伺服器確認它的身份。如果用戶沒有憑證，而且伺服器要求傳送，則用戶傳送一個警示訊息警告伺服器。如果伺服器可以接受，則用戶以明文的方式傳送 DH 參數和金鑰。當然在這種情況下，用戶並未被伺服器確認身份。
- **固定式 DH**：這個方法裡，用戶通常在第一個訊息裡傳送 DH 憑證。注意，在此方法裡，第二個訊息是空的。用戶透過傳送 DH 憑證讓伺服器確認身份。

階段 IV：完成與結束

在階段 IV 中，用戶和伺服器傳送訊息以變更密文並且完成握手協定。如圖 17.19 所示，四個訊息在這個階段中交換。

圖 17.19　握手協定的階段 IV

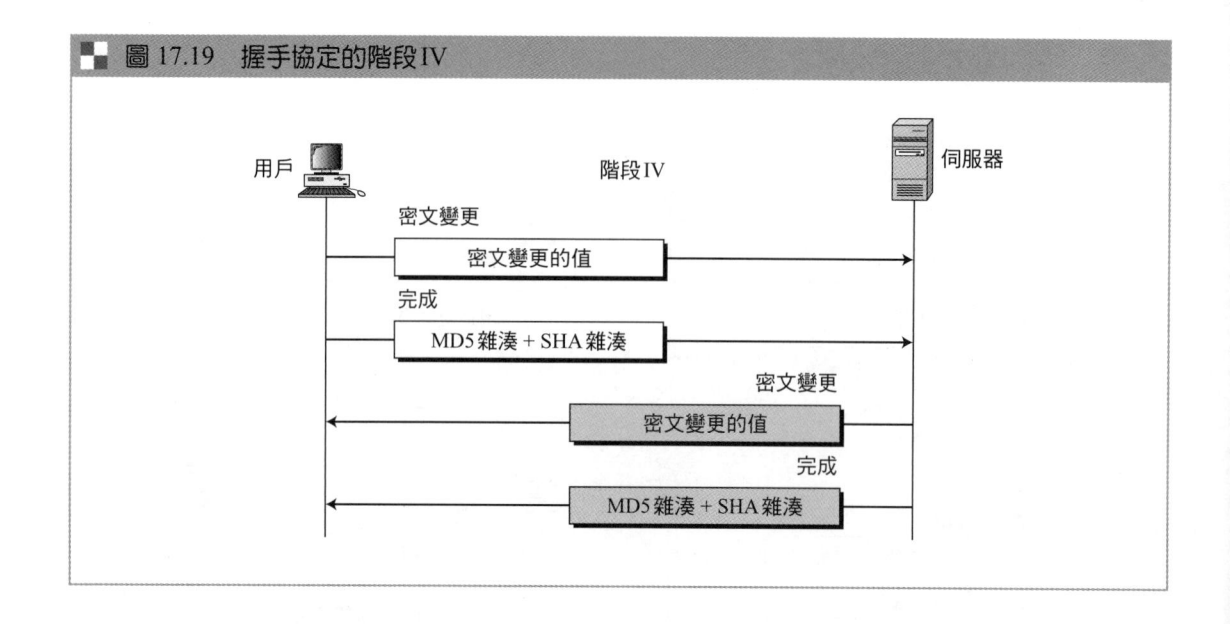

密文變更　用戶傳送一個密文變更的訊息，以顯示所有加密套件和參數都從等候狀態轉移到主動狀態，這個訊息實際上是我們稍後將討論的密文變更協定的一部分。

完成　下一個訊息也由用戶送出。這是一個完成的訊息，以宣佈用戶端握手協定結束。

密文變更　伺服器傳送一個密文變更的訊息，以顯示所有加密套件和參數都從等候狀態轉移到主動狀態，這個訊息實際上是我們稍後將討論的密文變更協定的一部分。

在階段 IV 之後，用戶和伺服器已經準備好交換資料。

完成　最後，伺服器送一個完成訊息以顯示握手協定已全部完成。

密文變更協定

我們已經看見加密套件的協商和密碼金鑰在握手協定中逐步產生。現在的問題是：雙方什麼時候能使用這些祕密參數？SSL命令雙方不能使用這些參數或祕密，直到它們已經傳送或者收到一個特別的訊息——密文變更訊息，在握手協定中被交換並在**密文變更協定**（**ChangeCipherSpec Protocol**）中定義。原因並不在於送出或收到一個訊息。傳送者與接收者需要兩種狀態，而非一種。一種是等候狀態，追蹤參數和金鑰。另一種是主動狀態，擁有參數和金鑰，這些將在記錄協定中用來簽章／驗證或者加密／解密訊息。此外，每個狀態保有兩個值：read（輸入）和write（輸出）。

密文變更協定定義在等候和主動狀態間值改變的過程。圖17.20顯示一種假設的情況，並使用假設值來表示其概念，只有一些參數被表示出來，在任何密文變更訊息交換之前，只有等候欄有值。

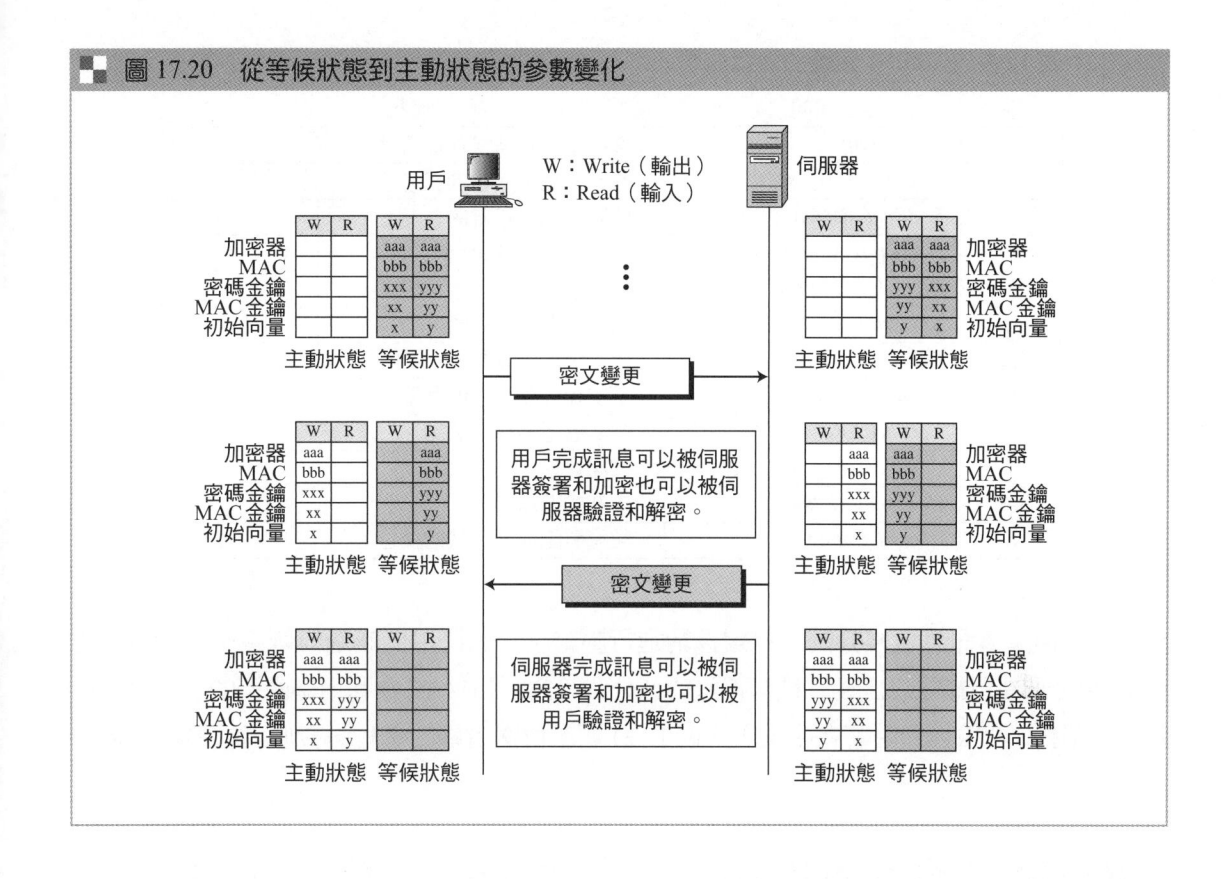

圖 17.20 從等候狀態到主動狀態的參數變化

首先用戶傳送一個密文變更訊息。在用戶傳送此訊息之後，它將write（輸出）參數從等候狀態變成主動狀態。現在，用戶能使用這些參數簽署或加密輸出的訊息。在伺服器收到這個訊息之後，它將read（輸入）參數從等候狀態變成主動狀態。現在，伺服器就能驗證和解密訊息。這表示用戶傳送完成訊息後，用戶可以簽署和加密，而伺服器可以驗證和解密。

在收到用戶的完成訊息之後，伺服器傳送密文變更的訊息。在傳送此訊息之後，它將write（輸出）參數從等候狀態變成主動狀態。現在，伺服器能使用這些參數簽署或加密輸出的訊息。在用戶收到這個訊息之後，它將read（輸入）參數從等候狀態變成主動狀態。現在，用戶就能驗證和解密訊息。

當然，在交換過完成訊息之後，雙方就能使用read/write主動參數來進行雙向溝通。

警示協定

SSL使用**警示協定（Alert Protocol）** 來報告錯誤和異常狀況。只有一種訊息類型——警示訊息，負責描述問題和它的程度（警告或致命）。表17.4顯示定義在SSL中的警示訊息類型。

記錄協定

記錄協定（Record Protocol） 從較高層（握手協定、密文變更協定、警示協定或應用

表 17.4　在SSL中定義的警示訊息

值	說明	意義
0	*CloseNotify*	傳送者不會傳送任何訊息。
10	*UnexpectedMessage*	收到一個不適當的訊息。
20	*BadRecordMAC*	收到一個不正確的MAC。
30	*DecompressionFailure*	無法正確地解壓縮。
40	*HandshakeFailure*	傳送者無法結束握手協定。
41	*NoCertificate*	用戶沒有傳送憑證。
42	*BadCertificate*	收到毀壞的憑證。
43	*UnsupportedCertificate*	不支援收到憑證的型態。
44	*CertificateRevoked*	簽章者已經註銷憑證。
45	*CertificateExpired*	憑證過期。
46	*CertificateUnknown*	未知的憑證。
47	*IllegalParameter*	超過範圍或不一致的欄位。

層）傳送訊息。訊息會被分割且可選擇地進行壓縮；一個使用協商過的雜湊演算法產生的MAC會被加在壓縮訊息之後，被壓縮過的部分訊息內容和MAC會利用協商過的加密演算法加密。最後，SSL標頭附著在密文上。圖17.21顯示傳送者端的過程。接收者端的過程剛好是反向的。

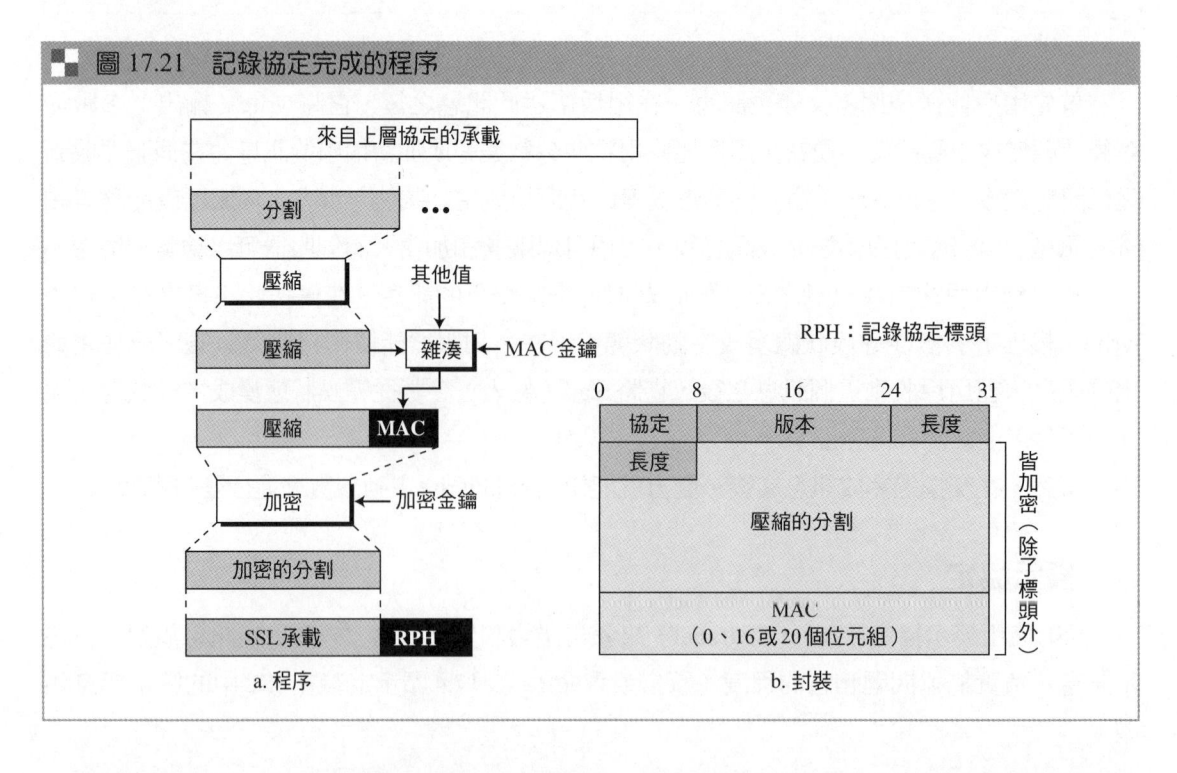

圖 17.21　記錄協定完成的程序

然而要注意，只有當密碼參數在主動狀態時，這個過程才會執行。傳送的訊息從等候狀態變成主動狀態之前，既不會被簽署也不會被加密。不過，在下一節裡，我們將看見在握手協定的某些訊息會使用已定義的雜湊值來保證訊息完整性。

分割／重組

在傳送者端，來自應用層的訊息會被分割成 2^{14} 位元組的區塊，而最後一個區塊可能小於這個大小。在接收者端，分割的區塊會被重組成原始訊息的複製品。

壓縮／解壓縮

在傳送者端，所有來自應用層的分割訊息會利用在握手協定所協商的壓縮方法來進行壓縮，這種壓縮方法需要是無失真的（被解壓縮的分割訊息必須是原始分割訊息的複製品）。分割訊息的大小不能超過1024個位元組。一些壓縮方法只在預先規定的區塊大小上作用，如果區塊較小，則使用一些填塞的方法。因此，被壓縮的分割訊息可能會比原先的分割訊息還大。在接收者端，被壓縮的分割訊息會被解壓縮以建立一個原始分割訊息的複製品。如果被解壓縮的分割訊息大小超過 2^{14}，就會發布一個致命的解壓縮警示訊息。注意，壓縮／解壓縮在SSL裡是可選擇的。

簽章／驗證

在傳送者端，在握手協定期間（NULL、MD5或SHA-1）定義的確認方法會建立一個簽章（MAC），如圖 17.22 所示。

雜湊演算法會被使用兩次。首先，連結以下的值會產生一個雜湊值：

a. MAC 金鑰（針對輸出訊息的確認金鑰）。
b. 填塞 −1，其為位元組 0x36，若是 MD5 則重複 48 次，若是 SHA-1 則重複 40 次。
c. 對此訊息的序號。

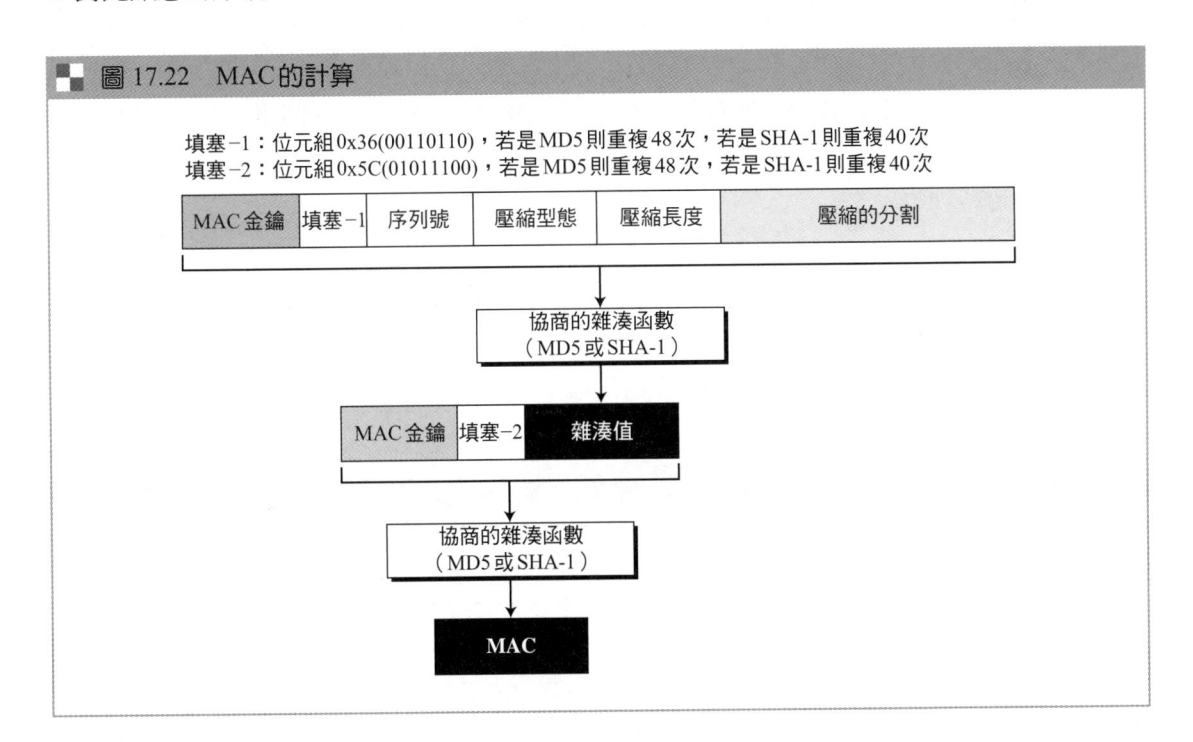

圖 17.22　MAC的計算

d. 壓縮的類型，其定義上層協定所提供的壓縮的分割訊息。

e. 壓縮的長度，是壓縮分割訊息的長度。

f. 壓縮的分割訊息本身。

其次，最後的雜湊值（MAC）由以下值的連結產生：

a. MAC 金鑰。

b. 填塞 –2，其為位元組 0x5C，若是 MD5 則重複 48 次，若是 SHA-1 則重複 40 次。

c. 在第一個步驟產生的雜湊值。

在接收者端，驗證正確性的方法是透過計算一個新的雜湊值，並且把它跟收到的雜湊值做比較。

加密／解密

在傳送者端，壓縮過的分割訊息和雜湊值使用加密金鑰加密。在接收者端，使用解密金鑰解密收到的訊息。對區塊加密來說，填塞是用來增加欲加密訊息的大小使其成為區塊大小的整數倍。

裝框／去框

在加密之後，傳送者會加入記錄協定的標頭。標頭在解密之前會被接收者移除。

17.3 SSL訊息格式

我們已經討論過，來自三個協定的訊息和應用層的資料在記錄協定中會被封裝起來；換句話說，在記錄協定中，傳送者端會將四個不同來源的訊息封裝起來，在接收者端，則把訊息解封並遞送到不同的目標站。記錄協定有一個一般標頭會被加到每個訊息前，如圖17.23所示。

標頭的欄位列舉如下：

- **協定**：這個位元組的欄位定義被封裝訊息的來源或目標站。它用於多工和解多工，其值是 20（若是密文變更協定）、21（若是警示協定）、22（若是握手協定）以及 23（若是來自應用層的資料）。
- **版本**：這兩個位元組的欄位定義 SSL 的版本號碼；一個位元組是主要版本號碼，另一個

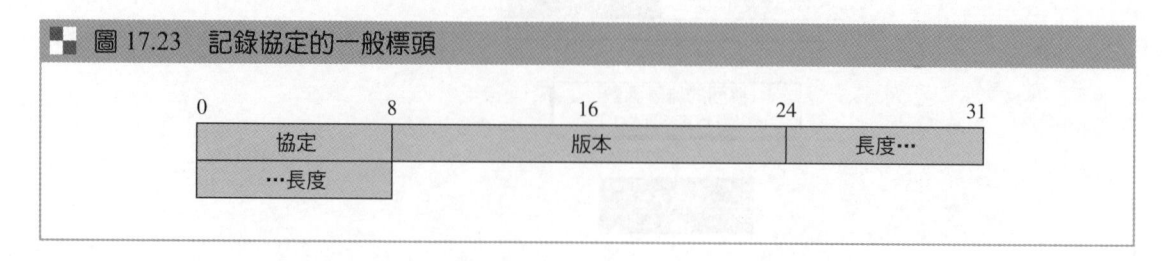

■ 圖 17.23 記錄協定的一般標頭

0	8	16	24	31
協定	版本	長度…
…長度		

是次要版本號碼。SSL 目前的版本號碼是 3.0（主要的是 3 和次要的是 0）。
- **長度**：這兩個位元組的欄位以位元組為單位定義訊息的大小（不含標頭）。

密文變更協定

如我們之前所說，密文變更協定有一個訊息：密文變更訊息，只有一個位元組，在記錄協定中將值20封裝在訊息裡，如圖 17.24 所示。

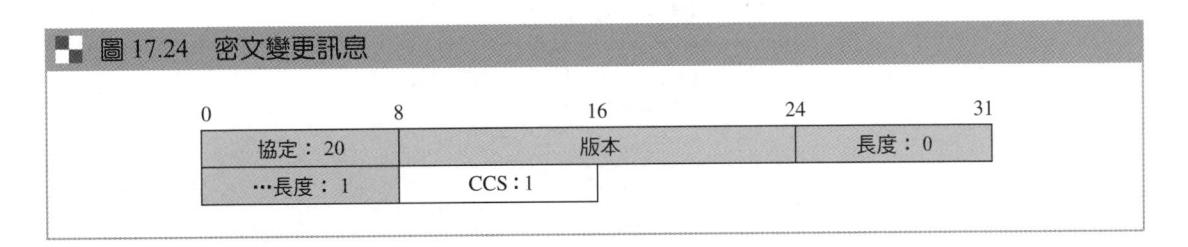

圖 17.24 密文變更訊息

0	8	16	24	31
協定：20	版本		長度：0	
…長度：1	CCS：1			

在訊息裡的欄位稱為 CCS，它的值目前是 1。

警示協定

警示協定，如同我們先前所討論的，有一個訊息會報告過程中的錯誤。圖 17.25 顯示單一訊息在記錄協定中將值21封裝的過程。

圖 17.25 警示訊息

0	8	16	24	31
協定：21	版本		長度：0	
…長度：2	階層	描述		

警示訊息的兩個欄位列舉如下：
- **階層**：一個位元組欄位定義錯誤的階層，迄今，已定義兩個階層：警告和致命。
- **描述**：一個位元組描述錯誤的類型。

握手協定

握手協定中已經定義許多訊息。所有的訊息都有四個位元組的一般標頭，如圖17.26顯示。此圖顯示在握手協定中的記錄協定標頭和一般標頭。注意，協定欄位的值是22。
- **型態**：這個位元組欄位定義訊息的型態。迄今已定義十種型態，如表 17.5 所列。
- **長度**：這三個位元組的欄位定義訊息的長度（不含類型和長度欄位的長度）。讀者可能想知道為什麼需要兩個長度欄位，一個在記錄協定的一般標頭，一個在握手訊息的一般標頭？答案是如果在此之間沒有另一個訊息，記錄訊息可能會同時攜帶兩個握手訊息。

圖 17.26　握手協定的一般標頭

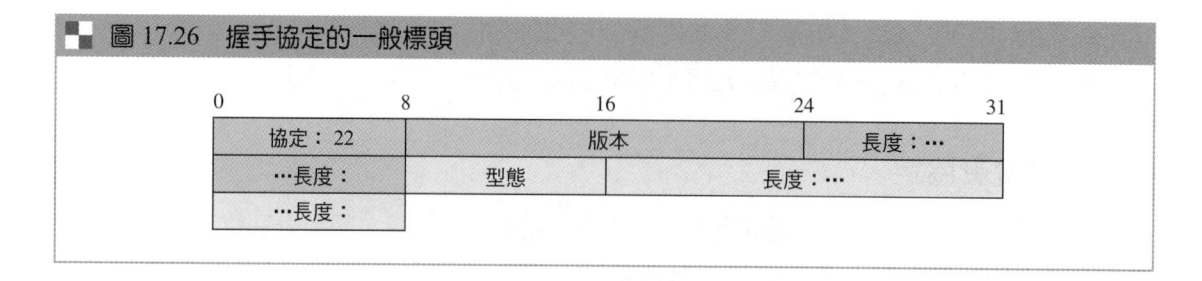

0	8	16	24	31
協定：22		版本		長度：…
…長度：	型態		長度：…	
…長度：				

表 17.5　握手訊息的型態

型態	訊息
0	HelloRequest
1	ClientHello
2	ServerHello
11	Certificate
12	ServerKeyExchange
13	CertificateRequest
14	ServerHelloDone
15	CertificateVerify
16	ClientKeyExchange
20	Finished

HelloRequest 訊息

　　HelloRequest 訊息很少被使用，它是一個從伺服器傳送到用戶並要求重新啟動會議的訊息。如果伺服器覺得會議有問題而需要一個新的會議，有可能會需要這個訊息。例如，如果會議很長，而且可能威脅會議的安全，伺服器可以傳送這個訊息。然後，用戶需要傳送一個 ClientHello 的訊息且協議安全參數。圖 17.27 顯示訊息的格式。它包含 4 個位元組且型態的值為 0。此訊息本身沒有本體，因此長度欄位的值也是 0。

圖 17.27　HelloRequest 訊息

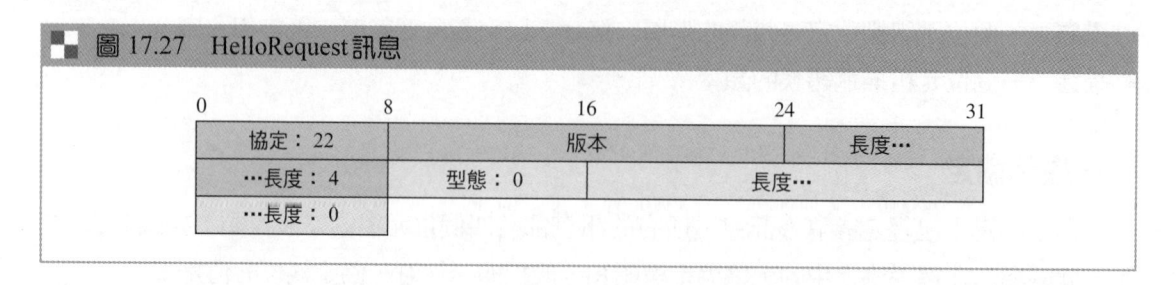

0	8	16	24	31
協定：22		版本		長度…
…長度：4	型態：0		長度…	
…長度：0				

ClientHello 訊息

　　ClientHello 訊息是在握手期間交換的第一個訊息。圖 17.28 顯示訊息的格式。

圖 17.28　ClientHello 訊息

```
  0            8           16           24          31
┌────────────┬────────────────────────┬──────────────────┐
│ 協定：22   │        版本            │     長度…        │
├────────────┼────────────┬───────────┴──────────────────┤
│  …長度     │  型態：1   │         長度…                │
├────────────┼────────────┴──────────────────────────────┤
│  …長度     │          提出的版本                       │
├────────────┴───────────────────────────────────────────┤
│                  用戶亂數                              │
│                （32 位元組）                           │
│                                        ┌───────────────┤
│                                        │   ID 長度     │
├────────────────────────────────────────┴───────────────┤
│                  會議 ID                               │
│                （變動長度）                            │
├────────────────┬───────────────────────────────────────┤
│ 加密套件長度   │        加密套件                       │
│                │ （變動長度，每個佔 2 個位元組）       │
├────────────────┼───────────────────────────────────────┤
│ 壓縮方法長度   │       壓縮方法                        │
│                │ （變動長度，每個佔 1 個位元組）       │
└────────────────┴───────────────────────────────────────┘
```

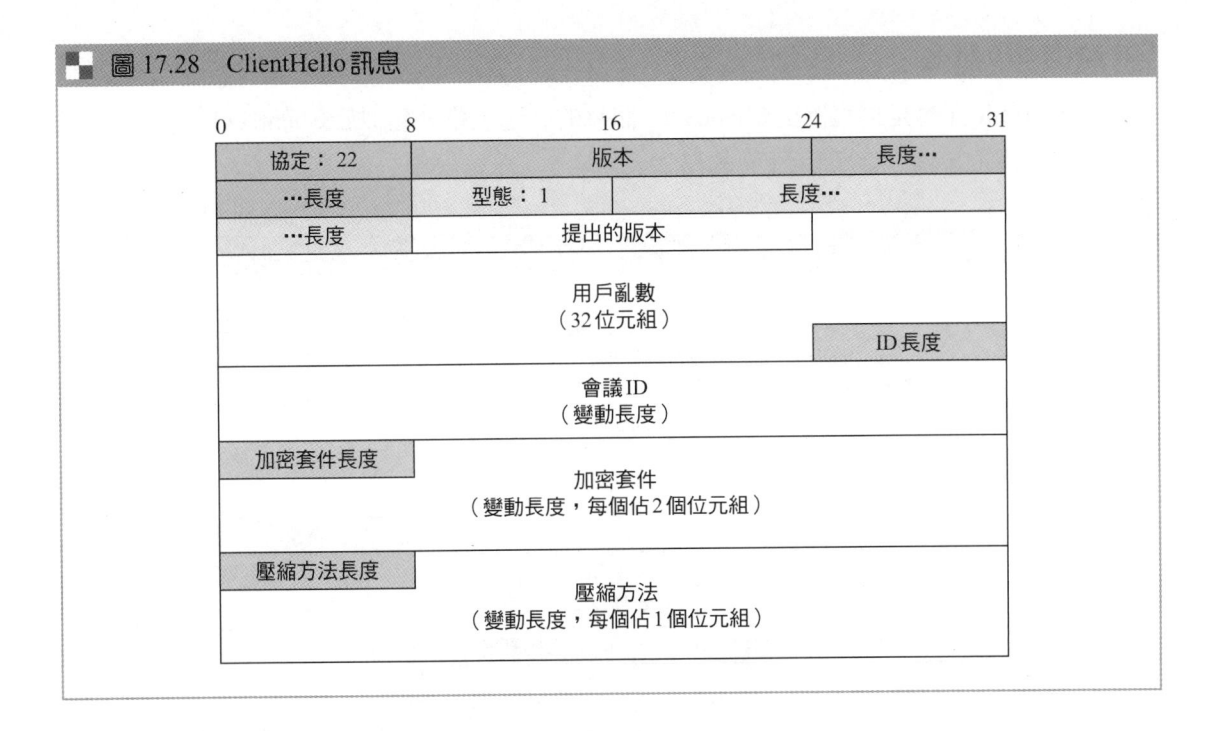

型態和長度欄位如以前討論。以下是其他欄位的簡述。

- **版本**：這兩個位元組的欄位顯示使用的 SSL 版本號碼。SSL 的版本號碼是 3.0，TLS 的版本號碼是 3.1。注意，版本號碼的值（例如 3.0）被儲存在兩個位元組裡：3 儲存在第一個位元組，而 0 儲存在第二個位元組。
- **用戶亂數**：用戶使用 32 個位元組的欄位傳送用戶的亂數，以產生安全參數。
- **會議 ID 長度**：這個位元組的欄位定義會議 ID 的長度（下個欄位）。如果沒有會議 ID，則這個欄位的值是 0。
- **會議 ID**：當用戶要開始一個新會議時，這個變動長度的欄位的值是 0。會議 ID 由伺服器來命名。不過，如果用戶想要繼續一個先前被中止的會議，可以在這個欄位內包含以前定義的會議 ID。協定定義會議 ID 最多為 32 個位元組。
- **加密套件長度**：這兩個位元組的欄位定義用戶提出的加密套件清單的長度（下一個欄位）。
- **加密套件清單**：這個變動長度的欄位提供在用戶端支援的加密套件清單。此欄位列出從最喜歡到最不喜歡的加密套件。每個加密套件被編碼成兩個位元組的數字。
- **壓縮方法長度**：這一個位元組的欄位定義在用戶端所提供的壓縮方法的長度（下一個欄位）。
- **壓縮方法清單**：這個變動長度的欄位提供在用戶端支援的壓縮方法清單。此欄位列出從最喜歡到最不喜歡的壓縮方法。每個方法都被編碼成一個位元組的數字。迄今，唯一的方法是這種 NULL 的方法（沒有壓縮）。在這種情況下，壓縮方法長度的值是 1，壓縮方法清單只有值為 0 的一種元件。

ServerHello 訊息

ServerHello 訊息是伺服器對 ClientHello 訊息的回應。格式類似於 ClientHello 訊息，但是使用較少的欄位。圖 17.29 顯示訊息的格式。

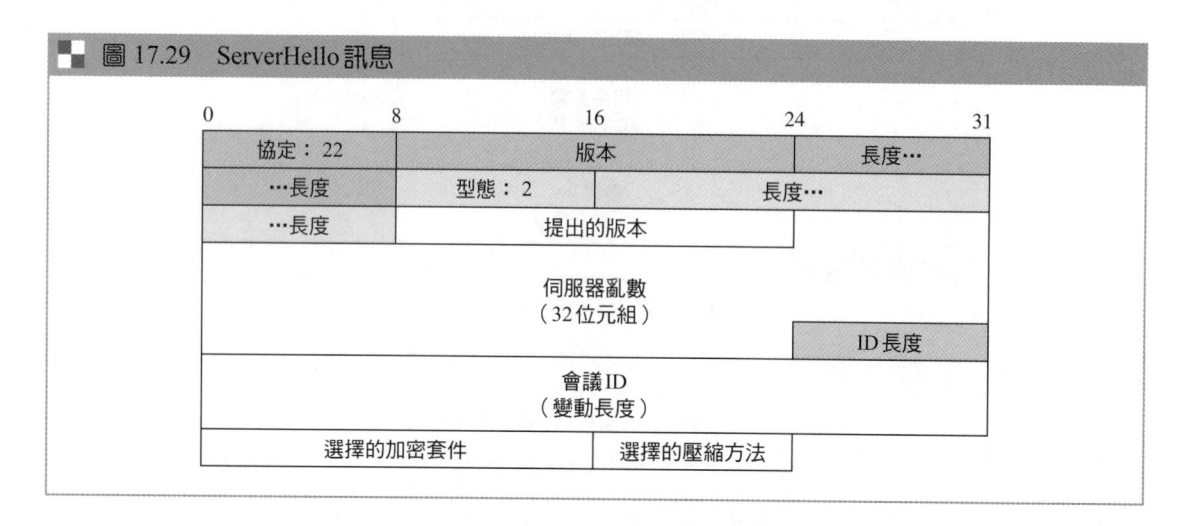

■ 圖 17.29　ServerHello 訊息

```
 0            8           16           24          31
┌────────────────┬────────────────────┬────────────────┐
│  協定：22      │      版本          │    長度…       │
├────────────────┼────────────────────┼────────────────┤
│  …長度         │    型態：2         │    長度…       │
├────────────────┼────────────────────┴────────────────┤
│  …長度         │         提出的版本                  │
├────────────────┴─────────────────────────────────────┤
│                    伺服器亂數                        │
│                   （32 位元組）                      │
│                                      ┌───────────────┤
│                                      │   ID 長度     │
├──────────────────────────────────────┴───────────────┤
│                    會議 ID                           │
│                  （變動長度）                        │
├──────────────────────┬───────────────────────────────┤
│   選擇的加密套件     │      選擇的壓縮方法           │
└──────────────────────┴───────────────────────────────┘
```

版本號碼的欄位相同。伺服器亂數欄位定義由伺服器選擇的亂數值。會議 ID 長度和會議 ID 欄位跟在 ClientHello 訊息裡的相同。不過，除非伺服器繼續一個舊的會議，否則會議 ID 通常是空白的（而且長度通常被設定為 0）。換句話說，如果伺服器允許一個舊的會議繼續進行，而且用戶希望繼續一個舊的會議，則把用戶（在 ClientHello 訊息裡）使用的會議 ID 的值插入在會議 ID 的欄位裡。

選擇的加密套件欄位定義伺服器從用戶傳送過來的加密套件清單中選擇的單一加密套件，選擇的壓縮方法欄位定義伺服器從用戶傳送過來的壓縮方法清單中選擇的壓縮方法。

憑證訊息

用戶或者伺服器可以傳送憑證訊息，以列出公開金鑰憑證鏈。圖 17.30 顯示其格式。

型態欄位的值為 11。訊息本體包括下列欄位：

- **憑證鏈長度**：這三個位元組的欄位顯示憑證鏈的長度。這個欄位過長，因為它的值總是 3，小於此長度欄位的值。
- **憑證鏈**：這個變動長度欄位列舉出用戶或者伺服器的公開金鑰憑證鏈。對每個憑證來說，都有兩個子欄位：
  a. 一個三個位元組的長度欄位。
  b. 變動動大小的憑證本身。

ServerKeyExchange 訊息

ServerKeyExchange 訊息從伺服器傳送到用戶。圖 17.31 顯示一般的格式。

■ 圖 17.30　憑證訊息

0	8	16	24	31
協定：22		版本		長度…
…長度	型態：11		長度…	
…長度		憑證鏈長度		
	憑證1長度			
	憑證1（變動長度）			
	…			
	憑證N長度			
	憑證N（變動長度）			

■ 圖 17.31　ServerKeyExchange 訊息

0	8	16	24	31
協定：22		版本		長度…
…長度	型態：12		長度…	
…長度				
	金鑰長度和元素			
	雜湊值（如有必要）			

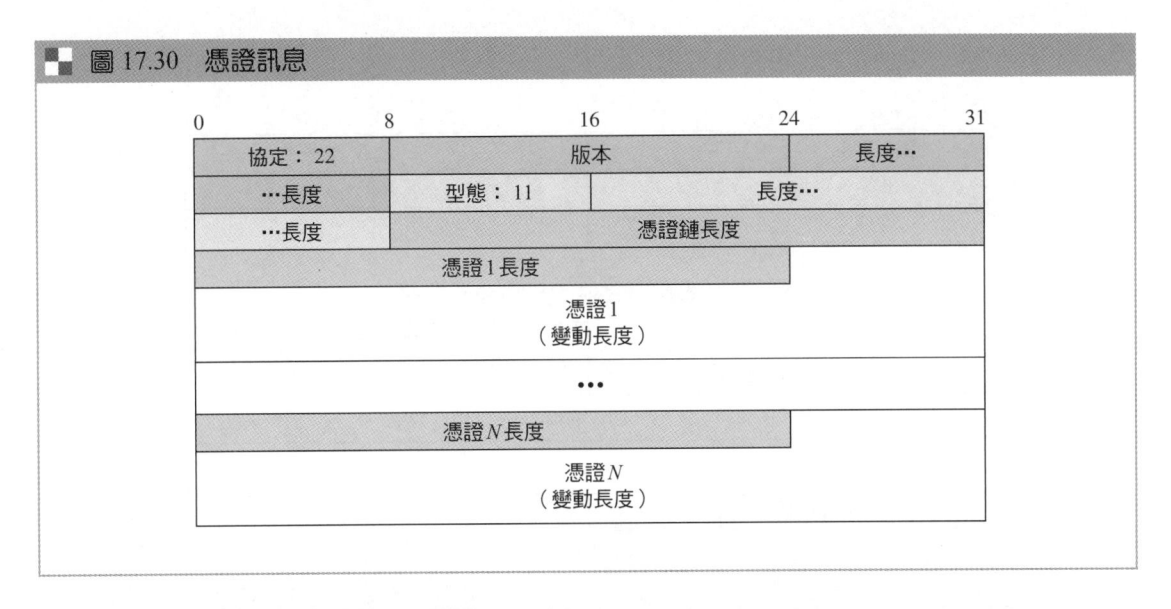

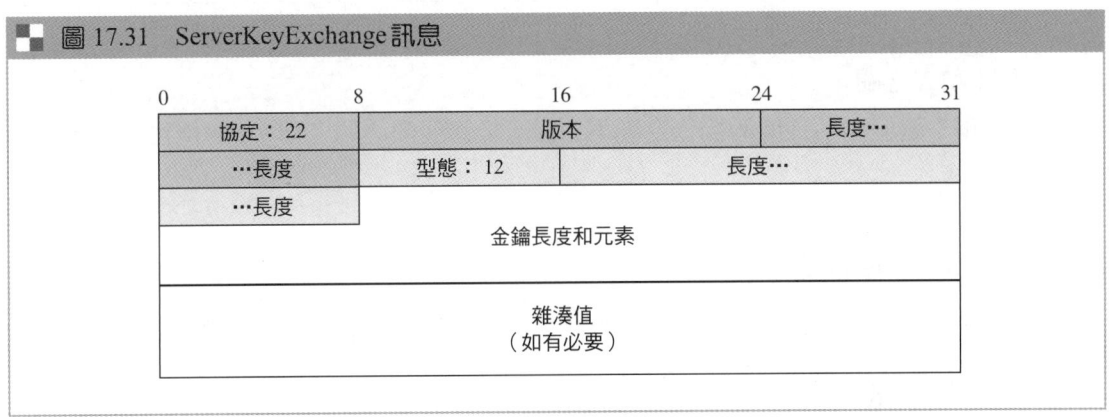

　　此訊息包含由伺服器所產生的金鑰，訊息的格式是植基於先前訊息所選擇的加密套件。用戶根據以前的訊息來解譯收到的訊息。如果伺服器已經傳送一個憑證訊息，則此訊息也包含一個簽署的參數。

CertificateRequest 訊息

　　CertificateRequest 訊息由伺服器傳送給用戶。此訊息要求用戶使用一個可接受的憑證和一個在訊息中的憑證管理中心向伺服器驗證自己的身份。圖 17.32 顯示其格式。

　　型態欄位的值是 13。訊息本體包括下列欄位：

- **憑證型態長度**：這一個位元組的欄位顯示憑證型態的長度。
- **憑證型態**：這個變動長度的欄位提供伺服器可接受的公開金鑰憑證型態的清單。每種型態都是一個位元組。
- **CA 長度**：這兩個位元組的欄位提供憑證管理中心的長度（封包的剩餘部分）。
- **CA x 名稱的長度**：這兩個位元組的欄位定義第 x 個憑證管理中心名稱的長度。x 的值可

圖 17.32　CertificateRequest 訊息

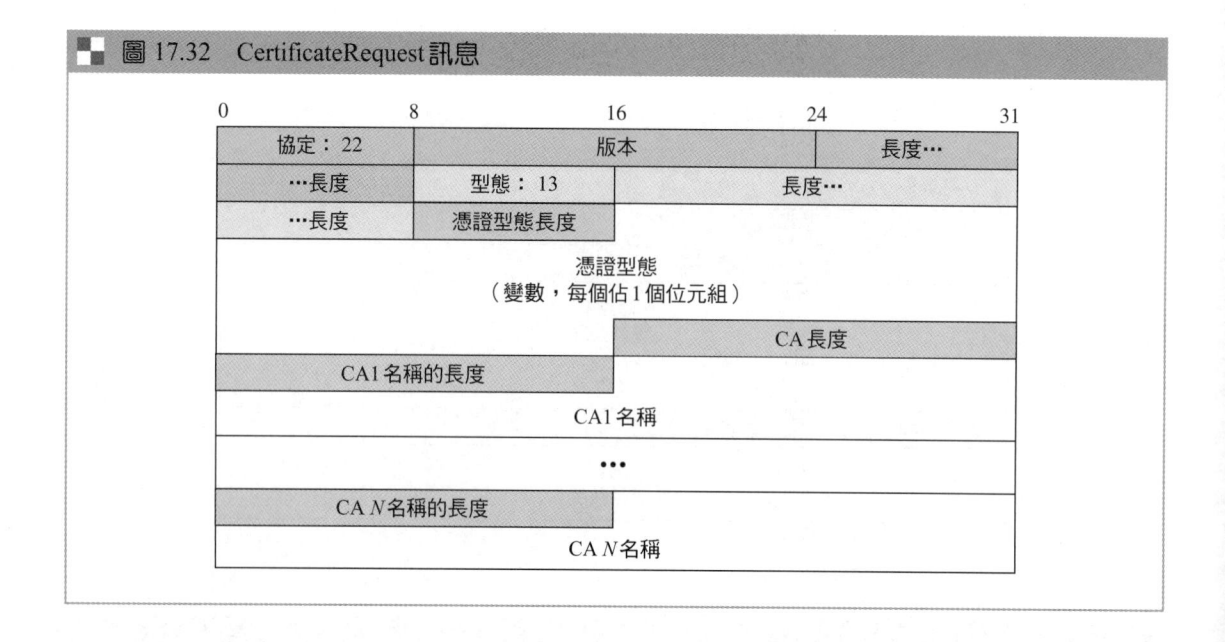

```
 0              8              16             24             31
┌──────────────┬──────────────┬──────────────┬──────────────┐
│  協定：22    │         版本          │   長度…      │
├──────────────┼──────────────┼──────────────┼──────────────┤
│   …長度      │  型態：13    │         長度…        │
├──────────────┼──────────────┴──────────────┴──────────────┤
│   …長度      │ 憑證型態長度 │
├──────────────┴──────────────────────────────────────────────┤
│                     憑證型態                                 │
│             （變數，每個佔 1 個位元組）                      │
├────────────────────────────────┬────────────────────────────┤
│                                │        CA 長度             │
├────────────────────────────────┴────────────────────────────┤
│      CA1 名稱的長度            │
├─────────────────────────────────────────────────────────────┤
│                    CA1 名稱                                  │
├─────────────────────────────────────────────────────────────┤
│                      …                                      │
├────────────────────────────────┬────────────────────────────┤
│     CA N 名稱的長度            │
├─────────────────────────────────────────────────────────────┤
│                    CA N 名稱                                 │
└─────────────────────────────────────────────────────────────┘
```

以介於 1 和 N 之間。

- **CA x 名稱**：這個變動長度的欄位定義第 x 個憑證管理中心的名稱。x 的值可以介於 1 和 N 之間。

ServerHelloDone 訊息

ServerHelloDone 訊息是握手協定階段 II 中所傳送的最後一個訊息，訊息代表階段 II 並未傳送任何額外的資訊。圖 17.33 顯示其格式。

圖 17.33　ServerHelloDone 訊息

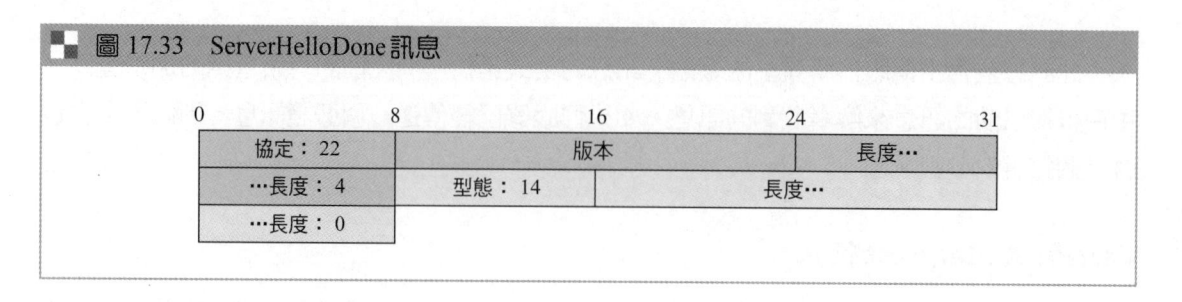

```
 0              8              16             24             31
┌──────────────┬──────────────┬──────────────┬──────────────┐
│  協定：22    │         版本          │   長度…      │
├──────────────┼──────────────┼──────────────┴──────────────┤
│  …長度：4    │  型態：14    │         長度…               │
├──────────────┴──────────────┴──────────────────────────────┤
│  …長度：0    │
└──────────────┘
```

CertificateVerify 訊息

CertificateVerify 訊息是階段 III 的最後一個訊息。在此訊息中，用戶證明它確實擁有與公開金鑰憑證相關的私密金鑰。用戶用以下的方法來證明：產生在這個訊息之前傳送的全部握手訊息的雜湊值，基於用戶的憑證型態來決定使用 MD5 或 SHA-1 雜湊演算法，然後再進行簽署。圖 17.34 顯示其格式。

圖 17.34　CertificateVerify 訊息

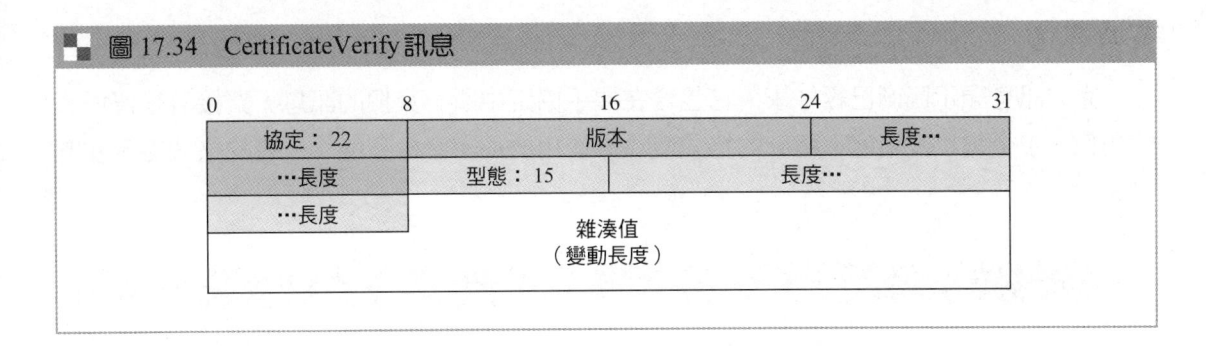

0	8	16	24	31
協定：22		版本		長度…
…長度	型態：15		長度…	
…長度	雜湊值（變動長度）			

　　如果用戶的私密金鑰與 DSS 憑證有關，則其雜湊演算法只能使用 SHA-1，而且其雜湊值的長度為 20 個位元組。如果用戶的私密金鑰與 RSA 憑證有關，則有兩個雜湊值（串接）：一個是 MD5，一個是 SHA-1，總長度是 16 + 20 = 36 個位元組。圖 17.35 顯示雜湊值的運算。

圖 17.35　CertificateVerify 訊息計算的雜湊值

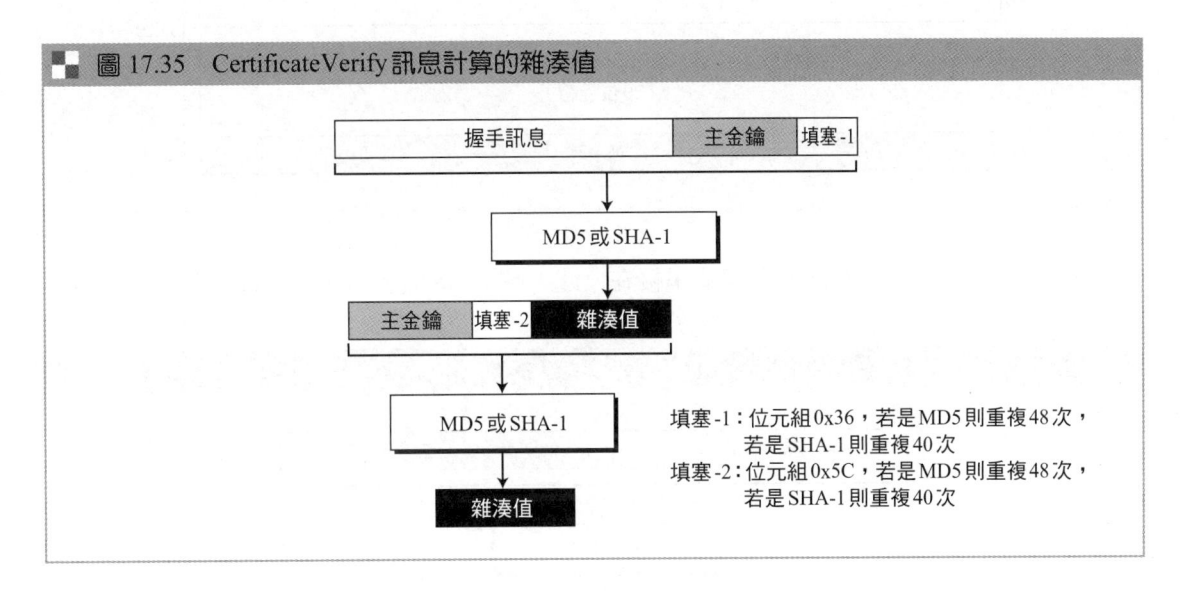

握手訊息　主金鑰　填塞-1
↓
MD5 或 SHA-1
↓
主金鑰　填塞-2　雜湊值
↓
MD5 或 SHA-1
↓
雜湊值

填塞-1：位元組 0x36，若是 MD5 則重複 48 次，若是 SHA-1 則重複 40 次
填塞-2：位元組 0x5C，若是 MD5 則重複 48 次，若是 SHA-1 則重複 40 次

ClientKeyExchange 訊息

　　ClientKeyExchange 是在握手協定的階段 III 中傳送的第二個訊息。在此訊息中，用戶提供金鑰。訊息的格式取決於雙方所選擇的特定金鑰交換演算法。圖 17.36 顯示一般的作法。

圖 17.36　ClientKeyExchange 訊息

0	8	16	24	31
協定：22		版本		長度…
…長度	型態：16		長度…	
…長度	金鑰（變動長度）			

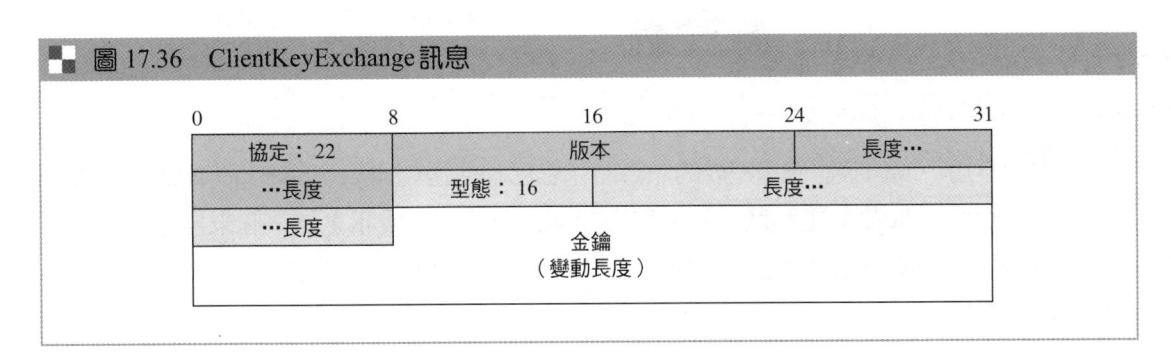

完成訊息

完成訊息顯示協商已經結束。它包含在握手協定中所有交換的訊息，緊接著是傳送者的角色、主金鑰以及填塞。精確的格式取決於使用的加密套件型態。一般的格式顯示在圖 17.37 中。

圖 17.37　完成訊息

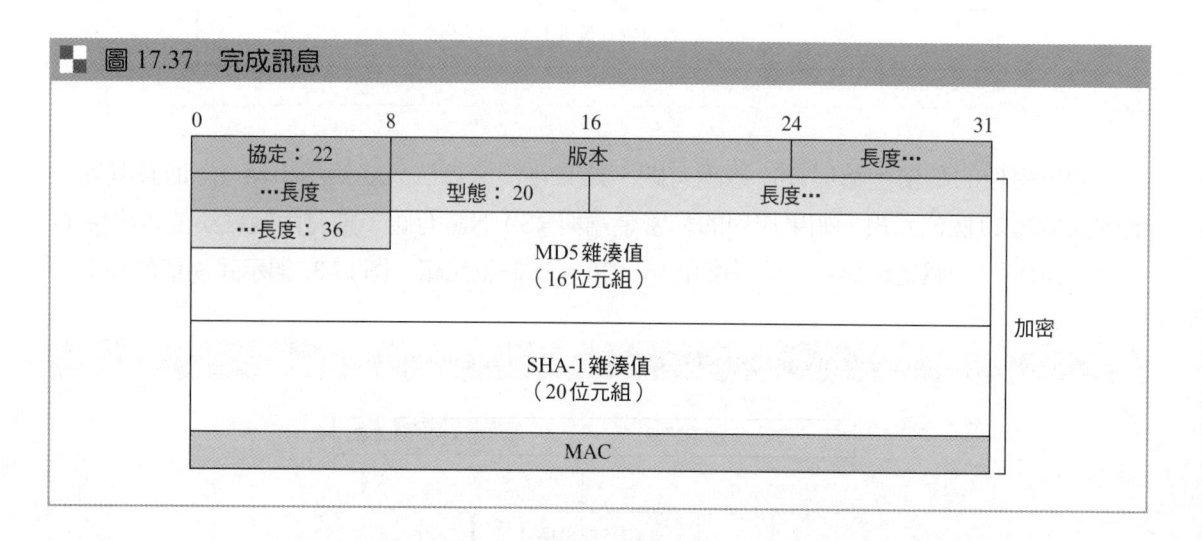

0	8	16	24	31

協定：22　　　版本　　　長度…
…長度　　型態：20　　長度…
…長度：36
MD5 雜湊值（16 位元組）
SHA-1 雜湊值（20 位元組）
MAC

加密

圖 17.37 顯示訊息裡有兩個雜湊值串接在一起。圖 17.38 顯示如何計算雜湊值。

圖 17.38　為完成訊息計算的雜湊值

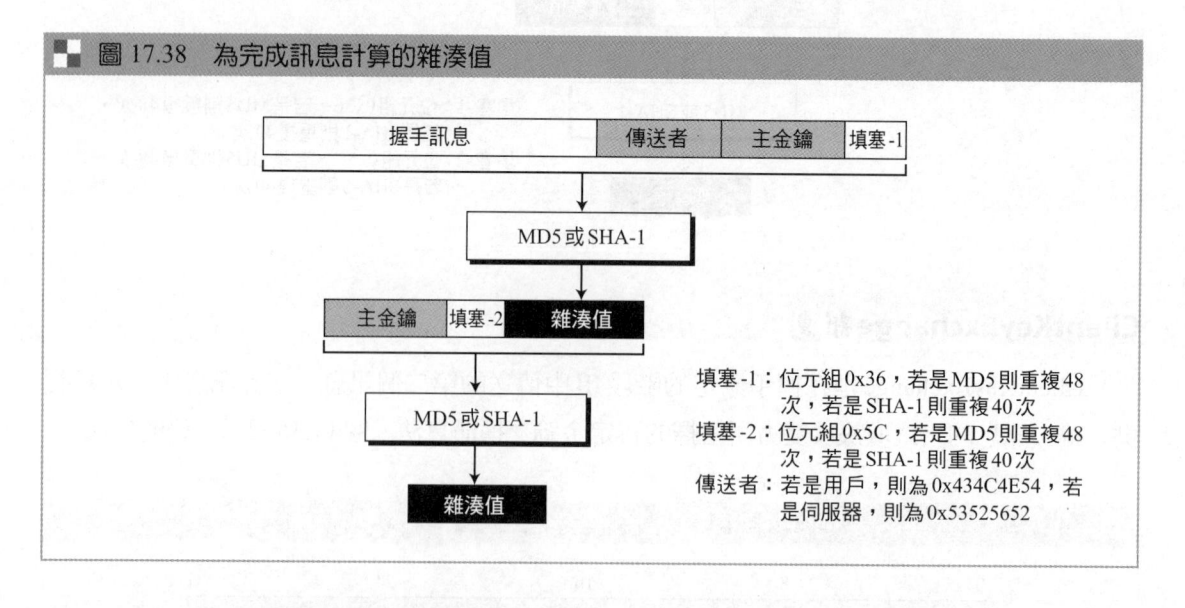

握手訊息　傳送者　主金鑰　填塞-1
↓
MD5 或 SHA-1
↓
主金鑰　填塞-2　雜湊值
↓
MD5 或 SHA-1
↓
雜湊值

填塞-1：位元組 0x36，若是 MD5 則重複 48 次，若是 SHA-1 則重複 40 次
填塞-2：位元組 0x5C，若是 MD5 則重複 48 次，若是 SHA-1 則重複 40 次
傳送者：若是用戶，則為 0x434C4E54，若是伺服器，則為 0x53525652

注意，當用戶或伺服器傳送完成的訊息時，它已經傳送 ChangeCipherSpec 的訊息。換句話說，密碼金鑰 write 是在主動狀態裡。用戶或伺服器能視完成訊息為一個來自應用層的一個資料分割。此完成訊息可被驗證（使用在加密套件裡的 MAC）且加密（使用在加密套件裡的加密演算法）。

⌬ 應用資料

記錄協定在來自應用層的資料分割後面（可能有壓縮）加上一個簽章（MAC），然後加密資料分割和MAC。以協定值23加入一般標頭之後，傳送此記錄訊息。注意，一般標頭沒有加密。圖17.39顯示其格式。

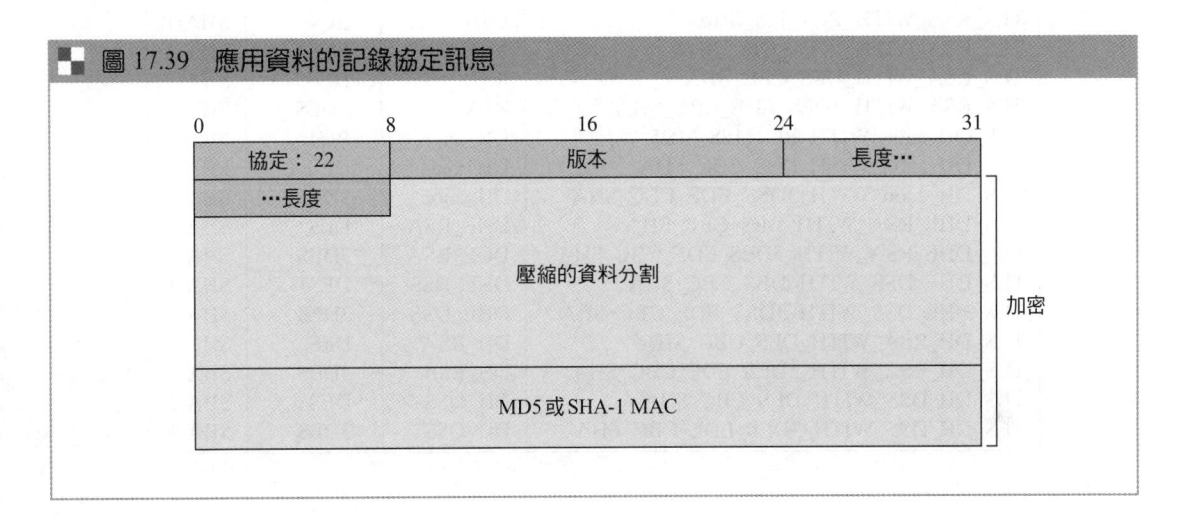

■ 圖17.39　應用資料的記錄協定訊息

```
 0              8              16             24            31
┌──────────────┬──────────────────────────┬──────────────┐
│  協定：22    │         版本             │   長度…      │
├──────────────┴──────────────────────────┴──────────────┤
│ …長度        │                                         │
├──────────────┘                                         │
│                                                        │
│              壓縮的資料分割                            │   加密
│                                                        │
│                                                        │
├────────────────────────────────────────────────────────┤
│              MD5 或 SHA-1 MAC                          │
└────────────────────────────────────────────────────────┘
```

🔑 17.4　傳輸層安全

傳輸層安全協定（Transport Layer Security (TLS) Protocol）是IETF中SSL協定的標準版本。這兩個協定非常相似，只有些微的差別。在本節中，我們並不詳細描述TLS，而是強調TLS協定和SSL協定之間的不同。

⌬ 版本

第一個差別是版本號碼（主要和次要）。SSL目前的版本是3.0，TLS目前的版本是1.0。換句話說，SSL第3.0版與TLS第1.0版是相容的。

⌬ 加密套件

在SSL和TLS之間的另一個差別是缺乏對Fortezza方法的支援。TLS並不支援Fortezza方法來進行金鑰交換或加密／解密。表17.6顯示在TLS中的加密套件清單（沒有輸出單元）。

⌬ 密碼金鑰的產生

與SSL相比，TLS中的密碼金鑰產生較為複雜。TLS首先定義兩個函數：資料擴展函數和虛擬亂數函數。讓我們討論這兩個函數。

表 17.6　TLS 的加密套件

加密套件	金鑰交換	加密	雜湊函數
TLS_NULL_WITH_NULL_NULL	NULL	NULL	NULL
TLS_RSA_WITH_NULL_MD5	RSA	NULL	MD5
TLS_RSA_WITH_NULL_SHA	RSA	NULL	SHA-1
TLS_RSA_WITH_RC4_128_MD5	RSA	RC4	MD5
TLS_RSA_WITH_RC4_128_SHA	RSA	RC4	SHA-1
TLS_RSA_WITH_IDEA_CBC_SHA	RSA	IDEA	SHA-1
TLS_RSA_WITH_DES_CBC_SHA	RSA	DES	SHA-1
TLS_RSA_WITH_3DES_EDE_CBC_SHA	RSA	3DES	SHA-1
TLS_DH_anon_WITH_RC4_128_MD5	DH_anon	RC4	MD5
TLS_DH_anon_WITH_DES_CBC_SHA	DH_anon	DES	SHA-1
TLS_DH_anon_WITH_3DES_EDE_CBC_SHA	DH_anon	3DES	SHA-1
TLS_DHE_RSA_WITH_DES_CBC_SHA	DHE_RSA	DES	SHA-1
TLS_DHE_RSA_WITH_3DES_EDE_CBC_SHA	DHE_RSA	3DES	SHA-1
TLS_DHE_DSS_WITH_DES_CBC_SHA	DHE_DSS	DES	SHA-1
TLS_DHE_DSS_WITH_3DES_EDE_CBC_SHA	DHE_DSS	3DES	SHA-1
TLS_DH_RSA_WITH_DES_CBC_SHA	DH_RSA	DES	SHA-1
TLS_DH_RSA_WITH_3DES_EDE_CBC_SHA	DH_RSA	3DES	SHA-1
TLS_DH_DSS_WITH_DES_CBC_SHA	DH_DSS	DES	SHA-1
TLS_DH_DSS_WITH_3DES_EDE_CBC_SHA	DH_DSS	3DES	SHA-1

資料擴展函數

資料擴展函數（data-expansion function）使用一種預先定義的 HMAC（MD5 或 SHA-1 之一）將一把金鑰擴展得更長。這個函數可以被認為是一個多段的函數，而每一段都會產生一個雜湊值。雜湊值串接成延伸的金鑰。每一段使用兩個 HMAC、一個金鑰和一個種子。資料擴展函數就是串接必要的段落。但是，必須倚賴前一段來產生下一段，第二個種子實際上就是第一個 HMAC 的輸出，如圖 17.40 所示。

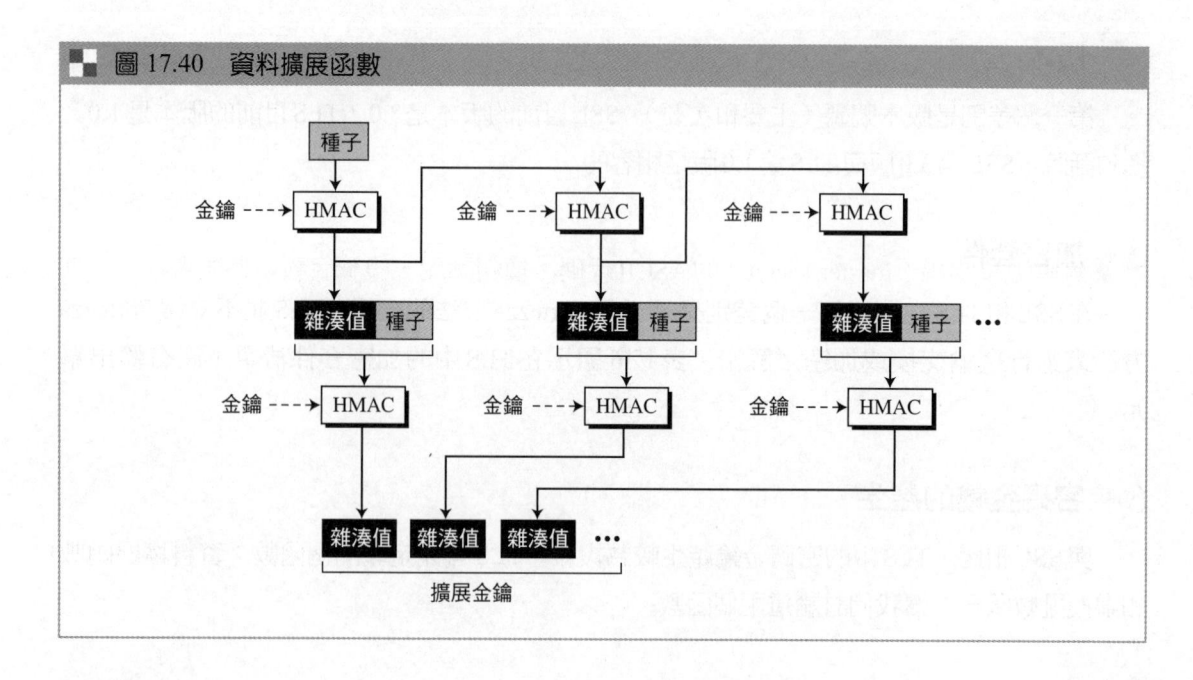

■ 圖 17.40　資料擴展函數

虛擬亂數函數

TLS定義一個**虛擬亂數函數**（pseudorandom function, PRF），為兩個資料擴展函數的結合：一個使用MD5，另一個使用SHA-1。PRF有三個輸入、一把金鑰、一個標籤和一個種子。標籤和種子被串接，並當作每個資料擴展函數的種子。金鑰分成兩半；一半當作資料擴展函數的金鑰。兩個資料擴展函數的輸出進行互斥或運算以產生最後的擴展金鑰。注意，因為由MD5和SHA-1產生的雜湊值大小不同，所以基於MD5的雜湊函數需產生額外的部分，以使得兩個輸出具有相同大小。圖17.41顯示PRF的作法。

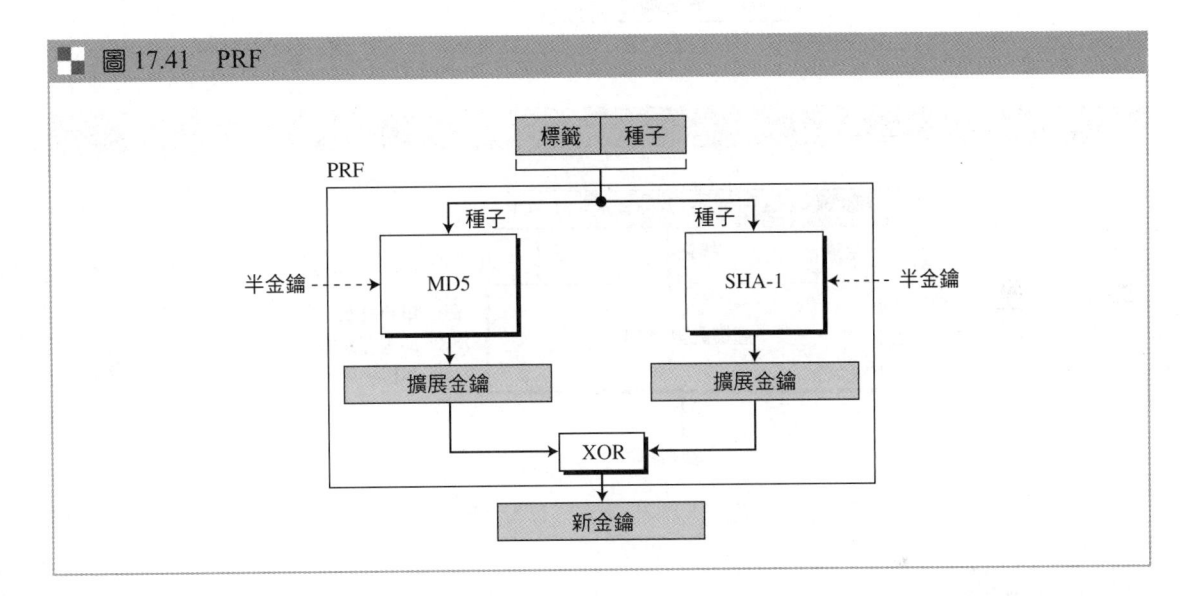

圖 17.41 PRF

預先主金鑰

在TLS中產生預先主金鑰的方法與在SSL裡的完全相同。

主金鑰

TLS使用PRF函數對預先主金鑰運算得到主金鑰。此乃把預先主金鑰當作祕密值、字串「master secret」當作標籤、把用戶的亂數和伺服器的亂數串接起來當作種子而達成。注意，標籤實際上是字串「master secret」的ASCII代碼。換句話說，標籤定義我們想要產生之主金鑰的輸出。圖17.42顯示其作法。

金鑰內容

TLS使用PRF函數從主金鑰產生金鑰內容。這次的金鑰是主金鑰，標籤是字串「key expansion」，而且種子是伺服器亂數和用戶亂數的串接，如圖17.43所示。

圖 17.42　主金鑰產生的方法

PM：預先主金鑰
CR：用戶亂數
SR：伺服器亂數
|：串接

圖 17.43　金鑰內容的產生方法

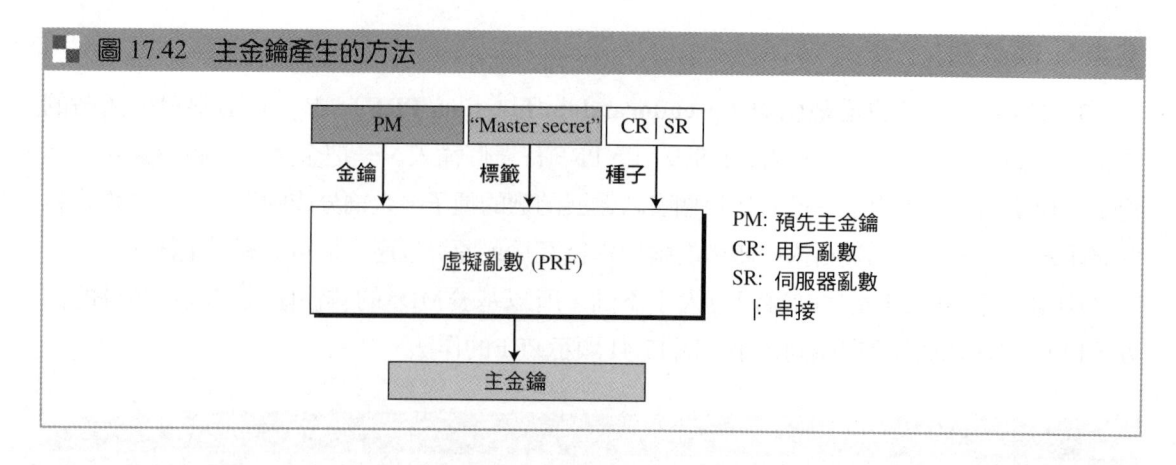

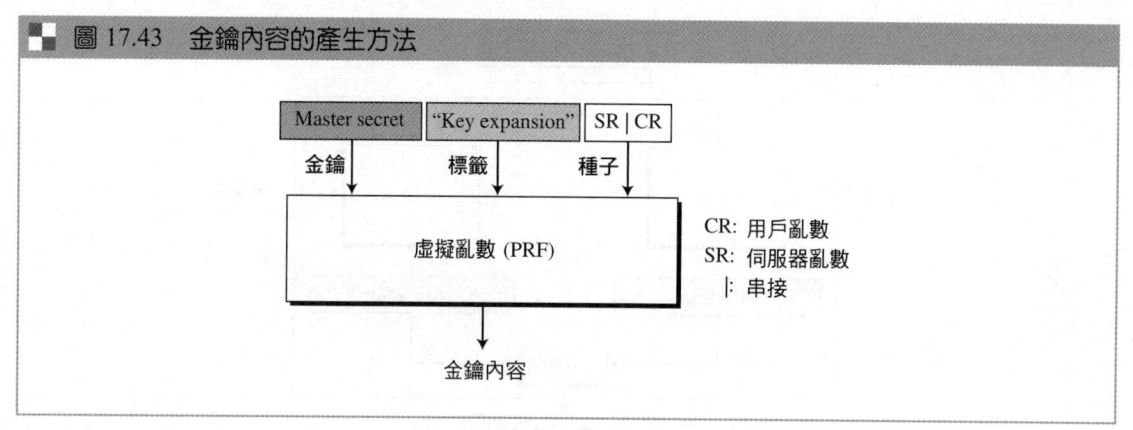

CR：用戶亂數
SR：伺服器亂數
|：串接

警示協定

除了 NoCertificate 外，TLS 支援所有 SSL 定義的警示，也在清單中額外增加一些新的警示。表 17.7 顯示 TLS 支援的所有警示。

握手協定

TLS 已經對握手協定做了一些改變，特別是 CertificateVerify 訊息和完成訊息的內容已經被改變。

CertificateVerify 訊息

在 SSL 中，CertificateVerify 訊息裡的雜湊值是握手訊息加上填塞和主金鑰的兩階段雜湊值。TLS 簡化了程序。如圖 17.44 所示，在 TLS 中，只是握手訊息的雜湊值。

表 17.7　定義在 TLS 中的警示

值	說明	意義
0	*CloseNotify*	傳送者不會傳送任何訊息。
10	*UnexpectedMessage*	收到一個不適當的訊息。
20	*BadRecordMAC*	收到一個不正確的 MAC。
21	*DecryptionFailed*	解密的訊息無效。
22	*RecordOverflow*	訊息大小超過。
30	*DecompressionFailure*	無法正確的解壓縮。
40	*HandshakeFailure*	傳送者無法結束握手協定。
42	*BadCertificate*	收到毀壞的憑證。
43	*UnsupportedCertificate*	不支援收到憑證的型態。
44	*CertificateRevoked*	簽章者已經註銷憑證。
45	*CertificateExpired*	憑證過期。
46	*CertificateUnknown*	未知的憑證。
47	*IllegalParameter*	超過範圍或不一致的欄位。
48	*UnknownCA*	CA 無法辨識。
49	*AccessDenied*	不希望繼續協商。
50	*DecodeError*	收到的訊息無法解碼。
51	*DecryptError*	解密的密文無效。
60	*ExportRestriction*	美國限制出口的問題。
70	*ProtocolVersion*	不支援協定的版本。
71	*InsufficientSecurity*	需要更安全的加密套件。
80	*InternalError*	內部錯誤。
90	*UserCanceled*	某方希望取消協商。
100	*NoRenegotiation*	伺服器無法再進行握手協商。

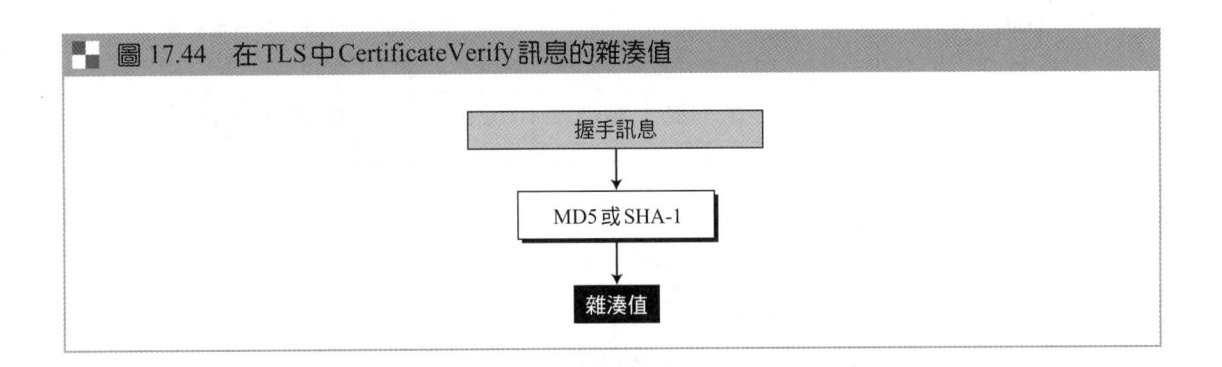

圖 17.44　在 TLS 中 CertificateVerify 訊息的雜湊值

完成訊息

在完成訊息裡也改變雜湊值的計算。TLS 在完成訊息裡使用 PRF 計算兩個雜湊值，如圖 17.45 所示。

圖 17.45　在 TLS 中完成訊息的雜湊值

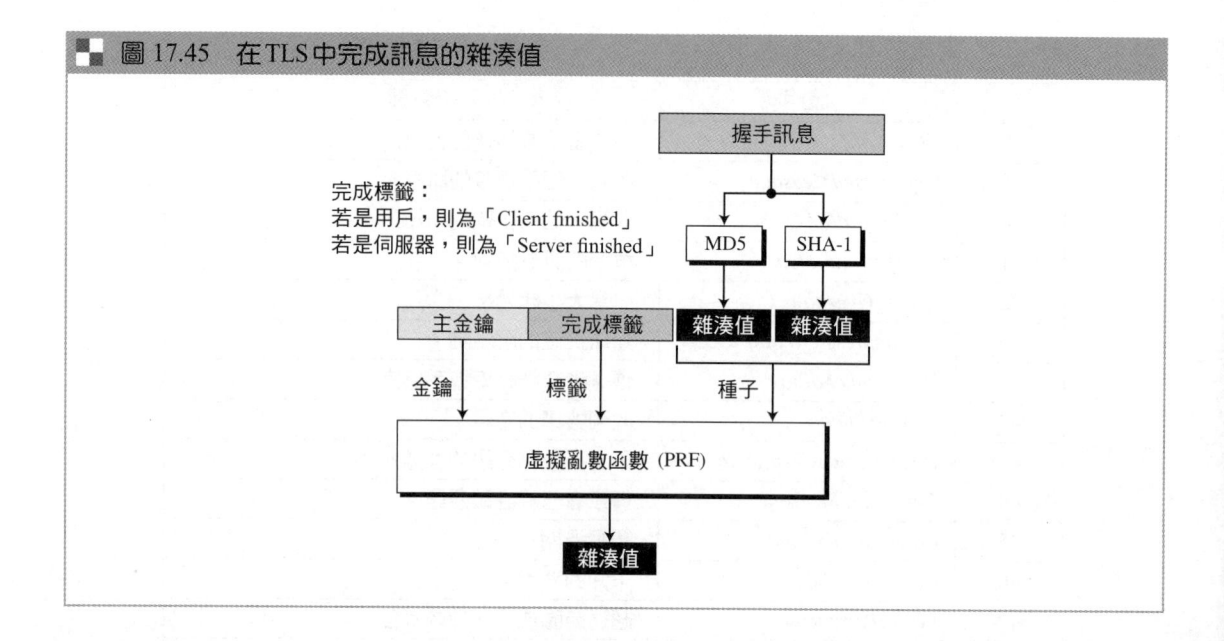

（圖：握手訊息 → MD5、SHA-1 → 雜湊值；主金鑰、完成標籤與雜湊值作為金鑰、標籤、種子輸入虛擬亂數函數 (PRF) → 雜湊值。完成標籤：若是用戶，則為「Client finished」；若是伺服器，則為「Server finished」）

記錄協定

唯一在記錄協定中的改變是使用 HMAC 來簽署訊息。TLS 使用在第十一章中定義的 MAC 來產生 HMAC，TLS 也把協定版本號碼（稱為壓縮版本）加入到欲簽署的本文中。圖 17.46 顯示 HMAC 如何形成。

圖 17.46　在 TLS 中的 HMAC

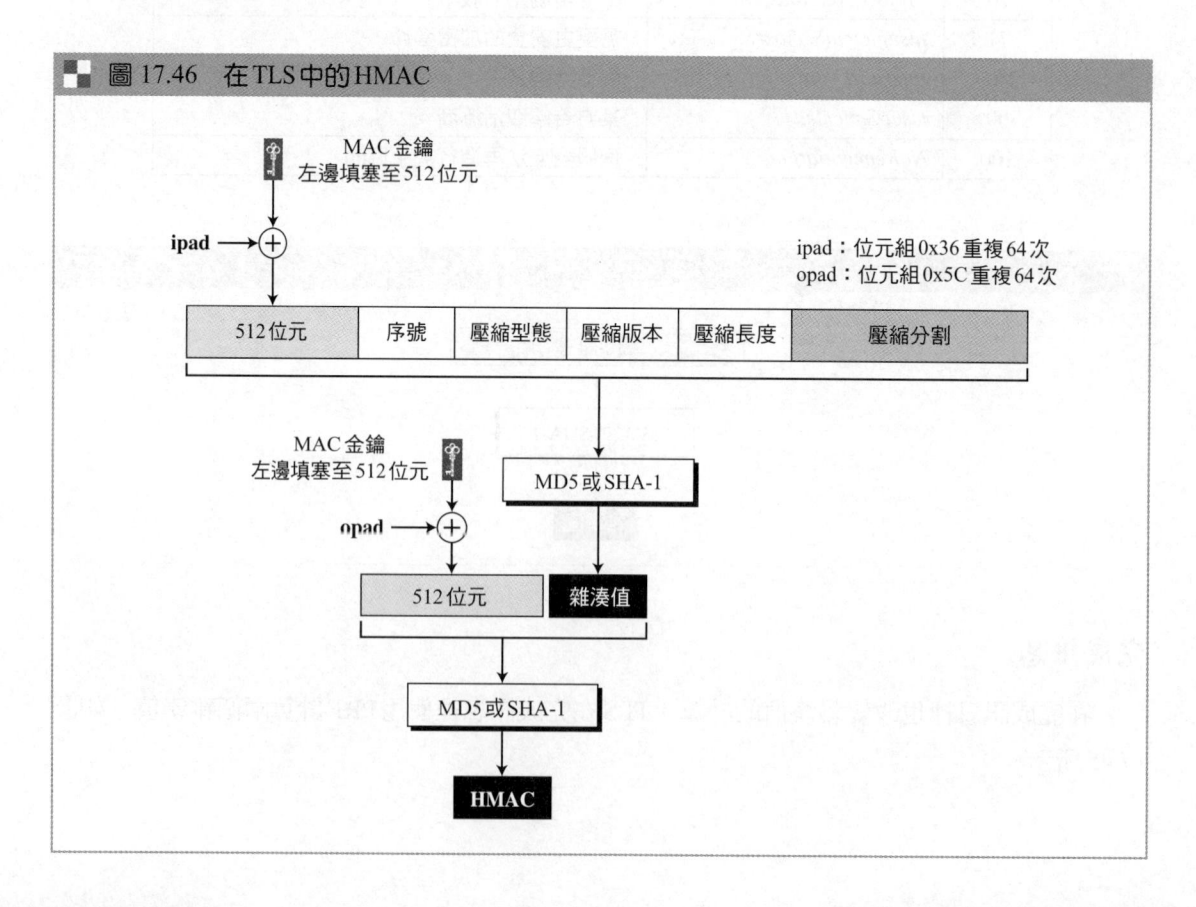

（圖：MAC 金鑰左邊填塞至 512 位元，與 ipad 互斥或得 512 位元，後接序號、壓縮型態、壓縮版本、壓縮長度、壓縮分割，送入 MD5 或 SHA-1 得雜湊值；MAC 金鑰左邊填塞至 512 位元與 opad 互斥或得 512 位元，接雜湊值，送入 MD5 或 SHA-1 得 HMAC。ipad：位元組 0x36 重複 64 次；opad：位元組 0x5C 重複 64 次）

推薦讀物

為了更深入瞭解本章所討論的主題，我們建議選讀下列書籍與網站。括號內的項目請參閱本書書末的參考文獻。

書籍

[Res01]、[Tho00]、[Sta06]、[Rhe03]和[PHS03]都有討論SSL和TLS。

網站

對於本章所討論的主題，以下的網站提供了許多更深入的資訊。

- http://www.ietf.org/rfc/rfc2246.txt

關鍵詞彙

- Alert Protocol　警示協定　491
- anonymous Diffie-Hellman　匿名式Diffie-Hellman　476
- ChangeCipherSpec Protocol 密文變更協定　490
- cipher suite　加密套件　479
- connection　連線　482
- data-expansion function　資料擴展函數　504
- ephemeral Diffie-Hellman　暫時式Diffie-Hellman　477
- fixed Diffie-Hellman　固定式Diffie-Hellman　477
- Fortezza　478
- Handshake Protocol　握手協定　484
- Hypertext Transfer Protocol（HTTP）超文字傳輸協定　474
- key material　金鑰內容　480
- master secret　主金鑰　480
- pre-master secret　預先主金鑰　480
- pseudorandom function（PRF）虛擬亂數函數　505
- Record Protocol　記錄協定　491
- Secure Sockets Layer（SSL）Protocol SSL協定　474
- session　會議　482
- Transport Layer Security（TLS）Protocol 傳輸層安全協定　474

重點摘要

- 傳輸層安全協定對使用可靠的傳輸層協定的應用（例如TCP）提供點對點的安全服務，今日有兩種在傳輸層較有優勢且安全的協定：Secure Sockets Layer（SSL）和傳輸層安全（TLS）。
- SSL（或TLS）提供服務，例如分割、壓縮、訊息完整性、機密性和對來自於應用層的資料進行裝框。通常SSL（或TLS）能得到來自任何應用層協定的應用資料，但通常是HTTP協定。
- 金鑰交換、雜湊和加密演算法的結合為每個會議定義一個加密套件。每個加密套件的名稱已描述其結合的方式。
- 為了交換確認和機密的訊息，用戶和伺服器各需要六個祕密值（四個金鑰和兩個初始向量）。
- SSL（或TLS）在連線和會議之間產生區別。在會議中，一方為用戶，另一方為伺服器；而在連線中，雙方是對等的角色、是同輩。

- SSL（或TLS）在兩層上定義了四個協定：握手協定、密文變更協定、警示協定和記錄協定。握手協定使用多個訊息來協商加密套件，並讓用戶確認伺服器的身份，並且在有需要的情況下，讓伺服器確認用戶的身份，並交換資訊以產生密碼金鑰。密文變更協定定義了在等候和主動狀態之間的改變值的程序。警示協定報告錯誤和異常狀況。記錄協定從較高層（握手協定、警示協定、密文變更協定或者應用層）中傳送訊息。

練習集

問題回顧

1. 列舉 SSL 或 TLS 所提供的服務。
2. 描述在 SSL 中，如何從預先主金鑰產生主金鑰。
3. 描述在 TLS 中，如何從預先主金鑰產生主金鑰。
4. 描述在 SSL 中，如何從主金鑰產生金鑰內容。
5. 描述在 TLS 中，如何從主金鑰產生金鑰內容。
6. 區別會議和連線。
7. 列舉出在 SSL 或 TLS 中，定義四個協定的目標。
8. 定義在握手協定中每個階段的目標。
9. 比較和對照在 SSL 和 TLS 中的握手協定。
10. 比較和對照在 SSL 和 TLS 中的記錄協定。

習題

11. 如果加密套件為下列之一，則其金鑰內容的長度為何？
    a. SSL_RSA_WITH_NULL_MD5
    b. SSL_RSA_WITH_NULL_SHA
    c. TLS_RSA_WITH_DES_CBC_SHA
    d. TLS_RSA_WITH_3DES_EDE_CBC_SHA
    e. TLS_DHE_RSA_WITH_DES_CBC_SHA
    f. TLS_DH_RSA_WITH_3DES_EDE_CBC_SHA
12. 舉出在習題11中，每種情況所需重複的模組的數量（參閱圖17.9）。
13. 比較 SSL 與 TLS 的主金鑰計算。在 SSL 中，預先主金鑰在計算過程中被使用三次，在 TLS 中，僅僅使用一次。若以空間和時間來看，哪一個較有效率？
14. 比較 SSL 和 TLS 的金鑰內容計算，並回答下列問題：
    a. 哪個計算提供更高的安全性？
    b. 哪個計算就空間和時間而言較有效率？
15. 在 SSL 中，金鑰內容的計算需要多次迭代，而 TLS 則不需要。TLS 如何計算變動長度的金鑰內容？
16. 當一個會議被一個新的連線恢復時，SSL 並不需要完整的握手程序。列出在部分握手程序裡需要交換的訊息。

17. 當一個會議被恢復時，以下哪個密碼金鑰需要再計算？
    a. 預先主金鑰
    b. 主金鑰
    c. 驗證金鑰
    d. 加密金鑰
    e. IV
18. 在圖17.20，如果伺服器傳送密文變更訊息，而用戶沒有傳送，會發生什麼問題？在握手協定中的哪個訊息能繼續傳送？哪個不能？
19. 比較SSL和TLS的MAC計算（參閱圖17.22和圖17.46）。哪一個較有效率？
20. 在CertificateVerify訊息中，比較SSL和TLS的雜湊值計算（參閱圖17.35和圖17.44）。哪一個較有效率？
21. 在完成訊息中，比較SSL和TLS的雜湊值計算（參閱圖17.38和圖17.45），並回答下列問題：
    a. 哪一個較安全？
    b. 哪一個較有效率？
22. 除了CertificateVerify訊息，TLS利用PRF來計算雜湊值。解釋這個例外的原因。
23. 大多數協定有一個公式來計算密碼金鑰和雜湊值。例如，在SSL中，主金鑰的計算（參閱圖17.8）如下：（ | 代表串接）

> 主金鑰 = MD5〔預先主金鑰 | SHA-1 ("A" | 預先主金鑰 | CR | SR)〕 |
> MD5〔預先主金鑰 | SHA-1 ("A" | 預先主金鑰 | CR | SR)〕 |
> MD5〔預先主金鑰 | SHA-1 ("A" | 預先主金鑰 | CR | SR)〕

舉出下列公式：
    a. 計算在SSL中的金鑰內容（圖17.9）。
    b. 計算在SSL中的MAC（圖17.22）。
    c. 計算在SSL中CertificateVerify訊息的雜湊值（圖17.35）。
    d. 計算在SSL中完成訊息的雜湊值（圖17.38）。
    e. 計算在TLS中的資料擴展（圖17.40）。
    f. 計算在TLS中的PRF（圖17.41）。
    g. 計算在TLS中的主金鑰（圖17.42）。
    h. 計算在TLS中的金鑰內容（圖17.43）。
    i. 計算在TLS中CertificateVerify訊息的雜湊值（圖17.44）。
    j. 計算在TLS中完成訊息的雜湊值（圖17.45）。
    k. 計算在TLS中的MAC（圖17.46）。
24. 舉出SSL或TLS對重送攻擊的反應；亦即，舉出SSL或TLS對攻擊者嘗試重送一個或多個握手訊息時所做出的反應。
25. 舉出SSL或TLS對暴力攻擊法的反應。入侵者能在SSL或TLS中使用徹底搜尋法找出加密金鑰嗎？哪個協定在這方面比較安全，SSL或TLS？
26. 在SSL和TLS中，使用短金鑰的危險是什麼？如果金鑰太短，入侵者能嘗試哪種類型的攻擊？
27. 就中間人攻擊而言，SSL和TLS何者比較安全？入侵者能在用戶和自己之間以及在伺服器和自己之間產生金鑰內容嗎？

CHAPTER 18

網路層安全：IPSec

學習目標

本章的學習目標包括：

- 定義 IPSec 的結構。
- 討論 IPSec 在傳輸模式和隧道模式的應用。
- 討論 IPSec 如何只提供確認性。
- 討論 IPSec 如何同時提供機密性和確認性。
- 定義安全連結，並且解釋它如何實作於 IPSec。
- 定義網際網路金鑰交換，並且解釋它如何被 IPSec 使用。

前兩章已經討論了在應用層和傳輸層的安全，不過，上述兩層的安全有時候可能並不足夠。第一，並非所有的用戶／伺服器程式都在應用層被保護，例如 PGP 和 S/MIME 只保護電子郵件。第二，並非所有的用戶／伺服器程式在應用層都使用被 SSL 或 TLS 保護的 TCP 服務；某些程式使用 UDP 的服務。第三，很多應用（例如路由協定）直接使用 IP 的服務；它們需要 IP 層的安全服務。

網際網路協定安全（IP Security, IPSec） 是網際網路工程工作小組（Internet Engineering Task Force, IETF）所計劃之一組協定的集合，以對網路層的封包提供安全性。網際網路的網路層經常被稱為網際網路協定或者 IP 層。IPSec 為 IP 層建立確認性和機密性的封包，如圖 18.1 所示。

IPSec 在一些領域是有用的。首先，它能加強已使用個人安全協定之用戶／伺服器程式的安全性，例如電子郵件。其次，它能加強已使用傳輸層提供安全服務之用戶／伺服器程式的安全性，例如 HTTP。再者，它能為未使用傳輸層提供安全服務的用戶／伺服器程式提供安全性，也能為節點對節點的通訊程式（例如路由協定）提供安全性。

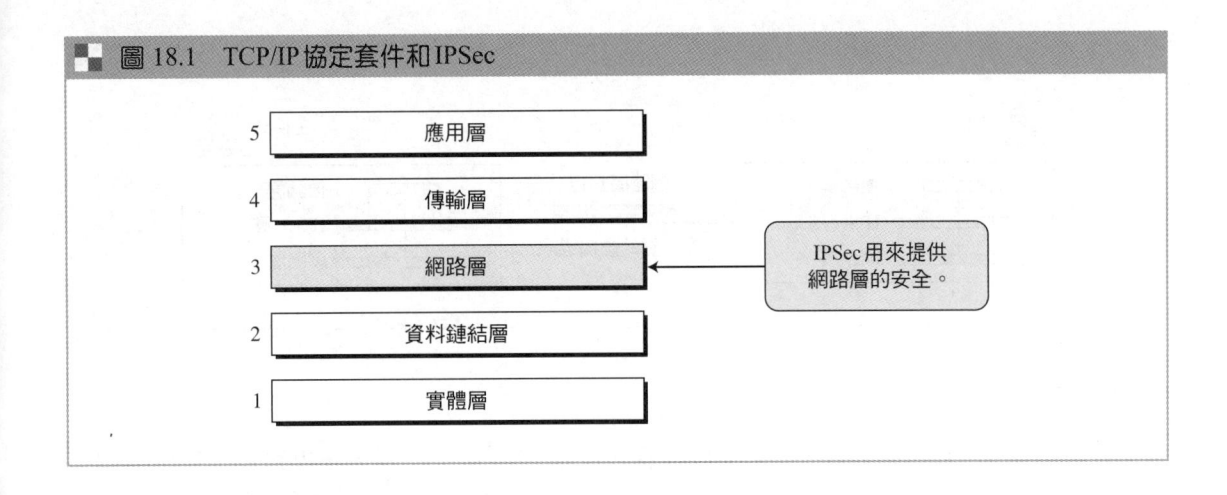

圖 18.1　TCP/IP 協定套件和 IPSec

5	應用層
4	傳輸層
3	網路層	← IPSec 用來提供網路層的安全。
2	資料鏈結層
1	實體層

18.1 兩種模式

IPSec 在兩種不同的模式之一運作：傳輸模式或隧道模式。

傳輸模式

在**傳輸模式（transport mode）**中，IPSec 保護從傳輸層到網路層所交付的資料；換句話說，傳輸模式保護網路層的承載，即在網路層被封裝的承載，如圖 18.2 所示。

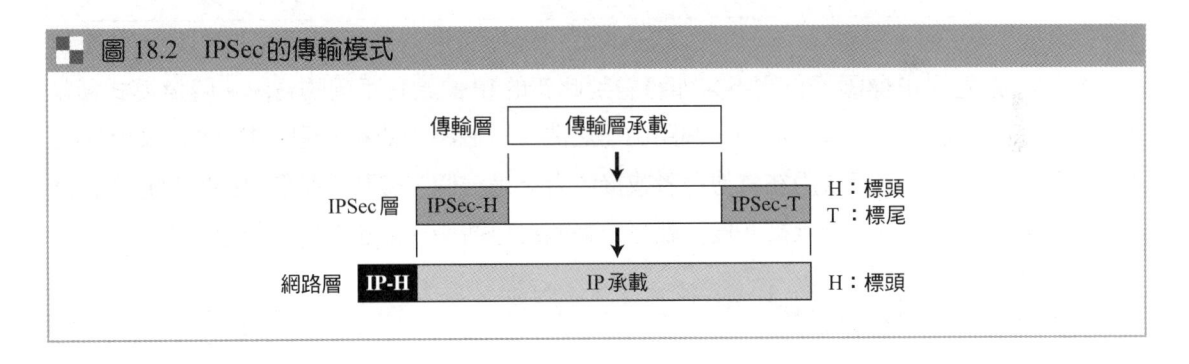

圖 18.2　IPSec 的傳輸模式

```
傳輸層      傳輸層承載
              ↓
IPSec 層   IPSec-H [        ] IPSec-T     H：標頭
              ↓                           T：標尾
網路層     IP-H [    IP 承載    ]          H：標頭
```

注意傳輸模式沒有保護 IP 標頭；換句話說，傳輸模式沒有保護整個 IP 封包；它只保護從傳輸層來的封包（IP 層的承載）。在此模式中，IPSec 標頭（和標尾）被附加到來自傳輸層的資訊，而 IP 標頭最後才被加入。

IPSec 的傳輸模式沒有保護 IP 標頭；它只保護從傳輸層來的資訊。

傳輸模式通常使用在當我們需要主機對主機（端點對端點）的資料保護時。傳送端的主機使用 IPSec 來確認和（或）加密從傳輸層所交付的承載；接收端主機使用 IPSec 來檢查確認性和（或）解密 IP 封包，並將它交付給傳輸層。圖 18.3 顯示這個概念。

圖 18.3　傳輸模式的運作

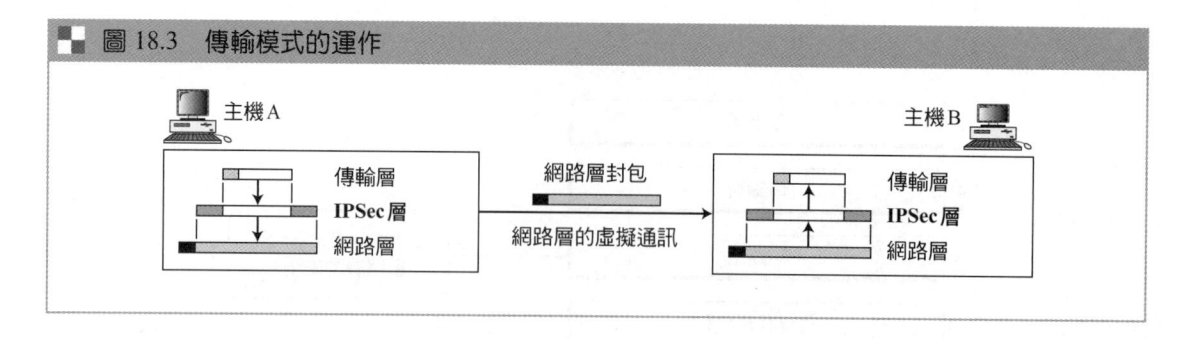

隧道模式

在**隧道模式**（tunnel mode）中，IPSec保護整個IP封包。它取一個IP封包，包括標頭，把IPSec的安全方法應用到整個封包，然後再增加一個新的IP標頭，如圖18.4所示。

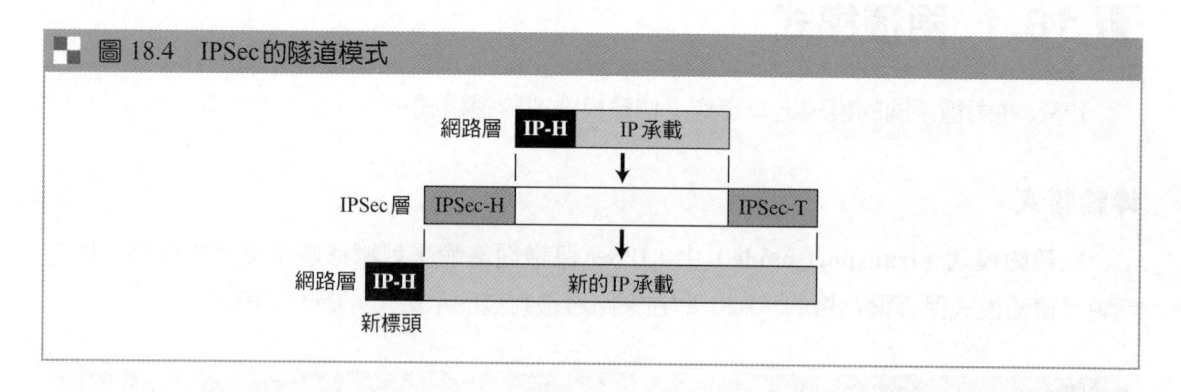

圖 18.4　IPSec的隧道模式

相較於原先的IP標頭，我們不久即將看到此新的IP標頭有不同的資訊。隧道模式通常用在兩個路由器之間、一個主機和一個路由器之間、一個路由器和一個主機之間，如圖18.5所示。換句話說，隧道模式用在當傳送者或接收者不是一個主機時。整個原始的封包在傳送者和接收者之間被保護以防止被入侵，就好像整個封包通過一條想像中的隧道一樣。

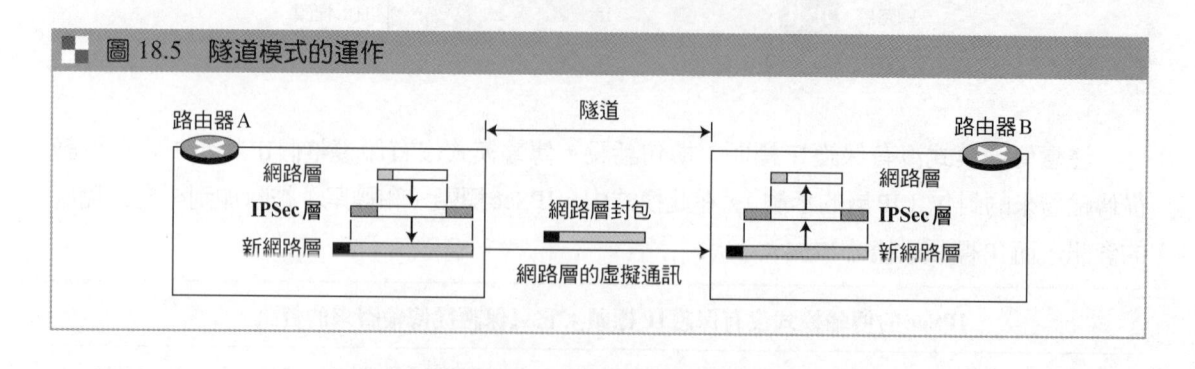

圖 18.5　隧道模式的運作

IPSec的隧道模式保護原始的IP標頭。

圖 18.6　傳輸模式與隧道模式

```
應用層              應用層
傳輸層              傳輸層
IPSec層             網路層
網路層              IPSec層
傳輸模式             新網路層
                   隧道模式
```

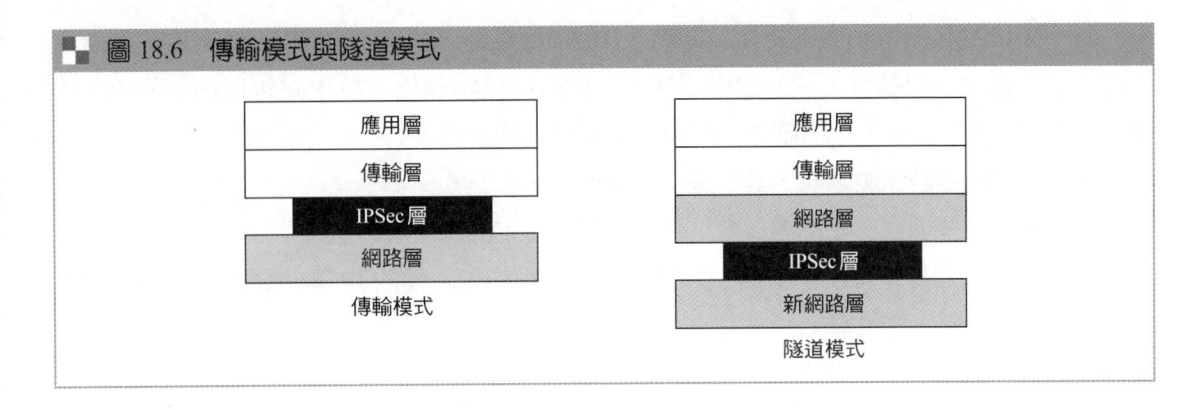

☞ 比較

在傳輸模式中，IPSec層是在傳輸層和網路層之間；在隧道模式中，資料流是從網路層到IPSec層然後再回到網路層。圖18.6比較這兩種模式。

18.2 兩個安全協定

IPSec定義兩個協定：確認性標頭協定和封裝安全承載協定，為IP層的封包提供確認和加密。

☞ 確認性標頭

確認性標頭協定（Authentication Header (AH) Protocol）是用來確認原始主機，且確保IP封包所攜帶之承載的完整性。此協定使用一個雜湊函數和一把對稱式金鑰來建立一個訊息摘要；此摘要被插入於確認性標頭，然後此確認性標頭依據不同的模式（傳輸或隧道）被放置於適當的位置。圖18.7顯示傳輸模式中確認性標頭的欄位和位置。

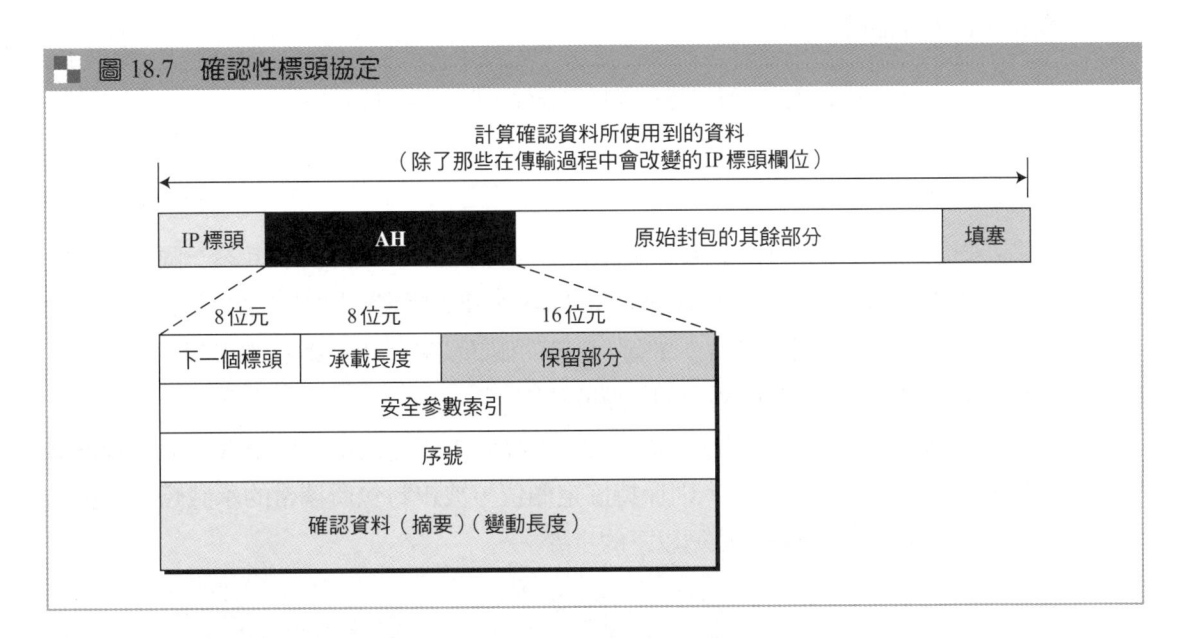

圖 18.7　確認性標頭協定

```
         計算確認資料所使用到的資料
    （除了那些在傳輸過程中會改變的IP標頭欄位）

IP標頭 |  AH  | 原始封包的其餘部分 | 填塞

   8位元   8位元    16位元
  下一個標頭 | 承載長度 | 保留部分
          安全參數索引
             序號
      確認資料（摘要）（變動長度）
```

當一個IP封包攜帶一個確認性標頭時，IP標頭的協定欄位其原始值以51來取代，而在確認性標頭裡的一個欄位（下一個標頭欄位）則保持協定欄位（被IP封包所攜帶的承載的類型）的原始值。要加入一個確認性標頭需依循以下的步驟：

1. 將確認性標頭置於承載之前，其中確認資料欄位先設為 0。
2. 可能會附加一些填塞，使得總長度恰好符合某一特定的雜湊演算法。
3. 基本上是對整個封包雜湊，不過，只有在傳輸過程中未改變的 IP 標頭欄位才會納入訊息摘要（確認資料）的計算。
4. 將確認資料插入確認性標頭中。
5. 在把協定欄位的值改成 51 之後，加入 IP 標頭。

每個欄位的簡單描述如下：

- **下一個標頭**：這個 8 位元的下一個標頭欄位定義 IP 封包所攜帶的承載類型（例如 TCP、UDP、ICMP 或者 OSPF）。它和 IP 封包的協定欄位在封裝前有相同的功能；換句話說，此方法將 IP 封包中協定欄位的值複製到此欄位。在新的 IP 封包中，協定欄位的值被設定為 51，以顯示此封包攜帶一個確認性標頭。

- **承載長度**：這個 8 位元欄位的名稱容易使人誤解，它並不是定義承載的長度；它是以 4 位元組的倍數來定義確認性標頭的長度，但並不包括前 8 個位元組。

- **安全參數索引**：這個 32 位元的安全參數索引（Security Parameter Index, SPI）欄位扮演虛擬電路識別的角色，且此識別對於一個稱為安全連結（稍後討論）之連線期間傳輸的所有封包而言是一樣的。

- **序號**：一個 32 位元的序號為一連串封包提供順序的資訊，以防止重複。注意，即使封包被重新傳送，其序號也不會重複。序號在達到 2^{32} 之後並不會重新開始，而是必須建立一個新的連線。

- **確認資料**：最後，確認資料欄位是對整個 IP 封包雜湊後的結果，除了在傳輸過程中會改變的欄位（例如存活時間）。

AH 協定提供來源確認和資料完整性，但不提供隱私性。

封裝安全承載

AH協定未提供隱私性，只提供來源確認和資料完整性。IPSec後來定義一個替代的協定：**封裝安全承載（Encapsulating Security Payload, ESP）**協定，以提供來源確認、完整性和隱私性。ESP增加一個標頭和標尾，注意，ESP的確認資料是加在封包的末端，這使得它的計算更為容易。圖18.8顯示ESP標頭和標尾的位置。

當一個IP封包攜帶一個ESP標頭和標尾時，IP標頭中協定欄位的值是50，而在ESP標尾裡的一個欄位（下一個標頭欄位）則保持協定欄位（被IP封包所攜帶的承載類型，例如TCP或UDP）的原始值。ESP程序依循以下的步驟：

圖 18.8 ESP

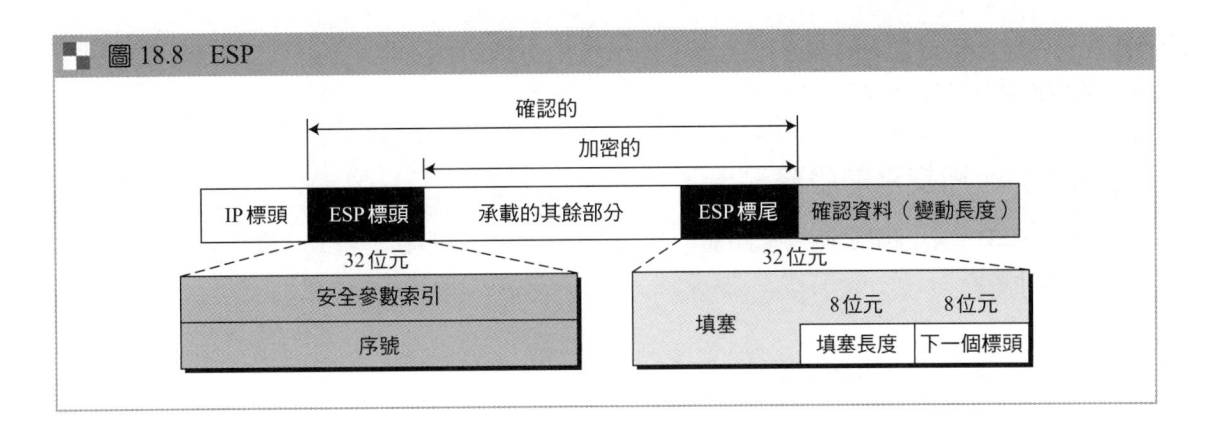

1. 在承載之後加入一個 ESP 標尾。
2. 將承載和標尾加密。
3. 加入 ESP 標頭。
4. 用 ESP 標頭、承載和 ESP 標尾來建立確認資料。
5. 確認資料被加入到 ESP 標尾的末端。
6. 在把協定欄位的值改成 50 之後，加入 IP 標頭。

標頭和標尾的欄位描述如下：

- **安全參數索引**：這個 32 位元的安全參數索引欄位與 AH 協定所定義的一樣。
- **序號**：這個 32 位元的序號欄位與 AH 協定所定義的一樣。
- **填塞**：位元 0 的變動長度欄位（0 到 255 個位元組）做為填塞。
- **填塞的長度**：此 8 位元的填塞長度欄位定義填塞位元組的數量，其值在 0 到 255 之間，很少出現最大值。
- **下一個標頭**：這個 8 位元的下一個標頭欄位與 AH 協定所定義的一樣，其目的與封裝前 IP 標頭裡的協定欄位相同。
- **確認資料**：最後，確認資料欄位是對封包的一部分實施確認機制後的結果。注意確認資料在 AH 與 ESP 之間的差異；在 AH 中，IP 標頭的一部分有被納入確認資料的計算，而在 ESP 中則沒有。

ESP 提供來源確認、資料完整性和隱私性。

IPv4 與 IPv6

IPSec 同時支援 IPv4 和 IPv6，但是在 IPv6 中，AH 和 ESP 是延伸標頭的一部分。

AH 與 ESP

ESP 協定的設計是在 AH 協定已經開始使用之後。ESP 除了能做到所有 AH 能做的，還能達到額外的功能（隱私性），因此，為什麼還需要 AH 呢？答案是我們不再需要。但是，

AH的實作已經包含在一些商業產品中，這意味著AH仍將是網際網路的一部分，直到這些產品逐步淘汰。

由IPSec所提供的服務

AH和ESP這兩個協定能為網路層的封包提供一些安全服務，表18.1顯示每一個協定可用的服務列表。

表 18.1　IPSec服務

服務	AH	ESP
存取控制	有	有
訊息確認（訊息完整性）	有	有
身份確認（資料來源確認）	有	有
機密性	沒有	有
重送攻擊保護	有	有

存取控制

IPSec使用一個安全連結資料庫間接提供存取控制，我們將在下一節討論。當一個封包到達目的端且不存在一個為此封包所建立的安全連結時，此封包將被丟棄。

訊息完整性

AH與ESP兩者之中都保有訊息完整性，傳送者建立資料的摘要並傳送給接收者檢查。

身份確認

在AH和ESP中，由傳送者所傳送的安全連結和資料的具金鑰雜湊摘要（keyed-hash digest），被用來確認資料的傳送者身份。

機密性

在ESP中，訊息的加密提供了機密性，但AH並未提供機密性。如果機密性是必要的，那麼應該使用ESP，而非AH。

重送攻擊保護

在兩個協定中，重送攻擊的防止是透過使用序號和一個滑動的接收者視窗（sliding receiver window）。當安全連結被建立時，每個IPSec標頭包含一個唯一的序號，序號的值是從0開始增加，直到$2^{32} - 1$（此序號欄位的大小是32位元）為止。當序號達到最大值時，它被重新設定為0，同時舊的安全連結（參閱下一節）被刪除，而另外建立一個新的。為了防

止處理重複的封包，IPSec 在接收端使用一個固定大小的視窗，視窗的大小由接收端決定，預設值是 64。圖 18.9 顯示一個重送視窗，這個視窗具有固定的大小 W，其中陰影處的封包表示已經收到並通過檢查確認。

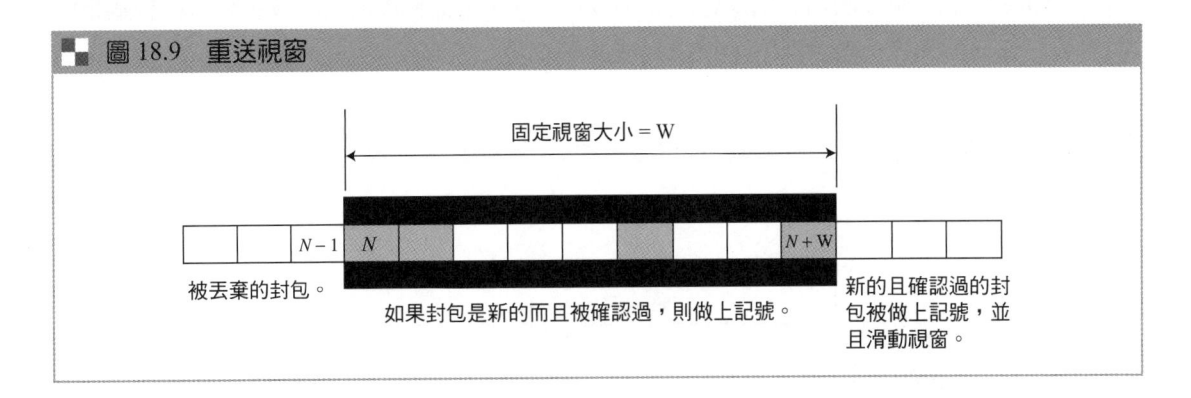

圖 18.9　重送視窗

當一個封包抵達接收端時，依據序號的值，可能發生三種情況：

1. 若封包的序號小於 N，則將封包放置於視窗的左側之外。在此情況下，封包將被丟棄，此封包不是重複的，就是到達時間已經過期。

2. 若封包的序號介於 N（包含）到 $N + W - 1$ 之間，則將封包放置於視窗之內。在此情況下，如果此封包是新的（未被標記）且通過確認測試，則將此序號標記起來並接受此封包，否則丟棄此封包。

3. 若封包的序號大於 $N + W - 1$，則將封包放置於視窗的右側之外。在此情況下，如果此封包通過確認，則其相對應的序號被標記起來，並且將視窗向右滑動到覆蓋此新標記的序號；否則丟棄此封包。請注意有一種情況可能會發生：一個序號遠大於 $N + W$（離視窗的右邊非常遠）的封包抵達，在此情況下，視窗的滑動可能導致很多未被標記的號碼滑至視窗左側之外；當這些封包抵達時，它們將不再被接受，因為到達時間已經過期。例如，在圖 18.9 中，如果一個序號 $N + W + 3$ 的封包到達，則視窗將滑動成左邊開始的序號是 $N + 3$，這意味著序號 $N + 2$ 是在視窗之外。如果一個序號為 $N + 2$ 的封包到達，它將會被丟棄。

18.3　安全連結

安全連結是 IPSec 非常重要的部分，IPSec 需要在兩個主機之間有一種邏輯關係，稱為**安全連結（Security Association, SA）**。本節將先討論這個概念，然後顯示其如何在 IPSec 中使用。

安全連結的概念

一個安全連結是兩個實體之間的約定，在兩個實體之間建立一個安全的通道。假設

Alice需要單向地與Bob通訊，如果Alice和Bob只在乎機密性，他們可以在彼此之間取得一把共享金鑰。我們可以說Alice和Bob之間有兩個安全連結：一個向外的SA和一個向內的SA。每一個SA都將金鑰的值儲存在一個變數之中，並將加解密演算法的名稱存在另一個變數中，Alice使用該演算法和金鑰加密訊息給Bob，Bob在需要時也使用該演算法和金鑰來解密接收自Alice的訊息。圖18.10顯示簡單的SA概念。

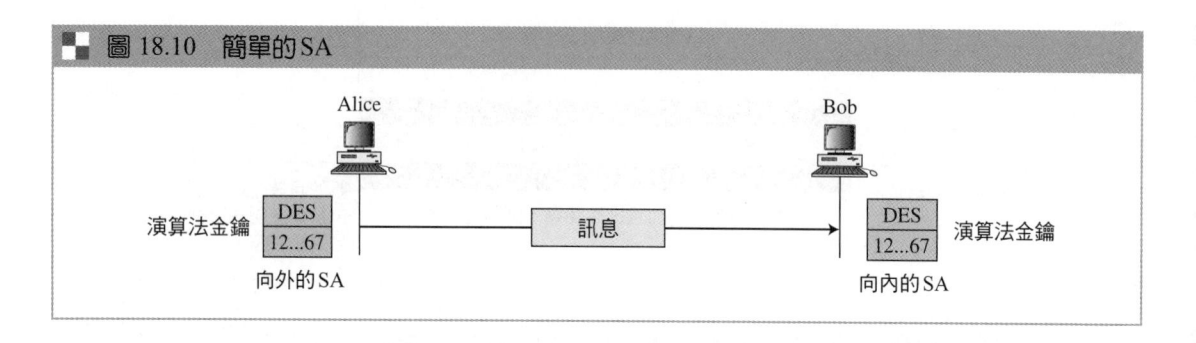

圖 18.10　簡單的SA

如果雙方需要訊息的完整性與確認性，安全連結牽涉得更廣。每個連結需要其他資料，例如訊息完整性所需的演算法、金鑰和其他參數。如果雙方需要為不同的協定（例如IPSec AH或IPSec ESP）使用特定的演算法和特定的參數，則安全連結可能會複雜許多。

安全連結資料庫

一個安全連結可能非常複雜，特別是在Alice想要傳送訊息給很多人和Bob需要接收很多人的訊息的情況下。另外，每個端點需要有向外和向內的SA以允許雙向通訊；換句話說，我們需要一組SA。SA可以被蒐集成一個資料庫，稱為**安全連結資料庫（Security Association Database, SAD）**。此資料庫可以視為一個二維的表格，每一列定義一個獨立的SA。通常會有兩個SAD：一個向內和一個向外。圖18.11顯示一個實體其向內SAD和向外SAD的概念。

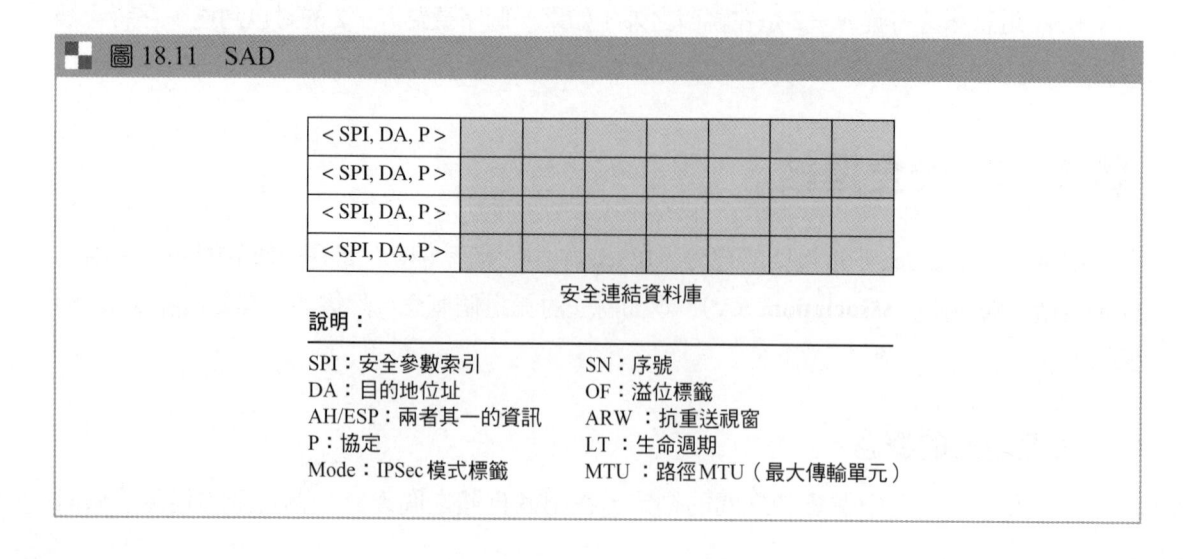

圖 18.11　SAD

說明：
SPI：安全參數索引　　　　　SN：序號
DA：目的地位址　　　　　　　OF：溢位標籤
AH/ESP：兩者其一的資訊　　　ARW：抗重送視窗
P：協定　　　　　　　　　　　LT：生命週期
Mode：IPSec模式標籤　　　　 MTU：路徑MTU（最大傳輸單元）

當一個主機需要傳送一個必須攜帶IPSec標頭的封包時，主機需要在向外的SAD中找到相對應的入口，以找出對此封包實施安全的資訊；同樣地，當一個主機接收一個攜帶IPSec標頭的封包時，主機需要在向內的SAD中找到相對應的入口，以找出用來檢查此封包安全的資訊。這個搜尋必須十分明確，因為接收的主機需要確保正確的資訊被使用於處理此封包上。在一個向內的SAD中，每一個入口之所以被選到是因為使用一個由三部分構成的索引：安全參數索引、目的地位址和協定。

- **安全參數索引**：安全參數索引是一個32位元的數字，定義在目的地的SA。稍後我們將會看到SPI是在SA協商期間決定的。相同的SPI被包含在屬於相同向內SA的所有IPSec封包中。
- **目的地位址**：第二個索引是主機的目的地位址，我們不要忘記在網際網路中的一個主機通常有一個單播（unicast）的目的地位址，但是它可能有多個廣播（multicast）位址。IPSec要求SA對每一個目的地位址是唯一的。
- **協定**：IPSec有兩種不同的安全協定：AH和ESP。為了區別每一種協定所使用的參數和資訊，IPSec要求一個目的地為每個協定定義一個不同的SA。

每一列的入口稱為SA參數，典型的參數如表18.2所示。

表 18.2 典型的 SA 參數

參數	說明
序號計數器	這是一個32位元的值，用來為AH或ESP標頭產生序號。
序號溢位	這是一個標籤，定義當序號溢位發生時的工作站選擇。
抗重送視窗	用來偵測一個向內的重送AH或ESP封包。
AH資訊	此項包含AH協定所需的資訊： 1. 確認演算法 2. 金鑰 3. 金鑰生命週期 4. 其他有關的參數
ESP資訊	此項包含ESP協定所需的資訊： 1. 加密演算法 2. 確認演算法 3. 金鑰 4. 金鑰生命週期 5. 初始向量 6. 其他有關的參數
SA生命週期	定義SA的生命週期。
IPSec模式	定義傳輸模式或隧道模式。
路徑MTU	定義路徑MTU（碎裂）。

18.4 安全政策

IPSec的另一個重要部分是**安全政策（Security Policy, SP）**，定義當一個封包被傳送或抵達時所要實施的安全類型。在使用前一節所討論的SAD之前，一個主機必須為封包決定事先定義政策。

安全政策資料庫

每一個使用IPSec協定的主機需要持有一個**安全政策資料庫（Security Policy Database, SPD）**，同樣地，其需要有一個向內的SPD和一個向外的SPD。SPD的每個入口可以使用一個由六部分構成的索引來存取：來源位址、目的地位址、名稱、協定、來源埠號和目的地埠號，如圖18.12所示。

圖 18.12　SPD

索引	政策
< SA, DA, Name, P, SPort, DPort >	
< SA, DA, Name, P, SPort, DPort >	
< SA, DA, Name, P, SPort, DPort >	
< SA, DA, Name, P, SPort, DPort >	

說明：
SA：來源位址　　　P：協定
DA：目的地位址　　SPort：來源埠號
Name：名稱　　　　DPort：目的地埠號

來源位址和目的地位址可能是單播、廣播或通用位址；名稱通常定義一個DNS實體；協定不是AH就是ESP；來源埠號和目的地埠號是在來源和目的地主機上執行的程序埠號。

向外的SPD

當一個封包將被送出時，會查詢向外的SPD。圖18.13顯示一個傳送者對封包的處理。

向外的SPD輸入是一個由六部分構成的索引。輸出會有下列三種情況：

1. **丟棄**：這意味著被索引所定義的這個封包不能傳送，將被丟棄。
2. **略過**：這意味著並沒有政策是針對這個封包的政策索引，這個封包會略過安全標頭應用被傳送。
3. **實施**：在這個情況，安全標頭會被實施，可能發生兩種情況：
   a. 如果一個向外的SA已經建立，則回傳SA索引以從向外的SAD中選擇相對應的SA，然後形成AH或ESP標頭，依所選擇的SA來實施加密或（和）確認，最後將封包傳送出去。

■ 圖 18.13 向外的處理

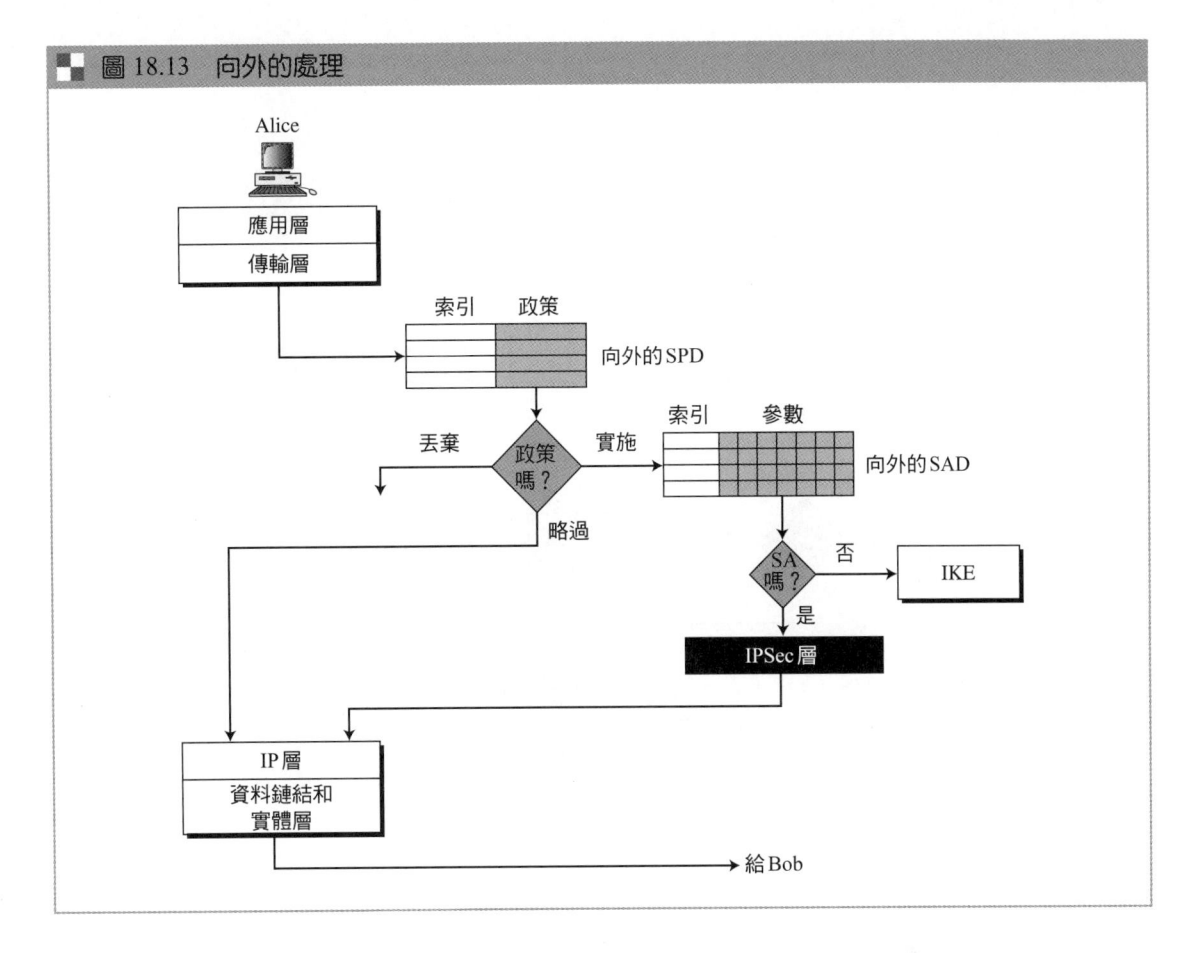

b. 如果一個向外的 SA 尚未建立，則呼叫網際網路金鑰交換（IKE）協定（參閱下節）來為這次的通訊建立一個向外的 SA 和一個向內的 SA。向外的 SA 被來源端加入向外的 SAD，而向內的 SA 被目的地端加入向內的 SAD。

向內的 SPD

當一個封包抵達時，會查詢向內的 SPD。向內的 SPD 的每個入口也是使用由六部分構成的索引來存取。圖 18.14 顯示一個接收者對封包的處理。

向內的 SPD 的輸入是一個由六部分構成的索引。輸出會有下列三種情況：

1. **丟棄**：這意味著被此政策所定義的封包必須丟棄。
2. **略過**：這意味著並沒有政策是針對這個封包的政策索引，這個封包會在忽略 AH 或 ESP 標頭資訊的情況下處理，接著被遞交給傳輸層。
3. **實施**：在這個情況，安全標頭必須處理，可能發生兩種情況：
   a. 如果一個向內的 SA 已經建立，則回傳 SA 索引以從向內的 SAD 中選擇相對應的向內 SA，然後實施解密或（和）確認。如果此封包通過這個安全規定，則將 AH 或 ESP 標頭丟棄，並且將此封包遞交給傳輸層。
   b. 如果一個向內的 SA 尚未建立，則此封包必須丟棄。

■ 圖 18.14　向內的處理

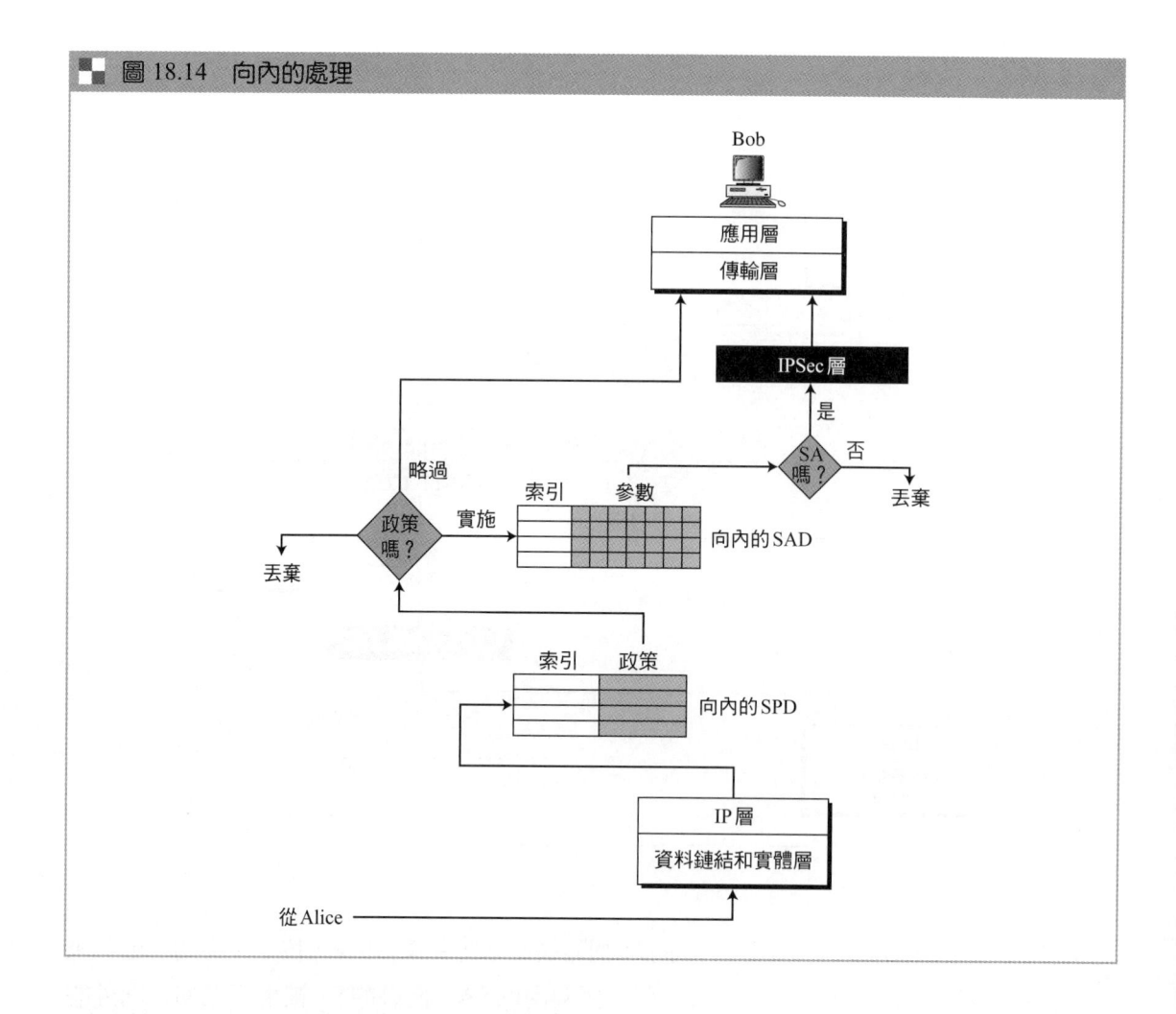

18.5 網際網路金鑰交換

網際網路金鑰交換（Internet Key Exchange, IKE）是用來建立向內和向外的安全連結協定。如同在前一節所討論的，當某端點需要傳送一個IP封包時，它會查詢安全政策資料庫（SPDB）是否存在一個為了此次通訊型態的SA，如果沒有，則呼叫IKE來建立一個。

IKE為IPSec建立SA。

IKE是一個複雜的協定，植基於其他三個協定：Oakley、SKEME和ISAKMP，如圖18.15所示。

Oakley協定由Hilarie Orman所開發，是一個基於Diffie-Hellman金鑰交換方法的金鑰建立協定，但是我們即將看到它有一些改進。Oakley是一個無固定格式的協定，因此它沒有定義要被交換的訊息格式。我們不在本章直接討論Oakley協定，但是會顯示IKE如何使用它的概念。

圖 18.15　IKE 的組成要件

網際網路金鑰交換（IKE）
- 網際網路安全連結與金鑰管理協定（ISAKMP）
- Oakley
- SKEME

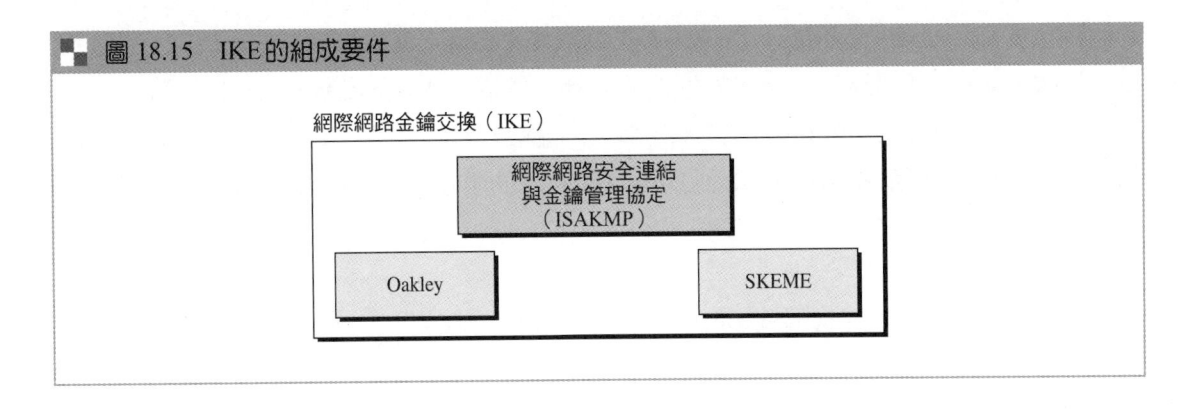

由 Hugo Krawcyzk 所設計的 **SKEME** 是另一個金鑰交換協定，它在一個金鑰交換協定中使用公開金鑰加密法來達到身份確認。我們即將看到 IKE 所使用的方法之一是植基於 SKEME。

網際網路安全連結與金鑰管理協定（Internet Security Association and Key Management Protocol, ISAKMP） 是由美國國家安全局（NSA）所設計的協定，真正實作 IKE 所定義的交換，並定義一些封包、協定和參數，使得 IKE 交換能以標準化、格式化的訊息來建立 SA。我們將在下一節討論 ISAKMP 做為實作 IKE 的傳輸協定。

在這一節，我們討論 IKE 本身是一個為 IPSec 建立 SA 的機制。

改進的 Diffie-Hellman 金鑰交換

IKE 的金鑰交換概念是植基於 Diffie-Hellman 協定，這個協定在不需要存在任何事先機密的情況下，為兩個端點之間提供一把會議金鑰，我們已經在第十五章討論過 Diffie-Hellman，其概念總結於圖 18.16。

在原始的 Diffie-Hellman 金鑰交換中，雙方建立一把對稱式會議金鑰以交換資料，而且不需要記憶或儲存這把金鑰做為未來之用。在建立一把對稱式金鑰之前，雙方需要選擇

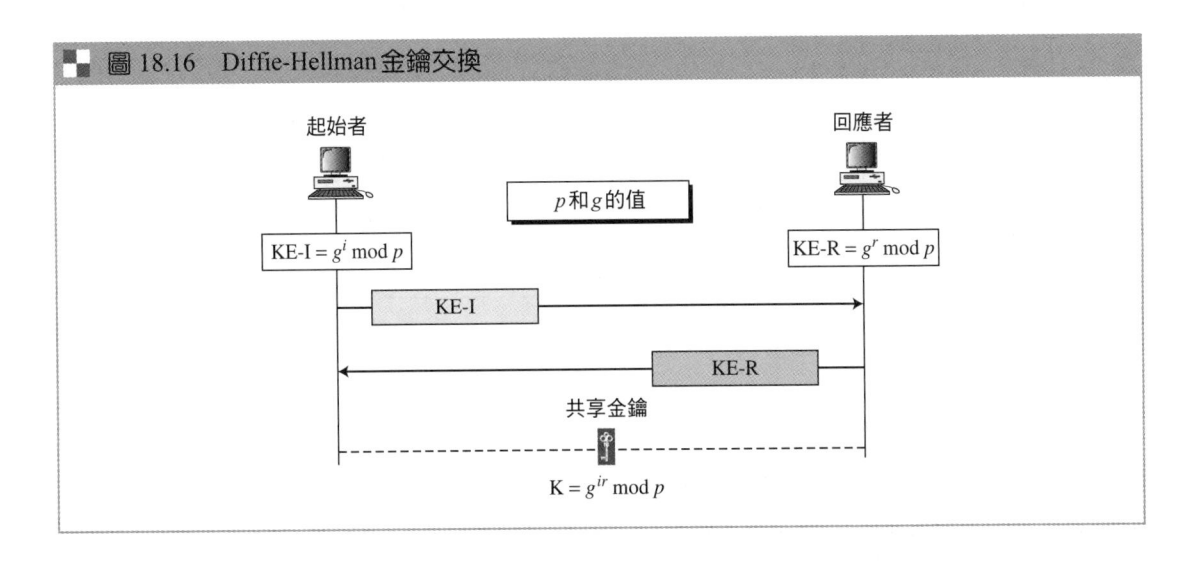

圖 18.16　Diffie-Hellman 金鑰交換

起始者　　　　　　　　　　　　　　　回應者

p 和 g 的值

$KE\text{-}I = g^i \bmod p$　　　　　　　　　$KE\text{-}R = g^r \bmod p$

　　　　　　KE-I →
　　　　　　← KE-R

共享金鑰

$K = g^{ir} \bmod p$

兩個數字 p 和 g，第一個數字 p 是一個大質數，其大小是十進位的300位數（1024位元），第二個數字 g 是一個群 $<Z_{p^*}, ×>$ 內的生成子。Alice選擇一個大的亂數 i，並且計算 KE-I = g^i mod p，她傳送KE-I給Bob，Bob選擇另一個大的亂數 r，並且計算 KE-R = g^r mod p，他傳送KE-R給Alice。我們稱KE-I和KE-R為Diffie-Hellman的半金鑰，因為每一個是由一方所產生的半金鑰，它們需要結合在一起以建立完整的金鑰 K = g^{ir} mod p，而K是這次的對稱式會議金鑰。

在Diffie-Hellman協定成為適用的網際網路金鑰交換之前，有一些弱點需要排除。

塞爆攻擊

Diffie-Hellman協定的第一個爭議是**塞爆攻擊（clogging attack）**或阻斷服務攻擊。一個惡意的攻擊者可以傳送很多半金鑰（g^x mod q）訊息給Bob，假裝它們是來自不同的來源，接著Bob需要計算不同的回應（g^y mod q），並計算完整的金鑰（g^{xy} mod q），這將使他非常忙碌以致於可能停止對任何其他訊息做出回應，而拒絕對用戶端服務。這是可能發生的，因為Diffie-Hellman協定需要大量計算。

為了防止塞爆攻擊，我們可以給協定增加兩個額外的訊息強迫雙方傳送**cookie**。圖18.17顯示能防止塞爆攻擊的修改。cookie是一個對下列資料雜湊後的結果：對方的一個唯一識別資料（例如IP位址、埠號和協定）、一個自己知道用來產生此cookie的秘密亂數和一個時戳。

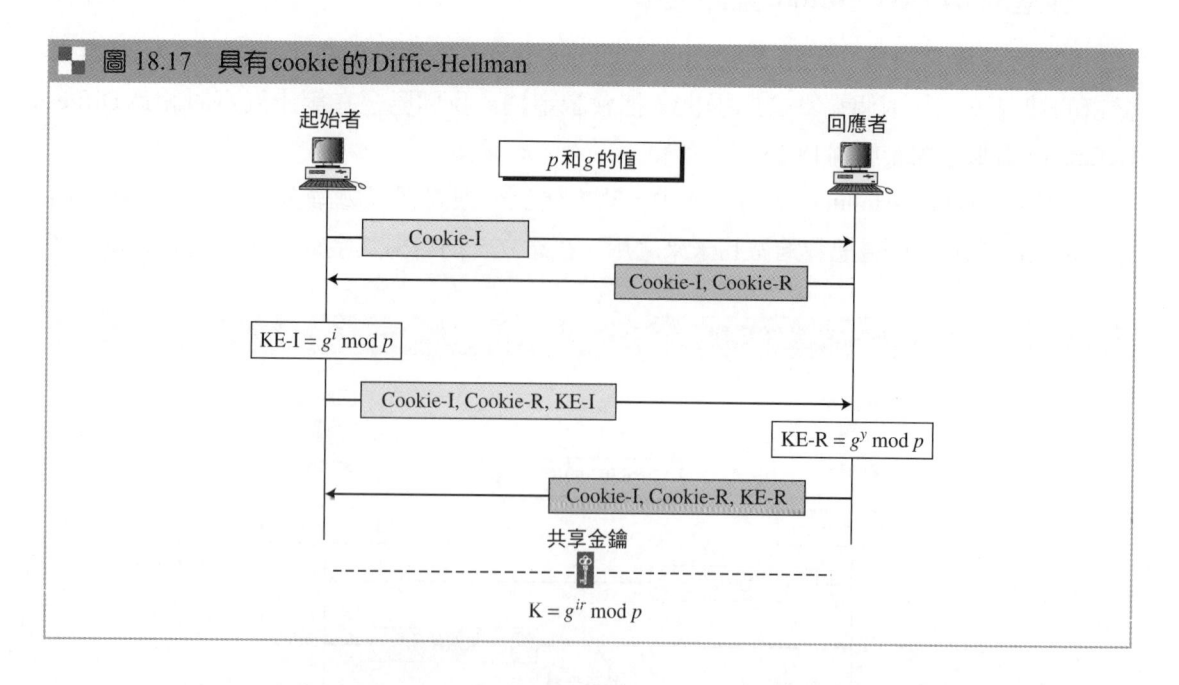

圖 18.17　具有cookie的Diffie-Hellman

起始者和回應者分別傳送自己的cookie，這兩個cookie被重複、不變地用在每一個之後的訊息，半金鑰和會議金鑰的計算會被延遲直到cookie回傳。如果任一方是一個試圖塞爆攻擊的攻擊者，cookie不會被回傳，則另一方就不會浪費時間和資源來計算半金鑰或會議金

鑰。例如，如果起始者是一個使用假IP位址的攻擊者，則起始者不會收到第二個訊息且無法傳送第三個訊息，這個程序將被中止。

IKE使用cookie來防止塞爆攻擊。

重送攻擊

就像至目前為止我們已經看過的其他協定一樣，Diffie-Hellman容易遭受**重送攻擊**（replay attack）。一個惡意的攻擊者可以在一個將來的會議中重送來自某一個會議的資訊。為了防止這個攻擊，我們可以在第三個訊息和第四個訊息中增加臨時亂數，以維持訊息的新鮮性。

IKE使用臨時亂數來防止重送攻擊。

中間人攻擊

第三個也是最危險針對Diffie-Hellman協定的攻擊是第十五章討論過的中間人攻擊。Eve能介於中間並建立一把她和Alice之間的金鑰，以及另一把她和Bob之間的金鑰。要防止這個攻擊並不像其他兩種那麼簡單，我們需要確認雙方的身份。Alice和Bob需要確認訊息的完整性，而且雙方要彼此確認身份。

訊息交換的確認（訊息完整性）以及實體的認證（身份確認）需要雙方證明他／她所宣稱的身份。為了完成上述要求，每一方必須證明他／她擁有一個祕密。

為了防止中間人攻擊，IKE要求雙方證明他擁有一個祕密。

在IKE中，這個祕密可能是下列其中之一：
a. 一把事先共享的金鑰。
b. 一個事先知道的加解密公開金鑰對。一個實體必須證明一個使用已宣布的公開金鑰所加密的訊息，可以使用相對應的私密金鑰來解密。
c. 一個事先知道的數位簽章公開金鑰對。一個實體必須證明能用他的私密金鑰來簽署一個訊息，而此簽章能用他所宣布的公開金鑰來驗證。

IKE階段

IKE為訊息交換協定（例如IPSec）建立SA，不過IKE需要交換機密且確認的訊息，那麼什麼協定為IKE提供SA呢？讀者可能會意識到這將需要一系列永不停止的SA：IKE必須為IPSec建立SA，協定X必須為IKE建立SA，協定Y需要為協定X建立SA，依此類推。要解決這個困境，必須使IKE獨立於IPSec協定。IKE的設計者將IKE分成兩個階段：在階段I，IKE為階段II建立SA；在階段II，IKE為IPSec或一些其他協定建立SA。階段I是一般性的，階段II則是特定此協定的。

> **IKE 分成兩個階段：階段 I 和階段 II。階段 I 為階段 II 建立 SA；
> 階段 II 為一個資料交換協定（例如 IPSec）建立 SA。**

不過，問題仍然存在：如何保護階段 I 呢？下一節我們將顯示階段 I 如何使用一個以漸進方式形成的 SA。較早的訊息以明文被交換；較晚的訊息使用由較早的訊息所建立的金鑰來確認及加密。

階段與模式

為了使其適合不同的交換方法，IKE 為階段定義模式。至目前為止，階段 I 有兩種模式：主要模式和積極模式；階段 II 的唯一模式是快速模式。圖 18.18 顯示階段和模式之間的關係。

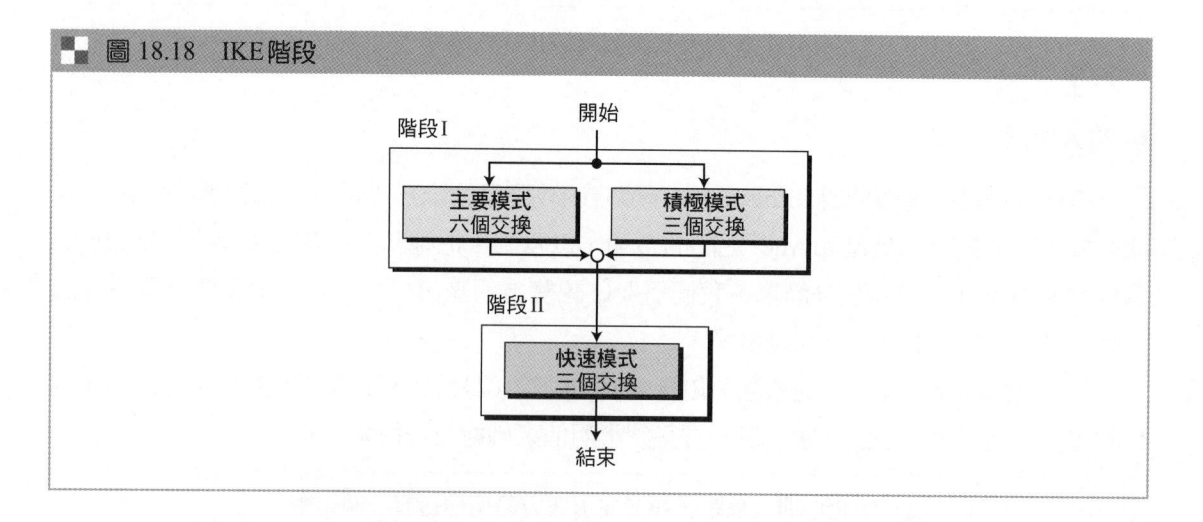

圖 18.18　IKE 階段

基於雙方之間事先祕密的種類，階段 I 的模式可以使用四種不同的確認方法：事先共享金鑰的方法、原始的公開金鑰方法、修改過的公開金鑰方法或數位簽章的方法，如圖 18.19 所示。

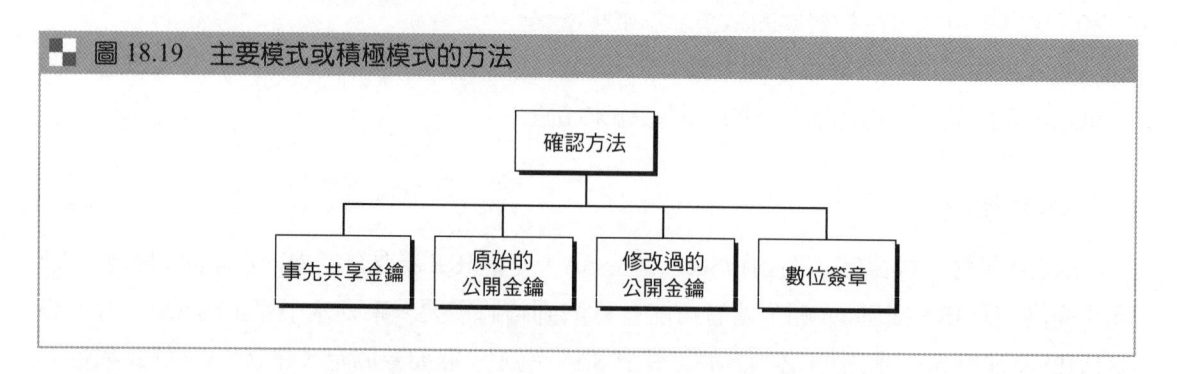

圖 18.19　主要模式或積極模式的方法

階段 I：主要模式

在主要模式（main mode） 中，起始者和回應者交換六個訊息，在開始的兩個訊息，他們交換 cookie（用來防止塞爆攻擊）並且協商 SA 參數。起始者傳送一系列的提議；回應者選擇其中的一個。當開始的兩個訊息被交換之後，起始者和回應者知道 SA 的參數，並且確信對方的存在（沒有塞爆攻擊發生）。

在第三個和第四個訊息中，起始者和回應者通常交換他們的半金鑰（Diffie-Hellman 方法的 g^i 和 g^r）以及臨時亂數（為了防止重送攻擊），在某些方法則是交換其他資訊，這將在稍後討論。注意，這些半金鑰和臨時亂數並不是隨著開始的兩個訊息傳送，因為雙方必須先確認沒有塞爆攻擊。

在交換第三個和第四個訊息之後，雙方能計算他們之間的共同祕密以及個別的雜湊摘要，這個共同的祕密 SKEYID（祕密金鑰 ID）取決於如下所示的計算方法。在下列的等式中，*prf*（虛擬亂數函數）是一個在協商期間所定義的具金鑰雜湊函數。

SKEYID = *prf* (preshared-key, N-I | N-R)　　　　（事先共享金鑰方法）
SKEYID = *prf* (N-I | N-R, g^{ir})　　　　　　　　（公開金鑰方法）
SKEYID = *prf* (hash (N-I | N-R), Cookie-I | Cookie-R)　　（數位簽章）

其他共同祕密的計算如下：

SKEYID_d = *prf* (SKEYID, g^{ir} | Cookie-I | Cookie-R | 0)
SKEYID_a = *prf* (SKEYID, SKEYID_d | g^{ir} | Cookie-I | Cookie-R | 1)
SKEYID_e = *prf* (SKEYID, SKEYID_a | g^{ir} | Cookie-I | Cookie-R | 2)

SKEYID_d（衍生的金鑰）是一把用來建立其他金鑰的金鑰，SKEYID_a 是確認金鑰，而 SKEYID_e 是用來加密的金鑰，這兩把金鑰是在協商期間被使用的。第一個參數（SKEYID）是針對每一種金鑰交換的方法所分別計算出來的，第二個參數是好幾個資料的串接。注意，*prf* 所需的金鑰都是 SKEYID。

雙方也計算兩個雜湊摘要：HASH-I 和 HASH-R，這是主要模式中四種方法的其中三個所使用的，其計算方式如下：

HASH-I = *prf* (SKEYID, KE-I | KE-R | Cookie-I | Cookie-R | SA-I | ID-I)
HASH-R = *prf* (SKEYID, KE-I | KE-R | Cookie-I | Cookie-R | SA-I | ID-R)

注意第一個摘要使用 ID-I，而第二個使用 ID-R，兩個都使用 SA-I，這是由起始者所送出的整個 SA 資料。注意，它們兩者都沒有包含回應者所選擇的提議。這個概念主要是要藉由防止攻擊者的改變來保護起始者所送出的提議，例如，一個攻擊者可能嘗試送出一列更容易遭受攻擊的提議。同樣地，如果沒有包含 SA 的話，一個攻擊者可能把被選擇的提議改成一個對自己較有利的。另外要注意的是，一個實體在計算這些 HASH 時不需要知道另一個實體的 ID。

在計算這些金鑰和雜湊值之後，雙方把雜湊值傳送給對方以確認自己。起始者傳送 HASH-I 給回應者以證明她就是 Alice，只有 Alice 知道這個確認的祕密，而且只有她能計算出 HASH-I，如果由 Bob 所計算的 HASH-I 與 Alice 所傳送的 HASH-I 一致的話，那麼她就通過確認。以同樣的方式，Bob 能藉由傳送 HASH-R 來向 Alice 確認他自己。

這裡有一個小地方要注意，當 Bob 計算 HASH-I 時，他需要 Alice 的 ID，反之亦然。在某些方法中，ID 是由之前的訊息所傳送；其他方法則是與此摘要值一起傳送，或與摘要值、用 SKEYID_e 加密的 ID 值兩者一起傳送。

事先共享金鑰的方法

在事先共享金鑰的方法中，一把對稱式的金鑰被用來相互確認，圖 18.20 顯示了主要模式中的共享金鑰確認。

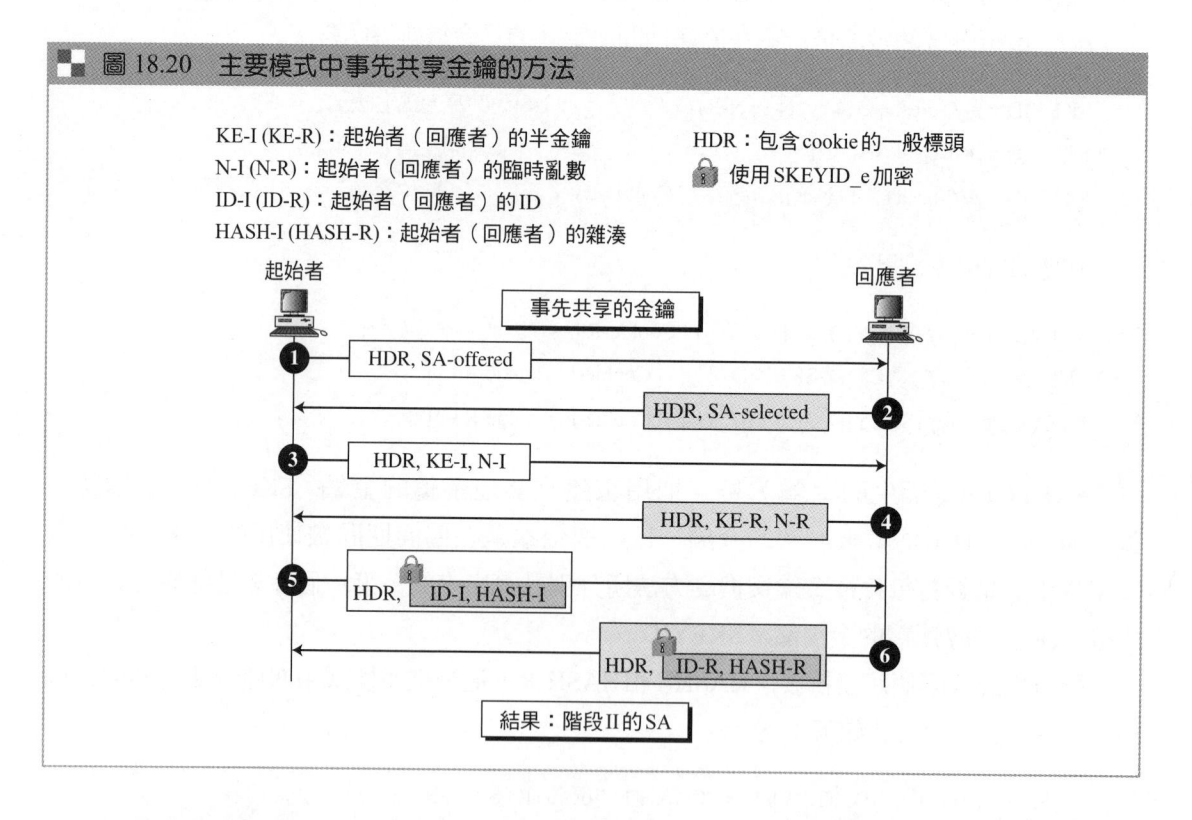

圖 18.20　主要模式中事先共享金鑰的方法

KE-I (KE-R)：起始者（回應者）的半金鑰
N-I (N-R)：起始者（回應者）的臨時亂數
ID-I (ID-R)：起始者（回應者）的 ID
HASH-I (HASH-R)：起始者（回應者）的雜湊
HDR：包含 cookie 的一般標頭
🔒 使用 SKEYID_e 加密

起始者　　　　　　　　　　　　　　　　　　回應者

事先共享的金鑰

① HDR, SA-offered →
← HDR, SA-selected ②
③ HDR, KE-I, N-I →
← HDR, KE-R, N-R ④
⑤ HDR, ID-I, HASH-I →
← HDR, ID-R, HASH-R ⑥

結果：階段 II 的 SA

在開始的兩個訊息，起始者和回應者交換 cookie（在一般的標頭之內）及 SA 參數。在接下來的兩個訊息，他們交換半金鑰和臨時亂數（參閱第十五章），這時雙方能建立 SKEYID 和具金鑰的兩個雜湊值（HASH-I 和 HASH-R）。在第五個和第六個訊息中，雙方交換所建立的雜湊值和他們的 ID。為了保護 ID 和雜湊值，最後兩個訊息是用 SKEYID_e 來加密。

注意，這把事先共享金鑰是 Alice（起始者）和 Bob（回應者）間的祕密，Eve（攻擊者）無法存取這把金鑰，因此 Eve 不能建立 SKEYID，進而無法建立 HASH-I 或 HASH-R。注意，

ID需要在第五個和第六個訊息被交換以計算雜湊值。

此一方法有一個問題，除非知道這把事先共享金鑰，否則Bob無法對訊息解密，這意味著他知道Alice是誰（知道她的ID），但是Alice的ID在第五個訊息裡是被加密的。這個方法的設計者已經提出說明，指出這個情況裡的ID必須是雙方的IP位址，如果Alice是在一台固定的主機上（IP位址是固定的），那麼這並不構成問題。然而，如果Alice從一個網路移動到另一個網路，那麼這就是一個問題。

原始的公開金鑰方法

在原始的公開金鑰方法中，起始者和回應者藉由展現他們擁有一把與自己宣布的公開金鑰相對應的私密金鑰來證明自己的身份，圖18.21顯示使用原始公開金鑰方法的訊息交換。

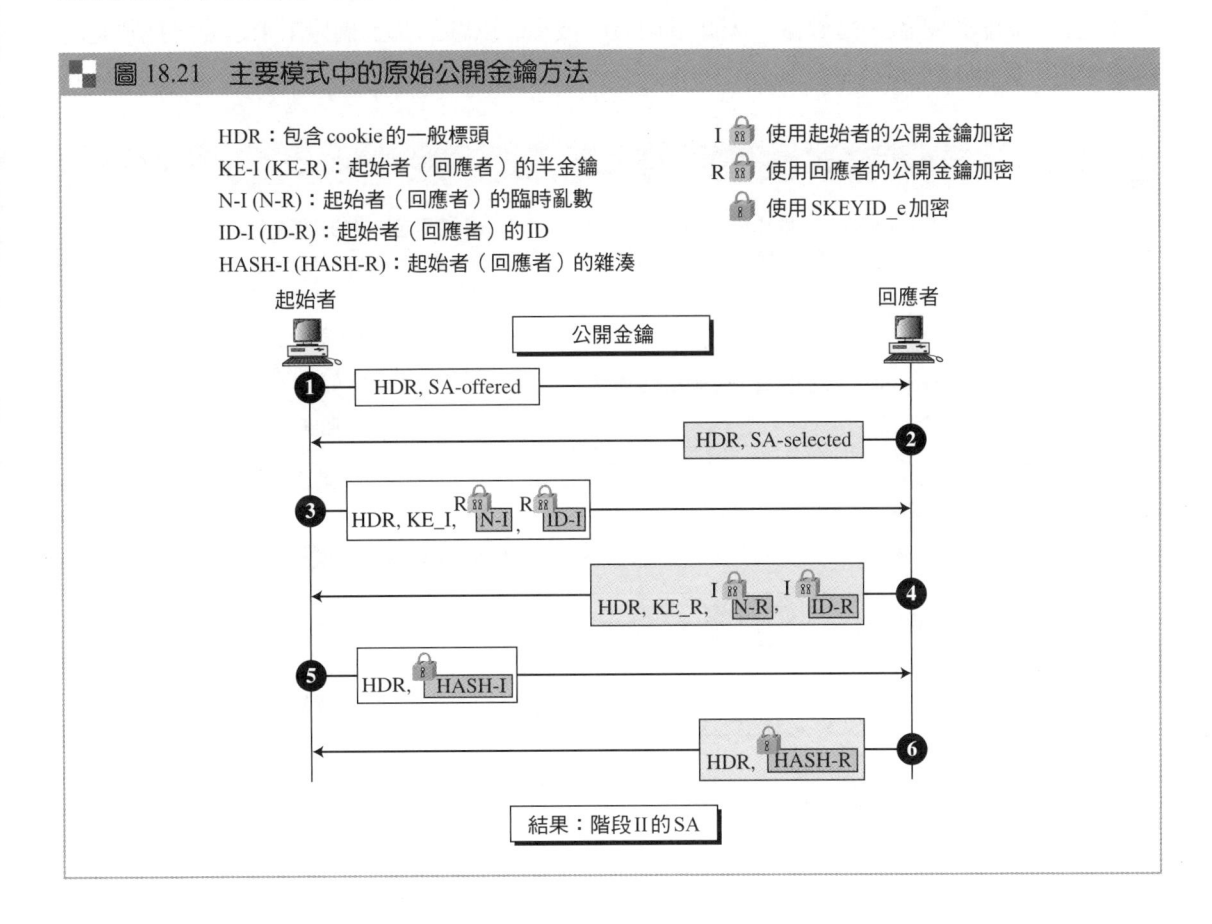

■ 圖18.21　主要模式中的原始公開金鑰方法

HDR：包含cookie的一般標頭
KE-I (KE-R)：起始者（回應者）的半金鑰
N-I (N-R)：起始者（回應者）的臨時亂數
ID-I (ID-R)：起始者（回應者）的ID
HASH-I (HASH-R)：起始者（回應者）的雜湊

I 🔒 使用起始者的公開金鑰加密
R 🔒 使用回應者的公開金鑰加密
🔒 使用SKEYID_e加密

起始者　　　　　　　　　　　　　　回應者

公開金鑰

① HDR, SA-offered →
② ← HDR, SA-selected
③ HDR, KE_I, R[N-I], R[ID-I] →
④ ← HDR, KE_R, I[N-R], I[ID-R]
⑤ HDR, [HASH-I] →
⑥ ← HDR, [HASH-R]

結果：階段II的SA

開始的兩個訊息與前一個方法相同，在第三個訊息中，起始者傳送他的半金鑰、臨時亂數和ID，而在第四個訊息回應者也做同樣的事。不過，臨時亂數和ID是以接收者的公開金鑰加密，且由接收者的私密金鑰來解密。從圖18.21可以看到，臨時亂數和ID是被分開加密的，我們稍後將會看到這是因為它們是從分別的承載被分開加密的。

這個方法和前一個方法的一個差別，是ID的交換從第五個和第六個訊息變成第三個和

第四個訊息,第五個和第六個訊息只攜帶HASH。

在這個方法中,SKEYID的計算是植基於臨時亂數和對稱式金鑰的雜湊,臨時亂數的雜湊被用來當作具金鑰HMAC函數的金鑰。注意,我們在這裡使用了雙重雜湊。雖然SKEYID和後續的雜湊值不是直接取決於雙方所擁有的祕密,但它們是間接有關的。SKEYID取決於臨時亂數,而臨時亂數只能被接收者的私密金鑰(祕密)解密,因此如果計算出來的雜湊值符合那些所接收的,就證明了雙方就是他們所宣稱的那個人。

修改過的公開金鑰方法

原始的公開金鑰方法有一些缺點:第一,在起始者和回應者端的兩個公開金鑰加密/解密是一個很重的負擔;其次,起始者不能傳送以回應者的公開金鑰所加密的憑證,因為任何人都能拿一個假的憑證來這樣做。因此這個方法被修改以讓公開金鑰只用來建立一把暫時的祕密金鑰,如圖18.22所示。

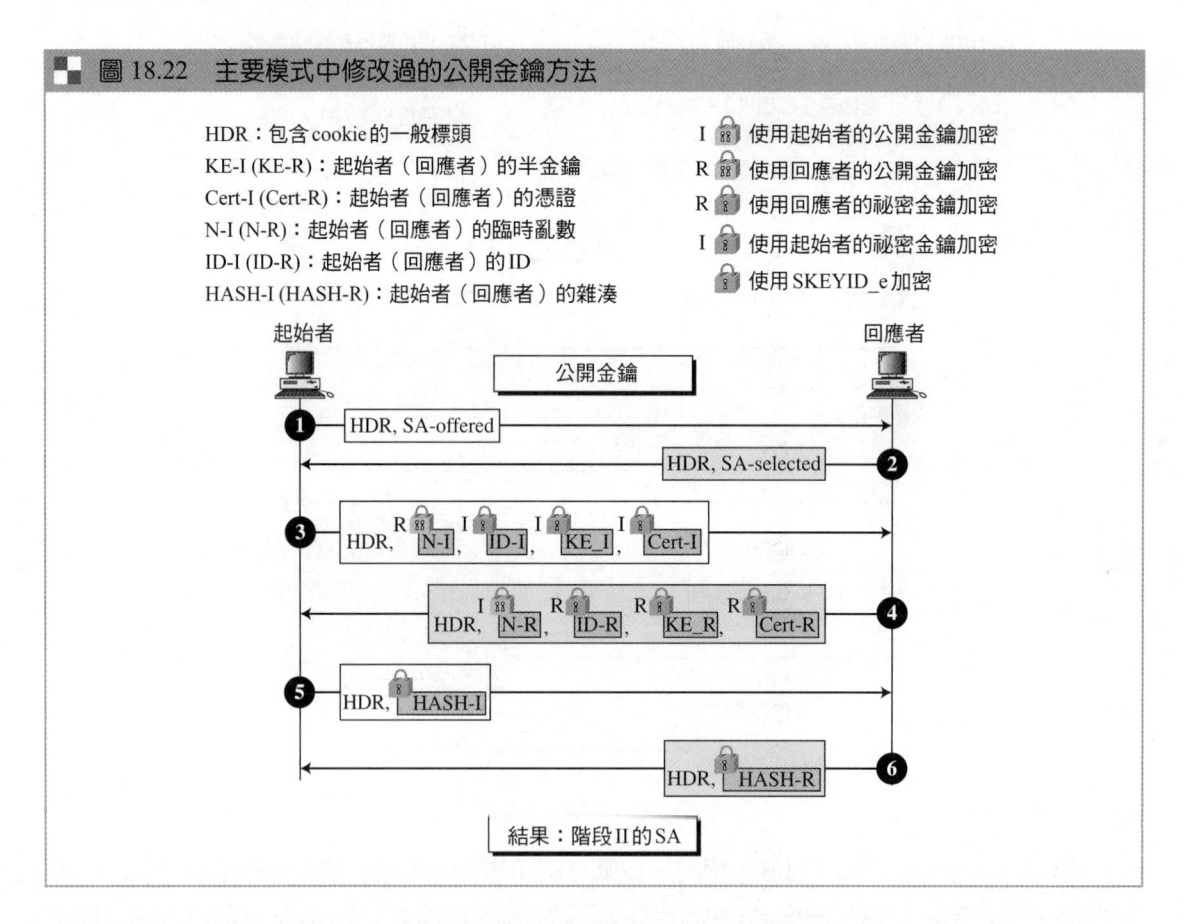

圖 18.22 主要模式中修改過的公開金鑰方法

HDR:包含cookie的一般標頭
KE-I (KE-R):起始者(回應者)的半金鑰
Cert-I (Cert-R):起始者(回應者)的憑證
N-I (N-R):起始者(回應者)的臨時亂數
ID-I (ID-R):起始者(回應者)的ID
HASH-I (HASH-R):起始者(回應者)的雜湊

I 🔒 使用起始者的公開金鑰加密
R 🔒 使用回應者的公開金鑰加密
R 🔒 使用回應者的祕密金鑰加密
I 🔒 使用起始者的祕密金鑰加密
🔒 使用SKEYID_e加密

起始者 ──公開金鑰── 回應者

① HDR, SA-offered →
② ← HDR, SA-selected
③ HDR, N-I, ID-I, KE_I, Cert-I →
④ ← HDR, N-R, ID-R, KE_R, Cert-R
⑤ HDR, HASH-I →
⑥ ← HDR, HASH-R

結果:階段II的SA

注意,兩把暫時的祕密金鑰是由臨時亂數和cookie的雜湊所建立。起始者使用回應者的公開金鑰來傳送他的臨時亂數,回應者將臨時亂數解密並計算起始者的暫時祕密金鑰,之後半金鑰、ID和可選擇的憑證就能被解密了。這兩把暫時祕密金鑰K-I和K-R的計算方式如下:

$$K\text{-}I = \mathit{prf}\,(N\text{-}I, Cookie\text{-}I) \qquad K\text{-}R = \mathit{prf}\,(N\text{-}R, Cookie\text{-}R)$$

數位簽章方法

在這個方法中，雙方藉由數位簽章來證明他們擁有一把被認證的私密金鑰。圖18.23顯示這個方法中的訊息交換。除了SKEYID的計算外，此方法類似於事先共享金鑰的方法。

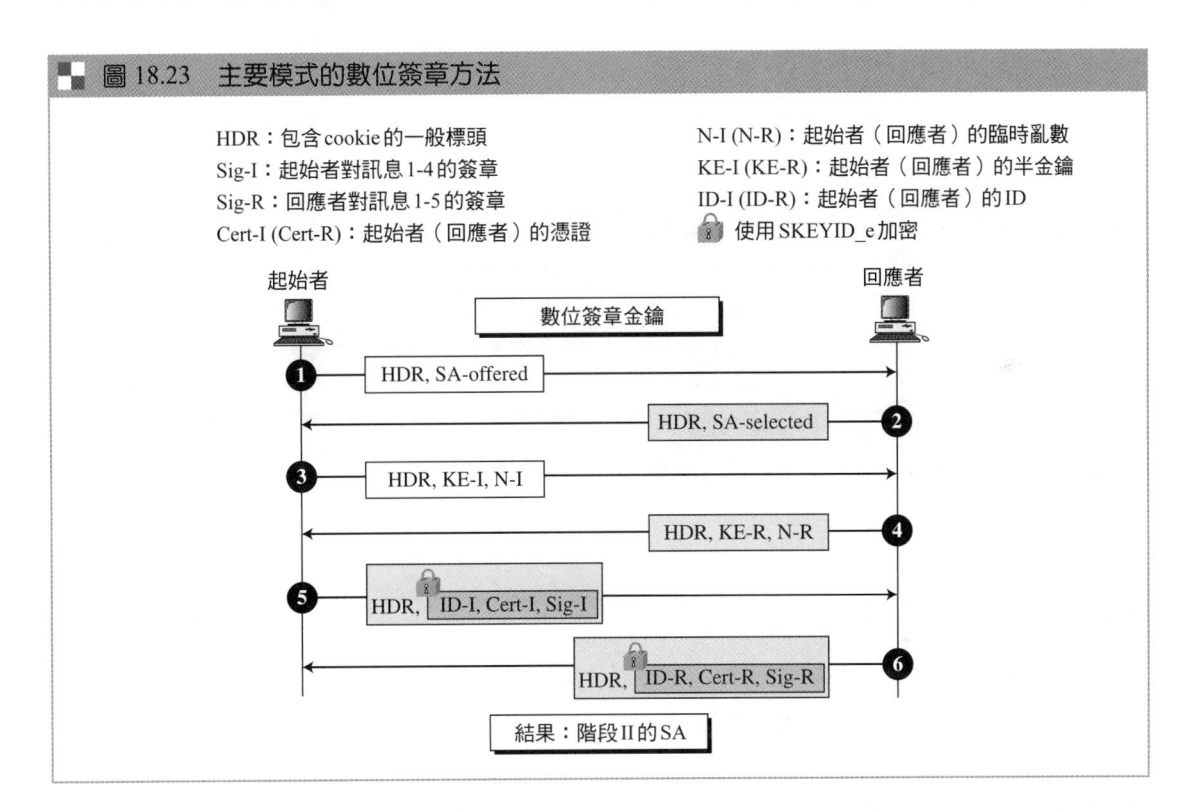

圖 18.23　主要模式的數位簽章方法

HDR：包含cookie的一般標頭
Sig-I：起始者對訊息1-4的簽章
Sig-R：回應者對訊息1-5的簽章
Cert-I (Cert-R)：起始者（回應者）的憑證
N-I (N-R)：起始者（回應者）的臨時亂數
KE-I (KE-R)：起始者（回應者）的半金鑰
ID-I (ID-R)：起始者（回應者）的ID
🔒 使用SKEYID_e加密

起始者　　　　　　　　　　　　　　　　　回應者

數位簽章金鑰

1. HDR, SA-offered →
2. ← HDR, SA-selected
3. HDR, KE-I, N-I →
4. ← HDR, KE-R, N-R
5. HDR, 🔒[ID-I, Cert-I, Sig-I] →
6. ← HDR, 🔒[ID-R, Cert-R, Sig-R]

結果：階段II的SA

注意，這個方法中憑證的傳送是可選擇的。在這裡可以傳送憑證，是因為它可以用SKEYID_e來加密，而SKEYID_e不是取決於簽章的金鑰。在第五個訊息中，起始者用他的簽章金鑰對所有第一個訊息到第四個訊息所交換的資訊加以簽章，回應者使用起始者的公開金鑰來驗證此簽章，並藉此來確認起始者。同樣地，在第六個訊息中，回應者用他的簽章金鑰對所有交換的資訊加以簽章，而由起始者來驗證此簽章。

🔑 階段I：積極模式

每一種**積極模式（aggressive mode）**都是相對應主要模式的壓縮版本，只有三個訊息交換而不是六個。第一個訊息和第三個訊息被結合成第一個訊息，第二個、第四個和第六個訊息被結合成第二個訊息，第五個訊息被做為第三個訊息傳送，其概念是相同的。

事先共享金鑰的方法

圖18.24顯示積極模式中的事先共享金鑰方法。注意，在收到第一個訊息之後，回應者能計算SKEYID和後續的HASH-R，但是起始者無法計算SKEYID，直到他收到第二個訊息，在第三個訊息中的HASH-I能被加密。

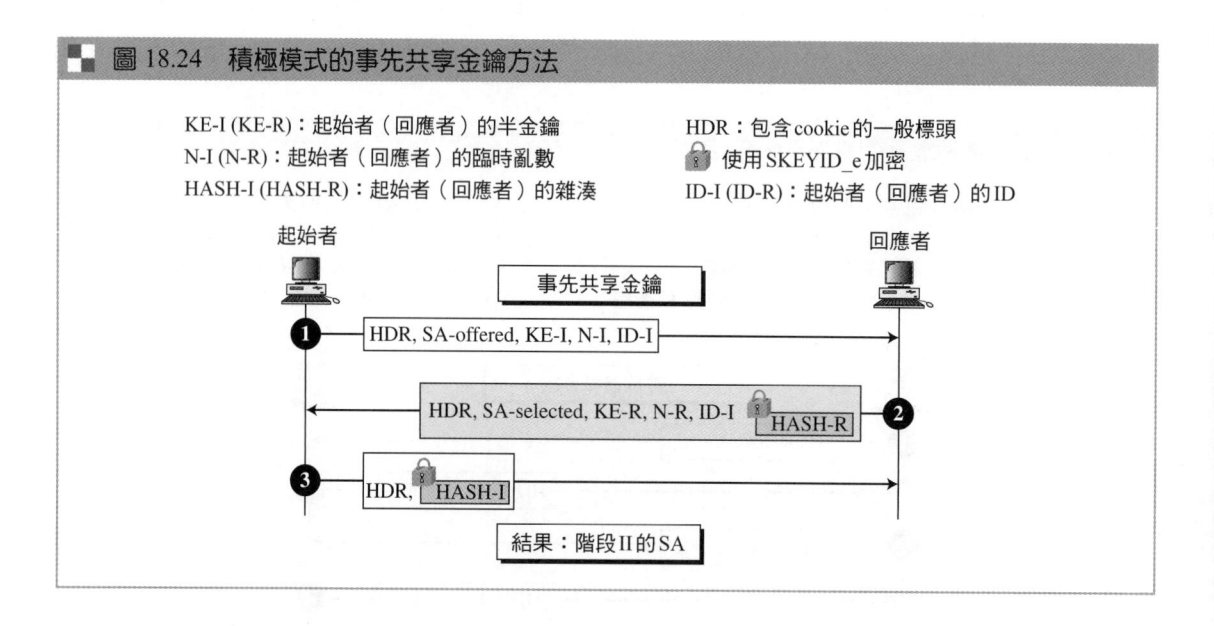

圖 18.24　積極模式的事先共享金鑰方法

KE-I (KE-R)：起始者（回應者）的半金鑰
N-I (N-R)：起始者（回應者）的臨時亂數
HASH-I (HASH-R)：起始者（回應者）的雜湊
HDR：包含cookie的一般標頭
🔒 使用SKEYID_e加密
ID-I (ID-R)：起始者（回應者）的ID

起始者　　　　　　　　　　　　　　回應者

事先共享金鑰

① HDR, SA-offered, KE-I, N-I, ID-I →

← HDR, SA-selected, KE-R, N-R, ID-I 🔒HASH-R ②

③ HDR, 🔒HASH-I →

結果：階段II的SA

原始的公開金鑰方法

圖18.25顯示積極模式中使用原始的公開金鑰方法的訊息交換。注意，回應者在收到第一個訊息之後能計算SKEYID和HASH-R，但是起始者必須等待直到收到第二個訊息。

修改過的公開金鑰方法

圖18.26顯示積極模式中的修改過的公開金鑰方法，其概念與在主要模式中相同，除了某些訊息被結合。

數位簽章方法

圖18.27（第536頁）顯示積極模式中的數位簽章方法，其概念與在主要模式中相同，除了某些訊息被結合。

圖 18.25　積極模式中的原始公開金鑰方法

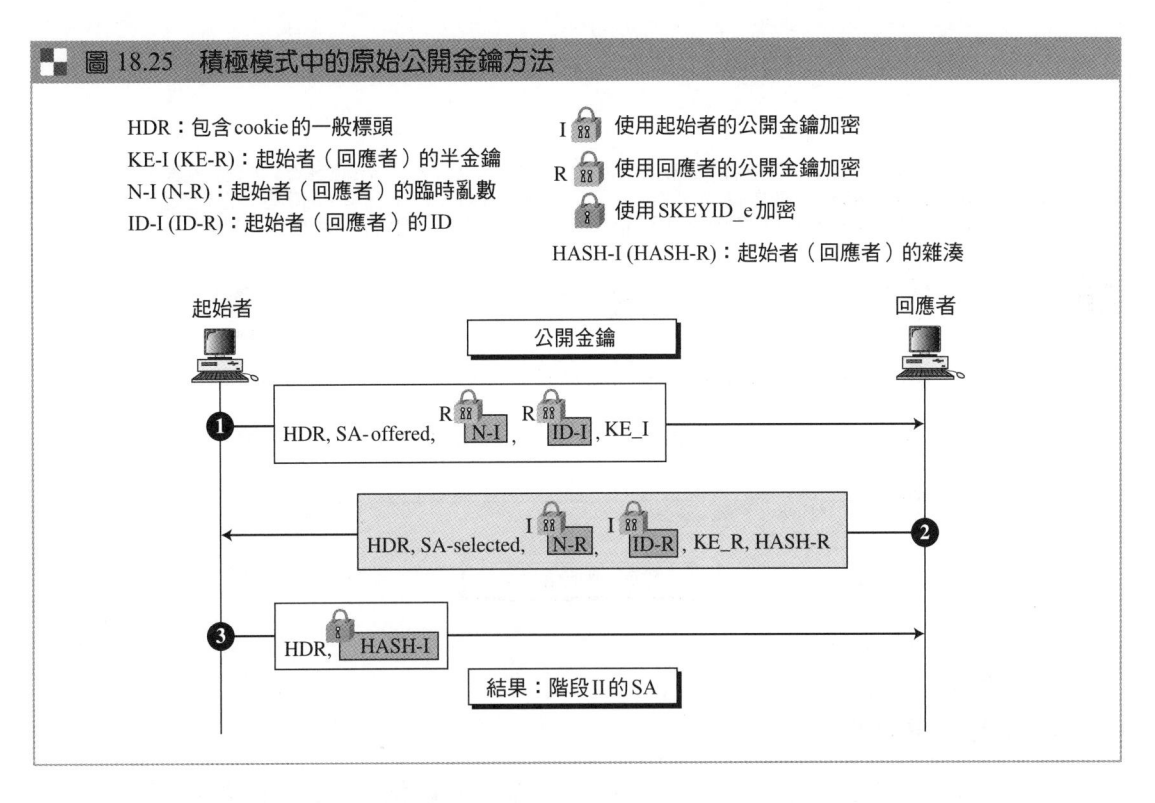

HDR：包含 cookie 的一般標頭
KE-I (KE-R)：起始者（回應者）的半金鑰
N-I (N-R)：起始者（回應者）的臨時亂數
ID-I (ID-R)：起始者（回應者）的ID

I 🔒 使用起始者的公開金鑰加密
R 🔒 使用回應者的公開金鑰加密
🔒 使用 SKEYID_e 加密
HASH-I (HASH-R)：起始者（回應者）的雜湊

① HDR, SA-offered, R[N-I], R[ID-I], KE_I

② HDR, SA-selected, I[N-R], I[ID-R], KE_R, HASH-R

③ HDR, [HASH-I]

結果：階段 II 的 SA

圖 18.26　積極模式中修改過的公開金鑰方法

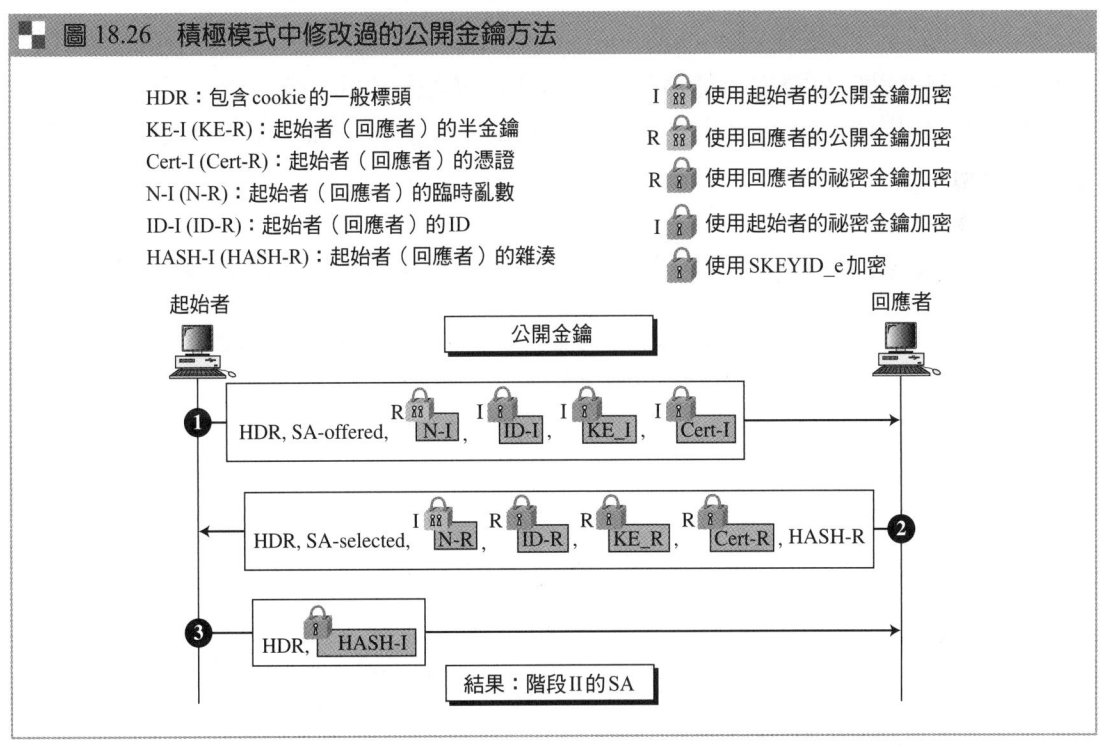

HDR：包含 cookie 的一般標頭
KE-I (KE-R)：起始者（回應者）的半金鑰
Cert-I (Cert-R)：起始者（回應者）的憑證
N-I (N-R)：起始者（回應者）的臨時亂數
ID-I (ID-R)：起始者（回應者）的ID
HASH-I (HASH-R)：起始者（回應者）的雜湊

I 🔒 使用起始者的公開金鑰加密
R 🔒 使用回應者的公開金鑰加密
R 🔒 使用回應者的祕密金鑰加密
I 🔒 使用起始者的祕密金鑰加密
🔒 使用 SKEYID_e 加密

① HDR, SA-offered, R[N-I], I[ID-I], I[KE_I], I[Cert-I]

② HDR, SA-selected, I[N-R], R[ID-R], R[KE_R], R[Cert-R], HASH-R

③ HDR, [HASH-I]

結果：階段 II 的 SA

圖 18.27 積極模式中的數位簽章方法

🔒 使用SKEYID_e加密

Sig-I (Sig-R)：起始者（回應者）的簽章
HDR：包含cookie的一般標頭
Cert-I (Cert-R)：起始者（回應者）的憑證
N-I (N-R)：起始者（回應者）的臨時亂數
KE-I (KE-R)：起始者（回應者）的半金鑰
ID-I (ID-R)：起始者（回應者）的ID

起始者 ── 數位簽章金鑰 ── 回應者

❶ HDR, SA-offered, KE-I, N-I, ID-I →
❷ ← HDR, SA-selected, KE-R, N-R, ID-R, Sig-R, Cert-R
❸ HDR, [Cert-I, Sig-I] →

結果：階段II的SA

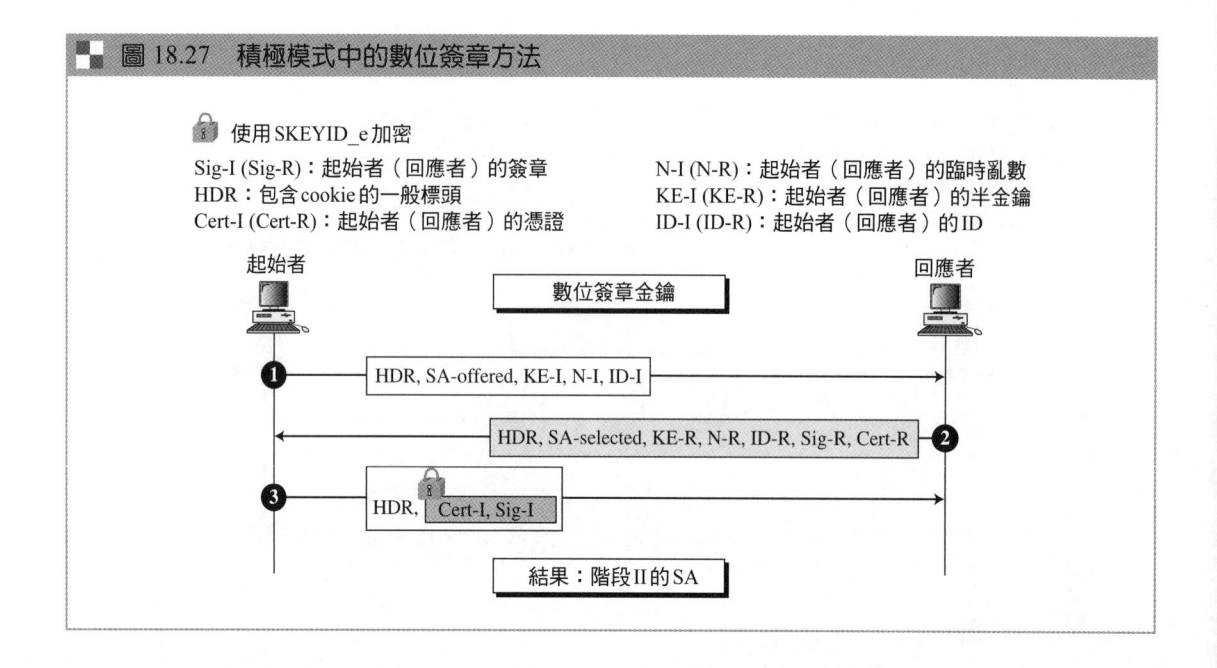

階段 II：快速模式

在主要模式或積極模式中，當SA建立之後，就可以開始階段II。至目前為止，階段II只定義一種模式──快速模式（quick mode）。這個模式是受階段I所建立的IKE SA監督，不過，每一種快速模式的方法都能接在任何主要模式或積極模式之後。

快速模式使用IKE SA來建立IPSec SA（或任何其他協定所需的SA），圖18.28顯示在快速模式期間訊息的交換。

圖 18.28 快速模式

KE-I (KE-R)：起始者（回應者）的半金鑰
N-I (N-R)：起始者（回應者）的臨時亂數
ID-I (ID-R)：起始者（回應者）的ID
HDR：包含cookie的一般標頭
🔒 使用SKEYID_e加密
SA：安全連結

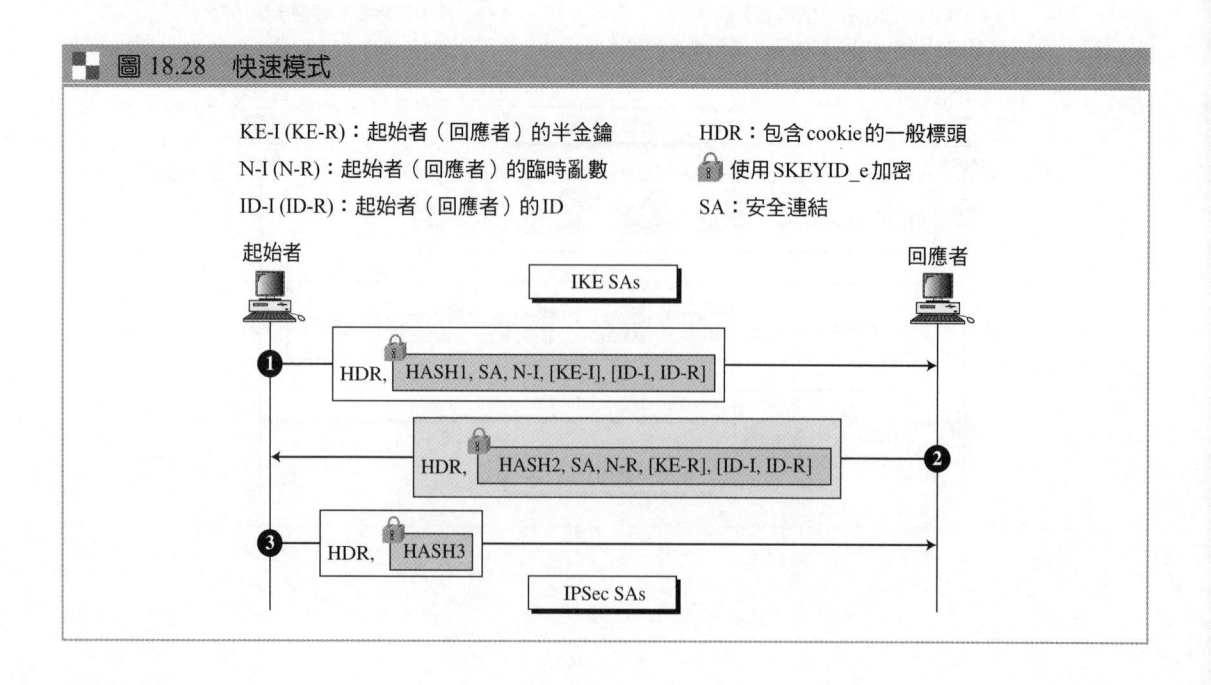

起始者 ── IKE SAs ── 回應者

❶ HDR, [HASH1, SA, N-I, [KE-I], [ID-I, ID-R]] →
❷ ← HDR, [HASH2, SA, N-R, [KE-R], [ID-I, ID-R]]
❸ HDR, [HASH3] →

IPSec SAs

在階段 II 中，兩者中的一方都可能是起始者；亦即，階段 II 的起始者可能是階段 I 的起始者或階段 I 的回應者。

起始者送出第一個訊息，此訊息包括具金鑰的 HMAC HASH1（稍後解釋）、階段 I 所建立的完整 SA、一個新的臨時亂數（N-I）、一個新的可選擇的 Diffie-Hellman 半金鑰（KE-I），以及可選擇的雙方 ID。第二個訊息也類似，但是攜帶具金鑰的 HMAC HASH2、回應者的臨時亂數（N-R），以及回應者建立的 Diffie-Hellman 半金鑰（如果有的話）。第三個訊息只包含具金鑰的 HMAC HASH3。

這些訊息使用三個具金鑰的 HMAC 來確認：HASH1、HASH2 和 HASH3，它們的計算方式如下：

HASH1 = *prf*(SKEYID_d, MsgID | SA | N-I)
HASH2 = *prf*(SKEYID_d, MsgID | SA | N-R)
HASH3 = *prf*(SKEYID_d, 0 | MsgID | SA | N-I | N-R)

每個 HMAC 包括訊息 ID（MsgID），它在 ISAKMP 的標頭裡使用。在階段 II 中允許多工傳送。包含 MsgID 將防止階段 II 的同時建立彼此碰撞。

全部三個訊息都使用階段 I 所建立的 SKEYID_e 來加密以達到機密性。

完美前向安全性

在階段 I 中，建立一個 IKE SA 和計算 SKEYID_d 之後，所有快速模式要使用的金鑰都衍生自 SKEYID_d。因為多個階段 II 可能衍生自單一個階段 I，因此如果攻擊者已經存取到 SKEYID_d，則階段 II 的安全會很危險。為了防止這種情形發生，IKE 允許可以選擇**完美前向安全性（Perfect Forward Security, PFS）**。若選擇此方法，將交換一把額外的 Diffie-Hellman 半金鑰，而且最後的共享金鑰（g^{ir}）將用來為 IPSec 計算金鑰內容（參閱下一節）。PFS 要有效的前提是這個 Diffie-Hellman 金鑰在為每個快速模式計算金鑰內容之後必須立即刪除。

金鑰內容

在階段 II 的交換之後，一個 IPSec SA 被建立，包括金鑰內容 K。K 可以在 IPSec 中使用，其值計算如下：

K = *prf*(SKEYID_d, protocol | SPI | N-I | N-R)　　　　（沒有 PFS）
K = *prf*(SKEYID_d, g^{ir} | protocol | SPI | N-I | N-R)　　（有 PFS）

如果對所選擇的加密法而言 K 的長度太短，將建立一連串的金鑰，每一把金鑰是由前一把推導而來，而且這一串的金鑰被串連起來以產生一把更長的金鑰。我們顯示沒有 PFS 的情況；在有 PFS 的情況下需要加入 g^{ir}。

金鑰內容的建立是單向的，而雙方建立不同的金鑰內容，因為每一個方向所使用的SPI是不同的。

$K_1 = \boldsymbol{prf}(SKEYID\_d, protocol \mid SPI \mid N\text{-}I \mid N\text{-}R)$

$K_2 = \boldsymbol{prf}(SKEYID\_d, K1 \mid protocol \mid SPI \mid N\text{-}I \mid N\text{-}R)$

$K_3 = \boldsymbol{prf}(SKEYID\_d, K2 \mid protocol \mid SPI \mid N\text{-}I \mid N\text{-}R)$

…

$K = K_1 \mid K_2 \mid K_3 \mid \cdots$

在階段II之後所建立的金鑰內容是單向的，每一個方向有一把金鑰。

SA 演算法

在結束這一節之前，讓我們看看在開始的兩個IKE交換期間所協商出來的演算法。

Diffie-Hellman 群組

第一個協商使用Diffie-Hellman群組來交換半金鑰，有五個群組已經被定義，如表18.3所示。

表 18.3　Diffie-Hellman 群組

值	說明
1	模數大小是768位元的模指數群。
2	模數大小是1024位元的模指數群。
3	體的大小是155位元的橢圓曲線群。
4	體的大小是185位元的橢圓曲線群。
5	模數大小是1680位元的模指數群。

雜湊演算法

表18.4顯示用於確認性的雜湊演算法。

表 18.4　雜湊演算法

值	說明
1	MD5
2	SHA
3	Tiger
4	SHA2-256
5	SHA2-384
6	SHA2-512

加密演算法

表 18.5 顯示用於機密性的加密演算法，這些演算法通常皆以 CBC 模式被使用。

表 18.5　加密演算法

值	說明
1	DES
2	IDEA
3	Blowfish
4	RC5
5	3DES
6	CAST
7	AES

18.6 ISAKMP

ISAKMP 協定用來攜帶 IKE 交換的訊息。

一般的標頭

一般標頭的格式如圖 18.29 所示。

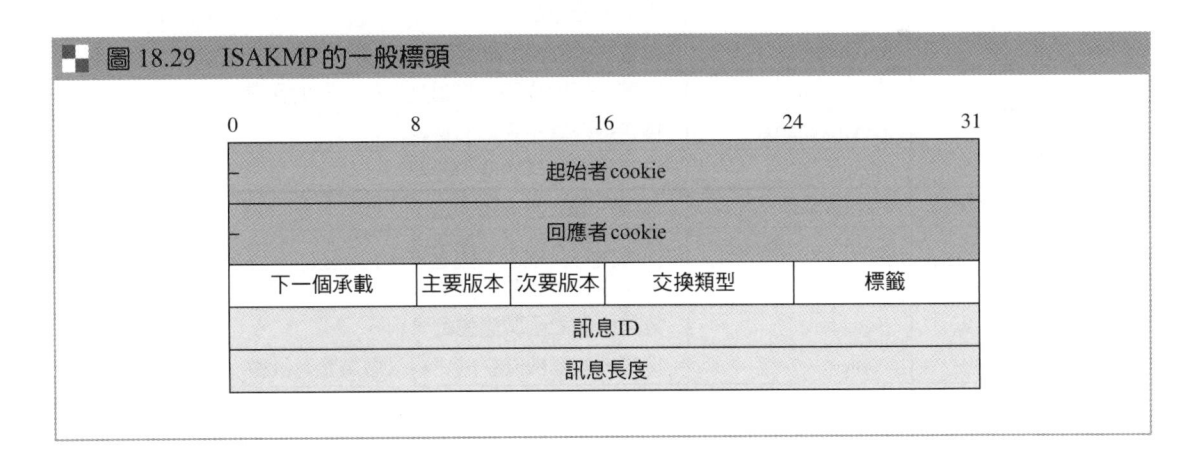

圖 18.29　ISAKMP 的一般標頭

```
 0            8           16           24          31
┌──────────────────────────────────────────────────────┐
│                    起始者 cookie                      │
├──────────────────────────────────────────────────────┤
│                    回應者 cookie                      │
├────────────┬────────┬────────┬───────────┬───────────┤
│ 下一個承載 │主要版本│次要版本│ 交換類型  │   標籤    │
├────────────┴────────┴────────┴───────────┴───────────┤
│                      訊息 ID                          │
├──────────────────────────────────────────────────────┤
│                      訊息長度                         │
└──────────────────────────────────────────────────────┘
```

- **起始者 cookie**：這個 32 位元欄位定義起始此 SA 建立、SA 協商或 SA 刪除的實體 cookie。
- **回應者 cookie**：這個 32 位元欄位定義回應者的 cookie，當起始者傳送第一個訊息時，這個欄位的值是 0。
- **下一個承載**：這個 8 位元的欄位定義緊接著標頭之後的承載型態，我們將在下一節討論承載的不同型態。
- **主要版本**：這個 4 位元的版本定義協定的主要版本，目前這個欄位的值是 1。

- **次要版本**：這個 4 位元的版本定義協定的次要版本，目前這個欄位的值是 0。
- **交換類型**：這個 8 位元的欄位定義正被 ISAKMP 封包攜帶的交換類型，我們已在前一節討論過不同的交換類型。
- **標籤**：這是一個 8 位元的欄位，其中每一個位元定義一個對此交換的選項。至目前為止，只有最低的三個位元有定義。當加密位元被設為 1 時，指定承載的其餘部分要使用加密金鑰和 SA 所定義的演算法來加密。當承諾位元被設為 1 時，指出加密內容在 SA 建立之前未被收到。當確認位元被設為 1 時，指出承載的其餘部分雖然沒有加密，但已確認其完整性。
- **訊息 ID**：這個 32 位元欄位是唯一的訊息識別碼，其定義協定的狀態。這個欄位只在協商的第二階段期間使用，而且在第一階段期間是設為 0。
- **訊息長度**：因為不同的承載能被加入到每個封包，因此一個訊息的長度對每個封包可能是不同的。這個 32 位元欄位定義總訊息的長度，包括標頭和所有的承載。

承載

承載實際上被用於攜帶訊息，表 18.6 顯示承載的類型。

表 18.6　承載

類型	名稱	簡要的說明
0	None	用來顯示承載的末端。
1	SA	用於開始協商。
2	Proposal	包含 SA 協商期間所使用的資訊。
3	Transform	定義一個安全轉換以建立一條安全的通道。
4	Key Exchange	攜帶用來產生金鑰的資料。
5	Identification	攜帶通訊雙方的身份證明。
6	Certificate	攜帶一個公開金鑰憑證。
7	Certificate Request	用來向對方要求一個憑證。
8	Hash	攜帶由雜湊函數產生的資料。
9	Signature	攜帶由簽章函數產生的資料。
10	Nonce	攜帶一個隨機產生的資料以做為臨時亂數。
11	Notification	攜帶關連於一個 SA 的錯誤訊息或狀態。
12	Delete	再多攜帶一個已經被傳送者刪除的 SA。
13	Vendor	定義製造者規格的延伸。

每個承載有一個一般標頭和一些特定的欄位，一般標頭的格式如圖 18.30 所示。
- **下一個承載**：這個 8 位元的欄位指出下一個承載的類型。當沒有下一個承載時，這個欄位的值是 0。注意，針對目前的承載並沒有類型欄位，目前承載的類型由前一個承載或一般的標頭（如果是第一個承載）來決定。
- **承載長度**：這個 16 位元的欄位以位元組為單位定義總承載（包括一般性的標頭）的長度。

■ 圖 18.30　一般的承載標頭

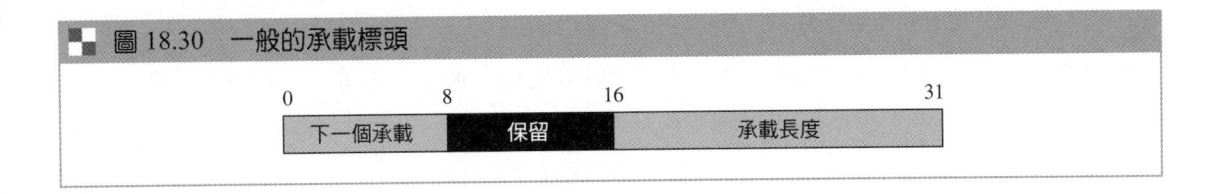

```
 0        8        16              31
┌────────┬────────┬────────────────┐
│下一個承載│ 保留  │    承載長度     │
└────────┴────────┴────────────────┘
```

SA 承載

SA 承載是用來協商安全參數，不過，這些參數並未包含於 SA 承載中；它們被包含於兩個其他承載（提議和轉換），我們稍後將會討論。一個 SA 承載之後會接著一個或多個提議承載，而每個提議承載之後會接著一個或多個轉換承載。SA 承載只定義解釋範圍欄位和情勢欄位，圖 18.31 顯示 SA 承載的格式。

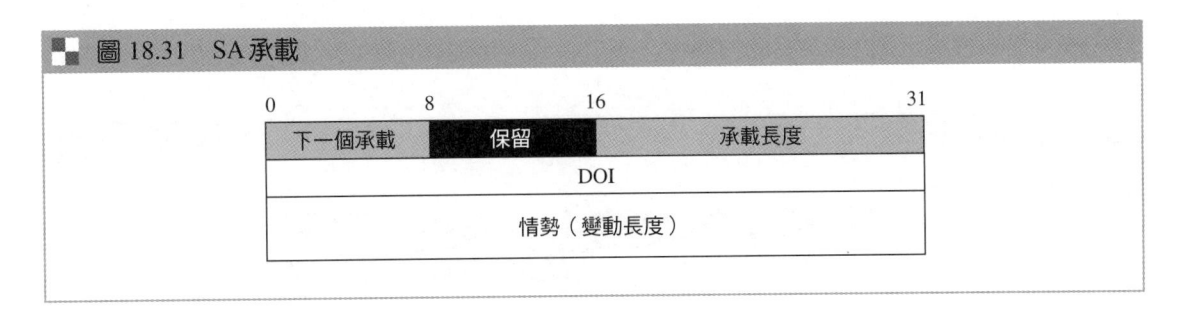

■ 圖 18.31　SA 承載

```
 0        8        16              31
┌────────┬────────┬────────────────┐
│下一個承載│ 保留  │    承載長度     │
├────────┴────────┴────────────────┤
│              DOI                 │
├──────────────────────────────────┤
│         情勢（變動長度）            │
└──────────────────────────────────┘
```

一般標頭的欄位已經討論過，其他欄位的描述如下：

- **解釋範圍（DOI）**：這是一個 32 位元的欄位。針對階段 I，這個欄位的值是 0 代表定義一個一般的 SA；若值是 1，則是定義 IPSec。
- **情勢**：這是一個變動長度的欄位，定義協商發生的情勢。

提議承載

提議承載起始協商的機制，雖然它沒有獨自地提議任何參數，但確實定義了協定的識別和 SPI。要協商的參數被送到緊接著的轉換承載中，每個提議承載之後會接著一個或多個提供替代參數組的轉換承載。圖 18.32 顯示提議承載的格式。

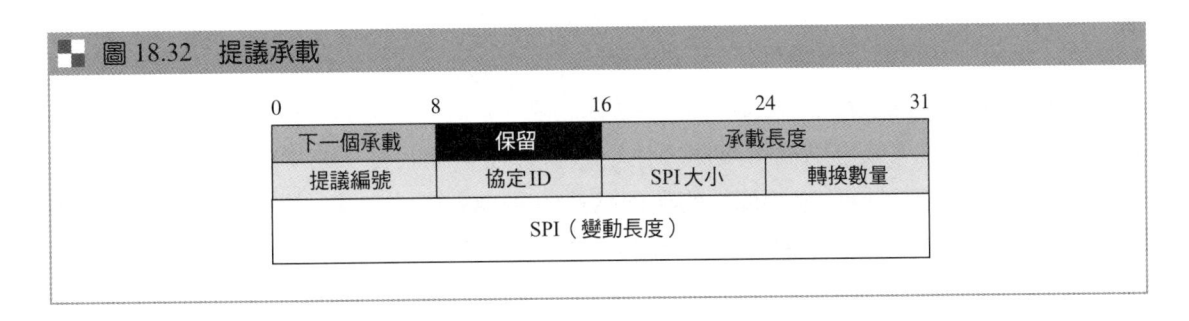

■ 圖 18.32　提議承載

```
 0        8        16        24    31
┌────────┬────────┬────────────────┐
│下一個承載│ 保留  │    承載長度     │
├────────┼────────┼────────┬───────┤
│ 提議編號│ 協定ID │ SPI大小 │轉換數量│
├────────┴────────┴────────┴───────┤
│         SPI（變動長度）             │
└──────────────────────────────────┘
```

一般標頭的欄位已經討論過，其他欄位的描述如下：

- **提議編號**：起始者為提議定義一個編號以便回應者能參照它。注意，一個 SA 承載可以包括數個提議承載。如果所有的提議都屬於相同的協定組，則這個提議編號對此一組合中的每個協定必須一致，否則這些提議就必須有不同的編號。
- **協定 ID**：此 8 位元的欄位定義協商的協定，例如 IKE phase1 = 0、ESP = 1、AH = 2 等等。
- **SPI 大小**：這個 8 位元的欄位以位元組為單位定義 SPI 的大小。
- **轉換數量**：這個 8 位元的欄位定義接在此提議承載之後的轉換承載數量。
- **SPI**：這個變動長度的欄位是實際的 SPI。注意，如果該 SPI 沒有填滿 32 位元的空間，表示並未附加任何填塞。

轉換承載

轉換承載實際上攜帶 SA 協商的屬性，圖 18.33 顯示轉換承載的格式。

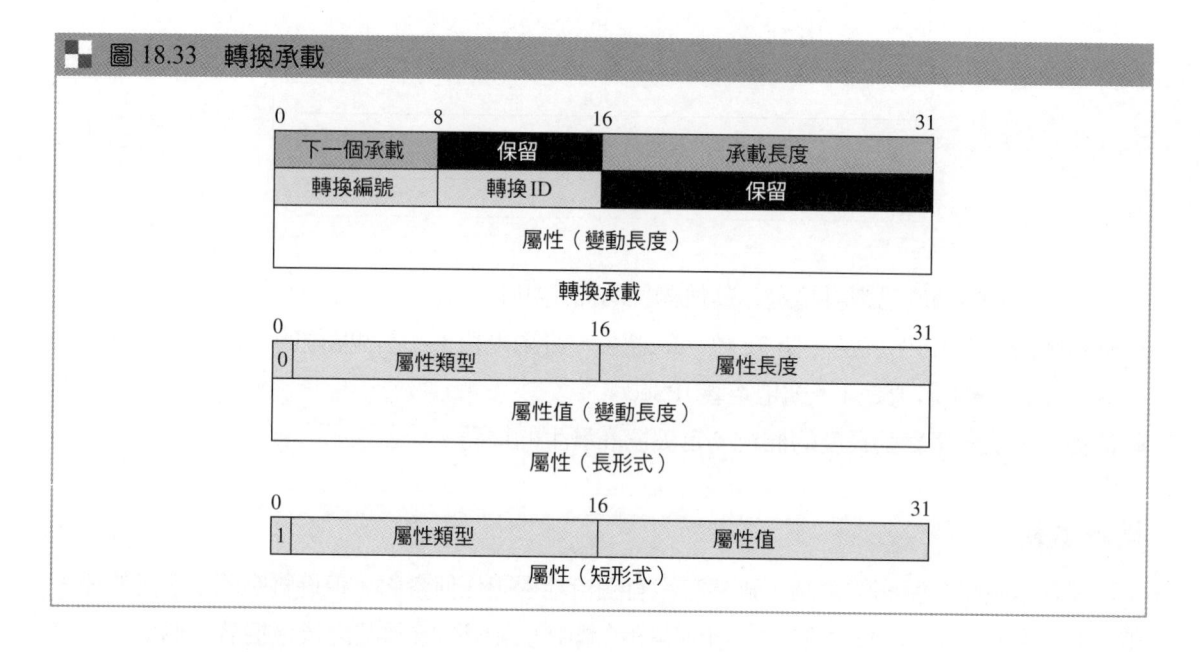

圖 18.33　轉換承載

```
0             8            16                      31
┌───────────┬───────────┬───────────────────────┐
│ 下一個承載 │   保留    │       承載長度          │
├───────────┼───────────┼───────────────────────┤
│  轉換編號  │  轉換 ID  │        保留            │
├───────────┴───────────┴───────────────────────┤
│              屬性（變動長度）                    │
└───────────────────────────────────────────────┘
                    轉換承載

0              16                       31
┌─┬──────────┬────────────────────────┐
│0│  屬性類型 │       屬性長度          │
├─┴──────────┴────────────────────────┤
│          屬性值（變動長度）           │
└─────────────────────────────────────┘
              屬性（長形式）

0              16                       31
┌─┬──────────┬────────────────────────┐
│1│  屬性類型 │        屬性值           │
└─┴──────────┴────────────────────────┘
              屬性（短形式）
```

一般標頭的欄位已經討論過，其他欄位的描述如下：

- **轉換編號**：這個 8 位元的欄位定義轉換的編號。如果在一個提議承載中有不只一個轉換承載，則每一個轉換承載必須有自己的編號。
- **轉換 ID**：這個 8 位元的欄位定義承載的識別。
- **屬性**：每個轉換承載可以攜帶幾個屬性，每個屬性本身能有三或兩個子欄位（參見圖 18.33）。屬性類型子欄位定義屬性的類型，其如同 DOI 中的定義。屬性長度子欄位（如果存在的話）定義此屬性值的長度。屬性值欄位是短形式的兩個位元組或長形式的變動長度。

金鑰交換承載

金鑰交換承載用在需要傳送初步的金鑰以建立會議金鑰的交換。例如，它能傳送一把 Diffie-Hellman 半金鑰。圖 18.34 顯示金鑰交換承載的格式。

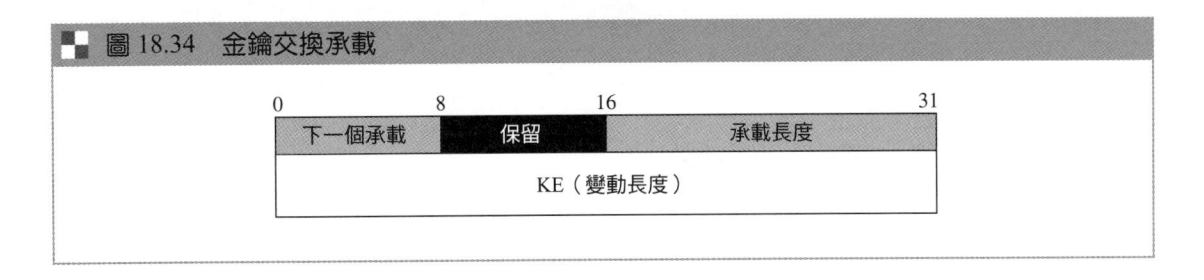

圖 18.34　金鑰交換承載

```
0           8          16                    31
┌───────────┬──────────┬─────────────────────┐
│ 下一個承載 │   保留   │      承載長度       │
├───────────┴──────────┴─────────────────────┤
│              KE（變動長度）                │
└────────────────────────────────────────────┘
```

一般標頭的欄位已經討論過，KE 欄位的描述如下：
- **KE**：這個變動長度的欄位攜帶建立會議金鑰所需的資料。

身份識別承載

身份識別承載允許實體傳送他們的身份識別給對方，圖 18.35 顯示身份識別承載的格式。

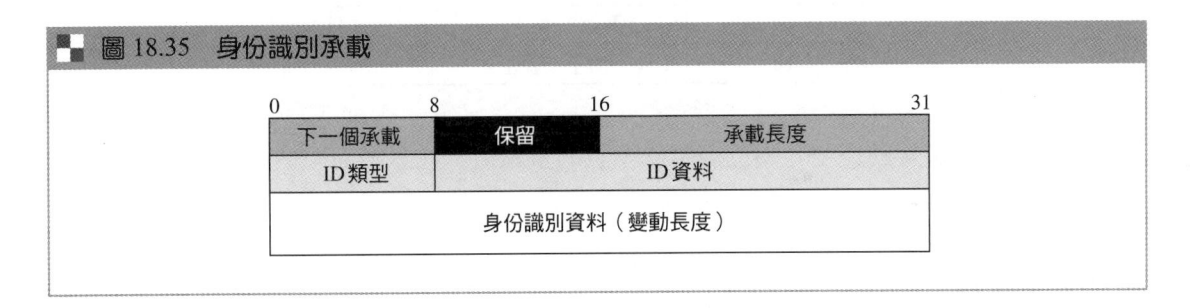

圖 18.35　身份識別承載

```
0           8          16                    31
┌───────────┬──────────┬─────────────────────┐
│ 下一個承載 │   保留   │      承載長度       │
├───────────┼──────────┴─────────────────────┤
│  ID 類型  │           ID 資料              │
├───────────┴────────────────────────────────┤
│           身份識別資料（變動長度）         │
└────────────────────────────────────────────┘
```

一般標頭的欄位已經討論過，其他欄位的描述如下：
- **ID 類型**：這個 8 位元的欄位是 DOI 特有的，並且定義正被使用的 ID 類型。
- **ID 資料**：這個 24 位元的欄位通常被設定為 0。
- **身份識別資料**：每個實體的實際身份會被攜帶在這個變動長度的欄位。

憑證承載

在交換期間的任何時候，一個實體能傳送它的憑證（對公開加密／解密金鑰或簽章金鑰）。雖然在一個交換中是否包括憑證承載通常是可選擇的，但是如果沒有安全的目錄可用來散布憑證，則需要包括憑證承載。圖 18.36 顯示憑證承載的格式。

一般標頭的欄位已經討論過，其他欄位的描述如下：
- **憑證編碼**：這個 8 位元的欄位定義憑證的編碼（類型），表 18.7 顯示目前已經被定義的類型。

圖 18.36 憑證承載

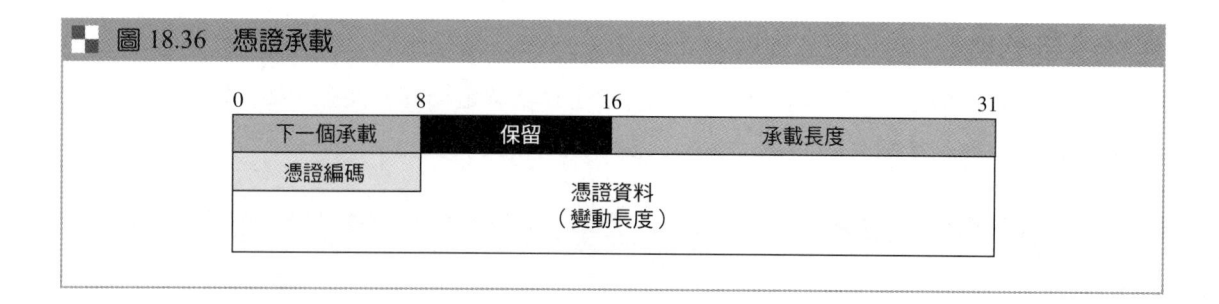

```
 0        8         16                    31
┌──────────┬─────────┬──────────────────────┐
│下一個承載│ 保留    │   承載長度            │
├──────────┴─────────┴──────────────────────┤
│憑證編碼  │                                │
├──────────┘   憑證資料                     │
│              （變動長度）                 │
└───────────────────────────────────────────┘
```

表 18.7　憑證類型

值	類型
0	無
1	包裹的 X.509 憑證
2	PGP 憑證
3	DNS 簽章金鑰
4	X.509 憑證—簽章
5	X.509 憑證—金鑰交換
6	Kerberos 憑證
7	憑證廢止清單
8	管理中心廢止清單
9	SPKI 憑證
10	X.509 憑證—屬性

- **憑證資料**：這個變動長度的欄位攜帶此憑證的實際值。注意，前一個欄位的定義隱含了這個欄位的大小。

憑證要求承載

每個實體可以使用憑證要求承載明確地向對方要求一個憑證，圖 18.37 顯示這個承載的格式。

一般標頭的欄位已經討論過，其他欄位的描述如下：

- **憑證類型**：這個 8 位元的欄位定義憑證的類型如同之前在憑證承載中的定義。
- **憑證管理中心**：這是一個變動長度的欄位，定義發行此憑證類型的管理中心。

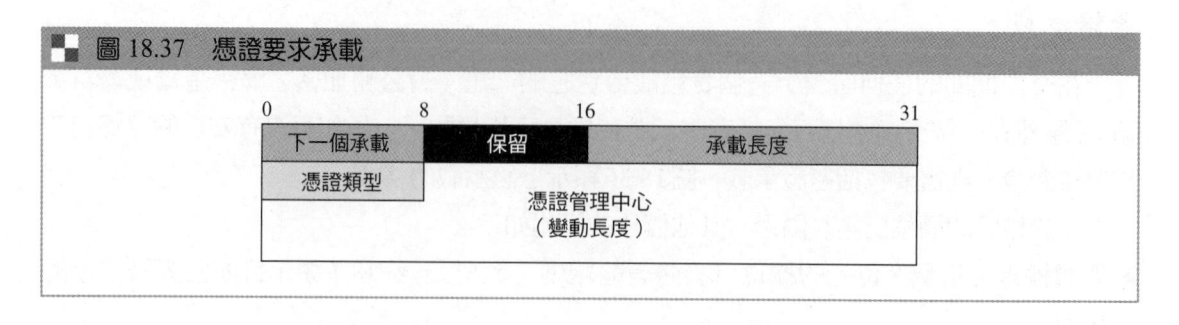

圖 18.37 憑證要求承載

```
 0        8         16                    31
┌──────────┬─────────┬──────────────────────┐
│下一個承載│ 保留    │   承載長度            │
├──────────┴─────────┴──────────────────────┤
│憑證類型  │                                │
├──────────┘   憑證管理中心                 │
│              （變動長度）                 │
└───────────────────────────────────────────┘
```

雜湊承載

雜湊承載包含由雜湊函數（如同在 IEK 交換所描述）所產生的資料，雜湊資料確保訊息或部分 ISAKMP 狀態的完整性。圖 18.38 顯示雜湊承載的格式。

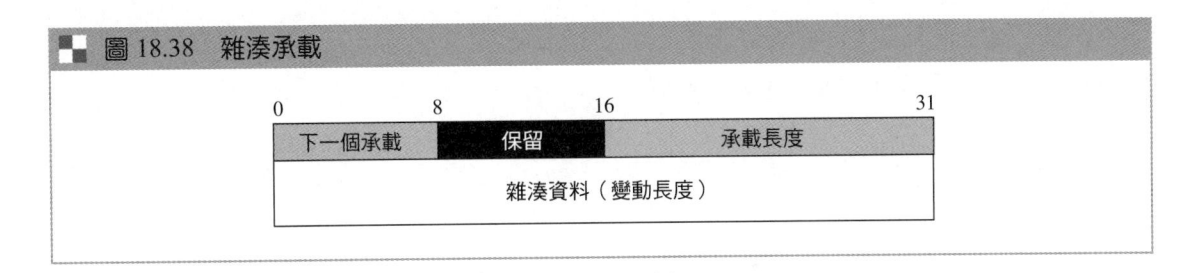

圖 18.38　雜湊承載

```
0              8              16                          31
┌──────────────┬──────────────┬────────────────────────────┐
│  下一個承載  │    保留      │         承載長度           │
├──────────────┴──────────────┴────────────────────────────┤
│              雜湊資料（變動長度）                         │
└───────────────────────────────────────────────────────────┘
```

一般標頭的欄位已經討論過，最後欄位的描述如下：

- **雜湊資料**：這個變動長度的欄位攜帶對訊息或部分 ISAKMP 狀態實施雜湊函數所產生的雜湊資料。

簽章承載

簽章承載包含對訊息或 ISAKMP 狀態的某些部分實施數位簽章程序所產生的資料，圖 18.39 顯示簽章承載的格式。

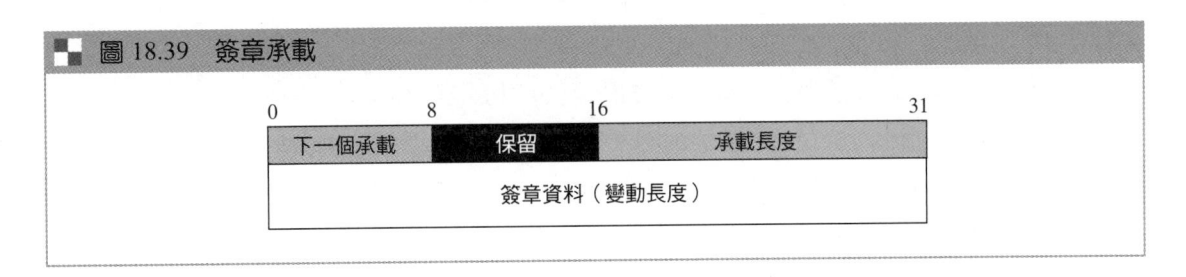

圖 18.39　簽章承載

```
0              8              16                          31
┌──────────────┬──────────────┬────────────────────────────┐
│  下一個承載  │    保留      │         承載長度           │
├──────────────┴──────────────┴────────────────────────────┤
│              簽章資料（變動長度）                         │
└───────────────────────────────────────────────────────────┘
```

一般標頭的欄位已經討論過，最後欄位的描述如下：

- **簽章**：這個變動長度的欄位攜帶對訊息或 ISAKMP 狀態的部分實施簽章後的摘要結果。

臨時亂數承載

臨時亂數承載包含用來做為臨時亂數的隨機資料，此臨時亂數用來確保訊息的新鮮性以防止重送攻擊。圖 18.40 顯示臨時亂數承載的格式。

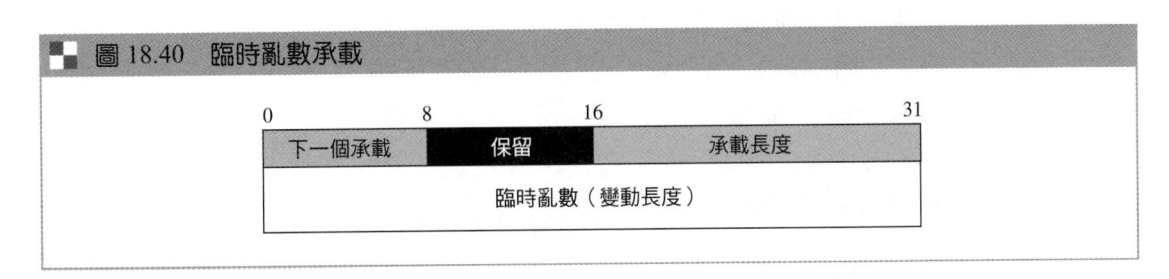

圖 18.40　臨時亂數承載

```
0              8              16                          31
┌──────────────┬──────────────┬────────────────────────────┐
│  下一個承載  │    保留      │         承載長度           │
├──────────────┴──────────────┴────────────────────────────┤
│              臨時亂數（變動長度）                         │
└───────────────────────────────────────────────────────────┘
```

一般標頭的欄位已經討論過，最後欄位的描述如下：
- **臨時亂數**：這是一個變動長度的欄位，用來攜帶臨時亂數的值。

通知承載

在協商程序的期間，有時某一方需要將狀態或錯誤通知另一方，通知承載就是為這兩個目的而設計。圖18.41顯示通知承載的格式。

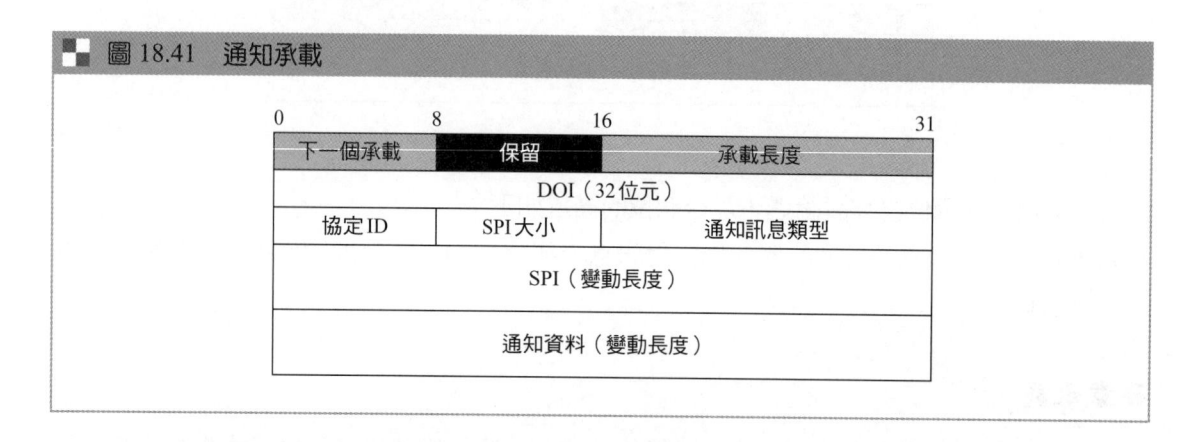

圖 18.41　通知承載

```
 0                8               16                              31
┌────────────────┬────────────────┬──────────────────────────────┐
│   下一個承載    │     保留       │          承載長度             │
├────────────────┴────────────────┴──────────────────────────────┤
│                       DOI（32位元）                              │
├────────────────┬────────────────┬──────────────────────────────┤
│    協定 ID     │    SPI 大小    │         通知訊息類型          │
├────────────────┴────────────────┴──────────────────────────────┤
│                      SPI（變動長度）                             │
├────────────────────────────────────────────────────────────────┤
│                    通知資料（變動長度）                          │
└────────────────────────────────────────────────────────────────┘
```

一般標頭的欄位已經討論過，其他欄位的描述如下：
- **DOI**：這個 32 位元的欄位如同之前在安全連結承載中的定義。
- **協定 ID**：這個 8 位元的欄位如同之前在提議承載中的定義。
- **SPI 大小**：這個 8 位元的欄位如同之前在提議承載中的定義。
- **通知訊息類型**：這個 16 位元的欄位載明要被回報的狀態或錯誤的類型，表 18.8 列出這些類型的簡要描述。
- **SPI**：這個變動長度的欄位如同之前在提議承載中的定義。
- **通知資料**：這個變動長度的欄位能攜帶有關狀態或錯誤的不屬於本文的資訊，錯誤的類型列於表 18.8，錯誤值 31 到 8191 是供未來使用，而從 8192 到 16383 則是供私人使用。

表18.9是狀態通知的列表，從16385到24575和從40960到65535是供未來使用，而從32768到40959則是供私人使用。

刪除承載

當一個實體已經刪除了一個或更多個SA，並且需要通知對方這些SA不再被維持時，則使用刪除承載。圖18.42顯示刪除承載的格式。

一般標頭的欄位已經討論過，其他欄位的描述如下：
- **DOI**：這個 32 位元的欄位如同之前在安全連結承載中的定義。
- **協定 ID**：這個 8 位元的欄位如同之前在提議承載中的定義。
- **SPI 大小**：這個 8 位元的欄位如同之前在提議承載中的定義。

表 18.8　通知類型

值	說明	值	說明
1	INVALID-PAYLOAD-TYPE	16	PAYLOAD-MALFORMED
2	DOI-NOT-SUPPORTED	17	INVALID-KEY-INFORMATION
3	SITUATION-NOT-SUPPORTED	18	INVALID-ID-INFORMATION
4	INVALID-COOKIE	19	INVALID-CERT-ENCODING
5	INVALID-MAJOR-VERSION	20	INVALID-CERTIFICATE
6	INVALID-MINOR-VERSION	21	CERT-TYPE-UNSUPPORTED
7	INVALID-EXCHANGE-TYPE	22	INVALID-CERT-AUTHORITY
8	INVALID-FLAGS	23	INVALID-HASH-INFORMATION
9	INVALID-MESSAGE-ID	24	AUTHENTICATION-FAILED
10	INVALID-PROTOCOL-ID	25	INVALID-SIGNATURE
11	INVALID-SPI	26	ADDRESS-NOTIFICATION
12	INVALID-TRANSFORM-ID	27	NOTIFY-SA-LIFETIME
13	ATTRIBUTE-NOT-SUPPORTED	28	CERTIFICATE-UNAVAILABLE
14	NO-PROPOSAL-CHOSEN	29	UNSUPPORTED EXCHANGE-TYPE
15	BAD-PROPOSAL-SYNTAX	30	UNEQUAL-PAYLOAD-LENGTHS

表 18.9　狀態通知值

值	說明
16384	CONNECTED
24576-32767	DOI-specific codes

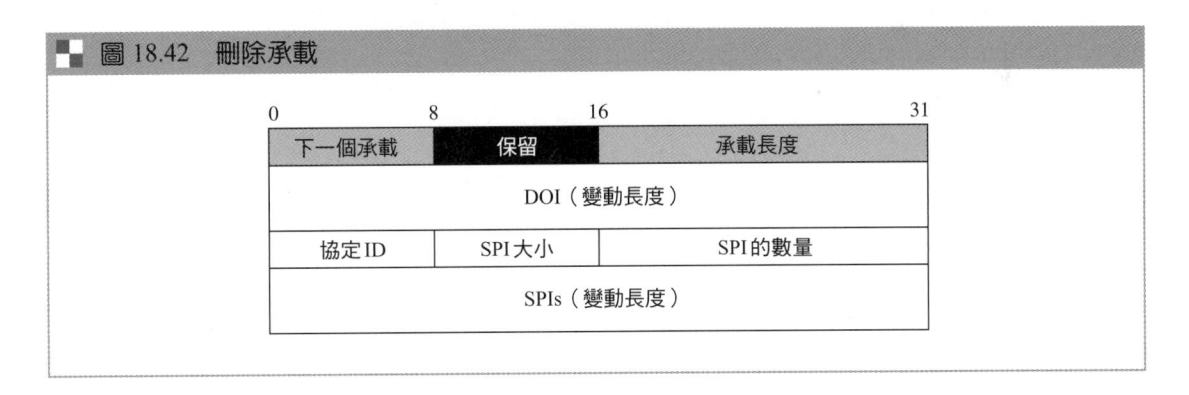

■ 圖 18.42　刪除承載

```
0           8           16                      31
┌───────────┬───────────┬───────────────────────┐
│ 下一個承載 │   保留    │       承載長度        │
├───────────┴───────────┴───────────────────────┤
│              DOI（變動長度）                  │
├───────────┬───────────┬───────────────────────┤
│  協定 ID  │  SPI 大小 │      SPI 的數量       │
├───────────┴───────────┴───────────────────────┤
│              SPIs（變動長度）                 │
└───────────────────────────────────────────────┘
```

- **SPI 的數量**：這個 16 位元的欄位定義 SPI 的數量，一個刪除承載能回報多個 SA 的刪除。
- **SPIs**：這個變動長度的欄位定義被刪除的 SA 的 SPI。

製造者承載

ISAKMP 允許資訊的交換是特別針對一個特定的製造者，圖 18.43 顯示製造者承載的格式。

圖 18.43 製造者承載

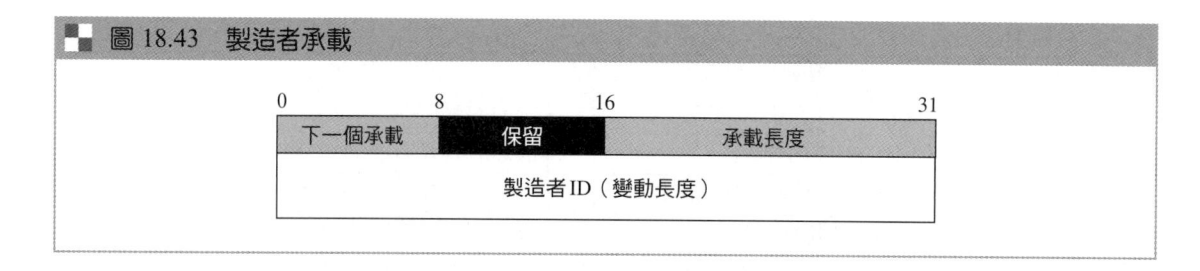

```
 0         8         16                  31
┌─────────────┬─────────────┬──────────────────────┐
│ 下一個承載  │    保留     │       承載長度       │
├─────────────┴─────────────┴──────────────────────┤
│            製造者 ID（變動長度）                 │
└──────────────────────────────────────────────────┘
```

一般標頭的欄位已經討論過，最後欄位的描述如下：

- **製造者 ID**：這個變動長度的欄位定義由製造者使用的常數。

推薦讀物

為了更深入瞭解本章所討論的主題，我們建議選讀下列書籍與網站。括號內的項目請參閱本書書末的參考文獻。

書籍

[DH03]、[Fra01]、[KPS02]、[Res01]、[Sta06]和[Rhe03]對 IPSec 有非常詳細的討論。

網站

對於本章所討論的主題，以下的網站提供了許多更深入的資訊。

- http://www.ietf.org/rfc/rfc2401.txt
- http://www.unixwiz.net/techtips/iguide-ipsec.html
- http://rfc.net/rfc2411.html

關鍵詞彙

- aggressive mode　積極模式　533
- Authentication Header（AH）Protocol　確認性標頭協定　515
- clogging attack　塞爆攻擊　526
- cookie　526
- Encapsulating Security Payload（ESP）封裝安全承載　516
- Internet Key Exchange（IKE）網際網路金鑰交換　524
- Internet Security Association and Key Management Protocol（ISAKMP）網際網路安全連結與金鑰管理協定　525
- IP Security（IPSec）網際網路協定安全　512
- main mode　主要模式　529
- Oakley　524
- Perfect Forward Security（PFS）完美前向安全性　537
- replay attack　重送攻擊　527
- Security Association Database（SAD）安全連結資料庫　520
- Security Association（SA）安全連結　519
- Security Policy（SP）安全政策　522
- Security Policy Database（SPD）安全政策資料庫　522
- SKEME　安全金鑰交換機制　525
- transport mode　傳輸模式　513
- tunnel mode　隧道模式　514

重點摘要

- IP安全是由網際網路工程工作小組所計劃的一組協定的集合,以對網路層的封包提供安全性。
- IPSec在傳輸模式或隧道模式中運作。在傳輸模式中,IPSec保護從傳輸層遞交給網路層的資訊,但是並未保護IP標頭;在隧道模式中,IPSec保護整個IP封包,包括原始的IP標頭。
- IPSec定義兩個協定:確認性標頭協定和封裝安全承載協定,為在IP層的封包提供確認和加密。確認性標頭協定確認原始主機,並且確保IP封包所攜帶的承載的完整性;封裝安全承載提供來源確認、完整性和隱私性,並增加一個標頭和標尾。
- IPSec使用安全連結資料庫間接提供存取控制。
- 在IPSec中,安全政策定義必須對傳送者或接收者的一個封包實施哪種安全類型。IPSec所使用的SP集合稱為安全政策資料庫。
- 網際網路金鑰交換是一個建立向內和向外的安全連結的協定。IKE為IPSec建立SA,是一個複雜的協定,植基於其他三個協定:Oakley、SKEME和ISAKMP。
- IKE設計成兩個階段:階段I和階段II。階段I為階段II建立SA;階段II為一個資料交換協定,例如IPSec建立SA。
- ISAKMP協定攜帶IKE交換的訊息。

練習集

問題回顧

1. 區別IPSec的兩種模式。
2. 定義AH及其提供的安全服務。
3. 定義ESP及其提供的安全服務。
4. 定義安全連結並解釋其目的。
5. 定義SAD並解釋其和安全連結的關係。
6. 定義安全政策並解釋其與IPSec有關的目的。
7. 定義IKE並解釋為什麼在IPSec中需要它。
8. 列出IKE的階段和每個階段的目的。
9. 定義ISAKMP及其與IKE的關係。
10. 列舉ISAKMP的承載類型和每種類型的目的。

習題

11. 一個主機收到一個序號為181的確認過封包,重送視窗的範圍是從200到263,這主機將如何處理此封包?在這次事件之後,視窗的範圍為何?
12. 一個主機收到一個序號為208的確認過封包,重送視窗的範圍是從200到263,這主機將如何處理此封包?在這次事件之後,視窗的範圍為何?
13. 一個主機收到一個序號為331的確認過封包,重送視窗的範圍是從200到263,這主機將如何處理此封包?在這次事件之後,視窗的範圍為何?

14. 圖18.44是事先共享金鑰方法計算SKEYID的示意圖。注意，在這個情況中被輸入 *prf* 函數的金鑰是一把事先共享金鑰。

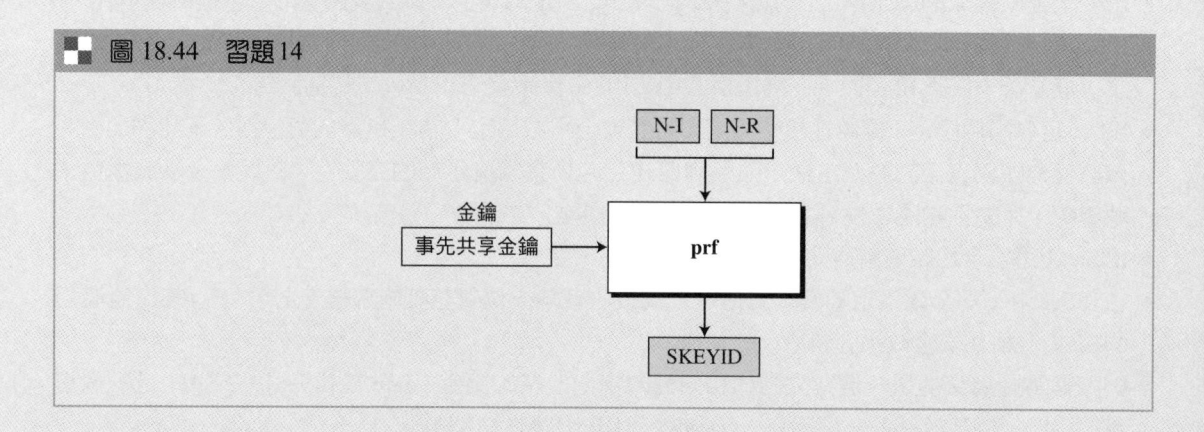

■ 圖18.44 習題14

```
                    N-I   N-R
                     ↓     ↓
      金鑰          ┌─────────┐
   事先共享金鑰 ──→│   prf   │
                    └─────────┘
                         ↓
                      SKEYID
```

  a. 為公開金鑰方法SKEYID的計算畫一個類似的示意圖。
  b. 為數位簽章方法SKEYID的計算畫一個類似的示意圖。
15. 為下列項目畫一個類似圖18.44的示意圖；在每個情況中的金鑰是SKEYID。
  a. SKEYID_a
  b. SKEYID_d
  c. SKEYID_e
16. 為下列項目畫一個類似圖18.44的示意圖；在每個情況中的金鑰是SKEYID。
  a. HASH-I
  b. HASH-R
17. 為下列項目畫一個類似圖18.44的示意圖；在每個情況中的金鑰是SKEYID_d。
  a. HASH1
  b. HASH2
  c. HASH3
18. 為下列項目畫一個類似圖18.44的示意圖；在每個情況中的金鑰是SKEYID_d。
  a. 沒有PFS情況的K
  b. 有PFS情況的K
19. 在K的長度太短的情況下，重做習題19。
20. 使用主要模式中事先共享金鑰的方法（參看圖18.20），畫一個示意圖並顯示實際的ISAKMP封包在起始者和回應者之間被交換。至少使用兩個提議封包，而且每個提議封包至少有兩個轉換封包。
21. 使用主要模式中的原始公開金鑰方法（參看圖18.21），重做習題20。
22. 使用主要模式中修改過的公開金鑰方法（參看圖18.22），重做習題20。
23. 使用主要模式中的數位簽章方法（參看圖18.23），重做習題20。
24. 在積極模式中（參看圖18.24），重做習題20。
25. 在積極模式中（參看圖18.25），重做習題21。
26. 在積極模式中（參看圖18.26），重做習題22。

27. 在積極模式中（參看圖18.27），重做習題23。
28. 畫一個示意圖並且顯示在快速模式中實際的ISAKMP封包在起始者和回應者之間被交換（參看圖18.28）。
29. 比較主要模式和積極模式中事先共享金鑰的方法，在積極模式中有多少跟安全有關的妥協呢？其在效率上獲得什麼？
30. 比較主要模式和積極模式中的一般公開金鑰方法，在積極模式中有多少跟安全有關的妥協呢？其在效率上獲得什麼？
31. 比較主要模式和積極模式中修改過的公開金鑰方法，在積極模式中有多少跟安全有關的妥協呢？其在效率上獲得什麼？
32. 比較主要模式和積極模式中的數位簽章方法，在積極模式中有多少跟安全有關的妥協呢？其在效率上獲得什麼？
33. 在主要模式和積極模式中，我們假設一個攻擊者無法計算SKEYID，指出這個假設的理由。
34. 在IKE階段I中，身份識別通常被定義為IP位址；在事先共享金鑰方法中，這把事先共享的金鑰也是一個IP位址的函數。證明這可能產生一個惡性循環。
35. 比較主要模式中的方法，並且指出哪種方法交換被保護的ID。
36. 針對侵略的方法，重做習題35。
37. IKE在主要模式中如何抵抗重送攻擊？亦即IKE在主要模式中如何回應一個攻擊者嘗試重送一個或更多訊息？
38. IKE在積極模式中如何抵抗重送攻擊？亦即IKE在積極模式中如何回應一個攻擊者嘗試重送一個或更多訊息？
39. IKE在快速模式中如何抵抗重送攻擊？亦即指出IKE在快速模式中如何回應一個攻擊者嘗試重送一個或更多訊息。
40. IPSec如何抵抗暴力攻擊？亦即一個攻擊者能夠執行徹底的電腦搜尋來找出IPSec的加密金鑰嗎？

附錄 A　ASCII

美國資訊交換標準碼（American Standard Code for Information Interchange, ASCII）提供128個符號的7位元字碼，如表A.1所示。

表 A.1　ASCII字碼

十六進位	字元	十六進位	字元	十六進位	字元	十六進位	字元	十六進位	字元	十六進位	字元
00	null	18	CAN	30	0	48	H	60	`	78	x
01	SOH	19	EM	31	1	49	I	61	a	79	y
02	STX	1A	SUB	32	2	4A	J	62	b	7A	z
03	ETX	1B	ESC	33	3	4B	K	63	c	7B	{
04	EOT	1C	FS	34	4	4C	L	64	d	7C	|
05	ENQ	1D	GS	35	5	4D	M	65	e	7D	}
06	ACK	1E	RS	36	6	4E	N	66	f	7E	~
07	BEL	1F	US	37	7	4F	O	67	g	7F	DEL
08	BS	20	SP	38	8	50	P	68	h		
09	HT	21	!	39	9	51	Q	69	i		
0A	LF	22	"	3A	:	52	R	6A	j		
0B	VT	23	#	3B	;	53	S	6B	k		
0C	FF	24	$	3C	<	54	T	6C	l		
0D	CR	25	%	3D	=	55	U	6D	m		
0E	SO	26	&	3E	>	56	V	6E	n		
0F	SI	27	'	3F	?	57	W	6F	o		
10	DLE	28	(	40	@	58	X	70	p		
11	DC1	29	)	41	A	59	Y	71	q		
12	DC2	2A	*	42	B	5A	Z	72	r		
13	DC3	2B	+	43	C	5B	[	73	s		
14	DC4	2C	,	44	D	5C	\	74	t		
15	NAK	2D	-	45	E	5D	]	75	u		
16	SYN	2E	.	46	F	5E	^	76	v		
17	ETB	2F	/	47	G	5F	_	77	w		

附錄 B 標準化與標準化組織

要創造一個開放性及維持競爭性的市場，標準化是必然的，主要也是為了確保國家與國際間的設備製造廠商之間的相關技術。標準化可以提供一個指引，讓製造商、供應商、政府機關以及其他相關服務的供應商可以互相交流訊息。

B.1 網際網路標準

網際網路標準化（Internet standard）對於從事網路相關行業的人士有非常大的幫助，因為這是一個正式且必須遵循規定的標準。網際網路標準必須經由嚴格的程序將每個規格達到標準化，並且定義網際網路的規格書。**網際網路草案**（Internet draft）是一份工作文件（正在進行的工作），並不屬於官方，為期六個月，一旦經由網際網路當局推薦草案，可能被公開出版為 **RFC**（Request for Comment）。每一個RFC經過編輯，給予一個編號提供給所有參與者使用。RFC也會根據所要求的水準，依照成熟度來進行分類。

成熟度等級

一份RFC在其生命週期中，共分為六個**成熟度等級**（maturity level）：提議標準、草案標準、網際網路標準、歷史性、實驗性、訊息性，如圖B.1所示。

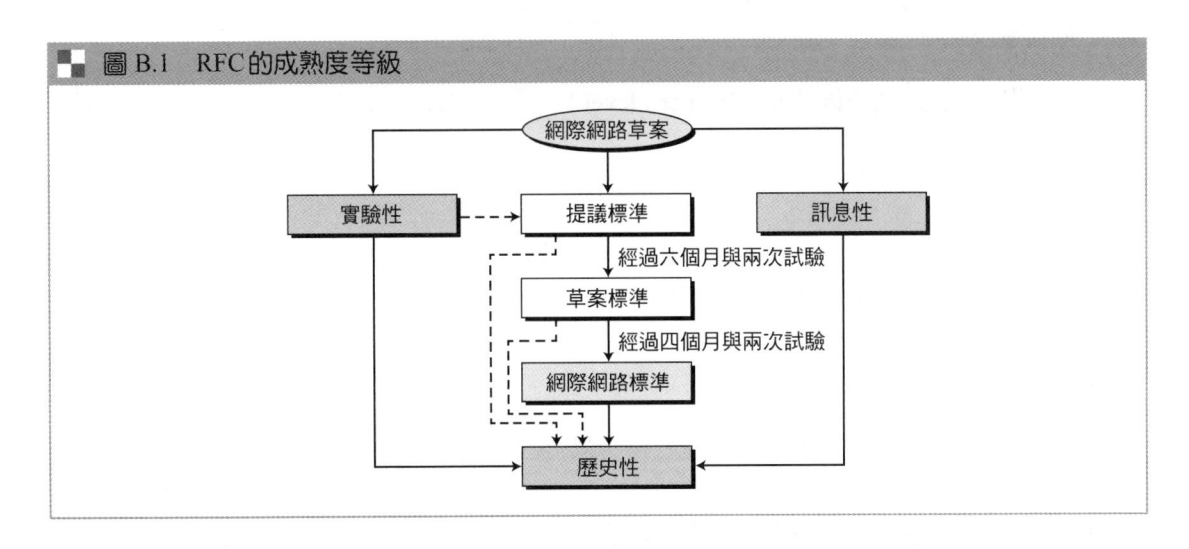

圖 B.1　RFC的成熟度等級

提議標準

提議標準必須是穩定、能清楚理解以及讓網路社群感到興趣的。在這個等級中，規格書通常是經由數個不同的群組測試及施行。

草案標準

當至少有兩個成果能夠成功且獨立操作時,這份標準提議便提升到了草案標準。除非遇到困難,否則一份草案標準擬定之後,往往都會成為網際網路標準。

網際網路標準

當草案標準證明可成功施行,便提升到網際網路標準。

歷史性

歷史性是指從歷史角度來看,該RFC具有特殊的意義。它們有可能被較晚期的規格書取代,或是從來就沒有通過必須具備的成熟度及水準而成為網際網路標準。

實驗性

一個實驗性的RFC是指其工作不會影響網際網路的運作。這樣的RFC不應該在網際網路的任何功能中實現。

訊息性

訊息性的RFC包含與網際網路有關的一般、歷史性或指導性訊息。通常是經由非網際網路的組織所撰寫,例如供應商。

需求等級

RFC分為五個**需求等級**(requirement level):要求、推薦、投選、限定使用、不推薦,如圖B.2所示。

要求

如果RFC被認定為要求時,則必須要在所有的網際網路系統中達到實施的最低門檻。

推薦

如果RFC被認定為推薦時,則不需要符合最低門檻,因為它有用處,才會被推薦。

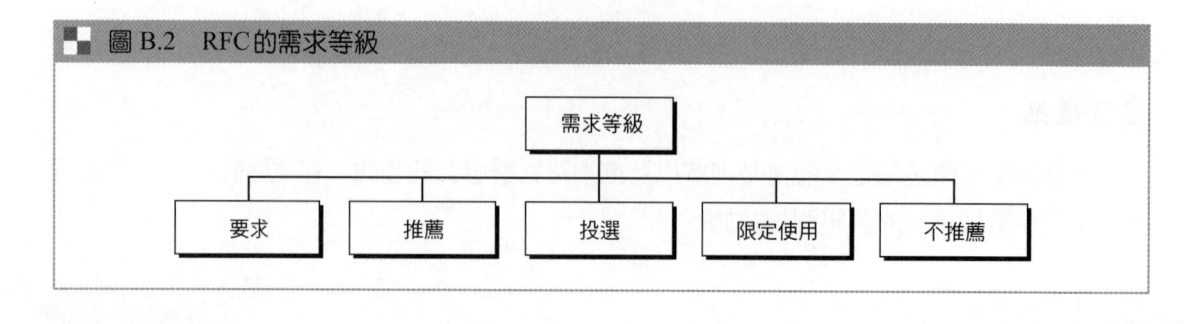

圖 B.2　RFC的需求等級

```
                    需求等級
        ┌──────┬──────┼──────┬──────┐
       要求    推薦   投選  限定使用  不推薦
```

投選

如果RFC被認定為投選時,則可以不被要求及推薦,但是一個系統根據自身的利益來自行使用。

限定使用

如果RFC被認定為限定使用時,則只會用在某些限定的情況。大部分的實驗性RFC皆屬於這一類。

不推薦

如果RFC被認定為不推薦時,則代表它不適用於一般的用途。通常是較具有歷史性(過時)的RFC才有可能被歸到這一類。

www.faqs.org/rfcs可供查詢RFC。

網際網路管理

網際網路主要源起於研究領域,現今已經逐步形成重要的商業性活動,也因而擁有許多使用者。負責協調網際網路的許多團體指導了它的成長和發展。圖B.3顯示了網際網路管理的一般組織。

網際網路協會

網際網路協會(Internet Socity, ISOC) 於1992年成立,為網際網路標準程序提供支援之國際非營利性組織。ISOC透過保持和支援像IAB、IETF、IRTF和ICANN(參考下列章節)等其他網際網路管理機構來完成。ISOC也促進與網際網路相關的研究和其他學術性活動。

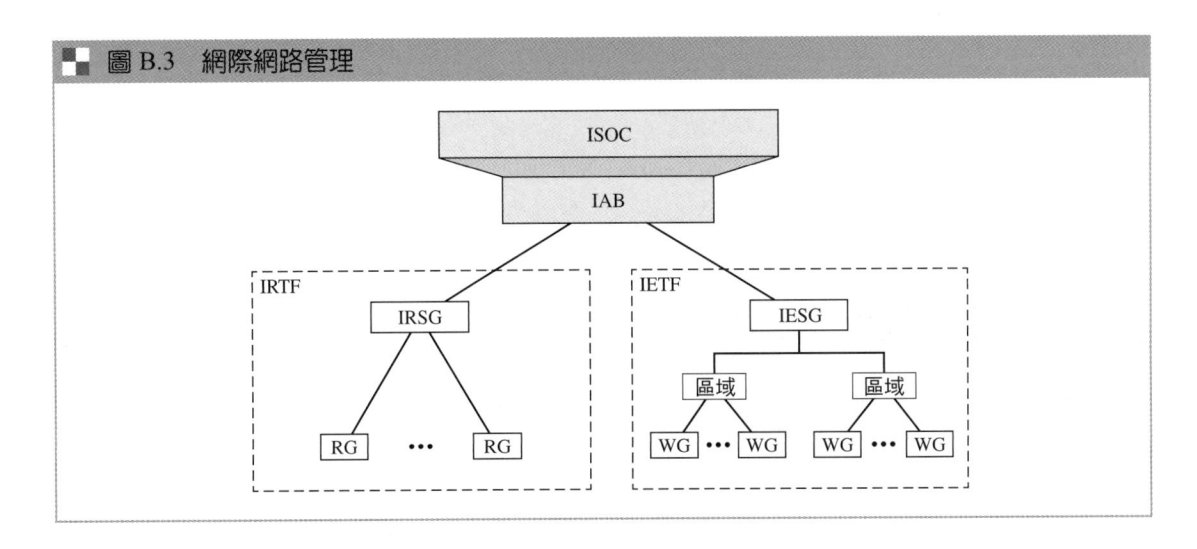

圖 B.3　網際網路管理

網際網路架構委員會

網際網路架構委員會（Internet Architecture Board, IAB）是ISOC的技術顧問。IAB的主要目的將監督TCP/IP協定的持續發展，並且在網際網路社區的研究成員提供技術諮詢的能力。IAB透過它的兩個主要單位——網際網路工程任務小組（IETF）以及網際網路研究任務小組（IRTF）——來完成。IAB的另一項責任是RFC的編輯管理，在前面附錄裡已描述。IAB也負責在網際網路管理和其他標準組織和論壇之間的外部聯絡。

網際網路工程任務小組

網際網路工程任務小組（Internet Engineering Task Force, IETF）是網際網路工程領導小組（Internet Engineering Steering Group, IESG）所管理的一個工作群組論壇。IETF負責鑑定操作的問題，並且提議解決這些問題的方法。IETF也發展並且評論要成為網際網路標準的說明。工作群組依領域聚集，而且每個領域專注於一個特定的議題。目前有九個領域已經確定：應用、網際網路協定、路徑選擇、操作、用戶服務、網路管理、傳輸、下一代網際網路協定（Internet Protocol next generation, IPng）以及安全。

網際網路研究專案小組

網際網路研究專案小組（Internet Research Task Force, IRTF）是一個由網際網路研究領導小組（Internet Research Steering Group, IRSG）管理的工作小組論壇。IRTF集中於與網際網路協定、應用、架構和技術有關的長期研究主題。

分配名稱及位址的網際網路公司

分配名稱及位址的網際網路公司（Internet Corporation for Assigned Names and Numbers, ICANN）是一個由國際委員會組成的私人非營利性組織，主要負責管理網域名稱及位址。

網路訊息中心

網路中心（Network Information Center, NIC）主要負責收集和傳播TCP/IP協定的訊息。

B.2 其他標準組織

課文中提及的數個標準組織將在此簡單說明。

NIST

美國國家標準技術局（National Institute of Standards and Technology, NIST）隸屬於美國商業司。NIST的標準是來自於聯邦資訊處理標準（Federal Information Processing Standard, FIPS）。以下是過程步驟：

1. NIST將相關發表出版在聯邦登記註冊（政府出版物）和NIST的網頁，提供民眾查詢並提出意見。公告會規定接收相關意見的截止日期（一般為公佈之後的九十天）。
2. 當截止日期過後，NIST專家小組會審查意見並做出必要修改。
3. 這份推薦的FIPS會被送到商業秘書處進行批准。
4. 批准後的FIPS將會被公佈在聯邦登記處（Federal Register）及NIST的網站。

ISO

國際標準組織（International Organization for Standardization, ISO）是一個跨國際的機構，主要成員來自於世界各國的標準制定委員會。ISO非常積極地發展與科學、技術及經濟相關活動的合作。

ITU-T

國際電信聯盟－電信標準化部門（International Telecommunication Union-Telecommunication Standards Sector, ITU-T）隸屬於國際電信組織，該部門主要致力於建立電信標準的研究發展，特別是電話和數據系統。

ANSI

美國國家標準學會（American National Standards Institute, ANSI）是一個不屬於美國聯邦政府的私人非營利性組織，但是ANSI的全部活動皆由美國和其公民的福利負擔。

IEEE

電機電子工程學會（Institute of Electrical and Electronics Engineers, IEEE）是世界上最大的專業工程學會。在國際上，這個組織以促進電機工程、電子、廣播以及各個工程領域的理論、創造力、產品品質做為目標。IEEE負責監督計算和通訊之國際標準的發展和採用。

EIA

電子產業協會（Electronic Industries Association, EIA）是一個符合ANSI規範的非營利性組織，致力於推廣相關電子製造業，其主要活動除了標準化的發展，尚包括公共意識的教育和遊說工作。在資訊技術相關領域，EIA已經透過開發數據通訊的標準化做出傑出貢獻。

附錄 C　TCP/IP 協定套件

今日網際網路所使用的網路模式是**傳輸控制協定／網際網路協定**（Transmission Control Protocol/Internetworking Protocol, TCP/IP）或 **TCP/IP 協定套件**（TCP/IP Protocol Suite）。這些套件包括五個階層：應用層、傳輸層、網路層、資料鏈結層及實體層，如圖 C.1 所示。

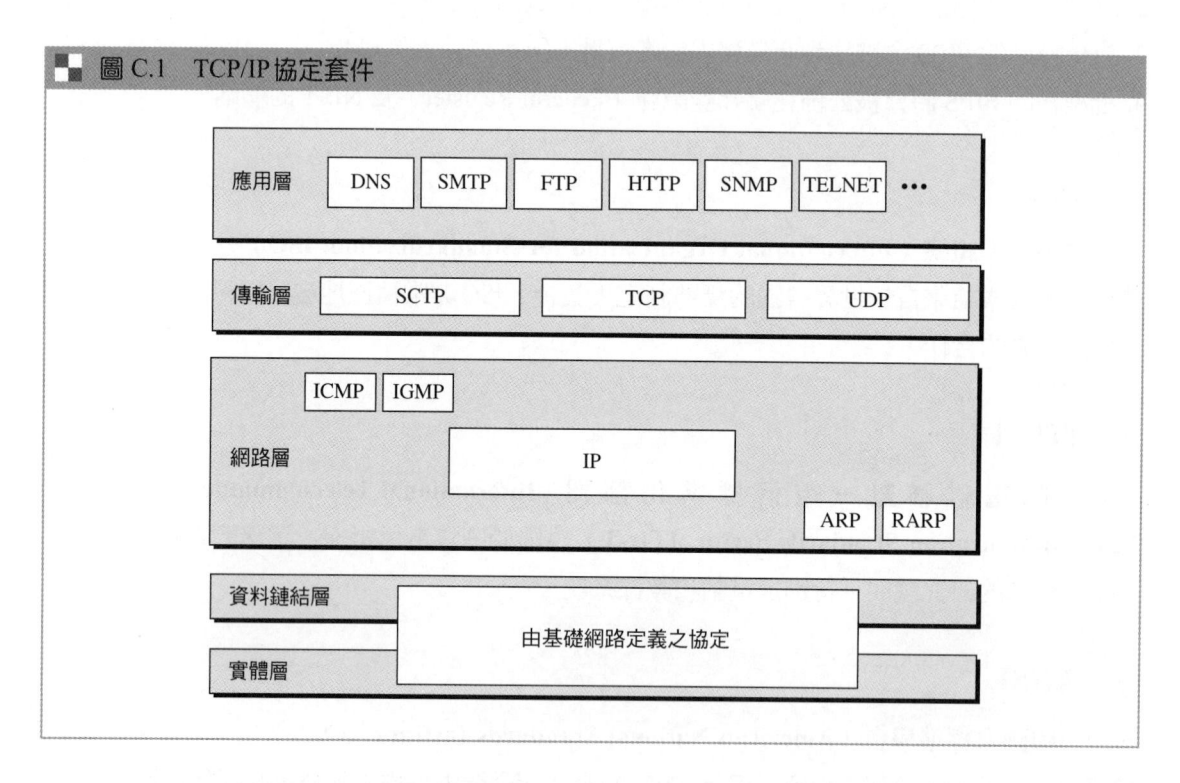

■ 圖 C.1　TCP/IP 協定套件

| 應用層 | DNS | SMTP | FTP | HTTP | SNMP | TELNET | ... |

| 傳輸層 | SCTP | TCP | UDP |

網路層：ICMP、IGMP、IP、ARP、RARP

資料鏈結層
實體層
由基礎網路定義之協定

　　TCP/IP 是一個由互動式模組所組成的階層協定，每一個模組都具有特殊的功能。階層意味著每個上層協定會使用一個或多個較低層協定的服務。

C.1　TCP/IP 階層

　　在這一節中，我們詳細地介紹 TCP/IP 協定套件中每一層的功能。

⌬ 應用層

　　應用層（application layer）可以讓使用者（無論是人或軟體）能夠存取網路，並提供使用者介面，並支援以下服務：檔案傳輸、電子郵件與遠端登入。

應用層主要負責提供服務給使用者。

- **網域名稱系統（Domain Name System, DNS）**：DNS 是一個應用程式，主要是為了服務其他的應用程式。當給定特定（應用）位址時，它可以找出邏輯（網路層）位址。
- **簡易郵件傳輸協定（Simple Mail Transfer Protocol, SMTP）**：SMTP 主要負責電子郵件的傳輸。電子郵件已在第十六章詳細介紹。
- **檔案傳輸協定（File Transfer Protocol, FTP）**：FTP 是一個檔案傳輸的通訊協定，在網際網路中主要負責將大型文件經由一台電腦傳送到另一台。
- **超文字傳輸協定（Hypertext Transfer Protocol, HTTP）**：HTTP 是一組協定，其主要功能是連結全球資訊網（World Wide Web, WWW）。
- **簡易網路管理協定（Simple Network Management Protocol, SNMP）**：SNMP 是在網際網路中使用的官方管理協定。
- **網路終端機（Terminal Network, TELNET）**：TELNET 是一個遠端登入的應用程式，使用者可以利用 TELNET 連結到一個遠端主機，並且使用該主機的所有資源。

傳輸層

傳輸層（transport layer）主要負責完整訊息的**程序對程序傳遞**（process-to-process delivery）。程序是主機中執行的一個應用程式。

傳輸層負責將一個訊息從一個程序傳遞到另一個。

傳統上，傳輸層以 TCP/IP 的兩個協定為代表，分別是 TCP 及 UDP。有一個比較新的傳輸層協定——SCTP 協定，能夠滿足一些新的應用程式的要求。

- **使用者資料包協定（User Datagram Protocol, UDP）**：UDP 是架構在 TCP/IP 內兩個標準簡易型的協定之一。它是程序對程序的協定，並將唯一的埠口位址、檢查和錯誤控制及長度資訊附加到從上一層來的資料。
- **傳輸控制協定（Transmission Control Protocol, TCP）**：TCP 則是提供了完整的傳輸層服務給應用程式。TCP 是一個可靠的串流傳輸協定，串流代表連線導向：要進行傳輸之前必須先建立兩端的連結。傳送端在每次傳輸時，TCP 會將資料串流分割為較小的單位（稱為段），將每個段給予一個編號以便重新排序接收，同時對於每個接收到的段給予一份確認判斷的編號。所有段透過網路 IP 資料包來攜帶。在接收端，TCP 會將每個收集到的資料包透過判斷編號來重新排序。
- **串流控制傳輸協定（Stream Control Transmission Protocol, SCTP）**：SCTP 協定提供支援給新的應用方式，例如 IP 電話。SCTP 是結合 TCP 及 UDP 各項優點的傳輸層協定。

網路層

網路層（network layer）主要負責封包在來源端到目的端之間的傳送，並且可能跨越多個實體網路（連結）。網路層可以確保每一個封包能由來源端傳送到目的端。網路層的負責

範圍也包括邏輯定址及路由。

網路層負責將每個封包從來源端傳送到目的端。

- **網際網路協定（Internet Protocol, IP）**：IP 是 TCP/IP 協定中所使用的傳輸機制。IP 是一個不可靠及非連線式的傳輸協定——最佳效率傳輸服務。「最佳效率」一詞是指 IP 不提供偵錯及追蹤。IP 會在不可靠的封包傳輸模式下盡力地把數據資料傳送到另一方，但是不保證沒有任何錯誤。IP 所傳輸封包中的資料又稱為資料包，每一個都是獨立分開傳輸的。資料包會透過不同的路由到達目的地，到達時可能完成亂了順序或被複製。IP 不會追蹤路由的路線，而且一旦資料包到達目的地後，IP 也無法將之重新排序。雖然 IP 功能有限，但並非一無是處，因為 IP 提供了無架構的傳輸功能，方便使用者依據特定的應用程式增加必要的功能，進而大幅提高效率。
- **位址解析協定（Address Resolution Protocol, ARP）**：ARP 是一個用以結合 IP 位址及實體位址的協定。在一個典型的實體網路上，每一個設備是藉由實體位址或工作站位址來辨識，這些位址通常印壓在網路界面卡（network interface card, NIC）上。當知道某個節點的網路位址時，可以利用 ARP 找到該節點的實體位址。
- **反向位址轉換協定（Reverse Address Resolution Protocol, RARP）**：當只知道主機的實體位址時，可以利用 RARP 發現其網路位址。RARP 用於當一部電腦第一次連上網路，或當一部無磁碟機的電腦開機。
- **網路控制訊息協定（Internet Control Message Protocol, ICMP）**：ICMP 是一種主機或其他中間設備回傳資料包問題給傳送端的機制。ICMP 傳送詢問及錯誤回報訊息。
- **網路群組管理協定（Internet Group Management Protocol, IGMP）**：IGMP 是將訊息透過更簡易的方式同步傳送給一群接收者。

資料鏈結層

　　資料鏈結層（data link layer）將實體層（一個不成熟的傳輸設備）轉換成一個可靠鏈結。它確認實體層無錯誤直到上一層（網路層）。資料鏈結層負責的範圍包括頁框、實體定址、流量控制、錯誤控制和存取控制。

資料鏈結層負責將頁框從一個主機（節點）傳送至下一個。

實體層

　　實體層（physical layer）協調在實體媒介上攜帶一個位元串流所需的功能。實體層關心界面和傳輸媒介的實體特性、位元的表示法、資料傳輸速度、位元同步和實體拓撲。

實體層負責將個別位元從一個主機（節點）傳送至下一個。

C.2 定址

在網際網路中，有四個不同等級的位址使用TCP/IP協定：**具體位址**（specific address）、**埠口位址**（port address）、**邏輯位址**（logical address）和**實體位址**（physical address），如圖C.2所示。

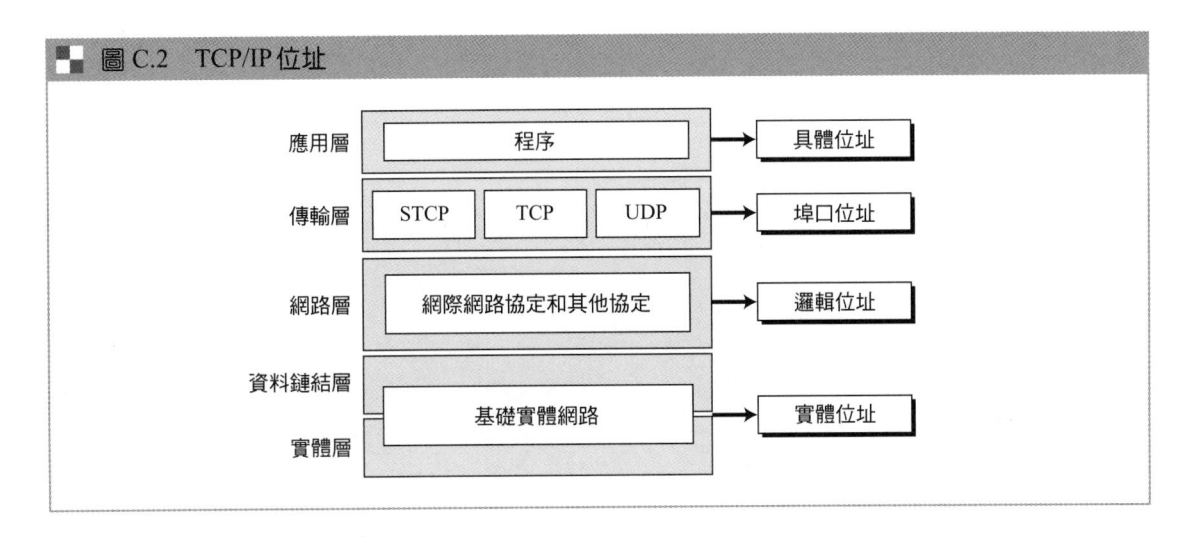

圖 C.2　TCP/IP 位址

層級	內容	位址類型
應用層	程序	具體位址
傳輸層	STCP　TCP　UDP	埠口位址
網路層	網際網路協定和其他協定	邏輯位址
資料鏈結層／實體層	基礎實體網路	實體位址

具體位址

在應用層的通訊使用具體位址：屬於特定應用層協定的位址，例如使用一個電子郵件位址來發送電子郵件。

埠口位址

今日的電腦是可以在同一時間運作多個程序的設備。網際網路通訊的最終目標也就是程序與另一程序的通訊，舉例來說，電腦A可以利用Telent與電腦C通訊，同時電腦A也與電腦B使用檔案傳輸協定（FTP）互相交流。這些過程要同時進行，必須有一個方法標記不同的程序；換句話說，也就是每一個程序都必須要有一個位址。在TCP/IP架構中，每一個程序得到的標記就稱為埠口位址。TCP/IP的埠口位址長度為16位元。

邏輯位址

邏輯位址對於通用通訊服務是必須的，而通用通訊服務並不倚賴基礎的實體網路。一個通用定址系統是必須的，在這個系統中，每個主機可以不倚賴基礎的實體網路而被唯一地識別。邏輯位址是為此目的而設計。在網際網路中，目前邏輯位址（IP位址）是32位元的位址，而且能唯一定義一部連接到網際網路的主機。在網際網路上，不可能有兩部主機擁有相同的IP位址。

實體位址

實體位址也被稱為連接位址，是一個節點的位址，如同其實體網路所定義的。它包含在資料鏈結層所使用的頁框裡。這是低階位址。在實體網路中，實體位址有管理機構。這些位址的大小和格式會根據網路而有所不同。

附錄 D　初級機率

在密碼學中，機率論佔了很重要的地位，因為密碼學充滿許多不確定性，而機率論提供衡量不確定性的絕佳方法。本附錄將複習機率論的基本觀念，以進一步了解本書的一些主題。

D.1　簡介

首先我們從一些定義、公理和特性開始。

定義

隨機實驗

實驗（experiment）可以定義為從輸入到輸出的任何程序。**隨機實驗**（random experiment）是相同輸入可導致兩種不同輸出的實驗；換句話說，輸出不能唯一對應至某一輸入，例如當我們投擲一個公正的硬幣兩次，雖然輸入端（硬幣）是相同的，但是輸出（正反面）可以不同。

結果

隨機實驗的每一個輸出稱為**結果**（outcome），例如當一個六面的骰子滾動時，可能得到的結果是：1、2、3、4、5、6。

樣本空間

樣本空間（sample space）S是隨機實驗之所有結果的集合。當一個硬幣拋出時，這個空間只有兩個元素，S = {正面，反面}；當骰子滾動時則有六個元素，S = {1, 2, 3, 4, 5, 6}。樣本空間有時也稱為機率空間、隨機空間或宇集。

事件

當進行一個隨機的實驗時，對於得到單一的結果不感興趣，我們有興趣研究的是樣本空間的子集。例如，當一個骰子在滾動時，我們希望獲得的點數是2、偶數或小於4的點數。上述所有可能的結果可以稱為一個**事件**（event）。事件 A 是一個樣本空間的子集。之前所提到的事件，可以定義成如下：
a. 獲得的點數是 2（簡單的結果）：A_1 = {2}
b. 獲得的點數是偶數：A_2 = {2, 4, 6}

c. 獲得的點數是小於 4 的點數：$A_3 = \{1, 2, 3\}$

機率分配

機率論中最主要的觀念就是事件的想法。但什麼是某一特定事件的機率？這問題爭論了數百年之久，一直到最近數學家們才達成一個協議：我們可以用三種方式來指派某一事件的機率，分別是標準、統計、計算。

標準機率分配

在**標準機率分配**（classical probability assignment）情形之下，事件 A 的機率可以用此公式來表示：$P(A) = n_A/n$，其中 n 是可能的結果總數，而 n_A 是事件 A 可能的結果數。此公式只有在每一結果的可能性都相等的情況下才有用。

範例 D.1 當我們投擲公正硬幣時，得到正面的機率有多少？

解法 可能的結果總數是 2（正面或反面）。該事件的結果數是 1（只有正面），因此 P（正面）= $n_{正面}/n = 1/2$。

範例 D.2 當我們投擲一個骰子時，獲得 5 的機率有多少？

解法 可能的結果總數是 6，$S = \{1, 2, 3, 4, 5, 6\}$。該事件的結果數是 1（只有 5），因此 $P(5) = n_5/n = 1/6$。

統計機率分配

在**統計機率分配**（statistical probability assignment）中，在相同條件執行 n 次實驗，如果事件 A 出現了 m 次，而 n 又夠大，事件 A 的機率可以用此公式來表示：$P(A) = m/n$。對於事件的可能性不相等時，這個定義是有用的。

範例 D.3 我們投擲了一個不公正硬幣 10,000 次，並得到正面 2600 次及反面 7400 次，因此 P（正面）= 2600/10,000 = 0.26 和 P（反面）= 7400/10,000 = 0.74。

計算機率分配

在**計算機率分配**（computational probability assignment）中，一個事件被分配到的機率是基於其他事件的機率，需使用下列所討論的公理和特性。

公理

機率公理無法證明，在機率論中會假設它們都成立。以下三個公理是機率論的基礎：

- **公理 1**：一個事件的機率是非負值：P(A) ≥ 0。
- **公理 2**：隨機空間的機率是 1：P(S) = 1。換句話說，其中一個可能的結果一定會出現。
- **公理 3**：若 $A_1, A_2, A_3, ...$ 是兩兩互不交集的事件，則

$$P(A_1 \text{ or } A_2 \text{ or } A_3 \text{ or } …) = P(A_1) + P(A_2) + P(A_3) + …$$

事件 $A_1, A_2, A_3, ...$ 兩兩互不交集是指某一事件的發生不會改變其他事件發生的機率。

特性

接受上述公理之後，可以證明一些特性。以下是理解這本書相關主題所需要知道的特性（我們把證明留給專門討論機率的書籍）：

- 一個事件的機率永遠介於 0 和 1 之間：0 ≤ P(A) ≤ 1。
- 沒有結果的機率是 0：$P(\overline{S}) = 0$。換句話說，假如我們擲一個骰子，沒有值的機率是 0（不可能的事件）。
- 如果 $\overline{A}$ 是 A 的補集，則 $P(\overline{A}) = 1 - P(A)$。例如，擲一個骰子得到 2 的機率是 1/6，則得到不是 2 的機率是 (1 – 1/6)。
- 如果 A 是 B 的子集，則 P(A) ≤ P(B)。例如，擲一個骰子，P（2 或 3）小於 P（2 或 3 或 4）。
- 如果事件 A, B, C, ... 是獨立的，則

$$P(A \text{ and } B \text{ and } C \text{ and } …) = P(A) \times P(B) \times P(C) \times …$$

條件機率

事件 A 的發生可能會傳遞某種訊息給另一個事件 B。當事件 A 發生之後，則事件 B 的**條件機率（conditional probability）**表示為 P(B | A)。我們可以證明

$$P(B | A) = P(A \text{ and } B)/P(A)$$

注意，如果 A 和 B 是獨立事件，則 P(B|A) = P(B)。

範例 D.4　當一個公正骰子在轉動時，如果有人告訴我們結果會是偶數，則得到 4 的機率是多少？

解法　P（4｜偶數）= P（4 且偶數）/P（偶數）。因為只有一個方式可以得到 4，且其值也是偶數，P（4 且偶數）= 1/6。P（偶數）= P（2 或 4 或 6）= 3/6。因此

$$P（4｜偶數）= (1/6)/(3/6) = 1/3$$

注意，P（4｜偶數）的條件機率大於 P(4)。

🔑 D.2 亂數

變數是可以預設為不同的值。根據一個隨機實驗結果所獲得的值,稱為**亂數**(random variable)。

🔑 連續型亂數

若亂數具有無限多個變數,稱為**連續型亂數**(continuous random variable)。不過在密碼學中,我們通常不會特別討論這類型的亂數。

🔑 離散型亂數

在密碼學中,我們對於可數的隨機實驗結果較感興趣(例如骰子)。這類型的亂數稱為**離散型亂數**(discrete random variable)。離散型亂數是將一個可數的結果轉換為實數的集合,舉例來說,我們可以把轉動硬幣的結果 {正面, 反面} 轉換成為集合 {0, 1}。

附錄 E　生日問題

生日問題曾在第十一章介紹。在本附錄中，將使用附錄 D 討論的機率以提供四個生日問題的一般解法。下列數學關係式將被用來簡化解法。

$1 - x \approx e^{-x}$　　　　　　　　　　//當 x 值小時為泰勒級數
$1 + 2 + \ldots + (k-1) = k(k-1)/2$
$k(k-1) = k^2$

E.1　四個問題

我們提出在第十一章中所討論之四個問題的解法。

第一個問題

我們有一個 k 個值的樣本集合，其中每一個樣本僅取 N 個相等機率值中的一個。最小的樣本集合大小 k 值應為多少，才能使得樣本中至少有一個與預先決定值相等的機率 $P \geq 1/2$。

為了求解這個問題，我們首先找到至少一個樣本與預先決定值相等的機率 P，然後我們設定機率為 $1/2$ 以找到最小的樣本數量。

機率

我們依據下面四個步驟來計算機率 P：

1. 如果 P_{sel} 為選擇的樣本與預先定義值相等的機率，則 $P_{sel} = 1/N$，因為樣本可能等於在 N 個值中的任一個。
2. 如果 Q_{sel} 為選擇的樣本與預先定義值不相等的機率，則 $Q_{sel} = 1 - P_{sel} = (1 - 1/N)$。
3. 若每一個樣本是獨立的（一個合理的假設），而且 Q 是指沒有任何樣本與預先決定值相等的機率，則 $Q = Q_{sel}{}^{k} = (1 - 1/N)^{k}$。
4. 最後，若 P 為至少一個樣本與預先決定值相等的機率，則 $P = 1 - Q$，或寫成 $P = 1 - (1 - 1/N)^{k}$。

樣本數量

現在我們算出當 $P \geq 1/2$ 時樣本數量最小值為 $k \geq \ln 2 \times N$，如下所示：

$P = 1 - (1 - 1/N)^{k} \geq 1/2 \quad \rightarrow \quad (1 - 1/N)^{k} \leq 1/2$
$(1 - 1/N)^{k} \leq 1/2 \qquad\qquad \rightarrow \quad (e^{-k/N}) \leq 1/2$ 使用近似值 $1 - x \approx e^{-x}$，其中 $x = 1/N$
$(e^{-k/N}) \leq 1/2 \;\rightarrow\; e^{k/N} \geq 2 \;\rightarrow\; k/N \geq \ln 2 \;\rightarrow\; k \geq \ln 2 \times N$

第一個問題
機率：$P = 1 - (1 - 1/N)^k$ 樣本數量：$k \geq \ln 2 \times N$

第二個問題

除了預先定義的值為樣本中的一個之外，第二的問題與第一個問題是相同的。也就是說，我們可以把 k 置換成 $k - 1$，而使用第一個問題的結果，因為在選擇一個樣本後，樣本集合裡只剩 $k - 1$ 個樣本。因此，$P = 1 - (1 - 1/N)^{k-1}$ 且 $k \geq \ln2 \times N + 1$。

第二個問題
機率：$P = 1 - (1 - 1/N)^{k-1}$ 樣本數量：$k \geq \ln 2 \times N + 1$

第三個問題

在第三個問題中，我們需要找出樣本集合最小的數量 k，使得最少有兩個樣本有相同值的機率 $P \geq 1/2$。為了解決這個問題，我們首先計算相對應的機率 P，然後設定機率為 $1/2$ 來找到最小的樣本數量。

機率

這裡我們使用不同的策略：

1. 我們一次指定一個機率給樣本。假設 P_i 是指樣本 i 與前面的樣本之一有相同值的機率，Q_i 是樣本 i 與前面所有值都不相同的機率。

   a. 因為沒有任何樣本在第一個樣本之前，因此 $P_1 = 0$ 且 $Q_1 = 1 - 0 = 1$。

   b. 因為有一個樣本在第二個樣本之前，並且第一個樣本可以是 N 個值中的任一個，因此 $P_2 = 1/N$ 且 $Q_2 = (1 - 1/N)$。

   c. 因為有兩個樣本在第三個樣本之前，並且前面兩個樣本都可以是 N 個值中的任一個，因此 $P_3 = 2/N$ 且 $Q_1 = (1 - 2/N)$。

   d. 以相同的邏輯繼續下去，則 $P_k = (k-1)/N$ 且 $Q_k = (1 - (k-1)/N)$。

2. 假設所有的樣本是獨立的，則所有的樣本有不同值的機率 Q 為

$$Q = Q_1 \times Q_2 \times Q_3 \times \ldots \times Q_k = 1 \times (1 - 1/N) \times (1 - 2/N) \times \ldots \times (1 - (k-1)/N)$$

$$Q = (e^{-1/N}) \times (e^{-2/N}) \times \ldots \times (e^{-(k-1)/N}) \quad \text{使用近似值 } 1 - x \approx e^{-x}，其中 x = i/N$$

$$Q = e^{-k(k-1)/2N} \quad \text{使用關係 } 1 + 2 + \ldots + (k-1) = k(k-1)/2$$

$$Q = e^{-k^2/2N} \quad \text{使用近似值 } k(k-1) \approx k^2$$

3. 最後，若 P 是指至少有兩個樣本有相同值的機率，則我們可以得到 $P = 1 - Q$ 或寫成 $P = 1 - e^{-k^2/2N}$。

樣本數量

我們計算當 $P \geq 1/2$ 時最小的樣本數量為 $k \geq (2 \times \ln 2)^{1/2} \times N^{1/2}$ 或 $k \geq 1.18 \times N^{1/2}$，如下：

$$P = 1 - e^{-k^2/2N} \geq 1/2 \to e^{-k^2/2N} \leq 1/2$$

$$e^{-k^2/2N} \leq 1/2 \to e^{k^2/2N} \geq 2 \to k^2/2N \geq \ln 2 \to k \geq (2 \times \ln 2)^{1/2} \times N^{1/2}$$

第三個問題

機率：$P = 1 - e^{-k^2/2N}$ 樣本數量：$k \geq (2 \times \ln 2)^{1/2} \times N^{1/2}$

🔑 第四個問題

在第四個問題中，我們有兩個相同數量 k 的樣本集合。我們需要計算最小的 k 值，使得在第一個集合中至少有一個樣本與第二個集合中的樣本相等的機率 $P \geq 1/2$。為了求解這個問題，我們首先計算相對應的機率 P，然後設定機率為 $1/2$ 來找到最小的樣本數量。

機率

我們使用類似於用在第一個問題上的策略來求解這個問題：

1. 根據第一個問題，在第一個集合中所有的樣本都與第二個集合中的第一個樣本不相等的機率為 $Q_1 = (1 - 1/N)^k$。
2. 在第一個集合中的所有樣本都與第二個集合中的第一個及第二個樣本不相等的機率為 $Q_2 = (1 - 1/N)^k \times (1 - 1/N)^k$。
3. 我們可以延伸這個邏輯，宣稱在第一個集合中的所有樣本都與第二個集合的任何一個樣本不相等的機率為

$$Q_k = (1 - 1/N)^k \times (1 - 1/N)^k \times \ldots \times (1 - 1/N)^k \to Q_k = (1 - 1/N)^{k^2}$$

$$Q_k = (1 - 1/N)^{k^2} \to Q_k = e^{-k^2/N} \quad \text{使用近似值 } 1 - x \approx e^{-x}\text{，其中 } x = 1/N$$

4. 最後，若 P 是指第一個集合中至少有一個樣本與第二個集合中的其中一個樣本相等的機率，則 $P = 1 - Q_k$ 或 $P = 1 - e^{-k^2/N}$。

樣本數量

現在我們計算共同的最小樣本數量如下所示：

$$P = 1 - e^{-k^2/N} \geq 1/2 \to e^{-k^2/N} \leq 1/2 \to e^{k^2/N} \geq 2$$

$$e^{-k^2/N} \leq 1/2 \to e^{k^2/N} \geq 2 \to k^2/N \geq \ln 2 \to k \geq (\ln 2)^{1/2} \times N^{1/2}$$

第四個問題

機率：$P = 1 - e^{-k^2/N}$ 樣本數量：$k \geq (\ln 2)^{1/2} \times N^{1/2}$

E.2 總結

表 E.1 說明四個問題的機率（P）以及樣本數量（k）。

表 E.1　四個生日問題的解答

問題	機率	k的一般值	$P \geq 1/2$ 時的 k 值
1	$P \approx 1 - e^{-k/N}$	$k \approx \ln[1/(1-P)] \times N$	$k \approx 0.69 \times N$
2	$P \approx 1 - e^{-(k-1)/N}$	$k \approx \ln[1/(1-P)] \times N + 1$	$k \approx 0.69 \times N + 1$
3	$P \approx 1 - e^{-k^2/2N}$	$k \approx [2 \ln(1/(1-P))]^{1/2} \times N^{1/2}$	$k \approx 1.18 \times N^{1/2}$
4	$P \approx 1 - e^{-k^2/N}$	$k \approx [\ln(1/(1-P))]^{1/2} \times N^{1/2}$	$k \approx 0.83 \times N^{1/2}$

附錄 F　資訊理論

在這個附錄中，我們討論數個與本書主題有關的資訊理論概念。

F.1　測量資訊

我們要怎樣才能測量一個事件中的資訊呢？一個事件帶有多少資訊呢？讓我們透過範例來回答這些問題。

範例 F.1　想像一個人坐在一個房間裡看向窗外，他能清楚地看見陽光普照，如果此時他接到一通來自鄰居的電話（一個事件）說：「現在是白天。」這個訊息包含任何資訊嗎？沒有，他本來就已經確定現在是白天了，此訊息並沒有消除他心中的任何疑惑。

範例 F.2　想像一個人買了一張樂透彩券，如果有一位朋友打電話告訴他說他中了頭獎，這個訊息（事件）包含任何資訊嗎？是的，此訊息包含大量的資訊，因為中頭獎的機率非常小，此訊息的接收者完全出乎意料之外。

上述兩個範例顯示出一個事件是否有用與接收者的預期是有關係的。如果當事件發生時接收者是意外的，則此訊息包含大量的資訊，否則就沒有。換句話說，一個訊息的資訊含量與該訊息發生的機率成反比，如果事件很可能發生的，則它不包含任何資訊（範例F.1）；如果它是非常不可能發生的，則它包含大量的資訊（範例F.2）。

F.2　熵

假設 S 是一個有限的機率樣本空間（見附錄D），S的熵（entropy）或不確定性被定義為

$$H(S) = \sum P(s) \times [\log_2 1/P(s)] \quad \text{位元}$$

其中，$s \in S$ 是此實驗可能的結果。注意，如果 $P(s) = 0$，則我們令相對應的項目 $P(s) \times [\log_2 1/P(s)]$ 為 0，以避免除以 0。

範例 F.3　假設我們擲一枚公正的硬幣，其結果是正面或反面的機率各是 1/2。這意味著

$$H(S) = P（正面）\times [\log_2 1/（P（正面））] + P（反面）\times [\log_2 1/（P（反面））]$$
$$H(S) = (1/2) \times [\log_2 1/(1/2)] + (1/2) \times [\log_2 1/(1/2)] = 1 \text{ 位元}$$

這個範例顯示擲一枚公正硬幣的結果給我們一個位元的資訊（不確定性）。在每一次擲硬幣時，我們不知道結果會是什麼；這兩種可能的結果有相同的可能。

範例 F.4 假設我們擲一枚不公正的硬幣，其結果可能是正面或反面，其中 P（正面）= 3/4，而 P（反面）= 1/4，這意味著

$$H(S) = (3/4) \times [\log_2 1/(3/4)] + (1/4) \times [\log_2 1/(1/4)] \approx 0.8 \text{ 位元}$$

這個範例顯示擲一枚不公正硬幣的結果只給我們 0.8 位元的資訊（不確定性）。這個範例的資訊量少於範例 F.3，因為我們預期大部分會得到正面；只有當得到反面時，我們是較意外的。

範例 F.5 假設我們擲一枚完全不公正的硬幣，其結果都是正面，亦即 P（正面）= 1，而 P（反面）= 0，此情況的熵是

$$H(S) = (1) \times [\log_2 1/(1)] + (0) \times [\log_2 1/(0)] = (1) \times (0) + (0) = 0$$

在這個實驗中沒有任何資訊（不確定性）。我們知道結果永遠是正面；熵是 0。

最大的熵

以下是可以被證明的：一個特定的機率樣本空間有 n 個可能的結果，只有在所有可能的結果的可能一樣時（所有的結果都有相同的可能），才能達到最大的熵。在此情況下，最大的熵是

$$H_{max}(S) = \log_2 n \quad \text{位元}$$

也就是說，每一個機率樣本空間的熵有一個如上述公式所定義的上限。

範例 F.6 假設我們丟一個六面的公正骰子，此實驗的熵是

$$H(S) = \log_2 6 \approx 2.58 \text{ 位元}$$

最小的熵

以下是可以被證明的：一個特定的機率樣本空間有 n 個可能的結果，當始終只有一種結果發生時，會得到最小的熵。在此情況下，最小的熵是

$$H_{min}(S) = 0 \quad \text{位元}$$

也就是說，每一個機率樣本空間的熵有一個如上述公式所定義的下限。

一個機率樣本空間的熵是介於 0 到 $\log_2 n$ 位元之間，其中 n 是可能的結果的數量。

熵的解釋

當所有可能的結果都有相同的可能時，熵可以視為表示一個機率樣本空間的每一個可能

結果所需的位元數。例如，當一個機率樣本空間有八種可能的結果時，每一個可能結果可以表示成三個位元（000到111）。當我們收到此實驗的結果時，可以說我們收到了三個位元的資訊，這個機率樣本空間的熵也是三個位元（$\log_2 8 = 3$）。

聯合熵

當我們有兩個機率樣本空間 S_1 和 S_2 時，可以把聯合熵定義為

$$H(S_1, S_2) = \sum\sum P(x, y) \times [\log_2 1/P(x, y)] \quad \text{位元}$$

條件熵

我們經常需要知道在機率樣本空間 S_2 的某個不確定性情況下，機率樣本空間 S_1 的不確定性，這稱為條件熵 $H(S_1 | S_2)$。它可以被證明是

$$H(S_1 | S_2) = H(S_1, S_2) - H(S_2) \quad \text{位元}$$

其他關係

我們在此列出一些其他熵的關係，但並不證明：

1. $H(S_1, S_2) = H(S_2 | S_1) + H(S_1) = H(S_1 | S_2) + H(S_2)$
2. $H(S_1, S_2) \leq H(S_1) + H(S_2)$
3. $H(S_1 | S_2) \leq H(S_1)$
4. $H(S_1, S_2, S_3) = H(S_1 | S_2, S_3) + H(S_1, S_3)$

在第二個和第三個關係式中，如果 S_1 和 S_2 是獨立的，則等號成立。

範例 F.7　在密碼學中，如果我們令 P 是明文的機率樣本空間、C 是密文的機率樣本空間，而 K 是金鑰的樣本空間，則 $H(K | C)$ 可以被解釋為一個在知道 C 的情況下知道 K 的密文攻擊。

範例 F.8　在密碼學中給定明文和金鑰，一個確定式加密演算法建立一個唯一的密文，這表示 $H(C | K, P) = 0$。同樣地，給定密文和金鑰，解密演算法建立一個唯一的明文，這表示 $H(P | K, C) = 0$。如果給定密文和明文，金鑰也是唯一確定的，則 $H(K | P, C) = 0$。

完美的安全

在密碼學中，如果 P、C 和 K 分別是明文、密文和金鑰的機率樣本空間，則 $H(P | C) \leq H(P)$。這可以解釋為：在給定 C 的情況下之 P 的不確定性，小於或等於 P 的不確定性。在大部分的密碼系統中，關係式 $H(P | C) < H(P)$ 是成立的，這意味著密文的攔截使得找到明文所需的知識變少了。如果關係式 $H(P | C) = H(P)$ 成立，則該密碼系統提供了**完美的安全**

(perfect secrecy)，這表示給定密文的明文不確定性與只有明文的不確定性是相同的。換句話說，攻擊者Eve藉由攔截密文並未獲得任何資訊；她仍然需要檢視所有的可能性來猜測明文的值。

如果 H(P | C) = H(P)，則一個密碼系統提供了完美的安全。

範例 F.9　在前面的章節中，我們說單次金鑰加密法提供了完美的安全，在此使用前述有關熵的關係式來證明這個事實。假設字元只由0和1所組成，如果訊息的長度是L，可以證明金鑰和密文各自是由2^L個符號所組成，其中每個符號有相同的可能，因此 H(K) = H(C) = $\log_2 2^L = L$。使用範例F.8所得到的關係式和 H(P, K) = H(P) + H(K) 的事實（因為P和K是獨立的），我們得到

H(P, K, C) = H(C | P, K) + H(P, K) = H(P, K) = H(P) + H(K)
H(P, K, C) = H(K | P, C) + H(P, C) = H(P, C) = H(P | C) + H(C)
這意味著 H(P | C) = H(P)

範例 F.10　Shannon指出在一個密碼系統中，如果(1)在金鑰樣本空間內金鑰發生的機率相同，而且(2)每個明文和每個密文有一把唯一的金鑰，則這個密碼系統提供完美的安全。在這個情況中，此證明使用的事實是：金鑰、明文和密文的機率樣本空間具有相同的大小。

F.3 一個語言的熵

將熵的概念關聯到自然語言（例如英語）會相當有趣。在這一節，我們強調與熵有關的一些要點。

任意一種語言的熵

假設一種語言使用N個字母，且所有字母發生的可能性相等，我們可以說這種語言的熵是 $H_L = \log_2 N$。例如，如果我們使用26個大寫字母（A到Z）來傳送訊息，則每一個字母所包含的熵或資訊是 $H_L = \log_2 26 \approx 4.7$ 位元。換句話說，收到這種語言的一個字母等於收到4.7位元，這意味著我們能使用5個位元的字元對這種語言的字母進行編碼；我們可以傳送一個五位元的字元，而非傳送一個字母。

英語的熵

英語的熵遠小於4.7位元（如果我們只使用大寫字母）的原因有兩個。第一，每個字母發生的機率並不會一樣，第三章已顯示各個英語字母發生的頻率，子母E發生的機率要遠大於字母Z。第二，雙字母組和三字母組的存在降低了接收文字的資訊量，如果我們收到字母

Q，下一個字母非常有可能是U；同樣地，如果我們收到連續五個字母SELLI，下兩個字母非常有可能是NG。這兩個事實降低了英語的熵，而Shannon已經精巧地計算過英語的熵，其平均值是1.50。

冗餘

一個語言的冗餘已經被定義為

$$R = 1 - H_L/(\log_2 N)$$

在只使用英語大寫字母的情況中，R = 1 − 1.50/4.7 = 0.68。換句話說，在一個英語訊息中有70%的冗餘，一個壓縮演算法最高能壓縮一個英語文字的70%，而不會遺失其內容。

唯一解距離

Shannon另外定義了**唯一解距離（unicity distance）**。唯一解距離是攻擊者要唯一地決定金鑰，進而算出明文所需的密文最小長度 n_0（給予足夠的時間）。唯一解距離定義為

$$n_0 = H(K)/[R \times H(P)]$$

範例 F.11 取代加密法使用一個金鑰範圍是26!的金鑰和26個字元的字元表。若以英語的冗餘0.70來說，唯一解距離是

$$n_0 = (\log_2 26!)/(0.70 \times \log_2 26) \approx 27$$

這意味著攻擊者要能唯一地找出明文，需要一個至少27個字元的密文。

範例 F.12 位移加密法使用一個金鑰範圍是26的金鑰和26個字元的字元表。若以英語的冗餘0.70來說，唯一解距離是

$$n_0 = (\log_2 26)/(0.70 \times \log_2 26) \approx 1.5$$

這意味著攻擊者要能唯一地找出明文，需要一個至少2個字元的密文。當然，這是一個非常粗略的估計，在實際的情形中，攻擊者需要更多的字元來破密。

附錄 G 列舉不可分解多項式與原根多項式

記得第四章中提到不可分解多項式是在 $GF(2^n)$ 中的 n 次方多項式，其無法被分解成低於 n 次方的多項式。此外，第五章中也提到原根多項式，其是可整除 x^e+1 的不可分解多項式，其中 e 是在此種格式中 $e = 2^k-1$ 的最小值，且 $k \geq 2$。換句話說，原根多項式必是不可分解多項式；但是，不可分解多項式不一定是原根多項式。表 G.1 列出一到八次方的不可分解多項式與原根多項式。括號內的是不可分解多項式，但不是原根多項式。

表 G.1　不可分解多項式與原根多項式

n	多項式（十六進位表示法）								
1	3	2							
2	7								
3	B	D							
4	13	19	(1F)						
5	25	29	2F	37	3B	3D			
6	43	(45)	49	57	5B	61	6D	73	
7	83	87	91	9D	A7	AB	B9	BF	C1	CB
	D3	D4	E5	EF	F1	F7	FD			
8	(11B)	11D	12B	12D	(139)	(13F)	14D	15F	163	165
	169	171	(177)	(17B)	187	(18B)	(19F)	(1A3)	1A9	(1B1)
	(1BD)	1CF	(1D7)	(1DB)	1E7	(1F3)	1F5	(1F9)		

要找到表中十六進位數字所代表的多項式，必須先轉換成二進位，再轉換成多項式。

範例 G.1　找出第一個七次方的原根多項式。

解法　第一個七次方原根多項式的十六進位值為 83。十六進位的 83 可轉換成二進位的 1000 0011。其對應的多項式為 x^7+x+1。

範例 G.2　找出第一個六次方非原根多項式的不可分解多項式。

解法　第一個六次方非原根多項式的十六進位值為 45。十六進位的 45 可轉換成二進位的 100 0101（注意，我們只需保留七個位元）。其對應的多項式為 x^6+x^2+1。

範例 G.3　找出第二個八次方非原根多項式的不可分解多項式。

解法　第二個八次方非原根多項式的十六進位值為 139。十六進位的 139 可轉換成二進位的 1 0011 1001（注意，我們只需保留九個位元）。其對應的多項式為 $x^8+x^5+x^4+x^3+1$。

附錄 H　小於10,000的質數

本附錄列出小於10,000的質數。在表格中，第一行的數字表示在該列對應範圍內質數的數量。

表 H.1　1到1000內的質數列表

25	2 3 5 7 11 13 17 19 23 29 31 37 41 43 47 53 59 61 67 71 73 79 83 89 97
21	101 103 107 109 113 127 131 137 139 149 151 157 163 167 173 179 181 191 193 197 199
16	211 223 227 229 233 239 241 251 257 263 269 271 277 281 283 293
16	307 311 313 317 331 337 347 349 353 359 367 373 379 383 389 397
17	401 409 419 421 431 433 439 443 449 457 461 463 467 479 487 491 499
14	503 509 521 523 541 547 557 563 569 571 577 587 593 599
16	601 607 613 617 619 631 641 643 647 653 659 661 673 677 683 691
14	701 709 719 727 733 739 743 751 757 761 769 773 787 797
15	809 811 821 823 827 829 839 853 857 859 863 877 881 883 887
14	907 911 919 929 937 941 947 953 967 971 977 983 991 997

1到1000內的質數總數量為 **168**。

表 H.2　1001到2000內的質數列表

16	1009 1013 1019 1021 1031 1033 1039 1049 1051 1061 1063 1069 1087 1091 1093 1097
12	1103 1109 1117 1123 1129 1151 1153 1163 1171 1181 1187 1193
15	1201 1213 1217 1223 1229 1231 1237 1249 1259 1277 1279 1283 1289 1291 1297
11	1301 1303 1307 1319 1321 1327 1361 1367 1373 1381 1399
17	1409 1423 1427 1429 1433 1439 1447 1451 1453 1459 1471 1481 1483 1487 1489 1493 1499
12	1511 1523 1531 1543 1549 1553 1559 1567 1571 1579 1583 1597
15	1601 1607 1609 1613 1619 1621 1627 1637 1657 1663 1667 1669 1693 1697 1699
12	1709 1721 1723 1733 1741 1747 1753 1759 1777 1783 1787 1789
12	1801 1811 1823 1831 1847 1861 1867 1871 1873 1877 1879 1889
13	1901 1907 1913 1931 1933 1949 1951 1973 1979 1987 1993 1997 1999

1001到2000內的質數總數量為 **134**。

表 H.3　2001 到 3000 內的質數列表

14	2003 2011 2017 2027 2029 2039 2053 2063 2069 2081 2083 2087 2089 2099
10	2111 2113 2129 2131 2137 2141 2143 2153 2161 2179
15	2203 2207 2213 2221 2237 2239 2243 2251 2267 2269 2273 2281 2287 2293 2297
15	2309 2311 2333 2339 2341 2347 2351 2357 2371 2377 2381 2383 2389 2393 2399
10	2411 2417 2423 2437 2441 2447 2459 2467 2473 2477
11	2503 2521 2531 2539 2543 2549 2551 2557 2579 2591 2593
15	2609 2617 2621 2633 2647 2657 2659 2663 2671 2677 2683 2687 2689 2693 2699
14	2707 2711 2713 2719 2729 2731 2741 2749 2753 2767 2777 2789 2791 2797
12	2801 2803 2819 2833 2837 2843 2851 2857 2861 2879 2887 2897
11	2903 2909 2917 2927 2939 2953 2957 2963 2969 2971 2999

2001 到 3000 內的質數總數量為 127。

表 H.4　3001 到 4000 內的質數列表

12	3001 3011 3019 3023 3037 3041 3049 3061 3067 3079 3083 3089
10	3109 3119 3121 3137 3163 3167 3169 3181 3187 3191
11	3203 3209 3217 3221 3229 3251 3253 3257 3259 3271 3299
15	3301 3307 3313 3319 3323 3329 3331 3343 3347 3359 3361 3371 3373 3389 3391
11	3407 3413 3433 3449 3457 3461 3463 3467 3469 3491 3499
14	3511 3517 3527 3529 3533 3539 3541 3547 3557 3559 3571 3581 3583 3593
13	3607 3613 3617 3623 3631 3637 3643 3659 3671 3673 3677 3691 3697
12	3701 3709 3719 3727 3733 3739 3761 3767 3769 3779 3793 3797
11	3803 3821 3823 3833 3847 3851 3853 3863 3877 3881 3889
11	3907 3911 3917 3919 3923 3929 3931 3943 3947 3967 3989

3001 到 4000 內的質數總數量為 120。

表 H.5　4001 到 5000 內的質數列表

15	4001 4003 4007 4013 4019 4021 4027 4049 4051 4057 4073 4079 4091 4093 4099
9	4111 4127 4129 4133 4139 4153 4157 4159 4177
16	4201 4211 4217 4219 4229 4231 4241 4243 4253 4259 4261 4271 4273 4283 4289 4297
9	4327 4337 4339 4349 4357 4363 4373 4391 4397
11	4409 4421 4423 4441 4447 4451 4457 4463 4481 4483 4493
12	4507 4513 4517 4519 4523 4547 4549 4561 4567 4583 4591 4597
12	4603 4621 4637 4639 4643 4649 4651 4657 4663 4673 4679 4691
12	4703 4721 4723 4729 4733 4751 4759 4783 4787 4789 4793 4799
8	4801 4813 4817 4831 4861 4871 4877 4889
15	4903 4909 4919 4931 4933 4937 4943 4951 4957 4967 4969 4973 4987 4993 4999

4001 到 5000 內的質數總數量為 119。

表 H.6　5001 到 6000 內的質數列表

12	5003 5009 5011 5021 5023 5039 5051 5059 5077 5081 5087 5099
11	5101 5107 5113 5119 5147 5153 5167 5171 5179 5189 5197
10	5209 5227 5231 5233 5237 5261 5273 5279 5281 5297
10	5303 5309 5323 5333 5347 5351 5381 5387 5393 5399
13	5407 5413 5417 5419 5431 5437 5441 5443 5449 5471 5477 5479 5483
13	5501 5503 5507 5519 5521 5527 5531 5557 5563 5569 5573 5581 5591
12	5623 5639 5641 5647 5651 5653 5657 5659 5669 5683 5689 5693
10	5701 5711 5717 5737 5741 5743 5749 5779 5783 5791
16	5801 5807 5813 5821 5827 5839 5843 5849 5851 5857 5861 5867 5869 5879 5881 5897
7	5903 5923 5927 5939 5953 5981 5987

5001 到 6000 內的質數總數量為 114。

表 H.7　6001 到 7000 內的質數列表

12	6007 6011 6029 6037 6043 6047 6053 6067 6073 6079 6089 6091
11	6101 6113 6121 6131 6133 6143 6151 6163 6173 6197 6199
13	6203 6211 6217 6221 6229 6247 6257 6263 6269 6271 6277 6287 6299
15	6301 6311 6317 6323 6329 6337 6343 6353 6359 6361 6367 6373 6379 6389 6397
8	6421 6427 6449 6451 6469 6473 6481 6491
11	6521 6529 6547 6551 6553 6563 6569 6571 6577 6581 6599
10	6607 6619 6637 6653 6659 6661 6673 6679 6689 6691
12	6701 6703 6709 6719 6733 6737 6761 6763 6779 6781 6791 6793
12	6803 6823 6827 6829 6833 6841 6857 6863 6869 6871 6883 6899
13	6907 6911 6917 6947 6949 6959 6961 6967 6971 6977 6983 6991 6997

6001 到 7000 內的質數總數量為 117。

表 H.8　7001 到 8000 內的質數列表

9	7001 7013 7019 7027 7039 7043 7057 7069 7079
10	7103 7109 7121 7127 7129 7151 7159 7177 7187 7193
11	7207 7211 7213 7219 7229 7237 7243 7247 7253 7283 7297
9	7307 7309 7321 7331 7333 7349 7351 7369 7393
11	7411 7417 7433 7451 7457 7459 7477 7481 7487 7489 7499
15	7507 7517 7523 7529 7537 7541 7547 7549 7559 7561 7573 7577 7583 7589 7591
12	7603 7607 7621 7639 7643 7649 7669 7673 7681 7687 7691 7699
10	7703 7717 7723 7727 7741 7753 7757 7759 7789 7793
10	7817 7823 7829 7841 7853 7867 7873 7877 7879 7883
10	7901 7907 7919 7927 7933 7937 7949 7951 7963 7993

7001 到 8000 內的質數總數量為 107。

表 H.9　8001 到 9000 內的質數列表

11	8009 8011 8017 8039 8053 8059 8069 8081 8087 8089 8093
10	8101 8111 8117 8123 8147 8161 8167 8171 8179 8191
14	8209 8219 8221 8231 8233 8237 8243 8263 8269 8273 8287 8291 8293 8297
9	8311 8317 8329 8353 8363 8369 8377 8387 8389
8	8419 8423 8429 8431 8443 8447 8461 8467
12	8501 8513 8521 8527 8537 8539 8543 8563 8573 8581 8597 8599
13	8609 8623 8627 8629 8641 8647 8663 8669 8677 8681 8689 8693 8699
11	8707 8713 8719 8731 8737 8741 8747 8753 8761 8779 8783
13	8803 8807 8819 8821 8831 8837 8839 8849 8861 8863 8867 8887 8893
9	8923 8929 8933 8941 8951 8963 8969 8971 8999

8001 到 9000 內的質數總數量為 110。

表 H.10　9001 到 10,000 內的質數列表

11	9001 9007 9011 9013 9029 9041 9043 9049 9059 9067 9091
12	9103 9109 9127 9133 9137 9151 9157 9161 9173 9181 9187 9199
11	9203 9209 9221 9227 9239 9241 9257 9277 9281 9283 9293
11	9311 9319 9323 9337 9341 9343 9349 9371 9377 9391 9397
15	9403 9413 9419 9421 9431 9433 9437 9439 9461 9463 9467 9473 9479 9491 9497
7	9511 9521 9533 9539 9547 9551 9587
13	9601 9613 9619 9623 9629 9631 9643 9649 9661 9677 9679 9689 9697
11	9719 9721 9733 9739 9743 9749 9767 9769 9781 9787 9791
12	9803 9811 9817 9829 9833 9839 9851 9857 9859 9871 9883 9887
9	9901 9907 9923 9929 9931 9941 9949 9967 9973

9001 到 10,000 內的質數總數量為 112。

附錄 I 小於1000之整數的質因數

本附錄提供協助尋找小於1000之整數的質因數。表I.1與I.2提供最小的質因數。這些表格不含偶數（其最小的質因數明顯為2）以及個位數為5的整數（其有質因數5）。注意沒有提供最小質因數的整數，則表示該整數自己本身為質數（其最小質因數為自己）。

為了找到小於1000之整數的所有因數，一開始先找出最小因數，把該數除以這個因數，並再次搜尋表格以找到第二小的因數，依此類推。

範例 I.1　　為了找到693的所有因數，我們使用下列步驟：

1. 693最小的因數是3；693/3 = 231。
2. 231最小的因數是3；231/3 = 77。
3. 77最小的因數是7；77/7 = 11。
4. 整數11本身是質數。因此 $693 = 3^2 \times 7 \times 11$。

範例 I.2　　為了找到722的所有因數，我們使用下列步驟：

1. 該數為偶數，因此最小因數明顯為2；722/2 = 361。
2. 361最小的因數是19；361/19 = 19。
3. 整數19本身是質數。因此 $722 = 2 \times 19^2$。

範例 I.3　　為了找到745的所有因數，我們使用下列步驟：

1. 該數可被5整除，因此最小因數明顯為5；745/5 = 149。
2. 整數149本身是質數。因此 $745 = 5 \times 149$。

附錄 I　小於 1000 之整數的質因數

表 I.1　在 1 到 500 內整數的最小因數（L.F. 表示最小因數）

整數	L.F.	整數	L.F.	整數	L.F.	整數	L.F.	整數	L.F.
1	—	101	—	201	3	301	7	401	—
3	—	103	—	203	7	303	3	403	13
7	—	107	—	207	3	307	—	407	11
9	3	109	—	209	11	309	3	409	—
11	—	111	3	211	—	311	—	411	3
13	—	113	—	213	3	313	—	413	7
17	—	117	3	217	7	317	—	417	3
19	—	119	7	219	3	319	11	419	—
21	3	121	11	221	13	321	3	421	—
23	—	123	3	223	—	323	17	423	3
27	3	127	—	227	—	327	3	427	7
29	—	129	3	229	—	329	7	429	3
31	—	131	—	231	3	331	—	431	—
33	3	133	7	233	—	333	3	433	—
37	—	137	—	237	3	337	—	437	19
39	3	139	—	239	—	339	3	439	—
41	—	141	3	241	—	341	11	441	3
43	—	143	11	243	3	343	7	443	—
47	—	147	3	247	13	347	—	447	3
49	7	149	—	249	3	349	—	449	—
51	3	151	—	251	—	351	3	451	11
53	—	153	3	253	11	353	—	453	3
57	3	157	—	257	—	357	3	457	—
59	—	159	3	259	7	359	—	459	3
61	—	161	7	261	3	361	19	461	—
63	3	163	—	263	—	363	3	463	—
67	—	167	—	267	3	367	—	467	—
69	3	169	13	269	—	369	3	469	7
71	—	171	3	271	—	371	7	471	3
73	—	173	—	273	3	373	—	473	11
77	7	177	3	277	—	377	13	477	3
79	—	179	—	279	3	379	—	479	—
81	3	181	—	281	—	381	3	481	13
83	—	183	3	283	—	383	—	483	3
87	3	187	11	287	7	387	3	487	—
89	—	189	3	289	17	389	—	489	3
91	7	191	—	291	3	391	17	491	—
93	3	193	—	293	—	393	3	493	17
97	—	197	—	297	3	397	—	497	7
99	3	199	—	299	13	399	3	499	—

表 I.2　在 501 到 1000 內整數的最小因數（L.F. 表示最小因數）

整數	L.F.	整數	L.F.	整數	L.F.	整數	L.F.	整數	L.F.
501	3	601	—	701	—	801	3	901	17
503	—	603	3	703	19	803	11	903	3
507	—	607	—	707	7	807	3	907	—
509	3	609	3	709	—	809	—	909	3
511	7	611	13	711	3	811	—	911	—
513	3	613	—	713	13	813	3	913	11
517	11	617	—	717	3	817	19	917	7
519	3	619	—	719	—	819	3	919	—
521	—	621	3	721	7	821	—	921	3
523	—	623	7	723	3	823	—	923	13
527	17	627	3	727	—	827	—	927	3
529	23	629	17	729	3	829	—	929	—
531	3	631	—	731	17	831	3	931	7
533	13	633	3	733	—	833	7	933	3
537	3	637	7	737	11	837	3	937	—
539	7	639	3	739	—	839	—	939	3
541	—	641	—	741	3	841	29	941	—
543	3	643	—	743	—	843	3	943	23
547	—	647	—	747	3	847	7	947	—
549	3	649	11	749	7	849	3	949	13
551	19	651	3	751	—	851	23	951	3
553	7	653	—	753	3	853	—	953	—
557	—	657	3	757	—	857	—	957	3
559	13	659	—	759	3	859	—	959	7
561	3	661	—	761	—	861	3	961	31
563	—	663	3	763	7	863	—	963	3
567	3	667	23	767	13	867	3	967	—
569	—	669	3	769	—	869	11	969	3
571	—	671	11	771	3	871	13	971	—
573	3	673	—	773	—	873	3	973	7
557	—	677	—	777	3	877	—	977	—
579	3	679	7	779	19	879	3	979	11
581	7	681	3	781	11	881	—	981	3
583	11	683	—	783	3	883	—	983	—
587	—	687	3	787	—	887	—	987	3
589	19	689	13	789	3	889	7	989	23
591	3	691	—	791	7	891	3	991	—
593	—	693	17	793	3	893	19	993	3
597	3	697	—	797	—	897	3	997	—
599	—	699	3	799	17	899	29	999	3

附錄 J 小於1000之質數的第一個原根列表

表J.1顯示在模質數下的第一個原根,這些質數的值均小於1000。

表 J.1

質數	根	質數	根	質數	根	質數	根	質數	根	質數	根	質數	根
2	1	103	5	241	7	401	3	571	3	739	3	919	7
3	2	107	2	251	6	409	21	577	5	743	5	929	3
5	2	109	6	257	3	419	2	587	2	751	3	937	5
7	3	113	2	263	5	421	2	593	3	757	2	941	2
11	2	127	3	269	2	431	7	599	7	761	6	947	2
13	2	131	2	271	6	433	5	601	7	769	11	953	3
17	3	137	3	277	5	439	15	607	3	773	2	967	5
19	2	139	2	281	3	443	2	613	2	787	2	971	2
23	5	149	2	283	3	449	3	617	3	797	2	977	3
29	2	151	6	293	2	457	13	619	2	809	3	983	5
31	3	157	5	307	5	461	2	631	3	811	3	991	6
37	2	163	2	311	17	463	3	641	3	821	2	997	7
41	6	167	5	313	10	467	2	643	11	823	3		
43	3	173	2	317	2	479	13	647	5	827	2		
47	5	179	2	331	3	487	3	653	2	829	2		
53	2	181	2	337	10	491	2	659	2	839	11		
59	2	191	19	347	2	499	7	671	2	853	2		
61	2	193	5	349	2	503	5	673	5	857	3		
67	2	197	2	353	2	509	2	677	2	859	2		
71	2	199	3	359	7	521	3	683	5	863	5		
73	5	211	2	367	6	523	2	691	3	877	2		
79	3	223	3	373	2	541	2	701	2	881	3		
83	2	227	2	379	2	547	2	709	2	883	2		
89	2	229	6	383	5	557	2	719	11	887	5		
97	5	233	3	389	2	563	2	727	5	907	2		
101	2	239	7	397	5	569	3	733	6	911	17		

附錄 K 亂數產生器

密碼學和亂數的關係可說是密不可分。我們在附錄F曾經提過,如果能夠使用真實的亂數來當作加密金鑰,就可以得到完美的安全性。亂數的來源有兩種:使用自然的隨機現象(例如不斷地投擲硬幣),或者使用一個可以附加回饋機制的固定程序。第一種方式稱為**真實亂數產生器**(true random number generator, TRNG),第二種方式稱為**虛擬亂數產生器**(pseudorandom number generator, PRNG)。圖K.1就是這兩種方式的示意圖。

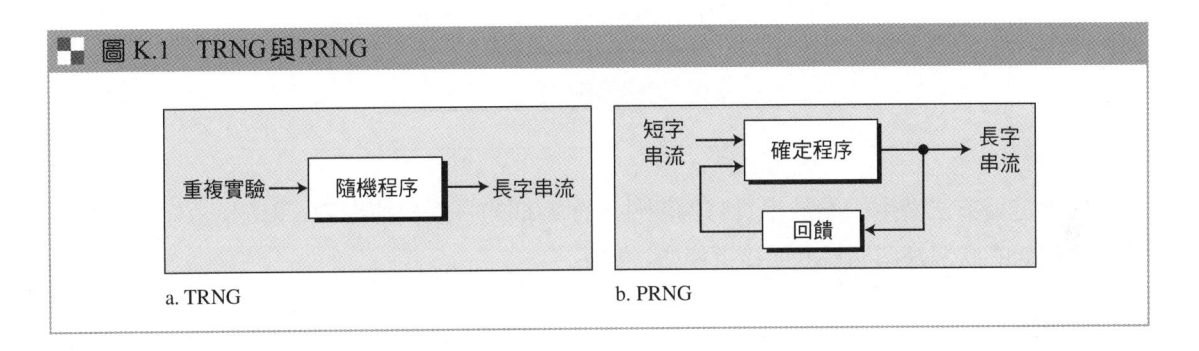

■ 圖 K.1　TRNG與PRNG

a. TRNG

b. PRNG

K.1 真實亂數產生器

連續擲一大串的硬幣雖然可以得到完美的亂數,但這並不實際。自然界中仍然有很多其他來源可以取得真實亂數,例如測量電阻器的熱雜訊或是某些機械或電子程序的回應時間。這些自然的來源已經使用一段時間了,有些甚至已經有商業化的應用。然而,這種方式還是有一些缺點,例如產生亂數的速度可能很慢,而且無法得到完全相同的兩個亂數。

K.2 虛擬亂數產生器

比較合理的亂數產生方式是使用比較短的亂數(稱為種子)當作一個確定程序的輸入值。虛擬亂數產生器就是使用這種方法。因為產生亂數的程序是固定的,所以利用這種方法所產生的亂數其實並非真正隨機。這一類的亂數產生器可以分為同餘產生器(congruential generator)和使用密碼的亂數產生器(generators using cryptographic cipher)兩類。接下來,我們將介紹這兩類亂數產生器的例子。

同餘產生器

有好幾種方法可以用來製作這類的亂數產生器。

線性同餘產生器

電腦界最常使用的虛擬亂數產生法就是由Lehmer所提出的線性同餘法。如圖K.2所示，這種方法使用線性同餘公式 $x_{i+1} = (ax_i + b) \bmod n$ 做遞迴的運算來產生一串亂數，其中 x_0 稱為種子，其值介於 0 和 $n-1$ 之間。

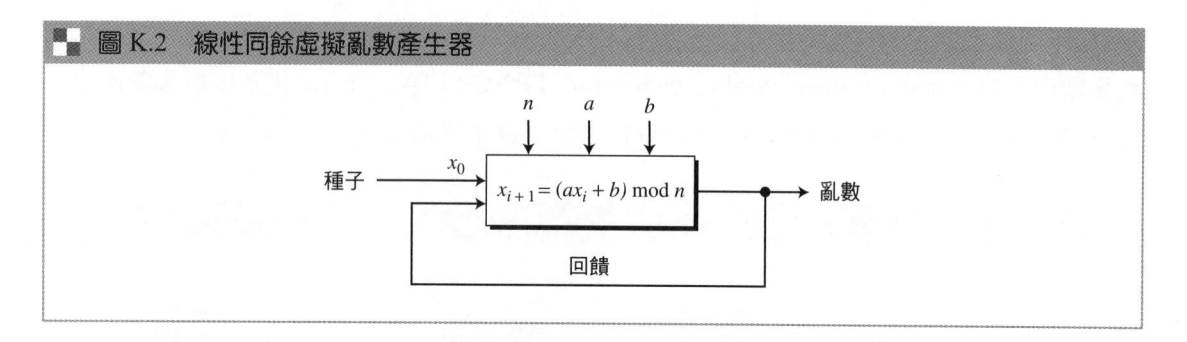

圖 K.2　線性同餘虛擬亂數產生器

使用這種方法產生的亂數串具有週期性，而週期的長度根據參數 a 和 b 是否仔細選擇而定。最理想的狀況是週期長度愈接近模數 n 愈好。

範例 K.1　令 $a = 4$，$b = 5$，$n = 17$ 且 $x_0 = 7$。產生的亂數序列為 16, 1, 9, 7, 16, 1, 9, 7, ...，這樣的序列非常糟糕，因為週期的長度僅有4。

準則　從過去幾十年的經驗，我們可以整理出數個判斷PRNG好壞的條件：

1. 週期的長度必須為模數 n。也就是說，在重複的亂數出現之前，所有介於 0 和 $n-1$ 的整數都要出現過一次。
2. 在一個週期裡面，數字出現的順序必須是隨機的。
3. 產生亂數的運算必須有效率。現在大部分電腦的架構都適合使用 32 位元長度的字組做計算。

建議事項　基於以上的條件，接下來針對選擇參數與模數提供數點建議事項。

1. 模數 n 最好選擇接近電腦運算字組長度的質數。對於現有的 32 位元字組而言，建議使用第 31 個 Mersenne 質數當作模數：$n = M_{31} = 2^{31} - 1$。
2. 要得到和模數大小長度相同的週期，第一個參數 a 必須是模數的原根。雖然整數 7 是 M_{31} 的原根之一，但是通常建議使用 7^k，其中 k 是與 $(M_{31} - 1)$ 互質的整數。通常建議使用的 k 值為 5 或 13，也就是 $a = 7^5$ 或 $a = 7^{13}$。
3. 為了使上面的建議有效果，參數 b 應設為 0。

線性同餘產生器：
$x_{i+1} = ax_i \bmod n$，其中 $n = 2^{31} - 1$ 且 $a = 7^5$ 或 $a = 7^{13}$

安全性　若能依照以上數點建議使用線性同餘方程式，所產生的亂數序列應該具有一定的隨機性。這樣的亂數序列在僅需隨機性的場合（例如模擬）比較有用，但是做為需要祕密性的密碼學應用則毫無用途。因為 n 是公開的，所以 Eve 可以採取以下兩種策略來攻擊這個序列：

a. 如果 Eve 知道種子（x_0）和參數 a 的數值，她即可自行產生整個序列。
b. 如果 Eve 不知道 x_0 和 a 的數值，她仍然可以攔截序列的前兩個數字，並利用以下兩個公式解出 x_0 和 a：

$$x_1 = ax_0 \bmod n \qquad x_2 = ax_1 \bmod n$$

二次剩餘產生器

為了使亂數序列比較不容易被預測，有人提出使用二次剩餘方程式 $x_{i+1} = x_i^2 \bmod n$ 來產生亂數（參考第九章），其中 x_0 稱為種子，其值介於 0 和 $n-1$ 之間。

Blum Blum Shub Generator

有一種簡單又有效的亂數產生法 **Blum Blum Shub（BBS）**，是依照三個發明者的名字命名的。BBS 是一種二次剩餘產生器，但不是整數的亂數產生器，而是產生隨機的位元序列（0 或 1）。圖 K.3 是 BBS 亂數產生程序的示意圖。

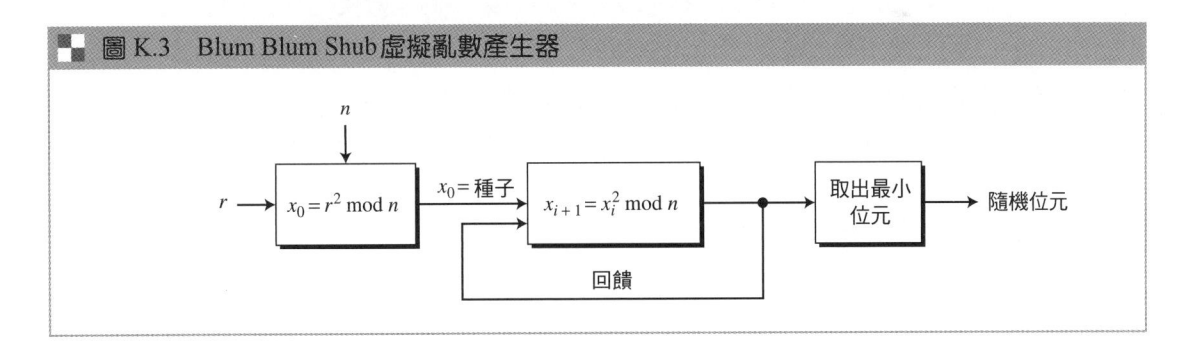

圖 K.3　Blum Blum Shub 虛擬亂數產生器

以下是產生隨機序列的步驟：

1. 找到兩個型態為 $4k+3$ 的大質數 p 和 q，其中 k 為整數（p 和 q 取 4 的餘數皆為 3）。
2. 選擇模數 $n = p \times q$。
3. 選擇一個與 n 互質的亂數 r。
4. 計算種子 $x_0 = r^2 \bmod n$。
5. 產生亂數序列 $x_{i+1} = x_i^2 \bmod n$。
6. 將亂數序列中每個數字的最後一位元做為輸出。

安全性　已經有人證明在 p、q 已知的條件下，隨機序列的第 i 個位元相當於

$$x_i = x_0^{2^i \bmod [(p-1)(q-1)]} \bmod n$$

的最小位元。也就是說，如果 Eve 知道 p 和 q 的數值，她就可以藉由代入可能的 x_0 值，試著求出隨機序列的第 i 個位元（通常 n 為已知）。換句話說，這個隨機序列產生器的複雜度相當於對 n 進行因數分解的難度。如果 n 夠大，這個序列就是安全的（無法預測）。另外也有人已經證明，即使 Eve 能夠取得完整的位元序列，她仍然無法猜出下一個位元的值。因為下一個位元的值是 0 或 1 的機率都是 50%。

BBS 的安全性取決於對 n 進行因數分解的難度。

基於密碼系統的產生器

加密器或雜湊函數等密碼系統也可以當成產生亂數的方法。以下我們簡單地介紹兩種這類使用加密演算法來產生亂數的系統。

ANSI X9.17 PRNG

ANSI X9.17 定義一個滿足密碼學要求強度的虛擬亂數產生器。這個亂數產生器使用了三個三重 DES 加密器。（每個三重 DES 都需要兩把金鑰，因為三重 DES 的程序是加密－解密－加密。）圖 K.4 顯示這種亂數產生器的設計。圖中第一個亂數使用一個 64 位元的種子當作初始向量（IV）；接下來的亂數都使用右邊的三重 DES 加密的結果當作初始向量。三個三重 DES 都使用同一組 112 位元的金鑰（三重 DES 裡面的 K_1 和 K_2）。

圖 K.4 的設計是採用圖 8.3 所介紹的密文區塊鏈結模式（CBC）模式。在 X9.17 裡面採用

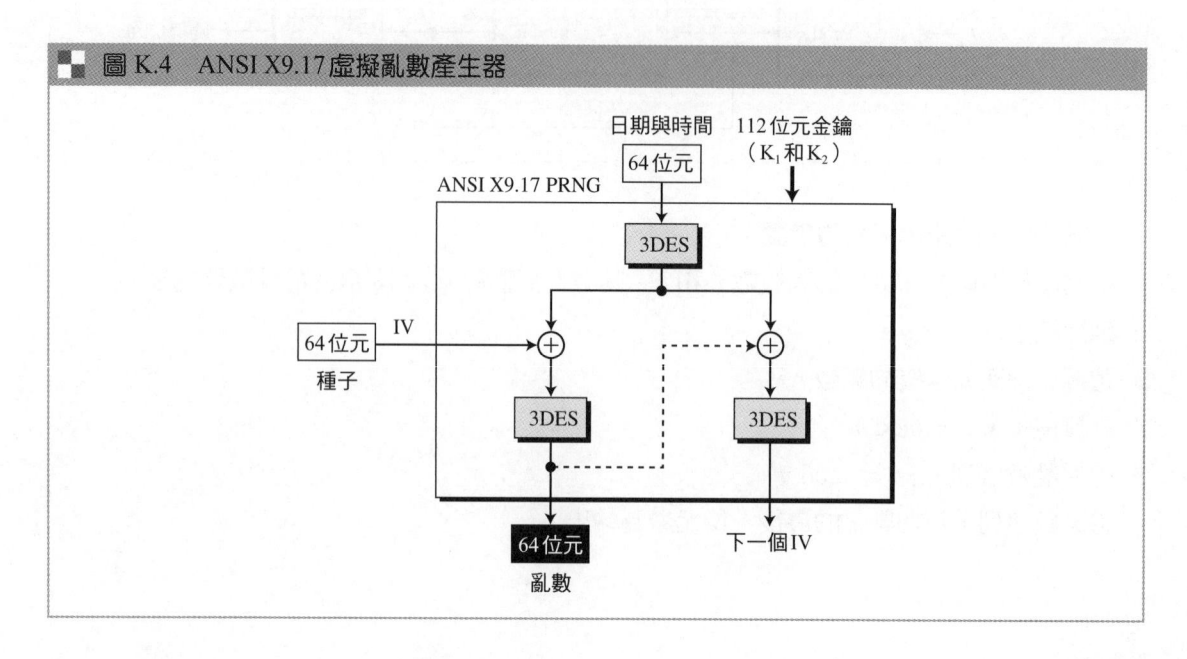

圖 K.4　ANSI X9.17 虛擬亂數產生器

兩階段的區塊鏈結機制。圖中上面的第一個三重DES使用64位元表示的日期時間當作明文輸入。輸出的密文則當作下面兩個三重DES的明文使用；左邊的三重DES輸出的密文就當作亂數輸出；而右邊的三重DES所輸出的密文則當作下一回合的初始向量。

X9.17的強度是基於以下的事實：

1. 金鑰長度達到112（2 × 56）位元。
2. 使用長度達到64位元的字串來表示日期與時間，可以有效地防止重送攻擊。
3. 整個系統使用多達六個加密以及三個解密運算，因而提供良好的混淆－擴散效果。

PGP PRNG

　　PGP虛擬亂數產生器採用了X9.17的概念並稍加修改。首先，PGP PRNG將運算階段從兩個階段擴張到七個。其次，使用的加密器不是IDEA就是CAST-128（本書並未加以討論）。另外，金鑰長度通常為128位元。PGP PRNG的輸出是三個64位元的亂數：第一個亂數當作祕密的初始向量（在PGP通信時使用，不是給亂數產生器用的），第二個亂數和第三個亂數組合起來成為一個128位元的祕密金鑰（也是做為PGP通信時使用）。圖K.5顯示PGP PRNG的設計概念。PGP PRNG的強度來自於較大的金鑰長度以及原始的初始向量和128位元的密鑰可以產自24位元組的真實亂數。

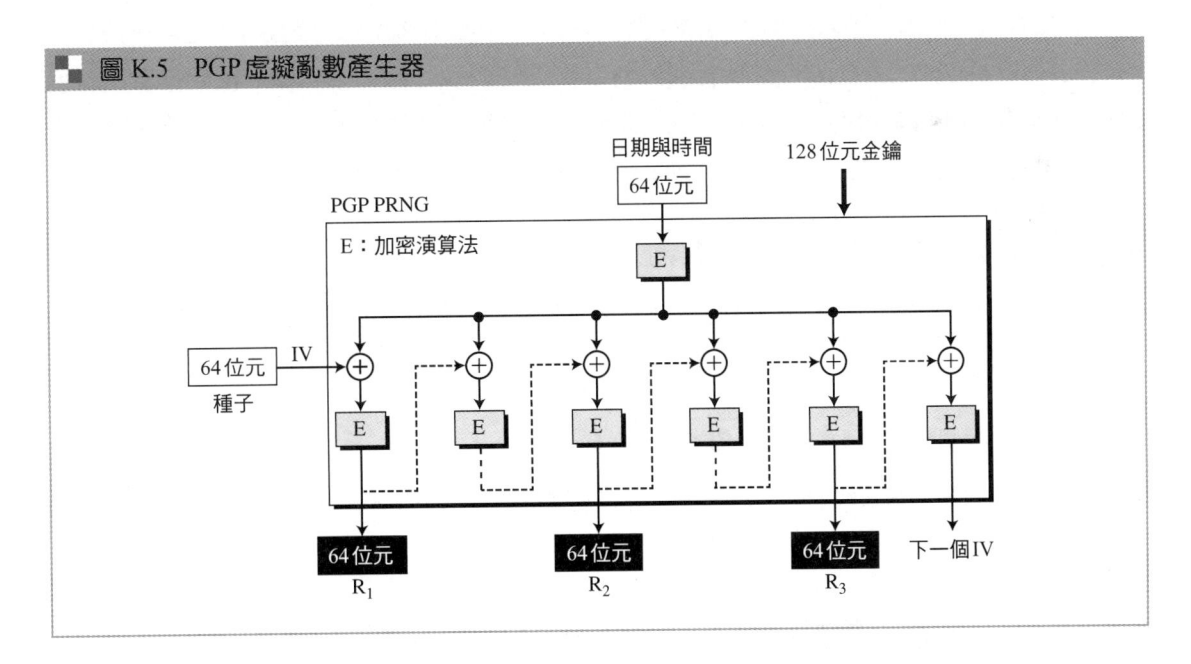

圖 K.5　PGP 虛擬亂數產生器

附錄 L　複雜度

在資訊科學中,我們經常談論的是演算法複雜度與問題的複雜度。本附錄將簡略回顧這兩個有關密碼學的議題。

L.1　演算法複雜度

在密碼學中,我們需要工具來分析一個演算法的計算複雜度。我們需要低複雜度(有效率)的加密(解密)演算法;也需要攻擊者使用高複雜度(無效率)的演算法來進行破密。換句話說,加密與解密必須在短時間內完成,而入侵者的破密運算必須花費非常長的時間。

一個演算法的複雜度通常植基於兩種資源。演算法的**空間複雜度(space complexity)**,也就是儲存演算法(程式)和相關資料所必須花費的記憶體空間。演算法的**時間複雜度(time complexity)**,也就是執行演算法(程式)並得到結果所必須花費的時間。

位元運算複雜度

在此附錄中,我們將只討論時間複雜度,因為其較值得注意、一般且容易估算。演算法的時間複雜度與執行演算法的電腦有關。為讓複雜度與執行的電腦無關,**位元運算複雜度(bit-operation complexity)** $f(n_b)$ 定義為計算輸入 n_b 位元,電腦產生輸出所需的位元運算數量。位元運算是指電腦對兩個位元進行加、減、乘、除,或是單個位元位移所需的時間。

範例 L.1　兩個整數相加的位元運算複雜度為何?

解法　運算複雜度為 $f(n_b) = n_b$,其中 n_b 代表較大整數的位元數。若較大整數的值為 N,則 $n_b = \log_2 N$。

範例 L.2　兩個整數相乘的位元運算複雜度為何?

解法　雖然今日已有較快速的演算法可以計算兩整數的乘積,傳統上,位元運算的數量是假設為 n_b^2,其中 n_b 代表較大整數所需的位元數量。因此複雜度是 $f(n_b) = n_b^2$。

範例 L.3　兩個整數(每個整數皆有 d 個十進位數字)相加的位元運算複雜度為何?

解法　十進位數字 d 的最大值是 $N = 10^d - 1$ 或 $N \approx 10^d$。輸入位元數是 $n_b = \log_2 N = \log_2 10^d = d \times \log_2 10$。因此,複雜度為 $f(n_b) = d \times \log_2 10$。例如,若 $d = 300$,則 $f(n_b) = 300 \log_2 10 \approx 997$ 位元運算。

範例 L.4　計算 $B = A^C$(若 $A < C$)的位元運算複雜度。

解法　假設 C 的位元數為 n_b($C = 2^{n_b}$ 或 $n_b = \log_2 C$)。傳統的指數運算方法使用 C 個乘法。每個

乘法運算需要 n_b^2 位元運算（使用傳統的乘法演算法）。因此，複雜度為 $f(n_b) = C \times n_b^2 = 2^{n_b} \times n_b^2$。例如，若 C 在 2^{1024}（$n_b = 1024$）的範圍內，則傳統的演算法可得

$$f(n_b) = 2^{1024} \times 1024^2 = 2^{1024} \times (2^{10})^2 = 2^{1044}$$

這表示如果一台電腦每秒可進行 2^{20}（大約等於100萬）個位元運算，則執行此運算需花費 $2^{1044}/2^{20} = 2^{1024}$ 秒。

範例 L.5 利用第九章的平方暨乘演算法，計算 $B = A^C$（若 $A < C$）的位元運算複雜度。

解法 第九章顯示平方暨乘演算法最多需要 $2n_b$ 個乘法運算，其中 n_b 為 C 的二進位表示法的位元數量。每個乘法運算需要 n_b^2 個位元運算。因此，複雜度為 $f(n_b) = 2n_b \times n_b^2 = 2n_b^3$。例如，若 C 在 2^{1024}（$n_b = 1024$）的範圍內，則平方暨乘演算法可得

$$f(n_b) = 2 \times 1024^3 = 2 \times (2^{10})^3 = 2^{31}$$

換句話說，如果一台電腦每秒可進行 2^{20}（大約等於100萬）個位元運算，則執行此運算需花費 $2^{31}/2^{20} = 2^{11}$ 秒（大約34分鐘）。今日的電腦則能以更快的速度來進行。

漸進複雜度

複雜度的目的是在當輸入的位元數 n_b 很大時，評估一個演算法的表現。例如，下列為兩個演算法的複雜度：

$$f_1(n_b) = 5 \times 2^{n_b} + 5n_b \qquad f_2(n_b) = 2^{n_b} + 4$$

當 n_b 很小時，這兩個演算法的表現不同；當 n_b 很大時（大約1000），這兩個演算法的表現接近。原因是5、$5n_b$、4與 2^{n_b} 比較起來，幾乎可以忽略。我們可以說，當 n_b 很大時，$f_1(n_b) = f_2(n_b) = 2^{n_b}$。換句話說，當 n_b 趨近於一個很大的數時（例如無限大），我們將只考慮 $f(n_b)$。

Big-O 表示法

藉由漸進複雜度，我們可以使用離散值來定義複雜度的標準範圍，並使用這些值之一，把複雜度指定給演算法。Big-O 表示法為常用的標準之一。在此標準下，使用下列三個定理，可求出 $f(n_b) = O(g(n_b))$，其中 $g(n_b)$ 為 n_b 的函數，而 $g(n_b)$ 是從 $f(n_b)$ 推導而來。

- **定理一**：如果我們能找出一個常數 K，使得 $f(n_b) \leq K \times g(n_b)$，則可得到 $f(n_b) = O(g(n_b))$。以下兩個簡單法則可用來實現此定理：

    a. 把 $f(n_b)$ 中的所有 n_b 的係數設定為1。

    b. 把 $f(n_b)$ 中的最大項設定為 $g(n_b)$，再將其他項捨去。項數由小至大排序如下：

$$(1), (\log n_b), (n_b), (n_b \log n_b), (n_b \log n_b \log \log n_b), (n_b^2), (n_b^3), ..., (n_b^k), (2^{n_b}), (n_b!)$$

- **定理二**：如果 $f_1(n_b) = O(g_1(n_b))$ 和 $f_2(n_b) = O(g_2(n_b))$，則 $f_1(n_b) + f_2(n_b) = O(g_1(n_b) + g_2(n_b))$。
- **定理三**：如果 $f_1(n_b) = O(g_1(n_b))$ 和 $f_2(n_b) = O(g_2(n_b))$，則 $f_1(n_b) \times f_2(n_b) = O(g_1(n_b) \times g_2(n_b))$。

範例 L.6 求出 $f(n_b) = n_b^5 + 3n_b^2 + 7$ 的 Big-O 表示法。

解法 注意，$f(n_b) = n_b^5 + 3n_b^2 + 7n_b^0$。利用定理一的法則 a，可得到 $g(n_b) = n_b^5 + n_b^2 + 1$。利用定理一的法則 b，可得到 $g(n_b) = n_b^5$。因此，其 Big-O 表示法為 $O(n_b^5)$。

範例 L.7 求出 $f(n_b) = (2^{n_b} + n_b^5) + (n_b \log_2 n_b)$ 的 Big-O 表示法。

解法 因為 $f_1(n_b) = (2^{n_b} + n_b^5)$ 和 $f_2(n_b) = (n_b \log_2 n_b)$，所以 $g_1(n_b) = 2^{n_b}$ 和 $g_2(n_b) = n_b \log_2 n_b$。利用定理二，可得到 $g(n_b) = 2^{n_b} + n_b \log_2 n_b$。再次利用定理一，可得到 $g(n_b) = 2^{n_b}$。因此，其 Big-O 表示法為 $O(2^{n_b})$。

範例 L.8 求出 $f(n_b) = n_b!$（n_b 階乘）的 Big-O 表示法。

解法 因為 $n_b! = n_b \times (n_b - 1) \times \ldots \times 2 \times 1$。每項的最大複雜度為 $O(n_b)$。根據定理三，總複雜度為 $O(n_b)$ 的 n_b 次方或是 $O(n_b^{n_b})$。

複雜度階層

先前的討論讓我們利用位元運算複雜度來評估演算法。表 L.1 表示在文獻中常用的階層層級。

表 L.1 複雜度階層與 Big-O 表示法

階層	Big-O 表示法
常數	$O(1)$
對數	$O(\log n_b)$
多項式	$O(n_b^c)$，c 是一個常數
次指數	$O(2^{p(\log n_b)})$，p 是一個在 $\log n_b$ 的多項式
指數	$O(2^{n_b})$
超指數	$O(n_b^{n_b})$ 或 $O(2^{2n_b})$

一個演算法的複雜度若是常數、對數或多項式，不論 n_b 的大小，則可以視為是可行的。一個演算法的複雜度若是指數或超指數，當 n_b 非常大時，則被認為是不可行的。一個演算法的複雜度若是次指數（例如 $O(2^{(\log n_b)^2})$），當 n_b 不是非常大時，則是可行的。

範例 L.9 如同範例 L.4 所示，傳統指數複雜度為 $f(n_b) = 2^{n_b} \times n_b^2$。此演算法的 Big-O 表示法為 $O(2^{n_b} \times n_b^2)$，甚至比指數還要大。當 n_b 非常大時，此演算法是不可行的。

範例 L.10 如同範例 L.5 所示，平方暨乘演算法的複雜度為 $f(n_b) = 2n_b^3$。此演算法的 Big-O 表示法為 $O(n_b^3)$，其為多項式。此演算法是可行的，其使用於 RSA 密碼系統中。

範例 L.11　假設一個密碼系統的金鑰長度為 n_b 位元。如果對此系統進行暴力攻擊，攻擊者要嘗試 2^{n_b} 把不同的金鑰，亦即此演算法要嘗試 2^{n_b} 個步驟。如果 N 為每個步驟的位元運算數，此演算法的複雜度為 $f(n_b) = N \times 2^{n_b}$。即使 N 是常數，此演算法的複雜度仍為指數 $O(2^{n_b})$。因此，對於一個大的 n_b，此攻擊是無效的。第六章中，我們提到 56 位元金鑰的 DES 會遭受到暴力攻擊，而 112 位元金鑰的三重 DES 則不會遭受到暴力攻擊；第七章也提到 128 位元金鑰的 AES 不會遭受到暴力攻擊。

L.2 問題的複雜度

在設計演算法解決問題前，複雜度理論也需討論問題的複雜度。為了定義問題的複雜度，我們可使用含無限記憶體的**圖林機（Turing machine）**（由 Alan Turing 發明）。現存的電腦，即是理論圖林機的實作。兩種理論圖林機的版本被用來評估問題的複雜度：確定式（deterministic）與非確定式（nondeterministic）。一個非確定式圖林機可用來解決較難的問題。其作法為先猜測解法，再核對猜測的正確性。

兩種廣義的分類

複雜度理論把問題分成兩大類：**不可決定的問題（undecidable problems）**與**可決定的問題（decidable problems）**。

不可決定的問題

沒有演算法可以解決的問題，即是不可決定的問題。Alan Turing 已經證明，著名的停機問題（halting problem）為不可決定的問題。停機問題陳述如下：「給定一個輸入和一台圖林機，沒有演算法可以決定該機器最終是否會停止。」目前，有一些數學和資訊科學上的難題，都是不可決定的問題。

可決定的問題

有演算法可以解決的問題，即是可決定的問題。然而，解決問題的對應演算法，可能是適當或不適當的。如果有演算法可以在多項式或更少的時間內解決此問題，這個問題就稱為易解的問題（tractable problem）；如果有演算法可以在指數次方時間內解決此問題，這個問題就稱為不易解的問題（intractable problem）。

P、NP 和 coNP　複雜度理論把易解的問題分成三類（彼此間可能有交集）：P、NP 和 coNP。如圖 L.1 所示，NP 和 coNP 重疊，而 P 為其交集。P 類（P 代表多項式）的問題可使用確定式圖林機在多項式時間內解決。NP 類（NP 代表不確定式多項式）的問題可使用非確定式圖林機在多項式時間內解決。coNP 類（coNP 代表互補式非確定式多項式）的問題與非確定式圖林機可以解決的問題是互補的。例如，決定一個整數是否可以被分解成兩個質數

的問題與決定一個數是否為質數的問題是互補的。換句話說,「可以被分解」等價於「是否為質數」。

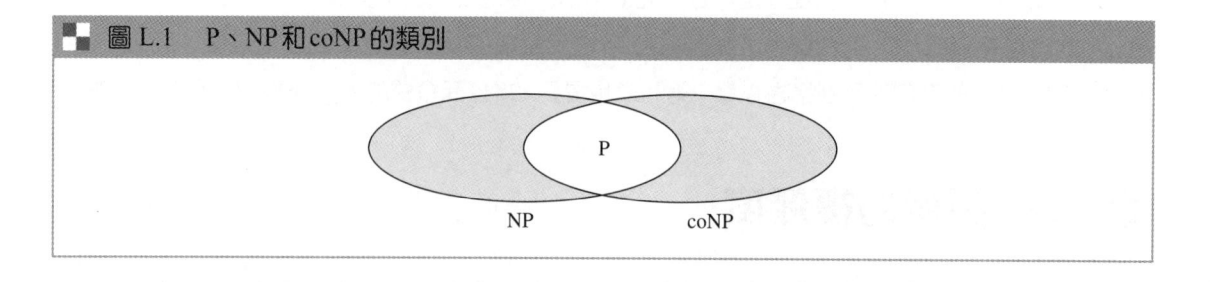

■ 圖 L.1　P、NP 和 coNP 的類別

L.3　機率式演算法

我們可以利用機率式演算法解決一個不易解的問題。雖然機率式演算法並無法保證解法為完全無錯（error-free），但是我們可以利用不同的參數重複測試,以降低錯誤的機率。機率式演算法可分成兩類：蒙地卡羅演算法（Monte Carlo algorithm）與拉斯維加斯演算法（Las Vegas algorithm）。

蒙地卡羅演算法

蒙地卡羅演算法是一個是／否（yes/no）的決策演算法（decision algorithm）：演算法的輸出為「是」或「否」。一個傾向「是」的蒙地卡羅演算法（yes-biased Monte Carlo algorithm），得到「是」的機率為 1（無誤），而得到「否」的機率為 e（可能錯誤）。一個傾向「否」的蒙地卡羅演算法（no-biased Monte Carlo algorithm），得到「否」的機率為 1（無誤），而得到「是」的機率為 e（可能錯誤）。第九章曾介紹一個傾向「是」的蒙地卡羅演算法,可以測試一個整數是否為質數。如果演算法回應「質數」,則此整數必為質數；若回應為合成數,則此整數為質數的機率相當低。

拉斯維加斯演算法

拉斯維加斯演算法是一個成功／失敗（succeed/fail）的演算法。如果成功,則會回應正確解答；如果失敗,就沒有解答。

附錄 M　ZIP

PGP（第十六章）使用ZIP資料壓縮技術。ZIP由Gailey、Adler及Wales所設計，是植基於由Ziv、Lempel所設計的壓縮演算法LZ77。在此附錄中，我們將簡述LZ77的技術。

M.1　LZ77 編碼

LZ77是一種植基於字典編碼技術的編碼法（**dictionary-based encoding**），其概念為在通訊階段時建立一個字串（字典）表，如果傳送者與接收者皆有此表，則傳送字串可被此表的索引值取代，就可以降低傳送的資訊量。

雖然想法很簡單，但在實作時卻有許多困難。首先，在此通訊階段，如何建立字典表？因為長度的關係，無法通用化。第二，接收者如何獲得由傳送者建立的字典表？如果傳送此字典表，就會增加傳送的資料量，則牴觸了壓縮的目的。

一個使用可調式字典表編碼技術的實用演算法就是LZ77，我們將利用一個範例來簡介其演算法的基本概念，而不深入其不同版本的作法。在我們的範例中，先假設傳送以下字串，我們已選擇特定的字串來簡化討論。

BAABABBBAABBBBAA

使用我們所提的LZ77簡化版，其程序會被區分為兩個階段：壓縮字串與解壓縮字串。

壓縮

在此階段中，有兩件事情需同時進行：建立具索引值的字典表以及壓縮符號串列。演算法從尚未壓縮的字串中，萃取出在字典表中找不到的最小的子字串，然後將此子字串儲存於字典表中（當作一個新的項目），並給予一個索引值。此子字串的壓縮也在此時進行，由在此字典表中找到的索引值取代，再將此索引值及此子字串的最後一個字元插入壓縮字串，例如，若一個子字串是ABBB，先在字典表中搜尋ABB，若發現其索引值為4，則其壓縮值為4B。圖M.1顯示範例字串的程序。

以下討論圖M.1的步驟：

- **步驟1**：從原始字串中萃取出不在字典中的最小子字串。因為字典為空的，最小字元為單一字元（第一個字元，B）。複製B並儲存在字典中的第一個項目，它的索引值為1。子字串的任何部分都無法被字典中的索引值所取代（只有一個字元）。再把B插入壓縮字串中。至目前為止，壓縮字串僅有一個字元B。剩餘的未壓縮字串為沒有包含第一個字元的原始字串。

圖 M.1　LZ77 編碼的範例

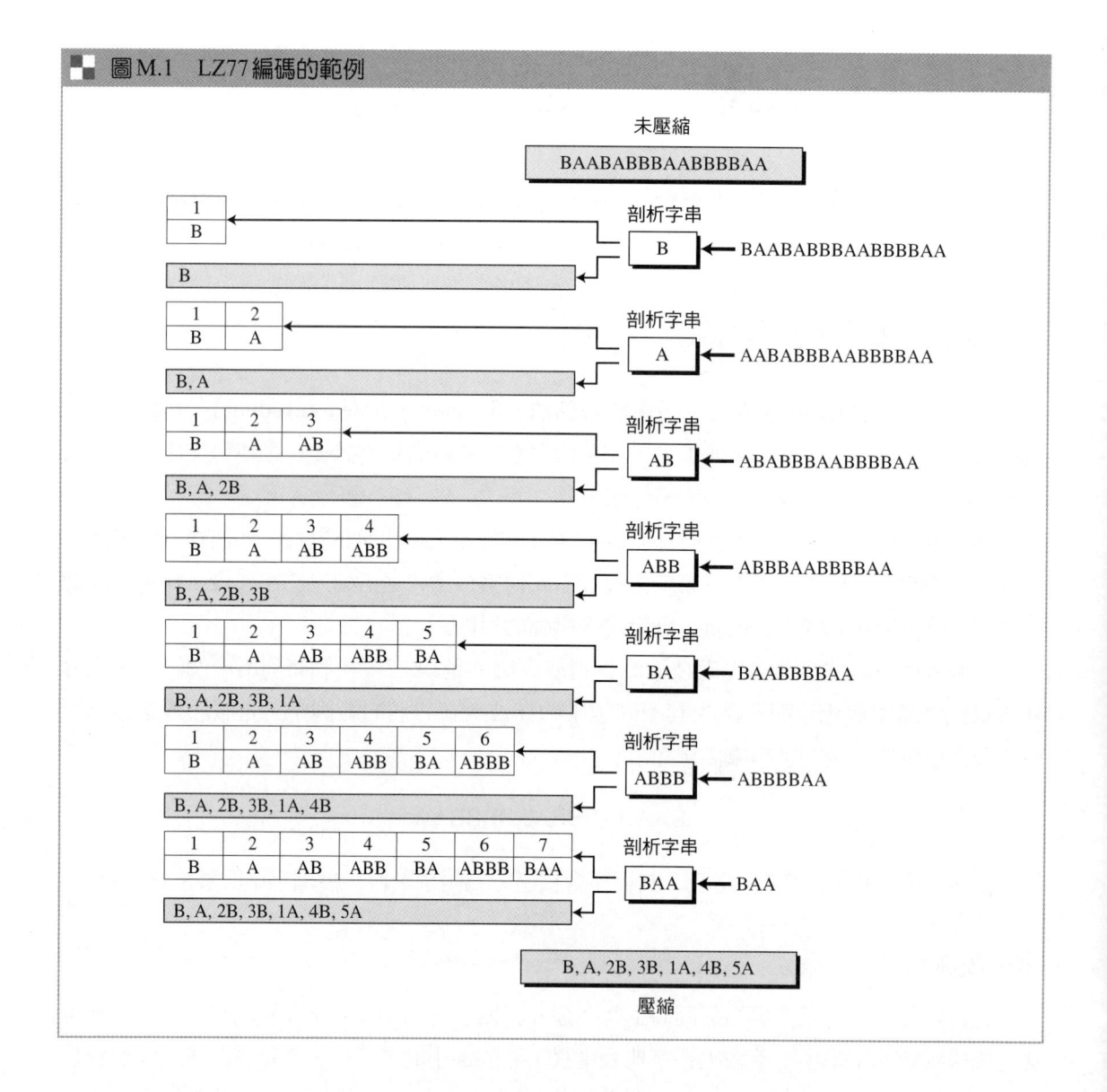

未壓縮
BAABABBBAABBBBAA

1
B

剖析字串：B ← BAABABBBAABBBBAA

B

1	2
B	A

剖析字串：A ← AABABBBAABBBBAA

B, A

1	2	3
B	A	AB

剖析字串：AB ← ABABBBAABBBBAA

B, A, 2B

1	2	3	4
B	A	AB	ABB

剖析字串：ABB ← ABBBAABBBBAA

B, A, 2B, 3B

1	2	3	4	5
B	A	AB	ABB	BA

剖析字串：BA ← BAABBBBAA

B, A, 2B, 3B, 1A

1	2	3	4	5	6
B	A	AB	ABB	BA	ABBB

剖析字串：ABBB ← ABBBBAA

B, A, 2B, 3B, 1A, 4B

1	2	3	4	5	6	7
B	A	AB	ABB	BA	ABBB	BAA

剖析字串：BAA ← BAA

B, A, 2B, 3B, 1A, 4B, 5A

B, A, 2B, 3B, 1A, 4B, 5A
壓縮

- **步驟 2**：從剩餘字串中萃取出不在字典中的下一個最小子字串。此子字串為不在字典中的單一字元 A。複製 A 並儲存在字典中的第二個項目。子字串的任何部分都無法被字典中的索引值所取代（只有一個字元）。再把 A 插入壓縮字串中。至目前為止，壓縮字串僅有兩個字元 B 與 A（子字串中的區隔用逗號表示）。

- **步驟 3**：從剩餘字串中萃取出不在字典中的下一個最小子字串。此狀況不同於前兩個步驟。下一個字元（A）存在於字典中，所以取出不在字典中的兩個字元 AB。再複製 AB 並儲存在字典中的第三個項目。再從不含最後字元的子字串中，找出在字典中的索引值（不含最後字元的 AB 是 A）。字元 A 的索引值為 2。因此用 2 取代 A，2B 被插入壓縮字串中。

- **步驟** 4：接下來萃取出子字串 ABB（因為 A 與 AB 已經在字典中）。將 ABB 儲存在字典中並標記為索引 4。從不含最後字元的子字串 AB 中找出其索引值 3。3B 被插入壓縮字串中。你會發現以上三個步驟並無壓縮，因為每個字元皆被一個字元取代（A 在步驟 1 被 A 取代，B 在步驟 2 被 B 取代），兩個字元皆被兩個字元取代（AB 在第三步驟被 2B 取代）。但此步驟才實際地降低字元數（ABB 變 3B）。假使原始字串有很多重複（在大部分的情況中的確如此），我們就可以大量降低字元數。

剩餘的步驟類似以上四個步驟中的任一個，我們留給讀者自行練習。注意，傳送者可利用字典找出索引值。若此字典未傳送給接收者，則接收者必須自行建立字典，下一段將會討論。

解壓縮

解壓縮為反向的壓縮程序。此程序從壓縮字串中導出子字串，並把字典中相對應的項目取代索引值。此字典在一開始時是空的，然後逐漸被建立起來。整個想法是當接收到索引值時，在字典中已經有索引值的對照項目。圖 M.2 顯示解壓縮程序。

以下討論圖 M.2 的步驟：
- **步驟** 1：首先檢測壓縮字串中的第一子字串 B，並無索引值。因為子字串不在字典中，所以需加入字典。子字串 B 加入解壓縮字串中。
- **步驟** 2：檢測第二個子字串 A。作法類似步驟 1。到此，解壓縮字串中有兩個字元（BA），而且字典有兩個項目。
- **步驟** 3：檢測第三個子字串 2B。搜尋字典並用子字串 A 取代索引值 2，並把新的子字串 AB 加入解壓縮字串與字典中。
- **步驟** 4：檢測第四個子字串 3B。搜尋字典並用子字串 AB 取代索引值 3，並把新的子字串 ABB 加入解壓縮字串與字典中。

此處我們將剩下的三個步驟留做練習題。如你注意到的，數字 1 或 2 被當成索引值。實際上，索引值為二進位元樣式（長度可能會變動）以增進效率。

■ 圖 M.2 LZ77解碼的範例

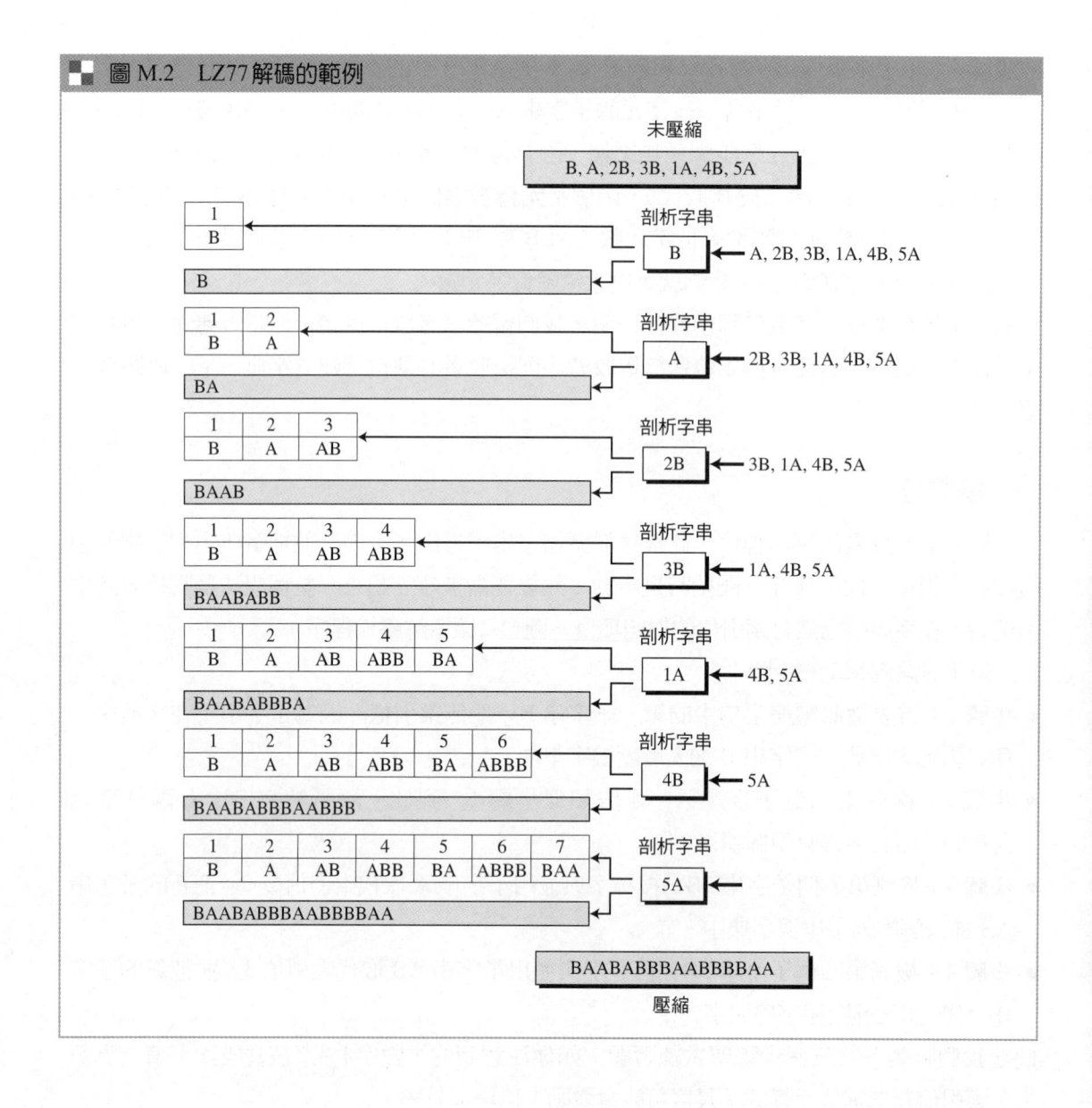

附錄 N　DES的差異與線性破密分析法

在本附錄中，我們將簡略地討論兩個與第六章的DES有關的議題：差異破密分析法與線性破密分析法。此處我們只對這兩種破密分析法提供一般性的介紹，藉以提升讀者的興趣，完整而詳細的內容則已超過本書所設定的教學目標。

N.1　差異破密分析法

DES的差異破密分析法（differential cryptanalysis）是由Biham和Shamir所共同發明的。這個破密法主要針對選擇明文攻擊法，藉由分析不同輸入值所得的結果以達到破密的功能。這個名詞裡的差分是指對輸入的兩個不同明文做XOR運算後，分析P ⊕ P′的值如何在回合之間傳播。

機率關係

差分破密的想法是基於加密法對不同組的輸入與輸出之間的統計關係。其中有兩種統計關係對分析的工作特別有幫助：差異側寫（differential profile）和回合特徵（round characteristic），請參考圖N.1。

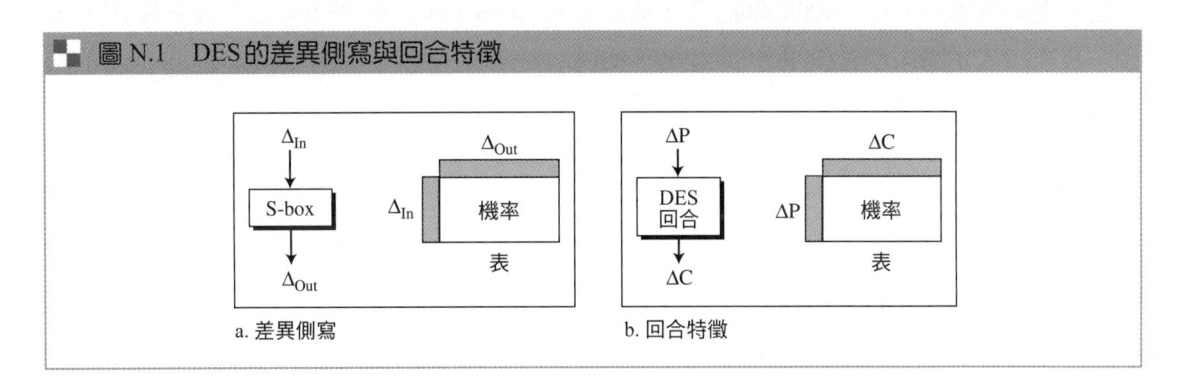

圖 N.1　DES的差異側寫與回合特徵

a. 差異側寫

b. 回合特徵

差異側寫

差異側寫（或XOR側寫）可以標出單一S-box的輸入差異與輸出差異。我們在第五章（表5.5）曾經討論過一組簡單S-box的側寫。DES的八個S-box都可以建立類似的側寫。

回合特徵

回合特徵和差異側寫類似，但計算的範圍則涵蓋整個回合。這個特徵告訴我們某一個輸

入差異會造成另一個輸出差異的機率。要特別注意的是，每個回合的特徵都是固定的，因為這些差異都和回合金鑰無關。圖N.2是四個不同的回合特徵。

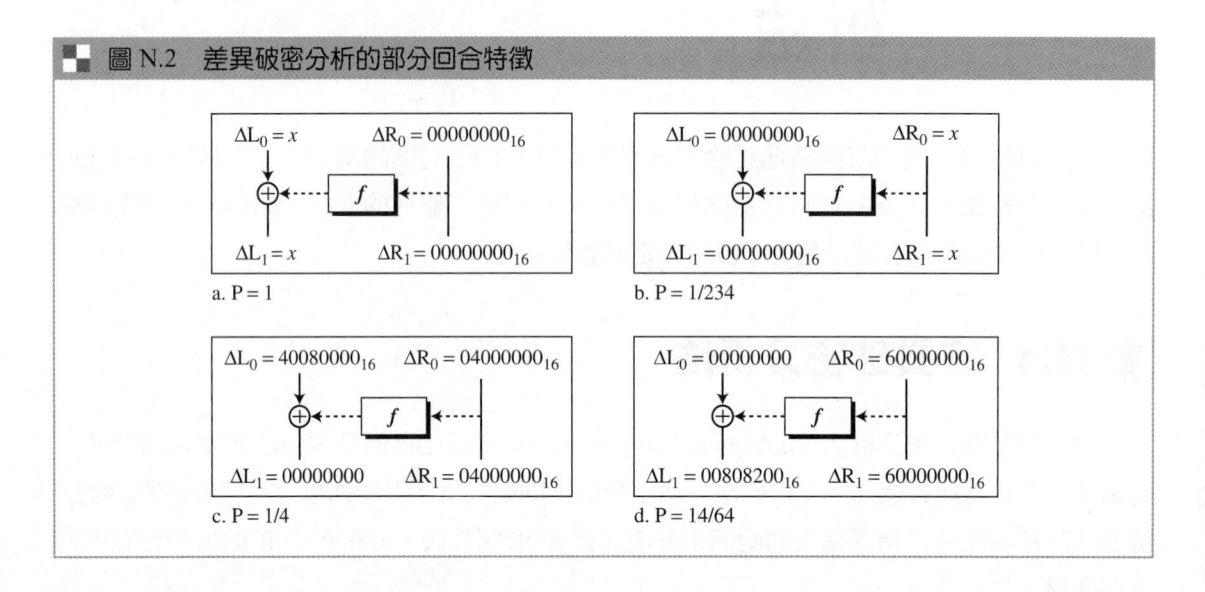

圖 N.2　差異破密分析的部分回合特徵

a. P = 1
$\Delta L_0 = x$　　$\Delta R_0 = 00000000_{16}$
$\Delta L_1 = x$　　$\Delta R_1 = 00000000_{16}$

b. P = 1/234
$\Delta L_0 = 00000000_{16}$　　$\Delta R_0 = x$
$\Delta L_1 = 00000000_{16}$　　$\Delta R_1 = x$

c. P = 1/4
$\Delta L_0 = 40080000_{16}$　　$\Delta R_0 = 04000000_{16}$
$\Delta L_1 = 00000000$　　$\Delta R_1 = 04000000_{16}$

d. P = 14/64
$\Delta L_0 = 00000000$　　$\Delta R_0 = 60000000_{16}$
$\Delta L_1 = 00808200_{16}$　　$\Delta R_1 = 60000000_{16}$

雖然我們可以對每個回合找到許多的特徵，然而圖N.2只畫出其中的四個。在每個回合中，我們將輸入與輸出的差異分成左右兩段，各由32位元（或八個十六進位數字）所組成。所有的這些特徵都可藉由執行一個比較DES回合輸出入差異的程式加以證實。以圖N.2a為例，輸入差異($x, 00000000_{16}$)產生輸出差異($x, 00000000_{16}$)的機率為1。然而在圖N.2b中，我們交換圖N.2a輸入差異和輸出差異的左右兩段之後，機率就比原來降低非常多。圖N.2c表示輸入差異($40080000_{16}, 04000000_{16}$)產生輸出差異($00000000_{16}, 04000000_{16}$)的機率為1/4。最後，圖N.2d表示輸入差異($00000000_{16}, 60000000_{16}$)產生輸出差異($00808200_{16}, 6000000_{16}$)的機率為14/64。

三回合的特徵

在整理完單一回合的特徵之後，分析者可以開始將不同的回合組成多回合的特徵。圖N.3就是一個三回合DES的例子。

在圖N.3中總共有三個混合器，但只有兩個交換器，因為最後一回合並不需要交換器，我們曾在第五章討論過。在第一回合和第三回合的交換器特徵和圖N.2b相同。第二回合的交換器則和圖N.2a有相同的特徵。有趣的是，在這個例子當中，輸入與輸出的差異剛好相同（$\Delta L_3 = \Delta L_0$與$\Delta R_3 = \Delta R_0$）。

十六回合的特徵

我們可以將許多不同的特徵組合成一個完整的十六回合加密器。圖N.4就是一個例子。在這個圖中，我們用八個雙回合段落組成一個完整的DES加密器。每個區塊都使用圖N.2a

圖 N.3　差異破密分析的三回合特徵

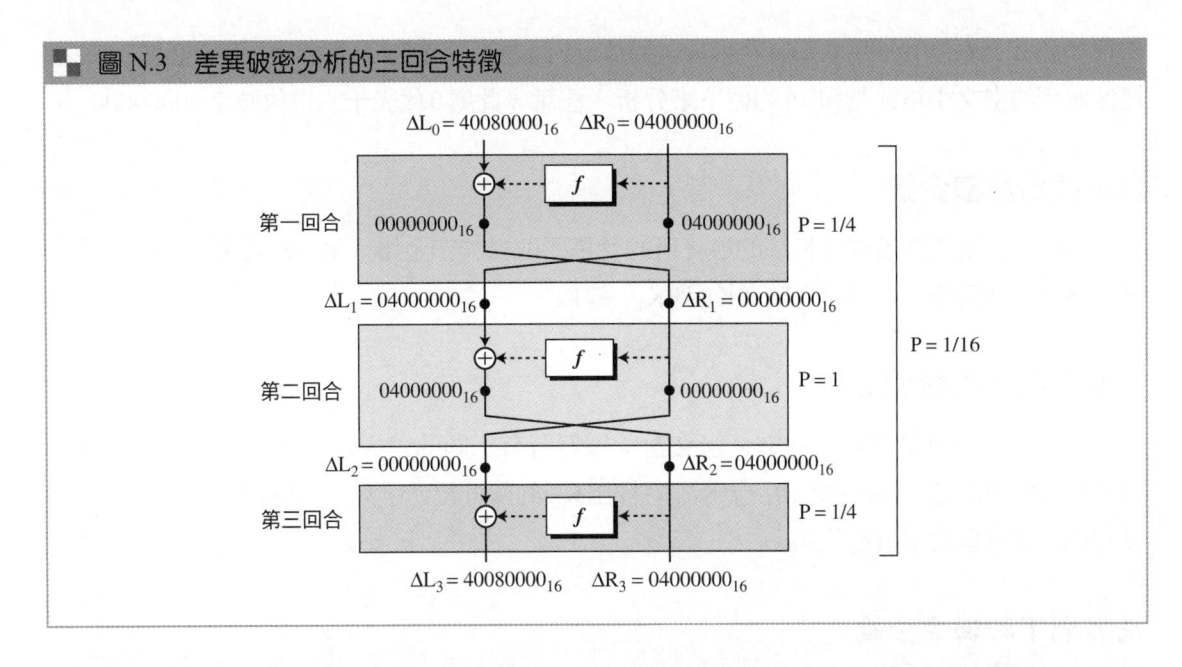

$\Delta L_0 = 40080000_{16}$　　$\Delta R_0 = 04000000_{16}$

第一回合　00000000_{16}　　04000000_{16}　P = 1/4

$\Delta L_1 = 04000000_{16}$　　$\Delta R_1 = 00000000_{16}$

第二回合　04000000_{16}　　00000000_{16}　P = 1　　P = 1/16

$\Delta L_2 = 00000000_{16}$　　$\Delta R_2 = 04000000_{16}$

第三回合　　　　　　　　　　　　　　　　　P = 1/4

$\Delta L_3 = 40080000_{16}$　　$\Delta R_3 = 04000000_{16}$

圖 N.4　差異破密分析的十六回合特徵

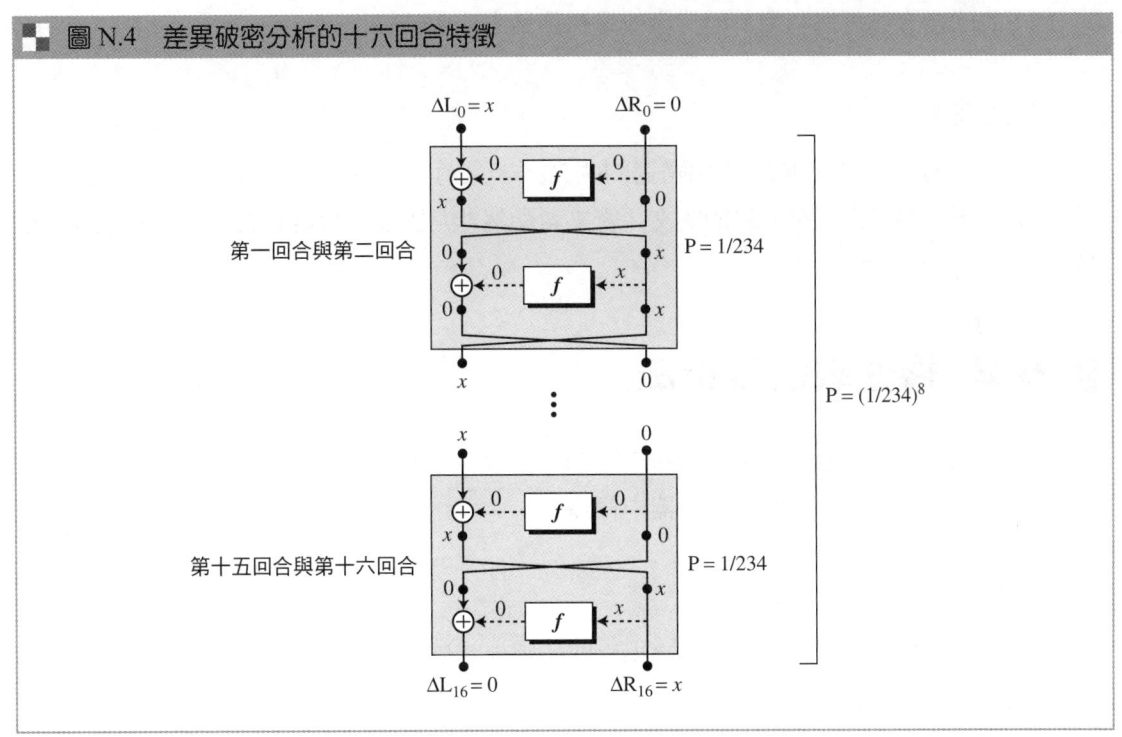

$\Delta L_0 = x$　　$\Delta R_0 = 0$

第一回合與第二回合　　P = 1/234

⋮　　P = $(1/234)^8$

第十五回合與第十六回合　　P = 1/234

$\Delta L_{16} = 0$　　$\Delta R_{16} = x$

和 b 的特徵。我們可以很明顯地看出，如果忽略最後一回合的交換器，則輸入 $(x, 0)$ 產生輸出 $(0, x)$ 的機率為 $(1/234)^8$。

攻擊

舉例來說，假設 Eve 使用如圖 N.4 的特徵來攻擊十六回合的 DES。Eve 想辦法讓 Alice 加

密很多格式為 $(x, 0)$ 的明文（左半部為差異值 x，而右半部皆為 0）。然後，Eve 把從 Alice 那裡接收到的密文中格式為 $(0, x)$ 的留下來分析。注意，此處 0 代表十六進位數字 00000000_{16}。

找出加密金鑰

入侵者使用差異破密分析法的最終目的就是要取得加密金鑰。這可以從最後一把回合金鑰一路倒推回到第一把回合金鑰（K_{16} 到 K_1）達成。

找出最後一把回合金鑰

如果入侵者有足夠多的明文／密文對（每對各有不同的差異值 x），她可以利用最後一回合輸入與輸出值之間的關係 $0 = f(K_{16}, x)$ 找出 K_{16} 的部分位元。只要找到最可能產生這個關係的值，就可以找出這些位元。

找出剩下的回合金鑰

剩下的回合金鑰可以利用其他特徵或是採用暴力攻擊法找出來。

安全性

採用這種破密法最終需要 2^{47} 個隨選的明文／密文對才能破解十六回合的 DES。然而在實際的狀況下，要找到這麼大量的明文／密文對顯然非常困難。也就是說，DES 對這種攻擊是沒有弱點的。

N.2 線性破密分析法

DES 的線性破密分析法是由 Matsui 所提出，算是一種已知明文攻擊法。這個破密法主要是分析一組特定的位元如何在加密器中傳播。

線性關係

線性破密分析法的原理就是找出字串之間的線性關係，其中有兩組關係特別重要：線性側寫與回合特徵，參考圖 N.5。

線性側寫

線性側寫可以找出 S-box 的輸入與輸出之間線性關聯的程度。在第五章，我們曾經看過 S-box 的輸出是一個由所有輸入位元所決定的函數。S-box 最需要的性質就是每個輸出位元的函數都是非線性的。不幸的是，這點對 DES 並不成立；確實有些輸出位元和某些輸入位元的關係是線性的函數。換句話說，我們可以在某些輸出位元與輸入位元之間的對應關係找

圖 N.5　DES的線性側寫與回合特徵

a. 線性側寫

b. 回合特徵

到適當的線性函數。從線性側寫可以看出輸入與輸出之間的線性（或非線性）相關程度。要使用這個破密法，必須先分別為八個S-box各做一個表，最左邊一欄是六個輸入位元所有可能的值（從 00_{16} 到 $3F_{16}$），第一列則是四個輸出位元所有可能的值（從 0_{16} 到 F_{16}），其他的格子則填入它們的線性相關程度（或非線性相關程度，端視當初如何設計）。我們不在此詳盡地介紹量測線性相關程度的細節，只強調在這個表當中有著高線性相關度的位置，就是這個破密法要特別注意的地方。

回合特徵

線性破密分析法的回合特徵可以幫助我們看出輸入位元、回合金鑰位元以及輸出位元的組合之間是否有線性關係。圖N.6有兩個回合特徵的例子。兩個圖括號中間的數字代表必須執行XOR運算的位元。例如O(7, 8, 24, 29)的意思是將第七個位元、第八個位元、第二十四個位元以及第二十九個位元做互斥或運算後所得的值；K(22)是指回合金鑰的第二十二個位元；I(15)則是輸入值的第十五個位元。

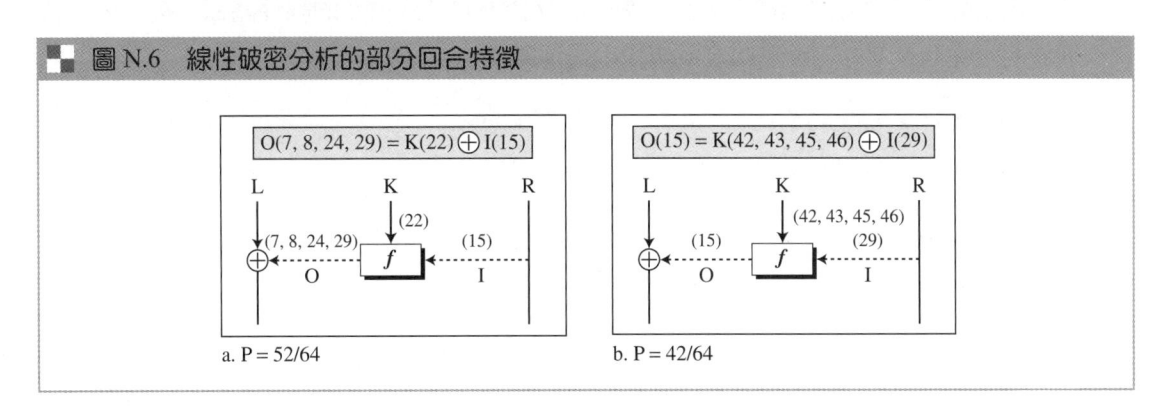

圖 N.6　線性破密分析的部分回合特徵

a. P = 52/64

b. P = 42/64

以下是在圖N.6中a和b各自的位元之間的關係。

a部分：O(7) ⊕ O(8) ⊕ O(24) ⊕ O(29) = I(15) ⊕ K(22)
b部分：F(15) = I(29) ⊕ K(42) ⊕ K(43) ⊕ K(45) ⊕ K(46)

三回合的特徵

在整理完單一回合的特徵之後，分析者可以開始將不同的回合組成多回合的特徵。圖 N.7 就是一個三回合 DES 的例子。在此例中，第一回合和第三回合的特徵值和圖 N.6a 相同，而第二回合的特徵則是任意的。

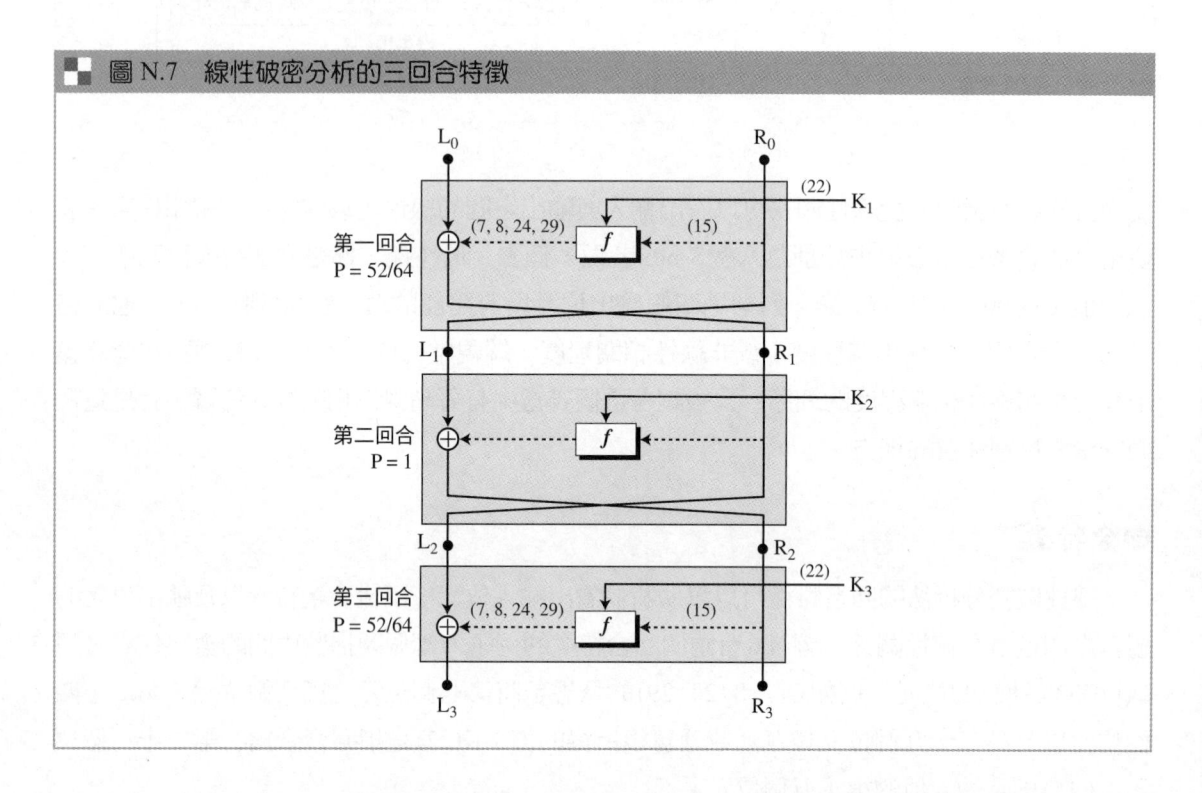

圖 N.7　線性破密分析的三回合特徵

線性破密分析法的目標是找出明文、密文以及金鑰間某些位元的線性關係。接下來，我們來看看能否從圖 N.7 的三回合 DES 系統找出這種關係。

第一回合：$R_1(7, 8, 24, 29) = L_0(7, 8, 24, 29) \oplus R_0(15) \oplus K_1(22)$
第三回合：$L_3(7, 8, 24, 29) = L_2(7, 8, 24, 29) \oplus R_2(15) \oplus K_3(22)$

因為 L_2 和 R_1 相同，而且 R_2 和 R_3 一樣，我們可以在第二個關係式用 R_1 來取代 L_2，並且用 R_3 來取代 R_2，得到：

$$L_3(7, 8, 24, 29) = R_1(7, 8, 24, 29) \oplus R_3(15) \oplus K_3(22)$$

然後將第一回合的 R_1 值代入，最後得到：

$$L_3(7, 8, 24, 29) = L_0(7, 8, 24, 29) \oplus R_0(15) \oplus K_1(22) \oplus R_3(15) \oplus K_3(22)$$

重新整理後得到整個結構中輸入與輸出位元之間的關係式：

$$L_3(7, 8, 24, 29) \oplus R_3(15) = L_0(7, 8, 24, 29) \oplus R_0(15) \oplus K_1(22) \oplus K_3(22)$$

換句話說，我們得到

$$C(7, 8, 15, 24, 29) = P(7, 8, 15, 24, 29) \oplus K_1(22) \oplus K_3(22)$$

機率

一個有趣的問題是，如何找出一個三回合（或 n 回合）DES 的機率？我們知道，Matsui 已經證明在這個條件下

$$P = 1/2 + 2^{n-1} \prod(p_i - 1/2)$$

其中 n 是回合數，p_i 是每個回合特徵的機率，而 P 則是整體的機率。以圖 N.7 的例子來說，對這三回合分析之後得到整體機率為

$$P = 1/2 + 2^{3-1} [(52/64 - 1/2) \times (1 - 1/2) \times (52/64 - 1/2)] \approx 0.695$$

十六回合的特徵

我們可以對明文、密文以及回合金鑰的某些位元整理出一組十六回合的特徵。

$$C（部分位元）= P（部分位元）\oplus K_1（部分位元）\oplus ... \oplus K_{16}（部分位元）$$

攻擊

在找到明文、密文以及回合金鑰之間的許多位元的關係之後，Eve 可以開始使用一些成對的明文／密文（已知明文攻擊），從已知的特徵中找到相對應的位元，進而找出回合金鑰。

安全性

目前已知線性破密分析法需要 2^{43} 個明文／密文對才能對十六回合 DES 做有效的攻擊。有兩個理由使得線性破密分析法看起來的確比差異破密分析法要來得好。首先，所需要的步驟數目少了許多；其次，已知明文攻擊比起選擇明文攻擊要容易進行得多。然而，這樣的攻擊還是無法嚴重地威脅到 DES 的安全性。

附錄 O 簡化版 DES

簡化版 DES（Simplified DES, S-DES）是由 Santa Clara 大學的 Edward Schaefer 教授所開發，設計成教育工具並用來幫助學生學習 DES 的架構，但其使用較短的密碼區塊與金鑰。讀者在研讀第六章前，可先學習此附錄。

O.1 S-DES 結構

如圖 O.1 所示，S-DES 為區塊加密法。

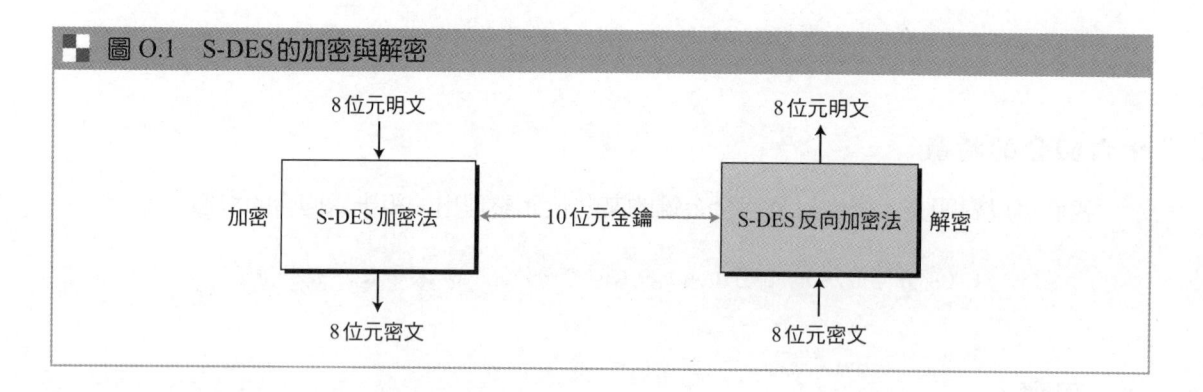

圖 O.1　S-DES 的加密與解密

在加密端，S-DES 把 8 位元的明文加密成 8 位元的密文；在解密端，S-DES 把 8 位元的密文解密成 8 位元的明文。加解密使用相同的 10 位元金鑰。

讓我們先專注在加密程序上，稍後再討論解密程序。加密程序包含兩個排列（P-box，稱為初始排列與最終排列，亦稱為 IP 和 IP^{-1}）和兩個 Feistel 回合。每個回合使用不同的 8 位元回合金鑰，其由本附錄稍後描述的預先定義演算法和密碼金鑰所產生。圖 O.2 表示加密端的 S-DES 加密法元件。

初始排列與最終排列

圖 O.3 顯示表示初始排列與最終排列。每個排列會根據事先定義的規則，對 8 位元的輸入進行排列。這些排列如同在第五章所討論的，都是標準排列且彼此間互為逆運算。這兩個在 S-DES 的排列並無密碼學上的重要意義，而是包含在 S-DES 中，讓 S-DES 與 DES 可以彼此相容。

圖 O.2　S-DES加密法的一般結構

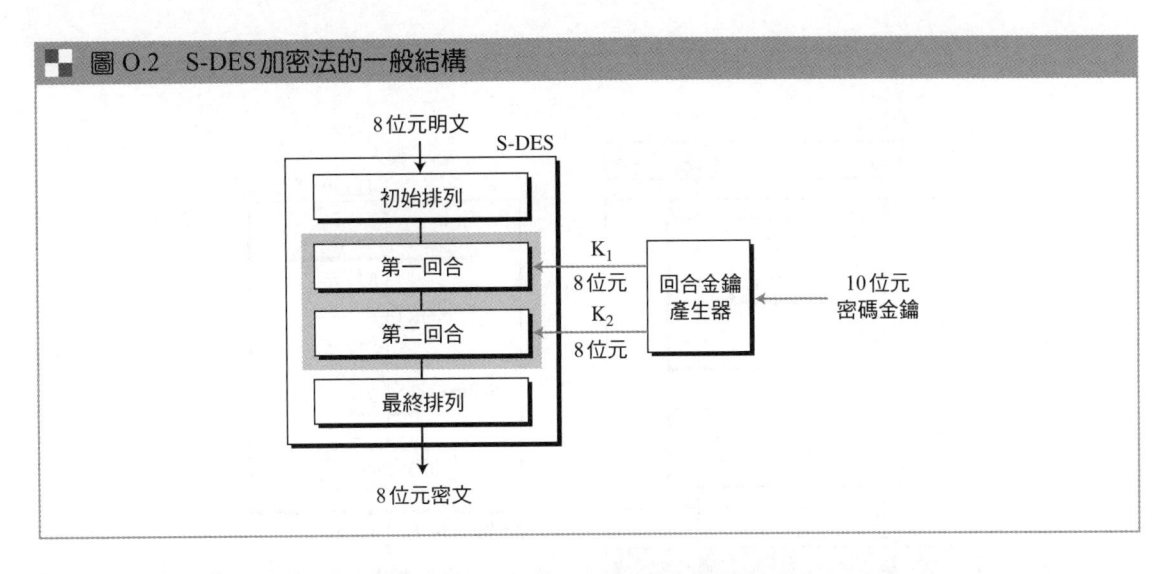

圖 O.3　初始排列與最終排列（IP與IP^{-1}）

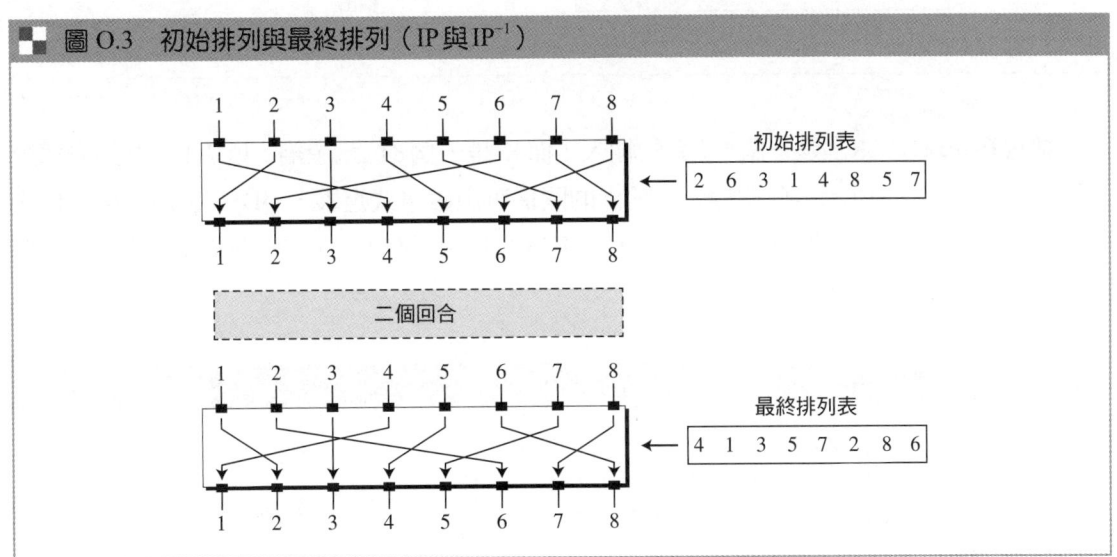

回合

S-DES使用兩個回合。S-DES的每個回合皆為Feistel加密法，如圖O.4所示。

此回合使用上個回合的L_{I-1}與R_{I-1}（或初始排列表），並建立下個回合的L_I與R_I（或最終排列表）。如同第五章所討論，我們假設每個回合有兩個加密元件：混合器與交換器。每個元件皆可逆。交換器交換本文的左右兩邊，所以明顯可逆。混合器因為XOR運算，也是可逆的。所有無法逆轉的元件則蒐集在函數內，例如$f(R_{I-1}, K_I)$。

S-DES函數

S-DES函數為S-DES加密法的核心。S-DES函數使用8位元金鑰與最右邊4位元（R_{I-1}）進行運算，可產生4位元輸出。如圖O.4所示，此函數包含以下四個部分：擴展P-box、漂白器（進行金鑰加法）、一組S-box與標準P-box。

■ 圖 O.4　S-DES的回合（加密端）

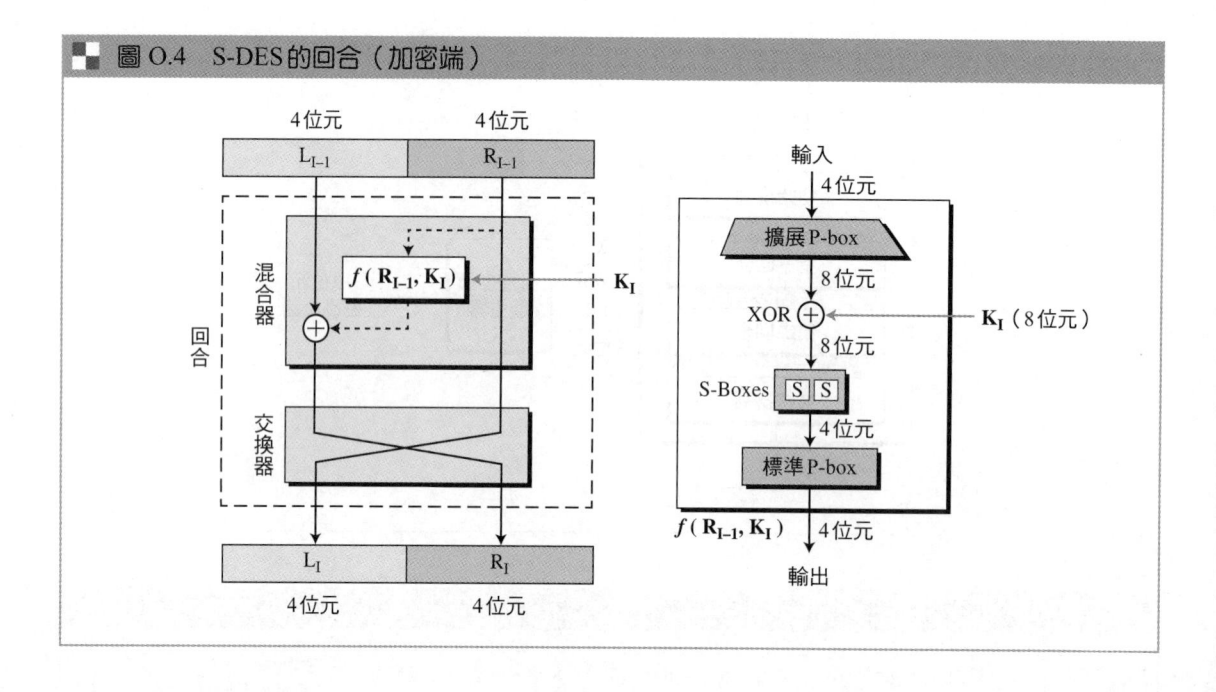

擴展 P-box　　R_{I-1}是一個4位元的輸入，而K_I是一個8位元金鑰，所以R_{I-1}必須先擴展至8位元。如圖O.5所示，雖然輸入與輸出的關係可由數學式定義，S-DES還是使用一個表定義這個P-box。注意，雖然有8個輸出埠，但值的範圍只有1至4。某些輸入會連結至多個輸出。

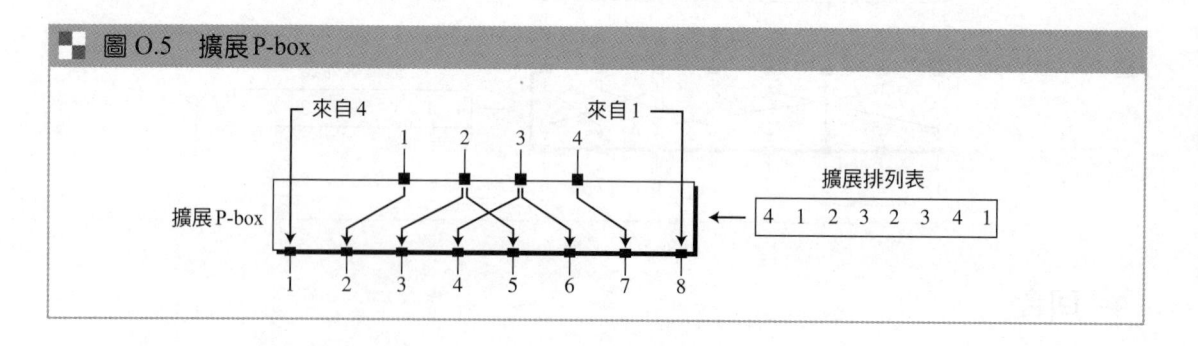

■ 圖 O.5　擴展 P-box

漂白器（XOR）　　擴展排列之後，S-DES會對右邊擴展區與回合金鑰做XOR運算。注意，回合金鑰只在此運算中使用。

S-Box　　S-box做實際的混合運算（混淆）。如圖O.6所示，S-DES使用兩個S-box，每一個都有4個位元的輸入與2個位元的輸出。

第二個運算中的8位元資料被分割成兩個4位元的區塊，每個區塊當成box的輸入。每個box的輸出為2位元的區塊，合併起來為4位元的本文。每個box的取代都依循一個4×4表格的預設規則。輸入的第1位元與第4位元合併起來定義四列中的一列，輸入的第2位元與第3位元合併起來定義四行中的一行。如圖15.8所示。

圖 O.6 S-box

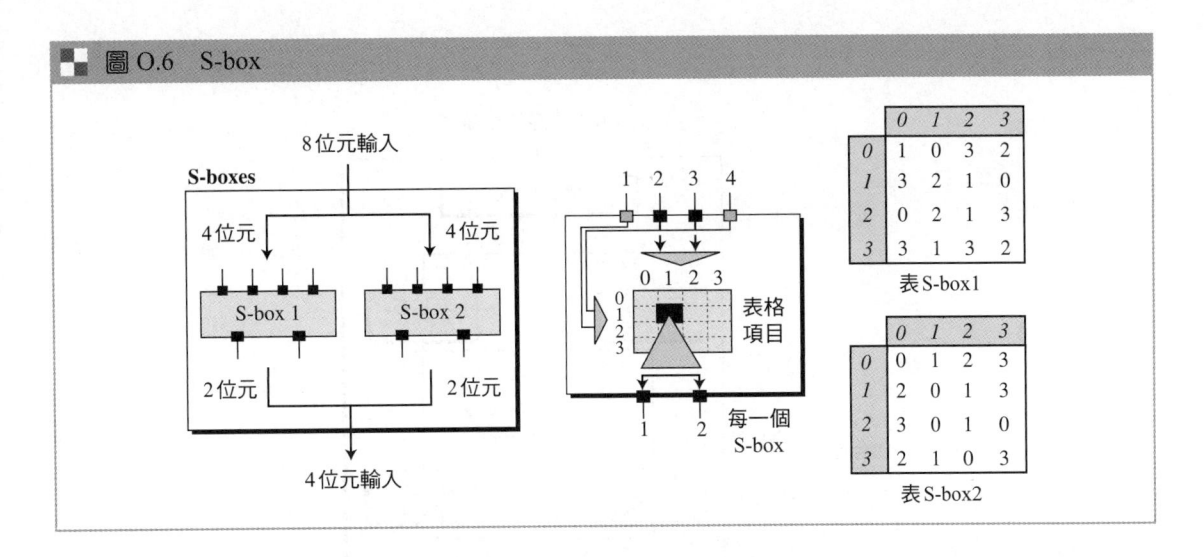

如圖 O.6 所示，因為每個 S-box 有各自的表格，因此需要兩個表格定義這些 box 的輸出。為了節省空間，所有輸入的值（列數和行數）與輸出的值皆以十進位表示。然而，運算時需改成二進位。

範例 O.1 S-box 1 的輸入值為 1010_2，輸出值為何？

解法 如果我們將第 1 位元與第 4 位元寫在一起，可得到二進位數 10，以十進位表示則為 2。剩餘的位元以二進位表示為 01，以十進位表示則為 1。在圖 O.6（S-box 1）中，我們搜尋第二列與第一行的值，可以找到十進位的 2，以二進位表示為 10。因此，輸入 1010_2 可產生 10_2 的輸出。

標準排列 S-DES 函數的最後一個運算為標準排列，其輸入與輸出值皆為 4 個位元。此運算的輸入與輸出關係如圖 O.7 所示，並遵守先前排列表的一般規則。

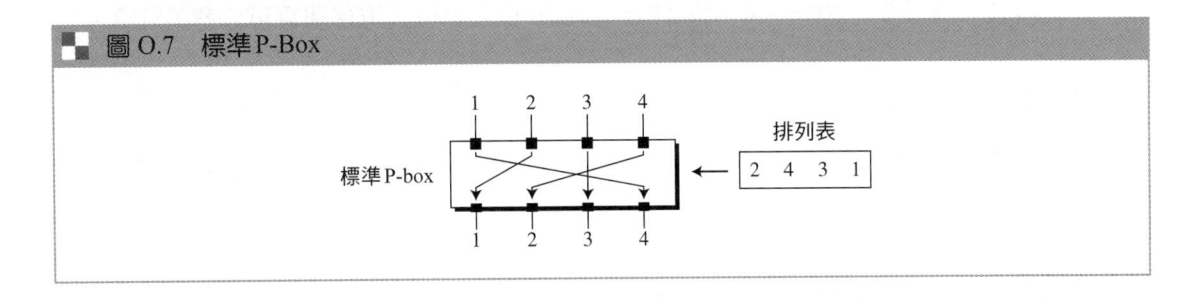

圖 O.7 標準 P-Box

金鑰產生

回合金鑰產生器由 10 位元加密金鑰中，產生兩把 8 位元金鑰。

標準排列

第一個程序是標準排列，標準排列根據事先定義的表格，對於 10 位元的金鑰進行排列。如圖 O.8 所示。

圖 O.8 金鑰產生

```
                    10位元密碼金鑰
                         ↓
                    ┌─────────┐
                    │ 標準P-box │
                    └─────────┘
                       10位元
                  5位元 ↓   ↓ 5位元
                ┌─────┐   ┌─────┐
                │左位移│   │左位移│
                │1位元 │   │1位元 │
                └─────┘   └─────┘
                 5位元↓   ↓5位元
                   ┌───────┐
                   │壓縮P-box│
                   └───────┘
    回合金鑰1 ←─── 8位元
                ┌─────┐   ┌─────┐
                │左位移│   │左位移│
                │2位元 │   │2位元 │
                └─────┘   └─────┘
                 5位元↓   ↓5位元
                   ┌───────┐
                   │壓縮P-box│
                   └───────┘
    回合金鑰2 ←─── 8位元
                  回合金鑰產生器
```

標準 P-box 表

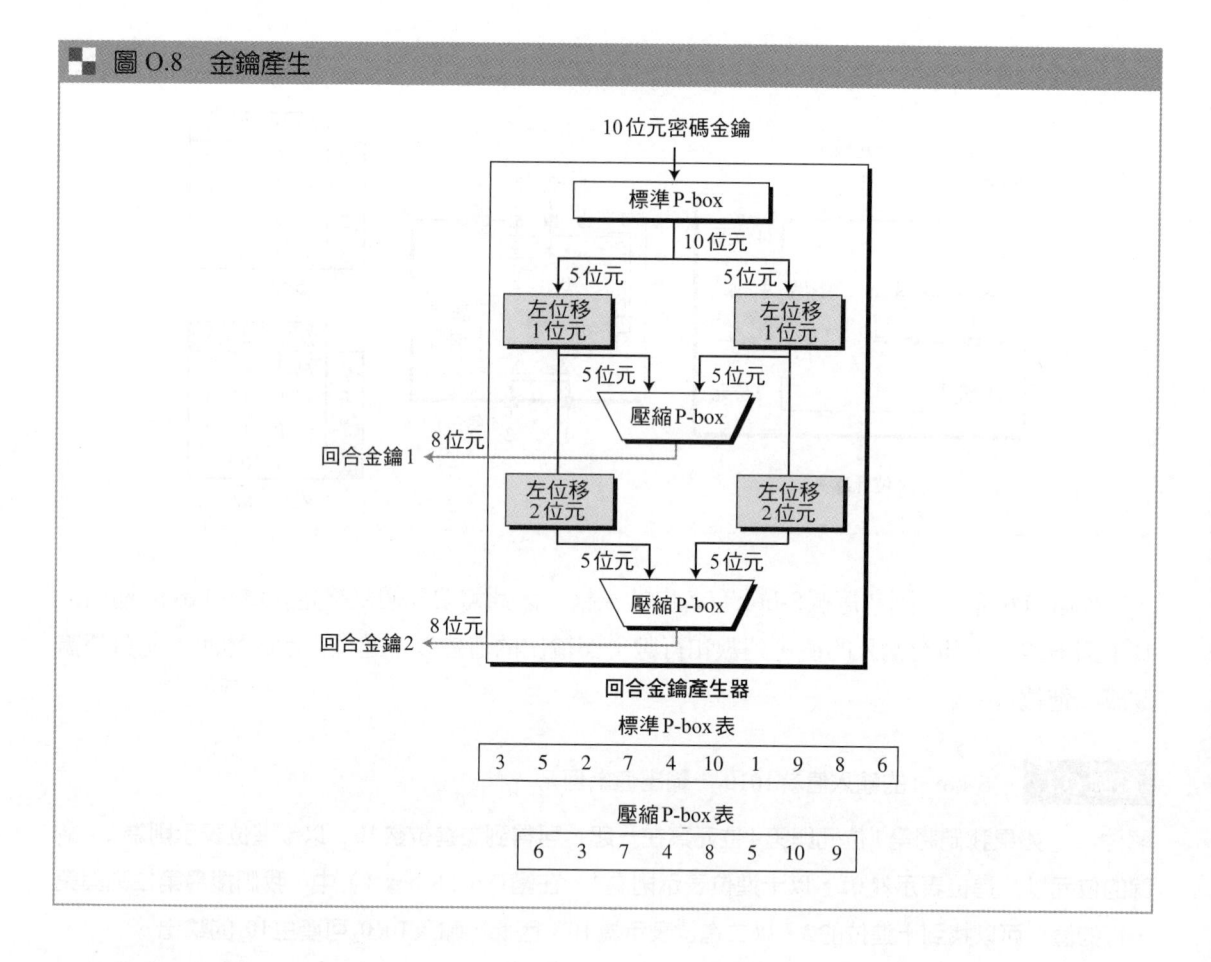

| 3 | 5 | 2 | 7 | 4 | 10 | 1 | 9 | 8 | 6 |

壓縮 P-box 表

| 6 | 3 | 7 | 4 | 8 | 5 | 10 | 9 |

左位移

標準排列後，金鑰被分割成兩個5位元區塊。每個區塊進行左位移（循環位移）r位元，其中r為回合數（1或2）。之後，兩個區塊合併成10位元單位。位移運算可參考第五章。

壓縮排列

壓縮排列把10位元壓縮成8位元，並將其當作回合金鑰來使用。壓縮排列表如圖O.8所示。

範例 O.2 表O.1顯示金鑰產生的三種情況。

如果加密金鑰全為0或1，則情況二與情況二中的金鑰產生運算無法產生作用，必須避免這些類型的金鑰，如第六章所示。

S-DES因其金鑰的大小（10位元），所以很容易遭受暴力攻擊。

表 O.1

步驟	情況一	情況二	情況三
密碼金鑰	**1011100110**	**0000000000**	**1111111111**
排列後	1100101110	0000000000	1111111111
分割後	L: 11001　R: 01110	L: 00000　R: 00000	L: 11111　R: 11111
第一回合 位移金鑰 合併金鑰 回合金鑰1	L: 10011　R: 11100 1001111100 **10111100**	L: 00000　R: 00000 0000000000 **00000000**	L: 11111　R: 11111 1111111111 **11111111**
第二回合 位移金鑰 合併金鑰 回合金鑰2	L: 01110　R: 10011 0111010011 **11010011**	L: 00000　R: 00000 0000000000 **00000000**	L: 11111　R: 11111 1111111111 **11111111**

O.2　加密法與反向加密法

利用混合器與交換器，可建立二回合制的加密法與反向加密法。加密端使用加密法，解密端使用反向加密法。為了讓加密演算法與解密演算法盡量相近，第二回合只包含一個混合器且沒有交換器，如圖O.9所示。

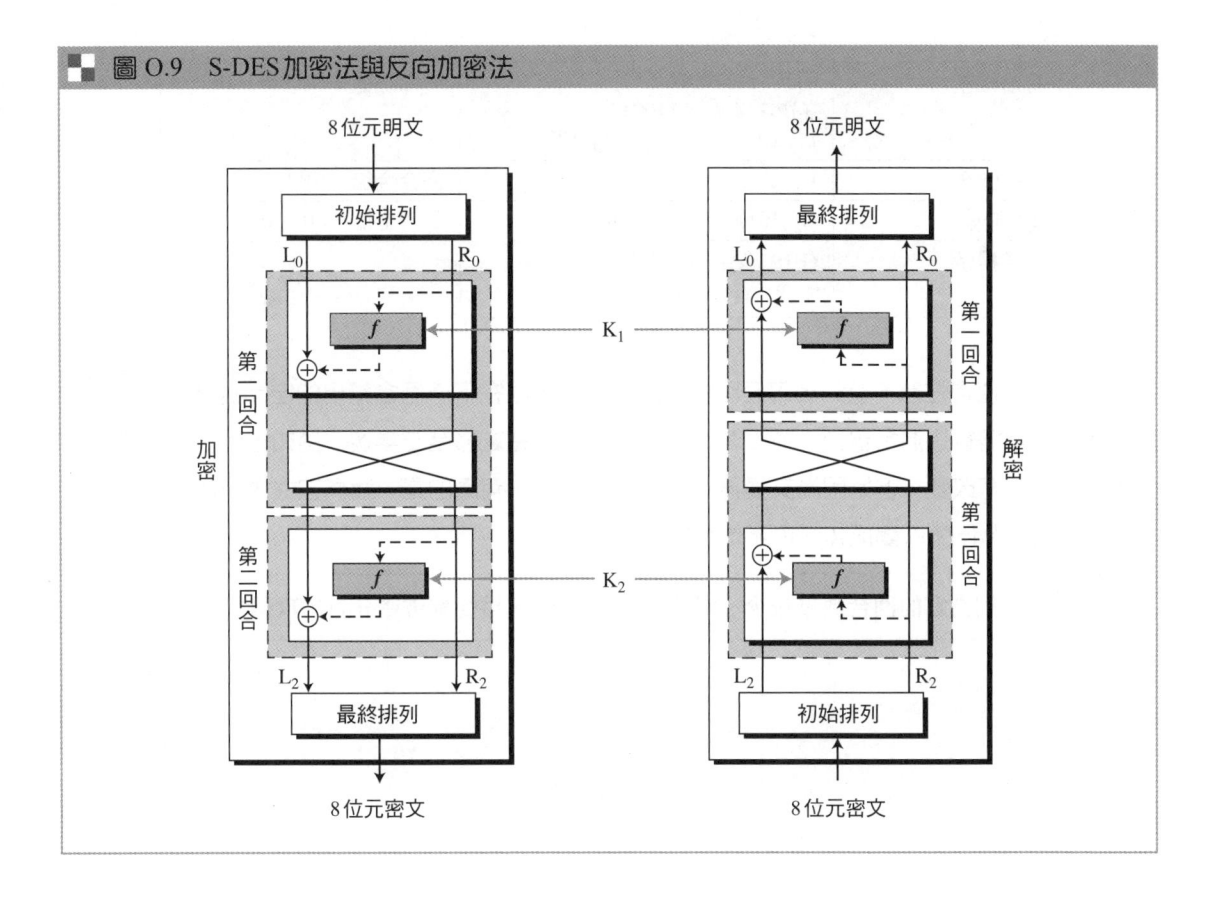

圖 O.9　S-DES加密法與反向加密法

雖然加密與解密的回合沒有對齊,但是元素(混合器或交換器)是對齊的。我們在第五章證明一個混合器是自我可逆的,交換器也是。初始排列和最終排列也是彼此的反向。在加密端,明文的左半部 L_0 被加密成 L_2,在解密端的 L_2 被解密成 L_0。右邊的狀況也是一樣。

有關加密法,我們需要記住一個重點:回合金鑰(K_1 和 K_2)的使用順序應該顛倒過來。在加密端,第一回合使用 K_1,第二回合使用 K_2;在解密端,第一回合使用 K_2,第二回合使用 K_1。

在第二回合沒有交換器。

範例 O.3 我們隨機選擇一個明文區塊和一把金鑰,並且決定密文區塊為:

明文:11110010　　金鑰:1011100110　　密文:11101011

讓我們說明每一回合的結果以及在回合前後的本文。表 O.2 首先顯示在回合開始之前每個步驟的結果。明文經過初始排列後產生完全不同的 8 個位元。在此步驟之後,本文被分成兩半:L_0 和 R_0。表中顯示經過混合和交換的兩個回合後的結果(除了第二回合)。最後一回合(L_2 和 R_2)的結果被合併,最後本文再經過最終排列產生密文。

表 O.2

初始程序	明文:**11110010** 在 IP 之後:10111001 L_0: 1011　　　　R_0: 1001	密碼金鑰:**1011100110**
第一回合	L_1: 1001　　　　R_1: 0111	回合金鑰:10111100
第二回合	L_2: 1011　　　　R_2: 0111	回合金鑰:11010011
最後程序	在 IP^{-1} 之前:10110111 密文:**11101011**	

某些地方值得注意。首先,每個回合輸出的右半邊跟在下一回合輸出的左半邊是相同的,原因是因為右半邊經過混合器後,並沒有改變,但交換器將之移至左半邊。例如,R_1 經過第二回合的混合器後沒有改變,但是因為交換器,所以它變成 L_2,有趣的是,我們在最後一回合並沒有交換器。那就是為什麼 R_1 變成 R_2,而不是變成 L_2 的原因。

因為它的回合數量較少,因此 S-DES 比 DES 易受到破密分析的攻擊。

附錄 P　簡化版AES

簡化版AES（Simplified AES, S-AES）是由Santa Clara大學的Edward Schaefer教授所開發，設計成教育工具並用來幫助學生學習AES的架構，但其使用較短的密碼區塊與金鑰。讀者在研讀第七章前，可先學習此附錄。

P.1　S-AES結構

如圖P.1所示，S-AES為區塊加密法。

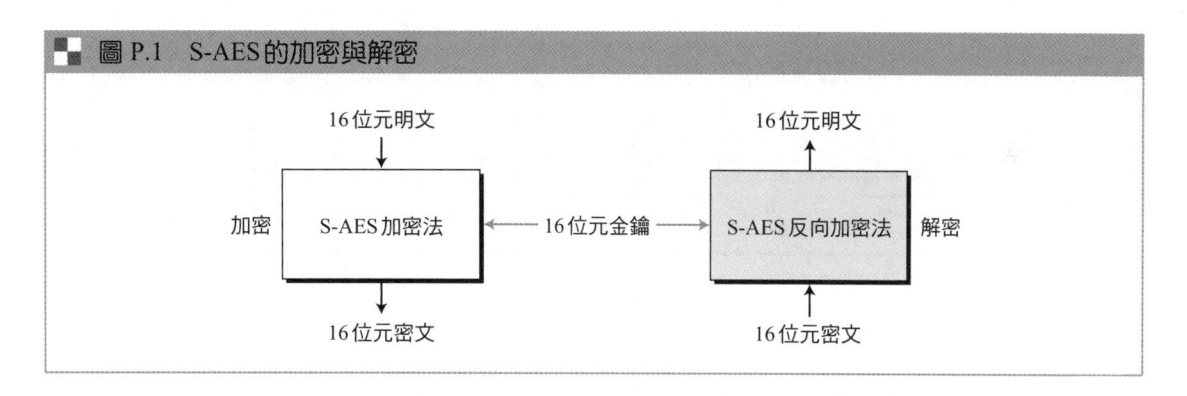

圖 P.1　S-AES的加密與解密

在加密端，S-AES將16位元的明文加密成16位元的密文；在解密端，S-AES將16位元的密文解密成16位元的明文。加解密使用相同的16位元金鑰。

回合

S-AES為非Feistel加密法，其加解密區塊長度為16位元。S-AES包含一個預先回合轉換與兩個回合運算。其密碼金鑰為16位元，圖P.2表示此加密演算法（稱為加密法）的一般設計，其解密演算法（稱為反向加密法）也類似這樣，但是回合金鑰的使用順序相反。

在圖P.2中，16位元回合金鑰由金鑰擴展演算法產生，明文與密文的長度亦是16位元。在S-AES中，有三把回合金鑰K_0、K_1和K_2。

資料單位

S-AES使用五種資料量測單位：位元、半字節、字組、區塊、狀態，如圖P.3所示。

位元

在S-AES中，位元是值為0或1的二進位數字。以下使用小寫字母b表示一個位元。

圖 P.2　S-AES 加密法的一般設計

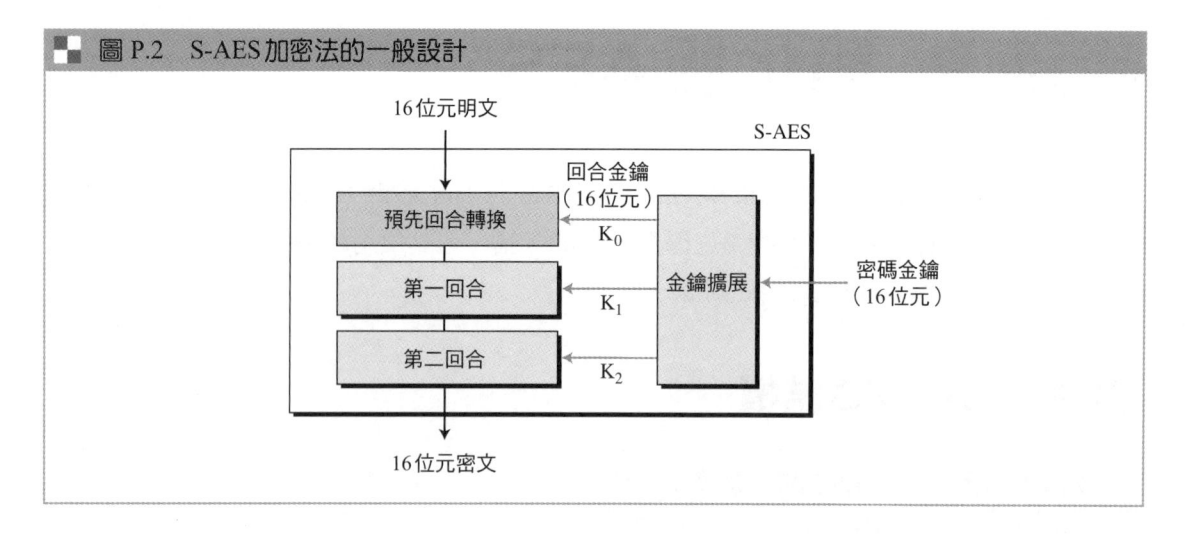

圖 P.3　S-AES 的資料單元

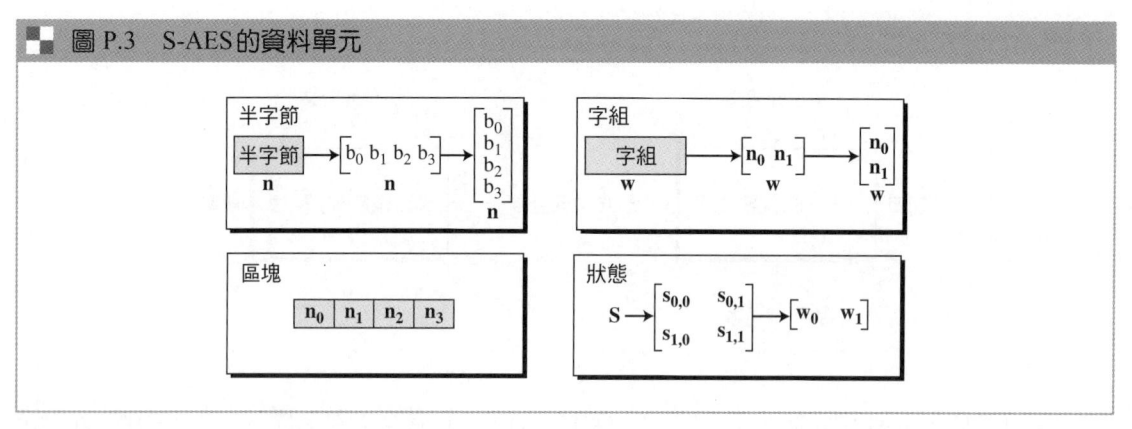

半字節

　　半字節（nibble）是由 4 個位元組成，可視為單一實體，例如四位元列矩陣或四位元行矩陣。若為列矩陣，位元由左至右插入矩陣中；若為行矩陣，位元由上至下插入矩陣中。以下使用小寫粗體字母 **n** 表示一個半字節。半字節即是一個單一的十六進位數字。

字組

　　字組是由 8 個位元組成，可視為單一實體，例如兩個半字節的列矩陣或兩個半字節的行矩陣。若為列矩陣，半字節由左至右插入列矩陣；若為行矩陣，半字節由上至下插入矩陣中。我們使用小寫粗體字母 **w** 來代表一個字組。

區塊

　　S-AES 加密和解密資料區塊。在 S-AES 裡，一個區塊是十六個位元的群組。不過，一個區塊也可以用四個半字節的列矩陣來代表。

狀態

在S-AES中，一個資料區塊也代表為一個狀態。我們使用大寫粗體字母**S**代表一個狀態。就如同區塊，狀態由16個位元組成，但通常它們被視為四個半字節的矩陣。在這種情況下，每一個狀態的元素以$s_{r,c}$來代表，其中r（0到1）定義列，c（0到1）定義行。在加密一開始時，在資料區塊的半字節一行一行地插入在狀態中，而在每一行中是由上至下。在加密快結束時，在狀態中的半字節以相同的方式萃取出來，如圖P.4所示。

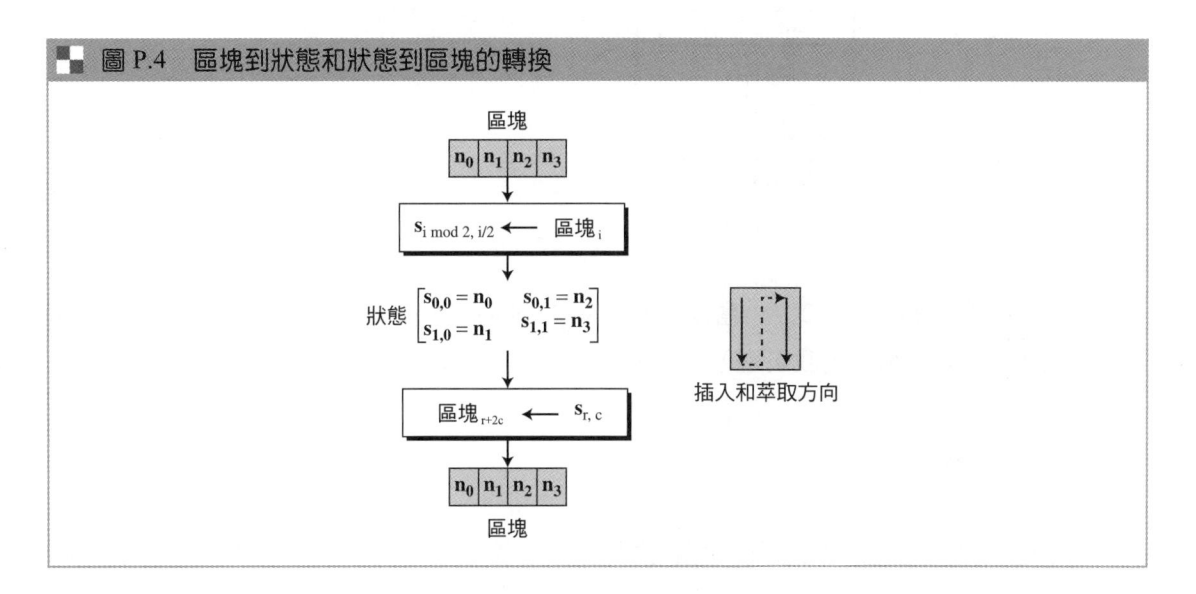

圖 P.4　區塊到狀態和狀態到區塊的轉換

範例 P.1　讓我們來看看一個16位元的區塊如何轉換成一個2 × 2矩陣。假設明文區塊是1011 0111 1001 0110。我們首先將區塊表示成四個半字節，然後將狀態矩陣以一行一行的方式填滿，如圖P.5所示。

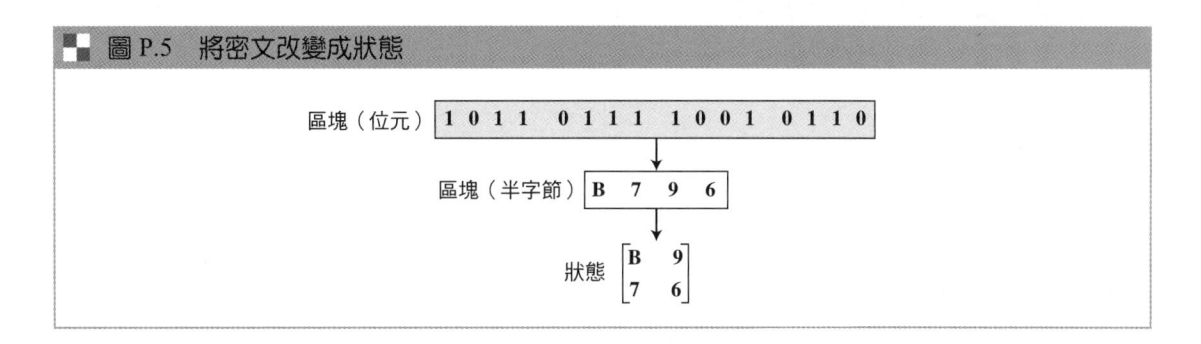

圖 P.5　將密文改變成狀態

每個回合的架構

圖P.6顯示每一個轉換輸入一個狀態並產生下一個轉換或回合所需的狀態。預先回合階段只使用一個轉換（AddRoundKey）；最後一個回合只使用三個轉換（無MixColumns轉換）。

■ 圖 P.6　在加密端的每個回合架構

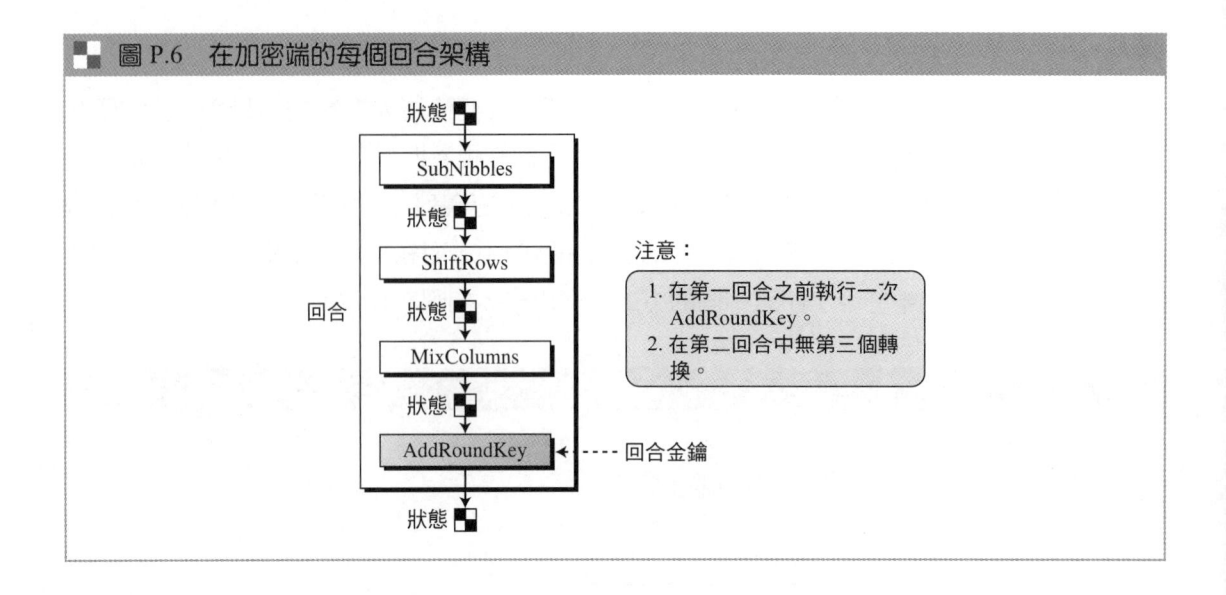

```
         狀態
          ↓
      ┌─────────┐
      │SubNibbles│
      └─────────┘
          ↓
         狀態
          ↓
      ┌─────────┐
      │ShiftRows │         注意：
      └─────────┘         1. 在第一回合之前執行一次
 回合    ↓                    AddRoundKey。
         狀態               2. 在第二回合中無第三個轉
          ↓                    換。
      ┌─────────┐
      │MixColumns│
      └─────────┘
          ↓
         狀態
          ↓
      ┌─────────┐
      │AddRoundKey│ ← ---- 回合金鑰
      └─────────┘
          ↓
         狀態
```

在解密端，會使用到反轉換：InvSubNibbles、InvShiftRows、InvMixColumns 和 AddRoundKey（這一個是自我可逆）。

P.2　轉換

為了提供安全性，S-AES使用四種轉換類型：取代、排列、混合以及金鑰加法。我們將在此進行討論。

◎ 取代

取代是以半字節來進行的（4位元的資料單位）。只有一個表用於對每個半字節的轉換，這表示如果兩個半字節相同，其轉換後也是相同。在這個附錄裡，轉換是定義成一個查表的程序。

SubNibbles

第一個轉換 **SubNibbles** 使用在加密端。為了取代一個半字節，我們將半字節視為4個位元。左邊2個位元定義取代表的列，右邊2個位元定義取代表的行。表中列與行交叉處的十六進位數字即為新的半字節。圖P.7顯示其作法。

在SubNibbles的轉換裡，狀態被看作2×2的半字節矩陣，一次轉換一個半字節。半字節的內容會被改變，但是在矩陣裡的半字節排列保持一樣。在過程中，每個半字節被獨立轉換：共有4種不同的半字節對半字節的轉換。

SubNibbles 包含4個獨立的半字節對半字節的轉換。

圖 P.7　SubNibbles 轉換

a₃a₂ \ a₁a₀	00	01	10	11
00	9	4	A	B
01	D	1	8	5
10	6	2	0	3
11	C	E	F	7

SubNibbles 表

a₃a₂ \ a₁a₀	00	01	10	11
00	A	5	9	B
01	1	7	8	F
10	6	0	2	3
11	C	4	D	E

InvSubNibbles 表

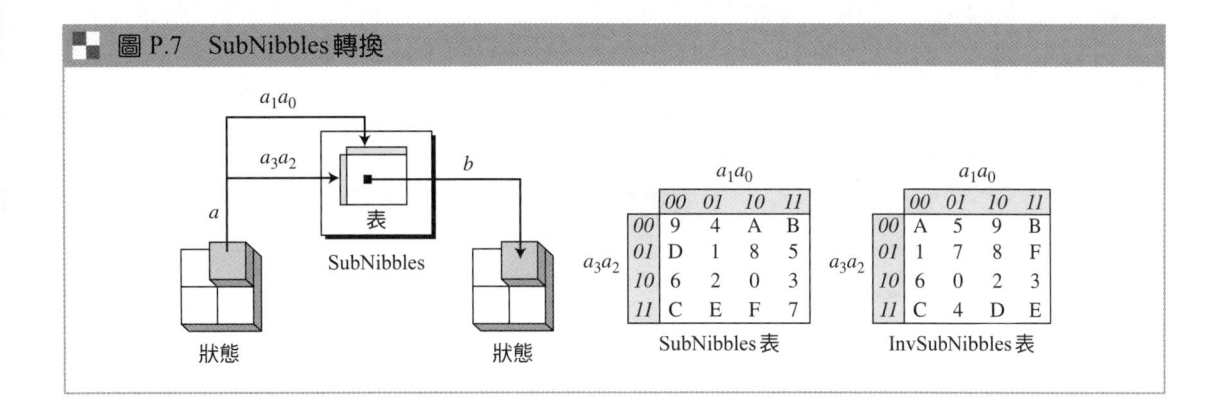

圖 P.7 也顯示對 SubNibbles 轉換的取代表（S-box）。轉換明確地提供了混淆的效果。例如，兩個半字節 A_{16} 和 B_{16}，只有一個位元不同（最右位元），被轉換成 0_{16} 和 3_{16} 之後，會有兩個位元不同。

InvSubNibbles

InvSubNibbles 是反向的 SubNibbles。反轉換也顯示在圖 P.7 中。我們可以容易地檢查兩個轉換其實是彼此的反向。

範例 P.2　圖 P.8 顯示出一個狀態如何使用 SubNibbles 進行轉換。此圖也顯示 InvSubNibbles 轉換產生了原始狀態。注意，如果兩個半字節有相同的值，它們的轉換也會相同，原因是所有的半字節都使用相同的表。

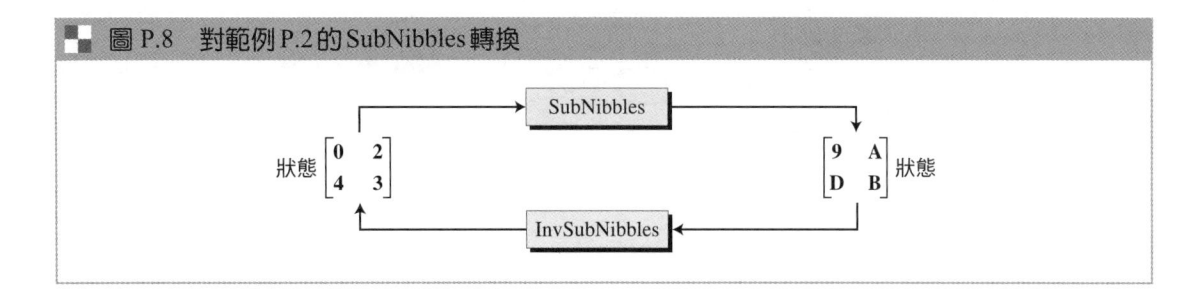

圖 P.8　對範例 P.2 的 SubNibbles 轉換

狀態 $\begin{bmatrix} 0 & 2 \\ 4 & 3 \end{bmatrix}$ → SubNibbles → $\begin{bmatrix} 9 & A \\ D & B \end{bmatrix}$ 狀態，InvSubNibbles 為反方向。

排列

另一個在回合中的轉換是位移（shifting），其重新排列半字節。位移轉換在 S-AES 中在半字節階段完成；而在半字節中的位元並沒有改變順序。

ShiftRows

在加密過程中，其轉換稱為列位移，而且是向左側位移。位移的數量取決於狀態矩陣中的列編號（0 或 1）。這表示列 0 不做任何移動，而列 1 則移動一個半字節。圖 P.9 顯示位移的

圖 P.9　ShiftRows 轉換

```
           ShiftRow
          ┌────────┐
          │ 向左位移 │
          └────────┘
       第 0 列：無位移
       第 1 列：位移一個半字節

   狀態                    狀態
```

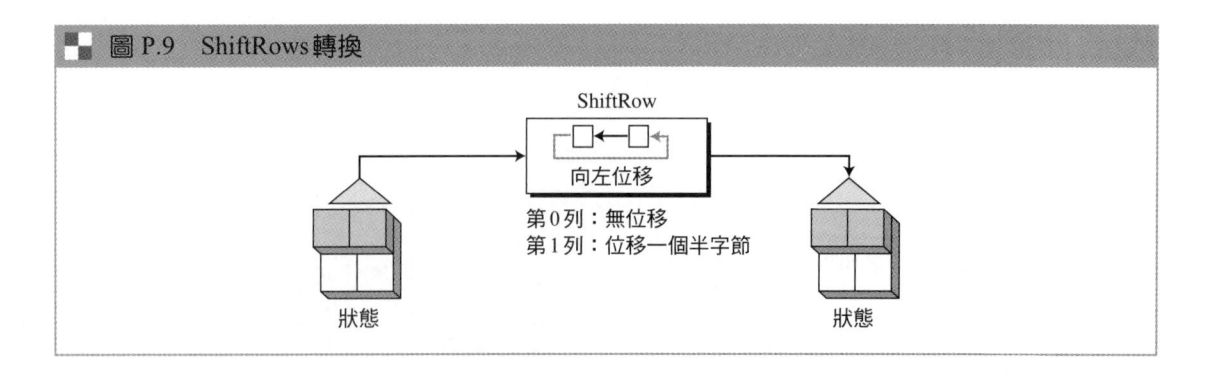

轉換。注意，ShiftRows 一次只對一列做轉換。

InvShiftRows

在解密過程中，其轉換稱為 InvShiftRow，而且是向右側位移。位移的數量取決於狀態矩陣中的列編號（0 或 1）。

ShiftRows 轉換和 InvShiftRows 轉換是彼此的反向。

範例 P.3　圖 P.10 顯示一個狀態如何使用 ShiftRows 來進行轉換。此圖也顯示 InvShiftRows 轉換如何產生原始狀態。

圖 P.10　在範例 P.3 中的 ShiftRows 轉換

```
                    ShiftRows
        ┌─6─┬─C─┐               ┌─6─┬─C─┐
  狀態  │ F │ 2 │               │ 2 │ F │   狀態
        └───┴───┘               └───┴───┘
                   InvShiftRows
```

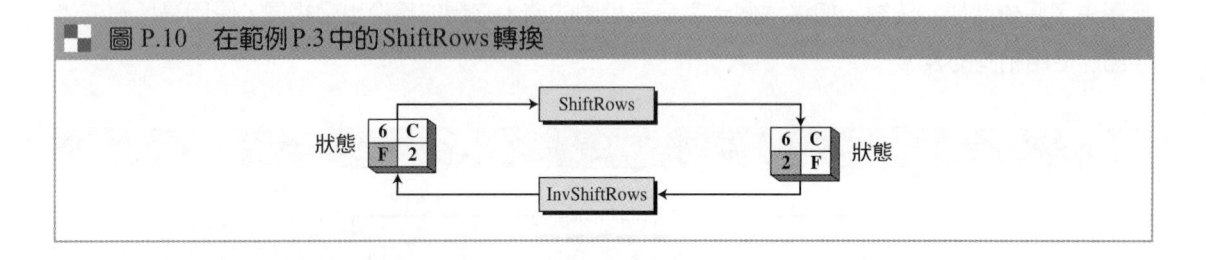

混合

在 SubNibbles 裡的取代基於原先半字節的值和一個表中的項目，過程中並不包括相鄰的半字節，因此我們可以說 SubNibbles 是內部的半字節轉換。在 ShiftRows 轉換中的排列交換半字節，但沒有重排在位元組中的位元，因此我們可以說 ShiftRows 是交換半字節的轉換。我們也需要在半字節間的轉換，以基於相鄰的半字節內部的位元來改變半字節裡面的位元。我們需要混合半字節以在位元階段提供擴散效果。

混合轉換以一次取兩個半字節並結合它們來產生兩個新的半字節的方式，來改變每個半字節的內容。為了保證每個新的半字節都不同（即使舊的半字節相同），結合的程序首先乘上不同的常數，然後再混合它們。混合也可以使用矩陣乘法來進行。如我們在第二章所討論的，當用行矩陣乘上一個方陣時，其結果是一個新的行矩陣。在新矩陣中的元素是基於舊矩陣中的 2 個元素乘上在常數矩陣中的 2 個值而定。

MixColumns

MixColumns轉換是針對行進行；它把狀態中的每一行轉換成新的一行。其轉換實際上是將狀態中的行乘上常數方陣中的行。在狀態行和常數矩陣中的半字節通常表示成在GF(2)中4位元字組（或多項式）的係數。位元組的乘法在GF(2^4)中模數為($x^4 + x + 1$)或(10011)裡完成。加法與4位元字組的互斥或相同。圖P.11顯示MixColumns轉換。

圖 P.11　MixColumns 轉換

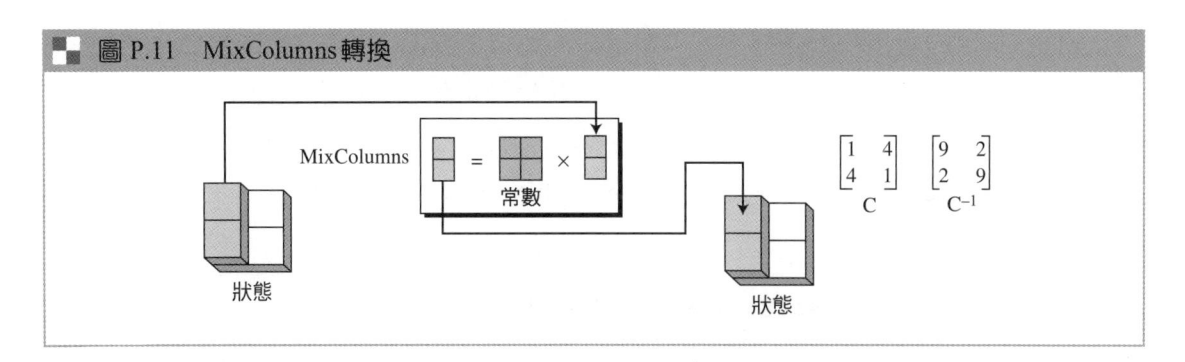

InvMixColumns

InvMixColumns轉換基本上與MixColumns轉換相同。如果兩個常數矩陣是彼此的反向，很容易證明兩個轉換是彼此的反向。

MixColumns 轉換和 InvMixColumns 轉換是彼此的反向。

圖P.12顯示一個狀態如何使用MixColumns轉換來進行轉換。此圖也顯示InvMixColumns轉換會產生原始狀態。

圖 P.12　在範例7.5中的MixColumns 轉換

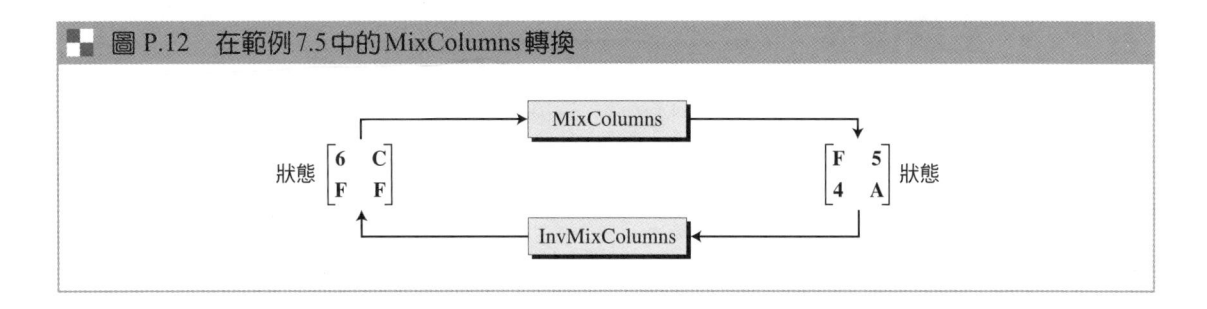

注意，在舊狀態中相等的位元組，在新狀態中將不會再相等。例如，在第2列的兩個位元組F被轉換成4和A。

金鑰加法

最重要的轉換或許就是包括密碼金鑰的轉換。先前所有的轉換使用已知的可反向的轉換。如果密碼金鑰並未在每個回合中加入狀態中，攻擊者若有密文，可以非常容易地找到明

文。在這個情況下，密碼金鑰是Alice和Bob之間唯一的祕密。

S-AES使用一個稱為金鑰擴展的程序（本附錄稍後會討論），從密碼金鑰中產生三把回合金鑰。每把回合金鑰的長度是16位元——它被視為兩個8位元的字組。為了將金鑰加入狀態中，每個字組被視為一個行矩陣。

AddRoundKey

AddRoundKey也是一次處理一行。在這方面類似於MixColumns的作法。MixColumns以狀態行乘上常數方陣，AddRoundKey對每個狀態行矩陣加入回合金鑰。在MixColumns中的運算是矩陣乘法；在AddRoundKey的運算是矩陣加法。加法是在$GF(2^4)$裡執行的。因為加法和減法在此體內是相同的，因此AddRoundKey轉換是自己本身的反向。圖P.13顯示AddRoundKey的轉換。

AddRoundKey轉換是自己本身的反向。

圖 P.13　AddRoundKey 轉換

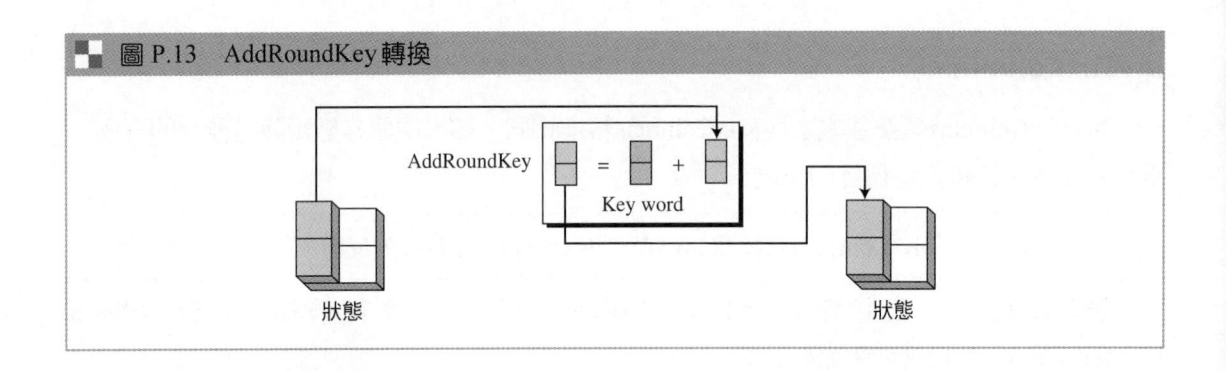

P.3 金鑰擴展

金鑰擴展程序從一把16位元密碼金鑰產生三把16位元的回合金鑰。第一把回合金鑰用於預先回合轉換（AddRoundKey），剩下的回合金鑰使用在第一回合和第二回合的最後轉換（AddRoundKey）。

金鑰擴展程序逐字組產生回合金鑰，一個字組是兩個半字節的陣列。程序中產生6個字組，稱為$w_0, w_1, w_2, \ldots, w_5$。

在S-AES中產生字組

圖P.14顯示如何由原始的金鑰產生6個字組。

圖 P.14　在 S-AES 中產生字組

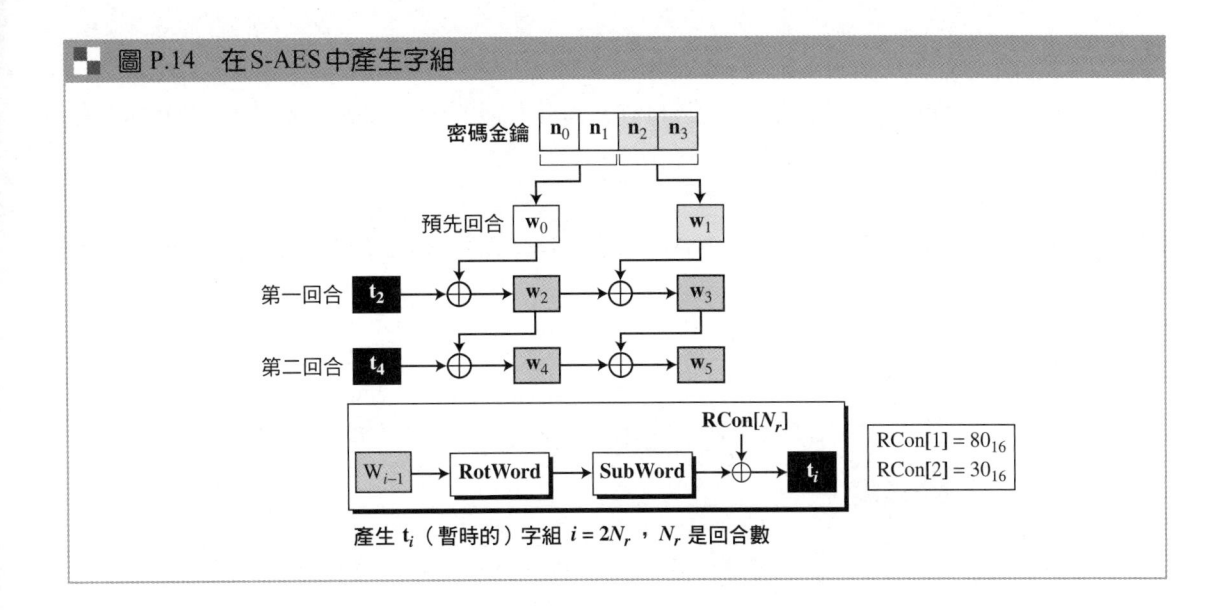

過程如下：

1. 前兩個字組（w_0、w_1）由密碼金鑰產生。密碼金鑰被視為四個半字節的陣列（n_0 到 n_3）。前兩個半字節（n_0 到 n_1）變成 w_0；下兩個半字節（n_2 到 n_3）變成 w_1。換句話說，在此群組中的字組串接複製了密碼金鑰。
2. 其餘的字組（w_i，$i = 2$ 到 5）依下列方式產生：

   a. 如果 i mod $2 = 0$，$w_i = t_i \oplus w_{i-2}$，此處暫時的字組 t_i 是一個使用兩個函數 SubWord 和 RotWord 的結果，將 w_{i-1} 和回合常數 RC[N_r] 進行互斥或運算，此處 N_r 是回合數。換句話說，

   $$t_i = \text{SubWord}(\text{RotWord}(w_{i-1})) \oplus \text{RCon}[N_r]$$

   字組 w_2 和 w_4 使用這個程序產生。

   b. 如果 (i mod 2) $\neq 0$，$w_i = w_{i-1} \oplus w_{i-2}$。根據圖 P.14，這表示每個字組是由字組左側和字組上方所產生。字組 w_3 和 w_5 是使用這個程序產生的。

RotWord

RotWord（旋轉字組）函數類似於 ShiftRow 轉換，但它只被使用一次。此函數把一個字組視為兩個半字節的陣列，並將每個半字節交換後移至左側。在 S-AES 裡，這實際上是交換字組中的兩個半字節。

SubWord

SubWord（取代字組）函數類似於 SubNibble 轉換，只應用至兩個半字節。函數在每個字組中取一個半字節，並使用圖 P.7 中的 SubNibble 表的另一半字節來取代它。

回合常數

每個回合常數RC是一個兩個半字節的值，其最右邊的半字節的值總是0。圖P.14也顯示RC的值。

範例 P.4 表P.1顯示假設Alice和Bob共同同意的16位元密碼金鑰為2475_{16}，應如何計算每個回合金鑰？

表P.1 金鑰擴展實例

回合	t的值	回合中的第一個字組	回合中的第二個字組	回合金鑰
0		w_0 = 24	w_1 = 75	K_0 = 2475
1	t_2 = 95	w_2 = 95 $\oplus$ 24 = B1	w_3 = B1 $\oplus$ 75 = C4	K_0 = B1C4
2	t_4 = EC	w_4 = B1 $\oplus$ EC = 5D	w_5 = 5D $\oplus$ C4 = 99	K_2 = 5D99

在每個回合中，第二個字組的計算非常簡單。對第一個字組，我們首先計算暫時字組（t_i）的值，如下所示：

RotWord (75) = 57 → SubWord (57) = 15 → t_2 = 15 $\oplus$ **RC[1]** = 15 $\oplus$ 80 = 95

RotWord (C4) = 4C → SubWord (4C) = DC → t_4 = DC $\oplus$ **RC[2]** = DC $\oplus$ 30 = EC

P.4 加密法

現在讓我們看S-AES如何使用四種轉換類型來進行加密和解密。加密演算法稱為加密法；解密演算法稱為反向加密法。

S-AES是一種非Feistel加密法，這表示每種轉換或群組轉換都一定是可逆的。此外，加密法和反向加密法必須用這樣的運算使得它們可以彼此抵銷。回合金鑰也必須以反向的順序來使用。為了符合這個要求，加密法和反向加密法的轉換順序是不同的，如圖P.15中所示。

首先，SubNibbles和ShiftRows在反向加密法中的順序被改變。其次，MixColumns和AddRoundKey在反向加密法中的順序也被改變。這個在順序上的差別是為了使得在加密中的轉換剛好與在解密中的轉換順序相反。結果，解密演算法整體上是加密演算法的反向。注意，回合金鑰使用的次序剛好顛倒。

圖 P.15　原始設計中加密法和反向加密法

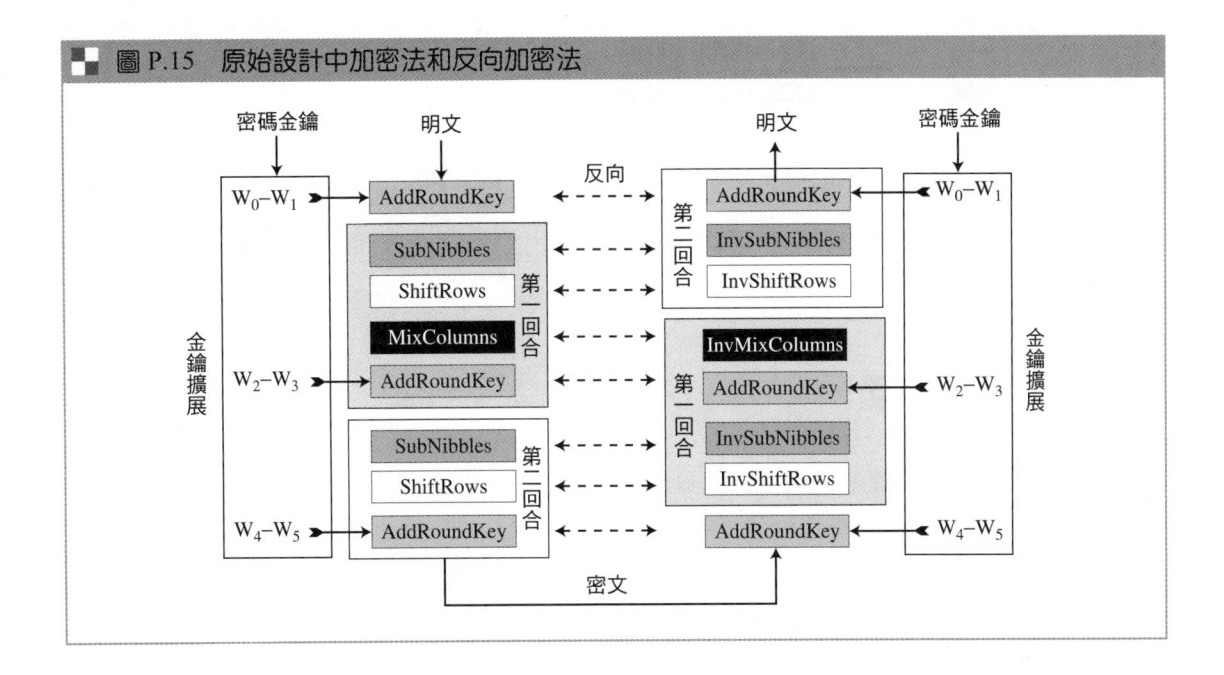

範例 P.5　我們選擇一個隨機的明文區塊，使用在範例 P.4 裡的密碼金鑰，並決定密文區塊為何：

明文：$1A23_{16}$　　金鑰：2475_{16}　　密文：$3AD2_{16}$

圖 P.16 顯示在每個回合中的狀態值。我們正在使用範例 P.4 裡產生的回合金鑰。

圖 P.16　範例 P.5

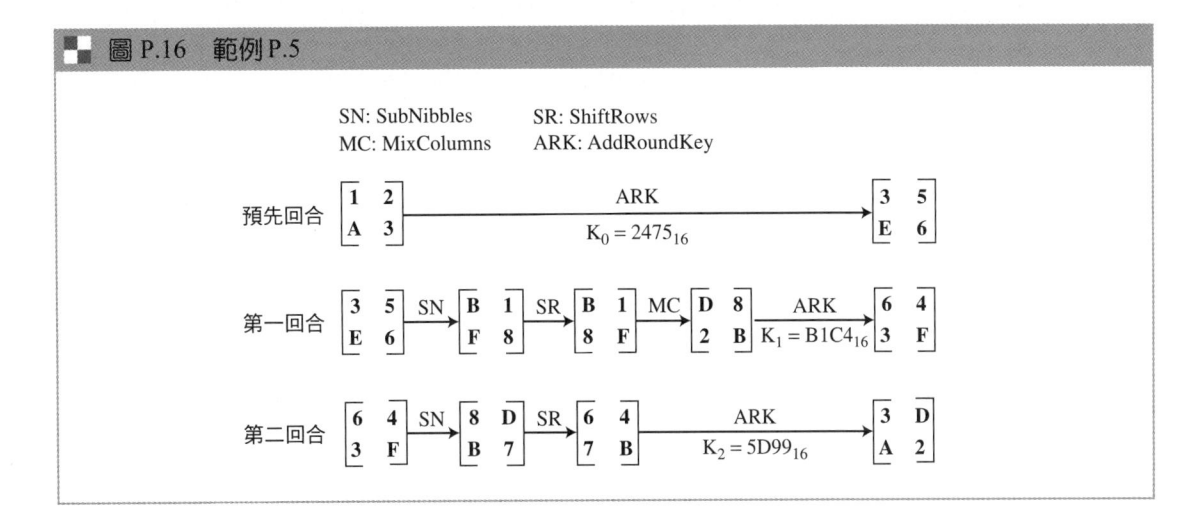

SN: SubNibbles　　SR: ShiftRows
MC: MixColumns　　ARK: AddRoundKey

預先回合：$\begin{bmatrix} 1 & 2 \\ A & 3 \end{bmatrix}$ →ARK, $K_0 = 2475_{16}$→ $\begin{bmatrix} 3 & 5 \\ E & 6 \end{bmatrix}$

第一回合：$\begin{bmatrix} 3 & 5 \\ E & 6 \end{bmatrix}$ →SN→ $\begin{bmatrix} B & 1 \\ F & 8 \end{bmatrix}$ →SR→ $\begin{bmatrix} B & 1 \\ 8 & F \end{bmatrix}$ →MC→ $\begin{bmatrix} D & 8 \\ 2 & B \end{bmatrix}$ →ARK, $K_1 = B1C4_{16}$→ $\begin{bmatrix} 6 & 4 \\ 3 & F \end{bmatrix}$

第二回合：$\begin{bmatrix} 6 & 4 \\ 3 & F \end{bmatrix}$ →SN→ $\begin{bmatrix} 8 & D \\ B & 7 \end{bmatrix}$ →SR→ $\begin{bmatrix} 6 & 4 \\ 7 & B \end{bmatrix}$ →ARK, $K_2 = 5D99_{16}$→ $\begin{bmatrix} 3 & D \\ A & 2 \end{bmatrix}$

附錄 Q 一些證明

這個附錄提供第二章和第九章中一些定理的證明。這些證明大部分都很短且並不正式，但它們對於學生學習密碼學非常有幫助。讀者如果對這些證明的細節有興趣，可以參考有關數論的書籍。

Q.1 第二章

本節提供有關整除性、歐幾里德演算法以及同餘的一些定理證明。

整除性

以下為許多有關整除性的證明。

定理 Q.1：整除關係（演算法）

對於整數 a 和 b，其中 $b > 0$，則必定存在整數 q 和 r，使得 $a = q \times b + r$。

> **證明：**
> 考慮形式如下的算術級數：
> $$\cdots, -3 \times b, -2 \times b, -1 \times b, 0 \times b, 1 \times b, 2 \times b, 3 \times b, \cdots$$
> 很明顯地，整數 a 不是等於此級數中的某個項次，就是在兩個連續項次的中間。換句話說，$a = q \times b + r$，其中 $q \times b$ 是在上述級數的某個項次，而 r 為從該項次到 a 的偏移。

定理 Q.2

若 $a \mid 1$，則 $a = \pm 1$。

> **證明：**
> $a \mid 1 \rightarrow 1 = x \times a$，其中 x 是一個整數。
> 這表示：($x = 1$ 且 $a = 1$) 或 ($x = -1$ 且 $a = -1$)。
> 因此：$a = \pm 1$。

定理 Q.3

若 $a \mid b$ 且 $b \mid a$，則 $a = \pm b$。

> **證明：**
> $a \mid b \rightarrow b = x \times a$，其中 x 是一個整數。

$b\,|\,a \to a = y \times b$，其中 y 是一個整數。
我們可得 $a = y \times b = y \times (x \times a) = (y \times x) \times a \to y \times x = 1$。
這表示：($x = 1$ 且 $y = 1$) 或 ($x = -1$ 且 $y = -1$)。
因此：$a = y \times b \to a = \pm b$。

定理 Q.4

若 $a\,|\,b$ 且 $b\,|\,c$，則 $a\,|\,c$。

證明：
$a\,|\,b \to b = x \times a$，其中 x 是一個整數。
$b\,|\,c \to c = y \times b$，其中 y 是一個整數。
我們可得 $c = y \times b = y \times (x \times a) = (y \times x) \times a$
因此，$a\,|\,c$。

定理 Q.5

若 $a\,|\,b$ 且 $a\,|\,c$，則 $a\,|\,(b + c)$。

證明：
$a\,|\,b \to b = x \times a$，其中 x 是一個整數。
$a\,|\,c \to c = y \times a$，其中 y 是一個整數。
我們可得 $b + c = (x + y) \times a$。
因此，$a\,|\,(b + c)$。

定理 Q.6

若 $a\,|\,b$ 且 $a\,|\,c$，則 $a\,|\,(m \times b + n \times c)$，其中 m 和 n 為任意整數。

證明：
$a\,|\,b \to b = x \times a$，其中 x 是一個整數。
$a\,|\,c \to c = y \times a$，其中 y 是一個整數。
我們可得 $m \times b + n \times c = m \times (x \times a) + n \times (y \times a) = (m \times x + n \times y) \times a$。
因此，$a\,|\,(m \times b + n \times c)$。

歐幾里德演算法

在第二章我們使用歐幾里德演算法和歐幾里德延伸演算法。以下為與這兩個定理相關的證明。

定理 Q.7

若 $a = b \times q + r$（r 是 a 除以 b 的餘數），則 gcd (a, b) = gcd (b, r)。

> **證明：**
> 假設 E 為 a 與 b 所有公因數的集合。E 中的所有元素都可以整除 a 和 b；因此，它們都可以整除 $r = a - b \times q$。這表示 E 為 a、b 和 r 所有公因數的集合。
> 假設 F 為 b 與 r 所有公因數的集合。F 中的所有元素都可以整除 b 和 r；因此，它們都可以整除 $a = b \times q + r$。這表示 F 為 a、b 和 r 所有公因數的集合。
> 這表示 $E = F \rightarrow a$、b 和 r 有相同的公因數集合。
> 因此，gcd (a, b) = gcd (b, r)。

如同我們在第二章所見，這個定理是歐幾里德演算法之所以能找出兩整數之最大公因數背後的原理。

定理 Q.8

如果 a 和 b 為整數，並且不同時為零，則必存在整數 x 和 y，使得 gcd $(a, b) = x \times a + y \times b$。

> **證明：**
> 假設 D 是 $(x \times a + y \times b)$ 所有可能值的集合，其中 d 是集合中最小的非零值。
> 我們可以寫成 $a = q \times d + r \rightarrow r = a - q \times d = (1 - q \times x)a + (-q \times y)b$，其中 $0 \le r < d$。
> 這導致 r 為 D 集合的成員。但因為 $r < d$，所以 $r = 0$ 或 $d \mid a$。
> 同理，我們也可以證明 $d \mid b$。
> 因此，d 是 a 和 b 的公因數。
> 又任何 a 和 b 的因數都整除 $d = x \times a + y \times b$。因此，$d$ 必定為 gcd (a, b)。

如同我們在第二章所見，這個定理是歐幾里德延伸演算法背後的原理。

🔑 同餘

以下為第二章中一些有關同餘的定理之證明。

定理 Q.9

若 a、b 和 n 為整數且 $n > 0$，則 $a \equiv b \pmod{n}$ 若且唯若存在一個整數 q，使得 $a = q \times n + b$。

> **證明：**
> 若 $a \equiv b \pmod{n}$，則 $n \mid (a - b)$，這表示存在一個整數 q，使得 $a - b = q \times n$。
> 因此，我們可得 $a = q \times n + b$。

> 若存在一個整數 q，使得 $a = q \times n + b$，則 $a - b = q \times n$，這表示 $n \mid (a - b)$。
> 因此，我們可得 $a \equiv b \pmod{n}$。

定理 Q.10

若 a、b、c 和 n 為整數且 $n > 0$，使得 $a \equiv b \pmod{n}$，則

a. $a + c \equiv b + c \pmod{n}$。
b. $a - c \equiv b - c \pmod{n}$。
c. $a \times c \equiv b \times c \pmod{n}$。

> **證明**：注意 $a \equiv b \pmod{n} \rightarrow n \mid (a - b)$。
> a. $(a + c) - (b + c) = a - b$。因為 $n \mid (a - b)$，$n \mid (a + c) - (b + c)$，因此 $a + c \equiv b + c \pmod{n}$。
> b. $(a - c) - (b - c) = a - b$。因為 $n \mid (a - b)$，$n \mid (a - c) - (b - c)$，因此 $a - c \equiv b - c \pmod{n}$。
> c. $(a \times c) - (b \times c) = (a - b) \times c$。因為 $n \mid (a - b)$，$n \mid (a - b) \times c$，因此 $a \times c \equiv b \times c \pmod{n}$。

定理 Q.11

若 a、b、c、d 和 n 為整數且 $n > 0$，使得 $a \equiv b \pmod{n}$ 且 $c \equiv d \pmod{n}$，則

a. $a + c \equiv b + d \pmod{n}$。
b. $a - c \equiv b - d \pmod{n}$。
c. $a \times c \equiv b \times d \pmod{n}$。

> **證明**：注意 $a \equiv b \pmod{n} \rightarrow (a - b) = k \times n$；$c \equiv d \pmod{n} \rightarrow (c - d) = l \times n$
> a. $(a + c) - (b + d) = (a - b) + (c - d) = k \times n + l \times n = (k + l) \times n$。因此，$a + c \equiv b + d \pmod{n}$。
> b. $(a - c) - (b - d) = (a - b) - (c - d) = k \times n - l \times n = (k - l) \times n$。因此，$a - c \equiv b - d \pmod{n}$。
> c. $a \times c - b \times d = c \times (a - b) + b \times (c - d) = (c \times k + b \times l) \times n$。因此，$a \times c \equiv b \times d \pmod{n}$。

Q.2 第九章

本節提供在第九章中所使用到一些定理的證明。一些需要較長篇幅的證明請參見數論書籍，例如中國餘數定理的證明。

質數

我們只證明一個關於質數的定理。

定理 Q.12

如果 n 是合成數，則必存在一個質因數 p，使得 $p \leq \sqrt{n}$。

> **證明：**
> 因為 n 是合成數，$n = a \times b$。
> 如果 p 是 n 最小的質因數，則 $p \leq a$ 且 $p \leq b$。
> 因此，$p^2 \leq a \times b$ 或 $p^2 \leq n \rightarrow p \leq \sqrt{n}$。

我們在埃拉托斯特尼篩選法中使用這個定理來找出 n 的所有質因數。

尤拉 Phi 函數

下列三個證明與尤拉 Phi 函數相關。

定理 Q.13

若 p 為質數，則 $\phi(p) = p - 1$。

> **證明：**
> 因為 p 是質數，所有小於 p 的整數，除了 p 自己以外，都和 p 互質。
> 因此，$\phi(p) = p - 1$。

這個定理是尤拉 Phi 函數的一部分。

定理 Q.14

若 p 是質數而 e 是正整數，則 $\phi(p^e) = p^e - p^{e-1}$。

> **證明：**
> 與 p^e 不互質的整數有 $(1 \times p), (2 \times p), ..., (p^{e-1} \times p)$。在 p^e 之下的這些整數全都有一個公因數 p。這些數的全部個數為 p^{e-1}。而其餘的整數都與 p^e 互質。
> 因此，$\phi(p^e) = p^e - p^{e-1}$。

這個定理是尤拉 Phi 函數的另一部分。

定理 Q.15

若 n 是一個合成數且可以分解成質因數的乘積 $\Pi\, p_i^{e_i}$，則 $\phi(n) = \Pi(p_i^{e_i} - p_i^{e_i-1})$。

> **證明：**
> 這個證明植基於 $\phi(n)$ 為一個乘法函數的事實，也就是當 m 和 n 互質時，則 $\phi(m \times n) = \phi(m) \times \phi(n)$。
> 因為 n 的質因數分解中所有項次都兩兩互質，所以 $\phi(\Pi\, p_i^{ei}) = \Pi \phi(p_i^{ei})$。
> 因此，$\phi(n) = \Pi(p_i^{ei} - p_i^{ei-1})$。

這個定理將尤拉 Phi 函數推廣。

費瑪小定理

下列兩個定理的證明與費瑪小定理相關。

定理 Q.16

若 p 是質數且 a 是一個與 p 互質的正整數,則 $a^{p-1} \equiv 1 \pmod{p}$。

> **證明:**
> 我們可以證明項次 $a, 2a, ..., (p-1)a$ 模 p 的餘數為 $1, 2, ..., (p-1)$,但順序不一定相同。
> 計算 $a \times 2a \times ... \times (p-1)a$ 的結果是 $[(p-1)]!\, a^{p-1}$。
> 計算 $1 \times 2 \times ... \times (p-1)$ 的結果是 $[(p-1)]!$。
> 這表示 $[(p-1)]!\, a^{p-1} \equiv [(p-1)]! \pmod{p}$。
> 因此,當兩邊同除以 $[(p-1)]!$,可得 $a^{p-1} \equiv 1 \pmod{p}$。

這個定理是第一種版本的費瑪小定理。

定理 Q.17

若 p 是質數而 a 是一個正整數,則 $a^p \equiv a \pmod{p}$。

> **證明:**
> 若 a 和 p 互質,我們將前一個定理的同餘式兩邊同時乘以 a 可以得到 $a^p \equiv a \pmod{p}$。
> 若 $p \mid a$,則 $a^p \equiv a \equiv 0 \pmod{p}$。

這個定理是第二種版本的費瑪小定理。

尤拉定理

以下定理的證明與第一種版本的尤拉定理相關。第二種版本已在第九章證明過。

定理 Q.18

若 n 和 a 互質,則 $a^{\phi(n)} \equiv 1 \pmod{n}$。

> **證明:**
> 假設集合 $\mathbf{Z}_{n^*}$ 的元素為 $r_1, r_2, ..., r_{\phi(n)}$。
> 我們將 $\mathbf{Z}_{n^*}$ 中的元素同乘以 a 以產生另一個集合 $ar_1, ar_2, ..., ar_{\phi(n)}$。我們可以證明新集合中的每個元素會與 $\mathbf{Z}_{n^*}$ 中的元素同餘(順序不一定相同)。
> 因此,$ar_1 \times ar_2 \times ... \times ar_{\phi(n)} \equiv r_1 \times r_2 \times ... \times r_{\phi(n)} \pmod{n}$。
> 我們可得 $a^{\phi(n)} [r_1 \times r_2 \times ... \times r_{\phi(n)}] \equiv r_1 \times r_2 \times ... \times r_{\phi(n)} \pmod{n}$。
> 因此,$a^{\phi(n)} \equiv 1 \pmod{n}$。

算術的基本定理

以下為算術的基本定理的部分證明。

定理 Q.19

任何大於1的正整數 n 可以表示成質數的乘積。

> **證明：**
> 我們使用歸納法。基本的情形是 $n = 2$，其本身為一個質數。為了一般化，假設所有小於 n 的正整數都可以表示成質數的乘積，我們要證明 n 也可以表示成質數的乘積。
>
> 我們分為以下兩種情形討論：n 是質數或 n 是合成數。
>
> 1. 若 n 是質數，它可以被表示成一個質數的乘積，也就是它自己。
> 2. 若 n 是合成數，可以寫成 $n = a \times b$。因為 a 和 b 都小於 n，所以依據假設，它們可以分別表示成質數的乘積。因此，n 可以表示成質數的乘積。

這個定理是算術的基本定理的部分證明。要完整地證明此定理，還需要證明這個乘積是唯一的，但我們將這個部分留給專門討論數論的書籍。

重要詞彙

A

A5/1 A5串流加密家族之一成員用於全球行動通訊系統（GSM）。 226

交換群（abelian group） 交換群。 91

存取控制（access control） 一種保護免於非合法授權存取資料的安全服務，也是一種驗證使用者存取資料權力的安全機制。 8, 9

主動攻擊（active attack） 一種可能更改資料或危害系統的攻擊。 6

加法加密法（additive cipher） 簡單的單字元加密法，每一字元藉由與金鑰值相加來加密。 58

加法反元素（additive inverse） 在模運算中，若 $(b + a)$ mod $n = 0$，則 a 和 b 互為加法反元素。 34

AddRoundKey 在AES中，在每一狀態行矩陣中加入roundkey字元的一種運算。 192, 355

進階加密標準（Advanced Encryption Standard, AES） 由NIST公布的一種非Feistal對稱式金鑰區塊加密法。 178

仿射加密法（affine cipher） 一種結合加法與乘法的加密法。 62

積極模式（aggressive mode） IKE協定中的一種模式，其為相對應於IKE主要模式的壓縮版本。在積極模式中，我們只用三個訊息交換來取代原來的六個訊息交換。 533

警示協定（Alert Protocol） 在SSL和TLS中，顯示錯誤與不正常狀況的一種協定。 491

代數結構（algebraic structure） 一種包含集合之元素與運算的結構，例如群、環、體等。 90

匿名式 Diffie-Hellman（anonymous Diffie-Hellman） 在SSL和TLS中，原始的Diffie-Hellman協定。 476

結合性（associativity） 代數結構中，假設 a、b、c 是集合的元素，• 為一種運算，結合性保證 $(a • b) • c = a • (b • c)$。 91

非對稱式金鑰密碼系統（asymmetric-key cryptosystem） 兩把不同金鑰的加解密系統，其中公開金鑰用於加密，私密金鑰用於解密。 274

非對稱式金鑰加密（asymmetric-key encipherment） 使用非對稱式金鑰密碼系統來進行加密。 10

確認性（authentication） 一種確認使用者身份的安全服務。 7

交換確認（authentication exchange） 一種雙方交換訊息以證明彼此身份的安全機制。 9

確認性標頭協定（Authentication Header (AH) Protocol） IPSec的一種協定，提供訊息完整性與確認的功能。 515

身份確認伺服器（authentication server, AS） 在Kerberos協定中，扮演KDC角色的伺服器。 44

自動金鑰加密法（autokey cipher） 一種串流加密法，每把子金鑰相同於前一明文字元。第一把子金鑰是雙方早就祕密決定好的值。 65

可使用性（availability） 組織所產生及儲存的資訊對合法授權的使用者是可使用的。 3

崩塌影響（avalanche effect） 加密演算法所具備的某種特性，明文或金鑰的些微改變會造成密文的劇烈變化。 163

B

二元運算（binary operation） 一種以兩個輸入產生一個輸出的運算。 19

生物測定（biometrics） 一種用生理或行為特徵來辨識一個人身份的測量法。 400

生日問題（birthday problem） 當 $n \leq 365$ 時，n 個人有不同生日之機率的典型問題。 322

位元（bit） 值為0或1之二進位。 180

位元導向加密法（bit-oriented cipher） 一種加密法，其明文、密文及金鑰都是位元。 114

盲數位簽章機制（blind digital signatures scheme） 由David Chaum所發展的專利機制，允許一份文件在不洩漏給簽章者的情況下被簽署。 382

區塊（block） 多位元組合成一個單位。 181

區塊加密法（block cipher） 一種加密法，使用相同金鑰一次加密一個明文區塊。 82

廣播攻擊（broadcast attack） 一種RSA的攻擊形態，於某一方傳送相同低加密指數的小訊息給一群接收者時展開。 287

暴力攻擊（brute-force attack） 一種攻擊形態，攻擊者嘗試使用所有可能的金鑰以找出加密金鑰。 55

桶組式攻擊（bucket brigade attack） 參見中間人攻擊（man-in-the-middle attack）。 421

位元組（byte） 8位元的集合。 180

C

凱撒加密法（Caesar cipher） Julius Caesar所使用之固定值金鑰的加法加密法。 58, 59

CBCMAC 參見CMAC。 332

憑證管理中心（certification authority, CA） 一個負責將公開金鑰與某一個體結合並簽發憑證的組織。 425

挑戰－回應確認（challenge-response authentication） 一種主張者可證明他知道祕密的身份確認方法。 391

密文變更協定（ChangeCipherSpec Protocol） 一種在SSL和TLS中，允許從未決定狀態移至有效狀態的協定。 490

特徵多項式（characteristic polynomial） 在LFSR中，描述回饋函數的多項式。 140

字元導向加密法（character-oriented cipher） 一種加密法，其明文、密文及金鑰都是字元。 114

中國餘數定理（Chinese remainder theorem, CRT） 一個證明模數互質之一組單變數方程式存在唯一解的定理。 255

選擇密文攻擊（chosen-ciphertext attack） 一種攻擊方法，攻擊者可選擇一系列的密文並得到相對的明文，攻擊者再分析密文／明文配對來找出加密金鑰。 57

選擇訊息攻擊（chosen-message attack） 一種攻擊方法，攻擊者使Alice簽署一或多份訊息。攻擊者再產生她所想要的內容並偽裝Alice簽章。 368

選擇明文攻擊（chosen-plaintext attack） 一種攻擊方法，攻擊者可選擇一系列的明文並得到相對的密文，攻擊者再分析明文／密文配對找出加密金鑰。 56

加密法（cipher） 一種加解密演算法。 53, 198

密文回饋模式（cipher feedback mode, CFB mode） 一種運算模式，每 r 位元區塊與 r 位元金鑰作互斥或運算當成加密暫存器的一部分。 215

密文區塊鏈結模式（cipher block chaining mode, CBC mode） 一種類似ECB的運算模式，每一區塊首先與前一密文區塊做互斥或運算。 213

加密套件（cipher suite） 在SSL和TLS協定中，金鑰交換、雜湊和加密演算法的組合。 479

密文（ciphertext） 加密過的訊息。 53

只知密文攻擊（ciphertext-only attack） 一種攻擊形態，攻擊者以僅有攔截到的密文去分析它。 54

循環位移運算（circular shift operation） 一種現代區塊加密法的運算，從某一端移除 k 位元並插入於另一端。 125

要求者（claimant） 個體身份確認中，其身份必須被證明。 387

塞爆攻擊（clogging attack） Diffie-Hellman協定的一種攻擊方法，攻擊者偽裝從不同來源傳送許多部分金鑰給某一方。此攻擊可能導致阻斷服務攻擊。 526

封閉性（closure） 在代數架構中，假設 a、b 是集合的元素，• 是一種運算，封閉性質保證 $c = a • b$ 亦是集合的一員。 91

CMAC 由NIST（FIPS 113）所定義的標準MAC，做為資料確認演算法。方法類似於CBC模式。 332

抗碰撞（collision resistance） 一個密碼雜湊函數的性質，確保攻擊者無法找出兩個訊息而有相同訊息摘要。 318, 319

行矩陣（column matrix） 只有一行的矩陣。 39

整合運算（combine operation） 某些區塊加密法中，結合兩個等長區塊以產生一個新的區塊。 126

共同模數攻擊（common modulus attack） 一種RSA的攻擊形態，展開於一個通訊使用共同模數。 289

交換群（commutative group） 其二元運算滿足交換率的群。 91

交換性（commutativity） 在一個代數結構(S, •)中，若對於 S 中任意的元素 a、b，具有 $a • b = b • a$ 的性質，則此代數結構具有可交換性。（S為代數結構中的元素集合，• 為代數結構中的運算符號。） 91

合成數（composite） 一個可被1或本身以外之正整數整除的正整數。 234

合成（composition） 當兩個函數合併成一個新函數時，則稱此新函數為原來兩個函數的合成。意即：若 x 在函數 f 的定義域中，且 $f(x)$ 在函數 g 的定義域中，則函數 $h = g(f(x))$ 稱為 f 和 g 的合成。 92

壓縮函數（compression function） 一種可將訊息壓縮的函數。這種函數的功能是將任意長度的訊息壓縮成固定長度的摘要。 338

壓縮的P-box（compression P-box） 一種P-box，其輸出的長度小於輸入的長度。參見P-box。 120

機密性（confidentiality） 密碼學中的一種安全目標。其目的在於利用一些安全機制將資訊隱藏起來，確保資訊不會洩露給未經授權的人知道。 3

混淆（confusion） 一個安全的區塊加密法所必須具備的性質，由Shanon所提出。具有這種性質的區塊加密法可以良好地隱藏密文和金鑰之間的關係，讓攻擊者無法從密文中找出加密的金鑰。 127

同餘（congruence） 如果 $a - b = kn$（k為任意整數），則稱整數 a 和 b 在模 n 下為同餘，記為 $a ≡ b \pmod{n}$。 29

同餘運算子（congruence operator） 符號（≡）用來表示同餘運算子。 29

連線（connection） 在 SSL 和 TLS 的協定中，通訊的雙方在進行安全的通訊之前，必須先交換亂數並且產生金鑰以建立連線。 482

cookie 一種將資料儲存在遠端瀏覽器的機制。網站可以利用其對使用者進行追蹤或認證。 526

Coppersmith 定理攻擊（Coppersmith theorem attack） 一種對 RSA 的攻擊。當 RSA 所使用的加密指數很小時，這種攻擊是有效的。 287

互質（coprime） 參見互質（relatively prime）。 235

計數器模式（counter mode, CTR mode） 區塊加密法的一種操作模式。此種模式和 OFB 模式相似，但其使用計數器代替位移暫存器來產生初始值以提高密文的複雜度。此種模式不需回饋。 220

破密分析（cryptanalysis） 破解密碼系統的技術與科學。 54

密碼雜湊函數（cryptographic hash function） 在密碼學上，單向雜湊函數可將任意長度的輸入訊息轉換成固定長度的輸出摘要。一個安全的單向雜湊函數必須要具備不可逆性和碰撞抵抗性。 317

密碼訊息文法（Cryptographic Message Syntax, CMS） 在 S/MIME 中所訂定的一些規範，其明確定義出在電子郵件中，各種型態的內容應分別使用何種演算法來編碼。 466

密碼學（cryptography） 將訊息經由轉換、編碼，使攻擊者無法得知其內容的技術與科學。 10

循環子群（cyclic subgroup） 在一個子群中，若存在一個元素可以生成整個子群，則此子群稱為循環子群。 94

循環攻擊（cycling attack） 一種對 RSA 的攻擊。此種攻擊是利用 RSA 之明文和密文為同一個循環子群的特性。攻擊者可以不停地對密文重複加密，最後一定可得到明文。 288

D

資料機密性（data confidentiality） 一種安全服務，可以保護資料在傳送時，不會遭受竊聽、流量分析等攻擊。 7

資料加密標準（Data Encryption Standard, DES） 由 NIST 組織所制定的對稱式區塊加密演算法，其使用類似 Feistel 結構的回合制來運行。 148

資料擴展函數（data expansion function） 在 TLS 協定中，一個能將機密資料之長度擴充的函數，此函數利用預先定義好的 HMAC 來達成這個目的。參見 HMAC。 504

資料完整性（data integrity） 一種安全服務，可保護資料在傳送時，不會遭受竄改、插入資料、刪除資料、重送等攻擊。一般而言是利用檢查碼的機制來完成這項服務。傳送者可利用演算法由原始資料產生檢查碼，然後將檢查碼附在原始資料後一起傳送。接收者可利用此檢查碼來確認原始資料的完整性。 7, 8

Davies-Meyer 機制（Davies-Meyer scheme） 一種單向雜湊函數的機制。此機制和 Rabin 的機制十分相似，但它額外使用了前向回饋的方式來抵擋中間相遇攻擊法。 341

解密（deciphering） 參見解密（decryption）。 10

解碼（decoding） 這個詞彙有許多種定義。在本書中的定義為：將 n 個位元的整數 i 轉換為 2^n 個位元的字串。其中，轉換完的字串中只有第 i 個位置的值為 1，其餘位置的值均為 0。 53

解密（decryption） 將密文還原為明文的過程。 10

解密演算法（decryption algorithm） 用來解密的演算法。 53

阻斷式服務（denial of service） 對於「可使用性」此目標的唯一一種攻擊方法。其目的是要破壞系統或是降低系統效能。 5

行列式（determinant） 一個由方陣經計算所得的值，可用於判斷矩陣是不是可逆。一個可逆矩陣其行列式的值必不為零。 41

字典攻擊（dictionary attack） 一種安全攻擊。攻擊者忽略使用者的 ID，而致力於找出使用者的通行碼。 389

差異破密分析（differential cryptanalysis） 一種選擇明文式的攻擊法，由 Biham 和 Shamir 所提出。其利用 S-box 之間的差異性來對 DES 的密文進行分析與破解。 133

Diffie-Hellman 協定（Diffie-Hellman protocol） 一種不需要金鑰分配中心的協助，通訊的雙方便可以自行產生會議金鑰的通訊協定。 418

擴散（diffusion） 一個安全的區塊加密法所必須具備的性質，由 Shanon 所提出。具有這種性質的區塊加密法可以良好地隱藏密文和明文之間的關係，讓攻擊者無法從密文解出原來的明文。 327

數位簽章（digital signature） 一種密碼學上的安全機制。傳送者可以利用電子的方式簽署一份文件並傳送給接收者。接收者可以驗證文件和簽章的正確性，並且可以證明此文件確實是由傳送者簽署的。 8

數位簽章演算法（Digital Signature Algorithm, DSA） 在數位簽章標準（DSS）中所訂定，可用來產生數位簽章的演算法。 377

數位簽章機制（digital signature scheme） 一種用系統化的方式來產生安全之數位簽章的機制。 368

數位簽章標準（Digital Signature Standard, DSS） 由 NIST 組織所制定的數位簽章標準，其文件編號為 FIPS 186。 377

雙字母組（digram） 由兩個字母所組成的字串。 60

離散對數（discrete logarithm） 給定三個整數 n、r、a（其中 r 為 n 之原根，且 a 與 n 互質），若 $r^d \equiv a \pmod{n}$，則整數 d 為 a 對 r 在模 n 下的離散對數。 263, 266

分配性（distributivity） 在一個代數結構 <S, □, •> 中，若對於所有 S 中的 a、b、c，滿足 $a \square (b \bullet c) = (a \square b) \bullet (a \square c)$ 且 $(a \bullet b) \square c = (a \square c) \bullet (b \square c)$，則此代數結構的 □ 對 • 具有分配律。 97

整除性（divisibility） 給定兩個整數 a 和 b 且 $a \neq 0$，若 $b = k \times a$（其中 k 為任意整數），則我們稱 a 可以整除 b。 21

整除性測試法（divisibility test） 一種最簡單可用來測試質數的確定式演算法。若某數 n 為質數，則所有小於 $\sqrt{n}$ 的整數都無法整除 n。 243

雙重 DES（double DES, 2DES） 一個經由兩次 DES 加密所得到的密文。若要還原回明文，也必須要經過兩次 DES 的解密。 170

雙重換位加密法（double transposition cipher） 利用換位加密法連續加密兩次所得的密文，解密時也必須連續解密兩次才也能還原回明文。加（解）密時，兩次所使用的金鑰可以相同也可以不相同。 80

E

電子編碼本模式（electronic codebook mode, ECB mode） 一種區塊加密法的操作模式。此種模式使用同一把金鑰單獨加密明文中的每一個區塊，使得密文之間彼此沒有關連性。 211

電子郵件（electronic mail, e-mail） 電子化版本的郵件系統。 436

ElGamal 密碼系統（ElGamal cryptosystem） 由 ElGamal 所設計的非對稱式金鑰密碼系統。此系統植基於離散對數問題。 296

ElGamal 數位簽章機制（ElGamal digital signature scheme） 由 ElGamal 密碼系統所衍伸出的數位簽章機制。其可與 ElGamal 密碼系統使用相同的金鑰。 372

橢圓曲線（elliptic curves） 形式為 $y^2 + b_1 xy + b_2 y = x^3 + a_1 x^2 + a_2 x + a_3$ 的二元三次方程式。 301

橢圓曲線密碼系統（elliptic curves cryptosystem） 一種植基於橢圓曲線的非對稱式金鑰密碼系統。 301

橢圓曲線對數問題（elliptic curves logarithm problem） 此問題的定義如下：給定橢圓曲線兩個點 e_1 和 e_2，求出係數 r 使得 r 滿足 $e_2 = r \times e_1$。 309

橢圓曲線數位簽章機制（elliptic curves digital signature scheme, ECDSA） 一種使用在橢圓曲線上的數位簽章演算法。此演算法植基於 DSA。 379

封裝安全承載（Encapsulating Security Payload, ESP） 在 IPSec 中的一種通訊協定，其可以保證來源的正確性、內容的完整性與私密性。 516

加密（encipherment） 參見加密（encryption）。 8

編碼（encoding） 這個詞彙有許多種定義。在本書中的定義為：將 2^n 個位元的字串轉換為 n 個位元的整數 i。其中，轉換前的字串中只有第 i 個位置的值為 1，其餘位置的值均為 0。 117

加密（encryption） 利用密碼系統將明文轉換為密文。 10

謎團機（Enigma machine） 一種植基於迴轉加密法的機器，為二次世界大戰時德軍所使用。 73

身份確認（entity authentication） 一種可讓某個單位向另一個單位證明其身份的技術。其中，需要證明自己身份的單位稱為請求者，而另一個嘗試去確認請求者身份的單位稱為驗證者。 386

暫時式 Diffie-Hellman（ephemeral Diffie-Hellman） 一種 Diffie-Hellman 金鑰交換協定的版本。在此版本中，通訊雙方將所產生的 Diffie-Hellman 金鑰先以自己的私鑰簽署後，再傳送給對方。 477

歐幾里德演算法（Euclidean algorithm） 一種可計算出兩個整數之最大公因數的演算法。 23

尤拉 phi 函數（Euler's phi-function） 一種函數，其可計算出所有比 n 小且與 n 互質的整數個數。 237

尤拉定理（Euler's theorem） 費瑪小定理的推廣。此定理的模數可為任意整數，而不限定為質數。 240

存在單位元素（existence of identity） 在一個代數結構 <S, •> 中，若對於任意 S 中的元素 a，存在一單位元素 e，使得 $a \bullet e = e \bullet a = a$，則此代數結構的單位元素存在。（S 為代數結構中的元素集合，• 為代數結構中的運算符號。） 91

存在反元素（existence of inverse） 在一個代數結構 <S, •> 中，若對於任意 S 中的元素 a，存在反元素 a' 使得 $a \bullet a' = a' \bullet a = e$（$e$ 為單位元素），則此代數結構的反元素存在。（S 為代數結構中的元素集合，• 為代數結構中的運算符號。） 91

存在性偽造（existential forgery） 一種簽章的偽造，其中偽造者可以建立一個合法的訊息−簽章對，但她並不能真正使用它。 368

擴展的 P-box（expansion P-box） 一個 P-box 有 n 個輸入及 m 個輸出，其中 $m > n$。 121

歐基里德延伸演算法（extended Euclidean algorithm） 一個演算法，給定兩個整數 a 與 b，能夠找到兩個變數 s 與 t，使得滿足方程式 $s \times a + t \times b \equiv \gcd(a, b)$。這個演算法能夠找到一個整數在模算數下的乘法反元素。 24

F

因數分解（factorization） 找出一個整數的所有質因數。 249

錯判接受率（false acceptance rate, FAR） 一個參數測量系統辨認一個人，但他卻不應被辨認的頻繁程度。 403

錯判拒絕率（false rejection rate, FRR） 一個參數測量系統無法辨認一個人，但他應被辨認的頻繁程度。 403

聯邦資訊處理標準（Federal Information Processing Standard, FIPS） 一個詳述資料處理標準的美國文件。 148

回饋函數（feedback function） 一個用於回饋位移暫存器的函數。此函數的輸入全部是細胞（單元）值；輸出是餵入第一個細胞（單元）的值。 139

回饋位移暫存器（feedback shift register, FSR） 一個具有回饋函數的位移暫存器。 139

Feige-Fiat-Shamir 協定（Feige-Fiat-Shamir protocol） 一個零知識確認系統的方法，類似於 Fiat-Shamir 協定，但使用私密金鑰向量。 399

Feistel 加密法（Feistel cipher） 一個包含可逆與不可逆元件的乘積加密法。一個 Feistel 加密法將所有的不可逆元件集合在一個單元內（在本書稱為混合器），並在加密與解密演算法中使用相同的單元。 129

費瑪因數分解法（Fermat factorization method） 一種分解因數的方法，其中一個整數 n 被分解成兩個正整數 a 及 b，以致於 $n = a \times b$。 251

費瑪數（Fermat number） 一個形式為 $F_n = 2^{2n} + 1$ 的整數集合，其中 n 是整數。 242

費瑪質數測試法（Fermat primality test method） 一個基於費瑪小定理的質數測定法。 244

費瑪質數（Fermat prime） 一個為質數的費瑪數。 242

費瑪小定理（Fermat's little theorem） 在第一個版本，若 p 是一個質數且 a 是一個整數使得 p 不整除 a，則 $a^{p-1} = 1 \bmod p$。在第二個版本，若 p 是一個質數且 a 是一個整數，則 $a^p = a \bmod p$。 238

Fiat-Shamir 協定（Fiat-Shamir protocol） 一個零知識確認方法，由 Fiat 及 Shamir 所設計。 397

體（field） 一個具有兩個運算的代數結構，其中第二個運算滿足在第一個運算中的所有的五個特性，除了第一個運算中的單位元素在第二個運算中沒有反元素。 98

有限體（finite field） 一個元素個數有限的體。 98

有限群（finite group） 一個元素個數有限的群。 94

固定式 Diffie-Hellman（fixed Diffie-Hellman） 在 SSL 或 TLS 中，一個 Diffie-Hellman 協定的版本，其中每一個實體可以建立一把固定的半金鑰，並將此半金鑰送出，此半金鑰被嵌入於憑證中。 477

固定通行碼（fixed-password） 在每一次的存取中通行碼被重複地使用。 387

函數（function） 一個映射，關聯集合 A（稱為定義域）中的元素與集合 B（成為值域）中的元素。 277

G

蓋洛瓦體（Galois field） 參見有限體（finite field）。 98

最大公因數（greatest common divisor, gcd） 能整除整數 a 與 b 的最大可能的整數。 22

群（group） 只有一個二元運算的代數結構，其滿足四個特性：封閉性、結合性、存在單位元素以及存在反元素。 91

Guillou-Quisquater 協定（Guillou-Quisquater protocol） 一個 Fiat-Shamir 協定的延伸，使用較少回合來證明要求者的身份。 399

H

握手協定（Handshake Protocol） 在 SSL 與 TLS 中，協定使用訊息來溝通加密法套件，使得客戶端確認伺服器以及伺服器確認客戶端，並為建立密碼技術上使用的祕密而交換訊息。 484

雜湊的訊息確認（hashed message authentication） 使用一個訊息摘要進行確認。 331

雜湊的訊息確認碼（hashed message authentication code, HMAC） 一個 NIST 所發布的巢狀 MAC 標準（FIPS 198）。 331

雜湊（hashing） 一個密碼學的技術，從一個變動長度的訊息建立一個固定長度的摘要訊息。 10

HAVAL 一個變動長度的雜湊演算法，使用訊息摘要長度為 128、160、192、224 及 256。區塊長度為 1024 位元。 340

Hill 加密法（Hill cipher） 一個多字母加密法，其中明文被分成相等長度的區塊。區塊被一個一個地加密，在此方法下，每一個在區塊中的字元對在區塊中其他字元的加密有所貢獻。 70

超文字傳輸協定（Hypertext Transfer Protocol, HTTP） 一個擷取網頁文件的應用層服務。 474

I

無限群（infinite group） 一個有無限數量元素的群。 94

初始向量（initial vector, IV） 一個區塊被用在某些運作模式來初始化第一次迭代。 213

輸入填塞（input pad, ipad） 使用於HMAC的第一個填塞。 331

完整性（integrity） 參見資料完整性（data integrity）。 3

國際電信聯盟－電信標準化部門（International Telecommunication Union-Telecommunication Standardization Sector, ITUT） 一個負責通訊標準的國際標準團體。 6

網際網路工程工作小組（Internet Engineering Task Force, IETF） 一個設計及發展TCP/IP協定套件及網際網路的團體。 556

網際網路金鑰交換（Internet Key Exchange, IKE） 一個設計用於建立在IPSec上的安全關聯的協定。 524

網際網路安全連結與金鑰管理協定（Internet Security Association and Key Management Protocol, ISAKMP） 一個NSA設計的協定，實現定義於IKE中的交換。 525

反向加密法（解密）（inverse cipher） 解密演算法。 198

可逆函數（invertible function） 一個函數其值域中的每一個元素都與定義域中唯一一個元素關聯。 277

InvMixColumns 在AES中，欄交換（MixColumns）運算的反向，用於反向加密。 191

InvShiftRows 在AES中，行位移（ShiftRows）運算的反向，用於反向加密。 189

InvSubBytes 在AES中，位元組取代（SubBytes）運算的反向，用於反向加密。 185

網際網路協定安全（Internet Protocol Security, IPSec） 一個由IETF設計之協定的集合，提供在網路層級封包的安全。 512

不可分解多項式（irreducible polynomial） 一個最高冪次為n的多項式，其沒有冪次較小的因式。一個不可分解多項式不能被分解成一個冪次較小得多項式。 102

迭代式密碼雜湊函數（iterated cryptographic hash function） 一個雜湊函數，會建立一個具有固定大小輸入的函數，並且使用必要的次數。 338

K

Kasiski 測試（Kasiski test） 一個找到在多字母加密法中金鑰長度的測試。 69

Kerberos 一個確認協定，而且同時是一個KDC，由MIT發展，為Athena專案的一部分。 413

Kerckhoff's原則（Kerckhoff's principle） 一個密碼學的原則。可以假設攻擊者知道加密／解密演算法。因此，加密法抵抗攻擊必須只能基於金鑰的保密。 54

金鑰（key） 加密法（例如一個演算法）可在其上運作的一組值。 53

金鑰補數（key complement） 金鑰中的每個位元反向所成的字串。 169

金鑰分配中心（key-distribution center, KDC） 一個可信賴第三方，其建立在兩個個體間的共享金鑰。 409

金鑰範圍（key domain） 一個加密法可能的金鑰集合。 54

金鑰擴展（key expansion） 在一個回合加密，從加密金鑰建立回合金鑰的程序。 193

金鑰產生器（key generator） 從加密金鑰建立回合金鑰的演算法。 127

僅有金鑰攻擊（key-only attack） 一個在數位簽章上的攻擊，攻擊者僅能存取公開金鑰。 368

金鑰內容（key material） 在SSL及TLS中，一個變動長度字串，通訊上的必要金鑰及參數由此所摘取。 480

金鑰環（key ring） 用於PGP上的一組公開或私密金鑰。 441

金鑰排程器（key schedule） 參見金鑰擴展（key expansion）。 127

背包問題密碼系統（knapsack cryptosystem） 公開金鑰密碼學的第一個概念，由Merkle及Hellman所設計，使用整數的背包問題。 278

已知訊息攻擊（known-message attack） 一種在數位簽章上的攻擊，其中攻擊者可存取一個或多個的訊息－簽章對。 368

已知明文攻擊（known-plaintext attack） 一種攻擊，其中攻擊者使用一組已知的明文以及對應的密文來找到加密金鑰。 56

L

最小餘數（least residue） 在模算數中的餘數。 30

線性同餘（linear congruence） 在本書中為方程式 $ax \equiv b \pmod{n}$。 43

線性破密分析（linear cryptanalysis） 一個已知明文攻擊，由Mitsuru Matsui提出，使用線性近似值來分析區塊加密法。 136

線性回饋位移暫存器（linear feedback shift register, LFSR） 一種以線性方程式作為回饋函數的回饋位移暫存器。 139

線性Diophantine方程式（linear Diophantine equations） 帶有兩個變數且形式為$ax + by = c$的方程式。 26

線性S-box（linear S-box） 一種S-box，其輸出位元與輸入位元的關係為線性函數。 122

低解密指數攻擊（low decryption exponent attack） 在RSA中，一種因為私密金鑰很小而可能進行的攻擊方式。 287

M

主要模式（main mode） 在IKE中任何使用六次訊息交換的模式。 529

中間人攻擊（man-in-the-middle attack） 一種對Diffie-Hellman通訊協定的攻擊，攻擊者藉由與通訊雙方各自產生一把會議金鑰，使得通訊雙方都誤認為自己正在與對方進行安全的通訊。 421

偽裝（masquerading） 一種針對資訊完整性的攻擊，攻擊者偽裝成其他人以發動攻擊行動。 5

主金鑰（master secret） 在SSL中，由預先主金鑰所衍生的密碼，有48位元組長。 480

矩陣（matrix） 一個由$l \times m$個元素所構成的矩形陣列，其中l為行數，m為列數。 39

Matyas-Meyer-Oseas機制（Matyas-Meyer-Oseas scheme） Davies-Meyer方法的孿生版本，使用其中的訊息做為加密金鑰。 341

中間相遇攻擊（meet-in-the-middle attack） 一種針對雙重加密法的攻擊，目的在找出一組明文和密文，使得明文加密的結果和密文解密的結果相同。 170

Merkle-Damgard機制（Merkle-Damgard scheme） 一個迭代運算的雜湊函數，只有當其中的壓縮函數能夠抵抗碰撞，其運算結果才能夠抵抗碰撞。 339

莫仙尼數（Mersenne number） 一組滿足$M_p = 2^p - 1$且p為質數的整數。 241

莫仙尼質數（Mersenne prime） 同時為質數的莫仙尼數。 241

訊息存取代理人（message access agent, MAA） 可以將訊息從伺服器取回的客戶端程式。 437

訊息確認性（message authentication） 在非連結導向通訊中用來確認發送方的方法。 328, 365

訊息確認碼（message authentication code, MAC） 一種將雙方共同分享的祕密納入計算的訊息摘要碼。 329

訊息摘要（message digest） 將雜湊函數套用於一個訊息所產生的固定長度值。 317

訊息摘要（Message Digest, MD） 一組由Ron Rivest所設計的雜湊函數，包括MD2、MD4以及MD5。 340

訊息摘要範圍（message digest domain） 一個密碼學雜湊函數所有可能產出值的集合。 316

訊息傳送代理人（message transfer agent, MTA） 將訊息在網際網路上傳遞的e-mail元件。 436

Miller-Rabin質數測試法（Miller-Rabin primality test） 一種結合費瑪測試與平方根測試來尋找強質數的方法。 246

MixColumns 在AES中將每個欄位狀態轉換到新欄位的動作。 190

混合器（mixer） 在Feistel式加密法中，利用一個不可交換函數與一個XOR運算所構成的自我交換單元。 129

MixRows 在Whirlpool加密法中，一種類似AES中MixColumns的運算，不過其運算是以列為單位。 353

Miyaguchi-Preneel機制（Miyaguchi-Preneel scheme） 一種Matyas-Meyer-Oseas機制的延伸，將明文，加密金鑰與密文一起做XOR運算以取得一個新的訊息摘要。 342

運算模式（modes of operation） 一套利用固定長度的區塊加密器來加密任意長度文字的模式。 210

現代區塊加密法（modern block cipher） 一種使用相同密碼將n位元的明文區塊加密成n位元密文區塊的對稱式加密器。 115

現代串流加密法（modern stream cipher） 使用一個金鑰串流並且以r位元為加解密單位的對稱式金鑰加密器。 137

篡改（modification） 一種針對資訊完整性的攻擊法，攻擊者延遲訊息的傳遞，並且對訊息加以刪改來獲取自身的利益。 5

篡改偵測（modification detection code） 使用訊息摘要來證明訊息完整性的方法。 328

模數算術（modular arithmetic） 算術法的一支，當執行整數相除的運算時，不計商數，僅保留餘數r做為運算結果。 28

模運算子（modulo operator, mod） 模數算術中用以取得於數的運算子。 28

模數（modulus） 模數算術中的除數。 28

單字元加密法（monoalphabetic cipher） 與文字位置無關，永遠使用相同的密文符號來取代同一個明文符號的代換加密法。 57

單字母取代加密法（monoalphabetic substitution cipher） 一種以明文符號與密文符號的對映方式做為金鑰的加密法。 64

乘法加密法（multiplicative cipher） 一種將明文以乘法加密，而將密文以除法解密的加密法。 61

乘法反元素（multiplicative inverse） 在模數算術中，若 $(a \times b)$ mod $n = 1$，則稱 a 與 b 互為乘法反元素。 34

多用途網際網路郵件延伸標準（Multipurpose Internet Mail Extension, MIME） 一種讓非ASCII資料也能透過e-mail傳送的通訊協定。 460

N

美國國家標準技術局（National Institute of Standards and Technology, NIST） 美國政府負責開發標準與科技的部門。 148, 178

美國國家安全局（National Security Agency, NSA） 美國情報蒐集與安全的部門。 148

Needham-Schroeder 協定（Needham-Schroeder protocol） 一種使用密碼分配中心和多重挑戰與回應的密碼交換協定。 412

巢狀 MAC（nested MAC） 一種雙重步驟的訊息認證碼。 330

New European Schemes for Signatures, Integrity, and Encryption（NESSIE） 一個歐洲的研究計畫，旨在找出安全的密碼演算法。 350

臨時亂數（nonce） 僅供單次使用的亂數。 381, 392

非 Feistel 加密法（non-Feistel cipher） 僅使用可逆元件的乘積加密法。 132

非線性回饋位移暫存器（nonlinear feedback shift register, NLFSR） 一種具有非線性回饋函數的位移暫存器。 142

非線性 S-box（nonlinear S-box） 至少有一個輸出與輸入具有非線性關係的S-box。 123

不可否認性（nonrepudiation） 一種保護資料發送方與接收方免受否認攻擊的安全服務。 7

非奇異橢圓曲線（nonsingular elliptic curve） 公式 $x^3 + ax + b = 0$ 有三個相異根的橢圓曲線。 301

非同步串流加密法（nonsynchronous stream cipher） 根據前面的明文或密文來產生金鑰串流的串流加密法。 142

公證（notarization） 以一個可信賴的第三者來控制雙方通訊的安全機制。 9

O

Oakley 一種由 Hilarie Orman 改良自 Diffie-Hellman 方法的密碼交換協定。 524

單次密碼本（one-time pad） 一種由 Vernam 所發明的加密法，利用與明文相同長度的亂數做為加密用的金鑰。 72, 138

單次通行碼（one-time password） 僅供單次使用的通行碼。 387, 390

單向函數（one-way function, OWF） 一種容易計算卻無法逆推回去的函數。 277

最佳非對稱式加密填塞技術（optimal asymmetric encryption padding, OAEP） 一種由RSA研究群以及一些公司所提出的方法，將訊息先以一個複雜的程序加以填塞後再使用RSA加密。 291

群的秩（order of a group） 一個群中元素的個數。 94

元素的級數（order of an element） 在一個群中，滿足 $a^n = e$ 的最小正整數 n。 97

Otway-Rees 協定（Otway-Rees protocol） 一種類似 Needham-Schroeder 協定，但較為複雜的金鑰交換協定。 412

輸出回饋模式（output feedback mode, OFB mode） 一種類似CFB的操作模式，但移位暫存器的更新以前面的 r 位元加以進行。 218

輸出填塞（output pad, opad） 在HMAC演算法中的第二個填塞法。 331

P

被動攻擊（passive attack） 攻擊者在不修改資料或者傷害系統運作的條件下獲取資訊的攻擊方法。 6

植基通行碼之確認（password-based authentication） 最古老而且簡單的認證方式，使用者僅以通行碼認證其身份。 387

模式攻擊（pattern attack） 一種利用密文中所形成的重複型態對換位加密法所進行的攻擊方式。 55

P-box 現代區塊加密法中用來對位元進行換位的元件。 119

完美前向安全性（Perfect Forward Security, PFS） 密碼系統的特性之一，具有這種性質的密碼系統即使遺失永久密鑰也不致於影響先前通訊的安全性。 537

排列群（permutation group） 一種群的代數結構，其集合為元素的所有排列，而運算子則是組合。 92

鴿籠理論（pigeonhole principle） 這個理論是說，如果有 $n+1$ 隻鴿子住在 n 個鴿子籠，則最少會有一個鴿籠住了兩隻鴿子。 321

明文（plaintext） 加密前或解密後的訊息。 53

Playfair 加密法（Playfair cipher） 一種多字母加密法，其祕密金鑰是由一個 5×5 矩陣包含 25 個字母所組成。 65

Pollard p–1 因數分解法（Pollard p–1 factorization method） 由 Pollard 所發展出來的一種找出某數的質因數 p 的方法，其前提為 p–1 須不大於預定邊界 B 之因數。 252

Pollard rho 因數分解法（Pollard rho factorization method） 由 Pollard 所發展出來的一種找出某數的質因數 p 的方法，其值由演算法重複產生，其外型如希臘字母 rho（ρ）。 252

多字母加密法（polyalphabetic cipher） 一種加密方法，每一個字元每一次都可能會被不同的字元取代。 64

多項式（polynomial） 一種 $a_n x^n + a_{n-1} x^{n-1} + \ldots + a_0 x^0$ 的表示式，$a_i x^i$ 稱為第 i 項，a_i 稱為第 i 項的係數。 101

可能的弱金鑰（possible weak key） 在 DES 中的 48 把金鑰集合，其中每把金鑰只會產生四個不同的回合金鑰。 168

電力攻擊（power attack） 在 RSA 中，一種類似於時間攻擊法，可以測量電力在解密過程中消耗的攻擊方法。 290

抗前像（preimage resistance） 密碼雜湊函數的特性，對攻擊者而言，給予 h 與 $y = h(M)$，必須很難找到任意的 M'，使得 $y = h(M')$。 318

預先主金鑰（pre-master secret） 在 SSL 中，計算用戶與伺服器間的主金鑰之前，所交換的祕密值。 480

Pretty Good Privacy（PGP） 由 Zimmermann 所發展出來的協定，可提供電子郵件隱私性、完整性與確認性。 439

質數測試法（primality test） 一種確定式或機率式演算法，可判斷一正整數是否為質數。 242

質數（prime） 只能被 1 與本身整除的正整數。 234

原根多項式（primitive polynomial） 一個不可分解的多項式，可整除 $x^e + 1$，其中 e 為在 $e = 2^k - 1$ 中的最小整數。 141

原根（primitive root） 在 $G = <Z_n^*, \times>$ 的群中，當某數之秩與 $\phi(n)$ 相同時，此數稱為此群的原根。 264

私密金鑰（private key） 在非對稱式的密碼系統中用來解密的金鑰，或在簽章系統中用來簽章的金鑰。 10, 275

乘積加密法（product cipher） 一個由 Shannon 所提出的複雜加密法，其整合了取代、排列與其他元件，來提供混淆與擴散效果的加密法。 127

虛擬質數（pseudoprime） 一個通過許多質數測試法的測試，但不保證為質數的數。 246

虛擬亂數函數（pseudorandom function, PRF） 在 TLS 中，一個整合兩種資料擴散函數的函數，其一為 MD5，其一為 SHA-1。 505

公開金鑰（public key） 在非對稱式的密碼系統中用來加密的金鑰，或在簽章系統中用來驗證的金鑰。 275

公開金鑰基礎建設（public key infrastructure, PKI） 一個植基於 X.509 用來建立與分配憑證的模式。 429

Q

二次同餘（quadratic congruence） 一個 $ax^2 + bx + c = 0 \pmod{n}$ 的同餘方程式。 257

非二次剩餘（quadratic nonresidue） 在此方程式 $x^2 = a \pmod{p}$ 中，找不到 a 的平方根之解。 258

二次剩餘（quadratic residue） 在此方程式 $x^2 = a \pmod{p}$ 中，a 有 2 個平方根之解。 258

引用印刷編碼法（quoted-printable） 當資料內容包含大部分 ASCII 字元及少部分非 ASCII 字元之編碼方法。若該字元屬 ASCII 字元，則直接送出；若該字元不屬 ASCII 字元，則第一個字元送出等號（＝）。接下來 2 個字元以該字元的 16 位元表示法送出。 465

R

Rabin 密碼系統（Rabin cryptosystem） RSA 密碼系統的變種，由 Rabin 設計發展出來，其 e 值固定為 2。 294

Rabin 機制（Rabin scheme） 一種植基於 Merkle-Damgard 機制的迭代式雜湊函數，由 Rabin 設計發展出來。 340

RACE 原始完整性評量訊息摘要（RACE Integrity Primitives Evaluation Message Digest, RIPEMD） 一種密碼雜湊函數，由 RACE 設計發展出來，包含許多版本。 340

Radix 64 編碼法（Radix 64 encoding） 一種編碼系統，其二進位資料會被分割成數個 24 位元的區塊，每個區塊再分割成 4 個 6 位元的子區塊，則每個子區塊可被轉譯成可列印的字元。 464

Random Oracle 模式（Random Oracle Model） 為雜湊函數所設計的一個理想數學模式，由 Bellare 與 Rogaway 所提出。 320

RC4 一種由Rivest所設計以位元組為基礎的串流加密器。 223

記錄協定（record protocol） 在SSL與TLS中，攜帶來自上層訊息的協定。 491

相關訊息攻擊（related message attack） 由Reiter所發現在RSA中的一種攻擊法，當其公開的指數值很小時，可由2個相關的密文找出2個相關的明文。 287

互質（Relatively prime） 若兩個整數的最大公因數為1時，稱為互質。 35

重送攻擊（replay attack） 參見重送（replaying）。 527

重送（replaying） 一種攻擊型態，攻擊者先攔截訊息後，再重送此訊息。 5

否認（repudiation） 一種攻擊型態，可由通訊雙方（傳送方或接收方）其中一方啟動執行。 5

餘數（residue） 餘數。 28

剩餘類（residue class） 由一些最小的餘數所形成的集合。 30

洩漏解密指數攻擊（revealed decryption exponent attack） 在RSA中的一種攻擊法，如果攻擊者知道解密指數 d，則可使用機率式演算法因數分解 n 並找出其因數 p 與 q。 287

Rijndael 由比利時學者Daemen與Rijment所研發出來的現代區塊加密法，也被NIST遴選為進階加密標準（AES）。 179

環（ring） 一種具有兩個運算的代數結構，第一個運算須滿足在交換群中的五個特性，第二個運算須滿足前兩個特性，此外，第二個運算須對第一個運算具有分配律。 97

迴轉加密法（rotor cipher） 一種單一字母取代法，可對每一個明文字母改變明文與密文的對應方法。 72

RotWord 在AES中，一種相似於ShiftRow的運算，運用在金鑰擴展程序中一個字組只有一列的情況。 195

回合（round） 在迭代式區塊加密法中，每一個迭代的部分。 127

回合金鑰產生程序（round-keys generation） 在現代區塊加密法中，由密碼金鑰產生回合金鑰的程序。 148

路由控制（routing control） 一種安全機制，可持續改變傳送者與接收者之間可使用的不同路由，以避免攻擊者在某一特別的路由上進行竊聽。 9

列矩陣（row matrix） 只有一列的矩陣。 39

RSA密碼系統（RSA cryptosystem） 由Rivest、Shamir與Adleman所提出的最知名的公開金鑰演算法。 281

RSA簽章機制（RSA signature scheme） 一種植基在RSA密碼系統但改變公開金鑰與私密金鑰的角色之數位簽章演算法，傳送者使用自己的私密金鑰對文件簽章，而接收者使用傳送者的公開金鑰進行驗證。 369

S

加鹽法（salting） 改良植基於通行碼確認法的一種技術，將一串亂數串接在通行碼後面。 389

S-box 在區塊加密法中的元件，將輸入的位元用另外的位元取代並輸出。 122

Schnorr數位簽章機制（Schnorr signature scheme） 一種植基於ElGamal數位簽章機制的數位簽章技術，其數位簽章長度較短。 375

抗第二前像（second preimage resistance） 在密碼雜湊函數中的一種特性，給予 M 及 h(M)，攻擊者很難找出另一個訊息 M'，使得 h(M') = h(M)。 318, 319

安全雜湊演算法（Secure Hash Algorithm, SHA） 由NIST所發展出來並公告為FIPS180的雜湊函數系列標準，大部分植基於MD5。 340

安全金鑰交換機制（Secure Key Exchange Mechanism, SKEME） 由Hugo與Krawcyzk所設計出來的金鑰交換協定，其使用公開金鑰加密方法來達成個人認證。 525

SSL協定（Secure Sockets Layer (SSL) Protocol） 可對應用層所產生的資料提供安全與壓縮服務的協定。 474

安全的多用途網際網路郵遞延伸標準（Secure/Multi-purpose Internet Mail Extension, S/MIME） 針對多目標之網際網路電子郵件延伸方法的改良，以加強電子郵件的安全性。 460

安全連結（Security Association） 在IPSec中，在兩個主機之間的邏輯關係。 519

安全連結資料庫（Security Association Database, SAD） 一個二維表格，每一列定義一種安全連結。 520

安全攻擊（security attacks） 威脅一個系統安全目標的攻擊。 4

安全目標（security goals） 資訊安全有三個目標：機密性、完整性、可使用性。 3

安全機制（security mechanisms） 由ITU-所推薦的八個機制，提供安全服務：加密、完整性、數位簽章、交換確認、通訊填塞、路由控制、公證與存取控制。 8

安全政策（Security Policy, SP） 在IPSec中，一個預先定義的安全需求，可運用到傳送或接收到的封包。 522

安全政策資料庫（Security Policy Database, SPD） 一個儲存許多安全政策（SP）的資料庫。 522

安全服務（security services） 與安全目標及攻擊相關的五種服務：資料機密性、資料完整性、確認性、不可否認性、存取控制。 7

種子（seed） 虛擬亂數產生器或載入位移暫存器所使用的一個初始值。 139

選擇性偽造（selective forgery） 一種偽造的方式，偽造者可以將自行選擇的訊息內容偽造成傳送者的簽章。 368

半弱金鑰（semi-weak keys） DES中的六把金鑰，其中每一把金鑰只會產生兩把不一樣的回合金鑰，而且這兩把回合金鑰會重複八次。 167

會議（session） SSL中用戶端與伺服器之間的一種連結，當會議建立之後，雙方會有一些共同的資訊，例如會議識別碼、用來認證彼此的憑證（如果需要）、壓縮方法（如果需要）、加密套件及一把主金鑰以產生後續訊息確認和加密所需的金鑰。 482

會議金鑰（session key） 會議雙方所使用的一把單次祕密金鑰。 410

整數集合（set of integers, Z） 從負無窮大到正無窮大的所有整數形成的集合。 19

餘數集合（set of residues, Zn） 正整數模n後所形成的集合。 19

SHA-1 SHA雜湊函數標準之一，其區段長度為512位元，訊息摘要是160位元。 340

SHA-224 SHA雜湊函數標準之一，其區段長度為512位元，訊息摘要是224位元。 340

SHA-256 SHA雜湊函數標準之一，其區段長度為512位元，訊息摘要是256位元。 340

SHA-384 SHA雜湊函數標準之一，其區段長度為1024位元，訊息摘要是384位元。 340

SHA-512 SHA雜湊函數標準之一，其區段長度為1024位元，訊息摘要是512位元。 340

共享密鑰（shared secret key） 對稱式金鑰密碼學中所使用的金鑰。 53

位移加密法（shift cipher） 加法加密法的一種，其中金鑰的定義是朝英文字母表的尾端位移字元。 58, 59

ShiftColumns 在Whirlpool加密法中，一種類似於AES ShiftRows的轉換運算，不過並不是位移列，而是位移行。 354

位移暫存器（shift register） 一連串的記憶單元其中每個記憶單元是一個位元，位移這些位元的值可以產生一個看似亂數的位元串。 139

ShiftRows 在AES中，位元組位移的轉換。 188

短訊息攻擊（shortmessage attack） 一種對RSA的攻擊，當攻擊者已知可能的明文集合時，攻擊者就可以一一加密這些可能的明文來與截獲的密文比對。 288

短填塞攻擊（shortpad attack） 一種對RSA的攻擊，由Coppersmith所發現，當同一個明文分別附加兩個短填塞所產生的兩個密文被攻擊者得知時，攻擊者可以求出此明文。 287

埃拉托斯特尼篩選法（sieve of Eratosthenes） 希臘數學家埃拉托斯特尼所提出的方法以找出所有小於n的質數。 237

簽章演算法（signing algorithm） 在數位簽章方法中傳送者用來簽署的程序。 363

奇異橢圓曲線（singular elliptic curve） 橢圓曲線的一種，其中方程式$x^3 + ax + b = 0$沒有三個相異根。 301

窺探（snooping） 未經授權對機密性資訊進行存取，這是在資訊安全中一種對機密目標的攻擊。 387

與生俱有之物（something inherent） 宣稱者的一種特徵，例如傳統簽名、指紋、聲音、臉部特徵、視網膜圖案和筆跡等，可做為身份確認之用。 387

知道之事（something known） 一個只有宣稱者知道的祕密，在身份確認時此祕密可被驗證者檢查。 387

持有之物（something possessed） 屬於宣稱者且可以證明宣稱者身份的東西，例如護照、駕駛執照、身份證、信用卡或智慧卡等。 387

分割運算（split operation） 在區塊加密法中，將一個區塊從中分割成兩個同長度的區塊。 126

平方暨乘演算法（square-and-multiply algorithm） 一種快速的指數運算方法，其中以平方及乘法兩種運算取代只有乘法的運算。 260

方陣（square matrix） 一個矩陣有相同數目的列與行。 39

平方根質數測試法（square root primality test method） 是一種質數測試法，此方法是基於若n是質數，則1模n的平方根只會是+1或−1。 245

狀態（state） 在AES中，狀態是指運算階段之間的資料單位，是一個16位元組的4 × 4矩陣；而在S-AES中，狀態是一個包含4個半位元組的2 × 2矩陣。 181

站對站協定（station-to-station protocol） 一種植基於Diffie-Hellman協定來建立會議金鑰的方法，其使用公開金鑰憑證以預防中間人攻擊。 422

統計攻擊（statistical attack） 依據明文既有的特性，對密文做相對應的統計分析，進而破密的一種攻擊。 55

隱藏學（steganography） 一種將訊息利用其他資訊加以遮蓋以達到隱藏效果的安全技術。 11

標準的P-box（straight P-Boxes） 一個輸入為n且輸出也為n的P-box。 120

串流加密法（stream cipher） 加密法的一種類型，其中加密及解密是一次一個符號（例如一個字元或一個位元）。 81

SubBytes AES中的一個轉換動作，是利用查表來取代位元組。 183, 353

子群（subgroup） H是一個群G的子集合，若H本身在G所定義的運算下也是一個群，則稱H是G的一個子群。 94

取代加密法（substitution cipher） 將一個符號用另一個符號取代的加密法。 57

SubWord 在AES中，類似SubBytes的轉換方式，但是只針對一列實施。 195

超增序列（superincreasing tuple） 一個有序數列，其中每個元素大於或等於所有前面元素的總和。 279

對稱式金鑰密碼系統（symmetric-key cryptosystem） 加密及解密都使用單一祕密金鑰的密碼系統。 274

對稱式金鑰加密（symmetric-key encipherment） 使用對稱式金鑰密碼系統的加密。 10

同步串流加密法（synchronous stream cipher） 金鑰串流與明文或密文串流無關的串流加密法。 137

T

門票（ticket） 一個打算給實體B的加密訊息，但是經由實體A來傳遞。 412

門票核准伺服器（ticket-granting server, TGS） 在Kerberos系統中負責為實際伺服器發行門票的伺服器。 415

時戳式數位簽章機制（timestamped digital signatures scheme） 一個具有時戳的數位簽章以防止被攻擊者重送。 381

計時攻擊（timing attack） 一個針對RSA快速指數演算法的攻擊，此攻擊是基於每回合的運算若位元為1則會花費較長的時間。 289

流量分析（traffic analysis） 一種針對機密性的攻擊，攻擊者藉著監聽線上流量以從中獲取某些資訊。 4

流量填塞（traffic padding） 將某些假的資料插入資料流量中，以抵擋流量分析攻擊的一種安全機制。 9

傳輸層安全協定（Transport Layer Security (TLS) Protocol） SSL協定的IETF版本。 474

傳輸模式（transport mode） IPSec的一種模式，此模式會保護從傳輸層傳遞到網路層的資料。 513

換位加密法（transposition cipher） 將明文中的符號轉換位置以產生密文的加密法。 75

暗門（trapdoor） 一個演算法的特性，如果入侵者知道此特性就可以通過安全防禦。 278

單向暗門函數（trapdoor one-way function, TOWF） 一個單向函數，但是知道其暗門時此函數是可逆的。 278

試除因數分解法（trial division factorization method） 最簡單且最沒效率的正整數因數尋找演算法，此方法對從2開始的所有正整數，依序測試以找出一個可以整除n的數。 250

三字母組（trigram） 一個由三個字母形成的字串。 60

三重DES（triple DES, 3DES） 一種加密法，使用三個DES加密器來加密及三個DES解密器來解密。 172

使用三把金鑰的三重DES（triple DES with three keys） 三重DES的一種實作方式，此方式使用三把金鑰K_1、K_2及K_3。 172

使用兩把金鑰的三重DES（triple DES with two keys） 三重DES的一種實作方式，此方式使用兩把金鑰：K_1及K_2，其中第一階段及第三階段使用K_1；而第二階段使用K_2。 172

隧道模式（tunnel mode） IPSec的一種模式，此模式會保護整個IP封包，其作法是對包括標頭在內的整個IP封包施以IPSec的安全方法，然後再加上一個新的IP標頭。 514

U

未隱藏訊息攻擊（unconcealed message attack） 一種對RSA的攻擊，是植基於明文與密文之間的排列關係；一個未隱藏的訊息是指一個訊息加密後的密文剛好是訊息本身。 288

不可否認數位簽章機制（undeniable digital signatures sheme） 一種由Chaum與van Antwerpen所發明的簽章方法，此方法有三個組成元件：一個簽署演算法、一個驗證協定及一個否認協定。 382

使用者代理人（user agent, UA） 電子郵件系統中的一個組成元件，負責準備訊息及信封。 436

V

驗證演算法（verifying algorithm） 接收端用來驗證數位簽章正確性的演算法。 363

Vigenere 加密法（Vigenere cipher） 由 Blaise de Vigenere 所設計的一個多字母加密法，其中金鑰串流是一直重複初始祕密金鑰串流。 67

Vigenere 表（Vigenere tableau） Vigenere 加密法中，加密及解密所使用的表。 67

W

弱金鑰（weak key） DES 中的四把金鑰，在去除同位位元之後，金鑰的組成全為位元 0、或全為位元 1、或一半為位元 0 且一半為位元 1。 166

信任網絡（web of trust） 在 PGP 中，一群人所共享的金鑰圈。 450

Whirlpool 一個 AES 變化的密碼系統。 350

Whirlpool 雜湊函數（Whirlpool hash function） 一種迭代式密碼雜湊函數，是植基於 Miyaguchi-Preneel 機制，由 Vincent Rijmen 及 Paulo S. L. M. Barreto 所設計，被 NESSIE 認可，此函數也植基於 Whirlpool 密碼系統。 350

字組（word） 在 AES 中可被視為單一個體的一組 32 位元資料，例如一個 4 位元組的列矩陣或一個 4 位元組的行矩陣。 181

X

X.509 一個以結構化的方式定義憑證的建議書，是由 ITU 所設計且被網際網路接受。 425

Z

零知識確認（zero-knowledge authentication） 一種身份確認的方法，宣稱者不會洩漏任何會危害祕密機密性的資訊，在沒有洩漏祕密的情況下，宣稱者向驗證者證明她知道該祕密。 396

參考文獻

[Bar02]	Barr, T. *Invitation to Cryptology*. Upper Saddle River, NJ: Prentice Hall, 2002.
[Bis03]	Bishop, D. *Cryptography with Java Applets*. Sudbury, MA: Jones and Bartlett, 2003.
[Bis05]	Bishop, M. *Computer Security*. Reading, MA: Addison-Wesley, 2005.
[Bla03]	Blahut, U. *Algebraic Codes for Data Transmission*. Cambridge: Cambridge University Press, 2003.
[BW00]	Brassoud, D., and Wagon, S. *Computational Number Theory*. Emerville, CA: Key College, 2000.
[Cou99]	Coutinho, S. *The Mathematics of Ciphers*. Natick, MA: A. K. Peters, 1999.
[DF04]	Dummit, D., and Foote, R. *Abstract Algebra*. Hoboken, NJ: John Wiley & Sons, 2004.
[DH03]	Doraswamy, H., and Harkins, D. *IPSec*. Upper Saddle River, NJ: Prentice Hall, 2003.
[Dur05]	Durbin, J. *Modern Algebra*. Hoboken, NJ: John Wiley & Sons, 2005.
[Eng99]	Enge, A. *Elliptic Curves and Their Applications to Cryptography*. Norwell, MA: Kluver Academic, 1999.
[For06]	Forouzan, B. *TCP/IP Protocol Suite*. New York: McGraw-Hill, 2006.
[For07]	Forouzan, B. *Data Communication and Networking*. New York: McGraw-Hill, 2007.
[Fra01]	Frankkel, S. *Demystifying the IPSec Puzzle*. Norwood, MA: Artech House, 2001.
[Gar01]	Garret, P. *Making, Breaking Codes*. Upper Saddle River, NJ: Prentice Hall, 2001.
[Kah96]	Kahn, D. *The Codebreakers*: *The Story of Secret Writing*. New York: Scribner, 1996.
[KPS02]	Kaufman, C., Perlman, R., and Speciner, M. *Network Security*. Upper Saddle River, NJ: Prentice Hall, 2001.
[LEF04]	Larson, R., Edwards, B., and Falvo, D. *Elementary Linear Algebra*. Boston: Houghton Mifflin, 2004.
[Mao04]	Mao, W. *Modern Cryptography*. Upper Saddle River, NJ: Prentice Hall, 2004.
[MOV97]	Menezes, A., Oorschot, P., and Vanstone, S. *Handbook of Applied Cryptograpy*. New York: CRC Press, 1997.
[PHS03]	Pieprzyk, J., Hardjono, T., and Seberry, J. *Fundamentals of Computer Security*. Berlin: Springer, 2003.
[Res01]	Rescorla, E. *SSL and TLS*. Reading, MA: Addison-Wesley, 2001.
[Rhe03]	Rhee, M. *Internet Security*. Hoboken, NJ: John Wiley & Sons, 2003.
[Ros06]	Rosen, K. *Elementary Number Theory*. Reading, MA: Addison-Wesley, 2006.
[Sal03]	Solomon, D. *Data Privacy and Security*. Berlin: Springer, 2003.
[Sch99]	Schneier, B. *Applied Cryptography*. Reading, MA: Addison-Wesley, 1996.
[Sta06]	Stallings, W. *Cryptography and Network Security*. Upper Saddle River, NJ: Prentice Hall, 2006.
[Sti06]	Stinson, D. *Cryptography: Theory and Practice*. New York: Chapman & Hall / CRC, 2006.
[Tho00]	Thomas, S. *SSL and TLS Essentials*. New York: John Wiley & Sons, 2000.
[TW06]	Trappe, W., and Washington, L. *Introduction to Cryptography and Coding Theory*. Upper Saddle River, NJ: Prentice Hall, 2006.
[Vau06]	Vaudenay, S. *A Classical Introduction to Cryptography*. New York: Springer, 2006.